Handbuch des Landschaftsbaues

Dachbegrünung

Pflanzen- und Vegetationsanwendung an Bauwerken

Von
Dipl.-Ing. Bernd Krupka, Bad Pyrmont

217 Abbildungen
64 Farbfotos
91 Tabellen

E.U.
VERLAG
EUGEN
ULMER

Fachredaktion: Prof. Dipl.-Ing. Martin Frohmann, Freising-Weihenstephan

Die Deutsche Bibliothek – CIP-Einheitsaufnahme

Krupka, Bernd W.:
Dachbegrünung : Pflanzen- und Vegetationsanwendung
an Bauwerken ; 91 Tabellen / von Bernd Krupka. –
Stuttgart : Ulmer, 1992
(Handbuch des Landschaftsbaues)
ISBN 3-8001-5051-4

Wollgrasweg 41, 7000 Stuttgart 70 (Hohenheim)
Printed in Germany
Lektorat: Agnes Pahler, Sabine Reh
Herstellung: Jürgen Sprenzel
Einbandgestaltung: Alfred Krugmann, Freiberg am Neckar
Satz: Typobauer Filmsatz GmbH, Ostfildern
Druck und Bindung: Ludwig Auer GmbH, Donauwörth

Vorwort

Die Begrünung von Bauwerken, an Fassaden und auf Dächern hat sich in den letzten Jahren erheblich ausgeweitet. Nicht nur die visuelle Aufwertung der „Stadtlandschaft“ im Rahmen geförderter Begrünungsprogramme, auch die sozialpsychische Bedeutung jedes noch so kleinen Stückes Stadtgrüns ist für die urbane Lebensqualität unverzichtbar. Großflächige Begrünungen von Bauwerken, auch im Verbund von übergeordneten Grünzügen, werden zunehmend fester Bestandteil der Planungen. Viele beispielhafte Begrünungen können als Vorbild für die nunmehr allgemein anerkannten vielfältigen ökologischen sowie der bautechnischen und schützenden und somit ökonomischen Funktionen und Wirkungen dienen.

Mittlerweile sind beachtliche Fortschritte in der qualitativen bau- und vegetationstechnischen Entwicklung durch Forschung und Praxis zu verzeichnen. Schwerpunkte lagen bisher bei Dachbegrünungen in der Aufarbeitung von Defiziten im Bereich des Durchwurzelungsschutzes, bei der Weiterentwicklung vegetationstechnischer Schichtaufbauten – und hier gerade bei der Sicherung von qualitativen Aspekten einzelner Stoffe oder Gemische. In weiteren speziellen Fragestellungen, etwa der Wasseraufnahme und Wasserabgabe von Schichtaufbauten, des Brand- und Erosionsschutzes oder der Modifizierung von Begrünungstechniken, sind bemerkenswerte Ergebnisse zu verzeichnen. Im Bereich der Fassadenbegrünung hat eine versachlichte Diskussion zur realistischen Einschätzung der bauwerksbezogenen Risiken und ökologischen Wirkungen geführt.

Der vermehrte Bedarf von Bauwerksbegrünungen hat allerdings zu einer unübersichtlich großen Vielzahl von teilweise zu wenig erprobten Stoffen, Bauweisen und Systemen geführt, die eine auf die tatsächlichen Bedürfnisse der Pflanzen ausgerichtete Auswahl häufig erschwert. Hinzu kommen einige grundlegende Wissenslücken im Hinblick auf die Pflanzenauswahl, Pflanzenvergesellschaftung und vegetationskundliche Argumentationen und Zielsetzungen insbesondere in stadtökologischer Hinsicht.

Die aktuellen Fachdiskussionen zeigen, daß das Bedürfnis nach objektiver, auch sehr spezieller Fachinformation groß ist. Dabei stellt sich jedoch auch immer wieder heraus, daß „Rezeptdenken“ den objektspezifisch richtigen Lösungen im Wege steht. So werden einerseits die bautechnischen Belange nach den technischen Regeln nicht ausreichend berücksichtigt und vor allem die Bedürfnisse der Pflanzen häufig sehr vernachlässigt.

Notwendig ist das Erkennen und Bewerten aller standortprägenden Einflußgrößen, um darauf die vegetationstechnische Konzeption eines zu begrünenden Bauwerkes auszurichten. Nur so kann der Dynamik der Pflanzen- und Vegetationsentwicklung ausreichend Spielraum gegeben werden, um vitale, dauerhafte Begrünungen zu schaffen.

Der Umgang mit Pflanzen und Vegetation muß jedoch immer streitbar und für neue Erkenntnisse offen bleiben. Unabhängig von den jeweils objektbezogenen, als richtig geltenden Konzepten kann es keine standardisierten, endgültigen Problemlösungen im Wirkungsfeld ökologisch-dynamischer Fließgleichgewichte geben. Die Auseinandersetzung mit Pflanzen auf und an Bauwerken muß im zeitlichen und räumlichen Bezug immer wieder neu erfolgen. In diesem Sinne soll dieses Buch als ein Baustein zur weiteren Entwicklung einer ökologisch ausgerichteten Freiraum- und Objektplanung beitragen.

Für die Förderung dieses Buches danke ich Herrn Roland Ulmer, Herrn Dr. Steffen Volk und insbesondere Frau Agnes Pahler für ihre engagierte und sorgfältige Lektoratsarbeit.

Bad Pyrmont,
Februar 1992 — Bernd W. Krupka

Inhaltsverzeichnis

Einführung

Pflanzen- und Vegetationsverwendung in der Stadt, an und auf Bauwerken, ist ein interessantes und spannendes Thema. Dazu wird in verschiedenen Fachgebieten an theoretischen und praktischen Grundlagen gearbeitet. Einzelne Pflanzenarten sorgen in ihrer Verbreitungsdynamik vor allem in urbanen Ersatzgesellschaften immer wieder für Überraschungen. Der weitaus überwiegende Anteil der „heimischen" Arten umfaßt in Wirklichkeit Pflanzen aus dem mitteleuropäischen und ursprünglich mediterranen Verbreitungsraum. Viele weltweit vertretene Arten machen einen nicht unerheblichen Teil städtischer „Wildvegetation" aus. Der Stadtraum erweitert sich dabei immer mehr als neuartiger Evolutionsraum für Pflanzenarten.

Die meisten Pflanzenarten sind in Abhängigkeit von ihren physiologischen Grundansprüchen und ihrem artbedingten, mehr oder weniger begrenzten Vermögen zur Standortanpassung als „konservativ" einzustufen. Somit muß sich der Nutzen so mancher raffiniert ausgedachten „Neuheit" für das „Freilandlabor Grünes Bauwerk" letztlich am tatsächlichen und dauerhaften Mehrwert für das Pflanzenleben messen lassen. Dazu sollen hier zur kritischen Prüfung und Wertung die Grundlagen vermittelt werden. Es kann nicht oft genug betont werden, daß das Ziel aller Bemühungen letztlich ein dauerhaftes und vitales Pflanzenwachstum an und auf Bauwerken sein muß; dies ist auch ein zentrales Anliegen dieses Buches. Stoffe, Techniken und Systeme erfüllen also in dieser Hinsicht eine nur untergeordnete Aufgabe. Dem gesamtökologischen Wertgefüge, etwa unter den Aspekten der Umweltverträglichkeit, muß dabei eine grundlegende Bedeutung zugemessen werden.

Das hier vorliegende praxisorientierte Buch mit den Schwerpunkten in der Pflanzen- und Vegetationsverwendung muß sich notwendigerweise zunächst mit *Analysen und Bewertungen der verschiedenen Standortbedingungen* befassen. Daß die Ermittlung dieser Planungsfaktoren umfassend und gründlich sein sollte, erscheint allzu selbstverständlich; die Alltagspraxis zeigt leider häufig das Gegenteil.

Zweifellos sind gerade in komplizierten Gebäudestrukturen und im ohnehin belasteten Stadtklima die Lebensbedingungen an den sich jeweils ergebenden Kleinstandorten nicht einfach festzustellen. Dies rechtfertigt jedoch nicht die kritiklose Verwendung von eilfertig angebotenem „Universal-Grün" mit dem Vertrauen darauf, daß „Mutter Natur" schon den unwägbaren Rest richten wird.

Als konkrete Hilfe für Planung und Ausführung werden hier erstmals standortbezogene *Lebensraum-Kennziffern* vorgestellt, welche die Pflanzen- und Vegetationsanwendung in den künstlich geschaffenen, sehr häufig extremen Lebensräumen auf Gebäuden erleichtern sollen. Die *Pflanzenverwendung* definiert die mehr gartenarchitektonischen Inhalte von Intensiven Dachbegrünungen und Fassadenbegrünungen, während sich die *Vegetationsverwendung* auf die naturnahen Verwendungsmöglichkeiten Extensiver Dachbegrünungen und auch Einfacher Intensivbegrünungen bezieht. Vegetationskundliche Aspekte der naturnahen Extensivbegrünungen werden dabei besonders berücksichtigt.

Unter Auswertung der relativ wenigen verläßlichen Angaben in der Literatur und auf der Grundlage langjähriger persönlicher Beobachtungen, Einzeluntersuchungen und Praxiserfahrungen wurde das gesamte gärtnerische Kultursortiment durchgemustert und eine sehr große Auswahl auch weniger bekannter Wildpflanzen mit einbezogen, so daß sich mit 1375 behandelten Pflanzenarten und -sorten die derzeit größtmögliche Vollständigkeit ergibt, ohne jedoch den Anspruch auf Endgültigkeit zu erheben.

Dieses Buch sollte, insbesondere wegen seiner umfassenden Pflanzenauswahl, seinen

Zusammenstellungen und Verwendungsempfehlungen, jedoch nicht als Rezeptbuch mißverstanden werden. Die Begrünung von Bauwerken verlangt vom Planenden gute botanische und standortökologische Kenntnisse. Eine sicherlich auch notwendige streng analytische Arbeitsweise kann jedoch Einfühlungsvermögen und Kreativität auf keinen Fall ersetzen. Jenseits aller unbestreitbar notwendigen „Tabellen-Pflanzensoziologie" erweist sich auch eine mehr emotionell getragene Vegetationskunde, die Liebe zu Pflanzen schlechthin, als zuverlässiger Wegweiser.

Grundlage jeden Pflanzenlebens ist der Bodenraum, also die Dimensionierung und physikalisch-chemische Zusammensetzung des Wurzelhorizontes mit der stofflichen Ausbildung der verschiedenen Schichten. Diese wird in den planungsrelevanten Grundzügen behandelt, unter Berücksichtigung der Besonderheiten, die sich aus den Ansprüchen verschiedener Pflanzengruppen ergeben. In diesem Zusammenhang sei auf die „Richtlinien für die Planung, Ausführung und Pflege von Dachbegrünungen" (FLL 1990) hingewiesen, deren parallele Benutzung für die Praxis hier ausdrücklich empfohlen wird. Verschiedene Kennwerte und Anforderungen aus den bau- und vegetationstechnischen Bereichen, die im vorliegenden Buch angeführt sind, dokumentieren den allgemeinen Diskussions- und Erfahrungsstand, auch im engen Bezug zu oben genannter Richtlinie. In Einzelfällen werden Erweiterungen und Differenzierungen zur Diskussion gestellt, die sich aus der Begrünungspraxis ergeben haben.

Auch wenn der derzeitige Stand der Vegetationstechnik ein solides, umfassendes und praktikables Gerüst bildet, um vegetationsgerechte Bauwerksbegrünungen unter Vermeidung von Bauschäden zu planen und realisieren, sind doch noch weitere vertiefende Erkenntnisse zu erwarten.

Im Hinblick auf die in diesem Buch behandelten, komplexen Themenkreise sei jedoch der Hinweis auf die Möglichkeiten zur Gewinnung weiterer individueller Sicherheiten gestattet, um auch schwierige Begrünungsaufgaben zu bewältigen. Sie können sich nur aus eigenen ständigen, analysierenden Beobachtungen realisierter, insbesondere älterer Projekte ergeben.

Diese sind eine ständig verfügbare Erkenntnisquelle, nicht nur zur notwendigen Korrektur etwaiger objektbezogener Fehleinschätzungen, sondern auch für die vielfältigen Reaktionen von Pflanzen auf Menschen und Bauwerke.

Dach- und Fassadenbegrünungen an Bauwerken

2 Geschichte und Bedeutung von Bauwerksbegrünungen in der Architektur und im Städtebau

Der Erfolg moderner Architektur und Ingenieurbaukunst ist auch die Geschichte der Naturverdrängung. Dennoch sind Bauwerk und Pflanze bis heute zwei spannungsreiche, antagonistische Elemente geblieben.

Erst das massive, drastische Verlusterlebnis an Natur, an Pflanzen scheint die *Not-Wendigkeit* zur Neuorientierung herbeizuführen.

Die aus der Geschichte bzw. Kunstgeschichte scheinbar zahlreich überlieferten Beispiele von Bauwerksbegrünungen, insbesondere von Dach- und Terrassengärten, geben jedoch ein falsches Bild „paradiesischer Harmonie". Beispiele dafür sind die sagenhaften Hängenden Gärten der Semiramis, die Dachgärten und höhengestaffelten, begrünten Innenhöfe der Römer, Perser oder indischen Mongulen oder die Dachgärten des Mittelalters.

Nach HENNEBO und HOFFMANN (1962, 1981) „ist der Brauch, hängende Gärten auf Gewölbehohlräumen oder auf Dächern anzulegen, im Orient entstanden". MAASZ (1930) erwähnt die „Hängenden Gärten" von Bah-i-Takt bei Schiras im Iran (dort als Foto), die als terrassierte Gebäudeanlage mit Baumbepflanzung angelegt wurden. Terrassendachgärten und Balkonbepflanzungen sind Darstellungen aus Gemälden des Mittelalters zu entnehmen. Der historische „bürgerliche Dachgarten" (KIENLE 1980) hatte jedoch immer eine bescheidene Existenz. Es handelt sich um Einzelbeispiele, in den meisten Fällen Luxusobjekte, die keine Kontinuität der Entwicklung belegen.

Eine gewisse Tradition naturgebundener Bauweisen bezeugen dagegen ländliche Profanbauten. Baumaterialmangel, ökonomische Not oder besondere klimatische Umstände brachten das isländische Torf- und Erdhaus und die nordeuropäischen Grasdachbauweisen hervor, die sich bis in die heutige Zeit erhalten haben und nun eine Renaissance erleben. Begrünte Dächer sind als Flach- und Steildachkonstruktionen aus allen Erdteilen bekannt (MINKE 1980, 1981, GRÜTZMACHER 1984).

Erd- und Grasdächer wurden zwar auch auf Wohnhäusern angelegt, jedoch verwendete man besonders in Skandinavien die Grasdachbauweise mehr für landwirtschaftliche Funktionsgebäude.

Neben der historischen Boden- und Vegetationsverwendung als Baumaterial zur Aktiv-Begrünung müssen passive, also spontane Begrünungen von Dächern und Bauwerksoberflächen unterschieden werden. Dacheindekkungen aus Naturbaustoffen wie Stroh, Reet, Schindeln oder Natursteinplatten wie Schiefer oder Sandstein sind je nach klimatischer Gunst ganz oder teilweise mit niedriger oder höherer Vegetation bedeckt. Natursteinmaterialien und Ziegel überziehen sich auf allen der Witterung ausgesetzten Flächen mit einem sehr dauerhaften mehr oder weniger dichten Teppich aus Algen, Flechten und Moosen.

Heidekrautplaggen oder Rasensoden wurden als Beschwerungsmaterial eingesetzt; sie tragen dann eine veränderte, standortangepaßte Vegetation. Diese Begrünungen wurden, weil man sie nicht verhindern konnte, weitgehend geduldet und dienen heute – soweit noch vorhanden – als Lehrbeispiele für die Besiedlung sekundärer Standorte durch die Vegetation oder gar für die „ökologische Integration" von Bauwerken. Dies ist auch der Fall bei den heute gern für verschiedene Argumentationen herangezogenen „Grasdächern“, die sich seit etwa 1920 spontan auf Holzzementdach-Konstruktionen entwickelt haben (BORNKAMM 1961, DARIUS und DREPPER 1983).

„Dachlandschaften“ sind allerdings keine grünen Landschaften, sondern gebaute, „von einer bestimmten Dachform und Dachdekkungsart charakterisierte Kulturlandschaften“ (OSTERWOLD 1977). Dachlandschaften bilden den prägenden Teil von „Stadtlandschaften“ und assoziieren nicht vorhandene vegetative Elemente.

Mit Ausnahme des Spalierobstanbaues beruhen in Mitteleuropa viele Fassadenbegrünungen an historischer Bausubstanz eher auf dem geduldeten Zufall. Zum überwiegenden Teil besteht die Bepflanzung aus Efeu. Sicherlich wußte man auch in früheren Zeiten die Vorteile eines „grünen Pelzes“ (MINKE 1981, 1985) zu schätzen. Im Gegensatz zu den Fassadenbegrünungen geht der Bau und die vielfältige Nutzung begrünter Lauben bis auf die antiken Hochkulturen zum Beispiel der Ägypter und Römer zurück (HENNEBO und HOFFMANN 1962, 1981) und haben sich bis heute als lebendige Bautradition erhalten.

Die moderne Bau- und Architekturentwicklung brachte Verbesserungen der Wohnbedingungen durch technische Perfektionierung. Die technischen Hauptprobleme jedes Bauwerkes, wie aufsteigende Fundamentfeuchtigkeit oder wetteranfällige Fassadenoberflächen, treten heute zwar noch als Bauschäden auf, sie sind aber in Theorie und Praxis gelöst. Fundamentisolierung und Dränung verschlechtern aber auch gleichzeitig die Lebensbedingungen von Fassadenbegrünungen, wie jede bautechnische Perfektionierung zwangsläufig lebensfeindlich für die Vegetation ist. Dies gilt für die gesamte Gebäudeoberfläche, die dauerhaft witterungsbedingten Erosionen und Angriffen durch Immissionen und allen biologischen Besiedlungsversuchen widerstehen soll.

Gleichwohl haben sich Städteplaner, Architekten und aufgeschlossene Auftraggeber immer wieder um eine Integration der Natur in die urbanen Lebensbereiche bemüht. Zwar nehmen etwa seit der Jahrhundertwende Dach- und Fassadenbegrünungen einen festen Platz in Architektur-Konzeptionen ein, jedoch hatten sie keine grundsätzliche richtungsweisende Bedeutung erlangt. FOETH (1912) stellt beispielsweise in der Zeitschrift „Die Gartenkunst“ einen Dachgarten ganz im Jugendstil für ein Warenhaus in Köln vor. PEPINSKI (1925) beschreibt in der gleichen Zeitschrift einen benutzbaren Dachgarten auf einem Berliner Wohnhaus mit Rasenfläche, Gehölz- und Staudenpflanzung, sowie Rank- und Kletterpflanzen. SPÄTH (1930) beschreibt Dachgärten und Dachterrassen in Berlin und führt aus: „Neuerdings ist der Dachgarten für Gaststättenbetrieb auf Hotels und Warenhäusern immer mehr in Gebrauch gekommen“ (siehe auch FOETH 1912).

Natürliche organische Strukturen haben neben den historisch bekannten ornamentalen, dekorativen Elementen als abstrahierte Vorbilder für die Gestaltung von Bauwerken nur in bemerkenswerten Einzelschöpfungen Ausdruck gefunden (zum Beispiel Antonio Gaudis „Casa Battilo“ in Barcelona oder das Olympiazeltdach von Frei Otto).

Parallel zur Verdrängung und Vertreibung der Natur aus den städtischen Lebensräumen wurde die sozialhygienische und klimatische Notwendigkeit von Grün in der Stadt frühzeitig erkannt (Beispiel Volksgartenbewegung). Dach- und Fassadenbegrünungen waren dennoch, von einigen Ausnahmen abgesehen, bis in die jüngste Zeit Luxusplanungen, Vorzeigeobjekte mit Alibifunktion oder aufgesetzte, architektonische Attitüde. Erst angesichts der nun alltäglichen ökologischen Katastrophen werden nun alle „grünen Register“ gezogen. Das geschieht fast zu spät und hat eine nur sehr begrenzte Wirkung.

Bauwerksbegrünung hat nun in allen baulich verdichteten Räumen plötzlich einen hohen – häufig überschätzten – Stellenwert erhalten, weil bodengebundene Grünflächen fehlen. Kommunale Begrünungsprogramme zur Dach- und Fassadenbegrünung stellen häufig eher den verzweifelten Versuch dar, mit „grüner Salbe“ Verbesserungen herbeizuführen, weil langfristige stadtökologische Konzepte bisher fehlten.

Die von schnell wechselnden Stilrichtungen und Moden beeinflußte Gebrauchsarchitektur hat mit den nunmehr aktuellen Fassadenbegrünungen auf das bewährte Muster der Dekorations- und Alibifunktion zurückgegriffen. KIEFER und LOIDL (1988) kritisieren zu recht Dach- und Fassadenbegrünung als „modische Aufpolierung“ von glanzvollen Hochbauten.

Eine wirkliche Integration von Pflanze und Bauwerk findet sich seltener, sie kann nur Teil gesamtökologisch integrierter Bauweisen sein, wie es solche mit Experimentalcharakter beweisen.

Es fehlen noch die umfassenden theoretischen und praktischen Grundlagen für vegetationsintegrierte Bauweisen als architektonisches Planungs-Allgemeingut. Die verschiedenen Konzepte des „ökologischen Bauens" (zum Beispiel KRUSCHE, ALTHAUS, GABRIEL 1982, ALBRECHT, PAKER u. a. 1984) bieten Ansätze dazu. Im städtischen Siedlungsbau werden sich human-ökologische Siedlungskonzepte, etwa des verdichteten Flachbaus mit grünen Höfen und begrünten Dächern und

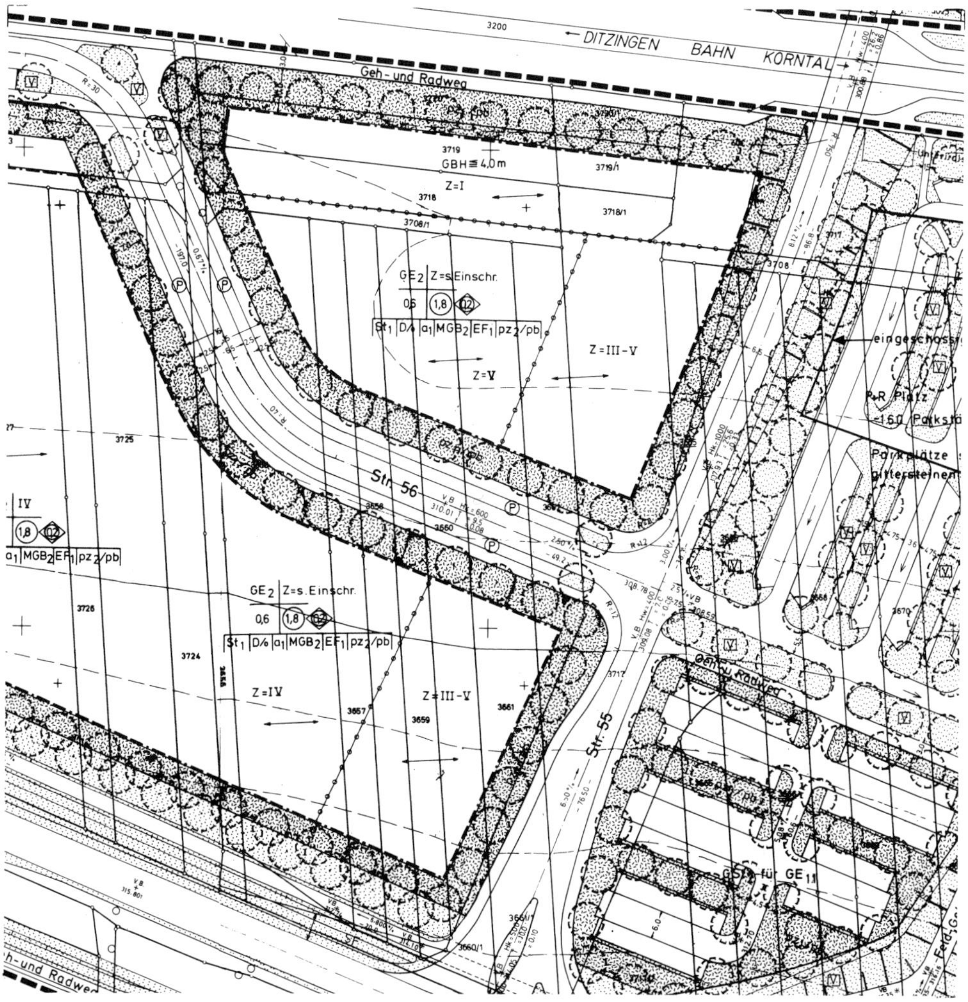

Abb. 1. Festsetzung von Dachbegrünungen im Bebauungsplan. Im Planzeichenbalken bedeutet die Festsetzung D/o: Begrüntes Flachdach; die Dachflächen sind bei einer Erdschicht von mindestens 15 cm mit Gräsern, bodendeckenden Gehölzen und Wildkräutern zu bepflanzen und so zu erhalten. § 9 (4) BBauG, § 73 (1) 1. LBO und § 9 (1) 25. BBauG. Auszug aus dem Bebauungsplan „Weilerpark" im Stadtbezirk Weilimdorf der Stadt Stuttgart. Mit freundlicher Genehmigung des Stadtplanungsamtes der Stadt Stuttgart.

Wänden, durchsetzen. Interessant sind neuere Projekte aus dem verkehrstechnischen Ingenieurbau, bei denen großflächige Überbauungen von Autobahnen naturnahe Dachbegrünungen erhalten, die auch Teil nutzbaren städtischen Grüns sind.

Zu Bauweisen mit ökologisch-energiesparenden Konzeptionen zeigt sich eine gewisse Konkurrenz zur Bauwerksbegrünung. Dachflächen müssen Solarelemente aufnehmen. Besonnte Fassadenflächen können nicht oder nut teilweise begrünt werden.

In jüngster Zeit werden besonders die mittlerweile nachgewiesenen bauphysikalischen Schutzfunktionen von Dachbegrünungen auf die Dachkonstruktionen und insbesondere auf die Dachabdichtungen hervorgehoben. Nach GÖTZE (1990) „optimieren Gründächer die Schutzfunktionen von Dachabdichtungen". Insbesondere werden zunehmend im Rahmen von Dachsanierungen Dachbegrünungen mit dieser Zielsetzung realisiert.

Der bisher so mißverständliche Begriff vom „lebenden Baustoff Pflanze" (BDGA 1971) kann nur dann einen gewandelten Sinn haben, wenn eine bauwerksintegrierte Vegetation im architektonischen Denken einen funktionsbezogenen Inhalt erhält. Der Einfachheit halber „bauliche Strukturen hinter grünen Schleiern zu verstecken, bedeutet die Monotonie des Steins durch die der Pflanze zu ersetzen" (KIEFER und LOIDL 1988).

Sicherlich wird es in Zukunft weiterer Verordnungen und Gesetze bedürfen. Einzelne Ansätze auf der Ebene der Grünordnungs- und Bebauungspläne oder Erlasse auf Landesebene zu gesamtökologischen Baukonzepten mit begrünten Bauwerken sind ermutigend.

Bisher hat sich die Vision von MAASZ (1930) noch nicht erfüllt: „Der Mensch wird künftig sicherlich einmal von Garten zu Garten promenieren können, die in ununterbrochener Reihe die Dächer der Großstädte als blühende und sonnenerfüllte Paradiese krönen." Beispiele jüngster Stadtplanungen zeigen jedoch, daß neben einer konsequenten bodengebundenen Durchgrünung der Quartiere großflächig auch Dachbegrünungen festgesetzt werden. Das Beispiel aus dem Stadtplanungsamt Stuttgart (Abbildung 1) dokumentiert die sich positiv entwickelnden Tendenzen. (Zu baurechtlichen Fortsetzungsmöglichkeiten siehe auch FALCK 1986)

Heute sind folgende Funktionen und Wirkungen der Bauwerksbegrünung in städtebaulicher, freiraumplanerischer und technischer Hinsicht allgemein anerkannt (nach FLL 1986, ergänzt):

- Wiedergewinnung der Bauwerksoberfläche für einen biologisch aktiven Lebensraum als Ausgleich für den Verlust der überbauten Grundstücksfläche.
- Begrünte Dach- und Fassadenflächen bedeuten einen aktiven Beitrag zum Abbau von vorhandenen Flächendefiziten bodengebundenen Grüns.
- Die Nutzung von begrünten Dachflächen als benutzbarer Freiraum oder die visuell attraktive Bedeutung als Grünfläche ermöglicht eine Doppelnutzung teurer Grundstücksflächen.
- Begrünte Bauwerksoberflächen tragen zur ästhetischen, harmonisierenden Einbindung des Gebäudes in das Umfeld bei.
- Pflanzen und Vegetation in unmittelbarer Nähe des Arbeits- und Wohnumfeldes haben vielfältige psycho-soziale Wirkungen als Gegengewicht zur technisch geprägten Umwelt. Der Prägungs- und Erinnerungscharakter hat zusammen mit der identitätsbildenden Wirkung für Kinder eine elementare Bedeutung bei der Persönlichkeitsbildung.
- Der Verwender kann mit den Pflanzen unmittelbar individuell gestalten und kann das Gebäude dadurch verändern.
- Durch öffentliche Förderung initiierte Bauwerksbegrünungen haben im privaten wie auch gewerblichen Bereich „grüne Kettenreaktionen" von Eigeninitiativen ausgelöst. Besonders hervorzuheben sind hier die erheblichen Verbesserungen in geschlossenen Gewerbegebieten nach „Begrünungsprogrammen". Dies hat auch zur Erhöhung der Ansiedlungsattraktivität geführt.
- Dachbegrünungen üben eine technische Schutzfunktion gegenüber zerstörenden Umwelteinflüssen wie Temperaturspannungen, Strahlungseinflüssen, mechanischen Belastungen und Immissionsbelastungen aus. Fassadenbegrünungen erfüllen dies nur teilweise.

3 Die vegetationstechnische Entwicklung der letzten Jahrzehnte

3.1 Dachbegrünungen

In der Aufbauphase der Nachkriegszeit wurden in der Bundesrepublik Deutschland zunächst nur sehr vereinzelt begrünte Dachterrassen realisiert (KÜHN 1957). Nutzbare begrünte Dachterrassen und aufwendig gestaltete Dachgärten wurden auf Neubauten im Ausland, wie in Nord- und Südamerika, Skandinavien, Großbritannien, Frankreich und der Schweiz, häufiger gebaut. Ab etwa 1950 sind dazu in den Fachzeitschriften vermehrt Beiträge zu finden. JELLICOE (1957) und ROSS (1960) stellen aufwendige, teilweise parkähnliche Dachgärten aus Guldford und London vor. SCHINDLER (1987) hebt die erstaunliche Vitalität und Aktualität einer fast fünfzigjährigen, etwa 6000 m^2 großen Londoner Dachgartenanlage hervor. Zunehmend wurden auch größere und kleinere Wasserbecken realisiert, wie ein Beispiel aus Basel zeigt (SCHNYDER und PRÖLS 1959). Dachgärten im Zentrum von Stockholm werden von BAUER (1960) beschrieben.

Erst etwa ab 1960 ist ein steigender Trend zur Begrünung von Bauwerken in der Bundesrepublik Deutschland zu verzeichnen. Der „Garten auf dem Dach" wird allerdings mehr oder weniger unreflektiert vom Boden auf die künstlichen Ebenen übertragen. Die Notwendigkeit spezieller Substratzusammensetzungen, gezielter Pflanzenauswahl oder gar des Durchwurzelungsschutzes werden zum Teil nicht erkannt.

Mit zunehmender Bautätigkeit und massiver städtebaulicher Verdichtung steigt der Einsatz von Dach-, Balkon- und Brüstungsbegrünungen zunehmend. Diese Bauelemente können jedoch nur selten Gegengewichte zur baulichen Monotonie, insbesondere von Hochhausbauten des Wohnungsbaues, bilden. Recht gelungene Beispiele, auch aus dem Ausland, insbesondere der Schweiz, gibt es von den höhengestaffelten Terrassenhäusern. Zudem machen großflächige Überbauungen Begrünungen geradezu zwingend. Beispielhaft bis heute ist dazu die Anlage über den Tiefgaragen und dem Hauptbahnhof von Bern (LIECHTI 1969). Die Dachterrassen wurden mit Bäumen bepflanzt und als öffentliche Parkanlage (Abbildung 2) in das Grünkonzept integriert.

In den neuen Wohngebieten entstanden viele Tiefgaragen, die als Teil der nutzbaren Freianlagen (DRÖGE 1965, HANKE 1967) mit Spielplätzen und nutzbaren Rasenflächen konzipiert wurden. Tiefgaragen wurden häufig ohne ausreichende technische Planung in Einfachbauweisen mit Hilfe einer stärkeren Bodenanschüttung sowie mit Grasansaat und Gehölzbepflanzung begrünt. Viele dieser Objekte mußten aufgrund massiver Schäden an der Abdichtung oder durch das Einwurzeln von Gehölzen sowie aufgrund einer un-

Abb. 2. Schnitt durch den Dachpark in Bern im Rahmen der Bahnhofsüberbauung. (LIECHTI 1969)

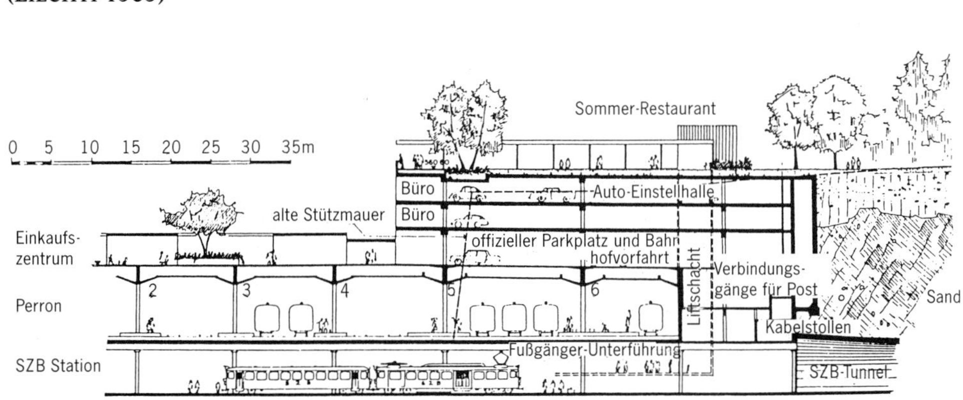

zureichenden Entwässerung später saniert werden.

Den damaligen Erkenntnis- und technischen Entwicklungsstand dokumentierten in den siebziger Jahren GOLLWITZER und WIRSING (1971), VAN RAALTE (1976) sowie ENCKE und SCHILLER (1979). Spezielle Abdichtungstechniken für begrünte Dach- und Bauwerksebenen waren noch nicht bekannt. Erste, für Dachbegrünungen entwickelte Produkte wie Filtervliese oder Dränplatten und Kunststoffprodukte zur Bodenverbesserung werden angeboten (WEISSER 1971). Eine kritische Diskussion der grundsätzlichen vegetationstechnischen Probleme und insbesondere der Pflanzenverwendung findet zunächst nicht statt. Die gartenarchitektonische, wie auch die landschaftsgärtnerische Tradition in der Pflanzenverwendung und Begrünung wurde auf die Dachebene einfach übertragen. Ästhetische Kriterien stehen bei der Stauden- so wie Gehölzverwendung im Vordergrund. Insbesondere fremdländische Blüten- und Schmuckgehölze werden eingesetzt. Viele der damaligen Empfehlungen zur Verwendung von Stoffen und Schichtaufbauten müssen aus heutiger Sicht als unzureichend oder falsch angesehen werden (Abbildung 3).

Trotz der verschiedenen Sackgassen und Fehlentwicklungen aus bau- und vegetationstechnischer Sicht begannen Dachbegrünungen sich fester zu etablieren, wenn auch im Vergleich zum Neubauaufkommen in bescheidenem Umfang. Sie wurden als Teil der Grün- und Freiraumplanung dann allerdings auch von den Strukturkrisen im Bauwesen erfaßt. Daraus entstand die Notwendigkeit, Kosten einzusparen, was Vereinfachungen und Extensivierung nach sich zog. Der Einsatz von systemartigen Bauweisen, die Reduzierung von Schichtdicken und Lasten, um Gewicht einzusparen, sowie der großflächige Einsatz von vermeintlich anspruchslosen, pflegeleichten Bodendeckern wie *Sedum*-Arten oder *Cotoneaster* erbrachten keine dauerhaften Erfolge.

Die Sonderschau „Dachbegrünung", die vier Systembauweisen auf der Bundesgartenschau in Stuttgart (LUZ 1977) vorstellte, legte in guter didaktischer Darstellung die Vorteile von Dachbegrünungen dar und festigte somit die Argumente für deren verstärkte Verwendung.

Abb. 3. Schematischer Aufbau eines Erddaches (GOLLWITZER und WIRSING 1971), ein heute nicht mehr gebräuchlicher Schichtaufbau.

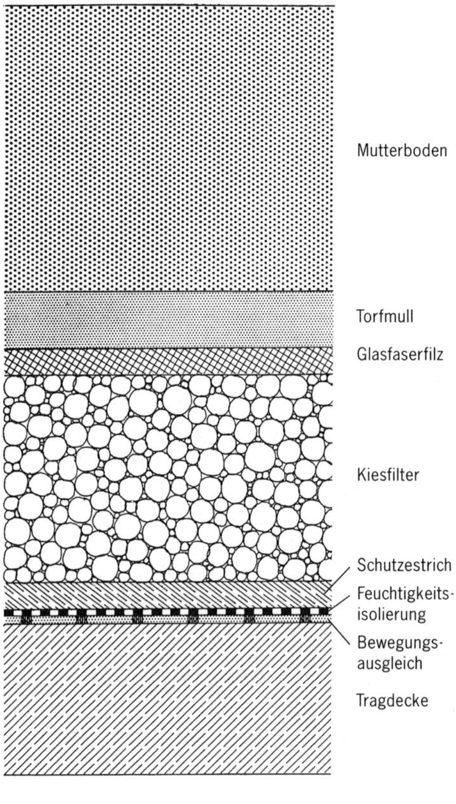

Mit zunehmender Nachfrage und den bisher ungelösten vegetationstechnischen Problemen entstand ein positiver Innovationsdruck, der sich einerseits in verstärkter Forschungs- und Entwicklungstätigkeit von Hochschul- und Fachhochschulinstituten auswirkte; andererseits setzte eine breitere Systementwicklung durch die Hersteller unter Auswertung der bisherigen Erfahrungen ein.

Die erste Versuchsanlage entstand an der Fachhochschule Osnabrück (NIESEL 1967, 1969). 1974 erfolgte die richtungsweisende Untersuchung von HÖSCHELE und SCHMIDT zur „Klimatischen Wirkung einer Dachbegrünung" im Rahmen eines Krankenhausbaues in Karlsruhe.

Bei den Fragen zu Substratkonzeptionen, zur Dränung und Entwässerung konnte auf bestehende Grundlagen aus dem Sportplatzbau für Dachrasenflächen zurückgegriffen werden (LIESECKE und SKRIDE 1976, LIESECKE 1976). Substrate für Intensivbegrünungen orientierten sich allerdings überwiegend an den Torfkultursubstraten des Erwerbsgartenbaues (REEKER 1966, JACOBI 1971). Diese wurden dann für die Zwecke der Dachbegrünung weiter modifiziert (PENNINGSFELD 1974, 1979). Wichtige Impulse zur Vegetationstechnik für Intensive Dachbegrünungen für Bauweisen mit Wasseranstau gingen von der Schweiz aus (GILGEN 1974).

Die Notwendigkeit, großflächig und sehr kostengünstig zu begrünen, führte immer wieder zu Fehlern in der Vegetationsauswahl und Abstimmung des Schichtaufbaues. Weder Dachrasen noch die Verwendung von „Rasenersatzstauden" konnten die Anforderungen nach pflegeextensiven Begrünungen erfüllen.

Die Pflanzen- und Vegetationsverwendung war bis in die jüngste Zeit von gartengestalterischen und gärtnerischen Kulturauffassungen geprägt, welche standörtliche Bedingungen und pflanzensoziologische Erkenntnisse für die Verwendung von Wildvegetation weitgehend außer acht ließ. Wildvegetation galt, wie in Gartenanlagen, als Feind jeglicher Dachbegrünung.

Etwa ab 1980 wurde verstärkt mit ökologischen oder sogenannten alternativen Bauweisen experimentiert (MINKE 1980). Die Wiederentdeckung des „Grasdachs" nach skandinavischem Vorbild (DREFAHL 1981, MINKE 1981, 1982, GRÜTZMACHER 1984) vornehmlich für Steildachbegrünungen leitete eine weite Verbreitung naturnäherer Begrünungsformen ein, obwohl dem verschiedene vegetationstechnische und vegetationskundliche Fehleinschätzungen zugrunde lagen, wie sich später herausstellte. Als Beitrag zum energiesparenden, umweltverträglichen Bauen wurden jedoch auch die Funktionen und Wirkungen von Grasdachpolstern in wärmetechnischer und ökologischer Hinsicht überschätzt.

Die verstärkte Forschungs- und Entwicklungstätigkeit an verschiedenen Instituten, insbesondere in Berlin, Hannover, Geisenheim, Veitshöchheim und Weihenstephan, wie auch die verstärkte Entwicklungstätigkeit der Stoff- und Systemhersteller, ergab breite theoretische Erkenntnisgrundlagen, insbesondere in bezug auf die Verwendung und Eignung von Stoffen für die Vegetationstechnik. So kamen im Jahre 1982 erstmals die „Grundsätze für Dachbegrünungen" der Forschungsgesellschaft für Landschaftsentwicklung–Landschaftsbau (FLL) heraus (jetzt „Richtlinien für die Planung, Ausführung und Pflege von Dachbegrünungen"). Darin wurden erstmals „Extensive Dachbegrünungen" definiert.

Auf der Grundlage der Arbeiten von PENNINGSFELD (1981) wurden die „Grundsätze für Dachbegrünungen" 1984 um das heute allgemein gültige „Verfahren zur Untersuchung der Durchwurzelungsfertigkeit von Wurzelschutzbahnen" erweitert (siehe auch FISCHER 1983).

„Planerische Probleme" bei Dachbegrünungen (WITTKE 1981) wurden parallel zur Gesamtentwicklung diskutiert. Mit zunehmendem breiteren öffentlichen Umweltbewußtsein nimmt insbesondere für Extensive Dachbegrünungen etwa ab 1980 die Zahl der realisierten Projekte ständig zu. Parallel dazu hat sich das Angebot an Systembauweisen erheblich erhöht. Die Herstellung von Intensivbegrünungen stagniert oder nimmt ab.

Die Akzeptanz von Dachbegrünungen hat im allgemeinen – bis in konservative Baufachkreise hinein – erfreulich zugenommen. Spektakuläre Einzelprojekte wie das „traumhaft" begrünte Wohnhaus in Wien, das vom Maler Friedensreich Hundertwasser entworfen wurde (1983), haben sehr zur Popularität auch unkonventioneller Bauten beigetragen. Anfänglich noch aufsehenerregende „Grasdachhäuser" und „-siedlungen" bilden mittlerweile Bestandteile eines weithin akzeptierten, anderen, ökologisch orientierten Bauens. Zunehmend werden auch im flächenfressenden Industrie- und Verwaltungsbau, teilweise auf freiwilliger Basis, Dachflächen begrünt, ebenso wie dies auch häufiger im Rahmen von Dachsanierungen nachträglich erfolgt. Letzteres trifft besonders für kommunale Begrünungsprogramme öffentlicher Gebäude zu.

Der heutige bau- und vegetationstechnische Entwicklungsstand in Deutschland, insbesondere für Extensive Dachbegrünungen, ist im internationalen Vergleich hoch zu bewerten. Im Bereich der Extensivbegrünung beginnen sich vegetationskundliche Erkenntnisse zur naturnahen Vegetationsverwendung durchzusetzen. Dennoch bleiben noch viele Fragen gerade zur standortgerechten Vegetationsverwendung für Extensivbegrünungen und der Pflanzenverwendung für Intensivbegrünungen offen.

3.2 Fassadenbegrünungen

Im 19. Jahrhundert beschränkte sich die aktive, flächige Fassadenbegrünung weitgehend auf Spalierobstarten; blühende Rankpflanzen wie Clematis, Blauregen und Kletterrosen wurden als dekorative Elemente verwendet. Viele Bauwerke haben sich dennoch spontan mit Efeu begrünt. In den klassizistischen Bürgergärten bildeten die mit Rosen, Geißblatt und Wein berankten Gartenlauben einen wichtigen Bestandteil des formalen Gartens.

Um die Jahrhundertwende begann man sich vermehrt den Rank- und Kletterpflanzen zuzuwenden. Dies ist auch ursächlich mit mediterranen Einflüssen in der Gartenkunst verbunden wie etwa der Verwendung von Pergolen. Arbeiten aus Wettbewerben zur Gartengestaltung (SCHERL 1908) zeigen fast alle begrünte Laubengänge, Pergolen und Rankgerüste an den Hauswänden. „Konkrete Utopisten" wie etwa MIGGE (1913) sprechen bereits von „begrünter Architektur". Rankgerüste, Spaliere und begrünte Wände entsprechen einerseits der ästhetischen Vorstellung von MIGGEs Gartenkultur, andererseits waren sie Teil seines wirtschaftlichen Konzeptes der sozialen Siedlergärten.

Ausufernde Phantasie spricht aus den Konzepten WICHULAs (1925), die darauf abzielen „wachsende Häuser aus lebenden Bäumen" entstehen zu lassen, so daß also begrünte Fassade und funktionales Bauwerk eine totale Synthese eingehen. Mit dem Ende der Jugendstilzeit nahm auch die Verwendung von Rank- und Kletterpflanzen ab. Verschiedene Vorbehalte aus funktionalistischen Gestaltungsgrundsätzen, aber auch übertriebener Reinlichkeitssinn, führten nach 1945 zu einem Rückgang in der großflächigen Fassadenbegrünung.

Bis in die sechziger Jahre hinein wurden Rank- und Kletterpflanzen zwar von Grünplanern als Vegetationselement beachtet, aber eher dekorativ als offensiv eingesetzt. Ausnahmen bildeten jene (vergeblichen) Versuche, die alles erdrückende Betonästhetik moderner Architektur durch Rankpflanzen zu kaschieren. Eine verstärkte Verwendung von Rank- und Kletterpflanzen erfolgte jedoch in Gartenhöfen (FISCHBACHER und DRÖGE 1966). Einzelne, unkonventionell schaffende Landschaftsarchitekten, wie zum Beispiel REICH (1956), haben sich außerdem sehr für die Verwendung von Rank- und Kletterpflanzen eingesetzt. Zu den Utopisten in der Nachfolge von WICHULA zählt DOERNACH (1975, 1982) mit seinen Konzepten von „Natur-, Bio- und Pflanzenhäusern".

Erst das immer weiter um sich greifende Bewußtwerden über die zunehmende Unbewohnbarkeit der Städte in Verbindung mit allgegenwärtigen ökologischen Problemen verschaffte der Gebäude- und Fassadenbegrünung eine nachhaltige Popularität. Sie verlief parallel zu einer vehementen Kritik der „modernen" Planungspraxis in der Architektur und Grünplanung und der alltäglichen Vernichtung von Vegetation (ANDRITZKY, SPITZER u.a. 1981, WIELAND, BODE, DISKO 1983). Eine weite Verbreitung haben die Veröffentlichungen von MINKE (1981) über „Häuser mit grünem Pelz" gefunden, die mit anderen Autoren „Mut zu grünen Wänden" (GOTTLEBE, LUDWIG, TRILLITZSCH 1983) machten.

Mit der mediengestützten Popularisierung der Fassadenbegrünung als stadtökologisches Allheilmittel wurden jedoch verschiedene sachliche und argumentative Unzulänglichkeiten und Mängel nicht kritisch hinterfragt. Neben der deutlichen Überschätzung der ökologisch-klimatischen Wirkungen, wie etwa der angeblichen „Sauerstoffproduktion" oder den energiesparenden Auswirkungen, wurde von allen die Schadensrelevanz von Fassadenbegrünungen an Bauwerken entweder übersehen oder wegargumentiert.

Die griffigen populär-ökologischen Argumentationen wurden dann auch weitgehend in Dutzenden von kommunalen Schriften zur Förderung des Fassaden- und Stadtgrüns übernommen, was ihren fachlichen Wert teilweise erheblich schmälert. Erst seit den kritisch-konstruktiven Veröffentlichungen von ALTHAUS (1986, 1987) wurde ein Prozeß der rationalen Überprüfung von Möglichkeiten und Wirkungen sowie der Schadensverhütung eingeleitet.

4 Der ökologische Stellenwert von Bauwerksbegrünungen

4.1 Einordnung in die Stadtökologie

Weil Bauwerksbegrünungen primär in urbanen oder urbanisierten Räumen verwendet werden, stellt sich die Frage ihrer Einordnung in den Komplex der Stadtökologie. Davon bleibt jedoch die Notwendigkeit, auch Bauwerke im ländlichen Raum zu begrünen, unberührt. Unter den Aspekten des landschaftlichen Flächenverbrauches sind jedoch begrünte Bauwerke in verdichteter Bauweise im Stadtraum gesamtökologisch sinnvoller.

Inhalte der Stadtökologie sind unter anderem Fragestellungen und Verknüpfungen unter biologischen, klimatologischen, energetischen oder wirtschaftlichen Gesichtspunkten. Es werden einerseits Zielsetzungen einer auf Grundlagenforschung ausgerichteten, rein naturwissenschaftlichen Stadtökologie und andererseits einer planungstheoretischen und planungspraktischen, umsetzungsfähigen Richtung verfolgt. MÜLLER (1982) definiert die Stadtökologie als die Erforschung einer „Stadt-Landschaft“ nach landschaftsökologischen Kriterien.

Im Rahmen der terrestischen Ökosystemforschung und vegetationskundlichen und faunistischen Forschung wurden bisher eine Fülle von Aufnahme-, Analyse- und Bewertungsmodellen entwickelt, um als Planungsgrundlagen zum Schutz und zur Entwicklung von Flora und Fauna quantifizierbare und qualifizierbare Größen zu erhalten. Für Bauwerksbegrünungen liegen derartige Ansätze bisher nicht vor. Hier sind im Einzelfall entsprechende Modifizierungen bestehender Verfahren erforderlich. Die Stadtbiotopkartierung und die Kartierung städtischer Vegetationseinheiten berücksichtigt spontan oder gezielt begrünte Dachflächen sehr häufig nicht. Eine Ausnahme bildet zum Beispiel die Stadtbiotopkartierung von Karlsruhe durch KUNIK und KLEYER (1984), in der einige extensiv begrünte Dächer mit untersucht wurden.

Die Notwendigkeit, in der Planung ökologisch orientiert zu arbeiten, ergibt sich konkret neben den Anforderungen aus der Naturschutzgesetzgebung auch in Zukunft aufgrund von EG-Recht und umgesetztem nationalen Recht. Die *Umweltverträglichkeitsprüfung* ist bei Bauvorhaben durchzuführen gemäß den „Richtlinien des Rates der Europäischen Gemeinschaft über die Umweltverträglichkeitsprüfung – UVP – bei bestimmten öffentlichen und privaten Projekten“ (Erlaß vom 27. Juli 1985). Bauwerksbegrünungen sind hier Teil der Gesamt-UVP und richten sich primär auf energie- und wassersparende Bauweisen und die Umweltverträglichkeit der verwendeten Stoffe (NEUMANN 1989). Von Bauwerksbegrünungen als stadtökologischen Aktiv- und Ausgleichsmaßnahmen muß erwartet werden, daß diese im Sinne der UVP unproblematisch sind.

Als Teil der „Naturschutzstrategien in der Stadt“ fordert SUKOPP (1986) die „Funktionelle Einbindung von Bauwerken in Ökosysteme“: „In dichtbebauten Gebieten sollte mit Fassaden- und Dachbegrünungen eine Vergrößerung des Lebensraumes für die Pflanzen- und Tierwelt erreicht werden, um die negativen Auswirkungen der Baukörpermassierung auf ein Mindestmaß zu beschränken. Ein großer Teil der unvermeidbar versiegelten Flächen, insbesondere Flachdächer, ist prinzipiell als Lebensraum für Pflanzen und Tiere geeignet.“

Als Ermittlungsrahmen für Flächenbilanzierungen ist die Kombination von „Bodenfunktionszahl“ und „Grünvolumenzahl“ (SCHULZE, POHL, GOSSMANN 1983) für die Planungspraxis im Rahmen von Baugenehmigungsverfahren, die landschaftspflegerische Begleitplanung sowie für die Landschafts- und Grünordnungsplanung entwickelt worden. Hier sind jedoch weitere Differenzierungen erforderlich. So wird der Bodenkennwert (BKW) für Vegetationsflächen auf Dächern mit nur 0,3 dem von Verbundpflaster und Plattenbelägen gleichgesetzt. Mit Hilfe der Grünvolumenzahl (GVZ) kann zwar die quantitative Ermittlung der Grünmasse erfolgen. Qualitative Aspekte der Vegetationszusammensetzung lassen sich jedoch damit nicht erfassen.

SCHULZ (1982) gliedert städtische Vegetationsflächen zur Erfassung nach dem „klimatisch-ökologisch-hygienischen Wert“ (KÖH-Wert) in einzelne, relevante Oberflächenformationen und führt dazu als Sonderflächen auch Fassaden- und Dachbegrünungen an.

Die Möglichkeiten der Aufnahme, Einordnung und Bewertung anthropogen beeinflußter Vegetation unterzieht KOWARIK (1988) einer kritischen Analyse. Die Hemerobie-Stufen nach JALAS (1955) und SUKOPP (1969) ermöglichen die Abstufungen des „Kultureinflusses oder der Naturferne" auf eine Fläche und die Vegetation (BORKAMM 1980). Es wird also der Standortfaktor „Kultureinfluß" in das Zentrum der Analysen gelegt. KOWARIK (1988) hat auf der Basis der auf neun erweiterten Hemerobie-Stufen die Flora von Berlin (West) untersucht und bewertet, und er hat sie nach Häufigkeitsgruppen, Hemerobie-Zeigerwerten, Einwanderungszeitpunkten und Lebensformen gegliedert. Damit wird das spezielle stadtökologische Verhalten einzelner Arten gekennzeichnet, während ELLENBERGS „Zeigerwerte der Gefäßpflanzen Mitteleuropas" (1979) das nach Einzelfaktoren gegliederte gesamtökologische Verhalten erfassen. Für eine weitere Differenzierung urbaner Ökosysteme ist allerdings auch eine Aufnahme und Einstufung begrünter Dach- und Fassadenflächen in die Hemerobie-Stufen erforderlich.

Der breiten Akzeptanz von Bauwerksbegrünungen stehen also bisher gewisse methodische Defizite stadtökologischer Aufnahme- und Bewertungsverfahren gegenüber. Weiterhin bleiben Fragen offen, die sich hinsichtlich der „richtigen" oder besser der „stadtgerechten" Vegetationsanwendung stellen. Modelle, die aufzeigen, wie eine Stadtvegetation der Zukunft die biologischen Notwendigkeiten und psychologisch-sozialen Bedürfnisse befriedigt oder hier gar Gewichtungen setzt, stehen noch aus.

Polarisierende Tagesdiskussionen über heimische und vermeintlich exotische Pflanzen lassen häufig eine „ökologische Provinzialisierung" erkennen. Hier warnt KOWARIK (1989) zu Recht vor „ökologischen Schubkästen". Nach Analyse von Vegetationskartierungen der realen städtischen Vegetation stellen sich die Fragen nach Standortgerechtigkeit, ob „heimisch" oder „fremdländisch", jeweils neu. Nach SUKOPP (1976) sind zum Beispiel in der geschlossenen Bebauung von Westberlin etwa 50 Prozent der Farn- und Blütenpflanzen Hemerochoren (durch menschliche Einwirkung eingebürgerte Arten), etwa 15 Prozent Archäophyten (Alteinwanderer) und etwa 24 Prozent Neophyten (Zuwanderer der letzten 500 Jahre aus Übersee). Ebenso steht die Diskussion zum biologischen Stellenwert einer Bauwerksvegetation erst am Anfang, die die Aspekte einer optimal klimatisch wirksamen Phytomasse, der genetischen Vielfalt, der pflanzensoziologischen „Richtigkeit" und des Lebensraumes für Tiere berücksichtigt. In diesem Zusammenhang muß auch eine Bewertung und Einordnung in urbane Biotopverbundsysteme erfolgen. Auch der Wert als „Trittstein-Biotop", insbesondere von kleinen Dachflächen, wird je nach Verbreitungsstrategie von Pflanzen und je nach Mobilitätsfähigkeit von Tierarten sehr unterschiedlich sein.

Sicherlich wird „Öko-Polis" der Zukunft eine eigene dynamische Natur (Stadt-Natur) haben, in der sich eine neue, andere Vielfalt entwickelt. Städte müssen als neuer evolutionärer Raum begriffen werden.

4.2 Lebensraum für Pflanzen auf Dächern

Für die Verwendung von Dachflächen als Ersatzlebensraum für bedrängte oder bedrohte Wildpflanzen war nach den bisherigen rein gestalterischen oder gärtnerischen Nutzungskonzepten intensiv begrünter Dachflächen kein Platz. Unter kulturbiologischen Aspekten, etwa um den Erhalt bestimmter Sorten sicherzustellen, ergibt sich keine zwingende Notwendigkeit zur Verwendung gärtnerischer Kulturpflanzen auf Dächern.

Ästhetische und psycho-soziale Bedürfnisse, die mit Dachgärten verbunden sind, haben jedoch in urbanen Räumen einen um so höheren Stellenwert, je geringer die allgemeine „Grünversorgung" ist. Werden Pflanzen nur als positive Wertgrößen an sich gegenüber toten Baustoffen betrachtet, stellt sich primär nicht die Frage ihrer Herkunft und ihrem bio-ökologischen Wert. Diese Betrachtungsweise bietet allerdings keine Ansätze für eine zukunftsorientierte, stadtökologische Vegetationsanwendung, die verschiedene qualitative Aspekte zu berücksichtigen hat.

Die Belastung, Einengung, Verinselung oder Vernichtung aller natürlichen oder sekundären Pflanzenstandorte nimmt ständig zu. Dies betrifft ländliche wie auch urbane Räume mit vielen Millionen Quadratmetern potentiell begrünbarer Dachflächen. So ergibt sich schon deshalb die Notwendigkeit, diese auch als Rückzugs- und Entwicklungsflächen für Wildvegetation zu reservieren, weil sie eine weitgehend ungestörte Entwicklung ermöglichen.

Wie im Kapitel 5 dargestellt, weisen Dächer als nicht bodengebundene anthropogene Pflanzenstandorte viele Besonderheiten auf und unterliegen Belastungen, bei denen nur bestimmte Wildpflanzen in standortspezifischen Vergesellschaftungen auf Dauer bestehen können.

Die Pflanzengesellschaften auf Dächern werden in ihrem Arteninventar von den in der unmittelbaren Umgebung vorhandenen bodengebundenen Vegetationen immer erheblich abweichen oder gar keine Ähnlichkeiten aufweisen. Deshalb bedingt die räumliche Nähe dieser grundsätzlich verschiedenen Standorttypen nicht die Verwendung gleicher Pflanzenvergesellschaftungen. In diesem Zusammenhang liegt eine standortgerechte Pflanzenverwendung nur dann vor, wenn sie kleinräumig die gegebenen, wechselnden Standortbedingungen berücksichtigt.

Viele der Pflanzenarten meso- oder oligotropher Standorte müssen, wenn auch noch nicht im Bestand akut gefährdet, als in ihrem zukünftigen Genpotential bedroht angesehen werden. Arten eutropher Standorte breiten sich auch in Städten häufig monokulturartig aus. Die „Roten Listen" führen keine erloschenen oder gefährdeten Standortrassen einzelner Arten auf. Hier stellt sich zum Beispiel die Frage, wie viele der bei ROTHMALER (1982 II) angeführten Rassen des Kleinen Habichtskrautes *(Hieracium pilosella)* überhaupt noch nachweisbar sind. Inwieweit allerdings bedrohte Sippen überhaupt erhalten bleiben können, erscheint fraglich.

Nachweisen läßt sich jedoch eine Wandlung bzw. Neubildung von Pflanzensippen in Städten. SUKOPP (1969, 1972, 1976) weist den fördernden Einfluß des Menschen auf die Sippenneubildung bei einigen eingebürgerten Wildpflanzen nach. Nach SUKOPP (1976) „genügen unter günstigen Umständen wenige Jahrhunderte, um im Sekundärareal eine Vielzahl von Arten entstehen zu lassen (...) Sicher werden die vorherrschenden Pflanzen der Zukunft diejenigen sein, welche am besten an die vom Menschen geschaffenen Standorte angepaßt sind."

Zu beachten ist jedoch, daß auf Dachflächen mit abnehmender Vegetationsschichtdicke und einer ebenflächigen Uniformität des Standortes die Artenvielfalt drastisch abnehmen kann. So weisen dünnschichtige Moosvegetationen etwa fünf bis zehn Pflanzenarten auf, eine artenreiche Lebensgemeinschaft Niederer und Höherer Pflanzen jedoch bis zu 50 Arten.

Die bisher erfolgten und weiterhin stattfindenden Einbürgerungen nicht heimischer Arten (Naturalisation) in Stadträumen müssen besonders für die Besiedlung der „künstlichen Felsen" der Stadt in ihrem biologischen Wert hinsichtlich ihrer besonderen Anpassungsfähigkeit berücksichtigt werden.

4.3 Lebensräume für Tiere auf Dächern und an Fassaden

4.3.1 Dachbegrünungen

Die sporadische oder dauerhafte Besiedlung von Vegetationsbeständen auf Dächern durch die Fauna wurde bisher wenig untersucht. Von extensiven Vegetationsflächen liegen Untersuchungen von ZIMMERMANN (1987) sowie MÜLLER (1989) vor. ZIMMERMANN (1987) hat weiterhin den Artenbestand einer in der Innenstadt gelegenen Intensivbegrünung festgestellt. Einige Beobachtungen zur Avifauna konnte der Autor hier anführen. BLAB (1986) nennt in den „Grundlagen des Biotopschutzes für Tiere" neben Dachböden nur Reetdächer als für den „Faunenschutz bedeutsame Biotoptypen in engerem Stadtbereich".

Es liegt nahe, daß sich vor allem Vögel und Insekten, die sich von Pflanzen ernähren, um so häufiger auf Dachflächen ansiedeln, je enger die Anbindung an bodengebundene, großflächige Vegetation ist (Abbildungen 4 bis 6). Je größer der Verinselungscharakter, wie es zum Beispiel in Kern- und Großstädten der Fall ist, um so geringer wird die Vielfalt und Artenzahl an Tieren sein. Inwieweit durch einen Verbund von begrünten Dachflächen eine Erhöhung der Artenzahlen erfolgt, wurde bisher nicht untersucht. Für Vögel bedeuten Dachflächen in der Regel Teillebensräume.

Abb. 4. Höhengleich mit der Umgebung eingebundenes und vollständig begrüntes Bauwerk.

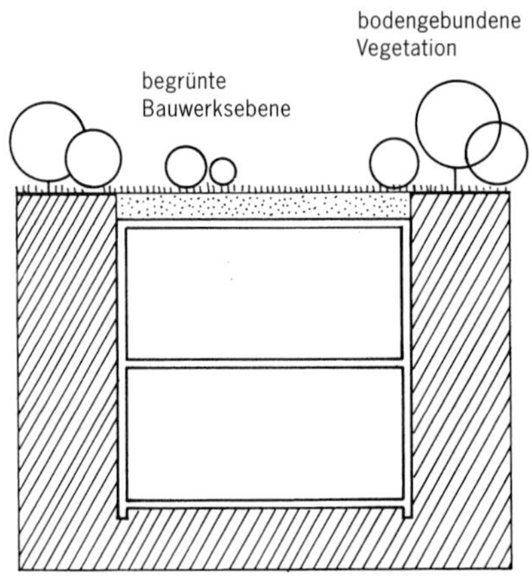

Abb. 5. Dach- und Fassadenbegrünung eines erdangeschütteten Bauwerkes. Durch den Anschluß an bodengebundene Flächen ergibt sich ein hoher Biotopwert.

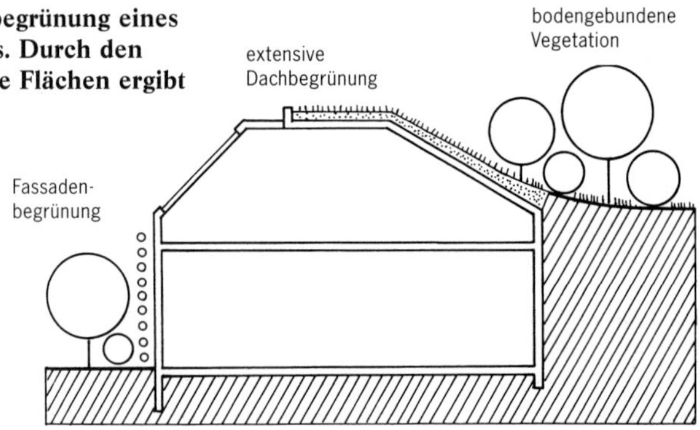

Abb. 6. Dachflächen mit verschiedenen Begrünungsformen und deren zunehmende Isolierung von der bodengebundenen Vegetation.

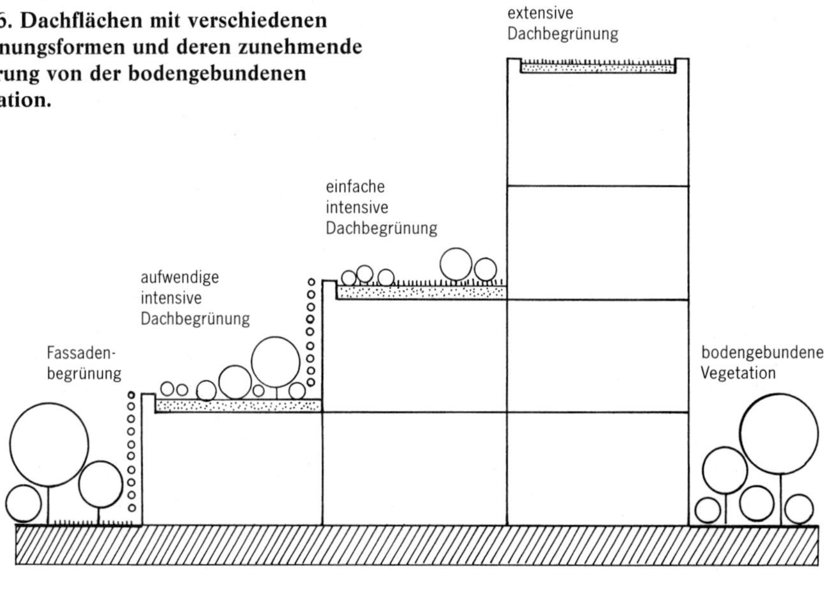

Eine schnelle und artenreiche Besiedlung läßt sich auf Dachflächen mit direkten Bodenanschluß feststellen. Dies kann sogar zu einer vorübergehenden Überpopulation von Mäusen führen.

Insekten

Die von MÜLLER (1989) erfaßten 18 Organismengruppen auf drei extensiv begrünten Dächern waren auf den bodengebundenen Vergleichsflächen hinsichtlich der Gesamtindividuenzahl etwa drei- bis siebenmal häufiger vertreten. Den größten Anteil hatten dabei Spinnen, Milben und Käfer. ZIMMERMANN (1987) stellt auf einem älteren, spontan begrünten Extensivdach mit 99 Arten eine sehr reiche Insektenfauna fest. Neben einem reichen Heuschreckenbesatz wurden sogar zwei geschützte Prachtkäferarten festgestellt. Auf einem relativ jungen, intensiv begrünten Dach fand ZIMMERMANN dagegen nur 30 Insektenarten, die jedoch eine hohe Individuendichte erreichten.

Von den bei von HAGEN (1988) angeführten krautigen Hummeltrachtpflanzen kommen immerhin etwa 40 Prozent der Arten für Extensive oder Einfache Intensive Dachbegrünungen in Betracht. Auch für Schmetterlinge sind viele Blütenpflanzen als Nahrungsquelle geeignet. So konnten auf größeren extensiv begrünten Flächen häufiger unter anderem Bläulinge *(Lycaenidae)*, Augenfalter *(Satyridae)* und Weißlinge *(Pieridae)* beobachtet werden. Dachflächen sind wegen ihres extremen Inselcharakters kein vollwertiges Habitat für Tag- und Nachtfalter, auch wenn Fraßpflanzen für die Raupen vorkommen. (Zum Beispiel dienen *Sedum*-Arten als Fraßpflanzen für Apollofalter *(Parnassius)* oder den äußerst seltenen Fetthennenbläuling.)

Auf intensiv begrünten Flächen werden häufiger größere Populationen verschiedener Ameisenarten beobachtet, die ihre Brutplätze gern in die Schutzkästen für die Wasseranstauregulierung oder in Laubfangkästen der Dachabläufe verlegen.

Zu den Insekten, die erhebliche Schäden an Pflanzen hervorrufen können, zählen der Dickmaulrüßler und *Tipula*-Larven. Regenwürmer, die mit dem Pflanzballen eingetragen wurden, sind in Intensivbegrünungen regelmäßig zu finden, während in Substratschichten von Extensivbegrünungen gelegentlich einzelne Exemplare auftreten.

Entscheidend auf die Besiedlung mit Insekten wirkt sich neben dem Entwicklungszeitraum der Begrünung der Anteil an verschiedenen Brut- und Nahrungspflanzen aus. KRÜGER (1981) schlägt zur gezielten Ansiedlung von Insekten die Bereitstellung von Nistgelegenheiten vor, die allerdings nur dann sinnvoll erscheinen, wenn gesicherte Ernährungsgrundlagen vorliegen und artgerechte Biotopgrößen vorhanden sind. Dachflächen sind in der Regel extreme, scharf abgegrenzte Inselbiotope mit lebensfeindlicher Umgebung, die für viele Insekten unüberwindbare Barrieren darstellen.

Vögel

Nach Feststellung des Autors kommen in Intensivbegrünungen mit bodendeckenden Pflanzungen, Stauden- und höheren Gehölzbeständen in der Stadt wie auch am Stadtrand in Gewerbegebieten folgende Brutvogelarten vor: Hänfling, Girlitz, Grünfink, Heckenbraunelle, Ringeltaube, Schwarzdrossel, Singdrossel, Türkentaube, Zaunkönig. Sofern Nistkästen für Halbhöhlen- und Höhlenbrüter vorhanden waren, traten Blau- und Kohlmeise sowie Haus- und Gartenrotschwanz und Star auf. Diese Arten werden aber sehr häufig von Haus- und Feldsperlingen verdrängt.

Als bodenbrütende Vögel auf größeren Extensivbegrünungsflächen wurden im Stadtrandbereich, in Gewerbegebieten oder im ländlichen Raum folgende Arten mit Nestfunden belegt: Haubenlerche (recht häufig), Feldlerche, Wiesenpieper, Steinschmätzer (einmal), Grünfink (einmal als Bodenbrüter, seltene Ausnahme).

Die genannten Arten zählen nach der „Roten Liste“ (1984) nicht zu den bedrohten Vogelarten. Der Steinschmätzer kommt jedoch relativ selten vor.

Als ungestörte Rast- und Ruheplätze werden begrünte oder unbegrünte Dachflächen von vielen Vogelarten – auch von Großvögeln – angenommen, wie dies die Beispiele von Häfen oder Flughäfen zeigen. (Durch Möwenkot werden allerdings erhebliche Schäden an der Vegetation mit nachfolgender Eutrophierung und Ruderalisierung beobachtet.) Zur Nahrungsaufnahme besuchen Finkenvögel und Drosseln frühzeitig und intensiv beerentragende Sträucher. Dies führt dann zum schnellen Verlust von Fruchtschmuck an Gehölzen.

Der Wert von begrünten Dachflächen als Lebensraum für Vögel liegt sicher in der Ungestörtheit nicht oder selten benutzter Dachflächen begründet. Er nimmt mit deren Flächengröße und mit einer abwechslungsreichen Vegetation zu. Bodenbrütende Vögel finden auch auf extensiv begrünten Bauwerken in der freien Landschaft ideale Brutmöglichkeiten, da diese Flächen nahezu störungsfrei bleiben.

4.3.2 Fassadenbegrünungen

Zur Besiedlung von Fassadenbegrünungen durch Tiere liegen keine umfassenden Untersuchungen vor, sondern es gibt nur einzelne Hinweise dazu in der vogelkundlichen Literatur. Begrünte Fassaden stellen einen in der Tiefe stark eingeschränkten Lebensraum dar, sofern sie nicht – von Dachflächen ausgehend – Verbindung zum Boden haben. Sie erst ermöglicht Insekten und Säugetieren die Ausdehnung ihres Lebensraumes.

Den höchsten Wert als Lebensraum für Insekten und Vögel haben naturgemäß ältere Direktbegrünungen von Fassaden mit Selbstklimmern. So sind insbesondere ältere Efeubestände für Halbhöhlenbrüter wertvoll. Aber auch Drossel-, Finken- und Taubenarten nisten hier häufiger. Viele Kleinvögel, insbesondere Sperlinge, übernachten an begrünten Fassaden. Diese sind dann wiederum ein Jagdrevier für den Waldkauz. Schwalben scheinen unter den Dächern begrünter Fassaden nicht so gern zu nisten.

Insektenfressende Vögel suchen begrünte Fassaden besonders in den Wintermonaten regelmäßig und intensiv ab. Hier sind besonders Kohl- und Blaumeisen zu nennen, die den reichlich vorhandenen Spinnen nachstellen und so für ein ökologisches Gleichgewicht sorgen. Blütenbesuchende Insekten treten zur jeweiligen Blütezeit der einzelnen Arten gehäuft auf. Wespen und Hornissen bauen ihre Nester nur an trockenen, windstillen Stellen. Vor begrünten Fassaden sind häufiger Schwärme blattlausfressender Schwebefliegen festzustellen.

Weil begrünte Fassaden wie Dachflächen relativ sicher vor regelmäßigen Störungen sind, ist ihr Wert als Brutstätte, Nahrungsquelle sowie Schutz- und Fluchtzone besonders für Vögel sehr hoch einzustufen.

4.4 Klimatische Wirkungen von Dach- und Fassadenbegrünungen

Die standortklimatische Wirkung von Dach- und Fassadenbegrünungen in Städten muß mit ihrem prozentualen Flächenanteil und dem Wirkungsgrad der Biomasse ins Verhältnis zu bodengebundenen Grünanlagen gesetzt werden.

Die klimatische Wirksamkeit einer Grünfläche hängt davon ab, ob über dieser ein *Eigenklima* (SPERBER 1974) aufgebaut werden kann. GRÄFE (1989) geht hier von einer Mindestgröße von 0,4 ha aus. Dabei erweist sich eine Mischung aus größeren Rasenflächen, niedrigen Strauchgruppen und Bäumen am wirkungsvollsten. Vegetationsflächen mit einer Ausdehnung von mehr als 2 ha wird generell ein Eigenklima zugeordnet.

Die Flächenanteile an begrünten Dächern und Fassaden sind gerade in den stadtklimatisch belasteten Innenstadtbereichen bisher verschwindend gering. Dies gilt auch in baulich verdichteten Wohnquartieren mit Altbausubstanz. Der Wirkungsgrad der Vegetation ist primär an die Wasserversorgung gebunden. Am meisten lebensaktive Biomasse, die zum Ausgleich von Temperaturextremen durch Wasserverdunstung sowie Staubbindungen beitragen kann, stellen naturgemäß die Ausbildungsformen von Intensiven Dachbegrünungen bereit. Eine bewertende Einordnung von Extensiven Dachbegrünungen und vollflächigen Fassadenbegrünungen läßt sich mangels Zahlenmaterial nicht vornehmen. Weil jedoch bodengebundene Fassadenbegrünungen anders als Extensive Dachbegrünungen keine sommerlichen trockenheitsbedingten Ruhepausen haben, dürften diese einen höheren Wirkungsgrad insbesondere hinsichtlich ihres Kühleffektes besitzen. Durch Aufnahme und Reflektion der Globalstrahlung tritt in Verbindung mit der Transpiration ein Kühl- und Schattiereffekt ein, der um so wirksamer ist, je größer und dichter die Blattmasse ist.

KOLB und SCHWARZ (1986) haben über Gräser-Kräuter-Beständen einer Intensivbegrünung einen Temperaturunterschied der Luft zur bekiesten Fläche von etwa 25 °C gemessen. Die maximale Temperatur über der Vegetation betrug etwa 24 °C. Nach KOLB und SCHWARZ (1986) „sind die Pflanzenbestände in der Lage, an heißen Sommertagen die Temperaturextreme erheblich zu vermindern". Die Unterschiede im Tag-Nacht-Zyklus betrugen bis 12 °C.

Je nach den physiologischen Ausgleichsleistungen durch Transpiration oder deren Verringerung durch morphologische Schutzanlagen erfolgt eine Erwärmung der Luft über Pflanzbeständen und Blattflächen auf Bereiche zwischen etwa 30 und 50 °C (WINKLER 1980), während die Temperatur am Boden durch Schattierwirkungen erheblich abnimmt. Dies zeigen auch die vergleichsweise herangezogenen Transpirationswerte bodengebundener Vegetationsflächen (aus WINKLER 1980, dort nach PISEK und CARTELLIER 1941):

– nasse Wiesen 15,5 kg Wasser je m^2 und Tag
– Fettwiesen 4,3 kg Wasser je m^2 und Tag
– Trockenrasen 2,58 kg Wasser je m^2 und Tag

Transpirationsleistungen und Evaporationswerte erhöhen sich bei Wind erheblich, so daß die Wasserreserven Extensiver Dachbegrünungen schnell verbraucht sind.

Die Wirkungen im klimatischen Bereich durch Bauwerksbegrünungen werden sich in der Regel auf den klein-klimatischen Raum beschränken, in dem auch auf den begrünten Flächen die extremen Aufheizungen der Bauwerksoberflächen (HÖLSCHELE und SCHMIDT 1974) vermieden werden. Gut eingewachsene, ältere Intensivbegrünungen mit höheren Gehölzen können eine rückkoppelnde, zunehmende Verbesserung der Standortbedingungen für andere Pflanzen durch Windabschirmung, Schattierung und Kühlung bewirken.

In schachtartigen Innenhöfen können sich möglicherweise durch allseitige Fassadenbegrünungen und bodengebundene Vegetation in Bodennähe kühlere Luftschichtungen ergeben, welche den thermischen vertikalen Luftaustausch behindern.

Im Zusammenhang mit den günstigen klimatischen Auswirkungen von städtischer Vegetation müssen auch bestimmte Assoziationen mit beachtet werden. Diese stellen sich bei der positiv besetzten Assoziation Pflanzen = Sauerstoff ein. Kühl-feuchte Luft wird als sauerstoffreich empfunden. Gerade jedoch die Sauerstoffproduktion hat den *geringsten* Stellenwert, da die Überschußbilanz in den biologischen Kreisläufen (Assimilation, Dissimilation, mikrobieller Abbau organischer Substanz) der Landmassen äußerst gering ist, während das Meeresplankton eine höhere Bedeutung hat (LARCHER 1980). Es besteht global betrachtet kein Mangel an Sauerstoff. Der Sauerstoffgehalt der Luft ist bisher mit geringsten Schwankungen, bedingt durch den gesamtatmosphärischen Ausgleich (MIESS 1988), gleich geblieben.

Wohl aber gibt es die bekannte, zum Teil erhebliche Immissionsbelastung. Dachsubstrate halten wie gewachsene Böden staubförmige Immissionen zurück (KÖHLER 1989).

4.5 Wasserrückhaltung durch Dachbegrünungen

Wie verschiedene Dachbegrünungen Niederschläge zurückhalten, wurde in den letzten Jahren durch KOLB (1987) und LIESECKE (1985 b, 1988) eingehender untersucht. Als bisherige Ergebniswertung und Bilanzierung kann davon ausgegangen werden, daß selbst noch relativ dünnschichtige Extensivbegrünungen (ab etwa 8 cm Schichtdicke) zur wirksamen Entlastung der Grundstücksentwässerung durch Wasserspeicherung und verzögerten Wasserabfluß beitragen. Größere zu begrünende Flächen erlauben es dadurch, die Entwässerungseinrichtungen (Rohrquerschnitte, Rückhaltebecken auf dem Grundstück) zu reduzieren (ERNST und WEIGERDING 1985 b, 1988, 1986, LIESECKE 1985, KOLB 1987).

Nach DIN 1986, Teil 2, „Entwässerungsanlagen für Gebäude und Grundstücke...", wird ein Abflußbeiwert für „Dachgärten" mit $\psi = 0,3$ und für bekieste Dächer mit $\psi = 0,5$ zugrunde gelegt. Die oben angeführten Untersuchungen rechtfertigen nach LIESECKE (1987) und KOLB (1987) für Extensive Dachbegrünungen über 8 cm Schichtdicke einen Abflußbeiwert von $\psi = 0,3$, bei geringerer Schichtdicke liegt der Abflußbeiwert bei $\psi = 0,5$. Demgegenüber ist der Abflußbeiwert für Kiesflächen auf Flachdächern zu niedrig angesetzt. Er liegt nach den dort erfolgten vergleichenden Untersuchungen zwischen $\psi = 0,7$ und 0,9.

Nach den „Richtlinien für Dachbegrünungen" (FLL 1990) sind nunmehr als Planungsgrundlage folgende Abflußbeiwerte bei Begrünungen auf Flachdächern anzusetzen:

- für Intensivbegrünungen $\psi = 0{,}3$
- für Extensivbegrünungen ab 10 cm Aufbaudicke $\psi = 0{,}3$
- für Extensivbegrünungen unter 10 cm Aufbaudicke $\psi = 0{,}5$

In diesem Zusammenhang muß jedoch die insgesamt bessere wasserspeichernde Wirkung von Intensiven Dachbegrünungen berücksichtigt werden, die durch die tendenziell höhere Wasserkapazität der Vegetationsschichten, höhere Schichtaufbauten und den zusätzlichen Wasseranstau bedingt ist. Hier ist jedoch immer eine vergleichende Berechnung und Wertung im Einzelfall erforderlich, weil auch Schichtaufbauten von Extensivbegrünungen unter Verwendung von optimal wasserspeichernden Stoffen und entsprechenden Schichtstärken eine ähnlich hohe Gesamtwasserkapazität erreichen können wie Intensivbegrünungen ohne Wasseranstau.

Natürlich muß dabei beachtet werden, daß sich für Intensive Dachbegrünungen durch Zusatzversorgung mit Frischwasser im Hochsommer die ökologische Positiv-Bilanz verschlechtern kann. Der Frischwasserverbrauch liegt jedoch in geschützten, wenig windbelasteten Lagen, besonders bei einer Bewässerung über Wasseranstauverfahren niedriger als allgemein angenommen oder entfällt ganz. Dies zeigen bepflanzte Innenhöfe, in denen nach der Winterperiode vergessen wurde, die Frischwasserzufuhr wieder anzustellen. Es liegen dazu Erfahrungen von Einzelobjekten vor, die über zehn Jahre lang ohne zusätzliche Frischwasserversorgung ausgekommen sind.

Weiterhin bestehen bisher viel zu wenig genutzte Möglichkeiten in der Wasserbevorratung für Intensivbegrünungen durch Speicherung von Überschußniederschlägen in Zisternen, die insbesondere während der Wintermonate anfallen. Außerdem könnte Überschußwasser von angrenzenden Fassaden wie auch von unbegrünten Dachflächen dem Wasseranstauhorizont zugeführt werden, anstatt es direkt in die Kanalisation abzuführen. Dieses Überschußwasser kann für Extensivbegrünungen nicht verwertet werden.

Sofern Überschußwasser in Zisternen (Brauchwasservorrat) gespeichert oder Teichanlagen zugeführt werden soll, muß hinsichtlich der Funktionalität derartiger Anlagen die unterschiedliche, jahreszeitlich bedingte Einspeisungsmenge beachtet werden. Insbesondere bei der Anlage von Teichen und Feuchtbiotopen ist zu berücksichtigen, daß gerade in den Sommermonaten mit hohem Zulaufbedarf Überschußwasser von begrünten Dächern nicht oder nur in geringen Mengen anfällt.

Wie sich am Beispiel des Niederschlagswassers zeigt, können sich im Rahmen einer ökologischen Gesamtbilanz Einzelgewichtungen für beide Begrünungsformen verschieben. Der ökologischen Bilanzierung sollten – soweit vorhanden – immer die Werte für die Wasserrückhaltung im begrünten Zustand zugrunde gelegt werden. Diese sind höher als die rein rechnerischen Werte, die sich aus der maximalen Wasserkapazität der verwendeten Stoffe für den Schichtenaufbau ergeben, weil die Quellung abgestorbener Phytomasse, Benetzung und sofortige direkte Wasseraufnahme mit berücksichtigt werden muß. „Durch die Fähigkeit der Moospolster, Wasser rasch aufzunehmen und festzuhalten, wird der oberirdische Abfluß des Niederschlagswassers z.T. auf 0 herabgesetzt. Damit verändern sich die mikroklimatischen Verhältnisse in einem Ökosystem" (WINKLER 1980). Einzelne Moosarten können das Neunfache ihres Trockengewichtes an Wasser binden (in ROMOSE 1940, in WINKLER 1980).

5 Standortbedingungen der Vegetation auf und an Bauwerken

5.1 Hinweise zur Differenzierung

Die abiotischen Standortbedingungen für die Vegetation auf und an Bauwerken sind in ihrer außerordentlichen Komplexität bisher noch nicht repräsentativ in dem kompletten Wirkungsgefüge klimatischer, atmosphärischer und bauwerksbedingter Einflüsse untersucht und dargestellt worden. Charakterisierungen von einzelnen untersuchten Vegetationsstandorten auf Dächern erfolgten im Rahmen von vegetationskundlichen und standortökologischen Arbeiten (BORNKAMM 1961, LEHMANN 1985, DARIUS und DREPPER 1983, BOSSLER und SUSKA 1987, 1988 ZIMMERMANN 1987). Der Schwerpunkt lag hier auf der Untersuchung der Vegetationsschichten als Lebensraum und der einwirkenden Einflußgrößen. Es fehlt eine ausreichende Anzahl verschiedener Darstellungen auch von Wechselwirkungen der Standortfaktoren, wie sie von vergleichbaren natürlichen Trockenstandorten der Trocken- und Halbtrockenrasen aus ganz Mitteleuropa vorliegen.

In Versuchsanlagen gewonnene Daten zum Wasserhaushalt in extensiv begrünten Vegetationsschichten liegen von KOLB (1987) und LIESECKE (1985, 1988, 1989) vor. Diese Daten ermöglichen eine stoffbezogene Abschätzung in der Verfügbarkeit des Minimumfaktors Wasser. Werte zur Evaporation und Transpiration sind allerdings nicht verfügbar.

Relativ gut untersucht sind auch die Temperatureinwirkungen und -verläufe im Schichtenaufbau (KOLB und SCHWARZ 1986, STEIN 1987). In Tabelle 1 sind die prozentualen Einflußgrößen der Umweltfaktoren auf das Pflanzenwachstum dargestellt, die sich allerdings auf den bodengebundenen Standort

Tab. 1. Die Beeinflussung des Pflanzenwachstums durch Umweltfaktoren in anteiligen Prozenten (aus KREEB 1974, nach LAUE, FORKEL, FORBERG 1968)

Niederschlag	5,74%
Luftfeuchtigkeit	2,03%
Bodenbearbeitung	1,69%
Bodenleben	5,41%
Bewölkung	4,28%
Jahreszeit	4,28%
Grundwasser	2,03%
Be- und Entwässerung	3,72%
Boden	6,76%
Düngung	3,72%
Luftverunreinigung	7,66%
pflanzenverfügbares Wasser im Boden	12,16%
pflanzenverfügbare mineralische Nährstoffe im Boden	10,14%
physiologisch wirksame elektromagnetische Strahlung	12,84%
CO_2-Gehalt der Luft in Pflanzennähe	10,14%
Wachstum der Pflanze	7,40%

beziehen. Auf künstlichen Ebenen erhalten alle wasserabhängigen Faktoren einen höheren Stellenwert.

Ableitungen aus Untersuchungen natürlicher Standorte sind nur sehr bedingt möglich, weil Dachstandorte entscheidende Unterschiede zu bodengebundenen Standorten aufweisen, die sie mit Recht im allgemeinen als „Extremstandorte" charakterisieren. Eine erste Übersicht über die standortbedingten Einflußfaktoren gibt LIESECKE (1973). Der wesentliche Standortfaktor für Vegetation auf Dachflächen ist *das Fehlen eines durchwurzelbaren Bodenanschlusses in tiefere Schichten.* Daraus ergeben sich:
- ein in die Tiefe begrenzter Wurzelraum
- eine erhöhte Wurzelkonkurrenz
- keine Versickerung von Niederschlagswasser
- kein kapillarer Wasseraufstieg aus den Unterbodenschichten
- verminderte Taubildung
- kein Mineralstoffaustausch der Vegetationsschicht mit dem Unterboden
- unmittelbare Wirkungen von Staunässe auf gefällelosen Dächern als potentielles Risiko
- erhöhte Aufheizung der Vegetationsschicht
- erhöhte Verdunstung des Bodenwassers
- veränderte Bedingungen bei der Humusbildung, Mineralisierung und Nährstofffreisetzung.

Die Wechselwirkungen zwischen einerseits konstanten oder relativ konstanten Standortfaktoren, die durch das Bauwerk entstehen, und andererseits bis ins Extreme veränderliche, äußere Einflüsse sind im konkreten Fall häufig nicht einfach zu analysieren. Der Erkennung von Extrembedingungen zur vorbeugenden Schadensverhütung kommt dabei eine besondere Bedeutung zu. Die sich ergebenden *Grenzstandortbedingungen* bestimmen die Pflanzenauswahl und die Überlebensfähigkeit der Vegetation auf Dauer. Die Komplexität der Ökosystembedingungen auf Dachstandorten mit ihren äußeren Einflußfaktoren, Stoffkreisläufen und biologischen Prozessen ist in Abbildung 7 dargestellt.

In den folgenden Abschnitten wird eine Dreigliederung der die Standortbedingungen kennzeichnenden Faktorengruppen verfolgt:
- Klimafaktoren
- bauwerksbedingte Faktoren
- vegetationstechnische Faktoren.

Abb. 7. Ökosystembedingungen sekundärer Pflanzenstandorte auf Dächern (KRUPKA 1988, ergänzt).

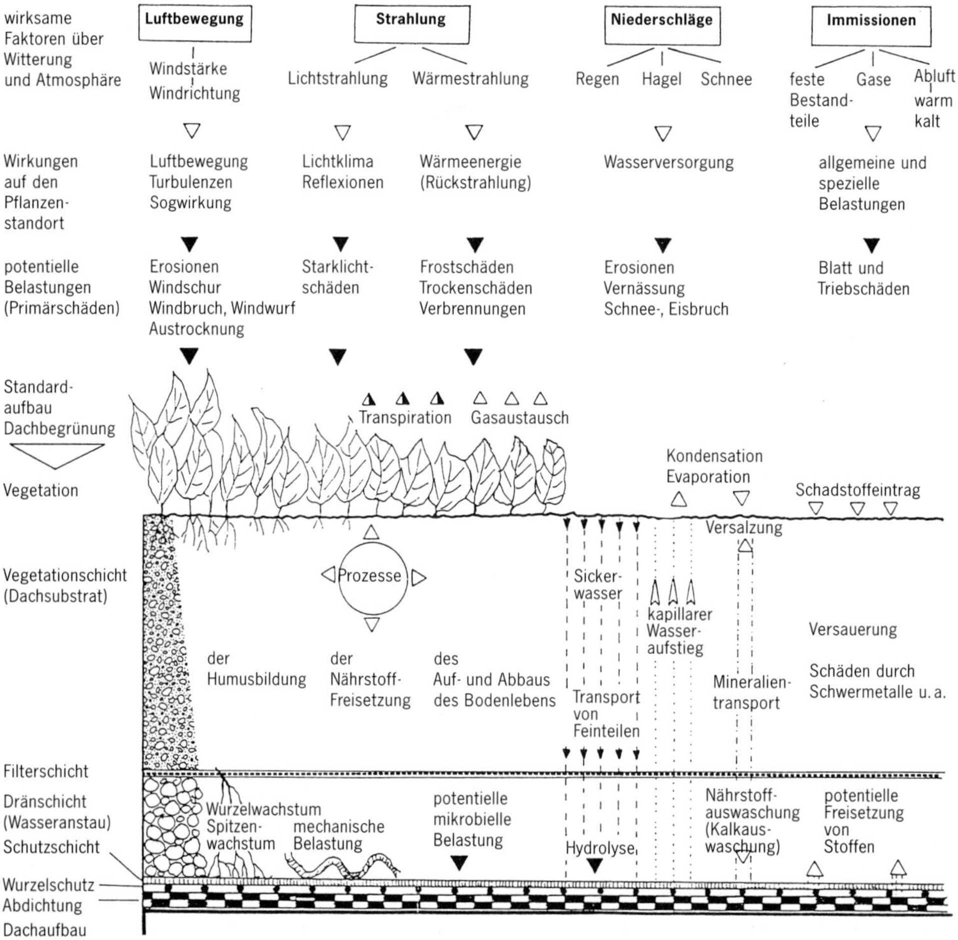

Aus der Summe der Standortfaktoren lassen sich allgemeingültige Kriterien für eine bauwerksbezogene Gliederung der Lebensräume für die Vegetation ableiten (siehe Abschnitt 5.5), die zu Lebensraum-Kennziffern erweitert werden können (siehe Abschnitte 10.2 und 12.2.3).

5.2 Klimafaktoren

Es reicht auf keinen Fall aus, die Klimaeinwirkungen auf Dachstandorte nur über die großklimatischen Einflüsse zu analysieren. Die spezifische **Ausbildung des Ortsklimas** aufgrund der topographischen Lage eines Bau-

Abb. 8. Topographische Lage eines freistehenden Gebäudes in der Ebene des Flachlandes.

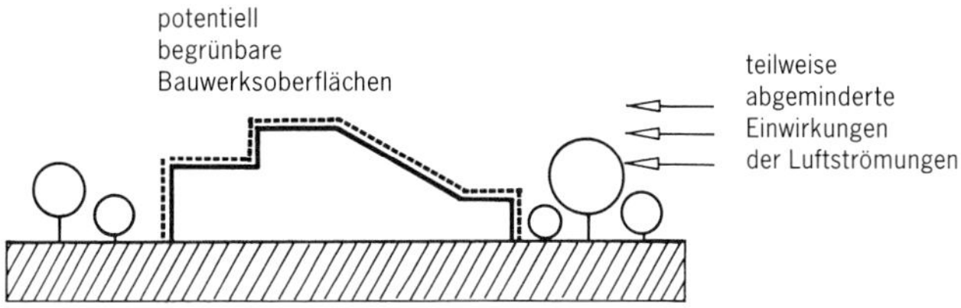

Abb. 9. Topographische Lage eines freistehenden Gebäudes auf der Hochebene.

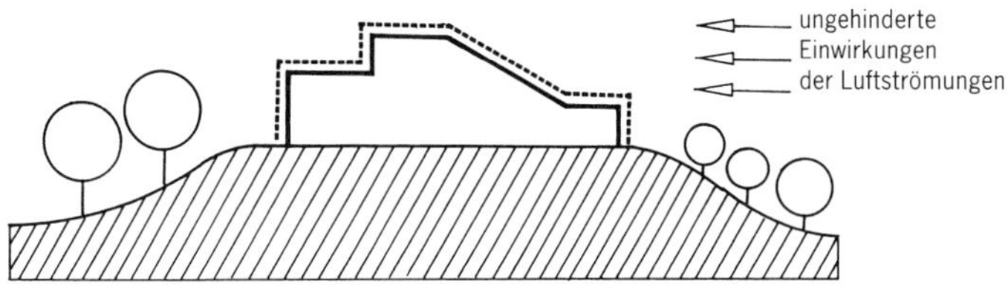

Abb. 10. Topographische Lage eines freistehenden Gebäudes in Hanglage.

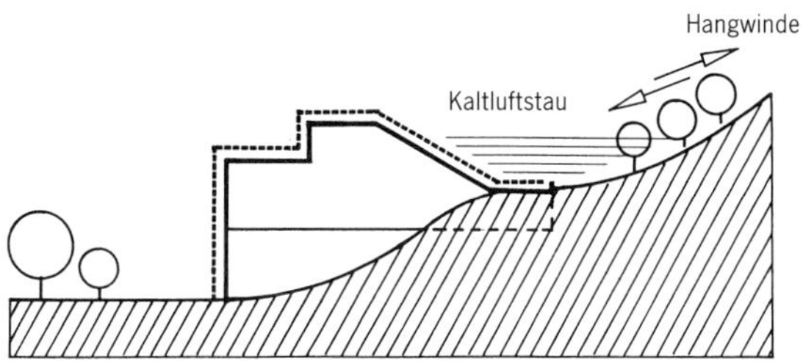

werkes und das sich in Abhängigkeit von der Exposition der Dachflächen und Struktur der Baumasse ergebende **Kleinklima** bestimmen entscheidend die Standortqualität. Wie in den Abbildungen 8 bis 14 exemplarisch aufgezeigt, ist hinsichtlich der topographischen Lagen zu unterscheiden zwischen

- Einzelgebäuden und Gebäudegruppen in freien Lagen landschaftlicher, unterschiedlicher topographischer Situation, mit direkten großklimatischen Einwirkungen
- Gebäuden im Stadtraum unterschiedlicher topographischer Situation, die stadtklimatischen Einflüssen unterliegen.

Daraus ergeben sich primär wesentliche Einflußgrößen aus den **Luftströmungen**, deren Konstanz und Intensität zwischen Standorten in der Ebene (Küstenregionen!) und der Höhenlage. Tageszeitliche Schwankungen sind an allen Hanglagen durch Auf- und Abwärtsbewegungen von warmer und kalter Luft geprägt. In Tallagen, insbesondere in geringer bebauten Gebieten, können ausgeprägte Kaltluftseen entstehen, die das Ortsklima, speziell in den Übergangsjahreszeiten im Frühjahr und Herbst, beeinflussen. Hieraus ergeben sich Verzögerungen der Vegetationsentwicklung und Frostgefährdungen.

In Städten nimmt in der Regel die Windgeschwindigkeit vom Stadtrand zum Zentrum, gebremst durch zunehmende Bebauung, ab (Tabelle 2). Hangwinde werden durch Bebau-

Abb. 11. Topographische Lage eines freistehenden Gebäudes in weiter Tallage.

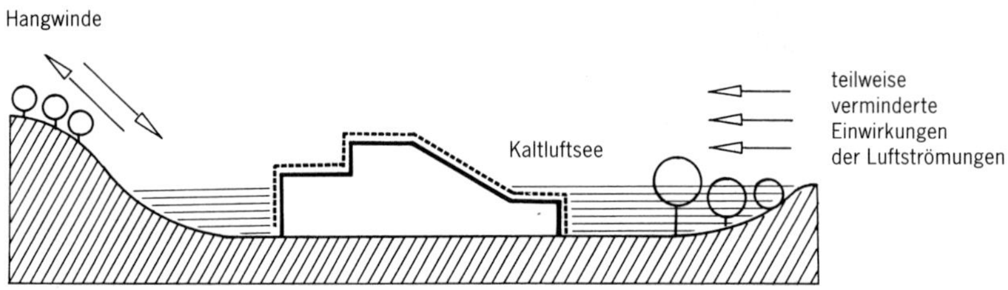

Abb. 12. Topographische Lage eines freistehenden Gebäudes in enger Tallage.

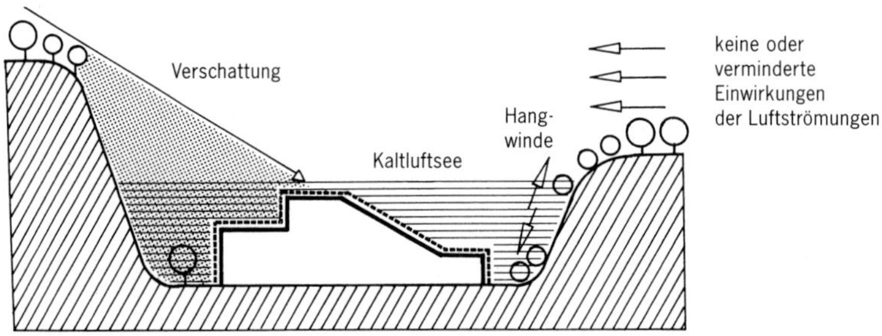

Abb. 13. Topographische Lage eines Gebäudes im Innenstadtbereich.

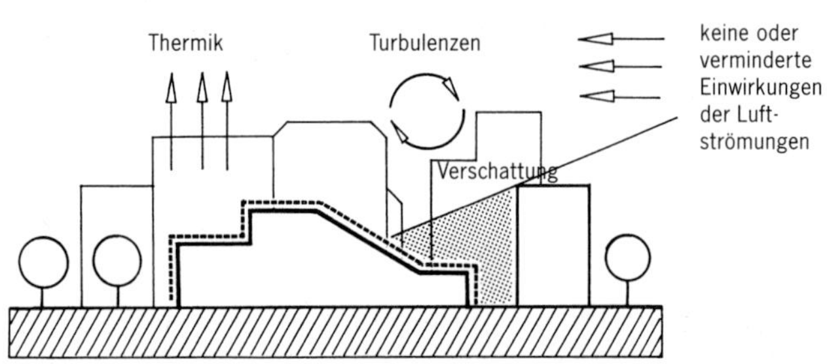

Abb. 14. Topographische Lage eines Gebäudes am Stadtrand.

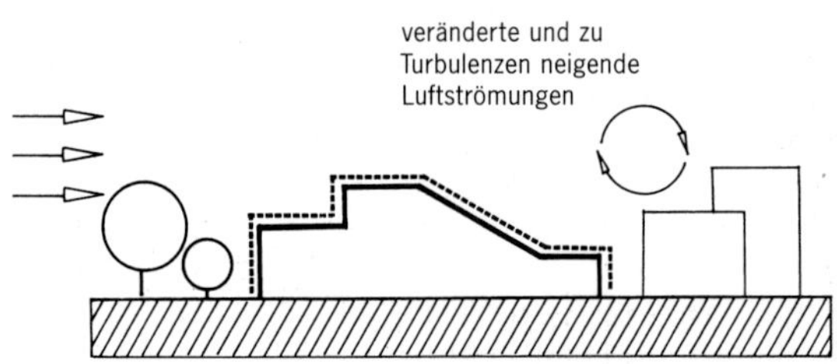

ungen erheblich abgeschwächt. Besonders durch höhere Gebäude entstehen in der Stadt regelmäßig Wirbelwinde mit erheblichen Windgeschwindigkeiten und Düsenwirkungen zwischen den Baukörpern. An Hochhausfassaden herrschen ständig Aufwinde.

Hangseitige **Sonnen- oder Schattenlagen** können ein bauwerksbezogenes Kleinklima schaffen, das vom Ortsklima extrem abweicht, insbesondere bedingt durch eine tages- und jahreszeitlich lang anhaltende Sonneneinstrahlung. Talkessellagen in Innenstadtbereichen weisen als Wärmeinseln die höchsten Temperaturspitzen auf. MÜLLER (1982) charakterisiert das Stadtklima so: „Unsere Städte haben vom Typus her ein Steppenklima, da mit zunehmender Lufttemperatur beim Fehlen von transpirierender Vegetation die relative Luftfeuchtigkeit sinkt."

Den Effekt von **Wärmeinseln** in Großstädten führen BAUMÜLLER und HOFFMANN (1987) am Beispiel Stuttgarts an. Messungen ergaben für die Innenstadt eine um durchschnittlich 6 °C höhere Temperatur als auf den Randhöhen des Talkessels. Dieser Unterschied bleibt auch im Winter bei extrem tiefen Temperaturen bestehen. „Der Wärmeinseleffekt tritt besonders bei dem nächtlichen Temperaturminimum in Erscheinung. In den Temperaturmaxima zeigen sich kaum Unterschiede zum Umland; jedoch tritt in der Stadt das Maximum von 1 bis 2 Stunden verzögert ein" (BAUMÜLLER und HOFFMANN 1987). FEZER und KARRASCH (1985) charakterisieren das Stadtklima unter dem Einfluß von Wärmeinseln so: „Je größer die Stadt, desto milder sind ihre Nächte, desto länger ist die frostfreie Periode, desto kürzer liegt eine Schneedecke, desto eher wird Nebel aufgelöst." Die Verlängerung der Vegetationsperiode ist durch verschiedene Untersuchungen an einzelnen Pflanzarten belegt und schlägt teilweise erheblich zu Buche (siehe Tabelle 2).

Hinsichtlich der **Niederschlagsverteilung** sind deutliche Unterschiede bezüglich der Menge und der Verteilung von Regen in Städten gegenüber dem Umland festzustellen. In der Stadt fallen etwa 5 bis 10 Prozent mehr Regen, der häufig als Starkregen mit Gewittern niedergeht. Schneefall ist jedoch in den Städten um etwa 5 Prozent reduziert.

Die Übersichtskarten der Abbildungen 15 und 16 veranschaulichen die unterschiedliche

Tab. 2. Klimatische Faktoren urbaner Ökosysteme im Vergleich zur ländlichen Umgebung (ADAM 1988, Auszug)

Faktoren	Veränderungen gegenüber der ländlichen Umgebung (= Bezugswert 100)
Strahlung	
Gesamtstrahlung auf horizontaler Oberfläche	80
Gegenstrahlung (L)	110
Ultraviolette Strahlung im Winter	30 (im Extremfall 0)
Ultraviolette Strahlung im Sommer	70–90
Beleuchtung	
sichtbares Licht im Winter	85
sichtbares Licht im Sommer	95
Bewölkung	
Wolken	110
Niederschlag	
Gesamtbetrag	110
Tage mit mindestens 5 mm Niederschlag	110
Gewitterhäufigkeit	115
Tau-Niederschlag	35
Schneefall	95
Dauer der winterlichen Frostperiode	75
Anzahl von Frost- und Eistagen	55
Temperatur	
Jahresmittel	+ 0,5– 1 °C
Winterminima	+ 1 – 3 °C
maximale Temperaturunterschiede	3 –10%
Verdunstung	
Gesamtbetrag	40–70
relative Luftfeuchtigkeit	
Jahresmittel	94
Wintermittel	98
Sommermittel	92
Windgeschwindigkeit	
Jahresmittel	75
Spitzenböen	85
Windstillen	113
Verlängerung der Vegetationsperiode innerstädtischer Pflanzen gegenüber ländlicher Umgebung	etwa 8–10 Tage

Verteilung der Niederschläge im Bundesgebiet. Die Übersichtskarte der DIN 18035, Teil 2, „Sportplätze, Bewässerung von Rasen und Tennenflächen" (1979), gibt den Beregnungswasserbedarf für Rasenflächen im langjährigen Mittel an, wie er gleich oder höher auch für Intensivbegrünungen besteht.

Weil im warmen Stadtklima der Taupunkt viel seltener erreicht wird, ist der **Tau-Niederschlag** um bis zu 65 Prozent gegenüber dem Umland reduziert. Die Häufigkeit der **Nebelbildung** ist heute gegenüber früheren Feststellungen deutlich zurückgegangen, weil die nebelfördernden Luftverunreinigungen redu-

Abb. 15. Gebiete mit mittleren Niederschlagssummen unter 600 mm bzw. mit 600 bis 800 mm im Jahr (nach GEO Spezial „Wetter" 1982).

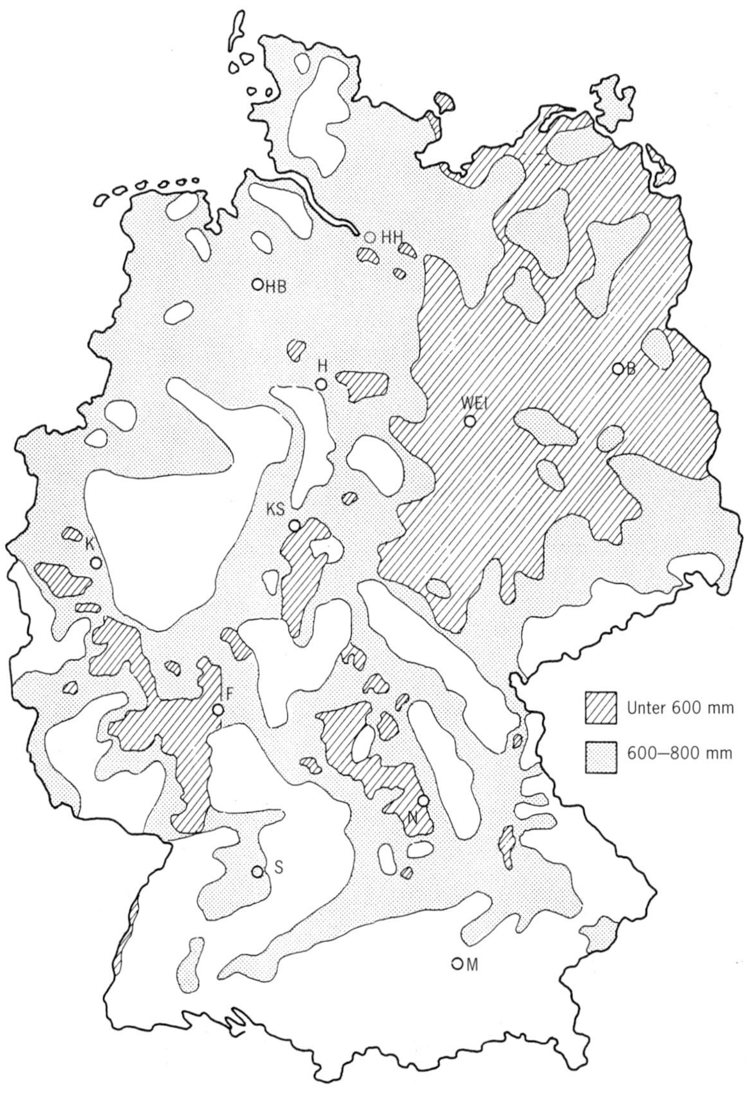

ziert wurden. Nach FEZER und KARRASCH (1985) „ist die Stadt nebelärmer als das Land". Tabelle 3 führt als Übersicht am Beispiel Berlin die hier wiedergegebenen wichtigsten stadtklimatischen Faktoren an.

Die Auseinandersetzung des Planers mit der Wirkung der Klimafaktoren und deren regionaler und örtlicher Ausprägung erscheint besonders wichtig, wenn dieser sein „heimisches" Planungsumfeld verläßt und überregional tätig wird. In solchen Fällen sind schon erhebliche Fehleinschätzungen in der Verwendung einzelner Pflanzenarten vorgekommen. Bedeutsam ist es, sich mit beson-

Abb. 16. Gebiete mit mittleren Niederschlagssummen von 1000 bis 1500 mm und von 1500 bis 2500 mm im Jahr (nach GEO Spezial „Wetter" 1982).

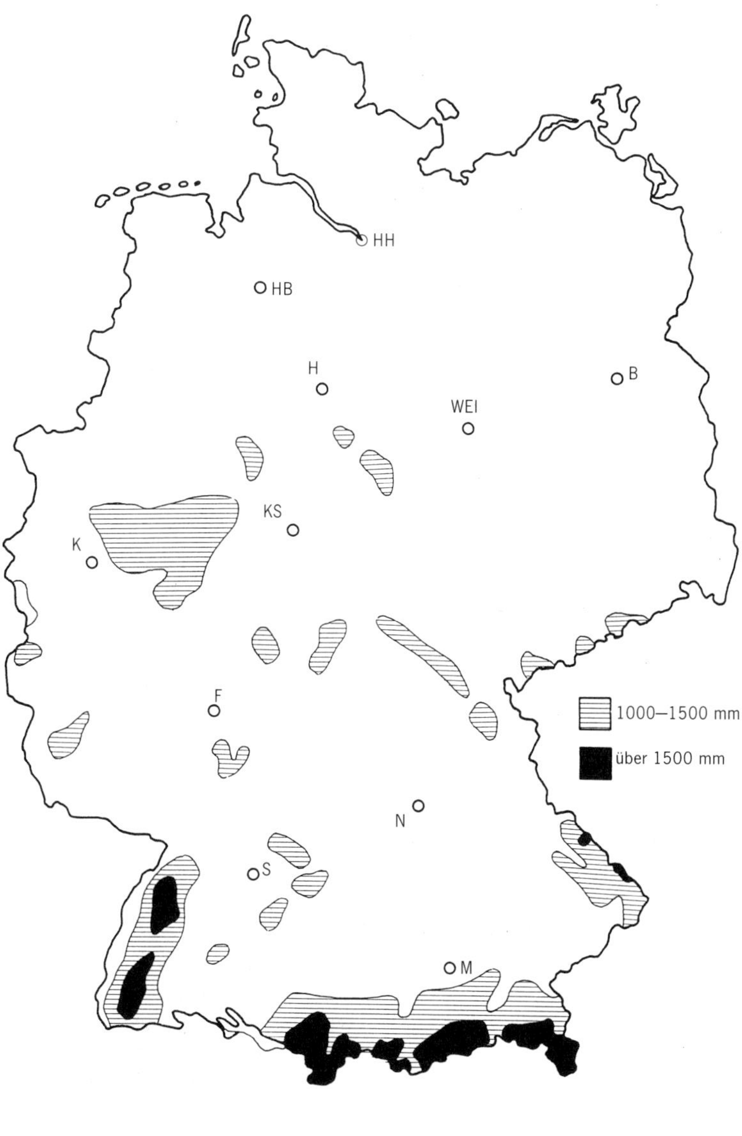

Tab. 3. Stadtklimatische Ausprägungen und Wirkungen am Beispiel Berlins im Vergleich zu seinem Umland (aus FEZER und KARRASCH 1985, dort nach KRATZER 1987 u.a.)

Klimawert	Freiland	Berlin	urbaner Effekt
Jahresmitteltemperatur in –C	8,3	9,3	+ 1 –C
Vegetationsperiode in Tagen	169	206	+ 22%
Austrieb von *Robinia pseudoacacia*			– 5 Tage
Sommertage (über 25 –C)	29	35	+ 21%
Frostnächte	100	81	– 19%
Eistage (ganztägig unter 0 –C)	29	21	– 27%
Heizenergie je m^3 umbauter Raum	freistehend	Innenstadt	– 10 bis – 50%
Niederschlagstage			
ab 0,1 mm	158,3	170,6	+ 7,8%
ab 1 mm	104	108	+ 3,8%
ab 10 mm	11,3	11,8	+ 4,4%
Tage mit Schneefall	37	32	– 17%

deren Extremen auseinanderzusetzen wie zum Beispiel:

- längeren, regelmäßig auftretenden Trokkenperioden
- der jahreszeitlichen Verteilung der Niederschläge
- Frostperioden ohne Schneebedeckung (Barfröste)
- Perioden längerer Schneebedeckung im Winter
- Hauptwindrichtung und Windstärken.

Daten sind dazu bei den örtlichen Wetterämtern oder Umweltmeßstationen zu erhalten.

5.3 Bauwerksbedingte Standortfaktoren

Die bauwerksbedingten Standortfaktoren entstehen durch Abänderung der klimatischen Einflüsse, bedingt durch die Lage, Form und Gliederung der Baumasse, durch Emissionen des Bauwerkes sowie durch weitere objektspezifische, architektonische und konstruktive Ausbildungen von Fassaden und Dächern. Außerdem ändert sich in der unmittelbaren Umgebung der Bauwerke die Bodenqualität, was Fassadenbegrünungen bedeutsam ist.

5.3.1 Veränderung der klimatischen Einflüsse

Das Bauwerk als Einzelgebäude oder in Verbindung mit anderen verstärkt oder vermindert Klimafaktoren, so daß in Zusammenhang mit den ortsklimatischen Bedingungen ein besonderes **bauwerksbezogenes Kleinklima** entsteht. Dies ist vom **bodennahen Mikroklima** zu unterscheiden.

Das bauwerksbezogene Kleinklima ist allgemein charakterisiert und wird differenziert durch

- ständig ausgeglichenes, abgemildertes Kleinklima in Innenhöfen oder auf besonders geschützten Dachflächen
- ständig extremes Kleinklima durch hohe Windbelastung und Sonneneinstrahlung aller frei liegenden Flächen
- wechselnde Kleinklimabedingungen, in dem das Normalklima zeitweise (auch plötzlich auftretenden) Wechselbedingungen unterliegt. Dies ist häufiger in topographischen Sonderlagen der Fall.

Besonders schwer läßt sich der zuletzt genannte Gesichtspunkt einschätzen, der sich vor allem auf Intensivbegrünungen sehr belastend auswirkt. DRÖGE (1966) charakterisierte das Klima umschlossener Gartenhöfe, welches mit Innenhöfen auf Bauwerken vergleichbar ist. Folgende Einzelfaktoren für die Klimaausprägung in Innenhöfen können auftreten (nach DRÖGE 1966):

Abb. 17. Strömungsbild und Druckverteilung in typischer Ausbildung an der Luvfassade eines Hochhauses (Druck der Anströmung 1,0) (aus SCHMALZ 1984, dort nach WIESE 1971).

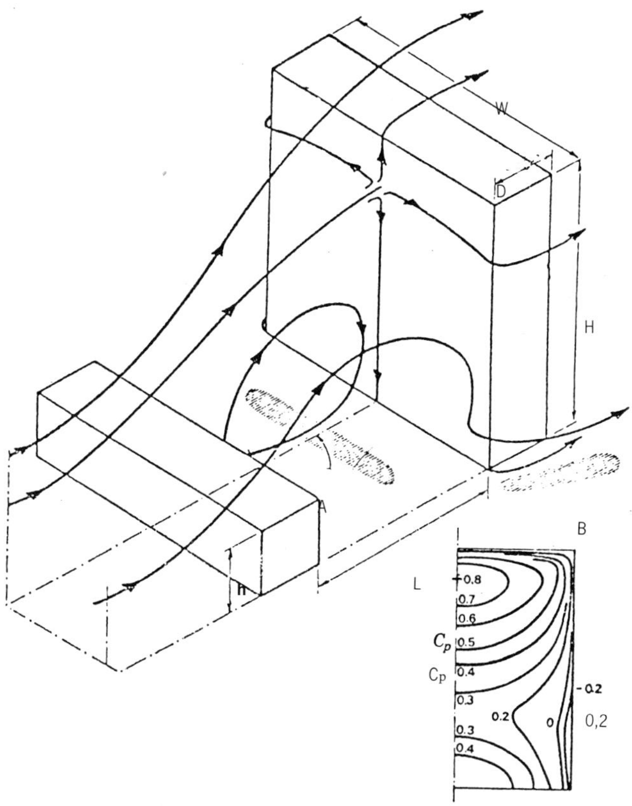

- Sog- und Staudruckbedingungen (Abbildung 17)
- Luftströmungsverhältnisse mit in allen Richtungen wechselnden Luftströmungen verschiedener Geschwindigkeiten (Windwirbel, Minizyklone) (Abbildung 18)
- wechselnde Licht- und Schattenzonen, die im Tages- und Jahresverlauf eine unterschiedliche räumliche Ausdehnung haben
- scharf abgegrenzte Licht- und Schattenbereiche
- höhere Rückstrahlungstemperaturen und Wärmestau
- starke Lichtreflektionen
- unregelmäßige Verteilung der Niederschläge
- niederschlagsfreie Bereiche (Regenschatten).

Die Wärme- und Kältespeicherfähigkeit der verschiedenen Baustoffe unterscheidet sich sehr stark, so daß sich in deren Abstrahlungsbereich besondere mikroklimatische Verhältnisse ergeben.

5.3.2 Bauwerksbedingte Emissionen

Zu den möglicherweise die Vegetation beeinträchtigenden bauwerksbedingten Emissionen zählen:

- Gase
- Stäube
- Warmluft
- Kaltluft
- Wärmeabstrahlung.

Abb. 18. Umströmung eines Gebäudes durch den Wind in schematischer Darstellung (aus SCHMALZ 1984).

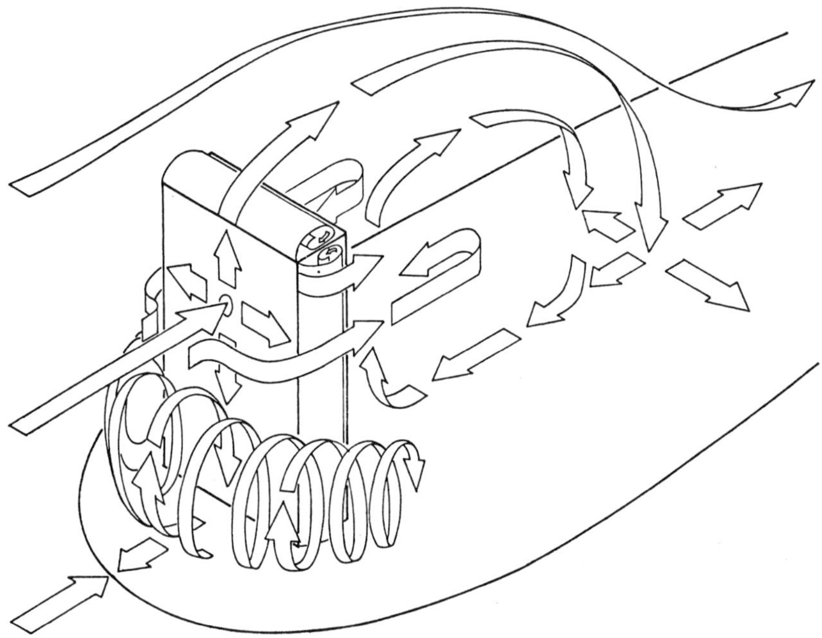

Bei allen strömungsbedingten Emissionen üben Höhe, Ausstoßrichtung, Strömungsenergie und Windabdrift Einflüsse aus. Gasförmige oder feste Emissionen wirken nur noch in Sonderfällen (chemische Produktionsanlagen) direkt pflanzenschädigend. Die langsame Anreicherung von Schadstoffen wie Schwermetalle (Blei, Cadmium) kann jedoch auf Dachflächen erhebliche Ausmaße annehmen und phytotoxische Werte erreichen (DARIUS und DREPPER 1983). Dünnschichtige Bauweisen unterliegen dabei höheren Belastungen.

Ausströmende Kalt- und Warmluft bewirkt einerseits mechanische Strömungsschäden (Windschur) oder durch direkte Kälte- oder Wärmewirkung Zellschäden und führt zum Absterben von Blattwerk und Trieben. Abluftwärme verändert das Klein- und Mikroklima; dadurch wird die Winterhärte von Pflanzen beeinträchtigt. Die Wärmeabstrahlung aus dem Gebäudeinneren kann bei entsprechender Berücksichtigung der Wärmeschutzverordnung für wärmegedämmte Decken und Fassaden als standortbeeinflussender Faktor vernachlässigt werden. Im Dachbereich wirken sich allenfalls punktuelle oder linienförmige Wärmebrücken aus, die auf technische Mängel zurückzuführen sind.

Unzureichend wärmegedämmte, ältere Gebäude tragen zur Erhöhung der Bodentemperatur des Schichtenaufbaues und somit zu eher ungünstigen Wachstumsbedingungen bei. Für das Wurzelwerk und die Überdauerungsorgane verzögern sich die Kältereize als Signal zur Einstellung des Wachstums im Herbst, oder sie fehlen ganz. Dies wirkt sich vor allem auf Gehölze negativ aus. Weiterhin wird ein früher Austrieb gefördert, der zu erheblichen Frostschäden führen kann.

5.3.3 Architektonische und konstruktive Bedingungen für die Vegetationsansiedlung

Die architektonische und konstruktive Ausbildung von Bauwerken läßt sich aus vegetationstechnischer Sicht in die beiden Faktorenkomplexe der nicht veränderbaren Standortfaktoren und der veränderbaren Standortfaktoren gliedern. Im Bereich der nicht veränderbaren Standortfaktoren ergeben sich Restriktionen und häufig die Notwendigkeit planerischer Kompensationsmaßnahmen, die weit entfernt von den gewünschten Idealbedingungen liegen.

Nicht veränderte Standortfaktoren
- Lastreserven für die Begrünung
- Höhenlage der Begrünungsebenen
- Gefällesituation bei Steildächern
- Gefällesituation von Flachdächern
- Verschattung durch aufgehende oder benachbarte Bauteile
- Kälteeinwirkung von unten bei unterströmten, nicht gedämmten Decken
- Regenschatten
- Reflektionen durch die Gebäudeaußenhaut (Abbildung 19)
- bauwerksbedingte Verstärkung der Windbelastung
- Emissionsbelastungen
- Art der Fassadengestaltung

Veränderbare Standortfaktoren
- Lastreserven für die Begrünung
- Gefällesituation auf Flachdächern
- verstärkter Wasseranfall aus der Fassadenberegnung
- besondere Windbelastungen
- eingeengter Wurzelraum
- Empfindlichkeit des Dachaufbaues gegen Punktlasten.

Was die veränderlichen Standortfaktoren betrifft, so nimmt der Spielraum für eine gezielt vegetationsfreundliche Einflußnahme ab, je später die Grünplanung erfolgt.

5.3.4 Veränderung anstehender Böden

Mit dem bautechnischen Grundprinzip „trokkener Fuß für das Bauwerk" geht eine drastische Verschlechterung der Bodenwassersituation im Wurzelraum für Fassadenbegrünungen einher. Ein Streifen von etwa 1 bis 1,5 m Breite, also der Dränbereich bzw. die Zone der Baugrubenverfüllung, wird bautechnisch richtig mit drän- und verdichtungsfähigen Schüttstoffen aufgefüllt. In Verbindung mit Regenschatten können sich hier wüstenähnliche Trockenbereiche ergeben.

Je nach Bodenart und ursprünglichem Gesamtwasserhaushalt werden auch wiederverwendete, vorhandene Böden im gebäudena-

Abb. 19. Die zeitlichen Verläufe der Temperatur von Außenoberflächen verschiedener Färbung auf Westwänden an einem strahlungsreichen Sommertag (nach KÜNZEL und GERTIS 1969).

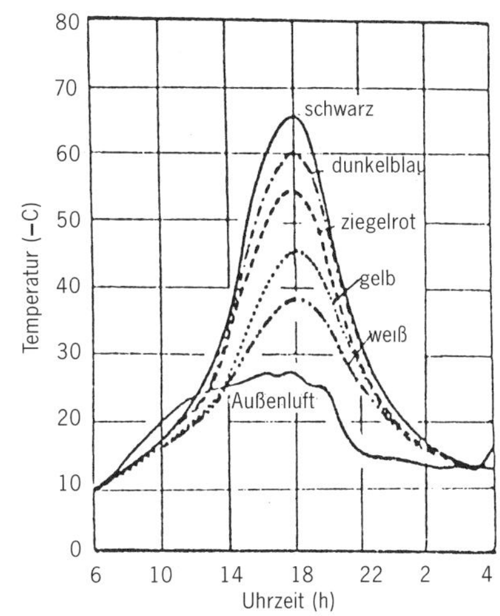

hen Bereich Degenerationserscheinungen zeigen, noch verstärkt durch Vorschädigungen während der Bauphase aufgrund von Verdichtung und unsachgemäßer Lagerung. Bei unveränderten oder wiederverwendeten Unterböden sind Tiefenverdichtungen zu beachten, die eine Wachstumssperre für Pflanzenwurzeln bedeuten und zu Staunässe führen.

5.4 Vegetationstechnische Standortfaktoren

Vegetationstechnische Standortfaktoren sind jene, die sich durch Herstellung eines bestimmten Schichtaufbaues unter bauwerksspezifischen Entwässerungsbedingungen ergeben. Dazu zählen:
- Art und Menge der Wasserbevorratung
- Höhe des durchwurzelbaren Raumes
- Menge und Geschwindigkeit der Wasserverdunstung durch Evaporation
- Abpufferung und Ausgleich von Temperatureinflüssen.

Mit der Akzeptanz oder Veränderung der architektonischen und konstruktiven Vorgaben für eine Vegetationsansiedlung auf und an Bauwerken beginnt nunmehr die *Gestaltung des biologischen Lebensraumes* für die Pflanzen. Dies erfolgt mit vegetationstechnischen Mitteln und Maßnahmen zur Herstellung des Wurzelhorizontes. Auf Dachflächen ist dazu eine völlige Neuherstellung der Vegetationsschicht erforderlich, während für Fassadenbegrünungen neben der Neuherstellung auch eine Standortverbesserung ausreichen kann. Dabei kommt der Wasserversorgung und der Regulierung des Wasserhaushaltes eine besondere Bedeutung zu. Eine Standortverbesserung kann in Einzelfällen auch für vorhandene Intensivbegrünungen und bei der nachträglichen Extensivbegrünung bestehender Kiesdachflächen in Frage kommen.

Die vegetationstechnischen Faktoren lassen sich während der Planungsphase im Rahmen der jeweiligen Bedingungen noch beeinflussen und verändern. Sie unterliegen weiterhin Veränderungen aufgrund von äußeren Einwirkungen und biologischen Prozessen. Daraus ergeben sich dann objektspezifische Gleichgewichtsverhältnisse.

Allerdings können auch durch Planungsfehler oder aufgrund der falschen Anwendung von Systembauweisen Existenzbedingungen entstehen, welche für die angesiedelte Vegetation ungünstig oder gar lebensbedrohend sind. Aus der Verwendung von neuen Stoffen oder neuen Schichtfolgen für vegetationstechnische Schichtaufbauten, mit denen noch keine ausreichenden Langzeiterfahrungen vorliegen, können Risiken aus nicht vorher abschätzbaren vegetationstechnischen Faktorenkomplexen entstehen, die sich im Extremfall als unbiologische Bauweisen herausstellen.

5.5 Differenzierung der Lebensräume für die Vegetation auf Dächern

Begrünbare Dachflächen auf Bauwerken sind *Lebensräume* oder urbanotrophe Kleinstareale, deren Belastungsfaktoren sich deutlich von denen natürlicher Areale unterscheiden. Die Lebensräume sind deckungsgleich mit Flächen gleichen Kleinklimas (Klimatope). Zur praktischen Kennzeichnung der Lebensräume werden erstens die klimatischen Einflüsse und zweitens die Ausprägung des Lichtklimas herangezogen.

Hinsichtlich der Einwirkungsmöglichkeiten dieser Faktoren ist zu unterscheiden nach:

0.1, 0.3 **freien Lagen** unter *stärkerer* bis *sehr starker Luftbewegung*. Dazu zählen alle frei liegenden, nicht allseitig durch umgebende Bauwerke oder Gebäudeteile geschützten Geschoßebenen. Die Belastungen nehmen hier exponentiell mit der Geschoßhöhe zu.

0.2, 0.4 **geschützten Lagen** unter *geringer* bis *sehr geringer Luftbewegung* wie Geschoßebenen, die von der Hauptwindrichtung von mindestens zwei Seiten durch Gebäude geschützt sind oder als Innenhofsituation allseitig umschlossen sind. Dazu zählen in Städten in der Regel alle Dächer die etwa auf Bodenniveau liegen (z.B. Tiefgaragen). Die klimatischen Belastungen nehmen mit steigender Geschoßhöhe bei ein- oder zweiseitig offenen Situationen zu. Dies wirkt sich in Innenhöfen in der Regel nicht signifikant aus.

Hier ist jeweils zwischen Flach- und Steildächern zu unterscheiden. Es wird vorausgesetzt, daß Niederschläge auf die Flächen auftreffen. Anderenfalls entstehen Sonderfälle mit zusätzlichen belastenden Faktoren.

Das Lichtklima (siehe auch Abschnitt 6.3.1) wird entsprechend des tages- und jahreszeitlichen Sonnenstandes charakterisiert durch die Kennzeichnungen:

1.1 überwiegend sonnig
1.2 überwiegend schattig
1.3 Wechsellicht.

Die biologische Qualität der Lebensräume wird einerseits durch die besonderen kleinklimatischen Bedingungen sowie durch die Schichthöhe des Begrünungsaufbaues als durchwurzelbarem Raum bestimmt. Dabei erfolgen mit zunehmender Dachneigung auch zunehmende extreme Ausprägungen der Standortbedingungen. Daraus ergeben sich die Lebensraum-Kennziffern (siehe Abschnitte 10.2 und 12.2.3).

Tabelle 4 zeigt eine allgemeine Einschätzung der Standortbelastungen für die Vegetation bei den zwölf Varianten der bauwerksbezogenen Lebensräume. Die Abbildungen 20 bis 31 veranschaulichen die verschiedenen auf Flach- und Steildächern vorgefundenen Lebensräume.

Abb. 20. Lebensraum Flachdächer, freie Lagen unter stärkerer bis starker Luftbewegung, überwiegend sonnig (Lebensraum-Kennziffer 0.1-1.1).

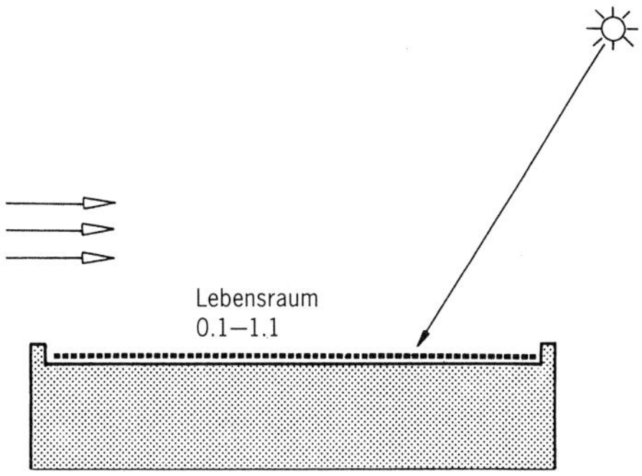

Abb. 21. Lebensraum Flachdächer, freie Lagen unter stärkerer bis starker Luftbewegung, überwiegend schattig (Lebensraum-Kennziffer 0.1-1.2).

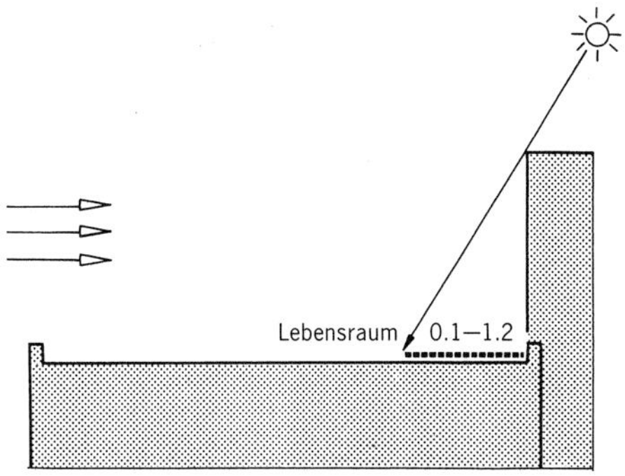

Abb. 22. Lebensraum Flachdächer, freie Lagen unter stärkerer bis starker Luftbewegung, Wechsellicht (Lebensraum-Kennziffer 0.1-1.3).

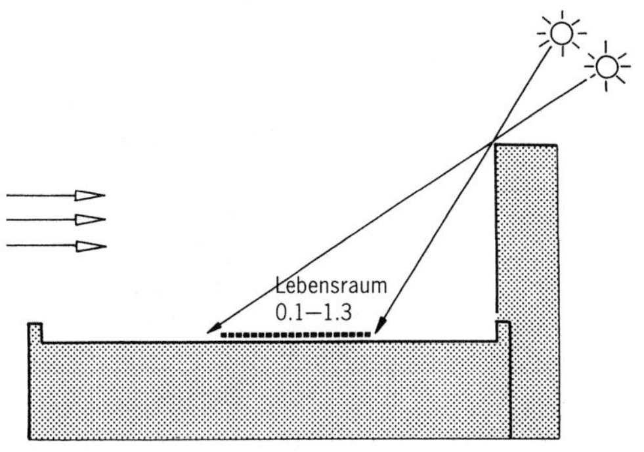

Abb. 23. Lebensraum Flachdächer, geschützte lagen unter geringer bis sehr geringer Luftbewegung, überwiegend sonnig (Lebensraum-Kennziffer 0.2-2.1).

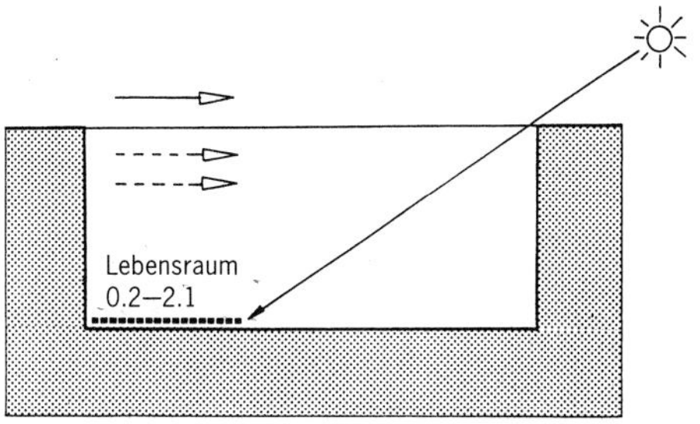

Abb. 24. Lebensraum Flachdächer, geschützte Lagen unter geringer bis sehr geringer Luftbewegung, überwiegend schattig (Lebensraum-Kennziffer 0.2–2.2).

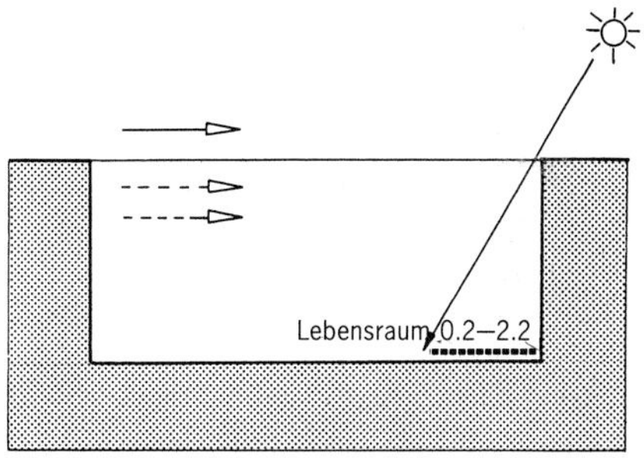

Abb. 25. Lebensraum Flachdächer, geschützte Lagen unter geringer bis sehr geringer Luftbewegung, Wechsellicht (Lebensraum-Kennziffer 0.2–2.3).

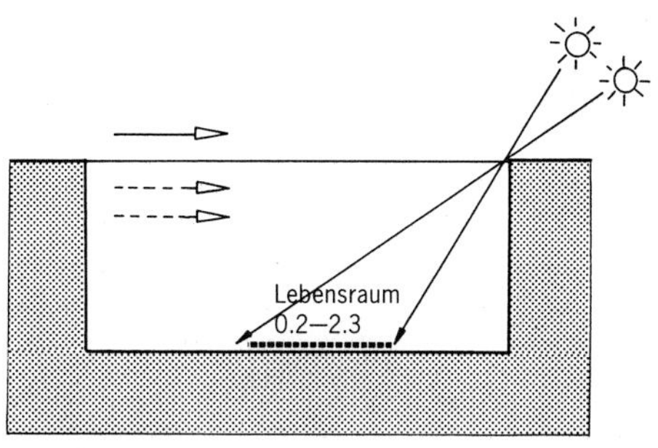

Abb. 26. Lebensraum Steildächer, freie Lagen unter stärkerer bis sehr starker Luftbewegung, überwiegend sonnig (Lebensraum-Kennziffer 0.3–3.1).

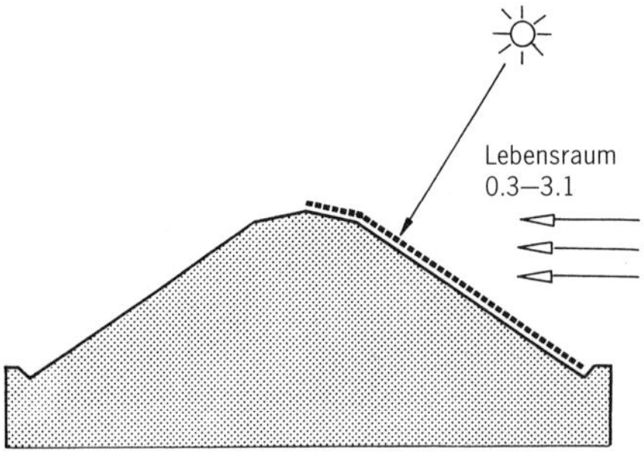

Abb. 27. Lebensraum Steildächer, freie Lagen unter stärkerer bis sehr starker Luftbewegung, überwiegend schattig (Lebensraum-Kennziffer 0.3-3.2).

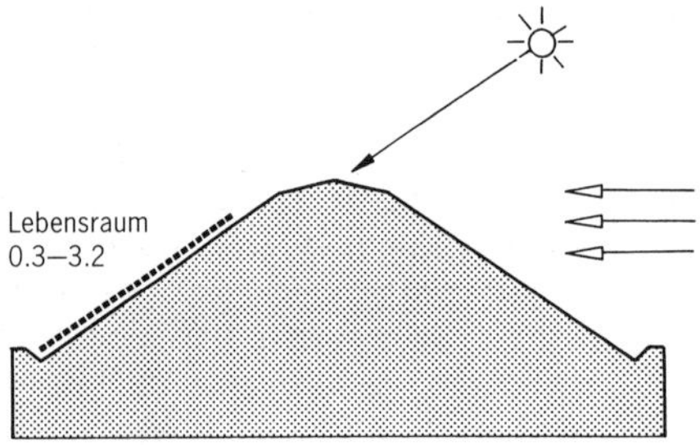

Abb. 28. Lebensraum Steildächer, freie Lagen unter stärkerer bis sehr starker Luftbewegung, Wechsellicht (Lebensraum-Kennziffer 0.3-3.3).

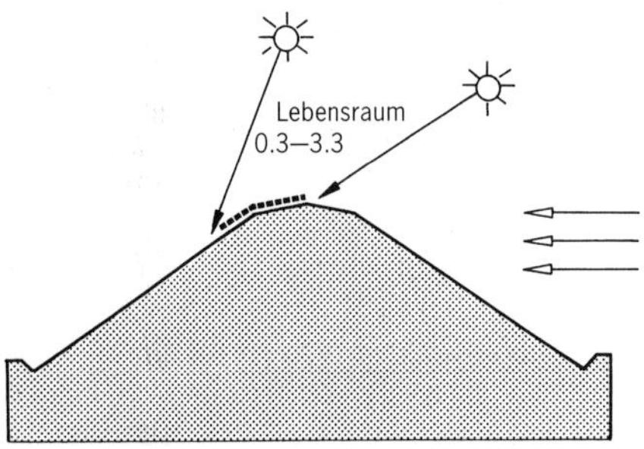

Abb. 29. Lebensraum Steildächer, geschützte Lagen unter geringer bis sehr geringer Luftbewegung, überwiegend sonnig (Lebensraum-Kennziffer 0.4-4.1).

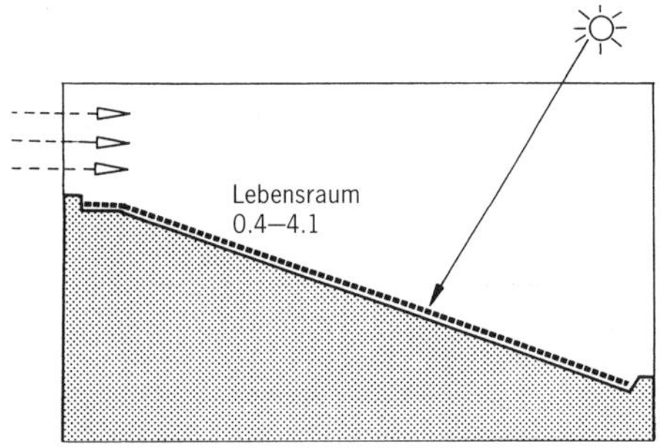

Abb. 30. Lebensraum Steildächer, geschützte Lagen unter geringer bis sehr geringer Luftbewegung, überwiegend schattig (Lebensraum-Kennziffer 0.4-4.2).

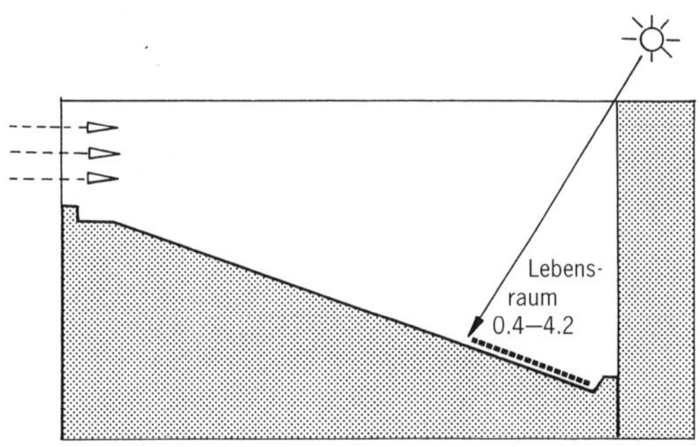

Abb. 31. Lebensraum Steildächer, geschützte Lagen unter geringer bis sehr geringer Luftbewegung, Wechsellicht (Lebensraum-Kennziffer 0.4-4.3).

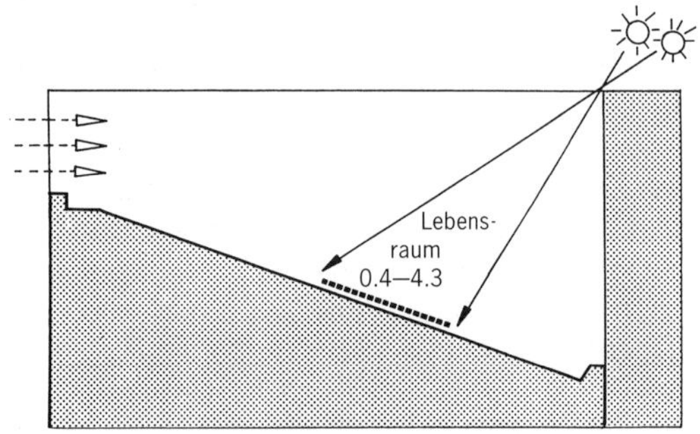

Tab. 4. Lebensräume für Vegetationen auf Dachflächen und die allgemeine Standortbelastung

Dachneigungen	Lichtklima	allgemeine Standortbelastungen
Flachdächer		
0.1 freie Lagen unter stärkerer bis sehr starker Luftbewegung	1.1 überwiegend sonnig	hoch
	1.2 überwiegend schattig	mittel
	1.3 Wechsellicht	hoch
0.2 geschützte Lagen unter geringer bis sehr geringer Luftbewegung	2.1 überwiegend sonnig	gering
	2.2 überwiegend schattig	sehr gering
	2.3 Wechsellicht	gering
Steildächer		
0.3 freie Lagen unter stärkerer bis sehr starker Luftbewegung	3.1 überwiegend sonnig	sehr hoch
	3.2 überwiegend schattig	hoch
	3.3 Wechsellicht	sehr hoch
0.4 geschützte Lagen unter geringer bis sehr geringer Luftbewegung	4.1 überwiegend sonnig	hoch
	4.2 überwiegend schattig	mittel
	4.3 Wechsellicht	hoch

6 Planungsfaktoren

6.1 Aufgaben und Zielsetzungen der Planung für Bauwerksbegrünungen

6.1.1 Wesen und Inhalte der Planung

Bauwerksbegrünungen bedürfen der Realisierungsvorbereitung, also einer Planung. Dies bedeutet im Regelfall jedoch, daß die Dach- oder Fassadenbegrünung in den fachübergreifenden Planungsprozeß und dessen rechtlichen (BGB, VOB) und leistungsorientierten (HOAI) Rahmenbedingungen eingebunden wird. Ein „Ausstieg" aus diesen Rahmenbedingungen, etwa um frei von Gewährleistungen oder Fertigstellungsterminen den prozeßhaften Charakter einer initiierten langjährigen Vegetationsentwicklung zu verfolgen, wird selten möglich sein.

Die Beachtung und fachgerechte Interpretation der *„Anerkannten Regeln der Technik"* sowie des *„Standes der Technik"* bildet die Voraussetzung für eine qualitative Erfolgsicherung. In schwierigen Einzelfällen wird auch die Einbeziehung neuer Erkenntnisse von *„Wissenschaft und Technik"*, etwa durch Anforderung von Sondergutachten, erforderlich sein.

In jedem Fall ist es nötig, **Zielsetzungen** (KRUPKA 1988) für Bauwerksbegrünungen zu formulieren und abzustimmen. Grundlagen sind einerseits

- Auflagen der Baugenehmigung
- die Vorstellungen und Nutzungsanforderungen des Auftraggebers und der Nutzer
- Ziele zur physikalischen Optimierung und zum Schutz der Dachkonstruktion
- die Klimafaktoren
- die gegebenen bauwerksbedingten Faktoren
- die bau- und vegetationstechnischen Realisierungsmöglichkeiten.

Unabhängig davon sollte jeder Planungsprozeß auch die **kritische Infragestellung** aller Vorgaben und Bedingungen beinhalten. Planen bedeutet auch, die Grenzen des Planbaren zu erkennen. Wir sind theoretisch und praktisch von einer „Allwissenheit" im Umgang mit Pflanzen und Vegetation noch weit entfernt. Es erscheint auch sehr fraglich, ob dies überhaupt erstrebenswert ist. Es liegt jedoch mehr denn je in der Hand des Menschen, besonders in der Stadt dem „Leben mehr Raum" zu geben. Dafür müssen in sinnvoller Weise die Voraussetzungen geschaffen werden, so daß ein reich strukturiertes, urbanes Gesamtbiotop entsteht, welches eigenen Kreisläufen und Entwicklungsgesetzen folgt. Es bestehen heute vielfältige Möglichkeiten, auch ein durch menschliche Eingriffe verändertes Relief nahezu vollständig wieder sekundär mit Vegetation zu besiedeln (Abbildung 32).

Bei der **Lebensraumgestaltung** sind einige **objektspezifische Besonderheiten** zu beachten. Die kleinklimatischen Bedingungen können nur dann nachhaltig verbessert werden, wenn auch in eng begrenzten Räumen die Thermik und Luftzirkulation erhalten bleibt. Wie in Abbildung 33 dargestellt, sollte ein Teil der Fassaden nicht begrünt werden, damit ein ventilationswirksamer Bereich ver-

Abb. 32. Durch Bautätigkeit entstehen neue Reliefs, die häufig keine oder nur geringe Anteile natürlicher Bodenflächen aufweisen. Es ist jedoch heute möglich, alle durch Bautätigkeit hergestellten Strukturen neu mit Vegetation zu besiedeln.
1 = Schotterrasen, 2 = Rasensteine, 3 = Urbane, bodengebundene Gehölz- und Krautflora, 4 = begrünte Lärmschutzwände, 5 = begrünte Steilwälle aus Betonelementen, 6 = Begrünung von Steinoberflächen mit Mikrofloren, 7 = Fugen- und Saumflora, 8 = Begrünung von Mauerköpfen, 9 = Fassadenbegrünungen, 10 = Intentive Dachbegrünungen, 11 = Extensive Dachbegrünungen.

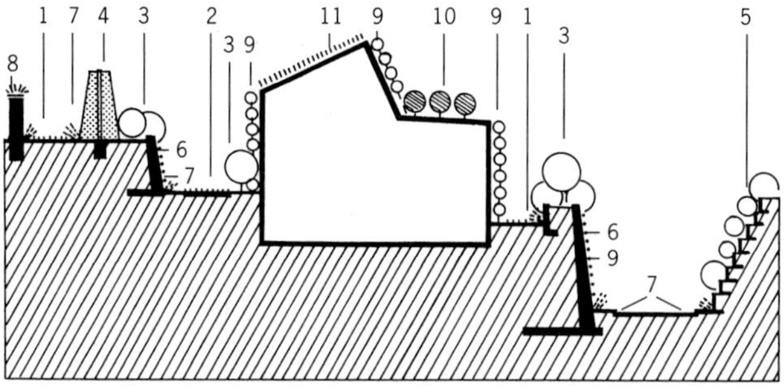

Abb. 33. Ventilationswirksame Teilbereiche von Fassaden sollten unbegrünt bleiben (nach KIEFER und LOIDEL 1988, verändert).

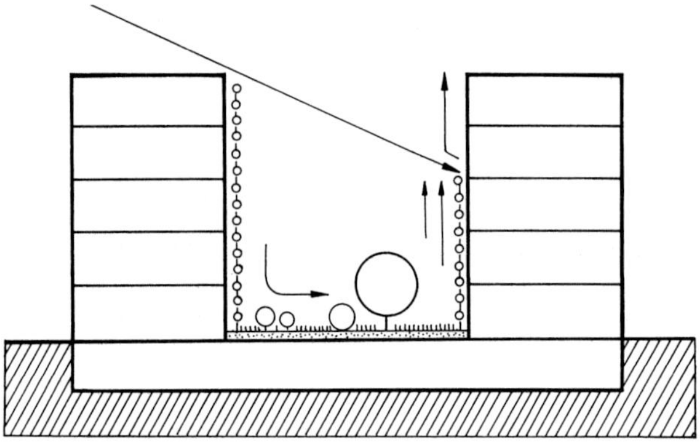

Abb. 34: Durch eine reich strukturierte, abwechslungsreiche Oberfläche mit hoher und niedriger Vegetation und unterschiedlichen Baustoffen wird die Thermik umbauter Räume gefördert.

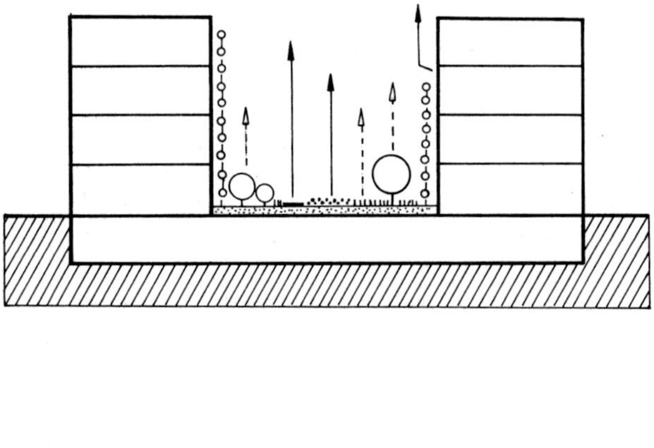

Abb. 35. Verbesserung des Lichtklimas durch Verwendung höherer Gehölze. Wechsellicht aus Schlag- und Wanderschatten wird zu natürlichem Streulicht. (nach HANSEN und STAHL 1981, stark verändert).

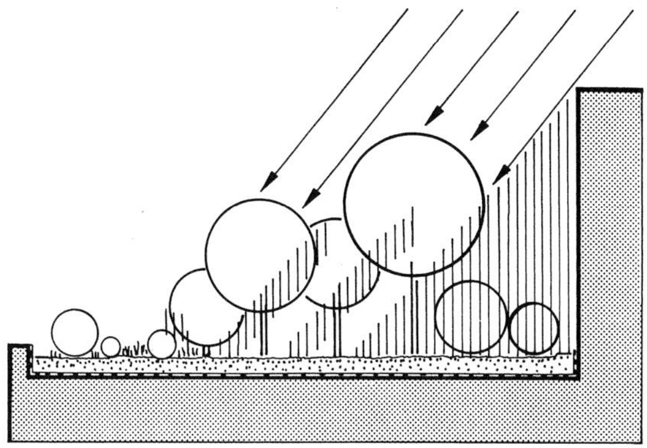

Abb. 36. Eine bewegte und strukturierte Oberfläche ist besonders für Extensive Dachbegrünungen wertvoll. Es entsteht ein differenziertes Mikroklima, bedingt durch die unterschiedliche Einstrahlungsintensität der Sonne, durch Reflektionen und Wärmespeicherung.

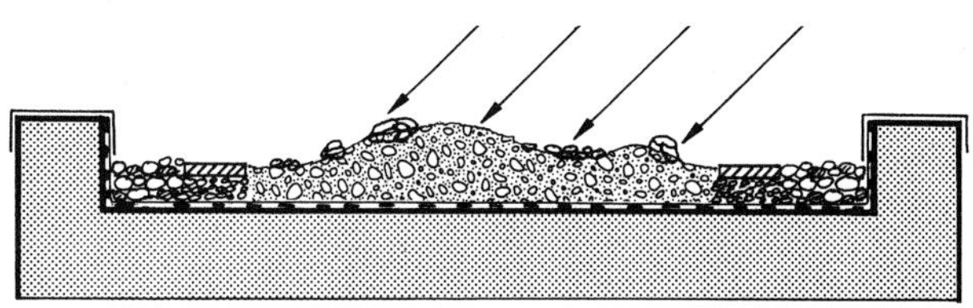

bleibt. Durch eine abwechslungsreiche Oberflächenausbildung mit niedrigen und hohen Pflanzen, Stein- und Kiesbelägen und auch Wasserflächen, ergibt sich bei Sonneneinstrahlung ein unterschiedlicher thermischer Auftrieb, der dadurch den vertikalen Luftaustausch fördert (Abbildung 34).

Die unnatürlich harten Licht- und Schattengrenzen können im Bereich der Intensiven Dachbegrünung durch die Verwendung höherer Gehölze erheblich gemildert werden. Die halbschattigen und Streulicht-Bereiche ergeben ein natürliches Lichtklima, das dem Lebensbereich Gehölzrand entspricht (Abbildung 35).

Auf genutzten Dachflächen mit Intensivbegrünungen mindert mit zunehmender Geschoßhöhe die ständige Windbelastung die Freiraumqualität. Gestaffelte Pflanzungen aus Laub- und Nadelgehölzen können in Abhängigkeit von der Raumtiefe einen gewissen Windschutz bieten. Häufig sind jedoch zusätzliche, durchblasbare Windschutzwände – in der Regel Holzgitter-Konstruktionen – erforderlich.

Eine bewegte Ausformung des Bodenreliefs (Abbildung 36) stellt eine der wenigen Möglichkeiten dar, im Rahmen von Extensiven Dachbegrünungen Bereiche unterschiedlicher Standortqualität zu schaffen, soweit dies die Lastannahmen zulassen. Unterschiedliche Schichtdicken fördern die Bildung verschiede-

Abb. 37. Von Flächen mit Extensiver Dachbegrünung geht eine ständige Verbreitung von Diasporen aus, die auf Flächen mit Aufwendigen Intensivbegrünungen nicht erwünscht sind.

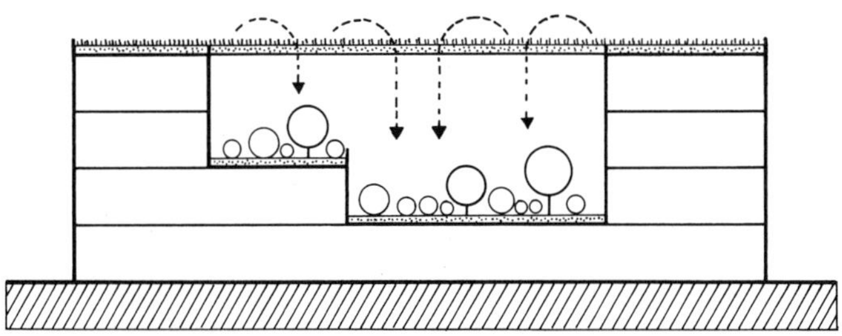

Abb. 38. Starkwachsende Kletterpflanzen wie der Wilde Wein über- und unterwachsen Dachränder und breiten sich auch stark auf Flachdächern aus.

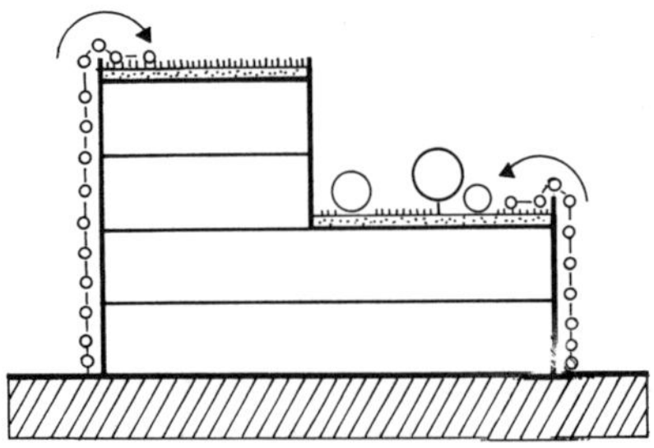

ner Kleingesellschaften und erhöhen die Artenzahlen von Pflanzen und Insekten. Die Wirkung der Sonneneinstrahlung kann verstärkt oder abgeschwächt werden. Durch Aufhügelungen ergeben sich bezüglich der Windwirkung Luv- und Leeseiten. Durch die vielfältige Verwendung von Steinen und Kiesschüttungen ergeben sich Wärmespeicher- und Kleinschattenzonen. Solche Bereiche wirken als Kondensationsmasse für die Taubildung. Dies trägt mit zur Differenzierung des Mikroklimas bei. Mit zunehmender Dicke des Schichtaufbaues nimmt die Schutzwirkung gegen Einflüsse der Witterung (UV- und IR-Strahlung) auf die Dachkonstruktion zu.

Die **Kombination von Extensiven und Intensiven Dachbegrünungen** auf einem Bauwerkskomplex muß sorgfältig überlegt werden (Abbildung 37). Von Extensiven Dachbegrünungen geht ein ständiger Samenflug (Diasporenverbreitung) aus. Insbesondere Gräser können dann in Aufwendigen Intensivbegrünungen eine erhöhte Pflege verursachen sowie eine Quelle andauernder Ärgernisse sein.

Starkwachsende Pflanzen für **Fassadenbegrünungen**, insbesondere Arten des Wilden Weines, über- und unterwachsen Dachränder und breiten sich auf Dachbegrünungsflächen aus (Abbildung 38). Hier ist zu überlegen, ob dies der Wunschvorstellung entspricht. Für bekieste Flachdächer erschließt dieser Ausbreitungsdrang allerdings auch die einfachste Art der Dachbegrünung, vorausgesetzt die Abdichtung ist wurzelfest.

Die konkreten und wichtigsten Einzelaufgaben im Planungsprozeß sind der Tabelle 5 zu entnehmen. Sie werden in einigen wesentlichen Teilen in den folgenden Abschnitten besprochen.

6.1.2 Planungsgrundlagen

Als Planungsgrundlagen müssen die Normen, Regelwerke und Gütebestimmungen sowohl des bautechnischen Bereiches als auch des Landschaftsbaues beachtet und objektbezogen richtig interpretiert werden. Es ist daher unbedingt erforderlich, daß der beteiligte Landschaftsarchitekt neben dem Normenwerk des Landschaftsbaues die folgenden *bautechnischen Grundlagen in den wichtigsten Aussagen kennt und interpretieren kann.*

Richtlinien für die Planung und Ausführung von Dächern und Abdichtung („Flachdachrichtlinien". Ausgabe Mai 1991)

DIN 18195	Bauwerksabdichtung. Teile 1–10
DIN 4102	Brandverhalten von Baustoffen und Bauteilen, Teil 4
DIN 1055	Lastannahmen für Bauten. Verkehrslasten, Windlasten nicht schwingungsanfälliger Bauwerke
DIN 1986	Entwässerungsanlagen für Gebäude und Grundstücke; Bestimmungen für die Ermittlungen der lichten Weiten und Nennweiten für Rohrleitungen
DIN 4095	Baugrund. Dränung zum Schutz baulicher Anlagen, Planung, Bemessung und Ausführung

Alle Entscheidungen in der Planung für Schichtenaufbauten und Begrünungsarten sollten in ihrem Entstehungsprozeß nachvollziehbar in einer **Dokumentation** festgehalten werden, einschließlich diesbezüglicher Stellungnahmen der Fachingenieure der angrenzenden Gewerke. Die Planungsentscheidungen mit Begründung müssen dem Auftraggeber in Form von Baubeschreibungen oder beschreibenden Planerläuterungen so vorgetragen werden, daß auch potentielle Risiken erkennbar werden. Eine lebensnahe Darstellung, Bebilderung und Beschreibung der vorgesehenen Begrünung, ihrer Entwicklung und der notwendigen Aufwendungen für Pflege und Unterhaltung sollte sehr sorgfältig erfolgen.

Sofern **Dachbegrünungssysteme** ganz oder teilweise zum Einsatz kommen, müssen die Eignung des Schichtenaufbaues und die Qualität der Einzelstoffe für den vorgesehenen Verwendungszweck überprüft werden. Änderungen und Modifizierungen müssen dort erfolgen, wo sich aus der vorliegenden Situation dazu Anlässe ergeben. Aus unflexibler systemkonformer Verwendung dürfen keine bautechnischen Unstimmigkeiten und Nachteile für die Vegetation entstehen. Prüfnachweise für Einzelstoffe müssen auch von Systemherstellern gefordert werden.

Die Anwendung eines Dachbegrünungssystemes entläßt den Planer und Verwender nicht aus seiner Verantwortung zur Eignungsprüfung und Überwachung der fachgerechten Ausführung.

6.2 Bautechnische Planungsfaktoren

6.2.1 Nutzung und Beanspruchung von Dachflächen

Den Normen und Regelwerken (DIN 18195, „Bauwerksabdichtungen"; DIN 18531, „Dachabdichtungen", sind keine eindeutigen Differenzierungen hinsichtlich der Nutzungsbelastung und Beanspruchung von Dachflächen zu entnehmen. Die Aussagen widersprechen sich teilweise (Liesecke, Krupka u.a. 1988). Die „Flachdachrichtlinien" (1991) ordnen begrünte Dachflächen jetzt eindeutig den „genutzten Dachflächen" zu. So ist es auch Aufgabe der Bauwerks- und Grünplanung, die geplanten Nutzungen der Dachflächen und die daraus resultierenden Beanspruchungen als weitere Planungsgrundlage zu definieren.

Hinsichtlich der Nutzung von Dachflächen lassen sich folgende Unterscheidungen treffen:

- befestigte Flächen, die begehbar und befahrbar sind
- Rasenflächen für Spiel- und Sportzwecke, die mehr oder weniger stark frequentiert werden
- Rasenflächen als Gebrauchs- und Zierrasen, die gelegentlich begangen werden
- Vegetationsflächen von Extensiven, Einfachen und Aufwendigen Intensivbegrünungen, die gelegentlich zum Zwecke der Pflege und Unterhaltung begangen werden.
- Schutzlagen für die Dachabdichtung und den Dachaufbau durch Begrünungen und unbelebte Stoffe.

Die Nutzungen von Dachflächen beschränken sich also nicht nur auf das Begehen und Befahren. Dachbegrünungen sind selbst grundsätzlich eine gezielte Nutzung von Dächern. Aus den zu definierenden Nutzungen resultieren statisch umzusetzende Lastannahmen. Bei

Tab. 5. Aufgaben, Planungs- und Prüfkriterien für Bauwerksbegrünungen (nach KRUPKA 1987, ergänzt)

Aufgaben, Planungs- und Prüfkriterien	Sondergutachten	Vorplanung Entwurf	Ausführungsplanung	Leistungsbeschreibung	Angebotseinholung
Möglichkeiten öffentlicher Förderungen		○			
Kosteneinsparung durch Minderung des Wasserabflusses	○	○	○		
Umweltverträglichkeitsprüfungen	○				
Auflagen der Baugenehmigung über Freiflächengrößen, Gestaltung, Nutzungs- und Begrünungsart		○	○		
Auflagen über Fluchtwege		○	○		
Auflagen über Feuersicherheitsbestimmungen und Brandschutz		○	○	○	
Sicherheitsanforderungen im Bereich der Dachränder		○	○	○	
Stand der Gewährleistungsfristen und Mängelbeseitigung vorlaufender Gewerke		○			
dachtechnische und vegetationstechnische Einordnung in das Normen- und Regelwerk		○	○	○	○
Lastunter- und Lastobergrenze für die Dachbegrünung		○	○	○	
statische Berechnungen zur Windlast von Großgehölzen und Fassadenbegrünungen	○		○		
Berechnung der Windsoglasten auf Dachflächen		○	○		
Ermittlung der klimatischen Standortbedingungen		○	○		
standortökologische Charakterisierung der Dachflächen als Pflanzstandort (Lebensraumkennziffer)		○	○		
Auswirkungen bauwerksspezifischer Abluft und Emissionen auf die Vegetation	○	○	○		
Art der Gefälleausbildung und Exposition der Dachflächen		○	○		
Menge und Verteilung der Niederschläge		○	○		
Anordnung der Dachentwässerung		○	○		
Ausbildung abgeschlossener Dichtungskontrollbereiche			○	○	
Lage und Prüfbarkeit der Dehnungsfugen			○	○	
Höhe und Ausbildung der Dachrandanschlüsse		○	○	○	
Erreichbarkeit und Wartung aller technischen Einrichtungen wie z.B. Lichtkuppeln, Kühl-, Lüftungs- und Blitzschutzanlagen		○	○		
Verlegung von frostsicheren Wasseranschlüssen			○	○	

Aufgaben, Planungs- und Prüfkriterien	Sonder-gutachten	Vor-planung Entwurf	Ausfüh-rungs-planung	Leistungs-beschrei-bung	Angebots-einholung
Auswirkungen der Begrünung auf das Wasserdampf-Diffusionsverhalten	○		○	○	
Druckfestigkeit der Wärmedämmung			○	○	
Eigenschaften von Dachabdichtung bzw. Durchwurzelungsschutz			○	○	
Mechanischer Schutz von Dachabdichtung bzw. Durchwurzelungsschutz			○	○	○
Auswahl der bau- und vegetationstechnischen Stoffe			○	○	○
Nutzungsansprüche an die Dachflächen		○	○		
Höhe des vegetationstechnischen Schichtaufbaues		○	○	○	○
Begrenzung von Vegetationsflächen		○	○	○	○
Auswahl der Pflanzenarten			○	○	
Auswahl von Begrünungsformen und Ausbildungsformen der Vegetation		○	○		
Begrünungsverfahren			○	○	○
Ausbildung von Sicht-, Sonnen- und Windschutz		○	○		
Trennung der Gewerke des Dachdeckerhandwerkes und Landschaftsbaues			○	○	○
Festlegung von Stoffkontrollen und Qualitätsnachweisen			○	○	○
Festlegung der Abnahmekriterien für die Vegetation				○	○
Festlegung der Gewährleistungsfristen				○	○
Festlegung von Bauabschnitten und Abnahmeterminen			○	○	○
Dauer von Festlegung der Fertigstellungs- und Entwicklungspflege				○	○
Festlegung der Unterhaltungsmaßnahmen und Ausarbeitung einer Pflegeanweisung			○		

gegebenen Lastannahmen ist die Nutzung durch die Dimensionierung des Schichtaufbaues und durch Personen entsprechend zu begrenzen.

Aus der Intensität der Nutzung, der Art der funktionalen Schichtaufbauten und dem jeweiligen Bauablauf ergeben sich objektspezifische Beanspruchungen der Abdichtung, des Wurzelschutzes und des Dachaufbaues. Sie müssen einerseits beanspruchungsgerecht dimensioniert und andererseits ausreichend gegen die vegetationstechnischen Schichtaufbauten geschützt werden (siehe Abschnitt 7.1.2).

Aus der Belastung der Abdichtung durch den Wasseranstau von Intensivbegrünungen ergeben sich weitere technische Konsequenzen (siehe Abschnitt 7.1.1).

Die Flächeninanspruchnahme durch technische Aufbauten kann bisweilen so hoch liegen, daß eine Dachbegrünung unter Berücksichtigung der Rand- und Sicherheitsabstände auf den geringen Restflächen nicht mehr sinnvoll ist (Abbildung 39).

Für Dachflächen ohne einen durch Geländer oder Brüstung gesicherten Dachrand müssen im Rahmen der Planung *Halterungen für die Absturzsicherung* am Mauerwerk oder in der Dachfläche vorgesehen werden, damit die Sicherheitsauflagen der Berufsgenossenschaften während der Herstellung und späteren Unterhaltung berücksichtigt werden.

Abb. 39. Eine schmale Dachfläche ist mit einer so großen Anzahl von Be- und Entlüftungseinrichtungen besetzt, daß nur eine kleine Teilfläche extensiv begrünt werden kann.

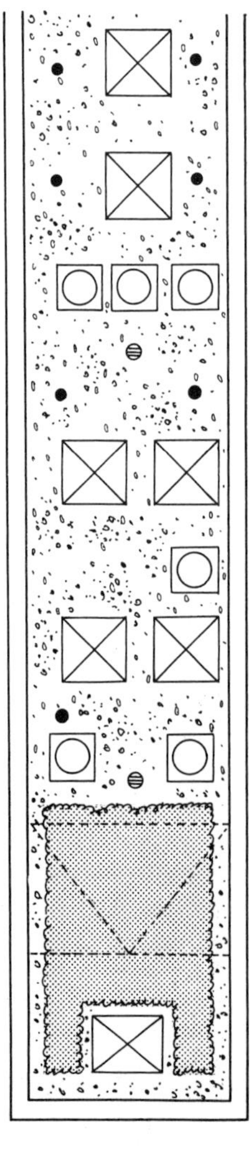

6.2.2 Konstruktiver Dachaufbau

Unabhängig von der Dachneigung werden verschiedene Flachdachbauweisen nach konstruktiven Merkmalen differenziert in *nicht belüftete* Dächer und *belüftete* Dächer („Flachdachrichtlinien" (1991)). Im Neubaubereich werden in der Regel nur noch Formen von nicht belüfteten Dächern realisiert. Belüftete Dächer haben als vorhandene Altdächer nur im Sanierungsbereich eine Bedeutung. Abbildung 40 zeigt exemplarisch die funktionale Schichtenfolge eines nicht belüfteten Daches.

Insgesamt werden die oben genannten Grundformen der Dachkonstruktionen vielfältig variiert, so daß sich folgende Unterscheidungen ergeben, so wie sie auch in den „Richtlinien für Dachbegrünungen" (1990) angeführt sind:

- nicht belüftetes Flachdach mit Wärmedämmung
- nicht belüftetes Flachdach ohne Wärmedämmung
- nicht belüftetes Flachdach mit Wärmedämmung auf Leichtkonstruktionen
- belüftetes Flachdach mit Wärmedämmung
- Umkehrdach und Sonderformen
- Dach aus wasserundurchlässigem Beton (WUB) ohne oder mit unterseitiger Wärmedämmung.
- Dach aus wasserundurchlässigem Beton (WUB) mit oberseitiger Wärmedämmung.

Mit Ausnahme einiger konstruktiver Sonderformen ist die zur Verfügung stehende Lastreserve und Druckfestigkeit der Wärmedämmung als primäres Eignungskriterium einer Dachfläche für eine Dachbegrünung anzusehen. Einschränkungen ergeben sich besonders aus Gründen der Belastung bei Dächern auf leichter Unterkonstruktion (z.B. Stahltrapezbleche) oder belüfteten Dächern mit geringer Tragfähigkeit und Biegestabilität der oberen Schale. Die Eignung einer Dachabdichtung für eine Begrünung muß über die Wurzelfestigkeit hinaus nach weiteren Kriterien (zum Beispiel Hydrolysebeständigkeit) überprüft werden (HOCH 1989).

Unsicherheiten bestehen häufig in der Begrünung von Umkehrdächern und deren Sonderformen, deren Funktion nur gewährleistet ist, wenn der Wasserdampf nach oben ausdiffundieren kann. Deshalb ist ein Wasseranstau als wasserdampfsperrende Schicht grundsätzlich nicht möglich. Es ergeben sich jedoch verschiedene Möglichkeiten der Extensivbegrünung (Stein 1985, Kecker 1986). Zimmermann (1990) kommt nach einer Untersuchung älterer Umkehrdächer mit Intensivbegrünungen zu dem Schluß, daß die Feuchtigkeitszunahme der Wärmedämmplatten noch im zulässigen Bereich liegt, wenn eine funkti-

Abb. 40. Schichtenfolge eines nicht belüfteten Flachdaches (nach Flachdachrichtlinien 1982).

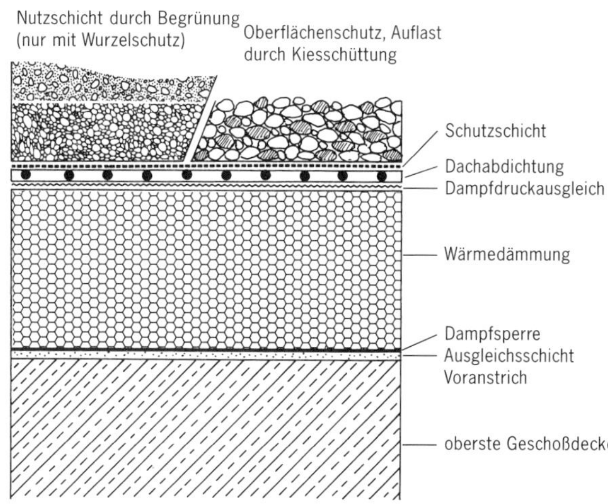

Abb. 41. Diese Extensive Begrünung eines Umkehrdaches ermöglicht eine Diffusion des Wasserdampfes durch den Schichtaufbau.

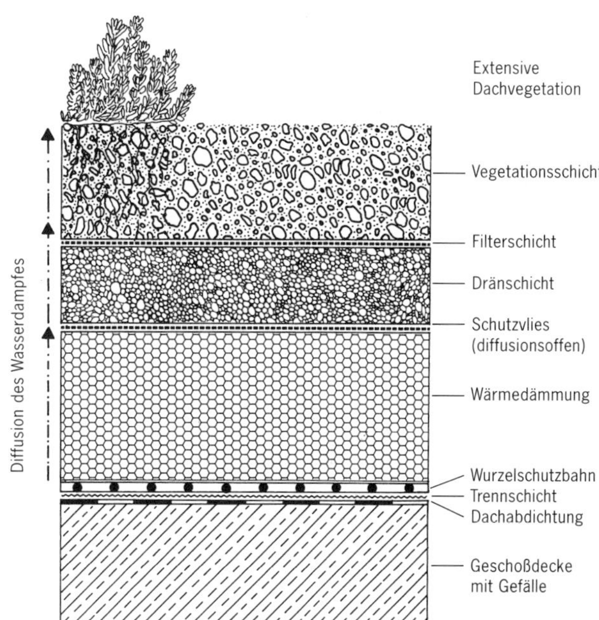

onsfähige Dränschicht (dort Sickerschicht genannt) vorhanden ist. Wie in Abbildung 41 dargestellt, ist deshalb eine luftreiche Dränschicht zur Wasserdampfentspannung notwendig. Die Ausbildung der Randan- und -abschlüsse entscheidet über die noch zur Verfügung stehenden Höhenreserven für den Begrünungsaufbau. Reichen diese nicht aus, so ist eine abstandsbildende Randausbildung der Begrünung mit Bauelementen wie Aufkantungen und Platten erforderlich (siehe Abschnitt 8.7.1).

6.2.3 Lastannahmen

Hinsichtlich der Lastannahmen ist nach DIN 1055, Teil 3, „Lastannahmen für Bauten", zwischen *ständigen Lasten* und *Verkehrslasten* zu unterscheiden.

Der Schichtaufbau der Begrünung einschließlich der Vegetation bildet wie die tragende Dachkonstruktion und der Dachaufbau einen Teil der ständigen Last. Es ist zu unterscheiden zwischen der Last der verwendeten Stoffe für den Schichtaufbau im wassergesät-

Tab. 6. Mineralische Schüttstoffe für Dränschichten und ihre Volumengewichte im trockenen Zustand und bei maximaler Wasserkapazität (Liesecke 1988)

Stoffgruppe, Stoffart	Körnung in mm	Volumengewicht (Rohdichte) in trockenem Zustand in g/cm³ = t/m³	Volumengewicht (Rohdichte) bei maximaler Wasserkapazität in g/cm³ = t/m³
Mineralische Schüttstoffe			
Kies	4/8–8/16	1,55–1,75	1,60–1,80
Lava	1/5–4/12	0,95–1,15	1,10–1,40
Bims, gereinigt	2/4–4/12	0,35–0,45	0,70–0,80
Bims, ungereinigt	2/4–4/12	0,80–0,90	1,10–1,20
Blähton, ungebrochen	4/8–8/16	0,40–0,50	0,50–0,60
Blähschiefer, ungebrochen	4/8–8/16	0,50–0,60	0,60–0,70
Blähton, gebrochen	2/4–4/8	0,45–0,60	0,60–0,80
Blähschiefer, gebrochen	2/4–4/11	0,50–0,55	0,60–0,80
Ziegelbruch	4/8–8/16	0,80–0,85	1,00–1,10

Tab. 7. Dränschichten aus Kunststoffen und ihre Lastannahmen bei maximaler Wasserkapazität (Liesecke 1988, Auszug)

Stoffgruppe, Stoffart	Schichtdicke in mm	Flächenlast der Gesamtschicht in kg/m²	Flächenlast der Gesamtschicht in kN/m²
Dränmatten			
Strukturvliesmatten	10	5,6– 7,5	0,056–0,075
Kunststoff-Noppenmatten	12	2,1– 2,3	0,021–0,023
Fadengeflechtmatten	10–22	2,2– 2,3	0,022–0,023
Dränplatten			
Schaumstoff-Dränplatten ohne Anstau	50	1,8– 2,5	0,018–0,025
Schaumstoff-Dränplatten mit Anstau	50	8,8–10,0	0,088–0,100
Dränelemente			
Hartkunststoff-Elemente mit Anstau*	60	24,0–26,0	0,240–0,260
Schaumstoff-Elemente mit Anstau	60	16,0–18,0	0,160–0,180
Schaumstoff-Elemente mit Anstau	100	33,0–36,0	0,330–0,360

* bis Oberkante Element mit Lava 4/8 verfüllt

tigten Zustand und der Last für die Vegetation. Angaben dazu sind den Tabellen 6, 7, 8 und 9 zu entnehmen. Wasseranstauschichten sind zusätzlich zu berücksichtigen. In der Praxis können in Einzelfällen kurzfristige Überschreitungen der geplanten Lasten – zum Beispiel durch erhöhte Wasseraufnahme von Stoffen und verzögertem Wasserabfluß – auftreten. Dies ist jedoch statisch durch die Reserven für Schneelasten abgedeckt.

In den Abschnitten 8.3 und 8.5 sind exemplarische Lastangaben für komplette Schichtenfolgen im wassergesättigten Zustand angegeben. Das relativ geringe Gewicht von Vliesstoffen und Wurzelschutzbahnen läßt sich in der Regel vernachlässigen. Schwere Schutzlagen mit mehreren Kilo Gewicht müssen jedoch in der gesamten Lastbilanz berücksichtigt werden. Für Schichtaufbauten Extensiver Dachbegrünungen sollte die Lastreserve in der Regel mindestens 0,5 kN (50 kg/m²) betragen. In Ausnahmefällen, etwa bei der nachträglichen Begrünung von Kiesschichten, kann die Lastannahme für eine Vegetation mit sehr geringem Deckungsgrad auf 0,3 kN reduziert werden. Besonders zu berücksichtigen sind die durch Großsträucher und Bäume entstehenden Punktlasten.

Tab. 8. Die Lastannahmen für die bei Dachbegrünungen verwendeten Substrate bei maximaler Wasserkapazität (LIESECKE 1988, Auszug)

Substratgruppe, Substratart		Flächenlast je 10 mm Schichtdicke in kg/m²	in kN/m²
Vegetationssubstrate – Schüttstoffgemische			
Standortspezifisch verbesserte Böden			
Boden-Gemische mit mineralischen und organischen Zuschlagstoffen		16–19	0,16–0,19
Sand-Gemische mit mineralischen und organischen Zuschlagstoffen		16–18	0,16–0,18
Substrate auf der Basis von natürlichen organischen Stoffen			
Torf-Mineralstoff-Gemische (stabilisierte Torfkultursubstrate)		10–13	0,10–0,13
Rindenhumus-Mineralstoff-Gemische (stabilisierte Rindenkultursubstrate)		11–13	0,11–0,13
Substrate auf der Basis von offenporigen mineralischen Stoffen			
Lava-Gemische		15–18	0,15–0,18
Bims-Lava-Gemische		13–16	0,13–0,16
Blähton und Blähschiefer-Gemische		10–13	0,10–0,13
Schlacken-Gemische		14–15	0,14–0,15
Vegetationssubstrate – Schüttstoffe			
Lava	1/12 mm	11–14	0,11–0,14
Bims, gereinigt	2/12 mm	7– 8	0,07–0,08
Bims, ungereinigt	2/12 mm	11–12	0,11–0,12
Blähton, gebrochen	2/8 mm	7– 8	0,07–0,08
Blähschiefer, gebrochen	2/11 mm	7– 8	0,07–0,08
Substratplatten			
Platten aus modifiziertem Schaumstoffen und Steinwolle		8–10	0,08–0,10
Vegetationsmatten			
Fadengeflecht-Matten*		25–35	0,25–0,35
Stroh-Kokos-Matten		40–50	0,40–0,50

* Fadengeflecht-Matten können je nach Dicke auch bis zu 50 kg/m² wiegen

Tab. 9. Lastannahmen der Vegetation für Dachbegrünungen (FLL 1991)

Vegetationsform	Lastannahme in kg/m²	kN/m²
Extensivbegrünungen*		
Moos-Sedum-Begrünungen	10	0,10
Sedum-Moos-Kraut-Begrünungen	10	0,10
Sedum-Gras-Kraut-Begrünungen	10	0,10
Gras-Kraut-Begrünungen (Trockengras)	10	0,10
Einfache Intensivbegrünungen		
Gras-Kraut-Begrünungen (Grasdach, Magerwiese)	15	0,15
Wildstauden-Gehölze-Begrünungen	10	0,10
Gehölz-Stauden-Begrünungen	15	0,15
Gehölz-Begrünungen (bis 150 cm hoch)	20	0,20
Aufwendige Intensivbegrünungen		
Rasen	5	0,05
niedrige Stauden und Gehölze	10	0,10
Stauden und Sträucher bis 150 cm Höhe	20	0,20
Sträucher bis 300 cm	30	0,30
Großsträucher bis 6 m Höhe	40	0,40
Kleinbäume bis 10 m Höhe	60	0,60
Bäume bis 15 m Höhe	150	1,50

* Ergänzender Hinweis zu Extensivbegrünungen: Für Wildstauden-Gehölz-Vegetationen sind 10 kg/m² und für Gehölzvegetationen 20 bzw. 30 kg/m² anzusetzen

Bei der nachträglichen Begrünung vorhandener Dachflächen ist zu beachten, daß die Lastreserve für die Schneelast und für gelegentliches Betreten nicht angegriffen werden dürfen. Sie beträgt im Regelfall 0,75 kN (75 kg) je m². Weiterhin sind als ständige Lasten Kiesflächen und Beläge sowie alle zusätzlichen Bauelemente, wie zum Beispiel Randabgrenzungen, Sichtschutzgitter und Pergolen, zu berücksichtigen. Verkehrslasten sind als veränderliche Lasten, die durch Personen, Maschinen, Schnee, Wind usw. zustande kommen, bereits entsprechend dem Nutzungskonzept in der Statik berücksichtigt.

6.2.4 Dachneigung und Dachentwässerung

Zur Vermeidung von potentiell schadensträchtigem, stehendem Wasser sollten alle Flachdächer ein entwässerungstechnisch wirksames Gefälle aufweisen, einschließlich eines ausreichenden Quergefälles zu den Dacheinläufen. Nach den „Flachdachrichtlinien" „soll" ein Gefälle von mindestens 2 Prozent geplant werden.

Eine Gefälleausbildung auf Flachdächern kommt der vegetationstechnischen Konzeption für Extensive Dachbegrünungen generell entgegen. Intensivbegrünungen ohne Wasseranstau können ebenfalls auf Dächern bis zu 3 oder 4 Prozent Gefälle realisiert werden. Die Zusatzbewässerung muß dann so gesteuert werden, daß kein Überschußwasser abläuft. Für das Wasseranstauverfahren ist allerdings eine gefällelose Dachausbildung vorteilhaft, die als konstruktive Sonderform nach den „Flachdachrichtlinien" zulässig ist. Hier ist dann im Einzelfall festzulegen, ob eine Einstufung nach DIN 18195, Teil 5 oder Teil 6, „Bauwerksabdichtungen", erforderlich ist.

Die Ausbildung der Dachneigung bildet ein entscheidendes Planungskriterium, weil dadurch die Notwendigkeit und Dimensionierung von Dränschichten und Schubsicherungen, ebenso wie besondere Erosionsschutzmaßnahmen bestimmt werden.

Mit zunehmender Dachneigung verschlechtert sich die Aufnahme- und Speicherfähigkeit für Niederschlagswasser, so daß extreme Standortmerkmale zugrunde gelegt werden müssen. In Verbindung mit dem maximalen Sonneinstrahlungswinkel entstehen xerotherme Pflanzenstandorte. Ein Extremcharakter ist immer dann gegeben, wenn die Sonneneinstrahlung etwa im 90-Grad-Winkel auf die Dachfläche trifft (Abbildung 42).

Unter vegetationstechnischen Gesichtspunkten ergibt sich folgende praxisgerechte Einteilung der Gefälleabstufungen (nach LIESECKE, KRUPKA u.a. 1989):

- Flachdächer ohne Gefälle (Null-Grad-Dächer)
- Flachdächer bis 2 Prozent Gefälle
- Flachdächer mit 2 bis 5 Prozent Gefälle
- Flachdächer mit 3 bis 5 Grad Neigung
- Flachdächer mit 5 bis 20 Grad Neigung
- Steildächer mit 20 bis 30 Grad Neigung
- Steildächer mit 30 bis 45 Grad Neigung
- Steildächer mit > 45 Grad Neigung.

In Abbildung 42 ist die angeführte Gefällegruppierung bildlich dargestellt.

Die hydraulischen Bedingungen auf Dachflächen mit entwässerungstechnisch ungünstiger Flächengeometrie müssen im Hinblick auf zusätzlich erforderliche Wasserableitprofile

Abb. 42. Abstufung der Dachneigungen mit maximalem Einstrahlungswinkel der Sonne im Sommer; 61,9 Grad am 21. Juni um 12 Uhr.

Dachneigungen von 2 bis 5 Gefälleprozent entsprechend einer Neigung von 1,14 Grad und 2,86 Grad.

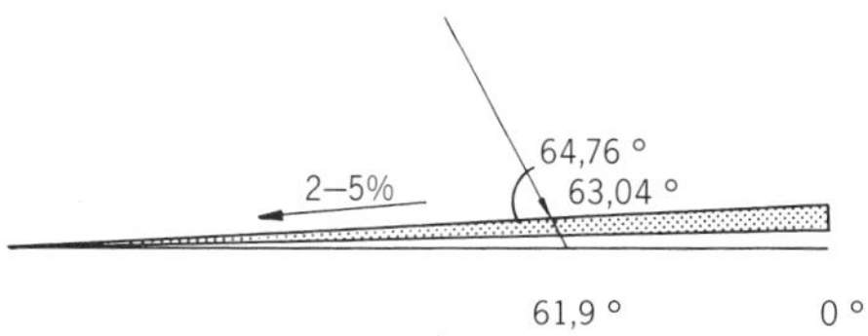

Dachneigungen von 3 bis 5 Grad.

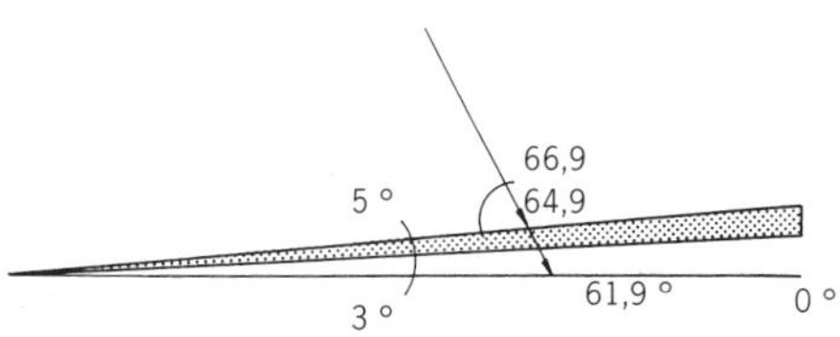

Dachneigungen von 5 bis 20 Grad. Ab 20 Grad ergibt sich ein Einstrahlungswinkel der Sonne von etwa 82 Grad und somit kommt es schon zu einer erheblichen Temperatur- und Strahlungsbelastung.

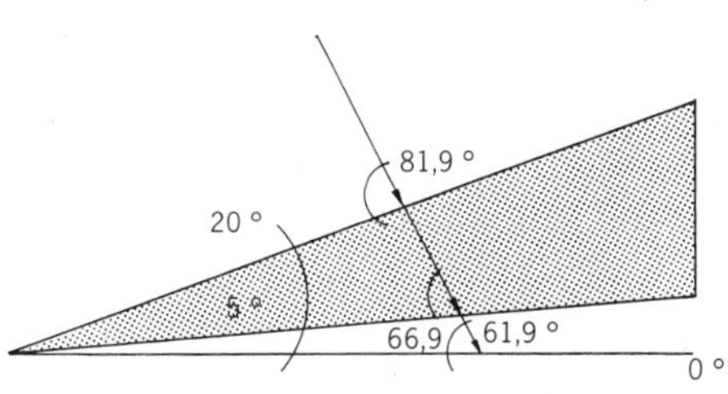

Dachneigungen von 20 bis 30 Grad. Bei 30 Grad ergibt sich ein Einstrahlungswinkel der Sonne von etwa 92 Grad auf die geneigte Fläche, und somit entstehen äquatoriale Einstrahlungsverhältnisse mit Maximalbelastungen.

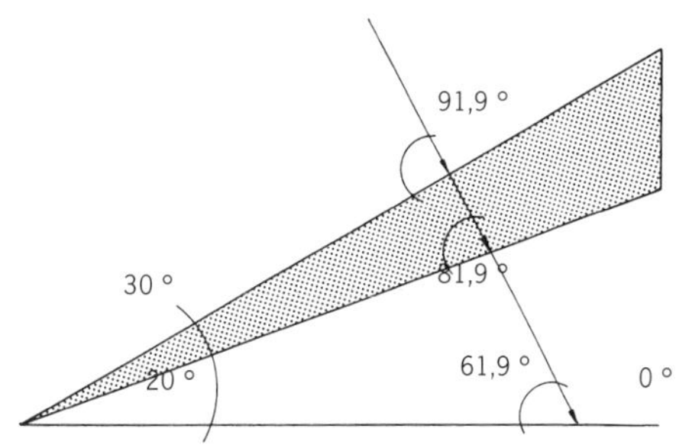

Dachneigungen von 30 bis 45 Grad.

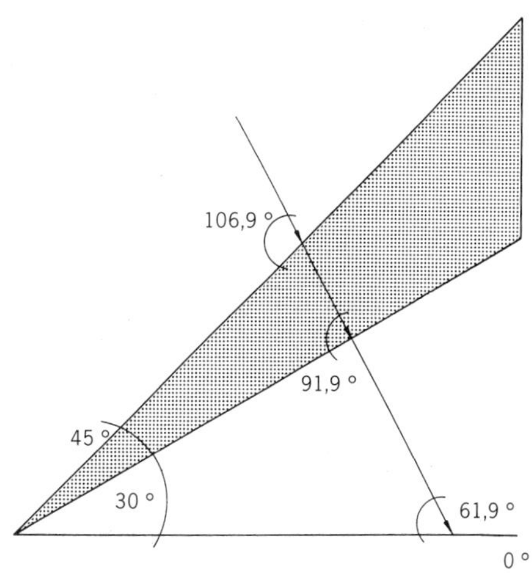

untersucht werden. Diese sind auch dann nötig, wenn größere Mengen Fassadenwasser über die Dachfläche abgeleitet werden müssen oder nicht ausreichende Quergefälle vorliegen.

Die Anforderungen nach der DIN 4095, „Dränung zum Schutz baulicher Anlagen" (1990), gelten primär für erdberührte und erdüberschüttete Bauwerke und nicht für Flach- und Steildächer im Geltungsbereich der Flachdachrichtlinien (siehe dazu auch „Richtlinien für Dachbegrünungen", FLL 1990). Die Anforderungen an Dränschichten aus diesem Geltungsbereich kommen für Schichtaufbauten hoher Gesamtlasten (siehe Abschnitt 8.3.1 und 8.5.1) in Frage. Für Dränschichten aus Schüttbaustoffen wird in der DIN 4095 eine Dicke von 15 cm gefordert.

6.2.5 Bauphysikalische Faktoren

Bauphysikalische Faktoren tangieren Dachbegrünungen in Teilfragen der Wärmedämmung, des Schallschutzes und im Diffusionsverhalten des Wasserdampfes. Als ingenieurtechnische Planungsaufgaben müssen diese Bereiche seitens der Hochbauplanung grundsätzlich mit bautechnischen Mitteln gelöst werden, um mögliche Negativwirkungen der Dachbegrünung zu vermeiden.

Wärmedämmung

Konventionelle Schichtaufbauten von Dachbegrünungen mit ihren optimierten Wassergehalten haben naturgemäß eine hohe Wärmeleitfähigkeit und geben demzufolge keine gute Wärmedämmung. Erst die teilweise oder überwiegende Verwendung zum Beispiel geschlossenporiger, luftreicher Leichtbaustoffe oder luft- und hohlraumreicher Kunststoffe können positive Eigenschaften entwickeln, so daß wärmedämmende Effekte entstehen

Die wärmedämmende Wirkung von Luftpolsterbildungen in Grasbeständen (MINKE 1981, 1985, TEBART 1983) ist bauphysikalisch nicht kalkulierbar, weil vertrocknete Grasbestände sich insbesondere in den Wintermonaten flach legen und durchnässen. KOLB und KLEIN (1986) ermittelten bei einer 20 cm dikken Substratschicht und einem Gräser-Kräuter-Bestand einer Intensivbegrünung eine Verbesserung des k-Wertes (Wärmedurchgangskoeffizient) im Winter um maximal 30 Prozent.

Dachbegrünungssysteme mit Dränschichten aus Kunststoffen, die gleichzeitig eine Wärmedämmung darstellen, können sicherlich bei der Sanierung vorhandener Dächer nach dem Duo-Dach-Prinzip eine Verbesserung erwirken. Im Neubau sind konventionelle Dämmstoffe jedoch immer preiswerter. Weiterhin ist zu beachten, daß nach der „Wärmeschutzverordnung“ (1982) für Dämmschichten über der Abdichtung eine Zulassung vorliegen muß.

Zur wärmedämmenden Wirkung von Dachbegrünungen sollten die laufenden Untersuchungen und fachlichen Bewertungen abgewartet werden. Sie sind bisher in der Planungspraxis ein Ausnahmefall und dürfen nicht durch einseitig bautechnisch optimierte Schichtaufbauten mit Nachteilen für die Vegetation verbunden sein.

Aufgrund des vorliegenden Datenmaterials ist die Wirkung von Dachbegrünungen als **sommerlicher Wärmeschutz**, bei ungenügend wärmegedämmten Altdächern, insbesondere in Leichtbauweise deutlich nachweisbar. Neben der Reduzierung der Maximaltemperaturen ist besonders die tageszeitliche Verschiebung der Temperaturamplituden von Bedeutung (KOLB 1983, STEIN 1987).

Schallschutz

Die Schallschutzwirkung von Dachbegrünungen bedeutet einen positiven Nebeneffekt. Durch die Begrünung von Profilleichtdächern läßt sich der „Trommeleffekt“ von Niederschlägen auf der nackten Dachhaut beseitigen.

Diffusionsverhalten des Wasserdampfes

Die bauphysikalischen Gesetzmäßigkeiten beim Verhalten des Wasserdampfes in Dachaufbauten müssen im Bezug zur Dachbegrünung, insbesondere hinsichtlich der Verlagerung des Taupunktes, überprüft werden. Dies ist die Sache der zuständigen Fachingenieure. Insbesondere vorhandene Altdächer, speziell in zweischaliger Konstruktion dürfen nicht bedenkenlos begrünt werden, weil sich die thermisch bedingten Entlüftungsverhältnisse dadurch ändern können. Die Funktionsfähigkeit der Dampfsperre und Wärmedämmung muß bei Altdächern, die zur Begrünung anstehen, sorgfältig überprüft werden (TRETTEL, KERN 1990). Bei Umkehrdächern und deren Sonderformen muß die Wasserdampfdiffusionsoffenheit nach oben gewährleistet sein (siehe auch Abschnitt 6.2.2).

Wasseranstauschichten von Intensivbegrünungen wirken als Dampfsperre, so daß sekundäres Tauwasser unter oder zwischen den Abdichtungen aus dem Dachaufbau nicht mehr ausdiffundieren kann. Wenn eine zusätzliche Wurzelschutzschicht über der Abdichtung verlegt wird, ist zu beachten:

- Die Stoffe der Wurzelschutzbahnen sollten immer einen niedrigeren Wasserdampfsperrwert haben als die Abdichtung.

- Bei der Verlegung darf keine Feuchtigkeit (Tau, Regen) zwischen den Schichten eingeschlossen werden.
- Wurzelschutzbahnen dürfen nicht wasserunterläufig sein; es darf also von den Randabschlüssen und sonstigen Anbindungen sowie durch die Nahtfügungen her kein Niederschlagswasser unter die Bahn laufen.
- Bituminöse Altabdichtungen haben häufig erhebliche Mengen Wasser aufgenommen und dürfen daher nicht ohne weiteres mit einer Wurzelschutzbahn überzogen werden.
- Auf Umkehrdächern muß die Wurzelschutzschicht immer unter der Wärmedämmung liegen.

6.2.6 Verträglichkeit von Stoffen

Im bautechnischen Bereich betrifft dies die Materialverträglichkeit von Dachabdichtungen mit Wurzelschutzbahnen, von Abdichtungen mit Wurzelschutzfunktion gegen die Wärmedämmung und von Schutzlagen sowie Dränschichten aus Kunststoffen mit der Abdichtung und Wurzelschutzschicht. Stoffunverträglichkeiten und negative Veränderungen können zwischen zwei Stoffen im Kontaktbereich als chemisch-physikalischer Effekt auftreten, wie er auch durch die verwendeten Kleber und Lösungsmittel zur Verbindung oder Fixierung von Abdichtungen oder Schutzlagen entsteht. Weiterhin können auch Weichmacher, Lösungsmittel und Imprägnierungen langsam in jede Richtung durch verschiedene Schichten ausdiffundieren und diese verändern.

Hinweise auf Stoffunverträglichkeiten können in der Regel den Werkstoffblättern der Industrie entnommen werden. Sind diese Informationen für eine bestimmte geplante Schichtenfolge daraus nicht zu entnehmen, ist unbedingt die Eignungsbestätigung des Herstellers (nicht des einbauenden Unternehmers) erforderlich. Bei Stoffunverträglichkeiten, wie sie zum Beispiel zwischen Bitumenabdichtungen und nicht bitumenverträglichen Kunststoffbahnen auftreten, ist eine vollständige Trennung durch eine Vlieslage erforderlich.

Die verwendeten Stoffe für Abdichtungs- und Schutzlagen wie auch Dränschichten aus dem Kunststoffbereich müssen allen biologischen und chemischen Einflüssen aus dem Begrünungsaufbau dauerhaft standhalten. Insbesondere durch den dauernden Kontakt mit Bodenfeuchtigkeit dürfen keine Veränderungen entstehen. Die Stoffe müssen deshalb hydrolysebeständig sein. Die Eignung und Verträglichkeit synthetischer Stoffe muß durch entsprechende Prüfzeugnisse nachgewiesen werden.

6.3 Vegetationstechnische Planungsfaktoren für Dachbegrünungen

6.3.1 Erfassung der standortrelevanten Hauptfaktoren

Der Aufwand an planender Vorarbeit zur Einschätzung der Standortqualität wird in der Regel weit unterschätzt. Er hängt weniger von der Flächengröße ab als von der Gestalt und Lage des Bauwerkes. Auf Dachflächen stark gegliederter Bauwerke entstehen allein schon durch die sehr unterschiedlichen und wechselnden Licht- und Schattenzonen gegensätzliche Standortbedingungen. Auch kommt es zu verschiedenen Belastungen durch Luftströmungen. Während freiliegende Flächen ohne anschließende, höhere Bauwerke gleichmäßig von Niederschlägen erfaßt werden, ergeben sich auf stark höhendifferenzierten Gebäuden Zonen von Regenschatten und solche erhöhten Niederschlagsanfalls durch Verwirbelung oder Fassadenabregnung.

Die Schwierigkeit liegt nicht nur darin, eine problematische Standortqualität zu erkennen, sondern generell in der Bewertung ihrer Auswirkungen auf die Pflanzen und Vegetationsentwicklung. Dies ist jedoch nur in Verbindung mit Kenntnissen über die ökologischen Ansprüche von Pflanzenarten und ihrer Belastungsgrenzen möglich.

Bisher hat sich ein stufenweises Verfahren bewährt, ausgehend von einer allgemeinen Standort- und Risikoeinschätzung und abschließender, kleinräumiger Analyse. Die erste Stufe einer allgemeinen Standorteinschätzung ist schon in den ersten Planungsphasen notwendig. Diese kann nach der zwölfgliedrigen Einteilung der Lebensräume auf Bauwerken nach Tabelle 4 erfolgen.

Abb. 43. Die Sonnenbahnen bei Wintersonnenwende (W), bei Tag- und Nachtgleiche (T) und bei Sommersonnenwende (S) auf 51,5 Grad Breite. (aus NEUFERT 1984).

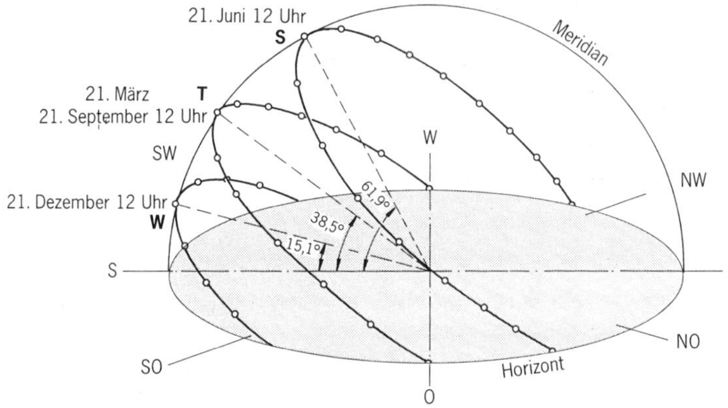

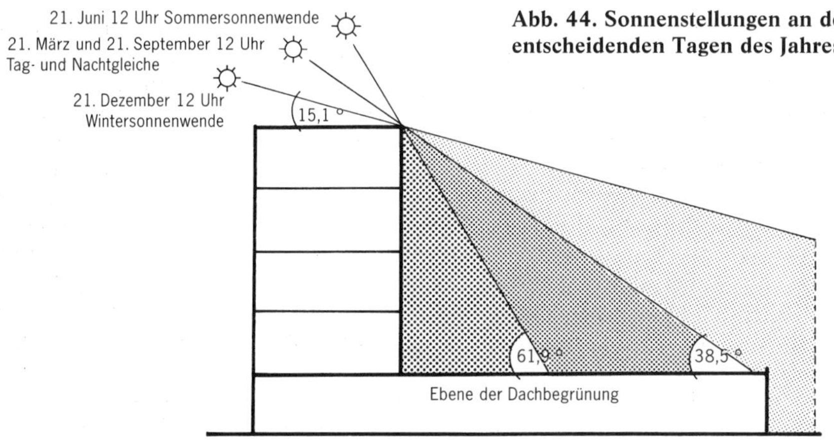

Abb. 44. Sonnenstellungen an den entscheidenden Tagen des Jahreslaufes.

Weil im klimatischen Bereich objektbezogene Daten zur Kennzeichnung des Kleinklimas in der Regel fehlen, können einzelne Zonierungen nur in ihren Hauptcharakteristika eingegrenzt und beschrieben werden. Steht jedoch im Rahmen der Planung ausreichend Zeit zur Verfügung, so ist es insbesondere für die nachträgliche Begrünung von Dächern vorteilhaft, einige exemplarische Temperaturmessungen durchzuführen, um zum Beispiel auftretende sommerliche Höchsttemperaturen zu ermitteln. Zur qualitativen Definition und objektbezogenen Differenzierung der Lebensräume müssen alle kennzeichnenden Standortfaktoren erfaßt werden. Weitere Angaben finden sich dazu bei DRÖGE (1969).

Erforderliche Kennwerte für die Erfassung von Standortfaktoren

1. Besonnungsverhältnisse zur Ermittlung des Lichtklimas nach graphischem Verfahren (Abbildung 43, 44 und 45)

- Festlegung der Schattengrenzen im Jahresverlauf (21. März, 21. Juni, 21. September)
- Festlegung der Schattengrenzen im Tagesverlauf (Abbildung 45) und kurzfristiger Teilverschattungen durch Gebäudeteile und des sich daraus ergebenden Wechselbereiches (Wechsellicht)
- Differenzierung der Schattenqualität wie zum Beispiel
  Vollschatten, Teilschatten, Wanderschatten.

Abb. 45. Ermittlung der Besonnungsverhältnisse an einem Objektbeispiel für den Zeitpunkt der Tag- und Nachtgleiche am 21. März und 21. September. Zur Feststellung der Schattengrenzen wird der jeweilige Azimuth-Winkel am Punkt P angetragen. Die graphische Ermittlung des Sonnenstandes über dem Gebäude ergibt die parallelen Verbindungslinien (Weiteres zum Verfahren siehe NEUFERT 1984 und LAUENSTEIN 1985). Das sich im Jahresverlauf ergebende Lichtklima dient als ein Kennwert des Lebensraumes für die Vegetation. 1 = weitgehend Vollschatten, 2 = Teilschatten, Wanderschatten oder Wechsellichtbereiche, 3 = überwiegend sonnig.

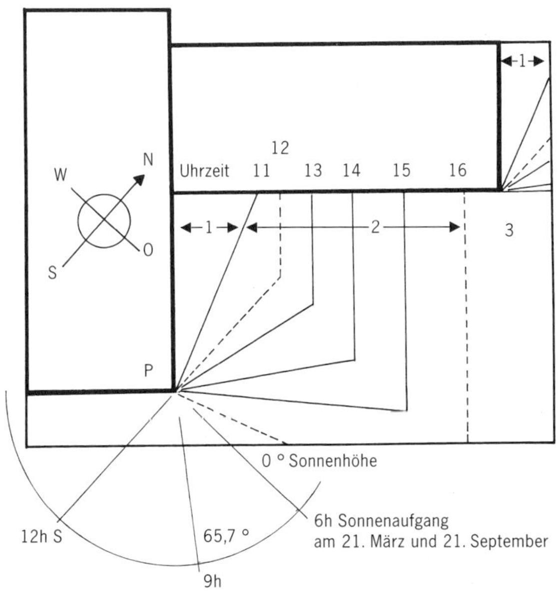

Abb. 46. Lichtklimatische Standortkategorien als Besonnungsdiagramm nach LAUENSTEIN (1985).

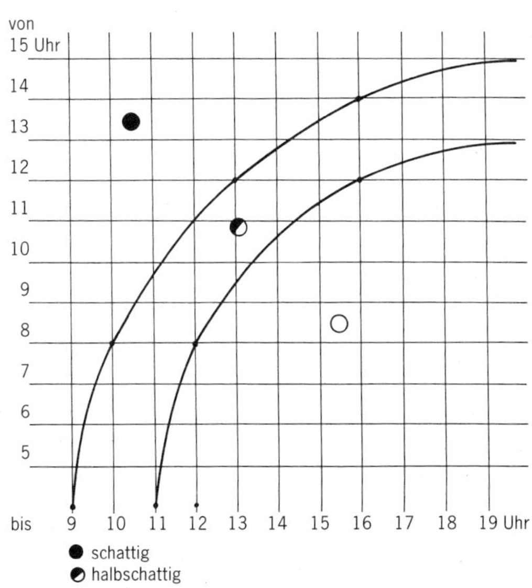

Im Zusammenhang mit der Wasserversorgung durch Niederschläge und Windbelastung kann weiterhin noch in **Trockenschatten** und **Naßschatten** unterschieden werden.

LAUENSTEIN (1984, 1985) nimmt eine Qualifizierung der Besonnungsverhältnisse zur Sommersonnenwende (21. Juni) wie folgt vor (siehe auch Abbildung 46): Der sonnige Standort muß in der Hauptvegetationsperiode mindestens besonnt sein

- von Sonnenaufgang bis Mittag bzw.
- von Mittag bis Sonnenuntergang oder
- zwischen 9 und 15 Uhr für mindestens vier Stunden.

Der schattige Standort ist in der Periode intensivster Einstrahlung (Juni-Juli) allenfalls besonnt

- von Sonnenaufgang bis 9 Uhr oder
- von 15 Uhr bis Sonnenuntergang,
- von 8 bis 10 bzw. von 14 bis 16 Uhr oder
- zwischen 11 und 13 Uhr eine Stunde.

Der sonnige Standort kann somit der Lebensraum-Klassifikation 1.1 „überwiegend sonnig" und der schattige Standort der Lebensraum-Klassifikation 1.2 „überwiegend schattig" gleichgesetzt werden.

Der halbschattige Standort liegt nach LAUENSTEIN zwischen oben angeführten zeitlichen Eingrenzungen. Es wird hier jedoch die gebäudebezogene Lebensraum-Klassifikation 1.3 „Wechsellicht" verwendet, die objektbezogen zu differenzieren ist. Diese Kategorie kann als Lebensraum für einzelne Pflanzenarten unter pflanzenphysiologischen Gesichtspunkten schwierig sein. LAUENSTEIN führt an „... daß sich ein Wechsel zwischen langer Vollschattenphase und intensiver Besonnung ungünstig auf die Stoffwechselbilanz auswirkt..."

2. Niederschlags- und Wasserabflußverhältnisse

- Ermittlung der regionalen mittleren Jahresniederschlagsmengen mit einem Stadtzuschlag von 10 bis 20 Prozent
- Regenschatten durch aufgehende oder benachbarte Gebäude unter Annahme einer Windabdrift von etwa 20 bis 30 Grad aus der Senkrechten (Abbildung 47).
- Ermittlung der Wassermenge, die an Fassaden abregnet
- Ermittlung von Sonderbereichen mit Niederschlagsverwirbelung und Verfrachtung etwa durch Kaminwirkung

3. Windbelastungen

- Ermittlung der flächenbezogenen Luftbewegungen (Richtung, Geschwindigkeit, Ablenkung, Lee- und Luvzonen)
- Ermittlung geschoßbezogener Abweichungen
- Sogwirkungen an Dachecken und Rändern unter Beachtung der DIN 1055, Teil 4
- Staudruck an Fassaden
- Bildung von Windwirbeln
- Düsenwirkungen an Gebäudeecken, bedingt durch unterströmte Bauwerksteile oder eng stehenden, hohen Gebäuden
  Hinweis: Bei sehr schwierigen Verhältnissen ist ein Versuch am Modell im Windkanal zu empfehlen.

4. Sonderfaktoren

- Strahlungs- und Lichtreflektion von Fassaden
- Wärmespeicherung durch bestimmte Baustoffe
- Wärmestau bedingt durch mangelnden Luftaustausch
- Richtung und Stärke von Abluftimmissionen, insbesondere von Warm- und Kaltluft
- Risiken durch Kälteeinwirkung von unten bei luftunterströmten nicht wärmegedämmten Flächen
- Erwärmung von unten durch unzureichende Wärmedämmung
- reliefbedingter Kaltluftstau.

6.3.2 Bewertung der Standortfaktoren als Grundlage für eine Begrünung

Die Bewertung der Standortfaktoren sollte zur qualitativen Einstufung von Dachflächen mit der erforderlichen flächenbezogenen Differenzierung erfolgen. Eine einheitliche Standortqualität ergibt sich auf Dachflächen mit regelmäßiger Geometrie in einer Ebene in den seltensten Fällen.

Aufbauend auf den im Abschnitt 5.5 angeführten Lebensräumen (Tabelle 4) können mit jeweils objektbezogenen, qualitativ definierten Beurteilungsrastern die Möglichkeiten und Risiken der Pflanzenauswahl für Intensive und Extensive Dachbegrünungen untersucht werden. Diese qualitative Einstufung und Differenzierung von Dachflächen gilt als grundsätzliche Planungsaussage und bildet auch die Grundlage für mögliche Kompensationsmaßnahmen, die Art der Vegetationsan-

Abb. 47. Schematische Darstellung von Regenschatten und Fassadenabregnung. Die Windabdrift des Regens muß objektbezogen abgeschätzt werden.

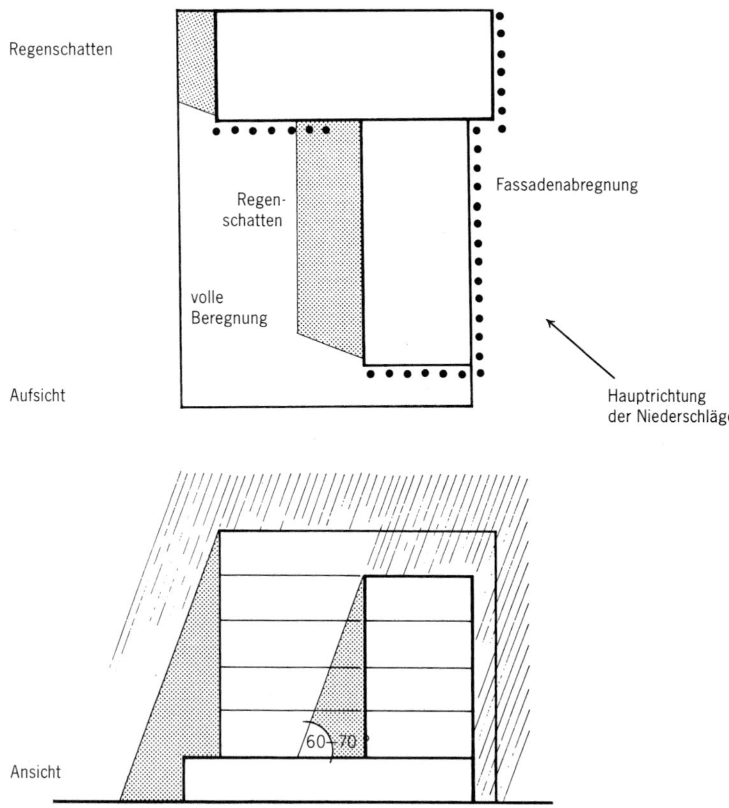

siedlung und die erforderlichen Sicherungsmaßnahmen.

Rückkoppelnd ist die qualitative Einstufung jedoch eng mit der Belastungsfähigkeit der Vegetation verbunden. Ein Grenzstandort für Intensivbegrünungen mit Gehölzen kann ein „Normalstandort" für Extensivbegrünungen sein. Deshalb sind derartige Aussagen immer nur in Verbindung mit den Begrünungsformen der Extensiven Dachbegrünung sowie der Einfachen und Aufwendigen Intensivbegrünung sinnvoll.

Steht die Begrünungsform noch nicht fest, so kann „vorwärts" projiziert werden, wobei man Haupteignungen mit Alternativen erarbeitet. Liegen die Begrünungsformen bereits fest, so muß festgestellt werden, ob die grundsätzliche Eignung tatsächlich gegeben ist, welche Risiken bestehen und ob Einschränkungen notwendig sind.

Hinsichtlich der Wirkung der Sonneneinstrahlung auf geneigten Flächen ist weniger die geographische Lage als die Neigung der Fläche und die Dauer der Besonnung von Bedeutung. Hier kommt es immer wieder zu Fehleinschätzungen, besonders in Regionen mit eher humidem Klima. Auch in diesen Gebieten können zum Beispiel auf Steildächern auf sonnenexponierten Flächen Gras-Kraut-Vegetationen vollständig ausfallen.

Die in Abschnitt 6.3.1 angeführten standortrelevanten Hauptfaktoren sind unter Berücksichtigung wichtiger bautechnischer Faktoren (siehe Abschnitt 6.2) wie Lastannahmen und Dachneigungen zu bewerten.

Danach lassen sich individuelle Standortbelastungsprofile ableiten, die sich immer aus mehreren Faktoren zusammensetzen.

Beispiel Steildach (Siehe Abbildung 49)
0.3 Freie Lage, Neigung 30 Grad
3.1 sonnenexponiert +
volle Windbelastung +
volle Frosteinwirkung +
geringe Lastreserve (1 kN)

Bewertung: Hohe Standortbelastung durch Wassermangel, die am Hochpunkt der Dachfläche die extremste Ausprägung hat. Risiken entstehen durch Winderosion an exponierten Stellen. Eignung nur für Extensive Dachbegrünungen mit niedrigen, absolut trockenresistenten Ausbildungsformen.

Dieses Beispiel ist exemplarisch zu verstehen. Es sind auch andere Belastungsprofile denkbar, in denen zum Beispiel die spezielle Windbelastung den kennzeichnenden Hauptfaktor darstellt.

Als **Kennzeichen für Grenzstandorte** können allgemein gelten:

- Bei *geringen Lastreserven*, also auch bei geringer Schichtdicke, wirken weitere Einflüsse besonders extrem wie:
  volle Sonneneinstrahlung, insbesondere auf geneigten Flächen
  ständig starke Windeinwirkung
  Kälteeinwirkung von unten
  Wärmespeicherung und/oder -rückstrahlung, insbesondere auch bei kleinen Flächen
  Flächen mit Gefährdungen durch Kaltlufteinwirkung (Kaltluftsee) durch Früh- oder Spätfröste
- Teilflächen liegen im *Regenschatten* mit Windbelastung und/oder direkter Sonneneinstrahlung.
- Alle *vollständig frei liegenden Flächen* in *Küstennähe* oder in *Mittelgebirgshöhe* sind Grenzstandorte.
- Gleiches gilt für alle *vollständig frei liegenden* Flächen auf *höheren Ebenen über Grund*, auf oder in der Nähe von Hochhäusern und in Stadtzentren.

Im Rahmen der Standortbewertung müssen jedoch auch die kleinklimatischen Optimalzonen berücksichtigt werden, die besonders für Intensive Dachbegrünungen von Bedeutung sind. Diese sind in der Regel immer auf Flächen vorhanden, die ausreichend durch den Baukörper und andere Bauwerke abgeschirmt werden. Abgesehen von den stadtklimatischen Wärmebelastungen ergeben sich Optimalbereiche für Intensivbegrünungen in der Stadt eher als in freier Umgebung.

Für die Planungspraxis hat es sich als vorteilhaft erwiesen, die Dachflächen als Pflanzenstandort unter Berücksichtigung der Begrünungsform in Teilbereiche mit Angabe der Schlüsselfaktoren wie folgt zu klassifizieren:

- sehr hoch belastet
- hoch belastet
- mittel belastet
- gering belastet
- sehr gering belastet.

In den Abbildungen 48 und 49 ist diese Klassifizierung jeweils für eine geplante Extensive und Intensive Dachbegrünung dargestellt.

6.3.3 Kompensation von vegetationstechnisch wirksamen Negativfaktoren

Negativfaktoren zu kompensieren, ist unter vegetationstechnischen Gesichtspunkten in der Regel nur in relativ geringem Umfang möglich. Im bautechnischen Bereich stellen die Lastannahmen meistens feststehende Größen dar, so daß zu geringe Lastreserven dann zum Beispiel den Verzicht auf eine Intensivbegrünung bedeuten. Bestehen frühzeitige Einwirkungsmöglichkeiten auf die Hochbauplanung, so lassen sich insbesondere die Gefälleausbildung und die Lage der Dacheinläufe noch beeinflussen. Dazu gehört auch die direkte Abführung von überschüssigem Fassadenwasser im Rahmen der Bauwerksentwässerung, so daß dieses nicht mehr über die Dachflächen geleitet werden muß.

Sehr stark begrenzt sind die Ausgleichsmöglichkeiten extremer klimatischer Einwirkungen durch vegetationstechnische Maßnahmen. Diese bestehen, insbesondere bei Intensivbegrünungen, in einer Erhöhung der Schichtdicken zur Verbesserung des frei durchwurzelbaren Volumens im Rahmen der gegebenen Lastreserven. In diesem Zusammenhang muß auch die Verwendung wurzelphysiologisch ungünstiger Dränmaterialien sorgfältig geprüft werden (siehe auch Abschnitt 8.1.3).

Abb. 48. Klassifizierung der Lebensräume und Standortbelastungen auf Dachflächen, für die Intensive Dachbegrünungen vorgesehen sind. Mit Ausnahme von Teilbereichen des Innenhofes ergeben sich durch die Windeinwirkungen hohe bis sehr hohe Standortbelastungen.

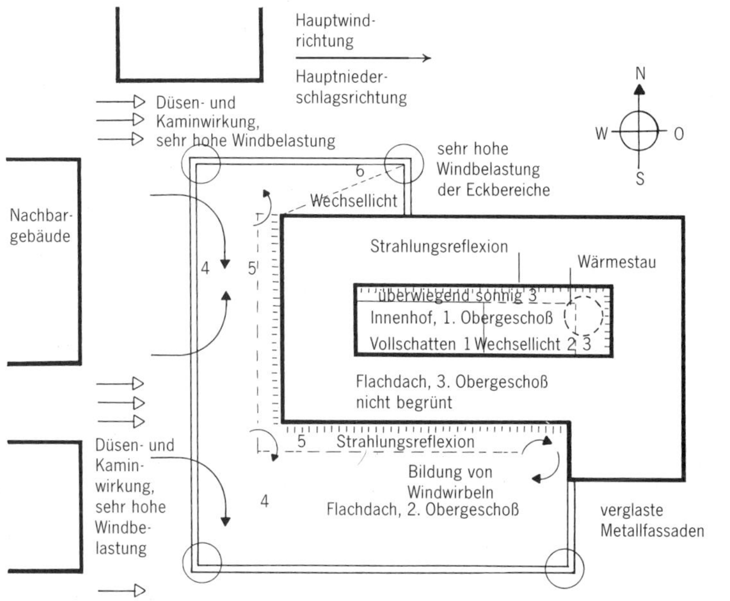

Innenhof, 1. Obergeschoß

Lebensraum	Lichtklima	Standortbelastung
1 = 0.2–2.2	Vollschatten	sehr gering
2 = 0.2–2.3	Wechsellicht	sehr gering
3 = 0.2–2.1	überwiegend sonnig	hoch

Flachdach, 2. Obergeschoß

Lebensraum	Lichtklima	Standortbelastung
4 = 0.1–1.1	überwiegend sonnig	hoch
5 = 0.1–1.1	überwiegend sonnig	sehr hoch
6 = 0.1–1.3	Wechsellicht	hoch

Abb. 49. Klassifizierung der Lebensräume und Standortbelastungen auf Dachflächen, für die Extensive Dachbegrünungen vorgesehen sind. Nur für Teilbereiche des Flachdaches ergeben sich mittlere Standortbelastungen.

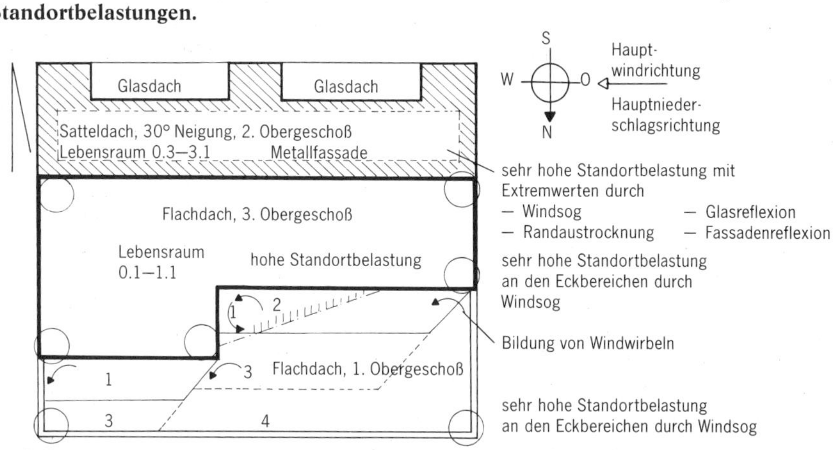

Flachdach, 1. Obergeschoß

Lebensraum	Lichtklima	Standortbelastung
1 = 0.1–1.2	überwiegend schattig	mittel
2 = 0.1–1.2	überwiegend schattig Naßschatten möglich	mittel

Flachdach, 1. Obergeschoß

Lebensraum	Lichtklima	Standortbelastung
3 = 0.1–1.3	Wechsellicht	hoch
4 = 0.1–1.1	überwiegend sonnig	hoch

Für Schichtenaufbauten mit geringer Dicke bei Extensivbegrünungen sollte man mit Hilfe geeigneter Stoffwahl eher eine Erhöhung der Schichtdicke anstreben als eine Maximierung der Wasserkapazität.

6.4 Planungsziele für Fassadenbegrünungen

Fassadenbegrünungen sind als Teil der Freiraumplanung erheblich aufgewertet worden. Die Gewichtung ästhetischer und ökologischer Zielsetzungen zur Einbindung von Bauwerken in die Umgebung muß auf die jeweilige Situation bezogen werden. In Korrespondenz mit den ökologischen und visuellen Bedingungen der nahen Umgebung steigt der Wert und die Notwendigkeit von Fassadenbegrünungen mit zunehmender baulicher Verdichtung und abnehmendem Anteil offener, begrünter Bodenflächen. Die ökologische und klimatische Ausgleichswirkung von Fassadenbegrünungen ist als meßbare Planungsgröße derzeit nicht einzubringen.

Die möglichen bautechnischen Schutzwirkungen von Fassadenbegrünungen müssen insofern relativiert werden, als der Schutz des Bauwerkes vor klimatischen Einflüssen primär eine bautechnisch zu lösende Aufgabe ist. Hier ist allenfalls eine Zusatzwirkung gegeben. Insbesondere bei Altbauten ist die Schadensträchtigkeit von Selbstklimmern (siehe Abschnitt 7.2) zu beachten. Der Verzicht auf selbstklimmende Arten bedingt die Verwendung von Rankhilfen, welche wiederum auf die Fassadengestaltung abgestimmt sein müssen. Hier ergeben sich häufig ästhetische Zielkonflikte, weil aufwendig gestaltete Rankhilfen nur solange mit ihrem Design wirken, bis sie eingegrünt sind.

Sollen zusätzliche bauphysikalische Schutzeffekte, insbesondere ein kühlender sommerlicher Wärmeschutz, erreicht werden, muß die Entwicklungszeit bis zur vollständigen Begrünung der Fassade in Abhängigkeit von den recht unterschiedlichen Zuwachsleistungen der einzelnen Arten mit einkalkuliert werden.

Fassadenbegrünungen wirken primär durch den Habitus der Pflanzen, sowie durch Farbe und Textur des Blattwerkes. Dies ist bei allen großflächigen Fassadenbegrünungen, insbesondere auch im Winterzustand, zu beachten. Bei Direktbegrünungen ist eine Kombination von langsam wachsendem Efeu mit dem schneller wachsenden Wilden Wein möglich. Kontrastwirkungen zwischen Blattfarben oder Blüten zur Fassadenfarbe sind einfacher zu erzielen als Farbharmonien, die besonders bei allen roten und braunen Farbtönen mit Schwierigkeiten verbunden sind.

Die Blütenwirkung ermöglicht reizvolle, individuell abwandelbare Effekte. Mit dem reichhaltigen Pflanzensortiment sind Blütenwirkungen während der gesamten Vegetationsperiode realisierbar. Farbliche Steigerungen können durch eine gleichzeitige Blüte verschiedener Arten erreicht werden. Bei Vergesellschaftungen mehrer Arten sollte man nur solche mit etwa gleicher Konkurrenzkraft und ähnlichen Standortansprüchen verwenden.

Die Auseinandersetzung mit gestalterischen Fragen der Fassadenbegrünung muß auch im Hinblick auf den „Endzustand“ der Begrünung erfolgen. Ein völliges Zuwachsen des Bauwerkes wird, solange die Funktionen nicht beeinträchtigt werden, meistens nur bei vorhandenen Bauwerken aus der „Betonära“ der sechziger und siebziger Jahre gewünscht sein. Dabei ist bei Hochbauten selbst mit dem starkwachsenden Wilden Wein eine Höhengrenze bei etwa 18 m erreicht. Historische Bauten, insbesondere solche mit ornamentalem Schmuck, dürfen in der Regel nur sehr zurückhaltend, gegebenenfalls in Abstimmung mit den Behörden des Denkmalschutzes, begrünt werden.

Freistehende Ingenieurbauwerke in der Landschaft, wie zum Beispiel Brücken, Pumpenhäuser, Faultürme von Kläranlagen oder Lärmschutzwände, sollten aus landschaftsästhetischen Gründen durch Fassadenbegrünungen und ergänzende Gehölzpflanzungen möglichst völlig „weggegrünt“ werden.

Fassadenbegrünungen können also den Charakter eines Bauwerkes prägend bestimmen und total verändern, vegetative Elemente können mit der Architektur eine harmonische Einheit bilden.

Neben Fragen der laufenden Unterhaltung, wie zum Beispiel ein ständiges Freischneiden von Fenstern, müssen auch eventuelle psychologisch negative Auswirkungen durch eine Massierung total begrünter Bauwerke beachtet werden. Es können sich unter Umständen angsterzeugende Höhleneffekte ergeben.

Im Regelfall sind die mit der Architektur des Bauwerkes korrespondierenden Teilbegrünungen linienartig oder flächig angeordnet. Im Rahmen von Neubauplanungen müssen dabei alle Maßnahmen zur Schadensverhütung und Herstellung pflanzengerechter Standorte sowie Kletterhilfen beachtet werden.

6.5 Bau- und vegetationstechnische Planungsfaktoren für Fassadenbegrünungen

Die Untersuchung der **bautechnischen Gegebenheiten** der Bauwerksaußenfläche dient primär der präventiven Schadensverhütung durch Fassadenbegrünung (siehe hierzu Abschnitt 7.2).

Im einzelnen sind zu beachten:

- die technische Qualität von Putzen
- die technische Qualität von Fassadenbeschichtungen und Anstrichen
- die technische Qualität von Sichtmauerwerk, insbesondere der Fugen
- die Konstruktionsart hinterlüfteter Fassaden, insbesondere Anzahl und Anordnung von Stößen, Schlitzen und Überlappungen
- die Lage und Anzahl von Lüftungsöffnungen im Mauerwerk und an den Fenstern
- die Ausführung von Dachrandabdeckungen
- die Stabilität und Belastungsfähigkeit von Fallrohren, Dachrinnen, Geländern und sonstigen Einbauelementen
- die Höhe und Breite der zu begrünenden Flächen
- Befestigungsmöglichkeiten von Rankhilfen.

Dic Restriktionen, die sich aus der Analyse der bautechnischen Bedingungen besonders hinsichtlich der Fassadenqualität ergeben, sind in der Regel nicht kompensierbar. Es verbleibt häufig nur die Verwendung schwächer wachsender Pflanzen und der Verzicht auf eine Fassadendirektbegrünung zugunsten einer Abstandsbegrünung mit Rankhilfen.

Die **vegetationstechnischen Planungsfaktoren** werden bestimmt durch die klimatischen Faktoren in bezug zur Exposition der Fassadenflächen und durch die Standortqualität im Wurzelraum.

Was die klimatischen Faktoren betrifft, haben die Erreichbarkeit der Flächen durch Niederschläge und die Windbelastung primäre Bedeutung. Die lichtklimatischen Verhältnisse wirken sich auf die Pflanzenauswahl aus. Die gilt insbesondere für extreme Sonnen- und Schattenzonen.

Als **Extremstandorte** gelten grundsätzlich alle Bereiche ohne sichere Erreichbarkeit durch Niederschläge, vor allem auch Süd- und Ostlagen und Standorte mit hoher Windbelastung etwa durch Kaminwirkung oder ständige Verwirbelungen, wie sie an Eckbereichen von Gebäuden auftreten. Dazu zählen auch entsprechende Situationen an Lärmschutzwänden mit permanenter Fahrtwindbelastung. Weiterhin erweisen sich bodentrokkene Standorte im Bereich überwiegender Sonneneinstrahlung als problematisch. Im Bereich von Betonwänden oder freistehenden Betonmauern machen vorstehende Fundamente eine Begrünung oft unmöglich.

Die Standortqualität bodengebundener Wurzelräume muß sehr kritisch überprüft werden, weil sie sich in Bauwerksnähe häufig als unzureichend herausstellt. Dränierte Baugrubenauffüllungen von Neubauten stellen Extremstandorte dar. Andererseits müssen die Wasserabfluß- und Versickerungsverhältnisse der angrenzenden Flächen ermittelt werden, um eine mögliche Vernässung des Standortes rechtzeitig zu erkennen. Es sind also Maßnahmen zur Standortverbesserung oder Standortneuherstellung (siehe Abschnitt 8.4) zu treffen.

Nicht bodengebundene Standorte in eng begrenzten Pflanzgefäßen auf Dachflächen, jedoch insbesondere in frei aufgehängten Pflanzgefäßen im Fassadenbereich, bedeuten wegen des begrenzten Wurzelraumes, der ungehinderten Frosteinwirkung und der ständigen Windbelastung (Austrocknung) ebenfalls Extremstandorte. Die besten Lebensmöglichkeiten für Pflanzen zur Fassadenbegrünung und insbesondere für Immergrüne bieten Schichtaufbauten intensiver Dachbegrünungen ab etwa 25 cm Dicke in geschützten Lagen.

Optimierte Bedingungen im Wurzelraum können extreme klimatische Einwirkungen im gewissen Umfang kompensieren. Liegen aber keine optimalen Verhältnisse vor, so ist eine Fassadenbegrünung unter extremen Bedingungen auf Dauer zum Scheitern verurteilt.

7 Maßnahmen zur Schadensverhütung an Bauwerken

7.1 Schadensverhütung für Dachbegrünungen und Pflanzgefäße

Nur durch eine präventive Schadensverhütung kann die Existenz von Begrünungen auf Dauer gewährleistet sowie die allgemeine Akzeptanz auch für die Zukunft gesichert werden (LIESECKE 1985). Alle Maßnahmen zur Schadensverhütung, die sich einerseits aus dem Stand der Technik und andererseits aus potentiellen Risiken spezieller Einzelfälle ergeben, sind Teil der Planung. Bei fehlender Planung und eingetretenem Schadensfall entstehen unter baurechtlichen Aspekten erhebliche Probleme, weil ein Verschulden nicht nur beim ausführenden Unternehmen, sondern auch beim Auftraggeber liegen kann.

Die technischen Fragen des Schutzes vor den Auswirkungen der Begrünung und der Nutzung der Dachfläche ergeben sich an der Schnittstelle zwischen Hochbau- und Ingenieurplanung sowie der Grünplanung. Daher müssen die Zuständigkeiten und die Leistungsbereiche geklärt werden. Dies ist auch im Zusammenhang mit der normgerechten Zuordnung der zu begrünenden Dachfläche und den sich daraus ergebenden kostenrelevanten, technischen Anforderungen zu entscheiden.

Für Dach- und Bauwerksflächen können im Hinblick auf die Abdichtungstechnik und die Schutzmaßnahmen folgende Grundlagen gelten:

- Richtlinien für die Planung und Ausführung von Dächern mit Abdichtungen („Flachdachrichtlinien" 1991).
- DIN 18531, „Dachabdichtungen, Planungsgrundsätze" (1991).
- DIN 18195, Teile 1 bis 10, „Bauwerksabdichtungen".

Die Geltungsbereiche sind leider nicht eindeutig, wie das Beispiel einer Tiefgarage zeigt, die sowohl als Dach als auch als Bauwerksabdichtung eingestuft werden kann. Weitere Angaben dazu bei GÖTZE (1987), HOCH (1981, 1984), HERKEN (1983), KRUPKA (1988a).

7.1.1 Durchwurzelungsschutz

Der Schutz des Dachaufbaues vor Wurzelschäden ist unverzichtbarer Teil der technischen Grundanforderung. Maßgeblich sind die „Flachdachrichtlinien" sowie die „Richtlinien für Dachbegrünungen". Die Schadensrisiken durch das Wurzelwachstum ergeben sich aus dem grundsätzlich „ungerichteten Suchverhalten des Wurzelwerkes" (STRASBURGER 1983) nach Wasser und Nährstoffen. So ergibt sich einerseits eine Schadenswirkung durch das **Einwachsen der Wurzelspitzen** auch noch in feinste, kapillare Öffnungen der Nähte von Wurzelschutzbahnen oder ein Einwachsen der Wurzeln in nicht durchwurzelungsfeste Abdichtungen an beliebiger Stelle auf der Fläche.

Ein weiterer, häufig übersehener Schadensfaktor ist der **mechanische Druck** der verholzenden Wurzeln (Bildung von Wurzelknien). Durch Windeinwirkung auf die oberirdischen Pflanzenteile überträgt sich ein reibender Druck über die Wurzeln auf die Abdichtungen des Daches. Nicht nur Wurzeln, sondern auch Rhizome zum Beispiel von Gräsern, wachsen aktiv besonders in Ecken an aufgehenden Abdichtungsflächen ein. Bei der Quecke *(Agropyron repens)* wie auch bei Staudengräsern *(Spartina michauxiana*, Bambus-Arten, *Miscanthus-Arten)* ist dieses wiederholt beobachtet worden. Die letztgenannten Staudengräser bilden durch ihre harten, spitzen **Triebe und Rhizome ein zusätzliches Risiko** und sollten daher nicht verwendet werden.

Bei Dachbegrünungen mit geringeren Schichtdicken, insbesondere bei Extensivbegrünungen, bildet sich auf der oberen Schutzlage oder auf der wurzelfesten Abdichtung in der Regel ein dichter Wurzelfilz aus, der jedoch keinen Schaden verursacht.

Inwieweit Gehölzausläufer (KIERMEIER 1983) schadensträchtig sind, ist nicht belegt. Wegen ihres flachen Wachstums können sie in der Regel nur auf die senkrecht verlaufenden Flächen der Abdichtung und Durchwurzelungsschutzes treffen.

Die technischen Möglichkeiten bei der Ausbildung des Wurzelschutzes sind in Abhängigkeit von der Dachkonstruktion und Art der verwendeten Stoffe recht vielfältig (LIESECKE 1983 I, 1985 a, LIESECKE, KRUPKA u.A. 1989, 1990). Die qualitativen Anforderungen an die

Schutzwirkung der Stoffe liegen sehr hoch und müssen mit einem speziell entwickelten Verfahren (Verfahren zur Untersuchung der Durchwurzelungsfestigkeit von Wurzelschutzbahnen, FLL 1982) nachgewiesen werden. Diese Untersuchungen mit wurzelaggressiven Pflanzen erfolgen an verschiedenen Instituten über einen Zeitraum von vier Jahren. Jeder verwendete Stoff zum Schutz vor Durchwurzelungen sollte nach diesem Verfahren untersucht und nur in der untersuchten Stoffzusammensetzung, Dicke und Fügetechnik (Nahtverbindung) verwendet werden.

Ungeprüfte sogenannte wurzelhemmende Schutzanstriche und Schutzestriche aus Beton reichen als Wurzelschutz nicht aus, wie auch Prüfungen nach dem sogenannten „Bitterlupinentest" bewiesen (DIN 4038, DIN 4062). Auch häufig vorgebrachte Hinweise auf jahrelange Schadensfreiheit eingebauter Stoffe bildet keine Planungs- und Entscheidungsgrundlage, sondern kann als positiv zu wertendes Hilfsargument bei der Beurteilung von Stoffen hinzugezogen werden. Nach den „Richtlinien für Dachbegrünungen" (1990) sind Stoffe mit zehnjähriger Praxisbewährung zulässig. Diese sollte mit einem entsprechendem Gutachten belegt werden.

Die Wurzelschutzfunktionen können im Prinzip alle Stoffe (zum Beispiel CSM, PVC, EPDM, ECB, PEC, PIB) erfüllen, die auch für Dach- und Bauwerksabdichtungen eingesetzt werden, sofern sie die oben genannte Untersuchung bestanden haben. Dies gilt auch für verschiedene bituminöse Abdichtungen, die in der Regel mit Wurzelgiften versehen werden. Metallbandeinlagen in Bitumenbahnen allein reichen nicht aus. Wasserundurchlässiger Beton (WUB) als Spezialbauweise (LOHMEIER 1982) kann mit Ausnahme der zu schützenden Bauwerksfugen als wurzelfest eingestuft werden. Sofern jedoch herstellungsbedingte Rißbildungen an der Oberfläche (Haarrisse, Spannungsrisse) als Baumangel entstehen, können diese jedoch eingewurzelt werden. Solche Rißbildungen fördern obendrein Korrosionen an der Bewehrung.

Die Wurzelschutzschicht kann wie folgt angeordnet werden (Abbildung 50):

- einlagig in Funktionseinheit mit der Abdichtung
- als zusätzliche von der Abdichtung getrennt verlegte Lage.

Abb. 50. Ausbildung von Wurzelschutzschichten. Dachabdichtung mit Wurzelschutzfunktion.

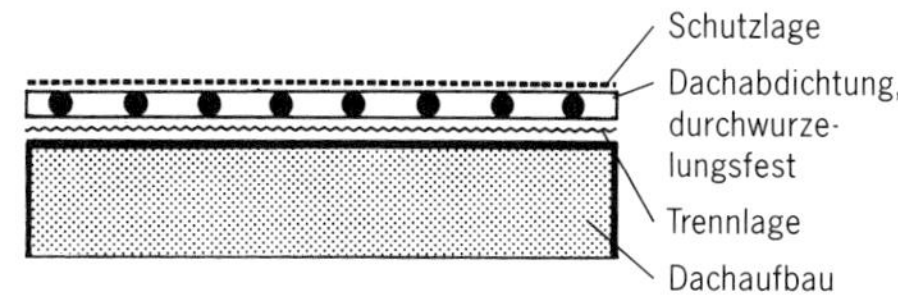

Zusätzliche Wurzelschutzbahn, bitumenverträglich, vollflächig auf bituminöser Abdichtung verklebt.

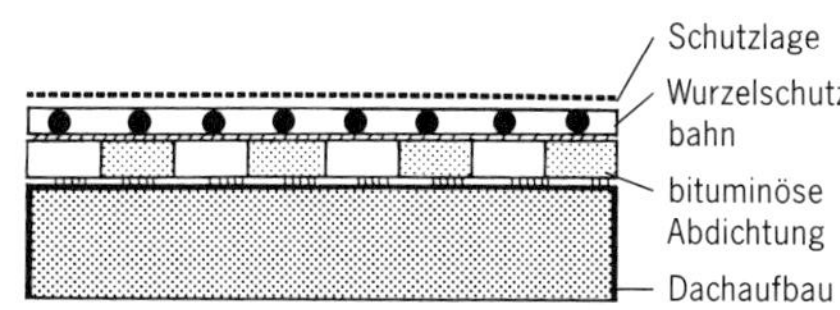

Zusätzliche Wurzelschutzbahn, nicht bitumenverträglich, mit Trennvlies lose über vorhandener bituminöser Abdichtung verlegt.

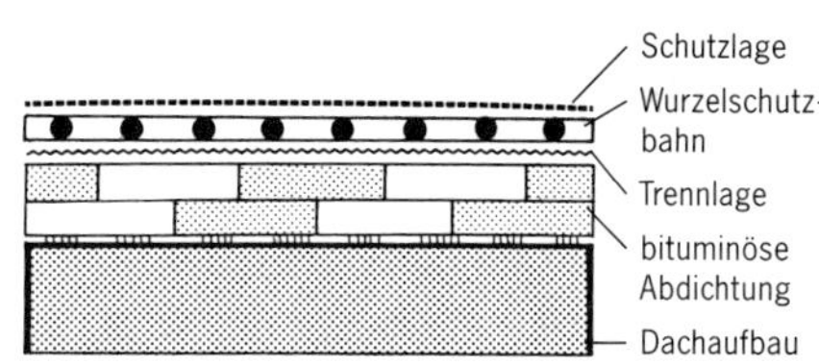

Eine zusätzliche, von der Abdichtung getrennte **Wurzelschutzschicht** ist immer bei Dachbegrünungen mit Wasseranstau zu empfehlen, weil dadurch der direkte Wasserdruck auf die Abdichtung entfällt und die zweite wasserdichte Wanne eine zusätzliche Sicherheit darstellt. Dies ist auch im Hinblick auf die Anforderungen der DIN 18195 („Bauwerksabdichtungen") abzustimmen.

Wird die Wurzelschutzschicht getrennt verlegt, gewährt die vollflächige Verlegung auch bei nur teilflächig begrünten Dächern die größte Sicherheit vor Durchwurzelung. Kies- oder Plattenflächen (Fugen) werden immer von Spontanvegetation und auch von wurzelaggressiven Gehölzen wie Birken und Weiden mit dem verbundenem Risiko, daß sie in die Abdichtung einwurzeln, besiedelt. Bei Umkehrdächern ist die Wurzelschutzschicht immer unter der Wärmedämmung anzuordnen.

Durchwurzelungen der obenliegenden Wärmedämmsicht in der Fläche wurden nach ZIMMERMANN (1990) nicht festgestellt. Durchwurzelungen der Stufenfalze werden als funktional unerheblich beurteilt. **Bankbeete an Brüstungen** werden in der Regel gesondert wurzelfest abgedichtet. Unter einzelnen **Pflanzgefäßen** ist ein großflächiger Wurzelschutz erforderlich, wenn durchwurzelbare Öffnungen am unteren Gefäßbereich, wie zum Beispiel Überlauföffnungen, vorhanden sind (Abbildung 51).

Abb. 51. Pflanzbeete, insbesondere solche mit Wasseranstau, erhalten eine von der Dachabdichtung unabhängige, durchgehende, wurzelfeste Abdichtung.

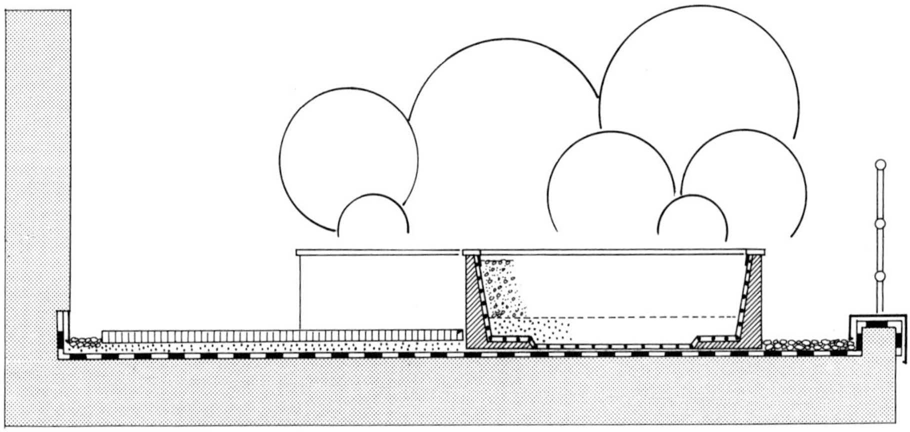

Abb. 52. Schadensfall aus der Praxis. Die Stoßfugen der Betonwinkelteile wurden nur lose mit Streifen aus Bitumenpappe abgedeckt. Der im Pflanzbeet wachsende Essigbaum (*Rhus typina)* bildet starke Ausläufer, die durch die Stoßfugen wachsen, sich unter dem Plattenbelag stark ausbreiten und als Schößlingsaustrieb (Polycormone) durch die Plattenfugen wachsen. Die nicht wurzelfeste Dachabdichtung wird bis zur Metallbandeinlage durchwurzelt.

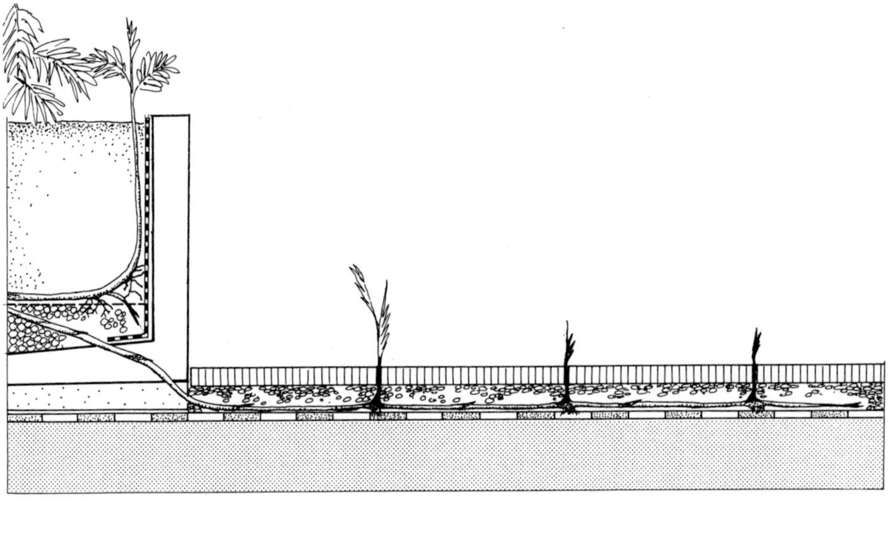

Abbildung 52 zeigt einen Schadensfall aus der Praxis. Die Wurzelschutzschicht muß an allen Rändern, aufgehenden Fassaden, Dachdurchdringungen und Bauwerksfugen nach den dachtechnischen Regeln unter Einhaltung der Mindestanschlußhöhen verlegt werden. Bei getrennt verlegten Bahnen sollte die Wurzelschutzschicht eine höhere Wasserdampf-Durchlässigkeit aufweisen als die Abdichtung selbst. Während des Einbaues ist unbedingt zu vermeiden, daß Wasser zwischen beiden Schichten (Wasserunterläufigkeit) eindringt, und auch nach der Fertigstellung darf kein Wasser zwischen die beiden Schichten einsikkern.

Die Qualität der handwerklichen Ausführung bei der Aufbringung des Durchwurzelungsschutzes muß besonders im Nahtbereich sorgfältig kontrolliert werden. Zur exemplarischen, punktuellen Prüfung der Fügedichtigkeit eignet sich das „Saugglockenverfahren" mittels Unterdruck.

Wie besondere Dichtungskontrollbereiche auch mit dem Einsatz von Feuchtigkeitswächtern abzugrenzen sind, richtet sich nach den Teilentwässerungsflächen entsprechend der Gefälleausbildung.

7.1.2 Schutz vor mechanischen Schäden

Die Abdichtung und Wurzelschutzschicht muß vor mechanischen Beschädigungen ausreichend geschützt werden. Mittel und Maßnahmen sind in jedem Einzelfall entsprechend der Art der Beanspruchung und Nutzung, nach bau- und begrünungstechnischen Gesichtspunkten sowie abgestimmt auf den Bauablauf festzulegen. Auch unter dem Gesichtspunkt der Gewerketrennung und Abgrenzung der Leistungen zwischen Dachdekkerhandwerk und Landschaftsbau ist die Anordnung einer Schutzlage sinnvoll.
Es ist zu unterscheiden zwischen:

- Schutzlagen aus flächigen, bahnenförmigen Stoffen als dauerhafter, zusätzlicher Schutz, insbesondere gegen linienförmige oder punktuelle Dauerlasten von oben
- Schutzmaßnahmen vorübergehender Art während nachfolgender Arbeiten.

Für die Schutzschicht steht eine breite stoffliche Auswahl zur Verfügung (Liesecke 1985, Liesecke, Krupka u.a. 1989, 1990): Es gibt Vliesstoffe, Filze, Gummischrotmatten sowie Schaum- und Kunststoffbahnen in verschiedenen Dicken und unterschiedlicher Reiß-, Zug- und Perforationsfestigkeit (Abbildung 53). Bahnenförmige Dränschichten aus Kunststoff können die Schutzfunktion auch als Schutzmaßnahme während der Bauzeit übernehmen. Sind die Stoffe für Schutzschichten längere Zeit der freien Witterung ausgesetzt,

Abb. 53. Abbildung von Schutzschichten. Eine leichte Schutzlage aus Vliesbahnen sollte grundsätzlich bei Dränschichten aus Schüttbaustoffen verwendet werden.

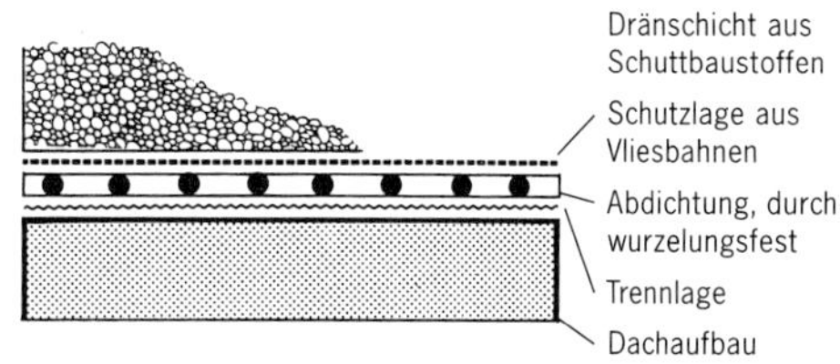

Dränmatten können in Doppelfunktion auch als belastbare Schutzlagen eingesetzt werden.

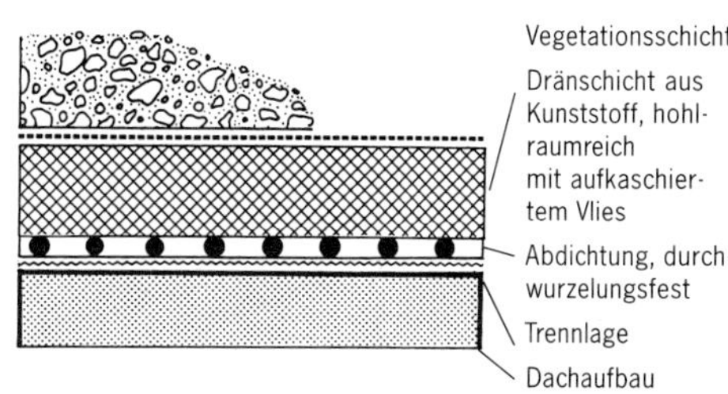

Eine schwere Schutzbahn aus einer bituminös verklebten Gummischrotmatte liegt über einer nicht wurzelfesten, bituminösen Dachabdichtung. Die auf der Schutzbahn verlegte Wurzelschutzbahn erhält gegen die Dränschicht noch eine leichte Vliesschutzlage.

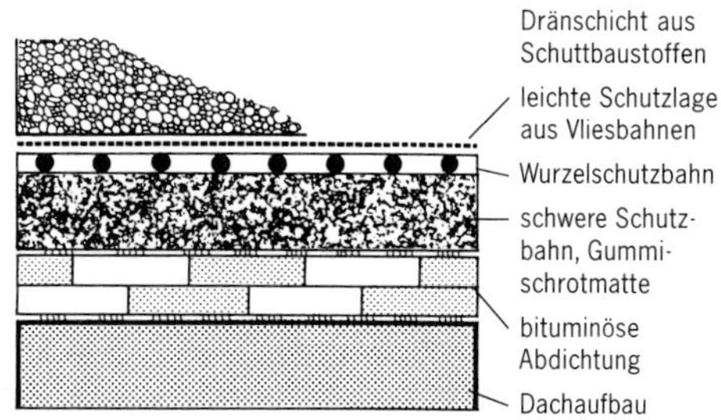

Abb. 54. Eine lastverteilende Schutzplatte, mindestens 50 cm überstehend, schützt die Abdichtung unter einem Pflanzgefäß.

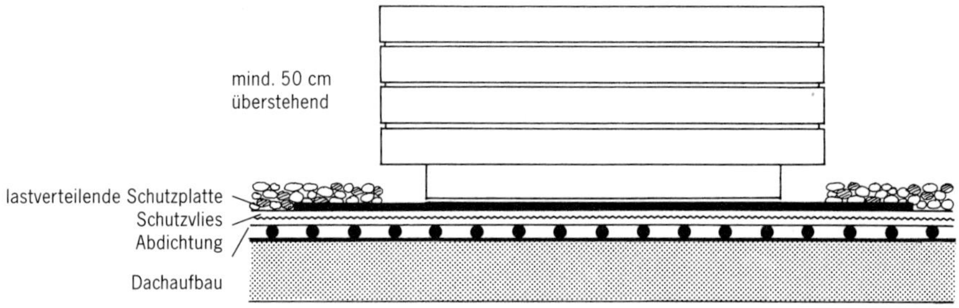

müssen sie auch gegen derartige Belastungen beständig sein. Schutzbahnen und Schutzmatten, die wegen ihrer Schichtstärke nicht überlappend unterlegt werden können, müssen an den Stößen durch eine Vlieslage abgedeckt werden, wenn **scharfkantige Schüttstoffe** wie zum Beispiel Lava als Dränschicht zum Einsatz kommen.

Punktförmige Dauerlasten wie Pflanzgefäße oder schwere Gehölzballen müssen gegen die Abdichtung durch eine entsprechend dicke Schutzlage gesichert werden (Abbildung 54).

Schutzestriche in einfacher Ausführung sind als Schutzschicht nicht geeignet. Sie bergen das Risiko der Kalkaussinterung, in deren Folge Dacheinläufe durch Kalkhydrat verstopfen können. Außerdem bergen sie die Gefahr der mechanischen Beschädigung durch den Kantendruck von Fugen und Rissen.

Auf die Einhaltung der vorgegebenen **Belastungsobergrenzen** der Dachkonstruktion muß besonders während der Herstellung des Schichtaufbaues geachtet werden. Schüttgüter dürfen deshalb nicht unbedenklich in jeder Menge zwischengelagert oder im Container (bigbag) auch nur kurzzeitig abgesetzt werden.

7.1.3 Schutz der Dachränder und Durchdringungen

Alle Dachränder, Anschlüsse an Dacheinläufe, Lüftungsöffnungen, Lichtkuppeln, Bauwerksfugen und so weiter sind besonders empfindlich gegen mechanische Beschädigungen sowie witterungs- und immissionsbedingte Einflüsse. Direkte Wärmestrahlung führt zu erheblichen temperaturbedingten Bewegungen, späteren stofflichen Ermüdungserscheinungen und letztlich zu einem Versagen in der Funktion.

Schutzlagen (Abschnitt 7.1.2) sind deshalb grundsätzlich an allen aufgehenden Anschlußflächen hochzuziehen und zu befestigen. Als Dauerschutz müssen witterungsbeständige Matten, Platten, Vorhangbleche oder Manschetten verwendet werden.

An allen Rändern, aufgehenden Bauteilen, Dachabläufen und Bauwerksfugen ist in der Regel ein begrünungsfreier Abstandstreifen erforderlich. Ausnahmen davon sind bei besonderen Schutzmaßnahmen möglich. Die Randausbildung kann durch Kiesstreifen oder Plattenbänder auch in Kombination mit Randaufkantungen erfolgen. Eine Mindestbreite von 50 cm sollte möglichst nicht unterschritten werden. Diese Abstandsstreifen erleichtern die Kontrolle und verbessern auch die Sanierungsmöglichkeiten der Abdichtung in den Anbindungsbereichen (Abbildungen 55, 56 und 59).

Alle Dachabläufe sollten in einem Bereich von mindestens 75 cm Durchmesser vegetationsfrei gehalten werden, um auch die Wiederauffindung zu Reinigungszwecken zu erleichtern. Um sie möglichst auch von Wildvegetation frei zu halten, können stark wasserdurch-

Abb. 55. Abstandsstreifen zum Dachrand aus Kies und einem Betonkantenstein. Die aufgehende Abdichtung ist durch ein abnehmbares Vorhangblech geschützt.

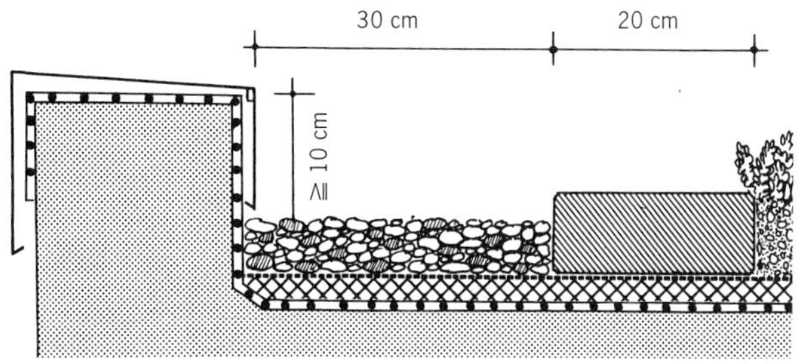

Abb. 56. So ein Schutzstreifen am aufgehenden Mauerwerk genügt in der Regel auch den Brandschutzanforderungen. Die Abdichtung ist durch ein Vorhangblech geschützt.

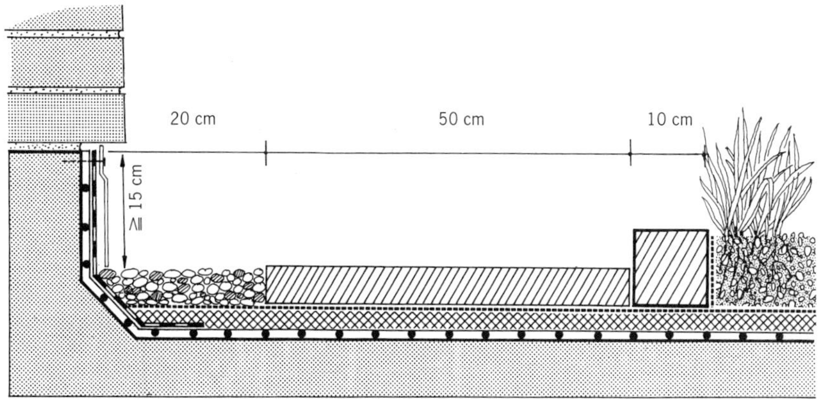

Abb. 57. Vegetationsfreier Abstandstreifen um einen Dachablauf. Die Drän- und Filterpackung innerhalb der Randeinfassung kann leicht ausgewechselt werden.

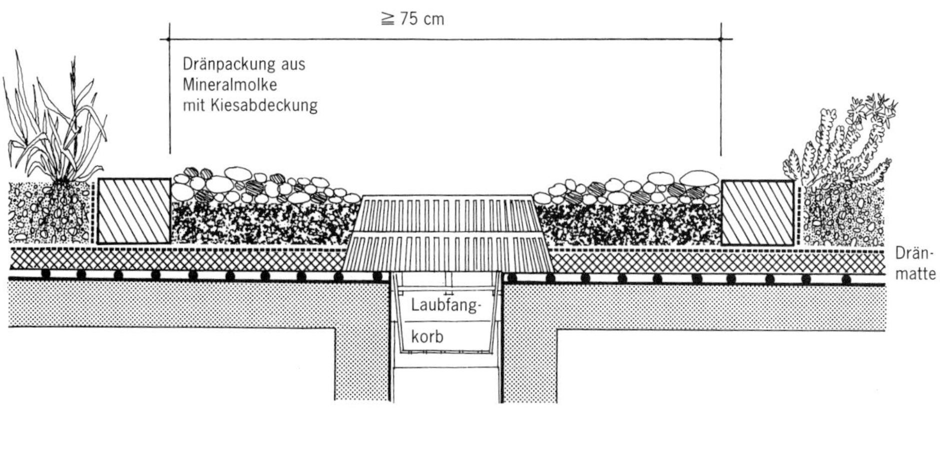

Abb. 58. Die Sicherung eines Dachablaufes durch eine gußeiserne Schutzabdeckung (nach System Grumbach). Die Wasserabführung ist auf allen Ebenen gewährleistet. Die Schutzabdeckung steht auf einer Schutzlage.

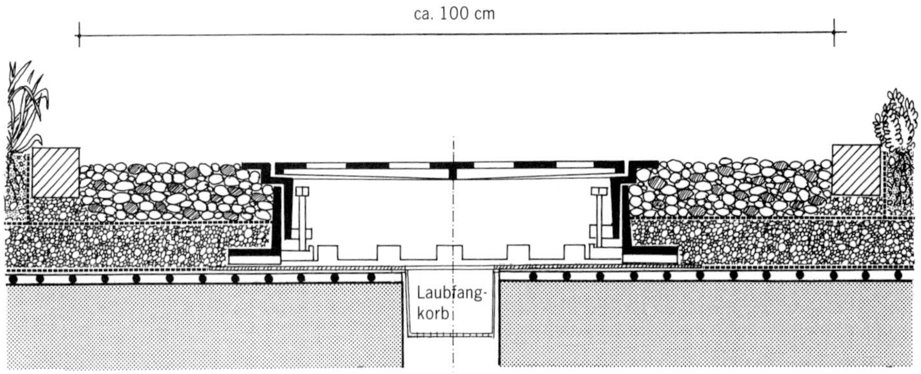

Abb. 59. Ausschnitt einer extensiv begrünten Dachfläche mit Randausbildungen und Abstandsstreifen.

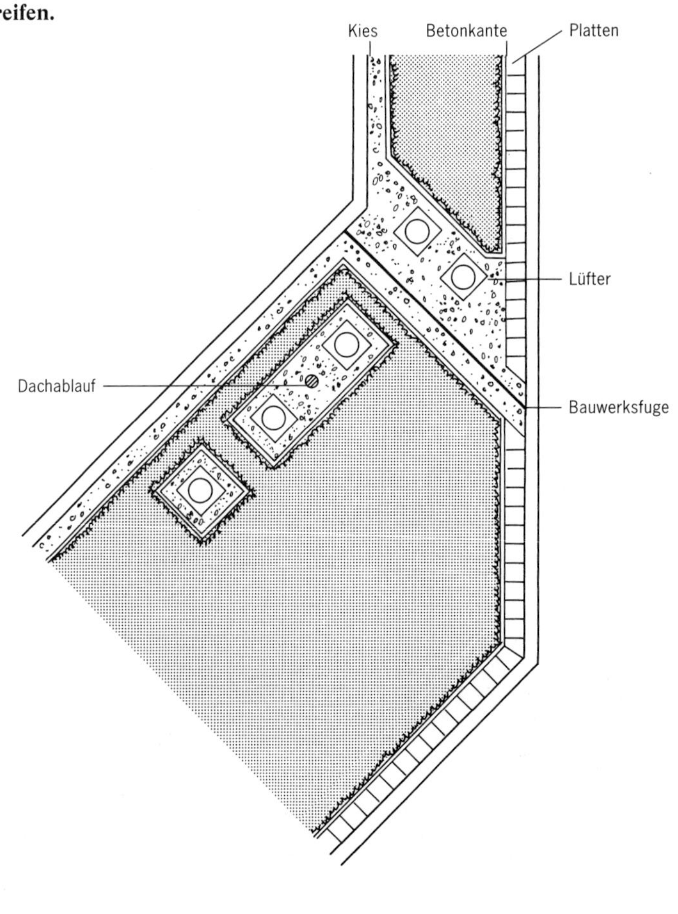

lässige Filterpackungen verwendet werden (Abbildung 57). Weiterhin kommen Schutzabdeckungen aus Gußeisen in Frage, die über Einläufe gesetzt werden (Abbildung 58).

Werden besonders wuchsstarke Bodendekker (zum Beispiel Efeu oder *Cotoneaster*-Arten) eingesetzt, müssen die Kontrollstreifen wie auch die Lichtkuppeln und Dachabläufe regelmäßig frei geschnitten werden, da diese Gehölze selbst sehr breite Randausbildungen in kürzerer Zeit überwachsen. Ein zusätzliches Risiko ergibt sich außerdem durch das Einwachsen von Trieben unter die Dachränder, weil eine abpressende Wirkung entsteht. Auch Adventivwurzelbildungen zum Beispiel von Efeu (in den Trieben negativ heliotroph!) unter Randabdeckungen sind vorgekommen. Ähnlich können auch Vorhangfassaden hinterwachsen werden. Außerdem läuft Regenwasser, unterstützt von Wind, an den Zweigen entlang und gelangt somit hinter die Randausbildung.

Abdichtungen und Wurzelschutzbahnen sollten in senkrechten Anschlußbereichen nicht frei liegen, selbst wenn die Bahnen UV-beständig sind. Bei der Benutzung der Dachflächen oder während Pflege- und Unterhaltungsmaßnahmen besteht das Risiko der mechanischen Beschädigung.

7.1.4 Vorbeugender Brandschutz

Die für Bauwerke zu erfüllenden Brandschutzmaßnahmen werden durch die jeweiligen **Landesbauordnungen** festgelegt. Dort sind Dachbegrünungen bisher nicht erwähnt. Jedoch wurden ergänzend dazu Erlasse oder brandschutztechnische Anforderungen herausgegeben (ARGEBAU 1989).

Entsprechend dem aktuellen Erkenntnisstand hat sich eine allgemein akzeptierte, veröffentlichte Fachmeinung zu dieser Thematik herausgebildet, deren Aussage als Argumentations- und Planungsgrundlage dienen kann, sofern im Einzelfall entsprechende Bestimmungen fehlen. Dazu liegen unter anderem Veröffentlichungen von HELL (1988), LIESECKE und LÖSKEN (1989), LÖSKEN (1990) sowie ROTHE (1990) vor.

In der Regel *besteht kein Anlaß, Dachbegrünungen aus Brandschutzgründen abzulehnen*, weil genügend Stoffe, Begrünungsformen in verschiedenen Ausbildungen mit zusätzlichen Sicherungsmaßnahmen zur Verfügung stehen. Potentiell kritische Bereiche wie die Begrünung vor Fenstern und Türen oder großen Lüfterquerschnitten müssen in jedem Einzelfall auf die Risiken in Beziehung zur vorgesehenen Art der Begrünung untersucht werden. Kritisch können in Einzelfällen hinterlüftete Fassaden mit brandgefährdeten Dämmstoffen sein.

Substrate mit überwiegend mineralischem Anteil und sonstige mineralische Schüttbaustoffe können ohne gesonderten Nachweis nach der DIN 4102, Teil 4, „Brandverhalten von Baustoffen und Bauteilen, Zusammenstellung und Anwendung klassifizierter Baustoffe, Bauteile und Sonderbauteile", in die Baustoffklasse A 1 „nicht brennbare Baustoffe" eingeordnet werden. Nach LIESECKE und LÖSKEN (1989) lassen sich Mischsubstrate mit einem Maximalanteil von 30 %vol organischer Substanz (Torf und Rindenhumus) noch nicht entflammen. Mittlerweile haben einige Hersteller von Substraten und Vegetationsmatten Produkte hinsichtlich des Widerstands gegen Flugfeuer und strahlende Wärme nach DIN 4102, Teil 7 (1987), prüfen lassen.

Substrate und Dränschichten in geeigneter stofflicher Zusammensetzung können sogar als zusätzliche brandhemmende Schicht zum Schutz vor Flugfeuer und strahlender Wärme gegenüber dem Dachaufbau eingestuft werden.

Für alle Kunststoffe, einschließlich Trägereinlagen in Vegetationsmatten und Substratplatten aus modifizierten Schaumstoffen, gilt als im Einzelfall durch Prüfnachweise belegbare **Mindestanforderung die Brandklasse B 2** „normal entflammbar", sofern nicht als besondere Auflage höhere Anforderungen gelten. Diese müßten mit einem Brandversuch nach DIN 4102 und einem entsprechenden Prüfzeugnis erfüllt werden.

Vegetationsschichten aus überwiegend humosen Stoffen, wie sie für Intensivbegrünungen verwendet werden, befinden sich in der Regel in dauerfeuchtem Zustand, so daß hier keine besondere Brandlast besteht. Brände sind dazu überdies nicht dokumentiert.

Die Brandgefährdung von Pflanzenbeständen in Intensiven und Extensiven Dachbegrünungen ist differenziert nach deren potentieller Brandlast zu beurteilen. Rasen und Pflanzungen Intensiver Dachbegrünungen unterscheiden sich hinsichtlich ihres Wassergehaltes nicht von bodengebundenen Begrünungen und stellen zusammen mit den permanent feuchten Substraten – ebenso wie auch die an Gebäuden angrenzenden bodengebundenen Begrünungen – kein besonderes Risiko dar. Sie können auch als widerstandsfähig gegen Flugfeuer und strahlende Wärme eingestuft werden.

Einen Sonderfall können größere Pflanzflächen von Latschenkiefern (*Pinus mugo*) darstellen, unter denen sich eine dickere, leicht brennbare Nadelstreuschicht ansammelt und andererseits im Hochsommer nach längerer Sonneneinstrahlung ätherische Öle verbreiten, die sich wie das harzhaltige Holz und die Nadeln relativ leicht entzünden. Aus diesem Grund sollte man größere monokulturartige Pflanzungen mit Latschenkiefern vermeiden, und diese im Einzelfall mit breiteren Kiesstreifen umgeben (Abbildung 60).

Die vertrocknete, dichtere Grasvegetation, die bei ausbleibender Mahd insbesondere bei Einfachen Intensivbegrünungen entstehen kann, sind zwar entflammbar, bilden jedoch bedingt durch die schützende Substratschicht kein erhöhtes Brandrisiko für den Dachaufbau.

Das Brandrisiko von austrocknenden Gras-Kraut-Vegetationen muß in der Planungsphase je nach Gebäudenutzung abgeschätzt werden. So sind alle Dachflächen mit angrenzenden Fensterfronten von Wohn- und Büroräumen potentiell brandgefährdet, zum Beispiel schon allein durch herausgeworfene Zigarettenreste. Es müßte also entsprechend gemäht oder eine andere Vegetation angesiedelt werden.

Bei den in der Regel auf Flach- und Steildächern realisierten Extensiven Dachbegrünungen ist Brandlast nicht vorhanden oder geringer als allgemein eingeschätzt wird. LIESECKE und LÖSKEN (1989) führen dazu aus: „Bei der Beurteilung des Brandverhaltens der Vegetationsformen von Extensivbegrünungen ist davon auszugehen, daß die Brandlast aus vertrockneten und damit brennbaren oberirdischen Pflanzenteilen in den niedrig und lük-

Abb. 60. Trennende Kiesstreifen können als zusätzlich sichernde Brandschutzmaßnahme eingesetzt werden.

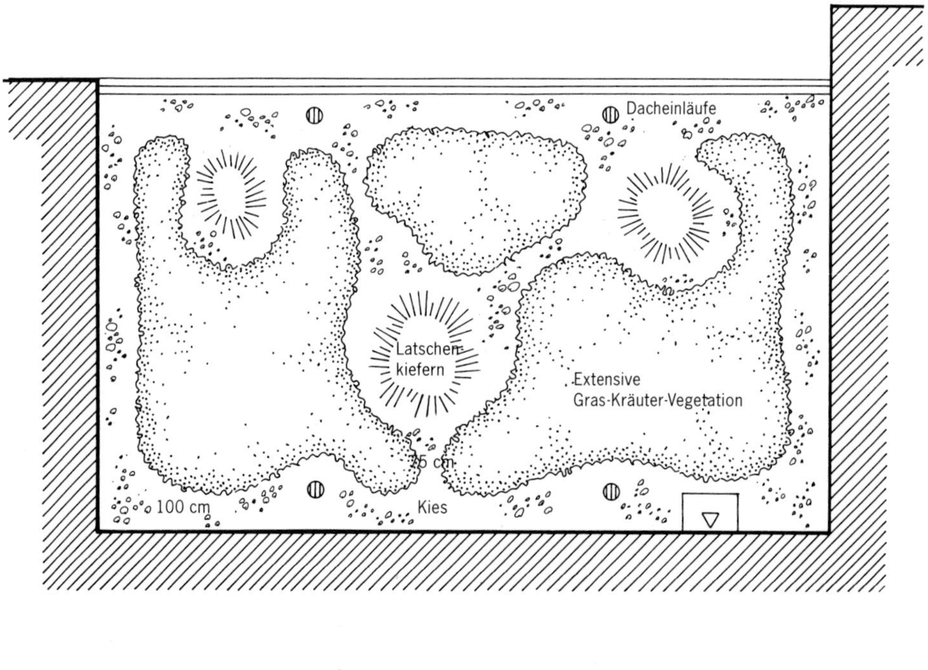

kig wachsenden Pflanzenbeständen in der Regel sehr gering ist. Begrünungen mit hohen Anteilen an sukkulenten Pflanzen, wie zum Beispiel *Sedum*-Arten, weisen eine besonders geringe Brandlast auf, da bei dieser Pflanzengruppe lediglich Blütenstände vertrocknen, die oberirdischen Teile aber vital bleiben. Ein Austrocknen der oberirdischen Teile von sukkulenten Pflanzen unter Laborbedingungen bei 105°C für einen Brandversuch widerspricht dem physiologischen Verhalten dieser Pflanzengruppe in der Natur auch während lang anhaltender Trockenperioden."

„Nicht brennbare" *Sedum*-Vegetationen konnten bisher auch in dem in der Regel 5 m breiten Sicherheitsstreifen vor Türen und Fenstern verwendet werden. Kiesstreifen würden sich ohnehin mit diesen Arten früher oder später spontan begrünen. Auch bei höheren meistens lückigen Gras-Kraut-Vegetationen ist bei Entzündung keine Feuerwalze zu erwarten. Die relativ geringe Brandlast führt zu keinen Schäden an Dachrändern und aufgehenden Bauteilen, insbesondere dann, wenn die abstandsbildenden Kies- oder Plattenstreifen vorhanden sind.

Extensive Dachbegrünungen werden im übrigen als **widerstandsfähig gegen Flugfeuer und strahlende Wärme** eingestuft, wenn „eine mindestens 3 cm dicke Schicht Substrat... mit höchstens 20 Gewichtsprozent organischen Bestandteilen vorhanden ist" (ARGEBAU 1989).

Als Schutzmaßnahmen für Extensive wie auch Intensive Dachbegrünungen reicht ein Platten- oder Kiesstreifen von mindestens 50 cm Breite an allen Rändern und Öffnungen des Daches aus, wie er auch aus anderen funktionalen Gründen (siehe Abschnitte 7.1.3, und 8.7.1) erforderlich ist (Abbildung 55, 56 und 59). Auf größeren Dachflächen können zur Risikominderung die Rand- und Abstandsstreifen zum Beispiel aus Kies oder Schotter als Flächenunterteilungen weitergeführt werden (Abbildung 60). Diese lassen sich durchaus harmonisch in die Gestaltung einbinden.

7.1.5 Windsogsicherung

Die Windsogsicherung für Dachkonstruktionen ist von Schutzmaßnahmen gegen Winderosion (siehe Abschnitt 14.8) zu trennen, obwohl sich Wirkung und Folgewirkungen überschneiden. Zunächst sind alle Stoffe wie Wurzelschutzbahnen, Filter- und Schutzvliese, Dränmaterialien oder Substrate während des Einbaues gegen eine Verfrachtung oder ständige Bewegung durch Windeinwirkung zu sichern. **Besonders gefährdet sind alle Leichtbaustoffe.** Fest eingebaute Stoffe und Bauteile auf Dachflächen müssen auf Dauer den Windeinwirkungen standhalten. Hier ist zu unterscheiden zwischen dem eigentlichen Dachaufbau und den der Dachkonstruktion aufliegenden Schichten mit besonderen Funktionen. Dies können Vlieslagen, begeh- und befahrbare Beläge oder Dachbegrünungen sein.

Dachflächen sind in Abhängigkeit von ihrer Größe, ihrem Flächenzuschnitt und der Höhe über Grund potentiell schädigenden Windeinwirkungen wie Stau- und Sogkräften ausgesetzt. Diese können nach DIN 1055, Teil 4, „Lastannahmen für Bauten", bestimmt werden (Abbildung 61). Der technische Dachaufbau muß gegenüber den Windkräften gesichert werden. Sofern die Auflasten nicht ausreichen, sind Verklebungen erforderlich, oder die Abdichtung ist mechanisch zu befestigen.

Lose verlegte Abdichtungen und Wurzelschutzbahnen müssen durch entsprechende **Auflasten** beschwert werden. Dafür eignen sich Kies- und Plattenbeläge wie auch die Schichtenaufbauten von Dachbegrünungen. Die Eck- und Randbereiche sind besonders gefährdet, während der Bereich der Mitte geringer belastet ist (siehe Tabelle 10). An besonders exponierten Ecken ergibt sich ein typisch trichterförmiger Windsogbereich.

Als Regelwert gibt die DIN 1055, Teil 4, für den Rand- und Eckbereich eine Sicherungs-

Tab. 10. Sogspitzen für angegebene Teilbereiche von Flachdächern (DIN 1055, Teil 4)

Abmessungsverhältnisse *b/a*	*h/a**	Beiwert c_p im Eckbereich	Beiwert c_p im Randbereich
○ 1,5	○ 0,4	–2	–1
	> 0,4	–2,8	–1,5
	○ 0,4	–2,5	–1
> 1,5	> 0,4	–3	–1,7

* a = Gebäudeschmalseite, b = Gebäudelangseite, h = Gebäudehöhe

Abb. 61. Ermittlung der Windlastbereiche nach DIN 1055, Teil 4 (Darstellung leicht - verändert). Dachfläche mit rechteckigem Grundriß (b > 1,5 a).

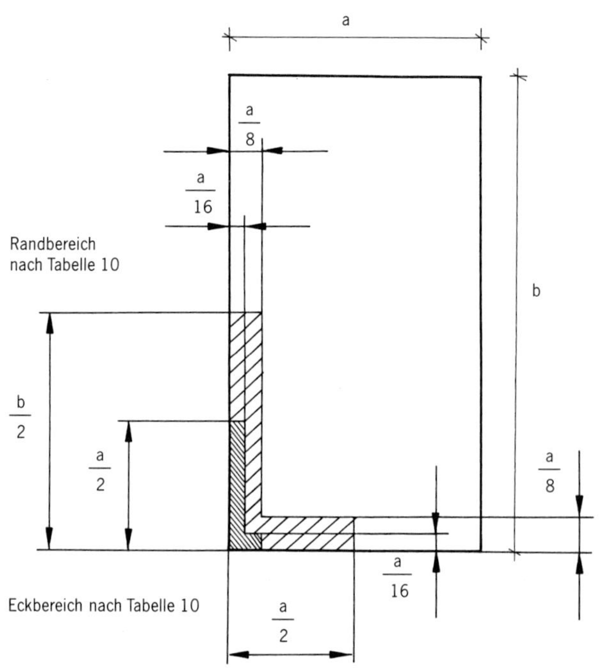

Dachfläche mit annähernd quadratischem Grundriß (b ≤ 1,5 a).

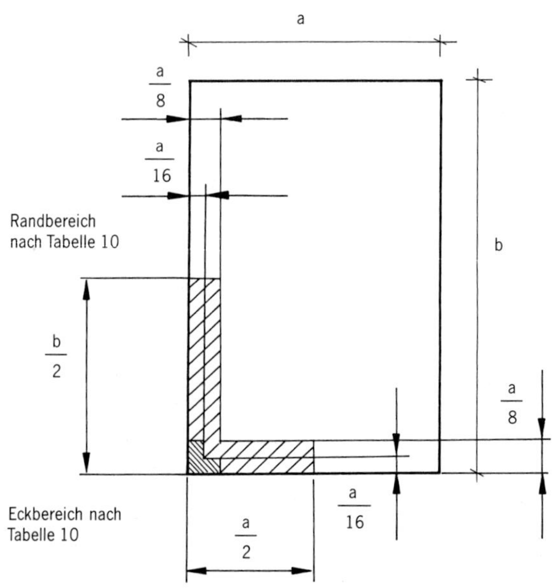

breite von einem Achtel (a-achtel) der Flächenschmalseite, jedoch von mindestens 1 m vor. Die Sicherungsbreite wird außerhalb der zu sichernden Ecken auf ein Sechzehntel (a-sechzehntel) reduziert. Im Normalfall betragen die Auflasten 0,5, 0,8 oder 1,1 kN je m^2.

In der Regel wird die Sicherungsbreite und Auflast bei Dachbegrünungen durch die befestigten Randstreifen erfüllt. Die Notwendigkeit einer ausreichenden Flächensicherung in den Ecken muß jedoch beachtet werden. Eine Begrünung kann diese Aufgabe nicht in jedem Fall, besonders nicht während der Etablierungszeit, erfüllen.

Im allgemeinen werden gut eingewurzelte Dachbegrünungen den Anforderungen an eine technische Windsogsicherung gerecht. Auch wenn die geforderte Auflast des Begrünungsaufbaues bei Extensivbegrünungen im trockenen Zustand häufig nicht ganz erreicht wird, müssen folgende unterstützende Wirkungen der Begrünung beachtet werden:

- Durch die windauskämmende Wirkung von Vegetationsbeständen findet die Windsogwirkung im Gegensatz zu glatten Flächen keinen Angriffspunkt.
- Durch die wurzelverankernde und flächenverzahnende Wirkung der Vegetationsbestände werden Flächen dauerhaft gesichert.

Es gilt jedoch zu beachten, daß bei dünnschichtigen Begrünungen mit aufgelockerten Vegetationsbeständen und vegetationslosen Zwischenräumen die oberflächenwirksame Winderosion angreifen und in exponierten Teilbereichen auch Substrate abtragen kann. Auf Steildachflächen kommt ein Abtrag sehr häufig im Firstbereich vor. Einschichtige Bauweisen mit leichten Schüttstoffen sind besonders gefährdet. Kleinflächige Winderosionen gefährden jedoch nicht den Dachaufbau.

7.2 Schadensverhütung am Bauwerk für Fassadenbegrünungen

7.2.1 Durchwurzelungsschutz

Erfolgt eine Fassadenbegrünung von Dachflächen aus, so gelten die gleichen Bedingungen und Anforderungen an den Durchwurzelungsschutz wie für Dachbegrünungen. Starkwachsende Kletterpflanzen wie der Wilde Wein oder Knöterich vermögen mit ihrem Wurzelwerk auch aus den Wasserüberlauföffnungen von Pflanzgefäßen herauszuwachsen, wenn eine Beschattung von Wandungen oder eine dichte Aufstellung der Gefäße dies begünstigt. Es entstehen dann unter Kies- und Plattenbelägen oder unter Schutzlagen ausgedehnte Wurzelbärte auf der Dachoberfläche. Der Drang zur Auswurzelung ist insbesondere bei zu kleinen Pflanzgefäßen gegeben.

Bei der Herstellung von bodengebundenen Fassadenbegrünungen wird häufig übersehen, daß die Abdichtung der aufgehenden Fundamentwände auch durchwurzelungsfest ausgebildet sein muß. Ein potentielles Schadensrisiko durch Wurzel- und Ausläuferwachstum besteht ohnehin durch alle in Gebäudenähe stehenden Pflanzen. Es liegen einzelne Berichte vor (Brandt 1989), nach denen Ausläufer von *Robinia pseudoacacia* mit Schößlingen nach meterlangem Wachstum die Fußböden von Altbauten durchstoßen haben.

Hinsichtlich der Anforderungen an den Durchwurzelungsschutz gilt der gleiche Stand der Technik wie für Dachbegrünungen (siehe Abschnitt 7.1.1). Fundamente von Bauwerken müssen nach vorher einzustufenden Lastfällen nach der DIN 18195, Teile 4 bis 6, „Bauwerksabdichtungen", abgedichtet werden. Weiterhin ist in diesem Bereich die DIN 4095, „Baugrund, Dränung des Untergrundes zum Schutz von baulichen Anlagen, Planung und Ausführung", zu beachten. Hier ist besonders das potentielle Risiko, daß Wurzeln in hochliegenden Dränleitungen einwachsen könnten, zu beachten. Das Einwachsen oder Hinterwachsen von Flächendränagen aus Kunststoffmatten oder Platten wie auch Einkornbetonplatten dürfte zu keinen Schäden führen, wenn die dahinter liegende Abdichtung wurzelfest und bautechnisch einwandfrei ausgeführt ist.

Problematisch erweist sich in der Regel die Abdichtung des Fundamentbereichs von älteren Gebäuden, die aus Ziegeln oder Natursteinen aufgemauert sind und einen äußeren Teer- und Bitumenanstrich haben oder mit entsprechend getränkten Pappen abgeklebt sind. Diese Abdichtungen sind häufig nicht mehr funktionstüchtig, insbesondere dann, wenn die Wände auch von innen feucht sind.

Ältere Natursteinaufmauerungen mit breiteren Querschnitten sind häufig ohne vertikale Flächenabdichtung ausgeführt. Bei technisch nicht einwandfreien Fundamentmauerwerken hat der Mauermörtel häufig seine Bindung und Sperrwirkung verloren, so daß Wurzeln und Gießwasser (!) eindringen können.

Fundamente und Kellerwände aus fugenlosem Massivbeton und wasserdichten Wannen (WU-Beton) sind, wenn auch nur mit einfachem bituminösem Schwarzanstrich versehen, in der Regel nicht gefährdet.

Die sicherste Form von Fundamentdichtungen ist die Verwendung von wurzelfesten Dichtungsbahnen mit äußerer Schutzlage (Abbildung 62). Bei unzureichenden Altabdichtungen durch Anstriche sollte im Bereich der Fassadenbegrünung eine vollflächige, bituminös verklebte Abdichtung erfolgen. Lose verlegte Teilstücke reichen als Schutz nicht aus. Abdichtungen oberhalb der Erdoberfläche müssen einen wirksamen Schutz gegen mechanische Beschädigungen durch Schutzbahnen, Faserzementplatten oder Vorhangbleche erhalten.

7.2.2 Schutz von Fassadenoberflächen und konstruktiven Bauteilen

Die Schadensträchtigkeit an Fassadenoberflächen durch selbstklimmende Pflanzen, insbesondere Efeu und Formen des Wilden Weins,

Abb. 62. Die Anordnung einer wurzelfesten Fundamentabdichtung mit Hilfe einer Abdichtungsbahn. Der Wurzelraum der Pflanze für die Begrünung der Fassade liegt im Dränbereich des Fundamentes.

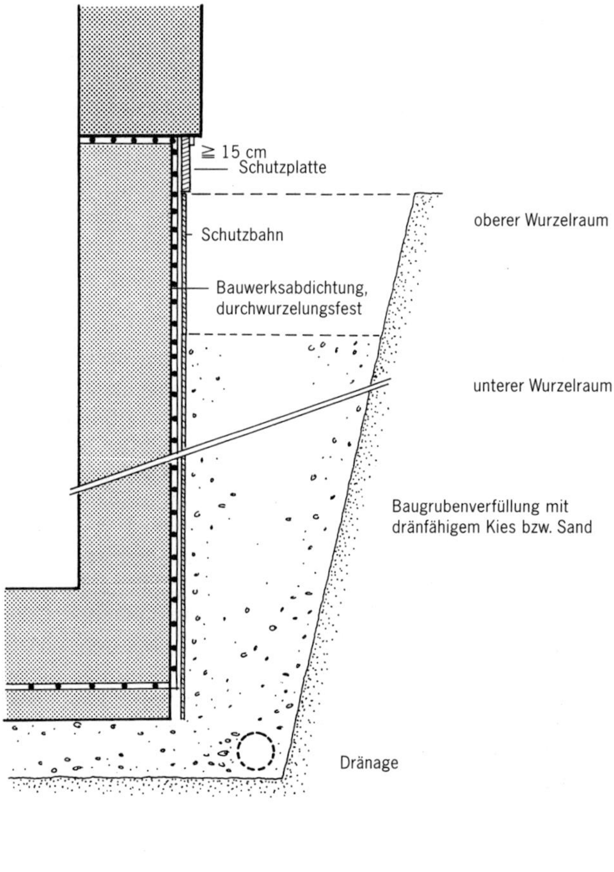

wurde bis in die jüngste Zeit von den Grünplanern unterschätzt. In Baufachzeitschriften sind schon um die Jahrhundertwende kritische Artikel erschienen. So diskutiert zum Beispiel HAGER (1911) den „Einfluß des Efeus auf Bauwerke". Die gesamte Schadensproblematik bezüglich Fassadenbegrünungen ist nunmehr von ALTHAUS (1986, 1987) umfassend aufgearbeitet und kritisch dargestellt worden.

Baumängel und technisch nicht einwandfreie Fassadenbeschichtungen durch Putze oder Oberflächenbeschichtungen provozieren mehr oder weniger starke Schäden, weil Haftorgane (Sproßwurzeln und Haftscheibenranken) oder Triebe einwachsen. Weiterhin stellt das Unterwachsen von schuppenartigen Fassadenverkleidungen und vorgehängten Fassaden nicht nur durch selbstklimmende Pflanzen ein erhebliches Problem dar. Ebenso werden auch Ziegeleindeckungen unterwachsen. Der negative Phototrophismus mancher Arten, insbesondere von Efeu, mit erheblichen Wuchsleistungen (auch im Dunkeln) dürfen nicht unterschätzt werden.

Durch das Dickenwachstum von Einzeltrieben (insbesondere Efeu) oder durch Dickenwachstum und Abspreizwirkungen von Strängen mehrerer Triebe (zum Beispiel von *Fallopia, Wisteria*) entsteht Preßdruck. Fassadenplatten und Dacheindeckungen, aber auch Dachrinnen und Regenfallrohre, können dadurch abgedrückt oder verschoben werden. Das Einwachsen in Außen-Wärmedämmungen aus Fasern wie zum Beispiel Mineralwolle stellt ein weiteres Problem dar. Stark windende Pflanzen (zum Beispiel Blauregen oder Baumwürger) vermögen mit zunehmendem Alter Dachrinnen und Fallrohre zusammenzupressen und aus ihren Verankerungen zu reißen. Daß *Wisteria*-Pflanzen selbst massive Eisenprofile von Geländern verbiegen können, ist mittlerweile bekannt. Recht häufig unterwachsen Kletterpflanzen die Dachrandabdeckungen von Flachdächern und wachsen auf der Dachseite wieder heraus.

Lockerungen von Dübelverankerungen in Wänden von Wasserleitungs- und Regenfallrohren wurden auch nach Beobachtungen des Autors durch das Triebdickenwachstum des Wilden Weins verursacht. Dies muß bei der Anordnung und Befestigung von Rankhilfen berücksichtigt werden.

Es ist also bei der Planung zu klären, welche Risiken durch Fassadenbegrünungen am Bauwerk entstehen können und welche Maßnahmen zu ihrer Verhütung ergriffen werden müssen. Die bauwerksbezogene Analyse kann in Einzelfällen sehr aufwendig und mühsam sein. Die vier Bereiche Fundament, Fassade, Dach und Bauelemente sind unter dem Gesichtspunkt der Gefährdung zu untersuchen.

Der Verweis, durch Unterhaltungsmaßnahmen wie regelmäßigen Schnitt könne man Schäden vermeiden, ist nicht akzeptabel, weil die Kontinuität von Pflegemaßnahmen nie gesichert und die gleichmäßige Sorgfalt der Arbeiten nicht voraussehbar ist. Eine Direktbegrünung von Gebäudefassaden wird aus Gründen der „präventiven Schadensverhütung" (ALTHAUS 1987) in vielen Fällen nicht möglich sein. Die von ALTHAUS vorgeschlagene Alternative von „Gerüst-Kletterpflanzen an funktionalen Kletterhilfen" stellt wohl die einzige Möglichkeit dar, dem Dilemma der tatsächlichen oder potentiellen Schadenströchtigkeit von Kletterpflanzen an Neu- und Altbauten zu begegnen. Dabei müssen die Funktionalität der Kletterhilfen und die arttypischen Wuchsformen von Stark-Schlingern berücksichtigt werden, damit die Pflanzen nicht wiederum die Kletterhilfen beschädigen.

7.2.3 Statische Bedingungen für Rankhilfen und deren Einbau

Zu diesem bautechnisch-konstruktiven Bereich können an dieser Stelle keine weiteren differenzierten Angaben gegeben werden. Die statische Auslegung von Rankhilfen sowie die Anzahl und Dimensionierung von Befestigungen kann nur von Statikern in Zusammenarbeit mit der Hochbauplanung erfolgen. Neben der maximalen Last der Begrünung mit Schneelast (feucht) sind die auftretenden Windlasten zu beachten. Hier müssen flächenbezogene Annahmen getroffen werden, die von der Wuchsform der einzelnen Arten abhängen.

Für die Befestigung der Rankhilfen müssen die konstruktiven Bedingungen der jeweiligen Fassaden berücksichtigt werden. Problematisch kann die Befestigung und Tragfähigkeit vorgehängter Fassaden sein. Falls eine direkte Verankerung in den tragenden Wänden nicht möglich ist, muß eine Begrünung entfallen.

8 Herstellung und Sicherung des Standortes

8.1 Die vegetationstechnischen Funktionsschichten und ihre stoffliche Ausbildung

8.1.1 Die vegetationstechnischen Grundfunktionen

Begrünte künstliche Ebenen wie Dachflächen oder überschüttete Bauwerke stellen standort- und bodenökologische Sonderfälle dar. Die dauerhafte Funktionsfähigkeit des Schichtaufbaues ist eine Grundvoraussetzung zur Herstellung definierter Standortbedingungen für die Vegetation. Damit müssen die überlebensbewichtigen vegetationstechnischen Funktionen (Tabelle 11), die aus grundlegenden physiologischen Bedürfnissen von Pflanzen resultieren, erfüllt werden. Daneben sind auch verschiedene Sicherheitsaspekte, wie der Brand- und Erosionsschutz, der Durchwurzelungsschutz und der Schutz vor mechanischen Beschädigungen, zu berücksichtigen (siehe Kapitel 7). Die Lösung der jeweiligen entwässerungstechnischen Problematik hat einen primären, bautechnischen Stellenwert und wirkt sich gleichzeitig auf die Vegetationstechnik aus (siehe Kapitel 5).

Tab. 11. Vegetationstechnische Grundfunktionen und die Eignung verschiedener Funktionsschichten

Vegetationstechnische Grundfunktionen	Funktionsschichten
Wasserspeicherung	Vegetationsschicht, Dränschicht
Nährstoffversorgung (Bevorratung und Freisetzung)	Vegetationsschicht
Wurzelverankerung	Vegetationsschicht, Dränschicht
Schutz der Wurzeln	Vegetationsschicht, Dränschicht
Schutz der Überdauerungsorgane	Vegetationsschicht
Saatbett	Vegetationsschicht
Ableitung des Überschußwassers	Dränschicht mit Filterschicht oder filterfähige Vegetationsschichten

Für die Standortvorbereitung **Intensiver Dachbegrünungen** besteht die wichtigste Anforderung in der *Herstellung eines möglichst hohen durchwurzelbaren Volumens im Schichtaufbau,* um den verwendeten Pflanzen eine möglichst natürliche Ausbreitung des Wurzelwerkes zu ermöglichen. Damit wird auch die erforderliche Wasserbevorratung durch Speicherung im Schichtaufbau oder zusätzlichen Anstau gesichert. Der Wasserhaushalt im Schichtenaufbau von Dachbegrünungen ist am Beispiel einer Intensivbegrünung mit Wasseranstau in Abbildung 63 dargestellt. Der gleiche Zusammenhang gilt – allerdings ohne Stauwasser – auch für Extensive Dachbegrünungen. Der kapillare Wasseranstieg erfolgt hier ohne Ausbildung eines ausgeprägten Kapillarsaumes.

Die Wasserkapazität in Substraten für Vegetationsschichten und deren Kapillarverhalten wird primär über das Porengefüge insbesondere der Sandfraktionen, und somit über die Wasserverbindung an und in der Körnung bestimmt. Die Ton- und Humusanteile als mehr oder weniger veränderliche Bestandteile bestimmen ebenfalls die Qualität des Wasserhaushaltes.

Im Bereich der **Extensivbegrünungen** sind die *Konkurrenzverhältnisse* der einzelnen Arten zu beachten, so daß die *durchwurzelbaren Schichthöhen auf den Vegetationstyp und das jeweilige Arteninventar abzustimmen sind.* So darf für Vegetationsformen mit überwiegendem Sukkulentenanteil eine gewisse Mindestdicke des durchwurzelbaren Raumes nicht überschritten werden, weil sonst verdrängende Gräser und Kräuter einwandern.

Weitere qualitative Aspekte im Hinblick auf die Art der Wasserbindung im Porengefüge und den chemisch-physikalischen Charakter der Vegetationsschicht bestimmen die Vitalität und Dauerhaftigkeit von einzelnen Pflanzenarten wie auch die Zusammensetzung von Pflanzengesellschaften. Sie müssen also den jeweiligen vegetativen Bedürfnissen angepaßt werden, zum Beispiel ist der pH-Wert zu modifizieren oder der Gehalt an Stickstoff gering zu halten.

Abb. 63. Der Wasserhaushalt im Schichtenaufbau von Dachbegrünungen am Beispiel einer Intensivbegrünung mit Wasseranstau.

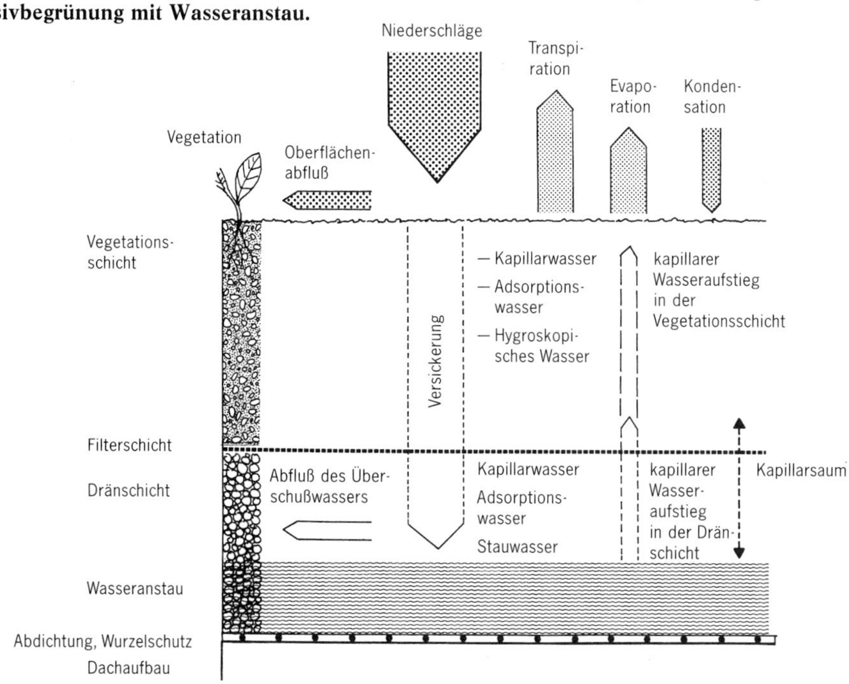

Abb. 64. Dreischichtiger Aufbau ohne Wasseranstau.

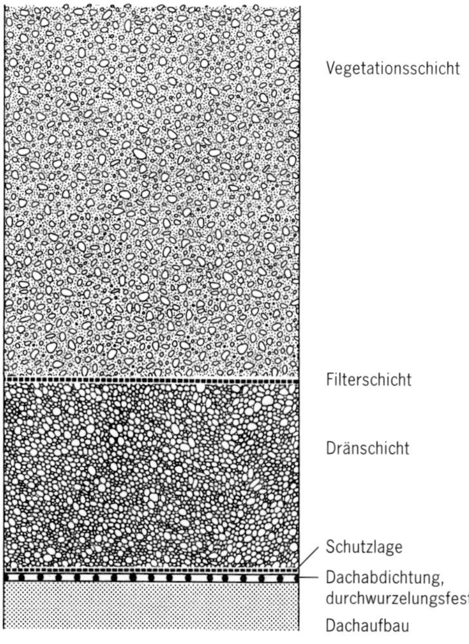

Abb. 65. Dreischichtiger Aufbau mit Wasseranstau.

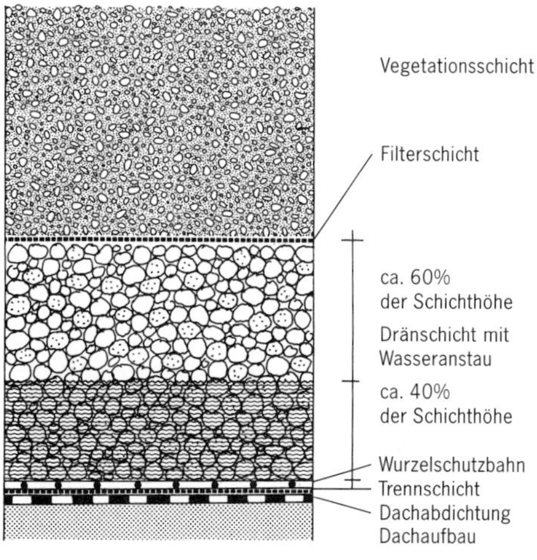

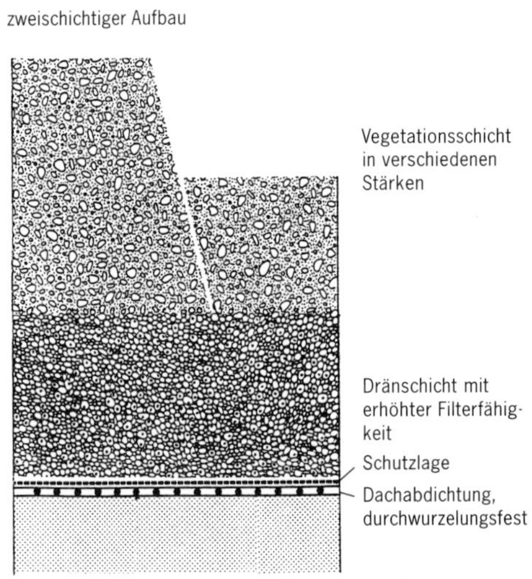

Abb. 66. Zweischichtiger Aufbau.

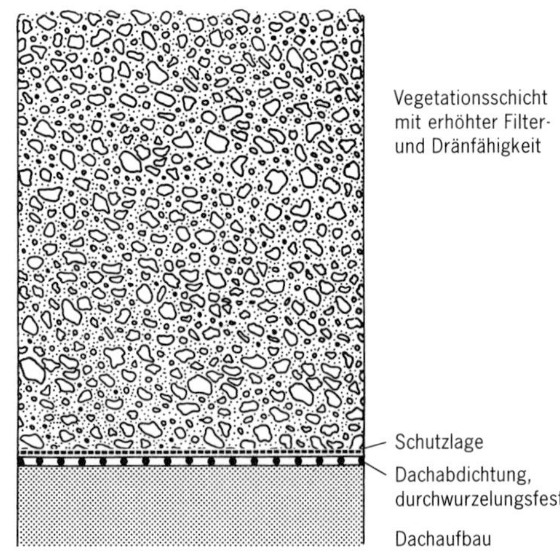

Abb. 67. Einschichtiger Aufbau.

Während eine Vielzahl von Stoffen die Aufgabe der Wurzelverankerung übernehmen kann, sind für den Schutz von Wurzeln und Überdauerungsorganen auch die evolutionären Anpassungen an natürliche mineralische und organische Stoffe mit zu beachten. Dies gilt auch für Nährstoffkreisläufe im Rahmen der Versorgung mit den Hauptnährstoffen, der Versorgung mit Spurenelementen und die Bildung von Mykorrhizen, die die Vitalität fördern. Vegetationsschichten für Extensivbegrünungen dürfen außerdem die Saatgutkeimung nicht hemmen.

Die notwendigen vegetationstechnischen Grundfunktionen können im Bereich des Wasserhaushaltes nicht isoliert betrachtet werden, weil hier zunächst bautechnische Belange den Vorrang haben. Einerseits ist zwar ein den Bedürfnissen der Vegetationsformen entsprechend optimaler Wasserhaushalt erforderlich. Andererseits sind die dachtechnischen Anforderungen nach grundsätzlich zügiger Wasserabführung zu beachten; dazu gehört die Ableitung von Fassadenwasser und die Vermeidung von Rückstauschäden an Randanschlüssen. Weiterhin gilt es die unabdingbare ökologische Notwendigkeit von sparsamer Haushaltung mit den natürlichen Wasserreserven zu beachten. Es ist kein oder ein möglichst niedriger Verbrauch von Frischwasser anzustreben.

Nach wie vor bewährt hat sich im Bereich der Dach- und Gefäßbegrünung die **vegetationstechnische Standardschichtung** (Abbildungen 64 und 65) in der Dreiteilung Vegetationsschicht, Filterschicht und Dränschicht. („Richtlinien für Dachbegrünungen", FLL 1990) Allerdings liegt es aus Kostengründen nahe, diese Schichtengliederung aufzulösen und Vegetationsschichten auszubilden, die auch als ein- und zweischichtige Bauweisen (Abbildung 66 und 67) die Filter- und Dränfunktion übernehmen (LIESECKE 1989).

Erste Versuche zu filterschichtlosen Bauweisen erfolgten insbesondere durch LIESECKE (1984). Die spontan begrünten Kies- und Kies-Sand-Schichten auf Flachdächern zeigen, daß auch einschichtige Bauweisen mit geringerer Wasserkapazität auf Dauer funktionstüchtig bleiben. Allerdings müssen je nach Stoffwahl,

Wasser- und Nährstoffspeichervermögen häufig längere Etablierungszeiten und Begrenzungen in der Pflanzenverwendung berücksichtigt werden. Im Bereich der Steildachbegrünung hat sich die ein- oder zweischichtige Bauweise seit einigen Jahren bereits in der Praxis bewährt (MINKE 1982, KRUPKA 1986 b, 1987). Dabei wird die Vegetationsschicht über einer sickerfähigen, rauhen Vliesschutzlage oder Krallschicht angeordnet. Dazu wurden allerdings keine Leichtsubstrate aus dem Verwendungsbereich des Flachdaches eingesetzt. Für spezielle Pflanzenverwendungen (Humuswurzler) Intensiver Dachbegrünungen ergibt sich dann durch mehr oder weniger dicke Humusauflagen ein vierschichtiger Aufbau (siehe Abschnitt 8.1.5).

Tab. 12. Stoffgruppen zur Herstellung von Schichtaufbauten für Dachbegrünungen und ihre Funktionen (nach LIESECKE u. a. 1989, leicht verändert und ergänzt)

Stoffgruppe	Funktion als		
	Vegetationsschicht	Filterschicht	Dränschicht
Substrate			
Schüttstoffgemische	+		
Schüttstoffgemische mit erhöhter Filter- und Dränfähigkeit	+	+	+
Schüttstoffe mit erhöhter Filter- und Dränfähigkeit	+	+	+
Substratplatten	+	+	+
Vegetationsmatten mit unterseitiger Vlieslage	+	+	+*[1]
Vliese		+	+*[2]
Schüttstoffe			+
Schüttstoffe mit erhöhter Filterfähigkeit		+	+
Dränmatten		+	+
Dränplatten			+
Dränelemente			+

*[1] bei Steildachbegrünungen
*[2] in entsprechender Dicke bei Steildachbegrünungen als Drän- und Sickerschicht

Die zur Verfügung stehenden Stoffgruppen für die Funktionsschichten beinhalten eine Vielzahl von Einzelstoffen, insbesondere Kunststoffen. Sie dürfen nicht beliebig, etwa nur unter Aspekten der Kosteneinsparung und Gewichtsreduzierung, miteinander kombiniert werden. In Tabelle 12 sind die verwendbaren Stoffgruppen für Schichtaufbauten in ihrer grundsätzlichen funktionellen Eignung zusammengefaßt.

Für bodengebundene **Fassadenbegrünungen** richtet sich die Herstellung des Wurzelraumes nach den Bodenverhältnissen der Umgebung. Es ist zwischen *Standortverbesserung* und *Standortneuherstellung* zu unterscheiden. In gebäudenahen Bereichen ist in der Regel ein guter Wasserabzug gewährleistet, so daß Dränschichten entfallen können. Diese sind nur dann notwendig, wenn sich aufgrund der Bodenart oder wegen der Gefälleausbildung des anschließenden Geländes Staunässe bilden kann. Filterschichten sind nicht erforderlich.

8.1.2 Möglichkeiten und Grenzen in der Kombination von Stoffen

Durch die Vielzahl der am Markt angebotenen Einzelstoffe ist die Übersicht erschwert. In der Regel werden von Anbieterseite nahezu unbegrenzte Verwendungsmöglichkeiten bestimmter Stoffe herausgestellt, während Nachteile oder gar Verwendungsgrenzen eher unberücksichtigt bleiben. Die **Umweltverträglichkeit** aller verwendeten Stoffe unter den Aspekten der Gewinnungs- und Produktionsverfahren sowie der späteren Reaktions- und Freisetzungsprozesse in eingebautem Zustand muß geprüft und beachtet werden. Auch an eine zukünftige Entsorgung der Stoffe oder anderweitige Wiederverwertung im Falle der Sanierung, des Umbaues oder Abriß des Gebäudes muß gedacht werden.

Unabhängig von der Notwendigkeit, das Bauwerk zu schützen, muß das Hauptziel ein dauerhaftes, artgerechtes Pflanzenwachstum sein. Entsprechend können mehr oder weniger gute Eignungen von Stoffen und deren Kombinationen festgestellt werden. Dies ist auch eine wichtige Aufgabe der Planung. Dazu ergeben sich unten angeführte Hauptziele unter vegetationstechnischen Gesichtspunkten.

Hauptziele für die Planung von Schichtaufbauten

1. Dauerhaftes Pflanzenwachstum

Realisierung durch:

- möglichst hohen durchwurzelbaren Raum (abgesehen von wenigen Ausnahmen)
- Wasserspeicherung und -bevorratung
- pflanzenphysiologisch und standortökologisch angepaßte Vegetationsschichten

2. Abführung von Überschußwasser

Realisierung durch:

- Dachgefälle
- Filter- und Dränschicht

3. Möglichst geringe Lastannahmen

Realisierung durch:

- Verringerung der Lasten der Einzelstoffe
- Verringerung der Schichtdicken.

Eine grundsätzliche Problematik ergibt sich aus den häufig konkurrierenden Zielsetzungen eines dauerhaften Pflanzenwachstums und möglichst niedrigen Lastannahmen durch geringe Schichtdicken. Die technische Realisierbarkeit auch extremer Leichtbauweisen durch die Verwendung moderner Industriebaustoffe, insbesondere von Kunststoffen, darf nicht die Grenzen ihrer vegetationstechnische Eignung außer acht lassen. Nur allzu häufig werden die biologischen Grundbedürfnisse der Pflanzen nicht berücksichtigt. Es entstehen dann neben den allgemeinen Standortrisiken zusätzlich stoffbedingte technische Risikofaktoren durch die Bevorzugung einer nicht pflanzenphysiologisch begründeten Stoffauswahl. Kostenüberlegungen sind hier zweitrangig. Bei der Wertung alternativer Stoffe sollte immer der *„pflanzenökologische Mehrwert"* berücksichtigt werden.

Selten reagieren Pflanzen auf technisch bedingte Standortnachteile („technische Risikofaktoren") mit sofortigem Absterben, jedoch kommen langjährig leidende Pflanzenbestände gar nicht so selten vor. Dies wird besonders im Bereich der Intensivbegrünungen augenfällig, wenn die Pflanzen dann scheinbar „plötzlich" unter auftretenden extremeren Bedingungen kollabieren.

Die umgekehrte Folgerung könnte daraus sein – sofern technische Risikofaktoren als solche erkannt werden –, die Pflanzenauswahl auf diese abzustimmen. Dies muß in letzter Konsequenz heißen, daß sich zum Beispiel bei der Notwendigkeit einer sehr leichten Bauweise und der Vorgabe bestimmter Stoffe eine Intensivbegrünung als Bepflanzung oder bestimmte Formen der Extensivbegrünungen nicht mehr realisieren lassen.

Die aus gärtnerischer Kultur stammende Vegetation für Intensive Dachbegrünungen ist mit Ausnahme von einigen Sonderformen auf „mittlere Standortverhältnisse in allen Standortansprüchen" eingestellt. Durch Schichthöhe, Stoffwahl und Kombinationen ergeben sich Abweichungen von diesen mittleren Standortverhältnissen; um diese auszugleichen, wird dann auch ein erhöhter Pflegeaufwand erforderlich.

Als stoffbedingte *„technische Risikofaktoren"* gelten folgende Kriterien:

- grundsätzlich alle für den Verwendungszweck bisher nicht oder zu wenig erprobte Einzelstoffe und deren Kombinationen (Erprobungszeitraum sollte mindestens fünf Jahre betragen)
- alle extrem bodenfremden Stoffe oder Stoffkombinationen
- Stoffe mit phytotoxischem Belastungspotential, wie Salze, Lösungsmittel und ähnlichem
- alle Stoffe, die durch Alterungserscheinungen zu chemisch-physikalischen Änderungen neigen
- nicht oder schlecht durchwurzelbare Stoffe von Filter- und Dränschichten
- durch Stoffe oder Schichtaufbauten bedingte potentielle Vernässungen
- Risiken bei Leichtbaustoffen durch Wind- und Wassererosionen sowie Austrocknung.

Die grundsätzliche Eignung von Stoffen ist den nachfolgenden Abschnitten über die einzelnen Funktionsschichten zu entnehmen.

Weitergehende Angaben zu den hauptsächlich für Dachbegrünungen verwendeten Einzelstoffen können bei Liesecke, Krupka u. a. (1989) sowie den „Richtlinien für Dachbegrünungen" (FLL 1990) entnommen werden.

8.1.3 Dränschichten: Funktionen, Stoffe, Anforderungen

Funktionen

Die Dränschicht erfüllt als hydraulisch wirksame Schicht die bautechnische Forderung nach zügiger horizontaler Wasserableitung, und sie sichert die Funktionsfähigkeit der Vegetationsschicht durch vertikale Wasserführung. Im Steildachbereich entfallen Dränschichten ganz oder werden in der Schichtdicke erheblich reduziert. In entwässerungstechnischen Problemzonen werden die Funktionen unterstützende Hohlprofile, wie zum Beispiel Dränrohre oder hohlraumreiche Dränmatten, zusätzlich eingesetzt.

Definition: Die Dränschicht nimmt in ihrem Hohlraumvolumen überschüssiges Sikkerwasser aus der Vegetationsschicht auf. Die Wasserableitung erfolgt in der Regel durch das Gefälle der Bauwerksoberfläche oder, wenn dies nicht vorhanden ist, bei entsprechender Schichtdicke der Dränschicht im Spiegelgefälle. Je nach stofflicher Ausbildung dient die Dränschicht auch der Wasserspeicherung und dem Wasseranstau (LIESECKE 1984). Sie kann zusätzliche Schutzfunktionen gegen Beschädigungen der Abdichtung übernehmen. Die Dränschicht ist Teil des durchwurzelbaren Schichtenaufbaus.

Stoffe

Die Stoffvielfalt ist, insbesondere auf dem Kunststoffsektor, sehr hoch. Die besonderen Vor- und Nachteile der einzelnen Stoffgruppen sind in Tabelle 13 zusammengefaßt. Die einzelnen Stoffe sind teilweise fester Bestandteil von Systembauweisen. Hier werden auch noch spezielle Stoffkombinationen angeboten, wie zum Beispiel Dränelemente aus Hartkunststoff, die im oberen Bereich mit mineralischen, leichten Schüttstoffen verfüllt sind. Aus vegetationstechnischer und ökologischer Sicht (Umweltverträglichkeitsprüfung) sollten Eignung und Verwendung aller Stoffe kritischer als dies bisher der Fall gewesen ist überprüft werden.

Grundsätzlich muß bei der Stoffauswahl jeweils die bessere vegetationstechnische Eignung den Vorrang haben. Die Wasserspeicherfähigkeit verschiedener Stoffe ist Tabel-

Tab. 13. Eignungskriterien von Stoffen für Dränschichten unter vegetationstechnischen, bautechnischen und ökologischen Kriterien

	vegetationstechnische Kriterien			bautechnische Kriterien				ökologische Kriterien
	Eignung zur Wasserspeicherung im Korngefüge	Eignung zum Wasseranstau	optimale Durchwurzelung der Schicht	Minimierung der Schichtdicke	Minimierung der Lastannahme	Bautechnische Schutzwirkung	zusätzliche Wärmedämmung	Umweltverträglichkeit
mineralische Schüttstoffe, offenporig	●	●	●	○	●	⊝	○	●
mineralische Schüttstoffe mit Massivkörnung	○	○	●	⊝	⊝	⊝	●	●
Dränmatten aus Kunststoffen	⊝	⊝	○	●	●	●	◒	○
Dränelemente aus Kunststoffen	⊝	◒	○	○	●	●	○	○
Substratplatten, dränend	●	⊝	●	⊝	◒	○	⊝	○

● = optimale Eignung ○ = weniger geeignet ⊝ = nicht geeignet ◒ = teilweise geeignet

Tab. 14. Durchschnittliche Wasserspeicherung bei maximaler Wasserkapazität von verschiedenen Stoffen für Dränschichten in Abhängigkeit von der Schichtdicke (LIESECKE 1988, Auszug, Hervorhebungen durch den Verfasser)

Stoffgruppe, Stoffart	Körnung in mm	Wasserspeicherung in l/m² bei einer Schichtdicke von 40 mm	60 mm	80 mm
mineralische Schüttstoffe				
Kies	4/8–8/16	2–4	3–6	4–8
Lava	1/5–4/12	5–9	8–13	10–18
Bims, gereinigt	2/4–4/12	12–17	18–25	24–34
Blähton, Blähschiefer, ungebrochen	4/8–8/16	3–7	5–11	7–14
Blähton, gebrochen Blähschiefer, gebrochen	2/4–4/8 2/4–4/11	5–9	7–13	10–18

	Schichtdicke in mm	**Wasserspeicherung in l/m² in der Gesamtschicht**
Dränmatten		
Strukturvliesmatten	10	5,0–7,0
Kunststoff-Noppenmatten	12	1,5–1,7
Fadengeflechtmatten	10–22	1,2–1,3
Schaumstoff-Flockenmatten	35	1,6–1,8
Dränplatten		
Schaumstoff-Dränplatten ohne Anstau	50–65	1,0–1,8
Schaumstoff-Dränplatten mit Anstau	50	8,0–9,0
Dränelemente		
Hartkunststoff-Elemente mit Anstau*	60	6–7
Schaumstoff-Elemente mit Anstau	60	15–17
Schaumstoff-Elemente mit Anstau	100	31–33

* bis Oberkante Element mit Lava 4/8 verfüllt

le 14 zu entnehmen. In Einzelfällen, wenn es also zum Beispiel um die Reduzierung der Gesamtlast oder um die Verminderung von Anschlußhöhen geht, haben technische Zielsetzungen den Vorrang. Die Auswirkungen auf den Vegetationsbestand müssen dann abgeschätzt werden.

Die Verwendung von matten- oder plattenförmigen Dränstoffen als Schutzlage sollte immer als Zusatzfunktion eingestuft werden. Bei absehbaren negativen Auswirkungen auf die Vegetation ist eine getrennte, bautechnisch dimensionierte Schutzlage hier vorzuziehen.

Nicht wasserspeichernde Dränschichten mit schneller Wasserabführung, etwa Fadengeflechtmatten, können auch die Vegetationszusammensetzung beeinflussen. Bei entsprechend geringer Dimensionierung der Vegetationsschicht kann ein stärkerer Besatz mit Gräsern und Kräutern, zugunsten von Sukkulenten, in Extensivbegrünungen verhindert werden.

Stoffgruppen und Einzelstoffe (nach Liesecke, Krupka u.a. 1989, ergänzt)
Mineralische Schüttstoffe
Bims
Lava
Blähton, gebrochen und rundkörnig
Blähschiefer, gebrochen und ungebrochen
Schlacken
Kies
Splitt
Dränmatten aus Kunststoffen
Fadengeflechtmatten mit Filtervlies
Schaumstoff-Flockenmatten mit Filtervlies
Kunststoff-Noppenmatten mit Filtervlies
Strukturvliesmatten gerippt
Schichtvliesmatten mit und ohne Filtervlies
Dränplatten aus Kunststoffen
Platten aus fixierten Schaumstoffkugeln mit und ohne Filtervlies
Dränelemente aus Kunststoffen
profilierte Elemente aus Hartkunststoff
profilierte Elemente aus Schaumstoff
Substratplatten mit Dränfunktion
Substratplatten aus modifizierten Schaumstoffen mit Mehrfachfunktionen

Anfänglich wurden für Dachbegrünungen ausschließlich **mineralische Schüttstoffe** natürlicher und industrieller Herkunft verwendet. Häufig eingesetzte Korngrößenabstufung bei Leichtbaustoffen und Splitten sind 2/8 mm, 4/8 mm, 4/12 mm und 8/18 mm. Kiese werden gewaschen und korngestuft bis 32 mm verwendet.

Die Verwendung von **Kies** oder **Splitt** als sehr preiswerten Baustoffen bleibt für Dächer mit hoher Lastannahme vorbehalten. Die Schichtdicken betragen deshalb auch 10 bis 25 cm oder mehr, insbesondere dann wenn die Stoffe als Unterfütterung zur Höhenabgleichung verwendet werden. (Abbildung 68)

Industrieschlacken stehen nur regional zur Verfügung. Deren Verwendung ist einerseits wegen möglichen chemischen Belastungen (Salze, Schwermetalle, Schwefel) und andererseits wegen der risikoreichen scharfen, kantigen Kornformen begrenzt.

Von den natürlichen Leichtbaustoffen **Bims** und **Lava** (Leicht-Lava) sollten nur beste, gereinigte Qualitäten verwendet werden, die auch die Gewähr für einheitliche, kalkulierbare Lastannahmen bieten. Aufgrund seiner optimalen Wasserspeicherfähigkeit eignet sich hochwertiger und deshalb relativ frostfester Bims besonders für Extensivbegrünungen. Er wird auch als Zumischung bei anderen Leichbaustoffen verwendet.

Eine ähnlich gute Eignung besitzt **Ziegelbruch**, der als Neumaterial jedoch kaum erhältlich ist. Die Salzbelastung kann allerdings bei den tertiären Ziegeltonen hoch sein. Recyclingmaterial aus Altziegeln hatte bisher keine einheitliche Qualität und war stark mit löslichen Kalken durchsetzt. **Schaumtone** sind relativ teuer und häufig nicht frostfest.

Eine weite Verbreitung haben **Blähton** und **Blähschiefer** , insbesondere in gebrochenen Körnungen, gefunden (Abbildung 69). Sie können einbautechnisch günstig von Silowagen an die Einbaustelle geblasen werden. Die Herkunft der Stoffe sollte, vor allem im Hinblick auf den Salz- und Kalkgehalt, genau kontrolliert werden.

Aus entwässerungstechnischen wie auch einbautechnischen Gründen werden die genannten Leichtbaustoffe in Schichtdicken ab 4 cm eingebaut. Häufige Regelschichtdicken für Extensivbegrünungen sind 6 und 8 cm, für Intensivbegrünungen liegen sie zwischen 8 und 15 cm. Auf gefällelosen Dächern sollte die Dicke der Dränschicht nicht unter 8 cm liegen. Gebrochenen Körnungen sollte man wegen der besseren Lagerstabilität und zusätzlichen Wasserspeicherung den Vorzug geben. Für Intensivbegrünungen erfolgt der Wasseranstau vornehmlich in Dränschichten aus Blähton, Blähschiefer oder Lava.

Für die Praxis sind Einbaugewichte im wassergesättigten Zustand entscheidend. Diese sind von den häufig vom Handel angegebenen, stets niedrigeren, sogenannten Transport- oder Einbaugewichten zu unterscheiden.

Dränmatten aus Kunststoffen haben in verschiedenen Modifikationen mittlerweile eine weite Verbreitung gefunden, was sich neben den einbautechnischen Vorteilen der flächenkonfektionierten Stoffe teilweise auch mit den Preisvorteilen begründet. Es werden für die Produkte Grundstoffe wie zum Beispiel Polyester, Polyamid und Polypropylen verwendet (vgl. auch Muth 1983, 1984). Neben der äußerst geringen Lastannahme sind die Mehrfachfunktionen durch die aufkonfektionierte Filterschicht und Verwendbarkeit als Schutzlage gegen mechanische Beschädigungen gegeben. Wegen der geringen Schicht-

Abb. 68. Dränschicht aus gewaschenem, kornabgestuften Kies bis 32 mm Körnung.

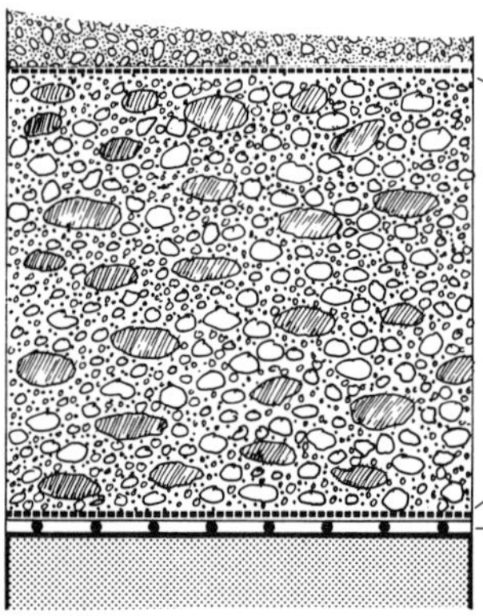

Abb. 69. Dränschicht aus gebrochenen, kornabgestuften Schüttstoffen wie Blähton, Blähschiefer oder Lava.

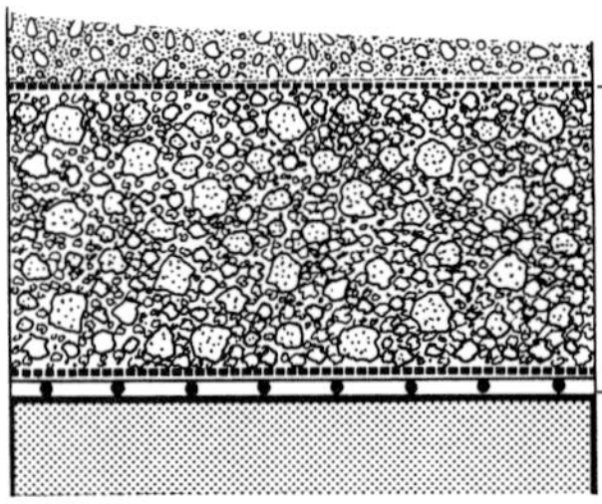

dicke von etwa 1 cm bis 3,5 cm ist immer ein ausreichendes Dachgefälle erforderlich.

Das höchste entwässerungstechnisch wirksame Hohlraumvolumen haben **Fadengeflechtmatten** (Abbildung 70), das geringste **Schaumstoff-Flockenmatten**, die mit zusätzliche Dränkanälen versehen sind. Eine ähnliche Funktion haben die Rippen der Strukturvliesmatten.

Konfektionierte **Vliese**, die sich auch aus mehreren verschiedenen Vlieslagen zusammensetzen können, haben Schichtdicken bis zu 2 cm. Sie weisen häufig eine positiv zu bewertende Wasserspeicherung auf. Sie werden auch im Bereich der Steildachbegrünung geringerer Neigung bei entsprechend zugfester Auslegung als dränende Sickerschicht und Rutschsicherung eingesetzt (Abbildung 71).

Kunststoff-Noppenmatten bestehen aus profilierten Hartkunststoffen, entweder mit Noppen oder auch mit Rippen- oder Gitterstrukturen, mit oberseitiger Vlieskaschierung als Filterschicht.

Auf das Stauchverhalten unter Dauerlast ist bei allen Kunststoffmatten aus fadenförmigen Stoffen besonders zu achten, wie auch auf die Umweltverträglichkeit, Beständigkeit (Bodenlösungen, Mikroorganismen) und Langlebigkeit. Dazu sind Nachweise für alle Kunststoffprodukte erforderlich.

Dränplatten aus verklebten Polystyrol-Schaumstoffkugeln wurden schon frühzeitig für Intensivbegrünungen eingesetzt. Neben dem geringen Gewicht liegt ihr Vorteil in der schnellen Wasserabführung. Die Materialdikken liegen etwa zwischen 5 cm und 10 cm. Für Anstaubewässerungen und Extensivbegrünungen mit geringeren Schichtdicken sind diese Dränplatten weniger geeignet. Das Auftriebsverhalten unter Wasserdruck bei geringem Gefälle und geringer Auflast ist zu beachten.

Dränelemente sind für den multifunktionalen Einsatz zur Dränung, zur Wasserspeicherung, als Schutzschicht und teilweise als Unterstützung der Wärmedämmung konzipiert. Diese Mehrfachfunktionen stellen jedoch nicht in jedem Fall vegetationstechnische Optimallösungen dar. Insbesondere die Wasserbevorratung kann bei Extensivbegrünungen nach einem schnellen Verbrauch des angestauten Wassers zu schockartigen Vegetationsausfällen führen. Dränelemente aus Hartkunststoffen wie PE oder PVC-hart werden in Elementhöhen von etwa 40 mm bis 180 mm hergestellt und in der oberen Ausformung mit leichten Schüttbaustoffen aufgefüllt, während der Hohlraum der unteren Ausformung der Dränung dient (Abbildung 72). Die Wasserspeicherkapazität ist jedoch geringer als bei vergleichbaren Schichthöhen von Leichtbaustoffen.

Dränelemente aus Schaumkunststoffen bestehen aus wärmedämmendem Polystyrol und sind im Prinzip ähnlich ausgeformt und zu verwenden wie die oben beschriebenen Dränelemente aus Hartkunststoff; sie werden jedoch überwiegend für Intensivbegrünungen

Abb. 70. Dränschicht aus Fadengeflechtmatten mit aufkonfektionierter Filterschicht, die gleichzeitig die Schutzschicht bildet.

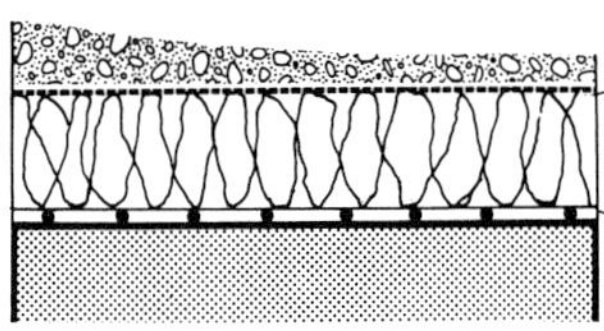

Abb. 71. Dicke Vlieslage für Steildachbegrünungen mit Mehrfachfunktionen (Schutzlage, Rutschsicherung, Sickerschicht).

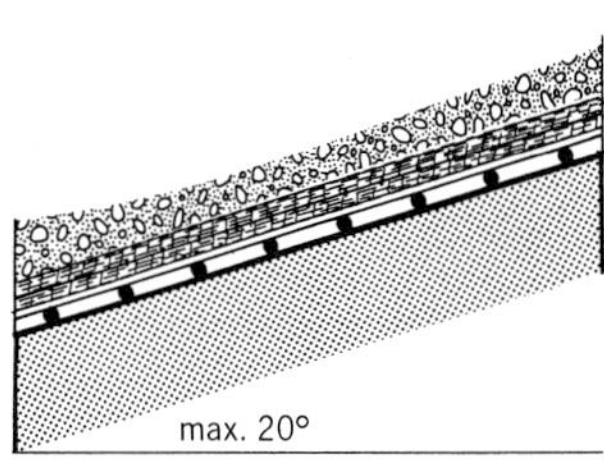

Abb. 72. Dränschicht aus Kunststoff-Dränelementen, die auch für den Wasseranstau geeignet sind.

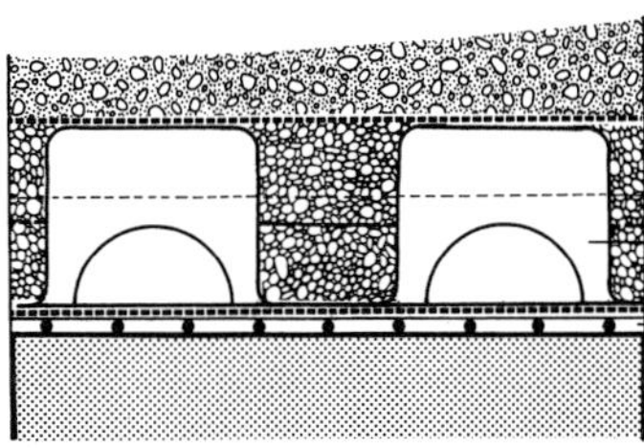

eingesetzt. Sollen Dränelemente für Steildachbegrünungen verwendet werden, muß ihre Druckstabilität und Schubsicherheit nachgewiesen werden.

Substratplatten aus modifizierten Schaumkunststoffen mit Dränfunktion erfüllen die Aufgabe der Dränung nur, wenn das eingestellte Porengefüge durch die dauerhafte Qualität der Ausgangsstoffe erhalten bleibt. Sie können nur auf Dächern mit ausreichendem Gefälle verwendet werden. Unterseitige Abstandsnoppen sollten einen freien Wasserabzug sicherstellen. Auf Dächern ohne oder mit zu geringem Gefälle müssen die Möglichkeiten einer zusätzlichen Dränschicht überprüft werden.

Anforderungen

Die Bedeutung der Tatsache, daß Pflanzen in Dränschichten einwurzeln, muß in Zukunft höher bewertet werden. Mineralische Schüttstoffe werden in der Regel sehr intensiv durchwurzelt; sie haben einen hohen physiologischen Stellenwert für die Pflanzen als zusätzlicher Wurzelraum. Die Möglichkeit, daß Wurzeln in mineralischen Schüttstoffen Kühlung finden, bildet bei hohen Temperaturbelastungen und geringen Schichtdicken eine lebenswichtige Standortqualität. Die Durchwurzelung hat bisher bei richtiger Kornabstufung und Schichthöhe zu keinen Beeinträchtigungen der Dränfunktion geführt. Langzeituntersuchungen über angereicherte Humusgehalte aus abgestorbenen Wurzeln liegen noch nicht vor. Bei krautigen Pflanzen ist die Biomasse von Wurzeln allerdings sehr gering und wird schnell mineralisiert (LIESECKE 1990).

Qualitative Anforderungen an Dränstoffe aus der Gruppe der mineralischen Schüttstoffe (nach „Richtlinien für Dachbegrünungen", FLL 1990 auszugsweise)

Korngrößenverteilung
Massenanteil Körnung d $\leqq$ 0,063 mm maximal 2 Prozent;
Schichtdicken 3 bis 10 cm:
Körnung 2/8 mm bis 2/12 mm.
Schichtdicken über 10 cm:
Körnung 8/16 mm bis 16/32 mm, auch für Bauweisen mit Wasseranstau.

Frostbeständigkeit
Es muß nachgewiesen werden, daß die Stoffe im Schichtaufbau keiner Kornzertrümmerung durch Frosteinwirkung unterliegen. Besonders zu beachten bei geringem Gefälle oder Wasseranstau. DIN 4226, Teil 3 (1983), und DIN 52 104 (1982) können eingeschränkt herangezogen werden.

Struktur- und Lagerungsstabilität
Die Kornform sollte einen gleichmäßigen, schichtstabilen Einbau ermöglichen und den Druckbelastungen standhalten. Verzahnende, oberflächenrauhe Kornformen sind vorzuziehen.

Wasserdurchlässigkeit
Es ist eine hohe Wasserdurchlässigkeit erforderlich, die objektspezifisch in Abhängigkeit von Dachgefälle bemessen werden kann.

Wasserspeicherfähigkeit
Für Begrünungen ohne Wasseranstau empfehlen sich offenporige Schüttstoffe mit wasserabführenden Grobporengefüge und wasserspeichernden Oberflächen- und Innenporen der Körnungen.

Für Begrünungen mit Wasseranstau gilt: Die Oberflächenkapillarität muß den vertikalen Wassertransport sicherstellen. Vernässungshorizonte und Behinderungen in der Abführung des Überschußwassers dürfen nicht auftreten. Schüttstoffe in der Körnung 4/16 mm verwenden.

pH-Wert
Intensivbegrünungen pH 6,0 bis 8,0
Extensivbegrünungen pH 7,0 bis 8,5

Karbonatgehalt
Aussinterungen von Kalkhydrat dürfen nicht erfolgen. Oberer Schwellenwert für Schüttstoffe: 6 g/l leicht lösliches Karbonat.

Salzgehalt
Maximaler Gehalt an löslichen Salzen für Intensivbegrünungen: 2,5 g/l
Extensivbegrünungen: 3,5 g/l. Geringere Werte im Hinblick auf die Umweltbelastung sind anzustreben.

Pflanzenverträglichkeit
Es dürfen keine phytotoxischen Stoffe enthalten sein (Keimpflanzentest). Der maximale Gehalt an Schwermetallen richtet sich nach Verordnungen des Bundes und der Länder.

Qualitative, allgemeine Anforderungen an Dränstoffe aus der Gruppe der Kunststoffe (KRUPKA 1988). Hier sind teilweise ergänzende Angaben zu den „Richtlinien für Dachbegrünungen" (FLL 1990) angeführt.

Brandklasse
Mindestens B 2 (normal entflammbar) nach DIN 4102, Teil 4

Hydrolysebeständigkeit
Prüfzeugnis

Beständigkeit gegen Mikroorganismen
Prüfzeugnis

Beständigkeit gegen Bodenlösungen
Prüfzeugnis

Festigkeitsverhalten und Stoffbeständigkeit
Prüfzeugnisse

UV- und IR-Beständigkeit (Wetterbeständigkeit)
(Nur wenn längere Freibewitterung erfolgt) zum Beispiel nach FGSV 1987 Ziffer 6.8

Stauchungsverhalten
nicht mehr als 20 Prozent der Nenndicke (LIESECKE u. a. 1989)

Stoffverträglichkeit
Mögliche Beeinflussungen der Filterschicht sowie der Schutz- und Abdichtungslagen, insbesondere durch Lösungsmittel oder Weichmacher, sind zu beachten. Stoffspezifische Einzelnachweise sind erforderlich.

8.1.4 Filterschichten: Funktionen, Stoffe, Anforderungen

Funktionen
Die Filterschicht sichert die Funktion der Dränschicht, indem sie Feinteile aus der Ve-

getationsschicht zurückhält. Mit der vertikalen Wasserbewegung können Schluff, Humuspartikel oder auch feinere Sandkörnungen in den unteren Horizont verlagert und das wasserabführende Porenvolumen der Dränschicht verringert werden. Die Filterschicht hat jedoch nur eine begrenzte Funktionsfähigkeit, weil sich ihre filterfähigen Poren bei einer zu hohen Belastung mit Feinteilen zusetzen können. Über der Filterschicht kann sich ein „Filterkuchen" bilden, der zu Staunässe führt. Deshalb ist ein besonderes Augenmerk auf die Suffusionssicherheit, also die Verhinderung der Feinteilausschwemmung durch innere Erosion im Substrat, zu richten. Besondere Risiken können bei Ortsmischungen mit schluffreichen Böden vorliegen oder solchen mit Ausfallkörnungen im Bereich des Fein- und Grobsandanteiles.

Filterschichten bieten bei Pflanz- und Sanierungsarbeiten auch einen gewissen Schutz vor einem Durchstoßen des Schichtaufbaues bis auf den technischen Dachaufbau.

Stoffe

Als **Filterstoffe** werden heute nur noch Vliese eingesetzt, die nach geotextilen Anforderungen technisch definiert sein sollten („Merkblatt für die Anwendung von Geotextilien im Erdbau", FGSV 1987). Filterschichten aus Schüttstoffen wie zum Beispiel korngestufte Kiessande sind nicht mehr üblich. (Ihr Einbau gestaltet sich aufwendig, zusätzliche Lastprobleme treten auf).

Filterschichten bestehen in der Regel aus einschichtigen Vliesen in Gewebewirrlage. Produkte mit Endlosfäden (Filament-Vliesstoffe) haben eine höhere Festigkeit als Spinnfaser-Vliesstoffe, die sich aus 3 cm bis 15 cm langen Spinnfasern zusammensetzen. Thermisch oder chemisch verfestigte Vliese sind als Filterschicht weniger oder nicht geeignet.

Als Rohstoffe werden teilweise in modifizierter Form verwendet: Polyamid (PA), Polyethylen (PE), Polyester (PES), Polypropylen (PP). Vliesstoffe aus Naturfasern sind nicht geeignet, weil sie schnell verrotten. Verschiedene Glasfaservliese haben sich ebenfalls als nicht dauerhaft beständig erwiesen. Filtervliese sind mit vorkonfektionierten Dränbahnen bereits fest zu einer Funktionseinheit verbunden; in der Regel wurden sie auch durch Prüfinstitute hinsichtlich ihrer Filterwirksamkeit untersucht. Einschichtige Bauweisen ohne Filterschicht aus korngestuften, filterstabilen Leichtsubstraten oder zweischichtige Bauweisen ohne Filterschicht befinden sich verschiedentlich in der Entwicklung und werden bereits erfolgreich angewendet.

Filtervliese werden mit 10 cm Überlappung verlegt und können bei einfachen Randausbildungen als Trennstreifen zwischen Substrat und Kiesrandstreifen hochgezogen werden. Weil Filtervliese jedoch in der Regel nicht dauerhaft UV-stabilisiert sind, können sie im Randbereich nicht gleichzeitig als Schutzlage der Abdichtung dienen.

Anforderungen

Die Filterschicht darf den kapillaren Wasseraufstieg aus der Dränschicht, insbesondere bei Anstaubewässerungen, nicht behindern. Vor der Verwendung von Filterstoffen ist eine Überprüfung nach den Filterregeln gegen die angrenzenden Schichten nützlich. Bei Systembauweisen sollte dies vorausgesetzt werden.

Nach den „Richtlinien für Dachbegrünungen" (FLL 1990) werden die **Anforderungen an Filterschichten** wie folgt allgemein definiert: „Die Filterschicht verhindert, daß feinere Boden- und Substratteile aus der Vegetationsschicht in die Dränschicht eingeschlämmt werden und die Wasserdurchlässigkeit dieser Schicht beeinträchtigen."

Hinsichtlich der Flächengewichte und Dicke sind Überdimensionierungen der Filterschicht von Nachteil. Solche überdimensionierten Vliese wirken dann eher als vegetationstechnisch ungünstige Sperr- und Trennschichten. Insbesondere die Einwurzelung in die Filterschicht sollte gewährleistet sein.

Anforderungen an Filterstoffe nach „Richtlinien für Dachbegrünungen" (FLL 1990, ergänzt nach FGSV 1987)

- Flächengewichte (zwischen rund 100 und 200 g/m^2)
- Festigkeitsklassen (1 bis 3 mit einer Durchdrückkraft um 500 bis 2500 N)
- Brandklasse, mindestens B 2
- Zugfertigkeit abgestimmt auf besondere Anforderungen (Steilflächen)
- Nachweis der Filterwirksamkeit (Öffnungsweite und Wasserdurchlässigkeit) Wirksame Öffnungsweite von Dw < 0,2 mm ausreichend
- Nachweis der Wasserdurchlässigkeit, zehn-

mal größer als die Wasserdurchlässigkeit der Vegetationsschicht.
- Verträglichkeit gegen höhere pH-Werte (zum Beispiel bis pH 9)
- Nachweis der Pflanzenverträglichkeit (Lösungsmittel und ähnliches)
- Nachweis der Beständigkeit gegen biologische Zersetzung (Mikroorganismen)
- Nachweis der Beständigkeit gegen chemische Zersetzung durch Bodenlösungen
- Witterungsbeständigkeit
- Nachweis der Umweltverträglichkeit.

Hinsichtlich der **qualitativen Anforderungen** lassen sich die Kriterien des „Merkblattes für die Anwendung von Geotextilien" (FGSV 1987) nutzen. Dort sind auch allgemeine Produktbeschreibungen angegeben, die für Ausschreibungen verwendet werden können.

8.1.5 Vegetationsschichten für Intensivbegrünungen und Pflanzgefäße

Für Vegetationsschichten ist die Bezeichnung Substrat oder Dachsubstrat üblich. Teilweise wird auch der Begriff Dachgartenerden verwendet.

Funktionen

Die Vegetationsschicht bildet die Lebensgrundlage der Pflanzen und ist in der Regel auf eine zusätzliche Nährstoffversorgung ausgelegt. Der chemisch-physikalische und biologische Charakter der Substratzusammensetzung muß eine artgerechte Entwicklung der Pflanzen zulassen. Schichtdicken müssen auf die Frostempfindlichkeit, das Wurzelverhalten und die Standfestigkeit der Pflanzen abgestimmt sein.

Stoffe

Für Vegetationsschichten in Intensivbegrünungen werden folgende Stoffgruppen und Einzelstoffe verwendet (nach LIESECKE u.a. 1989 und FLL 1990):
- standortspezifische verbesserte Oberböden
- Schüttstoffgemische
  mineralische Schüttstoffgemische mit hohem Anteil an organischer Substanz
  mineralische Schüttstoffgemische mit geringem Anteil an organischer Substanz
  mineralische Schüttstoffgemische ohne organsiche Substanz
- Schüttstoffe
  mineralische Schüttstoffe mit offenporiger Kornstruktur
- Substratplatten aus modifizierten Schaumstoffen oder Mineralwollfasern.

Als Zuschlagstoffe werden je nach Zusammensetzung oder Grundmischung verwendet:
- strukturstabilisierende, mineralische porenreiche Körnungen
- Humusstoffe
- Stoffe zur Gewichtsreduzierung wie zum Beispiel Steinwollflocken und Bims
- Tone in Krümel- und/oder Pulverform
- organischer und mineralischer Dünger
- mineralische Bodenhilfsstoffe
- biologische Bodenhilfsstoffe.

Auf den Zuschlag von Kunststoffen kann in der Regel verzichtet werden. Wasserspeichernde Kunststoff-Flocken auf Harnstoffharz-Schaumbasis (WERMINGHAUSEN 1972) haben sich nach dem Einbau im Verlauf einiger Jahre vollständig zersetzt. Das war auch bei wasserspeichernden Massivschichten aus diesem Stoff der Fall. Geschlossensporige Kunststoff-Flocken können durch mineralische Stoffe ersetzt werden.

Anforderungen

Die Anforderungen an Vegetationsschichten für Intensivbegrünungen und Pflanzgefäße unterscheiden sich nicht; jedoch muß in der Verwendung für Pflanzgefäße besonders auf Strukturstabilität zur Sicherung des Lufthaushaltes geachtet werden.

Die allgemeinen Anforderungen an Vegetationsschichten, deren Gesamtheit erfüllt werden muß, sind auf die folgenden Kriterien ausgerichtet. Die einzelnen Bemessungsgrößen können innerhalb des durch die „Richtlinien für Dachbegrünungen" (FLL 1990) vorgegebenen Rahmens festgelegt werden. Die Kontrolle muß erfolgen, indem Prüfnachweise für die wichtigsten Kriterien** als Eignungsprüfung eingeholt werden.

Bemessungsgrößen für Dachgartensubstrate
- Gewicht im wassergesättigten Zustand**
- Korngrößenverteilung**
- Gehalt an organischer Substanz**
- Art der organischen Substanz
- Tongehalt**
- Frost- und Witterungsbeständigkeit
- Struktur- und Lagerungsstabilität, Kornform

Tab. 15. Empfehlungen charakteristischer Kennwerte für Substrate Intensiver Dachbegrünungen verschiedener Verwendungsbereiche (unter Verwendung von Angaben nach FLL 1984, LIESECKE 1988; DIN 18035, Teil 4, 1991)

Eigenschaften	Anforderungen für belastbare Rasenflächen	Anforderungen für Pflanzen mit mittleren Ansprüchen	Anforderungen für humusliebende Pflanzen saurer Standorte	Anforderungen für Pflanzen, die Karbonate und Bodenbasen lieben	Anforderungen für Pflanzen trockener, sonniger Standorte
Gehalt an mineralischen Gerüststoffen in Massen-%	≧ 95	substrat-spezifisch	substrat-spezifisch	≧ 80	≧ 85
Luftgehalt bei maximaler Wasserkapazität in %vol	≧ 10	≧ 10	≧ 10	≧ 10	≧ 15
maximale Wasserkapazität in %vol	mischungs-spezifisch max. 65%vol	substrat-spezifisch max. 65%vol	substrat-spezifisch max. 65%vol	substrat-spezifisch max. 55%vol	≦ 50
Wasserdurchlässigkeit mod k* in mm/min	≧ 0,9	substrat-spezifisch ≧ 0,3	substrat-spezifisch ≧ 0,3	substrat-spezifisch ≧ 0,3	≧ 1,5*[2]
Humusgehalt in Massen-%	1–3	3–10	15–25	≦ 5	≦ 5
Tongehalt in Massen-%		3–8	3–5	8–12	5–8
Karbonatgehalt in g/l	substrat-spezifisch	substrat-spezifisch	substrat-spezifisch	≧ 10*[1]	substrat-spezifisch
pH-Wert	5,5–7,5	5,5–6,5	5,0–6,5	7,1–8,0	6,5–7,5
Stickstoff (N) in mg/l	60–120	60–120	30–60	50–100	40–80
Phosphat (P2O5) in mg/l	100–200	100–200	50–100	75–150	75–150
Kalium (K2O) in mg/l	150–250	150–250	100–150	150–250	150–250
Magnesium (Mg) in mg/l	60–120	60–120	60–80	80–120	80–120

*[1] in Abhängigkeit von der Löslichkeit der Karbonate *[2] in Abhängigkeit von der Entwässerungssituation
Für hier nicht angegebene bzw. als substratspezifisch ausgewiesene Werte gelten die allgemeinen Angaben nach den »Richtlinien für Dachbegrünungen« (1990) sowie die mischungsspezifischen Werte.

- Trittfestigkeit (bei belastbaren Vegetationsschichten)
- Wasserdurchlässigkeit**
- Wasserspeicherung, Wasserkapazität**
- Gesamtporenvolumen, Porengrößenverteilung
- Luftgehalt**
- pH-Wert**
- Carbonatgehalt**
- Salzgehalt**
- Pflanzenverträglichkeit, phytotoxische Stoffe**
- Gehalt an pflanzenverfügbaren Hauptnährstoffen**
- Gehalt an Spurenelementen
- Adsorptionskapazität**
- C-N-Verhältnis**
- Gehalt an keimfähigen Samen und regenerationsfähigen Pflanzenteilen
- Brandverhalten.

Tabelle 15 gibt die Empfehlungen für die charakteristischen Kennwerte Intensiver Dachbegrünungen an. Weitere Einzelheiten sind den „Richtlinien für Dachbegrünungen" (FLL 1990) zu entnehmen. Entgegen einer weit verbreiteten Meinung können auch durch die Verwendung von Substraten, die allgemein anerkannten Kriterien genügen, nicht alle Fehler vermieden werden, die sich zusätzlich aus den speziellen Ansprüchen der verwendeten Pflanzen ergeben. Auch wenn die allgemeinen Anforderungen im Schnitt erfüllt werden, sichert dies im Einzelfall keine optimale Entwicklung und Dauerhaftigkeit jeder

Abb. 73. Zweischichtige Vegetationsschicht für Humuswurzler. Die Dicke der Humusschicht ist von den verwendeten Pflanzenarten abhängig. Sie kann auch auf eine Mulchschicht reduziert werden.

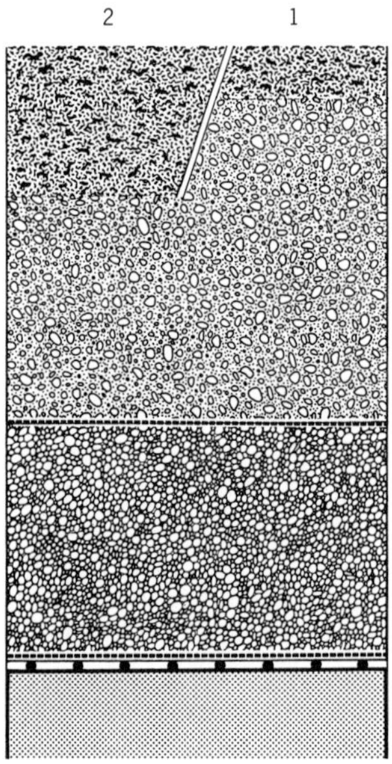

Pflanzenart zu. Viele frühzeitigen Vergreisungen, insbesondere bei Rosaceen, sind unter anderem auf eine im Einzelfall unzureichende Substratqualität zurückzuführen.

Für **Sonderanlagen** wie Heide-*(Calluna-)* und Rhododendron-Pflanzungen oder spezielle Humuswurzler sind humusreiche Substrate mit niedrigem pH-Wert und Salzgehalt erforderlich. Hier kann sich durch Mulch- und Humusauflagen eine zweischichtige Vegetationsschicht ergeben, die den natürlichen Verhältnissen nahe kommt (Abbildung 73). Mulchauflagen aus Rinde können in strahlungsintensiven Lagen erhebliche Wärmemengen speichern, die negative Auswirkungen auf die Pflanzen, insbesondere in noch offenen Neuanpflanzungen haben können. Wuchsdepressionen sind zum Beispiel bei verschiedenen Beetstauden beobachtet worden. Die meisten Rosaceen, vor allem Rosenpflanzungen, benötigen einen höheren Gehalt an Karbonaten, mit entsprechend erhöhtem pH-Wert sowie einen optimierten Tonanteil im Substrat. Weiterhin sind für Trocken- und Xerophytengärten luftreiche, nährstoffarme Substrate mit einem höheren pH-Wert erforderlich.

Eine dauerhafte **Strukturstabilität** ist bei Humussubstraten nur dann gewährleistet, wenn sie ihrer Eignung entsprechend für schwachzehrende Pflanzen mit geringen Ansprüchen und niedrigen pH-Werten verwendet werden. Anderweitige Verwendungen führten häufig zu einem vor allem durch Düngung beschleunigten, schnellen Abbau der organischen Substanz, verbunden mit einer erheblichen Verringerung der Schichtdicke und einer Verschlechterung des Lufthaushaltes.

Die Übernahme von **Substratkonzeptionen aus dem Erwerbsgartenbau** ist nicht empfehlenswert, weil diese Substrate auf die in der Regel nur kurzen Kulturzeiten im Freiland ausgerichtet sind. Eine höhere biologische Bodenaktivität und damit verstärkte Umsetzungs- und Mineralisierungsprozesse sind bei Substraten mit überwiegendem Anteil an organischer Substanz immer gegeben. Die beschleunigte Substratumsetzung ließ sich in Einzelfällen auch auf ständige Düngegaben zurückführen und ebenso auf eine erhöhte Bodenaktivität, die auch durch die an Leguminosen lebenden Knöllchenbakterien ausgelöst wurde. Aus Dränschichten gelöste und kapillar transportierte Karbonate können ebenfalls dazu beigetragen haben.

Bei der Verwendung **unbelebter Substrate** wie Blähton oder Blähschiefer nach dem Vorbild der Hydrokultur sollte die Notwendigkeit der „biologischen Komponente“ beachtet werden: „Kein Organismus lebt im Freiland solitär, kein Individuum, keine Art ist ohne positive oder negative Beziehungen – vor allem Mikroorganismen – auf die Dauer lebensfähig.“ (WILLMANNS 1978). Hier ist besonders die fördernde Wirkung der Mykorrhiza zu beachten, so daß auch die öko-physikalische Substratqualität ihre Bedeutung erfährt.

Für die üblichen Schichtdicken sollten grundsätzlich **industriell hergestellte Substrate** mit entsprechender Eigen- und Fremdüberwachung verwendet werden.

Die **Verwendung verbesserter Oberböden** oder Gemische aus Unter- und Oberböden ist in all jenen Fällen sinnvoll, in denen die Begrenzung der Lastannahme keine primäre Rolle spielt und höhere Schichtdicken erreicht werden sollen. Dies ist zum Beispiel bei der ebenerdigen Einbindung von Tiefgaragen oder unterirdischen Verkehrsstraßen der Fall. In Einzelfällen, insbesondere bei der Verwendung von Bäumen, ist auch die Herstellung einer Unterbodenschicht erforderlich.

Sofern belastbare Rasentragschichten für Spiel- und Sportrasen erforderlich sind, gelten die Anforderungen der DIN 18035 „Sportplätze“, Teil 4 „Rasenflächen“. Diese können auch als Grundlage für anderweitige Gemischtypen für Rasenflächen dienen.

Für die Verwendung von Oberböden sollten folgende Grundsätze gelten:
- ein Bodenlabor ermittelt die Grunddaten
- Verwendung von gerüstreichen Sandböden mit niedrigem bis mittlerem Humusgehalt sowie schwach bindigen Böden
- keine Verwendung von organischen Böden, Aueböden sowie schweren, bindigen Böden
- luftporenreiche, korngestufte, mineralische Zuschläge verwenden
- Zuschlag an Humusstoffen gering halten
- Ausgangsböden auf Nährstoffe, pH-Wert und phytotoxische Stoffe (Keimpflanzentest) überprüfen
- herstellen
- Mischung und Einbau nur bei trockener Witterung
- keine Verwendung für pflegeintensive Pflanzungen, weil ein gewisser Besatz mit Fremdvegetation unvermeidlich ist.

8.1.6 Vegetationsschichten für Fassadenbegrünungen

Vegetationsschichten zur **Standortneuherstellung** von Fassadenbegrünungen (siehe Abschnitt 8.4) sollten vorzugsweise aus örtlich vorhandenen verbesserten Böden hergestellt werden. Dort wo die Voraussetzungen dazu fehlen, wie zum Beispiel in innerstädtischen Bereichen, können geeignete Substrate für die Intensive Dachbegrünung eingesetzt werden. Auf humose Substrate in voller Schichtdicke sollte verzichtet werden, diese bringt man nur als obere, auch mulchende Schicht von etwa 5 bis 10 cm Dicke auf.

Die bodenchemischen Kennwerte, insbesondere der pH-Wert und der Gehalt an Bodenbasen, müssen den Grundbedürfnissen der einzelnen Pflanzenarten entsprechen. Die meisten Arten (zum Beispiel Waldlianen) lieben überdies mineralreiche Wurzelhorizonte mit Humusauflage. Wie bei der Intensiven Dachbegrünung gibt es auch für Fassadenbegrünungen kein für alle Pflanzenarten geeignetes Standardsubstrat. Auf dauerhafte Strukturstabilität, gute Wiederbefeuchtung und Wasserführung ist besonders zu achten.

Zur **Standortverbesserung** im Hinblick auf die physikalischen Eigenschaften dienen in erster Linie mineralische, porenreiche Schüttstoffe wie korngestufte Lava oder gebrochener Blähton oder Blähschiefer. In Verbindung mit mechanischer Lockerung können Bodenverdichtungen beseitigt und der Lufthaushalt nachhaltig verbessert werden. Grobsande und Feinkiese kommen ebenfalls in Betracht. Auf Kunststoff-Flocken sollte verzichtet werden. Humose Stoffe dienen primär der biologischen Qualität und können physikalische Verbesserungen unterstützen, dürfen jedoch in Tiefen unter etwa 25 cm nicht mehr verwendet werden. Der biologische Abbau organischer Substanz ist zu beachten. In Abhängigkeit vom Ton-, Schluff- und Feinsand-Gehalt des Bodens ist eine Mindestzuschlagsmenge an Hilfsstoffen von 20 bis 30 Volumenprozent (%vol) erforderlich, um eine ausreichende Wirksamkeit der Maßnahmen sicherzustellen.

Düngezusätze können nur auf der Grundlage einer Nährstoffanalyse erfolgen. Der Schwerpunkt liegt auf einer guten Kalium- und Phosphorversorgung. Organisch-mineralischen Langzeitdüngern sollte der Vorzug gegeben werden. In unverbesserten anstehenden, bindigen Böden dürfen organische Dünger jedoch nur in die oberen 10 cm eingebracht werden.

Hilfsstoffe, die das Bodenleben und damit auch die Mineralisierungsvorgänge fördern, sind für alle gestörten Bereiche angebracht. Neben Laubkomposten und organischen Düngern fördern Präparate aus Algen (Alginate) und Pflanzenauszügen die biologische Bodenaktivität. Auch Kalkgaben können in dieser Hinsicht sehr wirksam sein.

8.1.7 Vegetationsschichten für Extensivbegrünungen

Besonderheiten

Die laborgestützte Entwicklung von Substraten für Extensive Dachbegrünungen begann etwa ab 1980 auf der Basis der bisherigen Erkenntnisse, die man durch Intensive Dachbegrünungen gewonnen hatte. Kennwerte und Eignungen von Einzelstoffen, insbesondere poröser Baustoffe, waren in vegetationstechnischer Hinsicht durch vergleichende Untersuchungen bekannt (LIESECKE 1978 a). Es setzte sich auch sehr schnell die Erkenntnis durch, daß humose Substrate nicht oder wenig geeignet sind. Jedoch liegt es nahe, verbesserte Ober- und Unterböden einzusetzen. Der Besatz mit Samen (Diasporen) und Früchten von standortfremden Gräsern und Kräutern ist nicht so problematisch wie bei Intensivbegrünungen. Insbesondere für initiierte Spontanbegrünungen (siehe auch Abschnitt 9.4.1) wurden mehr oder weniger stark verbesserte natürliche Böden verwendet (HÜLBUSCH und MÜLLER 1986).

Umfangreiche Untersuchungen über Einzelstoffe, Versuchsgemische von Substraten wie auch industriell hergestellte Fertigmischungen liegen vor von KOLB und SCHWARZ (1982, 1983, 1984 und 1987) sowie von LIESECKE (1978, 1984, 1989 und 1990 c).

Der grundlegende Unterschied von Substraten für die Vegetationsformen Extensiver Dachbegrünungen gegenüber Substraten für Intensive Dachbegrünungen liegt in der Anforderung, die Vegetation nur aus dieser Schicht heraus auf Dauer mit Nährstoffen zu versorgen. Die Vegetation muß sich also selbst erhalten können. Weiterhin hat sich ein höherer pH-Wert und Kaliumgehalt sowie ein geringerer Stickstoffgehalt und eine erhöhte Wasserdurchlässigkeit für viele Pflanzen und Pflanzengesellschaften als vorteilhaft erwiesen (KRUPKA 1983).

Stoffe

Für Vegetationsschichten werden folgende Stoffgruppen und Einzelstoffe verwendet (nach LIESECKE u.a. 1989):

- standortspezifisch verbesserte Ober- und Unterböden
- Gemische aus überwiegend offenporigen, leichten, mineralischen Grundstoffen (Schüttstoffgemische) wie Blähton, Blähschiefer, Bims, Lava mit weiteren Zuschlägen
- Gemische aus ein oder zwei offenporigen, leichten, mineralischen Stoffen (Schüttstoffen) in spezieller Kornabstufung ohne oder mit geringeren Zuschlägen
- Substratplatten aus modifizierten Schaumstoffen.

Als Zuschlagstoffe werden je nach der Zusammensetzung der Grundmischung verwendet:

- porenreiche, mineralische Körnungen
- Humusstoffe
- Stoffe zur Gewichtsreduzierung, insbesondere Bims, Blähton und Blähschiefer
- Tone in Krümel- oder Pulverform
- Kalkgesteine oder kalkhaltige Gesteine
- organische und mineralische Dünger
- mineralische Bodenhilfstoffe
- organische Bodenhilfstoffe.

Stoffe aus mineralischem **Baustoffrecycling** (gebrochener Beton, Ziegel, Bauschutt oder Schwarzdeckenmaterialien, aufbereiteter Bahndammschotter) weisen bisher nicht kalkulierbare, chemische Zusammensetzungen auf. Dies betrifft besonders den Gehalt an leicht löslichem Kalk und Salz.

Wegen der von Fall zu Fall wechselnden

Beimengungen und Zusammensetzungen ist nach vegetationstechnischen Qualitätsanforderungen eine Standardisierung und Gütesicherung von Stoffen aus dem Baustoffrecycling derzeit nicht möglich. Einzelne Stoffgruppen weisen unzulässig hohe Belastungen auf. Dies können bei Fahrbahndecken aus Beton und Bitumen sehr hohe Salzgehalte und bei Bahnschotter Herbizidreste oder Reste aus Öl und Schmierstoffen sein. In Beimengungen von Putzen und Putzbeschichtungen können neben hohen Kalk- und Gipsgehalten auch Farbreste und funigzide Beimengungen (zur Vermeidung von Schimmelbildung in Räumen) enthalten sein.

Gezielt hergestellte **Oberboden-Ersatzgemische**, die zu einem überwiegenden Anteil aus abgesiebten Sand-Kies-Fraktionen und mit in der Regel geringeren Anteilen an Oberboden (maximal etwa 30%vol) hergestellt werden, sind nach entsprechender Eignungsprüfung einsetzbar. Eine phytotoxische Überprüfung ist jedoch in jedem Fall erforderlich, weil die „Oberbodenkomponente" auch aus tausalzbelasteten Straßenseitenräumen oder aus dem Schlamm von Klärteichen bestehen kann.

Für die Herstellung von Stubstraten eignen sich *nicht*:

- Haldenmaterialien, soweit sie toxisch bzw. phytotoxisch belastet sind
- aufbereiteter Bauschutt, Fahrbahndecken, Bauschotter usw.
- Klärschlämme und Müllkomposte
- überdüngte, herbizidbehandelte oder salzbelastete Ober- und Unterböden
- Stoffe mit scharfkantigen, schneidenden Kornformen wie zum Beispiel Glasschlaken oder Kraftwerksgranulate
- Abraummaterialien natürlicher Gesteine mit geringer Frostfestigkeit wie zum Beispiel weiche Kalk-, Mergel- und Sandgesteine.
- Kunststoffe, die im Boden toxische Stoffe freisetzen.

Anforderungen

Die Kriterien für die Anforderungen, die an Vegetationsschichten für Extensivbegrünungen zu stellen sind, entsprechen denen, die im Abschnitt 8.1.5 angeführt sind. Dabei kann, bezogen auf die Zielvegetation, eine spezielle Charakteristik in der Zusammensetzung des Gemisches und im chemisch-physikalischen Bereich im Einzelfall vorgegeben werden. Tabelle 16 zeigt die Anforderungen für Substrate Extensiver Dachbegrünungen nach den „Richtlinien für Dachbegrünungen" (FLL 1990). Allgemein haben viele der industriell hergestellten Substrate mittlerweile einen hohen Qualitätsstandard erreicht.

Wie für die Substrate Intensiver Dachbegrünung sind auch für die der Extensivbegrünungen weitere **vegetationsspezifische Differenzierungen** notwendig. Dies bezieht sich sowohl auf den pH-Wert als auch auf Nährstoffgehalte und Gehalte an organischer Substanz und die Wasserkapazität (MWK). Extensivsubstrate sollten ein ausreichendes Puffervermögen gegen pH-Wert-Veränderungen und eine ausreichende Adsorptionskapazität aufweisen, um die Nährstoffspeicherung zu sichern. Im Grundsatz gilt: Je geringer die Schichtdicke des Substrates, desto geringer muß der aktuelle wie auch mobilisierbare Gehalt an Stickstoffverbindungen sein. Dies bedeutet auch eine Reduzierung des Humusgehaltes. Dadurch kann die vorübergehende Etablierung und Ausbreitung ruderaler Fremdvegetation vermindert oder ganz ausgeschlossen werden.

Die Wasserkapazität muß objektbezogen und abgestimmt auf die Vegetationsform innerhalb der vorgegebenen Spannweite jeweils an die Ober- und Untergrenze verschoben werden.

Substrate mit pH-Werten im leicht bis mäßig sauren Bereich sind natürlich auch einsetzbar, und zwar abweichend von der Grundsatzempfehlung, einen neutralen bis alkalischen Bereich anzustreben. Bei Nachuntersuchungen ursprünglich neutraler bis leicht alkalischer Substrate ist nach einigen Jahren teilweise eine erhebliche pH-Wert-Absenkung festgestellt worden (Projekte des Verfassers). Weiterhin konnte bei standortökologischen Untersuchungen älterer Spontanbegrünungen eine sehr unterschiedliche pH-Wert-Spannweite gemessen werden (LEHMANN 1985, DARIUS und DREPPER 1983, BOSSLER und SUSZKA 1988).

Je nach der Menge des langsam aktivierbaren Karbonatgehaltes sowie der Pufferkapazität ist in der Regel mit einer, wenn auch unterschiedlichen, Absenkung des pH-Wertes zu rechnen. Die Ursachen liegen einerseits in der

Kalkauswaschung durch Niederschläge und in bodenbedingten Auslösungsungsprozessen (Kohlensäurebildung im Boden) begründet, andererseits kommen Belastungen durch Umwelteinflüsse (saurer Regen) hinzu. Entkalkungen führen zu langsamen Sackungsverdichtungen (SCHEFFER und SCHACHTSCHABEL 1984) und damit zu Veränderungen der physikalischen Bodenstruktur. Umgekehrt sind karbonatreiche Substrate, so wie natürliche Böden (Beispiel: Standorte von Kalktrockenrasen) auch, luftreich und dränfähig.

Tab. 16. Anforderungen an die vegetationstechnischen Eigenschaften von Vegetationssubstratenfür Extensivbegrünung (Boden- und Schüttstoffgemische) in mehrschichtiger Bauweise. Alle Werte sind auf den Zustand bei definierter Laborverdichtung bezogen. (aus Richtlinien für Dachbegrünungen, FLL 1990).

Eigenschaften	Anforderungen	
	Einheit	Kennwert
Korngrößenverteilung		
Anteil an abschlämmbaren Teilen (d ≦ 0,63 mm)		
bei Verwendung		
von Tonmineralen als Mehl	Massen-%	≦ 10
von Krümelstabilem Ton	Massen-%	≦ 20
Anteil an Fein- und Mittel-Kies (d ≧ 2 mm)	Massen-%	30 – 60
Volumengewicht (Rohdichte)		
im trockenen Zustand		
von Bodengemischen	g/cm^3	1,0 – 1,6
von Schüttstoffgemischen	g/cm^3	0, 6– 1,2
bei maximaler Wasserkapazität		
von Bodengemischen	g/cm^3	1,4 – 2,0
von Schüttstoffgemichen	g/cm^3	1,0 – 1,6
Wasser- und Luft-Haushalt		
Luftgehalt bei maximaler Wasserkapazität	% vol	≧ 10
Luftgehalt bei pF 1,8	% vol	≧ 25
maximale Wasserkapazität	% vol	35 – 60
Wasserdurchlässigkeit mod. K*	cm/s	≧ 0,001
	mm/min	≦ 0,6
pH-Wert, Kalk- und Salzgehalt		
pH-Wert		7,0 – 8,0
Toleranzbereich		6,5 – 7,0
Carbonatgehalt		
leicht löslich	g/l	≦ 6
schwer löslich	g/l	≦ 25
Salzgehalt	g/l	≦ 3,5
anzustreben	g/l	≦ 1,0
organische Substanz		
Gehalt an organischer Substanz	Massen %	3,0 – 8,0
C-N-Verhältnis bei Verwendung		
von Rindenhumus, Kompost	–	≦ 30
von Torf	–	≦ 60
Nährstoffe		
Adsorptionskapazität	mval/l	≧ 80
pflanzenverfügbare Nährstoffe		
Stickstoff (N)	mg/l	30 – 60
Phosphor (P2O5)	mg/l	50 –150
Kalium (K2O)	mg/l	100 –200
Magnesium (Mg)	mg/l	60 –120

Eine dauerhafte Karbonatversorgung ist nur durch den Zuschlag harter Kalkgesteine mit schwerer löslichen Kalkgehalten oder kalkhaltiger Lava, Basalt-Lava oder Basalt-Tuff möglich. Zuschlagstoffe mit schnellöslichen Kalkanteilen, wie sie zum Beispiel viele Muschelkalkgesteine aufweisen, sind wegen der Gefahr der Versinterung von Filter-, Dränschichten und Dacheinläufen ungeeignet.

Die **Nährstoffgehalte** der Vegetationsschicht sollten nach dem Einbau im Rahmen der Fertigstellungspflege überprüft werden, um mit gezielten Nachdüngungen eine optimale Versorgung sicherzustellen. Bedingt durch Auswaschungen während längerer Lagerzeiten im Herstellungswerk, weisen Fertigsubstrate häufig erhebliche Abweichungen von den geforderten Nährstoffgehalten auf.

Leichtsubstrate aus korngestuftem Blähton, Blähschiefer oder Lava für **einschichtige Bauweisen** auf Flachdächern (LIESECKE 1990 c) haben in der Regel eine sehr geringe Wasserkapazität, die durch Beimischung von Bims oder organischer Substanz (soweit überhaupt möglich) etwas erhöht werden kann. Nach den „Anforderungen an die vegetationstechnischen Eigenschaften von Vegetationssubstraten für Extensivbegrünungen in einschichtiger Bauweise " der „Richtlinien für Dachbegrünungen" (FLL 1990) beträgt die Wasserkapazität 15 bis 25%vol. bei stark erhöhter Wasserdurchlässigkeit (mod. $K^* \geqq 0{,}1$ cm/s). Nährstoffgehalte werden nicht angeführt. Durch die Steigerung der Wasserkapazität erhöhen sich auch die Lastannahmen, so daß der Optimierung in diesem Bereich häufig enge Grenzen gesetzt sind. An verschiedenen realisierten Projekten zeigt sich, daß eine dünne, oben aufgetragene und teilweise leicht eingearbeitete Substratschicht (Keimschicht) die Startbedingungen für die Vegetation erheblich verbessert.

Leichtsubstrate sind besonders auf Dächern in freien Lagen einem höheren Risiko durch Winderosionen ausgesetzt. Dies betrifft sowohl die Einbauphase als auch die Zeit während der Vegetationsetablierung. Windausblasungen der Substratkörnung wurden jedoch auch schon an älteren Extensivbegrünungen in einschichtiger Bauweise zwischen *Sedum*-Polstern und Grashorsten festgestellt.

Diese offenporigen Gemische können auch zur nachträglichen Begrünung von Kiesschichten auf Dächern verwendet werden. **Substrate für Steildächer** müssen durch einen höheren Anteil an Körnungen aus der Kiesfraktion ausreichend lagerungsstabil sein. Dabei kommt kubischen, oberflächenrauhen und verzahnenden Kornformen eine besondere Bedeutung zu. Substrate mit höheren Anteilen von Körnungen aus der Sandfraktion, plattigen Körnungen sowie mit höheren Schluff- und Humusgehalten sind für Steildachbegrünungen nicht geeignet. Dies gilt insbesondere für nicht stabilisierte, natürliche bindige Böden.

Die **Verwendung verbesserter Böden** ist – sofern sich keine Probleme mit der Flächenlast ergeben – unter Kostenaspekten nur dann interessant, wenn die Objektgröße den Untersuchungs- und Mischaufwand zur Stabilisierung rechtfertigt. Im Privatbereich gelten diese Argumente auch für Kleinmengen nicht. Für Bauweisen mit hohen und sehr hohen Schichtdicken empfiehlt sich auch aus ökologischen Gründen (Einsparung von Energie und Schonung hochwertiger Natursteinprodukte), die Verwendung von Unterböden (B- und C-Horizonte). Auf Komposte, mit Nährstoffen überversorgte Gartenböden und landwirtschaftliche Böden muß verzichtet werden. Denn damit würden viele Diasporen nicht standortgeeigneter Pflanzenarten der Ruderal- und Segetalflora auf das Dach getragen.

Sofern bei sehr hohen Schichtdicken eine Bodenschichtung in Anlehnung an natürliche Bodenhorizonte wiederhergestellt werden kann, ist bei der Verwendung von sandigen oder leicht bindigen Böden eine Bodenstabilisierung nur noch in Ausnahmefällen erforderlich. Jedoch muß die Wasserführung im Schichtaufbau Degenerationserscheinungen durch Vernässung, Versauerung oder Bildung anaerober Verhältnisse verhindern.

8.2 Wasserversorgung

Für Intensive Dachbegrünungen und einige Ausbildungsformen Extensiver Dachbegrünungen stellen die meisten Dachflächen reale Wassermangelstandorte dar. Die gegenüber bodengebundenen, vergleichsweise extremen Standortverhältnisse (siehe Kapitel 5) bedingen höhere Wasserverluste durch Wind- und Wärmeeinwirkung sowie auch erhöhte Transpirationsleistungen durch die Pflanzen. Eine Ausnahme davon bilden Flächen mit hohen Schichtaufbauten ab etwa 50 cm, welche den überwiegenden Teil der Jahresniederschläge speichern können oder nicht vollsonnige Lagen (Innenhöfe).

Die für Intensive Dachbegrünungen überwiegend verwendeten Pflanzenarten verfügen meistens über keine aktiven oder passiven Anpassungsmechanismen an Wassermangel, so daß eine Unterversorgung viel schneller als bei Extensivbegrünungen zu irreversiblen Schäden führen kann. Besonders gefährdet sind Bepflanzungen von Gefäßen. Für Intensive Dachbegrünungen ergibt sich also die Notwendigkeit einer kontinuierlichen Wasserversorgung, die den erhöhten Bedarf in den Sommermonaten berücksichtigt.

Die möglichst optimale Ausnutzung der natürlichen **Niederschläge** ist der konzeptionelle Grundsatz für Bauwerksbegrünungen. Die Möglichkeiten der **Zisternenspeicherung** von Überschußwasser aus den Herbst- und Wintermonaten werden noch viel zu wenig genutzt. Bauwerksbedingte Wasserdefizite, wie sie dabei für Teilbereiche durch Regenschatten verursacht werden, müssen in ihren Konsequenzen bereits in der Planung berücksichtigt werden.

Die Dachneigung bestimmt die Geschwindigkeit des Wasserabflusses, der bei Steildachbegrünungen sehr hohe Werte erreicht. Dort entstehen besonders auf den exponierten Lagen regelmäßig in den Sommermonaten Wasserdefizite.

Die Wasserversorgung von Vegetationsflächen auf Bauwerken kann durch folgende Maßnahmen erfolgen:
- Wasserbevorratung der natürlichen Niederschläge im Schichtaufbau
- Wasserbevorratung durch Zusatzbewässerung im Schichtaufbau (Wasseranstau)
- Zusatzbewässerung durch Oberflurversorgung (Regner usw.)

Als unterstützende Maßnahmen kommen in Betracht:
- Maßnahmen zur Reduzierung der Wasserverdunstung durch Mulchschichten
- Ausbildung benetzungsfreundlicher, aufnahmefähiger Oberflächen von Vegetationsschichten bei Steildachbegrünungen.

Bei der Wasserbevorratung im Schichtaufbau ist zu unterscheiden zwischen:
- wasserspeichernde Kapazität (maximale Wasserkapazität = MWK) der Vegetationsschicht
- wasserspeichernde Kapazität (MWK) der Dränschicht
- Wasseranstau in der Dränschicht durch horizontale Flächenausbildung.

Weiterhin erfolgt noch eine zusätzliche Wasserspeicherung durch die neugebildete, jedoch abgestorbene organische Masse sowie durch Moosschichten Extensiver Dachbegrünungen.

Die Wasserspeicherung in der Vegetationsschicht wird durch offenporige mineralische Stoffe wie Bims, Lava, Blähton oder Blähschiefer sowie durch Humus und Ton bewirkt. Geschäumte Kunststoffe auf der Basis von Harnstoff-Harz-Schäumen (WERMINGHAUSEN 1972) haben sich als wasserspeichernder Zuschlagstoff nicht bewährt, weil sie stark abbauen. Der vegetationstechnische Wert von Schaumstoffen oder Steinwolle in Flocken oder Schichtform hängt von ihrem Porengefüge, ihrem Verhalten im Zusammenspiel mit Humus- und Mineralstoffen und ihrer Stoffbeständigkeit ab.

Einer Maximierung der Wasserkapazität in der Vegetationsschicht durch organische Stoffe sind in verschiedener Hinsicht Grenzen gesetzt. Humusstoffe unterliegen einem ständigen biologisch-chemisch-physikalischen Wandlungsprozeß, der auch die Wasserkapazität und den Lufthaushalt beeinflußt. Durch verstärkte Abbauprozesse der organischen Masse kann die Luftkapazität unter den Mindestwert von 10%vol sinken. Für Extensive Dachbegrünungen wirkt sich eine absolute Maximierung der Wasserkapazität (d.h. über 60%vol) in Substraten ungünstig aus, weil durch den ständigen Wechsel von Vollsaugen und Austrocknen wechselfeuchte Standorte entstehen. Häufig ist dann die Wiederbefeuchtung problematisch.

In jeder Dränschicht aus Schüttstoffen erfolgt eine oberflächenadhäsive Wasserspeicherung, die sich durch erhöhte Porigkeit optimieren läßt. Das häufig wasserdampfgesättigte Milieu erweist sich in Schüttbaustoffen als sehr wurzelfreundlich.

Der vegetationstechnische Wert des **Wasseranstaues** bedarf der differenzierten Betrachtung. Im Vergleich zu natürlichen Standorten ist dieser Zustand als ein hoher **Grundwasser- oder Staunässehorizont** einzustufen.

Bei zunehmend geringeren Abständen zwischen der Oberkante des Wasserstandes und der Oberfläche der Vegetationsschicht ergeben sich die Bedingungen und Probleme staunasser Standorte. Dies wird einerseits durch Staunässeschäden bei Intensivbegrünungen deutlich, andererseits kommt es regelmäßig zu einer spontanen Besiedlung durch Arten der Wildvegetation mit entsprechenden Zeigerwerten (siehe Abschnitt 19.2.1). Die größten Probleme können sich in dieser Hinsicht für Aufbauten mit geringen Schichthöhen ergeben, während bei großen Schichthöhen Vernässungsprobleme kaum eine Rolle spielen.

Für trockenheitsangepaßte Ausbildungsformen Extensiver Dachvegetationen eignet sich der Wasseranstau grundsätzlich nicht. Er kommt aber für Gras-Kraut-Vegetationen mit feucht- oder wechselfeuchtem Charakter Einfacher Intensivbegrünungen in Betracht.

Formen des Wasseranstaues ohne eine automatische Nachregulierung des Zulaufes durch Frischwasser können insbesondere bei Dränelementen mit geringerem Speichervolumen katastrophale Folgen für die Vegetation haben. Ein plötzlicher Wechsel von mesotrophen zu xerotrophen Standortbedingungen führt auch bei Extensivbegrünungen zum schockartigen Ausfall der Gras-Kraut-Vegetation. Wasseranstauende Dränelemente bringen deshalb auch für Steildachbegrünungen eher Nachteile für die Vegetation.

Der Einbau gesonderter wasserspeichernder Schichten, etwa aus Torf (Abbildung 3) oder offenporigen Kunststoffen, stammt aus der Frühzeit der vegetationstechnischen Entwicklung und ist entsprechend dem beschriebenen Entwicklungsstand nicht mehr erforderlich.

Wo ein Wasseranstau erfolgen soll, ist eine horizontale Dachoberfläche und ein absolut oberflächenparalleler Einbau der wasserstauenden Schicht erforderlich. Auf Dachflächen mit leichtem Gefälle bis etwa 1,5 Prozent sind Stauschwellen oder ein Schichtabgleich erforderlich. Dies führt jedoch immer zu einem ungleichen Wasserstand, der Auswirkungen auf den Versorgungsgrad für die Vegetation haben kann. Die Wirkung des Wasseranstaues im Schichtaufbau hängt von der Anstauhöhe in bezug zur Schichtdicke von Drän- und Vegetationsschicht ab und von den kapillaren Wassertransport-Eigenschaften der verwendeten Stoffe. In Dränschichten wird das Wasser in der Regel bis zu einem Drittel oder zur Hälfte der Schichtdicke angestaut. Bei entsprechender Zusammensetzung und Schichtdicke kann das Wasser auch in einschichtigen Bauweisen für Intensive Dachbegrünungen angestaut werden.

Bei geringerer Anstaukapazität ist besonders in freien Lagen mit höher wachsender Vegetation eine Zusatzversorgung sicherzustellen. Diese erfolgt sehr effektiv durch eine automatisch gesteuerte Versorgung aus Regenwasser-Zisternen oder mit Frischwasser.

Je nach Flächenzuschnitt und falls einzelne Pflanzengruppen einem erhöhten Wasserverbrauch unterliegen, empfiehlt sich die Anordnung von Dränrohren als Wasserleitprofile. Sie ermöglichen eine schnelle Verteilung des Wassers vom Zulauf zum Ort des Bedarfes. Es kann jedoch vorkommen, daß Pflanzen in die Dränrohre einwurzeln und den Querschnitt verstopfen. Die Gefahr besteht vor allem dann, wenn kein ständiger, ausreichend hoher Wasserstand vorliegt. In Pflanzgefäßen werden teilweise zusätzliche Saugdochte eingesetzt, wenn kein flächenkapillarer Kontakt zur Wasseranstauschicht besteht. Der Wasservorrat im Anstau kann durch direkte Schlauchbewässerung oder durch Beregnung von oben ergänzt werden. Eine Beregnung hat jedoch höhere Verluste durch Verdunstung zur Folge.

Durch einen verstellbaren Anstaueinsatz im Dachablauf (Abbildung 74) muß sichergestellt sein, daß Überschußwasser nach starken Niederschlägen sowie in den Wintermonaten ungehindert ablaufen kann.

Die Wirkung des Wasseranstaues im Schichtaufbau sollte mindestens zweimal im Jahr an verschiedenen Stellen kontrolliert werden, um unterversorgte wie auch vernässende Bereiche rechtzeitig zu erkennen. Eine Absenkung der Anstauhöhe ist dann erforderlich, wenn das Volumen stark humoser Substrate durch Abbau (Mineralisierung) schrumpft. Bei Gehölzpflanzungen sollte in den Herbstmonaten die Anstauhöhe rechtzeitig reduziert werden, um den Triebabschluß zu fördern. Je nach Vegetation und Schichthöhe wird in den Wintermonaten der Wasseranstau ganz oder teilweise abgesenkt. Wintergrüne Pflanzen benötigen auch während

Abb. 74. Das Wasseranstau-Prinzip mit Kontrollkasten über dem Dachablauf mit höhenverstellbarem Anstaurohr. Die Platteneinfassung verhindert, daß Ameisen den Kontrollkasten mit Substrat verbauen, was häufiger vorkommt.

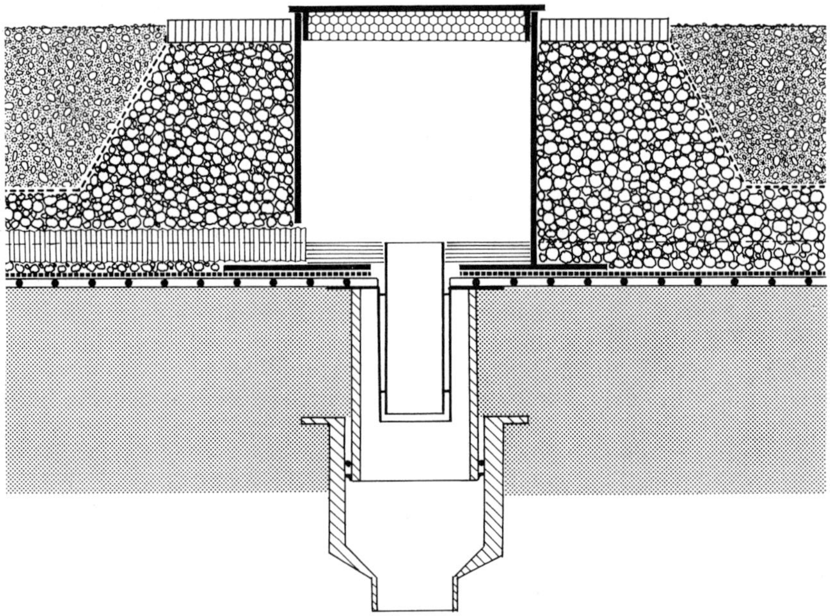

der Wintermonate eine Restversorgung mit Wasser. Alle nicht frostsicheren Leitungen müssen im Winter entleert werden.

Ergänzend zum Prinzip des Wasseranstaues bestehen weitere Möglichkeiten der künstlichen Zusatzversorgung mit Wasser:
- Schlauchbewässerung von Hand
- Schlauchbewässerung mit mobilen Regnern
- Bewässerung mittels Sprühschläuchen
- Unterflur-Tröpfchenbewässerung
- fest installierte Beregnungsanlagen mit feststehenden oder versenkbaren Regnern.

Neben der Anstaubewässerung verursachen fest installierte, automatisch gesteuerte Beregnungsanlagen den geringsten Aufwand. Versenkregner sind in Pflanzflächen nicht erforderlich. Sie können in größeren Rasenflächen aus funktionalen oder optischen Gründen erforderlich sein. Die Steuerung kann in Zeiten, wo ein regelmäßiger Bedarf auftritt, auch über Zeitschaltuhren und Feuchtsensoren im Substrat erfolgen. Größere Anlagen sollten zur Reduzierung der Wasserverdunstung nur nachts per Automatik betrieben werden.

Als Maßnahme zur Reduzierung der Wasserverdunstung hat sich für Extensivbegrünungen der Splittmulch bewährt. Er ist besonders wirksam, solange die Vegetation in der Etablierungsphase noch keinen Flächenschluß erreicht. Mulchdecken aus Rindenhumus sind insbesondere in offenen Stauden- und Rosenpflanzungen nützlich. Sie sind in freien, exponierten Lagen je nach Vegetationsbedeckung durch Winderosion gefährdet und nicht immer pflanzenverträglich.

8.3 Vegetationstechnische Schichtenaufbauten für Intensive Dachbegrünungen und Pflanzgefäße

8.3.1 Schichtenaufbauten für Einfache und Aufwendige Intensivbegrünungen

Die Empfehlung von Mindestschichtdicken in Tabelle 17 erfolgt mit einem gewissen Vorbehalt, weil hier die zu berücksichtigenden Standortbedingungen und Lebensräume nicht

Tab. 17. Empfehlungen von Mindestschichtdicken für Einfache und Aufwendige Intensivbegrünungen

Vegetationsformen	Dicke der Vegetationsschicht in cm	Dicke der Dränschicht in cm	Höhe der durchwurzelbaren Schichtdicke in cm
Einfache Intensivbegrünungen			
magere Gras-Kraut-Begrünungen für Steildächer	≧ 15		≧ 15
magere Gras-Kraut-Begrünungen für Flachdächer	8–10	4–6	12–16
nährstoffreiche Wiesen	10–12	4–6	14–18
niedrige bodendeckende Begrünungen (vorzugsweise schattig)	10–15	4–8	4–23
höhere bodendeckende Begrünungen (vorzugsweise sonnig)	15–20	8–10	23–30
Wildstauden-Gehölz-Begrünungen	15–25	10–15	25–40
Aufwendigere Intensivbegrünungen			
Zierrasen	≧ 8	4–6	≧ 12–14
Gebrauchs- und Sportrasen	≧ 10	4–6	≧ 14–16
niedrige und mittelhohe Stauden- und Gehölzpflanzungen	12–15	6–8	18–23
höhere Stauden- und Gehölzpflanzungen	15–20	10–12	25–32
Strauchpflanzungen	25–35	15	40–60
Baumpflanzungen			
1. Vegetationsschicht	30–35	≧ 20	≧ 65–80
2. Unterboden oder Teil der Dränschicht	15–25		
3. Summe aus 1. und 2.	45–60		

einbezogen werden können (siehe Kapitel 5). So sind die angegebenen Schichtdicken als allgemeine Empfehlungen einzustufen, bei denen allerdings die Risiken gemindert sind, weil sehr geringe Schichtdicken nicht angeführt sind.

Besondere Bedeutung hat die jeweilige **Höhe der durchwurzelbaren Gesamtschichtdicken**. Diese können bei Verwendung weniger wurzelfreundlicher Dränschichten durch entsprechende Erhöhung der Schichtdicke der Vegetationsschicht bis zu einem gewissen Grad ausgeglichen werden. Die durchwurzelbare Schichthöhe ist Teil der Lebensraum-Kennziffer (siehe Abschnitt 10.2.1).

Bei besonders günstigen Standortbedingungen, wie etwa in Innenhöfen, können die Schichtdicken der Vegetationsschicht für Pflanzungen um 10 bis 20 Prozent reduziert werden, wenn dies aus Gewichtsgründen unbedingt erforderlich ist. Sind die Standorte jedoch besonders durch Wind- und Frosteinwirkung belastet, sollten geringe und mittlere Schichtdicken in der Gesamthöhe des durchwurzelbaren Raumes entsprechend erhöht werden. Schichtaufbauten mit Wasseranstau optimieren zwar die Wasserversorgung, können aber die Notwendigkeit, **Mindesthöhen** für die Durchwurzelbarkeit von Drän- und Vegetationsschichten einzuhalten, auf keinen Fall ersetzen. Sie korrelieren sowohl mit morphologischen als auch ökologischen Grundbedürfnissen einzelner Pflanzenarten.

Kritische Bereiche ergeben sich dabei immer bei Schichtdicken unter 10 cm bzw. Lastannahmen unter 1,0 kN für Pflanzungen von

Abb. 75. Schichtstärken und Lasten für Intensive Dachbegrünungen ohne Wasseranstau. Vegetationsschicht aus Industriesubstrat, Dränschicht aus leichten Schüttbaustoffen. VS = Vegetationsschicht, FS = Filterschicht, DS = Dränschicht, γ = spezifisches Gewicht. Hinweis: Um die Angabe von Schichtdicken in Zwischenschichtdicken zu vermeiden, sind diese mit Spielraum von etwa 1 bis 2 cm nur in vollen Zentimetern angegeben.

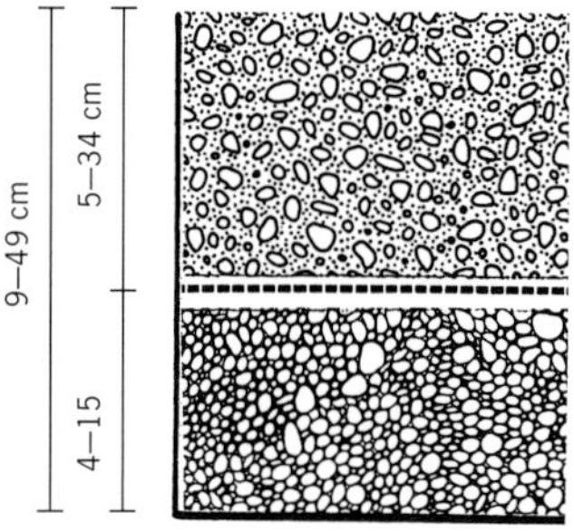

Last in kN	1,0	1,5	2,0	2,5	3,0	5,0
Schichtdicke in cm VS (γ = 1,2)	5–6	8–9	11–12	13–14	15–16	32–34
FS						
DS (γ = 0,7)	4–5	6–7	9–10	12–13	15	15
Gesamtdicke in cm	9–11	14–16	20–22	25–27	30–31	47–49

Abb. 76. Schichtstärken und Lasten für Intensive Dachbegrünungen mit Wasseranstau. Vegetationsschicht aus Industriesubstrat, Dränschicht aus leichten Schüttbaustoffen.

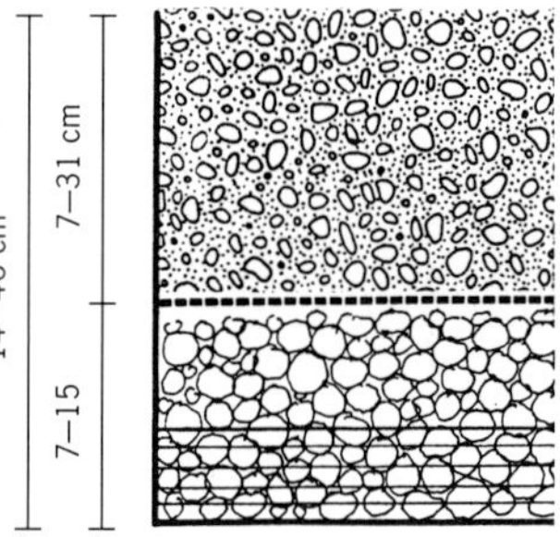

Last in kN	1,5	2,0	2,5	3,0	5,0
Schichtdicke in cm VS (γ = 1,2)	7–8	9–10	11–12	13–14	30–31
FS					
DS (γ = 0,9)	7–8	10	12	15	15
Gesamtdicke in cm	14–16	19–20	23–24	28–29	45–46

Abb. 77. Schichtstärken und Lasten für Intensive Dachbegrünungen ohne Wasseranstau auf Gefälledächern unter Verwendung von Industriesubstrat und Dränmatten.

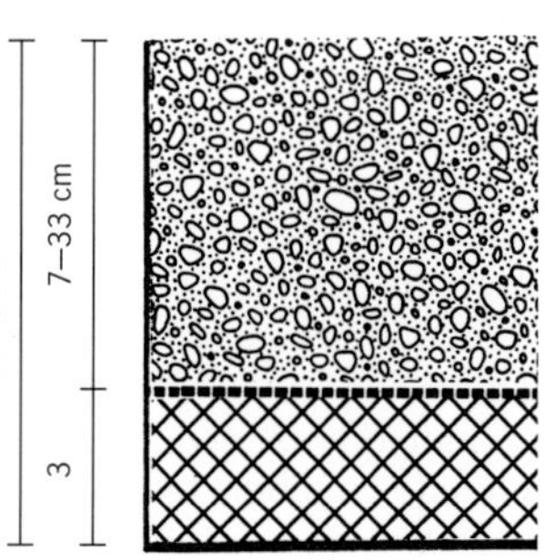

Last in kN	1,0	1,5	2,0	2,5	3,0	4,0
Schichtdicke in cm VS (γ = 1,2)	7–8	12–13	16–17	20-21	24–25	32–33
FS DS (γ = 5,0)	3	3	3	3	3	3
Gesamtdicke in cm	10–11	15–16	19–20	23–24	27–28	35–36

Abb. 78. Schichtstärken und Lasten Intensiver Dachbegrünungen für einschichtige Bauweisen mit einer Vegetationsschicht aus Leichtsubstrat mit erhöhter Drän- und Filterfähigkeit.

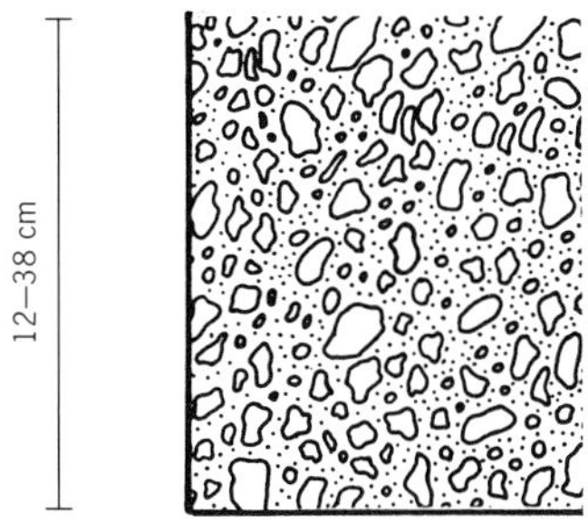

Last in kN	1,0	1,25	1,50	2,0	2,5	3,0
Schichtdicke in cm VS (γ = 0,8) (DS)	12–13	15–16	18–19	25	31–32	37–38
Gesamtdicke in cm	12–13	15–16	18–19	25	31-32	37–38

Abb. 79. Schichtstärken und Lasten für Intensive Dachbegrünungen höherer Gesamtlasten. Vegetationsschicht aus verbesserten Böden sowie Dränschicht aus leichten Schüttbaustoffen.

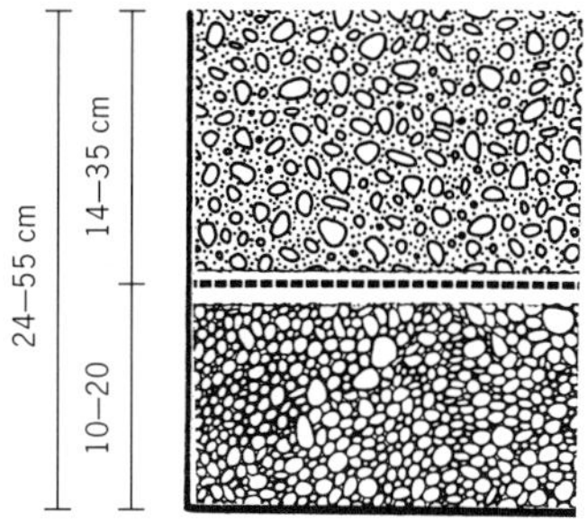

Last in kN	3,0	4,0	5,0	6,0	7,0
Schichtdicke in cm VS (γ = 1,6)	14–15	18–19	24–25	29–30	34–35
FS					
DS (γ = 0,7)	10	15	15	20	20
Gesamtdicke in cm	24–25	33-34	39–40	59–60	54–55

Abb. 80. Schichtstärken und Lasten für Intensive Dachbegrünungen hoher Gesamtlasten. Vegetationsschicht aus verbesserten Böden sowie Kiesdränschicht.

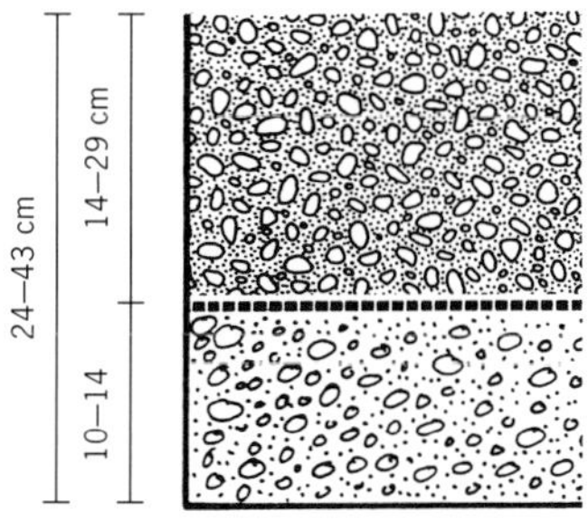

Last in kN	4,0	5,0	6,0	7,0
Schichtdicke in cm VS (γ = 1,6)	14–15	19–20	24-25	28–29
FS				
DS (γ = 1,7)	10	10	12	14
Gesamtdicke in cm	24-25	29–30	36–37	42–43

Abb. 81. Schichtstärken und Lasten für Intensive Dachbegrünungen sehr hoher Gesamtlasten für Baumpflanzungen unter Verwendung von Vegetationsschichten aus verbesserten Böden sowie Unterboden als Zwischenschicht und Kiesdränschicht.

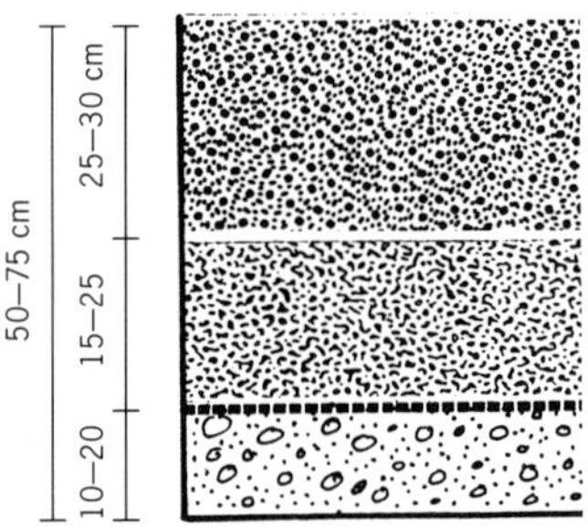

Last in kN	9,0	11,5	13,5
Schichtdicke in cm VS ($\gamma = 1{,}8$)	25	30	30
VS ($\gamma = 1{,}8$)	15	20	25
FS DS ($\gamma = 1{,}7$)	10	15	20
Gesamtdicke in cm	50	65	75

bodendeckenden Gehölzen. In dieser Hinsicht müssen besonders fertige Systembauweisen im Zusammenhang mit den Bepflanzungsempfehlungen sehr kritisch überprüft werden. Die Verwendung von Grasvegetation oder extensiven Vegetationsformen bieten in diesem Bereich auf Dauer die größere Sicherheit. Eine Ausnahme bilden Gärten mit Sukkulenten. Die Schichtdicken für Einfache Intensivbegrünungen sollten bei nur sporadischer Wasserversorgung tendenziell größer sein.

Die in den Abschnitten 8.1.2 bis 8.1.5 aufgezeigte Vielfalt der Stoffe für die einzelnen Funktionsschichten wurde in den Darstellungen aus Gründen der Übersichtlichkeit auf vegetationstechnisch deutliche Differenzierungen wie folgt begrenzt:

- dreischichtiger Aufbau mit Schüttstoffen mit und ohne Wasseranstau (Abbildungen 75, 76, 79, 80 und 81)
- dreischichtiger Aufbau mit vorkonfektionierten Dränschichten (Abbildung 77)
- einschichtige Aufbauten mit Schüttstoffen (Abbildung 78).

Für einschichtige Aufbauten mit Schüttstoffen muß auf Dächern ohne Gefälle oder mit Wasseranstau auf ausreichende Schichthöhen geachtet werden, um Vernässungen zu vermeiden.

Die an die Schnittdarstellungen anschließenden tabellarisch aufgeführten Zahlenwerte geben Lastabstufungen im wassergesättigtem Zustand mit den dazugehörigen Schichtdicken an. Die Last von Vegetation ist nicht berücksichtigt. Aus Gründen der Vereinfachung wurden dazu folgende, praxisbezogene Mittelwerte (gemittelt aus Angaben nach LIESECKE 1989, 1990 – siehe dazu auch die Tabellen 6, 7, 8 und 9 in Abschnitt 6.2.3) zugrunde gelegt:

- Vegetationsschicht als Industriesubstrat 1,2 t/m^3
- Vegetationsschicht als Leichtsubstrat mit erhöhter Drän- und Filterfähigkeit 0,8 t/m^3
- Vegetationsschicht aus verbesserten Böden 1,6 t/m^3 bis 1,8 t/m^3
- Unterbodenschicht aus natürlichen bzw. verbesserten Unterböden 1,8 t/m^3
- Dränschicht aus leichten Schüttbaustoffen 0,7 t/m^3
- Dränschicht aus leichten Schüttbaustoffen mit Wasseranstau 0,9 t/m^3
- Dränschicht aus korngestuftem Kies 1,7 t/m^3
- Dränschicht aus vorkonfektionierten Dränmatten, pauschal 5 kg je m^2.

Der in Abschnitt 8.1.5 angeführte vierschichtige Aufbau für Humuswurzler mit oberer Humusauflage über der Substratschicht ist nicht dargestellt.

Diese Werte ermöglichen überschlägige Ermittlungen, wie sie auch im Rahmen der Vorentwurfs- und Entwurfsplanung benötigt werden.

Zur Ausnutzung der zur Verfügung stehenden Lastannahmen kann eine Feinabstimmung der realisierbaren Schichthöhen erst dann erfolgen, wenn die tatsächlich angebotenen und kontrollierten Gewichte der Stoffe feststehen. Bei Substraten sind Toleranzwerte bis etwa 2 kg je m^2 und cm Schichtdicke möglich.

Für eine Rindenhumusauflage sind etwa 6,5 kg je m^2 (10 l je m^2) und cm Schichtdicke, für eine Rindenmulchauflage sind etwa 4,5 g je m^2 und cm Schichtdicke im wassergesättigten Zustand zu berücksichtigen.

Die in Tabelle 17 angegebenen Schichtdikken für Rasen- und Grasvegetationen können ohne weiteres erhöht werden. Bei der bodengleichen Einbindung von Tiefgaragen werden häufig auch Schichtdicken nach den Werten in den Abbildungen 79 bis 81 verwendet.

Gras-Kraut-Begrünungen mit Zusatzbewässerung im Steildachbereich, die als „Gras-Dach" konzipiert sind, sollten besonders für die sonnenexponierten Lagen mindestens 15 cm Schichtdicke ausweisen. Auf den Schattenseiten kann die Schichtdicke bis auf etwa 12 cm verringert werden.

Belastbare Rasenflächen müssen neben lager- und scherfesten sowie abriebsicheren Baustoffen je nach Nutzungsintensität die angegebene Mindestdicke der Vegetationsschicht von 10 cm aufweisen. Bei intensiverer Nutzung sollte diese besser 12 oder 15 cm betragen.

Im Bereich der niedrigen und mittelhohen Stauden und Gehölzpflanzungen, die auch die verschiedenen bodendeckenden Begrünungen umfassen, sollte mit steigendem Gehölzanteil in Mischpflanzungen oder bei einer reinen Gehölzpflanzung die Höhe des durchwurzelbaren Raumes so weit angehoben werden, wie es die gegebenen Lasten erlauben. Dies fördert die Vitalität und Frosthärte der Pflanzen. Werden innerhalb dieser Pflanzungen höhere Sträucher verwendet, so müßten die durchwurzelbaren Schichten durch kleinflächige Erhöhungen von mindestens vier bis fünf Quadratmetern auf etwa 40 cm Gesamtdicke vergrößert werden. Lockere Strauchpflanzungen im Rahmen von Wildstrauch-Gehölzbegrünungen aus robusten Arten lassen sich als Einfache Intensivbegrünungen auch auf durchgehenden Schichtdicken zwischen 25 und 40 cm realisieren. Für Baumpflanzungen sind, nicht zuletzt wegen der für die Standsicherheit erforderlichen Wurzelverankerungen, Gesamtschichtdicken ab etwa 65 cm erforderlich, die nur zum Teil aus Leichtbaustoffen bestehen dürfen.

Weil die Dicke der belebten Vegetationsschicht auf etwa 35 cm begrenzt ist, sollte, falls die Lastreserven dies zulassen, Unterbodenschichten aus leicht bindigem Kies bzw. Sanden zum Ausgleich bestehender Höhendifferenzen verwendet werden. Dadurch entsteht ein für die Pflanzen vorteilhafter Übergang zu den technischen Dränschichten- oder Baugrubenauffüllungen. Alternativ dazu kommen die – allerdings teureren – Leichtbaustoffe in Frage. Diese enthalten zum Nachteil für Baumpflanzungen keinen so hohen Mineralanteil wie natürliche Böden. Diese tiefen Schichtaufbauten ergeben sich häufiger in den trogartigen Absenkungen, die speziell für Baumpflanzungen, zum Beispiel auf Tiefgaragen (Abbildungen 105 und 106) gebaut werden.

Einen Sonderfall stellen die in den Abbildungen 79, 80 und 81 angegebenen Bauweisen mit hohen Lastannahmen dar. Diese werden in der Regel für zu überbauende, tiefliegende Bauwerke wie Tiefgaragen oder Ingenieurbauwerke und U-Bahntrassen mit entsprechend tragfähigen Deckenkonstruktionen benötigt. Häufig ergibt sich hier nicht primär die Problematik der geringen Lastreserve wie auf Flachdächern, sondern es liegt eine vorgegebene Schichtdicke vor, die zum Beispiel aus tiefbautechnischer Sicht auf die Frostsicherheit von Leitungen (80 bis 100 cm) ausgerichtet ist. Damit sind jedoch auch solide Möglichkeiten für Baumpflanzungen gegeben.

8.3.2 Schichtenaufbau für Pflanzgefäße

Pflanzgefäße werden nur für Intensivbegrünungen verwendet. Liebhaberspezialitäten wie Troggärten mit Sukkulenten oder alpinen Pflanzen bilden besondere Ausnahmen. Neben Wechselbepflanzungen mit Sommerblumen findet man in Pflanzgefäßen überwiegend Kleingehölz- und Strauchpflanzungen mit einzelnen Stauden als Rand- und Unterpflanzung oder Farbträger. Die Pflanzgefäße, die Pflanzungen für eine hängende Fassadenbegrünung aufnehmen sollen, sind häufig zu klein. Die Verwendung von Großsträuchern und Bäumen, wie sie mit auswechselbaren Gefäßeinsätzen im innerstädtischen Raum praktiziert werden (KRUPKA 1985), können für Dächer nicht empfohlen werden. Neben den sehr hohen Punktlasten treten Probleme mit der Kippsicherheit und Verankerung auf.

Weiterhin steigern sich die Standortprobleme wegen des sehr begrenzten Wurzelraumes ins Extreme, weil die Großgehölze nicht, wie nach einiger Zeit notwendig, ausgepflanzt werden können.

Für Pflanzgefäße stellt die gesonderte Wasserbevorratung den Regelfall dar (siehe Abschnitt 8.6.3). Deshalb ist ein dreischichtiger Aufbau, wie für Intensive Dachbegrünungen gegliedert in Vegetationsschicht, Filterschicht und Dränschicht (siehe Abschnitt 8.3.1), zweckmäßig.

Ein Hydrokultur-ähnlicher, einschichtiger Aufbau mit Füllungen aus gebrochenem oder ungebrochenem Blähton oder Blähschiefer wurde vereinzelt realisiert. Langzeiterfahrungen liegen noch nicht vor, Ergebnisse, insbesondere in bezug auf die Dauerhaftigkeit von größeren Gehölzen, müssen abgewartet werden. Eine erhöhte Anfälligkeit der Pflanzen ist zu vermuten. Von Nachteil ist im Freiland die sehr stark ausgeprägte direkte Abhängigkeit der Pflanzen von der Nährstoffversorgung.

Für Dauerpflanzungen sollte die Schichtdicke für die Vegetationsschichten 20 bis 35 cm betragen, um die flächenmäßige Begrenzung des Wurzelraumes zu kompensieren. Für Sträucher, immergrüne Pflanzen und Fassadenbegrünungen sollte die Schichthöhe von 35 cm ebenfalls nicht unterschritten werden, weil eine durchwurzelbare Dränschicht häufig nicht vorhanden ist. Für Staudenpflanzungen mit einzelnen, herabhängenden, rankenden Gehölzen sollte die Untergrenze für die Schichtdicke der Vegetationsschicht etwa bei 20 cm liegen. Diese kann für niedrig wachsende Sommerblumen bis auf etwa 12 cm reduziert werden. Die Topfballenhöhe muß allerdings beachtet werden.

Die Lastannahmen liegen deutlich höher als die in Abschnitt 8.3.1 angeführten Untergrenzen Intensiver Dachbegrünungen. Neben dem Gewicht des Schichtaufbaues und der Vegetation muß auch das des Gefäßes, der Verkleidungen und druckverteilenden Unterlagen berücksichtigt werden. In Abbildung 82 sind für die verschiedenen Begrünungen in Pflanzgefäßen von einem Quadratmeter Größe die Lastabstufung ohne Bepflanzung exemplarisch dargestellt.

Abb. 82. Schichtstärken und Lasten für Pflanzgefäße. Vegetationsschicht aus Industriesubstrat und Dränschicht mit Wasseranstau aus leichten Schüttbaustoffen.

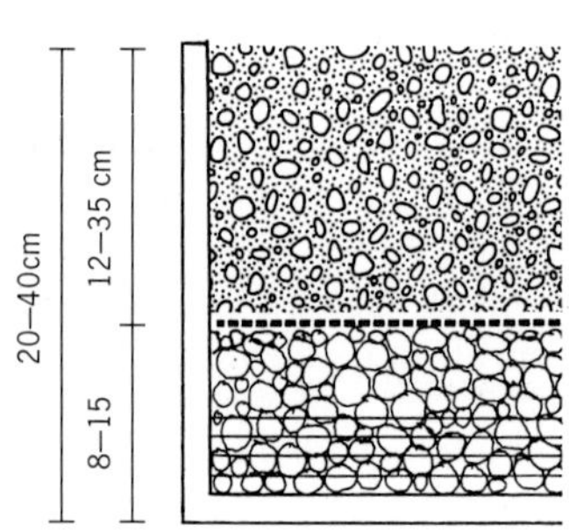

	Sommerblumen	Stauden Niedrige Gehölze	Sträucher Immergrüne Fassadenbegrünungen
Schichtdicke in cm VS ($\gamma = 1{,}2$)	≧ 12	≧ 20	35
FS DS ($\gamma = 0{,}9$)	8	10	15
Gesamtdicke in cm	20	30	40
Last des Schichtaufbaus in kN	2,1	3,30	5,50
Last eines Kunststoffgefäßes in kN	0,8	1,0	1,80
Gesamtlast in kN	2,9	4,30	7,30

8.4 Standortvorbereitungen für Fassadenbegrünungen

Für die bodengebundene Standortvorbereitung ist zu unterscheiden zwischen der Standortverbesserung und der Standortneuherstellung.

Maßnahmen zur Optimierung des Pflanzenstandortes sind nicht erforderlich, wenn der Bodeneinbau und die Bodenschichtung nach den Fachregeln des Landschaftbaues erfolgt und die Bodenart den Bedürfnissen der Pflanzen entspricht. Weitere Maßnahmen zur Standortsicherung sind in Abschnitt 8.7.5 beschrieben und um die Herstellung von Rank- und Kletterhilfen geht es in Abschnitt 8.7.6.

Eine **Standortverbesserung** ist notwendig, um Mängel in der Bodenqualität und -schichtung in der Größe des voraussichtlichen Wurzelvolumens zu beseitigen. Dazu können folgende Maßnahmen erforderlich sein:
- Beseitigung von Bodenverdichtungen
- Verbesserung des Lufthaushaltes
- Verbesserung des Humusgehaltes
- Verbesserung der Wasserspeicherfähigkeit
- Verbesserung der Dränfähigkeit des Ober- und Unterbodens
- Ergänzung des Nährstoffhaushaltes
- Ergänzung der Oberbodenschicht
- Aktivierung des Bodenlebens
- Herstellung von Mulchdecken.

Eine **Standortneuherstellung** ist in allen Fällen erforderlich, bei denen keine oder sehr mangelhafte vegetationstechnische Voraussetzungen zur Pflanzung vorliegen. Was die standortökologische Qualität des Umfeldes betrifft, sind zwei Situationen zu unterscheiden: erstens die unmittelbare Anbindung der Pflanzstelle an Grünflächen, zweitens ein isolierter Standort der Pflanzstelle mit unmittelbarer Anbindung an Bauwerke und befestigte Flächen.

Die Standortneuherstellung erfolgt in der Regel durch folgende Maßnahmen:
- Lockerung von Unterbodenschichten
- Herstellung einer Dränschicht mit Wasserabzug (falls erforderlich)
- Einbau einer Unterbodenschicht (falls erforderlich)
- Einbau einer Vegetationsschicht
- Herstellung einer Mulchdecke aus Humus oder Lavakörnung.

8.5 Vegetationstechnische Schichtenaufbauten für Extensive Dachbegrünungen

8.5.1 Schichtenaufbauten für Flachdächer

Die Höhe des Schichtenaufbaues ermöglicht eine erste Einschätzung der realisierbaren Ausbildungsformen der Vegetation. Neben den fördernden und begrenzenden Standortfaktoren der jeweiligen Lebensräume ist jedoch auch die vegetationstechnische Qualität der Stoffe und Schichtenfolgen zu beachten. Neben den durchwurzelbaren Schichthöhen (Wurzelkühlung!) stellt die pflanzenverfügbare Wasserkapazität der verwendeten Stoffe ein primäres Auswahlkriterium für alle Gräser, Kräuter und Gehölze dar. Dabei spielt die gefällebedingte Wasserabflußgeschwindigkeit für den Gesamtwasserhaushalt des Standortes eine bedeutende Rolle. Für die meisten Sukkulenten, aber insbesondere für Moose können bis ins extreme minimierte Schichtdicken verwendet werden.

Bei der Konzeption des Schichtenaufbaus gilt es, die entwässerungstechnische Situation zu beachten. Demzufolge werden die nachfolgend tabellarisch angeführten Schichtenfolgen unterschieden in
- Schichtaufbauten für Flachdächer *mit* Gefälle und in
- Schichtaufbauten für Flachdächer *ohne* Gefälle.

Die an die Schichtdarstellungen anschließenden Tabellen geben Lastabstufungen der Stoffe im wassergesättigtem Zustand mit den dazugehörigen Schichtdicken an. Die Lastannahmen der Vegetation, außer bei Vegetationsmatten, sind nicht berücksichtigt. Aus Gründen der Vereinfachung wurden dazu für die Lasten der Stoffe praxisbezogene Mittelwerte zugrunde gelegt (gemittelt aus Angaben nach LIESECKE 1988, siehe dazu Tabellen in Abschnitt 6.2.3):
- leichte Vegetationsmatten, armiert: 30 kg/m^2
- schwere Vegetationsmatten, armiert: 50 kg/m^2
- Vegetationsschichten als Leichtsubstrate mit erhöhter Drän- und Filterfähigkeit: 0,8 t/m^3
- Vegetationsschichten als Industriesubstrate (Stoffgemische): 1,2 t/m^3 und 1,4 t/m^3

– Vegetationsschichten aus verbesserten Böden: 1,6 t/m^3
– Dränschichten aus leichten Schüttbaustoffen: 0,7 t/m^3
– Dränschichten aus vorkonfektionierten Dränmatten: 3 und 5 kg/m^2.

Was die Lastannahmen für Substrate aus Stoffgemischen betrifft, sei darauf hingewiesen, daß viele Produkte eher in die Gewichtsklasse nahe 1,4 t/m^3 einzustufen sind.

Wie auch bei den Intensivbegrünungen wird hier auf eine ausführliche Darstellung der vielen Kombinationsmöglichkeiten von Stoffen, insbesondere im Dränschichtbereich, verzichtet, die allenfalls einen theoretisch-systematischen Wert haben. Vorrang hat die vegetationstechnische Eignung und die Bewährung über einen längeren Zeitraum hinweg in Verbindung mit entwässerungstechnischen Notwendigkeiten. Danach können alle anderen Varianten beurteilt werden.

Deshalb werden die Abbildungen 83 bis 88 in exemplarische, im Einzelfall zu ergänzende oder variierende Kombinationen begrenzt:

– ein- und zweischichtige Verwendung von Vegetationsmatten
– einschichtiger Aufbau aus Schüttstoffen mit erhöhter Drän- und Filterfähigkeit
– dreischichtiger Aufbau mit Schüttstoffen
– dreischichtiger Aufbau mit Drän- und Filterschicht aus Dränmatten
– zweischichtiger Aufbau mit Vegetationsmatten und Drän- bzw. Vegetationsschicht aus Leichtbaustoffen.

Insbesondere bei Variationen von Schichtaufbauten mit konventionellen Schüttbaustoffen sollte sich ein bautechnischer oder ökologischer Mehrwert bei gleichem vegetationstechnischem Wert ergeben. Auf die vegetationstechnischen Vorteile wasserspeichernder Dränschichten aus offenporigen Schüttstoffen sei nochmals besonders hingewiesen.

Das in der Regel primäre technische Kriterium der begrenzten Lastreserven fordert einen weiteren Abstufungsrahmen. Eine kritische Lastgrenze liegt bei 0,5 kN (50 kg) je m^2; sie ist häufig bei nachträglichen Begrünungen. Wegen der geringen Schichtdicken kann diese Bauweise auf Flachdächern ohne Gefälle kritisch werden, da bei langen Entwässerungsstrecken und leichten Baustoffen ein Aufschwemmen des Schichtaufbaues durch den Wasserdruck möglich ist.

Besonders im Bereich der dünnschichtigen Begrünung mit Lastannahmen von etwa 0,5 bis 1,0 kN ist die durchwurzelbare Schichthöhe wichtiger als die Optimierung der Wasserkapazität. In Abbildung 83 sind die Möglichkeiten von Leichtbauweisen mit 0,5 bis 0,75 kN/m^2 dargestellt.

Mit der Ausnahme von Moosvegetationen hat also eine Substratschicht von 3 bis 4 cm mit einer Wasserkapazität von zum Beispiel 55 %vol einen geringeren standortökologischen Wert als die doppelte Schichthöhe eines Leichtsubstrates mit der halben Wasserkapazität. Allerdings ist die Ernährungssituation, insbesondere für Gräser und Kräuter, in Leichtsubstraten in den ersten Jahren problematisch. Substrate für einschichtige Bauweisen haben anfänglich keine oder nur äußerst geringe Nährstoffgehalte und kein nennenswertes Nährstoffspeichervermögen (siehe „Richtlinien für Dachbegrünungen“, FLL 1990). Im Rahmen der Fertigstellungs- und Unterhaltungspflege ist eine angemessene Nährstoffversorgung unbedingt erforderlich. Umgekehrt zeigt dieses Beispiel, daß die Schichthöhen von Vegetationsschichten nicht in jedem Fall unmittelbar auf eine potentiell realisierbare Vegetation schließen lassen.

In 10 cm Leichtsubstrat mit erhöhter Drän- und Filterfähigkeit aus Blähton oder Blähschiefer für einschichtige Bauweisen können zwischen 15 und 25 Liter Wasser je m^2 gespeichert werden (LIESECKE u.a. 1989, LIESECKE 1990), während sich in mineralischen Mischsubstraten bei gleicher Dicke etwa maximal 55 Liter Wasser speichern lassen. Im ersten Fall kann man auf Gefälledächern nicht mit Gräsern oder nur in sehr vereinzelten Exemplaren rechnen, im zweiten Fall ist ein lückenhafter Einzelbestand möglich.

Es muß allerdings auch berücksichtigt werden, daß sich in Leichtsubstraten die Humusversorgung durch die natürliche Anreicherung mit organischer Substanz langsam verbessert. Dies hat eine Erhöhung der Wasserkapazität und der Flächenlast zur Folge. Häufig ist eine vegetationstechnische Verbesserung eines einschichtigen Aufbaues durch Aufbringung einer oberen Keimschicht (siehe Abschnitt 8.1.7), ohne wesentliche Erhöhung der Kosten, sinnvoll. Diese nun zweischichtige Bauweise erleichtert die Vegetationsetablierung erheblich.

Abb. 83. Schichtstärken und Lasten für Extensive Dachbegrünungen auf Flachdächern mit Gefälle und Lasten von 0,5 bis 0,75 kN.

Armierte Vegetationsmatte auf einem Dränvlies.

	Schichtdicke in cm	Stoffe
VS	2–3	Vegetationsmatte, armiert (Typ Moos-Sedum)
DS	~0,5	
	2,5–3,5	

Substrat (Schüttstoffgemisch) über einer Dränmatte.

	Schichtdicke in cm	Stoffe
VS	4–5	Industriesubstrat
DS	1–2	Dränmatte
	5–7	

Armierte Vegetationsmatte auf einer Dränschicht aus leichten Schüttbaustoffen.

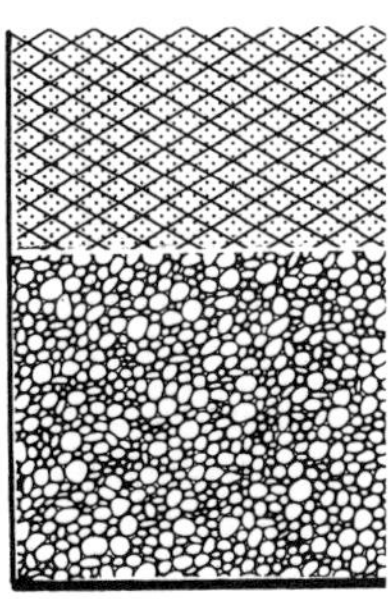

VS	2	Vegetationsmatte, armiert (Typ Sedum-Moos-Kraut)
DS	4	leichte Schüttbaustoffe (Gemisch)
	6	

Einschichtige Bauweise mit einem Leichtsubstrat erhöhter Drän- und Filterfähigkeit.

VS (DS)	6–9	Substrat mit erhöhter Drän- und Filterfähigkeit

Armierte Vegetationsmatte über einer Dränmatte.

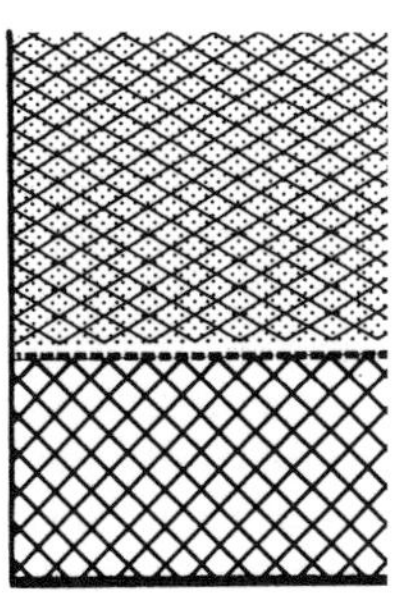

VS	2–3	Vegetationsmatte, armiert (Typ Moos-Sedum)
DS	1–2	Dränmatte
	3–5	

Abb. 84. Schichtstärken und Lasten für Extensive Dachbegrünungen auf Flachdächern mit und ohne Gefälle im dreischichtigen Aufbau und zwei verschiedenen Substratgewichten. VS = Vegetationsschicht, FS = Filterschicht, DS = Dränschicht, γ = spezifisches Gewicht. Hinweis: Um die Angabe von Schichtdicken in Zwischenschichten zu vermeiden, sind diese mit Spielraum von 1 bis 2 cm nur in vollen Zentimetern angegeben.

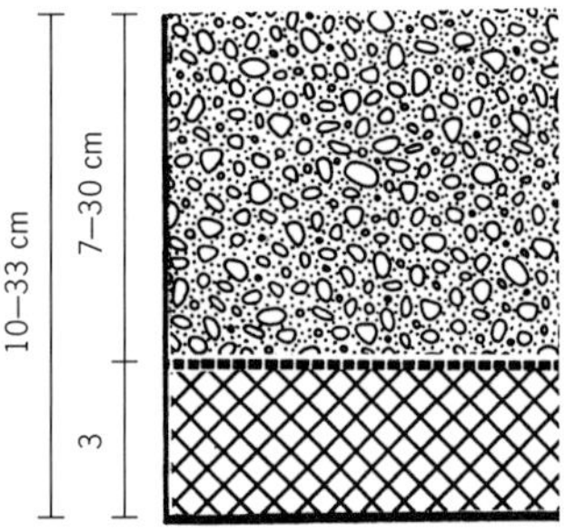

Last in kN ca.	1,0	1,5	2,0	2,5	3,0	3,5
Schichtdicke in cm VS (γ = 1,2)	7–8	12–13	16–17	20–21	24–25	29–30
DS (5,0)	3	3	3	3	3	3
Gesamtdicke in cm	10–11	15–16	19–20	23–24	27–28	32–33

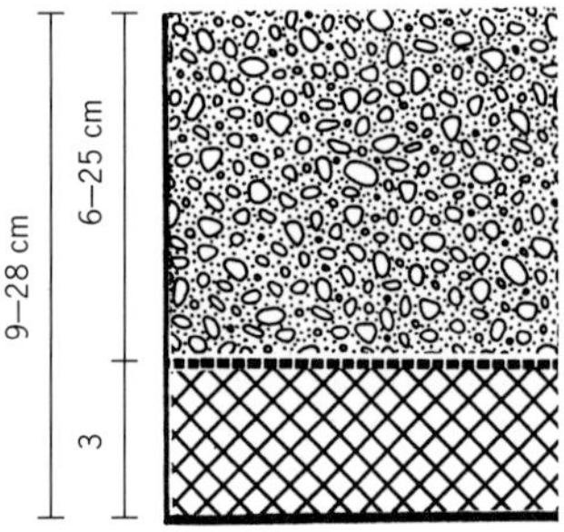

Last in kN ca.	1,0	1,5	2,0	2,5	3,0	3,5
Schichtdicke in cm VS (γ = 1,4)	6–7	10–11	13–14	17–18	21–22	24–25
DS (5,0)	3	3	3	3	3	3
Gesamtdicke in cm	9–10	13–14	16–17	20–21	24–25	27–28

Für einschichtige Aufbauten mit Schüttstoffen muß auf Dächern mit geringem Gefälle (weniger als 2%) auf ausreichende Schichthöhen geachtet werden, weil der untere Schichtbereich die Dränfunktion übernimmt. Die Mindestschichtdicke sollte 10 cm betragen.

Die Regellastannahmen für Extensivbegrünungen liegen zwischen 1,0 und 2,5 kN. Dies ermöglicht Schichtdicken zwischen etwa 10 und 28 cm, und damit kommen auch alle Vegetationsformen in Frage. Darüber hinausgehende Lastannahmen bis 5,0 kN wurden nur soweit sinnvoll als Schichtenaufbauten dargestellt. Schwerlastaufbauten mit Kiesdränschichten, Substraten aus verbesserten Böden oder Unterbodenschichten gelten wie in Abschnitt 8.3.1 dargestellt auch für Extensive Begrünungen.

Bekieste Flachdächer können, sofern die Abdichtungen als wurzelfest einzustufen sind, wie in Abbildung 89 gezeigt, sehr einfach nachträglich begrünt werden. Dabei sollten Dächer mit Gefälle bevorzugt werden. Die Kiesoberfläche kann mit einer mineralischen Substratmischung, aber auch mit korngestuften Leichtbaustoffen (vorzugsweise Körnungen aus der Grobsand- und Feinkiesfraktion) egalisiert und zum Beispiel mit Sproßteilen von *Sedum* begrünt werden. Zur Optimierung ist allerdings auch eine Entfernung von 2 bis 3 cm des Grobkieses möglich, der dann zur Lastergänzung eine etwa 4 cm hohe Substrat-

Abb. 85. Schichtstärken und Lasten für Extensive Dachbegrünungen auf Flachdächern mit Gefälle im dreischichtigen Aufbau und zwei verschiedenen Substratgewichten.

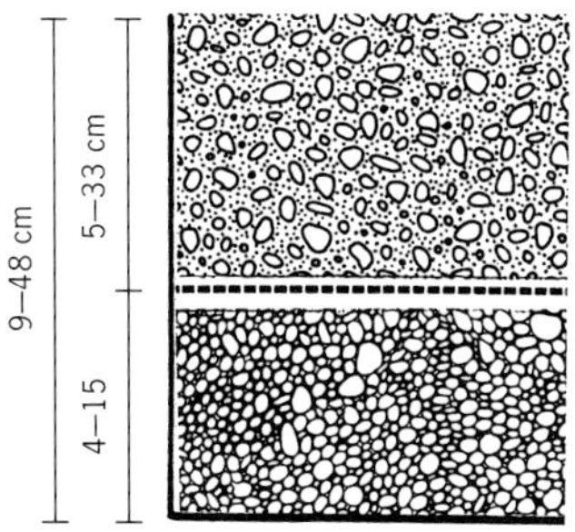

Last in kN ca.	1,0	1,5	2,0	2,5	3,0	3,5	5,0
Schichtdicke in cm VS (γ = 1,2)	5–6	8–9	11–12	13–14	15–16	20–21	32–33
FS							
DS (γ = 0,7)	4–5	6–7	9–10	12–13	15	15	15
Gesamtdicke in cm	9–11	14–16	20–22	25–27	30–31	35–36	47–48

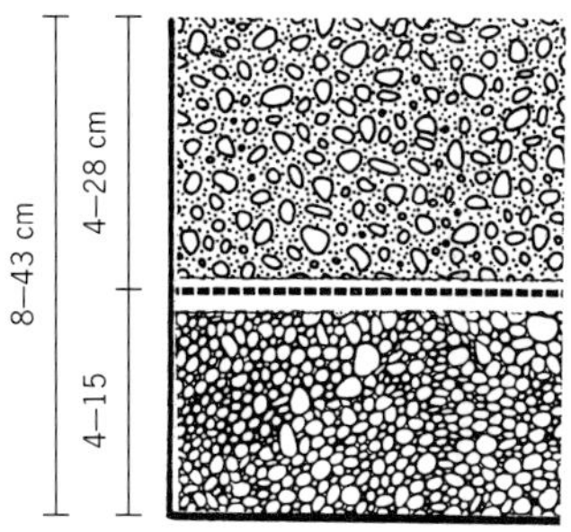

Last in kN ca.	1,0	1,5	2,0	2,5	3,0	3,5	5,0
Schichtdicke in cm VS (γ = 1,4)	4–5	7–8	9–10	11–12	13–14	17–18	27–28
FS							
DS (γ = 0,7)	4–5	6–7	9–10	12–13	15	15	15
Gesamtdicke in cm	8–10	13–15	18–20	23–25	28–29	32–33	42–43

auflage erhält, die aufgefüllt, eingespült und danach begrünt wird. Eine weitere Möglichkeit besteht darin, vorhandene Bekiesungen mit Vegetationsmatten (Typ Moos-Sedum) zu überziehen (KRUPKA 1986 c). Der vorhandene Kies, der an der Oberfläche auch mit feineren Körnungen abgeglichen werden sollte, hat dann die Funktion einer Dränschicht. Als Kondensationsmasse lagert er auch Feuchtigkeit an. Bei dem Einbau von Schüttsubstraten muß darauf geachtet werden, daß keine Entmischung der Kornfraktionen erfolgt. Zur Entmischung kann es einerseits durch den Transportvorgang oder während des Einbaus selbst kommen. Der Einbau vom Silowagen mittels Saug-Blasverfahren ist nach bisherigen Erfahrungen nur für Substrate aus Leichtbaustoffen geeignet, die sich allerdings bei weiter Kornabstufung ebenfalls entmischen können. Je geringer die Schichtdicke, desto negativer wirken sich entmischte grobkörnige Substrate auf die Gras-Kraut-Vegetation, bedingt durch die verminderte Wasserkapazität, aus.

8.5.2 Schichtenaufbauten für Steildächer

Schichtenaufbauten für Steildachbegrünungen zeichnen sich einerseits durch den relativ engen Rahmen der Lastreserven und andererseits durch die Möglichkeiten aus, vereinfachte Schichtenfolgen einzusetzen. Wegen des erhöhten oberflächlichen Niederschlags-

Abb. 86. Schichtstärken und Lasten für Extensive Dachbegrünungen auf Flachdächern für einschichtige Bauweisen mit Leichtsubstraten erhöhter Drän- und Filterfähigkeit.

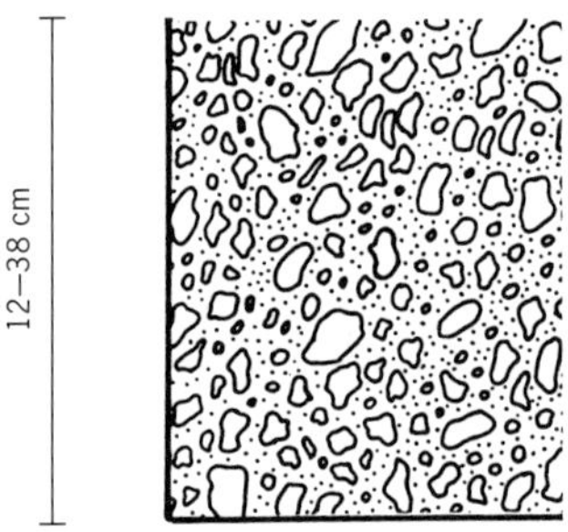

Last in kN	1,0	1,25	1,5	2,0	2,5	3,0
Schichtdicke in cm ca. VS (γ = 0,8) (DS)	12–13	15–16	18–19	25	31–32	37–38
Gesamtdicke in cm	12–13	15–16	18–19	25	31–32	37–38

Abb. 87. Schichtstärken und Lasten für Extensive Dachbegrünungen auf Flachdächern mit Leichtsubstraten erhöhter Drän- und Filterfähigkeit unter Verwendung von Vegetationsmatten.

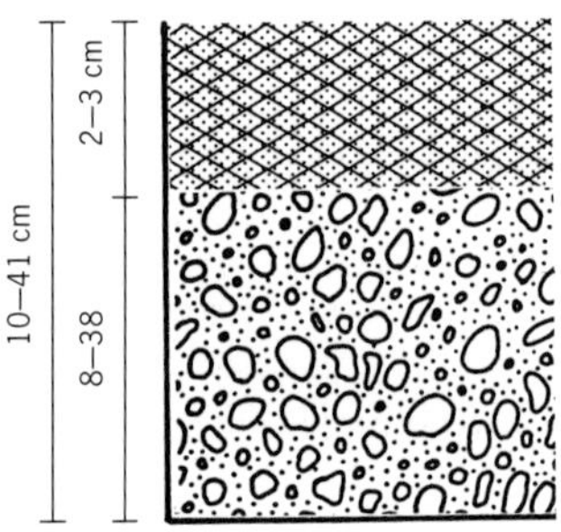

Last in kN	1,0	1,5	2,0	2,5	3,0	3,5
Schichtdicke in cm ca. VS (0,5)	2–3	2–3	2–3	2–3	2–3	2–3
VS (γ = 0,8)	8–9	12–13	18–19	24–25	31–32	37–38
Gesamtdicke in cm	10–12	14–16	20–22	26–28	33–35	39–41

Abb. 88. Schichtstärken und Lasten für Extensive Dachbegrünungen höherer Gesamtlasten auf Flachdächern mit und ohne Gefälle.

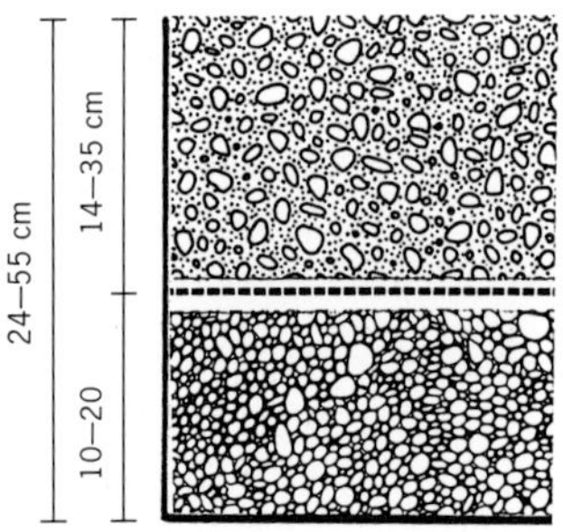

Last in kN ca.	3,0	4,0	5,0	6,0	7,0
Schichtdicke in cm VS (γ = 1,6) FS	14–15	18–19	24–25	29–30	34–35
DS (γ = 0,7)	10	15	15	20	20
Gesamtdicke in cm	24–25	33–34	39–40	59–60	54–55

Abb. 89. Standortvorbereitung für die nachträgliche Begrünung vorhandener Kiesschichten durch teilweisen Abtrag der vorhandenen Kiesschicht und Aufbringen einer zusätzlichen Substratschicht. Die Abdichtung muß wurzelfest sein.

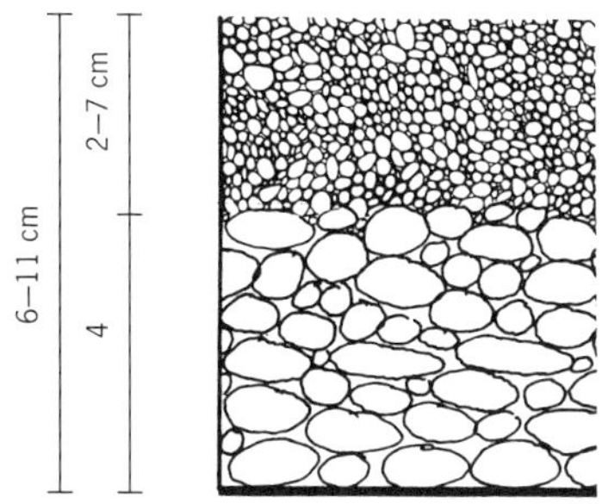

Last in kN	1,0	1,15	1,30
Schichtdicke in cm ca. VS ($\gamma = 0{,}8$)	2–3	4–5	6–7
DS ($\gamma = 2{,}0$)	4	4	4
Gesamtdicke in cm	6–7	8–9	10–11

abflusses kann in der Regel auf eine Dränschicht verzichtet werden. In einigen Systembauweisen werden Dränschichten aus verschiedenen Kunststoffen wie zum Beispiel Krallmatten oder Dränelementen angeboten. Wasserspeichernde Dränelemente sind aus vegetationstechnischer Sicht auf geneigten Flächen eher ungünstig.

Die negativen Folgen von grobkörnigen Substratentmischungen auf die Entwicklung der Gras-Kraut-Vegetation, besonders in sonnenexponierten Bereichen, müssen beachtet werden. Dies gilt auch bei der Verwendung von Vegetationsmatten.

Die in Abbildung 90 dargestellte einschichtige Bauweise für Ansaatbegrünungen kann durch die in Abbildung 91 gezeigte Begrünungsvariante mit Vegetationsmatten ergänzt werden. Bedingt durch die sofortige erosionssichere Oberflächenfestlegung können unter Vegetationsmatten auch Leichtsubstrate (Abbildung 92) verwendet werden. Dann kommen allerdings nur noch Moos-Sedum-Vegetationen in Betracht.

Leichtbegrünungen unter 1,0 kN müssen als Sonderform unter dem Aspekt der Windsogsicherung, insbesondere auch bei lose verlegten Dachbahnen, untersucht werden. Hier bestehen verschiedene Realisierungsmöglichkeiten in Verbindung mit Vegetationsmatten. Von einer derartigen nachträglichen Begrünung von Ziegeldächern oder Eindeckungen mit Faserzementplatten muß jedoch abgeraten werden, weil möglicherweise im Winter Frost die nicht mehr austrocknenden Eindeckungen gefährdet. Dies gilt besonders für ältere, poröse Tonziegel.

Die Möglichkeiten der notwendigen Schubsicherungen für begrünte Steildächer behandelt Abschnitt 8.7.2.

Abbildung 93 verdeutlicht im Querschnitt eines Steildaches den Schichtenaufbau mit einer schubsichernden Krallschicht und die Ausbildung des Kiesrandes. Diese einschichtige Bauweise darf nicht mit den einschichtigen Bauweisen aus leichten Schüttstoffen für Flachdächer verwechselt werden (siehe Abschnitt 8.1.7). Letztere sind in der Regel für Steildächer nicht geeignet.

8.6 Besondere Ausbildungsformen des Schichtenaufbaues

8.6.1 Überwindung konstruktiver Höhenunterschiede

Zu begrünende Bauwerksebenen können aus funktionalen oder konstruktiven Gründen im Schnittprofil durch Erhöhungen, Vertiefungen oder Absätze verändert sein. Die Begrünung soll jedoch häufig ohne Unterbrechungen weitergeführt werden. Dazu sind bau- und vegetationstechnische Maßnahmen zur Höhenabgleichung erforderlich.

Stoffwahl und Ausführungsart hängen primär von den Lastreserven ab. Damit ist jedoch auch eine Veränderung der Standortqualität verbunden, die in ihren Auswirkungen auf die Vegetation untersucht werden

Abb. 90. Schichtstärken und Lasten für Extensive Dachbegrünungen auf Steildächern in einschichtiger Bauweise.

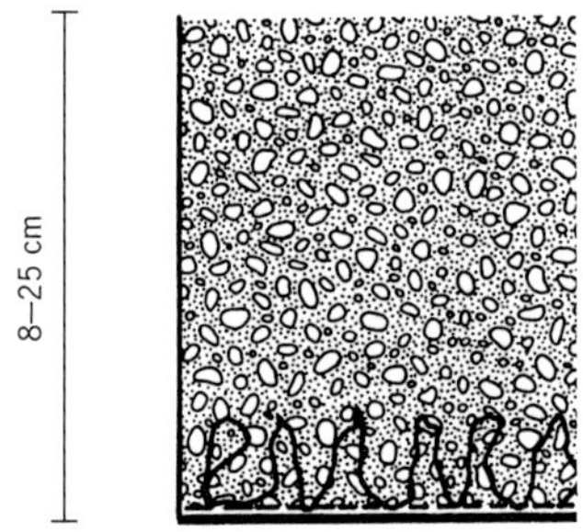

Last in kN	1,0	1,5	2,0	2,5	3,0
Schichtdicke in cm VS ($\gamma = 1,2$)	8–9	12–13	16–17	20–21	24–25
Gesamtdicke in cm	8–9	12–13	16–17	20–21	24–25

Abb. 91. Schichtstärken und Lasten für Extensive Dachbegrünungen auf Steildächern in einschichtiger Bauweise unter Verwendung von Vegetationsmatten.

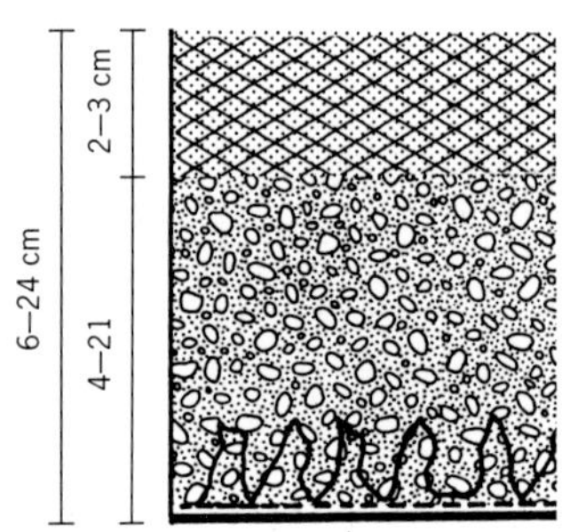

Last in kN	1,0	1,5	2,0	2,5	3,0
Schichtdicke in cm VS (0,5)	2–3	2–3	2–3	2–3	2–3
VS ($\gamma = 1,2$)	4–5	8–9	12–13	16–17	20–21
Gesamtdicke in cm	6–8	10–12	14–16	18–20	22–24

Abb. 92. Schichtstärken und Lasten für Extensive Dachbegrünungen auf Steildächern in einschichtiger Bauweise mit Leichtsubstraten unter Verwendung von Vegetationsmatten.

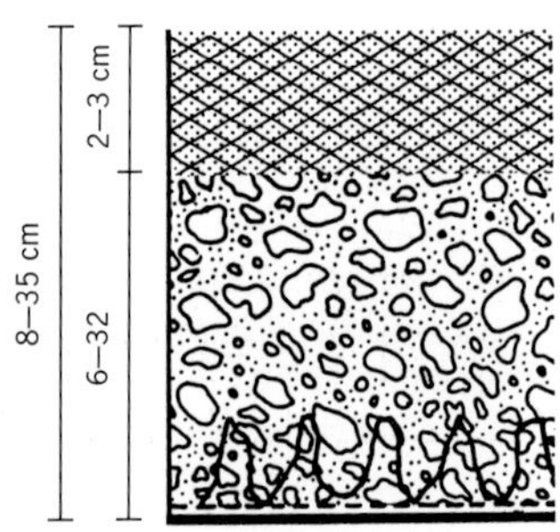

Last in kN	1,0	1,5	2,0	2,5	3,0
Schichtdicke in cm VS (0,5)	2–3	2–3	2–3	2–3	2–3
VS ($\gamma = 0,8$)	6–7	12–13	18–19	24–25	31–32
Gesamtdicke in cm	8–10	14–16	20–22	26–28	33–35

Abb. 93. Ein Steildach mit einer Gras-Kraut-Vegetation (Nordseite) auf 15 cm Vegetationsschicht.

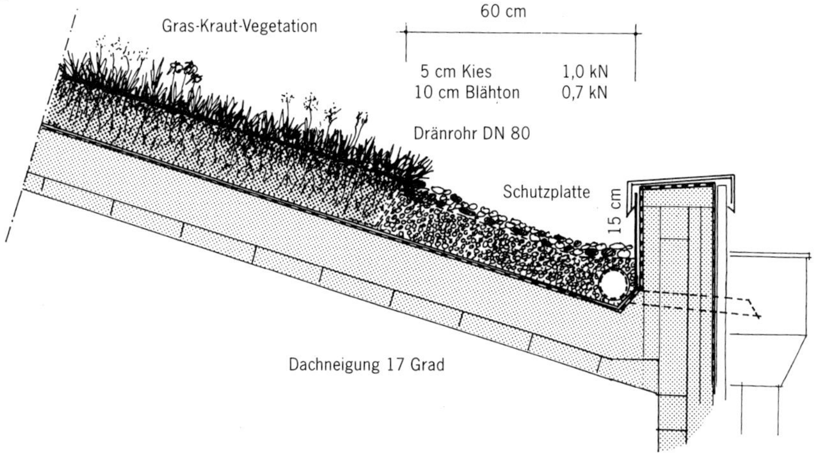

Abb. 94. Geringere Höhenunterschiede in der Deckenausbildung werden durch keilförmige Verstärkung der Dränschicht ausgeglichen.

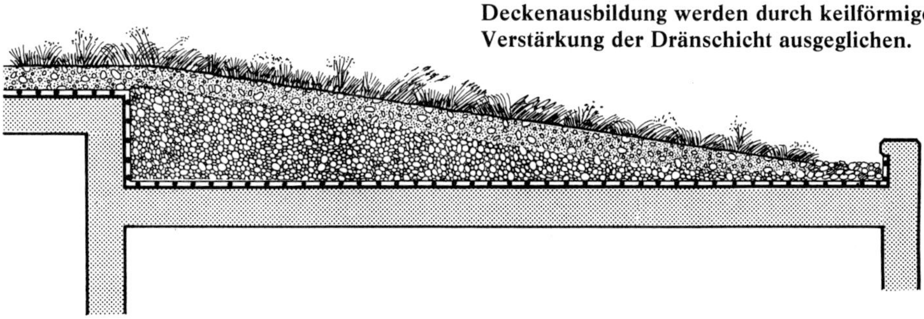

Abb. 95. Größere Höhenunterschiede können, sofern die Lastannahmen ausreichen, mit Füllsand ausgeglichen werden.

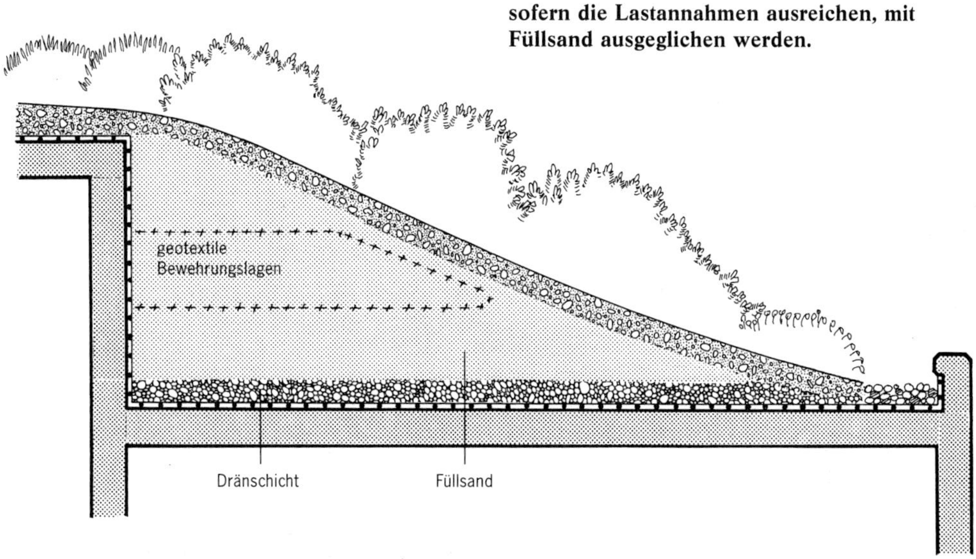

muß. Einerseits wird die durchwurzelbare Schichthöhe erweitert und die Wasserspeicherung verbessert, andererseits kann es jedoch auch zu kleinflächigen Verschlechterungen des Wasserhaushaltes kommen.

Höhenabsätze in den Flächen können bei geringen Höhenunterschieden durch eine keilförmige Verstärkung der Dränschicht aus Schüttbaustoffen ausgeglichen werden (Abbildung 94). Bei größeren Höhenunterschieden und ausreichenden Lastannahmen können zur Kostenersparnis auch preiswertere Füllstoffe wie Kiese oder Sande verwendet werden. Liegt die keilförmige Ausgleichsschüttung auf einer geneigten Fläche, können geotextile Flächenarmierungen erforderlich sein

Abb. 96. Reichen die Lastannahmen bei großen Höhenunterschieden nicht aus, so muß eine konstruktive Hohlraumausbildung erfolgen.

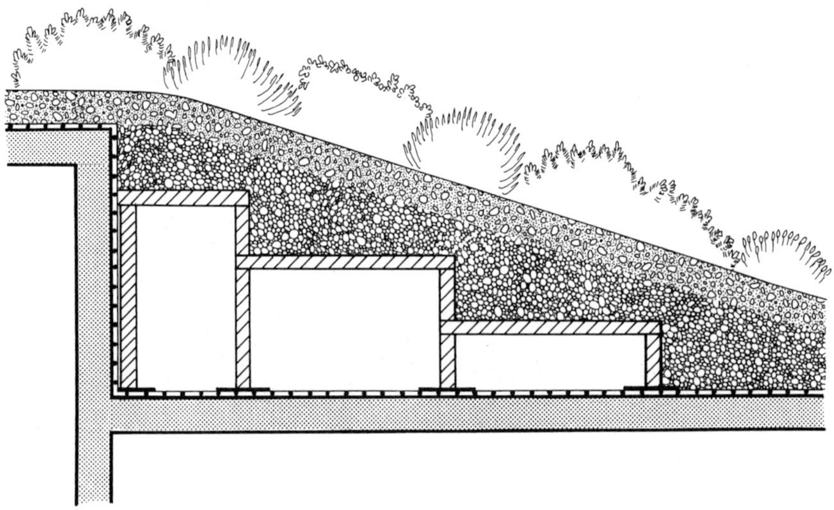

Abb. 97. Lineare, konstruktive Erhöhungen der Decke sind besonders in freien Lagen Extremstandorte. In diesem Fall ist eine Verwendung von Vegetationsmatten sinnvoll.

Abb. 98. Vertiefungen in der Decke müssen in der Regel mit sehr leichten Stoffen ausgeglichen werden. Neben Schüttstoffen wie Blähton oder Blähschiefer können bei sehr geringen Lastreserven Polystyrolplatten eingesetzt werden.

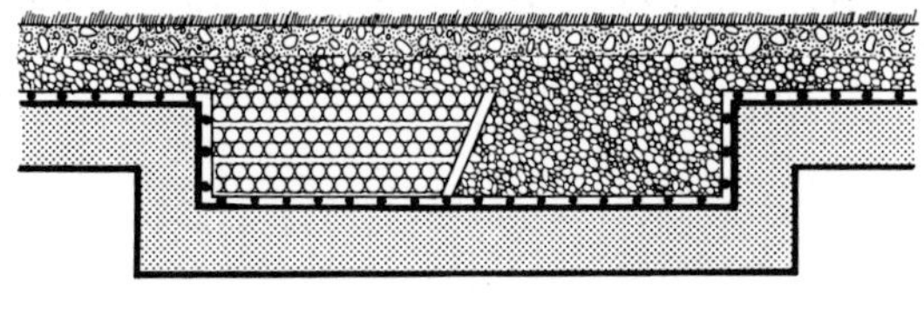

(Abbildung 95). Reichen die Lastannahmen bei größeren Höhenunterschieden nicht aus, so muß eine konstruktive Hohlraumausbildung unter Beachtung des Schutzes der Abdichtung erfolgen (Abbildung 96). Die sich ergebenden Restvolumen können mit Leichtbaustoffen ausgeglichen werden.

Befinden sich lineare konstruktive Erhöhungen auf Dachflächen, die über oder auf Höhe des Dachrandes liegen, ergeben sich windsoggefährdete, extreme Teilstandorte. Für Intensivbegrünungen müssen diese Flächen häufig ausgespart werden. Bei Extensivbegrünungen ist es vorteilhaft, die Vegetati-

Abb. 99. Kleinflächige Pflanzbeete unterschiedlicher Höhe in befestigten Flächen.

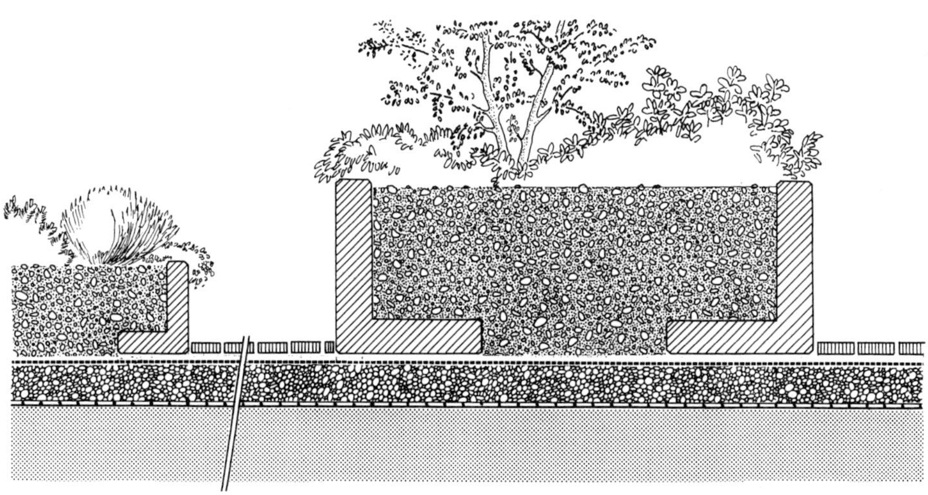

Abb. 100. Erhöhung einer Pflanzfläche und zusätzliche Anhügelung im Bereich des Solitärgehölzes (nach Liesecke 1979, verändert).

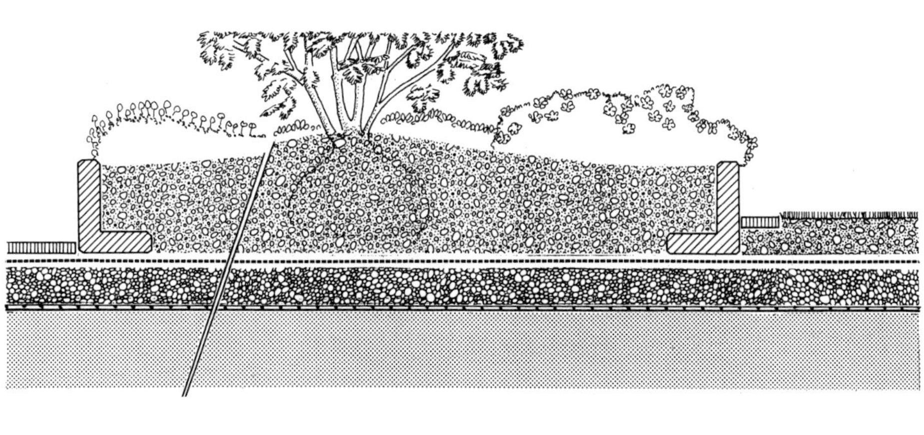

Abb. 101. Höhenabstufung für verschiedene Bepflanzungen.

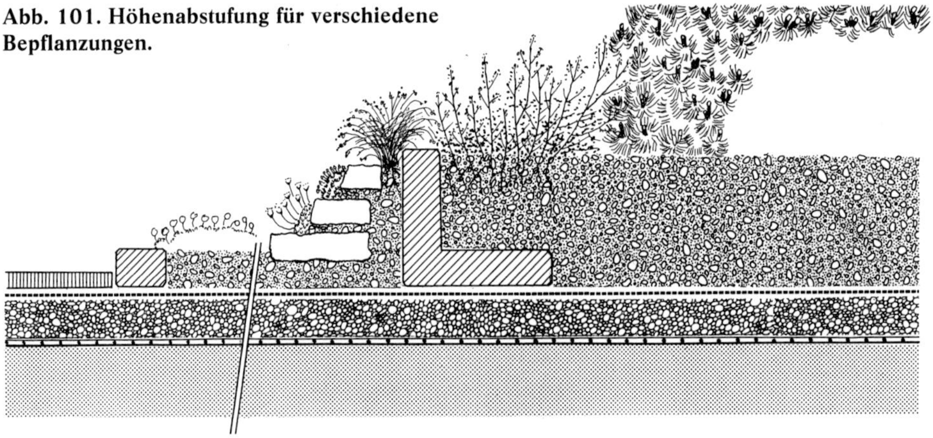

onsschicht mit Klebern festzulegen oder durch Vegetationsmatten zu sichern (Abbildung 97). Eine Dränschicht kann in diesem Bereich in der Regel entfallen.

Vertiefungen in der Dachebene erfordern eine gesonderte Entwässerung. Sofern eine Auffüllung von Vertiefungen mit leichten Schüttbaustoffen aus Lastgründen nicht möglich ist, können auch Dränplatten aus Polystyrol verwendet werden (Abbildung 98).

8.6.2 Erhöhung des durchwurzelbaren Volumens

Vegetationstechnische Maßnahmen zur Erhöhung des durchwurzelbaren Volumens im Schichtenaufbau sind für Intensive Dachbegrünungen regelmäßig dann erforderlich, wenn Großgehölze verwendet werden sollen. Häufig ist dies nur auf höher belastbaren Teilflächen über Stützen oder Unterzügen möglich. Auf größeren Flächen lassen sich die Wurzelräume durch größere Dimensionierung der Vegetationsschicht oder auch durch Unterfütterung von Leichtbaustoffen erhöhen. Solche gestalteten, weich ausgeformten Bewegungen der Fläche bedeuten eine visuelle Bereicherung und unterstützten gleichzeitig die Raumbildung.

Großgehölze können jedoch auch auf entsprechend ausgebildeten Pflanzbeeten in befestigten Flächen verwendet werden (Abbildung 99). Häufig werden Beetaufkantungen auch aus funktional-gestalterischen Gründen eingesetzt. Wie in Abbildung 100 dargestellt, wird beispielsweise eine Wiese durch ein erhöhtes Pflanzbeet begrenzt. Um Großgehölze pflanzen zu können, wird gleichzeitig die Vegetationsschicht noch etwas angehügelt. Es ist jedoch zu beachten, daß in freien Lagen mit austrocknenden Winden gerade die erhöhten Vegetationsflächen einer schnellen, oberflächigen Austrocknung unterliegen, die durch Sonneneinstrahlung noch verstärkt wird.

Verschiedenartige Bepflanzungen auf kleinem Raum bedürfen einer wirksamen räumlichen Trennung. In Abbildung 101 ist einem erhöhten Pflanzbeet ein Xerophyten- oder Sukkulentengarten vorgelagert. Die Höhenabstufung durch Betonwinkelteile wird durch die Anböschung und durch Polsterpflanzen am oberen Rand kaschiert. Statt des Betonwinkels kommt auch eine Trockenmauer in Betracht. Dann besteht allerdings die Gefahr, daß sich die Gehölzwurzeln aus dem erhöhten Beet heraus in das Flachbeet ausbreiten.

Auf Extensiven Vegetationsflächen bilden Aufhügelungen eine wertvolle Differenzierung in Kleinststandorte und bieten die Möglichkeit, auch tiefer wurzelnde, xero-mesomorphe Pflanzen zu verwenden. Kleingehölze können in den üblichen geringen Schichtdikken nicht verwendet werden, sondern sie kommen ebenfalls nur auf Flächen mit einem erhöhten Wurzelraum in Frage, der kühl bleibt und länger Wasser speichert. Wie in Abbildung 102 dargestellt, läßt sich dies

Abb. 102. Aufhügelung der Vegetationsschicht durch Verstärkung der Substratschicht, für Extensive Dachbegrünungen.

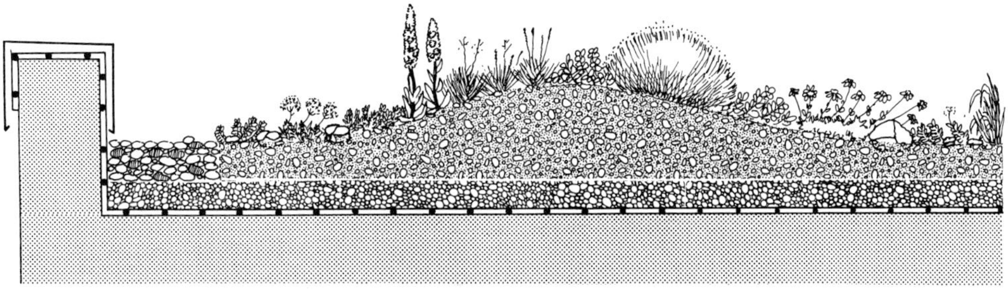

Abb. 103. Aufhügelung der Vegetationsschicht durch Unterfütterung mit Leichtbims und durchlaufender gleichmäßiger Dicke der Vegetationsschicht.

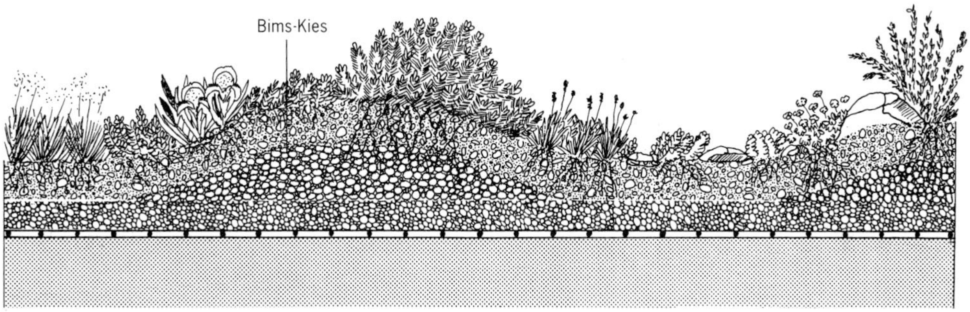

Abb. 104. Aufhügelungen der Vegetationsschicht sind häufig auch auf stärker geneigten Flächen möglich und können den Pflanzenstandort verbessern.

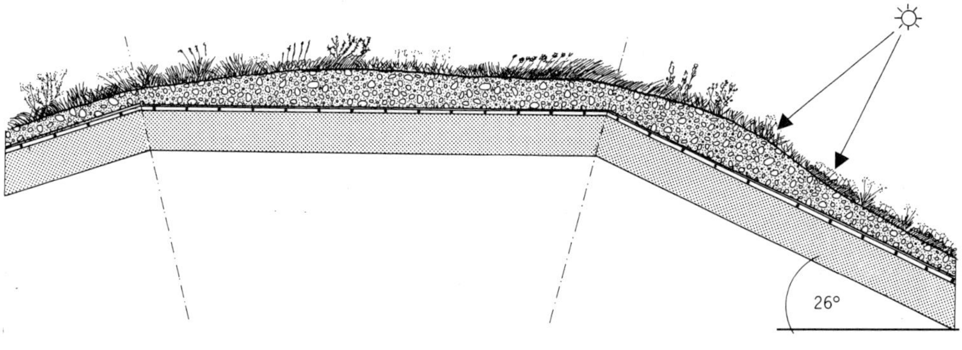

Abb. 105. Herstellung des Wurzelraumes für eine Baumpflanzung auf einer Gebäudeebene (nach Liesecke 1979, verändert).

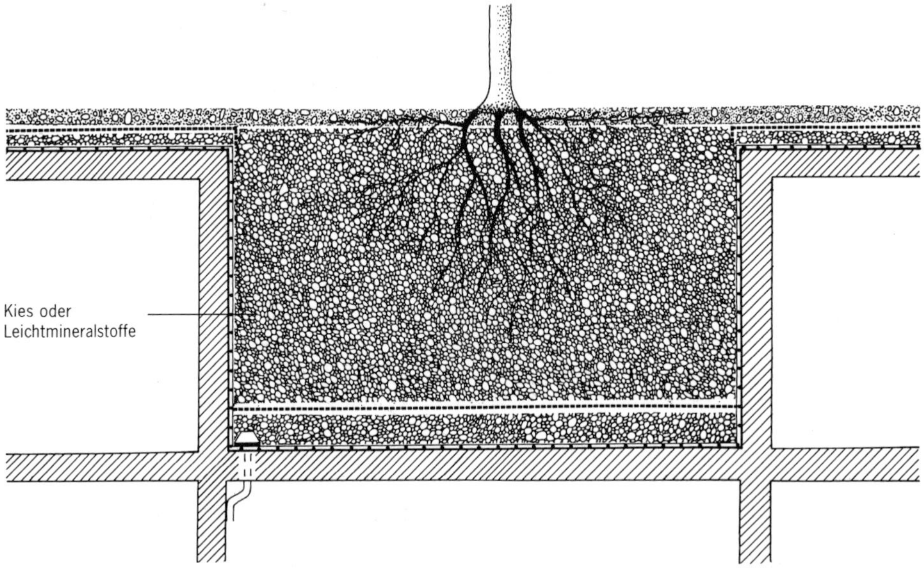

Abb. 106. Herstellung des Wurzelraumes mit Bodenanschluß zwischen zwei Gebäuden (nach Liesecke 1979, verändert).

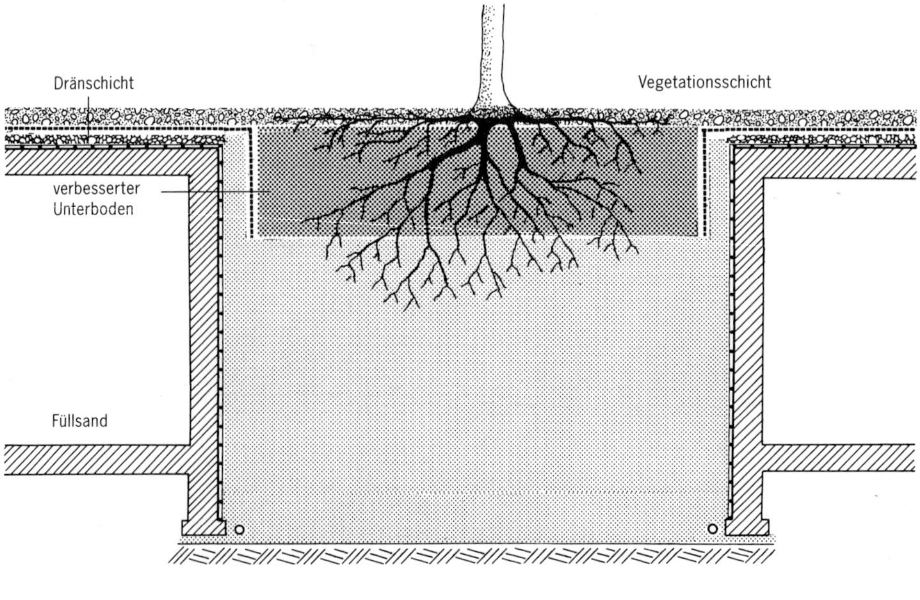

durch einen dickeren Auftrag der Vegetationsschicht erreichen. Häufig reichen jedoch die Lastreserven nicht aus, so daß man mit Leichtbaustoffen wie dem hervorragend geeignetem Bims (gereinigt) arbeiten muß (Abbildung 103). Auch auf geneigten Dachflächen sollten Verstärkungen der Vegetationsschicht wo immer möglich, mehr als bisher eingesetzt werden (Abbildung 104).

Für Baumpflanzungen sind entsprechend tiefe Aussparungen einer vollen oder halben Geschoßebene notwendig (Abbildung 105). Bei eng begrenzten Lastreserven kann der untere Wurzelraum auch mit Leichtbaustoffen wie Blähton oder Blähschiefer aufgefüllt werden. Bindige, nicht zu stark verdichtbare Kiese oder Kiessande sind jedoch vorzuziehen, weil sie den Verhältnissen am natürlichen Standort näher kommen.

Die Dicke der Vegetationsschicht sollte 40 cm nicht überschreiten. Ein Notüberlauf (zur Sicherheit besser zwei) muß in der Wannenausbildung immer vorhanden sein. Um potentiell drückendes Wasser zu vermeiden, kann bei hohen Schichtdicken auf einen Wasseranstau auch verzichtet werden.

Die Herstellung eines Wurzelraumes mit Bodenanschluß (Abbildung 106) hat immer seinen Vorteil. Die technische Baugrubenverfüllung aus Sanden und Kiesen sollte bis zu einer Tiefe von 80 bis 100 cm mit einem leicht bindigen Unterboden aufgefüllt werden. Wenn anschließende begrünte Geschoßflächen in diesen Wurzelraum entwässern, muß die horizontale Dränschicht der Begrünung Anschluß an die vertikale Sickerschicht der aufgehenden Bauwerkswand haben. Die aufgehenden Bauwerksabdichtungen müssen ebenfalls wurzelfest sein.

8.7 Konstruktive Hilfsmaßnahmen zur Herstellung von Dach- und Fassadenbegrünungen

8.7.1 Randausbildungen für Dachbegrünungen

Für Randausbildungen von Dachbegrünungsflächen sind folgende Anwendungsbereiche zu unterscheiden:

- Dachrand
- Fassaden angrenzender Gebäude
- Dachaufbauten, Einläufe, Bauwerksfugen
- Trennung der Flächen durch Brandwände
- Trennungen von funktionalen Nutzungsbereichen.

Es lassen sich folgende Funktionen unterscheiden, die aber in der Regel in Mehrfachkombinationen auftreten:

- Abstandsstreifen zum Brandschutz
- technische Maßnahmen zur Sicherung gegen Windsog
- Herstellung von sichtbaren, funktionellen Trennungen
- Herstellung der Begehbarkeit
- Herstellung von begehbaren Flächen zur Kontrolle und Pflege
- Sicherung der Entwässerung
- Schutz der Abdichtung im Randbereich vor Strahlungsbelastung, thermischen Einflüssen und mechanischen Beschädigungen
- Begrenzung und Sicherung der Vegetationsschicht
- Überbrückung von Höhenunterschieden
- Vergrößerung des Wurzelraumes
- Vermeidung von Verschmutzungen durch die Vegetationsschicht.

Bei der Planung und Herstellung sind die danach technisch-konstruktiven Vorgaben nach den „Richtlinien für die Planung und Ausführung von Dächern mit Abdichtungen“ (1991) nach den „Richtlinien für Dachbegrünungen“ (FFL 1990) und nach DIN 18195, „Bauwerksabdichtungen“, zu beachten.

Es gelten folgende Grundsätze mit Bezug auf oben genannte Regelwerke, hier erweiternd ergänzt:

- An Dachrändern beträgt der Mindestabstand zwischen Oberkante Belag oder Vegetationsschicht und dem oberen Abschluß der Abdichtung 10 cm bei Dachneigungen bis 5 Grad und 5 cm für Dachneigungen über 5 Grad.
- An Fassaden und Kaminen und sonstigen aufgehenden Bauteilen beträgt der Mindestabstand zwischen Oberkante Belag oder Vegetationsschicht und dem oberen Anschluß der Abdichtung 15 cm bei Dachneigungen bis 5 Grad und 10 cm bei Dachneigungen über 5 Grad. In schneereichen Gebieten können größere Anschlußhöhen erforderlich sein.
- An Lichtkuppelaufsatzkränzen und an Türen beträgt der Mindestabstand zwischen Oberkante Belag oder Vegetationsschicht

und dem oberen Anschluß der Abdichtung 15 cm.
- Als Regelfall ist ein mindestens 50 cm breiter, trennender Kies- oder Plattenstreifen an allen Rändern, Durchdringungen und aufgehenden Bauteilen herzustellen. Aus Gründen des Brandschutzes oder der Sicherung gegen Windsog können diese auch breiter sein.
- Die Entwässerung der Randstreifen muß gewährleistet sein.
- Bei der Verwendung von Verlegemörteln darf kein Kalkhydrat freigesetzt werden. Trocken verlegte, verzahnende oder verbindende Einbauteile sind vorzuziehen.
- Schwere Einbauteile dürfen nicht verkanten und müssen auf druckverteilende Schichten gesetzt werden.
- Unter begehbaren Kies- und Plattenflächen sind ausreichend druckverteilende Schichten und Schutzlagen anzuordnen.
- Stoßfugen müssen gegen Ausschlämmungen aus der Vegetationsschicht gesichert werden.

In den Abbildungen 107 bis 116 sind die wichtigsten Möglichkeiten der konstruktiven Randausbildung dargestellt. Die Wahl der Stoffe ist nicht in jedem Fall an die dargestellte Lösung gebunden. Die gezeigten Dachrandabdeckungen stellen einen idealisierten, jedoch optimalen Schutz der Abdichtung dar. Der Innenschenkel der Randabdeckung (zweckmäßigerweise abnehmbar auszubilden) reicht jeweils unmittelbar bis auf den technischen Randstreifen und stößt an die hochgezogene Schutzlage und den Kiesrandstreifen.

In den Abbildungen ist, mit Ausnahme von Abbildung 115, grundsätzlich eine auf der Dachebene durchgehende, wurzelfeste Abdichtung schematisch dargestellt. Abbildung 115 veranschaulicht das Prinzip einer nur im Begrünungsbereich verlegten Wurzelschutzbahn (siehe auch Abschnitt 7.1.1).

Weiterhin ist, wiederum mit Ausnahme der Abbildung 115, in der Regel eine unter den Randausbildungen hindurchlaufende, entwässernde Dränschicht dargestellt. Die Dachabläufe können dabei sowohl im Randstreifen als auch in der Begrünungsfläche liegen. Im Beispiel aus Abbildung 113 ist zur Aufnahme und schnellen Abführung des Fassadenwassers ein Dränrohr angeordnet. Die Notwendigkeit, Entwässerungsrinnen in diesem Bereich zu verwenden, ergibt sich aus den anfallenden Wassermengen. Die technische Lösung nach Abbildung 115 bedingt eine gesonderte Entwässerung des Randstreifens und der Vegetationsfläche.

In Abbildung 113 ist die Abdichtung hinter dem Fassadenelement verwahrt, das wiederum bis auf den Kiesrandstreifen stößt. Blitzschutzanlagen werden zweckmäßigerweise immer in nicht begehbare Randstreifen (Kiesränder) verlegt. Dort sind sie immer sichtbar und leicht zu warten.

Die einfachste Form der Randausbildung bildet das Heranführen des Begrünungsaufbaues bis direkt an den Dachrand (wie in Abbildung 107 dargestellt). Diese Lösung wählt man häufiger bei Steildachbegrünungen am Ortgang, weil Kies nicht lagerungsstabil genug ist. Bei sehr kleinen Dachflächen, wie zum Beispiel von Garagen, wird ebenfalls häufiger auf einen Abstandsstreifen verzichtet, oder es wird nur eine Kiesschüttung von 10 bis 20 cm Breite ausgeführt. Wichtig ist bei den genannten vereinfachten Lösungen, daß Mindestabstände zur Abdichtung nach oben eingehalten werden, und die Anordnung einer ausreichenden Schutzlage zur Abdichtung.

Eine ebenfalls sehr einfache Form der Randausbildung gibt Abbildung 108 wieder, in dem der Kiesstreifen von der Vegetationsschicht nur durch eine Vliesdoppellage getrennt ist. Bei dieser Lösung ist in der Regel damit zu rechnen, daß die Vegetation einwächst. Wird unter dem Kiesrandstreifen die Dränschicht wie dargestellt durchgezogen, kann – bedingt durch die schnelle Austrocknung – der Vegetationsbesatz von Gräsern und Kräutern vermindert oder ganz verhindert werden. Weiterhin ergibt sich durch die hohlraumreiche Dränschicht ein wirksamer Schutz, insbesondere gegen thermische Einflüsse auf die Dachabdichtung.

Ein Kiesrandstreifen mit Entwässerungsfunktion wird in der Regel auch für Steildachbegrünungen am Dachrand durchgeführt. Wenn dieser nicht mehr im wärmegedämmten Bereich liegt, besteht im Winter das erhöhte Risiko einer schnellen Vereisung.

Imprägnierte Kanthölzer (Abbildung 109) werden häufiger im Privatbereich, insbesondere für Garagenbegrünungen verwendet. Wie in der Abbildung gezeigt, kann damit auch die häufig nicht ausreichende Höhe des

Abb. 107. Einfache Randausbildung ohne technischen Abstandsstreifen als Sonderfall.

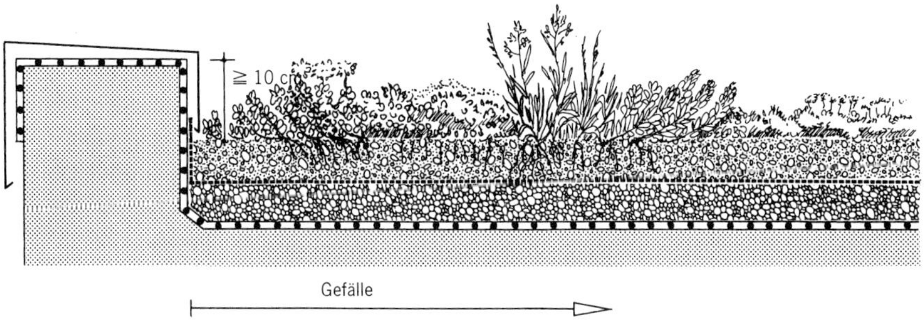

Abb. 108. Randausbildung durch einen Kiesstreifen.

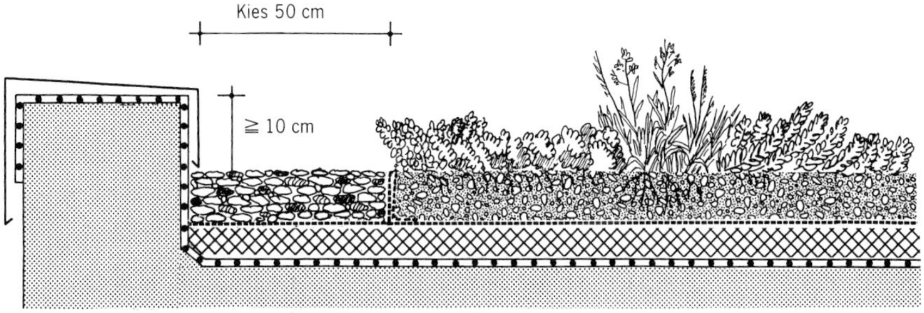

Abb. 109. Randausbildung durch einen Holzbalken mit Kiesstreifen.

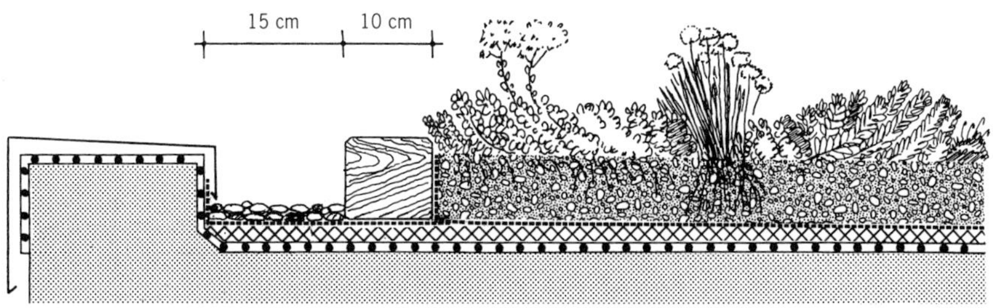

Abb. 110. Randausbildung durch einen Kiesstreifen und einen Betonrandstreifen.

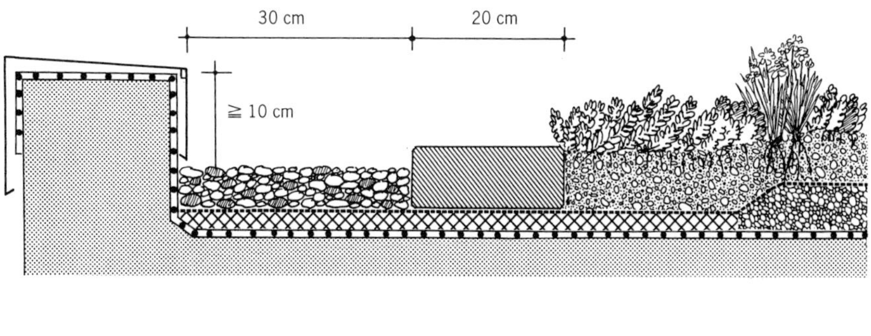

Abb. 111. Randausbildung durch einen Kiesstreifen und eine Gehwegplatte.

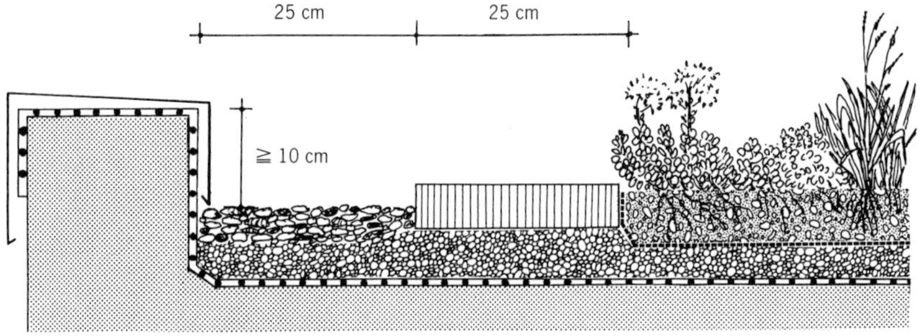

Abb. 112. Randausbildung durch ein Leichtbetonprofil.

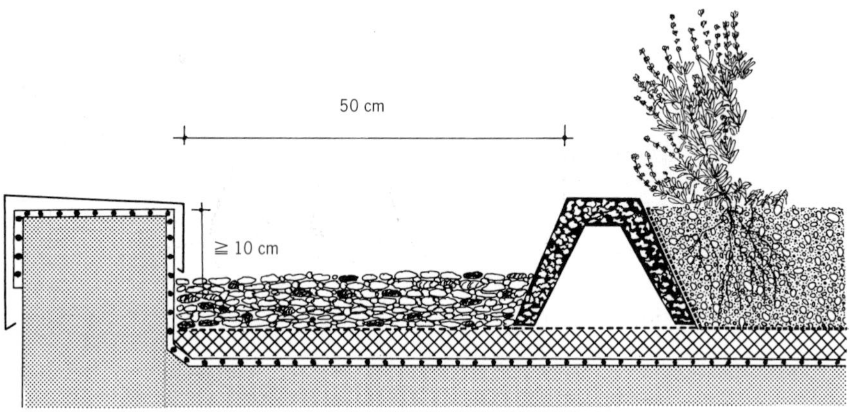

Abb. 113. Randausbildung eines Abstandsstreifens an einer aufgehenden Fassade durch einen Kiesstreifen und Hohlprofil aus Faserzement.

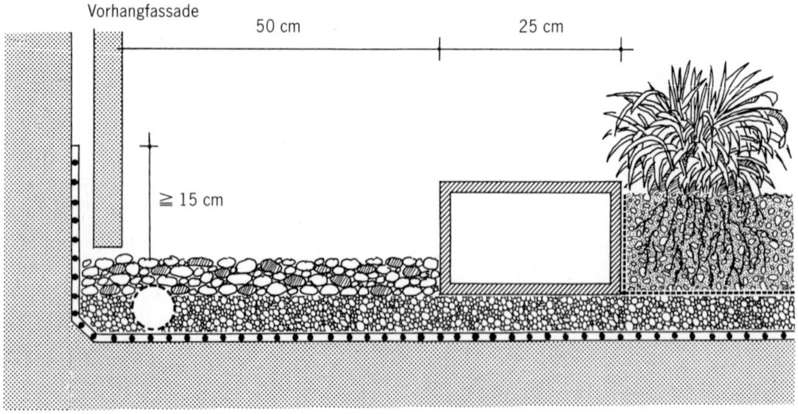

Randabschlusses kompensiert werden. Gut imprägnierte Kanthölzer aus Nadelholz haben auf Dächern eine Lebensdauer von etwa 10 bis 15 Jahren. Unbegrenzt haltbar dagegen sind Randabgrenzungen aus Beton, Faserzement oder Ziegel. Metallprofile werden kaum verwendet. Kunststoffe eignen sich wegen ihrer begrenzten Lebensdauer weniger. In Einzelfällen werden Vegetationsmatten an den Rändern in Metall-U-Profilen befestigt. Leichtmetall-L-Profile mit Löchern (nicht dargestellt) zur Entwässerung können an Dachrändern ohne Aufkantung mit Entwässerung über einer Regenrinne verwendet werden.

Abb. 114. Kombinierte Randausbildung durch einen begehbaren Plattenstreifen, eine Betonkante und einen geringen Kiesabstandsstreifen.

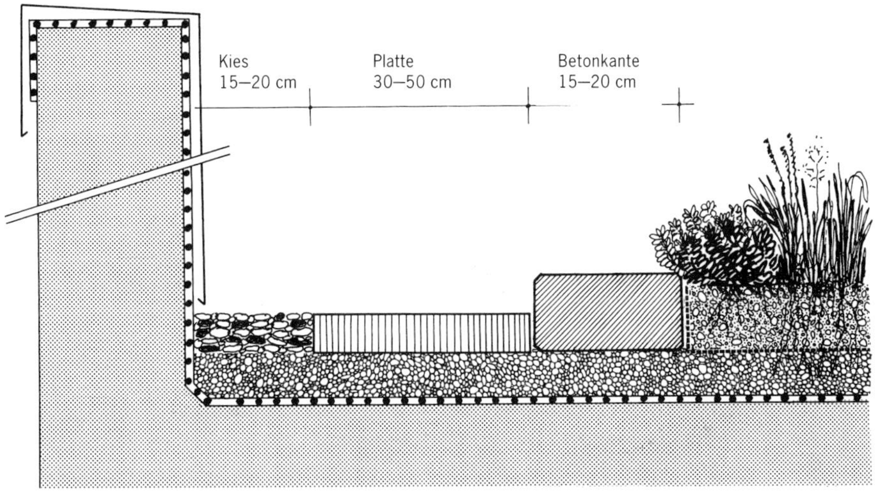

Abb. 115. Höhere Randabstützung durch ein Hohlprofil aus Faserzement mit Holzbohlenauflage. Durch die Anbindung der Wurzelschutzschicht an die Randausbildung ergibt sich eine funktionale Trennung zum Dachrand. Der Randstreifen muß getrennt entwässert werden.

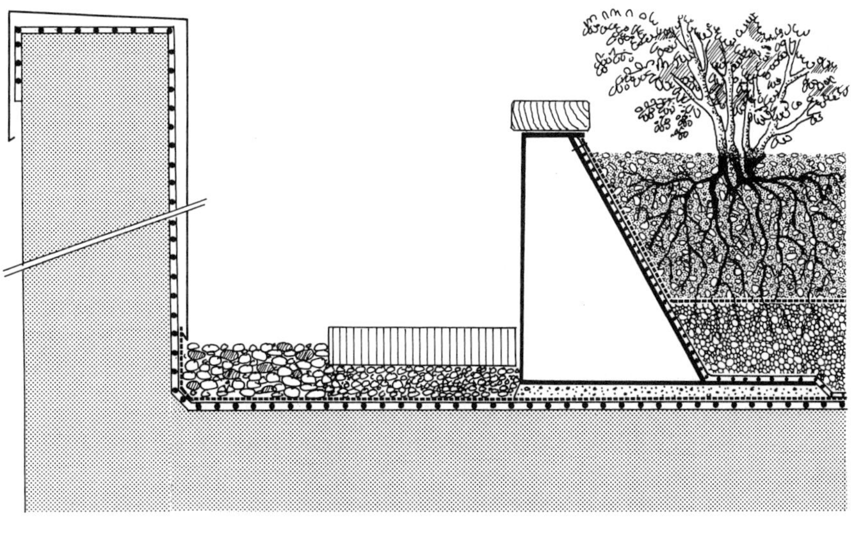

Abb. 116. Schwere Randabstützung aus Beton-L-Steinen, die mit Nut und Feder gestoßen werden.

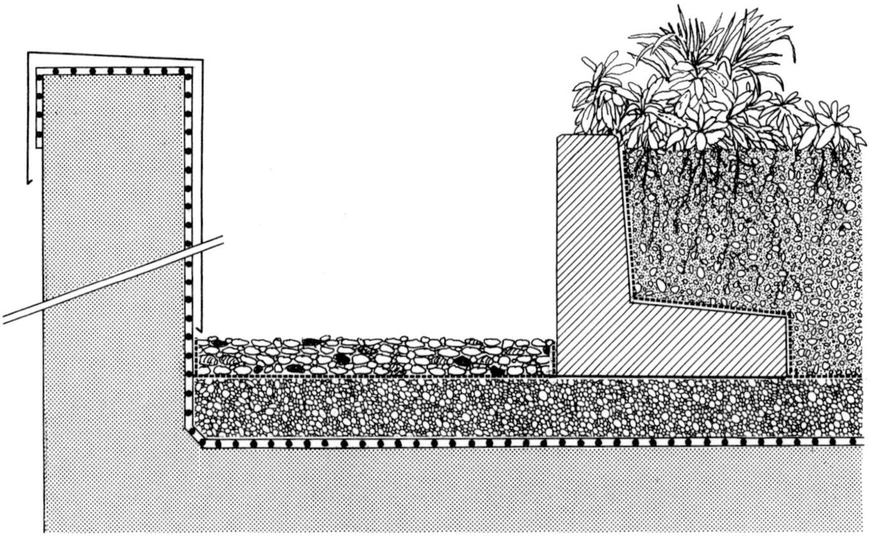

Massive Betonrandsteine (Abbildungen 110 und 114) oder auch Betonplatten (Abbildung 111) werden in Kombination mit einem Kiesrandstreifen besonders für Extensivbegrünungen niedriger oder mittlerer Schichthöhen häufig verwendet. Die Lastannahmen müssen jedoch dabei beachtet werden. Kantensteine können auch aus Leichtbeton mit Zuschlägen von Blähton oder Lava hergestellt werden. Die genannten Materialien werden trocken auf der Dränschicht in lagerstabile Körnungen (4/6 mm) aus Leichtbaustoffen verlegt.

Kantensteine mit Zapfenverbindungen können auch direkt auf Dränbahnen verlegt werden. Platten von 50 cm Breite liegen darauf mit etwas seitlicher Andeckung ausreichend stabil. Kantensteine und Plattenränder dieser einfachen Ausführung können auch zu Kontrollzwecken begangen werden. Diese Randausbildungen finden auch zur Abgrenzung aller aufgehenden Bauteile, Dachdurchbrüche, Bauwerksfugen, wie auch bei Dacheinläufen Verwendung.

Hohlprofile (Abbildungen 112, 113 und 115) können bei erheblicher Gewichtseinsparung einen größeren Höhenunterschied abfangen. Abbildung 112 zeigt ein A-Profil aus Leichtbeton im Stecksystem. Die Verlegung kann auch direkt auf druckfeste Dränbahnen erfolgen. Das rechteckige Hohlprofil aus asbestfreiem Faserzement im Stecksystem (Abbildung 113) ist auf der durchlaufenden Dränschicht aus Schüttgut verlegt und seitlich zusätzlich durch den Abdeckkies fixiert. Das Material ist etwas schlaganfällig.

Eine Kombination aus höhenabstützenden Kantensteinen, begehbaren Plattenstreifen und schmalem Kiesstreifen zeigt Abbildung 114. Platten dürfen nie direkt an die aufgehende Abdichtung stoßen.

Höhere Schichtaufbauten von Intensivbegrünungen müssen durch entsprechende Randausbildungen von Dachrändern, Fassaden und befestigten Flächen durch geeignete Formteile abgegrenzt werden. In Abbildung 115 begrenzt ein Faserzementhohlprofil einen in sich abgeschlossenen Begrünungsbereich. Das Randelement ist mit verbreitertem Fuß auf Spezialmörtel fixiert und wird seitlich durch einen Plattenstreifen abgestützt.

Diese relativ leichten Profile können ganz mit Holz verkleidet oder – wie dargestellt – mit einer oberen Holzbohlenkaschierung versehen werden.

Bei entsprechenden Lastreserven kommt auch die Verwendung konventioneller Betonwinkelteile mit Zapfenverbindung in Frage. Sie können bedingt durch ihre hohe Eigenlast – wie in Abbildung 116 dargestellt – trocken auf die druckverteilende Dränschicht gesetzt werden.

8.7.2 Schubsicherungen für Steildachbegrünungen

Die Notwendigkeit und ebenso die Dimensionierung von Schubsicherungen läßt sich statisch berechnen, wenn der Reibungsbeiwert für die Vegetationsschicht in bezug zur Dachneigung, Schublänge und Lastannahme bekannt ist. Die festlegende Wirkung der Verwurzelung ist nicht berechenbar und bildet einen zusätzlichen Sicherheitsfaktor.

Es bestehen folgende technische Möglichkeiten der Schubsicherungen für Vegetationsschichten auf geneigten Dachflächen:

Statisch wirksame Hauptmaßnahmen zur Lagefixierung des Schichtaufbaues

Linienförmige Schubsicherungen
- Schubschwellen aus Holzlatten oder Bohlen in vertikaler Anordnung unter oder über der Abdichtung (siehe Abbildung 117 und 118)

Gitterförmige Schubsicherungen
- kunststoffummantelter Maschendraht
- geotextile Gittergewebe aus Kunststoffen ein- oder mehrlagig unter oder mittig in der Vegetationsschicht (Abbildung 119)
- Baustahlmatten mittig in der Vegetationsschicht
- Roste aus Holzlatten (die aber später verrotten)

Flächige Schubsicherungen
- geotextile Krallgewebe mit unterseitigem Vlies (Abbildung 120)
- geotextile Krallgewebe mit unterseitigem Gittergewebe
- Strukturvliese mit Geweberippen (Abbildung 119)
- profilierte Dränmatten aus Kunststoffen mit noppenartigen oder gitterförmigen Strukturen

Statisch unterstützende und begleitende Maßnahmen zum Erosionsschutz (siehe auch Abschnitt 14.8)
- Verwendung von armierten Vegetationsmatten
- Überspannung der Vegetationsschicht mit Maschendraht oder Jutebahnen, die mit der Begrünung einwachsen.

Voraussetzung für eine standsichere Vegetationsschicht ist, daß sie ein tragendes kornstabiles Gerüst aufweist. Nicht stabilisierte Substrate, die hohe Anteile abschlämmbarer Kornfraktionen aufweisen, können trotz Schubsicherung bei voller Wassersättigung abscheren (siehe Abschnitt 18). Für die beim Bau von Einfamilienhäusern üblichen Dachlängen bis etwa 20 Grad Dachneigung können bis 15 cm dicke Vegetationsschichten auf zugfesten Vlieslagen mit einem hohen Rauhigkeitsparameter ohne zusätzliche geometrische Schubsicherungen eingebaut werden.

Für den Einbau aller harten, geometrischen Schubsicherungen gilt, daß sie keine direkte, dauernde Drucklast auf die Abdichtungen ausüben dürfen. Die ohnehin notwendige Schutzlage über der Abdichtung oder Wurzelschicht muß zur Druckverteilung entsprechend dimensioniert werden. Geotextile Vliese, Gitter oder Gewebe müssen ausreichende Zugfestigkeiten aufweisen und sollten etwa der Klasse 2 (oder höher) entsprechend dem „Merkblatt für die Anwendung von Geotextilien" (FGSV 1987) entsprechen. Hier ist auch die teilweise erhebliche Zugkraftdehnung und das unterschiedliche Dauerstandsverhalten zu beachten. Manche Kunststoffe (Polyamid) nehmen das Wasser in die Struktur auf und neigen zur verstärkten Längung.

Reicht bei geometrischen Schubsicherungen wie zum Beispiel Krallmatten oder Strukturvliesen die dreidimensionale Krallwirkung in die Substratschicht nicht aus, müssen in die Vegetationsschicht Gittergewebe oder Maschendraht eingelegt werden. Bei einseitig geneigten Dächern muß die obere mechanische Befestigung der Schubsicherung am Dachrand bautechnisch gelöst werden, ohne die Abdichtung zu beeinträchtigen.

Für alle Kunststoffe werden hinsichtlich ihres chemisch-physikalischen Verhaltens und der Umweltverträglichkeit die gleichen Kriterien angelegt wie bei den Dränschichten (siehe Abschnitt 8.1.3).

Abb. 117. Schubschwelle mit überklebter Abdichtung, die dadurch gegen Verrottung gesichert ist.

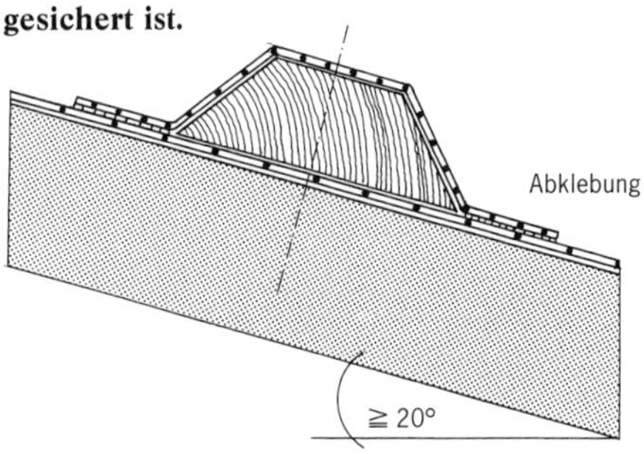

Abb. 118. Lage der Schubschwellen in der Dachaufsicht mit Durchlässen für die Wasserabführung. Die Schubschwellen können auch mit etwas Gefälle verlegt werden.

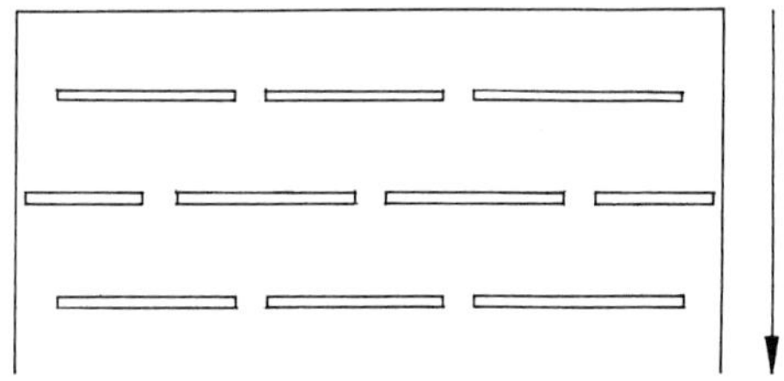

Abb. 119. Schubsicherung mittels Strukturvlies mit Geweberippen. Falls erforderlich kann noch zusätzlich ein geotextiles Gittergewebe eingelegt werden.

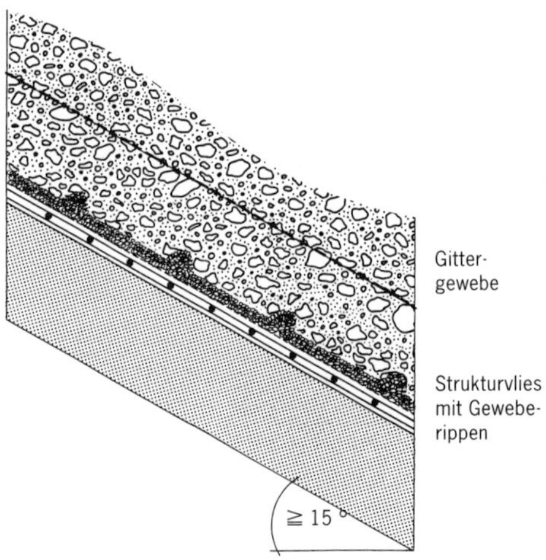

Abb. 120. Schubsicherung mittels geotextilem Krallgewebe.

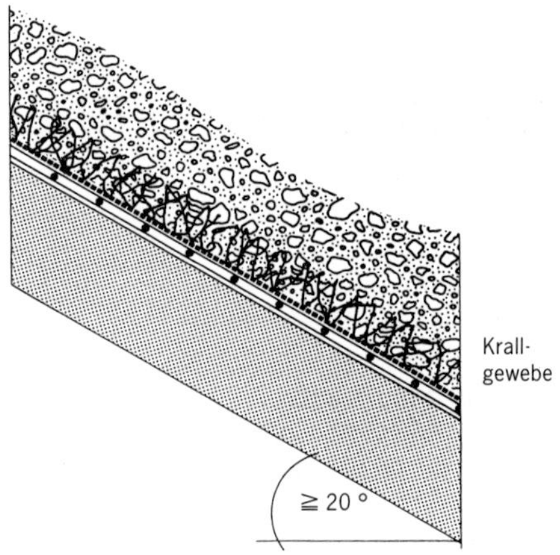

8.7.3 Windsicherung von Solitärgehölzen auf Dächern

Solitärgehölze müssen in den ersten Jahren nach der Pflanzung eine Sicherung gegen Winddruck erhalten, wie dieses ja auch auf bodengebundenen Flächen erforderlich ist. Falls jedoch wegen zu geringer Standsicherheit sowie aufgrund hoher Windbelastung und wegen eines nicht ausreichenden Wurzelraumes eine ständige Windsicherung erforderlich ist, verzichtet man besser ganz auf Solitärgehölze. Auf die biologische Standsicherheit durch eine natürliche Wurzelverankerung läßt sich gerade bei Dachbegrünungen nicht verzichten.

Für die Windsicherung von Gehölzen werden immer wieder eine ganze Reihe von Vorschlägen angeboten (zum Beispiel STIFTER 1988, KIEFER und LOIDL 1988). Viele davon beruhen jedoch auf nicht überprüften Annahmen oder lassen auf mangelnde Kenntnisse der Baumstatik oder des Wurzelverhaltens schließen.

Sogenannte Verwurzelungsgewebe oder starre Durchwurzelungsgitter und Baumkörbe sollen die Wurzelwirkung zur Abtragung der Windlasten unterstützen. Sie übernehmen also die Funktion von „Ersatzwurzeln“. Dies ist jedoch nur dann möglich, wenn die Gehölzwurzeln eine genügende Anzahl von Verankerungspunkten an den Gittern und Gewe-

Abb. 121. Die Windsicherung für Solitärgehölze auf Dachflächen durch Verspannungen. Befestigungen am Bauwerk können nur oberhalb der Abdichtung erfolgen.

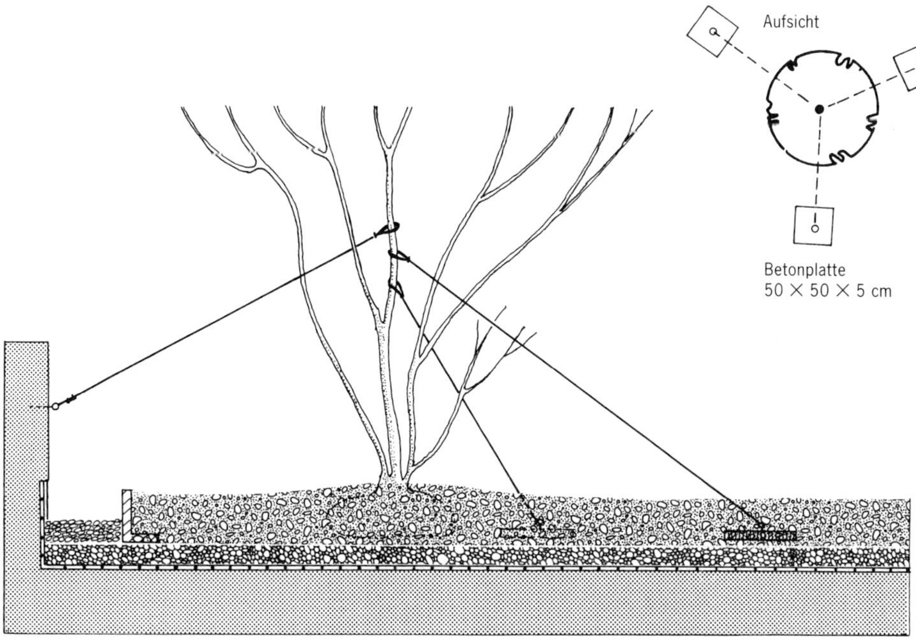

ben so durch- und verwachsen haben, daß sich eine Verkrallung ergibt. Dies geschieht, sofern es überhaupt statisch wirksam erfolgt, erst mit dem Längen- und Dickenwachstum der Wurzeln, so daß noch weitere Sicherungsmaßnahmen erforderlich werden. Bei Verwurzelungsgeweben besteht in zu engen Maschen die Gefahr der Wurzelabschnürung, bei Wurzelgittern aus Metall die der Scheuerwirkung von Wurzeln, bedingt durch die Windbewegung des Gehölzes.

In verschiedenen Begrünungssystemen wird für Gehölzpflanzungen, unabhängig von der Höhe der Pflanzen, bei geringeren Substratsdicken grundsätzlich die Verwendung eines Verwurzelungsgewebes empfohlen. Dies erscheint fragwürdig, weil hier im Grunde genommen objektbezogene grundsätzliche Fragestellungen der Vegetationstechnik und Pflanzenverwendung nicht gelöst sind. Auch die Beschwerung eines Wurzelballens mit Steinen stellt eher eine archaische Methode von zweifelhafter Wirksamkeit dar.

Für die Windsicherung von Großgehölzen auf Dachebenen ist die Seilverspannung nach wie vor die wirksamste Methode, die sich auch technisch einwandfrei realisieren läßt. Es werden am besten nachstellbare Dreipunkt-Seilverspannungen gewählt. Sie sollten in einem Winkel zwischen 45 und 60 Grad an den statisch wirksamsten Punkten im oberen Stammbereich ansetzen. Bei mehrtriebigen Gehölzen wird jeweils ein Starktrieb verspannt. Seil- oder gar Drahtverspannungen dürfen auf keinen Fall im unteren Stammbereich zum Wurzelhals ansetzen. Einerseits sind sie dort nahezu unwirksam, weiterhin werden sie leicht übersehen, das hat zur Folge, daß sie später nicht entfernt werden und das Gehölz strangulieren.

Die Anbindung der Verspannung am Gehölz muß mit druckverteilenden, weichen Verbindungen aus Gewebe oder Gummischlaufen erfolgen. Die verankernde, korrosionsfreie Befestigung der Verspannung kann, sofern möglich, ganz oder teilweise an Gebäudeteilen, Randausbildungen oder Mauern oberhalb der Dichtungsebene erfolgen. Falls dies nicht möglich ist, kann die Lastabtragung auch über in die Vegetationsschicht verlegte

Betonplatten mit Ankerösen erfolgen. Größe und Gewicht dieser Betonplatten sind variabel, sollten aber die Abmessungen einer Gehwegplatte von 50 × 50 × 5 cm nicht unterschreiten (Abbildung 121). Gehölze, die in Baumscheiben befestigter Flächen wachsen, können mit den üblichen Stützgestellen gesichert werden.

8.7.4 Konstruktionen von Pflanzgefäßen

Pflanzgefäße werden in einer Vielzahl von Systemen-, Material- und Ausstattungsvarianten angeboten. Verschiedene spezielle Entwicklungen sind gerade auf die Begrünung von Bauwerken ausgerichtet. Pflanzgefäße werden zur intensiven Dauer- und Wechselbepflanzung verwendet für:
- die Begrünung von Brüstungen (Abbildung 122 und 123)
- die Begrünung von Fassaden
- als Einzelaufstellung (Abbildung 124 und 125)
- als Linien-, Gruppen- oder Flächenaufstellungen (Abbildung 126 und 127)
- in Kombination mit begrünbaren Sichtschutz- und Raumgitterwänden.

Im Bereich genutzter Dachterrassen wird außerdem eine Vielzahl individueller Einzelgefäße wie Terrakotten, bepflanzt mit winterharten oder mediterranen Kübelpflanzen, verwendet (STIFTER 1988).

Der Übergang zwischen Bankbeeten oder Pflanztrögen und Pflanzgefäßen verläuft unter dem Gesichtspunkt des relativ geringen Wurzelraumes unter vegetationstechnischen Gesichtspunkten fließend. Bankbeete sind jedoch immer linienförmige, durchgehende Konstruktionen, während einzelne Pflanzgefäße einfach aneinandergereiht werden. Zu den Pflanzgefäßen zählen auch flächig anzuordnende Stapelelemente (Abbildung 126). Bankbeete und Pflanztröge sind häufig in das Bauwerk integriert und gesondert abgedichtet.

LUZ (1973) beschreibt den Einbau von kunststoffarmierten, substratgefüllten, stapelbaren und bepflanzbaren Elementen sowie bepflanzten, stapelbaren Pflanzkästen. Eine Vielzahl gestalterisch-konstruktiver Einsatz-

Abb. 122. Ein Pflanzgefäß aus Faserzementplatten wurde fest auf einer Stahlbetonbrüstung montiert. Die Pflanzgefäßhöhe und das Geländer ergeben die notwendige Höhe der Absturzsicherung.

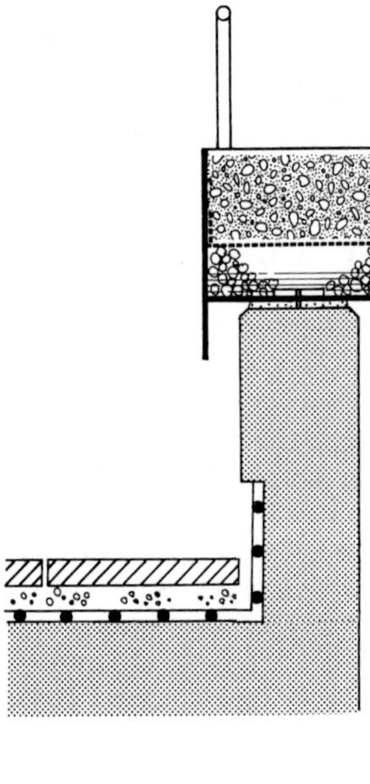

Abb. 123. Pflanzgefäß aus Faserzementplatten, auf einer Holzbodenkonstruktion vor einer Betonbrüstung angeordnet.

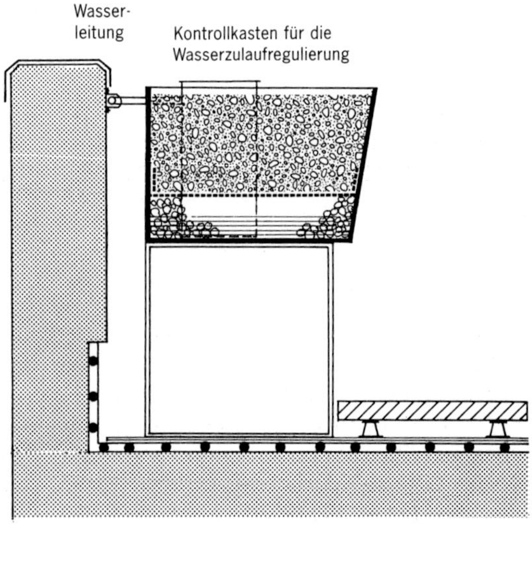

Abb. 124. Pflanzgefäß aus glasfaserverstärktem Kunststoff und variablen Holzverkleidungen. Im Boden befindet sich die Wasserspeicherzone. Das Wasser wird durch Kapillarmatten aus Mineralwolle in die Substratschicht gesaugt.

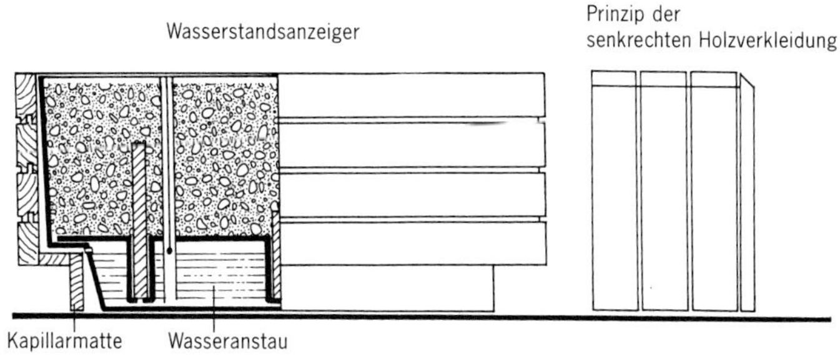

Abb. 125. Pflanzgefäße mit ähnlichem Prinzip der Wasserversorgung wie in Abb. 124. Das Gefäß ist jedoch aus wasserdichtem Beton.

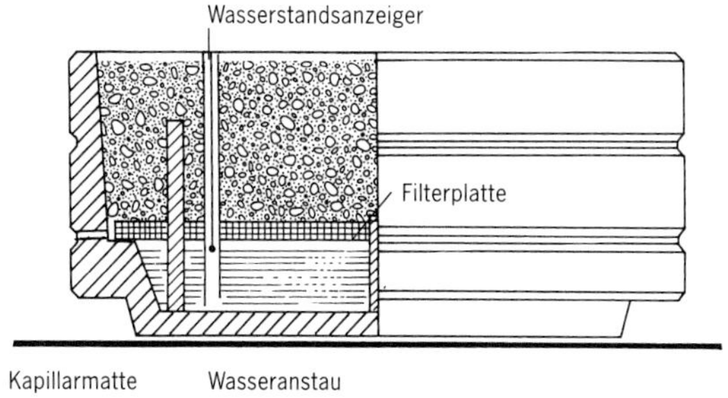

Abb. 126. Pflanzelemente aus Leichtkunststoff zur flächigen Verwendung im Elementsystem.

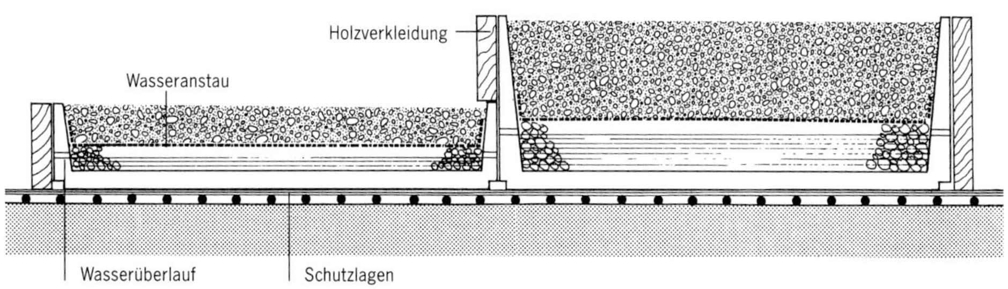

möglichkeiten sind bei GOLLWITZER und WIRSING (1971), ebenso bei HOFFMANN (1987) angeführt. Sogenannte Torfwände (VAN RAALTE 1976, NENGELKEN 1985) als Kombination von rechteckigen Pflanzgefäßen und mit senkrechten torfgefüllten Gitterkonstruktionen versehen sind auf Dauer nicht funktionssicher. Der Torf baut sich mikrobiell ab; der Wurzelraum der darin verwurzelten Pflanzen schwindet, und die Pflanzen sterben in der Folge ab.

Die verwendeten Stoffe beschränken sich für den Einsatz im Dach- und Fassadenbereich auf relativ leichte, wasserdichte Materialien wie Faserzement, massive und glasfaser-

Abb. 127. Reihung von Pflanzgefäßen des Types aus Abb. 123 zur Sicherung und Begrünung der Brüstung. Aus Kostengründen wurden die Gefäße im Modul-Raster mit Abständen gesetzt und durch ein Geländer verbunden. Die Wasserversorgung erfolgt vollautomatisch.

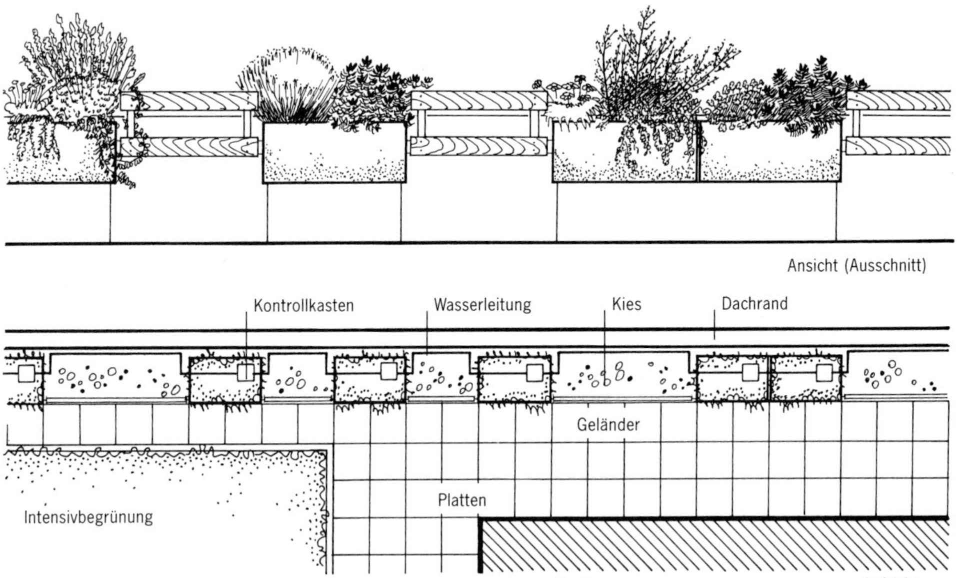

verstärkte Kunststoffe für den funktionalen Teil sowie zusätzliche Außenverkleidungen aus Holz. Flexible Pflanzbehälter aus gewebeverstärkter Kunststoff-Folie (MINKE 1985), die an Fassaden auch nach dem Strickleiterprinzip mit oder ohne Wasserversorgung untereinander gehängt werden können, erscheinen wenig dauerhaft, auch wenn die Kunststoff-Folie UV-stabil ist.

Sofern die Lastaufnahme ausreicht, können Betongefäße (Abbildung 125) verwendet werden, auch als Brüstungs- und Fassadenelemente teilweise fest in die Bauwerke integriert. Hier besteht häufig das Problem, daß die Querschnitte und der Wurzelraum insgesamt zu gering sind.

Alle Stoffe, die mit Feuchtigkeit in Kontakt kommen, müssen dauerhaft wasserfest sein. Die Konstruktion muß eine Frostausdehnung der Füllung zulassen.

Systemhersteller haben ihre Angebote nach verschiedenen Baureihen modulartig aufgeschlüsselt und gleichzeitig mit der erforderlichen Halte- und Versorgungstechnik versehen. Farbliche Anpassungen an das Gebäude sind auch durch eine Farbgebung nach RAL möglich. Was die Abmessungen betrifft, gibt es ein sehr reichhaltiges Angebot. Rechteckformen in verschiedenen Längen bei Höhen und Breiten von 40 bis 60 cm sind die Regel. Rechteckige Kunststoffgefäße sind in der Regel bis 125 cm lang. Eck- und Sonderelemente finden sich ebenfalls im Angebot. Faserzementplatten sollten mindestens 10 mm dick sein. Für Brüstungen werden auch einseitig auskragende Trapezquerschnitte hergestellt. Pflanzgefäße können die Funktion der Absturzsicherung an Brüstungen übernehmen und auch mit Geländern kombiniert werden (Abbildungen 122, 123, 127).

Eine Wärmedämmung, um die Frosteinwirkung im Winter und eine zu starke Erwärmung im Sommer zu verhindern, empfiehlt sich für alle dünnwandigen Gefäße.

Wenn Pflanzgefäße direkt auf der Dachoberfläche stehen, so sind in jedem Fall last- und druckverteilende Schutzlagen erforderlich (siehe Abschnitt 7.1.2). Pflanzgefäße zur Fassaden- und Brüstungsbegrünung müssen jederzeit bequem und ohne Risiko erreichbar sein. Planungen, die eine Versorgung und Pflege nur über Anleiterungen vorsehen, funktionieren auf Dauer nicht.

Die höhengestaffelte Bestückung von Fassaden mit Pflanzgefäßen zur Flächenbegrünung stellt keine überzeugende Lösung dar. Es ergeben sich bei den häufig zu kleinen Gefäßen Extremstandorte, in denen – wie die bisherigen Beispiele zeigen – die Pflanzen oft nicht überleben können.

Der vegetationstechnische Schichtaufbau von Pflanzgefäßen gleicht im Prinzip dem mehrschichtigen Aufbau von Intensivbegrünungen. Es ist hierbei zu unterscheiden zwischen:

- Vegetationsschicht
- Filterschicht
- Dränschicht oder Wasseranstauschicht oder Wasserreservoir.

Abweichend von der oben angeführten Schichtdifferenzierung werden auch einschichtige Aufbauten nach dem Hydrokulturprinzip verwendet.

Zur besseren Verteilung des Wassers aus dem unteren Wasserreservoir werden häufig noch Kapillarmatten, Kapillarplatten oder Stäbe, vorzugsweise aus Mineralwolle, eingesetzt. Das Wasserreservoir kann durch einen Kunststoffprofileinsatz (Abbildung 124) oder durch eine trennende Filterplatte aus Kunststoff- oder Metallgitter (Abbildung 125) gebildet werden. Wasserstandsanzeiger und Überlauföffnungen, um Staunässe zu verhindern, perfektionieren den funktionalen Aufbau. Wegen des geringen Bodenvolumens und der eingeschränkten Flächenausbreitung bleiben jedoch die Möglichkeiten, insbesondere was die Verwendung von Gehölzen betrifft, begrenzt (siehe Abschnitt 10).

„Einfachkübel" ohne funktionalen Schichtaufbau und Wasserbevorratung sollten auf Dachflächen und an Gebäuden möglichst nicht verwendet werden, weil die schnellen Wasserverluste zu den häufig vokommenden Trocken- und Frostschäden führen.

Hinsichtlich der Wasserversorgung sind zwei Verfahren zu unterscheiden:

- Gefäße mit Dauerversorgung im Anstauprinzip, die einen Anschluß an die Frischwasserleitung erhalten (Abbildung 127)
- Gefäße mit Langzeitversorgung durch ein Wasserreservoir, Wasser wird von Hand nachgefüllt (Abbildungen 124 bis 126).

Bei dem Prinzip der Dauerversorgung sollte nach Möglichkeit jedes Gefäß eine Wasserstandsregulierung mit Füllventil besitzen, weil sich damit der unterschiedliche Verbrauch in den Einzelgefäßen besser nachregeln läßt.

Versorgungsleitungen für Gefäße zur Fassadenbegrünung müssen über einen längeren Zeitraum witterungsbeständig sein, dauerhaft angebracht werden und in optisch akzeptabler Weise die Linienführung des Bauwerkes berücksichtigen. Girlandenartig freihängende, bewegliche Leitungen wirken ästhetisch unbefriedigend und bergen zusätzlich technische Risiken.

Versorgungsleitungen können in der Regel nicht frostsicher verlegt werden und müssen zum Winter abgestellt werden. Je nach Größe des Pflanzgefäßes, Höhe des Wasserstandes und Art der Bepflanzung muß der Wasservorrat in den Sommermonaten in Intervallen zwischen 10 und 20 Tagen nachgefüllt werden. Dies kann auch über perforierte Sickerleitungen erfolgen. Die Wasserspeicherkapazitäten aller Konstruktionen reichen je nach Größe des Gefäßes von etwa 100 bis 300 l/m^2. Diese Werte schließen die Speicherkapazität des Substrates ein.

8.7.5 Standortsicherung für Fassadenbegrünungen

Während Kletterhilfen für Fassadenbegrünungen in der Literatur in vielfältiger Weise dargestellt werden, gibt es im Gegensatz dazu entweder keine oder nur unzureichende Hinweise zu baulichen Maßnahmen für die Standortsicherung von Fassadenbegrünungen. Einige Angaben sind unter anderem bei BAUMANN (1983) zu finden, sowie bei KIEFER und LOIDL (1988). Ebenso enthält die Fülle der kommunalen und Verbandsschriften zur Förderungen der Fassadenbegrünung im städtischen Raum kaum Angaben zu diesem wichtigen Thema.

Bauliche Maßnahmen zur Standortsicherung für Fassadenbegrünungen sind im öffentlichen oder privaten Raum überall dort notwendig, wo räumliche Enge, verbunden mit hoher Frequentierung, die Existenz der Pflanzen gefährden. Dazu zählt auch die Gefährdung durch Vandalismus und Hundefäkalien. Sind ausreichende Standortsicherungen nicht möglich, muß die Begrünung entfallen.

Abb. 128. Einfache Standortsicherung durch einen erhöhten Kantenstein.

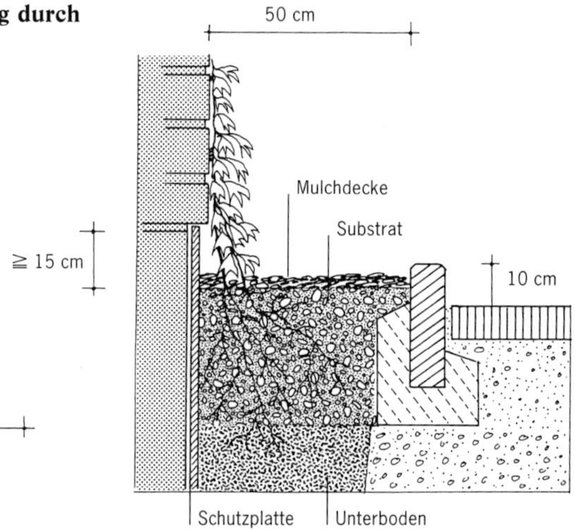

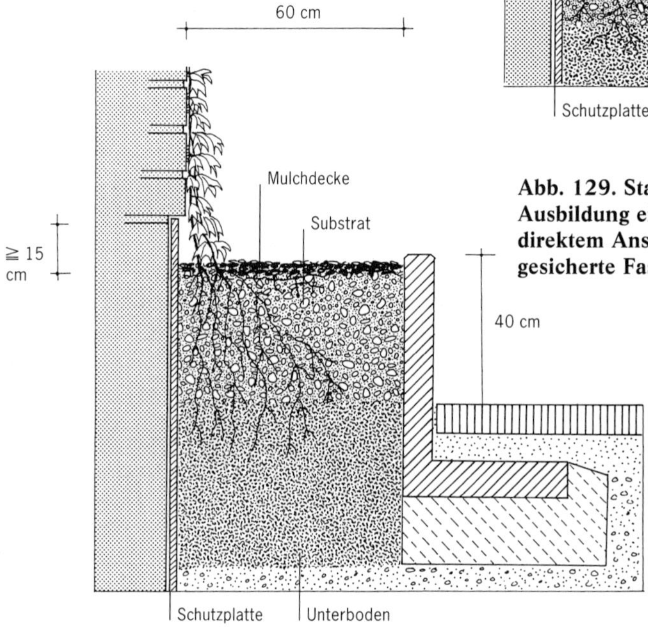

Abb. 129. Standortsicherung durch Ausbildung eines erhöhten Pflanzbeetes mit direktem Anschluß an die entsprechend gesicherte Fassade.

Abb. 130. Standortsicherung für Einzelpflanzen durch Verwendung ringartiger Fertigelemente mit Abstand zur Fassade.

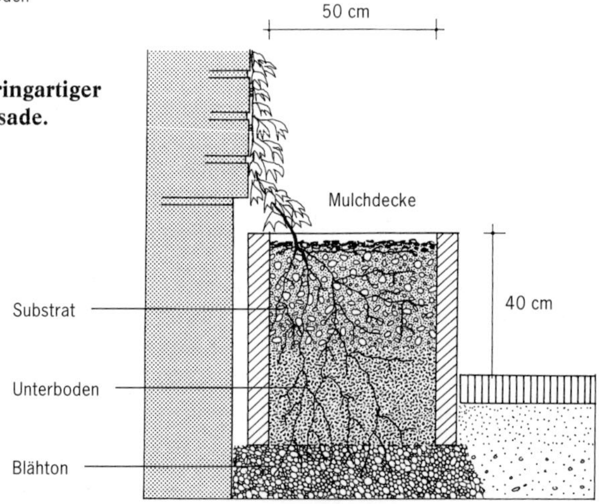

Es ist zu unterscheiden zwischen
- baulichen Maßnahmen zum Schutz des Wurzelraumes, insbesondere als Schutz vor Betreten und Überfahren.
- baulichen Maßnahmen zum Schutz der oberirdischen Pflanzenteile bis zu einer Höhe von 1,5 bis 2,25 m.

Die mit dem anschließenden Pflasterbereich höhengleiche Herstellung der Pflanzfläche bedeutet sicherlich den Idealfall, insbesondere dann, wenn dadurch Wasser aus den befestigten Flächen noch in den Pflanzbereich gelangen kann. Alle Pflanzflächen im Gehwegbereich, die breiter als der Schwenkbereich des Armes (30 bis 50 cm) sind, können jedoch überlaufen werden. Kehrmaschinen arbeiten direkt bis an die Fassaden.

Die einfachste Form des Schutzes ist ein erhöhter Kantenstein (Abbildung 128). Einen wirklich wirksamen Schutz, insbesondere auch gegen Hundefäkalien, stellen erhöhte Beete dar, die mindestens 30 besser 40 oder 50 cm über der Wegfläche liegen (Abbildung 129). Diese Erhöhung ist jedoch nur dann möglich, wenn ein ausreichender Feuchteschutz des Mauerwerkes über der letzten horizontalen Mauerisolierung (in der Regel 15 cm über Bodenanschluß) gewährleistet ist. Eine einfache Abtrennung durch senkrecht gestellte Faserzementplatten oder Bitumbahnen reicht auf keinen Fall aus.

Eine praktikable Variante bietet die Möglichkeit, rohrförmige Fertigteile auf die entsprechende Höhe zu setzen (Abbildung 130). BAUMANN (1983) schlägt auch ein Schutzrohr mit Gitterrostabdeckung vor, das bündig mit der Bodenoberfläche eingegraben wird.

Sofern die Platzverhältnisse dies zulassen, können vor Fassaden auch breitere Bankbeete mit gemauerten oder verblendeten Abstützungen hergestellt werden.

Zur Sicherung der oberirdischen Pflanzenteile eignen sich die verschiedenen Formen von Metallgittern. Werden keine Aufkantungen verwendet, so kann eine untere Auskragung ebenfalls eine gute Sicherungsfunktion haben, allerdings hält sie Hunde nicht ab.

8.7.6 Kletterhilfen für Fassadenbegrünungen

Über die konstruktive und gestalterische Ausbildung von Kletterhilfen liegen in der Literatur recht detaillierte Empfehlungen vor (BAUMANN 1983, BARTHOLMAI 1984, OHLWEIN 1984, MINKE 1985, ALTHAUS 1987, MENZEL 1988). Über die pflanzengemäße Eignung von Materialien, Dimensionierungen und Abständen sind erstmals umfassende Angaben zu finden bei BARTHOLMAI (1984) und ALTHAUS (1987). ALTHAUS stellt jedoch fest, daß für die einzelnen Kletterformen systematische Untersuchungen zur pflanzengemäßen, funktionellen Eignung fehlen. Auf der Basis bisher vorliegender Erfahrungen werden dort vom Wuchs- und Kletterverhalten der verschiedenen Arten entsprechende Angaben gemacht.

Die nachfolgenden Ausführungen geben einige kurze Empfehlungen zur Materialauswahl, zur pflanzengerechten Anordnung und zur Konstruktion von Kletterhilfen. Gestalterische Fragen sowie bau- und konstruktionstechnische Details werden hier nicht erörtert. Die Abbildungen 131 bis 135 zeigen einige grundsätzliche Lösungen.

Es werden folgende Typen von Kletterhilfen unterschieden:
- Drähte in Horizontalspannung
- Drähte in Vertikalspannung
- Seile in Vertikalspannung (Abbildung 131)
- Rohre und Rundstähle in vertikaler Einzel- oder Parallelführung
- Balken, Rundhölzer und Bohlen in vertikaler Einzelführung (Abbildung 132)
- Latten in vertikaler, paralleler Einzelführung
- Vorkonfektionierte Gitter aus Metall und ummanteltem Metall
  Maschendraht
  Baustahlgewebe
  Zaungitterelemente
  spezielle Rankgitterelemente
- Konstruktive Flachgitter in Quadrat-, Rechteck-, Rauten- oder Diagonalgeometrie aus Holz (Abbildung 133), Metall oder als Kombinationen von Holz und Metall.

Konstruktive Hohlgitter mit rundem, rechteckigem oder quadratischem Querschnitt aus oben genannten Materialien können auch freistehend verwendet werden.

Materialwahl

In der Regel ist eine Grundsatzentscheidung zwischen Holz und Metall zu treffen. Massivkunststoffe haben sich bisher nicht durchgesetzt; ihr Einsatz ist auch nicht ohne weiteres

Abb. 131. Rankhilfe aus Seilen mit Fundamentverankerung. Angaben in mm.

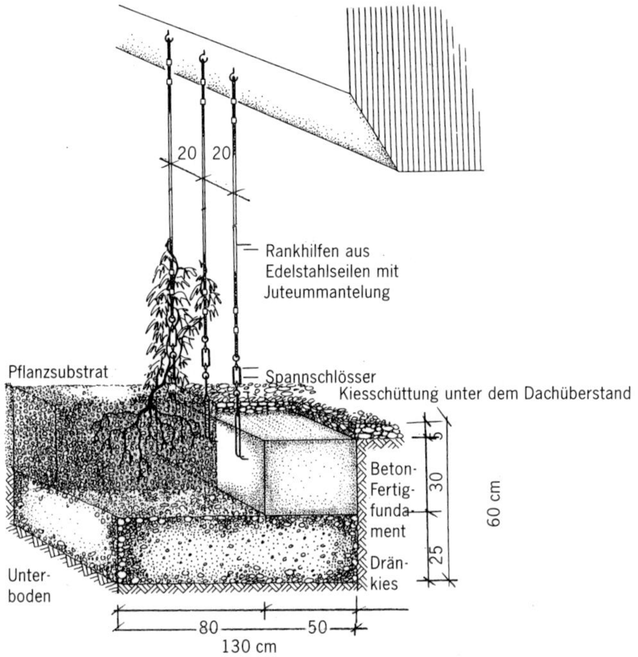

Abb. 132. Rankhilfen aus Holzbohlen für selbstklimmende Pflanzen, insbesondere Efeu. Die Stabilisierung gegen die Verwindung des Massivholzes erfolgt durch die verdeckten Stahlstützen und mit Hilfe von Verankerungskonstruktionen. Sie können auch mit großen Wandabständen montiert werden. Angaben in cm.

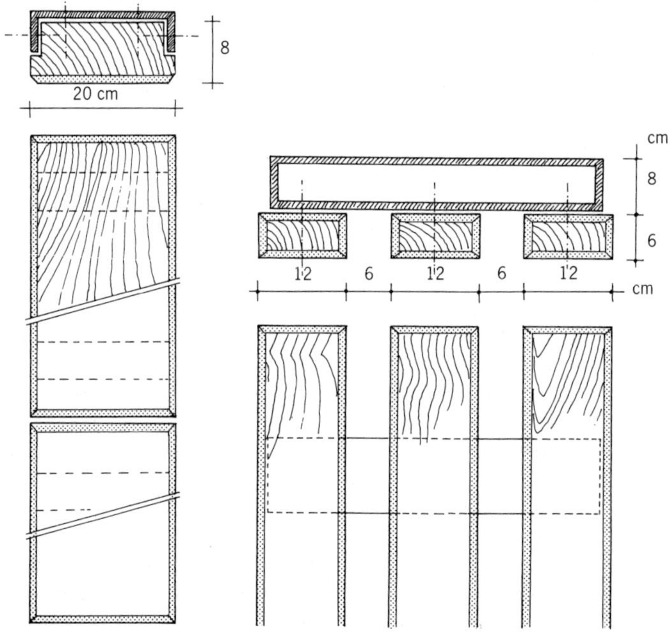

Abb. 133. Grundprinzip von Holzgitterkonstruktionen. Angaben in cm. Enges Quadratgitter mit Eignung für Haftscheibenranker. Diagonalgitter mit großen Gitterfeldern für Sproß- und Blattstielranker.

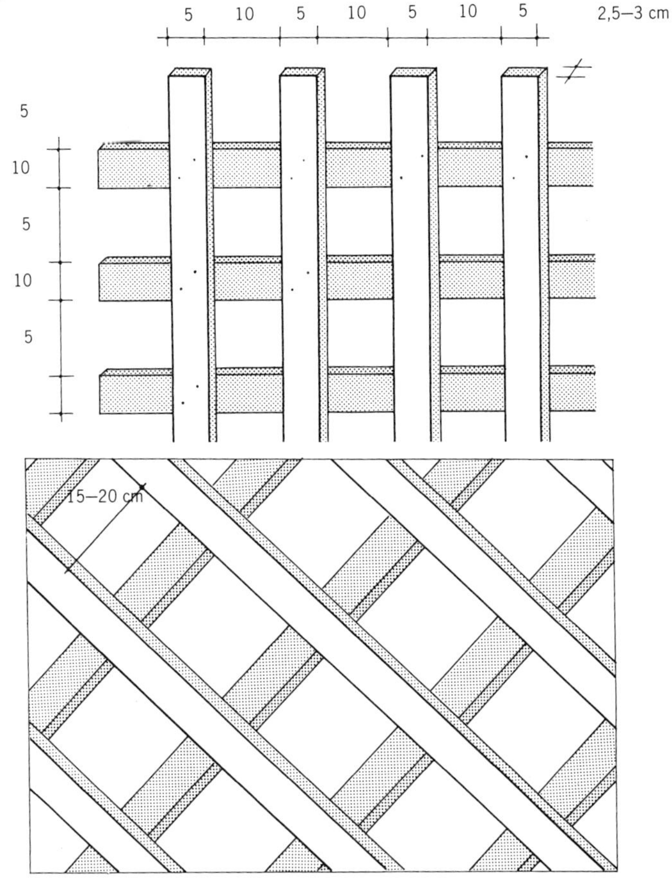

zu begründen. Für die Verwendung von **Holz** als natürliches, warmes Material spricht die Pflanzenfreundlichkeit und die ersatzweise Kletterunterlage auch für Selbstklimmer. Probleme treten durch die beschränkte Haltbarkeit und durch die erforderlichen Unterhaltungsmaßnahmen. Gering dimensionierte Querschnitte sollten gar nicht verwendet werden. Stark windende Pflanzen wie Wisterien zerbrechen die üblichen Holzkonstruktionen, verbiegen allerdings auch Metallprofile. Viel zu wenig wurden bisher Kombinationen aus Holz und Metall, etwa für Rankgitter, verwendet. Metallprofile können, zum Beispiel auch als durch Holz kaschierte U-Profile die dauerhaft tragende Funktion übernehmen.

Rankgitter aus Holz können für alle Sproßranker, Blattstielranker und Haftscheibenranker, sowie für Wurzelkletterer und Sproßklimmer verwendet werden.

Metallkonstruktion wird häufig fehlende Pflanzenfreundlichkeit oder Pflanzenfeindlichkeit nachgesagt. Nach ALTHAUS (1987) gibt es dafür keine eindeutigen Beweise, da systematisch vergleichende Untersuchungen fehlen. Eindeutig feststellbar waren nach Beobachtung des Verfassers Verbrennungen von Triebspitzen an sonnenseitig aufgeheizten größeren Metallprofilen oder Flächen. Durch nachwachsende Triebe und durch die Beschattung ergaben sich daraus jedoch keine langfristigen Probleme.

Der Vorteil von Metallen liegt in der langen Lebensdauer, der hohen Stabilität und darin, daß sich selbst geringe Querschnitte noch eignen. Die Dauerhaftigkeit hängt vom Korrosionsschutz ab. Verzinkungen, insbesondere von Seilen und Baustahlmatten, halten oft nur wenige Jahre. Es sollten für Rohre und Profilstähle nur schwere Verzinkungen (mindestens 500 g/m^2) verwendet werden oder Edelstahl (für Seile) und Aluminium der höheren Festigkeitsklassen.

Eine „pflanzenfreundliche" Entwicklung bilden Edelstahlseile mit Jutegewebeummantelung. Kunststoff-Ummantelungen für Stahlseile sollten UV-beständig sein. Drähte, Stahlseile und Rohre eignen sich vorzugsweise in senkrechter, paralleler Anordnung für schlingende und windende Pflanzen.

Dimensionierung

Es ist einerseits zu unterscheiden zwischen konstruktiv-statischen Mindestquerschnitten und andererseits zwischen Minimal- und Maximalquerschnitten, wie sie für die verschiedenen ortsspezifischen Rank-, Winde- und Kletterformen optimal sind. In Tabelle 18 sind dazu die Empfehlungen nach ALTHAUS (1987) zusammengestellt. ALTHAUS weist in diesem Zusammenhang auf die „Selbststrangulation" der ersten Leittriebe bei verschiedenen Pflanzen an zu dünnen Spanndrähten (Querschnitt 6 bis 8 mm) hin. Dies hängt sicherlich auch von der artspezifischen Windefestigkeit der Triebe ab. So stranguliert zum Beispiel das heimische Waldgeißblatt wohl die bekletterten Gehölze, aber nicht die eigenen Triebe. In der Natur kommt es bei verschiedenen Schlingern (wie *Celastrus*) immer wieder vor, daß sich Triebe einer Pflanze gegenseitig behindern; dort kann dies jedoch nie existenzbedrohend werden, weil die Pflanzen immer von der Basis aus vieltriebig angelegt sind. Dies sollte auch für die Fassadenbegrünung beachtet werden.

Für Schlingpflanzen kann nur eine Rankhilfe – ein Draht oder Seil allein – kein artgerechtes Wachstum ermöglichen. Deshalb sollten zwei oder drei Seile bzw. Rohre im Abstand von 15 bis 30 cm je Pflanze verwendet werden.

Für viele Fassaden kommen selbstklimmende Pflanzen wegen ihrer Schadensträchtigkeit (Hinterwachsen von Hohlräumen, Schäden an Putz, Fugen und Oberflächenbeschichtungen) nicht in Frage (ALTHAUS 1987). Kletterhilfen, die sowohl dem Anspruch der Pflanzen als auch den gestalterischen und funktionellen Anforderungen des Bauwerkes gerecht werden, bieten gute Alternativen. An geeigneten Kletterhilfen, wie zum Beispiel an engen Holzgittern oder breiten senkrechten Holzprofilen, kann auch der beliebte und

Tab. 18. Maximaler Idealdurchmesser von Seilen, Latten oder Stäben als Rank- und Kletterhilfen (nach ALTHAUS 1987, Auszug)

Pflanzenart	empfohlener maximaler Idealdurchmessr in cm
Sproßranker	
Ampelopsis brevipedunculata	etwa 1,3
Parthenocissus quinquefolia	etwa 1,3
Vitis amurensis	etwa 1,4
Vitis coignetiae	etwa 1,9
Vitis riparia	etwa 1,1
Vitis vinifera	etwa 1,8
Vitis vinifera 'Blauer Portugieser'	etwa 3,9
optimale Gitterweiten zwischen 15 und 20 cm	
Wandabstände zwischen 10 und 15 cm	
Blattstielranker	
Clematis alpina	etwa 1,2
Clematis flammula	etwa 0,4
Clematis macropetala	etwa 0,7
Clematis maximowicziana	etwa 0,4
Clematis montana	etwa 1,1
Clematis orientalis	etwa 0,7
Clematis tangutica	etwa 0,4
Clematis vitalba	etwa 0,5
Clematis viticella	etwa 0,5
optimale Gitterweiten 5*5 cm, maximale 15 x 15 cm	
Wandabstand mindestens 10 cm	
Empfehlungen für **Spreizklimmer**	
– horizontale Konstruktionen mit Abständen von etwa 40 cm	
– Gitterwerk mit Weiten von etwa 50 cm	
– Wandabstände etwa 15 cm	

Abb. 136. Bei herabhängenden Fassadenbegrünungen, die von Dachflächen ausgehen, haben sich Abstandsgitter über dem Dachrand und der Fassade bewährt. Pflanzen und Bauteile können so am besten geschützt werden. Im Abstandsstreifen zum Dachrand können auch Betonplatten verlegt werden. ▶

Abb. 134. „Efeubaum" für den freien Stand. Es können auch unbehandelte Kanthölzer verwendet werden. Unter Berücksichtigung der statischen Anforderungen muß der Fundamentquerschnitt so gewählt werden, daß man die Kletterpflanzen möglichst nahe am „Stamm" pflanzen kann.

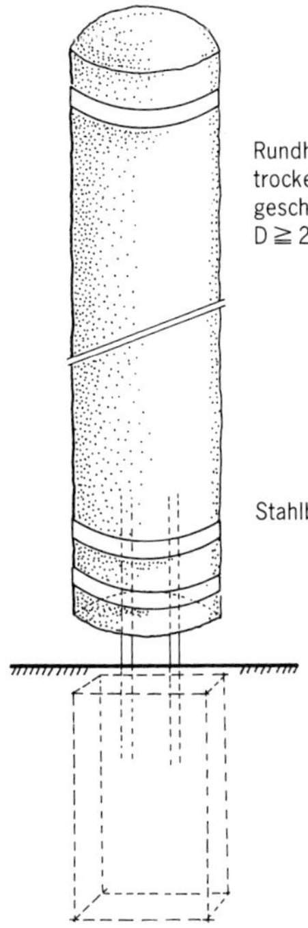

Abb. 135. Konstruktive Hohlgitter ermöglichen eine artgerechte räumliche Ausbreitung von Rank- und Kletterpflanzen und schützen vor Windabrissen. Materialien: Metal und Kombinationen von Metall und Holz.

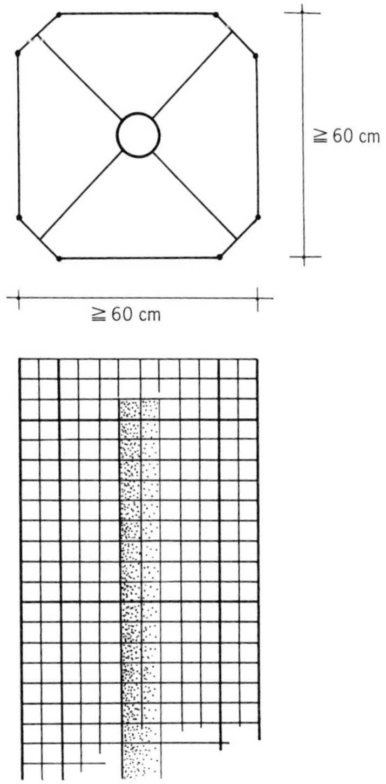

Abb. 136.

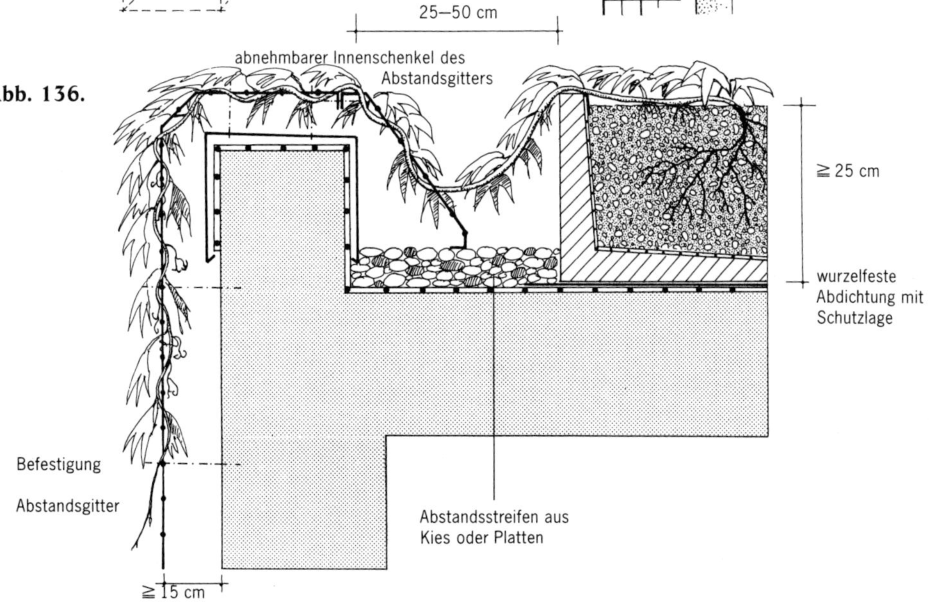

häufig unverzichtbare immergrüne Efeu verwendet werden, der diese Hilfen allseitig haftend umwächst (Abbildungen 134 und 135).

Für die Dachrandbegrünung speziell durch von oben herabhängende Pflanzen haben sich Abstandsgitter bewährt. Sie beugen Schäden wie das Verbrennen von Jungtrieben oder Schäden durch scheuernde Bewegungen vor (Abbildung 136).

9 Die verschiedenen Begrünungsformen

9.1 Entwicklung der Terminologie und Differenzierung der Begrünungsformen

Die heute gebräuchlichen Bezeichnungen für die Extensiven und Intensiven Dachbegrünungen wurden erstmals in den „Grundsätzen für Dachbegrünungen" (FLL 1982) abgrenzend definiert. Dort wird jedoch ausdrücklich nur die „näherungsweise" Kennzeichnung der Begrünungsarten hervorgehoben. In der Fachliteratur finden sich jedoch schon frühere Hinweise zur Differenzierung der Nutzung, zur Herstellungsreduzierung des Aufwandes und zur Differenzierung der Vegetation. GOLLWITZER und WIRSING (1971) behandeln in ihrem Buch „Dachflächen bewohnt, belebt, bepflanzt" nur Dach- und Terrassengärten ganz in der Tradition der Gartenkunst im Sinne von Intensivbegrünungen. BORNKAMM und GRÜN (1973) stellen Dachflächen mit „intensiver Nutzungsabsicht" auch größeren vorhandenen Flächen gegenüber, die vornehmlich aus Gründen des Umweltschutzes begrünt werden sollten.

Eine Extensivvegetation wird im Zusammenhang mit Dachbegrünungen etwa ab 1976 ansatzweise fachlich diskutiert. LIESECKE (1976) zitierte HEUERDINGs Überlegungen, innerhalb Berlins Dachrasen als Extensivflächen zu realisieren. Von einer größeren Versuchsanordnung auf der „Rostlaube" der TU in Berlin (1975) geben JACOBSHAGEN, BORNKAMM und HEINZE (1977) in einem Bericht mit dem Titel „Untersuchungen zu kostensparenden Begrünungen von Dachflächen" Kenntnis. Hier wird allerdings der Begriff Extensivbegrünungen nicht verwendet, sondern nur von „billigen Dachbegrünungen" gesprochen. LIESECKE (1979) erwähnt in seinem Beitrag „Funktionsgerechter Aufbau von Dachbegrünungen", daß „Extensive, d.h. pflegearme Einfachbegrünungen mit extrem dünnschichtigem Aufbau einen ... noch nicht berücksichtigten Sonderfall darstellen." KAISER (1981) beschreibt einen „Versuch, Dachflächen mit wenig Aufwand zu begrünen".

Dachbegrünungen sind in jedem Fall auf menschliches Handeln zurückzuführen, gleich ob dies rein passiv geschieht, indem die spontane Begrünung von Kiesdächern geduldet wird, oder ob er sich um die aktive Anlage verschiedener Begrünungsformen auf Dächern handelt, die dann mehr oder weniger unter menschlicher Obhut bleiben. Die von JALAS (1955) entwickelten und durch SUKOPP (1969) ergänzten Hemerobiestufen sind ein Modell menschlicher Einflußnahme. Diese „können ihrer Definition nach als integrierte Angaben für das Ausmaß des menschlichen Einflusses auf Ökosysteme angesehen werden. Bei Ökosystemen der niederen Hemerobiestufen überwiegt die Steuerung durch natürliche, bei Ökosystemen der oberen Hemerobiestufen die Steuerung durch anthropogene Prozesse. Die Hemerobie ist damit eine Angabe des Kultureinflußes bzw. der Naturferne" (SUKOPP 1980).

Tabelle 19 stellt die Abgrenzung der Hemerobieskala nach BLUME und SUKOPP (1976) dar. Der Hemerobiegrad kann sowohl auf eine Biozönose, eine Pflanzengesellschaft, oder auf eine einzelne Pflanzenart bezogen werden. Deshalb ist eine weitere Differenzierung der Hemerobiestufen erforderlich, die durch KOWARIK (1988) vorgenommen wurde. Die steigende Kennziffer innerhalb der Hemerobieskala bedeutet einen steigenden Kultureinfluß und steht auch für erhöhte Anteile von Fremdarten (Hemerochoren) unterschiedlicher Einwanderungszeit, Inkulturnahme und Beständigkeit. Für die Begrünungsformen der Dachbegrünung kann die in Tabelle 19 dargestellte Zuordnung der Hemerobiestufen zugrunde gelegt werden.

Auch die ökonomischen Zwänge im Bauwesen haben mit zur weiteren Differenzierung der Begrünungsarten beigetragen. Dies hat die Hinwendung zu „selbsterhaltenden", naturnahen (extensiven) Vegetationsformen

Tab. 19. Einordnung der Begrünungsformen von Dachbegrünungen in die erweiterte Hemerobieskala nach KOWARIK (1988)

Hemerobieskala*	1	2	3	4	5	6	7	8	9
Extensive Dachbegrünungen			x	x					
Einfache Intensive Dachbegrünungen				x	x	x			
Aufwendige Intensive Dachbegrünungen						x	x		

*1 oligohemerob, 2 oligo- bis mesohemerob, 3 mesohemerob, 4 meso- bis β-euhemerob, 5 β-euhemerob, 6 β-euhemerob bis euhemerob, 7 euhemerob, 8 euhemerob bis polyhemerob, 9 polyhemerob

gefördert. Allerdings wurden auch technisch-ökonomische Faktoren (zum Beispiel Energieeinsparung) diskutiert und teilweise überbewertet. MINKE (1982) versteht „Grasdächer" als einen „ökonomischen Beitrag zum ökologischen Bauen". In der späteren, weitgehend populären Dachbegrünungs- und insbesondere „Grasdachliteratur" wird häufig auf eine Differenzierung der Begrünungsformen verzichtet. Dies führte zu verschiedenen Fehleinschätzungen der Leistungsfähigkeit von Vegetationen.

Der „Kostenfaktor" allein genügt keineswegs für eine Klassifizierung von Begrünungsformen, schließlich können auch bei aufwendigen Begrünungen Kosten bei der Herstellung und Unterhaltung gespart werden (KRUPKA 1983).

Auch aus möglichen Nutzungsformen – wenn etwa zwischen genutzten und nicht genutzten Dachbegrünungsflächen unterschieden wird – läßt sich keine qualitative Merkmalsabgrenzung vornehmen. Einerseits ist die mögliche Belastbarkeit der Vegetation, etwa von Rasenflächen, durch regelmäßiges Betreten damit gemeint oder das Begehen von Dachflächen über Erschließungsflächen. Letzteres ist bei allen Begrünungsformen in Abhängigkeit von den Lastannahmen möglich. Einer „visuellen Nutzung" unterliegen generell alle begrünten Flächen. In technischer Hinsicht, etwa nach der Definition der DIN 18195, Teil 1, „Bauwerksabdichtung", und den Flachdachrichtlinien (1991) zählen begrünte Dachflächen ohnehin als genutzte Flächen.

So ermöglichen nur vegetationskundliche Merkmale (KRUPKA 1988/89) der Begrünungsformen eine Unterscheidung zwischen naturnahen bzw. weniger oder nicht naturnahen Begrünungen. In Verbindung mit der Pflegeintensität (dem Kultureinfluß) ergeben sich sinnvolle, praxisnahe Unterscheidungsmöglichkeiten in:

– Extensive Dachbegrünungen
– Einfache Intensive Dachbegrünungen
– Aufwendige Intensive Dachbegrünungen.

Diese werden auch in den „Richtlinien für Dachbegrünungen" (1990) zu Grunde gelegt.

Abbildung 137 zeigt einige wichtige Unterscheidungsmerkmale an Differenzierungsprofilen. In Abbildung 138 sind die Begrünungs- und Ausbildungsformen von Dachbegrünungen von naturnah bis naturfern dargestellt.

9.2 Intensive Dachbegrünungen

Intensive Dachbegrünungen bilden die traditionelle Form von Dachgärten oder bepflanzten Dachterrassen einschließlich der Verwendung von Pflanzgefäßen. Mit dem Begriff „intensiv" soll – neben dem gartenarchitektonisch-ästhetischen Wertbegriff – der in der Regel hohe Aufwand erfaßt werden, der sich einerseits auf konstruktive Kriterien bezieht (Lastannahme, Anteil befestigter Flächen) und der andererseits auch in bezug auf Schichtdicken, Pflanzenauswahl, Pflanzengröße sowie permanente Pflege und Unterhaltung gilt. Nach den „Grundsätzen für Dachbegrünungen" (FLL 1982) wurden Intensivbegrünungen wie folgt definiert: „Intensivbegrünungen umfassen flächige Begrünungen mit Rasen, Stauden und Gehölzen ebenso wie punktuelle Begrünungen mit Sträuchern und Bäumen. Es werden in der Regel anspruchsvollere Pflanzen verwendet, die einen differenzierten Bodenaufbau mit entsprechenden Ent- und Bewässerungseinrichtungen sowie eine regelmäßige Pflege erfordern."

Wie sich jedoch sehr bald zeigte, war diese Abgrenzung zu weit gefaßt, da ja auch Intensivbegrünungen kostengünstige Lösungen ermöglichen, wenn man von reduzierten Schichtdicken bei somit niedrigeren Lastan-

Abb. 137. Differenzierungsprofil für Extensive, Einfache und Aufwendige Intensivbegrünungen.

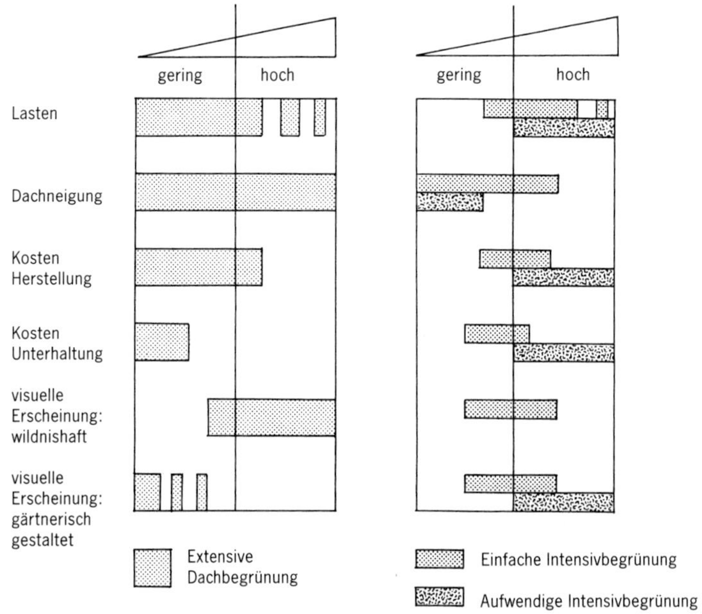

nahmen bei entsprechender Pflanzenauswahl ausgeht. Wie bei jeder normalen bodenschlüssigen Pflanzung auch, bestehen also auch hier Einsparungsmöglichkeiten. Die Grenzen dafür liegen jedoch standortbedingt wesentlich enger. Nach KRUPKA (1983) „können also Einfachbegrünungen als Variante der intensiven Dachbegrünung noch keine extensive Begrünung sein". Es ist nunmehr nach Einfachen und Aufwendigen Intensivbegrünungen zu unterscheiden (KRUPKA 1987, LIESECKE und KRUPKA 1988).

9.2.1 Einfache Intensivbegrünungen

Definition: „Einfache Intensivbegrünungen sind in der Regel als bodendeckende Begrünungen mit Gräsern, Stauden und Gehölzen ausgebildet. Die Nutzungs- und Gestaltungsvielfalt ist im Verleich zu Aufwendigen Intensivbegrünungen eingeschränkt. Die verwendeten Pflanzen stellen geringere Ansprüche an den Schichtaufbau wie an Wasser- und Nährstoffversorgung. Pflegemaßnahmen sind in reduziertem Umfang erforderlich. Die Herstellungskosten sind niedriger als bei Aufwendigen Intensivbegrünungen." (FLL 1990)

Wie Abbildung 139 und Tabelle 19 zeigen, ist eine scharfe Abgrenzung der Einfachen Intensivbegrünung zu den Extensivbegrünungen und Aufwendigen Intensivbegrünungen nicht sinnvoll. Es gibt bei Extensiven Begrünungen durchaus Vegetationsformen, die auch Einfache Intensivbegrünungen sein können. Dies trifft zum Beispiel auf eine flächige, gestaltete Sukkulentenpflanzung zu oder auf eine noch pflegearme, aber dennoch differenzierte Gehölzpflanzung. Pflanzungen aus trockenheitsverträglichen, anspruchslosen Stauden und Zwerggehölzen, die ohne gelegentliche Wassergaben nicht überleben würden, zählen eher zu den Einfachen Intensivbegrünungen. Werden diese Pflanzungen allerdings sich selbst überlassen, erfolgt eine „natürliche Sortimentsbereinigung" und es entstehen – über mehr oder weniger ausgeprägte Sukzessionsstadien – Ausbildungsformen von Extensivbegrünungen.

Einfache Intensivbegrünungen umfassen sowohl Pflanzungen als auch Grasvegetatio-

Tab. 20. Verschiedene Ausbildungsformen von Einfachen Intensivbegrünungen auf Flach- und Steildächern

Vegetationsform	Flach-dach	Steil-dach
magere Gras-Kraut-Begrünungen	x	x
nährstoffreiche Wiesen	x	–
Pflanzungen aus anspruchslosen Stauden	x	(x)*
niedrige bodendeckende Begrünungen	x	–
höhere bodendeckende Begrünungen (für überwiegend sonnige Lagen)	x	–

*(x) = nur begrenzt möglich in Abhängigkeit von der Dachneigung und Stärke der Vegetationsschicht; häufig als Zusatzpflanzung

nen verschiedener Ausbildungsformen auf Flach- und Steildächern, wie die Tabelle 20 zeigt.

Es werden Pflanzenarten verwendet, die mehr oder weniger durch Auslese und Züchtung verändert sind. Dies schließt jedoch die Verwendung geeigneter Wildarten nicht aus. Die zweckbedingte Auswahl der Merkmale und Eigenschaften bezieht sich primär auf:
- starkes Flächenwachstum
- dichte Bodenbedeckung
- hohe Konkurrenzkraft
- einheitliches Erscheinungsbild
- Winterhärte
- ausreichende Trockenheitsverträglichkeit
- Gesundheit.

Dies umfaßt die in der Gartengestaltung und Grünplanung hinlänglich bekannte Auswahl von Bodendeckern aus dem Stauden- und Gehölzsortiment sowie von Rasen- und Wiesenmischungen. Immergrüne oder überwinternd grüne Pflanzen nehmen dabei eine bevorzugte Stellung ein. Ein schöner Blüten- und Fruchtschmuck ist zwar immer erwünscht, hat jedoch für die Verwendungszwecke der Einfachen Intensivbegrünung eine nachrangige Bedeutung. Die Vielfalt des Sortimentes darf jedoch auf keinen Fall zur Fortsetzung der mittlerweile als Fehler erkannten, unkritischen Massenverwendung von Bodendeckern führen. Wie die teilweise erheblichen Ausfälle durch Frost- und Trockenschäden an großflächigen Pflanzungen auf Dächern gezeigt ha-

Abb. 138. Begrünungs- und Ausbildungsformen von Dachbegrünungen von naturnah bis naturfern.

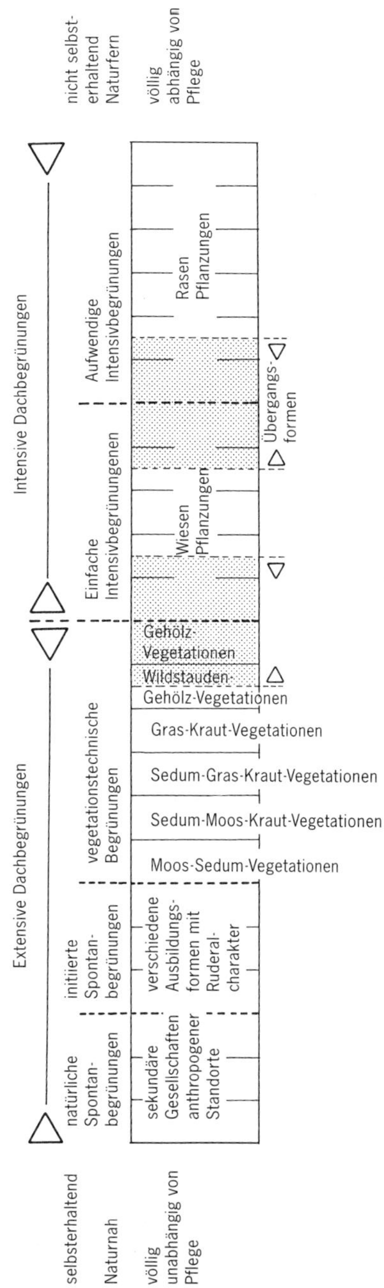

Abb. 139. Ausbildungsformen Einfacher Intensivbegrünungen auf Flachdächern.

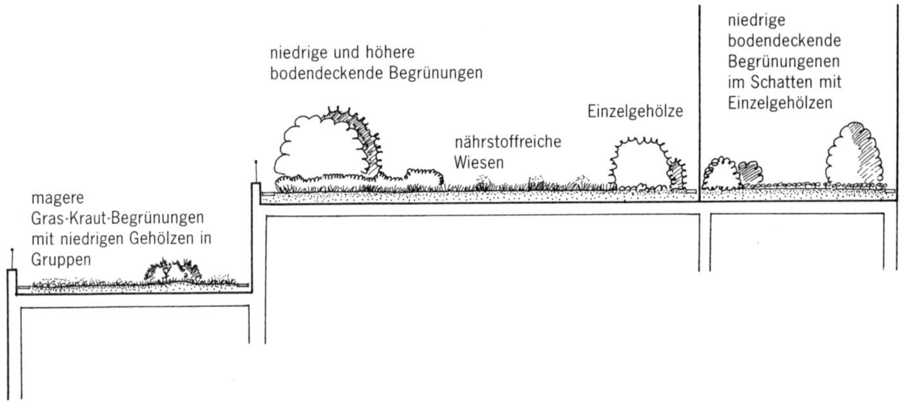

ben, muß insbesondere das sehr umfangreiche und von ständigen Neueinführungen ergänzte Bodendecker-Sortiment der Baumschulen für Dachbegrünungszwecke eingeschränkt werden (KRUPKA 1988). Die Winterhärte der Pflanzen aus dem gängigen Sortiment beschränkt sich überdies weitgehend auf mittlere Standortbedingungen, verbunden mit einer guten Nährstoff- und Wasserversorgung in ausreichend durchwurzelbarem Bodenraum.

Monokulturen haben immer ein höheres Schadens- und Ausfallrisiko, welches bei nicht langjährig erprobten Arten und Sorten unkalkulierbar wird. Das potentielle Schadensrisiko kann – einmal abgesehen von der Ausgrenzung extremer Standorte und sehr dünnschichtiger Aufbauten – durch Verwendung verschiedener Arten in kleinflächiger Anordnung sowie in Kombination mit anderen Vegetationsformen, wie zum Beispiel Wiesen, Rasen oder Extensivbegrünungen, erheblich vermindert werden.

Die Pflegemaßnahmen beziehen sich primär auf die Sicherstellung einer ausreichenden Wasserversorgung zur Verhinderung von Trocken- und Frostschäden und gelegentlichen Düngergaben. Die Maßnahmen der Unterhaltung sollten langfristig Bestandsverjüngungen durch Schnitt und Düngung bei höheren Gehölzpflanzungen vorsehen. Wiesenflächen lassen sich darüber hinaus nur durch Schnitte in etwa gleichen Zeitabständen im Bestandsgleichgewicht erhalten.

Für Magerwiesen sind meistens keine Düngungen erforderlich. Grasflächen auf stärker geneigten Dachflächen oder Steildächern in den üblichen Schichtdicken von etwa 15 cm können als relativ einheitlicher „Grasdachaspekt" nur mit Zusatzbewässerung in den Sommermonaten erhalten werden. Sie sind deshalb auch den Einfachen Intensivbegrünungen zuzuordnen (KRUPKA 1987).

9.2.2 Aufwendige Intensivbegrünungen

Definition: „Aufwendige Intensivbegrünungen umfassen Pflanzungen von Stauden und Gehölzen sowie Rasenflächen, im Einzelfall auch Bäume. Sie können flächig, höhendifferenziert oder punktuell ausgebildet sein. In den Möglichkeiten der Nutzungs- und Gestaltungsvielfalt sind sie bei entsprechender Ausstattung mit bodengebundenen Freiräumen vergleichbar. Die verwendeten Pflanzen stellen hohe Ansprüche an den Schichtaufbau und ain eine regelmäßige Wasser- und Nährstoffversorgung. Diese Begrünungsart ist nur durch regelmäßige Pflege dauerhaft zu erhalten." (FLL 1990)

Aufwendige Intensivbegrünungen umfassen also alle Begrünungsarten, denen ein „Gartenverständnis" zugrunde liegt. Zwar unterliegt das Sortiment an Stauden und Gehölzen, insbesondere auf freien, ungeschützten Dachflächen, Einschränkungen, doch kann zum Beispiel in geschützten Innenhöfen bei Ausbildung entsprechender Schichtdicken nahezu

Abb. 140. Ausbildungsformen Aufwendiger Intensivbegrünungen.

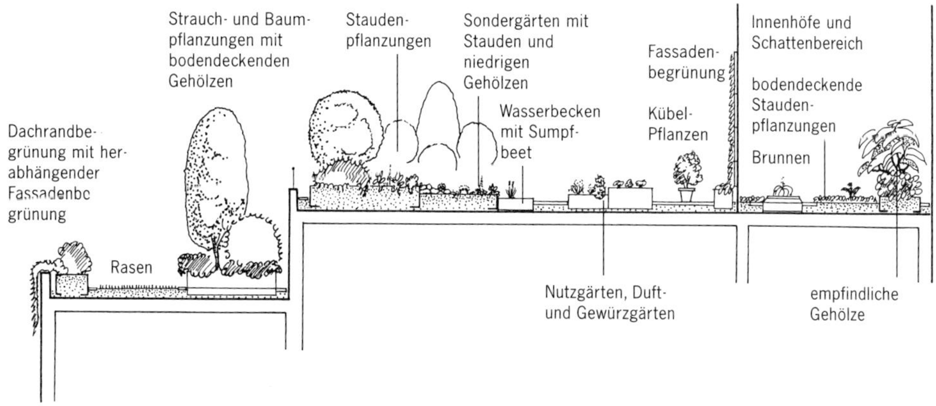

das Gesamtsortiment der Pflanzen für Garten- und Grünanlagen verwendet werden. Baumpflanzungen stellen jedoch immer bau- und vegetationstechnische Sonderfälle dar. Die funktional-ästhetischen Zielsetzungen von Gärten und Grünanlagen auf Dächern entsprechen denen vergleichbarer bodengebundener Begrünungen. Benutzbare Dachrasenflächen geringerer Schichtstärke wurden bisher in geringeren Flächengrößen (etwa 50 bis 300 m^2) an vergleichsweise wenigen Objekten realisiert. Eine Ausnahme bilden die häufiger vorkommenden Rasenflächen über Tiefgaragen mit Schichtdicken bis zu 60 cm.

Begrünungsformen Intensiver Dachbegrünungen können wie folgt in zusammenfassende Gruppierungen unterschieden werden (Abbildung 140):
- Rasen als Zier-, Gebrauchs- und Sportrasen
- niedrige Stauden- und Gehölzbegrünungen, auch als Sondergärten wie Heide, Stein- und Trockengärten
- höhere Stauden- und Gehölzpflanzungen
- Strauchpflanzungen
- Baumpflanzungen
- Begrünungen mit Pflanzgefäßen und Bankbeeten
- Fassadenbegrünungen
- Duft- und Gewürzgärten
- Nutzgärten für Kräuter-, Gemüse und Obst-Kleinkulturen.

Die Pflanzenauswahl selbst muß sich zunächst zwingend an den groß- und kleinräumigen Standortcharakteristika der Lebensräume orientieren, wobei Grenzstandortbedingungen zu beachten sind. Für Pflanzungen von Stauden und Gehölzen gilt es die Lebensbereiche und unbedingt die Vergesellschaftungsfähigkeit der Arten und Sorten zu berücksichtigen.

Der Problematik von dynamischen Veränderungen bei künstlich vergesellschafteten Gartenpflanzen verschiedener Herkünfte kann nur durch permanent regelnde Pflegeeingriffe begegnet werden. Diese müssen allerdings vorausschauend erfolgen und wirkungsvoll sein, sonst wird durch Zuwachs und Verdrängung das ursprüngliche Gestaltungskonzept recht bald nicht mehr erkennbar sein. Allerdings ist es notwendig, auf die unterschiedliche Vitalität der Arten und Sorten flexibel zu reagieren. Bleibt die Pflege aus, hat – wie Beispiele zeigen – die sich spontan ansiedelnde Wildvegetation in relativ kurzen Zeiträumen die Flächen nahezu vollständig erobert (siehe Abschnitt 19.2.1).

Die räumlich kleinste und somit intensivste Form bilden Bepflanzungen von Pflanzgefäßen und Bankbeeten, die auf Dächern, an Fassaden und Brüstungen und auf bodengebundenen, versiegelten Flächen mehr oder weniger erfolgreich eingesetzt werden. Je nach Schichtaufbau, Standort und Pflanzenverwendung verschärft sich hier die Überlebensproblematik für ausdauernde Pflanzen unter Umständen derart, daß es selbst bei intensiver Pflege häufig zu Totalausfällen kommt.

Mit den klassischen Kübelpflanzen (ENCKE 1982) wie Oleander oder *Datura* lassen sich auf Dachterrassen auch mediterrane Gärten nachempfinden. STIFTER (1988) schildert die aus spontaner Nutzung von Dachflächen entstandenen Dachgärten Wiens, die dort eine eigenständige Form urbaner Dachgartenkultur darstellen, wie sie in mediteranen Ländern zur Alltagskultur gehören.

Zwar haben Intensive Dachbegrünungen die längste Tradition aller Dachbegrünungsformen, jedoch wurden die ohne Zweifel vielfältigen individuellen Erkenntnisse aus „Versuch und Irrtum“ bisher nicht umfassend ausgewertet. Daher bedürfen auch Verwendungsempfehlungen in Pflanzenkatalogen einer kritischen Überprüfung.

9.3 Fassadenbegrünung

Mit Fassadenbegrünung wird die flächige oder teilweise Bedeckung von vertikalen Bauwerksoberflächen durch Pflanzen bezeichnet. Primär bezieht sich dies auf die Fassade selbst, jedoch kann es sich auch um Dachflächen oder Grenz- und Stützmauern handeln, die an das Gebäude anschließen. Von Fassaden aus können Dachflächen, insbesondere durch stärker rankende Pflanzen wie zum Beispiel Arten des Wilden Weines mit begrünt werden. Dies geschieht jedoch eher durch spontanen Bewuchs und kann aus technischen Gründen unerwünscht sein. Eine Erweiterung der Fassadenbegrünung liegt vor bei der Anwendung zur Kaschierung von freistehenden Ingenieurbauwerken wie Brücken, Stützmauern, Lärmschutzwänden wie auch Zäunen und Masten. Jedoch ergeben sich funktionale Unterscheidungsmerkmale aus der Wuchsform und Oberflächenhaftung der Fassadenbegrünung. Es ist zu unterscheiden zwischen:

1. **Direktbegrünungen der Fassade** durch selbstklimmende Pflanzen, die in der Regel flächig erfolgt (Abbildung 141).
2. **Abstandsbegrünungen der Fassade** mittels konstruktiver Rank- und Kletterhilfen für Schlinger und Winder in flächiger oder linienförmiger Anwendung. Der Sonderfall der mit Formschnitt erzogenen Spalierpflanzen gehört ebenfalls hierher (Abbildung 142).

Abb. 141. Direktbegrünung der Fassade durch selbstklimmende Pflanzen vom Boden oder von Dachebenen aus.

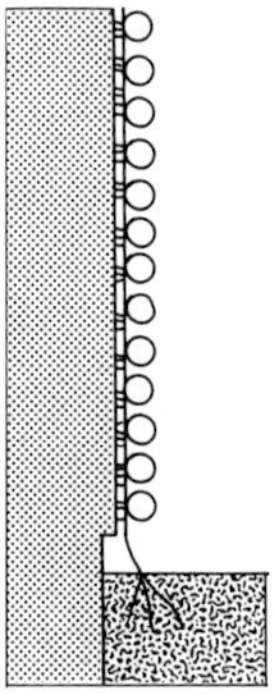

Abb. 142. Abstandsbegrünung der Fassade mit Hilfe konstruktiver Kletterhilfen durch Schling- und Windepflanzen vom Boden oder von Dachebenen aus.

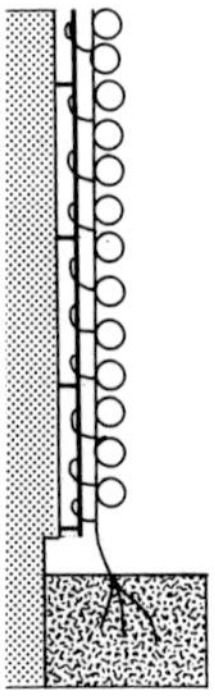

Abb. 143. Hängende Fassadenbegrünung an Dachrändern von Dachebenen aus.

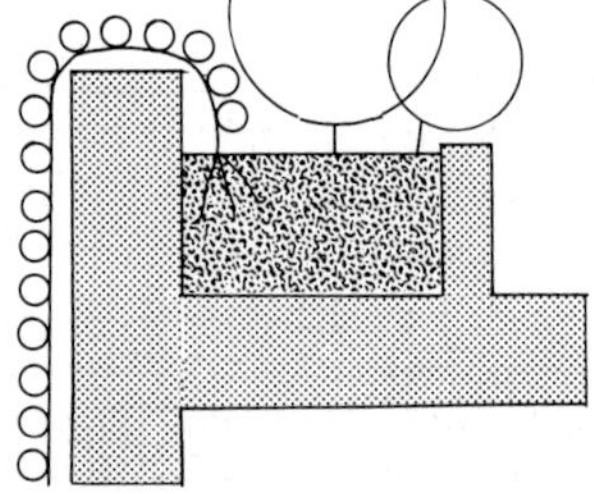

3. **Hängende Fassadenbegrünungen.** In Pflanzbehältern und Bankbeeten sowie auf Dachflächen wurzeln mehr oder weniger langtriebige Pflanzen oder Rank- und Kletterpflanzen, die ohne konstruktive Hilfen überhängend wachsen (Abbildung 143).

Wie sich bereits aus den Hängenden Fassadenbegrünungen ergibt, erfolgt die Anlage einer Fassadenbegrünung nicht immer bodenschlüssig, wenngleich dies den Regelfall stellen dürfte.

Direkt- und Abstandsbegrünungen in Fassaden können auch von künstlichen Ebenen wie Dächern oder Decken von Tiefgeschossen aus realisiert werden. Damit unterliegen sie den gleichen vegetationstechnischen Bedingungen wie Aufwendige Intensive Dachbegrünungen. Auf Dächern nimmt mit der Zahl der Geschoßhöhen auch die Belastung für die Vegetation erheblich zu.

Die Pflanzenauswahl ist sehr reichhaltig, besteht jedoch weitgehend aus fremdländischen Arten und Sorten, die sich teilweise als empfindlich erweisen und besondere Standortansprüche stellen. Der heimische Efeu gehört wie die seit langem eingebürgerte Formen des Wilden Weins zum relativ breit verwendbaren Grundsortiment.

9.4 Extensive Dachbegrünungen

Im Bereich der Extensiven Dachbegrünungen, die als naturnahe Vegetationsformen eingeordnet werden, ist zu unterscheiden zwischen Spontanen und Vegetationstechnischen Extensivbegrünungen.

9.4.1 Spontanbegrünungen

Befestigte Oberflächen und die Oberflächen von Bauwerken sind ein potentieller Lebensraum für die Vegetation anthropogen geprägter Ersatzstandorte. Sie werden sekundär besiedelt. Im Verlauf der Besiedelung und im Zuge der verschiedenen Sukzessionsstadien stellt sich nach dem Prinzip „Versuch und Irrtum“ in Abhängigkeit vom Arteninventar der Umgebung und beeinflußt von Störungen durch den Menschen ein mehr oder weniger stabiles Klimaxstadium ein. Eine „standortgerechte Vegetation“ ist jene, die unbeeinflußt eine dauerhafte Vergesellschaftung von Pflanzenarten hervorgebracht hat. Dabei kommt der Herkunft der Pflanzen („heimisch“ oder „fremd“) nur nachrangige Bedeutung zu.

Mit der Besiedlung von anthropogenen Standorten auf Bauwerken wie Mauern, Mauerkronen und auch Dächern durch einzelne Pflanzenarten setzen sich Beiträge in botanischen Nachschlagewerken (Hegi, Rothmaler) vereinzelt auseinander. Bei den Niederen Pflanzen, insbesondere bei Flechten und Moosen, finden sich im Zusammenhang mit der Stadtvegetation häufig Hinweise, weil sie als Bioindikatoren für Immissionen gelten. Frahm (1972) beschreibt die Moosvegetation von Reetdächern. Die erste pflanzensoziologische Arbeit über die Besiedlung von Kiesdachflächen stammt von Kreh (1945), gefolgt von Bornkamm (1961). Neue Arbeiten dazu liegen von Darius und Drepper (1983), Bossler und Suska (1987) und Zimmermann (1987) vor, die auch die standortökologischen und bodenkundlichen Aspekte behandeln. Die dort angeführten Arteninventare können auch in Anlehnung an die Definitionen von Wittig, Diesig, Gödde (1985) als „urbanoneutral“ und „urbanophil“ eingestuft werden.

Die natürliche Spontanbesiedlung von Dachflächen bildet zusammen mit den verschiedenen Ausbildungsformen von Moos-Sedum- und Gras-Kräuter-Vegetationen sowie mit den Vegetationen vergleichbarer natürlicher Standorte (Felsbandgesellschaften, Trockenrasen usw.) die Erkenntnisgrundlage für die Vegetationsverwendung Extensiver Dachbegrünungen.

In neuerer Zeit wird unter Spontanbegrünung – auch in Verbindung mit der Ansiedlung sukzessiver, bodengebundener Wildvegetation (Le Roy 1983, Schwarz 1980) – eine bestimmte Begrünungsmethode verstanden. Die Initiierung beschränkt sich dabei auf ein Mindestmaß. Nach einer Ansaat wird entweder die sich entwickelnde Vegetation mehr oder weniger sich selbst überlassen, oder ein eingebauter Boden (Substrat) soll sich selbst durch seinen eigenen Samenvorrat und über windverbreitete Diasporen begrünen.

Dies wurde auch auf Begrünungsmöglichkeiten für Dächer übertragen (Hülbusch, Müller 1986). Die Standortqualität ergibt sich dabei häufig aus Zufälligkeiten, da selten Substrate mit definierten Eigenschaften verwendet werden, sondern verschiedene Ober-

und Unterböden nebeneinander oder in Mischung. Der vegetationskundliche Experimentalcharakter wird häufig auch mit absehbaren „Umwegen" sehr weit gefaßt. Dabei wird in Kauf genommen, daß sich zunächst eine Folge von Primärsukzessionen mit Pflanzen der umgebenden Ruderal- oder Segetalflora aus dem verwendeten Oberboden entwickeln, die auf Dächern kaum Bestand haben. Spontanbegrünungen können somit in Natürliche und Initiierte Spontanbegrünungen unterschieden werden.

Natürliche Spontanbegrünungen von Dachflächen sind durch fortlaufende Selbstbesiedlung und nach jahrzehntelangen Sukzessionsfolgen entstandene, standortgerechte Ersatzvegetationen anthropogener Standorte (siehe dazu auch Farbtafel 2, Seite 258). Natürliche Spontanbegrünungen sind nicht initiiert und geplant, sondern durch Zufall entstanden und von Menschen geduldet, soweit keine offensichtlichen Schäden oder Funktionsbeeinträchtigungen daraus entstanden sind. Hier ist anzumerken, daß fast auf allen Dachflächen Spontanbegrünungen verschiedenster Ausprägungs- und Entwicklungsstufen vorkommen. So lassen sich auf jeder Grobkiesfläche, die als technische Schutzlage dient, fortschreitende Besiedlungen feststellen. Selbst auf Totalwüsten wie Dachflächen aus nackten Dachbahnen (insbesondere beschieferten Bitumenbahnen) sind immer Mikrovegetationen aus Algen, Flechten und Moosen feststellbar. Letztere können nach GÖTZE (1986) in Verbindung mit Schlammschichten aus Atmosphärilien zusammen mit der entsprechenden „Einbrenntemperatur" (Sonne) zu Schäden an der Dachhaut führen.

Initiierte Spontanbegrünungen auf Dachflächen sind geförderte Vegetationsansiedlungen und deren Sukzession durch verschiedene einfache Maßnahmen zur Schaffung oder Verbesserung der Standortbedingungen. Die Vegetationsansiedlung erfolgt entweder ganz durch natürliche Besiedlung, oder es werden Diasporen und Pflanzen – häufig auch aus Entnahmen der Umgebung – ausgebracht. Verschiedentlich kommt es vorübergehend zu einer höheren Produktion von Biomasse, die durch Schnitt entfernt werden muß. Die Begrünungsmaßnahmen haben einen offenen, langjährigen Experimentalcharakter, dessen Ausgang kaum abschätzbar ist.

9.4.2 Vegetationstechnische Extensivbegrünungen

Definition: Vegetationstechnische Extensive Dachbegrünungen sind standortangepaßte naturnahe Vegetationsformen, die sich auch auf Vegetationsschichten geringer Schichtdicke flächendeckend entwickeln und selbst erhalten können. Die Etablierung erfolgt durch gezielte vegetationstechnische Mittel und Maßnahmen. Die Versorgung mit Wasser und Nährstoffen wird natürlichen Kreisläufen überlassen. Dauerhaft und überlebens- und konkurrenzfähig sind deshalb nur Pflanzenarten, die morphologisch und physiologisch an extreme, insbesondere Wassermangelstandorte angepaßt sind. Die Ausbildungsformen der Vegetation unterliegen Sukzessionsprozessen. Eine Pflege und Unterhaltung ist in der Regel nicht erforderlich.

Diese Definition Extensiver Dachbegrünungen im realisierungsfähigen **vegetationstechnischen Praxisbezug** trennt natürliche oder initiierte **Spontanbegrünungen** auf Dächern. Hier ist die gezielte Ansiedlung standortgerechter Vegetationsformen angesprochen, die im ständigen Spannungsfeld zwischen möglichst kurzfristiger Fertigstellung und auch baurechtlich definierbarer und abgrenzbarer Leistung auf die Etablierung von relativ beständigen Vergesellschaftungen von Pflanzen ausgerichtet ist. Hier sind nicht nur Dachbegrünungen im engeren Sinne angesprochen, sondern auch alle begrünbaren Flächen ohne direkten Bodenkontakt. Dies können in das Erdreich eingebundene Ingenieurbauwerke sein wie auch von oben abgedichtete Böschungen zum Beispiel von Deponien, Rückhaltebecken oder abgedichteten Mittelstreifen von Straßentrogstrecken mit geringerem Schichtauftrag. Das Hauptziel aller vorbereitenden vegetationstechnischen Maßnahmen lautet daher, den Wasserhaushalt und die chemisch-physikalischen Eigenschaften der Vegetationsschicht so zu gestalten, daß die vegetationsspezifischen Entwicklungsbedingungen nicht permanent oder ständig sprunghaft unter das Lebensminimum absinken.

Die Entwicklungsbedingungen können allerdings nur standortökologisch definiert sein (siehe Kapitel 5), weil die steuernden Einflüsse durch Pflege und Unterhaltung entfallen, bzw. sie sind aus Kostengründen auf ein

Minimum reduziert. Selbst das regelmäßige Entfernen der Blattmasse entfällt häufig. Dies stellt jedoch zum Beispiel auf anthropogen beeinflußten Ersatzgesellschaften wie den Trockenrasen einen die Vegetationsentwicklung stabilisierenden „Umweltfaktor", dar, der einer ständigen Beweidung gleichkommt.

Die feststellbaren **Ausbildungsformen** der extensiv begrünten Flach- und Steildächer sind sehr vielfältig; sie können mit einer erweiterten Systematik pflanzensoziologisch definiert werden (BORNKAMM 1961). Häufig lassen sich allerdings nur charakteristische Synusien (Pflanzen gleicher Lebensform, die unter einheitlichen Standortbedingungen gedeihen) beschreiben, mit denen man die aktuelle Vegetationsdecke signifikant charakterisieren kann. In vielen Fällen haben sich jedoch noch nicht die standortgerechten Endgesellschaften herausgebildet, da in Unkenntnis oder auch nur aus Gewinnstreben beliebige Pflanzenarten zur Erzielung eines schnellen Grüneffektes „irgendwie" vergesellschaftet wurden. Dies zeigen zum Beispiel sogenannte „Grasdächer" auf Steildachflächen, auf denen teilweise Totalausfälle auftraten und die sich dann sukzessiv umstrukturierten. Neben nahezu grotesken Fehlgriffen in der Vegetationsverwendung bilden allerdings einzelne „fast gelungene" Extensivbegrünungen außerordentlich interessante pflanzensoziologische und standortökologische Studienobjekte.

Im Zusammenhang mit Extensivbegrünungen werden immer wieder auch die ländlichen „Grasdachbauweisen", insbesondere des nordeuropäischen Raumes genannt. Dabei handelt es sich jedoch um Begrünungen einfacherer Vegetationstechnik, in denen Rasensoden, Rasenziegel oder Heidekrautplaggen auf eine mehr oder weniger dicke Bodenschicht aufgebracht werden. Sofern die Wasserbevorratung ausreicht, wächst – wie Beispiele isländischer Torfsodenhäuser zeigen – die der Umgebung entnommene Vegetation mehr oder weniger gut weiter. Bei dünneren Schichtdicken kommt es auch in diesen durch höhere Luftfeuchtigkeit und Niederschläge begünstigten Regionen zu sukzessiven Umbildungen. Das „Nordische *Gras*dach" gibt es streng genommen gar nicht (es existiert nur im Bereich einer vereinfachenden Tourismusbotanik), denn viele dieser begrünten Dächer weisen große flächendeckene Bestände von Moosen, Flechten, Sukkulenten und kurzlebigen Kräutern auf. Neu hergestellte „Grasdächer" sind häufig als Einfache Intensivbegrünungen einzustufen.

In der professionellen Begrünungspraxis ist das Sicherheitsbedürfnis bei Planung und Ausführung aus verständlichen Gründen außerordentlich groß. Wie die bisherige Versuchs- und Praxiserfahrung zeigt, ist es durchaus sinnvoll, Ausbildungsformen für Extensivbegrünungen abzugrenzen. Diese wurden mehrfach beschrieben und zur Diskussion gestellt (KRUPKA 1983, 1984, 1985, 1988). Man verwendet sie heute weitgehend sowohl in der Planungspraxis als auch auf Herstellerseite zur Differenzierung der Angebotspalette. Phantasiebezeichnungen, wie sie in Werbematerial und Planungshilfen zur Dachbegrünung angeführt werden (wie zum Beispiel „Dachwiese", „Blumenwiese", „Bergwiese", „Sedumflur" usw.), haben allenfalls nur die Qualität griffiger Verkaufshilfen.

Die unten angeführte Differenzierung ist jedoch nur auf die vegetationstechnische Praxis ausgerichtet und entspricht nicht einer pflanzensoziologischen Systematik. Deshalb sollte zur deutlichen Abgrenzung statt von Pflanzengesellschaften der Vegetation Extensiver Dachbegrünungen von **Ausbildungsformen** gesprochen werden (LIESECKE und KRUPKA 1988). Es ist zu beachten, daß auf einer Dachfläche einerseits verschiedene Ausbildungsformen mit Übergängen vorkommen können und sich andererseits auch stabile Zwischenformen der genannten Ausbildungsform herausbilden können. Im Rahmen von Sukzessionen und drastischen Veränderungen im Schichtenaufbau kann es auch zur Ausbildung von „Wechselvegetation" kommen (siehe Abschnitt 12.3.1).

Nach dem derzeitigen Diskussionsstand lassen sich die Ausbildungsformen für Extensivbegrünungen, wie in Tabelle 20 dargestellt, unterscheiden. Die in der Bezeichnung der Ausbildungsform an erster Stelle genannte Pflanzengruppe ist jeweils überwiegend aspektbildend. Extensivbegrünungen spiegeln im Erscheinungsbild den jahreszeitlichen oder witterungsbedingten Wechsel unmittelbarer und schneller wieder als eine vergleichbare bodengebundene Vegetation. Wechselnde Standortbedingungen, wie sie auf Flächen mit Schatteneinwirkungen oder an feuchteren Stellen vorliegen, zeigen sich bei Trockenheit als länger grüne, scharf abgegrenzte Bereiche. Einen Höhepunkt im Jahreslauf bildet im Frühsommer die teilweise flächige Blüte von *Sedum*- und Lauch-Arten. Charakteristisch ist auch die Grasblüte der durchweg lichten Bestände, durchsetzt mit einzelnen blühenden Kräutern; sie wird allerdings häufiger durch früh einsetzende Trokkenheit beeinträchtigt. Einzelne Pflanzenarten zeigen im Herbst eine Nachblüte. In den recht früh einsetzenden Trockenruhezeiten herrschen, insbesondere bei höheren Beständen, Heuwiesenaspekte in gelbbraunen Farbtönen vor. Verschiedene *Sedum*-Arten und -Sorten verfärben sich rötlich und bräunlich. Nach lange anhaltender Trockenheit ist helles Grün eher die Ausnahme.

Auch in den Herbst-, Winter- und ersten Frühjahrsmonaten herrschen durch abgestorbenes Blattwerk und Blütenstände häufig weiterhin braungelbe Farben vor, wenngleich gegenüber trockenen Jahreszeiten vermehrt grüne Farbtöne durchscheinen. Diese stammen von den unterwüchsigen Moosen, aber ebenfalls von aufkeimenden Jungpflanzen, von den Blattrosetten der Winterannuellen oder von schon frühzeitig austreibenden Pflanzen.

Bemerkenswert ist der visuelle Eindruck, der von der Moosvegetation zu allen feuchten Jahreszeiten ausgeht, dies gilt auch für schneelose Winter. Durch die verschiedenen grünen Farbabstufungen und die austreibenden gelblichen, braunen oder roten Sporenkapseln entstehen lebendige Vegetationsbilder, die im auffälligem Kontrast zur abgestorbenen und in Ruhe befindlichen Gräser- und Kräutervegetation stehen. In trockenen Jahreszeiten und auch nach direkter Frosteinwirkung treten Moosvegetationen allerdings auch wieder mit grauen bis grün-oliven Farbtönen sehr stark in den Hintergrund, so daß sie häufig auf den ersten Blick als solche nicht wahrgenommen werden. Kontrastreicher wirken dann wieder die *Sedum*-Polster.

Es kommen generell nur Pflanzenarten in Frage, die nicht zu starkem Wachstum neigen und dadurch einen hohen Nährstoffbedarf haben. Eine übermäßige Blattmasseproduktion entspricht nicht den Standortbedingungen und dem Charakter Extensiver Dachbegrünungen.

Die schnelle Regenerationsfähigkeit der einzelnen Pflanzenarten durch die vielfältigen Formen der Diasporenbildung hat besondere Bedeutung, was die Kompensation witterungsbedingter Katastrophenfälle betrifft. Die Vegetationsdecke schließt sich durch die auskeimenden Vorräte an Diasporen schnell wieder. Einzelne Pflanzenarten erhalten dadurch auch immer wieder Möglichkeiten zur Regeneration ihres Bestandes.

Eine reichhaltige Auswahl mitteleuropäischer Pflanzenarten mit unterschiedlicher natürlicher Verbreitung steht zur Verfügung. Es handelt sich besonders um Arten extremer, in der Regel trocken-warmer Standorte mit xeromorphen oder sukkulenten Anpassungen (siehe Kapitel 12, 13). Arten mit Überdauerungsorganen wie Zwiebeln und Rhizomen haben auf besonders extremen Standorten Existenzvorteile. Die Summe aller Standortansprüche der in der Regel wenig konkurrenzstraken Standortspezialisten ist allerdings zu beachten, da sonst andere Arten, die auch nur gelegentlich auftreten können, einen Verdrängungseffekt ausüben. Jedoch eignen sich auch xero-mesomorphe oder mesomorphe Arten mit weiter ökologischer Amplitude insbesondere für dickere Schichtaufbauten, da sie eine zeitweise Vernässung besser vertragen.

Geeignete fremdländische Arten aus dem Staudensortiment kommen mit Einschränkung in Betracht, soweit sie sich langfristig an das Klima anzupassen vermögen. Dies gilt besonders in bezug auf die Frosthärte. Die ganze Arten- und Sortenfülle fremder Herkünfte findet jedoch eher für Übergangsformen zur Einfachen Intensivbegrünung, zum Beispiel für gestaltete „Wildstauden-Gehölz-Vegetationen", Verwendung.

In den nachfolgenden Abschnitten werden aus Gründen der Vereinfachung „Vegetationstechnische Extensivbegrünungen" als Extensivbegrünungen bezeichnet.

10 Die Pflanzenauswahl für Intensive Dachbegrünungen und Fassadenbegrünungen

10.1 Grundlagen

Die gestaltende Pflanzenverwendung ist ein traditionelles Aufgabenfeld der Garten- und Landschaftsarchitekten. Entscheidungen zur Pflanzenauswahl und zu Standortfragen werden allerdings auch von den ausführenden Betrieben des Garten- und Landschaftsbaues getroffen. Die Auffassungen über die „Richtigkeit" der Pflanzenverwendung gehen weit auseinander.

Das Schrifttum zur gärtnerischen Pflanzenverwendung ist reichhaltig, aber immer noch nicht ausreichend, weil verläßliche Angaben zur Ökologie, besonders auch der fremdländischen Gartenpflanzen, fehlen oder die Informationen unvollständig sind. Rein ästhetisch-funktionale Auffassungen zur Pflanzenverwendung der Vergangenheit werden zunehmend von dem Bemühen um standortgerecht vergesellschaftete Pflanzungen abgelöst. Heimische Wildpflanzen finden dabei stärkere Beachtung. Die bisherige Diskussion über den Stellenwert fremdländischer Pflanzen bot dem Planenden nur wenig Orientierung. Häufig berücksichtigen die Meinungsäußerungen nicht den kulturellen Wert an sich, den ausgelesene und gezüchtete Gartenpflanzen darstellen und aufgrund dessen verschiedene Nutzergruppen ganz bestimmte gestalterische Wünsche äußern. Weiterhin müssen die besonderen Belastungen urbaner Sonderstandorte berücksichtigt werden, auf denen sich häufig gerade fremde Arten spontan ansiedeln konnten (SUKOPP 1972, 1976, 1989).

Die Problematik der künstlichen Vergesellschaftung von fremdländischen und züchterisch veränderten Gartenpflanzen ist hinreichend bekannt. Der planende, also vorausschauende Umgang mit Pflanzen verfolgt in der Praxis – vereinfachend dargestellt – zwei mögliche Ziele:

1. Pflanzungen, die rasche Effekte erzielen sollen, mit geringen Pflanzabständen unter Verwendung von wirkungsvoll blühenden Sorten und größeren Solitärpflanzen.
2. Auf eine mittel- oder langfristige Entwicklung ausgerichtete Pflanzungen mit größeren Pflanzabständen und einer eher sparsamen Verwendung von Solitärpflanzen. Dem Zuwachs und der arteigenen Dynamik der Pflanzen wird mehr Raum gelassen.

Die zweite Zielsetzung entspricht eher einer zeitgemäßen Vorstellung von der Entwicklung der Vegetationsflächen. Eine optisch geschlossene Wirkung erzielen alle Gehölze erst nach längeren Zeiträumen (Abbildung 144). Die „zeitlose Grünfläche" (STÄHR 1989) ist eine Utopie.

Die pflanzensoziologisch richtige Verwendung von Stauden ist insbesondere durch das „Kennziffersystem zur naturgemäßen Staudenverwendung" von HANSEN und MÜSSEL (1972) gefördert worden. Es ist ebenfalls beschrieben bei HANSEN und STAHL (1981, „Die Stauden und ihre Lebensbereiche in Gärten und Grünanlagen"). Zur standortgerechten Verwendung von Wildpflanzen kann das „Handbuch Wildstauden für Wiesen und andere Teilflächen" als eine ergänzende Planungsgrundlage dienen. Für die Anwendung von Rasengräsern und Kräutern geben die „Regelsaatgutmischungen" (RSM), die in jährlicher Neufassung erscheinen, wichtige Hinweise.

Für den Bereich der Gartengehölze fehlen leider umfassende vergleichbare Grundlagen. In der schon traditionell sehr reichen dendrologischen Literatur werden immer wieder botanische Aspekte der Morphologie und der Phänologie beschrieben, und es finden sich Verwendungsempfehlungen aus der Sicht der Gartengestaltung. Die so wichtigen Hinweise zur standortökologischen Herkunft der in Kultur genommenen Gehölze fehlen in Standardwerken zu Laub- und Nadelgehölzen wie zum Beispiel in KRÜSSMANN (1972, 1976) nahezu gänzlich. Zumindest einige standortrelevante Angaben gibt BÄRTELS (1983, 1992). Eine bemerkenswert gute Arbeitsgrundlage bilden für die heimische Gehölzvegetation die Angaben von EHLERS (1960, 1986) und das von KIERMEIER bearbeitete BdB-Handbuch „Wildgehölze" (1987).

Sehr aussagekräftig sind die Monographien von KIERMEIER in „Zur Problematik stadtfe-

Abb. 144. Die optische Wirksamkeit von Vegetationsstrukturen in Abhängigkeit von der Zeit (nach STÄHR 1989).

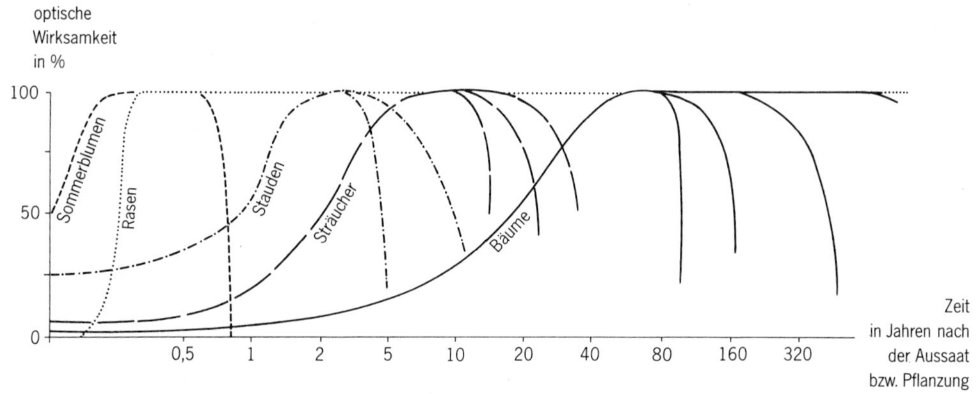

ster Gehölze" (ab Heft 1, 1978, in „Das Gartenamt" in unregelmäßiger Folge). Hier finden sich Angaben zu Herkünften, Klima- und Bodenansprüchen, Standortamplituden und zu weiteren art- und sortentypischen Einzelheiten. Grundsätzliche Bedeutung hat weiterhin der Beitrag von KIERMEIER (1986) „Widerstandsfähige Gehölze extremer innerstädtischer Pflanzsituationen". Eine besondere Ausnahme in der gestalterischen pflanzenkundlichen Literatur bildet PLOMIN (1975) „Der vollendete Garten", der mit subtilem ästhetischen Empfinden und intuitiver Einführung praxiserprobte, standortgerechte Lebensgemeinschaften anführt.

Ausreichende Grundlagen (Standortansprüche!) zur Pflanzenverwendung fehlen für die Fassadenbegrünungen. Für viele Arten, insbesondere den weniger bekannten, fehlen offensichtlich noch differenzierte Verwendungserfahrungen wie auch Angaben zur Ökologie der Herkunftsstandorte. Eine gute Grundlage hinsichtlich des Wuchsverhaltens, Ranktyps und insbesondere der potentiellen Schadensträchtigkeit stellen die Angaben von ALTHAUS und KIERMEIER (1988) in dem Buch „Fassadenbegrünung" dar.

Sind also die Arbeitsgrundlagen für die Pflanzenverwendung im bodengebundenen Bereich recht unterschiedlicher Qualität, so müssen die bisherigen Angaben zur speziellen Verwendung für Dach- und Kübelbegrünungen – von einigen Ausnahmen abgesehen – als unzureichend gelten. In der Regel wird mehr oder weniger kritiklos ein Auswahlsortiment empfohlen und auch verwendet, welches sich primär an Wuchshöhen und ästhetischen Gesichtspunkten orientiert. Die Auswahlkriterien bleiben dabei im dunkeln. Es finden sich auch immer wieder falsche Hinweise zur besonderen Eignung von Bäumen und Kleingehölzen sowie verzwergten Sorten.

Generell bedeutet die übliche pauschalierte Angabe, eine Pflanze würde sich für Dachgärten oder Pflanzgefäße eignen, keinen brauchbaren Verwendungshinweis, wenn die Verwendungsmöglichkeiten nicht einschränkend beschrieben werden. So sind die Angaben in Baumschulkatalogen, aber auch die einzelner Autoren wie BEITZ (1973) oder BÄRTELS (1992) als pauschale Orientierungshilfe einzustufen. Die Angaben in der älteren Dach- und Terrassengarten-Literatur basieren letztlich auf den üblichen Verwendungsmustern für Garten- und Grünanlagen. Fehler lassen sich durch derartige Empfehlungen nicht vermeiden, insbesondere dann, wenn in einschlägigen Listen ausgesprochene Großgehölze wie Ahorne oder Eichen erscheinen oder frostempfindliche Arten angeführt werden.

Nur die genaue Kenntnis der jeweiligen Ansprüche der Pflanzen, ihr Wurzelverhalten und ihre besonderen Empfindlichkeiten und Bewährungen für Dachbegrünungen einerseits und die Analyse der jeweiligen Standortbedingungen ermöglichen eine risikogeminderte Verwendung. Mit den in Abschnitt

10.2.1 vorgestellten **Lebensraum-Kennziffern** erfolgt der Versuch einer standortspezifischen Eignungsklassifikation.

10.2 Lebensraum und Lebensbereich

Die Kenntnis der natürlichen Lebensbedingungen und Standortgrenzen einzelner Pflanzenarten ist für die richtige Pflanzenverwendung unerläßlich. Viele Kultur-Gartenpflanzen wie Rasengräser, Stauden, Blumenzwiebeln und Gehölze sind jedoch durch Selektion und Zucht derart „gartengerecht" nivelliert, daß für viele Gartenpflanzen mesotrophe Standortbedingungen und relativ weite Standortamplituden gelten. Selbst Arten mit engen Standortamplituden wie Moorbeetpflanzen wurde die Gartenempfindlichkeit der Wildarten durch Züchtung genommen.

Allerdings lassen sich aus der Jugendentwicklung einzelner Arten in Anzuchtkulturen und am Endstandort noch keine sicheren Rückschlüsse auf den Verlauf der Altersentwicklung, die Krankheitsanfälligkeit und Lebensdauer ziehen. Hier wirken sich doch spezifische Ansprüche und Standortunterschiede entscheidend aus. So entwickeln sich zum Beispiel viele Rosaceen im sauren Bodenmilieu anfänglich durchaus zufriedenstellend, beweisen jedoch im Alter nur auf basenreichen, alkalischen Standorten eine ausreichende Widerstandsfähigkeit und haben dann eine entsprechend längere Lebensdauer.

10.2.1 Lebensraum-Kennziffer

Die Systematisierung und Charakterisierung anthropogener Ersatzlebensräume auf Bauwerken erscheint aus zweierlei Gründen problematisch: einerseits wegen der meist relativ geringen Größe, andererseits aufgrund der häufig kraß wechselnden Standortbedingungen.

Die Höhe des durchwurzelbaren Raumes, sprich die Dicke des Schichtenaufbaues von Drän- und Vegetationsschicht, dürfte von ausschlaggebender Bedeutung für die Dauerhaftigkeit der Begrünung sein. Es werden hier unterschieden:

A Schichtenaufbauten mit geringer Schichtdicke = 10 bis 15 cm
B Schichtenaufbauten mit mittlerer Schichtdicke = 15 bis 25 cm
C Schichtenaufbauten mit hoher Schichtdicke = 25 bis 40 cm
D Schichtenaufbauten mit sehr hoher Schichtdicke = 40 bis 60 cm
E bodennahe Schichtenaufbauten ≧ 60 cm

Die in Abschnitt 5.5. differenzierten Lebensräume auf Dachflächen werden hier in Kombination mit dieser fünfgliedrigen Abstufung der Schichtenaufbauten für Intensive Dachbegrünungen zu **Lebensraum-Kennziffern** kombiniert.

Die Schichtaufbauten der Bereiche A und B sind der Regelfall, während Dicken aus dem Bereich C und D als punktuelle oder flächige Erhöhung und Bankbeete vorkommen. Eine durchwurzelbare Schichthöhe von 60 cm und mehr ist mit bodengebundenen Wurzelräumen vergleichbar und kompensiert viele Standortrisiken. Pflanzgefäße sind dem Bereich C zuzuordnen. Schichtaufbauten aus den Bereichen C bis E bedingen hohe bis sehr hohe Lastannahmen und werden im Dachbereich nur dann realisiert, wenn besondere Zielsetzungen wie Befahrbarkeit, Einbau von Wasserbecken oder die Verwendung von Großgehölzen geplant ist. Auf Steildächern kommen sie ebenfalls kaum vor. Auf Ingenieur- und Tiefbauwerken wie Tiefgaragen oder Tunnelüberbauungen sind höhere Lastannahmen wiederum der Regelfall, so daß hier Schichtaufbauten nach D oder E vor kommen.

Die allgemeinen Standortrisiken, die sich aus den Lebensräumen und den durchwurzelbaren Schichtdicken ergeben, sind in Abbildung 145 dargestellt. Die Mindestschichtdikken für Vegetationsformen Einfacher Intensivbegrünungen und Begrünungsformen Aufwendiger Intensivbegrünungen sind der Tabelle 17 zu entnehmen.

Aus den Kombinationen der Standortkennzeichnung mit den Schichtdicken ergeben sich für die **Lebensraum-Kennziffern** jeweils dreißig **Codierungsmöglichkeiten** für Flach- und Steildächer (Tabelle 21).

Die Lebensraum-Kennziffern gelten nur für die Dachbegrünung. Die einzelnen Pflanzenarten der nachfolgenden Listen haben eine Einstufung nach diesen Lebensraum-Kennziffern erhalten. Die qualitative Differenzierung von zu begrünenden Dachflächen bereits

Tab. 21. Lebensraum-Kennziffern für Aufwendige und Einfache Intensivbegrünungen

				Code für die Schichtdicken				
				10-15	15-25	25-40	40-60	> 60 cm
Aufwendige und Einfache Intensivbegrünungen auf Flachdächern								
0.1	freie Lagen	1.1	überwiegend					
	unter stärkerer		sonnig	A	B	C	D	E
	bis sehr starker	1.2	überwiegend					
	Luftbewegung		schattig	A	B	C	D	E
		1.3	Wechsellicht	A	B	C	D	E
0.2	geschützte Lagen	2.1	überwiegend					
	unter geringer		sonnig	A	B	C	D	E
	bis sehr geringer	2.2	überwiegend					
	Luftbewegung		schattig	A	B	C	D	E
		2.3	Wechsellicht	A	B	C	D	E
Einfache Intensivbegrünungen auf Steildächern								
				Code für die Schichtdicken				
				10-15	15-25	25-40	40-60	> 60 cm
0.3	freie Lagen	3.1	überwiegend					
	unter stärkerer		sonnig	A	B	C	D	E
	bis sehr starker	3.2	überwiegend	A	B	C	D	E
	Luftbewegung		schattig	A	B	C	D	E
		3.3	Wechsellicht	A	B	C	D	E
0.4	geschützte Lagen	4.1	überwiegend					
	unter geringer		sonnig	A	B	C	D	E
	bis sehr geringer	4.2	überwiegend					
	Luftbewegung		schattig	A	B	C	D	E
		4.3	Wechsellicht	A	B	C	D	E

Beispiele für eine Lebensraum-Kennzeichnung

0.1-1.2-B = Flachdach
freie Lage unter stärkerer bis sehr starker Luftbewegung
überwiegend schattig
Schichtenaufbau mittlerer Schichtdicke 15-25 cm

0.3-3.1-A = Steildach
freie Lage unter stärkerer bis sehr starker Luftbewegung
überwiegend sonnig
Schichtenaufbau geringer Schichtdicke 10-15 cm

während der ersten Planungsphasen erleichtert die Pflanzenverwendung erheblich.

Für die Gehölzverwendung werden in der Literatur (BÄRTELS 1981) die Areal-Formeln nach SCHROEDER (1976) verwendet. Diese Klassifizierungen der Vegetationszonen unter pflanzengeographischen Gesichtspunkten haben einen sehr großräumigen Bezug, der für die Pflanzenverwendung allenfalls eine Einschätzung der Frostgefährdung ermöglicht. Da jeder Pflanzenverwender die in seiner Region nicht frostharten Gehölze kennen sollte, werden die genannten Areal-Kennziffern hier nicht wiedergegeben. Eine Risikoabschätzung hinsichtlich der Frostgefährdung ergibt sich generell durch die ausgewiesenen Eignungszuordnungen im Raster der Lebensraum-Differenzierungen.

10.2.2 Lebensbereiche

Die übergeordnete Einheit des **Lebensraumes** kann sich aus einzelnen qualitativ sehr verschiedenen **Lebensbereichen** zusammensetzen. Qualitative Aspekte, welche für die Pflanzenverwendung unter der Berücksichti-

Abb. 145. Lebensräume für Pflanzungen Intensiver Dachbegrünungen auf Flachdächern und deren potentielle Standortrisiken in Beziehung zur Bauweise.
Klassifizierung des allgemeinen Standortrisikos:
1 = sehr gering, 2 = gering, 3 = höher, 4 = hoch, 5 = sehr hoch. Das heißt, von 1 nach 5 steigt das Ausfallrisiko.

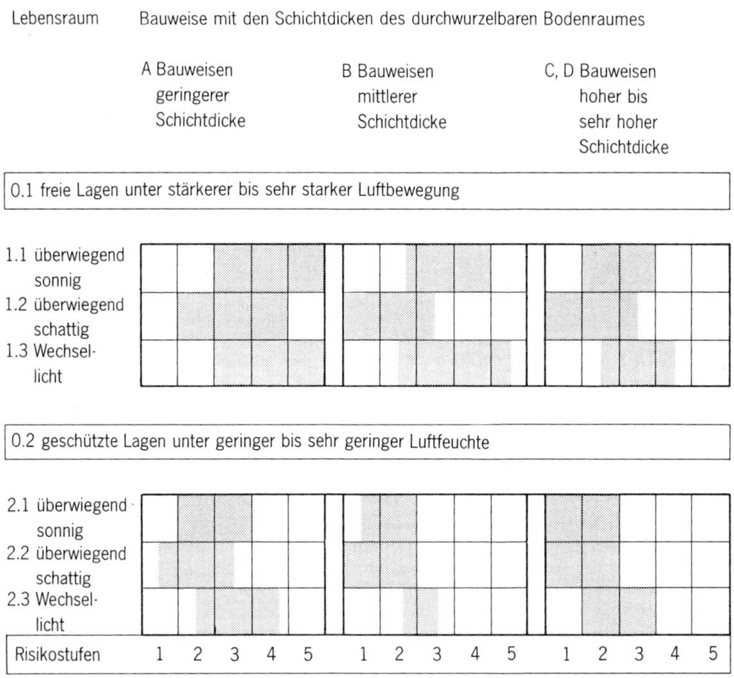

gung der Standortausgangssituation einzelner Arten im Detail wichtig sind, können geplant werden. Dies sind:

- Substratqualität, insbesondere hinsichtlich des Humus-, Kalk-, Ton- und Luftgehaltes
- Nährstoffangebot
- Bodenfeuchtigkeit
- Schutzwirkung durch größere Gehölze.

Für die Verwendung von Stauden werden zusätzlich zur Lebensraum-Klassifizierung Kennziffern aus dem „Kennziffersystem zur naturgemäßen Staudenverwendung“ nach HANSEN und MÜSSEL (1972) angegeben. Für die Verwendung von Stauden und Halbstauden ergeben sich in Verbindung mit der übergeordneten Gehölzpflanzung kleinräumige Lebensbereiche, welche bodengebundenen Situationen in Einzelfällen durchaus vergleichbar sind. So kann zum Beispiel ein unnatürlich scharf begrenzter Schlagschatten durch höhere Gehölze verbessert werden, ähnlich einem Standort am Waldrand. Allerdings besteht auf Dachflächen immer eine stärkere Wurzelkonkurrenz.

Das Kennziffersystem nach HANSEN und MÜSSEL unterscheidet folgende Hauptlebensbereiche:

1. Lebensbereich Gehölz
2. Lebensbereich Gehölzrand
3. Lebensbereich Freiflächen
4. Lebensbereich Steinanlagen
5. Lebensbereich Beet

6. Lebensbereich Wasserrand und sumpfiger Bereich
7. Lebensbereich Wasser.

Der Kennzifferschlüssel wird in Abschnitt 11.4.1 wiedergegeben.

10.3 Auswahlkriterien

10.3.1 Funktionale Aspekte

Dachbegrünungen

Neben der geplanten Nutzung der Dachfläche (siehe Abschnitt 6.2.1) haben die architektonischen Rahmenbedingungen einen entscheidenden Einfluß auf die Pflanzenauswahl, um die Funktion dauerhaft zu gewährleisten. Bedingt durch die relativ hohen **Unterhaltungskosten** wird für die Pflanzenauswahl und Vergesellschaftung die **Pflegeleichtigkeit** ein immer wieder ausschlaggebender Aspekt sein. Die Funktion einer gärtnerischen Pflanzung kann nur durch ständige Pflege an der Pflanze wie Rückschnitt abgeblühter Pflanzenteile, Erziehungsschnitte sowie Auslichtungs- und Regenerationsschnitte bis zum gelegentlichen Entfernen einzelner Pflanzen oder Ausdünnen erhalten werden.

Der Kostenaufwand zur Entfernung von verdrängender Fremdvegetation kann dabei einen sehr hohen Anteil einnehmen. Deshalb sind die Eigenschaften einzelner Pflanzenarten zur dauerhaften Unterdrückung von Fremdvegetation besonders wichtig. Diese sind allerdings in der Vergangenheit vielfach überschätzt worden. Erfahrungsgemäß gelingt dies in sonnigen Lagen durch höher aufwachsende, bodendeckende Gehölze besser als durch niedrige und in schattigen und halbschattigen Lagen generell besser als auf freiliegenden, sonnigen Standorten. In Schattenlagen kann ein dauerhafter Flächenschluß schon durch relativ niedrige Bodendecker wie zum Beispiel *Hedera* oder *Pachysandra* erfolgen. Der Schatten übt hier einen erheblichen Selektionsdruck auf ruderale und heliophile Gräser und Kräuter der Spontanvegetation aus.

Das Problem der Fremdvegetation läßt sich durch Verzicht auf großflächige Pflanzungen zugunsten einer Rasen-, Gras- und Wildvegetation lösen, in der die meisten Fremdarten toleriert oder durch Schnitt an der weiteren Ausbreitung gehindert werden. Freie Lagen in unmittelbarer Nachbarschaft zu bodengebundenen Grünflächen jeglicher Art oder landwirtschaftlichen Flächen sind immer einer stärkeren Besiedlung durch Fremdvegetation ausgesetzt als isolierte innerstädtische Standorte oder Innenhöfe.

Häufig wird der **Laubfall** als Argument gegen die Verwendung von laubabwerfenden Gehölzen verwendet. In freien Lagen besteht dies Problem bedingt durch Windverfrachtung nicht. Punktuelle, hohe Laubansammlungen können leicht entfernt oder besser wieder in die Flächen eingebracht werden. Auf befestigten Flächen, besonders in Innenhöfen, kann Laubfall die Rutschgefahr erhöhen. Hier ist durch entsprechende Unterhaltungsmaßnahmen Vorsorge zu treffen.

Die Bestimmungen über die **Brandsicherheit** bedürfen der objektspezifischen Interpretation (siehe Abschnitt 7.1.4). Falls sich ein besonderes, bauwerksbedingtes Brandrisiko ergibt, sollte auf die leichter entflammbaren Koniferen ganz oder teilweise verzichtet werden. Dies gilt besonders für flächendeckende Bestände von *Pinus mugo*; diese Nadelholzart bildet im Laufe der Jahre außerdem eine leichter entzündbare Rohhumusauflage aus Nadelstreu.

Die **Windfestigkeit** bei der Verwendung von Großstauden, Sträuchern und Bäumen muß auf Dauer gewährleistet sein. Im Zweifelsfall muß man eben auf große Gehölze verzichten. Neben Windwurf und die dadurch bedingte Beschädigung des Bauwerks oder funktionaler Bauteile bestehen gleiche Risiken durch Windbruch größerer Gehölze. Es ist zu beachten, daß alle Gehölze bei den üblichen Schichtdicken bis 40 cm zwangsweise zu Flachwurzlern werden.

Das **Höhen- und Breitenwachstum** von bodendeckenden und raumbildenden Gehölzen wird immer wieder unterschätzt. Besonders in Innenhöfen kann mit der Zeit durch überproportionierte Gehölzpflanzungen die Außenraumgestaltung, aber auch das Blickfeld erheblich beeinträchtigt werden. Die übermäßige Verschattung von Fensterfronten ist ebenfalls zu vermeiden. In die Breite wachsende bodendeckende Gehölze engen Wege ein oder wuchern wenig begangene befestigte Fluchtwege oder Fluchtschneisen zu. Abstandsstreifen zu aufgehenden Dachrändern

Abb. 146. Der Ausblasbereich des Entlüftungsaggregates wurde von Vegetation frei gehalten. Dacheinläufe sowie kleine Be- und Entlüfter sind erkennbar und jederzeit zu Wartungszwecken erreichbar.

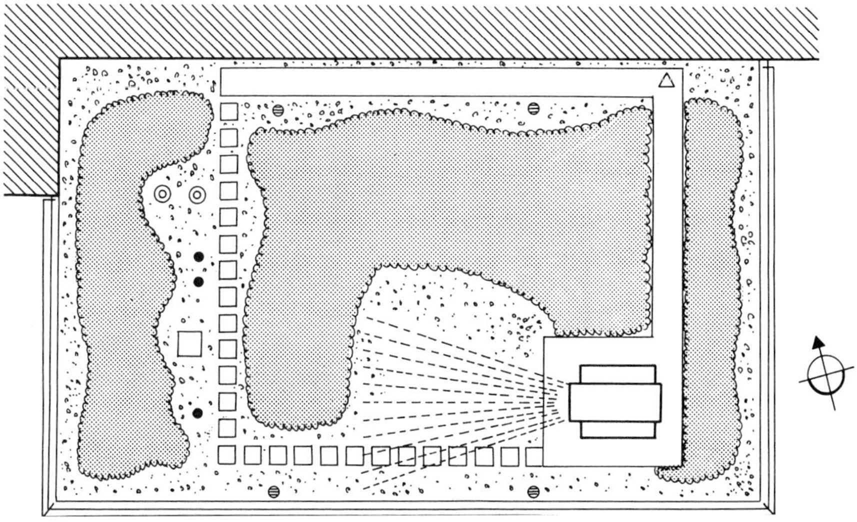

Abb. 147. Das Wuchsverhalten und die Ausbreitung von Gehölzen muß langfristig und vorausschauend bedacht werden. Wege dürfen nicht ständig durch die Astschleppen von Bodendeckern zuwachsen. Großvolumige Büsche engen Wege ein, wachsen vor den Fensterfronten und bewirken eine zunehmende Verschattung.

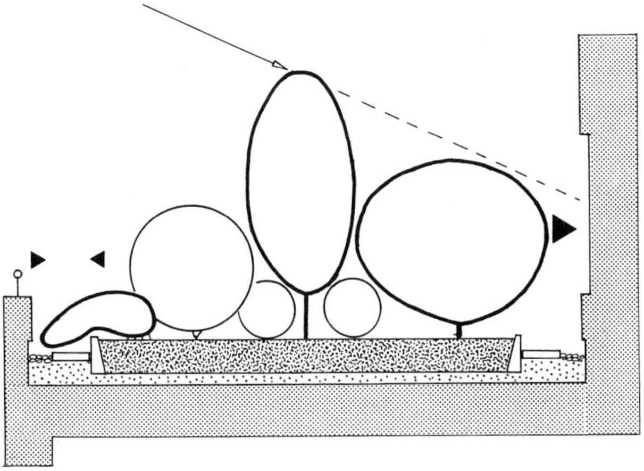

oder Lichtkuppeln sind in wenigen Jahren total zugewachsen, so daß diese zu technischen Kontrollzwecken nicht mehr begangen werden können. *Symphoricarpus* 'Hancock' oder niedrige Cotoneaster überwachsen zum Beispiel Abstandstreifen in Breiten von 1,50 bis 2 m innerhalb weniger Jahre. Dacheinläufe, Kontrollschächte, Ent- und Belüftungsrohe wie auch hochgezogene Bauwerksfugen müssen ebenfalls zu Kontrollzwecken frei gehalten werden. (Abbildungen 146 und 147).

Zu ernsthaften Funktionsstörungen kann es durch Einwachsen von Gehölztrieben in die Lippendichtungen von Lichtkuppeln oder unter Dachrandabdeckungen kommen, da mechanische Druckwirkungen entstehen und Feuchtigkeit eindringen kann. Die Gleisstrekken von Außenaufzügen, etwa für die Fassadenreinigung, dürfen ebenfalls nicht beeinträchtigt werden. Manche Ziersträucher bilden stark überhängende Schleppen aus. Dies ist bei der Auswahl benachbarter Pflanzen und vor allem bei der Anlage von Rasen unbedingt zu beachten.

Genauso ist bei der Bepflanzung von Trögen die verdrängende Wirkung von Gehölzen auf Stauden zu beachten (Abbildung 148). Die Forderungen nach **Sicht- und Windschutz** sollten genau hinsichtlich ihrer generellen Realisierbarkeit und funktioneller Wirkung geprüft werden. In der Regel empfiehlt sich eine Kombination mit durchblasbaren Gitter- oder Schutzzaun-Konstruktionen (Abbildung 149). Ein Windschutz nur durch Gehölze ist besonders in extremen Situationen, wie auf höheren freien Geschoßebenen oder bei punktuellem, düsenartigem Windangriff, kaum möglich. Die Pflanzen können den starken Dauerbelastungen selbst nicht standhalten und leiden erheblich unter Wuchsdepressionen, Windschnur, Windbruch und Windwurf.

Eine **raumbildende Wirkung** läßt sich hingegen durch einen lockeren, gestaffelten Aufbau von Gehölzen verschiedener Größenklassen ohne Probleme realisieren, sofern die vorhandene Raumtiefe ausreicht.

Die **Kaschierung von baulichen Gegebenheiten** wie Lichtkuppeln, höheren technischen Funktionsbauten auf der Dachfläche, Brüstungen oder Fassadenteilen ist nur bis zu einer begrenzten Höhe von etwa 3 bis 4 m wirksam möglich. Es wird nur in seltenen Fällen gelingen, eine ausgeprägt „technoide Dachlandschaft“ mit Grün zu illusionieren. Die Wartung und Funktion, etwa von Lichtkuppeln oder Lüftungsanlagen, darf nicht beeinträchtigt werden (Abbildung 146), so daß man nicht mit Rank- und Kletterpflanzen arbeiten kann.

Eine Besonderheit in funktionaler Hinsicht stellen „vogelschlagsichere“ Begrünungen für Flughäfen dar. Durch die Verwendung nicht beerentragender Gehölze, den Verzicht auf Solitärpflanzen und die „Vergällung“ von Lande- und Rastplätzen durch eine halbhohe, eher abweisende Vegetation sollen Vögel ab

Abb. 148. Beispiele für die Pflanzenverwendung in Pflanzgefäßen. Die Gehölze verdrängen mit zunehmendem Breitenwachstum die Stauden.

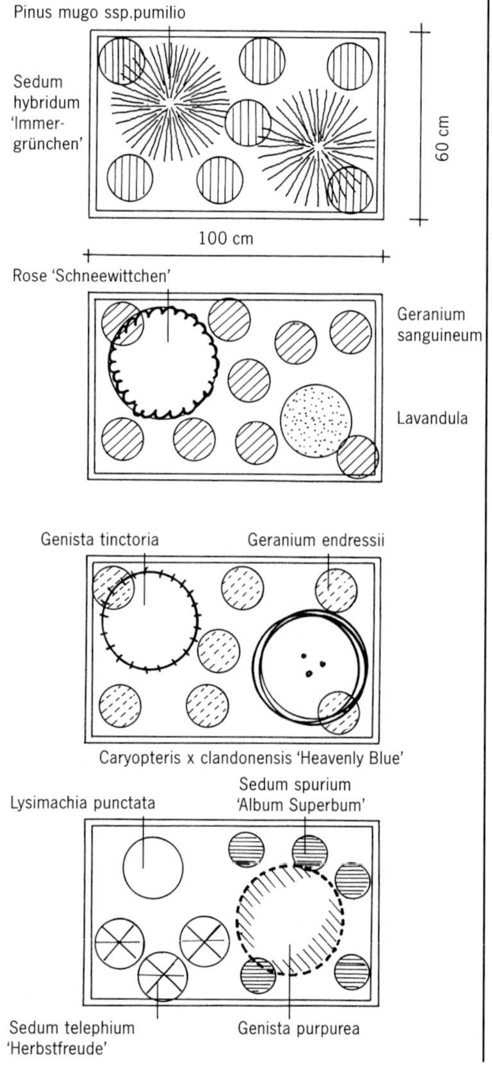

etwa Drosselgröße, die den Flugverkehr gefährden, ferngehalten werden.

Auswahlkriterien für Pflanzen zur Intensiven Dachbegrünung unter funktionalen Aspekten:

- Fähigkeit zur Unterdrückung von Fremdvegetation

Abb. 149. Ihre Funktion als Sicht- und Windschutz erfüllen insbesondere schmale Pflanzungen nur unzureichend, so daß zusätzliche Schutzwände erforderlich sind.

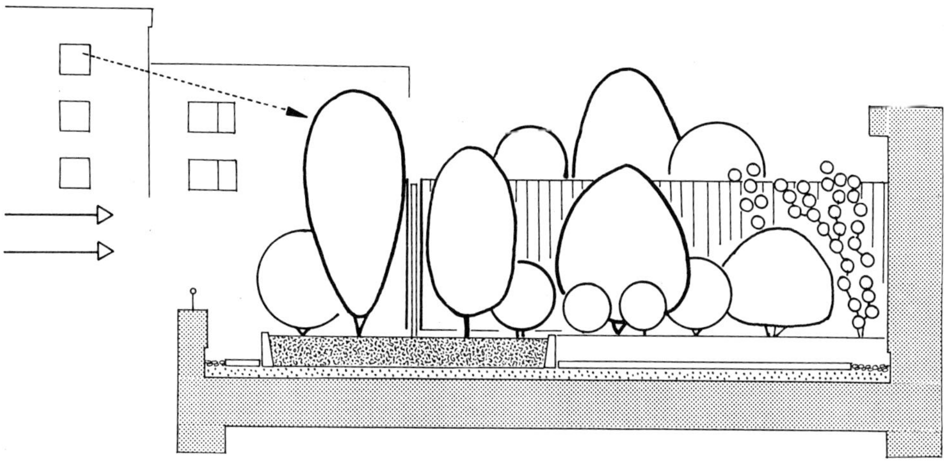

- Funktion als Sichtschutz
- Kaschierung durch überhängende Gehölze
- Funktion zur Raumbildung
- Funktion als (ergänzender) Windschutz
- Beachtung der Brandsicherheit
- Beachtung der Windsicherheit
- Freihalten von Wegen und Fluchtwegen
- Freihalten von Dachrändern, Bauwerksfugen, Dacheinläufen, Be- und Entlüftungen.

Fassadenbegrünung

Bei der Pflanzenauswahl sollte primär an die **vorbeugende Schadensverhützung** in bezug zur jeweilig vorhandenen architektonisch-konstruktiven Situation gedacht werden (siehe Abschnitt 7.2). Sofern sich die Fassadenoberfläche wegen potentieller Schadensrisiken nicht durch selbstklimmende Pflanzen begrünen läßt, müssen konstruktive Rank- und Kletterhilfen vorgesehen werden (Abschnitt 8.7.6). Rank- und Kletterhilfen können je nach Materialwahl und Konstruktion im unbegrünten Zustand unter Umständen eine vorübergehende Beeinträchtigung des architektonischen Gesamtbildes darstellen. Hier ist die endgültige Wuchshöhe der zu verwendenden Pflanzen zu beachten, um eine Überdimensionierung der konstruktiven Hilfsmittel zu vermeiden. In der Statik ist die Blattmassebildung zu berücksichtigen, insbesondere die zusätzliche Belastung durch Vereisung.

Im Hinblick auf das potentielle **Breitenwachstum** ist die Gliederung der Fassade durch die Fenster zu berücksichtigen. Sind die verbleibenden Restflächen der Fassade relativ schmal, so ist aus Gründen des späteren hohen Unterhaltungsaufwandes eine Direktbegrünung mit stark wachsenden Selbstklimmern wie Wilden Wein oder Efeu nicht sinnvoll.

Dies gilt auch für mögliche **Funktionsbeeinträchtigungen** von manuell oder automatisch gesteuerten Sonnenblenden und Außenjalousien sowie Feuerleitern und Geländern. Rankende und wuchernde Pflanzen an Kletterhilfen mit zu geringem Fassadenabstand können Feuerleitern und Geländer mit ihren Trieben erreichen und sie dann einwachsen. Hier wird zwar immer wieder an den jährlich geringen Pflegeaufwand durch Rückschnitt verwiesen. Es wird jedoch nicht die Unfallgefahr beachtet und bei größeren Bauten die teilweise schwierige Erreichbarkeit.

Auf mögliche **Schäden durch sehr stark windende Pflanzen** wie Blauregen oder Baumwürger an Dachrinnen und Regenfallrohren wurde bereits in Abschnitt 7.2.2 hingewiesen.

Pflanzen mit Neigungen zum negativen Phototropismus wie Efeu, Wilder Wein oder Schlingknöterich unterwachsen niedrige Traufen eingedeckter Steildächer und heben sie an. Gleiches gilt für Randabdeckungen von Flachdächern.

Clematis- oder *Lonicera*-Pflanzen neigen im Alter zur **Verkahlung** von unten, so daß eine geeignete Mischpflanzung eine dauerhafte flächendeckende Begrünung sichern kann.

Bei Fassadenbegrünungen, die auf Dachflächen wurzeln, werden die höheren **Windgeschwindigkeiten**, die Wirbelbildung oder der thermische Auftrieb an Hochhäusern in der Schadwirkung auf Fassadenpflanzen häufig unterschätzt. Wenn schwächer rankende Pflanzen wie zum Beispiel *Clematis* eine größere Pflanzenmasse aufgebaut haben, kommen Windabrisse häufiger vor, insbesondere wenn flache, zweidimensionale Rankhilfen verwendet werden. Auch die haftenden Triebe von großblättrigen Efeu-Sorten werden im Herbst und Winter von windexponierten Teilflächen regelmäßig abgerissen.

Die dauerhaft kaschierende Wirkung herabhängender Fassadenbegrünungen sollte nicht überschätzt werden, da ältere Pflanzen, die viel Phytomasse aufgebaut haben, häufig wieder ganz oder teilweise zurückfrieren. Durch die ständigen scheuernden Windbewegungen holziger Pflanzenteile an der Fassade werden Pflanzen und Bauwerksoberflächen beschädigt. Ökologische Architekturkonzepte harmonieren nicht in jedem Fall mit einer optimalen Fassadenbegrünung, wie Beispiele aus Solarenergie-Bauweisen oder von Fassadenverkleidungen aus Holz zeigen. Im ersten Fall hemmen Pflanzen vor Glasfassaden die Winterbesonnung, und Holzfassaden sollten möglichst nicht mit selbstklimmenden Pflanzen begrünt werden.

Auswahlkriterien für Pflanzen zur Fassadenbegrünung unter funktionalen Aspekten und der vorbeugenden Schadensverhütung:

- Eignung der Fassadenoberfläche und Fassadenkonstruktion für selbstklimmende Fassadenpflanzen
- Schutz von Fenstern, Türen, Lüftungen vor ständigem Zu- und Einwachsen
- Schutz konstruktiver Elemente wie Sonnenblenden, Außenjalousien, Geländern, Treppen, Dachrinnen und Regelfallrohren durch Umwinden von Rank- und Schlingpflanzen
- die Gefahr, daß Dacheindeckungen und Dachrandabdeckungen unterwandert werden
- Berücksichtigung des Zusatzgewichtes von Pflanzenmasse mit Schnee- und Eisbehang in der Statik für Rankhilfen
- Windabrißgefährdung schwach verankerter Pflanzenmassen, insbesondere bei Fassadenbegrünungen von Dächern und Dachbegrünungsflächen
- Verkahlung von unten bei einzelnen Pflanzenarten
- scheuernde Wirkung herabhängender Fassadenbegrünungen auf Brüstungselemente
- Verbrennungsschäden an Pflanzen in unmittelbarer Nähe zu Metallfassaden oder Dachrandeindeckungen, insbesondere bei dunklen Einfärbungen.

10.3.2 Ästhetische Aspekte

Dachbegrünung

Die Gestaltung und Ästhetik von Dachbegrünungen können keiner Formalisierung unterliegen. Gartenarchitektonische Gestaltungsgesetze der Raumbildung und die Perspektivformung durch Pflanzen, Bodenbewegung und bauliche Anlagen interpretiert jeder Landschaftsarchitekt in individueller Weise. Dies gilt auch für die Pflanzenauswahl, die nach Kriterien wie Gestalt, Blattfarbe und -textur, Blüten- und Fruchtschmuck erfolgt. Allerdings muß – aus den bereits erörterten Gründen – davor gewarnt werden, Sortimente und Pflanzenkombinationen, die sich auf bodengebundenen Freianlagen bewährt haben, kritiklos auf Dachflächen zu übertragen.

Über die Möglichkeiten der Einbindung des Bauwerkes in zu begrünende Dachflächen und die weiteren Freianlagen herrschen durchaus unterschiedliche Auffassungen. Sie reichen von Versuchen, die „Dach-Optik" wegzuretuschieren bis hin zur artifiziellen Überhöhung der visuell technoiden Dachoptik. Völlig freie gestalterische Möglichkeiten – auch in der Pflanzenverwendung – ergeben sich in Innenhöfen, wo die Freiraumnutzung eine gewisse Bedeutung erlangt, das Thema Wasser variiert wird und auch künstlerische Aussagen und Objekte Raum finden.

Die visuelle Einbindung von Dachflächen in die Umgebung wird häufig nicht sehr ernsthaft betrieben und bleibt häufig „Papier-Architektur" des Erläuterungsberichtes. Nicht nur die Vogelperspektive aus höheren Stockwerken, sondern generell eine bewegte Geländetopographie bedingt die Notwendigkeit, Dachflächen zu begrünen und harmonisch mit vegetativen Mitteln in die Umgebung einzugliedern. Aus Sichthöhen etwa ab dem dritten Stockwerk können feingliedrige, stark differenzierte vegetative Strukturen und wenig kontrastreiche Farbzusammenstellungen nicht mehr wahrgenommen werden. Im urbanen Bereich bieten sich generell Pflanzungen verschiedenster Art an. Dies kann jedoch nicht in jedem Fall auf die Randbereiche vor Siedlungsgebieten übertragen werden. Angrenzende landwirtschaftliche Flächen, zum Beispiel mit Wiesencharakter, sollten hier nicht mit gärtnerischen Bodendeckerkulturen kontrastieren. Hier erscheinen beispielsweise Rasen- und Wiesenflächen mit kleinflächigen Pflanzungen richtiger.

Einfach Intensivbegrünungen sollten nicht zu Bodendecker-Monokulturen degeneriert werden. Sie bilden eine gestalterische Herausforderung, indem trotz des geringeren finanziellen Aufwandes für die Pflanzungen eine lebendige, abwechslungsreiche Vegetationsdecke entstehen kann. Die Möglichkeiten, die Gras- und Wiesenvegetation der Einfachen Intensivbegrünungen mit punktuellen oder inselartigen Bepflanzungen zu kombinieren, oder die Kombination von Vegetationsformen der Extensiven Dachbegrünung mit solchen der Einfachen Intensivbegrünungen werden noch viel zu wenig genutzt.

Die Verwendung von sogenannten **immergrünen Laub- und Nadelgehölzen** beruht häufig auf der falschen Annahme, diese Pflanzen würden im Winter frisch grün aussehen. Viele Arten und Sorten neigen, bedingt durch Glucose-Einlagerungen in den Blattorganen, zu Laubverfärbungen. Diese können rötlich, bräunlich oder gelblich sein, so daß der gewünschte belebende Grünkontrast in der Pflanzung ausbleibt. Es verfärbt sich entweder das Laub der ganzen Pflanze oder nur der letzte Jahrestrieb. Dies ist zum Beispiel zu beobachten bei *Cotoneaster, Mahonia, Prunus laurocerasus, Pyracantha, Taxus* und *Juniperus*. Ein extremes Beispiel ist *Microbiota decussata*, die sich mit Beginn des ersten Kälteeinbruches braunrot verfärbt und dadurch einen leblosen Gesamteindruck bietet.

Weiterhin ist zu beobachten, daß verschiedene Laubholz-Arten wie *Cotoneaster* oder *Pyracantha* nicht durchgehend immergrün sind, sondern im Winter bei extremen Temperaturschwankungen oder im Frühjahr je nach Witterungsverlauf mehr oder weniger stark das Laub abwerfen. Auf Dachflächen sind aber zur visuellen Belebung besonders frische hellgrüne Laubfarben und auch früh austreibende Laubgehölze gefragt.

Wenig erfreulich ist häufig die Pflanzenverwendung bei katalogartiger Realisierung von Begrünungssystemen, besonders wenn Firmen des Garten- und Landschaftsbaues nicht beteiligt sind. Dies hat der Verfasser schon mehrfach kritisiert (u.a. KRUPKA 1985, 1988). Neben der falschen, oft auch massenhaften Verwendung einzelner Arten und Sorten bilden derartige Begrünungen mitunter phantasielose, beliebige Aneinanderreihungen, die kein Konzept erkennen lassen.

Eine thematische Charakterisierung einer Dachgartenfläche erleichtert den Nutzern und auch dem Pflegepersonal eine Identifikation mit dem grünen Freiraum. Beispielhaft sind folgende Themen denkbar:
- Freiräume parkähnlichen Charakters mit großzügigen, abwechslungsreichen Pflanzungen für Sonnen- und Schattenbereiche im Wechsel mit Rasen- und Wiesenflächen
- kleinräumige Stauden- und Gehölzpflanzungen
- Staudengärten
- Rosengärten (nur unter besonderen Voraussetzungen)
- Heidegärten
- Stein- und Trockengärten, Sukkulenten- und Xerophytengärten
- Dachterrassen mediterranen Charakters
- Duft- und Gewürzgärten
- Nutzgärten (auch als Teilflächen).

Fassadenbegrünung

Die Auswahl von Pflanzen für die Fassadenbegrünung muß sehr sensibel und weit vorausschauend erfolgen. Eine enge Zusammenarbeit mit Hochbauarchitekten und dem Nutzer ist unerläßlich. Zunächst ist grundsätzlich festzulegen, welche Wirkung eine Fassadenbegrünung erzielen soll:
- eine ganz- oder teilflächig verdeckende und einbindende Wirkung oder
- eine kontrastierende oder arrondierende Wirkung durch linienförmig wachsende oder auf kleine Flächen beschränkte Einzelpflanzen.

Es ist also zwischen der Pflanzenwirkung als Masse oder als Einzelgestalt mit spezifischer Form, Blattextur, Blatt- und Blütenfarbe zu differenzieren. Die Kombination beider Möglichkeiten bedarf – wenn überhaupt sinnvoll – einer besonders sorgfältigen Planung, da starkwachsende Flächendecker einzelne Pflanzengestalten bald überwuchern.

Auf die Möglichkeiten, Hauswände mit geschnittenen Gehölzen zu begrünen, weist KIERMEIER (1984) hin. Überdies trägt auch jedes in Fassadennähe gepflanzte, frei wachsende Gehölz zur Fassadengestaltung bei.

Die optische Wirkung im unbelaubten Zustand, auch im Zusammenhang mit Kletterhilfen, ist immerhin für die Hälfte des Jahres ins Kalkül zu ziehen. Massierungen von Rankpflanzen, die eine zunehmende Holzmasse aufbauen, sind in ihrem „Gestrüppeffekt" selten überzeugend. Eine gezielte Verwendung von immergrünen Arten ermöglicht angenehme Kontraste.

Eine **totale Gebäudeeingrünung** kann durchaus in Einzelfällen als Konzept gelten und spricht durch die romantische Gesamterscheinung eines „Grün-Hauses" an. Dieses Gestaltungsmittel aber für ganze Häuserzeilen oder Siedlungsabschnitte einzusetzen, bedarf zuvor einer genauen Untersuchung. Bisherige Beispiele zeigen die Gebäude eher in einem angstauslösenden Höhleneffekt. Eine räumliche Orientierung ist bei der verlorengegangenen architektonischen Gliederung kaum noch möglich, wenn nicht besondere Merkpunkte im Quartier vorhanden sind.

Eine Begrünung historischer Gebäude ist nur unter Beachtung des Denkmalschutzes möglich und in der Regel deshalb auch genehmigungspflichtig. Dies gilt besonders für die Anbringung von Kletterhilfen.

Eine stärkere Verbreitung von Spalierobst wäre zur Wiederbelebung dieser historischen Kulturform sehr wünschenswert. Diese Erziehungsform kann auch an aufgehenden Fassaden auf Dächern gepflegt werden, sofern ein ausreichend dimensionierter Wurzelraum zur Verfügung steht.

10.3.3 Ökologische Aspekte

In der Planungspraxis stellt sich besonders bei der Verwendung gärtnerischer Vegetation für die Intensive Dachbegrünung und Fassadenbegrünung die Frage nach planbaren, also auch real erreichbaren ökologischen Positivwirkungen. Dabei sind in der Regel zwei Aspekte zu unterscheiden:

1. Der bioökologischen Nutzen der verwendeten Pflanzen als Schutz- und Brutstätte sowie als Nahrungsquelle für die Tierwelt.
2. Klimatisch verbessernde und ausgleichende Wirkungen.

Fremdländische Pflanzen oder deren durch Züchtung entstehende Sortenvielfalt werden häufig vorschnell gegenüber „heimischer" Vegetation als minderwertig eingestuft, insbesondere im Wert bezüglich des Nahrungskreislaufes für Tiere. Urbane Biozönosen sind jedoch anders strukturiert als natürliche. Deshalb sind qualitative Vergleiche unzulässig. Die Ausbreitung von höheren und niederen Tieren erfolgt auch auf intensiv begrünten Dachflächen (siehe Abschnitt 4.3) nach eigenen Gesetzmäßigkeiten.

Eine Verwendung von Gehölzen zur Dachbegrünung, die nur aus den heimischen Naturräumen stammen, ist möglich, wenngleich sich hier Einschränkungen in der Sortimentsbreite ergeben. Es fehlt zum Beispiel eine Auswahl geeigneter niedriger und halbhoher Kleinsträucher mit weiter standortökologischer Amplitude. Hinsichtlich der Verbreitung der Arten sollte die Differenzierung nach KIERMEIER (1986) beachtet werden. Es wird dort unterschieden nach:

- überregionaler Verbreitung
- regionaler Verbreitung
- lokaler Verbreitung
- eingebürgerten oder verwilderten Gehölzen.

In Stadträumen ist der Anteil an eingebürgerten oder verwilderten Gehölzen und insbesondere von wärmeliebenden Arten sehr hoch. Wenn das Exotensortiment wegfällt, beschränken sich allerdings die Möglichkeiten für die Fassadenbegrünung erheblich; sie reduzieren sich auf die hierzulande vorkommenden Arten wie Efeu, Hopfen und Waldrebe.

Die Herstellung von Intensiven Begrünungsflächen von Bauwerken mit Biotopcharakter muß sich primär an dem real erreichbaren Nutzen unter gesamtökologischen Aspekten orientieren. Dies hängt besonders von der Größe, Geschoßhöhe und dem Vernetzungsgrad mit natürlichen oder naturnahen Grünflächen ab. Eine Verinselung begrünter Bauwerksflächen ist häufig gegeben.

Sofern sich extreme Standortsituationen ergeben und heimische Arten auch wegen der Umweltbelastung abzusterben drohen, ist ein Ausweichen auf fremdländische Arten zwingend. Einen gesamtökologischen Teilnutzen hat auch die fremdländische Gehölzvegetation, da sie Schutz- und Nistmöglichkeiten für Vögel bietet und außerdem vor allem die beerentragenden Arten als Nahrungsquelle dienen. Dazu zählt etwa die Hälfte der fremdländischen Arten (TURCEK 1961, in KOWARIK 1986).

Aus der Zahl der Insekten- und Vogelarten, die fremdländische Gehölzarten befressen, lassen sich keine „ökologischen Qualitäten" ableiten (KOWARIK 1989). Es gibt auch einheimische Gehölzarten, wie zum Beispiel die Eibe oder der Buchsbaum, auf denen sehr wenige Insekten vorkommen. Werden nur die Nahrungsbeziehungen bewertet, ergibt sich eine unzulässige gesamtökologische Bewertung einer fremdländischen Pflanze. „Nicht überall sind einheimische Arten mit potentiell großer Bedeutung für Tiere standortgemäß. Auf vielen Sonderstandorten (...) können sogenannte Exoten besser wachsen als „tierliebe" einheimische Arten." (KOWARIK 1989)

Zwar haben fremdländische Gehölze einen gegenüber heimischen Pflanzen geringen Wert als Futter- und Vermehrungspflanzen, insbesondere für Wirbellose (KOWARIK 1986), jedoch sind eine ganze Reihe von Arten ausgezeichnete Pollen- und Honigspender. So werden zum Beispiel *Lonicera pileata* und alle *Cotoneaster*-Arten auch auf Dächern stark von Bienen angeflogen. Staudenastern und Sommerflieder sind wichtige Nahrungspflanzen für Schmetterlinge.

Die bioklimatisch wirkende Blattmasse unterliegt ohnehin keinen Wertigkeiten, außer der Maximierung derselben. Allerdings können hier die an das Stadtklima besser angepaßten fremdländischen Arten, bedingt durch ihre höhere Gesamtvitalität, durchaus produktiver sein.

11 Pflanzen für Intensive Dachbegrünungen und Fassadenbegrünungen

11.1 Die Eignung von Laubgehölzen

Die Eignung von Gehölzen für Dachbegrünungen ist bisher nicht systematisch untersucht worden. Aus dem bisherigen Erfahrungswissen, insbesondere auch von Bestandsaufnahmen älterer Dachbegrünungen, läßt sich jedoch eine Eignungseinschätzung für den Praxisgebrauch ableiten. Erfahrungen mit bodengebundenen Pflanzungen lassen sich auf Dachflächen nur mit erheblichen Einschränkungen übertragen. In der Regel reagieren Gehölze auf Dachflächen empfindlicher. Aber auch davon gibt es Ausnahmen. So berichtet WITTKE (1987), daß in München in bodengebundenen Pflanzungen *Nothofagus antartica* erfroren sind, während sie in Innenhöfen von Dachbegrünungen keinen Schaden genommen haben.

Die Auswahl einzelner Laubgehölz-Gattungen muß unter Berücksichtigung der genetischen Eigenschaften und im Hinblick auf die besonderen Standortbelastungen (siehe Kapitel 5) und dem geplanten Verwendungsziel erfolgen.

Winterhärte
Unter dem Begriff Winterhärte wird die Widerstandsfähigkeit gegen die wechselnden klimatischen Bedingungen während der winterlichen Vegetationsruhezeit zusammengefaßt. Frost bildet wahrscheinlich die Hauptschadensursache an Gehölzbeständen auf Dachflächen. Nur wenige Arten vertragen die Temperaturextreme sommerlicher Wärme und winterlicher Kälte gleich gut. Für **immergrüne Laubgehölze** steigt das Ausfallrisiko in freien Lagen mit zunehmender Windbelastung und abnehmender Dicke des Schichtaufbaues. Dadurch werden Ausfälle durch Frosttrocknis begünstigt. Die Verwendung zum Beispiel von *Rhododendron, Prunus laurocerasus* oder *Mahonia aquifolium* in ungeschützten Lagen ist ein Planungsfehler. Die genetisch bedingte Frosthärte von immergrünen Pflanzen kann

bei zunehmendem Alter und nicht optimalen Standortbedingungen abnehmen. Dies ist bei vielen bodendeckenden *Cotoneaster*-Arten und -sorten der Fall, bei denen immer wieder großflächige Ausfälle auftreten oder bei denen die Vitalität alter Bestände erheblich geschwächt ist. Eine Verjüngung des Holzes durch Rückschnitt, verbunden mit einer ausgewogenen Nährstoffversorgung, mindert das Schadensrisiko erheblich.

Aber auch in geschützten Lagen besteht an Immergrünen das Risiko des **Frostbrandes** durch die Wintersonne, noch verstärkt durch Reflektionen von Fassadenoberflächen. Dadurch können auch als relativ hart geltende Pflanzen wie *Taxus, Buxus* oder *Hedera* erheblichen Schaden nehmen. Insbesondere an immergrünen Laubgehölzen wie *Buxus, Hedera* und *Prunus laurocerasus* treten unter Umständen erhebliche Schäden an der Rinde auf. Diese führen zur Ablösung der Rinde und bei ringförmigem Auftreten zum Absterben ganzer Astpartien. **Frostrisse** in der Rinde wurden insbesondere bei Ahorn beobachtet. Warmluft aus Entlüftungsanlagen führt im Winter häufig zu Knospenschäden und Schadbildern an nicht ausgereiften Vorjahrestrieben.

Neben der genetisch bedingten unterschiedlichen Frosthärte kann die standortbedingte, geschwächte physiologische Konstitution der Einzelpflanze (Dauerstreß durch andere Faktoren) ebenso zum Erfrierungstod führen. Viele fremdländische Pflanzen, die in ihren Heimatländern für den Triebabschluß und die Nachreife einen langen warmen Herbst benötigen, leiden besonders in Regionen mit Einflüssen des Kontinentalklimas. Wenn dann durch eine Luxusversorgung mit Nährstoffen und Wasser, insbesondere auch durch Wasseranstau, der Triebabschluß verzögert wird, kann es auch bei als absolut sicher geltenden Arten wie etwa nordamerikanischen Ahornen zu Schäden oder Totalausfällen kommen. Die negativen Auswirkungen einer Überversorgung steigern sich noch, wenn das Wurzelwachstum durch bauwerksbedingte Wärmeabgabe ständig angeregt wird. Dies kann bei älteren, schwächer wärmegedämmten Bauwerken der Fall sein. Ähnliche Wirkungen können auch auf Standorten mit nach Süden gerichteten dunklen Fassaden durch Wärmestau auftreten oder durch Warmluftaustritt.

Gehölze, die früh austreiben, wie zum Beispiel *Chaenomeles, Kerria, Lonicera pileata, Potentilla fruticosa, Ribes* oder *Spiraea,* neigen auf besonders warmen Dachstandorten zum Winteraustrieb und verlieren dadurch häufig ihren ersten Blattansatz durch Frost. Teilweise wird dann auch der Vorjahrestrieb in Mitleidenschaft gezogen. Die Frostempfindlichkeit des Wurzelwerkes nimmt mit abnehmender Schichtdicke des Wurzelraumes naturgemäß zu. Inwieweit die Lockersubstrate einschichtiger oder hydrokulturähnlicher Bauweise mit grober Lava, Schaumton, Blähton oder Blähschieferkörnungen zur Frostgefährdung beitragen, ist bisher nicht endgültig geklärt. FISCHER und ROTH (1989) haben nach einem Extremwinter in Weihenstephan keine großen Schäden an einer Gehölzpflanzung in einer Versuchsanlage bei Substraten mit Blähtonanteilen festgestellt.

Bei Pflanzgefäßen und Bankbeeten besteht eine enge Beziehung zwischen geringem Wurzelraumvolumen und allseitiger Frosteinwirkung. In einem Fall sind *Buxus sempervirens* in Pflanzgefäßen der Größe 80 × 80 × 40 cm ausgefallen, während diese in der angrenzenden Flächenbegrünung unbeschadet weiterwuchsen. Auf die besondere Winterhärte von *Buxus* und einiger seiner Kultivare weist auch KIERMEIER (1981) hin. Die Annahme, daß einige Sorten von *Ilex* × *meserveae* eine dauerhafte Frosthärte aufweisen (BÄRTELS 1980), scheint sich zu bestätigen.

Trockenheitsresistenz, Strahlungsfestigkeit

Der Stellenwert der Trockenheitsresistenz, um die Überlebensfähigkeit auf Wassermangelstandorten zu sichern, sollte für die Verwendung von Gehölzen im Bereich der Intensiven Dachbegrünung nicht überschätzt werden. Höhere Bedeutung haben die Frostfestigkeit und die Resistenz gegenüber Windaustrocknung sowie die Widerstandsfähigkeit gegenüber hohen und wechselnden Temperaturen. So empfiehlt BÄRTELS (1979) unter dem Aspekt der Trockenresistenz elf Arten von Ginster auch für Dächer und Tröge, von denen jedoch die meisten Arten mit Ausnahme von *Genista pilosa* und *Genista tinctoria* selten in diesem Bereich alt werden. Selbst der häufig verwendete *Genista lydia* ist – obwohl sehr trockenresistent – auf Dauer nicht ausreichend frosthart.

Die Trockenresistenz hängt in der Regel eng mit der für Dachflächen durchaus bedeutsamen **Strahlungsfestigkeit** zusammen. Diese weisen jedoch auch viele Gehölze mit weiterer ökologischer Amplitude ebenfalls auf, weil sie zum Beispiel kleinere Blätter und mit einer dickeren Kutikula besitzen.

Normal- und breitblättrige Ziergehölze des Standortsortimentes für Gärten und Parks sind in freien, vollsonnigen Dachlagen, aber auch auf freien Standorten mit Wechsellichtbedingungen erhöhten Transpirationsanforderungen ausgesetzt. Insbesondere auf Standorten mit längerem Wärmestau oder stark wechselnden Temperaturbedingungen führt dieses zum Dauerstreß, der die Gehölze mit zunehmendem Alter physiologisch überfordert. Die abnehmende Vitalität erhöht die Anfälligkeit gegenüber Krankheiten; auch die Winterhärte nimmt offensichtlich ab, wie häufige Erfrierungen an Triebspitzen und Rindenpartien zeigen. Zusätzliche Belastungen durch Immissionen, insbesondere jedoch durch Warm- oder Kaltluftströme von Klimaanlagen, bringen derart vorgeschädigte Pflanzen relativ schnell zum Absterben.

Trockenheitsverträgliche und strahlungsfeste Laubgehölze

Acer campestre
Acer monspessulanum
Acer tataricum
Amelanchier laevis
Amelanchier lamarckii
Amelanchier ovalis
Betula pendula
Buxus sempervirens
Calluna vulgaris
Cornus sanguinea
Cotoneaster integerrimus
Cotoneaster microphyllus
Cotoneaster tomentosus
Cytisus decumbens
Cytisus purpureus
Cytisus ratisbonensis
Elaeagnus angustifolia
Erica carnea
Genista lydia
Genista tinctoria
Ligustrum vulgare
Lonicera pileata
Lonicera xylosteum
Lycium barbarum
Perovskia abrotanoides
Potentilla fruticosa
Prunus tenella
Rosa canina
Rosa gallica
Rosa pimpinellifolia
Rosa rubiginosa
Salix arenaria
Salix purpurea
Tamarix pentandra

Windfestigkeit

Dauerhafte Schadwirkungen durch Wind zeigen sich in exponierten Lagen durch **Windschur**. Laubgehölze, auch kleinblättrige Arten wie *Cotoneaster*, leiden in der Regel erheblich darunter und reagieren mit Wuchsdepressionen, typischem Windschurwuchs oder langsamem Absterben. In Extremlagen sind Laubgehölze geeigneten Nadelgehölzen wie zum Beispiel *Juniperus*-Arten eindeutig unterlegen. Als sehr widerstandsfähig hat sich *Cytisus purpureus* erwiesen. Der weiche Neuaustrieb insbesondere großblättriger Gehölze ist durch **Windabriß** gefährdet. Teilweise sterben auch angeschlagene Blätter oder Jungtriebe wieder ab. Alle Gehölze mit dichten Astlagen, wie zum Beispiel *Taxus*, oder dichten Stellungen von Trieben und Stämmlingen, wie zum Beispiel *Corylus* oder *Sorbus*, neigen bei ständiger Windbewegung zu **reibendem Holz**. Dadurch können erhebliche partielle Schäden auftreten.

Bei kompakt wachsenden Pflanzen mit anfänglich geringer Wurzelverankerung, wie zum Beispiel niederigen *Berberis*- oder *Pinus*-Arten, lockern sich die Pflanzen am Wurzelhals. Hierdurch entstehen bei ständiger Bewegung direkte Schäden oder auch Sekundärschäden etwa durch Frosteinwirkung oder Austrocknung.

Unter **Windaustrocknung** in den Sommermonaten leiden verschiedene Arten und reagieren mit **Dürre der Triebspitzen**; dies ist zum Beispiel häufig bei *Salix purpurea* zu beobachten. Rosen benötigen allerdings Luftbewegung zum gesunden Wachstum, deshalb sind sie für sehr geschützte, windstille Standorte weniger zu empfehlen.

Bei gefrorenem Holz nimmt die **Windbruchgefahr** bei vielen Arten wie zum Beispiel *Euonymus alata* oder *Forsythia*-Arten erheblich zu. Diese wird möglicherweise auch durch eine unausgewogene Ernährung gefördert

dert. Negative Auswirkungen durch **Schnee-** und **Eisbelastung** sind besonders bei allen großstrauch- und baumartigen Wuchsformen zu erwarten. Die Pflege darf sich daher nicht auf die Versorgung von Bruchschäden beschränken, sondern es müssen durch Biegung überdehnte Äste oder Stämme mit Faserrissen ebenfalls entfernt werden.

Das spätere Risiko des **Windwurfes** wird bei der Verwendung von Großgehölzen in Beziehung zum Wurzelraum und den sich daraus ergebenden statischen Verhältnissen häufig unterschätzt. Generell sind Gehölze mit mehrtriebigem, lockerem, vom Wind leichter durchblasbarem Aufbau im Vorteil. Hilfsmaßnahmen zur Windwurfsicherung (siehe Abschnitt 7.1.5) sollten nur als vorübergehende zusätzliche Sicherung verwendet werden. Eine totale technische Fixierung der Standsicherheit bewirkt Druckbelastungen durch die Bandagen mit partiellem Absterben der Rinde, die außerdem Einschnürungen hervorrufen; sie hat somit auf Dauer erhebliche Nachteile für die Pflanzen.

Konkurrenzkraft

Die Konkurrenzkraft einer Art als Summe des standortökologischen Wohlbefindens ist neben der Frosthärte der bedeutendste Verwendungsaspekt. Viele scheinbar geeignete Arten, die sehr trocken- und strahlungsfest sind und daher häufig für die Bepflanzung von Dächern und Pflanzgefäßen empfohlen werden, erweisen sich als sehr konkurrenzschwach. Dies gilt besonders für viele der niedrig wachsenden europäischen Weiden- und Ginster-Arten. Arten mit geringem Jahreszuwachs sollten nur untereinander auf Sonderflächen oder Sondergärten vergesellschaftet werden. Die ständig aufkommende Konkurrenzvegetation, insbesondere Gehölzaufwuchs, muß ständig beseitigt werden, was intensive Pflege bedeutet. Einige Arten wie zum Beispiel der Buchs haben jedoch auf ihnen zusagenden Standorten in dichteren Beständen eine derart starke verdrängende Wirkung, daß „jeglicher Krautwuchs und die niederen Sträucher unterdrückt werden" (HÜGIN 1979).

Wurzeltyp

Hinsichtlich des Wurzeltyps und seiner Ausbildungsformen sind die Möglichkeiten der standortbedingten Anpassungen sehr vielfältig. In der Regel wird durch die geringe Wurzelraumhöhe der üblichen Schichtdicken im Dachbegrünungsbereich eine starke Wurzelkonkurrenz induziert. Der Wurzelraum wird innerhalb kurzer Zeit von schnellwachsenden Arten und Sorten, insbesondere auch Bodendeckern und Sträuchern, zuungunsten von langsamwachsenden Pflanzen und Solitärgehölzen besetzt. Generell befinden sich Pflanzen mit flachem Wurzelwerk oder dichtem Büschelwurzelsystem im Vorteil gegenüber Pfahl- und Herzwurzlern.

Hinsichtlich fremder Wurzelbenachbarung äußerst intolerante Gattungen und Arten

Acer (außer *Acer palmatum*)

Betula	*Spiraea × arguta*
Buxus	*Symphoricarpos*
Kerria	*Syringa vulgaris*
Ligustrum	*Taxus baccata*
Lonicera	*Viburnum lantana*
Philadelphus	*Viburnum opulus*

Eine gewisse Empfindlichkeit im Wurzelbereich ist bei allen Pflanzen von Trockenstandorten gegeben, die in mageren, luftreichen Böden in tieferen Schichten Wasser und Kühlung suchen müssen. Für diese Pflanzengruppe genügen selbst mittlere und höhere Schichtdicken noch nicht, um ein vitales Wachstum auf Dauer zu sichern. Der Wasseranstau als künstlicher Grundwasserhorizont hat für diese staunässeempfindlichen Pflanzengruppen negative Auswirkungen. Pflanzen mit fleischigen Wurzeln *(Genista, Cytisus)* sind besonders anfällig.

Gehölze von Trockenstandorten mit höherer Empfindlichkeit gegenüber Staunässe oder permanent erhöhter Bodenfeuchtigkeit

Caryopteris	*Genista*
Ceanothus	*Lavandula*
Coronilla	*Lespedeza*
Cytisus	*Rosa*
Elaeagnus	*Tamarix*

Die Fähigkeit von Gehölzen, **Wurzelausläufer** (Polycormone) zu bilden, wird bei der Benachbarung der Arten häufig übersehen. KIERMEIER (1983, 1987) hat dazu eine Untersuchung aus dem Staudensichtungsgarten Weihenstephan vorgelegt (Tabelle 22). Ergänzend sei auf das starke Ausläuferwachstum von *Ligustrum vulgare* und *Cornus alba, Cornus stolonifera* und *Symphoricarpos albus* hingewiesen. Zuwenig wird bei der Benachbarung mit anderen niedrigen Arten das erhebli-

Tab. 22. Messung der Wurzelsprosse an ausgewählten Gehölzbeispielen (nach KIERMEIER 1987)

	Entfernung des weitesten Ausläufers in m	Tiefe des Wurzelstranges in cm	Form
Acer cappadocicum	4,0	6	Dickicht
Aesculus parviflora	1,0	5–10	Dickicht
**Ailanthus altissima*	9,0	5 10	Dickicht
Amelanchier spicata	0,5	5	Dickicht
Amelanchier spicata var. *pumila*	1,7		Dickicht
**Cercis siliquastrum*	4,0	10	Horst
Choenomeles-Hybride 'Nicoline'	2,1	10–15	Horst
Cornus sanguinea	5,0	5	Dickicht (50 Pflanzen je m²)
Corylus avellana	1,1	2–5	einzeln
Euonymus europaea	3,0	5–10	Horst
Euonymus pauciflora	3,0	2–3	Horst
**Gymnocladus dioicus*	5,0	10	Dickicht/einzeln
Kerria japonica	1,0	5	Dickicht
*Malus * moerlandsii 'Liset'*	1,2	–	Horst
**Populus tremula*	17,5	2–10	Dickicht
**Prunus avium*	15,6	5–15	Horst
Prunus cerasifera	1,5	–	Horst
**Prunus padus*	10,4	2–5	Horst
**Prunus spinosa*	6,0	5–7	Dickicht
Prunus tenella	1,3	–	Horst
**Pterocarya fraxinifolia*	10,5	2–4	Horst
Rhododendron atlanticum	0,5	–	einzeln
**Rhus typhina*	7,5	5	Dickicht (65 Pflanzen je m²)
**Robinia pseudoacacia*	9,2	–	einzeln/Dickicht
Rosa gallica	2,0	5–10	Dickicht
Rosa majalis	10,5	5–10	Dickicht
Rosa pendulina	5,0	5–10	Dickicht
Rosa pimpinellifolia	5,0	5–10	Dickicht
Rosa pimpinellifolia var. *altaica*	2,5	5–10	Dickicht
Sorbaria sorbifolia	2,0	5	Dickicht
*Syringa * henryi*	3,1	10	Dickicht
Syringa villosa	3,8	–	Dickicht
Syringa vulgaris	1,1	–	Dickicht
Viburnum fargesii	1,2	5–10	einzeln
Viburnum lentago	3,4	5	Dickicht (130 Pflanzen je m²)
**Ulmus carpinifolia*	11,0	7–12	Horst

Die mit * versehenen Arten werden vom Verfasser nicht für Dachbegrünungen empfohlen.

che Ausläuferwachstum der *Spiraea*-Bumalda-Hybriden, zum Beispiel 'Anthony Waterer' und 'Froebelii', beachtet. Selbst dichte Bestände von *Cotoneaster* 'Skogholm' wurden bis auf eine Breite von 5 m und mehr unterwachsen. Möglicherweise fördert der Dachstandort, insbesondere bei geringeren Schichtdicken, sogar das Ausläuferwachstum.

Bodenansprüche

Die heute gebräuchlichen Substrate kommen den mesophilen Ansprüchen der meisten Gartengehölze entgegen. Abweichend davon müssen jedoch Standortansprüche, die den Humusgehalt und den pH-Wert betreffen, beachtet werden. Einige Gehölze, wie zum Beispiel Buchs, haben ihren Optimal-Standort im alkalischen Bereich, können aber auch im sauren Bereich mit geringerer Vitalität wachsen. Daher muß bei Mischpflanzungen mit Ausfällen durch Verdrängung gerechnet werden. Humussubstrate erweisen sich für viele Arten auf Dauer nicht bekömmlich, da sie keine ausgesprochenen Humuswurzler wie die meisten der Ericaceae sind. Die Anzuchtpraxis und die gute Verträglichkeit der Jungpflanzen verleiten oft zu Fehlschlüssen.

Laubgehölze für saure Böden mit höherem Humusgehalt

Callicarpa bodinieri
Calluna vulgaris
Cornus florida
Cornus kousa
Corylopsis pauciflora
Hamamelis
Ilex crenata
Magnolia
Pachysandra
Rhododendron

Laubgehölze für alkalische, basenreiche Böden und geringerem Humusgehalt

Acer monspessulanum
Amelanchier laevis
Amelanchier ovalis
Buxus sempervirens
Cornus mas
Cornus sanguinea
Cotinus coggygria
Cotoneaster integerrimus
Cotoneaster tomentosus
Crataegus
Cytisus ratisbonensis
Daphne mezereum
Erica carnea
Hedera
Rosa
Malus
Prunus
Sorbus intermedia
Viburnum lantana

Lichtansprüche

Viele Holzarten vertragen in ihrer Jugend Schatten oder Halbschatten. Die Auswahl an dauerhaft schattenverträglichen Holzarten ist aber relativ gering. Es handelt sich weitgehend um fakultative Schattenpflanzen.

Schattenverträgliche Gehölze (Beispiele)

Buxus
Cornus-Arten
Corylopsis
Corylus
Daphne mezereum
Euonymus fortunei
Hedera
Hydrangea
Ilex aquifolium
Ilex crenata
Ligustrum vulgare
Lonicera xylosteum
Mahonia aquifolium
Rhododendron
Symphoricarpos albus

Ausgesprochen lichthungrige (heliophile) Gehölze

Calluna
Coronilla
Cytisus
Genista
Lavandula
Lespedeza
Potentilla fruticosa
Rosa

Besondere Kultivare

Zwerggehölze eignen sich wegen ihres kleinen Wuchses nicht zwangsläufig für Dachbegrünungen oder Pflanzgefäße. In diesem Bereich kommen häufiger Fehleinschätzungen vor. Viele Arten mit natürlichem Zwergwuchs entstammen Arealen mit Extrembedingungen wie Mooren, arktischen oder alpinen Zonen mit Zwergstrauchheiden. Sie sind daher generell nicht oder nur in Ausnahmen für Dächer geeignet. Dies gilt zum Beispiel für *Daboecia, Empetrum, Gaultheria, Hebe, Ledum, Skimmia*. Durch Zucht verzwergte Arten, insbesondere Koniferen, sind häufig empfindlich oder sehr schwachwüchsig, so daß sie nur für Sonderpflanzungen in Frage kommen.

Für die Zukunft sollte das Gehölzsortiment auf die Eignung besonderer Standorte in der Stadt, zu denen auch Dächer zählen, überprüft werden. Auch in Vergessenheit geratene, jedoch stadtgeeignete Arten wie die von Kiermeier (1979) vorgestellte Kakipflaume *(Diospyros lotus)* sind möglicherweise für Dachbegrünungen gut geeignet.

Veredelte Gehölze haben es offenbar auf Dachflächen besonders schwer. Es ist sehr häufig zu beobachten, daß die Unterlagen immer wieder sehr vital durchtreiben und letztlich die Veredlung überwuchern, weil diese frühzeitig vergreist. Veredlungen auf fremden Gattungen scheinen davon besonders betroffen zu sein, wie zum Beispiel wenn *Amelanchier* auf *Sorbus* veredelt wurde. Wurzelechten Arten und Sorten sollte der Vorzug gegeben werden. Empfindlich sind weiterhin alle **gelb- oder weiß panaschierten Sorten**, die ja auch als Garten- und Parkgehölze in den meisten Fällen wuchs- und häufig vitalitätsschwach sind.

11.1.1 Laubgehölze für Intensive Dachbegrünungen

Hinweise zum Gebrauch der Tabelle

Das Laubgehölzsortiment der Baumschulen wurde auf seine Eignung für die Bauwerksbegrünung auf der Basis langjähriger Beobachtungen von Dachbegrünungen und Anwendungserfahrungen durchgemustert. Das hier vorgestellte Sortiment ist mit rund 180 Gattungen und Arten recht umfangreich. 48 Arten sind davon in den Naturräumen des Bundesgebietes verbreitet. Es wurde bei der Auswahl darauf geachtet, daß die ganze Fülle des Sortimentes im Hinblick auf Wuchsformen, Belaubung, Blütenfarben und Blütenzeiten repräsentativ vertreten ist, so daß sich in dieser Hinsicht für die Verwendung keine Einschränkungen ergeben. Relativ wenige Gehölze eignen sich für Schattenlagen.

Eine gesonderte Auflistung oder **Eignungszuordnung für die Verwendung in Pflanzgefäßen** wurde nicht vorgenommen. Die Eignung ergibt sich aus den Lebensraum-Kennziffern. Auf Großgehölze wurde verzichtet. Einschränkungen treten notwendigerweise hinsichtlich der standortbezogenen Faktoren auf, die sich aus der Einordnung in die Lebensräume mit Angabe der codierten Schichtdikken (A–E) ergibt (Lebensraum-Kennziffer).

Einige heimische Gehölzarten, wie zum Beispiel *Cotoneaster integerrimus* oder *Amelanchier ovalis*, sind nicht oder nur beschränkt verfügbar. Eine Steigerung des Angebotes wäre wünschenswert.

Die Angaben zu den Wuchshöhen bewegen sich eher an den unteren Grenzen, da die Gehölze ihre volle Höhe in Dachbegrünungen selten erreichen. Auf die Angabe der Wuchsform mußte verzichtet werden. Hinweise auf einen besonderen Beerenschmuck finden sich nicht, da man auf Dächern nicht mit dem langen Erhalt der Früchte rechnen kann; in der Regel werden sie recht früh von Vögeln weggefressen.

Sorten sind nur dann *beispielhaft* in Klammer angegeben, wenn es sich um besonders bewährte handelt. Sofern die Lebensraum-Kennziffern beachtet werden, sind einer breiten Sortenverwendung kaum Grenzen gesetzt. Auf besonders seltene Farbschläge, häufig handelt es sich dabei um schwachwüchsige, empfindliche Sorten, sollte jedoch verzichtet werden. Bei Gattungen mit einer sehr hohen Sortenzahl, wie *Rosa* oder *Rhododendron*, wurde unter Hinweis auf die Standortsortimente der Baumschulkataloge auf die Nennung von Arten und Sorten verzichtet.

Die Gehölzauswahl umfaßt den Verwendungsbereich auf Flachdächern. Auf Steildächern werden Gehölze nur sehr selten verwendet. Die in Frage kommenden Arten sind den Tabellen in Abschnitt 13.6 mit einer Gehölzauswahl für Extensivbegrünungen zu entnehmen. Gehölze aus dem Eignungsbereich für Einfache Intensivbegrünungen sind auch immer für Aufwendige Intensivbegrünungen geeignet, jedoch nicht umgekehrt.

Nicht in die Tabelle aufgenommen wurden:
- alle Großbäume wie *Acer, Aesculus, Castanea, Liquidambar, Liriodendron, Platanus, Populus, Prunus avium, Quercus, Salix alba, Sophora, Tilia*
- besonders Windbruch-gefährdete Arten wie *Populus, Robinia*
- ein Teil der stark ausläuferbildende Arten
- aggressive Pioniergehölze wie *Robinia* oder *Ailanthus altissima*
- selten verwendete, empfindliche Gehölze oder Arten für Sonderstandorte wie *Cytisus*-Sorten, *Exochorda, Hibiscus, Kalmia, Ledum, Leucothoë, Magnolia*-Soulangiana-Hybriden und ähnliche sowie *Pieris, Photinia, Skimmia.*

Angaben zur Tabelle Laubgehölze für Intensivbegrünungen

Keine Angabe bedeutet Nichteignung, oder die Verwendung ist mit einem erhöhten Risiko verbunden.

? bedeutet, daß bisher noch keine Erfahrungen für den betreffenden Lebensraum vorliegen oder sich die vorliegenden Bewertungen so widersprechen, daß eine gesicherte Aussage nicht möglich war.

Tab. 23. Laubgehölze für Intensivbegrünungen

Wissenschaftlicher Name deutscher Name	Höhe Blütenfarbe Blütezeit	Lebensräume 0.1 freie Lagen 1.1 ○	 1.2 ◍	 1.3 ○◍	 0.2 geschützte Lagen 2.1 ○	 2.2 ◍	 2.3 ○◍	Verwendbar für Aufwendige	 Einfache Intensivbegrünungen
Acer campestre Feld-Ahorn	3–15 m gelb-grün V	C–E		C–E	C–E			○	○
Acer ginnala Feuerahorn	5–6 m grün-gelb	C–E		C–E	C–E			○	○
Acer monspessulanum Felsen-Ahorn	5–8 m gelb, grün IV–V	C–E		C–E	C–E			○	○
Acer palmatum in Sorten Japanischer Fächer-ahorn	2–3 m		C–E	C–E	C–E	C–E	B–E	○	
Acer platanoides 'Globosum' Spitz-Ahorn	5–6 m				D–E			○	
Acer tataricum Tatarischer Steppen-ahorn	4–5 m grünlich-weiß	C–E		C–E	C–E			○	○
Aesculus parviflora Strauch-Roßkastanie	3–5 m weiß VII–VIII				C–E		C–E	○	
Amelanchier laevis Kahle Felsenbirne	5–7 m weiß IV–V	C–E			C–E			○	○
Amelanchier lamarckii Kupfer-Felsenbirne	5–8 m weiß IV–V	C–E		C–E	C–E			○	○
Amelanchier ovalis Gemeine Felsenbirne	2–3 m weiß IV–V	C–E			C–E			○	○
Aralia elata Japanischer Angelica-baum	3–5 m weiß VIII				C–E		C–E	○	
Berberis hookeri Hookers Berberitze	0,5–0,7 m gelbgrün V	?		?	B–E		B–E	○	
Berberis × hybrido-gagnepainii Berberitze	1,0–1,5 m gelb V	?		?	B–E		B–E	○	
Berberis julianae Berberitze	2–2,5 m gelb V	?		C–E	C–E		C–E	○	○
Betula pendula Weiß-Birke	8–22 m gelb IV–V	D–E			D–E			○	○

(Fortsetzung Tab. 23)

Wissenschaftlicher Name deutscher Name	Höhe Blüten- farbe Blütezeit	Lebensräume 0.1 freie Lagen 1.1	 1.2	 1.3	 0.2 geschützte Lagen 2.1	 2.2	 2.3	Verwendbar für Aufwendige Intensivbegrünungen	 Einfache
Buddleja alternifolia Schmalblättriger Sommerflieder	2–2,5 m hell-lila VI				C–E			○	
Buddleja davidii in Sorten Schmetterlingsbusch	2–3 m rosa, rot, lila, weiß VII–VIII				C–E			○	
Buxus sempervirens ('Green Velvet', 'Vadar Valley') Buchsbaum	1–4 m gelb-grün IV–V	C–E	C–E	C–E	C–E	C–E	C–E	○	○
Callicarpa bodinierii var. *giraldii* Schönfrucht	1,25–2,0 m lila VII–VIII				B–E		B–E	○	
Calluna vulgaris in Sorten Besenheide	0,2–0,50 m weiß, rot, rosa VII–IX	B–E			B–E			○	
Caragana arborescens Erbsenstrauch	4–6 m gelb V	C–E		C–E	C–E		C–E	○	
Carpinus betulus Hainbuche	15–20 m unscheinbar Mai	D–E		D–E	D–E		D–E	○	○
Caryopteris × *clandonensis* ('Heavenly Blue') Bartblume	0,80–1,0 m dunkelblau VIII–IV				B–E			○	
Caryopteris incana Bartblume	0.8–1,0 m violett-blau VIII–IV				B–E			○	
Ceanothus-Hybriden Säckelblume	0,8–1,2 m blau VII–X				B–E			○	
Cercidiphyllum japonicum Katsurabaum	10–15 m unscheinbar IV				D–E		D–E	○	
Chaenomeles japonica Japanische Zierquitte	0,8–1,0 m ziegelrot IV–V	C–E		C–E	B–E		B–E	○	○
Chaenomeles lagenaria Zierquitte	1,5–2,0 m scharlachrot IV–VI	C–E		C–E	C–E		C–E	○	○
Chaenomeles × *superba* in Sorten Zierquitte	1–2 m rosa, rot IV–V	C–E		C–E	C–E		C–E	○	○

(Fortsetzung Tab. 23)

Wissenschaftlicher Name deutscher Name	Höhe Blütenfarbe Blütezeit	Lebensräume 0.1 freie Lagen 1.1	 1.2	 1.3	 0.2 geschützte Lagen 2.1	 2.2	 2.3	Verwendbar für Aufwendige	 Einfache Intensivbegrünungen
Cornus alba 'Sibirica' Tatarischer Hartriegel	etwa 2 m weiß V	C–E		C–E	B–E		B–E	○	○
Cornus florida Blüten-Hartriegel	6–8 m weiß V				C–E		C–E	○	
Cornus kousa Japanischer Blüten-hartriegel	5–7 m weiß VI				C–E		C–E		
Cornus mas Kornelkirsche	3–8 m gelb III–IV	C–E	C–E	C–E	C–E	C–E	C–E	○	○
Cornus sanguinea Roter Hartriegel	2–5 m weiß V	C–E	C–E	C–E	C–E	C–E	C–E	○	○
Cornus stolonifera Weißer Hartriegel	0,5–0,75 m weiß VI	C–E	B–E	C–E	B–E	B–E	B–E	○	○
Coronilla emerus Srauch-Kronwicke	1-2 m gelb V				C–E		C–E	○	
Corylopsis pauciflora Scheinhasel	1–1,5 m gelb III–IV				C–E	C–E	C–E	○	
Corylus avellana Haselnuß	3–5 m gelb II–III	C–E	C–E	C–E	C–E	C–E	C–E	○	○
Corylus avellana 'Contorta' Korkenzieher-Hasel	1,5–2 m goldgelb III–IV				C–E		C–E	○	
Cotinus coggygria Perückenstrauch	2,5–5 m gelblich-grün VI–VII	C–E			C–E			○	○
Cotoneaster acutifolius Peking-Zwergmispel	2–3 m rötlich V–VI	?			C–E			○	
Cotoneaster adpressus Niedrige Zwergmispel	0,2–0,25 m rosa VIII–IX	C–E			B–E			○	
Cotoneaster bullatus Runzlige Zwergmispel	bis 3 m rosa-rot VI	?			C–E			○	

(Fortsetzung Tab. 23)

Wissenschaftlicher Name deutscher Name	Höhe Blütenfarbe Blütezeit	Lebensräume 0.1 freie Lagen 1.1	 1.2	 1.3	 0.2 geschützte Lagen 2.1	 2.2	 2.3	Verwendbar für Aufwendige Intensivbegrünungen	 Einfache
Cotoneaster dammeri var. *radicans* Teppich-Zwergmispel	0,05 m weiß VI	C–E		B–E	B–E		B–E	○	
Cotoneaster dielsianus Strauchmispel	2,0–2,5 m rosa VI	?		?	C–E		C–E	○	
Cotoneaster divaricatus Sparrige Zwergmispel	1,5–2 m weiß VI	?		C–E	C–E		C–E	○	
Cotoneaster integerrimus Steinmispel	1,5–3 m weiß-rosa IV–V	C–E			C–E			○	○
Cotoneaster microphyllus var. *melanotrichus* Zwergmispel	0,5 m weiß V–VI	C–E			B–E			○	
Cotoneaster multiflorus Reichblütige Zwergmispel	3-4 m weiß-rosa VI	C–E		C–E	C–E		C–E	○	○
Cotoneaster tomentosus Filzige Felsenmispel	1-2 m weiß V–VI	C–E			C–E			○	○
Cotoneaster salicifolius 'Herbstfeuer' Weidenblättrige Zwergmispel	0,2–0,4 m weiß VI				B–E		B–E	○	
Crataegus coccinea Scharlach-Weißdorn	4–7 m weiß V	C–E		C–E	C–E		C–E	○	○
Crataegus crus-galli Hahnendorn	7–10 m weiß V	C–E		?	C–E		?	○	○
Crataegus × *lavallei* *(C. carrierei)* Leder-Weißdorn	etwa 7 m weiß V–VI	C–E		C–E	C–E		C–E	○	○
Crataegus monogyna Eingriffeliger Weißdorn	3–8 m weiß V–VI	C–E		C–E	C–E		C–E	○	○
Cytisus × *beanii* Ginster	0,6–0,8 m gelb V	?					B–E	○	
Cytisus decumbens Niederliegender Ginster	0,2–0,25 m gelb V–VI	C–E					C–E	○	○

(Fortsetzung Tab. 23)

Wissenschaftlicher Name deutscher Name	Höhe Blüten-farbe Blütezeit	Lebensräume 0.1 freie Lagen 1.1	 1.2	 1.3	 0.2 geschützte Lagen 2.1	 2.2	 2.3	Verwendbar für Aufwendige Intensivbegrünungen	 Einfache
Cytisus purpureus Purpur-Ginster	0,5–0,7 m purpurrosa VI–VII	C–E		?	B–E		?	○	○
Cytisus ratisbonensis Regensburger Ginster	0,2–0,5 m gelb V–VI	B–E		B–E	B–E		B–E	○	○
Daphne mezereum Seidelbast	1–1,2 m rosa III–IV				B–E	B–E	B–E	○	
Deutzia gracilis Zierliche Deutzie	0,6–0,7 m weiß V–VI	C–E		C–E	B–E		B–E	○	○
Deutzia × hybrida 'Mont Rose' Deutzie	etwa 2 m rosa VI	C–E		C–E	B–E		B–E	○	○
Deutzia × magnifica Deutzie	3–4 m weiß V–VI	C–E		C–E	C–E		C–E	○	○
Elaeagnus angustifolia Schmalblättrige Ölweide	bis 6 m gelb VI	C–E			C–E			○	○
Elaeagnus multiflora Reichblütige Ölweide	2–3 m blaßgelb IV–V	?			C–E			○	○
Erica E. carnea in Sorten Schnee-Heide	0,15–0,25 m weiß, rosa rosa I–IV	B–E		B–E	A–E			○	
Euonymus alata Flügel-Spindelstrauch	2,5–3 m gelb-grün V				C–E		C–E	○	
Euonymus planipes *(E. sachalinensis)* Sachalin-Spindel-strauch	3–5 m gelblich V				C–E		C–E	○	
Euonymus fortunei 'Coloratus' Kletterspindel	0,2–0,3 m grünlich V	C–E	B–E	B–E	B–E	B–E	B–E	○	○
Euonymus fortunei 'Vegetus' Kletterspindel	0,4–0,6 m grünlich-gelb V	C–E	B–E	B–E	B–E	B–E	B–E	○	○
Euonymus fortunei var. *radicans* Kletterspindel	0,2–0,3 m grünlich V	B–E	B–E	B–E	B–E	A–E	A–E	○	

(Fortsetzung Tab. 23)

Wissenschaftlicher Name deutscher Name	Höhe Blüten- farbe Blütezeit	Lebensräume 0.1 freie Lagen 1.1	 1.2	 1.3	 0.2 geschützte Lagen 2.1	 2.2	 2.3	Verwendbar für Aufwendige Intensivbegrünungen	 Einfache
Forsythia × intermedia in Sorten Forsythie	2,5–3 m gelb IV–V	?			C–E		C–E	○	○
Fuchsia magellanica Scharlach-Fuchsie	0,8–1,25 m rot VII–X				B–E		B–E	○	
Genista lydia Balkan-Ginster	0,5–0,6 m gelb V–VI	?			B–E			○	
Genista pilosa Sand-Ginster	0,2–0,3 m gelb V–VI	B–E			B–E			○	
Genista tinctoria Färber-Ginster	0,6–1,0 m gelb VI–VIII	C–E			B–E			○	○
Hamamelis × *intermedia* in Sorten Zaubernuß	2–3 m gelb, rot I–III				C–E		C–E	○	
Hamamelis mollis Zaubernuß	4–5 m gelb I–III				C–E		C–E	○	
Hedera colchica Kolchischer Efeu	0,25– 0,35 m unbedeu- tend				B–E	B–E	B–E	○	
Hedera helix ('Baltica', 'Digitata', 'Helvetica', 'Thorndale', 'Woerneri') Gemeiner Efeu	0,15– 0,20 m unbedeu- tend	B–E	B–E	B–E	B–E	A–E	A–E	○	○
Hedera helix ('Arborescens') Efeu-Altersform	0,4–0,6 m gelblich IX–X	C–E	C–E	C–E	C–E	B–E	B–E	○	○
Hydrangea arborescens ('Grandiflora') Wald-Hortensie	1–3 m weiß VIII				C–E		C–E	○	
Hydrangea paniculata ('Grandiflora') Rispen-Hortensie	2–3 m weiß VII–VIII				C–E		C–E	○	
Hypericum calycinum immergrünes Johannis- kraut	0,3–0,4 m gelb VII–IX				B–E	B–E	B–E	○	
Hypericum forrestii ('Hidcote') Forrests Johanniskraut	1–1,25 m gelb VII–X				C–E	B–E	B–E	○	

(Fortsetzung Tab. 23)

Wissenschaftlicher Name deutscher Name	Höhe Blütenfarbe Blütezeit	Lebensräume 0.1 freie Lagen 1.1	 1.2	 1.3	 0.2 geschützte Lagen 2.1	 2.2	 2.3	Verwendbar für Aufwendige Intensivbegrünungen	 Einfache
Ilex aquifolium ('Alaska') Stechpalme	8–10 m weißlich V–VI	D–E	D–E	D–E	C–E	C–E	C–E	○	○
Ilex crenata ('Convexa', 'Stokes') Japan-Stechpalme	1–2 m unbedeu- tend				C–E	C–E	C–E	○	
Ilex × meserveae ('Blue Angel', 'Blue Prince', 'Blue Princess') Hybrid-Stechpalme	1,5–3 m weiß V	C–E	C–E	C–E	C–E	C–E	C–E	○	
Kerria japonica ('Pleniflora') Ranunkelstrauch	1–1,5 m gelb V–VI	C–E		C–E	B–E		B–E	○	○
Kolkwitzia amabilis Kolkwitzie	2,5–3 m zartrosa V–VI	C–E		C–E	C–E		C–E	○	○
Laburnum anagyroides Gemeiner Goldregen	6–7 m gelb V	D–E		D–E	C–E		C–E	○	○
Laburnum × watereri ('Vossii') Goldregen	8–10 m gelb V	?		?	C–E		C–E	○	
Lespedeza thunbergii Buschklee	1–1,25 m purpurrosa VII–VIII				B–E		B–E	○	
Ligustrum vulgare ('Atrovirens') Liguster	3–5 m weiß VI–VII	C–E	C–E	C–E	C–E	B–E	B–E	○	○
Ligustrum vulgare ('Lodense') Liguster	0,4–0,5 m weiß V–VII				C–E	B–E	B–E	○	
Lonicera ledebourii Ledebours Hecken- kirsche	2 m gelb V–VIII	C–E		C–E	C–E		B–E	○	○
Lonicera maackii Maacks Heckenkirsche	4–6 m weiß V–VI	C–E	C–E		C–E	C–E		○	○
Lonicera pileata Immergrüne Kriech- Heckenkirsche	0,4–0,6 m hellgelb V	C–E	B–E	C–E	B–E	B–E	B–E	○	○
Lonicera tatarica Tatarische Hecken- kirsche	3–4 m rosa VI	C–E	C–E	C–E	C–E	C–E	C–E	○	○

(Fortsetzung Tab. 23)

Wissenschaftlicher Name deutscher Name	Höhe Blüten- farbe Blütezeit	Lebensräume 0.1 freie Lagen 1.1	 1.2	 1.3	 0.2 geschützte Lagen 2.1	 2.2	 2.3	Verwendbar für Aufwendige Intensivbegrünungen	 Einfache
Lonicera xylosteum Gemeine Hecken- kirsche	1,5–2,5 m weiß V	C–E	B–E	C–E	B–E	B–E	B–E	○	○
Lonicera xylosteum ('Clavey's Dwarf') Heckenkirsche	1,0–1,5 m rosarot VI–V	C–E	B–E	B–E	B–E	B–E	B–E	○	○
Lycium barbarum Bocksdorn	1,5–2 m purpur- violett	C–E		C–E	B–E		B–E	○	○
Magnolia stellata Stern-Magnolie	3 m weiß III–IV				C–E		C–E	○	
Mahonia aquifolium Gewöhnliche Mahonie	0,8–1 m gelb IV–V			C–E	B–E	B–E	B–E	○	
Mahonia bealli Beals Mahonie	2 m hellgelb V–VI				C–E		C–E	○	
Malus coronaria ('Charlottae') Kronen-Apfel	8–10 m rosa VI	D–E			C–E			○	○
Malus floribunda Vielblütiger Apfel	6–10 m rosa V	D–E			C–E			○	○
Malus × eleyi Zierapfel	5–6 m weinrot V	D–E			C–E			○	
Malus toringo var. *sargentii* Sargent-Apfel	5–6 m weiß V	D–E			C–E			○	
Nothofagus antarctica Südbuche	6–8 m unschein- bar				C–E		C–E	○	
Parrotia persica Parrotie	6–8 m braunrot III–IV	?		?	C–E		C–E	○	
Perovskia abrotanoides Blauraute	0,5–0,6 m lila VIII–IX	C–E			B–E			○	
Philadelphus corona- *rius* Pfeifenstrauch	3–5 m weiß V–VI	D–E		D–E	C–E		C–E	○	○
Philadelphus-Lemoinei- Hybriden Pfeifenstrauch	1,25–1,5 m weiß VI–VII	C–E		C–E	C–E		C–E	○	

(Fortsetzung Tab. 23)

Wissenschaftlicher Name deutscher Name	Höhe Blüten- farbe Blütezeit	Lebensräume 0.1 freie Lagen 1.1	 1.2	 1.3	0.2 geschützte Lagen 2.1	 2.2	 2.3	Verwendbar für Aufwendige	 Einfache Intensivbegrünungen
Philadelphus Virginialis-Hybriden Pfeifenstrauch	2–3 m weiß VI	D–E		D–E	C–E		C–E	○	○
Physocarpus opulifolius Blasenspiere	2–3 m weiß VI–VII	C–E		C–E	C–E		C–E	○	○
Potentilla fruticosa in Sorten Fingerstrauch	0,5–1,5 m gelb V–VIII	C–E		C–E	B–E		B–E	○	○
Potentilla fruticosa var. *mandshurica* Fingerstrauch	0,4–0,5 m weiß V–IX	C–E		C–E	B–E		B–E	○	○
Prunus cerasifera ('Nigra') Kirsch-Pflaume	5–7 m rosa III–IV	D–E		D–E	C–E		C–E	○	○
Prunus laurocerasus ('Otto Lyken', 'Zabe- liana') Pontische Lorbeer- kirsche	2–3 m weiß V–VI				C–E	C–E	C–E	○	○
Prunus prostrata Niedrige Kirschmandel	0,5–1 m weiß-rosa IV	C–E		?	B–E		?	○	
Prunus pumila Sandkirsche	0,7–1 m weiß V	C–E		?	B–E		?	○	○
Prunus pumila var. *depressa* Niedrige Sandkirsche	0,2–0,3 m weiß IV	B–E		?	B–E		?	○	
Prunus sargentii Sachalin-Kirsche	10–12 m rosa IV–V				D–E		D–E	○	
Prunus serotina Spätblühende Trau- benkirsche	15–20 m weiß V–VI	D–E		D–E	D–E		D–E	○	○
Prunus serrulata in Sorten Mahagoni-Kirsche	6–10 m rosa IV–V				D–E			○	
Prunus subhirtella in Sorten Higan-Kirsche	3–4 m rosa IV				C–E			○	
Prunus tenella Zwerg-Mandel	0,75–1,0 m rosa IV	C–E			B–E			○	○

(Fortsetzung Tab. 23)

Wissenschaftlicher Name deutscher Name	Höhe Blütenfarbe Blütezeit	Lebensräume 0.1 freie Lagen 1.1	 1.2	 1.3	 0.2 geschützte Lagen 2.1	 2.2	 2.3	Verwendbar für Aufwendige	 Einfache Intensivbegrünungen
Ptelea trifoliata Lederstrauch	3–5 m grünlich VI	C–E			C–E			○	○
Pyracantha coccinea ('Bad Zwischenahn') Feuerdorn	2–3 m weiß VI	C–E		C–E	C–E		C–E	○	○
Pyracantha-Hybriden ('Orange Charmer', 'Solei d'Or') Feuerdorn	1–4 m weiß VI	C–E		C–E	C–E		C–E	○	○
Rhamnus catharticus Echter Kreuzdorn	2–4 m gelb-grün V–VI	C–E		C–E	C–E		C–E	○	○
Rhododendron Großblumige Hybriden	siehe Standard-Sortiment der Baumschulen				C–E	C–E	C–E	○	
Rhododendron- Williamsianum- Hybriden					C–E	C–E	C–E	○	
Rhododendron- Repens-Hybriden					B–E	C–E	B–E	○	
Sommer- und Immergrüne Azaleen (Hybriden)					C–E	C–E	C–E	○	
Rhododendron *yakushimanum*- Hybriden	1,2–1,5 m rosa, rot V				B–E		B–E	○	
Rhododendron *makinoi*	1–1,5 m hellrosa VI				C–E		C–E	○	
Ribes alpinum ('Schmidt') Alpen-Johannisbeere	1,5–2 m gelblich- grün IV–V	C–E	C–E	C–E	B–E	B–E	B–E	○	○
Ribes sanguineum in Sorten Blut-Johannisbeere	2–3 m rosa, rot IV–V		C–E	C–E	C–E	C–E	C–E	○	○
Rosa canina Hunds-Rose	2–3 m rosa, weiß VI	C–E		C–E	C–E			○	○
Rosa gallica Essig-Rose	0,5–1 m rosa-purpur VI–VII	C–E		C–E	B–E			○	○
Rosa multiflora Vielblütige Rose	2–3 m weiß VI–VII	C–E		C–E	C–E			○	○

(Fortsetzung Tab. 23)

Wissenschaftlicher Name deutscher Name	Höhe Blüten- farbe Blütezeit	Lebensräume 0.1 freie Lagen 1.1	 1.2	 1.3	 0.2 geschützte Lagen 2.1	 2.2	 2.3	Verwendbar für Aufwendige Intensivbegrünungen	 Einfache
Rosa nitida Glanz-Rose	0,5–0,75 m rosa VI–VII	C–E		B–E	B–E			○	○
Rosa pimpinellifolia *(R. spinosissima)* Bibernell-Rose	0,8–1,0 m weiß V–VI	C–E		B–E	B–E		B–E	○	○
Rosa rubiginosa Wein-Rose	2–3 m hellrosa V–VII	C–E		C–E	C–E			○	○
Rosa rugosa Kartoffel-Rose	1,5–2 m purpurrot V–IV	C–E		C–E	C–E		C–E	○	○
Strauchrosen*		C–E			C–E			○	
Bodendeckende Rosen*		C–E			C–E			○	○
Polyantha-Rosen*		C–E			C–E			○	
Salix arenaria Sand-Weide	0,3–0,5 m gelb IV	C–E			B–E			○	○
Salix aurita Ohr-Weide	0,5–2 m gelb	C–E		C–E	B–E		B–E	○	○
Salix caprea Sal-Weide	4–7 m gelb III–V	D–E		D–E	C–E		C–E	○	○
Salix purpurea Purpur-Weide	2–3 m grünlich IV–V	C–E		C–E	B–E		B–E	○	○
Salix purpurea ('Gracilis', 'Nana') Purpur-Weide	1 m grünlich- purpur IV–V	C–E		C–E	B–E		B–E	○	○
Salix repens ('Bergen') Kriech-Weide	0,3–0,5 m gelb IV–V	?			B–E			○	
Salix *rosmarinifolia* Rosmarin-Weide	0,3–1,0 m gelb IV–V	?			B–E			○	
Salix × smithiana Hybrid-Weide	4–6 m gelb IV–V	?			B–E			○	
Sorbaria sorbifolia Fiederspiere	1,5–2 m weiß VI–VII	C–E		C–E	B–E		B–E	○	○

* in Sorten nach Standardsortimenten

(Fortsetzung Tab. 23)

Wissenschaftlicher Name deutscher Name	Höhe Blütenfarbe Blütezeit	Lebensräume 0.1 freie Lagen 1.1	1.2	1.3	0.2 geschützte Lagen 2.1	2.2	2.3	Verwendbar für Aufwendige Intensivbegrünungen	Einfache Intensivbegrünungen
Sorbus aucuparia und *Sorbus*-Lombarts-Hybriden Eberesche	5–10 m weiß V	D–E		D–E	C–E		C–E	○	○
Sorbus intermedia Schwedische Mehlbeere	10–15 m weiß V	D–E					D–E	○	○
Sorbus serotina China-Eberesche	6–8 m weiß V–VI	C–E			C–E			○	
Sorbus vilmorinii Rosafrüchtige Eberesche	2–3 m weiß V	?			C–E			○	
Spiraea albiflora Spierstrauch	0,40–0,5 m weiß VII–VIII	C–E			B–E			○	○
Spiraea × *arguta* Spitzblättriger Spierstrauch	2 m weiß IV–V	C–E		C–E	C–E		C–E	○	○
Spiraea-Bumalda-Hybriden niedriger Spierstrauch	0,4–1,0 m rosa, rot VII–VIII	C–E		C–E	B–E		B–E	○	○
Spiraea decumbens Kärntner Spierstrauch	0,3 m weiß VI	B–E	B–E		B–E	B–E		○	
Spiraea japonica ('Little Princess') Japan-Spierstrauch	0,4–0,5 m rosa VII–VIII	C–E		B–E	B–E		B–E	○	
Staphylea pinnata Pimpernuß	3–6 m weiß V–VI	?					B–E	○	
Stephanandra incisia ('Crispa') Kranzspiere	0,8 m grünlich-weiß VI	C–E		B–E	B–E		B–E	○	○
Symphoricarpos albus var. *laevigatus* Gemeine Schneebeere	1,5–2 m rötlich-weiß VI–VIII	C–E	C–E	C–E	B–E	B–E	B–E	○	○
Symphoricarpos × *chenaultii* ('Hancock') Bastard-Korallenbeere	0,4–0,6 m rosa VI–VII	C–E		B–E	B–E		B–E	○	○

(Fortsetzung Tab. 23)

Wissenschaftlicher Name deutscher Name	Höhe Blüten- farbe Blütezeit	Lebensräume 0.1 freie Lagen 1.1	 1.2	 1.3	 0.2 geschützte Lagen 2.1	 2.2	 2.3	Verwendbar für Aufwendige Intensivbegrünungen	 Einfache
Syringa × chinensis ('Saugeana') Königs-Flieder	2–3 m lilarot V	?			C–E			○	
Syringa reflexa Hänge-Flieder	3 m rosarot VI	?			C–E			○	
Syringa × swegiflexa Perlen-Flieder	2,5–3 m dunkelrot V–VII	C–E			C–E			○	○
Syringa vulgaris in Sorten Garten-Flieder	3–5 m weiß, rosa rot, lila V–VI	C–E		C–E	C–E		C–E	○	○
Tamarix pentandra Fünfmännige Tama- riske	3–4 m rosa-rot VI–VIII	C–E			C–E			○	
Viburnum × *burkwoodii* Schneeball	2–3 m rosa IV–V				C–E		C–E	○	
Viburnum × carl- *cephalum* Schneeball	2 m weiß IV				C–E		C–E	○	
Viburnum carlesii Koreanischer Schnee- ball	1,5 m weiß IV–V					C–E	C–E	○	
Viburnum farreri Duftender Schneeball	2,5–3 m weiß-rosa III–IV	?			C–E		C–E	○	
Viburnum lantana Wolliger Schneeball	3–5 m weiß IV–VI	D–E		C–E	C–E		C–E	○	○
Viburnum opulus ('Sterile') Schneeball	3-4 m weiß V–VI	D–E	C–E	C–E	C–E	C–E	C–E	○	○
Viburnum plicatum ('Mariesii') Japanischer Schneeball	3 m weiß V–VI	?			C–E		C–E	○	
Viburnum rhytido- *phyllum* Runzelblättriger Schneeball	3–4 m weiß V–VI				C–E	C–E	C–E	○	
Weigela-Hybriden Weigelie	2–3 m rosa, rot	C–E		C–E	C–E		B–E	○	○

Tab. 24. Unterscheidung von Rank- und Kletterpflanzen nach Kletterformen (nach ALTHAUS, KIERMEIER, SACHSENMAIER 1988)

	Verwendung als Selbstklimmer direkt an Fassade	Gerüst-Kletterpflanzen
Schlinger oder Winder (S)	–	X
Sproßranker (RS)	–	X
Blattstielranker (RBS)	–	X
Spreizklimmer (K)	–	X
Wurzelkletterer (WK)	X	(X)
Ranker mit Haftscheiben (RSH)	X	(X)

(X) geeignete, möglichst kleingefachte Klettergerüste, besonders aus Holz, können mit den meisten Arten auch begrünt werden.

Die Angaben zur Schichtdicke (Höhe des durchwurzelbaren Raumes) beginnen mit der *Mindestschichtdicke,* die nicht unterschritten werden sollte, und schließt dann alle nachfolgenden höheren Schichtdicken mit ein, weil diese in der Regel eine weitere Verbesserung der Standortbedingungen bedeuten. In freien Lagen (0.1) sind für die meisten Arten höhere Schichtdicken als für geschützte Lagen (0.2) erforderlich.

Die Nomenklatur richtet sich nach FITSCHEN (1987).

11.2 Die Eignung von Rank- und Kletterpflanzen

Das Sortiment an ausdauernden winterharten und einjährigen Kletterpflanzen ist sehr umfangreich und entstammt fast allen gemäßigten, subtropischen und tropischen Florenregionen. Demgemäß unterscheiden sich ihre Standortansprüche sehr stark bzw. sind bei neueren oder bisher weniger verwendeten Arten teilweise nicht genau bekannt. Zur Standortökologie liegen nur vereinzelt Abhandlungen vor. Der Artenanteil aus der nordeuropäischen Florenregion ist sehr klein, während aus dem südeuropäischen Raum mehr Arten zur Verfügung stehen.

Die Eignungs- und Verwendungskriterien gliedern sich einerseits nach den morphologischen Eigenschaften (siehe Tabelle 24) sowie nach Blatt- und Blütenschmuck, teilweise auch Fruchtschmuck. Hinsichtlich der Standortansprüche sind neben den Bodenarten primär die Fassadenexpositionen bestimmend. Sofern höhere Gehölze Schatten spenden, können einzelne Arten auch an den sonst weniger geeigneten Südexpositionen gepflanzt werden.

Zur kurzfristigen Schnellbegrünung, insbesondere von Sichtschutzwänden, können auch einjährige Arten (Tabelle 27) verwendet werden, die am besten aus Gewächshausvorkultur stammen. Auch eine Kombination mit ausdauernden Arten ist möglich, jedoch darf die Konkurrenz durch die einjährigen Arten nicht zu stark werden.

Einige Arten können unabhängig von ihrer Kletterform auch zur herabhängenden Begrünung von Fassaden verwendet werden (Tabelle 26). Dies erscheint jedoch mit Laubgehölzen nur auf den unteren Geschoßebenen in eher geschützten Lagen sinnvoll. Ständig starke Windbewegungen der Triebe führen zu Wuchsdepressionen und Schäden durch das Scheuern an Fassadenteilen. Weiterhin ist die erhöhte Frostgefährdung bei überproportional ausgebildeter Triebmasse im Verhältnis zum Wurzelraum zu beachten. Von den angeführten Nadelgehölzen hat man selbst in oberen, freien Geschoßlagen Pflanzen mit einem Alter von über 25 Jahren festgestellt; Nadelgehölze haben sich demnach als sehr hart erwiesen.

Neben dem **Blütenschmuck** bildet der **Laubschmuck** das wichtigste ästhetische, aber auch funktionale Auswahlkriterium. Leider stehen nur wenige immergrüne Arten zur Verfügung. Dabei ist der starkwachsende Efeu *(Hedera helix)* neben den schwächer wachsenden Arten und Sorten des Spindelstrauches *(Euonymus fortunei)* sowie dem Immergrünen Geißblatt *(Lonicera henryi)* nach wie vor die wichtigste Art.

Der Efeu ist mit seiner reichen Vielfalt an Sorten, die sehr verschiedene Blattformen und Zuwachsleistungen, aber auch eine unterschiedlich ausgeprägte Winterhärte zeigen, viel zu wenig bekannt. Tabelle 25 nennt wichtige, als besonders winterhart geltende Sorten, mit denen aus der Praxis des Verfassers positive Erfahrungen vorliegen. Weitere Angaben zu Efeu-Sorten finden sich bei HEIECK (1980) und ROSE (1982). Der *kalkliebende* Efeu bietet weiterhin den Vorteil, daß er auch auf relativ bodentrockenen Standorten wächst, sofern der Karbonat- und Tonmineralgehalt im Boden hoch genug liegt.

Die **Standortansprüche** der meisten Rank- und Kletterpflanzen sind direkt mit ihrer **Winterhärte** verknüpft. In Regionen mit Weinbauklima können alle Arten im Holz ausreifen und sind daher weniger frostgefährdet. Doch wirkt auch hier das jeweilige Kleinklima bestimmend. So wird in bodenkühlen Schattenlagen das Wachstum häufig nicht rechtzeitig abgeschlossen. In rauhen Klimaregionen sind einige Arten wie zum Beispiel *Campsis radicans* und empfindliche *Clematis*-Arten stärker frostgefährdet, insbesondere durch mehrmalig auftretende Spätfröste.

Immergrüne Arten, auch der sehr harte Efeu, können unter Frosttrocknis leiden. Efeu kann zwar auch an südexponierten Standorten verwendet werden, erleidet jedoch dann regelmäßig Blatt- und Triebschäden durch zu starke Winterbesonnung.

Besondere Bodenansprüche der einzelnen Arten müssen im Rahmen der Standortverbesserung oder Standortneuherstellung beachtet werden. Staunässe muß auf jeden Fall vermieden werden. Probleme kann für einzelne Arten ein zu hoher Karbonatgehalt im Boden bereiten, wie er häufig auf alten städtischen Standorten vorliegt. Empfindlicher reagieren darauf verschiedene *Clematis*-Arten und -Sorten (außer den heimischen *Clematis vitalba* und *C. alpina* mit ihren Abkömmlingen) sowie *Hydrangea anomala* ssp. *petiolaris*. Die meisten der allgemein verwendeten Arten sind jedoch kalktolerant. Als besonders trokkenheitsverträglich gelten *Celastrus orbiculatus*, und die *Parthenocissus*-Arten, wenn sie gut eingewachsen sind. Auch die meisten Geißblatt-Sorten vertragen teilweise langanhaltende Trockenheit.

Weitere Hinweise zu artspezifischen Ansprüchen an den Standort finden sich bei MENZEL (1988).

11.2.1 Rank- und Kletterpflanzen für Intensive Dach- und Fassadenbegrünungen

Hinweise zum Gebrauch der Tabellen

Tabelle 25 führt ein Grundsortiment mit den wichtigsten Arten und Sorten an. Auf seltenere Arten oder solche, die nicht ganz winterfest sind, wie zum Beispiel die Passionsblumen *(Passiflora)*, wurde verzichtet. Neben den Angaben zu Höhe, Blütenfarbe und Blütezeit finden sich Hinweise auf das Wuchsverhalten und die Kletterform. Diese wurden ergänzt durch verwendungsspezifische Angaben zur Exposition der Fassaden. Alle Arten eignen sich in geschützten Lagen zur Fassadenbegrünung von Dachflächen aus. Der durchwurzelbare Raum sollte jedoch mindestens 25 cm betragen.

Die Tabelle 26 gibt eine Auswahl geeigneter Arten zur herabhängenden Fassadenbegrünung an. Sie wurden bei Bestandsaufnahmen in den Jahren 1982 bis 1987 auf älteren intensiv begrünten Dächern und Brüstungen im Bundesgebiet angetroffen. Arten, bei denen nach der Tabelle ein Rückschnitt erforderlich ist, zeigten bei der Bestandsaufnahme Frostschäden und Vitalitätsmängel.

Um das verwendbare Sortiment abzurunden, führt Tabelle 27 zehn einjährige Arten an, die problemlos zur Schnellbegrünung, insbesondere für Bereiche bis in Sichthöhe, verwendet werden können.

Expositionsangaben in Klammern bedeuten eine Verwendungseinschränkung. Die Nomenklatur richtet sich nach FITSCHEN (1987).

11.3 Die Eignung von Nadelgehölzen

Der Verwendung von Nadelgehölzen ist im Vergleich zur Laubgehölzverwendung engere Grenzen gesetzt. Dies ist begründet mit der erhöhten Windgefährdung aller hochaufwachsenden und flachwurzelnden Arten wie *Abies* und *Picea* und der höheren Empfindlichkeit zum Beispiel der fünfnadeligen *Pinus* -Arten. Ein weiteres ästhetisch-gestalterisches Problem ergibt sich aus den klaren, geometrischen Wuchsformen und der besonderen eigentümlichen Charakteristik vieler Züchtungen, die eine harmonische Einbindung neben

Tab. 25. Ausdauernde Rank- und Kletterpflanzen

Wissenschaftlicher Name deutscher Name	Höhe Blütenfarbe Blütezeit	Wuchs stark	 mittel	 schwach	Kletter- Form*	Eignung für Fassaden- exposition
Actinidia arguta Gelber Strahlengriffel	6 m weiß VI	X			S	OS
Actinidia chinensis Chinesischer Strahlengriffel	8 m gelb VI–VI	X			S	OS
Actinidia kolomikta Kolomiktawein	3–4 m weiß-rosa VI			X	S	NOW
Akebia quinata Fünfblättrige Akebie	4–5 m braun-rot IV–V		X		S	OS
Akebia trifoliata Dreiblättrige Akebie	3 m braun-rot IV–V			X	S	OS
Ampelopsis aconitifolia Eisenhutblättrige Doldenrebe	6 m grünlich VIII		X		RS	OSW
Ampelopsis brevipedunculata Ussuri-Doldenrebe	6 m grünlich VII–VIII	X			RS	OSW
Aristolochia macrophylla Pfeifenwinde	8–10 m gelbgrün VII–IX	X			S	NOSW
Aristolochia tomentosa Filzige Pfeifenwinde	5–7 m gelb-purpur VIII		X		S	NOSW
Bryonia alba Weiße Zaunrübe	3–4 m weiß VI–VII			X	RS	OSW
Campsis radicans Klettertrompete	8–12 m orangerot VII–IX			X	WK	OSW
Celastrus orbiculatus Chinesischer Baumwürger	10–12 m blaßgrün VI–VII	X			S	NOSW
Celastrus scandens Gemeiner Baumwürger	5–7 m gelb VII		X		S (K)	NOSW
Clematis alpina Alpen-Waldrebe	2–3 m hellblau IV–V			X	RBS	NOSW
Clematis flammula Wohlriechende Waldrebe	2–3 m weiß VIII–X			X	RBS	(N) OSW

(Fortsetzung Tab. 25)

Wissenschaftlicher Name deutscher Name	Höhe Blütenfarbe Blütezeit	Wuchs stark	 mittel	 schwach	Kletter- Form*	Eignung für Fassaden- exposition
Clematis × jackmanii Jackman's Clematis	4–6 m violett-purpur	X			RBS	(N) OSW
Clematis marcopetala Großblütige Alpen-Waldrebe Sorten	2–4 m weiß, rosa, blau VII–VIII		X		RBS	(N) OSW
Clematis maximowicziana Rispenblütige-Waldrebe	5–8 m weiß IX–X	X			RBS	(N) OSW
Clematis montana Berg-Waldrebe	6–8 m weiß V		X		RBS	NOSW
Clematis orientalis Orientalische Waldrebe	4 m blaßgelb VII–VIII			X	RBS	(N) OSW
Clematis tangutica Mongolen-Waldrebe	4–6 m gelb VI–IX		X		RBS	OW
Clematis vitalba Gemeine Waldrebe	12–15 (20) m weiß VI–VII	X			RBS	NOSW
Clematis viticella Italienische Waldrebe	3–4 m purpurrosa VII–IX		X		RBS	(N) OSW
Clematis-Florida-Hybriden	2–3 m weiß VII–VIII			X	RBS	(N) OSW
Clematis-Jackmanii-Hybriden	4–6 m blau, violett VII–IX			X	RBS	(N) OSW
Clematis-Lanuginosa-Hybriden	2–3 m weiß, lila VII–IX			X	RBS	(N) OSW
Clematis-Patens-Hybriden	2–3 m weiß, violett rot-violett V–VII			X	RBS	(N) OSW
Clematis-Viticella-Hybriden	3–4 m blau, purpur, rot VII–IX			X	RBS	(N) OSW
Euonymus fortunei Immergrüne Kriechspindel	3–5 m Blüten unbedeutend			X	WK	NOW

(Fortsetzung Tab. 25)

Wissenschaftlicher Name deutscher Name	Höhe Blütenfarbe Blütezeit	Wuchs stark	 mittel	 schwach	Kletter-Form*	Eignung für Fassaden-exposition
Eluonymus fortunei 'Carrierei' Kletter-Spindelstrauch	3–4 m grünlich V			X	WK	NOW
'Coloratus'	1,5 m Blüten unbedeutend			X	WK	NOW
'Minimus'	1 m Blüten unbedeutend			X	WK	NOW
'Variegatus'	1,5 m			X	WK	NOW
Euonymus fortunei var. *radicans*	3–4 m			X	WK	NOW
Euonymus fortunei var. *vegeta* Kletterspindel	2–3 m grünlich-gelb V			X	WK	NOW
Fallopia aubertii Schling-Knöterich	8–15 m weiß VII–IV	X			S	NOSW
Fallopia baldschuanica Bucharischer Schlingknöterich	12–15 m rosa VII–IX	X			S	NOSW
Hedera colchica Kolchischer Efeu	6–8 m unbedeutend		X		WK	NOW
Hedera helix	10–20 m					
in Sorten:	unbedeutend		X		WK	NOW
'Baltica'			X		WK	NOW
'Digitata'		X			WK	NOW
'Doneralinensis'		X			WK	NOW
'Helvetica'			X		WK	NOW
'Thorndale'		X			WK	NOW
'Woerneri'		X			WK	NOW
Gemeiner Efeu						
Humulus lupulus Hopfen	8–12 m grün VII–VIII	X			S	NOW
Hydrangea petiolaris Kletterhortensie	10–12 m weiß VI–VII	X			WK	NOW
Jasminum nudiflorum Winter-Jasmin	2–5 m gelb XII–III		X		K	NOSW
Lonicera × *brownii*	2–3 cm orange-rot VI–IX			X	S	NOSW

(Fortsetzung Tab. 25)

Wissenschaftlicher Name deutscher Name	Höhe Blütenfarbe Blütezeit	Wuchs stark	 mittel	 schwach	Kletter- Form*	Eignung für Fassaden- exposition
Lonicera × brownii 'Dropmore Scarlet'	3–5 m scharlachrot			X	S	NOSW
Lonicera × brownii 'Fuchsioides'	2–3 m rot VI–IX			X	S	NOSW
Lonicera caprifolium Jelängerjelieber	5 m weiß, rötlich VI–VII			X	S	NOSW
Lonicera caprifolium 'Praecox' Jelängerjelieber	3–4 m weiß, rötlich V–VI			X	S	NOSW
Lonicera × heckrottii Duft-Geißblatt	3–4 m gelblich, purpur VI–VII		X		S	NOSW
Lonicera × heckrottii 'Goldflamme'	3–4 m gelblich, orange VI–VII		X		S	NOSW
Lonicera henryi Henrys Geißblatt	6–7 m gelblich-rot VI–VII	X			S	NOSW
Lonicera japonica Japanisches Geißblatt	2–4 m weiß-rosa VI–X			X	S	NOSW
Lonicera periclymenum in Sorten Wald-Geißblatt	4–6 m gelblich, weiß rötlich V–VI		X		S	NOSW
Lonicera × tellmanniana Gold-Geißblatt	6–7 m orangegelb VI–VII	X			S	NOSW
Menispermum canadense Kanadischer Mondsame	3–4 m grün-gelb V–VI			X	S	NOSW
Parthenocissus quinquefolia Selbstkletternde Jungfernrebe	bis 15 m Blüten unbedeutend	X			RSH (RS)	NOSW
Parthenocissus quinquefolia var. *engelmannii* Engelmanns Wein	bis 15 m Blüten unbedeutend	X			RSH	NOSW
Parthenocissus quinquefolia var. *saintpaulii* Selbstkletternde Jungfernrebe	4–5 m Blüten unbedeutend				RSH (WK)	NOSW

(Fortsetzung Tab. 25)

Wissenschaftlicher Name deutscher Name	Höhe Blütenfarbe Blütezeit	Wuchs stark	 mittel	 schwach	Kletter- Form*	Eignung für Fassaden- exposition
Parthenocissus tricuspidata Dreilappiger Wilder Wein	bis 18 m Blüten unbedeutend	x			RSH (WK)	NOSW
Parthenocissus tricuspidata 'Veitchii' Veitch's Jungfernrebe mit weiteren Sorten	bis 18 m	x			RSH	NOSW
Periploca graeca Griechische Baumschlinge	8–10 m weiß, braun-rot VII–VIII	x			S	NOSW
Rosa multiflora Büschel-Rose	bis 2,5 m weiß VI–VII		x		K	OS
Rosa, kletternde Sorten ('New Dawn', 'Paul Scarlet Climber' 'Symathie') Kletterrosen	3–5 m weiß, rosa, rot VI–IX				K	OS
Rubus henryi Immergrüne Kletter-Brombeere	3–5 m hellrot VII–VIII		x		K (S)	OSW
Rubus henryi 'Bambusarum'	3–5 m hellrot VII–VIII				K	OSW
Rubus laciniatus Schlitzblatt-Brombeere	bis 3 m weiß VIII				K	OSW
Schisandra chinensis Beerentraube	4–6 m creme-rosa V		x		S	NO (S) W
Schizophragma hydrangeoides Spalthortensie	6–8 m creme-weiß VII		x		WK	NOW
Vitis amurensis Amur-Rebe	8–10 m grünlich VI	x			RS	OSW
Vitis coignetiae Scharlachwein	12–15 m grünlich VI	x			RS	OSW
Vitis riparia Ufer-Rebe	8–10 m grünlich VI	x			RS	OSW
Vitis vinifera Echte Weinrebe	12–15 m grünlich VI	x			RS	OSW

(Fortsetzung Tab. 25)

Wissenschaftlicher Name deutscher Name	Höhe Blütenfarbe Blütezeit	Wuchs stark	mittel	schwach	Kletter- Form*	Eignung für Fassaden- exposition
Wisteria floribunda Japanischer Blauregen	8–10 m blau, weiß V–VI		X		S	(N) OSW
Wisteria × *formosa*	6–8 m violett-rosa V–VI	X			S	(N) OSW
Wisteria frutescens	8–10 m purpur-lila VII–VIII		X		S	(N) OSW
Wisteria sinensis Chinesischer Blauregen	12–20 m dunkel-lila IV–V		X		S	(N) OSW

* Nach ALTHAUS, KIERMEIER in ALTHAUS 1988
S = Schlinger oder Winder, RS = Sproßranker, RBS = Blattstielranker, K = Spreizklimmer, WK = Wurzelkletterer, RSH = Ranker mit Haftscheiben
Fassadenexpositionen: N = Nord, O = Ost, S = Süd, W = West
( ) = bedingte Eignung

Tab. 26. Gehölze für herabhängende Fassadenbegrünungen

	nur im Alter wirksam	Rückschnitt unbedingt erforderlich
Laubgehölze		
Chaenomeles lagenaria		
Cotoneaster dammeri 'Skogholm'		X
Cotoneaster dammeri var. *radicans*		X
Cotoneaster salicifolia		X
Euonymus fortunei 'Coloratus'		
Euonymus fortunei 'Vegetus'		
Hedera helix in Sorten		
Lycium barbarum		
Rosa multiflora		
Rosa, bodendeckende Sorten, z.B. 'Swany'		X
Kletterrosen, z.B. 'New Dawn'		X
Stephanandra incisia 'Crispa'		X
Symphoricarpos × *chenaultii* 'Hancock'	X	

	nur im Alter wirksam	Rückschnitt unbedingt erforderlich
Nadelgehölze		
Juniperus communis 'Hornibrookii'	X	
Juniperus communis 'Repanda'	X	
Juniperus sabina 'Tamariscifolia'	X	
Microbiota decussata	X	
Pinus mugo var. *mughus*	X	
Taxus baccata 'Repandens'	X	
Kletterpflanzen		
Clematis vitalba (über andere Gehölze herabhängend)		
Fallopia aubertii		
Hedera helix		
Hydrangea anomala ssp. *petiolaris*		
Humulus lupulus (über andere Gehölze herabhängend)		
Jasminum nudiflorum		

(Fortsetzung Tab. 26)

	nur im Alter wirksam	Rückschnitt unbedingt erforderlich
Parthenocissus quinquefolia 'Engelmanii'		
Lonicera henryi		
Lonicera tellmanniana		

anderen Pflanzungen und in Beziehung zum Bauwerk nur schwer ermöglichen. Auch hat der „Tannenwald" auf dem Dach Züge des Absurden. Aus diesen Gründen wurde hier auch auf das gesamte *Chamaecyparis*- und *Thuja*-Sortiment verzichtet.

Gleichwohl erfreuen sich gerade Nadelgehölze, besonders auch Zwergformen, der besonderen Beliebtheit des privaten Anwenders, der nach nicht laubabwerfenden, immergrünen und raumsparenden Gehölzen zur Abgrenzung und für den Sichtschutz sucht. Die tatsächlichen Endgrößen zum Beispiel von *Picea omorika* oder schlank wachsender *Chamaecyparis* wird zunächst nicht erkannt und später mit der Säge „korrigiert". Die vordergründige „Handlichkeit", ihr ansprechendes Aussehen und die günstigen Preise vieler Koniferen-Jungpflanzen führt zur falschen Anwendung im Dachbereich ebenso wie in Pflanzgefäßen und Balkonkästen.

Verschiedene Fehleinschätzungen lassen sich aber auch immer wieder in der professionellen Verwendung von Koniferen feststellen. Schwarzkiefern werden häufig auf Standorten verwendet, für die sie sich wegen der erreichbaren Endgrößen gar nicht eignen. Das Breitenwachstum von *Taxus* oder *Pinus mugo* wird, wie bei bodengebundenen Pflanzungen, auch bei Dachbegrünungen häufig unterschätzt.

Sofern nicht unzureichende Standortbedingungen die Vitalität hemmen, ist aber die geringe Anfälligkeit gegenüber Krankheiten und tierischen Schädlingen hervorzuheben. Das gilt besonders für *Juniperus*-Arten.

Winterhärte

Obwohl das in Tabelle 28 angeführte Sortiment relativ klein erscheint, kommt niedrig wachsenden Arten von *Juniperus* und *Pinus* doch eine gewisse Schlüsselstellung zu, da sie in bezug auf die Winterhärte den Laubgehölzen, insbesondere immergrünen Arten, weit überlegen sind. Dies macht bereits ihre natürliche Verbreitung an extremen Standorten deutlich. Deshalb ist es auch gerechtfertigt, Arten wie *Pinus mugo* in größeren flächendeckenden Gruppen zu verwenden, ohne allerdings Monokulturen nach Art eines Baumschulquartiers entstehen zu lassen. Auch Neulinge, wie die erst 1967 eingeführte *Microbiota decussata* (BÄRTELS 1978) können Vorteile wie eine besondere Frosthärte aufweisen. Allerdings verfärbt sich *Microbiota* im Spätherbst recht unscheinbar braun.

Besonders sei hier auf die Frostempfindlichkeit von *Tsuga canadensis* hingewiesen, vor allem wenn Frostwind herrscht. Deshalb kann *Tsuga* nur in geschützten Innenhöfen

Tab. 27. Eine Auswahl einjähriger Kletterpflanzen

Wissenschaftlicher Name deutscher Name	Höhe Blütenfarbe Blütezeit
Cobaea scandens Glockenranke	6-8 m violett VII-IX
Cucurbita pepo var. *ovifera* Zierkürbis	4-5 m gelbe Früchte VII-IX
Eccremocarpus scaber Schönranke	4-5 m orange, rot, gelb VI-X
Humulus scandens 'Variegatus' Japanischer Hopfen	4-6 m
Ipomoea tricolor 'Heavenly Blue' Prunkwinde	bis 2,5 m weiß-blau VII-IX
Pharbitis purpurea *(Ipomoea purpurea)* Purpur-Prunkwinde	bis 3 m purpur, rot, weiß, blau VI-IX
Phaseolus scandens Feuerbohne	3-4 m rot VII-VIII
Thunbergia alata Schwarzäugige Susanne	1,5-2 m gelb-orange VI-X
Tropaeolum majus Kapuzinerkresse	3-4 m gelb-orange VI–X

verwendet werden. Dies gilt auch für *Taxus*-Pflanzen, deren Jahrestrieb stark leiden kann. Ein Nachteil vieler Koniferen gegenüber Laubgehölzen ist die nicht vorhandene oder verminderte Austriebsfähigkeit nach Schäden am Jung- oder Altholz, wie zum Beispiel bei *Pinus mugo*. Eine Ausnahme bilden *Taxus*- und besonders verschiedene *Juniperus*-Arten.

Dem Vorteil der höheren Frosthärte steht der Nachteil des **höheren Anwuchsrisikos**, insbesondere in exponierten Lagen, gegenüber. Die Gunst des Standortes und die zweckbedingte Luxusversorgung in der Kultur können sich nachteilig auswirken. Anders lassen sich die häufigen Ausfälle zum Beispiel bei *Pinus mugo* nicht erklären. Die kulturbedingte Selektion schnellwachsender, weniger harter Rassen mag dabei eine weitere Rolle spielen.

Trockenheitsresistenz

Die Trockenheitsresistenz und Strahlungsfestigkeit ist bei fast allen gut eingewachsenen Koniferen sehr hoch, weil die Nadeln im Vergleich zu den Blättern der Laubgehölze vergleichsweise wenig Wasser verdunsten. *Pinus* und *Juniperus* sind auch hier an erster Stelle der unproblematischen Gattungen zu nennen. *Juniperus sabina* ist noch in der Lage, selbst nach starken Trockenschäden und nach Verlust von mehr als der halben Blattmasse neu auszutreiben. Es ist jedoch zu beachten, daß die meisten Fichtenarten aus Mittel- oder Hochgebirgsregionen stammen und an kühleres und feuchteres Klima angepaßt sind. Der veränderte Klimacharakter auf Dächern führt zu geringerer Allgemeinvitalität und außerdem zu frühzeitigem Absterben, besonders im Stadtklima.

Windfestigkeit

Bedingt durch den kompakten Wuchs und die dichtere Benadelung ergibt sich eine verminderte Durchblasbarkeit und eine somit höhere Windbelastung für viele Nadelgehölze. Dies kann sich im Winter unter Schnee- und Eislast nachteilig auswirken. Starker Wind und Nadelvereisung können bei einzelnen Gattungen wie zum Beispiel bei *Taxus* zu erheblichen Schäden durch den Abriß von Nadeln und Kurztrieben führen. Wegen der hohen Biegefestigkeit der meisten Nadelgehölze kommt es bei ihnen selbst bei höheren Schnee- und Eislasten selten zu Astbruch. Ältere Exemplare hoch und breit wachsender Wacholder, und hier vor allem *Juniperus chinensis* 'Pfizeriana', neigen in den Astgabeln zu Spaltbrüchen. Dagegen kommt bei *Taxus baccata* und *Pinus mugo* Schneebruch äußerst selten vor. Bei etwa 3,5 m hohen Exemplaren wurde beobachtet, wie sich das gesamte Astwerk unter Schneelast flach legte.

Das Risiko des **Windwurfes** ist bei allen Arten mit schlankem Wuchs, insbesondere auf Standorten mit zu geringer Substratdicke, immer gegeben. Sofern regelmäßig Schnee- und Eislasten auftreten, sollte man deshalb auf diese Wuchsformen besser verzichten.

Mechanische Verletzungen durch **Windschur** kommen in der Regel bei allen niedrig wachsenden Arten nicht vor, wohl aber die typischen Windschur-Wuchsformen, wenn ständiger Winddruck herrscht. Stark scheuerndes Astholz wurde bei dichttriebigen *Taxus baccata* beobachtet.

Ständige Windbewegungen steigern bei niedrigen, nicht befestigten Koniferen das Ausfallrisiko in Neupflanzungen. Ausfälle dieser Art wurden häufiger bei *Pinus mugo* beobachtet.

Konkurrenzkraft

Wegen des geringen Jahreszuwachses liegt die Konkurrenzkraft von Koniferen immer unter der von Laubgehölzen. Die Verwendung von Solitärpflanzen kann dies nur bedingt ausgleichen. Besonders sorgfältig sind daher bei extrem heliophilen Arten wie *Pinus mugo* oder *Juniperus* die Nachbarpflanzen auszuwählen und die Pflanzabstände einzuhalten. *Taxus baccata* und *Tsuga* vertragen dagegen Schattendruck, halten jedoch durchwachsenden Laubholz-Arten auf Dauer nicht stand.

Wurzeltyp

Die Wurzeln der Nadelgehölze breiten sich im Vergleich zu Laubholz-Arten weniger aggressiv aus. Die intensive Bodendurchwurzelung und Bodenauszehrung von *Taxus* muß allerdings beachtet werden. Alle Arten reagieren empfindlich auf Staunässe, dies ist bei der Bemessung von Wasseranstau und Schichtdicken zu beachten. Niedrig wachsende Arten wie *Pinus mugo* oder *Juniperus* bilden ein sehr weitreichendes Wurzelsystem aus. *Juniperus sabina* ist ein Tiefwurzler.

Tab. 28. Nadelgehölze für Intensivbegrünungen

Wissenschaftlicher Name deutscher Name	Höhe Nadelfarbe	Lebensräume 0.1 freie Lagen 1.1	1.2	1.3	0.2 geschützte Lagen 2.1	2.2	2.3	Verwendbar für Aufwendige	Einfache Intensivbegrünungen
Abies balsamea ('Nana') Balsam-Tanne, Zwergform	0,30–0,5 m dunkelgrün				B–E		B–E	○	
Juniperus chinensis ('Blaauw') Chinesischer Wacholder	0,8–1,2 m graublau	C–E		?	C–E		?	○	○
'Globosa Cinerea'	1,0 m graugrün	C–E		?	C–E		?	○	
'Hetzii'	2,0–3,0 m graublau	D–E		D–E	C–E		C–E	○	○
'Mint Julep'	1,5–2,0 m mittelgrün	C–E		C–E	C–E		C–E	○	○
'Pfitzeriana'	3,0–4,0 m moosgrün	D–E		D–E	D–E		D–E	○	○
'Plumosa'	0,8–1,0 m gelbgrün	C–E		?	C–E		?	○	
Juniperus chinensis var. *sargentii* 'Glauca'	0,6 m bläulich-grün	C–E		?	C–E		?	○	
Juniperus communis 'Hornibrookii' Teppichwacholder	0,2–0,3 m hellgrün, silbrig	C–E			B–E			○	○
'Alpina'	0,7–0,8 m blaugrün, silbrig	C–E			B–E			○	○
'Andorra Compact'	0,3–0,5 m blaugrün	C–E			B–E			○	○
'Repanda'	0,3–0,5 m dunkelgrün, silbrig	C–E			B–E			○	○
Juniperus communis ssp. *nana* Zwergwacholder	0,2–0,5 m dunkelgrün	C–E			B–E			○	○
Juniperus communis ssp. *depressa* Kanad. Wacholder	0,3–1,0 m dunkelgrün silbrig	C–E			B–E			○	○
Juniperus horizontalis Nordamerikanischer Kriechwacholder	0,4 m dunkelgrün	C–E			B–E			○	○
Juniperus sabina 'Cupressifolia' Sadebaum	0,8–1,2 m dunkelgrün	C–E			B–E			○	○

(Fortsetzung Tab. 28)

Wissenschaftlicher Name deutscher Name	Höhe Nadelfarbe	Lebensräume 0.1 freie Lagen 1.1	1.2	1.3	0.2 geschützte Lagen 2.1	2.2	2.3	Verwendbar für Aufwendige Intensivbegrünungen	Einfache Intensivbegrünungen
'Mas'	0,8–1,0 m bläulich-grün	C–E			B–E			○	○
'Tamariscifolia'	0,3–0,5 m graugrün	C–E			B–E			○	○
Juniperus squamata 'Blue Carpet', 'Blue Star' Zwergwacholder	0,3–0,5 m blaugrün	C–E			B–E			○	
Juniperus virginiana 'Grey Owl' Virginischer Wacholder	2,0–3,0 m graugrün	D–E			D–E			○	○
Microbiota decussata Sibirischer Fächer-Wacholder	0,3 m mittelgrün kupfer-braun	C–E		C–E	B–E		B–E	○	○
Pinus cembra Zirbel-Kiefer	2,5–5 m blaugrün	D–E			D–E			○	○
Pinus leucodermis Schlangenhaut-Kiefer	3–10 m dunkelgrün	D–E			D–E			○	○
Pinus mugo Berg-Kiefer	2–4 m dunkelgrün	C–E			C–E			○	○
'Gnom', 'Mops'	0,6–0,8 m dunkelgrün	C–E			B–E			○	○
Pinus mugo var. *mughus* Krummholz-Kiefer	2–3 m dunkelgrün	C–E			B–E			○	○
Pinus mugo var. *pumilio* Zwerg-Latschenkiefer	0,6–0,8 m dunkelgrün	C–E			B–E			○	○
Pinus nigra 'Globosa', 'Nana', 'Pygmaea' Zwergformen	3–5 m dunkelgrün	D–E			D–E			○	○
Pinus nigra ssp. *nigra* Österreichische Schwarz-Kiefer	15–25 m dunkelgrün	D–E			D–E			○	○
Pinus parviflora 'Glauca' Blaue Mädchen-Kiefer	3,5 m silbrigblau	C–E		C–E	C–E			○	
Pinus silvestris 'Wateri' Zwerg-Kiefer, Waterer	1–2 m blaugrün	D–E			C–E			○	
Taxus baccata Gemeine Eibe	3–8 m dunkelgrün		D–E	D–E	C–E	C–E	C–E	○	○

(Fortsetzung Tab. 28)

Wissenschaftlicher Name deutscher Name	Höhe Nadelfarbe	Lebensräume 0.1 freie Lagen			0.2 geschützte Lagen			Verwendbar für Intensivbegrünungen	
		1.1	1.2	1.3	2.1	2.2	2.3	Aufwendige	Einfache
Nissens Typen: 'Nissens Corona' 'Nissens Präsident'	2–3 m dunkelgrün		D–E	D–E	C–E	C–E	C–E	○	
'Repandens' Tafel-Eibe	0,8–1,0 m dunkelgrün	?	C–E	C–E	C–E	C–E	C–E	○	○
Taxus cuspidata 'Nana' Japanische Eibe, Zwergform	1,5–2,0 m dunkelgrün	?		?	C–E		C–E	○	
Taxus × media 'Densiformis' Hybrid-Eibe	1,5 m hellgrün	?		?	C–E		C–E	○	
Tsuga canadensis Kanadische Hemlockstanne	10–15 m dunkelgrün				C–E	C–E	C–E	○	

Bodenansprüche
Hinsichtlich der Bodenansprüche zeigen sich die hier angeführten Arten sehr tolerant, insbesondere in bezug auf den pH-Wert. *Juniperus sabina* und *Taxus baccata* erweisen sich im alkalischen Bereich vitaler. Die Versorgung mit Stickstoff darf nur schwach sein, bei ausreichender Kalium- und Spurenelement-Versorgung. Die meisten Arten tolerieren Humus-Substrate, auch wenn diese nicht den natürlichen Standorten entsprechen, an denen in der Regel Rohhumusauflagen über mineralischem Ober- und Unterboden vorkommen.

Das gute Wachstum von *Taxus* während der Anzucht in Humusböden führt zu Fehlschlüssen in der Verwendung. *Taxus* ist kein Humuswurzler oder gar eine „Moorbeetpflanze", was die Vergemeinschaftung mit *Rhododendron* rechtfertigen könnte. In Humussubstraten nimmt an *Taxus* der Befall durch den Dickmaulrüßler deutlich zu. Für Nadelgehölze sollten besser mineralische Substrate mit Humuszuschlag und Oberflächenmulch aus Rindenhumus verwendet werden. Die Vitalität aller Koniferen hängt mehr oder weniger stark von der Mykorrhiza ab.

Lichtansprüche
Nahezu alle hier angeführten Nadelgehölze sind lichtbedürftig, *Pinus*-Arten erweisen sich als ausgesprochen heliophil und verlieren ihre Vitalität in schattigen Lagen sehr schnell. *Juniperus chinensis* und *J. squamata* vertragen eine zeitweise Beschattung und kommen somit für Bereiche mit Wechsellicht in Betracht. Schattenverträglich – wenn auch nicht schattenliebend – ist *Taxus baccata.* Seiner natürlichen Herkunft als Unterholz entsprechend, liebt *Tsuga canadensis* lichten Halbschatten, jedoch nicht den dauernden tiefen Schlagsschatten von Gebäuden.

11.3.1 Nadelgehölze für Intensive Dachbegrünungen

Hinweise zum Gebrauch der Tabelle
Die Baumschulen bieten ein wesentlich breiteres Sortiment und vor allem wesentlich mehr Sorten an als hier angeführt sind. Die Gehölzauswahl umfaßt den Verwendungsbereich auf Flachdächern. Auf Steildächern werden Nadelgehölze nur sehr selten verwendet. Sie können den Tabellen im Abschnitt 13.6 für den Bereich der Extensivbegrünungen entnommen werden.

Alle hoch aufwachsenden Arten von *Pinus, Picea, Abies, Chamaecyparis* und *Thuja* sind wegen ihrer Windwurfgefährdung nicht aufgeführt. Sofern eine standortklimatische Eignung vorliegt, können Gehölze dieser Gattungen auf Ingenieurbauwerken mit hohem Schichtaufbau und bodengleichen Ebenen im Einzelfall verwendet werden.

Die angeführten Sorten, in der Regel Zwerg-, flach- oder kompaktwachsende Formen, stehen *beispielhaft* für ähnlich geeignete Sorten. Bei der Auswahl wird besonders bei größeren Pflanzen die Verfügbarkeit den Ausschlag geben.

Auf eine gesonderte Auflistung oder **Eignungszuordnung für die Verwendung in Pflanzgefäßen** wurde verzichtet. Die Ergänzung ergibt sich aus den Lebensraum-Kennziffern unter Verzicht auf Großgehölze.

Großgehölze aus dem Eignungsbereich für Einfache Intensivbegrünungen eignen sich immer auch für Aufwendige Intensivbegrünungen, dies gilt jedoch nicht umgekehrt.

Angaben zur Tabelle

Keine Angabe bedeutet Nichteignung, oder die Verwendung ist mit einem erhöhten Risiko verbunden.

? bedeutet, daß bisher noch keine Erfahrungen für den betreffenden Lebensraum vorliegen oder sich die vorliegenden Bewertungen so widersprechen, daß eine gesicherte Aussage nicht möglich war.

Die Angaben zur Schichtdicke (Höhe des durchwurzelbaren Raumes) beginnen mit der *Mindestschichtdicke,* die nicht unterschritten werden sollte, und schließt dann alle nachfolgenden höheren Schichtdicken mit ein, weil diese in der Regel eine weitere Verbesserung der Standortbedingungen bedeuten. In freien Lagen (0.1) sind für die meisten Arten höhere Schichtdicken als für geschützte Lagen (0.2) erforderlich.

Die Nomenklatur richtet sich nach FITSCHEN (1987).

11.4 Die Eignung von Stauden und Blumenzwiebeln

Traditionell ist das Handelssortiment der **Pracht- und Wildstauden**-Arten bzw. -Sorten außerordentlich umfangreich. Dieser gärtnerische Bereich verfügt über gute Kataloge und zahlreiche Fachbücher. Liebhabervereinigungen befassen sich mit Spezialbereichen wie Alpine Stauden, Farnen, Lilien, Iris und *Hemerocallis.* Die Spezialsortimente der **Liebhaberstauden** übertreffen das handelsübliche Standardsortiment der Stauden besonders in der Sortenzahl bei weitem.

Das hier vorgestellte Sortiment allgemein bekannter Stauden ist ohne Berücksichtigung von Spezialsortimenten bereits umfangreicher als das Sortiment der Gehölze. Nur so kann man der Vielfalt an Wuchsformen und an Blatt- und Blütenschmuck annähernd gerecht werden. Viele der aufgeführten Arten unterliegen jedoch erheblichen Verwendungsbeschränkungen, so daß sich nur spezielle Eignungen für Dachgärten ergeben. Einige Gattungen, wie zum Beispiel *Geranium,* (YEO 1988), bieten jedoch viele noch nicht ausgeschöpfte Verwendungsmöglichkeiten.

Die Bedeutung von Stauden ist bezogen auf den flächenmäßigen Anteil ebenso wie in bodengebundenen Anlagen relativ gering. Dieses Urteil wird jedoch ihren speziellen Eignungen und ihren Ausdruckswerten in keiner Weise gerecht. Häufig steht auch die Unkenntnis von Stauden einer breiten Verwendung entgegen.

Unbestritten erfordern Staudenpflanzungen einen höheren Pflegeaufwand; besonders gilt das für offene Flächen und für Beetstauden (KIERMEIER 1988). Weniger oder nur sehr geringer Pflege bedürfen flächendeckende Pflanzungen von Waldstauden in schattigen Bereichen und Innenhöfen mit geringerem Anflug von Fremdvegetation. Natürlich lassen sich aber auch unter höheren Gehölzpflanzungen in freier Lage heimische Wildstauden verwenden, die außerordentlich konkurrenzfähig sind. Dieser Aspekt ist in der Vergangenheit viel zu wenig beachtet worden.

Weder permanente mechanische Pflege, Entseuchung von Erden oder gar Herbizideinsatz vermögen auf Dauer „Unkräuter" wie *Aegopodium podagraria* (Giersch) oder *Ranunculus ficaria* (Scharbockskraut) zu vernichten. Es bleibt nur der umgekehrte Weg, die Wildkräuter hinzunehmen und mit sehr konkurrenzfähigen Gehölzen in geeigneter Pflanzgröße zu kombinieren. Derartige bodendeckende Krautschichten haben sich im Laufe der Jahre besonders in Randpflanzungen von begrünten Tiefgaragen mit stärkerem Bodenaufbau herausgebildet.

Bei geringeren Schichtdicken kann die Konkurrenz durch Wildpflanzen allerdings so stark werden, daß die niedrigen flächigen Gehölzpflanzungen bis auf inselartige Restbestände verdrängt werden. In diesem Fall bleibt nur noch die Umwandlung in eine Gras-Kraut-Vegetation als Einfache Intensivbegrünung oder gar mit extensiver Ausprägung.

Als konkurrenzstarke, sich spontan ansiedelnde Wildstauden wurden bisher folgende Arten bonitiert, die sich flächig ausbreiten (KRUPKA 1985, 1986, 1987):

Heimische Wildstauden für sonnige Bereiche
Hieracium pilosella, Kleines Habichtskraut
Lotus corniculatus, Hornklee
Potentilla anserina, Gänse-Fingerkraut
Prunella grandiflora, Braunelle
Ranunculus repens, Kriechender Hahnenfuß
Trifolium repens, Weißklee
Tussilago farfara, Huflattich

Heimische Wildstauden für schattige Bereiche unter Gehölzen
Aegopodium podagraria, Giersch
Campanula glomerata, Knäuel-Glockenblume
Glechoma hederacea, Gundermann
Geum urbanum, Nelkenwurz
Oxalis acetosella, Sauerklee
Ranunculus ficaria, Scharbockskraut

Sofern mit der Verwendung von **Blumenzwiebeln** (Zwiebelgeophyten) nicht nur kurz anhaltende Effekte erzielt werden sollen, muß die Artenauswahl sehr sorgfältig erfolgen. Grundsätzlich ist zu bedenken, daß die meisten Arten Dauerfeuchtigkeit oder Staunässe nicht vertragen. Außerdem sind viele gängige Arten, wie die Tulpen oder Krokusse, ausgesprochene Steppenpflanzen. Die Höhe der Substratschicht und die Auswirkungen des Wasseranstaus sind die entscheidenden Faktoren für den Bestand der Blumenzwiebeln. Mineralische Schüttsubstrate sind immer von Vorteil. Die natürliche Endtiefe der Zwiebeln wird häufig unterschätzt. Tulpen und Krokus liegen, je nach Bodenart, in 15 bis 20, teilweise in 25 cm, Narzissen bis in 20 bis 25 cm Bodentiefe. Je luftärmer der Boden („schwere Böden“, hoher Wassergehalt), desto höher liegen die Zwiebeln. Die Substratdicke sollte deshalb darauf abgestimmt werden. Es ist zu unterscheiden zwischen der Pflanztiefe und der sich selbst regulierenden standortbezogenen Endtiefe der Zwiebeln. Kleinblumenzwiebeln in mineralischen Substraten können in eine Tiefe gepflanzt werden, die etwa dem Drei- bis Fünffachen ihres Durchmessers entspricht.

Die **Dauerhaftigkeit der Blumenzwiebelpflanzungen** variiert – wie bei bodengebundenen Bedingungen auch – recht stark je nach Art und Sorte. Viele Hochzuchtsorten und besondere Farbschläge, wie zum Beispiel Narzissen mit Rotanteilen, fallen schnell aus. Arten mit großen, empfindlichen Zwiebeln, wie Kaiserkronen oder Lilien, finden auf Dächern selten zusagende Bedingungen vor und sollten gar nicht erst verwendet werden. Es gilt hier die alte Gärtnerweisheit: „Jeder Garten hat seine Blumenzwiebeln.“

Weniger problematisch ist die dauerhafte Ansiedlung von zur Verwilderung neigenden Kleinzwiebeln, die auch in Substratdicken ab etwa 12 cm dauerhaft sind.

Kleinzwiebeln zur Verwilderung
Allium ursinum, Bärlauch
Chionodoxa luciliae, Schneeglanz
Corydalis cava, Lerchensporn
Gagea lutea, Gelbstern
Galanthus nivalis, Schneeglöckchen
Leucojum vernum, Märzenbecher
Muscari botryoides, Traubenhyazinthe
Ornithogalum umbellatum, Milchstern
Scilla siberica, Blausternchen

Winterhärte

Der frostbedingte Ausfall von Stauden hat seine Ursache einerseits in zu geringen Substratdicken, andererseits in nicht rechtzeitig erfolgtem Wachstumsabschluß wie auch in zu starker Erwärmung des Standortes im Winter. Sackungen der Vegetationsschicht oder das Hochfrieren von Pflanzen legen Vegetationspunkte und Überdauerungsorgane frei und führen zu Winterschäden und Vitalitätsschwächungen. Hinzukommen kann eine nicht artgerechte Massenverwendung, die zur konkurrenzbedingten Schwächung der Einzelpflanze führt.

Insbesondere die **Luxusversorgung** mit Nährstoffen und Wasser ist für viele niedrige und bodendeckende Stauden, die von natürlichen **Magerstandorten** stammen, schädlich. Eine anfänglich zu prächtige Entwicklung ist häufig schon der Anfang vom Ende. So läßt sich zum Beispiel mit *Achillea tomentosa*, *Antennaria dioica*, *Ajuga atropurpurea*, *Acaena*-Arten, *Polygonum affine* oder *Geranium sanguineum* schon im Pflanzjahr ein schneller Flächenschluß erreichen, der aber durch die Winterwitterung ganz oder teilweise zunichte gemacht werden kann. Außerdem altern flächig verwendete Stauden unterschiedlich rasch, was zur Überprüfung der Verwendungseignungen führen sollte. So sind zum Beispiel ältere Bestände von *Polygonum affine* auf Dachgärten stark durch Totalausfall bedroht, während Pflanzdecken mit *Waldsteinia* Jahrzehnte alt werden können.

Nicht zu unterschätzen ist die Wirkung von Nacht- und Spätfrösten im Frühjahr auf den Austrieb einiger besonders früh austreibender oder besonders empfindlicher Stauden. In warmen, bevorzugten Lagen wird der frühe Austrieb derart begünstigt, daß er der Jahreszeit zu weit voraus ist.

Im Austrieb besonders empfindliche Stauden

Brunnera macrophylla, Kaukasus-Vergißmeinnicht
Cotula squalida, Fiederpolster
Dicentra eximia, Herzblume
Dicentra spectabilis, Tränendes Herz
Omphalodes verna, Gedenkemein
Rodgersia-Arten, Schaublatt

Die Zusammensetzung des Substrates und sein Verhalten unter Frosteinwirkungen wirkt sich ebenfalls auf die Lebensdauer der Stauden aus. In Substraten, die zu Frostaufbrüchen oder Frostanhebungen neigen, wird das Wurzelwerk gelockert, und der Wurzelhals oder die Überwinterungsknospen werden freigelegt. Hier kann insbesondere bei späten Herbstpflanzungen ein erhebliches Ausfallrisiko bestehen.

Trockenheitsresistenz

Alle Beet- und Gruppenstauden mit ihren Zuchtsorten sind auf eine gleichmäßige Bodenfeuchtigkeit angewiesen. Längere Trokkenperioden werden unterschiedlich gut verkraftet. Viele Astern-Arten zeigen kaum Reaktionen, während zum Beispiel *Phlox paniculata* mit Wuchsdepressionen, Blattfall und auch mit schwächerer Blütenausbildung reagiert.

Auch die Strahlungsfestigkeit der Stauden ist sehr unterschiedlich. In besonders strahlungsintensiven Lagen zeigen Beetstauden mit weichem Blattwerk trotz guter Wasserversorgung schnell Strahlungsschäden und Wuchsdepressionen. Davon betroffen sind zum Beispiel: *Helenium, Heliopsis, Oenothera tetragona, Lupinus, Papaver orientale, Phlox paniculata.*

Besonders trockenheitsverträgliche und strahlungsresistente Arten

Achillea millefolium
Achnatherum calamagrostis
Allium-Arten
Althaea officinalis
Alyssum-Arten
Anaphalis triplinervis
Antennaria dioica
Anthericum liliago
Artemisia-Arten
Aster amellus
Aster linosyris
Centaurea montana
Centranthus ruber 'Coccineus'
Dianthus-Arten
Dictamnus albus
Euphorbia cyparissias
Festuca glauca
Festuca ovina
Geranium sanguineum
Iris-Arten
Lavandula angustifolia
Lysimachia punctata
Melica ciliata
Potentilla-Arten
Salvia-Arten
Sedum-Arten
Sesleria caerulea
Stipa-Arten
Teucrium chamaedrys
Thymus-Arten
Verbascum-Arten
Yucca filamentosa

Windfestigkeit

Stauden, die höher als 40 bis 60 cm aufwachsen, halten selten den stärkeren Windbelastungen freiliegender Dachflächen stand. Eine Ausnahme bilden die meisten Gräser, deren Blütenstände dann aber durch Wind abgeknickt werden können. Viele der bekannten Beet- und Rabattenstauden, wie *Delphinium, Helenium, Heliopsis, Rudbeckia* oder Phlox, können nur in besonders geschützten Bereichen oder auf Normalniveau verwendet werden. Ein zu starkes Wachstum führt überdies zum Beispiel bei *Delphinium* schon zum Auseinanderbrechen der Staude nach Regenfällen. Auf weniger standfeste Arten, wie zum Beispiel *Erigeron* oder *Coreopsis lanceolata,* sollte deshalb verzichtet werden. Die austrocknende Wirkung des Windes muß wegen der Empfindlichkeit vieler Waldstauden bedacht werden, dies besonders wenn schattige, freiliegenden Lagen begrünt werden.

Durch entsprechend ausgebildete, also höhere und gestaffelte Gehölzriegel kann die Windbelastung für Stauden reduziert werden.

Wurzeltyp, Ausläuferbildung
Die Verwendung von Stauden mit fleischigen, rübenartig verdickten Wurzeln oder Speicherorganen, wie sie zum Beispiel *Dicentra spectabilis, Dictamnus, Limonium, Echinops* und *Paeonia* aufweisen, sollte nur bei Substratdikken ab 25 bis 30 cm erfolgen.

Die meisten höheren Beet- und Rabattenstauden besitzen einen kompakteren, intensiv bewurzelten Wurzelstock von 15 bis 20 cm, teilweise sogar 30 cm Höhe, von dem sich das Wurzelwerk verzweigt. Vor allem nachträgliche Substratsackungen wirken sich schädlich aus, wenn dadurch der empfindliche Triebansatz freigelegt wird. Sehr gefährdet sind diejenigen Staudenarten, die ohnehin dazu neigen, mit ihrem Wurzelstock aus dem Boden herauszuwachsen.

Die Problematik mit Arten, die Sproßranken und Ausläufer bilden, ist hinsichtlich ihrer Vergesellschaftung bekannt. So wirken *Macleaya* und *Physalis* zwar recht dekorativ, können jedoch wie *Buglossoides* oder *Duchesnea* derart wuchern, daß man diesen Pflanzen ein eigenes abgegrenztes Areal geben muß oder ihnen zum Beispiel an Gehölzrändern freien Lauf läßt.

Schäden an der Abdichtung oder an der Wurzelschutzbahn können durch **Gräser mit harten Sproßranken** verursacht werden. Dies ist besonders bei *Spartina pectinata* der Fall. Aus Sicherheitsgründen wird daher empfohlen, auf diese Pflanze zu verzichten und auch auf Bambus-Arten wie *Phyllostachys, Pseudosasa* und *Sinarundinaria. Miscanthus* sollte nur in Substratdicken ab 30 cm verwendet werden.

Ausläufer- und rankenbildende Arten mit starkem Ausbreitungsdrang
Acaena buchananii
Acaena microphylla
Achillea ptarmica
Anaphalis magaritacea
Anemone hupehensis und
A. hupehensis var. *japonica*
Asarum europaeum
Astilbe chinensis var. *pumila*
Buglossoides purpurocaerulea
Campanula glomerata
Carex ornithopoda
Ceratostigma plumbaginoides
Convallaria majalis
Duchesnea indica
Elymus arenarius
Euphorbia cyparissias
Galium odorata
Glechoma hederacea
Hieracium × rubrum
Lamiastrum galeobdolon
Lamium maculatum
Lysimachia nummularia
Lysimachia punctata
Matteuccia struthiopteris
Miscanthus sacchariflorus
Oenothera missouriensis
Physalis alkekengi
Physostegia virginiana
Polygonum affine
Symphytum grandiflorum
Waldsteinia geoides
Waldsteinia ternata
Vinca minor

Bodenansprüche
Mit Ausnahme einiger Blumenzwiebeln können fast alle Stauden des angeführten Sortimentes auch auf humosen Substraten dauerhaft angesiedelt werden. Anteile von Ton im Boden und eine möglichst gute Basenversorgung sind allerdings von Vorteil. Waldstauden lassen sich auf Substraten mit höheren Humusgehalten und mulchender Humusabdeckung besonders gut ansiedeln.

Sofern Licht und Trockenheit liebende Steppenstauden wie Iris, *Asphodeline* oder *Stipa* verwendet werden sollen, sind mineralische Substrate mit pH-Werten über 7 erforderlich. Diese Arten erweisen sich als besonders stau- und winternässeempfindlich. Das trifft auch für *Astilboides tabularis, Rodgerisia, Kniphofia* und *Scabiosa,* zu.

Arten, die höhere Bodenfeuchtigkeit und Staunässe gut vertragen
Aster cordifolius
Achillea ptarmica
Althaea officinalis
Arrhenatherum elatus
Briza media
Calamagrostis × acutiflora

Caltha palustris
Carex flacca
Carex pendula
Corydalis cava
Fritillaria meleagris
Gagea lutea
Geum rivale
Iris sibirica
Juncus inflexus
Leucojum vernum
Ligularia spec.
Matteuccia struthiopteris
Molinia caerulea
Monarda fistulosa
Polygonum bistorta
Thalictrum aquilegifolium
Tradescantia-Hybriden
Trollius spec.
Valeriana officinalis
Veronica longifolia

Lichtansprüche
Zahlreiche Stauden sind hinsichtlich ihrer Lichtansprüche wenig festgelegt oder vertragen Schatten, wenn auch bei geringerer Blühneigung. Sie sind somit bei der Dachbegrünung recht universell im Wechsellichtbereich und ebenfalls im Trockenschatten verwendbar.

Schattenverträgliche Stauden (Auswahl)
Astilbe japonica
Azorella trifurcata
Bergenia cordifolia
Brunnera macrophylla
Carex morrowii 'Variegata'
Chiastophyllum oppositifolium
Geranium macrorrhizum 'Spessart'
Geranium × *magnificum*
Helleborus-Hybriden
Hemerocallis fulva
Saxifraga-Arendsii-Hybriden
Saxifraga trifurcata
Sedum hybridum 'Immergrünchen'
Sedum spurium 'Album'
Stachys grandiflora 'Superba'
Symphytum grandiflorum
Waldsteinia geoides
Vinca minor
Ausgesprochen einstrahlungsintensive, heiße Lagen sollten für die oben genannten Pflanzen allerdings gemieden werden.

Zu Fehlgriffen kommt es allerdings immer wieder bei der Verwendung von obligaten Schattenstauden, die unbedingt das Lichtklima des Waldes benötigen.

Obligate Schattenstauden (Auswahl)
Asarum europaeum
Convallaria majalis
Galium odoratum
Lamiastrum galeobdolon
Matteuccia struthiopteris
Oxalis acetosella
Pachysandra terminalis
Pulmonaria spec.

11.4.1 Stauden und Blumenzwiebeln für Intensive Dachbegrünungen

Hinweise zum Gebrauch der Tabelle
In Tabelle 29 ist eine Auswahl von Stauden aus dem Handelssortiment aufgeführt. Davon sind 30 Arten Gräser, 25 Arten Blumenzwiebeln und 5 Arten Farne. Mit allen Arten und Sorten wurden auch schon Erfahrungen bei Intensiven Dachbegrünungen gesammelt. Es sind Arten für alle Lebensräume und Lebensbereiche vorhanden. Für Stauden des Gehölzrandes muß durch geeignete Gehölzpflanzungen erst der entsprechende Lebensbereich vorbereitet werden.

Neben den Lebensraum-Klassifizierungen des Dachstandortes ist in Tabelle 30 zur weiteren Differenzierung die Lebensbereich-Kennziffer nach Hansen und Müssel (1972) wiedergegeben. Die Zusammensetzung des Kennzifferschlüssels läßt ab der zweiten Ziffer in einigen Fällen auch andere Einstufungen zu. Fehlende Kennziffern wurden entsprechend dem vorgegebenen Klassifizierungsrahmen ergänzt.

Nicht angeführt sind in den Tabellen Wasser- und Sumpfpflanzen und besondere Standortspezialisten und Liebhaberstauden wie *Draba*, Krusten-Saxifragen, *Hepatica triloba, Cyclamen* oder kleinere *Allium*-Arten und Enziane. Wichtige Gräser, Farne und Blumenzwiebeln wurden in alphabetischer Reihenfolge aufgenommen. Von den *Sedum*-Arten sind nur wüchsige polster- oder mattenartige und halbhohe Arten angeführt. Sofern die Standortvoraussetzungen gegeben sind, können auch *Sedum*-Arten der Extensivbegrünung (Tabelle 50 und 53) verwendet werden. Die Tabellen gelten nur für Flachdächer.

Von Gattungen mit breitem Artenspektrum wurden nur die wichtigsten exemplarisch auf-

Tab. 29. Stauden und Blumenzwiebeln für Intensivbegrünungen

Wissenschaftlicher Name deutscher Name	Höhe Blütenfarbe Blütezeit	Lebensbereich-Kennziffer*	Lebensräume 0.1 freie Lagen 1.1	 1.2	 1.3	 0.2 geschützte Lagen 2.1	 2.2	 2.3	Verwendbar für Aufwendige Intensivbegrünungen	 Einfache Intensivbegrünungen
Acaena buchananii Stachelnüßchen	10 cm gelblich VII–VIII	3141				A, B			○	
Acaena microphylla Stachelnüßchen	12 cm weißlich VII–VIII	3141				A, B			○	
Achillea ageratifolia Silbergarbe	15 cm weiß VI–VII	4100	A, B			A, B			○	
Achillea-Hybride ‘Coronation Gold’ Gelbe Scharfgarbe	60 cm gelb VI–VIII	6218				B, C			○	
Achillea millefolium ‘Kelway’ Rote Scharfgarbe	60 cm kaminrot VI–IX	6208	A, B			A, B			○	
Achillea ptarmica Sumpfgarbe	50-80 cm weiß VII–IX	6228	A, B		A, B	A, B			○	○
Achillea tomentosa Gelbe Polstergarbe	20 cm gelb V–VI	3162				A, B			○	
Achnatherum calamagrostis Rauhgras	60–100 cm gelblich-weiß VI–VIII	3115	A-C		A-C	A, B		A, B	○	○
Aconitum carmichaelii var. × *arendsii* Eisenhut	100–130 cm violett-blau IX–X	1128		B, C	B, C	B, C		B, C	○	○
Aconitum napellus Eisenhut	80–110 cm blau-violett VII–VIII	1120		B, C	B, C	B, C		B, C	○	○

* nach HANSEN und MÜSSEL 1972

(Fortsetzung Tab. 29)

Wissenschaftlicher Name deutscher Name	Höhe Blütenfarbe Blütezeit	Lebensbereich-Kennziffer*	Lebensräume 0.1 freie Lagen 1.1	 1.2	 1.3	 0.2 geschützte Lagen 2.1	 2.2	 2.3	Verwendbar für Aufwendige Intensivbegrünungen	 Einfache Intensivbegrünungen
Actaea pachypoda (A. alba) Christophskraut	60–80 cm weißlich VII–IX	1205					B, C	B, C	○	
Adiantum pedatum Pfauenradfarn	30–50 cm – –	1200					A, B	A, B	○	
Adonis vernalis Adonisröschen	20 cm gelb IV–V	4310	B, C				B, C		○	
Agapanthus campanulatus Schmucklilie	40–60 cm blau –	3205				B, C		B, C	○	
Ajuga reptans 'Atropurpurea' Günsel	15 cm lila-blau V–VI	2210	A, B		A, B	A, B		A, B	○	
Alcea rosea Stockrose	bis 200 cm gelb, rosa,rot VII–IX	6215				B, C			○	
Alchemilla mollis Frauenmantel	40 cm grüngelb VI–VII	2218	B, C		B, C	B, C		B, C	○	○
Allium aflatunense Iran-Lauch	60–80 cm hellviolett V–VII	3130	C, D			C, D			○	
Allium chistophii Sternkugel-Lauch	30–40 cm lila VI–VII	3130	C, D			C, D			○	
Allium karataviense Blauzungen-Lauch	20–30 cm grau-weiß V–VI	3230	B, C			B, C			○	

Allium roseum Rosa Lauch	40–60 cm rosenrot VI–VII	3130	A, B			A, B			○	
Althaea officinalis Eibisch	40–60 cm rosa VI–VIII	6220	B, C			B, C			○	
Alyssum montanum Berg-Steinkraut	15–20 cm hellgelb IV–V	4100	B-C			A-C			○	
Alyssum saxatile Felsen-Steinkraut	20–25 cm gelb IV–V	4200	B–C			A–C			○	
Anaphalis margaritacea Silber-Immortelle	40–80 cm weiß VII–IV	3240	B, C		B, C	A–C		A–C	○	
Anaphalis triplinervis Perlkörbchen	20–30 cm weiß VII–VIII	3154	A, B		A, B	A, B		A, B	○	○
Anchusa azurea Ochsenzunge	60–80 cm enzianblau VII–VIII	6219				B, C		B, C	○	
Anemone blanda Balkan-Windröschen	8–12 cm blau, weiß rosa III–IV	2110	A–C		A–C	A–C		A–C	○	○
Anemone hupehensis 'Septembercharm' Herbst-Anemone	80–100 cm rosa VIII–IX	1120				B	B	B	○	
Anemone-Japonica-Hybride 'Honorine Jobert' Japan-Anemone	100–120 cm weiß VIII–X	1120				B	B	B	○	
Anemone nemorosa Busch-Windröschen	10–15 cm weiß III–V	1324		A, B	A, B	A, B		A, B	○	○
Anemone sylvestris Wald-Windröschen	25–30 cm weiß IV–V	2114		B, C	B, C		B, C	B, C	○	

(Fortsetzung Tab. 29)

Wissenschaftlicher Name deutscher Name	Höhe Blütenfarbe Blütezeit	Lebensbereich- Kennziffer*	Lebensräume 0.1 freie Lagen 1.1	 1.2	 1.3	 0.2 geschützte Lagen 2.1	 2.2	 2.3	Verwendbar für Aufwendige Intensivbegrünungen	 Einfache
Antennaria diocia 'Rubra' Katzenpfötchen	5–10 cm rosa V–VII	4302	A, B				A, B		○	
Anthemis tinctoria (Hybriden) Färberkamille	60–80 cm gelb VI–IV	3150	B, C			B, C			○	○
Aquilegia vulgaris Akelei	40–60 cm blau, weiß, rosa V–VI	2246	B, C	B, C	B, C	B, C	B, C	B, C		
Anthericum liliago Astige Graslilie	40–60 cm weiß V–VI	4326	B, C			B, C			○	○
Arabis caucasica Gänsekresse	20 cm weiß III–IV	4204	B, C			B, C			○	
Arabis procurrens Gänsekresse	5–15 cm weiß IV–V	4502	B, C			A, B			○	
Armeria maritima Grasnelke	10–25 cm rosa, weiß V–IX	4102	B, C			B, C			○	
Arrhenatherum elatus ssp. *bulbosum* 'Variegatum' Glatthafer	60–80 cm weißlich VII–VIII	6220	B, C		B, C	B, C		B, C	○	○
Artemisia abrotanum Eberraute	80–100 cm gelblich VII–VIII	3155	B, C			B, C			○	○
Artemisia dracunculus Estragon	60–100 cm weiß IX–X	3160	B, C		B, C	B, C		B, C	○	○

Artemisia ludoviciana var. *albula* Edelraute	60–80 cm weiß VII–VIII	3140	B, C			B, C			○	
Aruncus dioicus *(A. sylvestris)* Wald-Geißbart	80–120 cm gelblich VI–VII	1225					C, D	C, D	○	○
Asarum europaeum Haselwurz	10 cm dunkelrot III–IV	1312		B, C	B, C		B, C	B, C	○	○
Asphodeline lutea Junkerlilie	60–80 cm gelb V–VI	3114	C, D			B, C			○	
Aster amellus Berg-Aster	60 cm blau, rosa VII–VIII	6218	B, C			B, C			○	
Aster cordifolius Schleier-Aster	60–100 cm blau-violett IX–X	6218	B, C		B, C	B, C		B, C	○	○
Aster dumosus Kissenaster	40–60 cm blau, rot rosa, weiß VIII–IX	6202	B, C			B, C			○	
Aster linosyris Goldhaar-Aster	40–60 cm gelb VIII–IX	3140	B, C			B, C			○	○
Aster novi-angliae Rauhblatt-Aster	80–100 cm blau, rot rosa, violett IX–X	6100				B, C		B, C	○	
Aster novi-belgii Glattblatt-Aster	80–100 cm blau, rot, rosa IX–X	6208	B, C			B, C			○	○
Aster tongolensis Frühlings-Aster	30–40 cm blau, lila V–VI	3208	B, C			A, B			○	

(Fortsetzung Tab. 29)

Wissenschaftlicher Name deutscher Name	Höhe Blütenfarbe Blütezeit	Lebensbereich- Kennziffer*	Lebensräume 0.1 freie Lagen 1.1	 1.2	 1.3	 0.2 geschützte Lagen 2.1	 2.2	 2.3	Verwendbar für Aufwendige Intensivbegrünungen	 Einfache Intensivbegrünungen
Astilbe-Arendsii-Hybriden Prachtspiere	80–100 cm rot, rosa, weiß VII–VIII	1120					B, C	B, C	○	
Astilbe chinensis var. *pumila* Prachtspiere	30–40 cm violett-rosa VIII–IX	2232					A, B,	A, B	○	
Astilbe japonica Prachtspiere	50 cm weiß, rosa violett, rot VI–VII	1120					B, C	B, C	○	
Astilbe-Thunbergii-Hybride 'Straußenfeder' Prachtspiere	80–100 cm kaminrot VII–VIII	1120					B, C	B, C	○	
Astilboides tabularis *(Rodgersia tabularis)* Tafelblatt	70–100 cm weißlich VI	1255					B, C	B, C	○	
Astrantia major Sterndolde	60 cm weiß-rosa VI–VII	1350					B, C	B, C	○	
Athyrium filix-femina Frauenfarn	70 cm – –	1350					B, C	B, C	○	○
Aubrieta-Hybriden Blaukissen	10–15 cm blau, violett rot, rosa IV–V	4200	B, C				A, B		○	
Avenella flexuosa *(Deschampsia fluxuosa)* Drahtschmiele	40–70 cm bräunlich V–VI	2226		B, C	B, C		B, C	B, C	○	○

Azorella trifurcata Andenpolster	5–10 cm grünlich IV	3382	B			A, B			○		
Bergenia cordifolia Bergenie	30–35 cm rosa, rot III	1120	B, C	B, C	B, C	B, C	B, C	B, C	○		○
Blechnum spicant Rippenfarn	30–40 cm –	1300					B, C	B, C	○		
Bouteloua oligostachya (B. gracilis) Moskitogras	15–30 cm braun VII–IX	3170	B, C			A, B			○		
Briza media Zittergras	30–50 cm grünlich V–VI	3308	B, C		B, C	B, C		B, C	○		○
Brunnera macrophylla Kaukasus-Vergißmeinnicht	40–50 cm hellblau IV–VI	1220					B, C	B, C	○		
Buglossoides purpurocaerulea Steinsame	20–30 cm rot-blau VII–VIII	2111		B, C	B, C		B, C	B, C	○		○
Buphthalmum salicifolium Ochsenauge	30–50 cm gelb VI–IX	2111		B, C	B, C		B, C	B, C	○		
Calamagrostis × acutiflora 'Karl Foerster' Reitgras	100–150 cm braun VII–VIII	3205	B, C		B, C	B, C		B, C	○		○
Campanula carpatica Karpaten-Glockenblume	20–25 cm blau, weiß VI–VII	4400	B, C			A, B			○		
Campanula glomerata Knäuel-Glockenblume	40–60 cm violett, weiß VI–VII	2233	B, C	B, C	B, C	B, C	A–C	A–C	○		○
Campanula latifolia var. *macrantha* Wald-Glockenblume	80–100 cm violett VI–VII	1225					B, C	B, C	○		

(Fortsetzung Tab. 29)

Wissenschaftlicher Name deutscher Name	Höhe Blütenfarbe Blütezeit	Lebensbereich- Kennziffer*	Lebensräume 0.1 freie Lagen 1.1	 1.2	 1.3	 0.2 geschützte Lagen 2.1	 2.2	 2.3	Verwendbar für Aufwendige Intensivbegrünungen	 Einfache Intensivbegrünungen
Campanula persicifolia Pfirsichblättrige Glockenblume	60–80 cm blau, weiß VI–VIII	2210	B, C		B, C	B, C		B, C	○	○
Campanula poscharskyana Dalmatische Glockenblume	15 cm blau VI–VIII	4600	B, C		B, C	A, B		A, B	○	
Campanula trachelium Nesselblättrige Glockenblume	60–80 cm violett-blau VII–IX	1310		B, C	B, C		B, C	B, C	○	○
Carex morrowii 'Variegata' Japan-Segge	30 cm hellgelb III–IV	1210		B, C	B, C		B, C	B, C	○	
Carex ornithopoda Vogelfuß-Segge	15–20 cm grün IV–V	1210		B, C	B, C	A, B	A, B	A, B	○	○
Carex pendula Riesen-Segge	60–100 cm braun V–VI	1225		B–D	B–D		B–D	B–D	○	○
Carex plantaginea Breitblatt-Segge	10–15 cm bräunlich V–VI	1210					A–C	A–C	○	
Carex sylvatica Wald-Segge	20–50 cm hellbraun V–VI	1352					B, C	B, C	○	○
Carex umbrosa Schatten-Segge	20–40 cm rotbraun V–VI	1234					A, B	A, B	○	
Centaurea dealbata 'Steenbergii' Flockenblume	60–70 cm kaminrot VI–VII	6208	B–D			B, C		B, C	○	

Centaurea macrocephala Riesen-Flockenblume	80–100 cm gelb VII–VIII	3208			C, D		C, D	○	
Centaurea montana 'Grandiflora' Berg-Flockenblume	30–40 cm blau, weiß, rosa V–VI	1128	B, C		B, C			○	○
Centranthus ruber 'Coccineus' Spornblume	50–60 cm karmin-rosa V–VIII	3260			C, D			○	
Cerastium tomentosum Hornkraut	15 cm weiß V–VI	4201	A, B		A, B			○	○
Ceratostigma plumbaginoides Bleiwurz	20–25 cm enzianblau IX–X	3100	B, C	B, C	B, C		B, C	○	
Chiastophyllum oppositifolium Goldtröpfchen	15–20 cm gelb VI–VII	4502	B, C	B, C	A, B		A, B	○	
Chionodoxa luciliae Schneeglanz	10–15 cm hellblau, weiß III–IV	2236	B, C	B, C	B, C		B, C	○	○
Chrysanthemum-Indicum-Hybriden *(C. × hortorum)* Garten-Chrysantheme	40–70 cm weiß, gelb rosa, rot VIII–XI	6238			B, C		B, C	○	
Chrysanthemum maximum Sommer-Margarite	60–80 cm weiß VI–VII	6208			B, C			○	
Chrysogonum virginianum Goldkörbchen	20–30 cm gelb V–VIII	2240	B, C	B, C	B, C		B, C	○	
Cimicifuga racemosa var. *cordifolia* Lanzen-Silberkerze	120–160 cm weiß VII–IX	1215				B, C	B, C	○	

(Fortsetzung Tab. 29)

Wissenschaftlicher Name deutscher Name	Höhe Blütenfarbe Blütezeit	Lebensbereich- Kennziffer*	Lebensräume 0.1 freie Lagen 1.1	 1.2	 1.3	 0.2 geschützte Lagen 2.1	 2.2	 2.3	Verwendbar für Aufwendige Intensivbegrünungen	 Einfache Intensivbegrünungen
Cimicifuga simplex Oktober-Silberkerze	100–140 cm weiß IX–X	1220					B, C	B, C	○	
Colchicum speciosum var. *bornmuelleri* Herbstzeitlose	15–20 cm rosa VIII–IX	3336	C, D		C, D	C, D		C, D	○	○
Convallaria majalis Maiglöckchen	20 cm weiß V	1343		B, C	B, C		B, C	B, C	○	○
Coreopsis verticillata Mädchenauge	40–60 cm gelb VI–VIII	6200	B, C				B, C		○	
Corydalis cava Hohler Lerchensporn	15–25 cm rosa, rot IV–V	2236		B, C	B, C		B, C	B, C	○	○
Corydalis lutea Gelber Lerchensporn	15–30 cm gelb V–IX	4606		A–C	A–C		A, B	A, B	○	○
Cotula squalida Fiederpolster	3–5 cm gelb VII–VIII	4402	B				A, B		○	
Crocus ancyrensis Ankara-Krokus	6–8 cm orangegelb II–III	3130	B, C			B, C			○	
Crocus chrysanthus in Sorten	8–12 cm gelb, blau III	3130	B, C			B, C				
Crocus speciosus Pracht-Krokus	15–20 cm blau IV–V	3130	B, C			B, C			○	

Crocus, großblütige Gartensorten	*10–15 cm* weiß, gelb, blau III–IV	6210	B, C			B, C			○		
Delphinium-Belladonna-Hybride 'Völkerfrieden' Rittersporn	80–120 cm enzianblau VI–IX	6200				C, D			○		
Delphinium-Hybriden Garten-Rittersporn	120–200 cm blau, weiß VI–IX	6105				C, D			○		
Deschampsia cespitosa Rasenschmiele	60–100 cm gelblich, braun VI–VII	2240	B, C		B, C	B, C		B, C	○		○
Dianthus deltoides Heide-Nelke	15–20 cm rosa, rot VI–VIII	2126	A, B			A, B			○		○
Dianthus gratianopolitanus Pfingst-Nelke	15–20 cm rosa, rot V–VI	4202	B, C			B, C			○		
Dianthus plumarius Feder-Nelke	20–25 cm rosa, rot, weiß VI–VII	4200	B, C			B, C			○		
Dicentra eximia Herzblume	15–20 cm rosa, weiß V–VI	1222					B, C	B, C	○		
Dicentra spectabilis Tränendes Herz	40–60 cm rosa-rot IV–V	1120					C, D	C, D	○		
Dictamnus albus Diptam	50–80 cm rosa, weiß V–VI	2110	C, D		C, D	C, D		C, D	○		○
Digitalis purpurea Roter Fingerhut	120–150 cm rot, rosa VII–VIII	1227	B, C	B, C	B, C	B, C	A–C	A–C	○		○

(Fortsetzung Tab. 29)

Wissenschaftlicher Name deutscher Name	Höhe Blütenfarbe Blütezeit	Lebensbereich- Kennziffer*	Lebensräume 0.1 freie Lagen 1.1	 1.2	 1.3	 0.2 geschützte Lagen 2.1	 2.2	 2.3	Verwendbar für Aufwendige Intensivbegrünungen	 Einfache Intensivbegrünungen
Doronicum orientale *(D. caucasicum)* Gemswurz	30–40 cm gelb IV–V	1128	B, C		B, C	B, C		B, C	○	
Dryas octopetala Silberwurz	5–10 cm weiß V–VI	4420	B, C			B, C			○	
Dryas × *suendermannii* Silberwurz	10 cm weiß V–VI	4202	B, C			B, C			○	
Dryopteris filix-mas Wurmfarn	80–100 cm	1350		C, D	C, D		C, D	C, D	○	○
Duchesnea indica Scheinerdbeere	10 cm weiß VI–IX	2231	B, C	B, C	B, C	B, C	B, C	B, C	○	
Echinops ritro Kugeldistel	60–100 cm blau VII–IX	6215				C, D			○	
Elymus arenarius Strandhafer	80–100 cm grünlich VI–VII	3143	B, C			B, C			○	○
Epimedium grandiflorum Elfenblume	20 cm weiß V	1210					B, C	B, C	○	
Epimedium × *rubrum* Elfenblume	30–40 cm rot IV–V	1210					B, C	B, C	○	
Epimedium × *versicolor* 'Sulphureum' Elfenblume	20–30 cm gelb V	1210					B, C	B, C	○	

Eupatorium purpureum Wasserdost	150–180 cm weinrot VII–IX	2245				C, D		C, D	○	○
Euphorbia cyparissias Zyoressen-Wolfsmilch	20–40 cm hellgelb V–VI	3103	A, B			A, B			○	
Euphorbia polychroma Gold-Wolfsmilch	30–40 cm gelb V–VI	2114	B, C			B, C			○	
Festuca cinerea in Sorten Blau-Schwingel	20–40 cm grün, blau V–VII	4034	B			A, B			○	
Festuca ovina in Sorten Schaf-Schwingel	20–40 cm grün V–VII	2124	B			A, B			○	
Filipendula rubra 'Venusta' Mädesüß	120–150 cm rosa ΩIøΩII	6220				B, C		B, C	○	
Filipendula ulmaria Mädesüß	120–150 cm weiß VI–VIII	7120				B, C		B, C	○	○
Gagea lutea Gemeiner Gelbstern	5–10 cm gelb III–IV	2136	B, C	B, C		B, C		B, C	○	○
Galanthus nivalis und Sorten Schneeglöckchen	10–15 cm weiß I–III	2136	B, C		B, C	B, C		B, C	○	○
Galium odoratum *(Asperula odorata)* Waldmeister	10–15 cm weiß	1352					A, B	A, B	○	○
Geranium cinereum 'Ballerina'	15–20 cm purpurrosa VI–VII	2112	A, B			A, B			○	
Geranium dalmaticum Storchschnabel	25–30 cm hellrosa VI–VIII	4100	B, C		B, C	B, C		B, C	○	

(Fortsetzung Tab. 29)

Wissenschaftlicher Name deutscher Name	Höhe Blütenfarbe Blütezeit	Lebensbereich- Kennziffer*	Lebensräume 0.1 freie Lagen 1.1	 1.2	 1.3	 0.2 geschützte Lagen 2.1	 2.2	 2.3	Verwendbar für Aufwendige Intensivbegrünungen	 Einfache
Geranium endressii Storchschnabel	25–30 cm hellrosa VI–VII	2230		B, C	B, C		B, C	B, C	○	○
Geranium macrorrhizum 'Spessart' Storchschnabel	25–30 cm zartrosa VI–VIII	2231		B, C	B, C	B, C	B, C	B, C	○	○
Geranium × *magnificum* Storchschnabel	40–60 cm blau-violett VI–VII	2234		B, C	B, C	B, C	B, C	B, C	○	○
Geranium pratense Wiesen-Storchschnabel	60–80 cm blau VI–VII	3300	B, C		B, C	B, C		B, C	○	○
Geranium sanguineum Blut-Storchschnabel	20–30 cm rot V–VIII	2112	B, C		B, C	A, B		A, B	○	
Geum coccineum 'Borisii' Nelkenwurz	25–30 cm rot V–VII	1124				B, C		B, C	○	
Geum-Hybriden Nelkenwurz	40–50 cm rot, orange gelb V–VII	6220	B, C		B, C	B, C		B, C	○	
Glechoma hederacea Gundermann	10–15 cm blau IV–VI	2242		A–C	A–C		A–C	A–C	○	○
Gypsophila-Hybride 'Rosenschleier' Schleierkraut	25–30 cm hellrosa VI–VII	4200				B, C			○	
Helenium hoopesii Sonnenbraut	80–100 cm gelb V–VI	6100				B, C			○	

Helenium-Hybriden Sonnenbraut	80–150 cm gelb, braunrot rot VII–IX	6100				B, C			○	
Helianthemum-Hybriden Sonnenröschen	15–20 cm weiß, gelb rosa, rot VI–IX	4209	B, C				B, C		○	
Helianthus decapetalus in Sorten Sonnenblume	120–150 cm gelb VIII–IX	6100					B–D		○	○
Helianthus salicifolius Weidenblättrige Sonnenblume	170–200 cm gelb IX–X	9100				B–D		B–D	○	
Helictotrichon sempervirens *(Avena candida)* Blaustrahlhafer	40–100 cm grünlich VI–VIII	3200	B, C			B, C			○	○
Heliopsis helianthoides var. *scabra* Sonnenauge	100–130 cm gelb VII–IX	6208				B, C			○	
Helleborus-Hybride 'Atrorubens' Rote Christrose	25–30 cm purpurrot XII–III	2245		C, D	C, D		B–D	B–D	○	○
Helleborus niger Christrose	25–30 cm weiß XII–III	1340					B–D	B–D	○	
Hemerocallis citrina Taglilie	100–120 cm hellgelb VII–VIII	6220	C, D			B, C		B, C	○	○
Hemerocallis fulva Taglilie	80–100 cm braun-rot VII–VIII	6220	C, D		C, D	B–D		B–D	○	○
Hemerocallis-Hybriden Taglilie	60–120 cm alle Farben außer Blau V–IV	6220				C, D		C, D	○	

(Fortsetzung Tab. 29)

Wissenschaftlicher Name deutscher Name	Höhe Blütenfarbe Blütezeit	Lebensbereich- Kennziffer*	Lebensräume 0.1 freie Lagen 1.1	 1.2	 1.3	 0.2 geschützte Lagen 2.1	 2.2	 2.3	Verwendbar für Aufwendige Intensivbegrünungen	 Einfache Intensivbegrünungen
Hesperis matronalis Nachtviole	80–100 lila, weiß VII–VIII	1146	B–D		B–D	B–D		B–D	○	○
Heuchera-Hybriden Purpurglöckchen	25–50 cm rosa-rot V–VII	2234					B, C	B, C	○	
Hieracium × rubrum Rotes Habichtskraut	5–20 cm rot-orange VI–VIII	3422	A, B			A, B			○	○
Hosta fortunei in Sorten Graublatt-Funkie	30–40 cm blaßrosa VII–VIII	1224		B, C	B, C		B, C	B, C	○	
Hosta plantaginea Lilien-Funkie	50–60 cm weiß IX–X	1220		?	?		B, C	B, C	○	
Hosta sieboldiana Blaublatt-Funkie	50–60 cm blau-violett VI–VII	1220		?	?		B, C	B, C	○	
Hypericum calycinum Immergrünes Johanniskraut	30–40 cm gelb VII–IX	2331		C	C		B, C	B, C	○	
Iberis saxatilis Schleifenblume	10–15 cm weiß IV–V/IX	4100	B, C			B, C			○	
Iberis sempervirens in Sorten Schleifenblume	20–25 cm weiß V	4200	B, C			B, C			○	
Inula ensifolia 'Compacta' Zwerg-Alant	15–20 cm goldgelb VII–VIII	4300	B, C			B, C			○	

Inula magnifica Alant	180 cm gelb VII–VIII	2235			C, D		C, D	○	
Iris flavescens (Garten-Klon)	60–80 cm hellgelb V	3110	A, B		A, B			○	○
Iris germanica Bart-Iris	60–80 cm violett V	3110	A, B		A, B			○	○
Iris germanica, Barbata-Elatior-Gruppe Hohe Bart-Iris	70–100 cm alle Farben V–VI	6219			A, B			○	
Iris germanica, Barbata-Media-Gruppe Mittelhohe Bart-Iris	40–50 cm alle Farben V	6219			A, B			○	
Iris germanica, Barbata-Nana-Gruppe Niedrige Bart-Iris	20–25 cm alle Farben IV–V	4300	A, B		A, B			○	
Iris sibirica in Sorten Sibirische Wieseniris	80–100 cm blau VI	7229	B, C		B, C			○	○
Koeleria glauca Blaukamm-Schmiele	15–30 cm blaugrün VI–VII	2110	B, C		B, C			○	○
Lamiastrum galeobdolon *(Laminum galeobdolon)* 'Florentinum' Goldnessel	15–25 cm gelb IV–VII	1361		B		A, B	A, B	○	○
Lamium maculatum Gefleckte Taubnessel	25 cm rosa IV–IX	1362		B		A, B	A, B	○	○
Lathyrus vernus Frühlings-Platterbse	30–40 cm violett IV–V	1340				B, C	B, C	○	○

(Fortsetzung Tab. 29)

Wissenschaftlicher Name deutscher Name	Höhe Blütenfarbe Blütezeit	Lebensbereich-Kennziffer*	Lebensräume 0.1 freie Lagen 1.1	 1.2	 1.3	 0.2 geschützte Lagen 2.1	 2.2	 2.3	Verwendbar für Aufwendige Intensivbegrünungen	 Einfache Intensivbegrünungen
Lavandula angustifolia 'Munstead', 'Hidcote Blue' Lavendel	40–50 cm blau VI–VII	3120	B, C			B, C			○	
Leucojum vernum Märzenbecher	15–20 cm weiß III–IV	2146	B, C	B, C	B, C	B, C	B, C	B, C	○	○
Liatris spicata in Sorten Prachtscharte	60–80 cm rosa-rot VII–IX	3250				C, D			○	
Ligularia dentata 'Desdemona' Kreuzkraut	100 cm gelb VIII–IX	2245				C, D		C, D	○	
Ligularia × hessei Kreuzkraut	150–180 cm gelb VII–VIII	2245				C, D		C, D	○	
Ligularia przewalskii Kreuzkraut	100–120 cm gelb VIII–IX	2245				C, D		C, D	○	
Lilium bulbiferum ssp. *bulbiferum* und *L. bulbiferum* ssp. *croceum* Feuer-Lilie	60–100 cm orange VI–VII	3218				C, D			○	
Lilium-Tigrinum-Hybriden Tiger-Lilie	100–120 cm orange VII–VIII	2140				C, D		C, D	○	
Linum perenne Alpen-Lein	50–60 cm blau VI–VII	4307	B, C			B, C			○	
Lupinus-Polyphyllus-Hybriden Stauden-Lupine	60–80 cm alle Farben VII–VIII	6200				C, D			○	

Luzula nivea Schnee-Marbel	20–40 cm weiß VI–VII	1310		B, C	B, C		B, C	B, C	○	○
Luzula sylvatica Wald-Marbel	20–40 cm braun V–VI	1351		B, C	B, C		A–C	B, C	○	○
Lychnis chalcedonica Brennende Liebe	80–100 cm hellrot VI–VII	6210				B, C			○	
Lychnis viscaria Pechnelke	40 cm kaminrot V–VI	2120	B, C			A–C			○	
Lysimachia nummularia Pfennigkraut	5 cm gelb V–VII	2242				A, B		A, B	○	
Lysimachia punctata Gold-Felberich	60–80 cm gelb VI–VIII	2243	B, C		B, C	B, C		B, C	○	○
Lythrum salicaria in Sorten Blut-Weiderich	80–100 cm rosa, purpur VI–VII	7220	C, D			C			○	
Macleaya cordata Federmohn	200 cm weißlich VII–VIII	9110				C, D		C, D	○	
Malva alcea Rosenpappel	80 cm rosa VII–IX	2117				B, C		B, C	○	
Malva moschata Moschus-Malve	60–80 cm hellrosa VI–IX	3200				B, C		B, C	○	
Matteuccia struthiopteris Straußfarn	60–100 cm	1253					C, D	C, D	○	○
Melica ciliata Wimper-Perlgras	50–80 cm silbrig V–VI	4320	B, C			B, C			○	○

(Fortsetzung Tab. 29)

Wissenschaftlicher Name deutscher Name	Höhe Blütenfarbe Blütezeit	Lebensbereich-Kennziffer*	Lebensräume 0.1 freie Lagen 1.1	1.2	1.3	0.2 geschützte Lagen 2.1	2.2	2.3	Verwendbar für Aufwendige Intensivbegrünungen	Einfache Intensivbegrünungen
Melissa officinalis Melisse	60–80 cm weiß VII	6210				B, C		B, C	○	
Miscanthus floridulus und *M. sinensis* 'Giganteus' Riesen-Chinaschilf	250–300 cm	9205				C, D		C, D	○	
Miscanthus sacchariflorus 'Robustus' Silberfahnengras	80–200 cm silberweiß IX–XI	9103				C, D		C, D	○	
Miscanthus sinensis 'Gracillimus' Feinhalm-Chinaschilf	120–150 cm	9205				C, D		C, D	○	
Molinia caerulea in Sorten Pfeifengras	50–200 cm bräunlich VIII–IX	7110	B, C			B, C			○	○
Molinia caerulea ssp. *arundinacea* *(M. altissima)* Riesen-Pfeifengras	50–200 cm dunkelbraun VIII–IX	2115				C, D			○	
Monarda fistulosa in Sorten Indianernessel	80–120 cm rosa, rot, blau VII–IX	6220				B, C		B, C	○	
Muscari botryoides Traubenhyazinthe	10–20 cm blau III–IV	3236	B, C		B, C	A, B		A, B	○	○
Narcissus Garten-Narzissen der verschiedenen Klassen in robusten Sorten	30–40 cm gelb, weiß III–IV	6228	C, D		C, D	C, D		C, D	○	○
Nepeta × faassenii Katzenminze	25–30 cm lila-blau V–IX	4100	B, C			B, C			○	

Oenothera missouriensis Nachtkerze	20–25 cm gelb VI–IX	3160	B, C			B, C			○	
Oenothera tetragona var. *fraseri* in Sorten Nachtkerze	50–60 cm gelb VI–IX	3160				B, C			○	
Omphalodes verna Gedenkemein	20 cm hellblau IV–V	1221					A, B	A, B	○	
Origanum vulgare 'Compactum' Dost	15–20 cm rosa VI–IX	3160	B, C			B, C			○	
Ornithogalum umbellatum Milchstern	15–25 cm weiß IV–V	2236	B, C		B, C	A–C		A–C	○	○
Oxalis acetosella Waldsauerklee	5–8 cm weiß IV–V	1352		B	B		A, B	A, B	○	○
Pachysandra terminalis Ysander	15–20 cm weiß IV	1261					B, C	B, C	○	○
Paeonia lactiflora in Sorten Pfingstrose	50–70 cm weiß, rosa, rot V–IV	6108				C, D			○	
Panicum virgatum in Sorten Rutenhirse	50–100 cm rotbraun VII–VIII	6105	B, C			B, C			○	
Papaver orientale in Sorten Türkischer Mohn	80–100 cm rot, rosa V–VI	6210				B, C			○	
Pennisetum alopecuroides *(P. compressum)*	60–80 cm bräunlich VIII–X	3200	B, C			B, C			○	
Phlomis samia Brandkraut	60–80 cm gelb VI–VII	3212				B, C		B, C	○	○

(Fortsetzung Tab. 29)

Wissenschaftlicher Name deutscher Name	Höhe Blütenfarbe Blütezeit	Lebensbereich- Kennziffer*	Lebensräume 0.1 freie Lagen 1.1	 1.2	 1.3	 0.2 geschützte Lagen 2.1	 2.2	 2.3	Verwendbar für Aufwendige Intensivbegrünungen	 Einfache Intensivbegrünungen
Phlox-Paniculata-Hybriden Phlox	60–120 cm weiß, rosa rot, blau VI–VIII	6205				C			○	
Phlox-Subulata-Hybriden Teppich-Phlox	10–15 cm weiß, rosa rot, blau III–V	4204	B, C			B, C			○	
Physalis alkekengi var. *franchetii* Lampionblume	60–80 cm weiß/rot VII–IX	2233					B, C	B, C	○	○
Physostegia virginiana in Sorten Gelenkblume	60–80 cm weiß, rosa, rot VII–IX	6223	B, C		B, C	B, C		B, C	○	
Polemonium caeruleum Jakobsleiter	40–60 cm blau, IV–V	2244	B, C		B, C	B, C		B, C	○	O
Polygonum affine in Sorten Schnecken-Knöterich	15–25 cm weiß-rosa VIII–IX	4501				B, C		B, C	○	
Polygonum bistorta 'Superbum' Wiesen-Knöterich	60–80 cm rosa V–VIII	7123				B, C			○	○
Polystichum aculeatum Glanz-Schildfarn	60–80 cm	1254					B, C	B, C	○	
Polystichum setiferum in Sorten Weicher Schildfarn	30–60 cm	1254					B, C		○	
Potentilla aurea Fingerkraut	10–15 cm gelb; VI–VII	4304	A, B			A, B			○	
Potentilla recta 'Warrensi' Fingerkraut	40–50 cm gelb; VI–VIII	6210	B, C			B, C			○	○

Primula juliae Teppichprimel	5–8 cm violett IV	6220			B, C		B, C	○	
Primula-Juliae-Hybriden *(P. × pruhoniciana)* in Sorten Polsterprimel	10–15 cm rot, purpur violett, weiß IV	4522			B, C		B, C	○	
Primula veris Schlüsselblume	10–15 cm gelb III–IV	2236	B, C	B, C	B, C		B, C	○	○
Prunella grandiflora Braunelle	10–15 cm violett VI–VII	2242	B, C	B, C	A, B		A, B	○	○
Pulmonaria angustifolia 'Azurea' Lungenkraut	20–25 cm blau IV–V	2234				B, C	B, C	○	
Pulsatilla vulgaris Küchenschelle	20 cm violett III–IV	4300	B, C		B, C			○	
Rodgersia podophylla Schaublatt	80–130 cm weiß VI–VII	1255				B, C	B, C	○	
Rudbeckia fulgida var. *sullivantii* Sonnenhut	50–60 cm gelb VIII–X	6220	B, C		B, C			○	
Rudbeckia laciniata Sonnenhut	80 cm gelb VII–IX	6220			B, C		B, C	○	
Sagina subulata Sternmoos	5 cm weiß VI–VIII	4402			A, B		A, B	○	
Salvia nemorosa in Sorten Salbei	40–50 cm blau-violett VI–VII	3204	C		B, C			○	

(Fortsetzung Tab. 29)

Wissenschaftlicher Name deutscher Name	Höhe Blütenfarbe Blütezeit	Lebensbereich-Kennziffer*	Lebensräume 0.1 freie Lagen 1.1	 1.2	 1.3	 0.2 geschützte Lagen 2.1	 2.2	 2.3	Verwendbar für Aufwendige Intensivbegrünungen	 Einfache Intensivbegrünungen
Salvia pratensis Wiesen-Salbei	50–60 cm blau-violett VII–VIII	3204	C			C			○	○
Santolina chamaecyparissias Heiligenblume	40–50 cm gelb VII–VIII	3120				B, C			○	
Saponaria ocymoides Rotes Seifenkraut	15–20 cm kamin-rosa V–VII	4100	B, C			B, C			○	
Saxifraga-Arendsii-Hybriden Moossteinbrech	15–20 cm rosa, rot V	4504	B		B	A, B		A, B	○	
Saxifraga trifurcata Moossteinbrech	15–20 cm weiß V–VI	4505	B		B	A, B		A, B	○	
Saxifraga umbrosa Porzellanblümchen	30 cm weiß-rosa V–VI	1262					B, C	B, C	○	
Scilla sibirica Blausternchen	10–15 cm blau III–IV	2136	B, C		B, C	B, C		B, C	○	○
Sedum floriferum 'Weihenstephaner Gold' Gold-Sedum	15 cm goldgelb VIII	3360	A, B			A			○	
Sedum hybridum 'Immergrünchen' Mongolen-Sedum	15 cm gelb VII–VIII	2230	A, B		A	A		A	○	
Sedum kamtschaticum var. *middendorffianum* f. *diffusum* Grünes Kamtschatka-Sedum	15–20 cm gelb VII–VIII	3261	A, B		A, B	A		A	○	

* nur niedrige Sorten

Sedum spectabile in Sorten Pracht-Sedum	40–50 cm rosa, rot VIII–IX	6210	B, C		B, C			○	
Sedum spurium in Sorten Kaukasus-Sedum	10–15 cm weiß, rosa, rot VII–VIII	3161	A	A	A		A	○	○
Sedum telephium in Sorten Große Fetthenne	40–50 cm rosa, rot IX–X	3260	B, C		B, C			○	
Sesleria caerulea Blaugras	25–30 cm blaugrau III–V	3164	B, C		B, C			○	○
Silene maritima 'Weißkehlchen' Leimkraut	10–15 cm weiß VI–VIII	4104	B		A, B			○	
Silene schafta 'Splendens' Leimkraut	10 cm rosa-rot VIII–IX	4200	B		A, B			○	
Solidago-Gartenhybriden Goldrute	50–100 cm gelb VI–VIII	6100	B, C*		B, C			○	○
Stachys grandiflora 'Superba' Ziest	40–50 cm purpurrosa V–VI	2140			B, C			○	
Stipa capillata Büschelhaargras	30–80 cm grünlich VI–VII	3110	B, C		B, C			○	
Stipa pennata Flauschfedergras	40–60 cm silbrig VI–VII	3110	B, C		B, C			○	
Symphytum grandiflorum Beinwell	25 cm weißlich V–VII	1261				B, C	B, C	○	○
Teucrium chamaedrys hort. Edel-Gamander	30 cm rosa VI–VII	3324			B, C			○	

* nur niedrige Sorten

(Fortsetzung Tab. 29)

Wissenschaftlicher Name deutscher Name	Höhe Blütenfarbe Blütezeit	Lebensbereich-Kennziffer*	Lebensräume 0.1 freie Lagen 1.1	 1.2	 1.3	 0.2 geschützte Lagen 2.1	 2.2	 2.3	Verwendbar für Aufwendige Intensivbegrünungen	 Einfache Intensivbegrünungen
Thalictrum aquilegifolium Wiesenraute	70–100 cm lila-rosa, weiß V–VII	2246	B, C		B, C	B, C		B, C	○	○
Thelypteris phegopteris Buchenfarn	20–40 cm	1313					A, B	A, B	○	
Thymus × citriodorus Zitronen-Thymian	15–25 cm		3202				B			○
Thymus praecox Thymian	8–10 cm rosa V–IV	3102	B			A, B			○	○
Thymus serpyllum in Sorten Feld-Thymian	5–10 cm rosa, rot, weiß VI–VII	3362	B			A, B			○	
Tiarella cordifolia Schaumblüte	15–20 cm weiß V–VI	1251					B	B	○	
Tradescantia-Andersoniana-Hybriden Dreimasterblume	50–60 cm rosa, rot, weiß VI–IX	6220				B, C		B, C		
Trollius chinensis in Sorten Trollblume	70–90 cm orange-gelb VII–VIII	6228				B, C			○	
Trollius europaeus in Sorten Trollblume	50–70 cm gelb V–VI	6228				B, C			○	
Tulipa-Hybriden Tulpe	40–70 cm alle Farben IV–VI	6218	B, C			B, C			○	
Valeriana officinalis Baldrian	60–120 cm rosa VI–VIII	2146	B, C		B, C	B, C		B, C	○	○

Verbascum-Hybriden Königskerze	60–180 cm gelb, rosa, rot VI–VII	3250	B, C			A, B			○	
Verbascum nigrum Dunkle Königskerze	60–100 cm gelb VII–VIII	3116	B, C			A, B			○	○
Veronica longifolia in Sorten Ehrenpreis	80 cm blau, weiß VI–VII	6620	C			B, C			○	
Veronica prostrata in Sorten Ehrenpreis	10 cm blau, weiß V–VI	4100	B, C			B, C			○	
Veronica spicata ssp. *incana* *(V. incana)* Ehrenpreis	30 cm blau VI–VII	4302	B, C			B, C			○	
Vinca major Immergrün	30–40 cm blau IV–V	1249					B, C	B, C	○	○
Vinca minor Immergrün	10–15 cm blau IV–V	1331		B, C	B, C		B, C	B, C	○	○
Viola odorata Duft-Veilchen	10–15 cm blau III–IV	2234	B		B	A, B		A, B	○	○
Viola sororia 'Albiflora' Pfingst-Veilchen	10–15 cm weiß V	2234				A, B		A, B	○	○
Waldsteinia geoides Golderdbeere	20–25 cm gelb IV–V	1212		B	B		A, B	A, B	○	○
Waldsteinia ternata Golderdbeere	10 cm gelb IV–V	1211		B	B		A, B	A, B	○	○
Yucca filamentosa Palmlilie	50–150 cm weiß VII–VIII	3115	C–E			C, D			○	

Tab. 30. Gliederung der Gartenstauden für ihre Verwendung auf ökologischer Grundlage (nach HANSEN und MÜSSEL 1972)

Hauptgruppen	Spezielle Gruppen	Empfehlungen	Wuchs- und sonstige Eigenschaften
1. Waldstauden – auch im Garten – mit enger Beziehung zu Gehölzen. Sie beanspruchen oder ertragen Schatten und bevorzugen humusreiche Böden (Mull- oder auch Moderboden)	1. Auffallende Blütenstauden mit Beetstaudencharakter (siehe 6) für kaum durchwurzelte, meist beschattete Böden. Dankbar für gute Nährstoffversorgung und gelegentliche Bewässerung. Auch im Schlagschatten von Mauern 2. Schattenstauden – meist fremdländische Arten – für luft- und bodenfeuchte windgeschützte Plätze, vornehmlich im wandernden Schatten lichter Baumbestände 3. Überwiegend heimische Waldstauden; gern im Schatten seit Jahren eingewurzelter Gehölze	1. Sicher im Gehölzschatten 2. In nicht zu sonniger Lage auch in Beetstaudenpflanzungen 3. Auch in halbschattiger Lage und in Verbindung mit Steinen 4. Für den lichten, warmen Schatten 5. Für den kühlen Schatten mit reichlicher Bodenfeuchtigkeit 6. Auch in Verbindung mit Waldsaumstauden (2.2.3)	1. Sogen. „Flächendecker“, wenig verträglich mit anderen Arten 2. Verträgliche Flächendecker; auch für artenreiche Pflanzungen 3. Bildet Wurzelausläufer! ± stark wuchernde Arten 4. Wuchert nicht oder kaum ± gesellig zu pflanzen 5. Staatliche, zumeist horstig wachsende Pflanzen, auch für den Einzelstand 6. Sich reichlich versamende Arten 7. Kurzlebige Arten 8. Wertvolle Schnittstauden 9. Vorsichtige Standortwahl; evtl. Winterschutz und besondere Pflege nötig
2. Stauden für den ± weniger offenen Gehölzrand mit zumeist wechselnder Besonnung (z.T. Waldsaumpflanzen)	1. Meist vor Gehölzen in vorwiegend sonniger Lage 2. Zwischen und vor Gehölzen in vorwiegend halbschattiger Lage	1. Auf überwiegend kalkhaltigen, oftmals trockenen Böden (siehe auch 3.1.5 und 4.3.0) 2. Auch auf nährstoffarmen Böden und im Wurzelfilz flachwurzelnder Gehölze an besonnten Plätzen 3. Auf nährstoffreichen, durchlässigen, trockenen bis mäßig feuchten Böden 4. Auf nährstoffreichen, vorwiegend frischen bis feuchten Böden.	

(Fortsetzung Tab. 30)

Hauptgruppen	Spezielle Gruppen	Empfehlungen	Wuchs- und sonstige Eigenschaften
3. Stauden, die offene, warme, sonnige Plätze bevorzugen, z.B. an voll besonnten Hängen und Terrassen mit ± nährstoffreichen Böden	1. Wildstauden, die Wärme und Sommertrockenheit bevorzugen, u.a. Steppen- und Felssteppenpflanzen. Auch auf Trockenmauern und Terrassen 2. Sonne- und Wärmeliebende mit dem Charakter von Beetstauden (siehe 6), mit denen sie sich auch vergemeinschaften lassen. 3. Bodenfrische bevorzugende Wildstauden für vollsonnige Plätze	1. Sehr bestimmende „Steppen"-pflanzen 2. Als Halb- und Zwergsträucher zumeist wichtige Gerüstbildner 3. Gesellig zu pflanzende Zwiebelgewächse 4. ± stark wuchernde silbergraue oder graugrüne Stauden 5. Nicht wuchernde, zumeist grau- und silberlaubige Stauden 6. Auch in Verbindung mit Steingartenstauden (4.2.) zu verwenden 7. Nässeempfindliche fremdartige Pflanzen, z.T. für Steingarten.	1. Sogen. „Flächendecker", wenig verträglich mit anderen Arten 2. Verträgliche Flächendecker; auch für artenreiche Pflanzungen 3. Bildet Wurzelausläufer! ± stark wuchernde Arten 4. Wuchert nicht oder kaum ± gesellig zu pflanzen 5. Staatliche, zumeist horstig wachsende Pflanzen, auch für den Einzelstand 6. Sich reichlich versamende Arten 7. Kurzlebige Arten 8. Wertvolle Schnittstauden 9. Vorsichtige Standortwahl; evtl. Winterschutz und besondere Pflege nötig
4. Steingartenpflanzen, die auch der Pflege halber an den Stein gebunden sind; für Mauerwerk, Fugen, kies- und geröllreiche mattenähnliche Flächen; z.T. in Verbindung mit Stufen und Plattenbelägen	1. Wüchsige, meist polsterbildende Arten und Kulturformen für Mauern und Steinfugen in voller Sonne 2. Besonders üppige und sehr farbkräftige Kulturformen 3. „Steppenheidepflanzen" für bodenwarme, sonnige, oft kalkhaltige Standorte (hierzu auch 2.1.1) 4. Für sonnige, nicht zu trockene, auch geröllreiche Flächen, entsprechend den Gebirgsmatten 5. Wüchsige Arten für möglichst absonnige Plätze (siehe auch 1.2.2) 6. Für absonnige, bodenfrische Mauerfugen	1. Nicht in geschlossenen Kolonien 2. Am besten in größeren Trupps zu pflanzen 3. Kurzlebige Pflanzen	

(Fortsetzung Tab. 30)

Hauptgruppen	Spezielle Gruppen	Empfehlungen	Wuchs- und sonstige Eigenschaften
5. Anspruchsvolle Liebhaberstauden für das Alpinum mit spezifischen, meist kleinräumigen, sehr differenzierten Standorten	1. Gebirgspflanzen für sonnige, bodenfrische Flächen und Felsfugen 2. Gebirgspflanzen für absonnige kleine Flächen und Felsfugen; z. T. Winterschutz erforderlich	1. Kalkbevorzugend 2. Kalkmeidend	1. Sogen. „Flächendecker“, wenig verträglich mit anderen Arten 2. Verträgliche Flächendecker; auch für artenreiche Pflanzungen 3. Bildet Wurzelausläufer! ± stark wuchernde Arten 4. Wuchert nicht oder kaum ± gesellig zu pflanzen 5. Staatliche, zumeist horstig wachsende Pflanzen, auch für den Einzelstand 6. Sich reichlich versamende Arten 7. Kurzlebige Arten 8. Wertvolle Schnittstauden 9. Vorsichtige Standortwahl; evtl. Winterschutz und besondere Pflege nötig
6. Beetstauden oder Prachtstauden für offenzuhaltende, gepflegte und reichlich mit Nährstoffen versorgte Böden	1. Ordnungs- und Gerüstträger (Leitpflanzen), darunter auch Gräser 2. Arten und Kulturformen für gute, humusversorgte Gartenböden; als Ergänzung zu 6.1 zu pflanzen	1. Arten für sonnige, warme Plätze, die zeitweilige Trockenheit ertragen. Ausfälle besonders durch Winternässe 2. Als ursprüngliche Wiesenpflanzen für frische, zeitweilig feuchte Gartenböden, auch in halbschattiger Lage (hierzu auch 2.2.4) 3. Kurzlebig; z. T. häufiges Umpflanzen erforderlich	
7. Stauden für Pflanzungen am Teichrand und im Sumpf	1. Für mäßig bzw. zeitweilig feuchte Plätze (hierzu auch 6.2.2) 2. Für überwiegend dauerfeuchte Stellen; die Pflanzen ertragen wenigstens zeitweilig flachen Wasserstand 3. Sumpfstauden, auch für flaches Wasser (0–10 cm)	1. Leichte Beschattung wird ertragen 2. Für sonnigen Stand	
8. Wasserpflanzen	1. Am Grund wurzelnde Stauden, z. T. mit Schwimmblättern 2. Am Grund wurzelnde untergetauchte Wasserpflanzen ohne Schwimmblätter 3. Schwimmpflanzen	1. Optimale Wassertiefe 10–20 cm 2. Wassertiefe 20–40 cm 3. Wassertiefe 40–60 cm 4. Wassertiefe 60–150 cm	

(Fortsetzung Tab. 30)

Hauptgruppen	Spezielle Gruppen	Empfehlungen	Wuchs- und sonstige Eigenschaften
9. Solitärstauden mächtige, kaum zu vergemeinschaftende Stauden, die vornehmlich der Architektur zuzuordnen sind.	1. Stark wuchernde Arten 2. Ornamentale Stauden und Riesengräser 3. Kurzlebige Arten	1. Für sonnigen, warmen Stand 2. Auch für halbschattigen Stand (frische Böden)	

geführt, wie zum Beispiel bei *Dryopteris*. Ähnliche Arten sind ebenso geeignet. Allerdings ist immer die dauerhaftere Art angeführt, also wird *Aquilegia vulgaris* statt der Hybriden genannt.

Kurzlebige Stauden, wie zum Beispiel *Coreopsis lanceolata* oder *Scabiosa*, sind nicht aufgenommen worden. Dies gilt auch für empfindliche und nicht sicher winterfeste Stauden, wie zum Beispiel *Alstroemeria* oder *Kniphofia*.

Auf die besondere Eignung von robusten Arten aus den Gattungen *Aster, Artemisia, Centaurea, Geranium, Hemerocallis, Sedum* und *Waldsteina* sei hier besonders hingewiesen. Arten mit hochwachsenden, weniger standfesten Blütenständen, wie zum Beispiel *Alcea*, sind immer dem Lebensraum 0.2 (geschützte Lagen) zugeordnet.

Stauden, wie zum Beispiel *Aruncus*, die einen ausgeprägten Wurzelstock entwickeln oder ein tiefes Wurzelsystem wie zum Beispiel *Dictamnus*, können nur auf höheren Schichtdicken (ab C) verwendet werden. Ein Wurzelraum, der 10 bis 40 cm (A—C) Schichthöhe bietet, reicht für die meisten Arten aus. Für verschiedene polster- und mattenartig wachsende Arten, wie zum Beispiel *Sedum*, ergeben sich aus größeren Schichtdicken allerdings ungünstige Konkurrenzverhältnisse in Vergesellschaftung mit anderen Arten.

Für **Blumenzwiebeln** sollte von der angegebenen Schichtdicke möglichst immer die Obergrenze gewählt werden, weil hier die Dicke der Vegetationsschicht insbesondere für die großen Arten entscheidend ist. Zwiebelgewächse können zwar in der Dränschicht wurzeln, können jedoch bedingt durch die Filterschicht ihre Wuchstiefe nicht auf diese ausdehnen.

Die Nomenklatur richtet sich nach ZANDER (1983) sowie SCHACHT und FESSLER (1985). Ungültige, aber allgemein bekannte wissenschaftliche Namen wurden zusätzlich in Klammern verwendet.

11.5 Die Eignung von Sommerblumen

Großflächige, jährlich neu angelegte Pflanzungen von Sommerblumen sind im Bereich von Dachbegrünungen, bedingt durch den hohen Kosten- und Pflegeaufwand, eher die Ausnahme. Die Sommerblumenpflanzungen beschränken sich auf Pflanzgefäße und auf kleinflächige Zierpflanzungen innerhalb von Bankbeeten oder Flächenbegrünungen.

In Neuanpflanzungen von Gehölzen kann im Vordergrund durch die Verwendung von besonders preiswerten Sommerblumen der anfänglich weite Pflanzenabstand überbrückt werden. Hier sind unempfindliche, bodendekkende Arten wie *Iberis umbellata, Lobularia maritima* oder das stark rankende *Tropaeolum*, aber auch *Calendula* zu empfehlen. Die starke Selbstaussaat der genannten Arten ist zu beachten, durch die sie aber kaum lästig werden. *Lobularia maritima* siedelt sich allerdings auch gern in Plattenfugen und Kiesflächen an.

Die Nässeempfindlichkeit und die absolute Licht- und Sonnenbedürftigkeit von *Felicia, Gazania* und *Dorotheanthus* muß unbedingt beachtet werden. Diese Arten sind also besonders für heiße, strahlungsintensive Standorte geeignet. Arten wie *Fuchsia* oder *Impatiens* oder *Tropaeolum* vertragen ständige Windbelastung weniger gut.

Die meisten Arten verlangen offene, sonnige Standorte. Für Teil- und Halbschatten sind geeignet: *Chrysanthemum parthenium, Fuchsia, Iberis umbellata, Impatiens walleriana* und *Lantana camara.* Wegen der Windanfälligkeit, insbesondere im regennassen Zustand, wurde auf viele höhere Arten, so auch auf die bewährte *Tagetes erecta* oder *Nicotiana* verzichtet. Solitärpflanzen von Halbsträuchern und Sträuchern wie *Fuchsia, Heliotropium* und *Lantana*-Camara-Hybriden sind jedoch durchaus auch als Kübelpflanzen verwendbar.

11.5.1 Sommerblumen für Intensive Dachbegrünungen

Das in Tabelle 31 angeführte, stark eingeschränkte Sortiment enthält bewährte Arten für jeden Verwendungsbereich und bietet eine reichhaltige Farbenauswahl.

Tab. 31. Sommerblumen für Intensivbegrünungen

Wissenschaftlicher Name deutscher Name	Höhe Blütenfarbe Blütezeit
Calendula officinalis Ringelblume	25–60 cm gelb, orange VI–X
Chrysanthemum paludosum Kleine Wucherblume	15–25 cm weiß V–IV
Chrysanthemum parthenium Mutterkraut	15–50 cm weiß, gelb VI–IX
Chrysanthemum segetum Gold-Margerite	25–50 cm gelb VII–X
Dorotheanthus bellidiformis Mittagsblume	5–15 cm weiß, rosa, rot gelb VII–IX
Felicia amelloides Himmelsblume	20–30 cm blau VI–X
Fuchsia-Hybriden Garten-Fuchsien	30–60 cm weiß, rosa, rot, blau V–X
Gazania-Hybriden Gazanie	15–25 cm weiß, gelb rot, rosa V–X
Godetia hybrida Sommerazalee	30–60 cm weiß, rosa, rot VI–IX
Heliotropium arborescens Heliotrop	25–60 cm blau, lila V–IX
Helipterum manglesii Sonnenflügel	30–40 cm weiß-lila VII–VIII
Iberis umbellata Rosarote Schleifenblume	20–40 cm rosa, rot, lila VI–VIII
Impatiens-Walleriana-Hybriden Fleißiges Lieschen	15–35 cm rosa, orange, rot violett, VI–XIII
Lantana-Camara-Hybriden Wandelröschen	25–65 cm weiß, rot, orange VI–IX
Limonium bonduellei Strandflieder	40–60 cm gelb VIII–X
Limonium sinuatum Einjähriger Strandflieder	40–60 cm weiß, rosa, blau VI–IX
Lobelia erinus Männertreu	5–10 cm blau V–VIII
Lobularia maritima Duftsteinerich	5–10 cm weiß, rosa, violett VI–IX
Tagetes patula und *Tagetes*- Patula-Hybriden Niedrige Studentenblume	25–35 cm gelb, rot, braun VIII–X
Tagetes tenuifolia Studentenblume	25–35 cm gelb, rot, braun VIII–X
Tropaeolum majus Kapuzinerkresse	15–25 cm gelb, rot, orange VII–X

11.6 Die Eignung von Rasengräsern und Kräutern

Für Intensive Dachbegrünungen, insbesondere Einfache Intensivbegrünungen, kommt ein recht umfangreiches Sortiment von Kräutern in Frage. Es hat sich bei der Verwendung von Rasenmischungen für Intensivbegrünungen gezeigt, daß teilweise ein erheblicher Kräuterbesatz und auch die Einwanderung von weiteren Grasarten nicht zu verhindern ist. Das feuchte Substrat, die gleichmäßige Nährstoffversorgung und die Schichtdicke als konstante Standortbedingungen bestimmen hier die Zusammensetzung der Grasnarbe. Über die Artendynamik bei unterschiedlichen Standortbedingungen und Pflegemaßnahmen wie auch zur Problematik von Kräuter- und Blumenwiesen liegt ein umfangreicheres Schrifttum vor (zum Beispiel ROBERS und LANGE 1974, SKIRDE 1984, BIELEFELD 1987, STÖRMER 1987, SCHULZ 1988).

Weil die Pflege- und Unterhaltungsmaßnahmen sich auf die Bewässerung, den Schnitt und die Düngung beschränken und mechanische Maßnahmen wie Vertikutieren, Aerifizieren oder Sanden kaum durchführbar und letztlich auch wenig sinnvoll sind, muß also mit einem gewissen Kräuterbesatz immer gerechnet werden. Die Herbizidverwendung verbietet sich von selbst.

Ein Sonderfall sind **Sportrasenflächen**, die etwa auf Tiefgaragen angelegt werden können. Sofern hier keine intensive sportliche Nutzung erfolgt, kann auch hier der sich einstellende standortgerechte Kräuterbesatz toleriert werden.

Ausgesprochene **Zierrasenflächen** aus wenigen Arten wie *Agrostis tenuis, Agrostis stolonifera* und *Festuca rubra* werden sich als Idealkultur kaum auf Dauer halten lassen, da die Krankheitsanfälligkeit etwa gegen Rost oder Schneeschimmel und die Sonnenbrandgefahr im Sommer relativ hoch ist. Lücken werden dann sehr schnell von Kräutern wie *Bellis, Prunella, Poa annua, Ranunculus repens* oder *Trifolium repens* dauerhaft besiedelt. *Bellis perennis* ist überdies ein winterblühendes Kraut in Rasenflächen. Durch entsprechend abgestimmte Schnitt- und Düngemaßnahmen läßt sich der Kräuterbesatz allerdings gering halten.

Für eine gewünschte „Rasenoptik" sollte jedoch letztlich das mit natürlichen Mitteln und Methoden erreichbare Ergebnis ausreichen. Bei entsprechender Wasserversorgung und Düngung dürfte auch ein krautreicher Rasen, der unter Umständen standortbedingt höhere Moosanteile enthält, den Zierrasenansprüchen genügen. So bestand beispielsweise ein „Rasen" auf einer stärker wasserhaltenden, leichten Schaumstoff-Substratplatte aus einem lückigen Bestand von *Poa trivialis, Lolium* und etwa 50 Prozent Moosen im Dekkungsanteil.

In Bereichen hoher Trittbelastung oder nachträglicher Bodenverdichtung treten typische Trittpflanzen wie *Bellis perennis, Plantago media, Prunella vulgaris* oder *Polygonum aviculare* bestandsbildend auf. Die Art der Wasserversorgung und der jährlich periodische Wechsel von Feuchtigkeit und Trockenheit haben einen entscheidenden Einfluß auf die Artenzusammensetzung. Bei plötzlich abreißender Wasserbevorratung in den Sommermonaten kann es zu Schockwirkungen und zu weitgehenden Totalausfällen des Grasbestandes kommen. Erst im Herbst kommt es dann wieder zu Besiedlungen aus dem Samenvorrat. Ausläufertreibende Arten wie *Poa pratensis* überstehen Trockenkatastrophen besser und können dann nach der Wiederbesiedlung höhere Deckungsanteile einnehmen.

Die Verwendung von Fertigrasen ist ohne weiteres möglich. Umstrukturierungen der angelieferten Idealgrasnarbe müssen einkalkuliert werden. Der Anzuchtboden muß unbedingt mit dem Substrat harmonieren. Ungeeignet sind torfige oder bindige Anzuchtböden.

Vegetationsschicht

Die meisten Rasengras-Arten eignen sich für mittlere Bodenverhältnisse im leicht sauren und neutralen pH-Bereich. Gleiches gilt für die begleitenden Kräuter. Einige Arten wie zum Beispiel *Poa pratensis* oder *Salvia pratensis* bevorzugen eine neutrale bis alkalische Bodenreaktion. Besondere Ansprüche ergeben sich hinsichtlich der Trockenheitsverträglichkeit. Für ständig belastete Rasenflächen sind Substrate mit geringen bindigen Anteilen und wenig organischer Substanz nötig, die genügend Porenvolumen behalten und damit eine ausreichende Luft- und Wasserversorgung im Boden gewährleisten.

Auch stabilisierte Humussubstrate und künstliche Ersatzsubstrate, zum Beispiel aus Schaumstoff, lassen sich mit Gräsern und Kräutern begrünen, sind dann jedoch nicht belastbar. Sofern Substrate für die Intensivbegrünungen mit ausgewogenem Nährstoffverhältnis nicht ständig mit Nährstoffen versorgt werden, tritt ein **Ausmagerungsprozeß** ein, verbunden mit einer Umbildung der Grasnarbe. Dies kann für eine Umstellung von einer Aufwendigen Intensivbegrünung zu einer Einfachen Intensivbegrünung oder gar Extensivbegrünung genutzt werden. Es können sich allerdings auch ausgesprochene Mangelstandorte herausbilden, zum Beispiel durch Kalkauswaschung mit Verschiebungen in den stark sauren pH-Bereich, so daß ein Hauptteil der Vegetation durch Moosarten, Gräser und Kräuter saurer Standorte (z. B. *Luzula campestris* und *Trifolium arvense*) gebildet wird.

Tab. 32. Rasentypen für Intensivbegrünungen. Zur Zusammensetzung der Regelsaatgutmischungen (RSM) siehe Tabelle 33

	Verwendbar für Aufwendige Intensivbegrünungen	Einfache Intensivbegrünungen
RSM 1 Zierrasen	X	–
RSM 2 Gebrauchsrasen A (feuchte Lagen)	X	X
RSM 3 Gebrauchsrasen B (trockene Lagen)	–	X
RSM 4 Gebrauchsrasen C und Spielrasen	X	–
RSM 5 Sportrasen	X	–
RSM 6 Regenerationsmischung Sportrasen	X	–
RSM 7 Landschaftsrasen A	X	X
RSM 8 Landschaftsrasen B	–	X
RSM 9 Landschaftsrasen C	–	X
RSM 10 Landschaftsrasen D	–	X

Nach der Definition der Regelsaatgutmischungen (RSM) sind die in Tabelle 32 aufgeführten und in Tabelle 33 näher beschriebenen Rasentypen einsetzbar. Tabelle 32 gibt die verschiedenen Einsatzbereiche an.

11.6.1 Gräser, Kräuter und Regelsaatgutmischungen für Intensive Dachbegrünungen

Hinweise zum Gebrauch der Tabellen

Die in Tabelle 33 wiedergegebenen Regelsaatgutmischungen nach RSM 91 sind eine exemplarische Auswahl für in der Praxis gut verwendbare Mischungen. Es sollten jedoch die empfohlenen Mischungen der jährlich aktuellen RSM-Liste verwendet werden, die auch

Tab. 33. Zusammensetzung der Regelsaatgutmischungen, (vereinfachter Auszug nach RSM 91). Die jeweiligen Sorteneignungen sind der aktuellen RSM zu entnehmen

RSM 3 Gebrauchsrasen B

Klimaraum:	Trockenräume, v. a. im Binnenland
Standort:	trockene Lagen
Belastbarkeit:	gering bis mittel
Pflegeansprüche:	gering bis hoch, je nach Belastung
Regelaussaatmenge:	25 g/m²

Art	Mischungsanteil in Gew.% Regelwert	Spielraum
*Festuca longifolia**[1]	**15**	(10–20)
Festuca rubra ssp. *commutata*	**30**	(20–40)
Festuca rubra ssp. *rubra* und/oder *Festuca rubra trichophylla**[2]	**15**	(10–20)
Poa pratensis in Sorten	**25**	*(15–35)*
Poa pratensis in Sorten	**15**	(10–20)

*[1] Kann auf weniger trockenen Standorten durch *Festuca rubra* ersetzt werden.

*[2] Empfohlen wird die Verwendung beider Arten im Verhältnis 1 : 1

RSM 4 Gebrauchsrasen C und Spielrasen

Klimaraum: bis 1000 m Höhe über NN
Standort: ohne Einschränkung
Belastbarkeit: mittel bis hoch
Pflegeansprüche: mittel
Regelaussaatmenge: 25 g/m²

Art	Mischungsanteil in Gew. % Regelwert	Spielraum
Festuca rubra ssp. *commutata*	**20**	(10–30)
Festuca rubra ssp. *rubra*		
und/oder		
*Festuca rubra trichophylla**[1]	**20**	(10–30)
*Lolium perenne**	**20**	(15–25)
*Lolium perenne**	**10**	(5–15)
*Poa pratensis**[2]	**20**	(10–30)
*Poa pratensis**[2]	**10**	(5–15)

* in Sorten

RSM 7 Landschaftsrasen A

Klimaraum: Ohne Einschränkung
Standort: für alle Lagen, außer extrem trockenen, alkalischen, nassen und schattigen Standorten
Pflegeansprüche: 0–3 Schnitte im Jahr, Schnitthöhe 5–10 cm
Regelaussaatmenge: 20 g/m²

Art	Mischungsanteil in Gew.% Regelwert	Spielraum
Agrostis capillaris (A. tenuis)	**10**	(5–15)
*Festuca ovina**[3]	**35**	(25–45)
Festuca rubra ssp. *commutata*	**20**	(10–30)
Festuca rubra ssp. *rubra*		
und/oder		
*Festuca rubra trichophylla**[1]	**20**	(10–30)
*Lolium perenne**[2]	**5**	–
Poa pratensis	**10**	(5–15)

RSM 9 Landschaftsrasen C

Klimaraum: Ohne Einschränkung
Standort: Staunässegefährdete Lagen
Pflegeansprüche: 0–3 Schnitte im Jahr, Schnitthöhe 5–10 cm
Regelaussaatmenge: 20 g/m²

Art	Mischungsanteil in Gew.% Regelwert	Spielraum	Sorten-eignung
Agrostis gigantea	**10**	(5–15)	–
Festuca ovina	**20**	(15–25)	–
Festuca rubra ssp. *commutata*	**20**	(15–25)	6–9
Festuca rubra ssp. *rubra*			4–9
und/oder			
*Festuca rubra trichophylla**[3]	**30**	(20–40)	5–9
Lolium perenne	**10**	(5–15)	3–9
Poa trivialis	**10**	(5–15)	–

*[1] Empfohlen wird die Verwendung beider Sorten im Verhältnis 1 : 1
*[2] Nur als Starthilfe zu verwenden.
*[3] Bei sauren Böden *Festuca ovina* ssp. *tenuifolia* verwenden.

die Verfügbarkeit der einzelnen Sorten berücksichtigt. Es empfiehlt sich, mehrere Sorten einer Art unter Berücksichtigung ihrer Wüchsigkeit und Blattmasseproduktion zu verwenden.

RSM 3 (Gebrauchsrasen) eignet sich besonders für größere Schichtdicken ohne Wasseranstau (Gruppe B, C 15–40 cm), während RSM 9 besonders für staunasse Standorte geeignet ist, wenn also Wasseranstau bei geringer Substratdicke (Gruppe A, B 10–25 cm) vorliegt.

Die in Tabelle 34 genannte Kräuterauswahl kann, abgestimmt auf die Standortcharakterisierung, zugemischt werden. Auf Leguminosen kann dabei verzichtet werden, Weißklee siedelt sich in der Regel von selbst an. Kräuter aus der ruderalen Ackerflora (Segetalflora) sollten nicht verwendet werden, da sie ohnehin – bedingt durch den Schnitt – nicht ausdauern. Mit Klatschmohn und Kornblumen lassen sich in der Regel nur im ersten Jahr Blüheffekte erzielen.

Tab. 34. Kräuter und Gräser für Rasenansaaten. Die hier angeführten Arten können als Auswahl den Regel-Saatgut-Mischungen beigegeben werden

Kräuter für häufig und kurz gemähte Gebrauchsrasen und Spielrasen

Lebensräume: 0.1-1.1,1.3-A-E
0.2-2.1,2.3-A-E

Bellis perennis	Gänseblümchen
Hieracium pilosella	Kleines Habichtskraut
Mentha puleguim	Polei-Minze
Plantago lanceolata	Spitz-Wegerich
Plantago major	Großer Wegerich
Potentilla anserina	Gänse-Fingerkraut
Prunella vulgaris	Kleine Braunelle
Veronica teucrium	Großer Ehrenpreis

Gräser und Kräuter in Wiesen für nährstoffarme, saure, feuchte oder wechselfeuchte Standorte

Lebensräume: 0.1-1.1,1.3-B-E
0.2-2.1,2.3-B-E

Achillea ptarmica	Sumpf-Schafgarbe
Alchemilla xanthochlora	Frauenmantel
Briza media	Zittergras
Campanula patula	Wiesen-Glockenblume
Cardamine pratensis	Wiesen-Schaumkraut
Lychnis flos-cuculi	Kuckucks-Lichtnelke
Molina caerulea	Blaues Pfeifengras
Plantago lanceolata	Spitz-Wegerich
Prunella vulgaris	Kleine Braunelle
Ranunculus bulbosus	Knolliger Hahnenfuß
Scabiosa columbaria	Tauben-Skarbiose
Stachys officinalis	Heil-Ziest
Succisa pratensis	Teufelsabbiß

Gräser und Kräuter in Wiesen für feuchte, nährstoffreiche Standorte in Anlehnung an Glatthafer-Wiesen (Arrhenatherum elatioris)

Lebensräume: 0.1-1.1-B-E
0.2-2.1-B-E

Achillea millefolium	Wiesen-Schafgarbe
Arrhenatherum elatius	Glatthafer
Alchemilla vulgaris	Gemeiner Frauenmantel
Bellis perennis	Gänseblümchen
Cardamine pratensis	Wiesen-Schaumkraut
Centaurea montana	Berg-Flockenblume
Chrysanthemum leucanthemum	Margerite
Dactylis glomerata	Wiesen-Knäuelgras
Galium mollugo	Wiesen-Labkraut
Geranium pratense	Wiesen-Storchschnabel
Holcus lanatus	Wolliges Honiggras
Knautia arvensis	Wiesen-Knautie
Lathyrus pratensis	Wiesen-Platterbse
Leontodon autumnalis	Herbst-Löwenzahn
Lolium perenne	Deutsches Weidelgras
Lysimachia nummularia	Pfennigkraut
Malva alcea	Rosenmalve
Ornithogalum umbellatum	Dolden-Milchstern
Pimpinella major	Große Bibernelle
Plantago lanceolata	Spitz-Wegerich
Poa trivialis	Gemeines Rispengras
Prunella vulgaris	Kleine Braunelle
Ranunculus acris	Scharfer Hahnenfuß
Ranunculus repens	Kriechender Hahnenfuß
Rumex acetosa	Wiesen-Sauerampfer
Saxifraga granulata	Knöllchen-Steinbrech
Silene dioica	Tag-Lichtnelle
Valeriana officinalis	Echter Arznei-Baldrian
Veronica filiformis	Faden-Ehrenpreis

Kräuter und Gräser aus Halbtrockenrasen für Gebrauchsrasen trockener Standorte und Landschaftsrasen

Lebensräume: 0.1-1.1-A-E
0.2-2.1-A-E

* Geeignet für Lebensräume 0.3-3.1, 3.3-B-C
0.4-3.1, 3.3-B-C

		Gebrauchsrasen	Landschaftsrasen
*Allium schoenoprasum**	Schnittlauch	–	X
Anthericum ramosum	Ästige Graslilie	–	X
*Brachypodium pinnatum**	Fieder-Zwenke	–	X
Campanula glomerata	Büschel-Glockenblume	–	X
*Campanula rotundifolia**	Rundblättrige Glockenblume	X	X
*Chrysanthemum leucanthemum**	Margerite	–	X
Centaurea jacea	Wiesen-Flockenblume	–	X
Centaurea scabiosa	Skabiosen-Flockenblume	–	X
*Dianthus deltoides**	Heide-Nelke	X	X
*Euphorbia verrucosa**	Warzen-Wolfsmilch	–	X
Festuca amethystina	Regenbogen-Schwingel	X	X

(Fortsetzung Tab. 34)

Galium verum	Echtes Labkraut	–	x
*Hieracium pilosella**	Kleines Habichtskraut	x	x
*Koeleria pyramidata**	Pyramiden-Kammschmiele	–	x
Linaria vulgaris	Frauen-Flachs	–	x
Pimpinella saxifraga	Kleine Bibernelle	–	x
Primula veris	Echte Schlüsselblume	–	x
*Prunella grandiflora**	Große Braunelle	x	x
Salvia pratensis	Wiesen-Salbei	–	x
Scabiosa columbaria	Tauben-Skabiose	–	x
*Sedum acre**	Scharfer Mauerpfeffer	x	x
*Sedum sexangulare**	Milder Mauerpfeffer	x	x
*Silene vulgaris**	Aufgeblasenes Leimkraut	–	x
*Thymus serpyllum**	Wilder Thymian	x	x
Veronica teucrium	Großer Ehrenpreis	x	x

12 Die Pflanzenauswahl für Extensive Dachbegrünungen

12.1 Grundlagen

In bezug auf Artenauswahl und standortgerechte Vergesellschaftung von Pflanzen für Extensive Dachbegrünungen sind noch eine ganze Reihe offener Fragen zu klären. Aus dem Bereich der Gartenstauden kommt die Verwendungspraxis der sukkulenten und xeromorphen Stauden den Anforderungen für Extensive Dachbegrünungen nahe, sofern diese nicht nur von gärtnerischem Kulturdenken und architektonischer Gestaltung abgeleitet wird. Derartige Konzepte mit großflächiger „bodendeckender“ Verwendung, zum Beispiel von *Sedum*-Arten mit Zuordnung von Gräsern und Kleinstauden, bedürfen permanenter Pflegemaßnahmen, um die Vergesellschaftung im „gedachten, zeitlosen Konzept“ zu erhalten und verdrängende Fremdvegetation zu entfernen.

Beispiele der Vergangenheit zeigen jedoch, daß eine derartige Pflanzenverwendung häufig auch unter größtem Pflegeeinsatz nicht dauerhaft ist, weil einzelne Arten ausfallen, andere in ihrer Ausbreitung nicht gehemmt werden können oder die Besiedlung durch Fremdvegetation (KIERMEIER 1988) überhand nimmt.

Erst in jüngster Zeit kam es zu einer Auseinandersetzung mit den bedeutsamen Pflanzen oder Pflanzengesellschaften anthropogener Ersatzstandorte, die in der Vergangenheit nicht beachtet oder gar gezielt durch Herbizide vernichtet wurden. Diese Aussage trifft ganz besonders für die Moosvegetation zu. (PRINZ 1981, KRUPKA 1981, 1984, 1987, 1988).

Die vegetationskundlichen Aufnahmen der spontanen städtischen Vegetation (zum Beispiel KIENAST 1978, BRANDES 1979 und HARD 1982), insbesondere von Trittpflanzen-, Fugen- und sonstigen Kleingesellschaften, haben die ökologischen Diskussionen und die notwendige Sensibilisierung sehr gefördert. Eine kritische Eignungsbewertung des urbanen Florenpotentials steht jedoch erst in den Anfängen (siehe u.a. KOWARIK 1988, 1989).

HÜLBUSCH und MÜLLER (1986) kritisieren zwar auch „die Verbindung von Dachflächen mit dem Gartenbegriff“, stellen jedoch Dachbegrünungen ohne weitere inhaltliche Differenzierung insgesamt in die Nähe von Gartenschauen. Diese Argumentation verkennt jedoch den differenzierten stadtökologischen Stellenwert von Bauwerksbegrünungen.

Für die Pflanzen- und Vegetationsverwendung bei Extensiver Dachbegrünung sind aus dem bisherigen Schrifttum zur Zeit noch keine umfassenden Grundlagen zu entnehmen. KOLB und SCHWARZ (1982) geben eine „Pflanzenauswahl zur Extensivbegrünung“ (1983, 1984, 1987). MÜSSEL und KIERMEIER (1983, 1985) dokumentieren sehr wertvolle „Erfahrungen mit xeromorphen Pflanzen für Extensivbegrünungen“. Die Vegetationsanwendung unter Aspekten der Vergesellschaftung und Artenauswahl behandeln Veröffentlichungen von KRUPKA (1983, 1984, 1985, 1986, 1987, 1989). DUHME, LAPORTE, NOLTE (1987) ziehen von natürlichen Trockenstandorten Rückschlüsse auf die Pflanzeneignung. HEINZE (1982, 1985) hat in einem Modellversuch die Eignung verschiedener Pflanzen für die Extensive Dachbegrünung untersucht.

Viele weitere, auf Dachbegrünungen bezogene Veröffentlichungen beschränken sich häufig nur auf mehr oder weniger differenzierte Pflanzenlisten, die das weit verbreitete „Rezeptdenken" noch weiter untermauern.

In Versuchsanordnungen zur Extensiven Dachbegrünung wurden trockenheitsverträgliche Pflanzen mittels ihrer Zuwachsleistungen als Indikatorpflanzen für die Bewertung von Substraten verwendet (z. B. WEISER 1989). Damit wird jedoch keine Aussagefähigkeit für Eignungen unter realen extremen Standortbedingungen erreicht. Aussagekräftiger sind die Vegetationsversuche von KOLB und SCHWARZ (1984, 1985), die eine Wichtung des Anwachserfolges, der Trockenheitsresistenz und des Wachstums vorgenommen haben. Eine Rangziffernklassifizierung der einzelnen Arten gegeneinander scheint jedoch wenig sinnvoll, da dies als absolut wertende Aussage mißverstanden werden kann. Die Aussage gilt jedoch nur für die Versuchssituation und dem einwirkenden Faktorenkomplex. Schlecht abschneidende Arten verlangen eben andere standortökologische Bedingungen.

Für die Vegetationsanwendung bei Extensiven Dachbegrünungen ist jedoch ein umfassendes pflanzenökologisches und pflanzensoziologisches Verständnis unerläßlich. Grundlagen müssen aus verschiedenen Fachgebieten herangezogen werden wie

- der Pflanzenökologie
- der Pflanzensoziologie
- der ingenieurbiologischen Literatur zum Themenkomplex Besiedlung extremer Standorte
- der vegetationstechnischen und vegetationskundlichen Literatur des Landschaftsbaues
- den vegetationskundlichen und ökologischen Untersuchungen vorhandener, spontaner Dachbegrünungen sowie hergestellter Extensiver Dachbegrünungen
- den Untersuchungen und Versuchen vegetationstechnischer Art zu Extensiven Dachbegrünungen.

Zum grundlegenden Verständnis und zur Beurteilung der erreichbaren Biotopqualität auf Ersatzstandorten sollten die „biozönotischen Grundprinzipien" nach THIENEMANN (1956) beachtet, interpretiert und modifiziert werden.

Erstes biozönotisches Grundprinzip

„Je variabler die Lebensbedingungen einer Lebensstätte, um so größer die Artenzahl der zugehörigen Lebensgemeinschaft."

Zweites biozönotische Grundprinzip

„Je mehr sich die Lebensbedingungen eines Biotops vom Normalen und für die meisten Organismen vom Optimalen entfernen, um so artenärmer wird die Biozönose, um so charakteristischer wird sie, in um so größerem Individuenreichtum treten die einzelnen Arten auf."

Dies bedeutet also für Extensive Dachbegrünungen konkret, daß mit steigender Dicke des durchwurzelbaren Volumens, also der Vegetations- und Dränschicht, auch die Artenzahl der Pflanzen zunehmen kann, wenn eine weitere kleinräumige Variabilität des Lebensraumes hinzukommt. Dies können zum Beispiel sein:

- unterschiedliches Lichtklima
- wechselnde Einwirkung der Wärmestrahlung
- bewegte Oberfläche
- wechselnde Dicke der Substratschicht
- wechselnde Substratqualität
- wechselnder Wasserhaushalt
- unterschiedliche Evaporation.

Einer stärkeren Profilierung des „Reliefs", das heißt der Substratoberfläche, sind aus Gründen der engen statischen Lastannahmen in der Praxis häufig enge Grenzen gesetzt. In Abbildung 150 ist eine Möglichkeit aufgezeigt. Stark nivellierende Verhältnisse erfolgen immer durch einen dickeren Substratauftrag mit einer gleichmäßigen Schichtdicke. Sie führen häufig zur Bevorzugung einzelner Pflanzenarten, insbesondere von Gräsern oder auch unerwünschten Leguminosen (Gefahr der Eutrophierung).

Besonders extrem ausgeprägte Standortverhältnisse, wie zum Beispiel in geneigten Lagen, mit hoher Einstrahlungsintensität bei dünnschichtigem Substratauftrag haben ebenfalls das monokulturartige Auftreten einzelner Artengruppen wie Moose oder *Sedum* zur Folge. Dies bestätigt auch das „Zweite biozö-

Abb. 150. Variable Lebensbedingungen für Extensive Dachvegetation lassen sich durch verschiedene Substrate und Schichtstärken der Vegetationsschicht gestalten. Alternativ kann der Wasserhaushalt durch Variationen der Dränschicht beeinflußt werden.

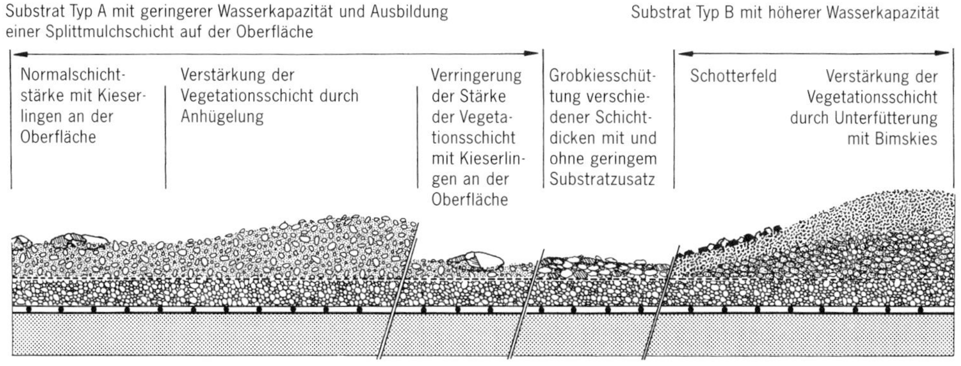

notische Grundprinzip". WILMANNS (1978) führt aus, daß „mischungsreiche Biozönosen als stabil, mischarme als labil" gelten. Es läßt sich zum Beispiel an gleichmäßig etablierten extensiven Grasbeständen mit konstanter Schichtdicke, Substratqualität und sonstigen bisher konstant einwirkenden Umweltfaktoren feststellen, daß diese bei starker Trockenheit häufig zu einem sehr hohen Prozentanteil oder gar total ausfallen und sich dann in anderer, quantitativer und qualitativer Artenzusammensetzung regenerieren. Hier schlägt das „Pendel" der Gleichgewichtsbedingungen sehr stark aus. Die Stabilität einer Biozönose wird nach WILMANNS (1978) wie folgt definiert: „Als stabil wird eine Biozönose bezeichnet, welche die Eigenschaft hat, daß die Populationsgrößen ihrer Arten nur gering und kurzfristig um einen Mittelwert pendeln; Voraussetzung sind gleichbleibende Bedingungen."

Die **Stabilität einer Pflanzenvergesellschaftung** ist besonders auf anthropogenen Standorten immer das **Ergebnis der vorherrschenden stabilisierenden Faktoren** und somit nicht statisch. Unter diesem Aspekt ist auch der begrenzte, nur standortbezogene Aussagewert von sogenannten „Zeigerpflanzen" zu betrachten. Die Muster der Vergesellschaftung einzelner Arten unter den verschiedenen, schwankenden Gleichgewichtsbedingungen sind äußerst vielfältig, nie exakt vorhersehbar, allenfalls abzuschätzen. Abweichend von der gärtnerischen Überbewertung des „schönen" pflanzlichen Einzelindividuums ist das Verhalten der Art in Konkurrenz mit anderen fremden Arten von entscheidender Bedeutung.

Nach ELLENBERG (1982) liegt *„das ökologisch-soziologische Optimum vieler Trockenrasenpflanzen im Bereich ihres physiologischen Minimums".* Nicht die Wuchsleistung eines Einzelindividuums unter optimierter Wasser- und Nährstoffversorgung, sondern das tatsächliche genetisch-konstitutionell bedingte **Verhalten des Einzelindividuums unter Konkurrenzdruck** der realen (Grenz-)Standortbedingungen, ist ausschlaggebend. Dies belegen auch die „Hohenheimer Grundwasserversuche" von ELLENBERG (1953). Das wird durch die Ertragstabelle (Tabelle 35) aus diesen Versuchen deutlich (WILMANNS 1978).

Es kann also im Grundsatz gelten, daß die genannten Arten in Monokulturen (Intraspezifischer Wettbewerb) bei etwa gleichem Wasserstand ihr Optimum an Biomasseproduktion erreichen. Die Konkurrenz anderer Arten in Mischkultur verdrängt die Arten der Trockenrasen in trocknere Bereiche, die der Feuchtwiesen in feuchtere Bereiche. WILMANNS führt dazu weiter aus: „Man erhält also das zunächst paradox erscheinende Ergebnis, daß eine Art im Gelände und damit unter der Konkurrenz fremder Arten nicht unbedingt dort wächst, wo sie ohne solche am besten gedeiht. „Ökologische" und „physiologische Konstitution" (ELLENBERG) oder, anders ausgedrückt, „autökologisches" und „syn-

Tab. 35. Wachstum verschiedener Gräser bei unterschiedlichen Wasserständen nach dem Hohenheimer Grundwasserversuch von ELLENBERG (1953, aus WILMANNS 1978)

wissenschaftlicher Name deutscher Name	ökologischer Charakter	Optimum (relatives Ertragsmaximum) bei cm Grundwassertiefe in Monokultur	 in Mischkultur
Bromus erectus Aufrechte Trespe	in mäßig bis sehr trockenem Kalkmagerrasen	35	80
Arrhenatherum elatius Glatthafer	in frischen bis mäßig trocknen Fettwiesen	12–30	65
Alopecurus pratensis Wiesen-Fuchsschwanz	in feuchten bis nassen, gut gedüngten Wiesen	35	5

ökologisches Optimum" (RABOTNOV) decken sich also nicht."

Für die Praxis der Pflanzenverwendung ergibt sich hier allerdings das Problem, daß das ökologisch-soziologische Optimum der meisten in Frage kommenden Arten bis auf einige „Modellarten" wie *Bromus erectus* nicht oder unvollständig untersucht ist. Für die zunächst künstlich initiierte Vergesellschaftung von Pflanzenarten hat dies im Bereich der Extensiven, aber auch der Einfachen Intensiven Dachbegrünung für die sich langfristig herausbildende Artenzusammensetzung erhebliche Bedeutung. Dies gilt besonders im Hinblick auf die wechselnde stärkere oder geringere natürliche Wasserversorgung, oder wenn durch verzögerten Wasserabfluß Vernässungserscheinungen auftreten, oder aber bei Wasseranstau. Neben verschiedenen edaphischen Faktoren wirkt sich der Wasserhaushalt des Schichtenaufbaues (durchwurzelbaren Volumens) auf die Artendynamik und die Lebensdauer einzelner Arten entscheidend aus. Mit abnehmender Schichtdicke nimmt der Wettbewerb der Arten untereinander und gegeneinander um das Wasser zu, dies um so mehr, je stärker geneigt und sonnenexponiert ein Standort ist.

Die Pflanzen haben also mit Wasserstreß zu kämpfen, dem mit verschiedenen morphologischen und ökophysiologischen Anpassungen und Lebensformen begegnet wird. Einzelne kurzlebige Arten weichen dem Wasserstreß durch zeitliche Verlagerung ihres Lebenszyklus aus. In Abbildung 151 sind diejenigen Faktoren, die Wasserstreß auslösen, dargestellt.

Die Angaben zum ökologischen Verhalten einzelner Arten sind in der Literatur in der Regel sehr allgemein gehalten. Wertvolle Angaben gibt ELLENBERG (1974) in seinen Listen der „Zeigerwerte der Gefäßpflanzen Mitteleuropas", indem er Optimalbereiche nennt (siehe auch Abschnitt 13.5.1). Dabei handelt es sich jedoch um Mittelwerte, mit denen ein abweichendes Verhalten in standortökologischen Nischen oder anthropogenen beeinflußten Standorten nicht vollständig erfaßt

Abb. 151. Faktoren die Wasserstreß auslösen (aus STEUBING und SCHWANTES 1987)

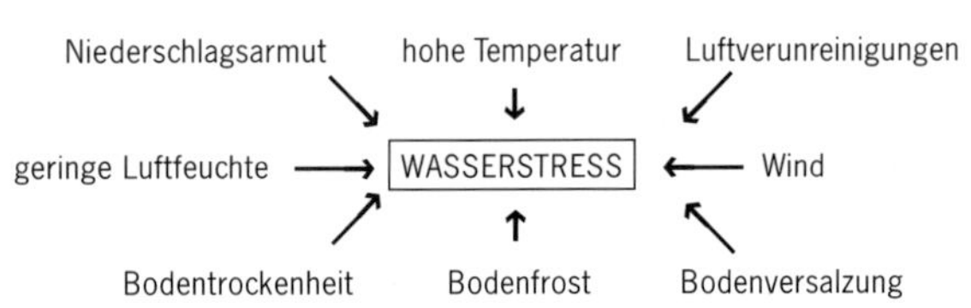

wird. KOWARIK (1988) hat den Versuch unternommen, ein urbanes Arteninventar in einer erweiterten Hemerobieskala einzustufen (siehe Abschnitt 12.2.2).

12.2 Pflanzengesellschaften verschiedener natürlicher Standorte und anthropogener Ersatzstandorte sowie Lebensräume Extensiver Dachbegrünungen

12.2.1 Pflanzengesellschaften natürlicher Standorte

Die standortökologischen Lebensbedingungen in den natürlichen Arealen von Pflanzengesellschaften, deren Arten auch für die Extensive Dachbegrünung in Frage kommen, geben wertvolle Hinweise für die Verwendungsmöglichkeiten. Jedoch muß vor Vereinfachungen gewarnt werden, mit denen einzelnen Arten geradezu ubiquitäre Eigenschaften zugemutet werden.

Um potentiell geeignete Pflanzenarten zu erkunden, läßt sich das Arteninventar natürlicher oder anthropogen beeinflußter Pflanzengesellschaften analysieren, oder es besteht die Möglichkeit, das Arteninventar etwa vergleichbarer urbaner Standorte mit anthropogenen Ersatzgesellschaften zu untersuchen. Die mit Dachstandorten vergleichbaren natürlichen oder anthropogenen Ersatzstandorte sind als *xerothroph, xerotherm, mesotroph* und *oligotroph* zu kennzeichnen. Basen- und karbonatreiche Böden tragen in der Regel eine artenreichere Vegetation. In urbanen Bereichen bestimmt der Grad der Stickstoffversorgung in den meisten Fällen das Arteninventar, das durch nitrophile Allerweltsarten charakterisiert ist. Die nach ELLENBERG (1982) wiedergegebene Übersicht in Tabelle 36 stellt die Beziehung zwischen verschiedenen Bodenarten, Bodenreaktionen und Pflanzengesellschaften her.

Eine interessante Charakteristik der Klasse Sedo-Scleranthetea, also der Mauerpfeffer-Triften, Sandrasen, Felskies- und Felsbandgesellschaften, gibt KORNECK (1976, 1977) in OBERDORFER (1978):

Tab. 36. Standörtliche und systematische Übersicht von Magerrasengesellschaften am Beispiel des mitteldeutschen Trockengebietes. Nach Angaben von MAHN (1965) aus ELLENBERG (1982)

Boden	**sauer**, nährstoffreich	basenreich (Karbonat oder Silikat)
	intermediär	
Klasse Ordnung	*Sedo-Scleranthetea* bzw.*[1] *Sedo-Scleranthetalia*	*Festuco-Brometea* *Festucetalia valesiacae* bzw.*[2]
auf **Sand** oder Lockergestein	**Sedo-Veronicion** (?) – *Galio-Agrostietum tenuis* Rasse mit *Eryngium campestre*	–
auf **Fels**	(besonderer Verband?)	**Seslerio-Festucion**
– sehr flachgründig	– *Poa badensis-Sedum acre*-Pioniergesellschaften	
– flachgründig	– *Thymo-Festucetum cinereae*	– *Teucrio-Festucetum cinereae*
– skelettreich	– *Cynancho-Festucetum ovinae*	– *Erysimo-Melicetum ciliatae*
auf **Schotter,** feinerdearm	–	**Xerobromion***[2] – *Teucrio-Melicetum ciliatae*
Feinerdedecke über Fels		**Astragalo-Stipion**
	– *Geranio-Stipetum capillatae*	
mittelgründig		– *Teucrio-Stipetum capillatae*
tiefgründig	– *Festuco valesiacae-Stipetum capillatae*	
mittel- bis tiefgründig	**Nardo-Galion** (Nardetalia)*[1] – *Filipendulo-Helictotrichetum*	**Cirsio-Brachypodion** – *Bupleuro-Brachypodietum*
tiefgründig	– *Festuco rupiculae-Brachypodietum*	

*[1] Klasse *Nardo-Callunetea* *[2] Ordnung *Brometalia*

„Bei den Sedo-Scleranthetea handelt es sich um lückige, wärme- und trockenheitsliebende, ausgesprochen heliophile und daher nur im Freistand existenzfähige Pioniergesellschaften trocken-warmer Standorte auf flachgründigen Fels- und durchlässigen Kies- und Sandböden in den gemäßigten Zonen Europas, wo sie deutlich gehäuft in Trockengebieten auftreten. Primär finden sie sich, teilweise als Dauerbesiedler, auf Sonderstandorten wie freistehenden, voll besonnten Felsköpfen und -simsen oder auf Flugsanddünen, sekundär häufiger auf Brachen, in Steinbrüchen, Sand- und Kiesgruben und auf ähnlichen anthropogenen Standorten.

Die meist zweischichtig aufgebauten Gesellschaften setzen sich im wesentlichen aus niedrigwüchsigen Kräutern, kurzhalmigen und schmalblättrigen Gräsern, Moosen und Flechten zusammen. Bei den Kräutern überwiegen meist blattsukkulente Chamaephyten, darunter besonders ausdauernde *Sedum*-Arten, und winterannuelle Therophyten. Sie werden mit den extremen Standortbedingungen wie Flachgründigkeit und Durchlässigkeit des Bodens, hochgradige sommerliche Erhitzung und Austrocknung des Standortes am besten fertig."

Aus der Ordnung **Sedo-Scleranthetalia** sind besonders *Sedum album* und andere *Sedum*-Arten, *Allium*-Arten, *Festuca*- und *Poa*-Arten bestandsbildend. Moose und Flechten stellen die untere bodendeckende Schicht.

OBERDORFER (1978) gibt für die Assoziation **Sileno rupestris-Sedetum annui** an, daß diese Felsenleimkraut-Mauerpfeffer-Gesellschaft im Verbreitungsgebiet sekundär steinige Erdanrisse, **Mauerkronen und alte Dächer** besiedelt. Als Arten werden unter anderem angeführt: *Silene rupestris* (bienn), *Sedum annuum, Sedum album, Sedum sexangulare, Festuca ovina* var. *ovina, Thymus pulegioides, Rumex acetosella, Potentilla argentea* und die Moose *Ceratodon purpureus* und *Polytrichum piliferum.*

Verschiedene Pioniergesellschaften treten auf flachgründigen, natürlichen oder Ersatzstandorten oft als Dauerbesiedler auf. Dazu gehört das **Alysso alyssoides-Sedion albi** (MÜLLER in OBERDORFER 1978) mit seinen ausgesprochen thermophilen Assoziationen auf Kalkstandorten. Einen Dauercharakter stellt BRANDES (1987) in seinen „Beobachtungen zur Beständigkeit der annuellen Ruderalvegetation" fest. Bleiben die Standorte unbeeinflußt, erfolgen nicht, entgegen weitverbreiteten Annahmen, immer Sukzessionen.

Die Klasse **Festuca-Brometa** mit Trocken- und Steppenrasen, Halbtrockenrasen und basiphilem Magerrasen bergen ein reiches Artenpotential vor allem an Gräsern und Kräutern, so daß es unter Beachtung der Wärmeansprüche und einer gewissen Mindestdicke des Wurzelhorizontes für Extensivbegrünungen in Frage kommt.

Aus der Ordnung **Brometalia erecti** kommen vor allem die mesophilen gras- und kräuterreichen Halbtrockenrasen mit dem sprichwörtlichen Artenreichtum zusammen mit den Vertretern wichtiger Grasgattungen wie *Fe-*

Tab. 37. Lebensformen und Bodenverhältnisse in Magerrasen an schwach geneigten Hängen des Südwest-Jura. Nach Angaben von QUANTIN (1935) aus ELLENBERG (1982), teilweise wiedergegeben

Offene Felsflur (Anthylli-Teucrietum, Ordnung Sedo-Scleranthetalia)
Trockenrasen (Xerobrometum, Ordnung Brometalia)
Halbtrockenrasen (Mesobrometum, Ordnung Brometalia)

Pflanzendecke und Klima (1932)	Anthylli-Teucrietum	Xerobrometum	Mesobrometum	Bodenfaktoren (1932)	Anthylli-Teucrietum	Xerobrometum	Mesobrometum
Lebensformen in %				**Korngrößen** in %			
Chamaephyten	35,0	18,6	10,6	Grobskelett	23,6	28,3	24,3
Hemikryptophyten	**25,0**	**49,3**	**76,3**	Feinskelett	30,1	32,6	32,5
Geophyten	2,5	8,7	7,8	Grobsand	19,0	14,0	19,5
Therophyten	37,5	21,9	5,3	Feinsand	19,0	14,6	13,5
Parasiten	–	1,5	–	Schluff und Ton	**8,3**	**10,5**	**10,3**

stuca, Brachypodium und *Bromus* in Betracht. Aber auch die Trespen-Trockenrasen des **Xerobromion** haben ein verwendungsfähiges, interessantes Artenpotential, wie zum Beispiel *Koeleria*- und *Poa*-Arten, *Allium*- und *Thymus*-Arten. Auch verschiedene breitblättrige, mesomorphe Arten kommen hier vor.

Interessant insbesondere hinsichtlich des Anteils von Therophyten und Hemikryptophyten sind die von ELLENBERG (1982) vorgenommenen Auswertungen der Lebensformen (Tabelle 37) der unten aufgeführten xerophilen Pflanzengesellschaften.

12.2.2 Pflanzengesellschaften anthropogener Ersatzstandorte

Die spontane Ersatzvegetation stark veränderter urbaner Standorte birgt ein nicht unwesentliches Potential von Pflanzenarten, die in begrünte Dachflächen einwandern können. Sofern dies hochaufwachsende, ruderale, nitrophile Arten sind, erfolgen zwar Besiedlungsversuche, die jedoch aufgrund der nicht ausreichenden Wasserversorgung in extensiven Dachvegetationen selten von dauerndem Erfolg sind (siehe Tabellen Abschnitt 19.3.1).

Die realen und potentiellen urbanen Pflanzenstandorte mit Extremcharakter sind sehr vielfältig hinsichtlich der Art der Stoffe und der chemisch-physikalischen Qualität.
Es können unterschieden werden:

1. Extreme trockene, bodengebundene Standorte (Abbildung 152) wie zum Beispiel Bitumendecken, offene Schotterdecken, wassergebundene Decken sowie offene Platten- und Pflasterfugen.
2. Extreme trockene, nicht bodengebundene Standorte (Abbildung 153) wie zum Beispiel Oberflächen und Kronen von Mauern aus Naturstein, Ziegeln oder Beton sowie Flachdächer mit und ohne Bekiesung und Steildächer mit harter Bedachung aus Ziegeln, Schindeln sowie Eindeckungen aus Reet und Stroh.

Städtische Ersatzgesellschaften extremer, trockener Standorte zeichnen sich häufiger durch eine auffällige Artenarmut und hohe Anpassungsfähigkeit BRANDES (1987) der Arten aus. WITTIG u.a. (1985) charakterisiert viele von ihnen als „urbanophile“ Verbreitungstypen. Der Anteil von Neophyten insbesondere aus der mediterranen Flora kann da-

Abb. 152. Extreme, trockene anthropogene *bodengebundene* Pflanzenstandorte.

Auf nicht oder wenig benutzten, erodierten Bitumendecken (Schwarzdecken) kommt es zu einer Primärbesiedelung durch Moose mit Folgesukzessionen Höherer Pflanzen.

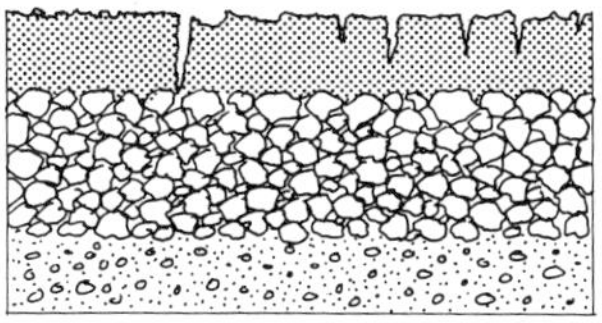

Auf offenen Schotterdecken, wassergebundenen Decken und Schotterrasen siedeln sich Moos-Gesellschaften, Sedum- und Gras-Kraut-Bestände Trittgesellschaften an.

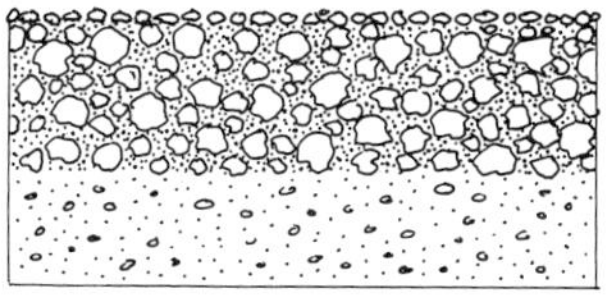

Offene Platten- und Pflasterfugen mit Pflasterritzen-Gesellschaften.

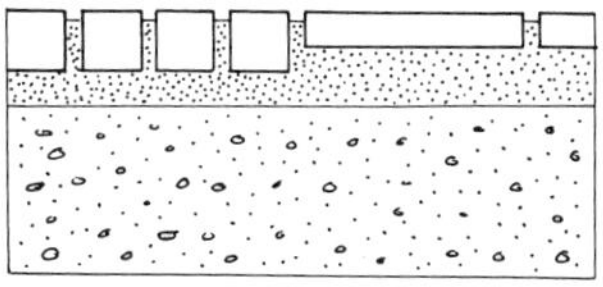

bei recht hoch sein. SUKOPP (1976) gibt den Anteil für die geschlossene Bebauung Berlins mit 23,7 Prozent an (nach KUNICK 1974). SUKOPP (1980) führt weiterhin als allgemeine Feststellung an, daß „bei Blütenpflanzen im Zentrum von Städten mehr als die Hälfte der Arten Hemerochoren südlicher Herkunft“ sind.

Ein anschauliches Beispiel auch für den Erfolg anemochorer Verbreitungstypen sind *Bryum argenteum* und *Poa annua*. Beide Arten siedeln in der Regel schon im ersten Jahr der Dachbegrünung spontan und können auch wesentlich zur Flächendeckung beitragen.

Zu nennen sind hier die Pflasterritzen-Gesellschaften des **Sagino-Bryetum argentei**

Abb. 153. Extreme, trockene anthropogene *nicht bodengebundene* Standorte.

Auf Oberflächen von aufgesetzten Mauern aus Naturstein oder Ziegeln, insbesondere auf Mauerkronen mit Humus- und Feinteilansammlungen und teilweise mit Sodenabdeckungen, sind Flechten- und Moosgesellschaften, verschiedene Sedum-Gras-Kraut-Vergesellschaftungen und Mauerfugen-Gesellschaften zu finden.

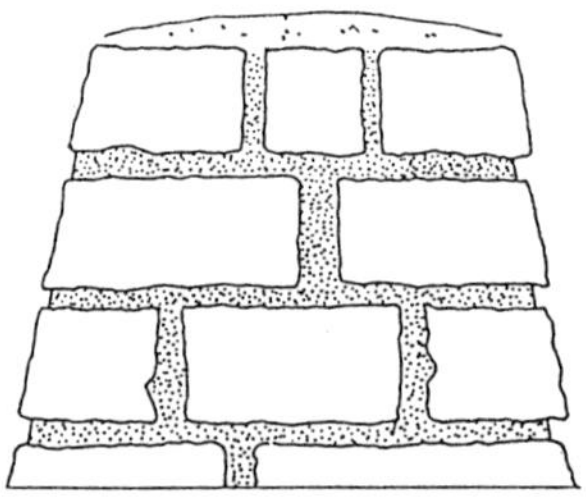

Oberflächen von mehr oder weniger strukturierten Betonmauern mit extremem Wüstencharakter werden primär durch Flechten im abgewitterten Zustand besiedelt, später nimmt der Anteil xeromorpher Moose auf allen durch Niederschläge erreichbaren Flächen zu.

Auf Flachdächern mit oder ohne Dachflächengefälle sowie mit und ohne Schutzabdeckungen aus Kies lassen sich sehr unterschiedliche Besiedlungen von Algenbelägen bis zur Verbuschung durch Gehölze in Abhängigkeit von der Substratdicke und -qualität feststellen (siehe auch Abb. 155).

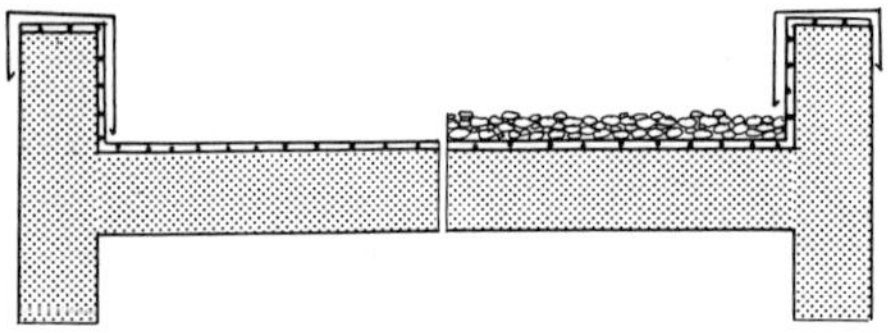

Auf Steildächern mit harter Bedachung aus Dachziegeln und Schindeln bilden sich ausgeprägte Flechtengesellschaften mit xeromorphen Moosen. In Schattenbereichen finden sich auch flächige Moosgesellschaften.

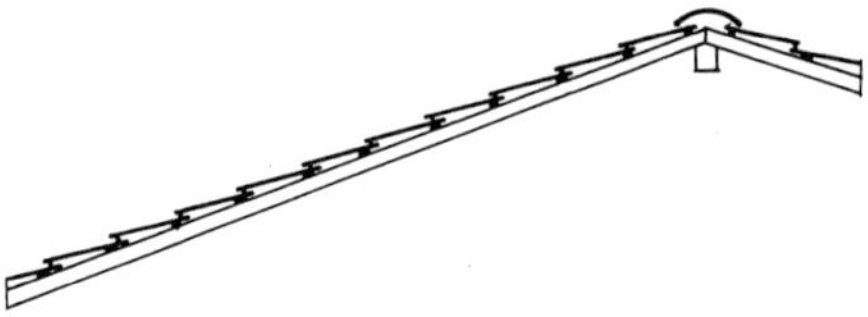

Steildächer mit Eindeckungen aus Reet oder Stroh zeigen ausgeprägte Moosgesellschaften mit späteren Folgegesellschaften aus Kräutern und Gräsern im Altersstadium des Daches.

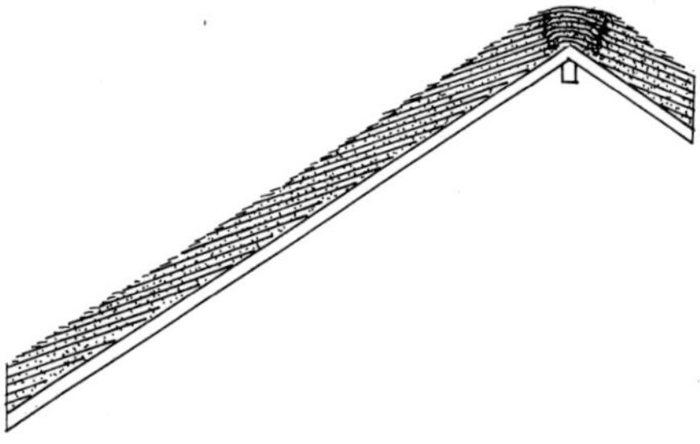

(KIENAST 1978) mit Arten wie *Bryum argenteum, Ceratodon purpureus, Sagina procumbens, Poa annua* und *Plantago major.* Auch die häufig verbreiteten Gesellschaften der Mäusegerste, das **Hordeum murni**, weist ein Artenpotential von Gräsern wie *Lolium perenne, Poa annua, Poa trivialis* und *Poa pratensis* ssp. *angustifolia* auf, welches regelmäßig bei der Kolonisation von neuen Lebensräumen anzutreffen ist. Die Artenzahlen der Moose, Kräuter und Gräser bewegen sich nach den Aufnahmen von KIENAST (1978) zwischen sechs und 18.

KIENAST (1978) beschreibt für die Stadt Kassel auch das **Sedo-Sempervivetum** auf Mauerkronen, welches in seiner Artenzusammensetzung mit *Sedum acre, Sedum sexangulare, Poa compressa* und *Potentilla argentea* unmittelbar auch für dünnschichtige Extensivbegrünungen geeignet wäre. KIENAST beschreibt diese Assoziation so: „Der Aspekt der Assoziation wird geprägt von der auffällig blühenden *Potentilla argentea* und den *Sedum*-Arten, die beinahe den gesamten Substratteil der Mauerkrone bedecken und somit wesentlich zur „Bodenfestigung" beitragen. Das Gesellschaftsbild ist vor allem im Frühjahr und Sommer außergewöhnlich schön. Es erinnert an Vegetationsbilder aus mediterranen Ländern."

KIENAST führt weiter schlußfolgernd aus: „Diese natürliche Besiedlung von Mauerkronen mit ausdauernden und widerstandsfähigen Pflanzen muß als Beispiel gewertet werden, wie mit äußerst geringem Substratanteil zum Beispiel Dachflächen mit Vegetation bedeckt werden können. Neben sorgfältiger Auswahl der Pflanzenarten ist besonderer Wert auf das Substrat zu legen."

Für das Vorkommen auf „alten Dächern und ähnlichen anthropogenen Standorten" erwähnt OBERDORFER (1978) ausdrücklich das **Saxifraga tridactylitis-Poetum compressae**, das KREH (1945) zum ersten Mal beschrieben hat.

RUNGE (1978) beschreibt eine Fingersteinbrech-Gesellschaft, **Poa compressa-Saxifragetum tridactylitis** so: „Auf Mauerkronen und Kiesdächern gedeiht ein bunter Rasen mit dem kleinen Dreifinger-Steinbrech *(Saxifraga tridactylites)* mit zusammengedrücktem Rispengras *(Poa compressa)*, Sandkraut *(Arenaria serpyllifolia)* und vielen Moosen."

Die spontane Besiedlung von Mauerkronen weist ein ähnliches Artenpotential auf wie die an Dächern. Der Standort Mauerkrone ist geprägt von geringen Substrat- und Rohhumusauflagen und starken Randaustrocknungseffekten. Sofern sich einzelne Spalten und Ritzen ergeben, können einzelne Arten tiefer wurzeln, oder es können auch solche mit Pfahlwurzeln überdauern, wie zum Beispiel *Echium vulgare.* Ein weiterer positiver Unterschied ergibt sich aus der wurzelkühlenden Steinunterlage und einem gewissen Mineralaustausch mit dem Substrat, insbesondere durch die Kalkmörtelfugen.

BRANDES (1989) führt zur Vegetation von Mauerkronen der Wachau in Österreich an: „Nicht nur innerhalb der Ortschaften stellen die Mauerkronen einen wichtigen Lebensraum für trockenheitsertragende Arten dar. Von den dort wachsenden Arten können hier nur die häufigen genannt werden: *Agropyron intermedium, A. repens, Allium montanum, Alyssum saxatile, Artemisia campestris, Berteroa incana, Bromus tectorum, Centaurea stoebe, Cerastium arvense, Echium vulgare, Melica transsylvanica, Petrorhagia saxifraga, Poa compressa, Potentilla argentea, Sedum album, S. sexangulare, S. telephium* agg."

Auf Mauerkronen verwildern häufiger *Iris germanica* und andere Iris-Arten, *Antirrhinum majus, Cerastium tomentosum* und *Cheiranthus cheiri.*

Die bisherigen Untersuchungen natürlicher Spontanbegrünungen von Dächern ergeben die wertvollsten Rückschlüsse über das geeignete Arteninventar. Einzelne Arten wurden dabei bisher nur auf den Dächern, nicht aber in den umgebenden bodengebundenen Flächen festgestellt.

KREH (1945) beschreibt in seinen Untersuchungen von Stuttgarter Kiesdächern mit Schichtdicken zwischen 5 bis 20 cm die Pflanzengesellschaften des Dreifinger-Steinbrechs, **Saxifragetum tridactylites,** in Verbindung mit Moosvergesellschaftungen. Wegen der teilweise extremen Trockenlagen mit dünnem Schichtaufbau entwickelte sich hieraus eine ephemere Mikroflora von 5 bis 10 cm Wuchshöhe in Moos- und Flechtenrasen. Dies sind kurzlebige Arten wie *Erophila verna, Arenaria serpyllifolia, Saxifraga tridactylites* und *Veronica arvensis, Eragrostis minor, Poa annua* und *Conyza canadensis (Erigeron canadense).* Ausdauernde Arten sind *Sedum album* und *Sedum acre.* Als häufigste Moose kommen vor: *Bryum argenteum, Fumaria hygrometrica* und *Ceratodon purpureus,* und besonders an sonnigen Standorten ist *Racomitrium canescens* weit verbreitet.

Die erste umfassende pflanzensoziologische Untersuchung von Dachstandorten hat Bornkamm (1961) auf den Göttinger Kiesdächern durchgeführt. Die Holzzementdächer mit geringer Neigung hatten eine wenige Millimeter starke untere Sandschicht mit einer darüberliegenden im Mittel 10 cm hohen Kies-Sand-Abdeckung. Die Gesellschaftsentwicklung wird als Sukzession von primären Unkraut-Gesellschaften zur Übergangswiese und nach fünfzig Jahren zur *Poa*-Wiese als Dauergesellschaft beschrieben. Auf durch Erosion verdünnten Schichten treten *Sedum*- und Moos-Gesellschaften auf. Die Standorte werden hinsichtlich des Wasserhaushaltes in Extremparametern charakterisiert: „in feuchten Jahren besonders feucht und in trockenen Jahren besonders trocken".

Bornkamm (1961) differenziert fünf Pflanzengesellschaften; deren Entwicklung aus Abbildung 154 zu entnehmen ist.

1. **Unkraut-Gesellschaft**

Das **Panico-Galinsogetum** kommt auf jüngeren oder stark gestörten Dächern vor. Neben typischen ruderalen Garten- und Ackerkräutern treten auch schon typische Dachpflanzen wie *Poa compressa, Taraxacum officinale, Ceratodon purpureus* und *Bryum argenteum* auf.

2. **Tritt-Gesellschaft**

Das **Lolio-Plantaginetum** findet sich auf stark begangenen Flächen. Es enthält zum Beispiel die typischen Vertreter *Poa annua, Plantago major, Chamomilla suaveolens (Matricaria matricarioides)* oder *Polygonum aviculare.*

3. **Poa-compressa-Wiese**

Das **Poetum anceptis-compressae typicum** stellt mit einigen Varianten das *Klimaxstadium der Sukzessionsentwicklung* dar und nimmt als bedeutendste Gesellschaft auch die größten Flächen ein. Die Dicke der Kiesschicht beträgt mindestens 10 cm. Die dominierende Hauptart ist *Poa compressa* mit Un-

Abb. 154. Schema der Vegetationsentwicklung auf Holzzementdächern mit Kiesauflagen in Göttingen (aus Bornkamm 1961).

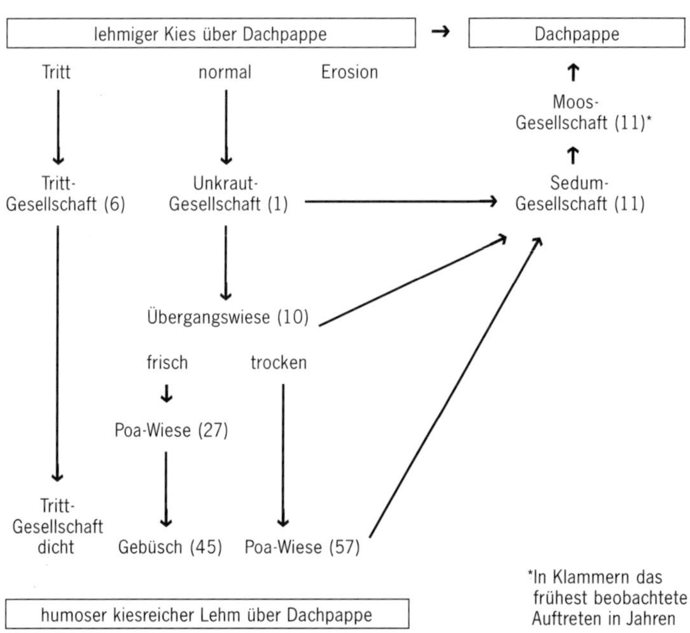

terwuchs von häufig vorkommenden Moosen wie *Bryum* spec. und *Ceratodon purpureus*. In den verschiedenen Varianten kommen *Dactylis glomerata* und *Poa pratensis* ssp. *angustifolia* und *Sedum telephium* neben verschiedenen Kräutern vor.

4. **Sedum-Gesellschaft**

Das **Sedo-Sempervivetum tectorum** kommt als relativ artenarme Gesellschaft bei einer mittleren Kiesdicke von 6,8 cm vor. Häufig dominiert eine der Sukkulenten-Arten, die sich aber gegenseitig ersetzen können. Auf besonders kalkreichem Untergrund wächst *Sedum sexangulare* (syn. *Sedum boloniense*), vergesellschaftet mit *Sedum album*. Bestandsbildend ist *Sedum acre, Sedum spurium* und *Sempervivum tectorum*. *Poa compressa* tritt hier nur in sehr geringen Anteilen auf. *Saxifraga tridactylites* und *Arenaria serpyllifolia* werden vereinzelt festgestellt. Bemerkenswert ist der sehr hohe Deckungsgrad, häufig über 50 Prozent, von *Ceratodon purpureus*.

5. **Moos-Gesellschaft**

Das **Sedo-Sempervivetum ceratodontestosum purpurei** entwickelt sich auf erodierten Kiesschichten mit mittleren Dicken von 3 cm. Krautige Pflanzen verschwinden fast völlig. BORNKAMM faßt diese Moos-Gesellschaft als verarmte *Sedum*-Gesellschaft auf. An sonnigen Stellen dominieren *Ceratodon purpureus* und *Bryum argenteum*, bei gelegentlicher Beschattung *Bryum capilliare* und *Cladonia coniocraea*. *Poa compressa* und *Sedum acre* treten neben anderen nur vereinzelt auf.

Zu einer ähnlichen pflanzensoziologischen Gliederung der spontan begrünten alten Berliner Holzzementdächer mit Sand-Kiesauflagen zwischen 10 und 18 cm kommen DARIUS und DREPPER (1983). Sie teilen die von ihnen untersuchte Dachvegetation in zwei Gruppen ein. Dies sind zum einen mehr oder weniger lockere und offenwüchsige Bestände, deren Artenzusammensetzung von den jährlichen Niederschlagsmengen abhängt. „Mit dem Vorherrschen von Sukkulenten, Therophyten und trockenheitsertragenden Moosen sind die genannten Merkmale typisch für eine Sedo-Scleranthetea-Gesellschaft. Auf der anderen Seite stehen die dichten, rasenartigen Bestände, gebildet von *Poa compressa*, einem Ausläufer treibenden Gas, und eingestreuten teils kurzlebigen, teils ausdauernden Ruderalarten. Diese über viele Jahrzehnte stabilen Bestände dürften eine Agropyretea-Gesellschaft darstellen." (DARIUS und DREPPER 1983)

Das **Grimmio-Tortuletum muralis** (von HÜBSCHMANN 1950 und 1986) wird als „auf Sekundärstandorten ruderal beeinflußte Moosgesellschaft" beschrieben. Dabei werden unter anderem auch Dächer und Mauerkronen erwähnt.

Das **Sedo-Sempervivetum tectorum** tritt als *Sedum*-Variante mit einer mittleren Kiesauflage von 4,8 cm und als *Bromus-tectorum*-Variante auf. Sehr stetig im Auftreten sind *Sedum acre, Ceratodon purpureus* und *Poa compressa*. *Sempervivum tectorum* und *Saxifraga tridactylites* kommen nicht vor.

Die typische Variante der **Poetum pratensis-compressae** entspricht derjenigen der Göttinger Kiesdächer (BORNKAMM 1961). Die Kiesschicht ist jedoch im Mittel 16 cm dick, während sie in Göttingen 11,6 cm betrug. Offene Bestände werden als *Setaria*-Variante beschrieben, in dem *Setaria viridis, Allium schoenoprasum, Poa angustifolia* und *Poa palustris* vorkommen. Der Schnittlauch (*Allium schoenoprasum*) hat teilweise einen Deckungsgrad von bis zu 20 Prozent.

Sehr extreme Standortausprägungen natürlicher Spontanbegrünungen haben BOSSLER und SUSZKA (1987) in Osnabrück untersucht. Dabei handelte es sich teilweise um flächenfragmentarische Inselbegrünungen mit Moos- und Flechten-Gesellschaften auf feinerdarmer Kieslage bis 5 cm oder Moos- und *Sedum*-Gesellschaften auf durchgehenden Kiesflachdächern. Die Holz-Zementdächer trugen dort verschiedene Gräser-Gesellschaften, wie den Rotschwingel-Honiggras-Rasen und den *Poa-compressa*-Rasen.

Eine Neubesiedlung durch *Saxifraga tridactylites* auf frisch begrünten südexponierten, geneigten Dachflächen (etwa 30 Grad) aus umliegendem Trockenrasen konnte der Autor in Süd-Westdeutschland feststellen (KRUPKA 1988).

LEHMANN (1985, 1986) hat etwa 45 Jahre alte, forstlich initiierte Begrünungen auf etwa 20 bis 25 cm dicker Vegetationsschicht über 6 cm Drän- und Filterschicht untersucht. Der durchwurzelbare Schichtaufbau betrug also maximal 31 cm. Eine Besonderheit war der niedrige pH-Wert von mäßig sauer (pH 5,9 bis 5,0) und stark sauer pH 4,9 bis 4,0). Eine exemplarische Dachfläche wies 85 verschiedene Pflanzenarten von Trockenzeigern bis zu Überschwemmungszeigern auf. Durch längere Staunässeperioden konnten sich verschiedene Baum- und Straucharten wie *Pinus, Betula, Sorbus, Ribes* und Wildrosen etablieren. Ein großer Teil der Fläche ist mit einer dichten Strauchschicht bedeckt. Auf den Freiflächen mit einer Gras-Kraut-Schicht ließen sich die gefundenen Arten den Pflanzengesellschaften der Waldlichtungsflora, Borstgrastriften und Zwergstrauchheiden zuordnen. Typische Vertreter sind *Calamagrostis epigejos, Calluna vulgaris, Luzula campestris, Milium effusun, Dryopteris filix-mas, Juncus* spec. Baumartige Gehölze zeigten im Alter ab 20 Jahren Wuchsdepressionen. Deshalb werden sich Bäume nach Einschätzung des Autors auf Dauer nicht halten, zugunsten einer ausgeprägten Strauchschicht.

Wie die genannten Beispiele zeigen, ist eine sichere Ausgangsbasis für die Artenauswahl für Extensive Dachbegrünungen und ihre Möglichkeiten der Vergesellschaftung gegeben. In Abbildung 155 sind die Pflanzenvergesellschaftungen in Abhängigkeit von der Substratdicke dargestellt, die sich aus spontanen Besiedlungen ergeben.

Abbildung 156 gibt die schwerpunktmäßige Verbreitung von *Sedum acre, Bromus tectorum, Setaria viridis* und *Poa compressa* in Abhängigkeit von der Kiesauflage wieder.

12.2.3 Lebensräume und Lebensraum-Kennziffern Extensiver Dachbegrünungen

Ausgehend von den Primäreinflüssen des Klimas auf die Standortbedingungen flacher und stark geneigter Dächer und auf die standortspezifische Ausprägung der Vegetation ist wie bei den Intensivbegrünungen zu unterscheiden zwischen:

0.1 freien Lagen unter stärkerer bis sehr starker Luftbewegung auf Flachdächern
0.2 geschützten Lagen unter geringer bis sehr geringer Luftbewegung auf Flachdächern
0.3 freien Lagen unter stärkerer bis sehr starker Luftbewegung auf Steildächern
0.4 geschützten Lagen unter geringer bis sehr geringer Luftbewegung auf Steildächern.

Die Kategorie der Steildächer ist in der Regel den freien Lagen zuzuordnen. Allein durch die Dachform ergibt sich schon eine höhere Intensität der Luftbewegung. Allerdings können sich auf den wind- und sonnenabgewandten Seiten und in durch Bäume oder Bauwerke abgeschirmter Umgebung für Teilflächen sehr geschützte Lagen ergeben. Häufiger bestehen auch sehr erhebliche standortklimatische Unterschiede zwischen geschützten und exponierten Teilflächen. Je extremer der Standort, desto stärker werden sich auch mikroklimatische Standortunterschiede im Vegetationsbesatz bemerkbar machen. Dies gilt besonders für einschichtige Bauweisen geringer Schichtdicke aus leichten Schüttstoffen.

Eine nicht zu unterschätzende Problematik ergibt sich aus den unterschiedlichen Besonnungsverhältnissen und somit aus den objektbezogenen krassen Unterschieden der lichtklimatischen Verhältnisse. Wandernde Schlagschatten können bei Extensiven Dachbegrünungen in der Regel nicht durch höher aufwachsende Gehölze gemildert werden. Der überwiegende Teil der in Frage kommenden Pflanzenarten ist heliophil, benötigt also offene sonnige Standorte.

Unter Berücksichtigung des Jahresganges der Sonne mit den unterschiedlichen Einstrahlungswinkeln sind die Standorte einzuordnen als

1.1 überwiegend sonnig
1.2 überwiegend schattig
1.3 Wechsellicht-Bereich.

In den Wechsellicht-Bereich sind alle Zonen der durch Bauwerke bedingten tageszeitlich wandernden Schlagschatten einzuordnen, die besonders problematisch sind.

Als praxisgerechte Differenzierung hat sich folgende Unterteilung der Schichtaufbauten erwiesen. Diese Einteilung bezieht das gesamte frei durchwurzelbare Volumen einschließlich Filter- und Dränschicht ein.

A Schichtaufbauten geringster Schichtdicke 2–6 cm
B Schichtaufbauten geringer Schichtdicke 7–10 cm
C Schichtaufbauten mittlerer Schichtdicke 10–15 cm
D Schichtaufbauten hoher Schichtdicke 15–25 cm
E Schichtaufbauten sehr hoher Schichtdicke 25–60 cm und mehr.

Es ist zu beachten, daß diese Einteilung von der in Abschnitt 10.2.1 dargestellten Differenzierung für Intensivbegrünungen abweicht.

Abb. 155. Spontane Vegetationsbesiedlung auf Flachdächern mit qualitativ unterschiedlichen besiedlungsfähigen Oberflächenausbildungen.

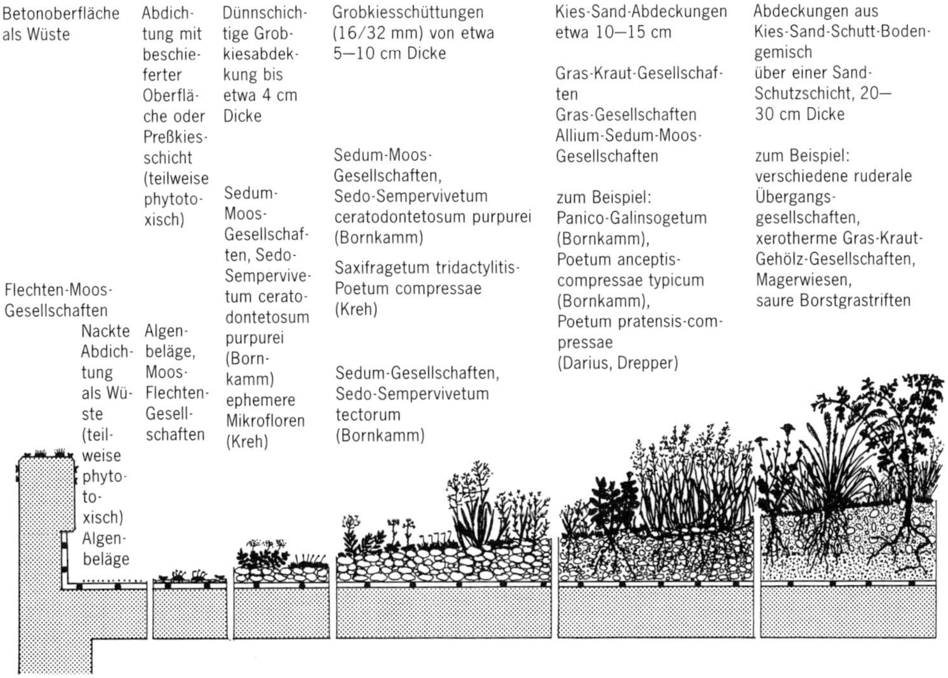

Abb. 156. Schwerpunkte der Verbreitung von vier typischen Pflanzenarten innerhalb spontan entstandener Dachvegetationen auf Holz-Zementdächern in Berlin (nach Darius und Drepper 1983, leicht verändert).

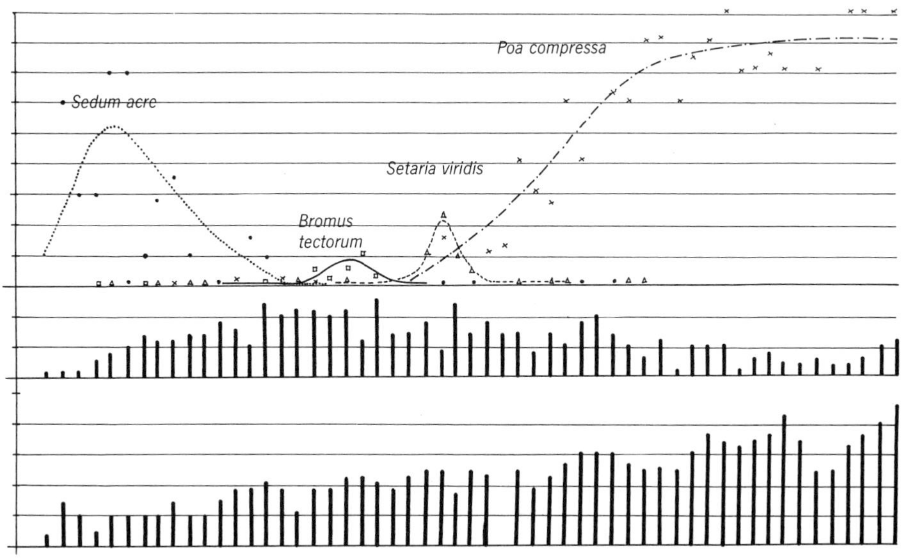

Tab. 38. Lebensraum-Kennziffern für Extensive Dachbegrünungen. (Die Besonderheiten einschichtiger Bauweisen aus leichten Schüttstoffen sind zu beachten.)

		Code für die Schichtdicken 2–6	6–10	10–15	15–25	25–60 cm
Extensive Dachbegrünungen auf Flachdächern						
01. freie Lagen unter stärkerer bis sehr starker Luftbewegung	1.1 überwiegend sonnig	A	B	C	D	E
	1.2 überwiegend schattig	A	B	C	D	E
	1.3 Wechsellicht	A	B	C	D	E
02. geschützte Lagen unter geringer bis sehr geringer Luftbewegung	2.1 überwiegend sonnig	A	B	C	D	E
	2.2 überwiegend schattig	A	B	C	D	E
	2.3 Wechsellicht	A	B	C	D	E
Extensive Dachbegrünungen auf Steildächern						
0.3 freie Lagen unter stärkerer bis sehr starker Luftbewegung	3.1 überwiegend sonnig	A	B	C	D	E
	3.2 überwiegend schattig	A	B	C	D	E
	3.3 Wechsellicht	A	B	C	D	E
0.4 geschützte Lagen unter geringer bis sehr geringer Luftbewegung	4.1 überwiegend sonnig	A	B	C	D	E
	4.2 überwiegend schattig	A	B	C	D	E
	4.3 Wechsellicht	A	B	C	D	E

Beispiele für eine Lebensraum-Kennzeichnung

0.1-1.1-B = Flachdach
freie Lage unter stärkerer bis sehr starker Luftbewegung
überwiegend sonnig
Schichtenaufbau geringer Schichtdicke 6-10 cm

0.3-3.1-C = Steildach
freie Lage unter stärkerer bis sehr starker Luftbewegung
überwiegend sonnig
Schichtenaufbau mittlerer Schichtdicke 10-15 cm

Tab. 39. Übersicht über die Anwendung von Vegetationsformen für Extensive Dachbegrünungen auf Flachdächern bei verschiedenen Schichtdicken

Vegetationsform (Abkürzung)	Höhe des Schichtaufbaues 2–6	6–10	10–15	15–25	25–60 cm
I. Moos-Sedum-Vegetation (MS)	X	X̲	X̲		
II. Sedum-Moos-Kräuter-Vegetation (SMK)	(X)	X	X̲	X̲	X̲
III. Sedum-Gas-Kräuter-Vegetation (SGK)	X̲	X	X	X̲	X̲
IV. Gras-Kräuter-Vegetation (GK)		(X)	X	X	X
V. Wildstauden-Gehölz-Vegetation (WG)			(X)	X	X
VI. Gehölzvegetation (G)				(X)	X

X = Hauptanwendung (X) = teilweise möglich X̲ = nachträglich kleinflächig auftretend

Tab. 40. Lebensräume und Ausbildungsformen der Vegetation Extensiver Dachbegrünungen. (Die Besonderheiten einschichtiger Bauweisen aus leichten Schüttstoffen sind zu beachten.)

Charakteristika der Lebensräume		Ausbildungsformen der Vegetation in Abhängigkeit von der Höhe des durchwurzelbaren Raumes				
		A 2–6 cm	B 6–10 cm	C 10–15 cm	D 15–25 cm	E 25–60 cm
Flachdächer						
0.1 freie Lagen unter stärkerer bis sehr starker Luftbewegung	1.1 überwiegend sonnig	MS SMK	SMK SGK	SGK (GK)	GK WG	GK WG, G
	1.2 überwiegend schattig	MS	SMK (SGK)	SGK GK	GK WG	GK WG, G
	1.3 Wechsellicht	MS (SMK)	SMK SGK	SGK (GK)	GK WG	GK WG, G
0.2 geschützte Lagen unter geringer bis sehr geringer Luftbewegung	2.1 überwiegend sonnig	MS SMK	SMK SGK	SGK GK	GK WG, (G)	GK WG, G
	2.2 überwiegend schattig	MS	SGK (GK)	SGK GK	GK WG, G	GK WG, G
	2.3 Wechsellicht	MS (SMK)	SMK SGK, (GK)	SGK GK	GK WG, G	GK WG, G
Steildächer						
0.3 freie Lagen unter stärkerer bis sehr starker Luftbewegung	1.1 überwiegend sonnig	MS SMK	SMK	SMK, SGK (SGK)	GK (SGK)	GK (WG, G)
	1.2 überwiegend schattig	MS	SMK SGK	SGK GK	GK	GK (WG, G)
	1.3 Wechsellicht	MS (SMK)	SMK	SGK GK	GK	GK (WG, G)
0.4 geschützte Lagen unter geringer bis sehr geringer Luftbewegung	2.1 überwiegend sonnig	MS SMK	SMK SGK	SGK GK	GK	GK (WG)
	2.2 überwiegend schattig	MS	SGK GK	GK	GK (WG)	GK WG
	2.3 Wechsellicht	MS (SMK)	SMK SGK, (GK)	(SGK) GK	GK (WG)	GK WG

* Erläuterung der Abkürzungen für die Ausbildungsformen der Vegetation siehe Tabelle 39
( ) = teilweise möglich

Diese Differenzierung schließt das frei durchwurzelbaren Volumen ein- und mehrschichtiger Bauweisen ein. Bei einschichtigen Bauweisen aus leichten Schüttstoffen sind für die Gruppen A bis C die besonderen Lebensbedingungen für die Vegetation zu beachten. Die Schichtaufbauten aus A kommen nur für Dächer mit geringer Lastannahme, etwa von 0,5 kN (50 kg) je m², in Frage. Besonders niedrige und im Rahmen der jeweiligen maximalen Lastannahme besonders hohe Schichtdikken können als punktuelle Ausbildungen sowohl aus pflanzensoziologischen und ökologischen als auch aus ästhetischen Gründen erfolgen.

Schichtaufbauten hoher und sehr hoher Aufbaudicke ermöglichen dauerhafte Gras-Kraut- und Gehölzvegetationen. Schichtaufbauten über 25 bis 60 cm und mehr kommen in der Regel nur auf Sonder- und Ingenieurbauwerken sowie auf Tiefgaragen in Frage.

Wie für die Intensiven Dachbegrünungen ergibt sich aus der Lebensraum-Klassifizierung nach Abschnitt 5.5 als Kombination mit den Schichtdicken A bis E die **Lebensraum-Kennziffer** mit wiederum jeweils 30 Codierungsmöglichkeiten für Flach- und Steildächer (Tabelle 38).

Eine zusätzliche Verwendung des „Kennziffer-Systems" der Lebensbereiche nach HAN-

SEN und MÜSSEL (1972) wie für die Intensiven Dachbegrünungen beschrieben erscheint für Extensive Dachbegrünungen nicht sinnvoll, weil diese in ihrer Codierung auf die Lebensbereiche von Gärten- und Parkanlagen ausgerichtet sind.

Zur weiteren Orientierung gibt Tabelle 39 zunächst die möglichen Vegetationsformen auf Flachdächern in Abhängigkeit von der Höhe der durchwurzelbaren Schichtdicke an.

Die in Tabelle 40 erfolgte Zuordnung der Vegetationsformen zu Lebensräumen in Kombination mit der Höhe des durchwurzelbaren Volumens ermöglicht eine Einschätzung der potentiellen Möglichkeiten für die Vegetationsetablierung auf Flachdächern und Steildächern. Sie kann allerdings nicht die erforderliche Analyse jedes Einzelstandortes ersetzen.

12.3 Ausbildungsformen Extensiver Dachbegrünungen und deren Lebensräume

12.3.1 Differenzierung der Ausbildungsformen Extensiver Dachbegrünungen

In Anlehnung an natürliche und anthropogene Ersatzgesellschaften kommen verschiedene Vergesellschaftungen potentiell geeigneter Pflanzenarten aus dem mitteleuropäischen Raum in Frage. Neben den klimatischen Rahmenbedingungen müssen jedoch hinsichtlich der Höhe des Wurzelvolumens, des Wasserhaushaltes und der physikalisch-chemischen Substratqualität ähnliche Lebensbedingungen vorhanden sein. Dann wird sich eine standorttypische Dachvegetation herausbilden, die sehr artenarm, aber auch sehr artenreich sein kann.

Die mittlerweile allgemein eingeführte Differenzierung unten aufgeführter Vegetationsformen vegetationstechnischer Extensivbegrünungen geht von deren relativen Klimaxstadien als Idealzustand aus (siehe auch Abschnitt 9.4.2). Es werden unter praktischen Gesichtspunkten vereinfachend unterschieden:

- Moos-Sedum-Vegetationen (MS)
- Sedum-Moos-Kraut-Vegetationen (SMK)
- Sedum-Gras-Kraut-Vegetationen (SGK)
- Gras-Kraut-Vegetationen (GK)
- Wildstauden-Gehölz-Vegetationen (WG)
- Gehölz-Vegetationen (G).

Besondere Ausprägungen innerhalb der einzelnen Vegetationsformen sind als Reaktion auf die speziellen Standortbedingungen die Regel, so daß weitere, auch pflanzensoziologisch interessante Kleingesellschaften oder Assoziationen, wie zum Beispiel die Allium-Sedum-Moos-Vegetation differenziert werden können, die aber für die Praxis weniger bedeutend sind. Die einzelnen Ausbildungsformen der Vegetationen werden von einem charakteristischen Bestand einzelner Lebensformen geprägt, welche die Standortbedingungen widerspiegeln (Abbildung 157).

Ein weit verbreiteter Irrtum ist die Annahme, daß bestimmte Dachflächen als Begrünungsobjekte mit einer geplanten Ausbildungsform der Vegetation gleichzusetzen sind. Selbst wenn mit der Vegetationsansiedlung dieses Ziel verfolgt wird, etablieren sich später entsprechend den klein- und kleinsträumigen Standortbedingungen in der Regel verschiedene Vegetationsformen oder Übergangsformen (Abbildung 158). Die angestrebte Ausbildungsform sollte allerdings vorherrschen und somit das Planungsziel (sofern vorhanden) bestätigen.

Weiterhin muß jedoch beachtet werden, daß einerseits die Übergänge zwischen den einzelnen Ausbildungsformen fließend sind, andererseits sich jährliche Witterungs- und mittelfristige Klimaschwankungen, wie extreme Trocken- oder Niederschlagsperioden, deutlich auswirken. Dies um so signifikanter, je näher ein Vegetationstyp in einem Lebensraum unter Grenzstandortbedingungen existiert, wie das zum Beispiel auf Teilflächen von Steildächern die Regel ist. Insbesondere bei Gras-Kraut-Vegetationen kann dies sehr drastische Auswirkungen haben. Obwohl eine Gras-Kraut-Vegetation unter Grenzstandortbedingungen bei längerer Trockenheit bis nahezu 100 Prozent ausfallen kann, reicht in der Regel der Samenvorrat für eine Wiederbesiedlung aus.

Diese Prozesse können im mehrjährigen, wie auch im jährlichen Rhythmus ablaufen. Hier muß unter bestimmten Voraussetzungen von **Wechselvegetationen** mit recht unterschiedlichen Erscheinungsbildern ausgegangen werden (Tabelle 41). Neben den klimati-

Abb. 157. Der potentielle Flächenanteil der verschiedenen pflanzlichen Lebensformen in den Ausbildungsformen Extensiver Dachbegrünungen. Durch die Vegetationsschichtung (Moose wachsen unter Gräsern) ergeben sich häufig mehr als 100 Prozent Vegetationsbedeckung.

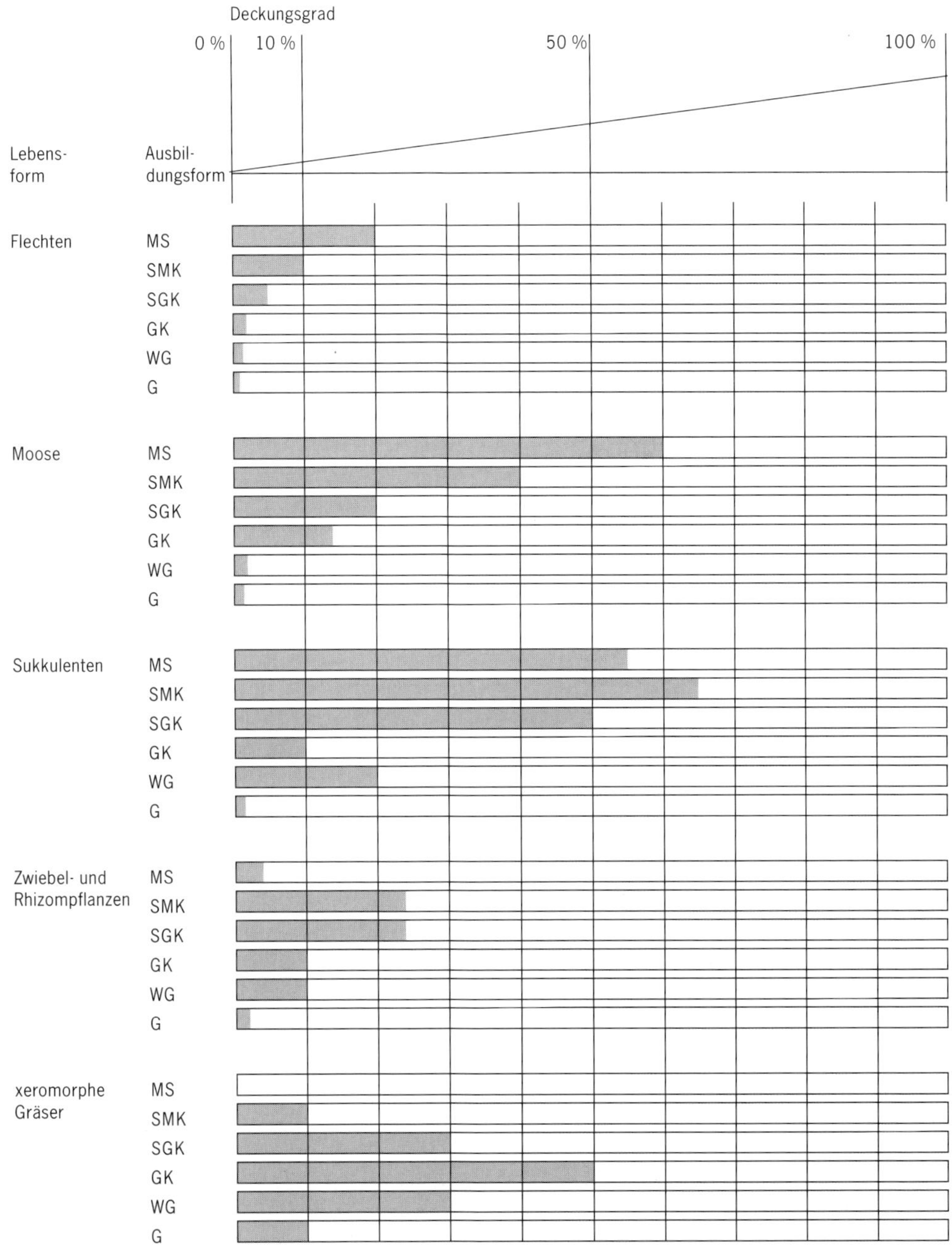

Fortsetzung Abb. 157

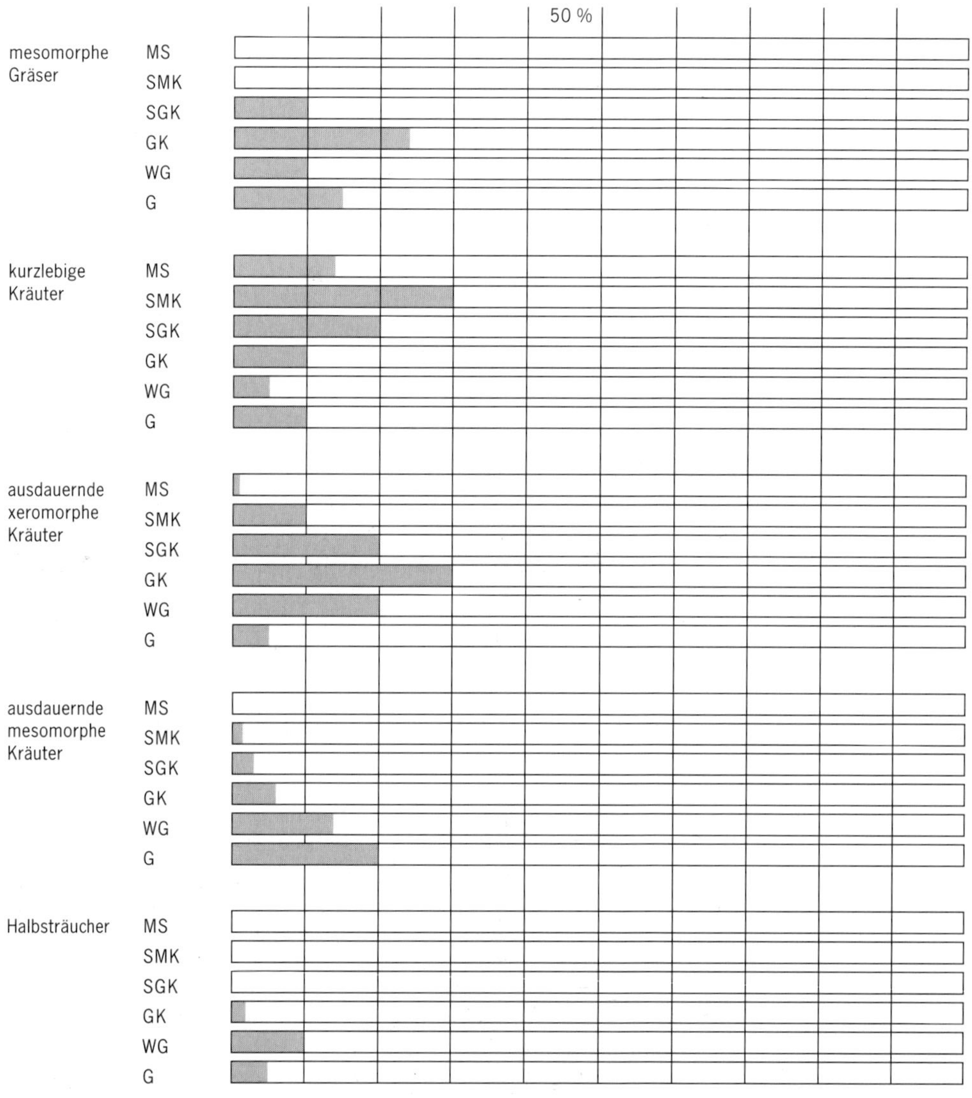

Fassadenbegrünungen und Intensive Dachbegrünungen

Von links nach rechts und oben nach unten:
Direkte Fassadenbegrünung mit Wildem Wein, Unterwachsung von Fassadenelementen.
Begrünung einer Glasfassade mit Rankpflanzen an funktionalen Kletterhilfen.
Fassaden-Elementbegrünung von einer Dachfläche aus.
Einfache Intensivbegrünung mit Wildgehölzen.
Aufwendige Intensivbegrünung in einem Innenhof.
Pflanzbeete mit Intensivbegrünung auf einer Dachterrasse.
Pflanzgefäße mit Intensivbegrünung auf einem Kiesdach.
Einfache Intensivbegrünung mit Stauden und Kräutern.

Fortsetzung Abb. 157

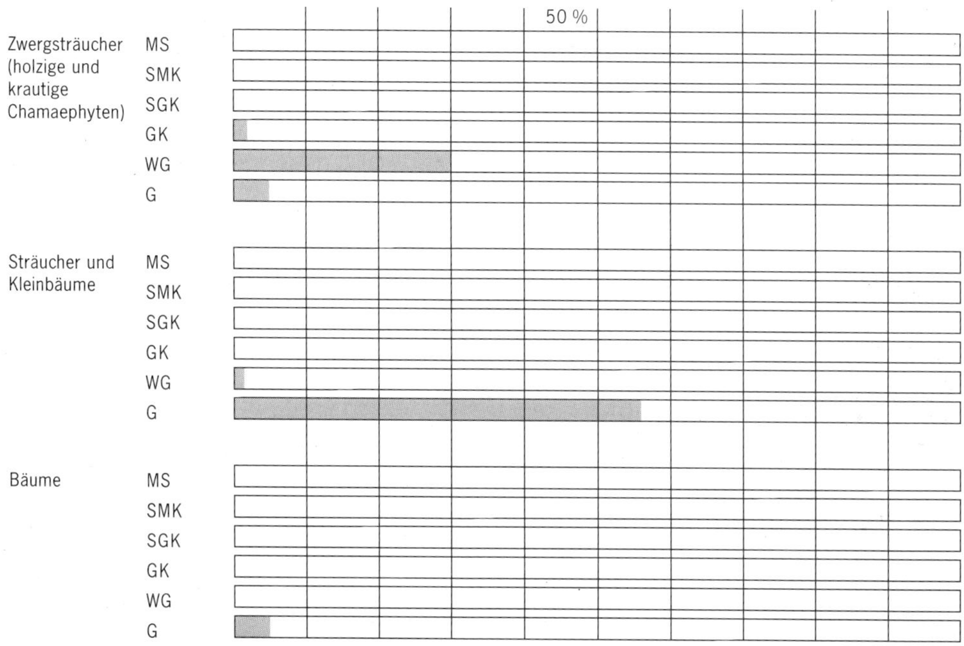

schen Einflüssen wirken sich die jeweiligen Bedingungen des Schichtaufbaues und Wasserhaushaltes fördernd oder hemmend aus, besonders wenn der Aufbau zum plötzlichen starken Austrocknen oder zu lang anhaltender Vernässung neigt. Nach den bisherigen Beobachtungen zeichnen sich auch für einschichtige Bauweisen aus leichten Schüttstoffen auf Flachdächern häufig Wechselvegetationen ab; vor allem bei geringen Schichtdicken. Auch bei nicht ausgereiften oder falsch angewendeten Systembauweisen kann der bereits von BORNKAMM (1961) für Kiesdächer beschriebene und für die Vegetationsentwicklung als Katastrophe zu bezeichnende Effekt „als in trockenen Jahren zu trocken und in nassen Jahren zu naß" festgestellt werden. *So kann es vorkommen, daß die Übergangsformen beständiger sind als die „reine Form".*

Bei Wechselvegetationen stark degenerativer Typen fehlen häufig bestimmte Vegetationselemente, zum Beispiel kann *Sedum album* nach zu lang anhaltender Vernässung ausfallen, oder Gräser verschwinden bei zu großer Trockenheit. Wechselvegetationen haben auch einen Zeigerwert für Veränderungen in der Substratschicht innerhalb der chemisch-physikalischen Charakteristik. Tabelle 42 nennt einige Beispiele.

Nachfolgend werden die einzelnen Ausbildungsformen Extensiver Dachbegrünungen in ihren wesentlichen Merkmalen und Eigenschaften beschrieben.

Mauerbegrünung, Extensive Dachbegrünung

Von links nach rechts und oben nach unten:
Mauerkopf mit natürlicher Vegetation, vorwiegend *Sedum.*
Steildach mit natürlicher Begrünung aus Moosen und Flechten.
Flachdach mit Spontanbegrünung aus Moosen.
Kiesdach mit spontaner Sedum-Gras-Kraut-Vegetation.
Flachdach mit sukzessiver Gras-Kraut-Vegetation und Gehölzen (ehemalige Intensivbegrünung).
Flachdach mit Gras-Kraut- und Gehölz-Vegetation.
Moos-Sedum-Vegetation, Vegetationsmatten.
Moos-Sedum-Vegetation mit spontan angesiedelten Flechten, Schnittlauchbestand.

Tab. 41. Veränderungen etablierter Ausbildungsformen von Extensivbegrünungen in Formen von Wechselvegetationen

primär etablierte Ausbildung der Vegetationsformen		spätere Wechselvegetationsformen
Moos-Sedum-Vegetationen	◄——►	Sedum-Moos-Kraut-Vegetationen
	◄——►	Sedum-Gras-Kraut-Vegetationen
	◄——►	Moos-Sedum-Vegetationen
Sedum-Moos-Kraut-Vegetationen	◄——►	Sedum-Gras-Kraut-Vegetationen
	◄——►	Gras-Kraut-Vegetationen
Sedum-Gras-Kraut-Vegetationen	◄——►	Moos-Sedum-Vegetationen
	◄——►	Gras-Kraut-Vegetationen
Gras-Kraut-Vegetationen	◄——►	Sedum-Moos-Kraut-Vegetationen
	◄——►	Moos-Kraut-Vegetationen

Tab. 42. Chemisch-physikalische Veränderungen in der Substratschicht und die Auswirkungen auf die Vegetation (Ausbildung von Wechselvegetationen)

Ursache	Beobachtete Auswirkung
Verringerung des Luftvolumens im Substrat mit zunehmender, längerer Vernässung	Ausfall von Sukkulenten und ausgepräger Xerophyten; Einsetzen von Vermoosung
Staunässe auf gefällelosen Dächern wegen unzureichender Wasserabführung	Ausfall von Sukkulenten und Xerophyten; Bevorzugung von stark wachsenden, horstartigen Gräsern; blattmassenreicher Kraut- und Leguminosenbesatz; bei längerer Trockenheit totaler Zusammenbruch der Vegetation
extremer Stickstoffmangel wegen zu geringer Mineralisierung	Ausfall von konkurrenzstarken Gräsern und Kräutern, insbesondere Mesophyten
Eutrophierung durch Überdüngung wegen zu starker Mineralisierung oder hohem Leguminosenanteil	Ausfall der konkurrenzschwachen Vegetation, insbesondere Xerophyten; Bevorzugung von Mesophyten, insbesondere von Grasvegetation; Auftreten nitrophiler Ruderalvegetation
langsame Karbonat-Auswaschung, Absinken des pH-Wertes, zunehmende Bodenverdichtung mit Vernässungserscheinungen	Ausfall calcicoler Pflanzen; Abnahme der Artenvielfalt; Abnahme des Sukkulentenanteiles; Zunahme der Moosvegetation; Zunahme der ephemeren Arten; wechselnde Bestände von Gräsern und Kräutern
Mangel an Kalium und Magnesium	geringere Streßfähigkeit und dadurch Ausfall vieler xeromorpher Pflanzen
Verringerung der Wasserkapazität durch Humusverlust oder Verlagerung oder Auswaschung feiner Kornfraktionen	Ausfall von mesomorphen Gräsern und Kräutern; Einwanderung von Sukkulenten, Moosen und Therophyten

Bei fortschreitenden Veränderungen im Wurzelhorizont, die jedoch später zum Stillstand kommen, kann sich dann über verschiedene Stadien sukzessiver Wechselvegetation wieder eine Klimavegetation herausbilden.

Nachfolgend werden die einzelnen Ausbildungsformen Extensiver Dachbegrünungen in ihren wesentlichen Merkmalen und Eigenschaften beschrieben.

Abb. 158. Ausbildungsformen der Vegetation auf einem Flachdach mit einer angesäten Extensiven Dachbegrünung. Die Vegetation war zum Aufnahmezeitpunkt (1988) etwa 5 Jahre alt; Standort Düsseldorf. Die Reaktion der Vegetation auf die verschiedenen Standortbedingungen wird sehr deutlich. Eine Gras-Kraut-Vegetation kann sich hier nur im Schattenbereich und auf punktuellen Vernässungszonen halten.

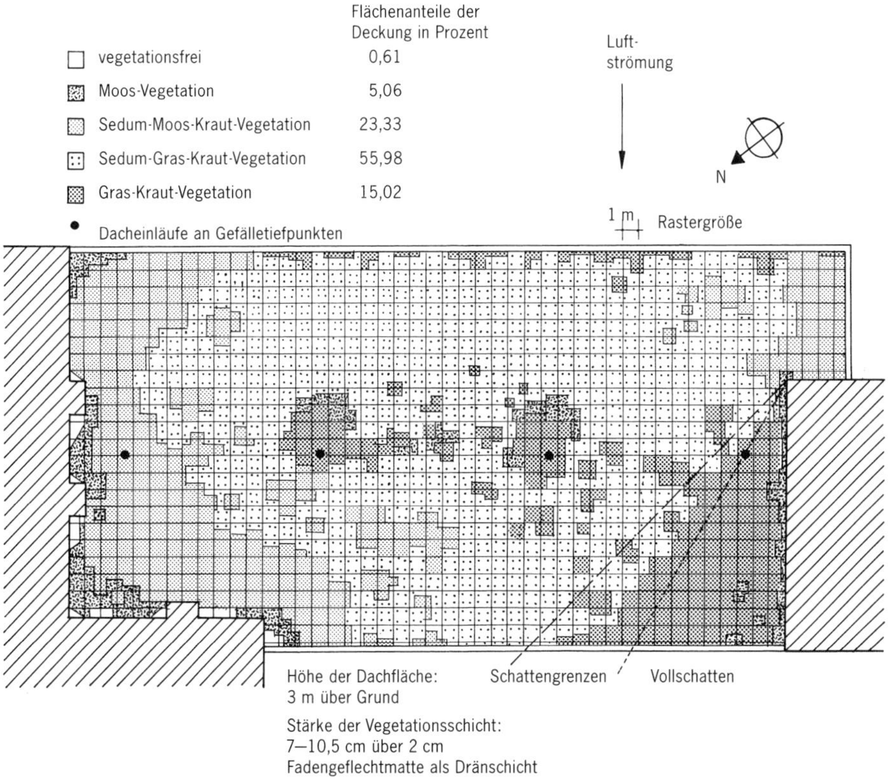

12.3.2 Moos-Sedum-Vegetationen (MS)

Moos-Sedum-Vegetationen sind der Ausdruck von fast absoluten Grenzstandortbedingungen. Sie kommen sowohl als großflächig geschlossene Bestände als auch als kleinere fleckenartige Vergesellschaftungen innerhalb anderer Vegetationsformen vor und markieren dort extreme Standorte. Moose sind mit 60 bis 95 Prozent Flächendeckung bestandsbildend. Bei degenerativen Erscheinungen von Gras-Kraut-Vegetationen als Wechselvegetation fehlen häufig die Sukkulenten.

Moos-Sedum-Vegetationen sind außerordentlich trockenheitsresistent und können auf Schichtdicken zwischen 2 und 6 cm realisiert werden. Werden die Standortbedingungen etwa durch Verringerung der Schichtdicke noch extremer, verringert sich der *Sedum*-Anteil erheblich, mesophile Moosarten werden durch xerophile Arten ersetzt und der Anteil an Erdflechten nimmt zu (Abbildung 159). *Bryum* spec. zeigt eher trockene Standorte an, während *Ceratodon purpureus* auf wechselfeuchten bis feuchteren, auch schattigen Standorten bestandsbildend ist.

Auf Steildächern in Südlagen herrschen oft großflächige Moos- und Flechtenvegetationen vor. Die *Sedum*-Bestände wechseln in der Flächenverteilung stark und treten regelmäßig in den Zonen längerer Feuchtigkeit in Nähe der Dachtraufe oder den dortigen Entwässerungs-

Abb. 159. Moos-Sedum- und Sedum-Moos-Krautvegetationen weisen ein standorttypisches Mosaik von Arten auf, die an extreme Standorte angepaßt sind. Extrembereiche werden, wie links in der Abbildung dargestellt, nur von Erdflechten, Moosen und Therophyten besiedelt.

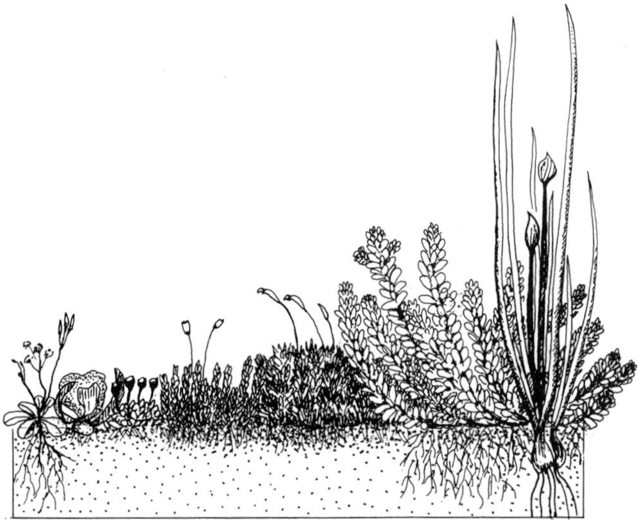

Kiesstreifen auf. Viele der auf Dächern wachsenden Moose verhalten sich pH-neutral und stellen keine besonderen Ansprüche an die Substrate.

Auf wechselfeuchten Standorten mit längeren Vernässungsperioden fallen *Sedum*-Arten mit der Zeit aus oder existieren nur noch in degenerativen Erscheinungsformen von sehr lockeren Einzeltriebbeständen. Auf schattigen Standorten mit Luftruhe und höherer Luftfeuchtigkeit oder solchen mit lang anhaltender Bodenfeuchtigkeit bildet sich ebenfalls eine Variante mit geringerem *Sedum*-Anteil, dafür aber mit einem höheren Kräuter- und Gräseranteil heraus. Auf Trockenstandorten können Gräser wie *Poa compressa* allenfalls punktuell existieren. Die Kräutervegetation beschränkt sich auf annuelle und bienne, spontan auftretende Kleinarten. Erdflechten, wie zum Beispiel *Cladonia*-Arten, können in extrem trockenen, sonnigen und windexponierten Lagen einen Flächendeckungsgrad von 10 bis 15 Prozent erreichen. In Tabelle 43 sind die Haupt- und Begleitarten von Moos-Sedum-Vegetationen aufgeführt.

Moos-Sedum-Begrünungen zeigen oft überraschend reiche Blütenaspekte, die allerdings nur sporadisch auftreten. Dies können einerseits massenhaft auftretende Frühlings-Ephemere wie das weißblühende *Erophila verna* oder im Frühsommer gelb- und weißblühende *Sedum*-Arten wie *Sedum acre, Sedum sexangulare, Sedum album* und *Sedum lydium* sein. In extrem trockenen, geneigten Lagen blühen die *Sedum*-Arten nicht oder nur geringfügig. Auch der Schnittlauch kann fleckige, optisch wirksame Blütenaspekte bilden. Hier tritt oft eine eigene Variante im südwestdeutschen Raum auf, die *Allium-Sedum-Moos-Vegetation*. Die vorherrschende *Sedum*-Art ist häufiger *Sedum dasyphyllum*. In den feuchtkühlen Jahreszeiten erscheinen interessante rötliche, bräunliche oder gelbliche Blütenaspekte durch die Sporenkapseln der Moose. Im Frühjahr ergeben sich interessante Farbkontraste und eine stille Schönheit etwa durch die hellgrünen Bestände von Sporenkapseln und die braunroten Polster von *Sedum album*.

Diese Vegetationsform spiegelt durch ihre unmittelbaren Streßreaktionen den Wasser-

Tab. 43. Die Hauptarten und häufig auftretenden Begleitarten von Moos-Sedum-Vegetationen

Wissenschaftlicher Name deutscher Name	sonniger, trockener Standort		schattiger, luft- und boden-feuchter Standort	
	Hauptarten	Begleitarten	Hauptarten	Begleitarten
Moose				
Barbula convoluta Haarzahn-Moos	–	X	–	–
Barbula hornschuchiana Bärtchenmoos	–	X	–	–
Brachythecium rutabulum Krücken-Kegelmoos	–	X	X	–
Bryum spec. Birnmoos	X	–	X	(X)
Ceratodon purpureus Dachmoos	X	–	X	–
Homalothecium sericeum Goldmoos	–	X	–	X
Polytrichum piliferum Bürstenmoos	–	X	–	–
Schistidium apocarpum Gemeines Spaltmoos	–	X	–	–
Flechten				
Cladonia spec. und andere Erdflechten	–	X	–	–
Sukkulenten				
Sedum acre Scharfer Mauerpfeffer	–	X	–	(X)
Sedum album Weiße Fetthenne	X	X	–	–
*Sedum dasyphyllum** Dickblatt-Sedum	–	X	–	–
Sedum ewersii Himalaja-Sedum	–	X	–	X
*Sedum hispanicum** Spanische Fetthenne	–	X	–	–
*Sedum lydium** Moos-Sedum	–	X	–	–
Sedum reflexum Felsen-Sedum	–	X	–	(X)
Sedum sexangulare Milder Mauerpfeffer	X	X	–	–
Sedum spurium Kaukasus-Sedum	–	X	X	–

* in klimatisch günstigen Regionen auch als Hauptarten auftretend
(X) = eingeschränktes oder sporadisches Vorkommen

(Fortsetzung Tab. 43)

Wissenschaftlicher Name deutscher Name	sonniger, trockener Standort		schattiger, luft- und bodenfeuchter Standort	
	Hauptarten	Begleitarten	Hauptarten	Begleitarten
Sempervivum tectorum Dachwurz	–	X	–	(X)
Sempervivum arachnoideum Spinnweb-Dachwurz	–	X	–	–
Gräser				
Poa annua Einjähriges Rispengras	–	(X)	–	X
Poa bulbosa Knolliges Rispengras	–	X	–	–
Poa compressa Flaches Rispengras	–	X	–	X
Kräuter				
Allium schoenoprasum Schnittlauch	–	X	–	(X)
Cardamine hirsuta Behaartes Schaumkraut	–	X	–	X
Erodium cicutarium Schierlings-Reiherschnabel	–	X	–	–
Erophila verna Frühlings-Hungerblümchen	–	X	–	–
Sagina spec. Mastkraut	–	–	–	X

(X) = eingeschränktes oder sporadisches Vorkommen

haushalt des Standortes wider. Im extrem dünnschichtigen Bereich, besonders in südexponierten Lagen, kann die Vegetationsschicht und die Moos-Vegetation innerhalb eines Tages austrocknen und die typische grau-grüne Farbe annehmen. *Sedum album* zeigt je nach Sorte in den Sommermonaten regelmäßig eine mehr oder weniger starke rote Blattfärbung. Bei langanhaltender Trockenheit nimmt die Moos-Vegetation eine bräunlich-graugrüne Erdfarbe an, so daß sie aus einigem Abstand nicht als solche erkannt wird. Durch **Schrumpfung** der Moosdecke bei Trockenheit kann die Substratschicht sichtbar werden. Nach einsetzenden Niederschlägen ist wieder nach kurzer Zeit ein Grün-Aspekt erkennbar. Bemerkenswert ist der sattgrüne Vegetationsaspekt von Moos-Sedum-Vegetationen in den Herbst-, Winter- und Frühjahrsmonaten, der sich deutlich von abgestorbenen Gras-Kraut-Beständen abhebt. Moos-Vegetationen können in der Oberfläche auch **Bultenbildung** zeigen, insbesondere dann, wenn die Substrate zu Abbauerscheinungen oder ständigen Frosthebungen neigen.

Moos-Sedum-Vegetationen können im Dünnschichtbereich nur durch vorkultivierte Vegetationsmatten sicher angesiedelt werden. Diese Begrünungsmethode kann jedoch auch als eine fleckenartige Teilbegrünung erfolgen, von der aus die weitere Flächenverbreitung erfolgt. Bei Substratdicken von 4 bis 6 cm kann *Sedum* in verschiedenen Arten flächendeckend durch die Ausbringung von Sproßteilen etabliert werden. Nachdem sich anfänglich flächendeckende *Sedum*-Bestände stark entwickeln, gehen diese langsam zurück, während sich verschiedene Moosarten selbst ansiedeln und ausbreiten.

Reine Moosbestände können durch Vögel, insbesondere durch Schwarzdrosseln, die nach Insektenlarven suchen, in kleinen oder größeren Flächen zerstört werden. Die Regeneration dauert etwa eine Vegetationsperiode.

12.3.3 Sedum-Moos-Kraut-Vegetationen (SMK)

Die Sedum-Moos-Kraut-Vegetationen treten häufig in Nachbarschaft mit Moos-Sedum-Vegetationen auf und außerdem innerhalb von Sedum-Gras-Kraut-Vegetationen. Sie bilden eine relativ schwer abzugrenzende Vegetationsform, die zwischen beiden genannten angrenzenden Vegetationsformen als Wechselvegetation auftreten kann und in sukzessiven Prozessen, insbesondere auf überwiegend schattigen Standorten, sich zur Moos-Sedum-Vegetation umbildet.

Sedum-Moos-Kraut-Vegetationen bestehen besonders in den ersten Jahren nach der erfolgreichen Etablierung von Sedum-Arten aus *Sedum*-Beständen mit zwischen 70 und 95 Prozent Flächendeckung. Die Substratdicke bzw. die Höhe des durchwurzelbaren Raumes liegt als Schichtaufbau geringer Dicke zwischen 6 und 10 cm und entspricht damit der häufig vorkommenden Lastannahme von etwa 1 kN (100 kg) je m^2 als Ersatz der Dachbekiesung. Bei günstigen Standortbedingungen kann diese Vegetationsform kleinflächig auf Flachdächern auch noch zwischen etwa 4 und 6 cm Schichtdicke auftreten. Ein dauerhafter, prägender *Sedum*-Bestand, allerdings in wechselnder Flächenbesiedlung, erreicht etwa zwischen 50 und 70 Prozent Flächendeckung.

Tab. 44. Die Hauptarten und häufig auftretenden Begleitarten von Sedum-Moos-Kraut-Vegetationen

Wissenschaftlicher Name deutscher Name	Flachdächer in freien Lagen Hauptarten	 Begleitarten	Steildächer sonniger Standort Hauptarten	 Begleitarten
Moose				
Brachythecium rutabulum Krücken-Kegelmoos	–	X	–	(X)
Bryum spec. Birnmoos	–	X	X	–
Ceratodon purpureus Dachmoos	X	–	X	–
Schistidium apocarpum Gemeines Spaltmoos	–	X	–	X
Sukkulenten				
Sedum acre Scharfer Mauerpfeffer	–	X	–	(X)
Sedum album Weiße Fetthenne	X	–	X	–
Sedum dasyphyllum Dickblatt-Sedum	–	X	–	(X)
Sedum ewersii Himalaja-Sedum	–	X	–	X
Sedum hispanicum Spanische Fetthenne	–	(X)	–	X

(X) = eingeschränktes oder sporadisches Vorkommen

(Fortsetzung Tab. 44)

Wissenschaftlicher Name deutscher Name	Flachdächer in freien Lagen		Steildächer sonniger Standort	
	Hauptarten	Begleitarten	Hauptarten	Begleitarten
Sedum hybridum 'Weihenstephaner Gold' Mongolen-Sedum		X		(X)
Sedum lydium Moos-Sedum	–	(X)	–	X
Sedum reflexum Felsen-Sedum	X	–	–	X
Sedum sexangulare Milder Mauerpfeffer	X	–	X	–
Sedum spurium Kaukasus-Sedum	X	–	–	X
Sempervivum tectorum Dachwurz	–	(X)	–	X
Gräser				
Festuca spec. Schwingel	–	X	–	(X)
Poa annua Einjähriges Rispengras	–	X	–	(X)
Poa bulbosa Knolliges Rispengras	–	(X)	–	X
Poa compressa Flaches Rispengras	X	–	–	X
Kräuter, Zwiebelgewächse				
Allium flavum Gelber Lauch	–	X	–	(X)
Allium schoenoprasum Schnittlauch	X	–	–	X
Arenaria serpyllifolia Quendelblättriges Sandkraut	–	X	–	(X)
Calamintha acinos Steinquendel	–	X	–	(X)
Cardamine hirsuta Behaartes Schaumkraut	–	X	–	X
Dianthus deltoides Heide-Nelke	–	X	–	(X)
Iris pumila in Sorten Zwerg-Schwertlilie	–	X	–	–
Petrorhagia saxifraga Felsennelke	X	–	–	(X)

(X) = eingeschränktes oder sporadisches Vorkommen

Die Sedum-Moos-Kraut-Vegetation eignet sich wegen der hohen Lichtansprüche und dem Wärmebedürfnis der meisten *Sedum*-Arten primär nur für sonnige Lagen oder für Wechsellicht-Bereiche. Moosanteile können in niederschlagsreichen Jahren zugunsten kurz- oder langlebiger Gräser und Kräuter zurücktreten. Der Gräser- und Kräuterbestand erweist sich in Wechsellicht- und Schattenlagen dauerhafter als in freien Lagen. Insgesamt ist das standortökologische Verhalten der Gräser und Kräuter kaum kalkulierbar und stützt sich einerseits auf weitere Sekundärbesiedlungen der ursprünglich verwendeten Arten, andererseits aber auch zu hohen Anteilen auf anemochore Spontanbesiedlung. Es können hier auch höher aufwachsende Fremdarten wie *Conyza (Erigeron) canadense* auftreten. Mit steigender Substratdicke von 6 gegen 10 cm kann insbesondere auf flachen Dächern und feuchteren Stellen der Gras- und Krautbestand zunehmen, so daß *Sedum*-Arten hier zurückgedrängt werden. Pilzarten der Trockenrasen wie zum Beispiel der Nelkenschwindling (*Marasmus oreades*) siedeln sich nach einigen Jahren von selbst an.

Auf Steildächern herrscht auf allen exponierten Bereichen des Dachfirstes und Ortganges (Dachrand im Steilbereich) bei etwa 10 cm Substratdicke in sonnigen Lagen eine typische Sedum-Moos-Kraut-Vegetation vor. Hier können Liebhaber auch krustige Saxifragen verwenden. In Tabelle 44 sind die wichtigsten Haupt- und Begleitarten der Sedum-Moos-Kraut-Vegetationen angeführt. Spontanarten sind hier nicht mit genannt, da diese stark wechseln und sich nach dem jeweiligen Arteninventar der Umgebung richten. Dies können zum Beispiel auch fremde Hirse-Arten sein.

Sedum-Moos-Kraut-Vegetationen sind wegen der sehr eindrucksvollen farbenprächtigen *Sedum*-Blüte im Juni und Juli sehr beliebt. Allerdings ist der ästhetische Wert von Monokulturen von nur ein oder zwei Arten in gelber und weißer Blüte zweifelhaft. Die Massenblüte, insbesondere von *Sedum acre* und *Sedum sexangulare,* geht nach ein bis zwei Jahren erheblich zurück. Sorten von *Sedum spurium* und *Sedum ewersii* dagegen können auf Flachdächern dauerhafte, sicher blühende Bestände in roten und rosa Farbtönen bilden.

*Sedum*bestände, die im Herstellungsjahr während der Fertigungspflege zu stark gedüngt wurden, bieten im zweiten Jahr rasenartige, dichte bodendeckende Bestände mit oft beeindruckender Massenblüte. Im dritten Jahr nach der Herstellung erfolgt in der Regel dann ein Zusammenbruch der Bestände, die dann einige Jahre zur Regeneration benötigen. Sofern nicht mit Düngungen eingegriffen wird, stellen sich die „Masteffekte" des zweiten Jahres nicht mehr ein.

Auf Flachdächern bildet sich ein lockerer Bestand aus *Poa compressa* und auch *Festuca*-Arten, der während der Blüte den Eindruck eines „Grasdaches" vermittelt, obwohl der Bestand im Deckungsgrad nur zwischen 10 und 30 Prozent liegt. Schnittlauch bildet nach einigen Jahren sehr stabile Bestände mit einem zur Zeit der *Sedum*-Blüte kontrastreichen Blütenaspekt.

Bei lang anhaltender Frühjahrstrockenheit, insbesondere im Mai, kann der Grasbestand auch total absterben und *Festuca* kann ganz ausfallen. Der Moosbestand im Deckungsgrad bis zu etwa 40 Prozent fällt in den Sommermonaten weniger oder gar nicht auf und trägt allerdings im Winter zusammen mit den *Sedum*-Arten zum angenehmen grünen Gesamtaspekt bei.

Sedum-Moos-Kraut-Vegetationen können durch verschiedene Typen von Vegetationsmatten wie auch durch Ansaatverfahren mit der Ausbringung von *Sedum*-Sprossen hergestellt werden.

12.3.4 Sedum-Gras-Kraut-Vegetationen (SGK)

Sedum-Gras-Kraut-Vegetationen sind durch bestandsbildende *Sedum*- und Gräser-Aspekte gekennzeichnet. In der Regel überwiegen jedoch fleckenartige *Sedum*-Bestände. Gräser treten als Einzelhorste, Gruppen oder wie bei *Poa compressa* als sich ausbreitende Flecken auf. Die Kräuterbestände beschränken sich in der Regel auf niedrige xeromorphe und spontan auftretende, kurzlebige Arten. Eine ausgeprägte, wenn auch häufig nicht unmittelbar wahrnehmbare Moosschicht ist in der Regel vorhanden.

Dieser Vegetationstyp ist in Abhängigkeit von den klimatischen Bedingungen und der Dachneigung und Exposition der Flächen auf Schichtaufbauten geringer bis mittlerer Dicke, also von 6 bis 10 cm und 10 bis 15 cm, realisierbar. Auf flachen Dächern verdrängt bei zunehmender Substratdicke der Gräser- und Kräuterbestand die *Sedum*-Arten in Rand- und sonstige Extrembereiche.

Auf exponierten Steildächern ist dieser Vegetationstyp allerdings nur auf Substratdikken von 10 bis 15 cm realisierbar. Auf sonnenexponierten Flächen herrschen dort *Sedum*-Arten vor, durchsetzt von einem geringeren Grasbestand. Die sonnenabgewandten oder verschatteten Dachseiten sind für Gräser und Kräuter vergleichsweise günstige Lebensräume. Hier setzen sich auf Dauer kaum *Sedum*-Arten durch – mit Ausnahme schattenverträglichen Arten, insbesondere *Sedum spurium.* Häufig bilden sich auch *Gras-Moos-Vegetationen* mit geringem Kräuteranteil heraus. Günstige Gleichgewichtsbedingungen herrschen in lockeren Grasbeständen bei horstbildenden Arten von etwa 30 bis 40 schwächerwachsender Pflanzen je m^2 mit dichter Moosdecke. Für Steildächer mit den heute üblichen Schichtdicken der Vegetationsschicht zwischen 10 und 15 cm bilden Sedum-Gras-Kraut-Vegetationen den typischen Vegetationsbestand, obwohl immer wieder als „Grasdach" bezeichnet. Wird hier Fertigrasen verlegt, erfolgen langjährige Sukzessionen, in deren Verlauf sich etwa nach fünf bis acht Jahren ein standortypischer Vegetationsbestand herausbildet. *Sedum acre* und *Sedum sexangulare* siedeln sich häufig spontan an. Auf extremen Zonen der Steildächer wachsen überwiegend *Sedum*-Arten mit schütteren Gras- oder Kräuteranteilen oder einer Therophyten-Vegetation (Abbildung 160).

Die möglichen Artenzahlen liegen bei entsprechenden standortökologischen Voraussetzungen vergleichsweise hoch. Allerdings führen nivellierte Verhältnisse in der Wasserbevorratung zu einer stärkeren Aspektausbildung des Grasbestandes, wie auch in Schattenzonen oder Wechsellicht-Bereichen.

In Tabelle 45 sind wiederum nur die wichtigsten Haupt- und Begleitarten aufgeführt. Kräuter und Zwiebelgewächse haben mit Ausnahme von Schnittlauch nur den Rang von Begleitarten.

Sedum-Kraut-Begrünungen bieten recht lebhafte Vegetationsaspekte mit Blütenhöhepunkten von Ende Mai bis Ende Juli; vorwiegend bedingt durch verschiedene *Sedum*-Arten. Der lockere oder kleinflächig dichtere Bestand von Gräsern vermittelt vor allem zur Grasblüte den fälschlichen Eindruck eines „Grasdaches". Insbesondere nach der Gräserblüte stellen sich Heuwiesenaspekte durch die vertrockneten Blütenstände ein, die sich – sofern der Wind hier nicht reinigend wirkt (Windschur) – sehr lange halten können. In Lagen mit besonderer Gunst des Standortes kann der Gräser-Kräuter-Bestand auch mehr als 50 Prozent der Flächendeckung betragen.

Bemerkenswert ist das kleinflächige Vorherrschen einzelner Kräuterarten wie *Hieracium pilosella, Thymus*-Arten oder *Dianthus*

Abb. 160. Sedum-Gras-Kraut-Vegetationen bilden ein lockeres, häufig nach Lebensformen deutlich geschichtetes Bestandsmosaik.

Tab. 45. Die Hauptarten und häufig auftretenden Begleitarten von Sedum-Gras-Kraut-Vegetationen

Wissenschaftlicher Name deutscher Name	Flachdächer in freien Lagen		Steildächer sonniger Standort	
	Hauptarten	Begleitarten	Hauptarten	Begleitarten
Moose				
Brachythecium rutabulum Krücken-Kegelmoos	–	X	–	(X)
Bryum spec. Birnmoos	–	(X)		X
Ceratodon purpureus Dachmoos	–	(X)	–	X
Sukkulenten				
Sedum acre Scharfer Mauerpfeffer	–	(X)	–	(X)
Sedum album Weiße Fetthenne	X	–	X	–
Sedum ewersii Himalaja-Sedum	–	–	–	(X)
Sedum hispanicum Spanische Fetthenne	–		–	(X)
Sedum hybridum 'Weihenstephaner Gold' Mongolen-Sedum		(X)		(X)
Sedum lydium Moos-Sedum	–	(X)	–	(X)
Sedum reflexum Felsen-Sedum	X	–	X	–
Sedum sexangulare Milder Mauerpfeffer	X	–	X	–
Sedum spurium Kaukasus-Sedum	X	–	–	X
Gräser				
Bromus tectorum Dach-Trespe	–	X	–	X
Festuca spec. Schwingel	X	–	–	(X)
Poa annua Einjähriges Rispengras	–	X	–	(X)
Poa bulbosa Knolliges Rispengras	–	–	–	(X)
Poa compressa Flaches Rispengras	X	–	X	–
Poa pratensis ssp. *angustifolia* Wiesen-Rispengras	X	–	–	X

(X) = eingeschränktes oder sporadisches Vorkommen

(Fortsetzung Tab. 45)

wissenschaftlicher Name deutscher Name	Flachdächer in freien Lagen Hauptarten	 Begleitarten	Steildächer sonniger Standort Hauptarten	 Begleitarten
Kräuter, Zwiebelgewächse				
Allium flavum Gelber Lauch	—	X	—	(X)
Allium schoenoprasum Schnittlauch	X	—	X	—
Arenaria serpyllifolia Quendelblättriges Sandkraut	—	X	—	(X)
Calamintha acinos Steinquendel	—	X	—	(X)
Campanula rotundifolia Rundblättrige Glockenblume	—	X	—	(X)
Dianthus carthusianorum Karthäuser-Nelke	—	X	—	—
Dianthus deltoides Heide-Nelke	—	X	—	(X)
Hieracium pilosella Kleines Habichtskraut	—	X	—	X
Iris germanica Schwertlilie	—	X	—	X
Iris tectorum Dach-Iris	—	X	—	X
Petrorhagia saxifraga Felsennelke	—	(X)		(X)
Thymus serpyllum Feld-Thymian	—	X	—	(X)

(X) = eingeschränktes oder sporadisches Vorkommen

deltoides. Auf Flachdächern mit 10 bis 15 cm durchwurzelbarem Raum können in niederschlagsreichen Jahren durch Spontanbesiedlungen Ruderalaspekte auftreten, und es kann daneben Leguminosenbesatz (Weißklee) auftreten. Bei einer Frühjahrstrockenheit von mindestens drei Wochen fallen diese Arten weitgehend wieder aus. Die Ansiedlung erfolgt vornehmlich durch Saatverfahren, aber auch durch Vegetationsmatten.

12.3.5 Gras-Kraut-Vegetationen (GK)

In Gras-Kraut-Vegetationen bilden Gräser einen weitgehend flächendeckenden Hauptbestand. Dieser ist jedoch seltener „wiesendicht“, sondern bleibt in wechselnder Dichte lückig. In exponierten Trockenbereichen tritt der Gräserbestand zugunsten von fleckenartig auftretenden Moosen, Kräutern und Sukkulenten zurück (Abbildung 161). Dieser Vegetationstyp läßt sich etwa mit natürlichen Halbtrockenrasen- oder Trockenrasengesellschaften vergleichen. Neben xeromorphen Arten treten auch relativ trockenheitsverträgliche mesomorphe Arten auf.

Auf Flachdächern in geschützten Lagen ist eine Gras-Kraut-Vegetation ab etwa 10 cm Höhe des durchwurzelbaren Raumes realisierbar. Dies bedeutet allerdings schon einen Grenzstandort, verbunden mit dem Risiko zeitweiser Totalausfälle von höheren Gräsern

Abb. 161. Gras-Kraut-Vegetationen weisen lockere und dichte Bestände verschiedener Grasarten auf. In von Moosen unterwachsenen, lockeren Einzelhorstbeständen, zum Beispiel von *Festuca*-Arten, können rankende Pflanzen wie *Hieracium pilosella* einwandern. Herden rhizombildender Gräser, wie zum Beispiel *Poa*-Arten, weisen dagegen häufig nur eine unterwüchsige Moosschicht auf.

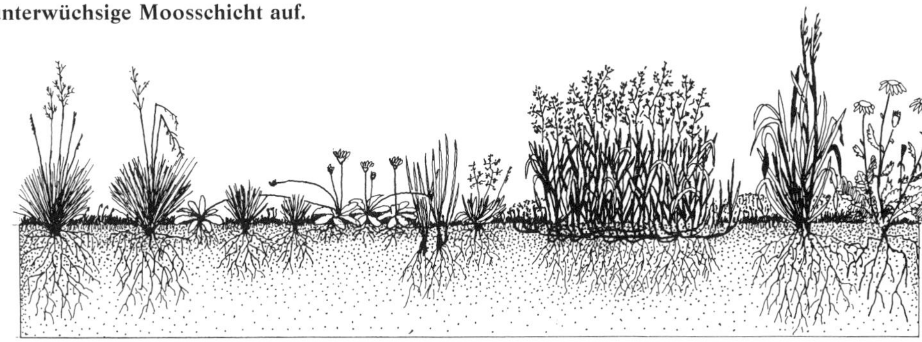

und Kraut. Deshalb sollte *Poa*-Arten der Vorzug vor *Festuca*-Arten gegeben werden. Gras-Kraut-Vegetationen lassen sich sicherer ab Schichtdicken von 15 cm verwirklichen. Die Schichtdicke hat nach oben keine Begrenzung. Mit zunehmender Verbesserung des Wasserhaushaltes wird der Grasbestand dichter, einzelne stark xeromorphe Arten wie *Poa compressa* werden verdrängt, zum Beispiel zugunsten stärker ausgeprägter *Festuca*-Bestände und typischer Wiesengräser wie zum Beispiel *Dactylis glomerata*. Angesiedelte *Festuca*-Bestände sind häufig nicht flächendeckend dauerhaft, verschwinden in Einzelfällen ganz oder treten als sporadisch als *Wechselbestände* auf.

Hinsichtlich des Kräuterbestandes muß unterschieden werden zwischen niedrig, kriechend, rankend oder rosettenartig wachsenden Arten und hochaufwachsenden Arten, die ihre Blütenstände in oder über dem Grasbestand zeigen. Arten der untersten Krautschicht können sich in dichten Grasbeständen, also auf höheren Schichtdicken, nicht halten. Diese benötigen offene, wenn auch nur kleine Flächen zum vitalen Wachstum. Arten dieser Gruppe werden in Extrembereiche, wie zum Beispiel Kiesränder, abgedrängt. Sie stellen jedoch für die Bestandsregeneration bei Ausfällen der höheren Gras-Kraut-Vegetation einen wichtigen Sicherheitsfaktor dar. So können Arten wie *Sedum acre, Sedum sexangulare, Hieracium pilosella* oder *Prunella grandiflora* durch Selbstaussaat vegetationslose Stellen schnell besiedeln. Kurzlebige Kräuter sind immer daran beteiligt, ebenso die unterwüchsige Moosschicht mit dem typischen Vertreter *Brachythecium rutabulum* (Krücken-Kegelmoos).

Auf geneigten Dächern ist in exponierten Lagen eine *Magervariante* der Gras-Kraut-Vegetation mit auffallend lückigem Grasbestand von 50 Prozent Deckungsgrad, durchsetzt von Sukkulenten und Kräutern, existent. Der Grasbestand unterliegt je nach Niederschlagsverteilung starken Schwankungen und kann zeitweise sowohl sehr dicht als auch sehr lückig werden. Höhere Kräuter auf Steildächern anzusiedeln, verspricht in der Regel wenig Erfolg. Auf Vegetationsschichten ab 25 cm Dicke treten Gras-Kraut-Vegetationen auch als Unterwuchs von Gehölz-Vegetationen auf.

In Tabelle 46 sind die wichtigsten Grasarten angegeben und dazu exemplarisch eine Auswahl niedriger und höherer Kräuter. Auf die besondere Eignung der verschiedenen Zwiebel- und Rhizompflanzen, speziell der *Allium*- und Iris-Arten, sei besonders hingewiesen (Tabelle 53). Abbildung 162 und 163 verdeutlichen die Entwicklung von Gras-Begrünungen auf einem Flachdach und auf einem stark geneigten Grasdach.

Gras-Kraut-Begrünungen können visuell den gewohnten Wiesenaspekt bieten, allerdings seltener den Arten- und Blütenreichtum vergleichbarer bodengebundener Trockenwiesen. Gezielt angelegte „Blumenwieseneffekte“

Tab. 46. Die Hauptarten und häufig auftretenden Begleitarten von Gras-Kraut-Vegetationen

	Flachdächer in freien Lagen		Steildächer sonniger Standort	
Wissenschaftlicher Name deutscher Name	Hauptarten	Begleitarten	Hauptarten	Begleitarten
Gräser				
Agropyron intermedium Graugrüne Quecke		X	–	(X)
Brachypodium pinnatum Fieder-Zwenke	X	–	–	(X)
Briza media Zittergras	–	X	–	–
Bromus erectus Aufrechte Trespe	–	X	–	–
Bromus inermis Unbegrannte Trespe	–	X	–	–
Bromus tectorum Dach-Trespe	–	(X)	–	X
Calamagrostis epigejos Land-Reitgras	–	X	–	–
Carex flacca Blaugrüne Segge	–	X	–	–
Carex ornithopoda Vogelfuß-Segge	–	X	–	–
Festuca cinerea Blauschwingel	X	–	X	–
Festuca ovina agg. Schaf-Schwingel	X	–	X	–
Festuca rubra Rotschwingel	–	X	–	–
Festuca rubra ssp. *rubra* Ausläufertreibender Rotschwingel	X	–	–	(X)
Festuca rubra trichophylla Haarblättriger Schwingel	–	X	–	X
Festuca tenuifolia Feinblättriger Schwingel	–	X	–	X
Koeleria pyramidata Pyramiden-Schillergras	–	X	–	(X)
Melica ciliata Wimper-Perlgras	–	X	–	–
Poa compressa Flaches Rispengras	–	X	X	–
Poa pratensis ssp. *angustifolia* Schmalblättrige Wiesenrispe	X	–	–	(X)

(X) = eingeschränktes oder sporadisches Vorkommen
*agg. = Aggregat, der Zusammenschluß von nahe verwandten, schwer unterscheidbaren Arten

(Fortsetzung Tab. 46)

Wissenschaftlicher Name deutscher Name	Flachdächer in freien Lagen Hauptarten	 Begleitarten	Steildächer sonniger Standort Hauptarten	 Begleitarten
Niedrige Kräuter und Sukkulenten				
Campanula rotundifolia Rundblättrige Glockenblume	X	–	–	(X)
Dianthus deltoides Heide-Nelke	–	X	–	(X)
Hieracium pilosella Kleines Habichtskraut	–	X	–	X
Prunella vulgaris Braunelle	–	X	–	(X)
Sedum acre Scharfer Mauerpfeffer	–	X	–	X
Sedum reflexum Felsen-Fetthenne	–	(X)	–	X
Sedum sexangulare Milder Mauerpfeffer	–	X	–	X
Thymus serpyllum Feld-Thymian	–	X	–	X
Höhere Kräuter, Zwiebelpflanzen und Sukkulenten				
Achillea millefolium Schafgarbe	–	X	–	–
Allium carinatum Gekielter Lauch	–	X	–	X
Allium sphaerocephalon Kugelkopf-Lauch	–	X	–	(X)
Anthemis tinctoria Färber-Kamille	X	–	–	–
Centaurea scabiosa Flockenblume	–	X	–	–
Chrysanthemum leucanthemum Wiesen-Margerite	–	X	–	(X)
Dianthus carthusianorum Karthäuser-Nelke	–	X	–	(X)
Iris variegata Bunte Schwertlilie	–	X	–	(X)
Potentilla argentea Silber-Fingerkraut	–	X	–	X
Sanguisorba minor Kleiner Wiesenknopf	–	X	–	(X)
Sedum telephium Große Fetthenne	–	X	–	X
Silene nutans Nickendes Leimkraut	–	X	–	(X)

Abb. 162. Entwicklung eines angesiedelten Bestandes verschiedener *Festuca*-Arten (Ziel „Grasdach") auf einem Grenzstandort eines Flachdaches mit Gefälleausbildung. Die Stärke der durchwurzelbaren Drän- und Vegetationsschicht liegt zwischen 7 und 10 cm. Auf dem Gefällehochpunkt hat sich eine reine Moosvegetation herausgebildet. Die relativ geringe Dachneigung wirkt sich in der Südexposition schon verschärfend auf die Standortbedingungen aus, so daß Moose hier einen höheren Flächenanteil einnehmen. Ein dauerhafter Gräserbestand kann sich nur in den Tiefpunkten der Randbereiche halten. Standortgeeignete *Sedum*-Arten wurden hier nicht angesiedelt.

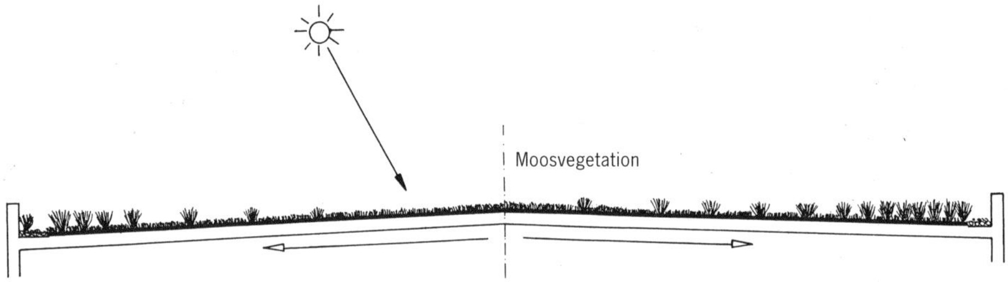

Abb. 163. Typische Ausbildung eines stark geneigten „Grasdaches" mit Nord-Süd-Exposition. Hier sind, als Spiegelbild der extrem verschiedenen Standortbedingungen, alle Vegetationsformen als dauerhafte Schlußvegetation vertreten. Eine dichtere Grasvegetation bildet sich auf der Südseite nur im unteren Traufbereich und auf der Nordseite in den unteren zwei Dritteln der Fläche heraus.

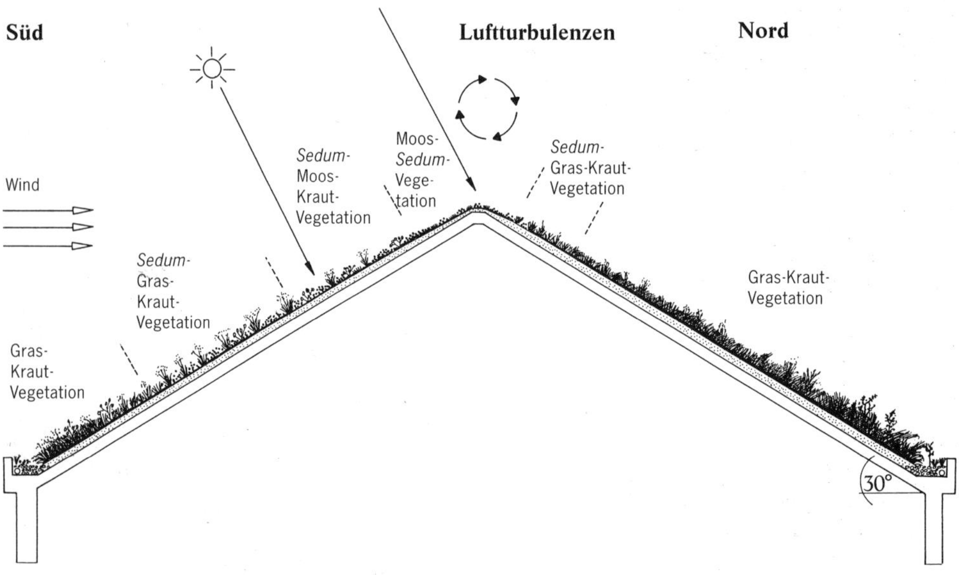

Sedum-Moos-Kraut-Vegetationen

Von links nach rechts und oben nach unten:
Steildach, südexponiert mit *Allium schoenoprasum.*
Rundbauwerk mit blühenden *Sedum*-Arten und *Allium schoenoprasum.*
Kies-Flachdach mit nachträglicher *Sedum*-Begrünung.
Einzelaspekt aus einer Dünnschichtbegrünung, mit Gräsern und Kräutern sowie *Calamintha acinos.*

Sedum-Gras-Kraut-Vegetationen

Flachdach, Grasbestand teilweise während der Etablierung ausgefallen.
Sedum-Bestand mit *Festuca* und *Poa compressa.*
Bestand von *Sedum, Allium schoenoprasum, Echium vulgare* und *Festuca* bei einsetzender Trockenheit.
Bestand mit *Sedum* und *Poa compressa* nach 3 Wochen Trockenheit.

mit Arten der Ruderal- und Segetalflora wie Klatschmohn sind nur von kurzer Dauer.

Gras-Kraut-Begrünungen zeigen deutlich früher den Trockenaspekt als bodengebundene Wiesen. Dies sollte auch bei begrünten Bauwerken mit Erdanschluß bedacht werden, weil sich dadurch zeitweise eine deutliche Trennungslinie zum bodengebundenen Bereich zeigt. Bei zu starker Blattmassebildung sollte im Herbst ein Reinigungsschnitt durchgeführt werden, mit dem dann zugleich der hier unvermeidliche Sämlingsaufwuchs von Gehölzen beseitigt wird.

12.3.6 Wildstauden-Gehölz-Vegetationen (WG)

Bei den Wildstauden-Gehölz-Vegetationen handelt es sich um Mischvegetationen heimischer und fremdländischer Pflanzenarten mit höheren ästhetischen Ansprüchen hinsichtlich der Pflanzenverwendung. Es werden überwiegend trockenheitsverträgliche, krautige und sukkulente Stauden auf wechselnden Schichtdicken verwendet. Die Artendynamik wird jedoch sich selbst überlassen. Gräser, die stark zur Selbstaussaat und zur aggressiven Verbreitung neigen, sollten nicht verwendet werden. Sofern die Pflanzenauswahl und der vegetationstechnische Schichtaufbau entsprechend abgestimmt sind, lassen sich auch ohne nennenswerten Pflegeaufwand die von KÖHLEIN (1977) empfohlenen Sukkulenten-Vegetationen auf Dächern anlegen, die jedoch mit zunehmender Zahl fremder Arten und ständigen Pflegeeingriffen eher in den Bereich der Intensivbegrünung gehören.

Auf verstärkten Substratschichten oder entsprechenden Unterfütterungen mit offenporigen Materialien wie Lava und Bims können niedrig wachsende Gehölze angesiedelt werden (Abbildung 164).

Wildstauden-Gehölz-Vegetationen sollten als Extensivbegrünungen nur auf kleineren oder begrenzten Flächen angelegt werden, wenn die Vegetationsansiedlung nur durch Pflanzung erfolgt. Es muß mit erheblichen Veränderungen in der Vegetationszusammensetzung gerechnet werden und damit, daß einzelne Arten ausfallen. Sonnige Innenhofsituationen oder Garagendächer in Städten sind besonders geeignet, weil dort relativ wenig Samen von Wildvegetation anfliegt.

Die zur Verfügung stehende Artenauswahl ist überaus reichhaltig und kann wie in Kapitel 13 ausgeführt erfolgen. Die Benachbarung geeigneter Arten muß beachtet werden. Wildstauden-Gehölz-Vegetationen werden in der Regel durch Pflanzungen und durch Ausbringen der Sproßteile von *Sedum* hergestellt.

12.3.7 Gehölz-Vegetation (G)

Wie ältere Beispiele zeigen (LEHMANN 1985, 1986), sind dauerhafte Bestände aus heimischen Gehölzen ab etwa 25 cm Höhe des durchwurzelbaren Raumes auf niedrigen Flachdachgeschossen möglich. Auf flacheren Steildächern sollte die Schichtdicke mindestens 35 bis 40 cm betragen. Die Gehölzansiedlung durch Pflanzung gelingt hier auf den sonnenabgewandten Seiten leichter.

Entsprechend der jeweils zur Verfügung stehenden Wasserkapazität können nur niedrige oder höhere Strauchvegetationen verwendet werden, da Bäume ab einer bestimmten Wuchshöhe unterversorgt sind und früher oder später ausfallen. Sollen Gras-Kraut-Vegetationen einer weiteren sukzessiven Gehölzbesiedlung überlassen werden, so müssen Gattungen wie *Rosa, Rubus, Salix* und *Cornus* gefördert werden. Namentlich Wildrosen gedeihen auf diesen Trockenstandorten sehr gut. Die Ansiedlung durch Forstware gelingt,

---

Gras-Kraut-Vegetationen

Von links nach rechts und oben nach unten:
Teilfläche eines Flachdaches, dauerfeucht bzw. wechselfeucht mit *Allium schoenoprasum.*
Flachdach, Bestand nach 3-wöchigem Trockenstreß.
Flachdach mit artenreichem, alten Bestand im Frühjahr.
Steildach, südexponiert mit verschiedenen Standortbedingungen durch Schichtdicken von 6 bis 15 cm.
Steildach, Westseite mit *Chrysanthemum leucanthemum,* zwei Jahre alt. Steildach nach vier Jahren, im Trockenstreß, *Allium schoenoprasum* setzt sich durch.

Wildstauden-Gehölz-Vegetationen

Trockenrasen mit Einzelgehölzen auf Substraterhöhungen.
Artenreiche gärtnerische Vegetation, Substratstärke von 5 bis 20 cm.

Abb. 164. Für tiefer wurzelnde Wildstauden und Gehölze können durch Anhügelung der Substratschicht geeignete Standortbedingungen hergestellt werden. Es ist jedoch zu beachten, daß sich an den sonnen- und windexponierten Flanken die Standortbedingungen verschärfen, so daß Gehölze an der Leeseite gepflanzt werden sollten.

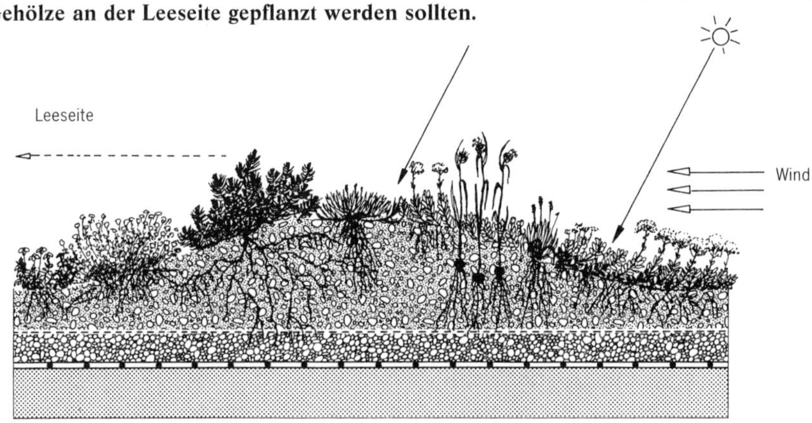

Abb. 165. Praxisbeispiel zur Verwendung extensiver Gehölz- und Wildstaudenvegetation auf Flachdächern und erdüberschütteten Bauwerken. Die natürlichen Trockenrasen der Hanglage gehen in Halbtrockenrasen des erdüberschütteten Bauwerkes über.

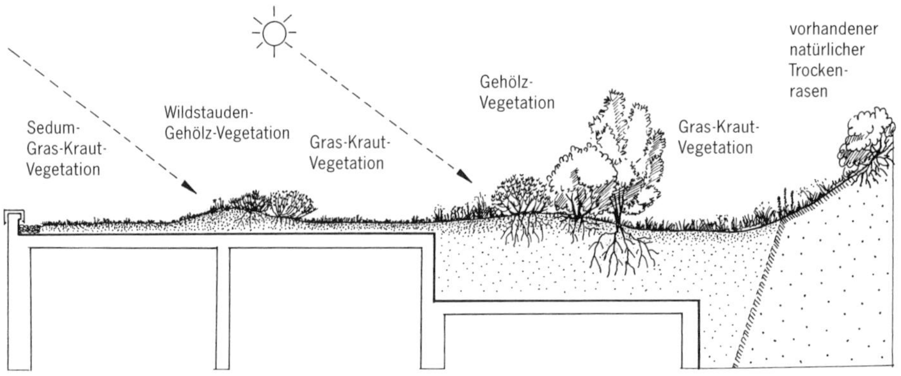

kann aber anfänglich in bezug auf die Wasserversorgung problematisch sein. Je nach Flächengröße und den ökologischen Zielsetzungen sollte rechtzeitig die Entscheidung fallen, ob die Gesamtfläche einer Verbuschung preisgegeben werden soll oder ob Flächen für ein reichhaltiges Gras-Kräuter-Wachstum offen bleiben sollen. Stark ausläufertreibende Gehölze wie *Prunus spinosa* müssen dann entfernt oder wirksam zurückgedrängt werden. Die Artenauswahl erfolgt nach der Tabelle in Abschnitt 13.6.

Abbildung 165 zeigt ein Praxisbeispiel zur Verwendung einer extensiven Gehölz- und Wildstauden-Vegetation.

12.4 Auswahlkriterien

12.4.1 Funktionale Aspekte

Extensive Dachvegetationen zu nutzen, sprich ständig zu betreten, ist wegen der Trittempfindlichkeit verschiedener Pflanzen, wie zum Beispiel der Sukkulenten, nur sehr eingeschränkt möglich. Die Regenerationsfähigkeit von Gras-Kraut-Vegetationen ist wegen des langsamen Wachstums und der trockenheitsbedingten Ruhezeiten äußerst gering. Moos- und Sedum-Vegetationen haben überdies nur eine geringe Oberflächen-Scherfestigkeit, so daß sich vor allem bei Trockenheit leicht handflächengroße Vegetationsstücke lösen.

Eine zeitweise Trittbelastung, etwa während Unterhaltungsmaßnahmen, ist problemlos, ebenso wie auch eine punktuelle, gelegentlich häufigere Belastung. Im letzteren Fall muß jedoch mit einer Umstrukturierung der Vegetation in Richtung Trittpflanzengesellschaft gerechnet werden. BORNKAMM (1961) beschreibt dies für ein als Waschplatz genutztes Holzzementdach mit Grasvegetation. In Einzelfällen kann es jedoch in den Sommermonaten zu Kahlstellen mit totalem Vegetationsverlust kommen.

Der Vegetationstyp ist von erheblicher Bedeutung unter den funktionalen Aspekten des Brandschutzes (siehe Abschnitt 7.1.4) und der Windsogsicherheit (siehe Abschnitt 7.1.5). Bei nutzungsbedingter erhöhter Brandgefahr muß auf Gras-Kraut-Bestände verzichtet werden. Eine Unterteilung der Fläche durch Kiesstreifen, die mit Sukkulenten besiedelt werden, kann eine Brandausbreitung hemmen, jedoch nicht den Funkenflug verhindern.

Die aus technischen Gründen erwünschten vollständig *vegetationsfreien* Abstandsstreifen an Dachrändern, Gebäudefassaden, Aufbauten und Dacheinläufen sind auf Dauer kaum zu realisieren. Kiesstreifen besiedeln sich regelmäßig mit *Sedum*-Arten oder einzelnen Gras- und Kräuterhorsten. Letztere wachsen dort häufig besser als auf den ihnen eigentlich zugedachten Flächen. *Sedum*-Pflanzen in Kiesrandstreifen sind in der Regel noch tolerierbar, weil der Sicherheitsstreifen als solcher noch erkennbar bleibt und der Kies bei Bedarf immer noch problemlos geräumt werden kann.

Gräser und Kräuter, die stärker wurzeln, sind hier das größere Hindernis, wenn der Abstandsstreifen freigelegt werden muß. Ihr Wachstum läßt sich nur durch eine möglichst dünne, grobkörnige und vor allem gut entwässernde Kiesschicht weitgehend verhindern. Sehr gut bewährt hat sich eine Kiesschüttung von nur 3 bis 4 cm Dicke auf hohlraumreichen, nicht wasserspeichernden Dränschichten (wie zum Beispiel Fadengeflechtmatten oder auf Mineralwollepackungen) an Dacheinläufen. Die Mineralwolle ist in der Regel produktionsbedingt hydrophob ausgerüstet und sollte eine möglichst geringe Wasserkapazität haben.

In bezug auf die Vegetationsbelastung durch Windeinwirkung, insbesondere Windschur, ist zu beachten, daß stark exponierte Flächen oder Teilbereiche an Rändern und Ecken extrem gefährdet sind. Höhere Kräuterbestände, aber insbesondere Gehölze, können darunter sehr leiden.

Gut eingewurzelte Vegetationsbestände bieten ausreichenden Schutz gegen Windsog. In besonders gefährdeten Bereichen sollten jedoch dünnschichtige Vegetationsmatten mit Moos-Sedum-Vegetation nicht verlegt werden. Durch Windangriff kann es zur Lösung aus den Verankerungen wie auch zum Ausblasen von Vegetationen und Substrat aus der Trägerunterlage kommen.

Bei der Benachbarung von Extensiven und Intensiven Dachbegrünungen muß mit ständiger Spontanbesiedlung gerechnet werden.

12.4.2 Ästhetische Aspekte

Die visuellen Erscheinungsbilder der verschiedenen Ausbildungsformen der Vegetation sind bereits in den Abschnitten 12.2 bis 12.3.7 beschrieben worden. Hier sei nochmals auf die Notwendigkeit einer umfassenden Information des Auftraggebers und zukünftigen Nutzers über den optischen Eindruck der geplanten Begrünung im Jahresverlauf hingewiesen. Besonders problematisch bei weniger sensibilisierten Nutzern kann der „Heuwiesenaspekt“ von Gras-Kraut-Vegetationen im Hochsommer sein oder das „unordentliche“ Wintererscheinungsbild. Ein Schnitt im Spätherbst kann in diesem Fall Abhilfe schaffen.

Die streßbedingte Trockenruhe von Moos-Sedum-Vegetationen und das sehr unauffällige Erscheinungsbild bei Moosen wird häufig mit Absterben oder Fehlen von Vegetation assoziiert. In diesem Zusammenhang ist auch bezüglich der streßbedingten Verfärbung von einzelnen *Sedum*-Arten entsprechende Aufklärung notwendig. Die „Wiederbelebung“ von ausgetrockneten Moosen kann durch Befeuchtung in Minutenschnelle anschaulich demonstriert werden. Die besonders auffälligen Grünaspekte von Moos-Vegetationen in frostfreien Herbst- und Wintermonaten sollte man dem Auftraggeber gegenüber besonders hervorheben. Es muß darüber informiert werden, daß eine „Vermoosung“ auch von Grasflächen einen natürlichen Vorgang darstellt, der für die Vegetation Extensiver Dachbegrünungen sogar notwendiger Teil der Lebensgemeinschaft ist.

Das gezielte Einsetzen von flächigen oder punktuellen Blütenaspekten ist auf Dauer gesehen im Hinblick auf deren Ortsbeständigkeit immer mit gewissen Risiken verbunden. Beeindruckende Massenblüte-Aspekte von *Sedum*, aber auch von verschiedenen Kräutern, treten in den Folgejahren nur noch reduziert auf oder verschwinden gänzlich. Gegebenenfalls muß auf die vegetationsdynamischen Prozesse in Verbindung mit besonderen Standortbedingungen hingewiesen werden.

Die dauerhafte Beständigkeit einzelner Arten unter Konkurrenzbedingungen hängt wie in den vorhergehenden Kapiteln ausgeführt, entscheidend von dem Wasserhaushalt in der Vegetationsschicht ab. Dies kann nun insbesondere bei konkurrenzschwachen Arten ganz gezielt als *Gestaltungsmittel* eingesetzt werden. Substratschichten geringer Dicke bei guter Entwässerung in bandartigen oder fleckenartigen Formen bieten zum Beispiel vielen *Sedum*-Arten dauerhafte Lebensbedingungen auch innerhalb umgebender höher aufwachsender Vegetation. Art- und sortentypische Ausfärbungen des Blattwerkes können so bei *Sedum* wirkungsvoll verwendet werden. Dies bedeutet eine wertvolle Ergänzung zu Farbträgern im Gesamterscheinungsbild. Die *Wuchsformen* einzelner Arten und Sorten (zum Beispiel Horste, Polster, Matten, Teppich- oder rasiger Wuchs usw.) lassen sich ebenfalls gezielt einsetzen, sofern derartige Differenzierungen auch später erkennbar bleiben und nicht zum Beispiel in einem nivellierten Gras-Kraut-Aspekt untergehen. Derartige gestalterische Absichten müssen also durch geeignete vegetationstechnische Voraussetzungen gesichert werden.

12.4.3 Ökologische Aspekte

Weil für Extensive Dachbegrünungen fast ausschließlich Pflanzen des mitteleuropäischen Raumes verwendet werden, also auf Exoten verzichtet werden kann, ist ihr bioökologischer Stellenwert höher anzusetzen als derjenige für Intensive Dachbegrünungen. Die Standortbedingungen müssen den Pflanzen neben den Möglichkeiten der *rein vegetativen Existenz* auch die der *generativen Existenz* sichern, da sonst einzelne Arten – von wenigen Ausnahmen abgesehen – mit der Zeit am Standort verlöschen.

Die unterstützenden und ausgleichenden Wirkungen auf die klimatischen Verhältnisse fallen jedoch teilweise geringer als erwartet aus. Zwar werden hinsichtlich Wasserspeicherung, Wasserrückhaltung und Temperaturausgleich respektable Werte erreicht, jedoch sind die durch Pflanzen bedingten kleinklimatischen Ausgleichswirkungen des Vegetationsbestandes relativ gering, weil die oberirdische Biomasseproduktion gegenüber Intensivbegrünungen deutlich zurücksteht. Dies kommt auch im Gewicht der Pflanzendecke zum Ausdruck.

Jedoch haben die Pflanzengesellschaften Extensiver Dachbegrünungen einen hohen Stellenwert als Nahrungsquelle und Lebensraum für Insekten. Dieser wird bei bauwerksbedingten Bauweisen mit Erdanschluß für einige Arten in erheblichem Maße attraktiver (MÜLLER 1989).

Inwieweit gezielt für Insekten wichtige Pflanzenarten angesiedelt werden können, muß speziellen Bedingungen des Einzelfalles überlassen bleiben. So ist jedoch eine Verwendung von Leguminosen, die gerade für Hummeln (*Bambus*-Arten) wichtige Nahrungsquellen darstellen, aus den bereits erörterten Gründen häufig fragwürdig. Ein gewisser Ausgleich stellt sich jedoch ein, da immer eine Spontanbesiedlung von Leguminosen, zum Beispiel von Weißklee, erfolgt. Ob durch die Aufstellung von Nistmöglichkeiten für höhlenbewohnende Insekten eine vermehrte Ansiedlung sinnvoll ist (KRÜGER 1983), sollte in Abhängigkeit von Arealgröße und Vernetzungsstruktur vorab geklärt werden. Sofern sich der Standort dazu eignet, sollten Insekten vermehrt auf Dachflächen angesiedelt werden.

Die Möglichkeiten, die Vegetation der Umgebung auf Dachflächen anzusiedeln, muß sehr sorgfältig untersucht werden. Bei Pflanzengesellschaften feuchterer Standorte ist dies nahezu ausgeschlossen. Möglichkeiten ergeben sich bei Trocken- oder Halbtrockenrasen oder entsprechenden urbanen Sekundärgesellschaften. Das dortige Arteninventar läßt sich teilweise verwenden, indem Saatgut – unter Beachtung der Naturschutzbestimmungen – der Umgebung entnommen wird. Spontane Einwanderungen werden ohnehin erfolgen.

Vegetationsumsiedlungen durch die großflächige Verwendung von örtlich gewonnenen Rasensoden verläuft in der Regel bei Schichtaufbauten bis etwa 15 cm nicht erfolgreich. Im Einzelfall kann eine punktuelle Verwendung als zusätzliche Initialbegrünung sinnvoll sein. Eine der bodengebundenen in etwa vergleichbare Pflanzengesellschaft kann nur bei der Verwendung von Schichtaufbauten in einer Dicke ab etwa 30 cm erwartet werden. Dies sollte auch bei Projekten zur Rettung von durch Baumaßnahmen direkt bedrohten Pflanzen beachtet werden. In solchen Fällen verspricht die überwachte Weiterkultur, Samenernte und vegetative Vermehrung als Zwischenstufe mehr Erfolg. Mit den so gesicherten Pflanzen kann eine Neubesiedlung auf Dächern sogar mehrfach versucht werden.

Schließlich kann man der Verbreitung von Erdflechten und verschiedenen Moosen eine Bioindikatorfunktion beimessen.

13 Pflanzen für Extensive Dachbegrünungen

13.1 Die Eignung von Moosen

Moose haben neben Sukkulenten als „Überlebenskünstler" (KRUPKA 1988) einen bisher häufig verkannten, hohen Stellenwert für die Besiedlung extremer Lebensräume. Dies gilt jedoch für Gruppen aller Kryptogamen, also auch für Algen und besonders für Flechten. Die Bedeutung gerade von Moosen wird aus den pflanzensoziologischen Untersuchungen extremer Vegetationsstandorte deutlich, unter anderem durchgeführt von STOIDIEK (1937), FRAHM (1972), BORNKAMM (1981), DARIUS und DREPPER (1983), BOSSLER, SUZKA (1987). DÜLL (1973, 1977) ordnet einige hundert Moosarten in die Hemerobiestufen-Einteilung nach SUKOPP (1972) ein.

Zur biologischen Aktivierung des Stadtgefüges schlägt PRINZ (1981) die Verwendung von Algen, Moosen und Flechten vor. FRAHM (1976) erwähnt Transplantationsversuche mit epigäischen Moosen als Bioindikator für dic Luftverschmutzung. Die Eignungs- und Ansiedlungsmöglichkeiten einzelner Arten unter vegetationstechnischen Zielsetzungen wurden von KRUPKA (1981, 1984) genauer untersucht. Dabei zeigte es sich, daß entgegen einer weit verbreiteten Meinung neben Moosen auch eine Flechtenansiedlung initiiert werden kann. Diese erfolgte allerdings auf geeigneten Steinunterlagen (siehe Abschnitt 14.6) als begrünbare Vorsatzschichten.

Die gärtnerische Anzucht und Verwendung von Moosen hat im westlichen Kulturkreis keine Tradition. (Hingegen ist dies in Japan fester Bestandteil der Kulturtechnik Japanischer Gärten.) Moose haben in der Umgebung des westlichen Menschen den Stellenwert eines zu vernichtendes Unkrautes. Daß Moose jedoch interessante Studienobjekte für die botanischen Wissenschaften darstellen, zeigt unter anderem das Buch von CORRENS (1899) mit dem Titel „Untersuchungen über die Vermehrung der Laubmoose durch Brutorgane und Stecklinge".

Die tatsächliche Bedeutung von Moosen in natürlichen Lebensräumen wird allgemein unterschätzt. DÜLL (1985) bemerkt dazu, daß es in Deutschland etwa 1000 verschiedene Arten gibt, das entspricht einem Drittel aller Sproßpflanzen. „Schon deshalb kann man bei der ökologisch-soziologischen Charakterisierung von Lebensräumen nicht auf Moose verzichten."

Aus der Abteilung Bryophyta (Moospflanzen) sind hier folgende Klassen interessant (GAMS 1973):

I. Klasse:	Hepaticae (Lebermoose)
II. Klasse und Ordnung:	Andreales (Klaffmoose)
III. Klasse:	Musci (Laubmoose).

Weil die Lebermoose fast ausnahmslos an feuchte Standorte gebunden sind, können sie hier ausgeklammert werden. Sie erscheinen nur auf vernäßten Dachflächen in geschützten Lagen (Naßschatten). In der Klasse Musci (Laubmoose) enthält die III. Ordnung Arthrodontei (Gliederzahnmoose) die meisten und interessantesten Arten für die Dachbegrünung. Die Klaffmoose sind mit nur einer begrenzt verwendbaren Art vertreten.

Moose und auch Flechten zählen zu den poikilohydrischen (also *austrocknungsresistenten* ohne *aktive* Regulierung des Wasserhaushaltes) Pflanzen, die Wasser und Luftfeuchtigkeit passiv mit der ganzen Oberfläche in den Pflanzkörper aufnehmen. Der physiologische Vorteil gegenüber den Phanerogamen beruht auf der besonderen Eigenschaft zur absoluten Trockenruhe oder zum Trockenschlaf, in dem jegliches Wachstum eingestellt wird. Sie sind deshalb passive Xerophyten, obwohl einige Arten über xeromorphe Ausbildungen, wie zum Beispiel schützende Glashaare, verfügen. Moose haben keine Wurzeln, sondern einen Rhizoidenfilz. Sie bauen keine permanente innere Wasserversorgung über die Rhizoiden zu den grünen Pflanzenteilen auf, sondern transportieren das Wasser kapillar an die Pflanzenoberfläche und nehmen auch Luftfeuchtigkeit (Wasserdampf) mit dem ganzen Pflanzenkörper auf. Xerophytische Moosarten waren aus Herbarmaterial sogar noch nach Jahrzehnten lebensfähig (CORRENS 1899).

Die Moosschicht wirkt in Trockenzeiten deshalb auch als schützende „Wärmedämmung" und verhindert die schnelle Austrocknung des Bodens. An der Oberfläche von Polstern xerophytischer Moosarten kondensiert Luftfeuchtigkeit besonders gut, so daß eine optimierte Nutzung von Wasserreserven erfolgt.

IRMSCHER (1912) hatte die Resistenz der Laubmoose gegen Austrocknung und Kälte eingehend untersucht und belegt die sehr hohe Austrocknungsresistenz besonders von xerophytischen Moosen. Diese ist jedoch nicht in allen Jahreszeiten gleich hoch (ABEL 1956). LANGE (1955) hat die Hitzeresistenz von künstlich ausgetrockneten Moosen untersucht. Dabei zeigte es sich, daß die Arten aus Trockenrasen und Felsen weitaus hitzeresistenter sind als solche von schattigen bis leicht besonnten Standorten (Tabelle 47).

Je nach Wasservorrat läuft die Lebenstätigkeit und Photosynthese teilweise nur für einige Stunden am Tag ab, wie zum Beispiel in taureichen Morgenstunden. Die Zuwachsleistung hängt direkt von der Zeitdauer der lebensaktiven Phasen ab. Die Produktion an Biomasse ist deshalb vergleichsweise gering. Jedoch auch unter ungünstigen Bedingungen werden über einen längeren Zeitraum hinweg noch dichte Bodenbedeckungen erreicht. Ihre Hauptwachstumszeit haben Moose in den kühlen, niederschlagsreichen Jahreszeiten mit hoher Luftfeuchtigkeit, also im Frühjahr und besonders im Herbst und in milden Wintern.

Tab. 47. Überlebensfähigkeit von Moosen nach starker Erhitzung. Das Kreuz gibt an, daß die Art nach einer halbstündigen Erhitzung noch am Leben war (nach LANGE 1955)

	Erhitzungstemperatur in °C		
	90	95	100
Encalypta vulgaris	X	–	–
Andreaea rupestris (A. petrophila)	X	–	–
Racomitrium hypnoides	X	X	–
Dicranum scoparium	X	X	–
Tortula (Syntrichia) ruralis	X	X	–
Pleurochaete squarrosa	X	X	X
Barbula acuta (B. gracilis)	X	X	X

Die Biomasse von Moosen kann erstaunlich große Wassermengen speichern. So bindet zum Beispiel der Rasen von *Homalothecium sericeum* bei voller Wassersättigung 900 Prozent seines Trockengewichtes an Wasser (ROMOSE 1940 aus WINKLER 1980). Messungen von LIESECKE (1989) ergaben an 2 cm dikken Moos-Sedum-Vegetationsmatten (Moosschicht mit Substrat auf Vliesunterlage) auf Kiesunterlage eine Wasserrückhaltung der Niederschläge im Meßzeitraum von 48 bis 58 Prozent der gefallenen Niederschläge.

Durch ihre Wasserspeicherfähigkeit ermöglichen Moose die Samenkeimung Höherer Pflanzen und schaffen günstige mikroklimatische Bedingungen für empfindliche Keimlinge.

Als Erstbesiedler zunächst lebensfeindlicher Areale, wie zum Beispiel Bitumendachabdichtungen oder bekieste Dachflächen, bereiten Moose den Lebensraum durch Substratanreicherung (Staubbindung) und Humusbildung vor. Moospolster von *Funaria hygrometrica* auf einer frisch angelegten Schotterrasenfläche hatten bereits im dritten Jahr einschließlich Rhizoidenfilz eine Höhe von 15 bis 22 mm erreicht. *Bryum argenteum* hat in der Vegetationsperiode nach der Erstbesiedlung im flächenbedeckenden Bestand Wuchshöhen von 3 bis 7 mm erlangt. Moosbestände bilden außerdem den Lebensraum für eine sehr reichhaltige Insektenfauna. Neben Larven verschiedener Arten sind besonders Gliedertiere und Schnecken reich vertreten.

Der überwiegende Teil der Laubmoos-Arten folgt den Verbreitungszonen der Höheren Pflanzen. Dabei werden auch besondere anthropogene Standorte wie Stroh- und Reetdächer von interessanten Kryptogamen-Kleingesellschaften besiedelt (FRAHM 1972). Einige sind dabei als hemerophile Arten einzustufen, die durch menschlichen Einfluß gefördert oder gegen diesen resistent sind (DÜLL 1985).

Moose gehören mit wenigen Höheren Pflanzen zu den „Kolonisten des brachen Landes" (DÜLL 1985). Viele Moosarten besiedeln jedoch innerhalb der Pflanzengesellschaften ausgesprochene ökologische Nischen und sind auf besondere klein- und mikroklimatischen Standortbedingungen angewiesen, so daß viele in ihrem Bestand gefährdet sind. Hier haben sie auch eine besondere Bedeutung in ihrem Zeigerwert. Die ökologische Variationsbreite ist dementsprechend gering. So vertragen zum Beispiel viele Waldmoosarten einen Wechsel auf einen Standort mit geringerer Luftfeuchtigkeit nicht.

Bemerkenswert sind die Lebensleistungen der xerophytischen Moosarten, die häufig mit den Verbreitungszonen von Flechten identisch sind. Dies hat STODIEK (1937) an exponierten Muschelkalkfelsen untersucht. Die sukzessive Besiedlung extremer Lebensräume läßt sich auch auf rauhen Betondachziegeln oder an Betonbrüstungen der Flachdächer beobachten.

Hinsichtlich ihrer Verbreitung sind für die Dachbegrünung zwei ökologische Gruppen erdbewohnender Moosarten interessant:

- Ubiquisten oder überall vorkommende gesellschaftsvage „Allerweltsmoose", die auch als Kulturfolger (hemerophil, urbanophil) bezeichnet werden können
- Xerophyten als trockenheitsangepaßte Spezialisten.

Die Besiedlung geeigneter Steinunterlagen erfolgt in sonnigen Lagen primär von polsterartig wachsenden Xerophyten, in Schattenlagen auch von ubiquitären Arten.

Die Gruppe der Ubiquisten kommt sowohl an „klassischen" Moosstandorten, zum Beispiel an kühlen, feuchten Nordlagen, wie auch an trockenen, sonnigen Plätzen vor. Dabei können Unterarten oder Standortrassen einzelner Arten, wie zum Beispiel von *Bryum*, auch extrem trockene Plätze besiedeln. Ubiquisten sind dabei nicht an bestimmte Unterlagen bzw. Substrate gebunden und verhalten sich auch indifferent gegenüber deren chemischen Eigenschaften. Sie siedeln auf offenen Bodenflächen und extremen Standorten wie Holz, Bäumen, Steinen, Felsen, Mauern, Dächern, Steinbelägen usw. Auch jeder Rasen und jede Wiese hat eine verborgene, natürliche Moosflora, die nur dann flächig sichtbar wird, wenn die Moose gegenüber den Gräsern einen Konkurrenzvorteil (zum Beispiel Bodenverdichtung, Nährstoffmangel) erhalten. Dieser ergibt sich auch durch den ständigen, extremen Kurzschnitt des Rasens.

Einige Arten, wie zum Beispiel das Dachmoos *(Ceratodon purpureus)*, reagieren auf plötzliche extreme Feuchtigkeitsunterschiede, die keine Anpassungsphase ermöglichen, damit, daß der Bestand partiell oder ganzflächig abstirbt. Dies konnte bei Kulturversuchen von Vegetationsmatten festgestellt werden, die von einer Luxusversorgung in Kultur auf trokkene Dachflächen verlegt wurden. Im späten Frühjahr 1988 wurden in Norddeutschland auf Anzuchtflächen wie auf Wildbeständen erhebliche Frostschäden des bereits im zügigen Wachstum befindlichen *Ceratodon purpureus* und *Bryum* spec. beobachtet. Die Nachttemperaturen sanken in diesem Zeitraum bis auf –6 °C. Obwohl es auch kleinflächige Totalausfälle gab, erfolgte insgesamt eine Regenerierung durch Neuaustrieb.

Moose haben im normalen Witterungsverlauf eine sehr hohe Frosthärte, so daß es in den Wintermonaten selten zu Ausfällen kommt. Selbst bei extremen Bedingungen wie etwa einer geneigten Südfläche unter Frost-Tau-Wechsel zwischen –10 und +18 °C im Januar wurden bei einer Versuchsbegrünung keine Schäden festgestellt (KRUPKA 1984).

Xerophytische Moosarten kommen in der Regel auf nährstoffarmen Standorten vor und haben eine deutlich geringere Biomasseproduktion als ubiquitäre Arten. Häufig sind sie in der Vorkultur heikel und von geringer Konkurrenzstärke, so daß man in Kultur auf einige Arten ganz verzichten muß.

Die Ausbreitung der Moose erfolgt generativ über Sporen und Vorkeime wie auch vegetativ, zum Beispiel über Brutknospen, und ist sehr effektiv. So kann *Bryum* und *Ceratodon* innerhalb einer Vegetationsperiode mit aufgekeimten Jungpflanzen flächendeckend präsent sein.

BOSSELER und SUZKA (1987) haben auf Osnabrücker Dächern folgende Moos- und Flechtenarten festgestellt (deutsche Namen, soweit vorhanden, wurden ergänzt):

Moose

Brachythecium rutabulum, Krücken-Kegelmoos
Bryum argenteum, Silber-Birnmoos
Bryum knowltonii
Bryum pallescens
Ceratodon purpureus, Horn-Zahnmoos
Heterophyllium haldanianum
Mnium cuspidatum, Spieß-Sternmoos
Plagiothecium denticulatum, Gezähntes Schiefbüchsenmoos
Pohlia nutans, Nickendes Pohlmoos
Polytrichum juniperinum, Frauenhaarmoos
Polytrichum piliferum, Bürstenmoos
Rhytidiadelphus squarrosus, Sparriges Kranzmoos
Tortula ruralis, Echtes Kräuselmoos

Flechten

Cladonia pyxidata (C. chlorophaea)
Cladonia furcata
Cladonia sulphurina
Hypogymnia physodes
Lecanora muralis
Peltigera didactyla (P. spuria)

Die Bonitierung einer fünf Jahre alten Steildachbegrünung (Neigung maximal 50 Grad) in Oldenburg, Niedersachsen, mit 2 bis 3 cm dicken Moos-Sedum-Vegetationsmatten ergab den in der Tabelle 48 dargestellten Artenbestand mit Deckungswerten zwischen etwa 70 und 100 Prozent (KRUPKA 1988).

Alle Flechten haben sich spontan angesiedelt. Das Vorkommen war sporadisch, der Deckungsgrad betrug gelegentlich etwa 5 Prozent. *Nostoc* mit seinen bei Feuchtigkeit gallertartigen schwarz-braunen Thalli trat auffallend herdenartig auf.

Die für Extensive Dachbegrünungen wichtigen Eigenschaften von Moosen lassen sich wie folgt zusammenfassen:

- außerordentlich hohe Verträglichkeit gegen Austrocknung durch Wind und Sonne
- sehr hohe Hitzeresistenz
- sehr hohe Frostresistenz
- weitgehend resistent gegen stark wechselnde Schwankungen des Feuchtgehaltes im Substrat
- äußerst geringe Ansprüche an Nährstoffgehalte und Substratarten
- schnelle Selbstbesiedlung geeigneter Flächen
- geringe Empfindlichkeit gegen Vernässung (ubiquitäre Arten)
- starke Konkurrenzfähigkeit gegenüber höheren Arten
- einige Arten sind sowohl in schattigen als auch in sonnigen Lagen lebensfähig
- Regulatoren für das bodennahe Mikroklima
- Keimbett für Samen von Gräsern und Kräutern
- Schutz des Bodens vor zu schneller Austrocknung.

Das verstärkte Auftreten von Moosen hat einen Zeigerwert für chemisch-physikalische Veränderungen in der Substratschicht, insbesondere für den Wasserhaushalt, den Lufthaushalt und den pH-Wert. Moose bilden durch ihre Präsenz in jeder Pflanzengesellschaft, insbesondere in anthropogenen Ersatzgesellschaften, ein wichtiges Vegetationselement zur Oberflächensicherung, wenn höher wachsende Gras-Kraut-Vegetationen ganz oder teilweise ausfallen.

13.1.1 Moose für Extensive Dachbegrünungen

Hinweise zum Gebrauch der Tabelle

Wie in Abschnitt 14.3 und 14.4 beschrieben, sind Moose als Einzelarten keine Handelsware, sondern werden für die Zwecke der Dachbegrünung als vorkultivierte Vegetationsmatten angeboten. Dies ist auch in den Schwierigkeiten bei der direkten örtlichen Ansiedlung begründet. Die hier angeführten 19 Arten sind die am häufigsten auf Dächern und Steinen vorkommenden Arten. Die größte Bedeutung für die Praxis haben folgende schnell wachsende, relativ unempfindliche Arten (siehe auch Einzelbeschreibungen Abschnitt 13.1.2):

- *Bryum argenteum*, Silber-Birnmoos
- *Brachythecium rutabulum*, Krücken-Kegelmoos
- *Ceratodon purpureus*, Horn-Zahnmoos
- *Homalothecium sericeum*, Goldmoos.

Die Zuordnung zu Ubiqusiten, Mesophyten und Xerophyten ermöglicht es, die allgemeine Verwendungsfähigkeit der Arten einzuschätzen. Weitgehend nur an Stein- oder Mauerstandorten kommen *Andreaea rupestris,*

Tab. 48. Artenbestand einer fünf Jahre alten Steildachbegrünung (Neigung maximal 50 Grad) in Oldenburg, Niedersachsen, mit 2 bis 3 cm dicken Moos-Sedum-Vegetationsmatten. Die Deckungswerte liegen zwischen etwa 70 bis 100 Prozent (KRUPKA 1988)

	Steilfläche Nordseite	waagerechte Fläche	Steilfläche Südseite
Moose			
Brachythecium rutabulum	X	X	–
Brachythecium albicans	X	X	–
Bryum argenteum Silber-Birnmoos	–	X	X
Homalothecium sericeum Goldmoos	X	(X)	–
Leucodon sciuroides Eichhornschwanz	X	(X)	–
Rhytidium rugosum Katzenpfötchen	(X)	X	X
Schistidium apocarpum Gemeines Spaltmoos	X		X
Flechten			
Cladonia fimbriata	X	X	X
Cladonia digitata	X	–	–
Collema cristatum Gallertflechte	X	–	–
Peltigera canina Hundsflechte	X	X	X
Algen			
Nostoc commune Blaualge	X	X	–

(X) sehr geringes Vorkommen der Moosarten

Tab. 49. Moose für Extensive Dachbegrünungen

Wissenschaftlicher Name deutscher Name	Mesophyten Ubiquisten	Xerophyten	sonnige Standorte	schattige Standorte	Eignung zur Aussiedlung auf Steinunterlagen
*Andreaea rupestris** Stein-Klaffmoos	–	X	X	X	X
Barbula convoluta Haar-Zahnmoos	X	–	X	–	X
Barbula hornschuchiana Bärtchenmoos	X	X	X	–	X
Brachythecium rutabulum Krücken-Kegelmoos	X	–	X	X	(X)

(Fortsetzung Tab. 49)

Wissenschaftlicher Name deutscher Name	Mesophyten Ubiquisten	Xerophyten	sonnige Standorte	schattige Standorte	Eignung zur Aus- siedlung auf Stein- unterlagen
Bryum argenteum Silber-Birnmoos	X	—	X	—	(X)
Bryum caespiticeum Rasiges Birnmoos	—	X	X	—	X
Bryum capillare Hartblättriges Birnmoos	—	X	X	—	X
Ceratodon purpureus Horn-Zahnmoos	X	—	X	X	(X)
Encalypta streptocarpa Gedrehtfrüchtiges Glocken- hutmoos	X	—	—	X	X
Entodon concinnus Gelbstengelmoos	—	X	X	—	(X)
*Grimmia pulvinata** Polster-Kissenmoos	—	X	X	(X)	X
Homalothecium sericeum Goldmoos	X	—	X	X	X
Hypnum cupressiforme Zypressen-Schlafmoos	X	—	—	X	X
Pleurochaete squarrosa Trockenrasenmoos	—	X	X	—	—
Polytrichum piliferum Bürstenmoos	—	X	X	—	X
Racomitrium canescens Graues Zackenmützenmoos	—	X	X	—	X
Rhytidium rugosum Katzenpfötchenmoos	—	X	X	(X)	X
Schistidium apocarpum Gemeines Spaltmoos	—	—	—	X	X
Tortella tortuosa Erd-Bartmoos		X	X	X	—
*Tortula muralis** Mauer-Drehzahnmoos	—	X	X	—	X
Tortula ruralis *(Syntrichia ruralis)* Echtes Kräuselmoos	X	X	X	(X)	X

* nicht zur Bodenansiedlung geeignet
(X) teilweise geeignet

Grimmia pulvinata und *Tortula muralis* vor. Eine spezielle Standortanpassung der einzelnen Arten erfolgt durch viele Unterarten und Ökotypen; sie muß aber einer natürlichen Besiedlung überlassen werden.

Die Auflistung in Tabelle 49 soll einerseits einen Überblick über die möglicherweise in Dachvegetationen auftretenden Moosarten geben, die auch in Begleitung von Flechten-Arten vorkommen (siehe Abschnitt 13.1). Weiterhin enthält die Aufstellung für den Kultivateur und Anwender Hinweise auf geeignete erd- und steinbewohnende Arten und deren Lichtansprüche.

13.1.2 Beschreibung der wichtigsten Moos-Arten

Die Angaben erfolgen nach AICHELE und SCHWELGER (1959), GAMS (1973), FRAHM und FREY (1983), DÜLL (1985), ergänzt durch eigene Beobachtungen zur Ökologie der Arten.

Bryum argenteum, Silber-Birnmoos

Morphologie: Einzelsprosse zwischen 3 bis 10 mm lang, schuppenartig eng anliegende Blätter. Sporenkapsel unauffällig zwischen den Sprossen, häufig auch nicht ausgebildet. Schnelle Ausbreitung durch leicht abfallende Brutknospen an den Triebspitzen. Pflanze im Trockenzustand silberweiß, im feuchten Zustand graugrün. Die Art breitet sich schnell flächig als dichter niedriger Rasen aus und kommt seltener in Einzelpolstern vor. Durch Brutknospen erfolgt die vegetative Verbreitung (Abbildung 166).

Ökologie: Ubiquitärer, kosmopolitischer Kulturfolger, pH-neutral, gilt als Anzeiger für Mineralsalzreichtum und Nitrat. Primärbesiedler offener, sonniger, aber auch schattiger Standorte und auch auf Steinen sowie in Pflasterfugen als „Stadtmoos" immer vertreten. *Bryum argenteum* ist eine der wenigen Arten, die auf herbizid- und salzbelasteten Straßenrändern wächst. DÜLL (1985) erwähnt die besondere Eignung zur Dachbegrünung von Kiesdächern. *Bryum* ist außerordentlich trockenheitsresistent und ausbreitungsfähig. Die Kultur gelingt leicht.

Abb. 166. Brutknospenbildung bei *Bryum argenteum* (nach CORRENS 1899, Darstellungen verändert).
1 = endständige Brutknospen,
2 = seitenständige Brutknospen,
3 = beginnende Entwicklung einer Brutknospe,
4 = einzelne Brutknospe,
5 = Keimlingsstadium.

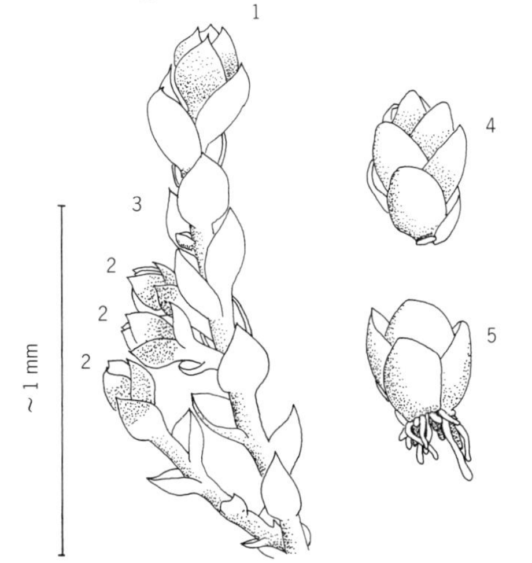

Brachythecium rutabulum, Krücken-Kegelmoos

Morphologie: Niederliegende, ausläuferartige Stengel, 5 bis 15 cm lang. Blätter lanzettlich, locker abstehend. Bildet dichte lockere, gelb- bis dunkelgrüne „Bäumchenrasen".

Ökologie: Ubiquitärer Kulturfolger, nährstoff- und nitratliebend. Häufigste Art stark geschorener Rasenflächen. Liebt feuchtere, beschattete Standorte; kommt im Rasen und in Gras-Kraut-Beständen auf Dachflächen jedoch auch in der Sonne vor. Verträgt Wechsellicht-Bereiche gut.

Ceratodon purpureus, Horn-Zahnmoos, Dachmoos

Morphologie: Aufrechte Stengel in einfacher oder gabeliger Verzweigung, 2 bis 3 cm lang. Blätter lanzettlich, spitz vom Stengel abstehend in spiraliger Anordnung (Abbildung 167). *Ceratodon* bildet dichte geschlossene Bestände oder sich ausdehnende Einzelpolster von dunkel- bis braungrüner Farbe mit charakteristischem, generativem Aspekt durch Sporenkapseln.

Abb. 167. Stengel und Sporenkapsel von *Ceratodon purpureus* (Horn-Zahnmoos oder Dachmoos) (nach AICHELE und SCHWELGER 1984, verändert).

Ökologie: Kosmopolitischer Kulturfolger, der vorwiegend auf Silikatböden und dort überwiegend an trockeneren Stellen Massenbestände bildet. Häufigstes Moos auf Dächern. Besiedelt auch eutrophierte Standorte. *Ceratodon* bietet Lebensraum für viele Kleinlebewesen und wird deshalb häufig von Vögeln zur Nahrungssuche angenommen. Drosseln drehen auf der Suche nach *Tipula*-Larven ganze Bestände um, die dann aber – wenn sie nicht überaltert sind – weiterwachsen. Überalterte Bestände können partiell absterben. Die bis zu 4 cm hohen Altbestände werden dann von *Bryum*-Arten und Erdflechten sekundär besiedelt. Die Erstbesiedlung durch Gräser *(Poa annua, Poa compressa)* und Therophyten wie *Erophila verna*, erfolgt auf *Ceratodon*-Flächen.

Homalothecium sericeum, Goldmoos
Morphologie: Kriechender, verwurzelnder Hauptstengel mit Seitenverzweigung. Blätter abstehend, spitz. Bildet grüngelbe bis goldgelbe Kriechrasen.
Ökologie: Charakterart absonniger feuchter, aber auch trockener Mauern oder Felsen aus basischem Gestein. Die Kultur gelingt auch auf kalkhaltigen Böden leicht. Das außerordentlich schnell wachsende Goldmoos verträgt keinen Dünger, ist aber sehr trockenheitsverträglich. Die Art hat auf Vegetationsmatten nach Ansiedlung (pH-Wert 7,4) innerhalb von fünf Jahren dauerhafte Bestände gebildet. Voraussetzung dafür ist jedoch eine dauerhafte alkalische Bodenreaktion.

13.2 Die Eignung von Sukkulenten

Sukkulenten und in erster Linie *Sedum*-Arten sind naturgemäß die Leitpflanzen Extensiver Dachbegrünungen. Dies beweist ihre Anspruchslosigkeit, insbesondere ihre Trockenheitsverträglichkeit, ihre leichte Ansiedelbarkeit und somit also ihre relativ risikolose Verwendung. Allzu häufig werden sie deshalb aus Unkenntnis oder wegen Überschätzung ihrer Ansprüche viel zu häufig falsch verwendet. An zu schattigen Standorten, in falscher Vergesellschaftung, auf nährstoffreichen oder stark wasserhaltenden Substraten oder auf zu hohen Schichtdicken versagen viele der niedrigen Arten. Die monokulturartige Verwendung einzelner Arten als schnell begrünender, preiswerter „Bodendecker“ ist ökologisch falsch und eine unverantwortliche Verschwendung von Pflanzen.

Die Sukkulenten mit den in Frage kommenden *Sedum, Sempervivum* und *Jovibarba*-Arten sind als Blatt-Sukkulenten zu bezeichnen, obwohl auch in Stengeln und im rübenartig verdicktem Wurzelansatz von Rosettenpflanzen Wasser gespeichert wird. Sukkulenz ist morphologisch und physiologisch von der Skleromorphie zu trennen (u.a. WALTER 1926, ELLENBERG 1982, WILLMANNS 1978). Hier kommen immer wieder Verwechslungen vor. Sukkulenten werden auch als aktive Xerophyten eingestuft (WILLMANNS 1978).

Die **Wasserspeicherung** in Verbindung mit einer verdickten Epidermis und Wachsüberzügen ermöglicht das aktive Überleben und Verbreiten auf extremen, schnell austrocknenden Standorten mit häufig sehr dünnen Bodenschichten. Diese sind in der Regel maximalen Einwirkungen von Sonne und Wind ausgesetzt, so daß für diese Arten auch eine hohe **Strahlungs-** und **Hitzeresistenz** überlebensnotwendig ist.

Die **Überlebensstrategie** ist durch eine physiologische Besonderheit gekennzeichnet. Die Stomata sind tagsüber geschlossen. Es erfolgt weder ein Gasaustausch noch eine Transpiration. Wegen der speziellen physiologischen Prozesse (nächtliche CO_2-Fixierung, Malatbildung usw.; dazu WINKLER 1972, KIENZEL 1982) wird die Gattung *Sedum* zu den CAM-Pflanzen (Crassulacean Acid Metabolism) gezählt.

Sukkulente Pflanzen sind in ihrer aktiven Anpassung an Wassermangelstandorte gegenüber skleromorphen Pflanzen weit überlegen. Jedoch können plötzlich einsetzende extreme oder ständig schwankende Bedingungen bei aktuell physiologisch ungünstiger Konstition auch bei einigen *Sedum*-Arten wie zum Beispiel *Sedum acre* erhebliche Trockenschäden bis hin zum Absterben verursachen. Übertroffen werden Sukkulenten in ihrer **Trockenheitsresistenz** nur von den poikolyhydren (wechselfeuchten) Moosen und Flechten, die jedoch passive Xerophyten sind. Insbesondere Moose bilden enge Lebensgemeinschaften mit niedrig wachsenden *Sedum*-Arten. Je nach Nährstoffangebot und sonstigen Gleichgewichtsbedingungen kann die eine oder andere Gruppe dominant und verdrängend wirken. Mit polsterartig wachsenden *Sedum*-Arten sind in der Regel auch Therophyten vergesellschaftet, die unter Nutzung der Feuchtperioden von Herbst, Winter und Frühjahr die sommerliche Trockenzeit als Samen überdauern. Sie wachsen häufig direkt in den *Sedum*-Polstern.

In systematischer Hinsicht sind aus der Gattung *Sedum* (Crassulaceae) folgende Sektionen (HUBER, in HEGI 1975) von Bedeutung:
Sektion VI: Telephium
Sektion VII: Sedum mit den Untergruppen

1. Spurium-Gruppe
2. Album-Cepaea-Gruppe
3. Reflexum-Gruppe
4. Acre-Hispanicum-Gruppe.

Die meisten *Sedum*-Arten haben niedrige, matten- oder polsterartige Wuchsformen. Ein kleiner Teil wächst staudig aufrecht, wie zum Beispiel *Sedum telephium.* Arten aus der Acre-Hispanicum-Gruppe sind als Einzelindividuum am wenigsten dauerhaft und standorttreu und verbreiten sich dafür sehr stark spontan durch Saatgut. Die meisten dieser Arten können nach der Definition von WITTIG, DIESIG, GÖDDE (1985) als „urbanophil" eingestuft werden. *Sedum dasyphyllum, Sedum hispanicum* und *Sedum lydium* sind vorzugsweise für wintermilde Klimazonen (Weinbauklima) geeignet.

Nicht alle sukkulent ausgebildeten Pflanzen eignen sich für Extensive Dachbegrünungen gleich gut, wie das Beispiel *Portulaca oleracea* (Portulak) zeigt. Diese recht ausgeprägte Sukkulente benötigt mesotrophe Standortverhältnisse, wie sie in Hack- und Gartenkulturen vorhanden sind, und leidet sehr unter austrocknendem Boden. Im südwestdeutschen Raum wächst Portulak auch auf Kiesdächern, allerdings nur dann, wenn dort stehendes Wasser vorhanden ist. Allerdings weisen auch verschiedene krautige Pflanzen, wie zum Beispiel viele *Geranium*-Arten, teilsukkulente Ausbildungen im Sproßbereich auf, die auf Anpassungen an zeitweise austrocknende Standorte hinweisen.

Die **Konkurrenzstärke** der flächig, jedoch langsam wachsenden Sukkulenten reicht gegenüber meso- und xeromorphen Gräsern und Kräutern nur an Wassermangelstandorten aus, um sich durchsetzen. Deshalb stellt die unmittelbare Vergesellschaftung zu Gräsern, insbesondere bei *Sedum album*, eher die Ausnahme dar und kommt zum Beispiel mit *Poa compressa* nur in Übergangsbereichen vor. Nur hoch aufwachsende *Sedum*-Arten wie *Sedum telephium* und auch *Sempervivum tectorum* und *Sempervivum montanum*, sind an Naturstandorten unmittelbar mit Gräsern und Kräutern vergesellschaftet.

Bei der Ansiedlung von extensiven Gras-Kraut-Begrünungen auf mittleren Substratdikken, wobei *Sedum*-Sproßteile *(Sedum acre, S. album, S. sexangulare)* eingesetzt wurden, ließ sich über mehrere Jahre hinweg ein **Latenzverhalten** beobachten. Die anfänglich gute Grasentwicklung ließ eine weitere vegetative Entwicklung der bewurzelten *Sedum*-Triebe kaum zu. Erst im Katastrophenfall, wenn die Gräser weitgehend vertrockneten, breiteten sich die *Sedum*-Pflanzen zügig aus.

Bemerkenswert ist das gute, allerdings langsame vegetative Ausbreitungsverhalten und die Beständigkeit von *Sempervivum arachnoideum* in Vegetationsmatten mit Moos-Sedum-Vegetation bei etwa 2 bis 3 cm Schichthöhe. *Sempervivum tectorum* scheint sich auf südexponierten, geneigten Lagen in Sedum-Gras-

Kraut-Vegetationen wohlzufühlen und verbreitet sich dort generativ und vegetativ. Auf geringen Schichtstärken werden matten- und polsterbildende Arten bei extremem Nährstoffmangel von der Moosschicht überwachsen und auf wechselfeuchten Standorten auf Dauer verdrängt.

Sukkulenten „lieben“ ihre extremen Lebensbedingungen nicht, sind also nicht xerophil. Aus diesem Grund wachsen sie auch unter mesotrophen Verhältnissen gut, und deshalb haben sie auch Eingang in das Gartenstaudensortiment mit breiterem Verwendungsspektrum gefunden. Dies gilt zum Beispiel für *Sedum floriferum* 'Weihenstephaner Gold', *S. spurium, S. hybridum, S. kamtschaticum.* Sie müssen dort jedoch durch ständige Pflege von Konkurrenzvegetation, wie zum Beispiel *Poa annua* oder *Stellaria media,* freigehalten werden. Selbst wenn der bodengebundene Lebensraum in gärtnerischen Anlagen durch Dränung trockener gehalten wird, ist eine Konkurrenz durch anemochore Besiedlung, zum Beispiel durch *Taraxacum officinale* (Löwenzahn), nicht zu verhindern. Den erhöhten Pflegeaufwand bestätigt die Untersuchung von KIERMEIER (1988). Auf Dächern nimmt die Konkurrenzkraft der meisten Sukkulenten mit abnehmender Schichtdicke zu.

Bei zu luxuriöser **Wasser- und Nährstoffversorgung** werden alle Sukkulenten durch stark gesteigertes Wachstum anfällig für Krankheiten und Schädlingsbefall wie zum Beispiel Grauschimmel, Trieb- und Wurzelfäule sowie Blattläuse und Nematoden. Die Winterhärte und Lebensdauer der Einzelindividuen ist dann auch deutlich geringer. Langanhaltende Staunässe, insbesondere im Winter, vertragen viele Sukkulenten nicht. Die meisten Arten tolerieren aber vorübergehende Staunässe. *Sedum album* ist am empfindlichsten. Einige Arten vertragen sogar kurzfristige Überflutung wie zum Beispiel *Sedum sexangulare* oder *Sedum spurium.*

Das **Lichtbedürfnis** der meisten Sukkulenten ist hoch, einige Arten, wie zum Beispiel *Sedum album,* sind als ausgesprochen heliophil zu bezeichnen. Viele der großblättrigen Arten vertragen oder tolerieren auch Wechsellicht oder Halbschatten. Dies kann aber Vergrünungen des Blattwerkes bei rot- oder braunlaubigen Sorten zur Folge haben, wie auch eine verminderte oder gar keine Blüte. Eine verringerte Lichtintensität wird bei hoher Bodenfeuchte weniger gut vertragen als auf trockenen Standorten. Ausnahmen sind *Sedum spurium* und *Sedum hybridum.*

Bei standortgerechter Verwendung ist die **Frosthärte** – auch der dauergrünen Arten – sehr hoch. Sie nimmt jedoch bei den niedrigen Arten mit abnehmender Substratdicke an extremen Standorten ab. Ausgebrachte Sproßteile von *Sedum* sind im nicht eingewurzelten Zustand je nach Witterungsverlauf sehr frostgefährdet.

Unter lang anhaltendem Trockenstreß zeigen einige Arten, insbesondere *Sedum album,* auffällige **Blattverfärbungen**; andere stoßen Blätter oder Triebe ab. Abgestoßene Triebe werden durch Wind verfrachtet und wurzeln an anderer Stelle weiter (z.B. *Sedum reflexum*). Plötzlich einsetzender Trockenstreß im Frühjahr führt zur Notblüte und danach zum völligen Absterben der kurzlebigen Arten wie *Sedum acre* oder *Sedum hispanicum.* Streßverfärbungen können ebenso nach hohen Kaligaben, bei Staunässe sowie bei Kälteeinwirkungen auftreten.

Der Beginn des Frühjahrsaustriebes zeigt bei den einzelnen Arten deutliche Unterschiede. Dies kann aus ästhetischen Gründen interessant sein, weil es zu Beginn der Vegetationszeit an frischen hellgrünen Farben mangelt. Hier tritt als erstes besonders *Sedum acre* 'Aureum' hervor. Das Triebwachstum beginnt in der Regel in folgender Reihenfolge: *Sedum reflexum, S. sexangulare, S. acre, S. album.* Alle *Sedum*-Arten sind sehr empfindlich gegenüber **Trittbelastungen**, da Stengel und Blätter sofort zerquetscht werden.

Sukkulenten sind aufgrund ihres hohen Wassergehaltes nicht brennbar. Die geringe Phytomasse vertrockneter Blütenstände ist kein besonderes Brandrisiko. Während die gärtnerische Ansiedlung von *Sedum* durch Saatgut meist wenig erfolgreich und wegen des sehr feinen Samens auch schwierig ist, kann die Ausbringung abgetrennter Sproßtriebe (siehe Abschnitt 14.3) einfach eingesetzt werden. Die Selbstaussaat der meisten mitteleuropäischen Arten ist jedoch gut. Einige Arten vermehren sich auch durch abgefallene oder abgestoßene Sproßteile und Brutknospen in den Triebspitzen. Abbildung 168 zeigt das vegetative und generative Ausbreitungsverhalten einiger *Sedum*-Arten.

Abb. 168. Untersuchung des vegetativen und generativen Ausbreitungsverhaltens einiger *Sedum*-Arten (Wildtypen) nach zwei Vegetationsperioden (1988 und 1989). Es wurden je drei Flachballenpflanzen 6 × 6 × 4 cm im Abstand von 25 cm (Dreieck) in eine Versuchsfläche von 1,5 × 1,5 m gepflanzt. Die Restfläche wurde mit dem schwachwachsenden *Sedum album* 'Chloroticum' begrünt. Dicke der Vegetationsschicht 10 cm. Dränschicht 2 cm als Fadengeflechtmatte. Die dargestellten Ergebnisse können nicht verallgemeinert werden. Es können nur *Tendenzen* im Ausbreitungsverhalten der Arten bei geringer Fremdkonkurrenz abgeleitet werden. *Sedum spurium* setzt nicht in jedem Jahr keimfähige Samen an.

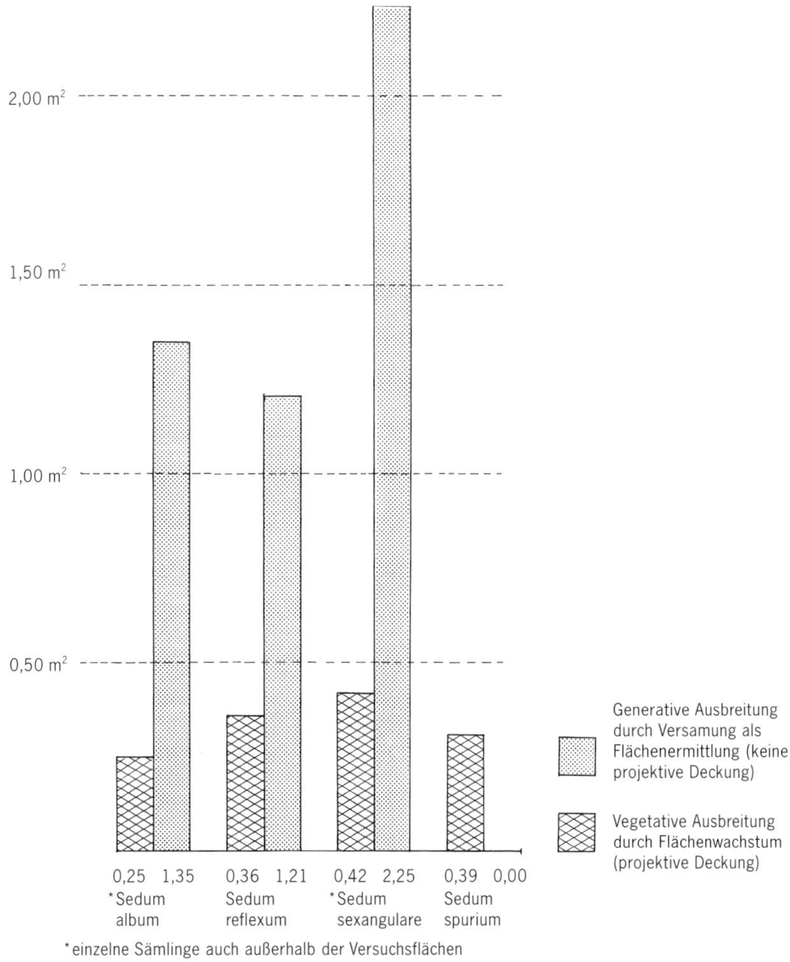

Abbildung 169 gibt für verschiedene *Sedum*-Arten den Zeitraum der Haupt- und Nachblüte an sowie die Zeit, in der der optimale Laubzustand erreicht wird.

Zusammenfassend sind folgende Eigenschaften der Sukkulenten von Bedeutung und zu beachten:

– sehr hohe Resistenz gegen Austrocknung des Substrates
– sehr hohe Widerstandsfähigkeit der meisten Arten gegen Sonneneinstrahlung und Windaustrocknung sowie gegen Wärmestau
– Verträglich gegenüber Strahlungsreflexion.

Abb. 169. Blütendiagramm einiger *Sedum*-Arten und deren optimaler Laubzustand.

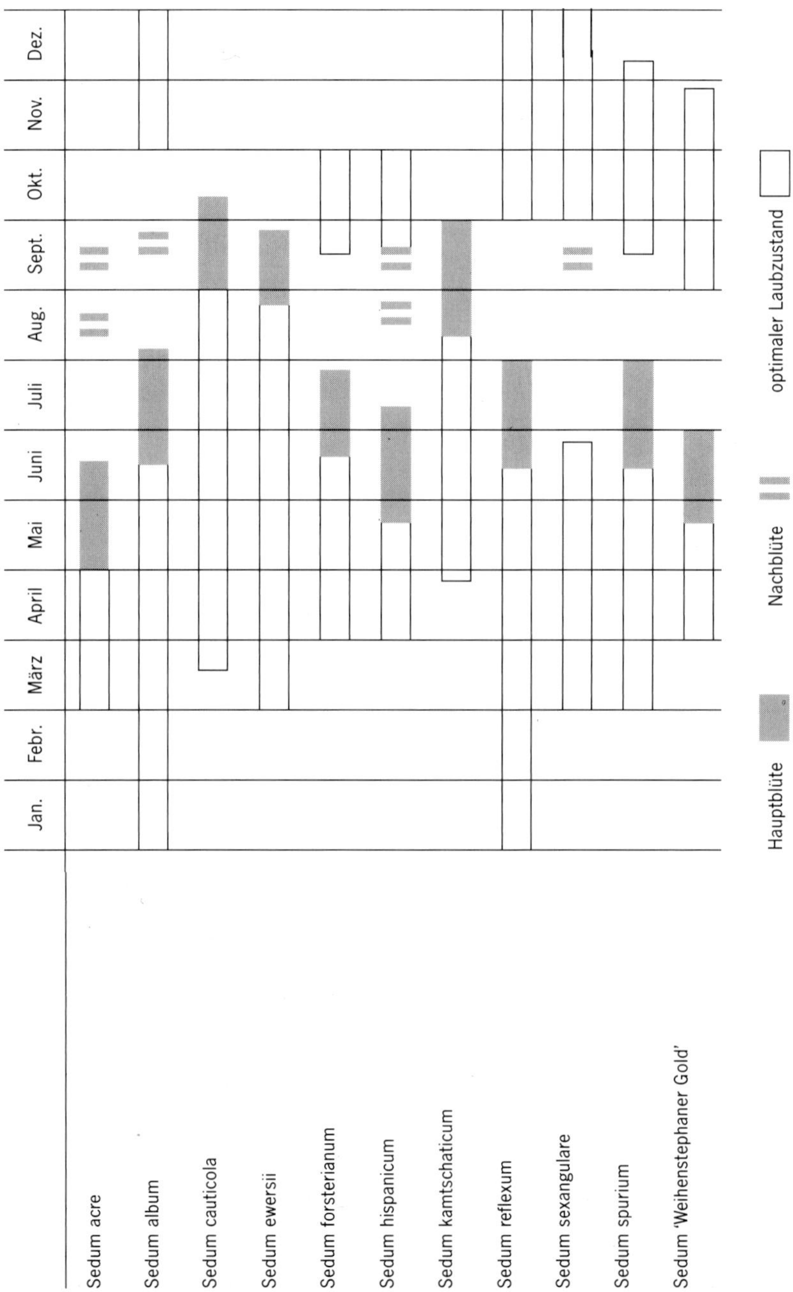

- hohes Lichtbedürfnis, aber viele Arten tolerieren verminderten Lichteinfluß
- gute bis hohe Frosthärte (der hier behandelten Arten)
- relativ geringe Ansprüche an den Nährstoffgehalt des Substrates
- starke Wuchsreaktionen und Empfindlichkeit auf Stickstoffgaben
- Ansprüche an einen höheren Bodenluftgehalt
- Empfindlichkeit der meisten Arten gegen dauernd stauende Nässe, insbesondere im Winter
- viele Arten vertragen normale Bodenfeuchtigkeit auf mageren Standorten
- einige Arten haben besondere Ansprüche an den pH-Wert des Substrates
- abnehmende Konkurrenzstärke gegenüber Gräsern und Kräutern bei regelmäßig guter Wasser- und Nährstoffversorgung
- verschiedene Arten sind nicht dauerhaft standorttreu, sterben nach der Blüte ab, verbreiten sich aber durch Selbstaussaat
- sehr geringe Trittfestigkeit
- krankheitsanfällig in großflächigen Monokulturen einer Art
- nicht brennbar.

13.2.1 Sukkulenten für Extensive Dachbegrünungen

Hinweise zum Gebrauch der Tabelle

Die Nomenklatur ist auch in neueren Veröffentlichungen für die Gattung *Sedum* bei einigen Arten, zum Beispiel *Sedum hispanicum,* und *Sedum lydium,* uneinheitlich. Die wissenschaftlichen Namen entsprechen der Nomenklatur nach ZANDER (1984).

Das Sortiment ist schwerpunktmäßig mit insgesamt vierzig von etwa siebzig in Kultur befindlichen Arten und Sorten auf *Sedum* ausgerichtet. Das umfangreiche *Sedum*-Sortiment berücksichtigt auch weniger dauerhafte, aber schnellwüchsige und gut versamende Arten wie *Sedum hispanicum* und *Sedum lydium.* Empfindliche Arten aus der mediterranen Flora mit höheren Wärmeansprüchen wurden nicht aufgenommen.

Die angegebenen Sorten haben sich auf Dachflächen dauerhaft bewährt. Viele Sorten, insbesondere auch englische (EVANS 1985) und in deutschen Katalogen neu eingeführte, sind nicht angegeben, da über ihre Eignung für Extensivbegrünungen nichts bekannt ist. Mit den hier vorgestellten Arten und Sorten können jedoch alle funktionalen, ästhetischen und ökologischen Ansprüche erfüllt werden. Bis auf spezielle alpine Arten sind alle Arten des mitteleuropäischen Raumes berücksichtigt. Die Angaben zu den Wuchshöhen liegen häufig niedriger als in der Literatur, weil die Extremstandorte auf Dachflächen berücksichtigt werden müssen. Dies bedingt bei verschiedenen Arten auch einen deutlich früheren Beginn der Blüte.

Die bisherigen Ergebnisse der Staudensichtung sind, soweit sie Aussagen zum „Gartenwert“ oder der „Kulturwürdigkeit“ enthalten, nur für Intensive Dachbegrünungen anwendbar. Bei der hier vorliegenden Aufstellung steht der ökologische und vegetationstechnische Wert im Vordergrund, so daß auf diese Bewertungen verzichtet wurde.

Für *Jovibarba* sind zwei und für *Sempervivum* drei wirklich ausdauernde, wüchsige Arten angegeben. Weitere Arten und Sorten aus der Fülle des Standard- und Liebhabersortimentes lassen sich sicherlich verwenden. Dazu sind auf Seite 299 Arten aus den langjährigen Versuchsergebnissen nach MÜSSEL und KIERMEIER (1983) wiedergegeben.

Mit Vorbehalt werden zwei Vertreter der Mesembryantheceae aus Südafrika angeführt. Sie sind, obwohl relativ frostfest, insgesamt nur in Weinbauklima dauerhafter, da sie sich im Winter nässeempfindlich zeigen. Die Pflanzen dieser Familie wachsen in warmen, sonnenreichen Jahren jedoch stark und bringen eine überwältigende Blüte.

Für die Verwendung von Sukkulenten müssen die standortbezogenen Lichtverhältnisse besonders sorgfältig untersucht werden. Alle Arten vertragen die lichte Beschattung durch Gräser und Kräuter, die meisten jedoch nicht den Schlagschatten von Gebäuden – besonders in den Wintermonaten. Zwar können sich einige heliophile Arten über Jahre auch noch in teilweise beschatteten Zonen halten, büßen jedoch ihre Vitalität und Konkurrenzfähigkeit ein. Sie werden dann regelmäßig von der Moosvegetation überwuchert. Am meisten Schatten verträgt *Sedum spurium.*

In Verbindung mit gesäten Gras-Kraut-Vegetationen ist die inselartige Ansiedlung, zum Beispiel in austrocknenden Teilbereichen, durch Pflanzung oder Sproßtriebe sinnvoller

Tab. 50. Sukkulenten für Extensive Dachbegrünungen

Wissenschaftlicher Name deutscher Name	Höhe Blütenfarbe Blütezeit	Lebensform Laubausdauer Laubfarbe	Lebensräume Flachdächer 0.1 freie Lagen 1.1	1.2	1.3	0.2 geschützte Lagen 2.1	2.2	2.3	Steildächer 0.3 freie Lagen 3.1	3.2	3.3	0.4 geschützte Lagen 4.1	4.2	4.3
Delosperma lineare Mittagsblümchen	4–5 cm gelb VI–VIII	krautiger Chamaephyt teilweise über- winternd hellgrün	B, C	–	–	B, C	–	–	C	–	–	B, C	–	–
Jovibarba hirta Donarsbart	10–15 cm blaßgelb VII–VIII	krautiger Chamaephyt überwinternd grün	A–C	–	–	A, B	–	–	A–C	–	–	A, B	–	–
Jovibarba sobolifera Sprossender Donarsbart	10–20 cm grün-gelb VII–VIII	krautiger Chamaephyt überwinternd grün	A–C	–	–	A, B	–	–	A–C	–	–	A, B	–	–
Mesembryanthemum othonna *(Delosperma othonna)* Mittagsblume	5–8 cm gelb VII–VIII	krautiger Chamaephyt überwinternd grün hellgrün	B, C	–	–	B, C	–	–	C	–	–	B, C	–	–
Sedum acre Scharfer Mauerpfeffer	5–10 cm gelb VI–VII	krautiger Chamaephyt immergrün mittelgrün	A–C	–	A–C	A, B	–	A, B	A–C	–	A–C	A–C	–	A–C
'Aureum'	4–6 cm gelb VI–VII	krautiger Chamaephyt gelbe Triebspitzen hellgrün	B, C	–	B, C	A, B	–	A, B	B, C	–	B, C	B, C	–	B, C
Sedum aïzoon Großes Goldsedum	30–40 cm gelblich VII–VII	krautiger Chamaephyt überwinternd grün, blaugrün	C, D	–	C, D	B–D	–	–	–	–	C, D	C, D	–	C, B

Sedum album ssp. *album* Weiße Fetthenne	5–10 cm weiß VI–VII	krautiger Chamaephyt immergrün dunkelgrün	A, B	–	–	A, B	–	–	A, B	–	–	A, B	–	–
'Coral Carpet'	4–8 cm weiß	bronzerot, feingliedrig	A, B	–	–	A, B	–	–	A, B	–	–	A, B	–	–
'Laconitum'	8–12 cm weiß	grün, grobgliedrig	B	–	–	A, B	–	–	B	–	–	A, B	–	–
'Murale'	5–10 cm weiß	braunrot, feingliedrig	A, B	–	–	A, B	–	–	A, B	–	–	A, B	–	–
Sedum album ssp. *micranthum*	2–3 cm weiß	grün, feingliedrig	A, B	–	–	A, B	–	–	A, B	–	–	A, B	–	–
'Cloroticum'	2–3 weiß	hellgrün, feingliedrig	B	–	–	B	–	–	C	–	–	B, C	–	–
Sedum anacampseros Walzen-Sedum	10–15 cm purpur VI–VII	krautiger Chamaephyt überwinternd grün grau-grün	B, C	–	B, C	B, C	–	B, C	C	–	C	B, C	–	B, C
Sedum cauticola 'Robustum'	10–12 cm rosa-rot VIII–IX	krautiger Chamaephyt sommergrün blau-grau	B, C	–	B, C	B, C	–	–	C	–	C	B, C	–	B, C
Sedum cyaneum Rosenteppich-Sedum	5–8 cm karminrosa VII–VIII	krautiger Chamaephyt sommergrün bis überwinternd grün blaugrün	B, C	–	B, C	A–C	–	A–C	C	–	C	–	–	B, C
Sedum dasyphyllum Dickblatt-Sedum	3–6 cm weiß-rosa VI–VII	krautiger Chamaephyt überwinternd grün bis immer- grün blaugrün	A	–	A	A	–	–	A, B	–	A, B	A, B	–	–

(Fortsetzung Tab. 50)

Wissenschaftlicher Name deutscher Name	Höhe Blütenfarbe Blütezeit	Lebensform Laubausdauer Laubfarbe	Lebensräume: Flachdächer 0.1 freie Lagen 1.1	1.2	1.3	0.2 geschützte Lagen 2.1	2.2	2.3	Steildächer 0.3 freie Lagen 3.1	3.2	3.3	0.4 geschützte Lagen 4.1	4.2	4.3
Sedum ewersii Himalaja-Sedum	8–12 cm rosa VII–VIII	krautiger Chamaephyt sommergrün blau-grau	B, C	–	B, C	A–C	–	A–C	C	–	B, C	B, C	–	B, C
Sedum floriferum 'Weihenstephaner Gold' Gold-Sedum	8–12 cm goldgelb VI–VII	krautiger Chamaephyt sommergrün grün	B, C	–	B, C	B, C	–	B, C	C	–	B, C	B, C	–	B, C
Sedum forsterianum Blautannen-Sedum	15–20 cm gelb VI–VII	krautiger Chamaephyt immergrün	B, C	–	B, C	B, C	–	B, C	C	–	B, C	B, C	–	B, C
Sedum hispanicum Spanische Fetthenne	4–6 cm VI–VII rosa-weiß	krautiger Chamaephyt (Therophyt) überwinternd grün, sommergrün grau-grün	A, B	–	A, B	A	–	A	B	–	A, B	A, B	–	A, B
Sedum hybridum 'Immergrünchen' Mongolen-Sedum	8–12 cm gelb VI–VII	krautiger Chamaephyt immergrün frischgrün	C	B, C	B, C	B	B, C	B, C	C	C	B, C	C	B, C	B, C
Sedum kamtschaticum Kamtschatka-Sedum	15–20 cm orangegelb VIII–IV	krautiger Chamaephyt überwinternd grün, sommergrün dunkelgrün	C	–	B, C	B	–	B, C	C	–	B, C	C	–	B, C
Sedum kamtschaticum var. *ellacombianum*	10–15 cm gelb VII–VIII	sommergrün hellgrün	C	–	B, C	B	–	B, C	C	–	B, C	C	–	B, C

Sedum kamtschaticum var. *middendorffianum*	10–15 cm gelb VII–VIII	sommergrün mittelgrün	C	–	B, C	B	–	B, C	C	–	B, C	C	–	B, C
Sedum krajinae	8–12 cm gelb VI–VII	krautiger Chamaephyt überwinternd grün dunkelgrün	A–C	–	A–C	A, B	–	A, B	B, C	–	B, C	A–C	–	A–C
Sedum lydium Moos-Sedum	3–6 cm VI–VII weiß	krautiger Chamaephyt immergrün bronzegrün	A, B	–	A, B	A	–	A	B	–	A, B	A, B	–	A, B
Sedum reflexum Felsen-Sedum	8–15 cm goldgelb VI–VII	krautiger Chamaephyt immergrün blaugrün	A–C	–	A–C	A–C	–	A–C	B, C	–	A–C	A–C	–	A–C
Sedum sexangulare Milder Mauerpfeffer	5–8 cm zitronengelb VI–VII	krautiger Chamaephyt immergrün mittelgrün	A–C	–	A–C	A, B	–	A, B	A–C	–	A–C	A–C	–	A–C
'Weiße Tatra'	5-8 cm hellgelb VI–VII	krautiger Chamaephyt immergrün hellgrün	A–C	–	A–C	A, B	–	A, B	A–C	–	A–C	A–C	–	A–C
Sedum spectabile Pracht-Sedum	30–40 cm hellrosa VIII–IX	Hemikryptophyt sommergrün graugrün	C, D	–	C, D	C, D	–	C, D	–	–	–	C, D	–	C, D
Sedum spurium Kaukasus-Sedum	8–12 cm rosa-rot VII–VIII	krautiger Chamaephyt überwinternd grün dunkelgrün	A–C	A, B	A–C	A, B	A, B	A, B	A–C	A–C	A–C	A–C	A, B	A, B
'Album Superbum'	8–12 cm weiß	dunkelgrün	A–C	A, B	A–C	A, B	A, B	A, B	A–C	A–C	A–C	A–C	A, B	A, B
'Coccineum'	8–10 cm dunkelpurpur	rot	B, C	A, B	B, C	A, B	A, B	A, B	C	B, C	C	B, C	B, C	B, C

(Fortsetzung Tab. 50)

Wissenschaftlicher Name deutscher Name	Höhe Blütenfarbe Blütezeit	Lebensform Laubausdauer Laubfarbe	Lebensräume Flachdächer 0.1 freie Lagen 1.1	1.2	1.3	0.2 geschützte Lagen 2.1	2.2	2.3	Steildächer 0.3 freie Lagen 3.1	3.2	3.3	0.4 geschützte Lagen 4.1	4.2	4.3
'Fuldaglut'	8–10 cm rot	rot	A–C	A, B	A–C	A, B	A, B	A, B	A–C	A–C	A–C	A–C	A–C	A–C
'Purpurteppich'	8–10 cm dunkelpurpur	purpur	B, C	A, B	B, C	A, B	A, B	A, B	C	B, C	C	B, C	B, C	B, C
'Roseum Superbum'	8–10 cm rosa	dunkelgrün	A–C	A, B	A–C	A, B	A, B	A, B	A–C	A–C	A–C	A–C	A, B	A, B
Sedum telephium ssp. *telephium* Große Fetthenne	30–40 cm purpurrot VIII–IV	Hemikryptophyt sommergrün blaugrau	C	–	B, C	B, C	–	B, C	C	–	C	C	–	B, C
'Herbstfreude'	30–45 cm IV–V	braunrot	C	–	C	C	–	C	–	–	–	C	–	C
Sempervivum arachnoideum agg.* Spinnweb-Dachwurz	3–8 cm rosa VI–VII	krautiger Chamaephyt immergrün silber-grün	A	–	–	A	–	–	A, B	–	–	A	–	–
Sempervivum montanum agg.* Berg-Dachwurz	5–8 cm hellpurpur VII–IV	krautiger Chamaephyt immergrün graugrün	A, B	–	–	A, B	–	–	A, B	–	–	A, B	–	–
Sempervivum tectorum agg.* Dachwurz	8–15 cm purpurrot VII–VIII	krautiger Chamaephyt immergrün dunkelgrün	A, B	–	A, B	A, B	–	A, B	A, B	–	A, B	A, B	–	A, B

* agg. = Aggregat, der Zusammenschluß von nahe verwandten, schwer unterscheidbaren Arten.

als die gleichmäßige Verteilung über die Fläche.

Die arten- und sortenspezifischen Zuordnungen der Lebensraum-Kennziffern geben nur die tendenzielle Richtung an. Standortspezifische Besonderheiten und vegetationstechnische Voraussetzungen wie zum Beispiel der reale, objektbezogene Wasserhaushalt können damit nicht erfaßt werden. Die angegebenen Gruppierungen der Schichtdicken erfassen jeweils die Optimalbereiche unter Berücksichtigung der Konkurrenzverhältnisse zu anderen Arten, insbesondere Gräsern. Auf höheren Schichtdicken als angegeben nimmt die Konkurrenz von Gräsern und Kräutern mit erheblicher verdrängender Wirkung zu.

Weitere unten aufgeführte Arten und Sorten von *Sempervivum* haben sich nach MÜSSEL und KIERMEIER (1983) langjährig in einer Versuchsanlage zur Extensiven Dachbegrünung im Sichtungsgarten Weihenstephan bewährt. Die Dränschicht und Substratdicke betrug 2 bis 5 cm. Nicht bewährt haben sich großrosettige, farbintensive hybride Gartenformen (Hybridkomplex *Sempervivum × calcaratum*), die sich nicht vegetativ vermehrten und nach acht bis zehn Jahren verschwunden waren.

Bewährte Sempervivum-Arten und -Sorten

Sektion Arachnoidea
S. arachnoideum ssp. *bryoides*
S. × barbulatum (= S. arachnoideum × S. montanum)
S. × fauconnettii (= S. arachnoideum × S. tectorum)
und die Sorten 'Flavipilum', 'Pseudofuckii', 'Alpha', 'Beta', 'Gamma', 'Jubilee', 'Silberkarneol' und 'Zirkon'
Sektion Ciliata
S. caucasicum mit mehr oder weniger unterschiedlichen Formen
S. marmoreum (= *S. rubicundum*) 'Mahagonistern', 'Schlehanii', 'Pseudoornatum'
S. tectorum 'Robustum', 'Minutum', 'Pyrenaicum' und 'Glaucum'
S. tectorum var. *glaucum* (= *Sedum schottii)*
Hybriden: 'Nocturno', 'Bernstein'
Sektion Glandulosa
S. ballsii
S. dolomiticum
S. grandiflorum und 'Aldebaran', 'Beteigeuze'
S. kosaninii
S. octopodes
S. pittonii
S. ossentiense
S. zelebori (zwei Typen)

13.2.2 Beschreibung der wichtigsten Sedum-Arten

Vorbemerkung: In der gärtnerischen Pflanzenliteratur finden sich nur wenige, für die Extensive Dachbegrünung verwertbare Hinweise zur Ökologie der hier angeführten *Sedum*-Arten. Die hier erfolgten Angaben stützen sich überwiegend auf eigene, langjährige Beobachtungen, ergänzt durch einige Angaben nach HEGI (1975).

Sedum acre, Scharfer Mauerpfeffer

Morphologie: 3 bis 15 cm hoch, rasenbildend. Blätter hellgrün, eiförmig, dreieckig, unter Trockenstreß grau-grün. Blüte hellgelb auf Stengeln über dem Blattwerk. Wurzelwerk schwach ausgebildet. Die Pflanze hat einen scharfen Nachgeschmack (Unterscheidungsmerkmal zu *Sedum sexangulare*). Von *Sedum acre* sind mehrere, jedoch taxonomisch nicht sichere Unterarten beschrieben worden. Verwechslungen mit dem niedrigen und schwächer wachsendem *Sedum alpestre* sind möglich.

Ökologie: Vorkommen auf xerothermen wie auch auf mesotrophen Standorten, Kulturfolger. Die Fruchtkapseln öffnen sich nur bei feuchtem Wetter, anemochore Verbreitung, Lichtkeimer. Samen nicht sehr lange keimfähig. Hauptverbreitung auf eher leicht sauren, basenreichen Standorten, kommt aber auch auf kalkhaltigen Standorten vor. Hauptbesiedler von Kiesdächern: Entwicklungsoptimum dort auf etwa 5 bis 8 cm Kiesauflage. *Sedum acre* hat einen leicht ruderalen Charakter und erreicht von allen *Sedum*-Arten bei entsprechender Nährstoffversorgung das schnellste Flächenwachstum. Es neigt dann zur Massenblüte im Gesamtbestand und anschließendem flächigem Absterben. In Sedum-Moos-Vegetationen im Dünnschichtbereich (2 bis 3 cm Schichtdicke) ist die Art nicht sehr lange dauerhaft. *Sedum acre* verträgt Trockenheit nicht so gut wie *Sedum sexangulare.* Kleinere, ein- bis dreitriebige, unterversorgte Pflanzen können erhebliche Trockenschäden erleiden oder sogar absterben. Nach WIESNER (1907, in

WINKLER 1980) kann *Sedum acre* auch noch bei 48 Prozent des vollen Tageslichtes existieren. Dies ist jedoch dann der das Wachstum und die Blüte limitierende Faktor.

Auf sonnenexponierten, besonders geneigten Flächen beginnen die Blätter nach drei bis vier Wochen Trockenheit vom Stengelgrund her zu vertrocknen. Die Triebspitze hält sich am längsten, fällt aber noch lebend ab, wenn der Stengel vertrocknet. Manche Triebe vertrocknen auch vollständig.

Die Art kann im Frühjahrswachstum auch erheblich durch Frost geschädigt werden. Partielle Totalausfälle wurden dabei beobachtet. Im Gegensatz zu anderen Arten können zu mastig gewachsene Triebe ohne Wurzeln auch in der Sonne vertrocknen. Dies ist bei der Ansiedlung durch Sprossen zu beachten.

Auffällig sind die bis ins Frühjahr haltenden silbriggrauen Blütenstände, die einen eigenen Aspekt bilden. Die Art kann unter Umständen als vorübergehend präsente „Ammenpflanze“ verwendet werden.

Kultursorten: 'Aureum', 'Minor', *Sedum acre* var. *krajinae.*

Sedum album, Weiße Fetthenne

Morphologie: 5 bis 25 cm hoch, mattenbildend. Blätter dunkelgrün, rötlich oder rot, unter Trockenstreß dunkelrot oder braunrot mit Ausnahme der Sorte 'Chlorticum', die gelbgrün bleibt. Blüte weiß, Staubbeutel rotbraun.

Ökologie: Vorkommen auf xerothermen und sekundären Standorten wie Mauern und Dächern. Wächst in Felsfluren noch auf geringsten Bodenauflagen, in Südexposition mit Moosen, Flechten und Therophyten vergesellschaftet. Hinsichtlich der Bodenreaktion ziemlich indifferent; wächst auf kalkhaltigen wie auf kalkfreien Standorten, bevorzugt jedoch basenreiche, tonmineralreiche Böden. Nach KIENZEL (1982) reichert *Sedum album* kein Kalium, jedoch viel Kalzium an (calcitroph). Die Art besitzt danach ein sehr effizientes Kalzium-Aufnahmesystem und kann sich ausreichende Mengen selbst aus kalziumarmem Serpentingestein holen. Auf stärkere Kalidüngungen reagieren die Pflanzen mit intensiv roter Laubverfärbung und vermindertem Wachstum.

Auf zu nährstoffreichem Boden, insbesondere in niederschlagsreichen Jahren, setzt die Blüte später ein. Die Pflanzen werden dann häufig von Grauschimmel befallen, was zum Verlust des Blattwerkes und zum Absterben einzelner Pflanzen oder ganzer Bestände führen kann.

Im Gegensatz zu *Sedum acre* und *Sedum sexangulare* blüht *Sedum album* unter Trockenstreß nicht oder mit nur ein bis zwei Stengeln je Polster (siehe Abbildung 169). Dies kann in einer Folge von Jahren oder auf besonders extremen Standorten nur zu rein vegetativen Lebenszyklen führen. Die abgeblühten Blütenstände sind braun und im Gegensatz zu denen von *Sedum acre* wenig auffällig und nicht so lange haltbar.

Sedum album ist für die Ansiedlung durch Sproßteile neben *Sedum sexangulare* die wichtigste Art. Die Triebstücke beginnen im Kontakt mit feuchtem Boden bereits nach drei Tagen zu wurzeln. Vor der Blüte geschnittene Triebe wurzeln nicht oder wenig, sondern blühen erst und sterben dann teilweise ab. Bei ausgestreuten und angedrückten, jedoch zum Winter nicht mehr bewurzelten Trieben ist im Frühjahr ein Ausfall von rund 50 Prozent zu verzeichnen. Die Art ist heliophil und verträgt keine Beschattung.

Kultursorten: Alle starkwüchsigen Gartensorten wie zum Beispiel 'Laconicum' sind auf Trockenstandorten dem Wildtyp unterlegen. Der Unterart *Sedum album* ssp. *micranthum* ist ein Wildtyp und nicht wie häufig fälschlich angegeben eine Gartensorte ('Micranthum'). Dieser Wildtyp blüht jedoch vergleichsweise wenig und zeigt je nach Standortbedingungen auch ganzjährig eine rotbraune Blattfarbe. Die Polster sind jedoch sehr fest und dauerhaft. Ähnlich ist die Sorte 'Murale'. Die rotlaubige Sorte 'Coral Carpet' hat sich bisher auf Dächern sehr gut bewährt. Ihr Flächenzuwachs ist sehr stark. 'Coral Carpet' benötigt jedoch unbedingt magere, trockene Standorte.

Die Sorte 'Chloroticum' hat zwar auch bei Trockenheit die begehrte hellgrüne Farbe, ist jedoch schwachwüchsig, blüht weniger und wird von der Art *Sedum album* von *Sedum acre* und *Sedum sexangulare* wie auch von *Hieracium pilosella* verdrängt. In Vergesellschaftung mit Moosen bleibt die Sorte 'Chloroticum' oft jahrelang vegetativ und zeigt degenerative Latenzstadien, um dann letztendlich doch von den Moosen verdrängt zu werden.

Sedum reflexum, Felsen-Sedum
Morphologie: 10 bis 30 cm hoch, mattenbildend. Sprosse kriechend, wurzelnd, dicht mit walzenförmigen Blättern besetzt. Pflanzen blaugrün bereift. Blütenstengel geringer beblättert, deutlich höher als die Sprosse. Blüte goldgelb.
Ökologie: Vorkommen an natürlichen xerothermen Standorten, in Kultur auch an mesotrophen Standorten, häufig auf Felsen und ähnlichen anthropogenen Sekundärstandorten durch Verwilderung aus Gärten.

Spontanbesiedlung auf Dächern kommt seltener vor. Es sind jedoch Kiesdächer bekannt, auf denen sich ausschließlich *Sedum reflexum* ausgebreitet hat. *Sedum reflexum* ist sehr trockenheitsverträglich. Ein gemeinsames Vorkommen in Trockenrasen mit *Sedum spurium* und *Sedum album* wurde festgestellt. Unter Trockenstreß verfärbt sich die Pflanze graugrün, Triebspitzen werden rötlich. Bei langer Trockenheit werden ganze Triebstücke vom Wind abgerissen (oder von der Pflanze abgestoßen) und vom Wind am Boden verfrachtet. Auf feuchten, nährstoffreichen Böden wird *Sedum reflexum* stark von Grauschimmel und auch von Blattläusen befallen. Die Art ist etwas schattenverträglich, wächst dann lockerer und blüht nicht. Das verwandte, feiner beblätterte *Sedum forsteranum* scheint etwas mehr Schatten zu vertragen. Das ebenfalls ähnliche *Sedum ochroleucum* entstammt dem mediterranen Florenraum und gilt als sehr trockenheitsverträglich, jedoch als konkurrenzschwach und staunässeempfindlich.
Sedum reflexum ist als sehr konkurrenzfähige Art für Extensive Dachbegrünungen wertvoll. Die Ansiedlung durch Aussaat gelingt selten auf Dächern. Sproßtriebe wachsen jedoch gut an, wenn sie angedrückt werden.

Sedum sexangulare, Milder Mauerpfeffer
Morphologie: 4 bis 15 cm hoch, rasenbildend. Blätter hellgrün, glänzend, obere Blätter häufig bräunlich-beige. Blätter linealisch und auf der Triebachse am nicht blühenden Trieb, im Gegensatz zu *Sedum acre*, deutlich spiralig angeordnet. Blüten zitronengelb. Wurzelwerk schwach ausgebildet.
Ökologie: Vorkommen auf xerothermen wie auch mesotrophen Standorten. Im Trockenrasen häufig mit *Sedum acre* und *Sedum album* vergesellschaftet. *Sedum sexangulare* kommt seltener auf Dächern vor als *Sedum acre*. Der Milde Mauerpfeffer ist ähnlich trockenstreßfähig wie *Sedum album* und hält sich auch vital in dünnschichtigen Moos-Sedum-Vegetationsmatten. An nährstoffärmeren Standorten ist auch auf feuchteren Böden ein konkurrenzstarkes Vorkommen zu beobachten. HUBER (in HEGI 1975) berichtet, daß die Art sogar längere Überschwemmungen verträgt. Diese Art kann den Konkurrenzdruck von Gräsern vergleichsweise gut ertragen. Nach DARIUS und DREPPER (1983) „kann die Art mit höheren Deckungswerten auch noch in andere Bereiche (siehe auch BORNKAMM 1961) vordringen". Nach BORNKAMM wächst *Sedum sexangulare* auf den untersuchten Dächern besonders über kalkreichem Untergrund. Die Art hat sicherlich ein anderes synökologisches Optimum als *Sedum acre*. Eine höhere Stickstoffversorgung wird im Vergleich zu *Sedum acre* weniger gut toleriert. *Sedum sexangulare* neigt zwar ebenfalls zur erschöpfenden Massenblüte, regeneriert sich aber besser.

Die Ansiedlung durch Triebstücke gelingt sicher. Saatgut keimt nur unmittelbar nach der Ernte gut. Entsprechend reichlich ist auch die Selbstaussaat. Frostschäden im Frühjahrswachstum sind geringer als bei *Sedum acre*. Unter Trockenstreß verfärbt sich das Laub deutlich braunbeige (Unterscheidungsmerkmal). *Sedum sexangulare* blüht auch unter Trockenstreß.

Sedum spurium, Kaukasus-Sedum
Morphologie: 5 bis 15 cm hoch, schütteres oder dichtes polster- und mattenbildendes Wachstum. Sprosse niederliegend, verzweigt, wurzelnd. Mit fleischigen, schwach gekerbten, spateligen, dunkelgrünen Blättern, häufig in endständigen Rosetten. Blütentragende Stengel in oder kurz über dem Laubwerk, die nach der Blüte absterben. Blüten weiß, rosa, rot oder purpurfarben.
Ökologie: Heimat Kauskasus, Armenien, Kurdistan. Bei uns aus Gärten verwildert und an Straßenrändern und anderen anthropogenen Standorten gelegentlich eingebürgert. Kommt häufig in Trockenrasen und Mauern alter Burgberge vor. Vorkommen an xerothermen wie mesotrophen Standorten. Im Garten als Bodendecker auch für Halbschatten verwendet. In einigen Regionen Westfalens und im

Osnabrücker Land als Polsterpflanze seit Generationen auf Grundstückseinfassungsmauern angesiedelt. Die ökologische Variationsbreite dieser Art ist erstaunlich, dies gilt insbesondere für die Trockenheitsverträglichkeit. Hierin ist diese Art *Sedum acre* deutlich überlegen, auch in Dünnschichtbegrünungen, wie DARIUS und DREPPER (1983) bestätigen. In Trockenrasen wirft *Sedum spurium* nach etwa drei Wochen Trockenheit die unteren Blätter nach und nach ab, so daß an der Triebspitze ein Sechs- bis Achtblattstadium der jüngsten Blätter überdauert. Die Streßfärbung des Laubes kann rötlich, aber auch olivgrün bis gelborange sein. Wildtypen aus Trockenrasen sind im Vergleich zu Gartentypen trockenheitsverträglicher, wachsen jedoch langsamer und besitzen einen eher lockeren Aufbau. *Sedum spurium* entwickelt auf normalfeuchten Substraten seine beste Konkurrenzkraft und kann gelegentlich Staunässe vertragen.

Für Extensive Dachbegrünungen ist die Schatten- und Feuchtigkeitsverträglichkeit der Art bedeutsam. Im Schatten bleibt der Bestand locker und entwickelt sich in enger Vergesellschaftung mit Moosarten. Eine Blüte setzt hier nicht oder nur vereinzelt ein, rote Farben wirken blaß.

Gartensorten mit anthocyanreicher Rotfärbung des Laubes und der Triebe wie 'Erdblut' oder 'Schorbusser Blut' sind für Extensive Dachbegrünungen weniger geeignet, weil sie wegen ihrer geringeren Wuchskraft in Vergesellschaftung kaum konkurrenzfähig sind. Gleiches gilt für Sorten mit panaschierten Blättern.

13.3 Die Eignung von Zwiebel- und Rhizompflanzen

Zwiebel- und Rhizompflanzen entwickeln als Geophyten ihre Überwinterungsorgane dicht an oder unter der Erdoberfläche. Diese Reserveorgane dienen gleichzeitig der passiven Anpassung an Trockenheit. Viele Arten sind auf ausgesprochene Trockenstandorte oder sommerlich austrocknende Standorte spezialisiert. Die physiologische Reaktion auf längeren Trockenstreß geschieht bei den einzelnen Arten durch Deaktivierung des Laubes in unterschiedlichen Stufen. Der Grad der Xeromorphie scheint dabei eine Rolle zu spielen. So trocknet das Laub von *Allium schoenoprasum* sehr schnell ein, während an *Allium flavum* seltener Trockenschäden feststellbar sind. Im Falle einer Trockenkatastrophe kann das Laub jedoch bei allen Arten unbeschadet für die weitere Pflanzenvitalität vertrocknen. Ein Neuaustrieb erfolgt dann mit Beginn der nächsten Feuchtperiode. Viele *Allium*-Arten, insbesondere breitblättrige wie zum Beispiel *Allium moly*, bekommen schon während der Blüte gelbe Blattspitzen. Dies ist eine normale Erscheinung im Lebenszyklus. Die Zwiebeln und Brutzwiebeln einiger Arten von *Allium* überdauern lange Trockenperioden oder die Wintermonate sogar ungeschützt auf der Bodenoberfläche.

Für die Extensive Dachbegrünung kommt aus der Fülle der möglichen Gattungen und Arten unter dem Aspekt der Beständigkeit nur eine Auswahl von *Allium, Iris* und *Muscari* in Betracht. Neben der Trockenheitsresistenz ist die Winterfestigkeit das entscheidende Auswahlkriterium. Nach BRAUN und BLANQUET (1938) kommen in den Gesellschaften des Bromion erecti folgende Zwiebelpflanzen als Ordnungs-Charakterarten vor: *Allium oleraceum, Allium sphaerocephalon, Muscari racemosum.*

Die unter Abschnitt 13.3.1 angeführten *Allium*-Arten bilden nur eine kleine Auswahl aus dem reichen Gesamtsortiment. Sie haben einen vierjährigen Auswinterungsversuch des Verfassers unter extremen Bedingungen zu mindestens 60 Prozent des Mengenanteiles von jeweils 50 Pflanzen überstanden. Alle genannten Arten wurden bereits mit Erfolg für Extensive Dachbegrünungen verwendet. Fremdländische blaublühende *Allium*-Arten erweisen sich als teilweise sehr anfällig. Viele schönblühende *Allium*-Arten aus Südeuropa wie zum Beispiel *Allium narcissiflorum* oder *Allium neapolitanum* sind nicht ausreichend winterhart und müssen teilweise vor strengem Frost geschützt werden. Arten mit breitem Laub, die sich für schattige Lagen eignen, wie *Allium ursinum* oder *Allium victorialis,* bedürfen neben einem geeignetem Lichtklima auch ausreichend Feuchtigkeit. Für diese Artengruppen wird deshalb keine Verwendungsempfehlung gegeben. Für Intensivbegrünungen können im Halbschatten von Gehölzen Liebhaberarten wie die weißblühenden *Allium triquetrum* oder *Allium paradoxum* verwendet werden, die sich auf geeigneten Standorten auch durch Saat und Brutzwiebeln weiter ausbreiten.

Mit bekannten Gartenblumenzwiebeln wie Krokussen und Tulpen lassen sich durchaus interessante Effekte erzielen. Aber selbst trokkenheitsverträgliche botanische Tulpen und *Crocus*-Wildarten sind häufig schon im zweiten Jahr nicht mehr vorhanden. Der Hauptgrund für die Kurzlebigkeit dürfte in der zu geringen Substratdicke und den wenig abgepufferten Witterungseinwirkungen liegen. Die natürlichen Wuchstiefen vieler Gartenblumenzwiebeln liegen je nach Bodenart zwischen 15 und 25 cm, so daß sie allenfalls für Schichtaufbauten hoher und höchster Dicke in Frage kämen. Die Wuchstiefen einiger *Allium*-Arten sind der Tabelle 51 zu entnehmen. Erst ab Schichtdicken des Substrates von etwa 20 cm ist eine dauerhafte Ansiedlung von Arten aus dem Gartenkultursortiment möglich.

Interessant sind die Verwendungsmöglichkeiten einiger *Allium*-Arten selbst in sehr dünnen Schichten von bis 2 bis 4 cm Dicke (MÜSSEL und KIERMEIER 1983, KRUPKA 1988), während bei Rhizom-Iris die Untergrenze etwa bei 6 cm Substratdicke zu liegen scheint. Als universelle „Dachpflanze" gilt der Schnittlauch, *Allium schoenoprasum* (SUESSENGUTH in HEGI 1939, BORNKAMM 1966, DARIUS und DREPPER 1983). Weiterhin behalten einige Iris-Arten auch in Trockenperioden ihr hellgrünes Laub sehr lange. Allerdings halten auch einige *Allium*-Arten bei Trockenheit ihr Laub länger grün als Gräser. Von den Rhizom-Iris sind nur akklimatisierte Wildarten, sehr alte Kultursorten oder alte diploide Gartensorten verwendbar. Die Produkte der modernen Iris-Züchtung sind allesamt wegen ihrer zu hohen Empfindlichkeit nicht geeignet. Zwiebel-Iris (Xiphium-Gruppe, Reticulata-Gruppe) dauern nicht sehr lange aus.

Die **Nährstoffansprüche** der in Frage kommenden Geophyten sind relativ gering. Dies gilt besonders für das Stickstoffangebot, während eine sehr gute Kaliumversorgung gewährleistet sein sollte.

Der **Wasserhaushalt im Schichtaufbau** ist in seiner jahreszeitlichen Verteilung und besonders im Hinblick auf längere Feuchtperioden für die Lebensdauer von an extreme Trockenheit angepaßte Xerophyten von Bedeutung. Dies trifft besonders für Iris zu. Staunässe oder in den Herbst- und Wintermonaten nicht abtrocknende Substrate sind für diese Arten nicht geeignet. Eine Ansiedlung kann gelingen, wenn die nässeempfindlichen Geophyten in Substratbereiche mit teilweise

Tab. 51. Wuchstiefen verschiedener *Allium*-Arten auf bodengebundenen Standorten und in Extensiver Dachbegrünung. Aufnahmen aus den Jahren 1988 und 1989, Juni und Juli

	Zwiebeltiefe* in cm		
	in Löslehm, naturnahe Pflanzung	in mineralischen Dachsubstraten (Extensive Dachbegrünung)	Vegetationsmatten (Fadengeflechtmatten)
Allium carinatum	4–6	5–7	2,0
Allium carinatum ssp. *pulchellum*	2–3	4–8	–
Allium cyaneum	2–3	–	–
Allium flavum	3–4	3–4	2,5
Allium moly	6–8	6–10	–
Allium oleraceum	4–6	4–7	–
Allium oreophilum	3–4	4–6	–
Brutzwiebeln	0,5–3	–	–
Allium schoenoprasum ssp. *schoenoprasum*	4–6	4–8	1,5–2,0
Allium sphaerocephalon	3–4	6–8	–
Brutzwiebeln	0,5–1	–	–
Allium karativiense	7–9	–	–

* gemessen von Oberkante Boden bzw. Substrat bis auf Höhe des Zwiebelbodens

größerer Schichtdicke gesetzt werden. Die **Konkurrenzkraft** von Geophyten ist auch gegenüber Gräsern und Kräutern sehr hoch, wenngleich mit Ausnahme einiger *Allium*-Arten selten höhere Deckungswerte erreicht werden.

Der besondere Reiz vieler *Allium*-Arten und insbesondere der Iris liegt in ihrer auffälligen Blüte. *Allium schoenoprasum* kann flächig wirksame Blütenaspekte ausbilden. Die *Allium*-Blüten werden häufig von Insekten besucht. Vor allem die spätblühenden Arten bedeuten für Hummeln in der hochsommerlichen Nahrungsknappheit eine wichtige Nahrungsquelle.

Mit Ausnahme von Schnittlauch ist die **Ansiedlung** durch Aussaat sehr teuer oder unsicher, so daß nur die Pflanzung blühfähiger Zwiebeln verbleibt. Die Ausbringung von Brutzwiebeln bei den unten angeführten Arten ist ein Verfahren, welches eine weitere Verbreitung finden sollte. Die Brutzwiebeln wachsen sehr gut an und überstehen nach der Ausbringung noch lange Trockenzeiten (siehe Abschnitt 14.3.6). Weil sich die meisten Arten gut selbst aussäen, ist der Bestandserhalt gesichert. Die Jungpflanzen entwickeln sich häufig sehr langsam.

Einige heimische *Allium*-Arten aus Trokkenrasen setzen bereits in den Blüten Brutzwiebeln an:
Allium carinatum, Gekielter-Lauch
Allium oleraceum, Kohl-Lauch
Allium scorodoprasum, Schlangen-Lauch
Allium vienale, Weinbergs-Lauch.

In vitalen, etablierten Zwiebelbeständen ist jedoch der Bestandserhalt über die vegetative Vermehrung durch Zwiebelteilung gesichert. Dies gilt speziell auch für fremde *Allium*-Arten, die teilweise kaum Samen ansetzen. Auf Grenzstandorten, an denen die Blütenbildung verschiedener *Allium*-Arten nur unregelmäßig erfolgt, ist deshalb trotzdem noch eine vegetative Verbreitung gesichert.

Der Wert und die Eigenschaften der hier angeführten Geophyten für Extensive Dachbegrünungen können allgemein wie folgt beschrieben werden:

- sehr hohe Überlebensfähigkeit bei Trokkenheit
- gute Frosthärte und Winterfestigkeit
- relativ geringe Nährstoffansprüche mit Ausnahme von Kalium
- Konkurrenzfähig gegen niedrige Gras-Kraut-Vegetation, jedoch keine verdrängende Wirkung
- einige *Allium*-Arten eignen sich auch für geringe Schichtdicken
- Arten mit ausgeprägter Sommerruhe und die meisten Rhizom-Iris reagieren empfindlich auf Staunässe
- Arten mit sommergrünem Laub vertragen längere Perioden mit Bodenfeuchtigkeit
- sehr ansprechende Einzelblüten und eindrucksvolle Massenblüten
- das Blattwerk ist in Trockenzeiten bei den meisten Arten länger grün als das von Gräsern
- einige Arten (Frühlings- und Frühsommergeophyten) legen im Sommer eine Ruheperiode ein, in der sie kein grünes Laub zeigen.

13.3.1 Zwiebel- und Rhizompflanzen für Extensive Dachbegrünungen

Hinweise zum Gebrauch der Tabelle

Das hier angeführte Sortiment ist mit 34 Arten aus den in Abschnitt 13.3 erläuterten Gründen relativ klein. Der Hauptanteil liegt bei der Gattung *Allium*, gefolgt von den Iris-Arten. Es sind alle in Frage kommenden hei-

Tab. 52. Gefährdungsgrad verschiedener *Allium*-Arten (aus „Rote Liste", BLAB, NOWAK, TRAUTMANN, SUKOPP 1984)

	Gefährdungsgrad
Allium carinatum Gekielter Lauch	gefährdet
Allium carinatum ssp. *pulchellum* Schöner Lauch	ausgestorben oder verschollen
Allium montanum Berg-Lauch	–
Allium oleraceum Kohl-Lauch	–
Allium scorodoprasum Schlangen-Lauch	–
Allium sphaerocephalon Kugelkopf-Lauch	gefährdet
Allium strictum Steifer Lauch	potentiell gefährdet
Allium vienale Weinbergs-Lauch	–

Tab. 53. Zwiebel- und Rhizompflanzen für Extensive Dachbegrünungen

			Lebensräume											
			Flachdächer						Steildächer					
Wissenschaftlicher Name	Höhe	Laubausdauer	0.1 freie Lagen			0.2 geschütze Lagen			0.3 freie Lagen			0.4 geschützte Lagen		
deutscher Name	Blütenfarbe Blütezeit	anatomischer Bau	1.1	1.2	1.3	2.1	2.2	2.3	3.1	3.2	3.3	4.1	4.2	4.3
Allium carinatum Gekielter Lauch	30–40 cm rosenrot VI–VIII	sommergrün meso-skleromorph	B–E		B–E	B–E		B–E	C–E		C–E	C–E		C–E
Allium carinatum ssp. *pulchellum* Schöner Lauch	25–40 cm *rotviolett* VII–VIII	sommergrün mesomorph	D, E		D, E	C–E		C–E						
Allium cernuum Nickender Lauch	25–40 cm hellrot VI–VIII	sommergrün mesomorph	D–E		D–E	C–E		C–E	?			?		
Allium christophii Sternkugel-Lauch	30–40 cm lila VI–VII	sommergrün mesomorph	D, E		D, E	D, E		D, E						
Allium cyaneum Enzian-Lauch	15–25 cm stahlblau VII–VIII	überwinternd grün meso-skleromorph	D, E		C–E	C–E		C–E	?			?		
Allium flavum Gelber Lauch	15–25 cm gelb VI–VIII	teilweise sommergrün bis überwinternd grün meso-skleromorph	B–D		B–D	A–D		A–D	B–D		B–D	B–D		B–D
Allium moly Gold-Lauch	20–30 cm goldgelb V–VI	sommergrün mesomorph	D, E		C–E	C–E		C–E	?			?		
Allium montanum Berg-Lauch	25–40 cm rosarot VII–VIII	sommergrün skleromorph	C–E		C–E	B–E		B–E	C–E		C–E	C–E		C–E

(Fortsetzung Tab. 53)

Wissenschaftlicher Name deutscher Name	Höhe Blütenfarbe Blütezeit	Laubausdauer anatomischer Bau	Lebensräume Flachdächer 0.1 freie Lagen 1.1	1.2	1.3	0.2 geschütze Lagen 2.1	2.2	2.3	Steildächer 0.3 freie Lagen 3.1	3.2	3.3	0.4 geschützte Lagen 4.1	4.2	4.3
Allium nutans	20–30 cm rosa VI–VII	sommergrün meso- skleromorph	D, E		D, E	D, E		D, E						
Allium oleraceum Kohl-Lauch	20–40 cm weißlich- rötlich VII–VIII	sommergrün meso- skleromorph	B–E		B–E	A–E		A–E	C–E		C–E	C–E		C-E
Allium oreophilum	10–15 cm karminrosa V–VI	sommergrün mesomorph	B–E		B–E	A–E		A–E	?			?		
Allium schoenoprasum ssp. *schoenoprasum* Schnittlauch	20–30 cm rosa-lila V–VI	sommergrün mesomorph	B–D	A–D	A–D	A–D	A–D	A–D	B–E	B–E	B–E	B–E	B–E	B–E
Allium schoenoprasum ssp. *sibiricum* Schnittlauch	25–35 cm rosa-lila V–VI	sommergrün mesomorph	B–E	?	B–E	A–E	?	A–E	?			?		
Allium scorodoprasum ssp. *rotundum* und *A. scorodoprasum* ssp. *scorodoprasum*	20–30 cm purpur VI–VII	sommergrün mesomorph	C–E		C–E	C–E	–	C–E	D, E		D, E	D, E		D, E
Allium sphaerocephalon Kugelkopf-Lauch	25–50 cm purpur VII–VIII	sommergrün mesomorph	C–E		C–E	B–E		B–E	D, E		D, E	D, E		D, E
Allium strictum Steifer Lauch	20–40 cm rosa-purpur VI–VIII	sommergrün xeromorph	C–E		C–E	B–E		B–E	D, E		D, E	D, E		D, E

Allium vineale Weinbergs-Lauch	20–50 cm purpurrot VI–VIII	sommergrün xeromorph	D, E	D, E	C–E	C–E	D, E	D, E	D, E	D, E
Iris aphylla Nacktstenglige Schwertlilie	30–40 cm tiefviolett V	vorsommergrün mesomorph	C–E		C–E		B–E		B–E	
Iris flavescens (Garten-Klon)	40–60 cm hellgelb V–VI	sommergrün mesomorph	C–E		B–E		?		?	
Iris germanica var. *florentina* Florentiner Iris	40–60 cm weiß V	sommergrün mesomorph	C–E		B–E		C–E		B–E	
Iris germanica var. *germanica* Schwertlilie (alte diploide Gartensorten)	60–80 cm violett-blau V–VI	überwinternd grün mesomorph	B–E		B–E		B–E		B–E	
Iris graminea Grasblättrige Schwertlilie	15–40 cm purpurblau VI	sommergrün mesomorph	C–E	C–E	C–E		?		?	
Iris humilis Sand-Iris	25–30 cm rötlich- blau VI	sommergrün sklero- mesomorph	C–E		C–E		?		?	
Iris pallida Blaue Schwertlilie	40–60 cm lavendelblau V–VI	sommergrün mesomorph	D, E		C–E		D, E		C–E	
Iris pumila Zwerg-Schwertlilie	7–15 cm Farbvarianten IV–V	überwinternd grün mesomorph	B–E		B–E		C–E		B–E	
Iris ruthenica Siebenbürger Gräseriris	20–30 cm weiß-blau IV–V	sommergrün mesomorph	C–E		B–E		?		?	
Iris sambucina Hollunder-Iris	25–40 cm fliederfarbig VI–VII	sommergrün mesomorph	C–E		C–E		?		?	

(Fortsetzung Tab. 53)

Wissenschaftlicher Name deutscher Name	Höhe Blütenfarbe Blütezeit	Laubausdauer anatomischer Bau	Lebensräume Flachdächer 0.1 freie Lagen 1.1	1.2	1.3	0.2 geschütze Lagen 2.1	2.2	2.3	Steildächer 0.3 freie Lagen 3.1	3.2	3.3	0.4 geschützte Lagen 4.1	4.2	4.3
Iris spuria Bastard-Schwertlilie	30–50 cm violett und weiß-gelb VI	teilweise sommergrün mesomorph	B–E			B–E			C–E			B–E		
Iris tectorum Dach-Iris	20–40 cm lilablau VI	teilweise überwinternd grün mesomorph	B–E			A–E			C–E			B–E		
Iris variegata Bunte Schwertlilie	20–40 cm gelb-weiß V–VI	sommergrün mesomorph	B–C			B–C			C–E			B–E		
Muscari botryoides var. *botryoides* und *M. botryoides* var. *heldreichii* Kleine Träubelhyazinthe	10–15 cm himmelblau IV–V	überwinternd grün mesomorph	C–E			B–E			C–E			C–E		
Muscari comosum Schöpfige Träubel-hyazinthe	20–35 cm blau V–VI	vorsommergrün mesomorph	C–E			C–E			?			?		
Muscari neglectum Übersehene Träubelhyazinthe	20–30 cm blau IV–V	überwinternd grün mesomorph	C–E			C–E			?			?		
Ornithogalum gussonei Schmalblättriger Milchstern	10 cm weiß-grün IV–VI	teilweise sommergrün sklero-mesomorph	C–D		C–D	B–D		B–D	?			?		

mischen und fremdländischen Arten, die in Gartenkultur vorkommen, angeführt. Sicherlich kommt speziell bei größeren Schichtdikken die eine oder andere, leicht verwildernde Art aus dem Kleinzwiebelsortiment zusätzlich in Betracht.

Die sehr gut geeigneten heimischen *Allium*-Arten sind, mit Ausnahme von *Allium schoenoprasum*, bisher viel zu wenig verwendet worden. Da sie an den Naturstandorten arg bedrängt sind (Tabelle 52), sollten sie verstärkt auf Dächern verwendet werden.

Die Einstufung der Gefährdung innerhalb der Tabelle wurde aus der „Roten Liste" (BLAB, NOWAK, TRAUTMANN, SUKOPP 1984) entnommen. *Allium strictum* und *Allium pulchellum* werden nach dem „Atlas der Farn- und Blütenpflanzen der Bundesrepublik Deutschland" (HAEUPLER und SCHÖNFELDER 1988) nur noch an zwei Stellen nachgewiesen. Kulturbestände sind allerdings ausreichend vorhanden. Fremde Arten, die teilweise in Regionen mit Weinbauklima verwildert sind, wie zum Beispiel *Allium multibulbosum* oder *Allium paradoxum*, gelten als sehr selten und werden hier nicht angeführt.

Die gleiche Schutz- und Verbreitungsbedürftigkeit haben die in Tabelle 52 angeführten Iris-Arten. Nach der „Roten Liste" kommen *Iris spuria* und *Iris variegata* nur noch in Naturschutzgebieten vor und sind stark gefährdet. Im zitierten „Atlas der Farn- und Blütenpflanzen der Bundesrepublik Deutschland" sind für beide Arten nur wenige Reliktvorkommen angegeben. Beide Arten kommen in Kultur noch häufiger vor, sind aber im Rückgang. Mit dem Verschwinden der Bauerngärten ist besonders auch *Iris variegata* gefährdet. Die in der Tabelle angegebenen Traubenhyazinthen *Muscari botryoides* und *Muscari comosum* sind ebenfalls an natürlichen Standorten stark gefährdet.

Neben einigen unscheinbar blühenden Arten wie *Allium oleraceum* blühen die meisten Laucharten sehr farbenfroh. Verschiedene Frühjahrsgeophyten wie zum Beispiel Traubenhyazinthen, kommen auf sonnenwarmen Dachstandorten deutlich früher zum Austrieb und zur Blüte als am Boden. In der Abbildung 170 sind die Blütenzeiträume der wichtigsten *Allium*-Arten als Gesamtübersicht wiedergegeben. Die Lebenszyklen im Jahresverlauf sind in den Abbildungen 172 bis 175 für verschiedene Zwiebel- und Rhizompflanzen in aktiven und inaktiven Phasen exemplarisch dargestellt.

Für Iris gilt die Geselligkeitsstufe I, für alle anderen Arten die Geselligkeitsstufe II bis IV (HANSEN 1981).

Die durch die Schichtdicken-Gruppierungen definierten Lebensraum-Kennzahlen erfassen jeweils die Optimalbereiche unter Berücksichtigung der Konkurrenzverhältnisse zu anderen Arten. Die meisten Arten sind jedoch auch auf höheren Schichtdicken konkurrenzfähig, sofern die Standorte sonnig sind und frei liegen.

Lebensräume, zu denen für einzelne Arten bisher noch keine Erfahrungen zur Eignung vorliegen, sind mit ? gekennzeichnet; dies ist im Steildachbereich häufiger der Fall. Finden sich für den Steildachbereich überhaupt keine Angaben, so ist die betreffende Art nach den bisherigen Erkenntnissen dafür nicht geeignet. Für fast alle Arten liegen noch keine ausreichend abgesicherten Erfahrungen hinsichtlich der Eignung für einschichtige Bauweisen aus leichten Schüttstoffen vor. Der Schnittlauch scheint sich auch hier zu bewähren. Als ergänzende Verwendungshilfen mögen die Angaben zur Ausdauer des Laubes und zum anatomischen Bau dienen.

Die Nomenklatur richtet sich nach ZANDER (1984).

13.3.2 Beschreibung wichtiger Zwiebel- und Rhizompflanzen

Allium carinatum, Gekielter Lauch

Morphologie: 30 bis 40 cm hoch. Blätter schmal, 4 bis 5 mm breit, dunkelgrün. Blütenstand kugelig, stets Brutzwiebel tragend, die immer vor der Blüte ausgebildet werden. Blüten nur einzeln, glockig hängend, rosa-weiß, teilweise auch ganz ohne Blüten, Blüte nicht auffällig. Brutzwiebeln bis zu 150 Stück an einer Blüte (KRUPKA 1989), von sehr unterschiedlicher Größe. An der Mutterzwiebel bilden sich im Boden jedes Jahr zwei bis drei hellbraune, kantige Tochterzwiebeln, die sich leicht ablösen lassen. Laub vertrocknet im Spätsommer. Neuaustrieb häufig in milden Wintern schon im Januar. Nach SPETA (1984, dort STEARN 1978) wird das diploide *Allium carinatum* ssp. *pulchellum* (Roter Hänge-Lauch) als Unterart des karyologisch unein-

Abb. 170. Blütendiagramm einiger *Allium-Arten.*

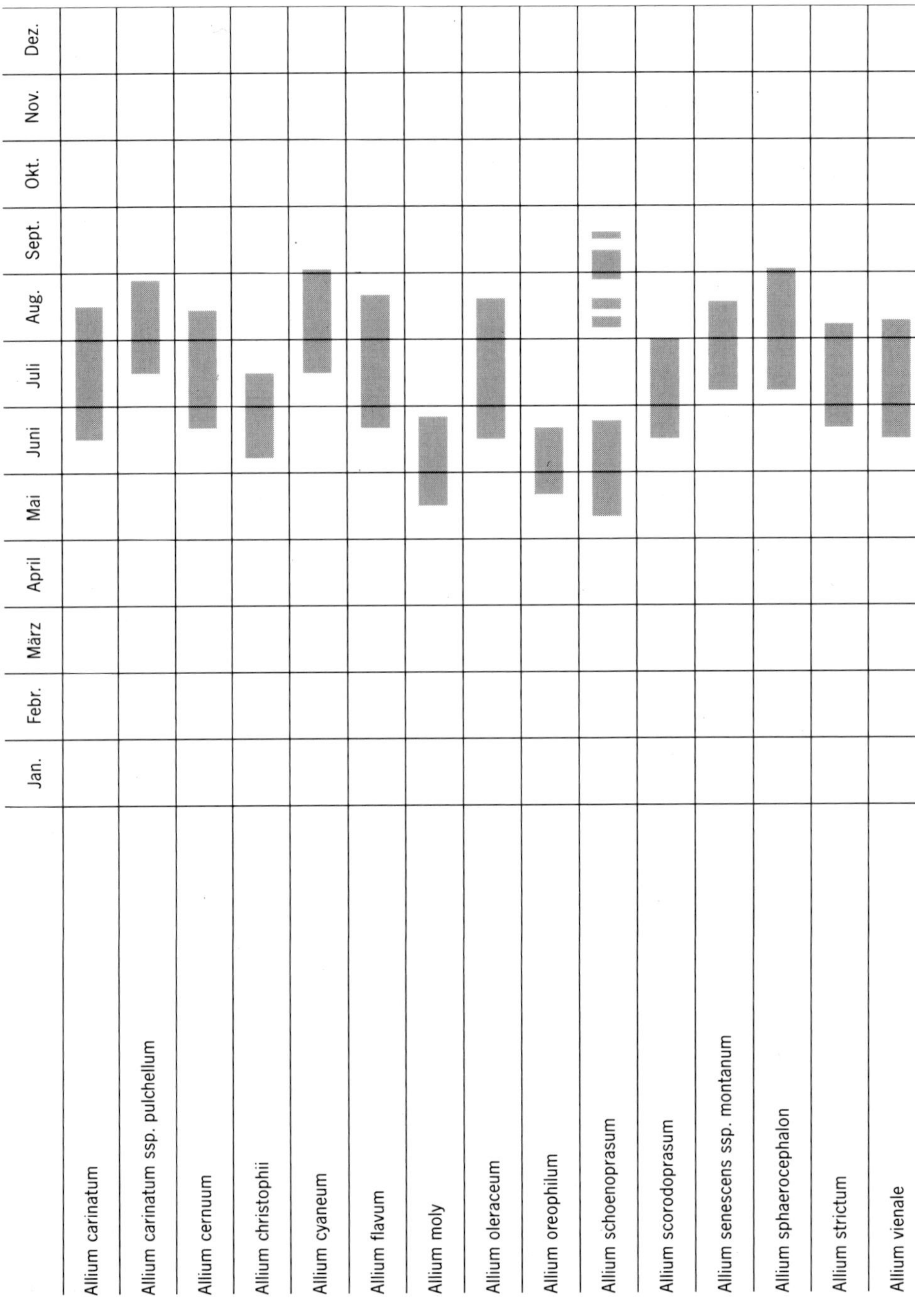

heitlichen *Allium carinatum* angesehen. Der Rote Hänge-Lauch hat sehr ansehnliche Blüten.

Allium carinatum läßt sich nur am Blattquerschnitt sicher vom sehr ähnlichen *Allium oleraceum*, dem Kohl-Lauch, unterscheiden. Letzterer bildet aber fast immer nur Brutzwiebeln am Blütenstand aus. Diese reifen aber früher aus als bei *Allium carinatum.*

Ökologie: Vorkommen in Trockenrasen, kalkhaltige Standorte bevorzugt, sehr gute Konkurrenzkraft gegenüber höheren Gräsern und Kräutern. Tritt in Gruppen oder vereinzelt auf. Gute Vermehrung durch Brutzwiebeln, die Anfang September abfallen und im Folgejahr austreiben. *Allium carinatum* kann ab 10 cm Substratdicke in sonniger, teilweise schattiger Lage verwendet werden.

Die Art wird stark von Hummeln und Wespen besucht. *Allium carinatum* reagiert auf längere Bodenfeuchtigkeit nicht empfindlich, wohl jedoch auf Staunässe.

Ähnlich in den Ansprüchen und in der Verwendung sind *Allium montanum, Allium oleraceum* (Abbildung 171), *Allium vienale, Allium scorodoprasum.*

Abb. 171. Blütenstand von *Allium oleraceum* mit einem reichen Besatz von Brutzwiebeln.

Allium flavum, Gelber Lauch

Morphologie: 15 bis 25 cm hoch. Blätter schmal, halbrund, bläulichgrün. Zwiebel weiß, länglich, etwa 0,8 × 1,5 cm. Starke Brutzwiebelbildung an der Mutterzwiebel, 10 bis 15 Stück an einer Pflanze. Blütenstand hellgelb, Einzelblüten glockig hängend. Blütenstände bleiben nach der Blüte lange vertrocknet stehen. Keine Brutzwiebeln in der Blüte. *Allium flavum* ist enger verwandt mit *Allium carinatum* und *Allium oleraceum.*

Ökologie: Heimat östliches Mitteleuropa, Mittelmeergebiet, Vorderasien, Bestandteil der pontisch-pannonischen Flora. Pflanze trockener Standorte, wächst auf Dächern ab 4 bis 6 cm Substratdicke mit Unterwuchs von *Sedum;* wird dann häufig aber nur etwa 10 cm hoch. Vermehrt sich gut durch Aussaat und Bildung von Brutzwiebeln an der Hauptzwiebel. Alkalische Substrate werden bevorzugt. *Allium flavum* ist außerordentlich frosthart. Nach der Blüte stirbt das Laub langsam ab. Neuaustrieb bereits im September unter der Oberfläche vorhanden. Oberirdische Triebbildung häufig schon im Spätwinter. Die Sorte 'Nanum' wächst nur halb so hoch wie die Art, kann aber in gleicher Weise verwendet werden. Die generative und vegetative Ausbereitung scheint jedoch geringer zu sein.

Lebenszyklus siehe Abbildung 172.

Allium schoenoprasum, Schnittlauch

Morphologie: Die Art ist sehr variabel. Es existieren eine Reihe von Gartentypen und viele Sorten für den Erwerbsgartenbau. Die Art wird nach schwierig zu unterscheidenden Merkmalen in die zwei Unterarten getrennt: *A. schoenoprasum* ssp. *schoenoprasum* und, *A. schoenoprasum* ssp. *sibiricum* .

Das bekannte röhrige Laubwerk ist nur sommergrün und treibt an warmen Stellen früh aus. Pflanzen von Trockenstandorten haben häufig rauhe Blätter. Die Unterart *Allium schoenoprasum* ssp. *sibiricum* hat am Grunde deutlich rot angelaufene Blattstiele bzw. Hüllblätter, ebenso ist der Blütenstiel rötlich verfärbt. Diese Unterart treibt im Frühjahr deutlich später aus. Die Blütenstände stehen mehr im Laub als bei *A. schoenoprasum* ssp. *schoenoprasum.* Die Blütenfarben und -zeiten von *A. schoenoprasum* ssp. *schoenoprasum* variieren sehr. Es gibt hell- bis dunkelrosa oder lilarosa und bläuliche, seltener auch weiße Farbschläge. Der Anteil von Farbabweichungen beträgt nach bisherigen Feststellungen in größeren Beständen zwei bis drei Prozent. Die Art blüht im Herbst (August bis September) nach. Sie blüht besonders sehr stark, wenn das Laub durch Schnitt oder Trockenheit verlorenging. Der Samenansatz ist reichlich und keimt gut. Der Schnittlauch breitet sich stark vegetativ aus durch die Zwiebelneubildung, die aber bei *A. schoenoprasum* ssp. *sibiricum* schwächer ausgebildet ist.

Ökologie: Hinsichtlich der Standortansprüche verhält sich die Unterart *Allium schoenoprasum* ssp. *schoenoprasum* äußerst indifferent (siehe auch Tabelle 55). Ihrer natürlichen Verbreitung an Flußufern gemäß bevorzugt sie offenbar feuchtere oder zeitweise austrocknende Standorte. Nach HAEUPELER und SCHOENFELDER (1988) liegt das Hauptverbreitungsgebiet an der unteren Elbe und am Mittelrhein mit seinen Nebenflüssen.

Das Vorkommen der Unterart *Allium schoenoprasum* ssp. *sibiricum* ist nur auf Feuchtwiesen und anmoorige Senken im Alpenraum beschränkt. Kalkhaltige Untergründe werden bevorzugt. Hier werden zur Blütezeit in Verbindung mit Süß- und Sauergräsern sowie Binsen recht auffällige Bestände bis 60 cm Höhe gebildet.

Standortökologisch interessant ist dagegen die außerordentliche Trockenheitsresistenz der Art selbst. BORNKAMM (1961), DARIUS und DREPPER (1983) erwähnen das Vorkommen auf alten Holzzementdächern in Vergesellschaftung mit *Poa compressa* mit einem Dekkungsanteil von 20 Prozent. LIESECKE (1985) berichtet von einer interessanten Spontanbegrünung auf einem alten, 10 Prozent geneigten Teerpappendach in Geisenheim mit etwa 6 cm Kiessandauflage. Hier hat sich in Vergesellschaftung mit Moosen, Flechten und *Sedum album* ein gleichmäßig lockerer Bestand von *Allium schoenoprasum* entwickelt. In Wien und Freiburg bestehen viele Spontanbegrünungen aus Massenbeständen von Schnittlauch. Nach SUESSENGUTH in HEGI (1939) wird der Schnittlauch „im hohen Norden oft auf Dächern angepflanzt".

Auf sehr stark austrocknenden Standorten vertrocknet das Laub frühzeitig, die Blütenbildung ist gehemmt oder setzt ganz aus. Die Untergrenze der Lebensfähigkeit auf Dächern scheint etwa bei 4 cm Substratdicke in ebener, freier Lage zu liegen. Auf geneigten Flächen in Schattenlagen entwickelten sich nichtblühende, relativ vitale Pflanzen in einem Zeitraum von fünf Jahren in Vegetationsmatten vom Typ Moos-Sedum auch noch auf etwa 2 bis 3 cm Schichtdicke.

Entsprechend des natürlichen Verbreitungsareals kann sich *Allium schoenoprasum* auch auf sehr feuchten Dachstandorten oder gar in Staunässe gut entwickeln. Dies wurde in entsprechenden Situationen auf begrünten Umkehrdächern ohne Gefälle beobachtet. Deshalb vereint diese Art in idealer Weise nahezu alle Anforderungen, die an Pflanzen Extensiver Dachbegrünung zu stellen sind. Der Schnittlauch verträgt auch Halbschatten oder Wechsellichtbereiche; die Blüte ist dann jedoch unterentwickelt oder bleibt ganz aus. *Allium schoenoprasum* zeigt auf mittleren Substratdicken im lückigem Gras-Kraut-Bestand eine gute Konkurrenzkraft. Hier bleibt in Trockenzeiten das Laub gegenüber Gräsern deutlich länger grün. Bemerkenswert ist auch der frühe „Grüneffekt" von Schnittlauch-Beständen durch Frühaustrieb gegenüber Gräsern. In Mischbeständen mit Gräsern und Kräutern wird dieser schon bei etwa zehn bis fünfzehn größeren Pflanzen je m^2 optisch wirksam. Der Schnittlauch befindet sich auf trockeneren Dachstandorten gegenüber vielen Gräsern im Konkurrenzvorteil und kann auch Bestände mit höherem Deckungsgrad bilden und so auch in Moos-Sedum-Beständen eine der wenigen höher aufwachsenden Pflanzen darstellen. *Allium schoenoprasum* verträgt eine nur sehr geringe Trittbelastung. Auf Stickstoffdüngung reagiert der Schnittlauch schnell mit starkem Wachstum.

Der Schnittlauch läßt sich durch Aussaat ansiedeln, Sämlinge sind während der längeren Etablierungsphase in Trockenzeiten gegenüber Gräsern nicht so konkurrenzstark und werden dadurch häufiger unterdrückt. Jungpflanzen mit sehr kleiner Zwiebel und ein bis zwei Blättern können jedoch jahrelang in Latenzstadien verharren. Keimverzögerungen kommen vor, so daß das Saatgut erst im Jahr nach der Ansaat aufläuft. Sorten des Erwerbsgartenbaues sind nicht für Extensive Dachbegrünungen geeignet.

Das vegetative Wachstum durch Zwiebelneubildung hängt vom Wasserangebot ab. Je trockener der Standort desto geringer die

Abb. 172. Lebenszyklus von *Allium flavum.*

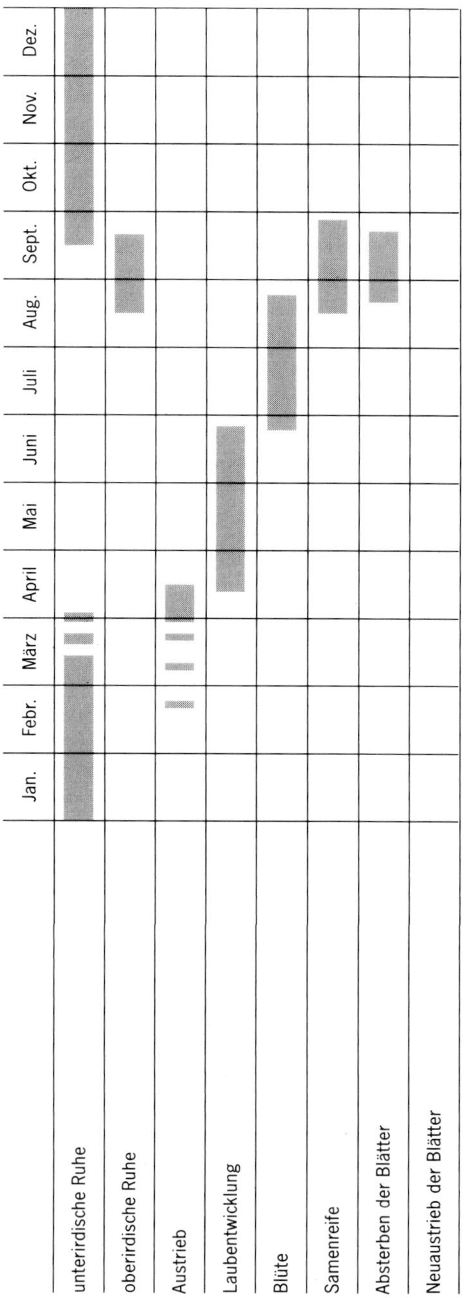

Abb. 173. Lebenszyklus von *Allium schoenoprasum.*

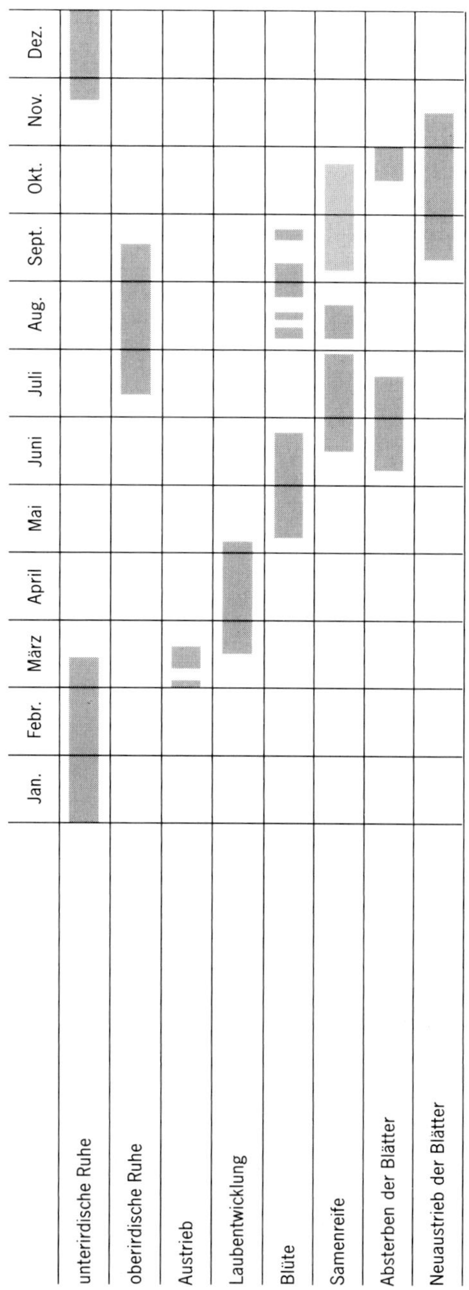

Zwiebelneubildung. Unter trockenen Bedingungen bestehen die Pflanzen der Magerform aus ein bis drei Zwiebeln und bilden häufig nur einen Blütenstiel aus.

Am weichen Mai-Austrieb kann das Laub durch Spätfröste geschädigt werden. Ebenso erfriert das Laub im Herbst durch die ersten Nachtfröste. Größere Bestände mit gut ernährtem Laub fallen dann durch das flach niederliegende, fast weiße abgestorbene Blattwerk auf.

Der besondere Wert von *Allium schoenoprasum* als „Dachlauch" für die Extensive Dachbegrünung kann wie folgt zusammengefaßt werden:

- leichte und preiswerte Ansiedlung durch Aussaat
- Verwendbarkeit in vorkultivierten Vegetationsmatten
- hohe Konkurrenzkraft
- auf Trockenstandorten xeromorphen und mesomorphen Gräsern und Kräutern überlegen
- früher Austrieb, im Sommer bleibt das Laub länger grün als bei Gräsern
- für sehr trockene als auch für feuchtere Standorte geeignet
- sehr ansprechende Blüte
- Bienen- und Hummelweide.

Lebenszyklus siehe Abbildung 173.

Allium sphaerocephalon, Kugelkopf-Lauch

Morphologie: Höhe auf Dächern 25 bis 50 cm, sonst auch bis 80 cm. Blätter dunkelgrün, lang, spitz auslaufend, häufig gedreht. Blütenstengel im unteren Drittel beblättert. Blüte kugelig, später kegelig aufwachsend, auffällig purpurrot. Diese prächtig blühende Art ist nicht ganz standfest. Die schweren Blütenköpfe neigen sich häufig auch zum Boden. Zwiebeln rundlich, weiß, bis 1,5 cm Durchmesser, kein Knoblauchgeruch im Gegensatz zu den zuvor beschriebenen Arten. Die Mutterzwiebel bildet zwei bis drei größere Tochterzwiebeln aus. Über der Mutterzwiebel bilden sich noch weitere kleine Tochterzwiebeln (etwa 6 bis 15 Stück), die sich nach oben am Stengel aus dem Boden schieben. Die Tochterzwiebeln bilden sich als längliche, gekantete Dauerzwiebeln mit harter Schale aus, die oft auch so den Winter überdauern.

Ökologie: Die Art gehört zum mediterranenmitteleuropäischen Florenelement. Sie wächst in Trockenrasen auf basenreichen oder alkalischen Standorten. Der Kugelkopf-Lauch wird gern von Hummeln besucht. Verwendung nur in Substratdicken ab 12 cm. Die Konkurrenzkraft und Trockenheitsverträglichkeit ist gut. Staunässe verträgt diese Art nicht.

Die Ansiedlung erfolgt am sichersten durch Pflanzung der Zwiebeln oder Ausstreuen der kleinen Tochterzwiebeln. Der Kugelkopf-Lauch bildet regelmäßig Saatgut, dessen Ausreifung allerdings in niederschlagsreichen Jahren gestört ist.

Iris germanica var. germanica, Schwertlilie

Morphologie: *Iris germanica* zählt mit den nahen Verwandten *Iris germanica* var. *florentina* und *Iris flavescens* zur Bastardgruppe der Sektion Elatae. Ihre genaue Herkunft ist unbekannt. Sie gelten, soweit sie wild wachsen, als verwilderte Kulturflüchtlinge. Die Schwertlilie wird auf Dächern selten höher als 40 bis 60 cm. Der Blütenstengel ist stark verzweigt. Die Blüten des diploiden Typs sind wohlriechend, mittelgroß, violettblau mit brauner Schlundaderung und gelbem Bart. Das Laub ist teilweise wintergrün.

Ökologie: *Iris germanica* kommt verwildert in Trockenrasen an alten Kulturstandorten wie Burgen vor. Sie wächst auch sehr ausdauernd auf Burg- und Weinbergsmauern in Vergesellschaftung mit Gräsern. Bestände auf Mauern sind durch Sanierungen sehr gefährdet. Nach SUESSENGUTH in HEGI (1939) kommt (kam?) die Schwertlilie in Südtirol auf Strohdächern bis in 1178 m Meereshöhe vor. Kalkreiche Standorte werden bevorzugt. Das Laub bleibt auch bei Sommertrockenheit lange grün, allerdings gibt es bei Varietäten und Gartensorten Unterschiede. Für die Ansiedlung durch Pflanzung auf Substratdicken ab 8 cm eignen sich alle alten diploiden Gartensorten, die es in allen Farbschattierungen gibt. Die Beschaffung ist zuweilen schwierig. Die Varietät *Iris germanica* var. *florentina* sollte nur in milderen Klimazonen verwendet werden.

Lebenszyklus siehe Abbildung 174.

Iris variegata, Bunte Schwertlilie

Morphologie: 20 bis 40 cm hoch. Laub sommergrün. Stengel verzweigt. Blüten zweifarbig, Hochblätter gelb, Hängeblätter gelblichweiß, schwarz-rot geadert, Bart gelb.

Abb. 174. Lebenszyklus von *Iris germanica* var. *germanica*.

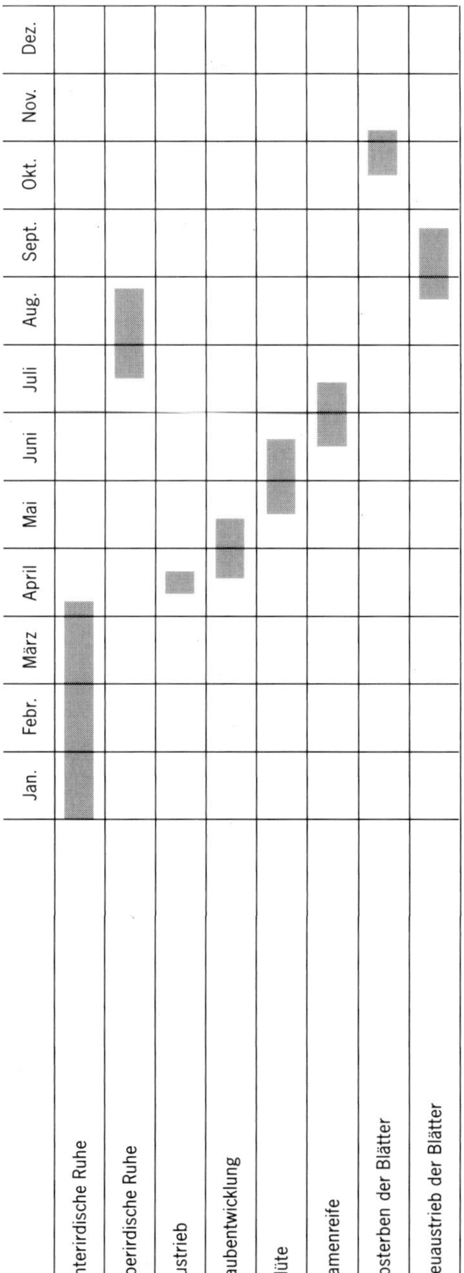

Abb. 175. Lebenszyklus von *Muscari botyroides*.

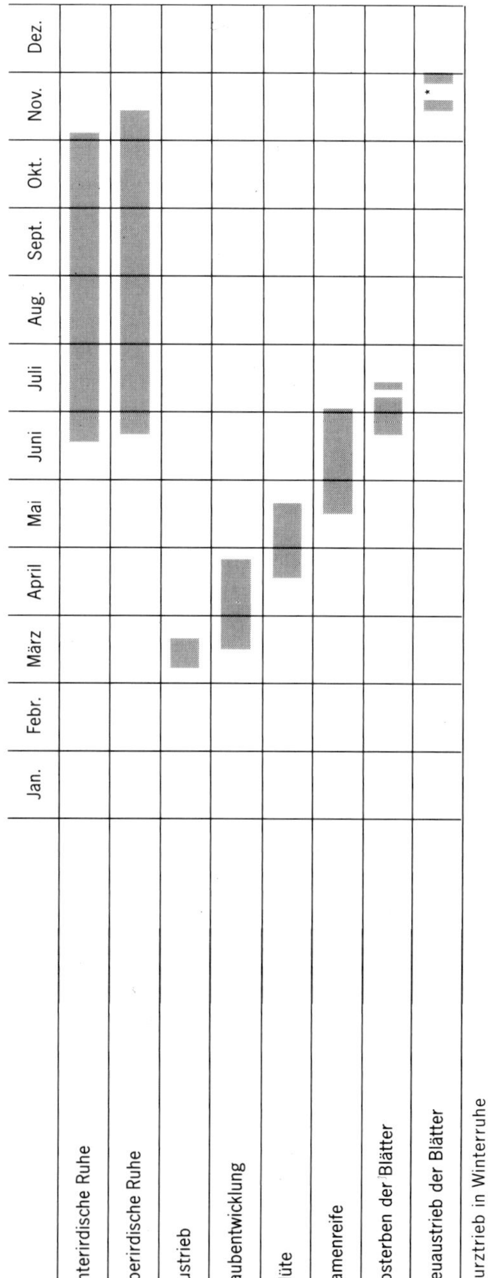

Ökologie: Die Bunte Schwertlilie ist in Deutschland an Naturstandorten wahrscheinlich nur verwildert, da sie ursprünglich aus Südeuropa stammt. Sie wurde vielfach zu Kreuzungen mit *Iris germanica* verwendet. Standortansprüche wie *Iris germanica,* verträgt jedoch Winternässe nicht so gut.

Interessant neben der auffälligen Blüte ist das hellgrüne Laub.

Iris tectorum, Dach-Iris

Morphologie: Die Art ist – obwohl im Blütenaufbau ähnlich – mit den vorgenannten Arten nicht näher verwandt. Sie gehört der Sektion Tectores an. Höhe 30 bis 50 cm. Stengel verzweigt. Blüten leuchtend lilablau oder weiß, mit gelbem Bart.

Ökologie: Die Art stammt aus China und Japan. In Japan wächst sie angeblich auf Dächern. Damit können jedoch nur Stroh- oder Reetdächer gemeint sein. *Iris tectorum* benötigt trocken-warme Standorte und verträgt keine stauende Winternässe. Die Rhizome sind, obwohl freiliegend, sehr frosthart. Die Art breitet sich in tonmineralreichen Substraten auf vegetativem Weg recht gut aus.

Muscari botryoides, Kleine Träubelhyazinthe

Morphologie: 10 bis 15 cm hoch. Zwei bis drei Blätter, grundständig, breit-linealisch bis 10 mm breit. Blütenstand zylindrisch. Blüten himmelblau mit weißen Zähnen, geruchlos, weiße Formen kommen vor. Der Blütenaustrieb erfolgt erst nach Ausbildung des Laubes. Auffällige, waagerecht abstehende Fruchtstände. Die Art ändert ab. Es werden neben Zuchtsorten verschiedene Unterarten beschrieben: *M. botryoides* var. *heldreichi, M. botryoides* var. *benacense.*

Ökologie: Vorkommen auf warmen Standorten wie Halbtrockenrasen, auch im lichten Schatten; überwiegend in Süddeutschland und Südeuropa. Neigt stark zur Verwilderung und wird in Mittel- und Norddeutschland als Gartenflüchtling beschrieben. Die Art hat eine relativ breite Standortamplitude. Die optimale vegetative und generative Ausbreitung erfolgt jedoch auf kräftigen, lehmigen und basenreichen Böden.

Durch reichliche Zwiebelbrut wächst die Kleine Träubelhyazinthe in dichten Büscheln und kleinen Herden. Auf ungestörten, optimalen Standorten tritt sie massenhaft auf, wie früher auch in Weinbergen. Die Art ist absolut winterfest, Laub und Blüten leiden in der Regel auch nicht unter Spätfrösten. Weiße Varietäten sind allgemein etwas schwachwüchsiger und empfindlicher. Auf frühjahrswarmen Standorten, insbesondere auch auf Dächern, setzt das Laubwachstum teilweise schon Anfang März ein. Kurzblätter überwintern auch.

Die Kleine Träubelhyazinthe hat sich bisher, bedingt durch ihre Frosthärte und Trokkenheitsresistenz, auf extensiv begrünten Flachdächern wie auch auf Steildächern von allen Kleinblumenzwiebeln am besten bewährt. Ähnlich verwendbar sind die Schöpfige Träubelhyazinthe, *Muscari comosum,* die Übersehene Träubelhyazinthe, *Muscari neglectum,* oder das „Weinbergsunkraut" *Muscari racemosum.*

Lebenszyklus siehe Abbildung 175.

13.4 Die Eignung von Süß- und Sauergräsern

Der Artenreichtum und die Anpassungsfähigkeit der Süßgräser (Gramineae) und Sauergräser (Cyperaceae) ist außerordentlich vielfältig. Sie besiedeln nasse, dauerfeuchte, wechselfeuchte, trockene und extrem trockene Standorte mit unterschiedlichen Bodenarten. Dabei haben sich in fast jeder Gattung einige Arten, wie zum Beispiel *Festuca* oder *Poa,* durch Aufspaltung in viele Unterarten und Standortrassen auf extreme Standorte spezialisiert. Für Extensive Dachbegrünungen kommen mesomorphe, xeromorphe Arten und Übergangsformen in Betracht.

Neben der morphologisch-physiologischen Trockenheitsanpassung, der Xeromorphie, sind die verschiedenen generativen und vegetativen Überlebensstrategien einzelner Arten bemerkenswert und sollten als Sicherheitsfaktor bei der Auswahl mit berücksichtigt werden. Zu diesen Überlebensstrategien zählen:

- generative Samenbildung mit überwiegend anemochorer, zoochorer Verbreitung
- Jungfernfrüchtigkeit, also apomiktische Samenbildung ohne Befruchtung
- Viviparie durch Ausbildung von fertigen Pflanzen als Laubknospe im Samenstand anstelle von Samen

- vegetative Verbreitung durch verschiedene Ausbildungsformen von Rhizomen und Stolonen
- Bildung von Basalknollen am Stengelgrund.

Bei einigen Arten herrscht offenbar eine generelle Keimhemmung eines Teiles des Saatgutes oder eine Keimhemmung bedingt durch aktuelle äußere Faktoren vor.

Die **Anpassungs- und Überdauerungsstrategien** bei Trockenheit weichen von Art zu Art wiederum recht stark voneinander ab. Die *Hitzeresistenz* einer Pflanze besteht nach LEVITT (1958, in LARCHER 1980) einerseits in einer physiologischen Hitzebeständigkeit (plasmatische Resistenz gegen Hitzedenaturierung). Weiterhin erfolgt eine Minderung des Hitzeeinflusses durch die xeromorphen Ausbildungen zur Strahlungsabschirmung und Reflexion – also der Wärmeisolation – in Verbindung mit Transpirationskühlung. Die aktive Regulierung des Wasserhaushaltes erfolgt durch die „Spaltöffnungsorganisation" (WILLMANNS 1978). Diese Arten sind homoiohyder (entgegen den poikilohyderen Moosen).

Voraussetzung zur Wirksamkeit insbesondere der physiologischen Hitzeresistenz ist allerdings eine „Voranzeige" durch langsam einsetzende Austrocknung. Ein schockartiges Austrocknen überstehen nur wenige Arten unter hohem Biomasseverlust. Ein weiterer Faktor für das Überleben bei Trockenheit ist das Alter der Einzelpflanze, die Anzahl und Länge der bisher überstandenen Trockenperioden (Streßmodell nach LEWITT 1958, in LARCHER 1980). Weiterhin ist es für die meisten Arten ausschlaggebend, ob die Trockenperiode vor, während oder nach der generativen Phase der einzelnen Arten einsetzt. Die Gesamtvitalität der Art im Spannungsfeld zwischen physiologischem und ökologischem Optimum (siehe Abschnitt 12.1) spielt ebenfalls eine nicht unwesentliche Rolle.

Xeromorphe Grasarten haben harte, rauhe, schmale oder rundliche Blattspreiten, die zur Verringerung der verdunstenden Oberfläche zusammengerollt oder zusammengefaltet werden können. Eine dicke Kutikula, Behaarung, Verkieselung oder Wachsbereifung dient als zusätzlicher Verdunstungs- und Strahlungsschutz. Verschiedene Arten lassen parallel zum fortschreitenden Wassermangel das Blattwerk, beginnend mit dem ältesten Laub, vertrocknen. Dies trägt wiederum zum Strahlungsschutz bei. Die sehr stark eingeschränkte Lebenstätigkeit wird auf wenige grüne Herzblätter, den Vegetationspunkt, den Wurzelstock oder die Rhizome reduziert.

Speziell an extreme Trockenstandorte angepaßte Kleinarten, wie zum Beispiel *Poa bulbosa* oder *Poa badensis*, haben im Juni ihr Laub schon eingezogen. Dieser Vorgang ist genetisch vorprogrammiert, da er sich auch bei ausreichender Feuchtigkeit vollzieht. So hat die Varietät *Poa bulbosa* var. *vivipara* auf Dachstandorten vor der Samenreife anderer Gräser bereits lebensfähige, beblätterte Knöllchen in den Ähren gebildet, die nach und nach zu Boden fallen. Eine xeromorphe Charakterart der Trockenrasen, das Blaugras, *Sesleria*, wird zusätzlich durch das Altlaub des Vorjahres vor Intensivstrahlung geschützt. Deshalb sehen diese Arten selten frischgrün aus.

Individuen, die – aus welchen Gründen auch immer – an der äußersten Grenze ihrer Existenzfähigkeit stehen, sterben häufig nach der Samenbildung ab. Dies gilt insbesondere auch für ältere Pflanzen, die schon mehrere Trockenperioden durchlebt haben. Eine Ausnahme bilden die ausläuferbildenden Arten. Die Mykotrophie (der Mykorrhiza-Besatz) einzelner Arten wie Fieder-Zwenke, Blaugras oder Schaf-Schwingel (nach VOLKART, in KLAPP 1983) kann auf die Vitalität unter Streßbedingungen einen entscheidenden Einfluß haben.

Die vorübergehende Besiedlung eines Grenzstandortes, wie ihn eben Extensive Dünnschichtbegrünungen darstellen, erfolgt durch Gräser parallel zur Wasserversorgung im jahreszeitlichen Rhythmus oder im unregelmäßigen Wechsel mehrerer Jahre entsprechend dem Witterungsverlauf. Schnellkeimende Arten, wie zum Beispiel *Festuca*, bilden durch ihre rasche Anfangsentwicklung Scheinbestände, welche dann im Verlauf der Folgesukzessionen durch längere Trockenstreßphasen als Wechselvegetationen (siehe Abschnitt 12.3.1) erheblich zurückgebildet werden. Einjährige und überwinternd grüne Arten wie *Poa annua* oder Trockenspezialisten wie *Poa badensis* oder *Poa compressa* sind an diese Sonderbedingungen durch ihren variablen Lebenszyklus besser angepaßt.

Die verschiedenen **Wuchs- und Bestokkungsformen** der Gräser, die in engem Zusammenhang mit ihrem Lebenszyklus und dem Konkurrenzverhalten stehen, sollten bei der Artenauswahl mit beachtet werden (Abbildung 176).

Abb. 176. Einige Wuchs- und Bestockungsformen von Gräsern, die für Extensivbegrünungen in Frage kommen (nach KLAPP 1983, verändert). 1 = Horstwuchs, dicht, halbkugelig, z. B. bei *Festuca*-Arten, 2 = Stolonen (oberirdische Ausläufer), z. B. *Argostis*-Arten, 3 = Rhizome (unterirdische Ausläufer), z. B. bei *Poa*-Arten und *Agropyron*-Arten.

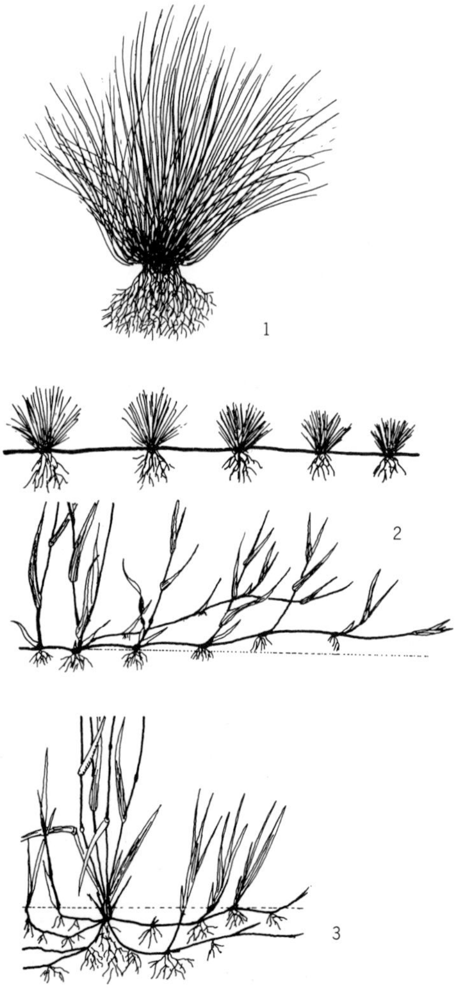

Es ist zu unterscheiden zwischen **Horstwuchs** als dichthorstigen Typ, wie zum Beispiel *Festuca*-Arten oder als lockerhorstigen Typ, wie zum Beispiel *Koeleria glauca.* Eine Sonderform bildet die Wuchsform mit Basalknollen in kleinen, lockerwüchsigen Horsten wie bei *Poa bulbosa.*
Ausläuferwuchs durch unterirdische Rhizome wie zum Beispiel *Agropyron* oder *Poa compressa.* Gräser mit oberirdisch bewurzelten Stolonen, wie zum Beispiel *Agrostis,* werden weniger verwendet.

Die Wuchsform von Gräsern ist auch mit deren Dauerhaftigkeit als Einzelindividuen und ihrer Trockenheitsresistenz eng verknüpft. Während horstartig wachsende Arten wie *Festuca* im „Katastrophenfall" als Individuum absterben und durch Saatgut neue Generationen aufbauen, kann der alte Teil von Arten mit Ausläufern durchaus vertrocknen, während der jüngere nach der zwangsweisen Trockenruhe weiterwächst. Ausläuferbildende Arten mit echten Rhizomen als Speicherorganen, die also über passive Standortanpassung bei Trockenheit verfügen, zählen zu den trockenheitsverträglichsten überhaupt.

Die Wuchsform mit Basalknollen bedeutet eine weitere Form der Trockenheitsanpassung und stellt gleichzeitig eine vegetative Ausbreitungsstrategie dar. Die hochstehenden Basalknollen mit Nährstoffreserven können während der längeren Trockenruhe durch Wind verfrachtet werden (HUBBARD 1985).

Das **Wurzelwerk** der Gräser ist selten langlebig; es wird jährlich ganz oder teilweise neu gebildet. Auf trockenen Standorten entwikkeln Gräser ein schnell wachsendes und – falls möglich – ein tiefreichendes Wurzelwerk. Dadurch begrenzt sich die Verwendung ausgesprochener Tiefwurzler und von Arten mit dichtem Büschelwurzelsystem in Schichtaufbauten mit geringer Dicke.

Die Biomasse des Wurzelwerkes kann auf extremen Trockenstandorten höher liegen als diejenige des Blattwerkes. ELLENBERG (1982) bemerkt zu *Bromus erectus*: „Wie bei vielen Pflanzen magerer und zeitweilig trockener Standorte ist seine unterirdische Biomasse im Verhältnis zur oberirdischen sehr groß." Ein dichtes Büschelwurzelsystem ist sehr leistungsfähig und auch noch zur Aufnahme geringster Wassermengen fähig. Bei einigen Arten mit ausgesprochen tiefgehendem Wurzelwerk, wie zum Beispiel *Bromus erectus*, ist die Trockenheitsresistenz offensichtlich auch an die tiefe Ausbildung des Wurzelwerkes gebunden. Besiedlungsversuche auf Substratschichten von 6 und 8 cm erbrachten nur niedrige Individuenzahlen, die sich nicht dauerhaft hielten.

Die **Einwurzelung** in Substratschichten verläuft sehr schnell. Gräser aus Vegetationsmatten durchwurzeln eine 13 cm dicke Substratschicht innerhalb von zwei Wochen. Gräser sind offenbar in der Lage, mit sehr hohen Saugkräften auch noch sogenanntes „Totwasser" zu nutzen, welches mesomorphen Pflanzen am gleichen Standort nicht mehr zur Verfügung steht. Deshalb bringt die Verwendung von Dränschichten aus wasserspeichernden Schüttstoffen Vorteile im Hinblick auf die Überlebensfähigkeit verschiedener Arten.

Auf Trockenstandorten wachsen viele Grasarten, deren Laub ganz oder teilweise wintergrün ist. Gegenüber den ein- und zweijährigen Arten gibt dies den ausdauernden Arten im Frühjahr durch Ausnutzung der vorhandenen Winterfeuchtigkeit einen Entwicklungsvorsprung. Sie können jedoch in offenen Lagen mit Barfrost auf geringen Schichtdikken erheblich leiden. Das gilt besonders für dauergrüne *Carex*-Arten.

Nach der Blüte im Hochsommer zeigen Grasbestände, bedingt durch die Vielzahl der abtrocknenden Blütenstände und Halme, über einen längeren Zeitraum einen bräunlich-gelblichen Vegetationsaspekt. Zu dichte und blattmassereiche Bestände sind in diesem Zustand auch brandgefährdet. Die vertrocknende oberirdische Biomasse trägt erheblich zur für Trockenstandorte typischen Humus- oder Rohhumusauflage bei. Der Neuaustrieb setzt im Herbst oder bei sommergrünen Arten auch schon in milden Wintern ein.

Die meisten Grasarten haben eine vergleichsweise gute **Trittverträglichkeit**. Ausnahmen bilden die kleineren *Carex*-Arten, *Poa bulbosa* und andere schwachwachsende Arten.

Die **Ansiedlung** der meisten Gräser erfolgt in der Regel durch Aussaat. Arten, die durch Aussaat schwieriger zu etablieren sind, etwa wegen Keimverzögerungen oder weil von ihnen kein Saatgut erhältlich ist, sollten gepflanzt werden. Diese Initialpflanzen bilden die Grundlage für eine langfristige Bestandsentwicklung durch Selbstaussaat. Dies gilt für alle *Carex*-Arten, von denen Saatgut nicht oder nur in sehr kleinen Mengen erhältlich ist. Da viele Grasarten intensiv auf Düngegaben reagieren, müssen Dünger sehr vorsichtig und in geringen Mengen verabreicht werden. Hier kann schon ein erster Selektionsdruck im Bestand entstehen, indem zum Beispiel *Poa*-Arten (nährstoffbedürftig) *Festuca*-Arten verdrängen. Das Ziel sollten möglichst niedrige, relativ lockere Bestände mit verminderter Biomasseproduktion sein. Dichtere, wiesenartige Bestände lassen sich nur auf Schichtdicken ab etwa 25 cm oder im Rahmen von Einfachen Intensivbegrünungen realisieren. Während der Etablierung kann die Bestandsentwicklung quantitativ und qualitativ gesteuert werden, und zwar durch Kombinationen von Wassergaben, Düngung und Schnittmaßnahmen, die auch streßkonditionierend wirken.

In Abbildung 177 ist das Ausbreitungsverhalten einiger Gräserarten dargestellt.

Die für Extensive Dachbegrünungen wesentlichen Eigenschaften der Grasarten sind:
- verschiedene, sich ergänzende Überlebensstrategien für extreme Standorte einzelner Arten durch spezielle morphologische Ausbildungen sowie generative und vegetative Verbreitung
- schnelle Besiedlung offener Flächen nach totalem Ausfall von Vegetation
- geringe bis sehr geringe Nährstoffansprüche der meisten Arten
- starkes verdrängendes Wachstum aller Arten mit höheren Nährstoffansprüchen.
- lange Ausdauer xeromorpher Arten bei Trockenheit in Abhängigkeit von der Dicke des Schichtaufbaues
- sehr gute Frosthärte fast aller Arten
- gute Verträglichkeit von Staunässe bei einigen Arten
- hohe Konkurrenzkraft, insbesondere der schnell keimenden Arten
- sichere Selbstausbreitung und Regeneration geschädigter Bestände durch Selbstaussaat
- Fähigkeit zur Bildung dauerhaft geschlossener Bestände bei entsprechender Substratdicke
- erosionsfeste Festlegung der Vegetationsschicht
- gute Trittverträglichkeit vieler Arten.

Abb. 177. Untersuchung des vegetativen und generativen Ausbreitungsverhaltens einiger Gräser (Wildtypen) nach zwei Vegetationsperioden (1987 und 1988). Es wurden je drei Flachballenpflanzen 6 × 6 × 4 cm im Abstand von 25 cm (Dreieck) in eine Versuchsfläche von 1,5 × 1,5 m gepflanzt. Die Restfläche wurde mit dem schwachwachsenden *Sedum album* 'Chloroticum' begrünt. Dicke der Vegetationsschicht 12 cm. Dicke der Dränschicht aus Blähschiefer 6 cm. Die Ergebnisse können nicht verallgemeinert werden. Es können nur *Tendenzen* des Ausbildungsverhaltens bei geringer Fremdkonkurrenz abgeleitet werden. *Sesleria* verbreitet sich auch an Wildstandorten sehr langsam.

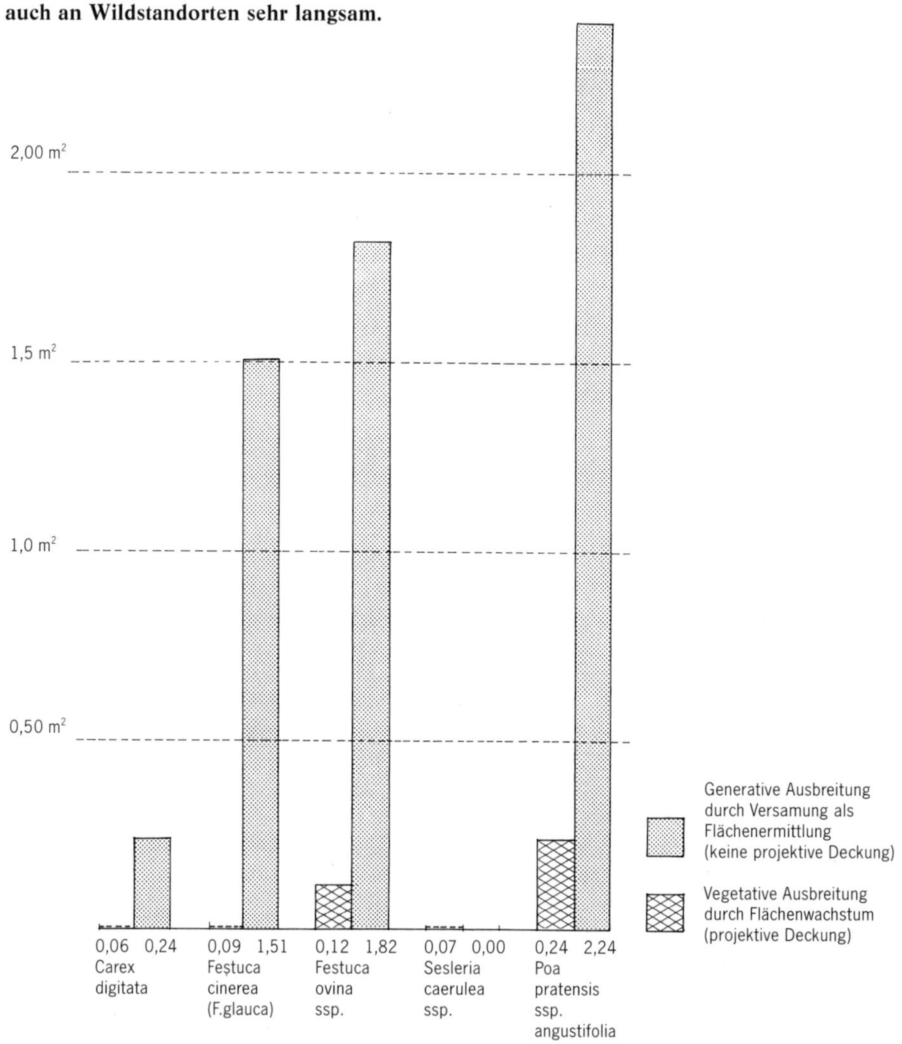

13.4.1 Süß- und Sauergräser für Extensive Dachbegrünungen

Hinweise zum Gebrauch der Tabelle

Zur Anwendung in der Praxis ist in der Tabelle ein sehr umfangreiches Sortiment von 40 Arten der Poaceae und elf Arten der Gattung *Carex* angegeben. Aus der Artenfülle wurde die Auswahl nur auf wüchsige und konkurrenzfähige Arten beschränkt, die sich unter den Bedingungen sekundärer Standorte auch weiter ausbreiten können. Es wurde insbesondere auf kleine, schwachwachsende *Carex*-Arten des alpinen Raumes verzichtet.

Eine Vergesellschaftung von mehr als fünf bis sechs Gräserarten ist nicht sinnvoll. Insbesondere müssen die Konkurrenzverhältnisse, bedingt durch Auflaufgeschwindigkeit, Prozentanteil der Keimung und Wachstumsgeschwindigkeit, unter den jeweiligen Bedingungen des Wasserhaushaltes und der Nährstoffversorgung beachtet werden. Gattungen wie *Poa* und *Festuca* sind hier den meisten Arten in der Kolonisation neuer Standorte überlegen. Dies sollte bei den Mischungsanteilen mit berücksichtigt werden. Die Kornzahl je Quadratmeter muß gegenüber der bisher üblichen Praxis drastisch reduziert werden (siehe auch Abschnitt 14.2).

Die Saatgutbeschaffung verschiedener seltener Arten ist schwierig. Solche Arten wurden dennoch hier mit aufgenommen, weil sie für die Extensive Dachbegrünung hinsichtlich der anzustrebenden Artenvielfalt und besonderer standortökologischer Eigenschaften wichtig sind. Sofern im Projektablauf genügend Vorlaufzeit vorhanden ist, können an Saatgutspezialisten Anbauverträge vergeben werden. Durch verstärkte Nachfrage wird der Saatguthandel erfahrungsgemäß zum Saatgutanbau und -handel auch seltener Arten angeregt. Aus bioökologischen Gründen sollten ohnehin mehr Wildarten (aus Samennachbau) als Zuchtsorten verwendet werden.

Poa annua ist in den Vegetationsbeständen regelmäßig vorhanden und wird deshalb in der Liste genannt. Es besteht allerdings kaum Anlaß, diese Art auszusäen, weil sie als Verunreinigung im Handelsaatgut häufig vorkommt oder sich spontan mit einer der Unterarten aus dem Arteninventar der Umgebung ansiedelt.

In der Liste auf Seite 333 wird eine Reihe von Arten aufgeführt, die ebenfalls geeignet sind, die jedoch entweder zu den sehr seltenen Arten gehören, wie zum Beispiel *Hierochlöe australis* oder *Vulpia bromoides*, oder es handelt sich um Arten, die gelegentlich spontan auf Dächern auftreten, wie die Hirse-Arten. Ein weiterer Teil ist aus ökologischer Sicht mit großer Wahrscheinlichkeit geeignet, wurde bisher jedoch nicht oder nur unzureichend erprobt. Einige Arten sind Neophyten – insbesondere des mediterranen Raumes –, die nur sporadisch in Städten, Bahn- und Hafengeländen oder Regionen mit Weinbauklima vorkommen.

Gräser-Arten, von denen man kaum oder nur sehr schwer Saatgut erhält

Agropyron intermedium
Bromus tectorum
Carex, alle Arten
Festuca cinerea
Festuca viviparia
Koeleria vallesiana
Melica transsilvanica
Poa badensis
Poa bulbosa
Poa pratensis ssp.
angustifolia
Sesleria-Arten
Stipa-Arten

Poa badensis ist gemäß der „Roten Liste" (1983) stark gefährdet.

Die Nomenklatur für *Festuca* ist nach wie vor schwierig und umstritten. Die nach ZANDER (1982) angegebenen Unterarten von *Festuca ovina* werden hier als eigene Art wie nach ROTHMALER (1982b) angegeben, weil die korrekte Bezeichnung als Unterart zum Beispiel bei *Festuca cinerea (F. glauca)* als *Festuca ovina* ssp. *glauca* immer wieder zu Verständigungsschwierigkeiten auch mit dem Saatguthandel führte. *Festuca*-Arten und Unterarten können taxonomisch sicher nur nach morphologischen Merkmalen unterschieden werden. Dazu sei auf Spezialliteratur verwiesen (ROTHMALER 1982b, ZIELONKOWSKI 1976).

Die durch die Schichtdicken-Gruppierungen definierten Lebensraum-Kennzahlen erfassen jeweils die Optimalbereiche unter Berücksichtigung der Konkurrenzverhältnisse zu anderen Arten. Die meisten Arten sind jedoch auch auf höheren Schichtdicken konkurrenzfähig. Die Untergrenzen der jeweiligen Schichtdicken-Klassifikation sichern keinen flächendeckenden Gräserbestand, sondern nur das Existenzminimum vereinzelter Individuen.

Konkurrenzschwache Arten, die nach oben begrenzte Schichtdicken erfordern

Bouteloua
Carex-Arten (außer *Carex flacca*)
Festuca-Arten wie *F. amethystina, F. duvalii, F. pallens, F. rupicola, F. valesiaca, F. vivipara*
Poa badensis
Poa bulbosa
Poa pratensis ssp. *angustifolia*
Sesleria-Arten.

Tab. 54. Süß- und Sauergräser für Extensive Dachbegrünungen

Wissenschaftlicher Name deutscher Name	Höhe Blattfarbe Blütezeit	Lebensform Laubausdauer anatomischer Bau	Lebensräume Flachdächer 0.1 freie Lagen 1.1	1.2	1.3	0.2 geschützte Lagen 2.1	2.2	2.3	Steildächer 0.3 freie Lagen 3.1	3.2	3.3	0.4 geschützte Lagen 4.1	4.2	4.3
Achnatherum calamagrostis Rauhgras	35–45 cm grünlich VI–XI	Hemikryptophyt sommergrün meso- skleromorph	D, E		D, E	C–E		C–E	?			?		
Agropyron intermedium Graugrüne Quecke	20–25 cm graugrün VI–VII	Geophyt Hemikryptophyt sommergrün sklero- mesomorph	B–E		B–E	B–E		B–E	C–E		C–E	C–E		C–E
Agrostis tenuis Rotes Straußgras	35–55 cm mittelgrün VI–VII	Hemikryptophyt sommergrün mesomorph	D, E		D, E	C–E		C–E	D, E		D, E			D, E
Bouteloua oligostachya Haarschotengras	30–40 cm blaugrün	Geophyt sommergrün sklero- mesomorph	B, C		B, C	B, C		B, C	?			?		
Brachypodium pinnatum Fieder-Zwenke	40–60 cm graugrün VI–VII	Geophyt Hemikryptophyt sommergrün meso- skleromorph	C–E	C–E	C–E	C–E	C–E	C–E	D, E	D, E	D, E	D, E	D, E	D, E
Briza media Zittergras	40–60 cm mittelgrün V–VI	Hemikryptophyt sommergrün skleromorph	D, E		D, E	C–E		C–E	D, E		D, E	D, E		D, E
Bromus erectus Aufrechte Trespe	50–80 cm graugrün V–X	Hemikryptophyt sommergrün sklero- mesomorph	D, E		D, E	C–E		C–E	D, E		D, E	D, E		D, E

Bromus inermis Unbegrannte Trespe	50–70 cm graugrün V–IV	Hemikryptophyt Geophyt sommergrün meso- skleromorph	D, E		D, E	C–E		C–E	D, E		D, E	D, E		D, E
Bromus tectorum Dach-Trespe	40–60 cm hellgrün V–VI	Therophyt überwinternd grün skleromorph	B–E		B–E	B–E		B–E	C–E		C–E	C–E		C–E
Calamagrostis epigejos Land-Reitgras	50–70 cm blaßgrün VII–VIII	Geophyt Hemikrytophyt sommergrün skleromorph	D, E		D, E	C–E		C–E	D, E		D, E	D, E		D, E
Carex caryophyllea Frühlings-Segge	15–20 cm dunkelgrün III–IV	Geophyt sommergrün sklero- mesomorph	C, D	C, D	C, D	C, D	B–D	B–D	?			?		
Carex comans Federbusch-Segge	20–25 cm graubraun VI–VII	Hemikryptophyt sommergrün sklero- mesomorph	C, D	C, D	C, D	C, D	C, D	C, D	?			?		
Carex digitata Finger-Segge	10–15 cm hellgrün IV–V	Hemikrytophyt überwinternd grün sklero- mesomorph	C, D	C, D	C, D	C, D	B–D	B–D	?		?	C, D	C, D	C, D
Carex firma Polster-Segge	5–10 cm dunkelgrün VI–VIII	Hemikryptophyt immergrün skleromorph	C, D		C, D	B, D		B, D	?			?		
Carex flacca Blaugrüne Segge	10–25 cm blaugrün V–VI	Geophyt sommergrün mesomorph	C–E	C–E	C–E	C–E	B–E	B–E	D, E	D, E	D, E	C–E	C–E	C–E
Carex humilis Erd-Segge	5–15 cm graugrün IV–V	Hemikryptophyt sommergrün sklero- mesomorph	C, D	C, D	C, D	C, D	B–D	B–D	?			?		

(Fortsetzung Tab. 54)

Wissenschaftlicher Name deutscher Name	Höhe Blattfarbe Blütezeit	Lebensform Laubausdauer anatomischer Bau	Lebensräume Flachdächer 0.1 freie Lagen 1.1	1.2	1.3	0.2 geschützte Lagen 2.1	2.2	2.3	Steildächer 0.3 freie Lagen 3.1	3.2	3.3	0.4 geschützte Lagen 4.1	4.2	4.3
Carex liparicarpos Glanz-Segge	10–20 cm mittelgrün IV–V	Geophyt sommergrün sklero- mesomorph	C, D	C, D	C, D	C, D	B–D	B–D	?			?		
Carex montana Berg-Segge	15–25 cm mittelgrün III	Hemikryptophyt sommergrün mesomorph	C, D	C, D	C, D	C, D	B–D	B–D	?			?		
Carex ornithopoda Vogelfuß-Segge	15–25 cm hellgrün V–VI	Hemikryptophyt überwinternd grün sklero- mesomorph	C–D	B–D	C–D	B–D	B–D	B–D	C–E	C–E	C–E	C–E	C–E	C–E
Carex ornithopodioides Berg-Vogelfußsegge	5–8 cm dunkelgrün VI–VII	Hemikryptophyt überwinternd grün sklero- mesomorph	C–D	B–D	C–D	B–D	B–D	B–D	C–E	C–E	C–E	C–E	C–E	C–E
Carex pilufifera	15–25 cm hellgrün IV–V	Hemikryptophyt sommergrün mesomorph		D–E	D–E		C–E	C–E						
Carex supina Niedrige Segge	8–20 cm mittelgrün V–VI	Geophyt sommergrün sklero- mesomorph	C–D	C–D	C–D	B–D	B–D	B–D	?			?		
Festuca amethystina Amethyst-Schwingel	0,30–0,50 cm mittelgrün	Hemikryptophyt überwinternd grün	C–D		C–D	C–D		C–D	D, E		D, E	D, E		D, E

Festuca cinerea (*F. glauca)* Blau-Schwingel	15–40 cm blaugrün V–VI	Hemikryptophyt überwinternd grün sklero-mesomorph	C–E			B–D			C–E			C–E		
Festuca duvalii Raublatt-Schwingel	10–40 cm graugrün	Hemikryptophyt sommergrün	C–D		C–D	C–D		C–D	D, E		D, E	D, E		D, E
Festuca ovina agg. Schaf-Schwingel	15–40 cm mittelgrün V–VII	Hemikryptophyt sommergrün skleromorph	C–E		C–E	B–D		B–D	C–E		C–E	C–E		C–E
Festuca pallens	15–30 cm blau-grün V–VI	Hemikryptophyt sommergrün skleromorph	C–E			B–D			C–E			C–E		
Festuca rubra Rot-Schwingel	20–40 cm graugrün V–VI	Hemikryptophyt überwinternd grün meso-skleromorph	D, E		D, E	C–E		C–E	D, E		D, E	D, E		D, E
Festuca rubra ssp. *rubra* Ausläufertreibender Rot-Schwingel	20–35 cm graugrün V–VI	Hemikryptophyt überwinternd grün sklero-mesomorph	D, E		D, E	C–E		C–E	D, E		D, E	D, E		D, E
Festuca rubra trichophylla Haarblättriger Schwingel	15–30 cm graugrün V–VI	Hemikryptophyt überwinternd grün sklero-mesomorph	D–E		C–E	C–E		C–E	D, E		D, E	D, E		D, E
Festuca rupicola Furchen-Schwingel	10–30 cm mittelgrün V	Hemikryptophyt sommergrün skleromorph	C–E			B–D			C–E			C–E		
Festuca tenuifolia Feinblättriger Schwingel	15–30 cm dunkelgrün V–VI	Hemikryptophyt sommergrün sklero-mesormorph	C–E	C–E	C–E	C–E	B–E	C–E	C–E	C–E	C–E	C–E	C–E	C–E

(Fortsetzung Tab. 54)

Wissenschaftlicher Name deutscher Name	Höhe Blattfarbe Blütezeit	Lebensform Laubausdauer anatomischer Bau	Lebensräume Flachdächer 0.1 freie Lagen 1.1	1.2	1.3	0.2 geschützte Lagen 2.1	2.2	2.3	Steildächer 0.3 freie Lagen 3.1	3.2	3.3	0.4 geschützte Lagen 4.1	4.2	4.3
Festuca vallesiaca Walliser Schwingel	15–30 cm blaugrün V	Hemikryptophyt überwinternd grün skleromorph	C–E			B–D			C–E			C–E		
Festuca vivipara Lebendgebärender Schwingel	10–15 cm grün V–VI	Hemikryptophyt überwinternd grün meso- skleromorph	C		C	B, C		B, C	?			?		
Helictotrichon *sempervirens* Blaustrahlhafer	50–80 cm blaugrün VI–VII	Hemikryptophyt überwinternd grün skleromorph	D, E			C–E			?			?		
Koeleria glauca Blaugrünes Schillergras	20–25 cm grünsilber V–VI	Hemikryptophyt sommergrün sklero- mesomorph	D, E			C–E			D, E			D, E		
Koeleria pyramidata Pyramiden-Schillergras	20–40 cm grau-grün V–VI	Hemikryptophyt sommergrün meso- skleromorph	D, E			C–E			D, E			D, E		
Koeleria vallesiana Walliser Schillergras	20–40 cm blaugrün VI–VII	Hemikryptophyt sommergrün meso- skleromorph	C–E			C–E			?			?		
Melica ciliata Wimper-Perlgras	30–40 cm hellgrün V–VI	Hemikryptophyt sommergrün sklero- mesomorph	D, E			C, E			D, E			D, E		

Melica transsilvanica Siebenbürgisches Perlgras	30–40 cm mittelgrün V–VI	Hemikryptophyt sommergrün sklero- mesomorph	D, E			D, E			?			?		
Poa annua (verschiedene Unterarten) Einjähriges Rispengras	3–10 cm hellgrün III–IX	Hemikryptophyt sommergrün überwinternd grün mesomorph	B–E	A–E	B–E	A–E	A–E	A–E	A–E	B–E	B–E	B–E	B–E	
Poa badensis Badener Rispengras	20–40 cm graugrün V–VIII	Hemikryptophyt sommergrün skleromorph	B, C			B, C			B, C			B, C		
Poa bulbosa Knolliges Rispengras *Poa bulbosa* var. *vivipara* Lebendgebärendes Rispengras	15–30 cm graugrün V–VII	Hemikryptophyt überwinternd grün sklero- mesomorph	B			A, B			B, C			B		
Poa compressa Flaches Rispengras	15–30 cm graugrün VI–VII	Hemikryptophyt sommergrün skleromorph	C, D		B–D	B–D		B–D	C, D		C, D	C, D		C, D
Poa pratensis Wiesen-Rispengras	30–60 cm mittelgrün V–VII	Hemikryptophyt überwinternd grün mesomorph	C–E		C–E	C–E		C–E	C–E		C–E	C–E		C–E
Poa pratensis ssp. *angustifolia* Schmalblättrige Wiesen-Rispe	30–40 cm dunkelgrün V–VII	Hemikryptophyt überwinternd grün sklero- mesomorph	C, D		C, D	B–D		B–D	C, D		C, D	C, D		C, D
Sesleria caerulea Gemeines Blaugras	15–25 cm grausilber V–VI	Hemikryptophyt überwinternd grün skleromorph	C, D			C, D			D, E			D, E		
Sesleria heuffleriana	25–40 cm blaugrün III–IV	Hemikryptophyt überwint. grün skleromorph	C–E			C, D			?				?	

(Fortsetzung Tab. 54)

Wissenschaftlicher Name deutscher Name	Höhe Blattfarbe Blütezeit	Lebensform Laubausdauer anatomischer Bau	Lebensräume: Flachdächer 0.1 freie Lagen 1.1	1.2	1.3	0.2 geschützte Lagen 2.1	2.2	2.3	Steildächer 0.3 freie Lagen 3.1	3.2	3.3	0.4 geschützte Lagen 4.1	4.2	4.3
Sesleria nitia	25–30 cm blaugrün V–VI	Hemikryptophyt überwinternd grün skleromorph	C, D			C, D			?				?	
Stipa capillata Büschelhaargras	50–80 cm graugrün VII–VIII	Hemikryptophyt sommergrün skleromorph	D, E			C–E			?				?	
Stipa pennata Frühes Federgras	40–50 cm mittelgrün V–VII	Hemikryptophyt sommergrün skleromorph	D, E			C–E			?				?	

Lebensräume, zu denen für einzelne Arten bisher noch keine Eignungserfahrungen vorliegen, sind mit ? gekennzeichnet. Dies ist im Steildachbereich häufiger der Fall. Die Besonderheiten und Verwendungsbeschränkungen bei einschichtigen Bauweisen aus leichten Schüttstoffen sind zu beachten. Als ergänzende Verwendungshilfen mögen die Angaben zur Lebensform, Laubausdauer und zum anatomischen Bau dienen.

13.4.2 Beschreibung wichtiger Süß- und Sauergräser

Brachypodium pinnatum, Fieder-Zwenke
Morphologie: 40 bis 60 cm hoch, lockerrasiger Wuchs, ausdauernd, treibt unterirdische Ausläufer. Blätter bis 5 mm breit, teilweise überhängend, im Schatten behaart. Blüte ährenartig, zweizeilig.
Ökologie: Die Fieder-Zwenke ist die Klassencharakterart der Trocken- und Steppenrasen-Gesellschaft (Festuco-Brometea). Sie gilt als Primärbesiedler von Rohböden und neigt dort zu Massenwuchs. Sie bevorzugt kalkhaltige, warme Böden. Die Art erträgt auch Halbschatten, ohne allerdings zu blühen, hat aber auf diesen Standorten auch durch die Ausläufer Konkurrenzvorteile gegenüber heliophilen Arten. Nach BARTH (1978) in ELLENBERG (1963) verträgt *Brachypodium pinnatum* mehr Trockenheit als *Bromus erectus*. Das lange haltbare abgestorbene Blattwerk trägt zur „Heuwiesenwirkung“ bei. Eine Mykorrhiza wurde nachgewiesen.

Bromus erectus, Aufrechte Trespe
Morphologie: 30 bis 80 cm hoch, bildet dichte, ausdauernde Horste. Blätter bis 10 mm breit, lang, spitz, graugrün, rauhhaarig. Blütenrispe lang, vielästig, locker, aufrecht.
Ökologie: Die Trockenheitsresistenz von *Bromus erectus* wird häufig überschätzt. Nach ELLENBERG (1982) kann die Art wie folgt charakterisiert werden: „Bei experimenteller Prüfung erweist sich die Aufrechte Trespe als ein relativ wärmebedürftiges, mesophiles und nur mäßig durch Stickstoff zu förderndes, hohe Säuregrade meidendes Gras.“

Nach WILLMANNS (1978) ist „*Bromus erectus* mesophil, aber mäßig xerophytisch und mäßig xerotolerant“. BORNKAMM (1961) und

DARIUS und DREPPER (1983) stellen die Art in den begrünten Kiesauflagen der Holzzementdächer nicht fest.

Die Art ist für Extensive Dachbegrünungen auf Flachdächern in freien Lagen ab Schichtdicken von 15 bis 20 cm geeignet. Dies gilt auch für die ähnliche Wehrlose Trespe, *Bromus inermis.*

Bei angeschütteten oder erdüberdeckten Bauwerken kann *Bromus erectus* für Südlagen erfolgreich eingesetzt werden, weil das sehr tiefgehende Wurzelwerk (bis zu 80 cm) zur Böschungssicherung beiträgt.

Bromus tectorum, Dach-Trespe

Morphologie: 10 bis 25 cm hoch, büschelig, lockerer Wuchs, einjährig überwinternd. Blätter 3 bis 5 cm breit, hellgrün, schlaff, behaart. Blütenrispe bogig, einheitswendig überhängend. Die Pflanze verfärbt sich unter Trockenstreß rötlich-bräunlich.

Ökologie: Charakterart, flachgründiger ruderal-warmer und sonstiger anthropogener, nährstoffarmer Standorte.

Die Art ist sehr trockenheitsverträglich und kommt auch regelmäßig auf Kiesdächern vor (siehe BORNKAMM 1961, DARIUS und DREPPER1983). Überwinternd grüne Pflanzen entwickeln sich zu Büscheln mit oft reicher Anzahl an Blütenständen. Nach Frühjahrsaussaat und anschließender langer Trockenheit kommt es zu Hungerwuchs mit oft nur einem Blütenstand von 15 bis 25 cm Höhe. Bei einer Luxusversorgung neigt die Art zu stark verdrängendem, dichtem Massenwuchs und wird stark von Rost befallen. Die Art ist wenig ortsbeständig, wandert im Areal und hat Konkurrenzvorteile als Erstbesiedler auf offenen, trockenen Standorten.

Saatgut wird seltener angeboten; es kann jedoch durch Entnahme aus der Natur relativ leicht beschafft werden.

Die verwandte Taube Trespe, *Bromus sterilis,* und weitere kurzlebige, wärmebedürftige Arten (siehe Liste Seite 333) können ebenso verwendet werden.

Carex digitata, Finger-Segge

Morphologie: 10 bis 25 cm hoch, kleine dichte Horste, nicht ausläufertreibend. Blätter hellgrün bis 5 mm breit. Blütenstand als fingerförmig zusammengezogene Traube, rotbraun.

Ökologie: Vorkommen auf trocknen bis frischen basen-, meist kalkreichen Standorten in sonniger bis halbschattiger Lage, wärmeliebend. Die Art verträgt unbeschadet lange Sommertrockenzeit. Das Blattwerk stirbt dabei teilweise ab. *Carex digitata* setzt regelmäßig Saatgut an, das nach dem Ausfallen sofort keimt. Samenverbreitung auch durch Ameisen. Die Jungpflanzen erreichen im ersten Jahr das Dreiblattstadium. *Carex digitata* ist auf Dächern für mittlere Schichtdicken auch für schattige Lagen geeignet, bildet aber seltener geschlossene Bestände. Wertvoll ist das dauerhafte, hellgrüne Laub. Der visuelle Eindruck wird zur Blüte im Frühjahr durch welke Blätter und die hellbraunen Blütenstände etwas beeinträchtigt. Ähnlich verwendbar wie *Carex digitata* ist *Carex humilis,* die Erdsegge.

Carex flacca, Blaugrüne Segge

Morphologie: 15 bis 50 cm hoch, lockerrasig mit weitreichenden sproßbürtigen, unterirdischen Ausläufern. Blätter blaugrün, derb bis 8 mm breit, gebogen. Blütenstände in lockerer Traube. Fruchtstand zylindrisch schmal. Die Art ist sehr stark veränderlich und bildet verschiedene Rassen.

Ökologie: *Carex flacca* hat eine hohe ökologische Variationsbreite und ist sowohl auf feuchten Wiesen als auch wechselfeuchten und trockenen kalkhaltigen Standorten verbreitet und gilt als Anzeiger für Wechselfeuchte. Die Art wächst sowohl auf stark besonnten Standorten als auch im Halbschatten. Bei ausreichender Substratdicke ist die Art sehr trockenheitsverträglich und ortsbeständig. *Carex flacca* hat sich in älteren Extensivbegrünungen, insbesondere auf feuchteren Teilflächen ohne oder nur mit geringem Dachgefälle, häufig selbst angesiedelt und bildet große flache Horste mit bis zu 1 m Durchmesser. Eine weitere Samenverbreitung, ausgehend von der Initialpflanze, ließ sich dort feststellen. Bedingt durch die Ausläufer ist die Blaugrüne Segge sehr wuchsaggressiv und verdrängt andere Gräser und Kräuter.

Carex ornithopoda, Vogelfuß-Segge

Morphologie: 15 bis 30 cm hoch, wächst lokkerhorstig, entwickelt stark Ausläufer und bildet zunächst linienartig alle 10 bis 15 cm neue Pflanzen. Blätter sehr schmal (2 bis 3 mm),

hellgrün, überwinternd. Blütenstand unscheinbar als fingerförmige, gelbbraune Ährchen. Die Art ist sehr formenreich und neigt zu Bastardierungen, zum Beispiel mit *Carex digitata*. Es werden die Unterarten *C. ornithopoda* ssp. *ornithopoda* und *C. ornithopoda* ssp. *ornithopodoides* beschrieben.
Ökologie: Vorkommen und Verbreitung ähnlich wie *Carex digitata*, verträgt jedoch auf Dauer mehr Schatten. Kommt allerdings auch in Brometalia-erecti- und Seslerietalia-Gesellschaften vor.

Für Extensive Dachbegrünungen ist die Art durch ihre rasche Ausläuferverbreitung und Schattenverträglichkeit wertvoll wie auch durch das dauerhafte, hellgrüne Laub. Die Ansiedlung kann auch durch Ausstreuen von Rhizomschnittlingen erfolgen (siehe Abschnitt 14.3.2).

Festuca cinerea (F. glauca), Blau-Schwingel
Morphologie: 10 bis 40 cm hoch, horstiger oder auch lockerer Wuchs bei ausläufertreibenden Typen. Blätter oval mit deutlicher Mittelfalte, bis 1,5 mm breit, starr-aufrecht oder nach außen gebogen, deutlich blau bereift, jedoch mit Farbunterschieden je nach Rasse und Standortgegebenheiten. Die Art ist sehr variabel und mit Ökotypen in Standortnischen vertreten. Nach GARCKE (1972) werden fünf weitere Unterarten unterschieden.
Ökologie: *Festuca cinerea* ist ein Spezialist sehr trockener Standorte und kommt auf Sand wie Kalkmagerrasen, aber auch in Felsspalten und Gesteinschutt vor. Nach KIENZEL (1982) wächst *Festuca cinerea* über Kalkgestein auf 5 cm dicken Rohhumusauflagen mit einem pH-Wert von 5,42. Nach SAPER (1935) hat der Blauschwingel eine Wärmeresistenz bis 50 °C.

Unter Trockenstreß vertrocknet das Laub nach und nach bis auf die jüngsten Herztriebe, die so einen wirksamen Strahlungsschutz durch das vertrocknete Laub erhalten. Von 20 bis 30 Einzelblättern zweijähriger Jungpflanzen sind so nur drei bis fünf grün geblieben.

Es entstehen selten flächendeckende Massenbestände wie durch *Festuca ovina* oder *Festuca rubra*. Die Ausbreitung beschränkt sich auf Gruppen oder herdenartiges Vorkommen. Es werden auch vergleichsweise kleinwüchsige Hungertypen gebildet. Die Ansprüche an den Lufthaushalt sind höher als bei *Festuca ovina*. Bei Vernässung tritt Konkurrenzschwäche und Totalausfall ein. Nach Düngung erfolgt ein mäßig verstärktes Wachstum, später treten gehäufter Ausfälle auf, auch durch Verdrängung anderer Arten. Die Art kann als *stickstoffempfindlich* bezeichnet werden. Gegen *Festuca ovina* und *Festuca rubra* ist *Festuca cinerea* in der Regel konkurrenzschwächer, ausgenommen in extremeren Lagen. Dort bleibt, insbesondere auf Steildächern, aus Mischbeständen mit verschiedenen *Festuca*-Arten in der Regel nur *Festuca cinerea* übrig. Die Verwendung kann auf Flachdächern in Schichtdicken ab 10 cm erfolgen. Die Samenproduktion ist vergleichsweise gering und bei ausläufertreibenden Rassen noch schwächer ausgeprägt. Ausläufertreibende Arten scheinen trockenresistenter als horstbildende zu sein. Die Aussaat gestaltet sich schwieriger, weil Saatgut kaum erhältlich ist. Häufig wird sehr teures, von Staudensorten abstammendes Saatgut geliefert. Sorten von *Festuca glauca* aus dem Staudensortiment sind wegen ihrer mangelnden Härte und geringen Fertilität nicht geeignet.

Festuca cinerea ist für die Extensive Dachbegrünung besonders auch im Steildachbereich sehr wertvoll und sollte vermehrt in verschiedenen Herkunftstypen angeboten und verwendet werden.

Festuca ovina agg., Schaf-Schwingel
Morphologie: 10 bis 40 cm hoch, bildet sehr dichte, ausdauernde Horste. Blätter rundlich bis oval, bis 1 mm breit, grün oder bläulich bereift, teilweise rauh. Jüngeres Laub überwinternd grün. Blütenstand traubig bis rispig. *Festuca ovina* ist überaus formenreich und bildet verschiedene Unterarten, die auch als eigene Arten geführt werden, sowie kaum zu unterscheidende Standortrassen. Die Nomenklatur ist nach wie vor umstritten. ZIELONKOWSKI (1976) hat die im Staudensichtungsgarten Weihenstephan vorhandenen 15 Typen anhand von Querschnitten der Blattspreiten unterschieden.
Ökologie: *Festuca ovina* ist eine der Charakterarten der Trocken- und Steppenrasen-Gesellschaften, kommt mit Kleinarten jedoch auch in Felsbandgesellschaften in lichten, trockenen Wäldern und auf entsprechenden sekundären Standorten vor. Die Verbreitung

ist auf trockene, nährstoffarme, saure wie alkalische Böden beschränkt. Es werden kleinwüchsige Hungerformen ausgebildet.

Festuca ovina erweist sich bei ausreichendem Wurzelraum von mindestens 12 bis 15 cm auch auf Dächern im Bestand als sehr trockenheitsverträglich. Hier bestehen jedoch große Unterschiede zwischen den Sorten und den genetisch divergierenden Wildherkünften. Bedingt durch die überaus reiche Samenproduktion neigt *Festuca ovina* bei entsprechendem Feuchtigkeitsangebot zum Aufbau von dichten, verdrängenden Massenbeständen, die dann bei Trockenheit wieder ganz oder teilweise ausfallen. Auf Staunässe reagiert die Art mit Kümmerwuchs. Bei Bodenverdichtung, etwa durch ständiges Betreten, verliert *Festuca ovina* seine Konkurrenzstärke und wird vor allem von *Lolium* oder *Poa annua* verdrängt. Die Art reagiert auch auf geringere Stickstoffgaben sofort mit verstärktem Wachstum. Eutrophierte Bestände bilden ein dichtes, später wuchs- und keimungshemmendes Strohpolster. Durch Düngung wird *Festuca ovina* in Mischbeständen durch *Poa, Lolium* und *Dactylis* verdrängt. Ältere Pflanzen vertragen Trockenheit weniger gut. Nach längeren Trockenperioden kann das gesamte Laub bis auf wenige Spitzen von Neutrieben vertrocknen. Nach Niederschlägen treiben bereits innerhalb von 24 Stunden neue Blätter aus.

Bedingt durch das dichte Büschelwurzelwerk kommt es bei Wasserkonkurrenz zu einer starken Verdrängung, insbesondere von höheren Kräutern. Vegetativ vermehrte Farbsorten der Blätter aus dem Staudensortiment sind für Extensive Dachbegrünungen kaum geeignet. Die Rot-Schwingel *Festuca rubra* und *Festuca rubra* ssp. *rubra* sind nicht so trockenheitsverträglich wie *Festuca ovina*.

Koeleria pyramidata, Pyramiden-Schillergras
Morphologie: 30 bis 80 cm hoch, wächst lockerrasig. Bildet lange unterirdische Ausläufer. Blätter 2 bis 3 cm breit, blau-grün oder graugrün. Blütenrispe straff-aufrecht, ährig, typisch schmal-pyramidal und silbrig-grün schillernd. Die sehr formenreiche und vielgestaltige Art neigt zu Bastardierungen.
Ökologie: Klassencharakterart der Schwingel-, Steppen- und Trespenrasen (Festuco-Brometea). Das Pyramiden-Schillergras liebt warme, offene, sonnige Standorte und gilt als Magerkeitsanzeiger. Es verträgt keine Düngung. Es besiedelt sowohl sandige als auch lehmige Böden unterschiedlicher pH-Bereiche, kommt jedoch auf kalkhaltigen Standorten gehäuft vor. Schillergras-Fluren sind zur Blütezeit sehr auffällig, weniger trifft dies für die Einzelpflanze oder die Stellung im Bestand zu. *Koeleria* verträgt Trockenheit sehr gut und siedelt auch in Horsten anderer Gräser, wie zum Beispiel von *Bromus erectus*. Trockenes Vorjahreslaub bleibt lange erhalten. Die Ansiedlung durch Ansaat ist schwieriger, weil die Keimung häufig verzögert abläuft und sich die Jungpflanzen sehr langsam entwickeln. Die Entwicklung wird insbesondere durch *Festuca*-Bestände gehemmt. Verwendung auf Schichtdicken ab 15 bis 20 cm.

Melica ciliata, Wimper-Perlgras
Morphologie: 30 bis 70 cm hoch, horst- und ausläuferbildend. An den Ausläufern bilden sich sofort Halme und Jungpflanzen. Blätter 3 bis 4 cm breit, grau-grün, häufig eingerollt. Blütenrispe ährenartig mit deutlich sichtbaren Wimperhaaren. Bildet verschiedene geographische Rassen.
Ökologie: Verbreitung in Süddeutschland, Hauptverbreitung jedoch in Südeuropa; bildet dort typische Florenaspekte. *Melica ciliata* liebt offene, warme, sonnige, trockene und kalkhaltige Standorte und verträgt keine Dauerfeuchtigkeit und Staunässe.

Die Ansiedlung durch Aussaat auf mittleren bis höheren Schichtdicken gelingt problemlos, vor allem auf punktuellen Erhöhungen. *Melica ciliata* sieht in der Blüte sehr beeindruckend aus und ist auch schon von weitem über den Dachrändern zu sehen.

Poa compressa, Flaches Rispengras
Morphologie: 10 bis 40 cm hoch, wächst als lockerer Horst. Lange, drahtige Rhizome, das Mutterrhizom stirbt jeweils im Herbst ab. Blätter bläulich oder grau-grün, 1 bis 4 cm breit. Stengel und Blütenrispe typisch seitlich abgeflacht. Die Art ist in viele ökologische Rassen aufgespalten.
Ökologie: *Poa compressa* ist auf trockenen sonnigen, flachgründigen Böden verbreitet und liebt Kalk. Besiedelt häufig Mauerkronen und altes Mauerwerk in dichten Rasen. *Poa compressa* kann als Charakterart Extensiver

Dachbegrünungen eingestuft werden. BORNKAMM (1961), DARIUS und DREPPER (1983) beschreiben dichte und dauerhafte *Poa-compressa*-Rasen der spontan begrünten Holzzementdächer (Poetum pratensis-compressae). Nach DARIUS und DREPPER „vermag sich *Poa compressa* bei einer Kiesauflage von durchschnittlich 15 cm gegen fast alle Konkurrenten durchzusetzen... auch unterirdisch besetzt das Gras mit seinen Rhizomen und Wurzeln die oberen 5 bis 10 cm Boden derart, daß anderen Pflanzen das Eindringen in diesen Bestand fast unmöglich wird." Die Autoren haben sich eingehend mit der Ökologie der Art und Biomasseproduktion befaßt.

Poa compressa ist aufgrund seiner relativ weiten ökologischen Amplitude sehr anpassungsfähig und vor allem – bedingt durch das Rhizomwachstum – sehr trockenheitsverträglich (Abbildung 178). Die Art dauert im lichten Schatten oder im Wechselbereich von Schlagschatten und Sonne gut aus. Als Einzelpflanze kann es sich an günstigen Stellen sogar noch in Dünnschicht-Moos-Sedum-Vegetationsmatten auf Dauer behaupten.

Poa compressa läßt sich leicht durch Ansaat ansiedeln, jedoch wird in der Regel häufig von dem feinen Saatgut (etwa 6200 Korn je g) zu viel ausgebracht. Bei der Aussaat waren jedoch schon häufiger Mißerfolge zu verzeichnen. Einerseits keimte das Saatgut nur teilweise oder sehr verzögert, andererseits überlebte ein großer Teil des Jungpflanzenbestandes vor Ausbildung der Rhizome den ersten Trockenstreß nicht. Der Grund kann in qualitativ schlechtem Saatgut liegen, oder es werden ungeeignete südeuropäische oder Überseeherkünfte geliefert, da die Nachfrage sehr groß ist. Häufig wird die Sorte 'Reubens' verwendet. Zuchtformen von *Poa compressa* aus Kanada oder den USA (Canada Blue Grass) scheinen für die Zwecke der Extensivbegrünung weniger geeignet.

Geeigneter sind folgende Varietäten (HEGI 1936).
Poa compressa var. *muralis*
Poa compressa var. *arenosa*
Poa compressa var. *polyrodia.*

Poa pratensis ssp. angustifolia, Schmalblättrige Wiesen-Rispe

Morphologie: 15 bis 40 cm hoch, lockerhorstig bis lockerrasig, ausläufertreibend. Blätter

Abb. 178. Rhizomentwicklung von *Poa compressa* in schematischer Darstellung über den Zeitraum von einem Jahr (nach DARIUS und DREPPER 1983, leicht verändert).

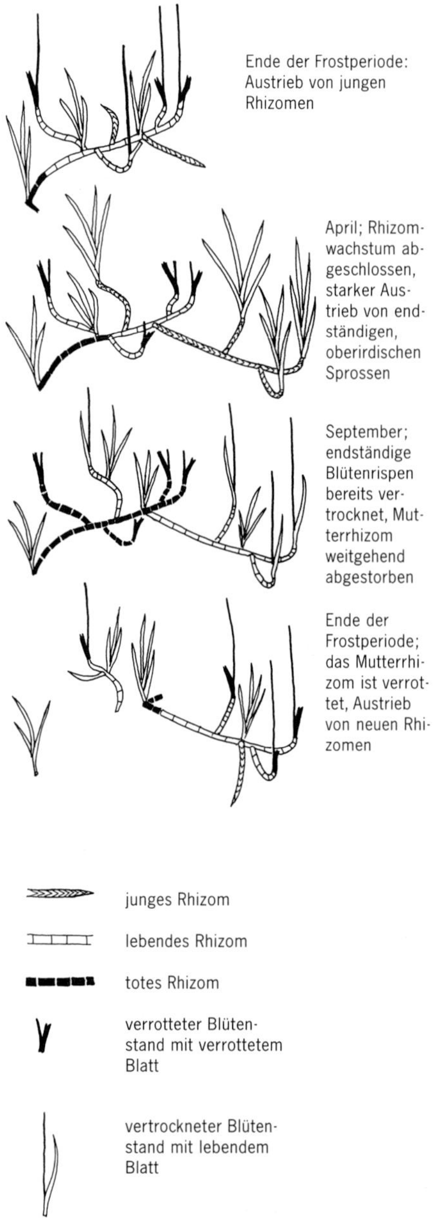

graugrün, 2 bis 6 mm breit. Aufrechte, lockere Blütenrispe, bräunlich oder braun-violett. Die Art zerfällt in verschiedene Unterarten mit ökologischen Rassen, die nach SCHMEIL-FITSCHEN (1982) als eigene Arten, hier also als *Poa angustifolia*, geführt werden. Die Schmalblättrige Wiesen-Rispe gilt als südliche Rasse. *Poa pratensis* ähnelt im Erscheinungsbild *Festuca rubra*.

Ökologie: Die Art ist an trockenen Grasstandorten weit verbreitet und in Kleingesellschaften auch in Halbtrockenrasen anzutreffen. Daneben ist die Schmalblättrige Wiesen-Rispe auf Mauerkronen häufig mit *Poa compressa* vergesellschaftet. Wegen ihrer Trokkenheitsverträglichkeit ist diese Art auch direkt mit anderen Gräsern benachbart und kommt zum Beispiel unterwüchsig zu *Bromus erectus* vor. *Poa pratensis* ssp. *angustifolia* findet sich vereinzelt außerdem in den Grasbeständen älterer Holzzementdächer (DARIUS und DREPPER 1983).

Die Schmalblättrige Wiesen-Rispe gehört neben den *Festuca*-Arten zu den bestandsbildenden Arten für Extensivbegrünungen mittlerer und hoher Schichtdicken. Saatgut befand sich bisher noch nicht im Handel, es werden schmalblättrige Sorten von *Poa pratensis* geliefert, wie zum Beispiel die Sorte 'Fylking'. Pflanzen und Saatgut von Wildbeständen sind jedoch verfügbar.

Seltene Gräser-Arten potentieller Eignung oder Arten, die gelegentlich auf Dächern vorkommen

Anthoxanthum odoratum, Rauchgras
Avenula pratense, Echter Wiesenhafer
Avenula pubescens, Flauschiger Wiesenhafer
Bromus lepidus, Zierliche Trespe
Bromus hordeaceus ssp., Weiche Trespe
Bromus madritensis, Mittelmeer-Trespe
Bothriochloa ischaemum, Bartgras
Cynodon dactylon, Bermudagras
Corynephorus canescens, Silbergras
Dactylis glomerata var. *collina*, Knäulgras
Digitaria sanguinalis, Bluthirse
Digitaria ischaemum, Fadenhirse
Eragrostis minor, Kleines Liebesgras
Eragrostis pilosa, Behaartes Liebesgras
Hierochloë australis, Südliches Mariengras
Holcus mollis, Weiches Honiggras
Hordeum murinum, Mäusegerste
Lagurus ovatus, Sammetgras
Lolium perenne ssp., Ausdauernder Lolch
Mibora minima, Zwerggras
Phleum bertdonii, Zwiebel-Lieschgras
Phleum phleoides, Glanz-Lieschgras
Setaria viridis, Grüne Borstenhirse
Trisetum flavescens, Goldhafer
Tragus racemosus, Traubiges Klettergras
Vulpia bromoides, Trespen-Federschwingel
Vulpia myurus, Mäuseschwanz-Federschwingel

13.5 Die Eignung von ausdauernden und kurzlebigen Kräutern

Mit ausdauernden und kurzlebigen Kräutern wird hier eine Sammelgruppe verschiedener Lebensformen unter Ausschluß von Sukkulenten, Zwiebel- und Rhizompflanzen sowie Gräsern beschrieben. Die Wuchsformen sind sehr unterschiedlich und schließen polster- und mattenartig kriechende, rankende oder rosettenartig wachsende krautige Pflanzen ein. Andere stocken vieltriebig, bleiben staudig kompakt oder haben einen lockeren, aufrechten Wuchs; teilweise breiten sich die hier behandelten Kräuter unterirdisch durch Ausläufer aus.

Neben Wildpflanzen kommen auch Wildstauden und Gartenstauden in Frage. Wildstauden sind entweder mitteleuropäische Arten oder solche aus fremden Florenbereichen, die zwar durch Auslesen züchterisch bearbeitet sind, jedoch die wesentlichen Eigenschaften der Wildform behalten haben. Unter den Gartenstauden gibt es einige bewährte, in der Regel niedrige Arten, allerdings mit begrenzten Verwendungsmöglichkeiten im Bereich der Dachbegrünung. Hinsichtlich der Lebensformen sind folgende Pflanzengruppen angesprochen:

Krautige Chamaephyten mit Überwinterungsknospen über der Laub- und Erdschicht; im Schneeschutz überwinternd. Beispiel: *Dianthus carthusianorum*.

Verholzende Chamaephyten. Beispiel: *Teucrium chamaedrys*.

Hemikryptophyten mit den Überwinterungsknospen nahe der Erdoberfläche. Beispiel: *Chrysanthemum leucanthemum*.

Geophyten mit Überwinterungsknospen unter der Erdoberfläche. Beispiel: *Ranunculus* *bulbosus.* Zu dieser Gruppe zählen auch Knollen- und Rhizom-Geophyten.

Therophyten überdauern als Annuelle (Einjährige mit ihren Samen).

Zwischen krautigen Chamaephyten und Hemikryptophyten gibt es allerdings verschiedene genetische sowie standortangepaßte Übergangsformen, so daß hier nicht immer klar getrennt werden kann. So muß zum Beispiel *Anthemis tinctoria,* die als Hemikryptophyt gilt, in milden Wintern als ausgesprochener krautiger Chamaephyt bezeichnet werden, weil die Stengel kaum zurückfrieren und sich an ihnen Überwinterungsknospen oder Winterkurztriebe ausbilden. In Tabelle 56 sind die jeweils überwiegenden Lebensformen angegeben.

Hinsichtlich des anatomischen Baues kommen sowohl mesomorphe als auch skleromorphe Arten in Frage wie auch solche mit teilsukkulenten Ausbildungen wie zum Beispiel bei verschiedenen *Geranium*-Arten. Viele Arten von trockenen Standorten weisen eine silbrig helle Behaarung auf und haben reduzierte Blattspreiten. Entsprechend dem Wasser- und Nährstoffangebot werden häufig Hungerformen ausgebildet. Setzt die jährliche Trockenperiode besonders früh und lang anhaltend ein, so führt dies in der Regel zu einer Notblüte, teilweise ohne Samenansatz, oder es bildet sich notreifes Saatgut. Die Pflanzen gehen daraufhin ganz oder teilweise ein. Besonders verschiedene Compositen können Samen ohne Befruchtung bilden (*Apomixis*).

Die Überlebensfähigkeit auf extrem trockenen Standorten ist eng an die genetische Wärmeresistenz (SAPPER 1935), die jeweils produzierte Blattmasse und somit an die verdunstende Oberfläche gebunden. Erfolgt in der Frühjahrswachstumsphase aufgrund eines hohen Stickstoffangebotes ein zu starkes Wachstum, können insbesondere mesomorphe Kräuter vollständig absterben. Aber auch xeromorphe Arten sind wegen der vergrößerten Zellen und dem erhöhten Gesamtwassergehalt anfälliger. Viele Kräuter bilden Übergangsformen zwischen meso- und skleromorpher Ausbildung, die dann entsprechend den jeweiligen Standortverhältnissen bevorzugt ausgebildet werden.

LINDHAUER (1980) hat aufgrund von Messungen der osmotischen und der Wasserpotentiale am Beispiel von *Viola hirta* nachgewiesen, daß die Lichtverhältnisse auf die Streßfähigkeit eines genetisch homogenen Pflanzentyps erheblichen Einfluß haben können. Lichtpflanzen vermochten ihre Wasserpotentiale besser zu regulieren als Schattenpflanzen und waren insgesamt resistenter gegen Austrocknung. Dies hat Bedeutung für die Dauerhaftigkeit verschiedener Arten auf Dächern in lichtklimatischen Wechselbereichen.

Ökologische Standortrassen, die nur in eng begrenzten Arealen vorkommen, weisen häufig besondere, genetisch bedingte Anpassungen als Trockenheits-, Wärme- und Strahlungsresistenz an extreme Standorte auf, die vom Mittelwert der Art abweichen. Extreme Beispiele hierfür sind *Chrysanthemum leucanthemum* oder *Hieracium pilosella.*

Die Lebensdauer der einzelnen Arten schwankt entsprechend ihren genetischen Anlagen in Abhängigkeit von den klima- und standortbezogenen Einflüssen des jeweiligen Standortes sehr stark. Es ist hier zu unterscheiden zwischen folgenden Lebensformen:

Annuelle (einjährige) Arten. Beispiel: *Arenaria serpyllifolia*

Bienne (zweijährige) Arten, die häufig überwinternd grün sind. Beispiel: *Geranium molle*

Ausdauernde, aber kurzlebige Arten, die häufig auch Rohbodenbesiedler (Erstbesiedler) sind und sich schnell durch Diasporen verbreiten. Beispiel: *Anthemis tinctoria, Chrysanthemum leucanthemum*

Länger ausdauernde Arten (echte Kryptophyten), häufig mit tiefergehendem Wurzelwerk, Rhizomen und Ausläufern. Beispiel: *Centaurea, Euphorbia, Geranium.*

Die Übergänge zwischen ein- und zweijährigen Lebensformen verlaufen je nach Gattung und Art fließend, weil hier die bestimmenden Faktoren der Zeitpunkt der Keimung, der Witterungsverlauf und die Konkurrenzverhältnisse sind.

Ein- und zweijährige Arten (Therophyten) haben ihre Überlebensstrategie auf die schnellstmögliche Erreichung der generativen Phase ausgerichtet. Sie weichen damit infolge ihrer passiven Standortanpassung der zeitweisen Ungunst von Standorten oder dem dort auftretendem jahreszeitlich bedingten Konkurrenzdruck anderer Arten aus. Ihr Lebenszyklus ist mit einer schnellen und reichen Samenproduktion und deren wirksamen Verbreitung gekoppelt. Ungünstige Jahreszeiten werden durch die Diasporen überdauert. Häufig gehören Therophyten zu den Erstbesiedlern von Rohböden oder vegetationslosen Flächen in Verbindung mit Moosen. In Trokkenrasen und Felsbandgesellschaften spielen Therophyten eine bedeutende Rolle und bilden charakteristische Frühlings- oder Vorsommeraspekte. Je dünner der Schichtaufbau oder exponierter die Lage bedingt durch Exposition und Flächenneigung ist, desto höher wird der Anteil dieser Lebensformen sein, die spontan einwandern. Nach DARIUS und DREPPER (1983) nahmen sie auf den untersuchten Dächern in den Extrembereichen mit maximal neun Arten eine Flächendeckung von durchschnittlich 20 Prozent ein.

Therophyten überwintern häufig mit Rosetten, um dann mit in den ersten warmen Tagen ab März zu blühen wie zum Beispiel *Eriophila verna.* Die gleichen Arten können aber auch noch im Frühjahr keimen und fruchten. Andere kälteempfindliche Arten wie zum Beispiel *Erodium* (aus Südeuropa eingewandert) sind wegen ihrer hohen Trockenheitsverträglichkeit in der Lage, ihren Lebenszyklus erst im Spätsommer abzuschließen.

Manche Arten aus der Ruderal- und Segetalflora, wie die Vogelmiere oder das Einjährige Rispengras, treten auch nur vorübergehend während einer Folge besonders niederschlagsreicher Jahre auf.

Einjährige Kräuter brauchen in der Regel nicht angesiedelt werden, da sie sich ohnehin sehr schnell spontan ansiedeln. Weiterhin erfolgt insbesondere in dicht besiedelten Gebieten eine ständige anthropogene Verbreitung von Pflanzenarten wie Hirse, die aus Vogelfutter stammen. Verschiedene Hirse-Arten gehören als Neophyten zum festen Bestandteil des urbanen Arteninventars.

Vegetationsmatten mit einer Moos-Sedum-Vegetation waren schon im zweiten Jahr nach der Verlegung von einem auffälligen Blütenaspekt durch spontan angesiedelte *Eriophila verna* beherrscht. Die Saatgutgewinnung von den meisten kleinwüchsigen Arten gestaltet sich sehr aufwendig. Eine Ausnahme bildet hier *Arenaria.*

Viele in Trockenrasen und Felsbandgesellschaften vorkommende Therophyten haben außerordentlich kleine Areale, sind selten oder gar endemisch. Wegen ihrer sehr speziellen Ansprüche bleibt eine künstliche Ansiedlung erfolglos. Dies betrifft zum Beispiel die Filzkraut-Arten *(Filago)* oder verschiedene Arten aus der Familie der Kruziferen.

Verschiedene Arten, wie zum Beispiel *Silene vulgaris* oder *Chrysanthemum parthenium,* sterben nach der Überwinterung im zweiten Jahr an frühzeitig austrocknenden Standorten nach der Blüte und Samenbildung regelmäßig ab. Viele Arten benötigen offene Stellen in dichteren Grasbeständen, um gegen die Konkurrenz der Gräser aufwachsen zu können. Arten, die sich gegen ständige Gräserkonkurrenz behaupten können, haben wie zum Beispiel *Salvia pratensis* ein tiefreichendes Wurzelwerk. Auch ausläufer- und rankenbildende Arten wie zum Beispiel *Fragaria vesca* haben nur auf offenen trockenen Stellen durch die schnellere Flächeneroberung einen Konkurrenzvorteil, der aber in dichteren, hohen Grasbeständen nicht mehr wirksam ist. Nur *Hieracium pilosella* vermag auf Gräser-Grenzstandorten verdrängend in die Bestände hineinzuwachsen.

Das vermehrte Auftreten einzelner Arten oder Lebensformen hat einen Zeigerwert für besondere Standortbedingungen wie Vernässungs-, Austrocknungs- oder ständig wechselfeuchte Zonen. An oft betretenen Stellen bilden sich zusammen mit Gräsern Trittpflanzen-Gesellschaften (BORNKAMM 1961) heraus, die in angesäten Vegetationsflächen zum Teil durch spontan siedelnde Arten wie zum Beispiel *Polygonum aviculare* gebildet werden.

Verschiedene Arten von Leguminosen siedeln sich spontan an und können unter günstigen Witterungsbedingungen sogar aspektbildende, verdrängende Bestände bilden. Einzelne Arten wie zum Beispiel der sehr wuchsaggressive Weißklee, *Trifolium repens,* können sich schnell mit stetig steigendem Dekkungsanteil ausbreiten, um dann nach einigen Jahren bis auf wenige Individuen wieder zu verschwinden.

Häufig auf Dächern vorkommende Leguminosen

Lotus corniculatus, Hornklee
Medicago lupolina, Gelbklee
Melilotus albus, Weißer Steinklee
Melilotus officinalis, Echter Steinklee
Trifolium repens, Weißklee

Abb. 179. Untersuchung des vegetativen und generativen Ausbreitungsverhaltens einiger Kräuter (Wildtypen) nach zwei Vegetationsperioden (1987 und 1988). Es wurden je drei Flachballenpflanzen 6 × 6 × 4 cm im Abstand von 25 cm (im Dreiecksverband) in eine Versuchsfläche von 1,5 × 1,5 m gepflanzt. Die Restfläche wurde mit dem schwachwachsenden *Sedum album* 'Chloroticum' begrünt. Dicke der Vegetationsschicht 12 cm. Dicke der Dränschicht aus Blähschiefer 6 cm. Die dargestellten Ergebnisse können nicht verallgemeinert werden. Es können nur *Tendenzen* des Ausbreitungsverhaltens bei geringer Fremdkonkurrenz abgeleitet werden. Bei *Hieracium pilosella* ist die Windverbreitung durch flugfähige Samen zu beachten. Im zweiten Jahr war ein geringer Samenansatz vorhanden.

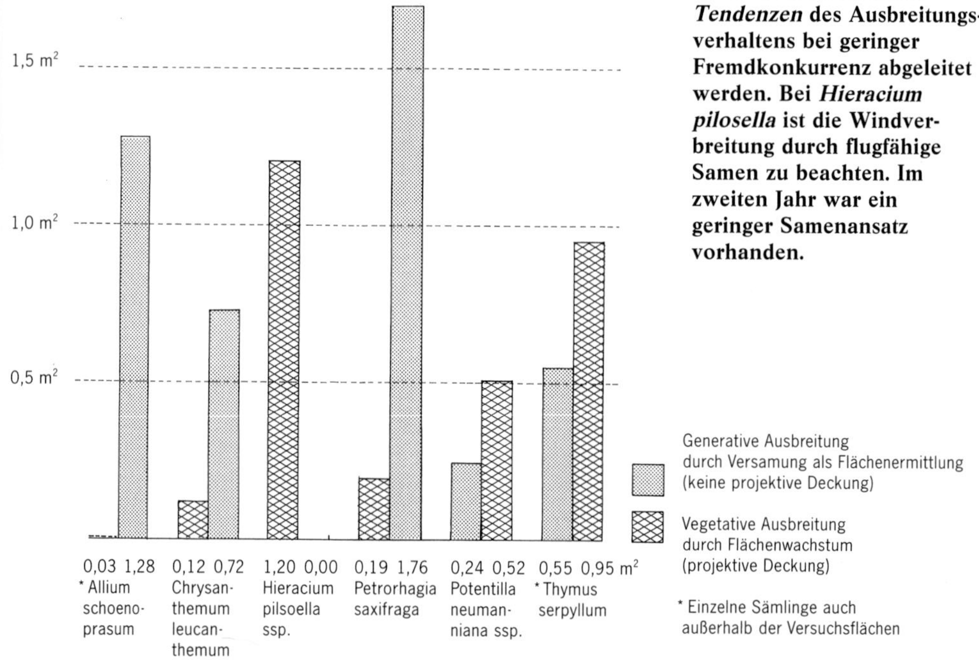

Natürliche Halbtrocken- und Trockenrasen sind sehr reich an Kräutern; allerdings wächst ein großer Teil davon in Trockenrasen und insbesondere in Felsbandgesellschaften als einjährige oder zweijährige Arten.

Im Bereich extensiv begrünter Dächer sind jedoch Blütenaspekte, wie sie besonders in Halbtrockenrasen sehr beeindruckend vorkommen, seltener anzutreffen. Bei geringeren Schichtdicken fehlen die Voraussetzungen für eine dauerhafte Ansiedlung höher wachsender, tiefwurzelnder, konkurrenzstarker Arten. Geringe Standortunterschiede und unzureichende Substratqualität – speziell Basen-, Kalk- und Tongehalt – bewirken eine häufig anzutreffende Artenarmut. Zudem hat sich auf den meisten relativ jungen Flächen noch keine standorttypische Artenzusammensetzung herausbilden können. Fehlender Samenvorrat geeigneter Arten im Substrat unterstützen dies.

Generell sind hohe, dichte und an Phytomasse reiche Bestände nicht standortgerecht; sie sind als vorübergehende **Scheinvegetation** einzustufen. Neben der starken art- und intraspezifischen Konkurrenz hemmt die übermäßig produzierte Biomasse die Vegetation daran, sich zu regenerieren.

Kräuter werden in der Regel durch Saatgut angesiedelt. Eine Ausnahme bilden einige krautige oder holzige Chamaephyten wie *Alyssum, Teucrium* oder *Lavandula*, die besser in kleinen Gruppen angepflanzt werden. In Abbildung 179 ist das vegetative und generative Ausbreitungsverhalten verschiedener Kräuter dargestellt.

Auf die Saatgutherkunft und die genetische Qualität sollte besonders geachtet werden. Man sollte nur Saatgut von Wildpflanzen verwenden. Wegen der hohen Nachfrage wird sehr häufig Samen aus dem Nachbau gärtnerischer, für diesen Zweck ungeeigneter Sorten verwendet. Dies gilt es besonders bei vielen bekannten und häufig verwendeten Arten wie *Anthemis tinctoria, Chrysanthemum leucanthemum, Hieracium pilosella* oder *Dianthus carthusianorum* zu beachten.

Der besondere Wert der ausdauernden Kräuter liegt – neben der visuellen Wirkung – in ihrem Nutzen als Nahrungsquelle für Insekten. Schnellkeimende ein- und zweijährige Arten tragen nach großflächigen Vegetationsausfällen zur schnellen Wiederbesiedlung bei.

13.5.1 Ausdauernde und kurzlebige Kräuter für Extensive Dachbegrünungen

Hinweise zum Gebrauch der Tabellen

In der Verwendung von Kräutern ergibt sich eine große Diskrepanz zwischen Theorie und Praxis. Die Zahl der geeigneten Arten ist sehr groß, die Saatgutbeschaffung und dauerhafte Ansiedlung jedoch häufig problematisch. Auch liegen generell noch zuwenig Erfahrungen über das Keimungs- und Aufwuchsverhalten der einzelnen Arten in Mischbeständen vor (siehe Abschnitt 14.2).

Um einen Überblick über eine Auswahl der potentiell geeigneten Arten zu erhalten, werden nachfolgend zwei Tabellen wiedergegeben. Tabelle 55 ist ein Auszug aus ELLENBERG „Zeigerwerte der Gefäßpflanzen Mitteleuropas“ (1977). Aus systematischen Gründen wurden die Gräser getrennt mit angeführt.

Auswahlkriterien für die in Tabelle 55 genannten Pflanzen

Lichtzahl zwischen 6 und 9
Temperaturzahl zwischen 5 und 9
Feuchtezahl zwischen 1 und 4 mit Schwerpunkt 1 bis 3
Reaktionszahl zwischen pH-Wert 7 und pH 9
Stickstoffzahl zwischen 1 und 3, selten bis 5 und zwar in der Regel nur dann, wenn die Feuchtezahl niedrig war.

Arten ausgesprochener saurer, jedoch trokkener Standorte (Heiden) sind nicht angeführt. Von verschiedenen der angeführten Wildarten ist Saatgut oder sind Pflanzen nicht verfügbar. Die Kennwerte sind im folgenden Abschnitt im einzelnen erläutert.

Zeigerwerte von Pflanzen

Auszug aus ELLENBERG (1974): „Zeigerwerte der Gefäßpflanzen Mitteleuropas“

1. Ökologisches Verhalten

Allgemein gilt folgendes:

× (in den Zahlenkolonnen) *indifferentes* Verhalten, d.h. weite Amplitude oder ungleiches Verhalten in verschiedenen Gegenden.

? *ungeklärtes* Verhalten, über das selbst Mutmaßungen noch nicht möglich sind.

Kursiv gedruckte Ziffern deuten auf unsichere Angaben hin.

Sämtliche Angaben beziehen sich auf das westliche Mitteleuropa.

L = Lichtzahl

(Vorkommen in Beziehung zur relativen Beleuchtungsstärke = r.B.)

Maßgebend ist für alle Arten die relative Beleuchtungsstärke, die an ihrem Wuchsort zur Zeit der vollen Belaubung der sommergrünen Pflanzen (also etwa Mitte Juni bis Mitte Oktober) herrscht.

1 *Tiefschatten*pflanze, noch bei weniger als 1 Prozent, selten bei mehr als 30 Prozent r.B. vorkommend
2 zwischen 1 und 3 stehend
3 *Schatten*pflanze, meist bei weniger als 5 Prozent r.B., doch auch an helleren Stellen
4 zwischen 2 und 4 stehend
5 *Halbschatten*pflanze, nur selten im vollen Licht, meist aber bei mehr als 10 Prozent r.B.
6 zwischen 5 und 7 stehend
7 *Halblicht*pflanze, meist bei vollem Licht, aber auch im Schatten
8 *Licht*pflanze, nur ausnahmsweise bei weniger als 40 Prozent r.B.
9 *Vollicht*pflanze, nur an voll bestrahlten Plätzen, selten bei weniger als 50 Prozent r.B. (Eingeklammerte Ziffern beziehen sich auf Bäume im Unterwuchs)

T = Temperaturzahl

(Vorkommen im Wärmegefälle von der mediterranen zur arktischen Zone bzw. von Tieflagen zur alpinen Stufe)

1 *Kälte*zeiger, nur in hohen Gebirgslagen oder im boreal-arktischen Bereich
2 zwischen 1 und 3 stehend (viele alpine Arten)
3 *Kühle*zeiger, vorwiegend in hochmontan-subalpinen Lagen, oder temperat-boreal
4 zwischen 3 und 5 stehend (insbesondere montane Arten)

5 *Mäßigwärme*zeiger, von tiefen bis in hochmontane Lagen, Schwergewicht in submontan-temperaten Bereichen
6 zwischen 5 und 7 stehend
7 *Wärmezeiger,* im nördlichen Mitteleuropa nur in Tieflagen
8 zwischen 7 und 9 stehend, meist mit submediterranem Schwergewicht
9 extremer Wärmezeiger, vom Mediterrangebiet nur auf wärmste Plätze Mitteleuropas übergreifend

K = Kontinentalitätszahl
(Vorkommen im Kontinentalitätsgefälle von der Atlantikküste bis ins Innere Eurasiens, besonders im Hinblick auf die Temperaturschwankungen
1 *euozeanisch,* in Mitteleuropa nur mit wenigen Vorposten
2 *ozeanisch,* mit Schwergewicht im Westen einschließlich des westlichen Mitteleuropa
3 zwischen 2 und 4 stehend (d.h. in großen Teilen Mitteleuropas)
4 *subozeanisch,* mit Schwergewicht in Mitteleuropa, nach Osten ausgreifend
5 *intermediär,* schwach subozeanisch bis schwach subkontinental
6 *subkontinental,* mit Schwergewicht im östlichen Mittel- und angrenzenden Osteuropa
7 zwischen 6 und 8 stehend
8 *kontinental,* nur an Sonderstandorten von Osten nach Mitteleuropa übergreifend
9 *eukontinental* (im eigentlichen Mitteleuropa fehlend)

F = Feuchtezahl
(Vorkommen im Gefälle der Bodenfeuchtigkeit vom flachgründig-trockenen Felshang bis zum Sumpfboden sowie vom seichten bis zum tiefen Wasser)
1 *Starktrocknis*zeiger, an oftmals austrocknenden Stellen lebensfähig und auf trokkene Böden beschränkt
2 zwischen 1 und 3 stehend
3 *Trocknis*zeiger, auf trockenen Böden häufiger vorkommend als auf frischen; auf feuchten Böden fehlend
4 zwischen 3 und 5 stehend
5 *Frische*zeiger, Schwergewicht auf mittelfeuchten Böden, auf nassen sowie auf öfters austrocknenden Böden fehlend
6 zwischen 5 und 7 stehend
7 *Feuchte*zeiger, Schwergewicht auf gut durchfeuchteten, aber nicht nassen Böden
8 zwischen 7 und 9 stehend
9 *Nässe*zeiger, Schwergewicht auf oft durchnäßten (luftarmen) Böden
Die Ziffern 10 bis 12 entfallen für den hier wiedergegebenen Auszug.

R = Reaktionszahl
(Vorkommen im Gefälle der Bodenreaktion und des Kalkgehaltes)
1 *Starksäure*zeiger, niemals auf schwachsauren bis alkalischen Böden vorkommend
2 zwischen 1 und 3 stehend
3 *Säure*zeiger, Schwergewicht auf sauren Böden, aber bis in den neutralen Bereich
4 zwischen 3 und 5 stehend
5 *Mäßigsäure*zeiger, auf stark sauren wie auf neutralen bis alkalischen Böden selten
6 zwischen 5 und 7 stehend
7 *Schwachsäure- bis Schwachbasen*zeiger, niemals auf stark sauren Böden
8 zwischen 7 und 9 stehend, d.h. meist auf Kalk weisend
9 *Basen- und Kalk*zeiger, stets auf kalkreichen Böden

N = Stickstoffzahl
(Vorkommen im Gefälle der Mineralstickstoff-Versorgung während der Vegetationszeit)
1 *Stickstoffärmste* Standorte anzeigend
2 zwischen 1 und 3 stehend
3 auf *stickstoffarmen* Standorten häufiger als auf mittelmäßigen bis reichen
4 zwischen 3 und 5 stehend
5 *mäßig stickstoffreiche* Standorte anzeigend, an armen und reichen seltener
6 zwischen 5 und 7 stehend
7 an *stickstoffreichen* Standorten häufiger als an armen bis mittelmäßigen
8 ausgesprochener *Stickstoffzeiger*
9 an *übermäßig stickstoffreichen* Standorten konzentriert (Viehlägerpflanze, Verschmutzungszeiger)
sonst.: Salzzahl
(Vorkommen im Gefälle des Salzgehaltes in der Bodenlösung bzw. im Wasser)
– (ohne Angabe) *salzmeidend* (Glykophyt)
I *salzertragend,* aber an salzarmen Standorten häufiger als an salzreichen
II *meist salzzeigend,* aber auch auf salzarmen Böden (fakultativer Halophyt)
III *stets salzzeigend* (obligater Halophyt)

2. Lebensform, Blattausdauer und anatomischer Bau
Leb. = Lebensform
(Lage der Überwinterungsorgane zur Erdoberfläche, Ernährungsweise u. ä.)
P *Phanerophyt,* Baum, mehr als 5 m hoch
N *Nanophanerophyt,* Strauch oder Kleinbaum, meist 0,5 bis 5 m hoch werdend
Z *holziger Chamaephyt,* Zwergstrauch, nur selten über 0,5 m hoch werdend
C *krautiger Chamaephyt,* Knospen wie bei Z meist über der Erde und im Schneeschutz überwinternd
H *Hemikryptophyt,* Überwinterungsknospen nahe der Erdoberfläche
G *Geophyt,* Überwinterungsknospen unter der Erdoberfläche, meist mit Speicherorganen
T *Therophyt,* kurzlebig und ungünstige Zeiten als Samen überdauernd
Aller weiteren Lebensformen entfallen bei dem hier wiedergegebenen Auszug.

B. = Blattausdauer
(Jahreszeiten, in denen ein Großteil der Blätter grün ist)
I *immergrün,* zu allen Jahreszeiten mit Blättern, die oft länger als 1 Jahr leben
W *überwinternd grün,* oft mit grünen Blättern überwinternd, die aber meist im Frühjahr ersetzt werden
S *sommergrün,* nur in der wärmeren Jahreszeit mit grünen Blättern
V *vorsommergrün,* vom Vorfrühling bis zum Frühsommer grün, dann aber meist einziehend

Anat. = Anatomischer Bau
im Hinblick auf Wasserhaushalt und Gaswechsel
hd *hydro*morph, auf Stoffaustausch der grünen Organe mit dem Wasser eingerichtet
he *helo*morph, mit lufterfüllten Räumen in der Wurzelrinde (dem Sauerstoffmangel im Sumpfboden entsprechend)
hg *hygro*morph, zart gebaute Schatten- oder Halbschattenpflanze
m *meso*morph, ohne Besonderheiten (zwischen hg und sk stehend)
sk *sklero*morph, versteift sowie mit dicker Epidermis und Kutikula, aber auch mit Einrichtungen zur Förderung der Wassernachlieferung bei guter Wasserversorgung
su *blattsukkulent,* mit Wasserspeichern in den Blättern sowie dicker Epidermis und Kutikula.

Tab. 55. Zeigerwerte der wichtigsten Pflanzen für Dachbegrünungen (aus ELLENBERG 1974)

Kräuter	ökologisches Verhalten						Lebensform		
Name	L	T	K	F	R	N	Leb	B.	Anat.
Achillea millefolium agg.*									
collina	9	6	6	2	7	2	H	S	m, sk
millefolium	8	x	x	4	x	5	H	W	m, sk
pannonica	7	7	6	3	6	2	H	S	m, sk
setacea	9	7	8	2	7	1	H	S	m, sk
nobilis	8	7	7	4	8	1	H	S	m, sk
Acinos arvensis (Calamintha acinos)	9	x	3	2	7	1	C, T	W	sk
Adonis aestivalis	6	6	7	3	8	3	T	S	m
– flammea	6	6	6	3	9	2	T	S	m
– vernalis	7	6	7	3	7	1	H	V	m
Ajuga chamaepitys	7	8	2	4	9	2	H; T	W	m
– genevensis	8	x	x	4	7	2	H	S	m
Allium montanum	9	6	5	2	7	2	G	S	sk
– oleraceum	–	x	4	3	7	4	G	V	m
– schoenoprasum	7	x	7	x	7	2	G	S	m
– sphaerocephalon	9	8	5	3	8	2	G	S	su, m
Alyssum alyssoides	9	6	4	3	8	1	T, H	S	sk
– montanum	9	6	4	2	7	1	C	I	sk

(Fortsetzung Tab. 55)

Kräuter	**ökologisches Verhalten**						**Lebensform**		
Name	**L**	**T**	**K**	**F**	**R**	**N**	**Leb**	**B.**	**Anat.**
Anemone sylvestris	7	6	7	3	7	3	H	S	m, sk
Anthemis austriaca	8	7	6	3	9	5	T	W	m
– *tinctoria*	8	6	5	2	6	4	H	S	m, sk
Anthyllis vulneriana ssp. *carpatica*	8	5	3	3	8	3	H	S	m
Aquilegia vulgaris agg. *vulgaris*	6	6	4	4	7	4	H	S	m
Arabidopsis thalina	6	x	3	4	4	4	T	W	m
Arabis glabra	6	x	2	3	8	5	H	S	m
– *hirsuta* agg.	7	5	3	4	8	x	H, T	S	m
– *pauciflora*	4	7	4	3	8	3	H	S	m
– *turrita*	6	7	4	3	7	3	H	S	m, sk
Arenaria serpyllifolia agg.	8	5	x	4	x	x	T, C	W	sk
Asperula aristata	7	8	?	2	9	2	H	S	sk, m
– *cynanchica*	7	7	5	3	8	3	H	S	sk
Athamantha cretensis	9	x	4	3	9	2	H	W	m, sk
Aster amellus	8	5	6	4	9	3	H	S	m
– *linosyris*	8	7	5	3	8	2	H	S	m, sk
Calamintha nepta (C. satureja) agg. *nepetoides*	8	7	3	3	9	3	H	S	m, sk
Calendula arvensis	7	8	3	3	8	5	T	S	m
Campanula bononiensis	7	6	6	3	8	2	H	S	m
– *glomerata*	7	x	7	4	7	x	H	S	m, sk
– *persicifolia*	5	5	4	4	8	3	H	S	m
– *ranunculoides*	6	6	4	4	8	4	H	S	m
– *rotundifolia*	7	x	x	4	x	2	H	S	m
Cardamine hirsuta	5	5	3	5	5	7	T, H	W	m
Centaurea jacea	7	x	5	x	x	x	H	S	sk, m
– *scabiosa*	7	x	3	3	8	3	H	S	sk
Cerastium arvense ssp. *strictum*	9	x	6	3	x	2	C	W	sk
– *brachypetalum*	9	7	4	3	7	2	T	W	sk, m
Chondrilla juncea	8	7	5	3	8	x	H	W	sk
Chrysanthemum vulgare	7	x	3	4	x	3	H	W	m, sk
Cirsium acaule	9	5	4	3	8	2	H	S	sk, m
Coronilla coronata	7	6	4	3	9	3	C, H	W	m, sk
– *emerus*	7	6	4	3	9	2	N	I	sk, m
– *minima*	6	8	?	2	8	?	Z	W	sk
– *vaginalis*	6	5	4	3	9	2	C	W	m, sk
Crepis praemorsa	6	6	6	3	9	3	H	S	m
Dianthus carthusianorum	8	5	4	3	7	2	C	W	sk
– *deltoides*	8	x	4	4	3	2	C, H	W	sk
Dictamnus albus	7	8	4	2	8	2	H	W	sk
Dorcynium pentaphyllum agg. *germanicum*	7	6	4	2	9	1	Z	W	sk
– *herbaceum*	7	6	4	3	9	3	Z	W	sk

(Fortsetzung Tab. 55)

Kräuter	**ökologisches Verhalten**						**Lebensform**		
Name	**L**	**T**	**K**	**F**	**R**	**N**	**Leb**	**B.**	**Anat.**
Draba aizoides	8	x	4	3	9	?	C	W	m
– *dubia*	8	1	5	3	x	2	C	W	m
Echium vulgare	9	7	3	3	x	4	H	S	sk
Erigeron canadense	8	x	x	4	x	4	T, H	S	m
Erodium cicutarium	8	x	5	3	x	x	T, H	W	m
Eryngium campestre	9	7	5	3	8	3	H	W	sk
Euphorbia cyparissias	8	x	4	3	x	3	H, G	W	m
– *seguierana*	9	7	6	2	8	1	H	W	m, sk
– *verrucosa*	8	6	2	3	9	3	H	S	m
Fragaria virides	7	5	5	3	8	3	H	W	m
Galium glaucum	8	7	6	2	9	?	H	W	sk
– *mollugo* agg. *lucidium*	7	?	4	3	8	2	H	S	m
– *tinctorium*	7	7	3	3	8	3	Tli	S	m, sk
– *verum* agg. *verum*	7	5	x	4	7	3	H	W	sk, m
Geranium molle	7	6	3	3	5	4	T	W	m
– *robertianum*	4	x	3	x	x	7	T, H	W	hg
– *sanguineum*	7	5	4	3	8	3	H	S	m, sk
Globularia cordifolia	9	x	4	3	9	?	C	W	sk, m
– *punctata*	8	6	5	2	9	1	H	W	m, sk
Gypsophila fastigiata	7	x	5	2	8	1	C	I	sk
Helianthemum apenninum	8	7	2	3	7	1	Z	I	sk, m
– *canum*	8	7	4	3	9	?	Z	I	sk, m
– *nummularium* agg. *nummularium*	7	5	4	3	7	1	Z	I	sk, m
– *ovatum*	8	5	4	2	9	1	Z	I	sk, m
Hieracium bifidum	8	x	3	4	8	2	H	W	m
– *echioides*	8	5	6	2	7	1	H	W	m
– *pilosella*	7	x	3	4	x	2	H	W	m
– *piloselloides*	7	6	4	4	8	2	H	W	m
Hippocrepis comosa	7	5	2	3	7	2	H, C	W	m, sk
Hyssopus officinalis	8	8	6	2	7	2	Z	W	sk, m
Inula hirta	6	6	6	3	8	3	H	S	m
– *salicina*	7	5	5	x	9	2	H	S	m, he
– *spiraeifolia*	8	7	6	3	9	?	H	S	m, sk
Lathyrus aphaca	6	6	3	3	x	x	Tli	S	m
– *latifolius* (meg)	7	8	4	3	9	3	Hli	S	m
Leontodon incanus	8	x	4	2	9	?	H	S	m
Lotus corniculatus agg. *corniculatus*	7	x	3	4	7	3	H	W	m, sk
Lychnis viscaria	7	5	4	3	x	2	C, H	W	sk, m
Medicago lupulina	7	5	x	4	8	x	T, H	W	m
– *minima*	9	7	3	3	8	1	T	S	m, sk
Meliotus alba	9	6	6	3	7	3	H, T	S	m, sk

(Fortsetzung Tab. 55)

Kräuter	**ökologisches Verhalten**						**Lebensform**		
Name	**L**	**T**	**K**	**F**	**R**	**N**	**Leb**	**B.**	**Anat.**
Minuartia setacea	9	7	6	2	7	?	C	W	sk
– *verna* agg.	9	6	5	2	x	1	C	W	sk
Muscari comosum	7	8	3	3	7	?	G	V	m
– *racemosum*	7	7	3	3	8	2	G	V	m
– *tenuifolium*	7	8	6	3	8	?	G	V	m
Onobrychis viciifolia agg.									
arenaria	7	7	7	2	9	?	H	S	sk, m
viciifolia	8	7	6	3	8	3	H	S	m
Onosma arenarium	7	8	6	3	8	?	H	S	sk, m
Origanum vulgare	7	x	3	3	x	3	H, C	W	sk, m
Oxtropis montana agg.	8	x	4	4	9	2	H	S	m
pilosa	9	7	7	1	7	1	H	S	sk
Petrorhagia prolifera	8	5	3	2	x	2	T	S	sk
– *saxifraga*	9	8	4	2	8	?	C	W	sk
Pimpinella saxifraga	7	x	5	3	x	2	H	S	m, sk
Plantago indica (P. arenaria)	8	7	5	3	7	4	T	S	sk, m
– *lanceolata*	6	x	3	x	x	x	H	W	m, sk
Potentilla argentea	9	x	3	2	3	1	H	W	sk
– *caulescens*	8	x	4	3	8	3	H	W	sk, m
– *erecta*	6	x	3	x	x	2	H	W	sk
– *heptaphylla*	7	5	4	3	9	2	H	W	sk
– *verna* agg.									
arenaria	7	6	6	1	8	1	H	S	sk
neumanniana	7	5	4	2	7	2	H	W	sk, m
pusilla	8	6	4	2	8	1	H	S	sk
Prunella grandiflora	7	x	5	3	8	3	H	W	m, sk
– *vulgaris*	7	x	3	x	4	x	H	W	m
Pulsatilla pratensis	7	6	5	2	7	2	H	S	m, sk
– *vulgaris*	7	6	5	2	6	2	H	S	m, sk
Ranunculus bulbosus	8	6	3	3	7	3	G, h	V	m
Reseda lutea	7	6	3	3	8	4	H	S	m, sk
– *luteola*	8	7	3	3	9	3	H	S	sk, m
Salvia pratensis	8	6	4	4	8	4	H	S	m, sk
Sanguisorba minor	7	6	5	3	8	2	H	S	sk, m
Saponaria ocymoides	7	4	2	3	9	2	H	S	m, sk
Saxifraga tridactylites	8	6	2	2	7	1	T	V	m
Scabiosa canescens	7	7	6	3	8	3	H	S	sk
– *columbaria*	8	5	2	4	8	3	H	S	sk, m
– *gramuntia*	8	7	5	2	5	2	H	S	sk, m
– *ochroleuca*	8	7	6	3	8	3	H	S	sk
Scleranthus annuus	6	5	4	x	2	4	T	W	m, sk
Scrophularia canina	8	8	2	3	8	3	H	S	sk, m
Sedum acre	8	5	3	2	x	1	C	W	su
– *album*	9	x	2	2	x	1	C	W	su
– *dasyphyllum*	7	x	2	3	x	?	C	W	su
– *rupestre* agg.	7	5	4	2	4	1	C	W	su

(Fortsetzung Tab. 55)

Kräuter	**ökologisches Verhalten**						**Lebensform**		
Name	**L**	**T**	**K**	**F**	**R**	**N**	**Leb**	**B.**	**Anat.**
Sedum									
– sexangulare	7	5	4	7	8	1	C	W	su
– telephium agg.									
maximum	8	6	4	3	3	3	H	S	su
Sempervivum arachnoideum	9	3	4	2	2	1	C	W	su
– tectorum	8	5	2	2	4	x	C	W	su
Senecio erucifolius	7	6	4	3	8	4	H	S	sk, m
Seseli hippomarathrum	9	7	6	2	9	1	H	S	sk
Silene conica	9	7	4	2	5	2	T	S	sk
– noctiflora	7	5	4	3	8	5	T	S	m, sk
– nutans	7	5	5	3	7	3	H	S	sk, m
– otites	8	7	7	2	7	2	H	S	sk
– vulgaris	8	x	x	4	7	2	H, C	S	sk, m
Stachys recta	7	6	4	3	8	2	H	S	sk, m
Taraxacum laevigatum									
(T. erythrospermum)	8	7	5	3	8	x	H	S	m
Thymus praecox	8	6	5	2	8	1	C	I	sk
– chamaedrys agg.									
pulegioides	8	x	4	4	x	1	C	I	sk
– serpyllum	7	x	5	2	5	1	Z	I	sk
Teucrium botrys	9	6	4	2	8	?	T, H	S	sk, m
– chamaedrys	7	6	4	2	8	1	Z	I	sk
– montanum	8	7	4	1	9	2	Z	I	sk
Trifolium arvense	8	5	3	2	2	1	T	W	sk
– aureum	7	5	4	3	x	2	T, H	S	m, sk
– montanum	7	x	4	3	8	2	H	S	m, sk
– pratense	7	x	3	x	x	x	H	W	m
– repens	8	x	x	x	x	7	C, H	W	hg, m
– rubens	7	6	4	3	8	2	H	S	m
– scabrum	9	8	3	2	9	1	T	S	sk
– striatum	8	8	3	3	2	?	T, H	S	m, sk
Trinia glauca	9	8	5	1	8	1	H	S	sk
Verbascum phoeniceum	7	7	6	3	7	2	H	S	sk, m
Veronica austriaca agg.									
postrata	8	7	6	2	8	1	C	W	sk
teucrium	7	6	5	3	8	2	C	W	sk, m
– praecox	8	8	5	2	8	1	T	W	sk, m
serpyllifolia	x	x	3	3	5	x	H	W	sk, m
– spicata	7	7	6	2	5	2	H, C	W	sk
– verna agg.	8	7	5	1	4	1	T	V	m
Vicia cassubica agg.									
tenuifolia	7	6	6	3	8	2	GHli	S	m
– lathyroides	8	7	4	2	3	2	T, H	W	m
Vincetoxicum hirundinaria	6	5	5	3	7	3	H	S	m, sk
Viola hirta	6	5	5	3	8	2	H	S	m
– collina	6	5	7	2	8	2	H	S	m
– rupestris	6	5	7	3	8	2	H	S	m

(Fortsetzung Tab. 55)

Kräuter	**ökologisches Verhalten**						**Lebensform**		
Name	**L**	**T**	**K**	**F**	**R**	**N**	**Leb**	**B.**	**Anat.**
Gräser									
Achnatherum calamagrostis	9	7	4	3	8	2	H	S	m, sk
Agropyron intermedium	7	7	6	3	8	?	G, H	S	sk, m
Agrostis stricta	9	x	3	2	3	1	H	S	sk
– tenuis	7	x	3	x	3	3	H	S	m
Avenochloa pratensis	7	5	4	3	x	2	H	S	sk
Briza media	8	x	3	x	x	2	H	S	sk, he
Bromus erectus	8	5	2	3	8	3	H	S	sk, m
– tectorum	8	6	7	3	8	4	T	S	sk
Calamagrostis epigejos	7	5	7	x	x	6	G, H	S	sk
Carex caryophyllea	8	5	3	4	x	2	G, H	S	sk, m
– firma	9	x	4	3	9	2	H	W	sk
– humilis	7	5	5	3	8	3	H	S	sk, m
– liparocarpos	8	5	5	2	4	3	G	S	sk, m
– ornithopoda	6	x	4	3	9	3	H	W	sk
– supina	7	5	7	2	7	2	G	S	sk
Festuca amethystina	6	5	4	3	8	2	H	W	sk, m
– ovina agg.									
cinera	9	7	4	2	8	1	H	S	sk
duvalii	9	8	7	1	8	1	H	S	sk
ovina	7	x	3	3	3	x	H	S	sk
pallens	9	7	4	2	8	1	H	S	sk
rupicola	9	7	7	3	8	2	H	S	sk
tenuifolia	7	6	2	4	2	2	H	S	sk, m
valesiaca	8	7	7	2	7	2	H	S	sk
rubra ssp. *rubra*	x	x	5	x	x	x	H	W	m
Koeleria glauca	7	7	7	3	7	2	H	S	sk, m
– pyramidata agg.									
macrantha	7	6	7	3	8	2	H	S	m, sk
– vallesiana	9	8	5	1	9	?	H	S	sk
Melica ciliata agg.									
ciliata	8	7	4	2	7	2	H	S	sk, m
transsilvanica	8	8	4	2	6	1	H	S	sk, m
Poa badensis	8	7	4	3	8	?	H	S	sk
– bulbosa	8	8	7	2	4	1	H	W	sk, m
– compressa	9	x	4	2	9	2	H	S	sk
– pratensis agg.									
angustifolia	7	5	x	3	x	3	H	W	sk, m
Sesleria varia agg.									
varia	7	x	2	4	8	2	H	W	sk
Stipa capillata	8	7	8	2	8	2	H	S	sk
– pennata agg.									
joannis	8	7	8	2	7	2	H	S	sk
pulcherrima	9	8	7	1	8	1	H	S	sk
tirsa	8	7	8	3	6	2	H	S	sk

* agg. = Aggregat, der Zusammenschluß von nahe verwandten, schwer unterscheidbaren Arten.

Tabelle 56 gibt ein für die Praxis verwendbares Sortiment mit 145 Arten an. Hier sind neben Wildarten auch Arten des Staudensortimentes angeführt, die häufig gepflanzt und teilweise sogar für Einfache Intensivbegrünungen verwendet werden. Die Angaben zur Lebensform und Blattausdauer sollen als Hinweis auf die Frost- und Windgefährdung dienen, die beide bei holzigen und krautigen Chamaephyten als relativ hoch einzuschätzen sind. Bei der Artenauswahl sollen Wuchshöhe und Blattmasseproduktion in Beziehung zum Wasservorrat des Standortes gesetzt werden. Auf die der Vollständigkeit halber angeführten Leguminosen kann in der Regel verzichtet werden, da sie sich ohnehin von selbst ansiedeln. Eine Ausnahme bildet eventuell der verträgliche Hornklee, *Lotus corniculatus.*

Eine vollständige Auflistung aller möglicherweise verwendbaren einjährigen und zweijährigen Arten sowie der gelegentlich auftretenden Spontanarten erfolgt aus Gründen der Übersichtlichkeit nicht (siehe dazu Abschnitt 19.3.1).

Die durch die Schichtdicken-Gruppierungen definierten Lebensraum-Kennzahlen erfassen jeweils die Optimalbereiche unter Berücksichtigung der Konkurrenzverhältnisse zu anderen Arten.

Lebensräume, zu denen für einzelne Arten bisher noch keine Eignungserfahrungen vorliegen, sind mit ? gekennzeichnet. Im Steildachbereich ist dies häufiger der Fall. Fehlende Angaben in den einzelnen Spalten bedeuten Nichteignung oder erhebliches Verwendungsrisiko. Tauchen für den Steildachbereich überhaupt keine Angaben auf, so ist die betreffende Art nach bisherigen Erkenntnissen dafür nicht geeignet. Die Besonderheiten und Verwendungsbeschränkungen bei einschichtigen Bauweisen aus leichten Schüttstoffen sind zu beachten.

Die Nomenklatur richtet sich nach GARCKE (1972), SCHMEIL-FITSCHEN (1982) und ZANDER (1984).

13.5.2 Beschreibung wichtiger Arten

Achillea millefolium, Gemeine Schafgarbe (Compositae)

Morphologie: 40 bis 60 cm hoch, bildet Ausläufer. Fiederteilige Blätter. Blütenstengel mit kleinen Fiederblättern. Blüte doldig, weiß, rosa oder rot. *Achillea millefolium* bildet eine weit verzweigte Artengruppe mit mehreren Unterarten (siehe Tabelle 55).
Ökologie: Die Art hat eine sehr hohe ökologische Variabilität und ist auf trockenen bis feuchten Standorten der verschiedensten Böden weit verbreitet. Die Schafgarbe ist sehr konkurrenzstark gegenüber Gräsern, kommt jedoch in dichten Grasbeständen teilweise nicht zur Blüte. Starke Sonneneinstrahlung und Substrataustrocknung übersteht die Art, bedingt durch die Ausläufer, sehr gut. Standorte, die schon im Frühjahr schnell austrocknen, werden jedoch gemieden. Das Laub vertrocknet sehr schnell. Trittverträglichkeit mäßig bis gut. Die Trockenheitsresistenz ist bei verschiedenen Standortrassen unterschiedlich hoch ausgebildet. Farbsorten aus dem Staudensortiment des Erwerbsgartenbaues sind weniger geeignet.

Die ähnliche Edelgarbe, *Achillea nobilis,* kommt nur auf basenreichen Trockenstandorten vor, ist jedoch nicht so konkurrenzstark.

Anthemis tinctoria, Färberkamille (Compositae)

Morphologie: 40 bis 80 cm hoch. Grobe Fiederblätter, unterseits silbrig behaart. Korbblüte, goldgelb, langgestielt. Wuchs staudig, die niederliegenden Stengel bewurzeln wieder. Verschiedene Sippen und Rassen mit ungeklärter Taxonomie und kurzlebige, großblütige Züchtungen.
Ökologie: Vorkommen zerstreut in Trockenrasen und Felsbandgesellschaften sowie an sommerwarmen, trockenen Ruderalstandorten. *Anthemis tinctoria* liebt basenreiche, kalkhaltige Böden und ist sehr trockenheitsverträglich, bildet häufig niedrige, 20 cm hohe, oft nur einblütige Hungerformen aus, die teilweise langlebiger als starkwachsende Pflanzen sind. Auf offenen Stellen erfolgt auch eine Massenverbreitung, ähnlich wie bei *Chrysanthemum leucanthemum.* In Südeuropa häufige Vergesellschaftung mit *Melica ciliata* (HEGI 1979). Die ökologisch-physiologischen Bedingungen für ein- oder mehrjährigen Wuchs sind nicht klar. Winterrosetten leiden zuweilen unter Frost. Die Färberkamille ist auf dicken Substratschichten konkurrenzstark gegen Gräser und andere Kräuter, kommt dann aber nur einzeln vor. Sie ist hier nicht dauerhaft beständig.

Tab. 56. Ausdauernde und kurzlebige Kräuter für Extensive Dachbegrünungen

Wissenschaftlicher Name deutscher Name	Höhe Blattfarbe Blütezeit	Lebensform Laubausdauer anatomischer Bau	Lebensräume Flachdächer 0.1 freie Lagen 1.1	1.2	1.3	0.2 geschützte Lagen 2.1	2.2	2.3	Steildächer 0.3 freie Lagen 3.1	3.2	3.3	0.4 geschützte Lagen 4.1	4.2	4.3
Achillea ageratifolia Schafgarbe	15–20 cm weiß VII–VIII	krautiger Chamaephyt immergrün skleromorph	D, E		D, E	C–E		C–E	D, E		D, E	D, E		D, E
Achillea millefolium Gemeine Schafgarbe	30–50 cm weiß, rosa rot VI–VIII	Hemikryptophyt sommergrün meso-sklero- morph	D, E		D, E	C–E		C–E	D, E		D, E	D, E		D, E
Achillea nobilis Edelgarbe	20–60 cm weiß VI–VIII	Hemikryptophyt sommergrün meso-sklero- morph	D, E		D, E	C–E		C–E	D, E		D, E	D, E		D, E
Achillea tomentosa Teppich-Schafgabe	10–20 cm hellgelb VI–VII	Hemikryptophyt sommergrün meso-sklero- morph	D		C–D	C, D		C, D	?			?		
Adonis aestivalis Sommer-Adonisröschen	30–50 cm mennigrot V–VII	Therophyt sommergrün mesomorph	D, E			C–E			D, E			D, E		
Adonis vernalis Frühlings-Adonisröschen	15–25 cm gelb IV–V	Hemikryptophyt vorsommergrün mesomorph	E			E			?			?		
Alyssoides utriculata Brillenschötchen	15–30 cm gelb V–VI	Hemikryptophyt überwint. grün meso-sklero- morph	C, D			B, D			D, E			C–E		
Alyssum argentum Steinkraut	20–40 cm gelb VI–VII	krautiger Chamaephyt überwint. grün skleromorph	D, E			C–E			D, E			D, E		

Alyssum moellendorfianum Steinkraut	5–15 cm gelb V–VI	krautiger Chamaephyt überwinternd grün skleromorph	D, E			C–E			D, E			D, E		
Alyssum montanum Steinkraut	goldgelb IV–V	krautiger Chamaephyt immergrün skleromorph	D, E			C–E			D, E			D–E		
Alyssum saxatile Felsen-Steinkraut	15–20 cm gelb V	krautiger Chamaephyt überwinternd grün sklero-meso- morph	D, E			C–E			D, E			D, E		
Alyssum serpyllifolium Obir-Steinkraut	5–8 cm goldgelb V	krautiger Chamaephyt überwinternd grün skleromorph	C, D			C, D			D, E			D, E		
Anaphalis margaritacea var. *margaritacea* Silber-Immortelle	40–60 cm weiß VI–VIII	Hemikryptophyt sommergrün meso-sklero- morph	E		E	D, E		D, E	E		E	E		E
Anchusa officinalis Gemeine Ochsenzunge	40–60 cm violettblau VI–IX	Hemikryptophyt sommergrün meso- skleromorph.	C–E		C–E	B–E		C–E	C–E		C–E	C–E		C–E
Androsace sarmentosa Mannsschild	5–10 cm rosa V–VI	krautiger Chamaephyt immergrün meso-sklero- morph	C, D		C, D	C		C	?			?		
Anemone sylvestris Großes Windröschen	20–30 cm weiß V–VI	Hemikryptophyt sommergrün meso-skleromorph		D, E	D, E		D, E	D, E						

(Fortsetzung Tab. 56)

Wissenschaftlicher Name deutscher Name	Höhe Blattfarbe Blütezeit	Lebensform Laubausdauer anatomischer Bau	Lebensräume Flachdächer 0.1 freie Lagen 1.1	1.2	1.3	0.2 geschützte Lagen 2.1	2.2	2.3	Steildächer 0.3 freie Lagen 3.1	3.2	3.3	0.4 geschützte Lagen 4.1	4.2	4.3
Antennaria dioica Katzenpfötchen	10–15 cm weißlich, rötlich V–VI	krautiger Chamaephyt immergrün sklero-meso- morph	C, D			C, D			D			D		
Anthemis tinctoria Färberkamille	40–60 cm goldgelb VI–IX	Hemikryptophyt sommergrün meso-sklero- morph	D, E		D, E	C, E		C, E	D, E		D, E		D, E	D, E
Anthericum liliago Astlose Graslilie	40–60 cm weiß V–VI	Hemikryptophyt sommergrün meso-sklero- morph	D, E			C, E			D, E			D, E		
Anthericum ramosum Ästige Graslilie	40–80 cm weiß VI–VIII	Hemikryptophyt sommergrün meso-sklero- morph	D, E			C, E			D, E			D, E		
Anthyllis vulneraria Wundklee	10–30 cm hellgelb V–IV	Hemikryptophyt sommergrün mesomorph	D, E		D, E	D, E		C–E	D, E		D, E	D, E		D, E
Aquilegia vulgaris Akelei	30–60 cm dunkelblau V–VI	Hemikryptophyt sommergrün mesomorph		D, E	D, E	D, E	C–E	C–D				D, E	D, E	D, E
Arabidopsis thalia Schmalwand	10–15 cm weiß IV–V	Therophyt überwint. grün mesomorph	A–C		A–C	A–C		A–C	A–C		A–C	A–C		A–C
Arabis caucasica Gänsekresse	10–20 cm weiß III–V	krautiger Chamaephyt immergrün meso-skleromorph	D, E		C, D	C, D		C, D				D, E		D, E

Arabis procurrens Gänsekresse	10–15 cm weiß IV	krautiger Chamaephyt immergrün mesomorph	D	C, D	C, D	C, D	C, D	C, D				D	D	D
Arenaria grandiflora Sandkraut	10–15 cm weiß V–VIII	Hemikryptophyt sommergrün mesomorph	C, D		C, D	C, D		C, D	?			?		
Arenaria serpyllifolia Quendelblättriges Sandkraut	5–20 cm weiß VI–IV	Therophyt krautiger Chamaephyt skleromorph	A–C		A–C	A–C		A–C	B, C		B, C	B, C		B, C
Artemisia abrotanum Eberraute	60–100 cm gelblich VII–V	verholzender Chamaephyt sommergrün skleromorph	D, E		D, E	D, E		D, E	E		E	D, E		D, E
Artemisia dracunculus Estragon	60–80 cm gelblich VII–VIII	verholzender Chamaephyt sommergrün meso-sklero- morph	D, E		D, E	D, E		D, E	E		E	D, E		D, E
Artemisia pontica Römischer Wermut	40–60 cm gelb VII–VIII	verholzender Chamaephyt überwinternd grün skleromorph	D, E		D, E	C–E		C–E	E		E	D, E		D, E
Aster amellus Berg-Aster	30–60 cm blaulila VIII–IV	Hemikryptophyt sommergrün mesomorph	E			D, E			E			D, E		
Aster lanceolatus Lanzettblättrige Aster	60–100 cm blaß-lila VIII–X	Hemikryptophyt sommergrün mesomorph	E		D, E	D, E		D, E	D			D		
Aster linosyris Gold-Aster	30–50 cm goldgelb VIII–IV	Hemikryptophyt sommergrün mesomorph	E			C–E			E			E		
Aster novi-belgii Glattblatt-Aster	60–100 cm weiß-blau VIII–X	Hemikryptophyt sommergrün mesomorph	E		D, E	D, E		D, E	?			?		

(Fortsetzung Tab. 56)

Wissenschaftlicher Name deutscher Name	Höhe Blattfarbe Blütezeit	Lebensform Laubausdauer anatomischer Bau	Lebensräume Flachdächer 0.1 freie Lagen 1.1	1.2	1.3	0.2 geschützte Lagen 2.1	2.2	2.3	Steildächer 0.3 freie Lagen 3.1	3.2	3.3	0.4 geschützte Lagen 4.1	4.2	4.3
Aster salignus Weiden-Aster	80–100 cm weiß-blau VIII–X	Hemikryptophyt sommergrün mesomorph	E		D, E	D, E		D, E	E			E		
Athamanta cretensis Augenwurz	20–30 cm weiß V–VI	Hemikryptophyt überwinternd grün meso-sklero- morph			D, E	D, E		D, E						
Calamintha acinos Steinquendel	10–20 cm blaulila VI–VIII	Hemikryptophyt sommergrün meso-sklero- morph	A–C		A–C	A–C		A–C	C		C	B, C		B, C
Campanula carpatica var. *carpatica* Karpaten-Glockenblume	15–20 cm blau oder weiß VII–IV	Hemikryptophyt sommergrün mesomorph	D, E		D	C, D		C, D	E		E	D		C, D
Campanula carpatica var. *turbinata* Karpaten-Glockenblume	10–20 cm blau oder weiß VII–IV	Hemikryptophyt sommergrün mesomorph	D, E		D	C, D		C, D	E		E	D		C, D
Campanula persicifolia Pfirsichblättrige Glockenblume	40–60 cm blau, weiß VI–VII	Hemikryptophyt sommergrün mesomorph	D, E	C–E	D, E	D, E	C–E	C–E	D, E	D, E	D, E	C–E	C–E	C–E
Campanula rapunculoides Acker-Glockenblume	30–60 cm blaulila VI–VIII	Hemikryptophyt sommergrün mesomorph	D, E		D, E	D, E		C–E	E		E	D, E		D, E
Campanula rotundifolia Rundblättrige Glockenblume	10–20 cm hellblau VI–VIII	Hemikryptophyt sommergrün mesomorph	C, D	C, D	C, D	C, D	B–D	B–D	C, D	C, D	C, D	C, D	C, D	C, D

Cardamine hirsuta Behaartes Schaumkraut	5–10 cm weiß III–VI	Therophyt Hemikryptophyt wintergrün mesomorph	A–E		A–E	A–E		A–E	A–E		A–E	A–E	A–E	A–E
Carlina acaulis agg.* Silberdistel	15–25 cm weißlich VI–VIII	Hemikryptophyt sommergrün skleromorph	E			D, E			E			E		
Carlina vulgaris Eberwurz	20–30 cm gelblich VII–IX	Hemikryptophyt sommergrün skleromorph	D, E		D, E	C–E		C–E	D, E		D, E	D, E		D, E
Centaurea jacea Gemeine Flockenblume	30–80 cm rosarot VI–V	Hemikryptophyt sommergrün sklero-meso- morph	E		E	D, E		D, E	E		E	E		E
Centaurea scabiosa Große Flockenblume	30–70 cm purpurrosa VII–VIII	Hemikryptophyt sommergrün skleromorph	E		E	D, E		D, E	E		E	E		E
Cerastium arvense 'Compactum' Acker-Ahornkraut	5–10 cm weiß IV–VII	krautiger Chamaephyt überwint. grün meso-sklero- morph	C–E		C–E	C–E		C–E	D, E		D, E	D, E		D, E
Cerastium biebersteinii Hornkraut	15–20 cm weiß V	krautiger Chamaephyt wintergrün sklero-mesomorph	D, E		D, E	C–E		C–E	D, E		D, E	D, E		D, E
Cerastium tomentosum var. *columnae* Hornkraut	10–15 cm weiß V	krautiger Chamaephyt wintergrün sklero-meso- morph	D, E		D, E	C–E		C–E	D, E		D, E	D, E		D, E
Chrysanthemum cinerariifolium Dalmatinische Insektenblume	30–40 cm weiß VII–VIII	krautiger Chamaephyt überwint. grün sklero-meso- morph	D		D	C, D		C, D	?			?		

(Fortsetzung Tab. 56)

Wissenschaftlicher Name deutscher Name	Höhe Blattfarbe Blütezeit	Lebensform Laubausdauer anatomischer Bau	Lebensräume Flachdächer 0.1 freie Lagen 1.1	1.2	1.3	0.2 geschützte Lagen 2.1	2.2	2.3	Steildächer 0.3 freie Lagen 3.1	3.2	3.3	0.4 geschützte Lagen 4.1	4.2	4.3
Chrysanthemum haradjanii Wucherblume	15–20 cm gelb VII–VIII	krautiger Chamaephyt überwinternd grün skleromorph	C, D		C, D	C, D		C, D	?			?		
Chrysanthemum leucanthemum Wiesen-Margerite	40–60 cm weiß V–VI	Hemikryptophyt überwinternd grün mesomorph	C–E		C–E	C–E		C–E	C–E		C–E		C–E	C–E
Chrysanthemum parthenium Mutterkraut	40–50 cm weiß V–VI	krautiger Chamaephyt überwinternd grün mesomorph	D, E	D, E	D, E	C, E	C, E	C, E	?		?	D, E		D, E
Cirsium acaule Stengellose Kratzdistel	10–15 cm purpurrot VII–IV	Hemikryptophyt überwinternd grün skleromorph	E			D, E			E				D, E	
Coronilla minima Kronwicke	10–20 cm gelb V–VIII	holziger Chamaephyt wintergrün skleromorph	E			D, E		D, E	?		?	?		?
Coronilla vaginalis Scheiden-Kronwicke	10–20 cm gelb-rotbraun V–VI	krautiger Chamaephyt wintergrün meso-sklero- morph	E			D, E		D, E	?			?		
Coronilla varia Bunte Kronwicke	20–30 cm hellrosa VI–VII	Hemikryptophyt sommergrün mesomorph	E			D, E		D, E	?			?		

Dianthus carthusianorum Karthäuser-Nelke	15–30 cm purpurrot VII–VIII	krautiger Chamaephyt überwint. grün skleromorph	C–E	C–E	C–E	C–E
Dianthus deltoides Heide-Nelke	10–15 cm rot bis weiß VI–VII	Hemikryptophyt überwint. grün skleromorph	C–E	B–E	C–E	C–E
Dianthus gratianopolitanus Pfingst-Nelke	8–15 cm rosarot V–VII	krautiger Chamaephyt immergrün skleromorph	D, E	C–E	?	?
Dianthus plumarius Feder-Nelke	15–30 cm rosa bis weiß VI–VII	krautiger Chamaephyt immergrün skleromorph	D, E	C–E	?	?
Draba aizoides immergrünes Felsenblümchen	5–8 cm gelb III–IV	krautiger Chamaephyt immergrün skleromorph	C, D	B, C	C, D	B, C
Draba lasiocarpa Hungerblümchen	8–15 cm gelb III–IV	krautiger Chamaephyt immergrün skleromorph	C, D	B, C	C, D	B, C
Echium vulgare Gemeiner Natternkopf	40–60 cm blau VII–IV	Hemikryptophyt sommergrün skleromorph	D, E	C, E	D, E	D, E
Erigeron acer Scharfes Berufkraut	15–35 cm hellviolett V–IX	Therophyt Hemikryptophyt wintergrün meso-sklero- morph	C–E	C–E	C–E	C–E
Eriophyllum lanatum Wollblatt	20–30 cm gelb VI–VII	krautiger Chamaephyt überwint. grün sklero-meso- morph	D, E	C, D	?	?

(Fortsetzung Tab. 56)

Wissenschaftlicher Name deutscher Name	Höhe Blattfarbe Blütezeit	Lebensform Laubausdauer anatomischer Bau	Lebensräume Flachdächer 0.1 freie Lagen 1.1	1.2	1.3	0.2 geschützte Lagen 2.1	2.2	2.3	Steildächer 0.3 freie Lagen 3.1	3.2	3.3	0.4 geschützte Lagen 4.1	4.2	4.3
Erodium cicutarium Reiherschnabel	5–15 cm rosa V–VII	Therophyt Hemikryptophyt überwinternd grün mesomorph	A–C			A–C			A–C			A–C		
Euphorbia capitulata Wolfsmilch	3–6 cm gelblich V–VII	Hemikryptophyt überwinternd grün sklero-meso-morph	C, D			B, C			?			?		
Euphorbia cyparissias Zypressen-Wolfsmilch	20–35 cm gelb V–VI	Hemikryptophyt überwinternd mesomorph	C–E			C–E			D, E			C–E		
Euphorbia myrsinites Walzen-Wolfsmilch	10–15 cm gelb V	krautiger Chamaephyt immergrün skleromorph	D, E		D, E	C–E		C–E	?			?		
Euphorbia seguieriana ssp. *niciciana* und *E. seguieriana* ssp. *seguieriana* Steppen-Wolfsmilch	15–40 cm gelbgrün V–VI	Hemikryptophyt überwinternd grün meso-sklero-morph	C–E			C–E			D, E			C–E		
Fragaria viridis Knackelbeere	5–10 cm weiß V–VI	Hemikryptophyt überwinternd grün mesomorph	C, D		C, D	C, D		C, D	D			C, D		
Galium mollugo agg. Gemeines Labkraut	30–60 cm weiß V–VIII	Hemikryptophyt sommergrün mesomorph	D, E		C–E	C–E		C–E	D, E	D, E		C–E		C–E

Galium verum agg. Echtes Labkraut	15–40 cm gelb VI–IV	Hemikryptophyt überwinternd grün sklero-meso- morph	C–E	C–E	C–E	C–E	D, E	D, E	C–E	C–E
Geranium molle Zottiger Storchschnabel	8–25 cm rot V–VI	Therophyt überwinternd grün mesomorph	A–C	A–C	A–C	A–C	A–C	A–C	A–C	A–C
Geranium sanguineum var. *sanguineum* und *G. sanguineum* var. *prostratum* Blut-Storchschnabel	10–15 cm rot VI–IV	Hemikryptophyt sommergrün meso-sklero- morph	D–E		C–E		D–E		C–E	
Globularia cordifolia Kugelblume	10–15 cm blau V–VI	krautiger Chamaephyt überwinternd grün meso-sklero- morph	D, E		C–E		?		?	
Globularia punctata Kugelkraut	20–30 cm violett-blau V–VI	Hemikryptophyt überwinternd grün meso-sklero- morph	D, E		D, E		?		?	
Gypsophila repens Kriechendes Schleierkraut	5–15 cm weiß VI–VIII	Hemikryptophyt sommergrün meso-sklero- morph	C, D		C, D		C, D		C, D	
Helianthemum apenninum Apenninen-Sonnenröschen	15–20 cm weiß V–VIII	Zwergstrauch sommergrün sklero-meso- morph	D, E		C–E		D, E		D, E	
Helianthemum canum Graues Sonnenröschen	10–15 cm gelb V–VI	Zwergstrauch immergrün sklero-meso- morph	D, E		C–E		E		D, E	

(Fortsetzung Tab. 56)

Wissenschaftlicher Name deutscher Name	Höhe Blattfarbe Blütezeit	Lebensform Laubausdauer anatomischer Bau	Lebensräume Flachdächer 0.1 freie Lagen 1.1	1.2	1.3	0.2 geschützte Lagen 2.1	2.2	2.3	Steildächer 0.3 freie Lagen 3.1	3.2	3.3	0.4 geschützte Lagen 4.1	4.2	4.3
Helianthemum nummularium agg.* Gemeines Sonnenröschen	5–10 cm gelb V–VI	Zwergstrauch immergrün sklero-meso-morph	D, E			C–E			E			D, E		
Helichrysum thianshanicum Turkestan-Strohblume	10–25 cm gelb VI–VII	Chamaephyt sommergrün skleromorph	D, E			C–E			D, E			D, E		
Herniaria hirsuta Bruchkraut	5 cm grünlichgelb VI–V	Hemikryptophyt überwinternd grün mesomorph	B, C			A–C			B–D			B–D		
Hieracium pilosella agg.* Kleines Habichtskraut	5–15 cm gelb V–VII	Hemikryptophyt überwinternd grün mesomorph	D–E			B–E			C–E			C–E		
Hieracium × *rubrum* Rotes Habichtskraut	10–20 cm orangerot V–VI	Hemikryptophyt überwint. grün mesomorph	D, E			C–E			D–E			C–E		
Hippocrepis comosa Hufeisenklee	8–15 cm gelb V–VI	Hemikryptophyt überwint. grün meso-sklero-morph	D, E		D, E	D, E		C–E	D, E		D, E	D, E		D, E
Hyssopus officinalis Ysop	40–60 cm violett VIII	holziger Chamaephyt wintergrün sklero-meso-morph	D, E		D, E	D, E		C–E	E		D, E	D, E		D, E
Inula ensifolia Schwert-Alant	20–40 cm goldgelb VII–VIII	Hemikryptophyt sommergrün mesomorph	D			C–E			D, E			C–E		

Lavandula angustifolia Lavendel	30–40 cm blau VI–VII	holziger Chamaephyt immergrün skleromorph	D, E		D, E		E		D, E	
Linum perenne Lein	40–50 cm blau VII	Hemikryptophyt sommergrün meso-sklero- morph	C–E		C–E		D, E		D, E	
Lotus corniculatus Hornklee	5–15 cm gelb V–VI	Hemikryptophyt sommergrün mesomorph	C–E		C–E		D, E		C, E	
Lychnis viscaria ssp. *viscaria* Pechnelke	15–25 cm rosa VI–VII	Hemikryptophyt überwinternd grün meso-sklero- morph	D, E	D, E	C–E	C–E	?		?	
Medicago lupulina Gelbklee	10–25 cm gelb VII–VIII	Hemikryptophyt überwinternd grün mesomorph	B–E	B–E	B–E	B–E	C–E	C–E	C–E	C–E
Melilotus alba Weißer Steinklee	40–80 cm weiß VII–IX	Hemikryptophyt sommergrün meso-sklero- morph	C–E	C–E	B–E	B–E	D–E	D–E	C–E	C–E
Minuartia laricifolia Felsenmiere	10–15 cm weiß VI–VIII	Hemikryptophyt sommergrün meso-sklero- morph	C, D	?	B–D	?	C, D	?	C, D	?
Minuartia verna agg.* Frühlingsmiere	5–15 cm weiß V–VII	krautiger Chamaephyt überwinternd grün skleromorph	B, C		B, C		C		B, C	
Nepeta × *faassenii* Katzenminze	15–25 cm blau V–IX	Hemikryptophyt sommergrün meso-sklero- morph	D	C, D	C, D	C, D	D	D	C, D	C, D

(Fortsetzung Tab. 56)

Wissenschaftlicher Name deutscher Name	Höhe Blattfarbe Blütezeit	Lebensform Laubausdauer anatomischer Bau	Lebensräume Flachdächer 0.1 freie Lagen 1.1	1.2	1.3	0.2 geschützte Lagen 2.1	2.2	2.3	Steildächer 0.3 freie Lagen 3.1	3.2	3.3	0.4 geschützte Lagen 4.1	4.2	4.3
Onobrychis arenaria Sand-Esparsette	10–30 cm rosa-weiß VI–VII	Hemikryptophyt sommergrün mesomorph	C–E		C–E	C–E		C–E	D, E		D, E	C, E		C, E
Onobrychis montana Berg-Esparsette	5–15 cm rosa VII–VIII	Hemikryptophyt sommergrün sklero-meso- morph	C, D		C, D	C, D		C, D	?			?		
Origanum vulgare ssp. *vulgare* Dost	10–15 cm rosa VII–IX	Hemikryptophyt überwinternd grün sklero-meso- morph	D, E		C–E	C–E		C–E	D, E		D, E	D, E		C–E
Paronychia argentea Mauermiere	3–5 cm rosa VI–IX	krautiger Chamaephyt überwinternd grün skleromorph	B, C			B, C			B, C			B, C		
Petrorhagia saxifraga Felsennelke	20–30 cm weiß-rosa VI–IX	krautiger Chamaephyt überwinternd grün skleromorph	A–C			A–C			B–D			A–D		
Pimpinella saxifraga Bibernelle	30–50 cm weiß-rosa VII–IX	Hemikryptophyt sommergrün meso-sklero- morph	C–E		C–E	C–E		B–E	D, E		D, E	C–E		C–E
Plantago argentea Wegerich	3–10 cm weißlich V–VI	krautiger Chamaephyt überwinternd grün, skleromorph	C–E			C–E			D, E			C–E		

Plantago lanceolata Spitz-Wegerich	5–15 cm weißlich V–IX	Hemikryptophyt überwinternd grün meso-sklero- morph	D, E	C–E	D, E	C–E	
Plantago media Mittlerer Wegerich	5–15 cm weißlich V–VI	Hemikryptophyt überwinternd grün meso-sklero- morph	D, E	C–E	D, E	C–E	
Potentilla argentea Silber-Fingerkraut	20–30 cm gelb VII–IX	Hemikryptophyt überwinternd grün skleromorph	C–E	B–E	C–E		C–E
Potentilla cinerea Sand-Fingerkraut	5–10 cm gelb IV–VI	Hemikryptophyt überwinternd grün meso-sklero- morph	C, D	B, C	C, D	C, D	
Potentilla erecta Aufrechtes Fingerkraut	15–30 cm gelb V–IX	Hemikryptophyt überwinternd grün skleromorph	D, E	C–E	D, E	C–E	
Potentilla neumanniana Frühlings-Fingerkraut	8–15 cm gelb IX–V	Hemikryptophyt überwinternd grün sklero-meso- morph	C, D	B, C	C, D	C, D	
Potentilla nitida Dolomiten-Fingerkraut	3–6 cm rosa VI–VIII	krautiger Chamaephyt überwinternd grün skleromorph	C, D	B, C	?	?	
Prunella grandiflora ssp. *grandiflora* Braunelle	5–15 cm purpurviolett V–IX	Hemikryptophyt überwint. grün meso-sklero- morph	C–E	B–E	D–E	C–E	

(Fortsetzung Tab. 56)

Wissenschaftlicher Name deutscher Name	Höhe Blattfarbe Blütezeit	Lebensform Laubausdauer anatomischer Bau	Lebensräume Flachdächer 0.1 freie Lagen 1.1	 1.2	 1.3	 0.2 geschützte Lagen 2.1	 2.2	 2.3	 Steildächer 0.3 freie Lagen 3.1	 3.2	 3.3	 0.4 geschützte Lagen 4.1	 4.2	 4.3
Prunella vulgaris Braunelle	5–10 cm purpurviolett V–IX	Hemikryptophyt überwinternd grün meso-sklero- morph	C–E			B–E			D–E			C–E		
Pulsatilla pratensis Wiesen-Küchenschelle	15–25 cm violett III–IV	Hemikryptophyt sommergrün meso-sklero- morph	D, E			C, E			?			D, E		
Pulsatilla vulgaris Küchenschelle	20–30 cm violett IV–V	Hemikryptophyt sommergrün meso-sklero- morph	D, E			D, E			?			D, E		
Ranunculus bulbosus Knolliger Hahnenfuß	15–30 cm goldgelb IV–VI	Geophyt vorsommergrün mesomorph	C–E		C–E	B–E		B–E	C–E			C–E		
Salvia pratensis Wiesen-Salbei	30–60 cm blau V–VII	Hemikryptophyt sommergrün meso-sklero- morph	E			D–E			E			D, E		
Sanguisorba minor ssp. *minor* Kleiner Wiesenknopf	20–40 cm grünlich V–VII	Hemikryptophyt sommergrün sklero-meso- morph	C–E		C–E	C–E		C–E	D, E			C–E		
Santolina chamaecyparissus ssp. *tomentosa* Heiligenkraut	15–40 cm gelb VI–VIII	krautiger Chamaephyt überwinternd grün skleromorph	D, E			C–E			?			?		

Saponaria ocymoides Rotes Seifenkraut	5–15 cm rosarot V–VI	Hemikryptophyt sommergrün meso-sklero- morph	C, D		C, D	B–D		B–D	D, E		D, E	C–E		C–E
Satureja montana ssp. *montana* Berg-Bohnenkraut	25–30 cm lila VIII–IX	Hemikryptophyt überwint. grün sklero-meso- morph	D, E			C, D			D, E			C, D		
Saxifraga-Arendsii-Hybriden Moos-Steinbrech	8–15 cm rosa, rot V–VI	krautiger Chamaephyt immergrün meso-sklero- morph	C, D		B–D	B, C		B, C				C, D		C
Saxifraga caespitosa Moos-Steinbrech	8–15 cm rosa V–VI	krautiger Chamaephyt immergrün meso-sklero- morph		C, D	D–D		B, C	B, C					C, D	C, D
Saxifraga crustata Krustiger Steinbrech	5–8 cm weiß V–VI	krautiger Chamaephyt immergrün skleromorph	A–C			A, B			B, C			B, C		
Saxifraga paniculata agg. Rispen-Steinbrech	5–8 cm weiß V–VII	krautiger Chamaephyt immergrün skleromorph	B, C			B, C			C, D			C, D		
Saxifraga tridactylites Dreifinger-Steinbrech	5–15 cm weiß V–VI	Therophyt vorsommergrün mesomorph	A, B		A, B	A, B		A, B	A, B		A, B	A, B		A, B
Scabiosa canescens Graue Skabiose	20–40 cm hellblau VII–IX	Hemikryptophyt sommergrün skleromorph	D, E		D, E	C–E		C–E	E		D, E	C–E		C–E
Scabiosa columbaria agg.* Tauben-Skabiose	20–50 cm blau-lila VII–X	Hemikryptophyt sommergrün sklero-mesomorph	D, E		D, E	C–E		C–E	E		D, E	C–B		C–E

(Fortsetzung Tab. 56)

Wissenschaftlicher Name deutscher Name	Höhe Blattfarbe Blütezeit	Lebensform Laubausdauer anatomischer Bau	Lebensräume Flachdächer 0.1 freie Lagen 1.1	1.2	1.3	0.2 geschützte Lagen 2.1	2.2	2.3	Steildächer 0.3 freie Lagen 3.1	3.2	3.3	0.4 geschützte Lagen 4.1	4.2	4.3
Scutellaria alpina var. *alpina* Alpen-Helmkraut	15–30 cm violett VI–VII	krautiger Chamaephyt sommergrün meso-sklero- morph	C, D			C, D			?			?		
Scutellaria orientalis var. *pinnatifida* Helmkraut	15–30 cm gelb VII–IX	krautiger Chamaephyt sommergrün meso-sklero- morph	C, D			C, D			?			?		
Silene rupestris Fels-Leimkraut	5–25 cm weiß VI–IX	Hemikryptophyt sommergrün skleromorph	D			B–D			D			D		
Silene schafta Leimkraut	8–12 cm rosa VIII–IX	Hemikryptophyt sommergrün mesomorph	D		C, D	B–D		B–D	D		C, D	D		C, D
Silene vulgaris Aufgeblasenes Leimkraut	25–30 cm weiß V–IX	Hemikryptophyt sommergrün sklero-meso- morph	B–E		B–E	B–E		B–E	C–E		C–E	C–E		C–E
Sisyrinchium angustifolium Binsenlilie	15–20 cm hellblau V–VII	krautiger Chamaephyt überwinternd grün skleromorph	C		B, C	B, C		B, C	C, D		C, D	C, D		C, D
Teucrium botrys Trauben-Gamander	15–25 cm hellrosa VII–VIII	Hemikryptophyt sommergrün sklero-meso- morph	D, E		?	C–E		?	E		?	D, E		?

Teucrium chamaedrys Edel-Gamander	15–25 cm purpur VII–VIII	holziger Chamaephyt sommergrün skleromorph	D, E	D, E	C–E	C–E	E	E	D, E	D, E
Teucrium montanum Berg-Gamander	10–30 cm gelblich VI–VII	holziger Chamaephyt immergrün skleromorph	D, E	?	C–E	?	E	?	D, E	?
Thymus praecox agg.* Früher Thymian	5–8 cm rosa VI–VII	krautiger Chamaephyt immergrün skleromorph	C, D		B–D		C–E		B–D	
Thymus serpyllum agg.* Feld-Thymian	5–8 cm rosa VI–VII	krautiger Chamaephyt immergrün skleromorph	C, D		B–D		C–E		B, D	
Trifolium pratense Rotklee	15–30 cm rosarot VI–VII	Hemi- kryptophyt überwinternd grün mesomorph	C–E	C–E	C–E	C–E	E	E	C–E	C–E
Verbascum nigrum Dunkle Königskerze	40–60 cm gelb VII–VII	Hemi- kryptophyt sommergrün mesomorph	D, E		C–E		D, E		D, E	
Verbascum phoeniceum Phönizische Königskerze	40–60 cm gelb VII– VII	Hemi- kryptophyt sommergrün sklero-meso- morph	E		D–E		E		D, E	
Verbascum thapsus Wollige Königskerze	40–60 cm gelb VII–VII	Hemi- kryptophyt sommergrün mesomorph	E		D–E		E		D, E	

(Fortsetzung Tab. 56)

Wissenschaftlicher Name deutscher Name	Höhe Blattfarbe Blütezeit	Lebensform Laubausdauer anatomischer Bau	Lebensräume Flachdächer 0.1 freie Lagen 1.1	1.2	1.3	0.2 geschützte Lagen 2.1	2.2	2.3	Steildächer 0.3 freie Lagen 3.1	3.2	3.3	0.4 geschützte Lagen 4.1	4.2	4.3
Veronica spicata ssp. *spicata* Ähriger Ehrenpreis	15–40 cm blau VII–VII?	Hemi- kryptophyt überwinternd grün skleromorph	D, E		D, E	C–E		C–E	?				?	
Veronica surculosa Ehrenpreis	1–2 cm weiß-rot VI–VII	Hemikryptophyt überwinternd grün meso-sklero- morph	C, D		C, D	C, D		B, C	C, D		C, D	C, D		B, D
Vicetoxicum hirundinania Schwalbenwurz	25–40 cm gelb-weiß V–VIII	Hemikryptophyt sommergrün meso-sklero- morph		C–E	C–E		C–E	C–E		?	?		?	?
Viola hirta Rauhes Veilchen	5–10 cm lila III–V	Hemikryptophyt sommergrün mesomorph	C, D	C, D	C, D	C, D	B–D	B–D	?	?	?	C, D	C, D	C, D

* agg. = Aggregat, der Zusammenschluß von nahe verwandten, schwer unterscheidbaren Arten.

Die Ansiedlung durch Ansaat gelingt gut. Bei Spätansaaten sind die Sämlinge frostgefährdet. Die Saatgutqualität ist sehr unterschiedlich. Herkünfte von großblütigen Züchtungen für den Schnitt sind absolut ungeeignet. *Anthemis* wird gern wegen der wirkungsvollen Blüten verwendet. Die Schichtdicke sollte mindestens 15 cm betragen.

Arenaria serpyllifolia, Quendelblättriges Sandkraut (Caryophyllaceae)

Morphologie: 10 bis 15 cm hoch, ein- bis zweijährig. Blätter länglich, spitz. Stengel aufrecht, meist behaart. Blüten weiß, einzeln. Die Art ist sehr veränderlich und formenreich.

Ökologie: Vorkommen auf trockenen bis sehr trockenen auch anthropogen beeinflußten Standorten. Als ein- bzw. zweijährige Pflanze ist *Arenaria* deutlich skleromorph und sehr gut an Trockenstandorte angepaßt. Es werden insbesondere auch dünnschichtige Bodenauflagen, die im Sommer stark austrocknen, besiedelt wie auch offene Stellen, oder die Art tritt als Überwuchs niedriger Kräuter wie *Thymus-* oder *Sedum*-Arten auf. *Arenaria* kommt auf spontan besiedelten Dächern, insbesondere im Südwesten Deutschlands, häufiger vor. Die Art besitzt keine Konkurrenzfähigkeit gegenüber stark und gleich hoch wachsenden Gräsern und Kräutern, ist jedoch wie andere Arten der Therophyten-Gesellschaften ein wichtiger „Lückenbüßer", hauptsächlich dann, wenn dünnschichtige Substrate vorhanden sind.

Die Ansaat gelingt gut. Saatgut ist jedoch nicht regelmäßig vorhanden. In Staudenkultur befindet sich eine Reihe von weiteren fremden *Arenaria*-Arten, die jedoch mit ihren weitgehend speziellen Ansprüchen (sie vertragen keine Winternässe) ausgesprochene Liebhaberpflanzen darstellen.

Aster linosyris, Gold-Aster (Compositae)

Morphologie: 40 bis 60 cm hoch, horstiger, straff-aufrechter Wuchs, ausdauernd. Blätter lineal, graugrün. Gelbe Kopfblüten in dichter Doldentraube. Die Art ist wenig variabel; eine Unterart ist nicht sicher belegt.

Ökologie: Verbreitung nur auf trockenen, sommerwarmen, kalkhaltigen oder basenreichen Böden verschiedenen Typs. In Trespen-Trockenrasen (Xerobromion) und Steppenrasen (Festucion valesiacae) einzeln oder gesellig vertreten. Die Art ist von allen in Frage kommenden Astern-Arten die trockenheitsverträglichste, muß aber tiefer wurzeln können. Im dichten Gräserbestand auf Dauer weniger konkurrenzfähig.

Die Ansaat gestaltet sich etwas schwierig, da die Keimung nicht sicher ist, deshalb empfiehlt es sich, einige Initialpflanzen zu setzen.

Calamintha acinos, Steinquendel (Lamiaceae)

Morphologie: 5 bis 15 cm hoch, buschig verzweigt, blau-lila, Pflanze ein- bis dreijährig. Blätter in Halbquirlen, graugrün drüsig, behaart. Blüte klein.

Ökologie: Die Art kommt auf offenen Stellen trockenwarmer Standorte in Trockenrasen vor. *Calamintha acinos* liebt kalk- und basenreiche Böden und besiedelt auch noch strahlungsintensive Kleinflächen, die sonst nur noch von Sukkulenten und Therophyten bewachsen werden. Die Art ist sehr trockenheitsverträglich und hat sich auf Vegetationsmatten von 4,5 cm Dicke durch Saatgut verbreitet.

Saatgutbeschaffung und Ansiedlung durch Saat sind etwas schwierig. Auf geeigneten Standorten genügen wenige Initialpflanzen. Die Art kann als Ersatzpflanze für ausfallende Gräser und Kräuter in Extremlagen gelten.

Campanula rotundifolia, Rundblättrige Glockenblume (Campanulaceae)

Morphologie: 10 bis 25 cm hoch, Wuchs aufrecht mit lockeren, teilweise niederliegenden Blütenstengeln. Grundblätter rundlich gestielt, Stengelblätter schmal-linealisch, sitzend. Die Art bildet verschiedene Standortrassen.

Ökologie: Vorkommen auf mageren, trockenen bis frischen Standorten, auf allen Böden verbreitet, weite Standortamplitude, verträgt lichten Schatten und blüht dort auch. Die Art ist sehr trockenheitsverträglich und von hoher Konkurrenzkraft gegenüber Gräsern, kann sich auch in *Festuca*-Rasen behaupten.

Die Verbreitung durch Selbstaussaat ist sicher, wie auch die Erstansiedlung durch Aussaat. Die Pflanzen können in Ansaaten einige Jahre im Jungpflanzenstadium verharren.

Centaurea scabiosa, Große Flockenblume (Compositae)
Morphologie: Höhe 40 bis 60 cm. Blätter fiederteilig, rauh, Stengel verzweigt. Köpfchenblüten endständig, purpurrosa. Die Art ist sehr veränderlich und tritt in mehreren Unterarten auf.
Ökologie: Die Große Flockenblume bevorzugt trockene, sommerwarme Standorte und kommt häufig in Kalkmagerrasen vor, wächst auch auf Mauern und Felsen. Basen- und kalkreiche Böden werden bevorzugt. *Centaurea scabiosa* besiedelt auch Rohböden und gilt als Tiefwurzler. Die Trockenheitsresistenz ist im Vergleich zur Wiesenflockenblume, *Centaurea jacea*, höher. Letztere hat jedoch eine weitere Standortamplitude auf eher frischen Standorten.

Die Ansaat von *Centaurea scabiosa* gelingt leicht. Sie ist in ausreichenden Schichtdicken (ab etwa 20 cm) auch gegen Gräser dauerhaft konkurrenzfähig, wenn nicht mehr als einmal gemäht wird. Flockenblumen sind wertvolle Insektenblüter.

Chrysanthemum leucanthemum, Wiesen-Margerite (Compositae)
Morphologie: 40 bis 60 cm hoch, Wuchs horstig, die niederliegenden Stengel bewurzeln sich. Stengel und Blätter teilweise behaart, untere Blätter spatelförmig gekerbt, obere Blätter schmaler. Blüte einzelnstehend als weiße Strahlenblüte, Mitte gelb. Überwinterung mit grünen Laubblättern in Rosetten. Die Art ist außerordentlich variabel. Die Taxonomie der Unterarten ist nicht abschließend geklärt. HEGI (1987) beschreibt fünf, SCHMEIL-FITSCHEN (1982) drei Unterarten.
Ökologie: Die Wiesen-Margerite ist weit verbreitet und besiedelt mit verschiedenen ökologischen Rassen sowohl feuchtere nährstoffreiche wie auch xerotherme Standorte. Sie gilt als Rohbodenbesiedler und tritt dort in zeitweiligen Massenaspekten auf. Die Trokkenheitsverträglichkeit ist entsprechend den Herkünften sehr unterschiedlich. Bei Mischsaatgut kann ein Teil der Pflanzen total ausfallen, während Rassen von Trockenstandorten überleben und Samen ansetzen. Letztere sind häufig stärker behaart, im Wuchs niedriger, haben teilweise rotanlaufende Stengel und bilden insgesamt weniger Blattmasse aus. Die Bodenansprüche sind indifferent.

Die Wiesen-Margerite verbreitet sich selbst in dichten Grasbeständen durch Selbstansaat (Wind) und ist in wechselnder Individuumanzahl sehr ausdauernd. Sie gilt als Charakterpflanze der „Blumenwiesen“ und läßt sich leicht und preiswert ansiedeln. Stickstoffgaben fördern den Erhalt des Bestandes. Saatgutherkünfte sollten nur aus Samennachbau geeigneter Wildrassen verwendet werden. Gänzlich ungeeignet sind für Extensive Dachbegrünungen Sorten aus dem Staudensortiment oder Schnittblumensorten. Als Insektenpflanze ist die Wiesen-Margerite sehr wertvoll.

Dianthus carthusianorum, Karthäuser-Nelke (Caryophyllaceae)
Morphologie: 15 bis 50 cm hoch, Wuchs lokkerrasig. Blatt dunkelgrün, schmal. Blüten purpurrot, seltener rosa oder weiß, in endständigen Köpfen. Die Art gilt – wie alle Nelken – als formenreich. Es werden drei Unterarten beschrieben.
Ökologie: Vorkommen regelmäßig in Kalkmagerwiesen. Liebt kalk- und basenreiche, sonnig trockene Standorte. Nur hier ist die Karthäuser-Nelke ausreichend konkurrenzstark gegenüber Gräsern. Sie kann im dichteren Bestand ohne oder nur mit geringem Blütenansatz länger ausdauern. Die Trockenheitsverträglichkeit ist auch bei Kulturauslesen sehr hoch. Sie nimmt jedoch – gepaart mit Krankheitsanfälligkeit – bei zu starker Stickstoffversorgung rapide ab. Die Trockenresistenz ist höher als die von *Festuca ovina* und etwa mit der von *Festuca glauca* gleichzusetzen. Bei langanhaltender Trockenheit vertrocknen die Blütenstengel, und die Blätter werden nach innen gerollt. Eine Samenbildung erfolgt dann nicht. Wertvolle Insektenpflanze.

Die Karthäuser-Nelke ist leicht durch Ansaat anzusiedeln; jedoch zeigt sie sich anfänglich etwas konkurrenzschwach. Die Selbstaussaat erfolgt sicher. Ähnlich, allerdings nur auf sandig-sauren Substraten, läßt sich die Heide-Nelke, *Dianthus deltoides*, verwenden, die jedoch nicht so gut ausdauert, aber dies durch eine reiche Samenvermehrung ausgleicht.

Euphorbia cyparissias, Zypressen-Wolfsmilch (Euphorbiaceae)
Morphologie: 15 bis 25 cm, horstig, stark ausläufertreibend. Blätter schmal-linealisch, hellgrün. Alle Pflanzenteile führen Milchsaft. Hochblätter auffällig gelb bis gelbgrün, Blütendolde färbt sich später rot.
Ökologie: In verschiedenen Trockenrasen-Gesellschaften auf bindigen Böden weit verbreitet; kalkliebend. Nur auf Trockenstandorten gegenüber Gräsern konkurrenzstark. Starke Verbreitung durch Ausläufer, so daß während der Blüte eindrucksvolle Hecken und Kolonien sichtbar werden. Auf mittleren Substratdicken sehr trockenheitsverträglich.

Die Ansiedlung durch Saat ist schwierig, daher kann nur die Pflanzung empfohlen werden. Noch trockenheitsverträglicher ist die seltener erhältliche Steppen-Wolfsmilch, *Euphorbia seguierana.* Ähnlich verwendet werden kann auch die Warzen-Wolfsmilch, *Euphorbia brittingeri (E. verrucosa).* Letztere verträgt auch lichten Schatten.

Fragaria viridis, Knackelbeere (Rosaceae)
Morphologie: 8 bis 15 cm hoch, kriechend, in lockeren Kolonien. Kleine behaarte Erdbeerblätter. Blattranken häufig stark gerötet, Blüten weiß, im Laub sitzend.
Ökologie: Die Knackelbeere kommt in Trockenrasen und Trockenrasen-Gesellschaften vorzugsweise auf Kalk vor. Sie besiedelt in Trockengesellschaften in Gemeinschaft mit *Sedum album, Sedum reflexum, Hieracium pilosella* und *Potentilla neumanniana* vorzugsweise sehr sonnenexponierte, austrocknende Stellen. Sie bildet durch die reiche Rankentätigkeit immer lockere überwüchsige Bestände und wächst so zum Beispiel auch in dichte *Sedum*-Teppiche ein. Obwohl die Pflanze mesomorph ist, verträgt sie Trockenheit außerordentlich gut. Nach etwa zwei Wochen Trokkenheit beginnt das Laub nach und nach zu vertrocknen, nur sehr kleine Herzblätter bleiben erhalten. Ältere Pflanzen können auch ganz absterben. Sehr trockenresistent sind die Sproßranken mit Kindeln sowie eingewurzelte Jungpflanzen. *Fragaria viridis* ist in dichten, höheren Gras-Kraut-Beständen nicht konkurrenzfähig, wohl aber in lückigen Beständen und in Vergesellschaftung mit niedrigen Kräutern und Sukkulenten. Die Ansiedlung erfolgt durch Pflanzung.

Hieracium pilosella, Kleines Habichtskraut (Compositae)
Morphologie: Höhe 5 bis 15 cm, rasiger, teppichbildender Wuchs, Bildung von beblätterten Sproßranken. Blätter breit-lanzettlich, ganzrandig, oberseits behaart, unterseits graufilzig. Blüten hellgelb, öffnen sich nur bei Sonnenschein. Die Art führt Milchsaft. *Hieracium pilosella* ist außerordentlich variabel. Nach HEGI (1987) sind bisher mehr als 600 Unterarten beschrieben worden, die in 21 Gruppen zusammengefaßt werden.
Ökologie: *Hieracium pilosella* gilt als ausgesprochener Trockenheits- und Magerkeitszeiger, der in entsprechenden Unterarten und Standortrassen nahezu alle Bodenarten in sauren und alkalischen Reaktionsbereichen besiedelt. Die Art wächst auch auf Mauerkronen und Felskuppeln. Auf spontan besiedelten Dächern kommt sie ebenfalls regelmäßig vor. In Trockenrasen ist *Hieracium* eng mit dem übrigen Gräser- und Kräuterbestand vergesellschaftet und bildet an besonders trokken-heißen Stellen teilweise ausgedehnte, dichte bodendeckende Bestände oder ist mit *Sedum*-Arten und niedrigen Kräutern wie *Calamintha acinos, Potentilla neumanniana* oder *Filago*-Arten vergesellschaftet. Die Konkurrenzkraft auf trockenen, stickstoffarmen Standorten ist gegenüber Gräsern hoch, sofern diese keinen dichten Bestand bilden. Pflanzen werden unter Luxusversorgung sehr wuchsaggressiv, allerdings vertragen sie dann Trockenheit weniger gut. Auf Grenzstandorten für Gräser kann *Hieracium* verdrängend in die Grasbestände hineinwachsen. Die Trockenheitsverträglichkeit und die Strahlungsfestigkeit der Art liegen sehr hoch. Mit zunehmendem Wasserverlust im Boden werden die Blätter eingerollt, so daß die weiß behaarten Unterseiten sichtbar werden. Bei weiterem Trockenstreß vertrocknen die Blätter ganz. Dies geschieht auf manchen Standorten regelmäßig, ohne daß die Pflanzen in ihrer Vitalität geschädigt werden. SAPPER (1935) gibt die obere Grenze der Wärmeresistenz von *Hieracium pilosella* mit 50 °C an.

Das Kleine Habichtskraut ist eines der wenigen Kräuter, welches an Naturstandorten über Jahrzehnte hinweg dichte, mehrere m^2 große Bestände bildet. Die Trittverträglichkeit ist relativ hoch; bei stärkerer Belastung werden kleinere Blätter ausgebildet.

Die Verbreitung durch Samen und Ranken geschieht sehr effektiv. Je nach Unterart werden flach am Boden kriechende Sproßranken aber auch solche eines bogenartig „überspringenden“ Typs gebildet. Die raumgreifende Wirkung ist ähnlich wie bei *Fragaria vesca* sehr hoch (siehe auch Abbildung 179).

Hieracium pilosella kann mit sicherem Erfolg angesät werden, jedoch läßt die Dauerhaftigkeit der Ansiedlung häufiger zu wünschen übrig. Dies liegt wahrscheinlich in typbedingten Anpassungsschwierigkeiten, die auch im pH-Wert des Bodens begründet sein können. Häufig wird als Ersatzsaatgut *Hieracium aurantiacum* geliefert, das jedoch frischen Boden liebt und daher längst nicht so trockenheitsresistent ist wie *Hieracium pilosella*, das allerdings in Wechsellichtbereichen und im Halbschatten noch gut gedeiht.

Hyssopus officinalis, Ysop (Lamiaceae)
Morphologie: 40 bis 60 cm hoch, buschig verholzend. Blatt dunkelgrün, schmal-lineal. Das Laub fällt im Winter teilweise ab. Blüte blau, in ährigen Blütenständen.
Ökologie: Der Ysop stammt aus Südeuropa und ist bei uns auf warmen, trockenen, sonnigen Plätzen verwildert. Er wächst auch an Mauern, flachgründigen Steinböden und liebt basenreiche, kalkhaltige Böden. Der Ysop ist einer der wenigen holzigen Chamaephyten, die auf Substratdicken zwischen 15 und 20 cm dauerhaft sein können. Die Art ist generell dauerhafter als *Lavandula* und kann mit seinen blauen Blütenähren als Ersatzpflanze gelten. Der Ysop ist eine wertvolle Bienenfutterpflanze und wird von vielen anderen Insekten, auch Schmetterlingen, reichlich besucht.

Petrorhagia saxifraga, Felsennelke (Caryophyllaceae)
Morphologie: Höhe 10 bis 30 cm, Wuchs horstig, locker-buschig. Stengel niederliegend und aufsteigend. Blatt schmal, pfriemenförmig. Blüte weißlich-rosa.
Ökologie: Die Felsennelke kommt in Trokkenrasen, auf Schutthalden und Felsbändern in Vergesellschaftung mit niedrigen Kräutern, einzelnen Gräsern und Sukkulenten vor. Kalkhaltige Böden werden bevorzugt. Die Art ist kurzlebig und in dichten, hohen Gras-Kraut-Beständen nicht konkurrenzfähig. Die Felsennelke kann gut mit *Sedum, Allium, Hieracium* und *Thymus* vergesellschaftet werden, da sie durch ihren lockeren Wuchs und ihr wechselndes Auftreten nicht verdrängend wirkt. Innerhalb einer Versuchsanordnung konnte festgestellt werden, daß *Petrorhagia saxifraga* auf 10 cm dickem Substrat 25 Tage Trockenzeit besser überstanden hat als *Festuca* spec., *Chrysanthemum leucanthemum, Dianthus carthusianorum* und *Hieracium pilosella.*

Für Extensivbegrünungen mit geringerem Schichtaufbau in freier Lage ist die Felsennelke eine sehr wertvolle, höher wachsende, krautige Art, die sehr trockenheitsverträglich ist und sich dauerhaft ansiedeln läßt. Ein gelegentlich massenhaftes Auftreten kann toleriert werden. Der Typ mit gefüllten Blüten aus dem Staudensortiment eignet sich weniger gut.

Die Ansiedlung durch Ansaat gelingt sicher, ebenso die spätere Verbreitung durch reichliche Selbstaussaat.

Potentilla argentea, Silber-Fingerkraut (Rosaceae)
Morphologie: Höhe 20 bis 30 cm, Wuchs staudig, aufrecht. Blatt fingerförmig, fünfzählig, dunkelgrün, unterseits graufilzig. Blüte gelb im aufrechten, dichten Blütenstand. Verschiedene Unterarten.
Ökologie: Verbreitet auf eher sauren, warmen trockenen Standorten in Silbergrasfluren und Trockenrasen-Gesellschaften. Das Silber-Fingerkraut verträgt bedingt durch seine skleromorphe Ausbildung sehr viel Trockenheit. Hierin ist es der ähnlichen *Potentilla erecta* überlegen. Die Konkurrenzkraft ist in lückigen Gras-Kräuter-Beständen gut.

Die Aussaat gelingt problemlos.

Potentilla neumanniana (P. verna), Frühlings-Fingerkraut (Rosaceae)
Morphologie: Höhe 5 bis 10 cm, Wuchs niederliegend, rasig mit von der Grundrosette ausgehenden, kriechenden Trieben. Blatt dunkelgrün, fünf- bis siebenzählig, unterseits heller. Blüte gelb, sehr reich, kaum höher als das Laub. Die Art ist sehr veränderlich und bildet viele Standortrassen.
Ökologie: Verbreitung in Halbtrockenrasen- und Trockenrasen-Gesellschaften auf alten Mauern und Felsköpfen; zieht Kleinstandorte

vor, die offen und sehr warm sind. Basenreiche und kalkhaltige Böden werden bevorzugt. Häufig in Kleingesellschaften mit *Sedum album, Sedum sexangulare,* Moosen und Erdflechten anzutreffen.

Die Trockenheitsverträglichkeit ist auch auf dünneren Bodenauflagen sehr hoch. Bei Trokkenstreß werden zunächst Blätter eingerollt, die später im Hochsommer regelmäßig vertrocknen. Die Trittverträglichkeit ist gering.

Die Konkurrenzkraft gegen höhere Gräser und Kräuter ist sehr schwach. Das ähnliche Sand-Fingerkraut, *Potentilla cinerea,* zeigt sich ähnlich trockenresistent, wirkt jedoch im Wuchs lockerer und ist insgesamt schwachwüchsiger. Vergleichbare *Potentilla*-Arten des Staudensortimentes wie *Potentilla aurea* oder *Potentilla nitida* sind insgesamt empfindlicher und langfristig nicht dauerhaft.

Das Frühlings-Fingerkraut läßt sich leicht durch Aussaat ansiedeln. Als einer der ersten sehr auffälligen, auch flächig wachsenden Frühlingsblüher stellt es einen wertvollen Insektenblütler dar.

Saxifraga tridactylites, Dreifinger-Steinbrech (Rosaceae)

Morphologie: Höhe 5 bis 15 cm, kleines, aufrechtwachsendes Pflänzchen mit Grundrosette. Grundblätter spatelförmig, ganze Pflanze drüsig behaart. Blüten weiß, einzeln. Blütenstand rispig verzweigt.

Ökologie: Vorkommen in offenen, steinigen Trockenrasen auf Felsköpfen und sekundär auf anthropogenen Standorten wie Mauern, Lesesteinhaufen und Kiesdächern. Vorkommen und Ökologie beschreibt KREH (1945) für Stuttgarter Kiesdächer in Vergesellschaftung mit „kurzlebigen Zwergpflanzen“ wie *Erophila verna, Arenaria serpyllifolia, Veronica arvensis.* Dies entspricht der von HEGI (1975) beschriebenen „ephemeren Mikroflora“ des Frühlings. HEGI (1975) erwähnt für die Umgebung Würzburgs noch weitere Begleitpflanzen wie *Poa compressa, Stipa capillata, Melica ciliata, Bromus erectus, Koeleria pyramidata, Sedum reflexum, Allium sphaerocephalum* u.a. Der Dreifinger-Steinbrech liebt nach HEGI Kalk, ist aber nicht kalkstet. Die Art kann bei sehr früh einsetzender Trockenheit Hungerformen von nur 1 bis 3 cm Höhe und mit nur einer Blüte ausbilden. Nach der Samenbildung sterben die Pflanzen ab.

Saxifraga tridactylites kann in Moos-Sedum-Gesellschaften und auf entsprechenden Vegetationsmatten auch nachträglich angesiedelt werden. Die Art sollte in ihrer Verbreitung gefördert werden, da viele Standorte zum Beispiel durch sogenannte Mauersanierungen gefährdet sind. Dies gilt auch für Schotterflächen an Bahnhöfen (BRANDES 1979). Die Ansiedlung bereitet jedoch wegen der Saatgutbeschaffung und der Feinheit des Saatgutes Schwierigkeiten. Die Ansiedlung vorkultivierter Initialpflanzen gelingt jedoch problemlos. Auf dünnschichtigen Standorten breitet sich die Art dann problemlos und reichlich aus (KRUPKA 1988).

Der ähnliche, aber größere Dreifinger-Steinbrech, *Saxifraga granulata,* erweist sich durch die basalen Brutzwiebeln im Wurzelbereich dauerhafter und wächst in frühjahrsfeuchten Wiesen.

Silene vulgaris, Aufgeblasenes Leimkraut (Caryophyllaceae)

Morphologie: Höhe 25 bis 50 cm, Wuchs buschig, horstartig. Stengel aufrecht, verzweigt. Blätter grünblau bereift, spitz-elliptisch. Blüten weiß mit aufgeblasenem, hellbraunem Kelch.

Ökologie: Vorkommen in Trockenrasen, an gestörten Plätzen ruderaler Xerothermflora, gilt als Rohbodenpionier. *Silene vulgaris* ist sehr widerstandsfähig gegenüber Trockenheit auf Schichtdicken ab 10 cm. Die Versamung ist reichlich. Niedrige *Sedum*-Arten und andere Kräuter werden überwachsen. *Silene vulgaris* ist dauerhaft, sofern offene Stellen für die Samenverbreitung vorkommen. Durch die späte längere Blütezeit mit Nachblüte und das frische Laub bildet die Art eine auffällige Erscheinung.

Die Ansaat ist einfach.

Thymus praecox, Früher Thymian (Lamiaceae)

Morphologie: Höhe 5 bis 8 cm, Wuchs polsterförmig dicht oder locker, mit langkriechenden Ausläufern. Blätter dunkelgrün, spatelig. Blüten purpurrosa in dicken Köpfen. Bildet verschiedene Standortrassen.

Ökologie: Vorkommen in Trocken- und Steppenrasen, Felsköpfen, alten Mauern. Kalkhaltige Böden werden bevorzugt, Staunässe wird absolut nicht toleriert. Die Art wächst vergleichsweise schnell und breitet sich in lockeren Gras-Kraut-Beständen durch die teilweise selbstwurzelnden Ausläufer stark flächig aus. Die Konkurrenzkraft ist im Vergleich zu *Thymus serpyllum* und *Thymus pulegoides* am stärksten, so daß auch niedrige *Sedum*-Arten überwachsen werden. Die Verbreitung durch Selbstansaat ist sehr stark. Der Frühe Thymian siedelt sich häufig in Kiesrandstreifen an. Es ist nicht sinnvoll, nur aus optischen Gründen größere, flächendeckende Bestände von Thymian anzulegen, da diese nicht sehr dauerhaft sind. Einzelpflanzen erreichen ein Alter von drei bis fünf Jahren und leiden in ungeschützten Lagen bei Frost und Wintersonne. Luxusversorgung mit Nährstoffen führt zum schnellen Ausfall der Pflanzen. Die Trittverträglichkeit von *Thymus praecox* ist gering.

Die Ansiedlung durch Ansaat ist einfach, sofern das Saatgut nicht zu alt ist. Thymian ist eine wertvolle Bienenfutterpflanze. In den Polstern siedeln gern Ameisen. *Thymus* kann nach KNAPP (1987) benachbarte Pflanzen durch frei werdende gasförmige Stoffe beeinflussen (Allelopathie).

13.6 Die Eignung von Laub- und Nadelgehölzen

Gehölze werden für Extensive Dachbegrünungen vergleichsweise selten verwendet. Für Dünn- und Mittelschichtbereiche bis 15 cm Höhe der durchwurzelbaren Schichtdicke sind sie nicht geeignet. In der Regel werden Gehölze auf klein- oder großflächige Substraterhöhungen gepflanzt, sofern keine ausreichenden Schichtdicken vorhanden sind. Es kommen nur niedrige, sehr trockenheitsverträgliche und frostharte Arten in Frage, die zudem auch sehr windfest sein müssen.

Begrünte Dachflächen werden permanent von Gehölzen anemochor (über Samenverbreitung durch Wind) spontan besiedelt. Hierbei handelt es sich teilweise um total ungeeignete Arten wie Pappeln, Erlen, Ahorn wie auch um potentiell geeignete Arten wie zum Beispiel Weiden. LEHMANN (1985, 1986) hat die vierzigjährige Gehölzentwicklung forstlich initiierter und spontaner Gehölzentwicklung auf alten Fabrikationshallen auf etwa 25 cm durchwurzelbarer Schichtdicke und saurem Substrat bonitiert (siehe unten).

Für die Ansiedlung sollten nur abgehärtete Jungpflanzen mit Topfflachballen in unbedingt mineralischem Anzuchtsubstrat verwendet werden. Höherwachsende Weiden sind für windexponierte Lagen nicht geeignet. Substraterhöhungen bieten sich wegen des vergrößerten Wurzelraumes für die Gehölzanpflanzung an. Dabei sollten aber besonders die wind- und sonnenabgewandten Seiten der Aufschüttungen bevorzugt werden (Abbildung 164).

Die in Tabelle 58 der Laub- und Nadelgehölze angeführten Arten sind bisher vom Verfasser langjährig mit mehr oder weniger großem Erfolg im Flachdachbereich eingesetzt worden, einige Arten auch auf Steildächern. Die Ginster-Arten bleiben nicht auf allen Standorten langjährig dauerhaft. Über weitere Arten liegen bisher keine zu verallgemeinernden Erfahrungen vor, das gilt auch für das immer wieder empfohlene Sortiment der Zwergkoniferen.

In Liebhaberanlagen von Pflanzensammlern werden verschiedene niedrige Arten und Sorten von *Pinus, Picea, Abies, Juniperus* oder *Thuja* mit Erfolg kultiviert. Gelegentlich wurden auf erhöhten Pflanzinseln sogar Ziergehölze wie *Weigela* innerhalb von Gras-Kraut-Beständen mit Erfolg angepflanzt. Bedingt durch die gefällelose Dachoberfläche waren dafür auch die Wasserreserven vorhanden.

Festgestellte Holzarten nach vierzigjähriger Bestandsentwicklung auf etwa 25 cm durchwurzelbarer Schichthöhe (LEHMANN 1986)

Acer campestre	*Prunus spinosa*
Acer platanoides	*Quercus palustris*
Acer pseudoplatanus	*Quercus robur*
Betula pendula	*Ribes uva-crispa*
Calluna vulgaris	*Rosa canina*
Carpinus betulus	*Rubus fruticosus*
Crataegus spec.	*Rubus idaeus*
Fagus sylvatica	*Salix* spec.
Rhamnus frangula	*Sambucus nigra*
(Frangula alnus)	*Sorbus aucuparia*
Ligustrum vulgare	*Symphoricarpos albus*
Malus domestica	var. *laevigatus*
Picea abies	*(S. rivularis)*
Pinus silvestris	*Vaccininum myrtillus*
Populus tremula	
Prunus padus	

13.6.1 Gehölze zur klein- und großflächigen Verwendung in Extensiven Dachbegrünungen

Hinweise zum Gebrauch der Tabellen
Die Verwendung von Gehölzen im Bereich der Extensiven Dachbegrünung sollte nur auf der Grundlage einer genauen Standortanalyse und Kenntnis der Ökologie der einzelnen Arten erfolgen. Dies gilt besonders für die großflächige Anwendung. Zur Gehölzbegrünung erdeingebundener Bauwerke birgt es in Einzelfällen ein geringeres Risiko, einige gruppenartige Pflanzungen mit sicher wachsenden Wildarten vorzunehmen und die weitere Besiedlung einer gesteuerten Sukzession zu überlassen. Dazu muß eine langjährige Kontrolle sichergestellt sein und ein Konzept für das Biotopmanagement erstellt werden.

Zwei Tabellen nennen Gehölze für die unterschiedlichen Anwendungsbereiche:

Tabelle 58 gibt Wildgehölze und fremde Arten für Wildstauden-Gehölz-Vegetationen zur kleinflächigen Verwendung ab Schichtdicken von etwa 15 cm an. Die Verwendungsmöglichkeiten sind den Lebensraum-Kennziffern zu entnehmen. Tabelle 57 enthält Angaben zu Wildgehölzen für extensive großflächige Gehölz-Vegetationen für Schichtdicken ab etwa 25 cm. Die Angaben beziehen sich auf die Lebensraum-Kennziffern 0.1, 1.1, 1.3, 0.2, 2.1 und 2.3.

Es ist natürlich nicht ausgeschlossen, daß Wildgehölze aus Tabelle 58 auch für Wildstauden-Gehölz-Vegetationen oder in anderen Vegetationsformen punktuell verwendet werden. In großflächigen Gehölz-Vegetationen, insbesondere mit Anbindung an die freie Landschaft, sollten allerdings keine fremdländischen oder standortfremden Arten aus Tabelle 58 verwendet werden.

Die durch die Schichtdicken-Gruppierungen definierten Lebensraum-Kennzahlen beginnen jeweils mit der Untergrenze. Die meisten Arten wachsen jedoch auf höheren Schichtdicken besser. Erfahrungen für die Verwendung bei einschichtigen Bauweisen aus leichten Schüttstoffen liegen nicht vor.

Lebensräume, zu denen für einzelne Arten bisher noch keine Eignungserfahrungen vorliegen, sind mit ? gekennzeichnet; dies ist im Steildachbereich häufiger der Fall. Hier gibt es besonders viele Lücken. Bei erdangeschütteten Bauwerken können viele Arten im Grenzbereich zur Substratschicht mit Erfolg verwendet werden. Sind für den Steildachbereich überhaupt keine Angaben erfolgt, so ist die betreffende Art nach bisherigen Erkenntnissen dafür nicht geeignet. Als ergänzende Verwendungshilfen mögen die Angaben zur Laub- und Nadelfarbe und des Wuchses dienen.

Die Nomenklatur richtet sich nach FITSCHEN (1987).

Tab. 57. Wildgehölze für extensive, großflächige Gehölzvegetationen (zur Verwendung ab 25 cm Schichtdicke auf flachen Dächern in bodennahen, freien Lagen) (Strauchklassifizierung nach KIERMEIER 1986)

Wissenschaftlicher Name deutscher Name	Groß- strauch 3–5 (7 m)	Normal- strauch 1,5–3 m	Klein- strauch 0,5–1,5 m	Zwerg- strauch 0,1–0,5 m
Amelanchier ovalis Gemeine Felsenbirne		X		
Amelanchier spicata Ährige Felsenbirne			X	
Caragana arborescens Erbsenstrauch	X			
Cornus alba Weißer Hartriegel		X		
Cornus sanguinea Roter Hartriegel	X			

(Fortsetzung Tab. 57)

Wissenschaftlicher Name deutscher Name	Groß- strauch 3–5 (7 m)	Normal- strauch 1,5–3 m	Klein- strauch 0,5–1,5 m	Zwerg- strauch 0,1–0,5 m
Coronilla emerus Strauch-Kronwicke			X	
Cotoneaster integerrimus Steinmispel			X	
Cotoneaster tomentosus Fitzige Felsenmispel			X	
Cytisus purpureus Purpur-Ginster				X
Genista tinctoria Färber-Ginster			X	
Hippophaë rhamnoides Sanddorn		X		
Juniperus sabina Sadebaum		X		
Ligustrum vulgare Gemeiner Liguster	X			
Lonicera xylosteum Gemeine Heckenkirsche		X		
Prunus spinosa Schlehdorn		X		
Rosa arvensis Kriech-Rose			X	
Rosa canina Hunds-Rose		X		
Rosa glauca *(R. rubrifolia)* Hecht-Rose		X		
Rosa pimpinellifolia *(R. spinosissima)* Bibernell-Rose		X		
Rosa rubiginosa *(R. eglanteria)* Schottische Zaun-Rose		X		
Rubus caesius Kratzbeere			X	
Rubus idaeus Himbeere			X	
Pinus mugo Berg-Kiefer	X			
Salix repens Kriech-Weide, Moor-Weide			X	
Syringa vulgaris Flieder	X			

Tab. 58. Wildgehölze und fremde Arten für Wildstauden-Gehölz-Vegetationen zur kleinflächigen Verwendung in Extensivbegrünungen

Wissenschaftlicher Name deutscher Name	Wuchshöhe Blütenfarbe Blütezeit	Wuchs Laub- und Nadelfarbe	Lebensräume Flachdächer 0.1 freie Lagen 1.1	1.2	1.3	0.2 geschützte Lagen 2.1	2.2	2.3	Steildächer 0.3 freie Lagen 3.1	3.2	3.3	0.4 geschützte Lagen 4.1	4.2	4.3
Laubgehölze														
Cytisus decumbens Niederliegender Geißklee	15–20 cm gelb V–VI	flachwachsend schwachwüchsig	D, E			D, E			?			?		
Ephedra distachya mit *E. d.* ssp. *helvetica* und *E. d.* ssp. *distachya* Meerträubchen	30–50 cm	stärker wachsend dunkelgrün	D, E		D, E	D, E		D, E	?			?		
Ephedra minima	8–10 cm	ausläuferbildend, ähnlich Schachtel- halm dunkelgrün	D, E		D, E	C, D		C, D	?			?		
Erica herbacea *(E. carnea)* Schnee-Heide	10–15 cm rosa II–VI	nur Wildform locker wachsend	E		E	D		D				D, E		
Erinacea anthyllis Igelginster	10–30 cm violettblau V–VI	halbkugeliger Dornstrauch reichblühend				D, E								
Genista lydia Balkan-Ginster	30–40 cm gelb V–VI	überhängende Zweige	E			D, E			?			?		
Genista pilosa Sand-Ginster	10–30 cm gelb V–VI	dicht verzweigt verschiedene Formen	D, E			D, E			?					
Genista radiata Strahlen-Ginster	40–60 cm gelb V–VI	aufrecht breitwachsend	E			D, E			?			?		
Genista sylvestris	15–20 cm hellgelb V–VII	dicht verzweigt aufsteigende Triebe				D, E								

(Fortsetzung Tab. 58)

Wissenschaftlicher Name deutscher Name	Wuchshöhe Blütenfarbe Blütezeit	Wuchs Laub- und Nadelfarbe	Lebensräume Flachdächer 0.1 freie Lagen 1.1	1.2	1.3	0.2 geschützte Lagen 2.1	2.2	2.3	Steildächer 0.3 freie Lagen 3.1	3.2	3.3	0.4 geschützte Lagen 4.1	4.2	4.3
Genista tinctoria Färber-Ginster	30–50 cm goldgelb VI–VIII	Kleinstrauch Unterart *G. tinctoria* ssp. *litoralis*, wächst flach, rasig	E			D, E						E		
Perovskia abrotanoides Perowskie	40–50 cm lila VIII–IV	Strauch breitwachsend	E			D, E			?			E		
Prunus pumila var. *depressa* Sand-Kirsche	10–15 cm weiß V–VI	flache Triebe am Boden rote Herbst- färbung	E		D, E	C–E		C–E	?			?		
Prunus tenella Zwerg-Mandel	40–60 cm rosa IV–V	ausläufertreibend, aber nur bei wurzelechten Pflanzen	E			D, E			?			?		
Rhamnus pumilus Zwerg-Kreuzdorn	30–40 cm gelbweiß V–VI	ausläufer- treibend	E		E	D, E		D, E						
Rosa *pimpinellifolia* agg.* Bibernell-Rose	40–60 cm gelbweiß V–VI	ausläufertreibend schwarze Früchte	E			E		E	?			E		E
Salix alpina Myrten-Weide	10–15 cm V–VI	Äste dem Boden anliegend	E		E	D, E		D, E						
Salix glabra Kahle Weide	50–60 cm	Strauch, aufrechtwachsend	E		E	E		E						
Salix **x** *grahamii* Kriechweide	25–30 cm	Naturhybride flachwachsend	E		E	E		E	?			?		

* agg. = Aggregat, der Zusammenschluß von nahe verwandten, schwer unterscheidbaren Arten

Salix purpurea 'Nana' Purpur-Weide	60–80 cm IV–V	breit-, aufrecht-, kugelig wachsend				D, E		D, E				E		E
Salix retusa Stumpfblättrige Weide	5–10 cm	kriechend rasig wachsend	E		E	D, E		D, E	?			?		
Salix repens ssp. *argentea* Kriech-Weide	60–80 cm IV–V	breitwachsend, kriechend, Zweigspitzen aufrecht	E		E	D, E		C–E				E		E
Salix repens ssp. *rosmarinifolia* Rosmarin-Weide	60–80 cm IV–V	Zweige niederliegend, aufrechtwachsend				D, E		D, E						
Nadelgehölze														
Juniperus communis ssp. *nana* Zwergwacholder	15–20 cm	Niederliegend, Naturtyp, Nadeln oberseits hell	E			E			?			?		
Juniperus communis 'Hornibrookii'	25–30 cm	flach, kriechend immergrün	E			E			?			?	E	E
Juniperus communis 'Repanda'	30–40 cm	kriechend, immergrün, dunkelgrün	E			E			?			?	E	E
Juniperus horizontalis 'Andorra compact' Kriechwacholder	20–30 cm	kissenförmig immergrün grau-grün	E			D, E			?			?		E
Juniperus sabina Sadebaum	30–40 cm	kissenförmig wachsend immergrün	E		E	E		D, E	E		E	E		E
Juniperus sabina 'Tamariscifolia' Sadebaum	30–40 cm	immergrün blau-grün, flach ausgebildet	E		E	D, E		D, E	?		?	?		?
Microbiota decussata Sibirischer Fadenwacholder	20–40 cm	flach, fächerartig wachsend, braune Winterfärbung, sonst mittelgrün	E	E	E	D, E	D, E	D, E	?				E	E
Pinus mugo var. *pumilio* Zwerg-Latschenkiefer	40–60 cm	flach kissenartig Zweige aufrecht dunkelgrün	E			D, E			E		E	E		E

14 Verfahren der Vegetationsansiedlung für Dachbegrünungen

14.1 Verfahren und Anwendungsbereiche

Veröffentlichungen zur versuchsmäßigen Erprobung von Pflanzenarten und Ansiedlungsverfahren waren im Bereich der Extensivbegrünung ab 1980 vermehrt zu registrieren (BORNKAM und ANHAGEN 1977, HEINZE 1982, 1985, KAISER 1981, KOLB und SCHWARZ 1983, 1985, KOLB, SCHWARZ, TRUNK 1987, KRUPKA 1983, 1985, 1987 LIESECKE 1984, 1985a). Lükken ergeben sich allerdings im Bereich der Ansaaten (Keimverhalten u.a.). Für den Bereich der Intensiven Dachbegrünungen und Fassadenbegrünung fehlt vergleichbare Literatur nahezu gänzlich (KRUPKA 1985, 1988).

Im Landschaftsbau und in der Ingenieurbiologie wurde bisher eine Vielzahl von Verfahren zur flächigen, punktuellen und linienförmigen Vegetationsansiedlung entwickelt. Auf Flächen mit Extremcharakter liegen dabei die Zielrichtungen in der Erreichung eines möglichst schnellen Oberflächenschlusses und Durchwurzelung des Bodens durch die Vegetation, um Erosionsschäden vorzubeugen. Im Zeitraum bis zur Erreichung dieses Sicherungszustandes werden verschiedene Hilfsstoffe verwendet. Für die Anwendungsbereiche in der Bauwerksbegrünung können einige Methoden direkt übernommen werden, andere sind zu modifizieren. Spezielle Verfahren, wie etwa die Begrünung durch Steckhölzer oder durch Buschlagen (LUZ 1988), sind für Dachbegrünungen nicht zweckmäßig.

Neben der Modifizierung bekannter Verfahren befinden sich im Bereich der Extensiven Dachbegrünung allerdings auch Neuerungen in der Entwicklung und Erprobung. Dazu zählt zum Beispiel die Ausbringung eines Substratgemenges, versetzt mit Klebern und Saatgut in breiig-fließender Konsistenz mittels Pumpen und Schläuchen, oder die Verwendung verschiedener Vegetationsmatten und Pflanzelemente.

Aus dem Versagen einzelner Pflanzenarten sollte kein voreiliger Rückschluß zu deren Nichteignung erfolgen: „Die Keimungsbedingungen einer Art können wichtiger sein als die Lebensbedingungen der ausgewachsenen Pflanze." (SAGAR und HARPER 1961, in ELLENBERG 1982). Das komplexe Wirkungsgefüge für die jeweils optimale Etablierung einer Art läßt sich nicht vorauskalkulieren. Durch die vegetationstechnische Maßnahme wurde ja nur *ein Erstbesiedlungsversuch* unternommen, während in der Natur eine *ständige Verbreitung von Diasporen* erfolgt. Dadurch ergeben sich für einzelne Arten verbesserte Chancen hinsichtlich der aktuellen Standortqualität und in bezug auf einen günstigen Keimungszeitpunkt.

Die grundlegende Voraussetzung für eine erfolgreiche Ansiedlung von Pflanzen ist die

Tab. 59. Verfahren zur Herstellung der verschiedenen Begrünungsarten

	Verfahren						
Begrünungsart	Trockenansaat	Naßansaat	Einzelkornsaat	Ausstreuen von Pflanzenteilen	Vegetationsmatten	Fertigrasen	Pflanzung
Aufwendige Intensivbegrünung	X	X	(X)	–	–	X	X
Einfache Intensivbegrünung	X	X	–	(X)	(X)	X	X
Fassadenbegrünung	–	–	(X)	–	–	–	X
Extensivbegrünung	X	X	–	X	X	–	X

(X) weniger gebräuchlich

Abb. 180. Praxisbeispiel: Flächige Extensive Dachbegrünung mit Sproßteilen von *Sedum*-Arten und Zupflanzung von Wildstauden.

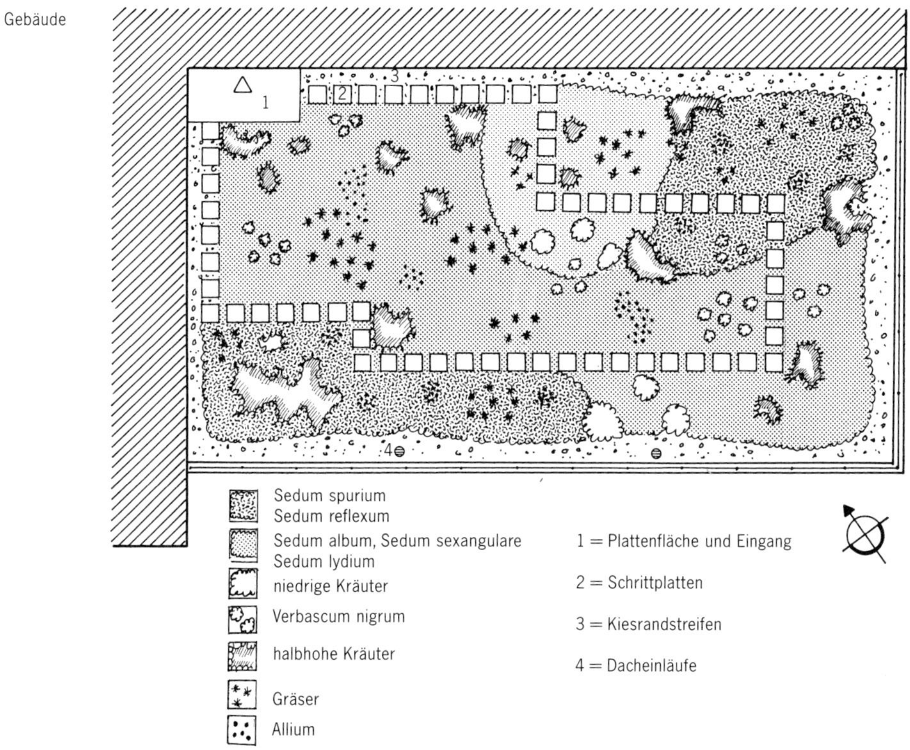

Abb. 181. Praxisbeispiel: Verschiedene Verfahren zur Vegetationsetablierung auf flachen und angehügelten Vegetationsflächen.

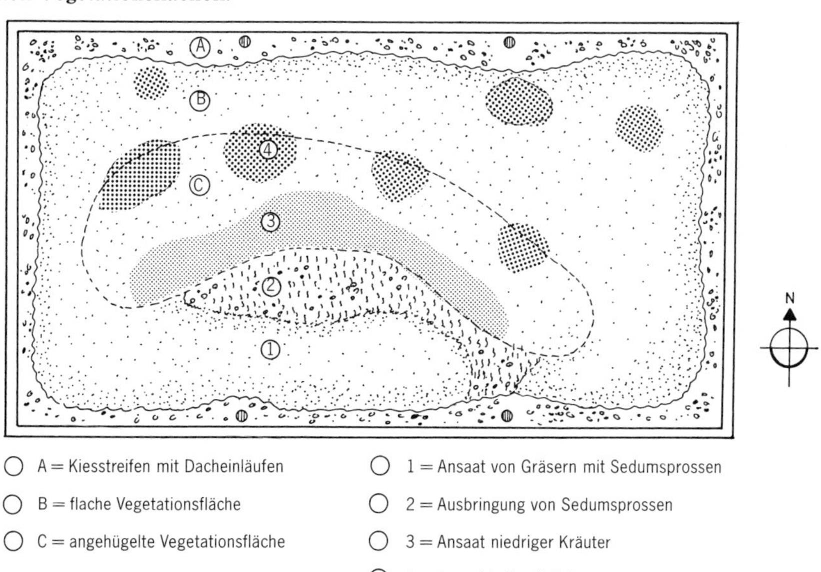

Verfügbarkeit geeigneter Arten und Sorten in spezieller Anzuchtqualität, wie es zum Beispiel die Anzucht in Flachballen mit abgestimmten Substraten darstellt.

In Tabelle 59 und 60 sind die geeigneten hier behandelten Begrünungsverfahren den Begrünungsarten für Bauwerke zugeordnet. Für Extensive und Einfache Intensive Dachbegrünungen sind für die Etablierung der verschiedenen Ausbildungsformen die sieben Grundverfahren gebräuchlich, wie sie in Tabelle 60 dargestellt sind. Weitere Differenzierungen werden in den jeweiligen Abschnitten behandelt. Abbildung 180 und 181 zeigen praktische Beispiele für die Vegetationsetablierung.

Tab. 60. Verfahren zur Herstellung von Extensivbegrünungen und Einfachen Intensivbegrünungen, differenziert nach den Ausbildungsformen der Begrünung (nach LIESECKE, KRUPKA 1988, ergänzt und erweitert)

	Verfahren						
	Trockenansaat	Nassansaat	Ausstreuen von Pflanzenteilen	Vegetationsmatten	Fertigrasen	Pflanzung von Topfballen	Pflanzung mit Pflanzenelementen
Extensivbegrünungen							
Flachdächer							
Moos-Sedum-Vegetationen (MS)				○			
Sedum-Moos-Kraut-Vegetationen (SMK)	○	○	○	○		+	
Sedum-Gras-Kraut-Vegetationen (SGK)	○	○	○	○		+	+
Gras-Kraut-Vegetationen (GK)	○	○	○	○		+	+
Wildstauden-Gehölz-Vegetationen (WG)			+			○	○
Gehölz-Vegetationen (G)						○	
Steildächer							
Moos-Sedum-Vegetationen (MS)				○			
Sedum-Moos-Kraut-Vegetationen (SMK)				○			
Sedum-Gras-Kraut-Vegetationen (SGK)		○	○	○		+	
Gras-Kraut-Vegetationen (GK)		○	+	○		+	
Einfache Intensivbegrünungen							
Flachdächer							
magere Gras-Kraut Begrünungen	○	○	+		○	+	
nährstoffreiche Wiesen	○	○			○	+	
niedrige bodendeckende Begrünungen						○	
höhere bodendeckende Begrünungen						○	
Steildächer							
magere Gras-Kraut Begrünungen		○	+	○	○	+	

+ Verfahren, die ergänzend angewendet werden

14.2 Die Vegetationsansiedlung durch Ansaat

Saatverfahren stellen für Dachbegrünungen eindeutig die kostengünstigste Methode zur Ansiedlung von Rasen- und Gras-Kraut-Vegetationen dar. Während sich die Zielsetzungen und Maßnahmen für die Vegetationsetablierung im Bereich der Intensivbegrünung von denen bodengebundener Begrünungen nicht oder nur unwesentlich unterscheiden, liegen für Extensivbegrünungen und teilweise für Einfache Intensivbegrünungen andere Bedingungen vor.

Die Keimfähigkeit und das Keimverhalten von Kulturpflanzen, von Rasengräsern und vielen Gartenstauden ist relativ gut untersucht. In den Tabellen 63 und 64 wurde das Keimverhalten und die Keimdauer der einzelnen Arten, soweit bekannt, angeführt. Der Ursprung vieler Angaben, insbesondere aus Saatgutkatalogen, ist häufig nicht klar; manche Angaben sind daher als unsicher einzustufen.

Bei Wildkräutern, speziell bei solchen von Trockenstandorten, bestehen noch erhebliche Wissenslücken (vgl. auch AUERSWALD 1987), MEHNERT 1982 und von BOBERFELD 1983 greifen analytisch die Problematik von Blumenwiesen auf. BIELEFELD (1987) hat das Keimverhalten verschiedener Ackerkräuter und Wiesenblumen untersucht.

Die gegenseitigen Beeinflussungen und soziologisch wesentlichen Faktoren bei der Keimung hat KNAPP (1954, 1967) für verschiedene Arten genauer untersucht. Von relativ geringer Bedeutung ist wohl der pH-Wert des Bodens, wie das Verhalten der von KNAPP untersuchten basiphilen und acidophilen Arten zeigt. Pflanzen jedoch, die von Natur aus stickstoffreichen Standorten stammen (wie *Solanum nigrum, Urtica dioica, Chenopodium album*), werden in der Keimung durch eine reichliche Stickstoffversorgung des Bodens gefördert (MAYSER 1922, WALTER 1960, 1963 in KNAPP 1967). Dies hat insbesondere für den Besatz durch unerwünschte Fremdvegetation Bedeutung.

Sehr komplex, aber für den Etablierungserfolg einzelner Arten entscheidend, wirken sich die Einflüsse von Temperaturen und die gegenseitige Beeinflussung der Keimlinge aus. Nach KNAPP (1967) beeinflussen sich sowohl Keimlinge einer Art untereinander als auch Keimlinge verschiedener Arten. Weiterhin ist der Feuchtigkeitsgehalt der obersten Bodenkrume, des „Keimbettes", besonders für das Keimverhalten jener Arten von Bedeutung, die einer ständigen Krumenfeuchtigkeit bedürfen. Die keimungsbiologische Bedeutung der oberen Substratschicht sollte nicht unterschätzt werden. Je „bodennäher" diese hinsichtlich der Stoffzusammensetzung, des Wasserhaushaltes und des Bodenlebens ausgebildet ist, desto weniger Probleme treten in der Saatgutkeimung gerade unter extremen Bedingungen auf.

Auch die pflanzensoziologisch richtige Zusammensetzung der Ansaatmischung ist für die Unterdrückung oder Förderung einzelner Arten bei der Bestandsentwicklung von Bedeutung. „Im allgemeinen keimen Pflanzen, die in Erstbesiedlungsstadien dominieren, rascher als solche, die eine Rolle in Schlußgesellschaften oder späteren Stadien der Vegetationsentwicklung spielen" (KNAPP 1967). KRAUSE (1950 in ELLENBERG 1982) hat in Reinkultur auf Gartenbeeten die Keimungsprozente und Jugendentwicklung von Trokkenrasenpflanzen untersucht (Tabelle 61).

Bei allen Wildpflanzen tritt eine genetisch bedingte mehr oder weniger hohe Variabilität in der Blütezeit und Saatreife einzelner Arten auf mit unterschiedlichen Auflaufquoten innerhalb der Art. Diese ist bei Züchtungen auch aus naheliegenden wirtschaftlichen Gründen der Saatgutgewinnung nivelliert; sie bildet jedoch ein wichtiges biologisches Reservepotential. So haben zum Beispiel auf Dachflächen, die im Frühjahr schnell austrocknen, all jene genetischen Typen einen Überlebensvorteil, die ihr Saatgut früh bilden. Genetisch nivellierte Arten fallen an solchen Standorten unter Umständen ganz aus und stehen im standortökologischen Anpassungsprozeß nicht mehr zur Verfügung.

Bestimmte Bodenpilze spielen bei einigen Arten eine fördernde Rolle, so daß ein biologisch aktives, keimungsfreundliches Bodenmilieu vorteilhaft ist.

Für Nachsaaten in vorhandene Bestände ist die Tatsache von Bedeutung, daß ältere Pflanzen die Keimung in ihrer Nachbarschaft unterdrücken oder hemmen können. Dies gilt besonders für Arten, die nicht zum Inventar der jeweiligen Gesellschaft gehören. „Sehr erheblich kann die Hemmung der Keimung von

Tab. 61. Keimungsprozente und Jugendentwicklung von Trockenrasenpflanzen in Reinkultur (nach KRAUSE 1950, aus ELLENBERG 1982 im Auszug für Pflanzen, die auch für Extensive Dachbegrünungen in Frage kommen)

1. Mit **hoher Individuenzahl** keimende Arten, die schnell zu geschlossenen, etwa 50 cm hohen Beständen heranwachsen:

a) dichte, **dauerhafte** Bestände bildend; überwiegend in der ersten Vegetationsperiode nach dem Ansaatjahr zur Blüte gelangend: typisches *Mesobrometum*

Gräser:	Übrige:
69*[1] *Brachypodium pinnatum*	100 *Plantago media*
54 *Koeleria pyramidata*	90 *Pimpinella saxifraga*
37 *Briza media*	72 *Carlina vulgaris*
Leguminosen:	64 *Sanguisorba minor*
86 *Lotus corniculatus*	
74 *Ononis spinosa*	
54 *Anthyllis vulneraria*	

b) dichte, aber schlaffe Bestände bildend, die durch Absterben vieler Individuen zur **Auflockerung** neigen; die Pflanzen blühen zu etwa 75 Prozent in der ersten Vegetationsperiode nach der Ansaat: *Festuca valesiaca-Stipa capillata*-Gesellschaft

Gräser:	Übrige:
75 *Stipa capillata*	61 *Alyssum montanum*
68 *Bothriochloa ischaemum*	57 *Verbascum phoeniceum*
(Andropogon ischaemum)	38 *Scabiosa canescens*
	32 *Aster linosyris*
	2 *Adonis vernalis*

2. Mit **niedriger Individuenzahl** aufwachsende Arten, die von vornherein offene Bestände bilden*[2]:

a) niedrig bleibend, aber **rasch** in die Breite wachsend; in der ersten Vegetationsperiode nach der Ansaat blühend: *Festuca duvalii-Thymus serpyllum*-Gesellschaft

Gräser:	Kräuter:
68 *Festuca valesiaca*	85 *Veronica spicata*
58 *Festuca duvalii*	71 *Sedum sexangulare*
9 *Poa badensis*	26 *Thymus serpyllum* u.a.

b) nur **langsam** raumfüllend; die Pflanzen kommen erst in der zweiten Vegetationsperiode nach der Ansaat oder noch später zum Blühen:

α) *Carex humilis-Pulsatilla vulgaris*-Gesellschaft

Gräser und Grasartige:	Übrige:
43 *Stipa joannis*	65 *Globularia punctata*
20 *Carex humilis*	63 *Helianthemum canum*
Leguminosen:	60 *Pulsatilla vulgaris* u.v.a.
72 *Hippocrepis comosa*	

β) *Sesleria-Teucrium montanum*-Gesellschaft und *Seslerio-Mesobrometum*

Gras:	Übrige:
52 *Sesleria varia*	78 *Carlina acaulis*
Leguminosen:	33 *Teucrium montanum*
95 *Coronilla vaginalis*	6 *Anthericum liliago* u.a.

*[1] Die Ziffern vor den Pflanzennamen bedeuten Keimungsprozente, die an dem gleichen Samenmaterial im Laboratorium ermittelt wurden.

*[2] Alle unter 2 genannten Gesellschaften besiedeln in der Natur ziemlich flachgründige, magere Standorte.

einjährigen Arten durch bestimmte mehrjährige Pflanzen in Gesellschaften an trockenen Standorten sein. So wurde in Trockenrasen gefunden, daß in Beständen mit vorherrschender Fiederzwenke *(Brachypodium pinnatum)* und Schafschwingel *(Festuca ovina)* nahezu keine Keimlinge auftraten." (KNAPP 1967)

Einer standortgerechten und daher notwendigerweise langsamen Vegetationsentwicklung für Extensivbegrünungen steht das Bestreben nach einer schnellen Flächendekkung zur Erosionssicherung entgegen. Deshalb sind vorübergehend wirksame unterstützende Maßnahmen zur Flächenfestlegung oder zur Reduzierung der Oberflächenverdunstung (Evaporation) erforderlich.

Für Extensivbegrünungen sind folgende besondere Bedingungen zu beachten:

- sehr unterschiedliche Keimdauer der Arten
- unterschiedliche Auflaufquoten innerhalb einzelner Arten
- einzelne Arten haben längere Keimverzögerungen
- sehr unterschiedliche Keimfähigkeit und Reinheitsgrad des Saatgutes
- unterschiedliches Wuchsverhalten der Keimlinge und Jungpflanzen
- witterungsbedingt trocknet die Oberfläche der Substratschichten sehr schnell aus.

Im Landschaftsbau, insbesondere für Böschungsbegrünungen, wird in der Regel mit sogenannten *Ammensaaten* gearbeitet. Dies sind schnell keimende und stark vorwüchsige Gräser, wie zum Beispiel Einjähriges Weidelgras *(Lolium multiflorum)* oder verschiedene Leguminosen (*Lupinus* spec., *Trifolium repens* usw.). Neben dem primären Erosionsschutz durch Verwurzelung und Flächendeckung haben diese Ammenarten die Aufgabe, den Boden zu beschatten und die Oberflächenverdunstung zu hemmen, um so den Folgearten den Start zu erleichtern. Allerdings werden schwachwüchsige Arten häufiger erheblich aufgrund der Konkurrenz durch die vorwüchsigen Pflanzen unterdrückt. Standortökologisch fragwürdige Arten, wie zum Beispiel Lupinen oder Luzerne, können sich über erhebliche Zeiträume festsetzen.

Die Zielsetzung, eine möglichst schnelle Vegetationsentwicklung zu erreichen, kann für die Ansiedlung von Intensivbegrünungen richtig sein; für Extensivbegrünungen ist sie jedoch kritisch zu betrachten. Gerade für diesen Anwendungsbereich wird jedoch die Pionierfunktion von Ammengräsern und Kräutern immer wieder diskutiert und auch praktisch angewendet (HÄMMERLE 1987).

Verhältnisse, wie sie in der freien Landschaft vorliegen, können nicht auf extensiv zu begrünende Dächer übertragen werden. Starkwachsende Ammenpflanzen haben einen hohen Stickstoffbedarf und benötigen anfänglich eine gute, gleichmäßige Wasserversorgung. Ist dies nach der Aussaat auf dem Dach nicht gewährleistet, etabliert sich auch keine vorwüchsige Ammenvegetation. Bei ausreichendem Wasserangebot bilden allerdings die schnell keimenden Pionierpflanzen sofort eine erhebliche Konkurrenz der Endvegetation. In niederschlagsreichen Jahren wird dann unter Umständen der Bestand ausschließlich aus Ammenvegetation gebildet, die zum Beispiel *Sedum*-Arten oder heliophile Kräuter wie *Thymus* verdrängt. Bei Trockenheit oder spätestens am Ende des Vegetationszyklus bricht die höherwachsende Ammenvegetation ganz oder teilweise zusammen und erstickt mit ihrer Biomasse die Untervegetation. Um dies zu verhindern, müßte also rechtzeitig gemäht und das Mähgut abtransportiert werden. Häufig setzen daraufhin Primärsukzessionen ein. Die Verwendung von Leguminosen ist überdies durch die Stickstoff-Eutrophierung ohnehin schon problematisch.

Bei der Verwendung von Ammenpflanzen (in der bisherigen Definition des Landschaftsbaues) für Extensivbegrünungen ergeben sich also im Hinblick auf die Zusammensetzung der gewünschten Endvegetation erhebliche Probleme, so daß unter qualitativen Aspekten keine Vorteile für die Zielvegetation erkennbar sind. Die rein wirtschaftlichen Ziele zur Erreichung einer möglichst schnellen „Begrünung" dürfen keinen Vorrang vor biologischen Notwendigkeiten haben. Aus den Untersuchungen von KRAUSE (1950) läßt sich folgern, daß auch auf Extremflächen zunächst schnell keimende, vorwüchsige Arten die Flächen besiedeln. Diesen kann möglicherweise auch ein natürlicher Ammeneffekt zugeschrieben werden.

Allerdings besteht in dieser Hinsicht noch erheblicher Nachholbedarf in der Forschung. So hat es sich gezeigt, daß schnellwachsende, jedoch nicht dauerhaft flächendeckende *Se-*

dum-Arten, wie zum Beispiel *Sedum acre, S. sexangulare, S. lydium* oder *S. hispanicum*, durchaus einen „Ammeneffekt“ haben können. Weil jedoch besonders *Sedum acre* und *Sedum sexangulare* auf Stickstoffgaben mit starkem, verdrängendem Wachstum reagieren, ist deren ausschließliche Verwendung als „Begrünungsmethode“ fragwürdig. Dies auch deshalb, weil auf den Massenwuchs in der Regel ein weitgehender Zusammenbruch des *Sedum*-Bestandes folgt.

Das Keim- und Entwicklungsklima unter kühlenden *Sedum*-Polstern begünstigt offenbar verschiedene Gräser und Kräuter. Dies wurde für folgende Arten auf Dachflächen mit Extensivbegrünungen festgestellt, wobei einzelne Arten mit Etablierungsproblemen zu kämpfen hatten:
Anthemis tinctoria, Allium schoenoprasum, Bromus tectorum, Campanula rotundifolia, Chrysanthenum leucanthenum, Festuca spec., *Poa compressa.*

Eine schützende und fördernde Wirkung könnte von einigen kleineren Hirse-Arten, die sehr trockenheitsverträglich sind, und einigen selteneren Gräsern, wie zum Beispiel *Eragrostis* (Liebesgras), ausgehen. Dies gilt ebenso für einige sehr schnell keimende und kurzlebige Arten wie zum Beispiel *Erophila verna* (Frühlings-Hungerblümchen) oder *Cardamine hirsuta* (Behaartes Schaumkraut). Diese Arten haben keine starke Verdrängungswirkung.

Bei Aussaaten im Sommer ist die plötzliche Unterbrechung des Keimungsvorganges durch schnell austrocknendes Substrat, insbesondere auch bei einschichtigen Bauweisen, besonders problematisch. Dabei treten die meisten Ausfälle auf, ebenso wie auch in den Primärstadien des jungen Keimlings. Mehrfache Quellungs- und Austrocknungsvorgänge im Saatkorn können die embryonale Entwicklung stark schädigen oder unterbinden. Bei späten Herbstaussaaten leiden die Keimlinge oder Jungpflanzen durch Frosthebung und das dadurch bedingte Austrocknen des teilweise abgerissenen Wurzelwerkes. Das Auffrieren kommt bei den einzelnen Substrattypen sehr unterschiedlich oft und massiv vor.

Für Arten, die als Kältekeimer (sogenannte Frostkeimer) gelten, ist eine vorherige Kältebehandlung sinnvoll, wenn lange Liegezeiten im Saatbett verhindert werden sollen.

Für das Saatgut Extensiver Dachbegrünungen müssen die Keimbedingungen im mikroklimatischen Bereich möglichst günstig gestaltet werden. Dafür bestehen folgende Möglichkeiten:

- Bedeckung mit Substrat
- feinkörnige, keimungsfreundliche Substratzusammensetzung
- Einsatz von mulchenden Stoffen
- Verwendung von verdunstungshemmenden Stoffen (Klebern)
- Strukturierung der Oberfläche
- Ausbringung zu günstigen Jahreszeiten.

14.2.1 Saatmengen und Kornzahlen

Für Zier- und Gebrauchsrasen bei Intensivbegrünungen wird mit hohen Kornzahlen je Quadratmeter und relativ wenigen Arten gearbeitet, um in möglichst kurzer Zeit einen gleichmäßig dichten, konkurrenzstarken Bestand zu erreichen. Diese gärtnerische Intensivkultur ist nicht das Ziel einer naturnahen Vegetationstechnik.

Nach den Angaben in den Regel-Saatgut-Mischungen (RSM) betragen die Aussaatmengen für Landschafts- und Gebrauchsrasen 20 g je m^2 und für Zierrasen sowie für höher belastbare Gebrauchs- und Sportrasen 25 g je m^2. Dies entspricht Kornzahlen von etwa 30000 bis 50000 Korn je m^2. Diese Mengen könnten durchaus reduziert werden, weil die Mehrmengen zur Risikoabdeckung erheblich sind. Da die Fertigstellungs- und Entwicklungspflege gemäß DIN 18917 und DIN 18919 eine sichere Vegetationsetablierung gewährleistet, ist der Risikovermeidung bereits ausreichend Genüge getan.

Die Aussaatmengen für Extensive Dachbegrünungen müssen einer grundsätzlichen, kritischen Analyse unterzogen werden. Die ausschließliche Fixierung auf Aussaatgewichte je m^2 in der Praxis kann zu erheblichen Fehleinschätzungen und Negativfolgen in der Vegetationsetablierung führen. Die im Landschaftsbau üblichen Aussaatgewichte wie die oben genannten bis zu 25 g je m^2 sind für Extensive Dachbegrünungen absolut zu hoch. Selbst Aussaatgewichte von 3 bis 5 g und Kornzahlen zwischen 5000 und 8000 Stück je m^2 (Liesecke, Krupka 1988) sind für verschiedene Vegetationsformen möglicherweise noch zu hoch.

KOLB und SCHWARZ (1988) geben eine versuchsmäßig erprobte Aussaatdichte von 0,6 g je m^2 an. Von den 500 Stück kalkulierten Pflanzen sind dort 400 Stück je m^2 aufgelaufen. Allerdings sollten dabei die idealen Verhältnisse einer Versuchsanlage berücksichtigt werden. Mit einer Deckung von 20 Prozent waren diese Flächen in der ersten Vegetationsperiode allerdings noch nicht abnahmefähig.

Unter Einbeziehung von Sicherheiten und zusammen mit der zusätzlichen Verwendung zum Beispiel von *Sedum*-Sproßteilen, muß zunächst die Individuendichte je Flächeneinheit festgelegt werden, die den Einzelpflanzen beim Wachstum ausreichende Entwicklungsmöglichkeiten läßt. Dazu ergibt sich rechnerisch die in Tabelle 62 angegebene Individuenzahl je Quadratmeter. Die Festlegung der Individuenzahl je Quadratmeter als Realisierungsziel ist auch abhängig vom Witterungsverlauf und der Qualität der Fertigstellungspflege; insbesondere spielen die Zeitpunkte der Arbeiten, die Zeitabstände und die Höhe und Häufigkeit der Zusatzbewässerung eine Rolle.

Bei sehr geringen Kornzahlen je Quadratmeter sollte auch die Wirksamkeit standortökologischer Auslesefaktoren berücksichtigt werden, durch die zum Beispiel Früh- oder Spätkeimer innerhalb einer Art begünstigt oder benachteiligt werden. Bei höheren Kornzahlen sind die genetischen Reserven und somit Sicherheiten größer.

Tab. 62. Pflanzenabstände und Individuenzahl je Quadratmeter

Pflanzenabstand	Stück Pflanzen je m^2
0,5 × 0,5 cm	40 000
1 × 1 cm	10 000
1,5 × 1,5 cm	4 444
2 × 2 cm	2 500
3 × 3 cm	1 100
5 × 5 cm	400
6 × 6 cm	278
7 × 7 cm	204
8 × 8 cm	156
9 × 9 cm	123
10 × 10 cm	100

Unter Berücksichtigung der Saatgutreinheit und der Keimkraft ergibt sich der *Gebrauchswert* einer Saatgutmischung. Für Wildsaaten sind diese Faktoren weitgehend unbekannt. Deshalb sollte man für den Gebrauchswert von dem Faktor 70 Prozent ausgehen. Die tatsächliche Auflaufrate wird von verschiedenen weiteren unwägbaren, qualitativen Faktoren des Saatgutes, wie Reifegrad des Saatgutes, Lagerdauer und Lagerart, wie auch von pflanzensoziologischen und standortökologischen Einflüssen bestimmt.

Die bisher veröffentlichten Kornzahlen (Tabelle 63 und 64) schwanken bei einzelnen Arten sehr erheblich. Um einen Mittelwert bei starken Abweichungen zu erzielen, sollte die geringste und die höchste Kornzahl ausgeschlossen werden. Wegen der potentiellen Risiken ist bei Extensivbegrünungen mit einer Ausfallrate in Höhe von bis zu 100 Prozent zu rechnen, insbesondere bei späten Herbstansaaten. In Tabelle 65 wird die Berechnungsmethode nach SCHLÜTER (1975) ausgehend von einer Kornzahl von 5000 Stück je m^2 für eine Gräsermischung angewandt.

Die als vegetationstechnisch ideal geltende Methode eines gleichmäßig über die Fläche verteilten Saatgutes (DIN 18917, „Vegetationstechnik im Landschaftsbau, Rasen- und Saatarbeiten") für Gräser und Kräuter ist unter den besonderen Entwicklungsbedingungen für Extensivbegrünungen in Frage zu stellen. Eine räumlich getrennte Etablierung von Gräsern und Kräutern ist vorteilhafter. Die Kräuter sollten weiterhin in Mischungen nach stark und schwach wachsenden Arten unterschieden werden. Die Ausbringung der Kräuter kann dann in kleineren verteilten Flecken erfolgen. Dies können auch punktuelle Substraterhöhungen oder Unterfütterungen mit erhöhtem Wurzelraum sein. Die weitere Verbreitung über die Fläche erfolgt dann aus diesen Initialzellen. Diese Methode bietet auch den Vorteil, daß sich die quantitativen und qualitativen Auflaufergebnisse besser kontrollieren lassen. Nachsaaten können gezielter ausgebracht werden. Weiterhin wird der sorgfältige Umgang mit der wertvollen biologischen Ressource Saatgut, speziell von selteneren Arten, gefördert. Dies ist auch unter Kostenaspekten interessant.

Da das Ziel in der Regel ein möglichst artenreicher Pflanzenbestand ist, müssen alle

Tab. 63. Korngrammgewichte für Stauden und Wildkräuter

Pflanzenart	Quellenangaben*[1]	Kornzahl je 1g	Kornzahl als Mittelwert je 1g	Keim-verhalten*[2]
Achillea millefolium	N	7000	7000	L, 14T
Achillea tomentosa	Hg	350	350	L
Adonis aestivalis	H	120	120	4-6T
Adonis vernalis	F (R)	120	120	L, F
Alchemilla vulgaris	N	2600-2700	2650	F, L 25-30T
Allium schoenoprasum	R	700-1000	850	8-10T
Allium sphaerocephalon	H	600-700	650	15-20T
Alyssum argentum	J	2000	2000	
Alyssum moelendorfianum	Hg	2650	2650	L, 5-8T
Alyssum montanum	F (A)	1500	1500	
Alyssum saxatile	F (R)	1000-2000	1250	L, 10-14T
Anchusa officinalis	F (A)	170-205	185	
Anemone sylvestris	F (N),	1200-1500	1350	
	J	1300		
	H	200		
Antennaria dioica	W	4000	4000	
Anthemis tinctoria	F (R)	2000-3000	2500	L, 4-14T
	F (A)	2200		
	O, J, H	2500		
	N	2000-3000		
Anthericum liliago	H, W	30-70	65	
	Hg	110		
Anthericum ramosum	H, W	30-100	65	F 15-20T
Anthyllis vulneraria	F (R), H, N	300-400	375	5-10T
	F (Ha)	350-460		
Aquilegia vulgaris	F (R), N	600-900	750	F, D 7-28T
	F (Ha)	500-600		
	O, J	750		
	H	600-700		
Arabis caucasica	J	1000	1000	L, 8-10T
Arabis procurrens	J	4000	4000	
Arenaria grandiflora	J	330	330	
Arenaria serpyllifolia	F (A)	13300	15000	L, 10-15T
	H	17000		
Artemisia absinthum	N	9000	9000	L, 7-28T
Artemisia dracunculus	R	3000-6000	4500	
Artemisia vulgaris	R	7000-11000	9000	L
Aster amellus	F (R), N, H	400-700	550	3-14T
	J	500		
Aster linosyris	J	700	700	3-14T
Bellis perennis	N	1000	1000	L
Campanula carpatica	F (R), N	1000-1200	1200	L, 7-21T
	O, J	1000		
	H	1500		
Campanula glomerata	N	8000-9000	8500	L, F, 45T
Campanula persicifolia	F (R), N	9000-10000	11000	L, F, 10-14T
	O, J	9000		
	H	10000-18000		
Campanula rapunculoides	F (A)	5000	5100	L, F, 10-15T
	H	5200		
Campanula rotundifolia	F (R), H	15000-16000	15500	L, F, 21T

(Fortsetzung Tab. 63)

Pflanzenart	Quellenangaben*[1]	Kornzahl je 1g	Kornzahl als Mittelwert je 1g	Keim-verhalten*[2]
Cardamine hirsuta	F	8000-8800	8400	
Cardamine pratensis	H	2000	2000	L, 10-15T
Carlina acaulis	F (R)	50-250	150	L, F, 15-20T
	F (A)	250		
Carlina vulgaris	F	600	600	L
Centaurea jacea	F (A)	1000		
	O	200		
	J	150	400	L, 21T
	H	480		
Centaurea montana	H	90-100	90	14-21T
Centaurea scabiosa	F (N), H,	150-200	175	
	J	150		
Cerastium tomentosum	Hg	2500-3000	2750	
Cheiranthus cheiri	N	400-600	500	5-15T
Chrysanthemum cinerariifolium	J	330	330	
Chrysanthemum leucanthemum	F (A)	2100-2600		
	F (R), O	700-800		
	J	2000-2600	1.300	L, 14T
	H	20-100 (?)		
	N	800-1000		
Chrysanthemum parthenium	F (R)	5000-8000		
	H	8000	6500	
Cirsium acaule	F (A)	700	700	
Coronilla varia	F (W), J	2500 (?)		
	F (R), O, N	300	300	10-14T
	H	250-300		
Dianthus carthusianorum	F (W)	500		
	F (N)	500-700	650	D
	F (G)	500-800		
	H	950		10-15T
Dianthus deltoides	F (R), N	700-750		
	F (J, G)	3500		
	O, J	700	2100	10-14T
	H	750		
	Hg	3000-3600		
Dianthus gratianopolitanus	J	350	350	
Dianthus pulmarius	Hg	850-1500	1100	
Draba aizoides	F (G)	3500	3500	F, L 10-20
Echium vulgare	F (A)	400-500		
	O, J	250	340	10-14T
	H	320		
Erodium cicutarium	H	600-700	650	
Erophila verna	H	66000-67000	66500	L, 5-10T
Fragaria vesca	N	2300-2900	2600	15-20T
Galium mollugo	F (N), H	1600-2000	1800	L, F, 40T
	O, J	1600		
Galium verum	F (N)	1800-2200		
	O, J	1800	2000	10-40T
	H, N	1800-2000		
Geranium molle	F (A)	600-620	850	
	N	1100-1150		

(Fortsetzung Tab. 63)

Pflanzenart	Quellenangaben[*1]	Kornzahl je 1g	Kornzahl als Mittelwert je 1g	Keimverhalten[*2]
Geranium pratense	N	150-200	175	15-20T
Geranium robertianum	F (A)	500	500	L, 12T
Geranium sanguineum	F (W), J, H	100	90	
	N	80-110		
Globularia punctata	J	500	500	
Gypsophila repens	F (R)	1800	1800	
Helianthemum apenninum	J	200	200	
Helianthemum nummularium	F (R)	500-550		
	F (A)	885	980	F, 15-20T
	J	1000		
	H	1000-1100		
Helichrysum thianshanicum	J	250	250	
Herniaria hirsuta	F (A)	11000	11000	D
Hieracium aurantiacum	N	6100-6200	6150	8T
Hieracium pilosella	F (A)	6900		
	J	6000	7350	L, 10–15T
	H, N	7600-7800		
Hypericum perforatum	N	8000-9000	8500	L, 10-25T
Hyssopus officinalis	H	900	900	
Inula ensifolia	J	500 .	500	
Knautia arvensis	H	200	200	
Lathyrus pratensis	N	15-25	20	
Lavandula angustifolia	F (R)	1000-1500	1250	20-40T
Leontodon autumnalis	H, N	600-700	650	
Linaria vulgaris	N	5000	5000	10-14T
Linum perenne	F (R), N	300-700	500	
Lotus corniculatus	F (A)	600-1000		
	H	800	800	14T
	N	780-820		
Lunaria rediviva	H	30-50	65	L, F
	W	30-150		
Lychnis flos-cuculi	N	2500-2800	2650	L, 15-20T
Lychnis viscaria	J	1000	1000	
Malva moschata	N	380-420	400	F, 14T
Malva sylvestris	N	120-200	160	20-30T
Medicago lupulina	F (R)	500-600	550	
Melilotus alba	F (R, N)	550-600	530	10T
	F (W)	490		
Origanum vulgare	F (R), H, N	5000-10000	7500	F, 10-30T
Papaver rhoeas	N	9000	9000	8-10T
Petrorhagia saxifraga	H	6500	6500	L, 15-20T
Pimpinella saxifraga	F (A)	1050		
	F (W), J	2000		
	F (N)	2000-2500	200	20T
	F (Sch)	110-670		
	N, H	2500-3200		
Plantago argentea	J	350	350	
Plantago lanceolata	F (Sch)	600-650		
	F (W), J	800	700	10-15T
	F (R), H, N	850		
	F (A)	500-900		
Plantago major	H	1200	1200	Naßkeimer[1)]

(Fortsetzung Tab. 63)

Pflanzenart	Quellenangaben*[1]	Kornzahl je 1g	Kornzahl als Mittelwert je 1g	Keim-verhalten*[2]
Plantago media	F (A), H	2800	2250	
	F (W)	3700		
Potentilla argentea	F (W)	800	850	L, 20-30T
	F (N)	800-900		
Potentilla erecta	H	2600	2600	25-30T
Portulaca oleracea	N	2400-2600	2500	
Primula veris	N	1000-1300	1150	F, D, 15-30T
Primula vulgaris	Hg	1000-1200	1100	F, D, 10-15T
Prunella grandiflora	F (N), H	800-900	850	16T
	J	800		
Prunella vulgaris	F (N), H	1400	1400	L, F, 16T
Pulsatilla vulgaris	F (W)	500	380	L, F
	H	260		
Ranunculus acris	H	650	650	
Ranunculus bulbosus	J	400	375	19T
	H	350		
Ranunculus repens	N	2800-3200	3000	
Salvia pratensis	F (W), O, J	150	450	30T
	F (G)	140-160		
	H, N	750-800		
Sanguisorba minor	F (R)	100-250	150	15-20T
	F (Sch)	110-130		
	O, J	100		
	H	100-200		
Saponaria officinalis	N	600-650	625	
Saxifraga granulata	J	4400-4800	4600	K, 10-15T
Saxifraga paniculata	J	4000	4000	15-20T
Scabiosa columbaria	H	75-100	85	14T
Sedum acre	F, (J)	10000	20000	L, 5-10T
	H	20000		
	N	21000-22000		
Sedum album	H	50000-60000	55000	L, 8-15T
Sedum reflexum	H	11000	11000	L, 8-10T
Sedum spurium	Hg	15000	11500	L, 10-15T
	R	8000-15000		
Sedum telephium	Hg, W	25000	25000	
Sempervivum-Arten	Hg	40000-100000	70000	L
Silene dioica	H	1200	1200	
Silene nutans	N	1000-1100	1150	
Silene schafta	J, H	3000	3000	L, 21T
Silene vulgaris	F (A)	1400-1600	1350	L, 17T
	H	1200		
Sisyrhynchium angustifolium	J	200	200	
Stachys officinalis	H	1000	1000	
Taraxacum officinale	N	1200-1600	1400	L, 7-21T
Teucrium botrys	F (A)	760	760	
Teucrium chamaedrys	H, N	700-750	725	
Teucrium scorodonia	N	1400-1500	1450	
Thymus serpyllum	F (A)	4000	5000	L 15-20T
	F (R), N	5000-10000		
	J, H	5000		
Thymus vulgaris	N	3000-6000	4500	

(Fortsetzung Tab. 63)

Pflanzenart	Quellenangaben*[1]	Kornzahl je 1g	Kornzahl als Mittelwert je 1g	Keimverhalten*[2]
Trifolium pratense	F (W)	620	620	
Trifolium repens (kleinblütig)	N	1400-1500	1450	10-15T
Valeriana officinalis	H	1500-2000	1750	14T
Verbascum nigrum	F (A)	9000-10000	9000	L, F, 15-20T
	F (G)	7000		
	H	10000-11000		
	N	10500-11000		
Verbascum phoenicium	J	6000	6500	15-20T
	H	5000-8000		
	Hg	10000		
Verbascum thapsus	F (A)	13000-15000	14000	
	H	14000		
Veronica serpyllifolia	H	5400	5400	
Veronica spicata	F (J)	9000	9000	L
Viola hirsuta	N	110-130	120	
Viola odorata	Hg	2300	2300	25-35T
Vincetoxicum hirundinaria	F (A)	125	125	

*[1] Quellenangaben:

Fahrmeier (1987)	F mit näheren Quellenangaben (A, G, Ha, He, J, K, N, Sch, R, W)
Hagemann (1966)	Hg
Hesa (1988)	H
Jelitto (1987)	J
Julius Wagner (1988)	W
Nungesser (1987)	N
Optimax (1987)	O

*[2] Besonderheiten bei der Keimung (L, F, D) nach BEHRENS; FAHRMEIER, RUGE und KINZEL, KRUPKA, Keimdauer (T) nach BEHRENS, NUNGESSER, KRUPKA.

L = Lichtkeimer
F = Frostkeimer (Kältekeimer)
D = Dunkelkeimer
T = Keimdauer in Tagen
1) = nach ELLENBERG und SNOY 1957

raschkeimenden Arten mit schneller Anfangsentwicklung in ihrem mengenmäßigen Anteil in der Mischung reduziert und dürfen in der Anfangsentwicklung nicht durch übermäßige Wasser- und Düngegaben stark gefördert werden. Um einen streßfähigen Bestand für Extensivbegrünungen zu erhalten, ist eine langsame, gleichmäßige Entwicklung des Gesamtbestandes mit möglichst geringer Individuenzahl notwendig. Weil bei Einfachen Intensivbegrünungen auch nach der Etablierung eine zusätzliche Wasser- und Nährstoffversorgung sichergestellt ist, kann hier die Etablierung eines dichten Bestandes durch höhere Kornzahlen und entsprechende Pflege beschleunigt werden, sofern nicht Kräuter dadurch unterdrückt werden.

Verfahren der Vegetationsansiedlung für Dachbegrünungen

Von links nach rechts und oben nach unten:
Trockenansaat mit Sproßteilen von *Sedum*, vorwüchsiger Bestand von *Poa compressa*.
Naßansaat mit sehr geringen Aussaatmengen, *Sedum*-Bestand vorwüchsig.
Substrat-Feuchtmasse mit Kleber und Saatgut wird mittels Spritzdüse auf ein Steildach aufgetragen.
Vlies-Vegetationsmatte mit überwiegendem Bestand aus *Poa compressa.* Das Vlies ist sichtbar.
Faser-Vegetationsmatte mit Gras-Kräuter-Bestand zur Sicherung von exponierten Teilflächen.
Fadengeflecht-Vegetationsmatten für ein erdangeschüttetes Bauwerk mit Steildachflächen.
Zupflanzung auf Substraterhöhungen innerhalb einer Trockenansaat.
Vollflächige Pflanzung (links) einer Wildstauden-Gehölz-Vegetation. Die Steildachfläche wurde mit Vegetationsmatten begrünt; etwa 4 Wochen alt.

Tab. 64. Korngrammgewichte für Gräser

Pflanzenart	Quellenangaben*[1]	Kornzahl je 1g	Kornzahl als Mittelwert je 1g	Keim-verhalten
Agropyron cristatum	N	500	500	
Agropyron repens	W	400	415	L, 10T
	N	430		
Agrostis canina	W, H, N	20000	20000	L, 8T
Agrostis gigantea (A. alba)	H, N	11000	11000	L
Agrostis stolonifera	H, W, N, F	17000	17000	L, 12T
Agrostis tenuis	N, W, H	16000	15000	L, 12T
	F	10000-20000		
Anthoxanthum odoratum	N, W, H	1700	1800	
	F	1500-2200		
Arrhenatherum elatius	F	300-500	350	L
	W	300		
	H, N	330		
Brachypodium pinnatum	F	500	650	L, 20T
	H	800		
Briza media	H	1500	1500	L, 24T
Bromus arvensis	N	400	400	
Bromus erectus	W	200	210	L, 195
	H, N, F	220		
Bromus hordeaceus (B. mollis)	H	250	250	
	F	200-380		
Bromus inermis	H, N	240	250	
	W	250		
	F	250-400		
Bromus tectorum	H	140	140	
Carex acutiformis	F	1150	1150	
Carex arenaria	F	1351	1350	
Carex elata	F	2174	2100	
Carex flacca	H	1200	1200	L, F
Carex hirta	F	389	390	L, F
Carex humilis	F	730	730	L
Carex montana	F	606	600	
Carex nigra	F	3030	3000	
Carex pallescens	F	990	990	
Carex praecox	F	2941	2950	
Carex sempervirens	F	1587	1590	L, F
Carex sylvatica	H	550	550	L, F
Carex vulpina	F	1265	1260	
Corynephorus canescens	H, N	10000	15000	L, 30T
	F	5555-18000		
Cynodon dactylon	H, W	4500	4500	L, 10T
	N	1700		
	F	1700-7100		

Pflanzen und Pflanzenteile zur Herstellung Extensiver Dachbegrünungen

Von links nach rechts und oben nach unten:
Flachballenstauden 6×6×4 cm (oben), Kleinballenstauden Durchmesser 3 cm (unten).
Triebrißlinge, links *Sedum reflexum*, rechts *Sedum spurium*.
Triebschnittlinge von *Sedum*-Arten, links oben *Sedum album*, rechts oben *Sedum lydium*, links unten *Sedum sexangulare*, rechts unten *Sedum acre*.
Kindel von *Sempervivum tectorum* und von *Jovibarba sobolifera*.
Brutzwiebeln von *Allium carinatum*.
Tochterzwiebeln von *Allium sphaerocephalon*.
Rhizomschnittlinge von *Carex ornithopoda*.
Diasporen von *Poa bulbosa* var. *vivipara*, links Basalknollen, rechts Laubknospen in Trockenruhe.

(Fortsetzung Tab. 64)

Pflanzenart	Quellenangaben*[1]	Kornzahl je 1g	Kornzahl als Mittelwert je 1g	Keimverhalten*[2]
Cynosurus cristatus	H, W, N	1700	2000	L, 6T
	F	1700-3400		
Dactylis glomerata	H, W, N	1200	1500	L
	F	550-3100		
Deschampsia caespitosa	H, W, N	4000	5000	L, 15-20T
	F	3300-16600		
Deschampsia flexuosa	H, W	1600	2500	
	N	1700		
	F	1700-3500		
Eragrostis minor	F	15000-18000	17500	L, 19T
Festuca arundinacea	H, N	500	500	L, 12T
	F	500-555		
Festuca gigantea	F	560-780	670	L
Festuca heterophylla	H	1500	1500	L, 20-24T
Festuca ovina	F	1700-2000	1850	L, 20-24T
	H, W, N	2000		
Festuca ovina ssp. *duriuscula*	W, N	1700	1700	L, 20-24T
Festuca ovina ssp. *tenuifolia*	H, W, N	2500	2500	L, 20-24T
Festuca pratensis	H, W, N	500	650	L
	F	460– 890		
Festuca rubra	F	800-3300	2000	L, 12T
Festuca rubra ssp. *commutata*	H, W, N	1000	1000	L, 12T
Festuca rubra ssp. *rubra*	H, W, N	900	900	L, 12T
Festuca rubra trichophylla	H, W, N	900	900	L, 12T
Holcus lanatus	H, W, N	2500	3500	L
	F	1800-5300		
Holcus mollis	H	2500	3300	
	F	2400-4300		
Koeleria glauca	N, H	800-1500	1100	L, 10T
Koeleria pyramidata	H	1800	1800	
Lolium perenne	H, N	500	550	L
	F	550-600		
	W	600		
Melica ciliata	N	1300-1400	1350	L, 13T
Molinia caerulea	N	4800	4800	F
Nardus stricta	N	2000-2100	2050	
Phleum bertolonii	H, W	2000	2750	L, 9T
	N	3500		
Phleum nodosum	D	5800	5800	L, 9T
Poa annua	F	2000-6500	4000	L
	H, W, N	6500		
Poa bulbosa	F	570	570	
Poa compressa	F	5900-6500	6200	L, 18T
	H, W, N	6500		
Poa nemoralis	F	1700-6000	4100	L, 20-30T
	H, W, N	5500		
Poa palustris	H, W, N	6000	6000	L
	F	4500-7700		
Poa pratensis	H, W, N	3300	3500	L, 14T
	F	3200-10000		
Poa trivialis	H, W, N	5500	6000	L, 18T
	F	3000-12500		

(Fortsetzung Tab. 64)

Pflanzenart	Quellenangaben*1	Kornzahl je 1g	Kornzahl als Mittelwert je 1g	Keimverhalten*2
Trisetum flavescens	W, D	2500	3750	L
	N	5000		
Vulpia bromoides	F	1750	1750	
Vulpia myros	F	1650	1650	

*1 Quellenangaben:

Düsing	D
Fahrmeier (1987)	F mit näheren Quellenangaben (A, G, Ha, He, J, K, N, Sch, R, W)
Hesa (1988)	H
Julius Wagner (1988)	W
Nungesser (1987)	N
Optimax (1987)	O

*2 Besonderheiten bei der Keimung (L, F, D) nach BEHRENS; FAHRMEIER, RUGE und KINZEL, KRUPKA, Keimdauer (T) nach BEHRENS, NUNGESSER, KRUPKA.
L = Lichtkeimer
F = Frostkeimer (Kältekeimer)
D = Dunkelkeimer
T = Keimdauer in Tagen

Tab. 65. Beispiel für die Berechnung von Ansaatmengen getrennt nach Einzelsaaten (Methode nach SCHLÜTER 1986)

Pflanzenart	Gesamtkornzahl pro m^2	Einzelkornzahl pro m^2	Kornzahl in in 1g	vorläufige Aussaatmenge in g pro m^2	Reinheit in Gew. %	Keimkraft in Gew. %	Gebrauchswert in %	Aussaatmenge in g pro m^2
Brachypodium pinnatum		500	500	1	85	75	63,75	1,57
Festuca ovina		1000	2000	0,5	90	80	72,00	0,69
Festuca ovina var. *tenuifolia*	5000	1000	2500	0,4	90	80	72,00	0,56
Poa compressa		2000	6500	0,31	85	75	63,75	0,49
Poa pratensis		500	3300	0,15	85	75	63,75	0,24
Gesamt		5000		2,36				3,55

Geplante Gesamt-Kornzahl: 2500 Korn pro m^2 × 100% Sicherheitszuschlag = 5000 Korn pro m^2

Berechnung des Gebrauchswertes
Reinheit × Keimkraft : 100

Beispiel für *Brachypodium pinnatum*: $\frac{85 \times 75}{100}$ = Gebrauchswert 63,75%

Berechnung der Aussaatmenge als Verhältnisgleichung
Gebrauchswert : vorläufige Aussaatmenge = 100 : x

Beispiel für *Brachypodium pinnatum:* 63,75 : 1 = 100 : x
x = 1 × 100 : 63,75
x = Aussaatmenge pro m^2 beträgt 1,568; aufgerundet 1,60 g

14.2.2 Trockenansaaten

Als Trockenansaaten werden alle manuellen und maschinellen Verfahren zur Ausbringung von trockenem, rieselfähigem Saatgut bezeichnet. Dabei wird die flächige Aussaat von Hand von der maschinellen Rillensaat unterschieden. Einzelkornaussaaten für Sommerblumen und einjährige Kletterpflanzen bilden Sonderfälle.

Grob- und feinkörniges Saatgut sollte in getrennten Arbeitsgängen ausgebracht werden. Die Aussaat von Hand gestaltet sich für Dachbegrünungen relativ schwierig und ist nur für kleinere windgeschützte Flächen ohne Risiko möglich. Die Sproßteile von *Sedum* werden in der Regel nach der Einsaat von Hand ausgebracht.

Das Verwehungsrisiko sollte nicht unterschätzt werden, da auch an windstillen Tagen an Gebäudekomplexen regelmäßig vertikale Luftströmungen auftreten, die leichtes Saatgut sofort mitreißen. Zur gleichmäßigen Handaussaat gehört viel Erfahrung. Zur optischen Kontrolle und besseren Verteilung feiner Saaten kann das Saatgut auch mit Sand oder Sägemehl versetzt werden. Zur genauen Kontrolle der flächenbezogenen Aussaatmengen ist die Rastereinteilung der Flächen hilfreich. Nach Handeinsaaten muß die Saat mit einem Doppelzinkenrechen sorgfältig eingearbeitet werden. Dabei kann auch gleichzeitig eine gerillte Oberfläche (Abbildung 182) hergestellt werden. Sofern sehr leichtes, feines Saatgut, wie zum Beispiel von *Sedum*-Arten, verwendet wird, muß dieses mit Torf, Sägemehl oder Sand vermischt und getrennt von den anderen Arten ausgebracht werden. Eine nachfolgende, vorsichtige Beregnung zur leichten Einspülung in die Krume ist unerläßlich.

Die **maschinelle Einsaat** mit Hilfe kleiner Kastensaatmaschinen oder motorisierter Rasenbaumaschinen bietet die Gewähr der gleichmäßigen Verteilung und Einarbeitung in das Substrat. Die Einarbeitungtiefe sollte mindestens 5 mm betragen, bei grobkörnigen Substraten auch 10 mm. Ausgesprochene Lichtkeimer werden hier allerdings benachteiligt. Bei sehr grobkörnigen Substraten aus Blähton, Blähschiefer oder Lava (Einschichtbauweisen) ist diese Ansaatmethode nicht praktikabel, weil das Saatgut zu tief zwischen die Körnung fällt. Sehr feine Saaten, wie zum Beispiel von *Campanula*, keimen dann an der Unterseite der Substratschicht und gehen wegen Lichtmangel ein. In solchen Fällen sind also Naßansaaten mit entsprechender Saatgutfixierung erforderlich.

Abb. 182. Ausbildung des Saatbettes durch verschiedene Strukturierung der Oberfläche der Vegetationsschichten. 1 = Saatbett mit gerillter Oberfläche, 2 = Mulchschicht aus Splittkörnung auf dem Saatbett, 3 = Ansaat im Naßsaatverfahren mit Mulchdecke.

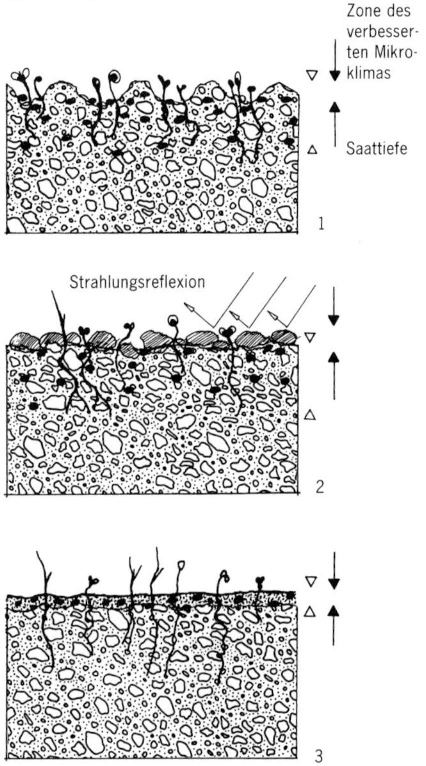

Bei dem Einsatz von Rasenbaumaschinen sollte das Andrücken durch die nachlaufende Walze möglichst entfallen, um die mikroklimatisch günstigere gerillte Oberfläche zu erhalten.

Die maschinelle Ansaat gibt dem Saatgut guten Schutz vor Wind- und Wassererosion. Wenn das Substrat jedoch durch Niederschläge und Bewässerung nicht dauernd feucht gehalten wird, ist besonders für Arten mit sehr feinem, leichtem Saatgut ein höheres Erosionsrisiko gegeben. Deshalb kann die Ausbringung von Hilfsstoffen, die die Oberfläche vorübergehend verkleben (siehe Abschnitt 14.8.), vorteilhaft sein. Diese Hilfsstoffe setzen gleichzeitig die Oberflächenverdunstung herab. Werden hohe Konzentrationen ausgebracht, um eine möglichst lange anhaltende Wirkung zu erzielen, können allerdings Keimverzögerungen auftraten. Kleber müssen auf die feuchte Substratoberfläche gespritzt werden.

Eine vorteilhafte grobkörnig strukturierte Oberfläche kann auch durch die nachträgliche Ausbringung von **Splittmulch**, etwa in der Körnung 8 bis 12 mm oder 8 bis 16 mm, erzielt werden. Stoffe mit hellen Farben sind wegen der Wärmereflektion vorzuziehen. Bei Extensivsubstraten mit den entsprechenden Kornzuschlägen stellt sich dies als positive Begleiterscheinung nach kurzer Zeit durch Auswaschung von selbst ein. Auf kleineren Flächen ist die vorübergehende Verwendung von Schattiergeweben vorteilhaft. Sie müssen allerdings unbedingt windsicher befestigt werden.

Der entscheidende Einfluß des **Mikroklimas** auf die Keimung und weitere Entwicklung der Jungpflanzen zeigt sich auf freien Dachflächen zum Beispiel im Trassenverlauf von Blitzschutzanlagen sehr deutlich. An Abstandshaltern und Auflagesteinen läßt sich an den windgeschützten Seiten eine deutlich bessere Pflanzenentwicklung feststellen. Dies ist auch im Sonnen- und Windschatten von höheren Dachrändern zu beobachten. Auf gerillten Saatoberflächen keimt das Saatgut in den Vertiefungen deutlich früher, und die Keimlinge entwickeln sich dort auch schneller.

Vorteile von Trockenansaaten:
- universell anwendbar
- auch für kleine Flächen geeignet
- einzelne Arten können auch gezielt kleinflächig gesät werden.

Nachteile von Trockenansaaten:
- stärkere Gefährdung durch Windverwehung
- geringe Kornzahlen je Quadratmeter können kaum gleichmäßig ausgebracht werden
- Gefährdung durch Erosionen
- bei Handsaat Flächenkontrolle schwierig
- nicht für sehr grobkörnige Vegetationsschichten (Einschichtbauweise) geeignet.

14.2.3 Naßansaaten

Für die hier gewählte Bezeichnung Naßansaaten sind auch die Begriffe hydraulische Ansaat, Spritzansaat oder Anspritzverfahren gebräuchlich. Es sind etwa 15 Verfahren zu unterscheiden (SCHLÜTER 1986, BEGEMANN und SCHIECHTL 1986), die für die Anwendung im Landschaftsbau und in der Ingenieurbiologie entwickelt wurden. Die Anwendung erfolgt als System oder Verfahrensbezeichnungen auf der Ausgangsbasis bestimmter funktionaler Wirkstoffe oder Markenprodukte. Häufig werden biologisch-physikalische multifunktionale Wirkungen einzelner Produkte angegeben.

Im Naßansaatverfahren wird in einem Arbeitsgang ein im Tankwagen mit Rührwerk aufbereitetes Gemenge aus Wasser, Saatgut und Begrünungshilfsmitteln durch Pumpendruck über Schläuche und Spritzdüsen gleichmäßig auf die zu begrünende Fläche ausgebracht. Die Qualität der Ansaat hängt von der langjährigen Erfahrung in der Verwendung und Aufbereitung der Hilfsstoffe und dem handwerklichen Können der die Spritzdüse führenden Person ab.

Naßansaaten werden auch als Alternative zu Fertigvegetationen (Vegetationsmatten) bei der Begrünung von Steildächern eingesetzt. Hier ist besonders wichtig, wie lange die erosionshemmende Wirkung des gewählten Verfahrens anhält. Das Naßansaatverfahren läßt sich mit Erosionsschutzgeweben kombinieren.

Nach SCHLÜTER (1986) werden die Begrünungshilfsmittel unterteilt in:
- bodenverbessernde Stoffe
- bodenfestigende Stoffe
- Bodenersatzstoffe
- Mulchstoffe.

Der Vorteil von Naßansaaten gegenüber Trockenansaaten liegt in folgenden Faktoren:
- Es handelt sich um ein rationelles, schnelles Verfahren für größere Flächen.
- Auch geringe Saatgutmengen werden gleichmäßig verteilt.
- Sehr unterschiedliche Saatgutgewichte lassen sich gleichmäßig ausbringen.
- Saatgut und Substratoberfläche werden erosionssicher festgelegt.
- Die Mulchschichten wirken verdunstungshemmend.

- Bodenverbessernde und ebenso keimungsfördernde Stoffe werden mit ausgebracht.

Als Nachteile können angeführt werden:

- Der Einsatz ist nur auf größeren Flächen rentabel.
- In Abhängigkeit von Pumpendruck und Schlauchlängen sind die zu begrünenden Flächen nur begrenzt erreichbar.
- Bei mangelndem Bodenkontakt von Mulchdecken läuft das Saatgut später auf.
- Die empfindlichen Dachrandabdeckungen und Fassaden können verschmutzen.

Für die Anwendung in der Dachbegrünung müssen die Verfahren modifiziert werden. Stark verschmutzende Bindemittel wie etwa Bitumenemulsionen und brandgefährdete Mulchstoffe (zum Beispiel Stroh) dürfen nicht zur Anwendung kommen. Eine gleichzeitige Ausbringungen von Pflanzenteilen wie *Sedum*-Sprossen ist für Extensivbegrünungen wünschenswert. Diese dürfen jedoch nicht durch das Rührwerk zerschlagen oder stark beschädigt werden und die Düse verstopfen. Die Sproßteile von *Sedum* werden deshalb in der Regel von Hand ausgebracht.

Die Konstruktion von leichten kleinen, beweglichen Maschineneinheiten für den mobilen Einsatz würde die rationelle Anwendung auf kleinen Flächen ermöglichen. Abwandlungen des Verfahrens haben Hämmerle (1988), Kolb (1988), Krupka (1988) und Liesecke (1988) beschrieben.

Eine kombinierte Sonderform von Naßansaaten und Substrateinbau ist der breiig-flüssige Einbau eines mit Klebern, Hilfsstoffen und Saatgut versetzten Substratgemisches (Grün-Dach 1988). Dieses Verfahren wird auch für Steildachbegrünungen eingesetzt. Die Masse wird durch Pumpen über Schläuche gefördert. Nach dem Einbau kommt es zu einer erosionssicheren, zeitlich begrenzten Verhärtung bei gleichzeitig guter Niederschlagsaufnahme. Diese Methode soll sich besonders im Sommerbau, zur Überbrückung langer Trockenperioden ohne besondere Fertigstellungspflege, bewähren.

14.3 Die Vegetationsansiedlung durch Ausbringen von Pflanzenteilen

Die Verwendung von bewurzelten und unbewurzelten Pflanzenteilen zur Vegetationsansiedlung für Extensive Dachbegrünungen stellt ein relativ neues Verfahren dar, obwohl es als gärtnerische Vermehrungsmethode seit langem bekannt ist (Kesselring 1927, Möbius 1940, Hagemann 1966). In der Regel wird darunter die sogenannte Methode der „Sprossenbegrünung" verstanden, mit der das flächige Ausbringen von Triebstücken verschiedener *Sedum*-Arten gemeint ist (Krupka 1983, Liesecke 1984, 1985). Es bieten sich jedoch darüber hinaus weitere Möglichkeiten an, mit überlebensfähigen Pflanzenteilen groß- und kleinflächige Vegetationsansiedlungen relativ sicher und rationell vorzunehmen, und zwar unabhängig von Aussaaten oder Pflanzungen.

Einige der hier angeführten selteneren, teilweise weniger bekannten Verfahren haben derzeit noch keine Bedeutung für die Praxis. Es besteht jedoch die Notwendigkeit, auf die *Vielfalt der handwerklich-gärtnerischen Möglichkeiten* hinzuweisen, da besonders im Bereich der Extensiven Dachbegrünung die industrielle Produktion und Ausführung von Begrünungen an Bedeutung gewinnt, bei der kleinflächige Differenzierungen kaum noch realisierbar sind.

Es ist zu unterscheiden zwischen:

gärtnerisch gewonnenen Vermehrungsorganen wie

- Triebschnittlingen
- Triebrißlingen
- Rhizom-Schnittlingen.

natürlichen Verbreitungsorganen (Diasporen) wie

- Tochterrosetten (Kindel)
- Basalknollen
- Laubknospen (Viviparie)
- Brutknospen
- Brutzwiebeln (Bulbillen in Blütenständen)
- basale Brutzwiebeln.

In Tabelle 66 sind die **natürlich vorkommenden** und gärtnerisch hergestellten Verbreitungsorgane geeigneter Pflanzenarten für die Extensive Dachbegrünung zusammengestellt. Abbildung 183 zeigt die Verwendung ver-

Tab. 66. Vegetative Verbreitungsorgane verschiedener für die Extensive Dachbegrünung geeigneter Pflanzenarten (KRUPKA 1990)

	gärtnerisch gewonnene Verbreitungsorgane			Diasporen (natürliche Verbreitungsorgane)					
Wissenschaftlicher Name deutscher Name	Triebschnittlinge (ohne Wurzeln)	Triebrißlinge (mit Wurzeln)	Rhizom-Schnittlinge	Tochterrosetten (Kindel)	Basalknollen	Laubknospen (Viviparie)	Brutknospen	Brutzwiebeln (Bulbillen im Blütenstand)	basale Brutzwiebeln
Moose									
Bryum argenteum Silber-Birnmoos		X					X		
Ceratodon purpureus Hornzahnmoos		X							
Homalothecium sericeum Goldmoos		X							
Sukkulenten									
Jovibarba sobolifera Sprossender Donarsbart				X					
Sedum acre Scharfer Mauerpfeffer	X	X					X1		
Sedum album ssp. *album* Weiße Fetthenne	X	X							
Sedum dasyphyllum Dickblatt-Sedum	X	X					X		
Sedum forsterianum Blautannen-Sedum	X	X							
Sedum hispanicum Spanische Fetthenne	X	X							
Sedum hybridum 'Immergrünchen' Mongolen-Sedum	(X)	X							
Sedum kamtschaticum Kamtschatka-Sedum	(X)	X							
Sedum lydium Moos-Sedum	X	X							
Sedum reflexum Felsen-Sedum	X	X							
Sedum sexangulare Milder Mauerpfeffer	X	X					X1		
Sedum spurium Kaukasus-Sedum	(X)	X							
Sempervivum tectorum agg.* Dachwurz				X2					

(Fortsetzung Tab. 66)

	gärtnerisch gewonnene Verbreitungsorgane			Diasporen (natürliche Verbreitungsorgane)					
Wissenschaftlicher Name deutscher Name	Triebschnittlinge (ohne Wurzeln)	Triebrißlinge (mit Wurzeln)	Rhizom-Schnittlinge	Tochterrosetten (Kindel)	Basalknollen	Laubknospen (Viviparie)	Brutknospen	Brutzwiebeln (Bulbillen im Blütenstand)	basale Brutzwiebeln
Zwiebelpflanzen									
Allium carinatum Gekielter Lauch								X	
Allium oleraceum Kohl-Lauch								X	
Gräser									
Agropyron intermedium Graugrüne Quecke			X						
Carex ornithopoda Vogelfuß-Segge			X						
Festuca vivipara Lebendgebärender Schwingel						X			
Poa bulbosa Knolliges Rispengras					X				
Poa bulbosa var. *vivipara* Lebendgebärendes Rispengras					X	X			
Poa compressa Flaches Rispengras			X						
Kleinstauden									
Saxifraga cespitosa Moos-Steinbrech	(X)	X							
Saxifraga crustata Krustiger Steinbrech		X							
Saxifraga-Arendsii-Hybriden Moos-Steinbrech	(X)	X							
Saxifraga granulata Körner-Steinbrech									X

X1 nicht eindeutig Brutknospen, sondern leicht abfallende Seitentriebe und Triebspitzen; X2 keine ortsbeweglichen Verbreitungsorgane; (X) mit größeren Auswuchsrisiken

* agg. = Aggregat, der Zusammenschluß von nahe verwandten, schwer unterscheidbaren Arten

Abb. 183. Begrünung eines vorhandenen Kiesdaches durch Pflanzenteile: Triebschnittlinge von *Sedum*, Tochterrosetten von *Sempervivum*, Laubknospen von *Poa bulbosa* var. *vivipara*.

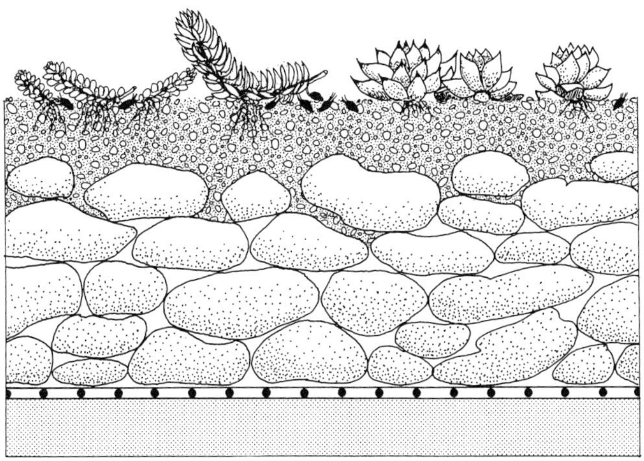

schiedener Vermehrungsorgane bei der Begrünung eines vorhandenen Kiesdaches.

Die gärtnerisch gewonnenen Vermehrungsorgane bedürfen nach der Ausbringung und während der Einwurzelungsphase besonderer Aufmerksamkeit. Neben einem guten Bodenkontakt wirkt sich eine ausreichende Wässerung in klimatisch günstiger Jahreszeit (wie Frühjahr oder Herbst) entscheidend auf den Ansiedlungserfolg aus. Dementsprechend können nicht nur ein ungeeigneter Entnahmezeitpunkt oder eine unsachgemäße Lagerung, die zu vorgeschädigten Pflanzenteilen führt, den Mißerfolg der Ansiedlung bewirken. Insbesondere ungünstige Witterungseinflüsse wie Sonneneinstrahlung, austrocknender Wind oder Frosteinwirkung führen zu Fehlschlägen. Allerdings bleiben einige Dauerformen von Diasporen, wie zum Beispiel Laubknospen und Brutzwiebeln, auch noch unter vorübergehend ungünstigen Bedingungen überlebensfähig.

Zur Verwendung von Triebrißlingen verschiedener Moosarten wird hier nichts weiter ausgeführt, weil diese Methode zunächst nur eine Bedeutung in der Kultur von Vegetationsmatten hat. Die Ansiedlung von Moosen auf Dachflächen durch mechanisch zerkleinerte Moospflanzen ist nur dann möglich, wenn über einen längeren Zeitraum hinweg etwa durch Schattierung ein moosfreundliches, bodennahes Mikroklima sichergestellt ist. Nur das Silber-Birnmoos *(Bryum argenteum)* als robuste „Allerweltsart“ zeigt sich etwas unempfindlicher.

14.3.1 Triebstücke von Sedum

Die flächige Ausbringung von *Sedum*-Triebstücken stellt neben der Pflanzung das sicherste Verfahren dar, diese Sukkulenten flächendeckend anzusiedeln. Das sehr feine Saatgut (zum Beispiel wiegen 50 000 bis 60 000 Korn von *Sedum album* nur 1 g) ist schwierig zu handhaben und relativ teuer, außerdem nimmt die Keimfähigkeit rasch ab. Die einzelnen *Sedum*-Arten sind in unterschiedlicher Weise für die „Sprossenbegrünung“ geeignet. Die Unterschiede ergeben sich aus ihren physiologischen und morphologischen Besonderheiten und ihrem Lebenszyklus. Es ist zu unterscheiden zwischen Triebschnittlingen und Triebrißlingen.

Triebschnittlinge werden durch flächiges Abschneiden der Triebe gewonnen und haben deshalb in der Regel keine Wurzeln.

Ausnahmen sind die Adventivwurzeln mancher Arten *(Sedum acre, S. album, S. sexangulare)*, die sich besonders in den Herbstmonaten ausbilden.

Triebrißlinge werden durch Ausrupfen aus den Mutterpflanzenbeständen oder auch durch Auseinanderreißen von Einzelpflanzen gewonnen und weisen an der Triebbasis immer Wurzeln auf.

Qualitätsaspekte sind im Abschnitt 16.4.3 behandelt. Für alle in Tabelle 50 angeführten Arten und Sorten liegen, auf die Praxis der Dachbegrünung bezogen, noch keine ausreichenden Erfahrungen vor.

Bei einigen Arten bilden die speziell ausgebildeten Bruttriebe oder Brutknospen wie auch die abgetrennten oder abgestoßenen vegetativen Normaltriebe einen Teil der artspezifischen Verbreitungsstrategie. So ist in HEGI (1961) zu *Sedum dasyphyllum* folgendes angeführt: „Der vegetativen Vermehrung dienen die in Blattachseln entspringenden, abfallenden Äste, die aus den Achseln der unteren Laubblätter entspringen. Sie tragen an der Spitze eine Rosette von Laubblättern, am Grunde zahlreiche, oft schon an Mutterpflanze sich entwickelnde Adventivwurzeln. Diese Sprossen fallen samt dem sie tragenden Laubblatt von der Mutterpflanze leicht ab; das halbkugelige Tragblatt gibt dem jungen Trieb seinen Vorrat an Wasser- und Nährstoffen ab und ermöglicht infolge seiner Form zuerst wohl auch ein Fortbewegen auf geneigter Unterlage."

Eine passive Bereitschaft zur vegetativen Verbreitung durch Sproßteile ist bei *Sedum acre* und *Sedum sexangulare* in den Herbstmonaten zu beobachten. Bei gut ernährten Pflanzen, insbesondere von *Sedum acre*, brechen kurze Seitentriebe, aber auch Triebspitzen bei Berührung und durch Windeinwirkung sehr leicht ab. (Gleiches konnte nach starken Regenfällen beobachtet werden.) Häufig bewurzeln bei *Sedum album* und *Sedum dasyphyllum* auch abgefallene Blätter.

Unter praktischen Gesichtspunkten werden hier die *Sedum*-Arten in zwei Gruppen eingeteilt, denen die unten aufgeführten botanischen Sektionen zugeordnet werden können:

- weichtriebige Arten, die rasen- oder mattenartig wachsen
- Arten mit dickeren oder härteren Trieben, die polster- oder mattenartig wachsen.

Die leicht brechenden Triebe der ersten Gruppe lassen sich gut als Triebschnittlinge gewinnen und wachsen willig an, während die dickeren oder härteren Triebe der zweiten Gruppe je nach Art in der Gewinnung aufwendiger und im Anwachsen teilweise etwas heikler sind. Mit Ausnahme von *Sedum reflexum* wachsen diese besser als Rißlinge an. Tabelle 67 ordnet die wichtigsten *Sedum*-Arten den beiden genannten Gruppen der Trieb- und Wuchstypen zu.

Das Pflanzenmaterial von Triebschnittlingen muß trocken sein, schnellstens befördert, sofort ausgepackt, schattig und kühl gelagert werden. Triebstücke von *Sedum* aus guter Vorkultur vertragen nach der Ernte oder dem Transport eine geschichtete Zwischenlagerung von 5 bis 8 cm Dicke in trockenem Zu-

Tab. 67. Botanisch-systematische Zuordnung der wichtigsten *Sedum*-Arten und ihre Wuchseigenschaften (HEGI 1961)

Systematische Gruppe	Art
weichtriebige Arten, die rasen- oder mattenartig wachsen	
Sektion Sedum	
Album-Cepaea-Gruppe	*Sedum album*
	Sedum dasyphyllum
Sektion Sedum	
Acre-Hispanicum-Gruppe	*Sedum acre*
	Sedum hispanicum
	Sedum lydium
	Sedum sexangulare
Arten mit dickeren oder härteren Trieben, die polster- oder mattenartig wachsen	
Sektion Aizoon	*Sedum aizoon*
	Sedum hybridum
	Sedum kamtschaticum
Sektion Sedum	
Spurium-Gruppe	*Sedum spurium*
Sektion Sedum	
Reflexum-Gruppe	*Sedum forsterianum*
	Sedum reflexum

stand schadlos bis zu einer Woche, wenn die Pflanzen trocken und halbschattig lagern und gewendet werden. Feuchtigkeit, Wärme und Dunkelheit führt teilweise schon nach zwei Tagen zur Fäulnis.

Unsachgemäß gelagertes und zu lange gelagertes Pflanzenmaterial ist nicht mehr ausreichend streßfähig und bedingt hohe Ausfallquoten. Hohe Ausfälle konnen auch bei Triebstücken aus unsachgemäßer Vorkultur (Überdüngung usw.) auftreten. Die weichtriebigen Arten der Acre-Hispanicum-Gruppe sind in der Lagerung vergleichsweise anspruchlos.

Die besten Ausbringungszeitpunkte sind die rein vegetativen Phasen, solange die durch die Tageslänge bedingte generative Phase bei den einzelnen Arten noch nicht induziert ist. Bei den frühblühenden Arten sind deshalb die Herbstmonate, ab etwa September, der beste Ausbringungszeitraum. Ein gutes Anwachsen muß jedoch gewährleistet sein, um Winterschäden vorzubeugen. Triebe von den wichtigen Arten, wie *Sedum album* und *Sedum sexangulare*, die kurz vor oder während der Knospenbildung geschnitten werden, setzen auch als nicht bewurzelte Triebe die generative Phase mit Blütenbildung fort und wurzeln nicht oder nur sehr schwach. Dies gilt für alle Arten der Acre-Hispanicum-Gruppe, bei denen die nicht bewurzelten, blühenden Triebe nach der Blüte weitgehend absterben. Es werden jedoch teilweise noch Samen ausgebildet. Es ist daher wenig sinnvoll, schon blühende *Sedum*-Triebe zu Begrünungszwecken auszustreuen. LIESECKE (1985) und BÖHNLEIN (1989) stellten fest, daß die besten Ausbringungszeitpunkte für Sproßteile von *Sedum* im April und September liegen.

Sofern aus organisatorischen Gründen bereits fertile Triebschnittlinge ausgebracht werden müssen, sollte die Stückzahl erhöht werden. Bei ungünstigen Umständen, wie langer Trockenheit, verweichlichtem Pflanzmaterial oder solchen mit Transportschäden, muß mit erheblichen Ausfällen gerechnet werden.

Die Ausbringung erfolgt in der Regel von Hand, indem einzelne Arten getrennt oder als fertige Artenmischung mit einer bestimmten Triebstückzahl je Quadratmeter gleichmäßig ausgestreut werden. Eine gleichzeitige Ausbringung als Anspritzbegrünung im Naßsaatverfahren ist nur dann möglich, wenn das Rührwerk die Triebstücke nicht zerschlägt und die Spritzdüse nicht verstopft. Die Triebe und speziell die Blätter (dunkle Schlag- und Druckstellen) werden jedoch immer etwas in Mitleidenschaft gezogen.

Entscheidend für den Anwachserfolg ist ein guter Bodenkontakt, der durch leichtes Anwalzen oder auch dünnes Abstreuen mit Substrat oder mineralischen Mulchmaterialien (Splittmulch) in Kombination mit einer gründlichen Erstbewässerung. Die Wurzelbildung bei den weichtriebigen Arten beginnt unter günstigen Voraussetzungen nach drei Tagen, bei den harttriebigen Arten etwa nach sechs bis zehn Tagen. In windexponierten Lagen verzögert die ständige Austrocknung, das Bewegen oder gar Verfrachten der Einzeltriebe die Einwurzelung, so daß auch eine Fixierung mit Klebern oder Abdecken mit leichten Jutegeweben in Betracht kommt.

Eine sichere Etablierung mit gut angewachsenen und weiterwachsenen Einzelpflanzen sollte spätestens nach sechs Wochen erreicht sein. Dies kann in Einzelfällen durch gezielte, jedoch geringe Gaben eines mineralischen Volldüngers oder einer Blattdüngung gefördert werden (nicht mehr als etwa 2 g Reinstickstoff je m^2).

Nach LIESECKE (1985) kann mit einer Sprossenzahl von 40 bis 60 Stück je m^2 innerhalb einer Vegetationsperiode ein Deckungsgrad von 60 bis 85 Prozent erreicht werden. Die Ausbringungsmenge richtet sich nach der Vegetationsform und den Begrünungszielen, wie auch nach den Jahreszeiten und den damit verbundenen Ausfallrisiken.

Für die Formen von Gras-Kraut-Vegetationen beträgt die Aufwandmenge bei Begleitarten etwa 10 bis 40 Triebstücke je m^2, während für Sedum-Vegetationen bis zu 60 Triebstücke je m^2 erforderlich sein können.

Die Ausbringung kann innerhalb von Ansaaten oder Pflanzungen auch gesondert und fleckenartig erfolgen. Speziell auf Ansaatflächen sollten besonders die strahlungsexponierten Lagen oder solche mit geringerer Wasserkapazität überwiegend *Sedum*-Anteile erhalten. Häufig handelt es sich dabei um Bereiche an den Dachrändern.

In Tabelle 68 ist die Sprossenzahl je Gewichtseinheit der wichtigsten Arten angegeben, aus der sich die Mengen für individuelle Einzelmischungen entwickeln lassen.

Tab. 68. Anzahl der *Sedum*-Sprossen verschiedener *Sedum*-Arten je Gewichtseinheit (KRUPKA, G. 1986)

Gewichtseinheit und *Sedum*-Art	Anzahl Sprosse je Art
10 g *Sedum acre*	40–50
10 g *Sedum album*	10–15
10 g *Sedum album* 'Coral Carpet'	25–30
10 g *Sedum lydium*	70–80
10 g *Sedum reflexum*	5–8
10 g *Sedum sexangulare*	50–60
10 g *Sedum spurium*	3–5

14.3.2 Rhizomschnittlinge

Eine weitere Methode der gärtnerischen Gewinnung von Verbreitungsorganen ist die Herstellung von Rhizomschnittlingen. Sie wird in der Extensiven Dachbegrünung bisher nicht in der Praxis angewendet, ist aber auf verschiedenen Dachflächen versuchsweise mit Erfolg erprobt.

Von rhizombildenden Gräsern wie *Agropyron* spec., *Poa compressa, Carex ornithopoda* oder auch *Cynodon dactylon,* können im Herbst oder Frühjahr Schnittlinge der Rhizome in Längen zwischen 6 und 10 cm hergestellt werden. Je Schnittling muß mindestens eine Internodie vorhanden sein, aus der sich die neuen Wurzeln und Blätter bilden können. Die Rhizomschnittlinge können längere Zeit trocknen und kühl gelagert werden.

Diese Methode eignet sich besonders zur fleckenartigen Ansiedlung bis zu einigen Quadratmetern Größe. Je Quadratmeter reichen 20 bis 30 Schnittlinge. Nach dem Ausstreuen sollten diese wie Sproßteile von *Sedum* angedrückt oder besser leicht mit Substrat oder Splittmulch abgedeckt werden. Bei ausreichender Feuchtigkeit erfolgt die Wurzelneubildung nach vier bis fünf Tagen, unter gleichzeitigem oder verzögertem Laubaustrieb. Eine kurzfristige, leichte Schattierung ist vorteilhaft.

Die Kosten für die Verwendung von Rhizomschnittlingen liegen zwischen denen der Aussaat und der Pflanzung. Bei sicher keimenden Arten wie *Poa compressa* ist diese Methode weniger interessant; eventuell nur dann, wenn bestimmte Herkünfte (Standortrassen) schnell angesiedelt werden sollen.

Abschließend sei noch darauf hingewiesen, daß das Bermudagras, *Cynodon dactylon,* in südlichen, extrem ariden Klimazonen fast nur durch Rhizomschnittlinge für Zierrasenzwecke angesiedelt wird. Diese Art tritt bei uns in wärmeren Regionen sporadisch als Neophyt auf.

14.3.3 Tochterrosetten (Kindel)

Tochterrosetten oder Kindel können von *Sempervivum*- und *Jovibarba*-Arten gewonnen und dann ausgestreut werden. Dabei ist zu unterscheiden zwischen Arten, welche ihre Kindel an kurzen oder längeren Stolonen (Ausläufern) bilden, und solchen, die fertige Tochterrosetten verschiedener Größe von der Mutterrosette direkt abstoßen. (Je Mutterrosette lassen sich in Jahren mit rein vegetativem Wachstum bis zu 30 Kindel abnehmen.) Bei der ersten Gruppe wurzelt die Tochterrosette erst ein, und dann vertrocknet die Stolone. Bei robusten Arten, wie zum Beispiel *Sempervivum tectorum,* wachsen die Kindel auch mit grünen, abgetrennten Stolonen an. Sie können auch wie Triebrißlinge gepflanzt werden. Die Kindel müssen allerdings eine gewisse Reife und Größe haben. Ganz unproblematisch ist die Ansiedlung fertiger Kindel, wie zum Beispiel von *Jovibarba sobolifera.* Die Art bildet Kindel in lebensfähiger Größe von etwa 3 bis 18 mm Durchmesser aus. Es ist unerheblich, ob die Tochterrosetten beim Ausstreuen auf den Wurzelboden fallen oder nicht, weil sie sich mit den schnell gebildeten Wurzeln in die richtige Wuchslage ziehen.

14.3.4 Basalknollen

Mit Basalknollen werden hier die knolligen Blattgründe von *Poa bulbosa* bezeichnet (Abbildung 184). Diese kommen auch noch bei anderen Grasarten vor, die aber für die Dachbegrünung nicht in Frage kommen. Man kann sich für die Ansiedlung dieser Art der natürlichen Verbreitungsmethode bedienen, die HUBBARD (1985) so beschreibt: „Die Blätter und Halme verdorren und vergehen bald, es bleiben dann die knolligen Blattgründe zurück. Diese enthalten Nährstoffreserven, sie können vom Wind losgerissen und verweht werden, jede bildet dann die Grundlage für

Abb. 184. Jungpflanzen von *Poa bulbosa* var. *vivipara* im Frühjahr kurz vor dem Blütentrieb. Die Laubknospe entwickelt sich unter Teilung zu Basalknollen.

die Ausbildung einer neuen Pflanze.“ Werden die Pflanzen in Töpfen kultiviert, so können einer einjährigen Pflanze ab Juni etwa acht bis zwölf Stück dieser sehr trockenheitsresistenten Vermehrungsorgane entnommen werden. Die Ausbringung sollte immer kleinflächig in Einzelgruppen erfolgen. Ein nachfolgendes Feuchthalten ist nicht unbedingt erforderlich, jedoch das Festlegen gegen Windverwehung.

14.3.5 Laubknospen

Verschiedene Grasarten bilden im Blütenstand statt der Samen Laubknospen als bereits kleine fertige Pflanze aus, die teilweise schon im Blütenstand Wurzeln treiben. Dies wird auch als unechte Viviparie (STRASBURGER 1983) bezeichnet. Bei *Poa bulbosa* var. *vivipara* trocknen allerdings anders als zum Beispiel bei *Festuca vivipara* die neugebildeten Blätter am Blütenstand wieder ein, und es verbleiben kleine Knöllchen als vermehrungsfähige Dauersporen. Im richtigen Reifezustand können die Laubknospen abgestreift und auch einige Zeit in grünem Zustand gelagert werden. Die Ausbringung kann wie bei den Basalknollen erfolgen.

14.3.6 Brutzwiebeln

Für die Extensive Dachbegrünung sehr interessant ist die Brutzwiebelbildung (Bulbillen) im Blütenstand von *Allium carinatum, A. oleraceum, A. scorodoprasum* und *A. vineale.* Diese Arten kommen in Trocken- und Halbtrockenrasen vor. Im Vergleich zur Pflanzung der Zwiebeln erweist sich die Verwendung dieser vegetativen Verbreitungsorgane als sehr effizient und risikolos, weil die Brutzwiebeln sehr robust und trockenheitsresistent sind. Der Zwiebelertrag ist reichlich (Tabellen 69 und 70). Die Brutzwiebeln können sogar auf der Bodenoberfläche ohne Schaden überwintern, wie dies auch an natürlichen Standorten vorkommt.

Die Aussaat der genannten Arten ist problematisch, weil entweder kein oder nur ein geringer Samenansatz erfolgt, so daß die Verwendung sich bisher auf die Pflanzung blühfähiger Zwiebeln in den üblichen Handelsklassifizierungen beschränkte.

Die Brutzwiebeln können ab Mitte August geerntet und wie Blumenzwiebeln eingelagert werden. Die Luft darf allerdings nicht zu trokken sein. Die kleineren, häufig unausgereiften Zwiebelgrößen vertrocknen nach längerer Lagerhaltung. Das Ausstreuen der Brutzwiebeln kann zu jeder Jahreszeit erfolgen, am besten jedoch im Herbst. Außer der Sicherung gegen Windverwehung sind keine besonderen Maßnahmen erforderlich. Bei günstigem Kleinklima und ausreichender Feuchtigkeit hat sich die Zwiebelsaat bereits nach drei Wochen mit Zugwurzeln unter die Bodenfläche gezogen und beginnt mit dem Austrieb. Wirkt jedoch eine intensive Sonneneinstrahlung auf die Zwiebeln ein, so verbleiben sie noch im Ruhestadium.

14.3.7 Basale Brutzwiebeln

Zur Vervollständigung sei hier auf die basale Brutzwiebelbildung von *Saxifraga granulata* hingewiesen. Nach der Ausreifung des Samens (Windverbreitung) im Sommer zerfällt die ganze Pflanze am Stengelgrund in bis zu zehn einzelne Brutzwiebeln, die sich aus dem Boden geschoben haben und ähnlich wie bei *Poa bulbosa* nun durch Wind oder Wasser verbreitet werden.

Tab. 69. Auszählung der Brutzwiebeln von *Allium carinatum* und *Allium oleraceum*, Mittelwerte von Auszählungen der Erntemengen in den Jahren 1987 und 1988; ausgezählt wurden jeweils 15 Blütenstände von, Pflanzen aus naturnahem Anbau in Mittelgebirgslage, Standort halbtrocken, südexponiert, Löslehm, pH-Wert 6,9 bis 7,2 (KRUPKA 1989)

	Zwiebelgröße Länge/Dicke	Anzahl Brutzwiebeln je Zwiebel	Prozentanteil (gerundet)
Allium carinatum			
große Zwiebeln	8/3 mm	55	35
mittlere und kleine Zwiebeln	< 8/3 mm	100	65
Gesamtzahl		155	100
Allium oleraceum			
große Zwiebeln	11/5 mm	50	27
mittlere Zwiebeln	8/3 mm	65	35
kleine Zwiebeln	5/2,5 mm	70	38
Gesamtzahl		185	100

* Bei *Allium carinatum* wurden zusätzlich im Mittel 45 Stück große und 40 kleine bis sehr kleine Blüten je Blütenstand festgestellt. Davon wurden nur etwa 10 Prozent als Samenkapseln ausgebildet. Die Keimfähigkeit des geringen Samenansatzes wurde nicht überprüft.

Tab. 70. Ermittlung der Gewichte von Brutzwiebeln bei *Allium oleraceum* nach zehntägiger trockener Lagerung bei Zimmertemperatur (KRUPKA 1989)

Zwiebelgröße Länge/Dicke	mittleres Gewicht je Zwiebel in g*[1]	Zwiebel-Anzahl in Stück je 1 g	Prozentanteil der Zwiebelgrößen in den Erntemengen*[2]	Stück/Zwiebeln je 1g, Prozentanteil (gerundet)
groß 11/5 mm	0,072	14	27	4
mittel 8/3 mm	0,043	23	35	8
klein 5/2,5 mm	0,020	50	38	19
Summen	–	–	100	31

*[1] von je 10 Zwiebeln *[2] siehe Tabelle 69, rechte Spalte

Tab. 71. Verwendungsmöglichkeiten von Vegetationsmatten

Ausbildungsform der Vegetation	Strukturtypen (VG) für Extensive Dachbegrünungen		Einfache Intensivbegrünung	
	Flachdächer	Steildächer	Flachdächer	Steildächer
Moos-Sedum (MS)	VG-3	VG-3	–	–
Sedum-Moos-Kräuter (SMK)	VG-2 VG-3	VG-3	–	
Sedum-Gras-Kräuter (SGK)	VG-1 VG-2 VG-3	VG-3	–	–
Gras-Kräuter (GK)	VG-1 VG-2 VG-3	VG-3 (VG-2)	VG-1 VG-2 VG-3	VG-3 (VG-2)

( ) = Einschränkungen besonders hinsichtlich der Zugfestigkeit

14.4 Die Vegetationsansiedlung durch Vegetationsmatten

Unabhängig vom unterschiedlichen Vegetationsbesatz von Moos-Sedum- bis Gras-Kraut-Vegetationen werden bei den Vegetationsmatten hinsichtlich ihres Aufbaus folgende Typen unterschieden:

- Vlies-Vegetationsmatten (Typ VG-1)
- Faser-Vegetationsmatten (Typ VG-2)
- Fadengeflecht-Vegetationsmatten (Typ VG-3).

Die Unterscheidungen und Ausbildungsformen sind in Abschnitt 16.3 ausführlicher erläutert.

Vegetationsmatten sind grundsätzlich teurer als die Vegetationsansiedlung durch Saatverfahren, deshalb bedarf ihre Anwendung unter wirtschaftlichen Gesichtspunkten einer entsprechenden Rechtfertigung. Gründe für ihre Verwendung können sein:

- eine Windsoggefährdung von Flachdächern oder ihren Teilbereichen an Ecken und Rändern
- Steildächer mit besonderem Risiko der Wind- und Wassererosion
- ein jahreszeitlich später Begrünungszeitpunkt, der für eine Ansaatetablierung nicht mehr ausreicht
- die Forderung nach einem sofort fertig begrünten Dach.

Die Verwendungsmöglichkeiten von Vegetationsmatten sind in Tabelle 71 für die einzelnen Begrünungsformen dargestellt. Eine Verwendung für Aufwendige Intensive Dachbegrünungen ist wenig sinnvoll, weil hier der Fertigrasen wesentlich kostengünstiger eingesetzt werden kann. Tabelle 72 gibt die Eignung der verschiedenen Strukturtypen von Vegetationsmatten für unterschiedliche Vegetationsformen an. Wie in der Tabelle 78 dargestellt, können Vegetationsmatten aus verschiedenen Stoffarten und Funktionsschichten bestehen. Sofern hohe Anforderungen an die Sicherung gegen Wind- und Wassererosion (Abbildung 185) in Abhängigkeit von Höhenlage und Neigung der Dachfläche gestellt werden, kommen nur Fadengeflechtmatten mit der dreidimensionalen Fadengeflecht-Armierung (Typ VG-3) in Frage. Den geringsten Schutz gegen Erosionen bieten Vlies-Vegetationsmatten (Typ VG-1), sofern sie ohne oberes Gittergewebe verwendet werden. Das Substrat liegt hier lose auf der Vliesunterlage auf und wird je nach Verwurzelungsgrad mehr oder weniger gut von der Vegetationsschicht festgehalten. Deshalb sollte dieser Typ auch nur auf flachen Dächern verwendet werden. Vegetationsmatten vom Typ Faser-Vegetationsmatten (VG-2) haben eine biologisch umsetzbare Schicht. Eine vorübergehende ungünstige Veränderung im C-N-Verhältnis oder des pH-Wertes kann auftreten. Einige *Sedum*-Arten, wie zum Beispiel *Sedum album*, finden gerade hier nicht ihren Optimalstandort vor, während *Sedum spurium* sehr gut gedeiht.

Auf geneigten Dachflächen ist die **Zugfestigkeit** der Gesamtstruktur ein wichtiges technisches Verwendungskriterium. Sie wird in der Regel durch die technische Armierung

Tab. 72. Strukturtypen (VG) und Vegetationsformen (MS bis GK) von Vegetationsmatten

Strukturtypen	Vegetationformen			
	Moos-Sedum-Vegetation (MS)	Sedum-Moos-Kraut-Vegetation (SMK)	Sedum-Gras-Kraut-Vegetation (SGK)	Gras-Kraut-Vegetation (GK)
VG-1 Vlies-Vegetationsmatten	–	–	X	X
VG-2 Stroh-Kokos-Vegetationsmatten	–	X*	X	X
VG-3 Fadengeflecht-Vegetationsmatten	X	X	X	X

* selten angeboten

Abb. 185. Praxisbeispiel: Extensive, erosionssichere Begrünung eines Steildaches mit Vegetationsmatten.

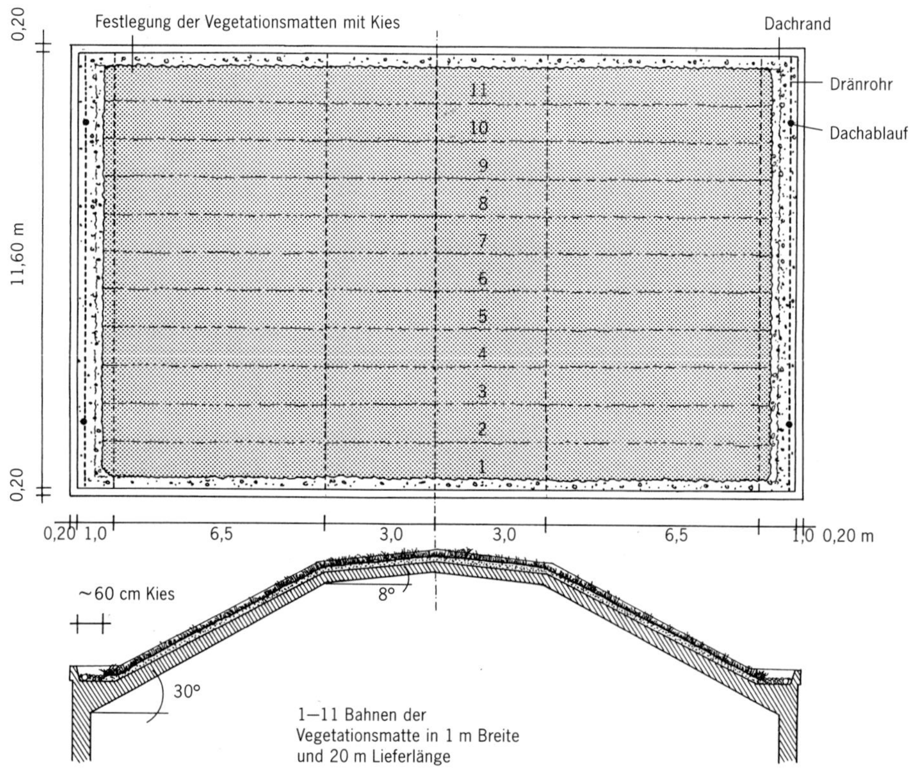

der Vegetationsmatte definiert. Die Zugfestigkeit begrenzt auch die Einbaulängen, da insbesondere die schweren Faser-Vegetationsmatten im nassen Zustand schneller reißen.

Sofern auf Steildächern die Vegetationsmatten nicht in der Querabwicklung über den First von Dachrand zu Dachrand verlegt werden können, muß bei einseitig geneigten Flächen die obere Sicherung sorgfältig erfolgen, um ein Abrutschen zu verhindern. Neben technischen Befestigungen mit Klemmschienen ist eine obere, waagerechte Auflagefläche mit Kies- und Betonplattenbeschwerung am günstigsten (Abbildung 186).

Auf Flachdächern sollten leichte Vegetationsmatten der Strukturtypen VG-1 und VG-3 an den Rändern in einer Breite von 30 bis 50 cm mit Kies und Substrat überdeckt werden, um ein Unterströmen und Anheben durch Wind zu verhindern (Abbildung 187).

Schäden an Intensivbegrünungen

Von links nach rechts und oben nach unten:
Totalausfall in Pflanzbeeten.
Totalausfall von Bodendeckern durch ungeeigneten Schichtaufbau.
Ausfälle durch Windaustrocknung und Windschur.
Windwurf einer Fichte (Foto Dr. Sieler, Stuttgart).
Strahlungsschäden an Efeu.
Strahlungs- und Trockenschäden im Hochsommer, obwohl Wasserversorgung durch Anstau erfolgt.
Unaufhaltbarer Kleebewuchs in *Cotoneaster*-Monokultur.
Frostschaden an *Cotoneaster*.

Abb. 186. Randbeschwerung vorkultivierter Vegetationsmatten durch Kiesauflage. Kräuter und Gräser wachsen im Übergangsbereich später durch den Kies nach oben.

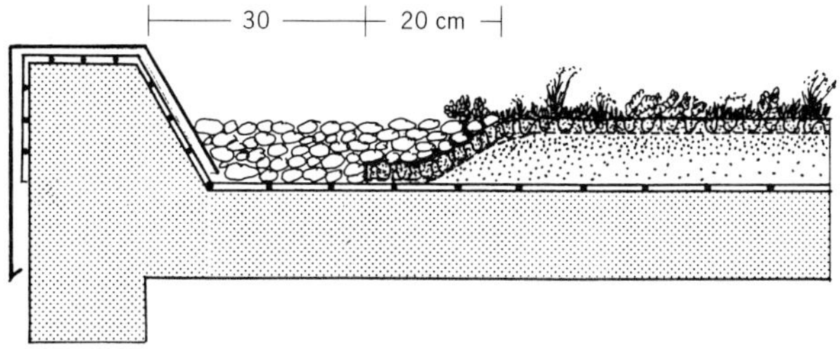

Abb. 187. Praxisbeispiel: Randsicherung durch Vegetationsmatten einer durch Trockenansaat hergestellten Extensiven Dachbegrünung auf einem Flachdach mit Gefälle.

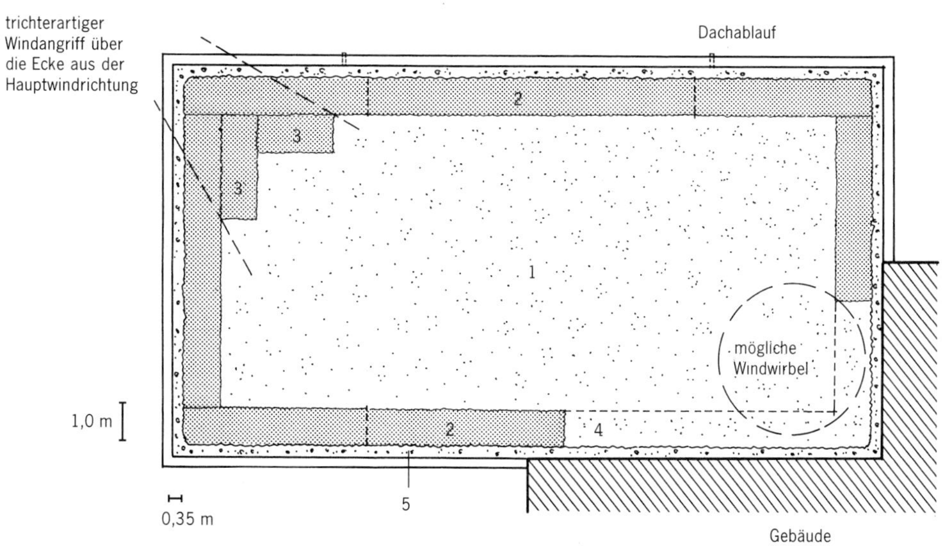

1 = Mittelfläche: Vegetationsansiedlung durch Trockensaat

2 = Randfläche: Substratfestlegung gegen Winderosion durch Vegetationsmatten

3 = Eckfläche: zusätzliche Sicherung durch Vegetationsmatten

4 = Innenbereich: mögliche Verlegung von Vegetationsmatten

5 = Kiesrandstreifen

Schäden an Extensivbegrünungen

Von links nach rechts und oben nach unten:
Ausfälle von Gräsern im exponierten Eckbereich durch Trockenheit und Wind.
Ausfälle durch Luftemissionen einer Klimaanlage.
Trockenschaden mit Totalausfall, Wechselvegetation: mesophile Kräuter.
Trockenschaden mit Totalausfall, Wechselvegetation: Moosvegetation.
Schockartiger Ausfall des Grasbestandes auf einem Steildach.
Weitgehender Totalausfall eines Grasdaches und spontane Wiederbesiedlung durch Ackerkräuter.
Schwund der humosen Substratschicht im Firstbereich eines Steildaches.
Vegetationsausfall und Windausblasungen. Leichtsubstrat in einschichtiger Bauweise.

Eine ständige Bewegung von Vegetationsmatten durch Wind führt zu Walkbewegungen, in deren Verlauf das Substrat und schwachwurzelnde Vegetationen wie Moose und *Sedum* herausgeschlagen und verweht werden können.

Für Dachformen ohne Aufkantung ist eine Randsicherung dünnschichtiger Matten durch U-förmige Metall-Klemmprofile mit Befestigung an der Unterlage erforderlich.

Der Einbau von Vegetationsmatten ist relativ einfach. Nach Herstellung des unteren Schichtaufbaues werden die Matten in möglichst flächenüberspannenden Längen mit Preßfuge auf der *angefeuchteten* Vegetationsschicht ausgerollt und angedrückt.

Diese Fertigvegetation wird in der Regel in Einfach- oder Doppelrollen (gegenläufig aufgerollt) geliefert, so daß auch schwere Lasten mit dem Kran leicht über eine Spindel abgewickelt werden können. Bei größeren Einbaulängen ist zu beachten, daß diese wegen des hohen Gewichtes im ausgerollten Zustand nicht mehr bewegt werden können, etwa um zu breite Stoßfugen zu verringern. Für Flachdachbegrünungen können schwere Typen von Vegetationsmatten auch als Plattenelemente von etwa 1 bis 3 m^2 Größe verwendet werden.

Vegetationsmatten vom Typ Moos-Sedum, die nur auf Dränbahnen oder Vliesunterlagen verlegt werden, können mit feuchtebeständigen Klebern fixiert, und die Bahnenstöße können mechanisch geheftet werden (Tacker). Eine Teilüberspannung mit dünnem Maschendraht, der an den Enden fixiert wird, ist auch möglich. Dieser wird im Laufe der Zeit überwachsen. Eine weitere Möglichkeit bildet die Abdeckung mit Grobkies (Dachkies), der ebenfalls überwachsen wird.

Eine feste Einwurzelung der Vegetationsmatten ist bei ausreichender Bodentemperatur, ähnlich wie beim Rollrasen, frühestens nach drei Wochen zu erwarten. Nach LIESECKE (1990) konnte in einer Versuchsanordnung mit Gras-Vegetationsmatten nach 34 Tagen Einwurzelungsdauer die gesamte Vegetationsschicht in 10 cm Dicke abgehoben werden. Sollten sich bereits nach wenigen Tagen abgestorbene Flecken in der Vegetation zeigen, so weist dies auf Hohlstellen hin (z. B. Trittspuren), die nachträglich angedrückt bzw. aufgeschnitten und nachgefüllt werden müssen. Falls nach drei bis vier Tagen keine neuen Wurzeln sichtbar sind, liegt ein Mangel vor, dessen Ursache man sofort ermitteln sollte. Bei Vegetationsmatten, deren Vegetationsform sich kulturbedingt zu dicht und zu üppig entwickelt, können durch Sonneneinstrahlung und Austrocknung schockartige Vegetationsausfälle auftreten. Gezielte und langsam reduzierte Wässerung, Schattierung oder Anspritzen von Verdunstungsschutzmitteln müssen in solchen Fällen die Akklimatisation fördern. Diese Vegetationsausfälle können insbesondere in zu dichten Gras- und Kräuterbeständen auch erst im Folgejahr, nach längerer Trockenstreß-Einwirkung auftreten.

Die Bahnenstöße schließen sich durch biologischen Verbau bei Sedum-Gras-Kraut-Vegetationen in der Regel innerhalb einer Vegetationsperiode. Für die Verlegung und Fertigstellungspflege von Vegetationsmatten ist im einzelnen folgendes zu beachten:

- Vegetationsmatten mit Gras-Kraut-Vegetation sollten nur nach frischem Schnitt (Schnitthöhe 4 bis 6 cm) verlegt werden.
- Die Vegetationsmatten sollen in den einzelnen Baulängen, entsprechend den Planungsunterlagen, beim Hersteller bestellt werden. Die Einbaulängen müssen auch die Endüberdeckung beinhalten.
- Vegetationsmatten können problemlos mit der Trennscheibe (Typ V2, V3) oder mit dem Messer (Typ V1) geschnitten werden. Um die Abdichtung nicht zu beschädigen, wird jedoch nur am Boden geschnitten.
- Reststücke und Verschnitteile müssen mindestens eine Länge von 2,5 m haben; sie sollten nur auf Flachdächern verwendet und ausreichend fixiert werden, sofern das Eigengewicht nicht ausreicht.
- Die Vegetationsmatten sollen keine Hohlstellen zum Substrat hin aufweisen und müssen deshalb gewässert und angewalzt werden. Ein sofortiger guter Bodenkontakt zur Herstellung der Kapillarität ist unbedingt erforderlich.
- Vegetationsmatten dürfen an den Stößen auf keinen Fall überlappen, da die überlappenden Streifen sehr schlecht anwachsen. Es kann mit einer Verlegefuge von maximal 0,5 bis 1 cm oder besser Stoß an Stoß gearbeitet werden.
- Sollten auf den Matten punktuell kleinere Kahlstellen vorhanden sein oder sich bei

der Verlegung einzelne größere Fugen ergeben, müssen diese mit feinerem Substrat sofort angefüllt werden. Breitere Fugen sollten sofort nachgesät und mit Kleber festgelegt werden.
- Verlegung nur auf gründlich angefeuchtete Substrate.
- Wässerungen nach der Verlegung müssen unbedingt langsam und ausspülungsfrei erfolgen. Die Wasserzufuhr sollte sich bei Steildächern schwerpunktmäßig auf den Scheitelbereich des Bauwerkes konzentrieren, damit das Wasser dann langsam heruntersickern kann. Die Verwendung von Regnern ist vorteilhaft.
- Treten während der Anwachsphase auf Steildächern Erosionen zwischen den Stoßfugen auf, müssen diese sofort mit einer erosionshemmenden Körnung (grobkörniges Substrat) ausgefüllt und angedrückt werden.
- Falls sonnenexponierte Bereiche während der Anwachsphase sehr steil einfallender Sonneneinstrahlung und Windaustrocknung ausgesetzt sind, ist die Verwendung von Verdunstungsschutzmitteln oder aber Schattiermatten in Erwägung zu ziehen.
- Auf geneigten sonnenexponierten Flächen sollten in den Sommermonaten keine Gras-Kraut-Vegetationsformen verwendet werden, weil Gräser nur eine verminderte oder keine Wurzelneubildung haben.

Abb. 188. Nachträgliche Begrünung eines vorhandenen Kiesdaches mit Vegetationsmatten vom Typ „Moos-Sedum".

Sind Startdüngungen erforderlich, ist bei Steildächern das Ausschwemmungsrisiko in die unteren Bereiche zu beachten. Diese Zonen können deshalb ungedüngt bleiben. Die Düngemengen sollten gering sein und falls nötig in mehreren Gaben erfolgen. Es empfiehlt sich eine sofortige langsame Einspülung durch Beregnung. Auf sonnenexponierten Standorten kann die Förderung des *Sedum*-Bestandes durch leichte Düngung erforderlich sein. Im Hochsommer sollten generell keine Vegetationsmatten auf Steildächern verlegt werden.

In der Verwendung von vorkultivierten Vegetationsmatten ergeben sich folgende Vor- und Nachteile:

Vorteile:
- geringes Gewicht und geringe Schichtdicke bei Dünnschichtbauweisen (MS, SMK)
- einfache Verlegung als Rollbahnen oder Mattenelemente mit entsprechenden Ausbildungsformen und Strukturtypen
- sofort fertige, dauerhafte Begrünung
- im Vergleich zu Fertigrasen bleibt der Wurzelhorizont weitgehend erhalten
- hohe Trockenheitsverträglichkeit entsprechender Vegetationsformen (MS, SMK)
- sehr geringe Aufwendungen für Fertigstellungspflege und Unterhaltung
- Vegetationsmatten sind sicher gegen Wind- und Wassererosionen
- universeller Anwendungsbereich auf allen Dachneigungen mit entsprechenden Vegetationsformen
- besondere Eignung für nachträgliche Begrünungen im Rahmen von Dachsanierungen als Leichtbauweise (Abbildung 188).

Nachteile:
- hoher Preis
- sehr unterschiedliche Qualitäten, da bisher keine Gütesicherung vorhanden
- bei Vegetationsausfall, bedingt durch falsche Verwendung, kommt es zu einer relativ langsamen Wiederbegrünung durch Kräuter und Gräser (ausgenommen Moose und Sukkulenten).

14.5 Die Vegetationsansiedlung durch Fertigrasen

Die Verwendung von Fertigrasen (Rollrasen) bietet wie die Vegetationsmatten den Vorteil, daß sich eine geschlossene Vegetationsdecke innerhalb kurzer Zeit etabliert. Fertigrasen wird im Landschaftsbau etwa seit 1956 verwendet (SCHERER 1971).

Der Zusammenhalt der Fertigrasenbahnen wird durch eine ideal dichte und optimal verwurzelte Grasnarbe bewirkt. Fertigrasen muß also als Intensivkultur mit hoher Individuendichte und entsprechend geeigneten Rasenzuchtsorten für die verschiedenen Verwendungszwecke produziert werden. Dies sind Zierrasen, Gebrauchsrasen, Sportrasen, Landschaftsrasen und Golfrasen in Anlehnung an die Regelsaatgutmischungen (RSM).

Da Fertigrasen nach der Verlegung zur Einwurzelung eine entsprechend intensive Fertigstellungspflege benötigt, ist die Intensive Dachbegrünung sein Haupteinsatzgebiet. Für Ausbildungsformen der Einfachen Intensivbegrünung kommt er ebenfalls in Frage. Dann muß jedoch mit größeren Umwandlungsprozessen in der Grasnarbe oder gar Ausfällen gerechnet werden. Besser geeignet für die Zwecke der Einfachen Intensivbegrünung sind spezielle Fertigrasen für den Landschaftsbau mit trockenheitsverträglichen Gräsern, wie zum Beispiel *Festuca-* und *Poa-*Arten. Diese sind jedoch in der Anzucht etwas aufwendiger.

Die Liefergrößen von Fertigrasen sind in der Regel auf 1-m²-Elementgröße abgestimmt, wie zum Beispiel in den Abmessungen 0,40 × 2,50 m. Das Rollengewicht beträgt erdfeucht etwa 20 bis 22 kg. Die Schnittdicke der Grasnarbe beträgt etwa 1,5 bis 2,5 cm, so daß nur ein geringer Teil des Anzuchtbodens mitgeliefert wird.

Allerdings wird dabei auch der überwiegende Teil des Wurzelwerks gekappt. Bei ausreichender Substratfeuchtigkeit (vorher wässern!) und nicht zu starker Sonneneinstrahlung ist dies jedoch unproblematisch, weil die dadurch verstärkt angeregte Wurzelbildung sofort einsetzt.

Eine Sonderform bildet durch verrottbare Gewebeeinlagen armierter Fertigrasen, der auch in größeren Abmessungen (1 m breit, bis 5 m lang) angeboten wird.

Rasensoden, wie sie zum Beispiel im Deich- oder im ingenieurbiologischen Sicherungsbau verwendet werden, haben Größen von etwa 40 × 60 cm und sind mit 3 bis 5 cm Stärke wesentlich dicker und schwerer. Rasensoden werden teilweise von Wildrasen auch örtlich gewonnen. Die Verwendung von Rasensoden ist für Dachbegrünungen wegen des höheren Gewichtes in der Regel unwirtschaftlich.

Rasensoden aus örtlicher Gewinnung wurden verschiedentlich schon für Extensivbegrünungen verwendet. Die ursprünglichen Pflanzengesellschaften ließen sich jedoch nicht auf das Dach übertragen, so daß nur Fragmente des ursprünglichen Arteninventars übriggeblieben sind.

Wie bei der Verlegung von Vegetationsmatten ist der sofortige kapillar wirksame Bodenkontakt für das zügige Einwurzeln von Fertigrasen unerläßlich. Die Verlegung von Fertigrasen in den Hochsommermonaten kann problematisch sein. „Bei hohen Temperaturen wird die Wurzelbildung nämlich fast unterbunden; es findet nur Blattwachstum ohne nennenswerte Bestockung statt." (SKIRDE 1976) Verlegter Fertigrasen sollte nach spätestens drei Tagen deutlich sichtbare neue (weiße) Wurzeln zeigen. Das hebefeste Einwurzeln in eine etwa 12 cm dicke Vegetationsschicht ist etwa nach 25 bis 35 Tagen abgeschlossen.

In windexponierten Lagen ist eine Windsogsicherung, etwa durch Überspannung mit Netzen, erforderlich. Häufig reicht aber eine Beschwerung durch Wassersättigung, sprich regelmäßiges Wässern aus.

Der Vorteil in der Verwendung von Fertigrasen liegt besonders in der sofortigen erosionssicheren Festlegung der Vegetationsschicht. Die Herstellungskosten betragen das Drei- bis Vierfache einer Rasenansaat mit allerdings verkürzter Fertigstellungspflege. Nachteile können sich aus nicht kalkulierbaren Veränderungen der Artenzusammensetzung und aus der anfänglichen Krankheitsanfälligkeit der Intensivkultur von Rasengräsern ergeben.

14.6 Begrünte Vorsatzschichten

Die natürliche Begrünung von Dachziegeln und diversen Betonoberflächen zeigt, daß diese Extremstandorte auf Dauer keine biologische Wüste bleiben. Steinoberflächen lassen sich mit Klein- und Mikrovegetationen aus Algen, Flechten und Moosen besiedeln, wenn gewisse standortökologische Mindestbedingungen vorliegen. Die Materialien müssen frei von phytotoxischen Stoffen sein, eine gewisse Rauhheit und Strukturtiefe aufweisen, verbunden mit einer optimalen Wasserspeicherkapazität in der Oberfläche. Letztere darf jedoch nicht zur Frostgefährdung des Bauelementes führen.

Langjährige Versuche (KRUPKA 1981, 1983) mit sehr verschiedenen Stoffen haben gezeigt, daß sich Lava-Vorsatzschichten (Abbildung 189) und Vorsätze aus Holzzement am besten eignen. Die Begrünung kann nach verschiedenen Verfahren (zum Beispiel Anspritzung) induziert, aber auch der spontanen Sukzession überlassen werden. Eine Impfung mit biologischen Hilfsstoffen auf Alginat-Basis fördert die Initiierung einer Spontanbegrünung.

Sofern also Plattenbeläge nur die Funktion von Abstandsstreifen haben oder als Beschwerung oder Auflast für Windsogsicherungen dienen, sollte auch hier den Niederen Pflanzen geeigneter Lebensraum geschaffen werden (PRINZ 1981).

14.7 Die Vegetationsansiedlung durch Pflanzung

Die Pflanzung als traditionelles landschaftsgärtnerisches Verfahren wird je nach Produktionsmethode und Qualitätszustand der Pflanzen unterschiedlich für die verschiedenen Begrünungsformen angewendet. In Tabelle 73 sind diese für die einzelnen Begrünungsformen angeführt.

In der Regel bestimmen Kostenaspekte die Pflanzengrößen und Pflanzdichte für bodendeckende Pflanzungen. In der Tabelle 74 ist der Pflanzenbedarf je m^2 für Pflanzabstände zwischen 5 und 85 cm wiedergegeben. Die Pflanzabstände müssen jedoch auf den geplanten Endzustand ausgerichtet sein. Zu wenig wird bisher der Einfluß der Ausgangspflanzgröße auf die Entwicklung und Vitalität der Einzelpflanzen am Endstandort berücksichtigt.

Die Abstimmung des Anzuchtsubstrates auf das Pflanzsubstrat des Endstandortes ist eine schon seit langem erhobene grundsätzliche Forderung, die insbesondere für Extensivbegrünungen von Bedeutung ist. Weiterhin müssen Ballenhöhen und Schichtdicke des Substrates aufeinander abgestimmt sein.

Sonderformen der Pflanzung, etwa die Verwendung von verschiedenen Pflanzelementen oder das Auspflanzen von Rißlingen, haben bis Heute in der Praxis nur geringere Bedeutung.

Abb. 189. Betonplatte mit biologisch aktiver Vorsatzschicht aus Lavakörnung, die mit Moosen und Flechten begrünt ist. Sie findet Verwendung auf exponierten Dachflächen, die anders nicht begrünbar sind, oder für die Sicherung von Randbereichen.

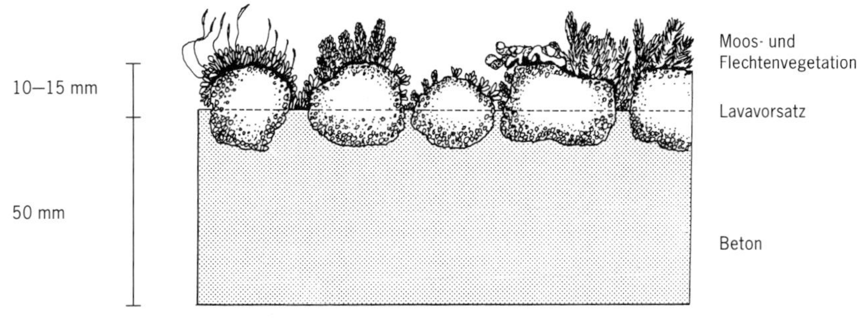

Tab. 73. Verwendungsmöglichkeiten von Stauden und Gehölzen in den verschiedenen Qualitätsstufen

	Stauden				Gehölze							
	normale Topfballen 7 X7 bis 11 X 11 cm	Flachballen max. 5 cm Höhe	Kleinballen bis etwa 4 cm Durchmesser	Pflanzelemente*[1]	Jungpflanzen ohne Ballen	Jungpflanzen mit Topfballen	Sträucher ohne Ballen	Sträucher mit Ballen	Heister*[2]	Stammbüsche*[2]	Hochstämme*[2]	Heckenpflanzen
Aufwendige Intensivbegrünungen	X	—	—	(X)	—	—	X	X	X	X	X	X
Einfache Intensivbegrünungen	X	X	—	—	(X)	X	X	X	X	X	—	X
Fassadenbegrünungen	—	—	—	—	—	—	—	X	—	—	—	—
Extensivbegrünungen für Flachdächer	—	X	X	X	X*	X	X*	X*	—	—	—	—
Extensivbegrünungen für Steildächer	—	(X)	(X)	(X)	—	—	—	—	—	—	—	—

(X) nicht der Regelfall
X* nur bei entsprechenden Schichtdicken

*[1] verwurzelte Pflanzenpolster und bepflanzte Kastenelemente
*[2] Ballierung nach Wahl

Tab. 74. Pflanzenbedarf in Stück je m^2 in Pflanzabständen von 5 bis 85 cm (Auszug aus einer Tabelle nach LEHR 1968)

Abstand in cm	5	10	15	20	25	30	35	40	45	50	55	60	65	70	75	80	85
5	400,0	200,0	133,3	100,0	80,0	66,6	57,1	50,0	44,4	40,0	36,4	33,3	30,8	28,6	26,7	25,0	23,5
10	200,0	100,0	66,7	50,0	40,0	33,3	28,6	25,0	22,2	20,0	18,2	16,7	15,4	14,3	13,3	12,5	11,8
15	133,3	66,7	44,4	33,3	26,7	22,2	19,4	16,7	14,7	13,3	12,1	11,1	10,3	9,5	8,9	8,3	7,8
20	100,0	50,0	33,3	25,0	20,0	16,7	14,3	12,5	11,1	10,0	9,1	8,3	7,7	7,1	6,7	6,3	5,9
25	80,0	40,0	26,7	20,0	16,0	13,3	11,4	10,0	8,9	8,0	7,2	6,7	6,2	5,7	5,3	5,0	4,7
30	66,6	33,3	22,2	16,7	13,3	11,1	9,5	8,3	7,4	6,7	6,1	5,6	5,1	4,8	4,4	4,2	3,9
35	57,1	28,6	19,4	14,3	11,4	9,5	8,2	7,1	6,3	5,7	5,2	4,8	4,4	4,1	3,8	3,6	3,4
40	50,0	25,0	16,7	12,5	10,0	8,3	7,1	6,2	5,6	5,0	4,5	4,2	3,8	3,6	3,3	3,1	2,9
45	44,4	22,2	14,7	11,1	8,9	7,4	6,3	5,6	4,9	4,4	4,0	3,7	3,4	3,2	3,0	2,8	2,6
50	40,0	20,0	13,3	10,0	8,0	6,7	5,7	5,6	4,4	4,0	3,6	3,3	3,0	2,9	2,6	2,5	2,3
55	36,4	18,2	12,1	9,1	7,2	6,1	5,2	4,5	4,0	3,6	3,3	3,0	2,7	2,6	2,4	2,3	2,1
60	33,3	16,7	11,1	8,3	6,7	5,6	4,8	4,2	3,7	3,3	3,0	2,8	2,6	2,4	2,2	2,1	2,0
65	30,3	15,4	10,3	7,7	6,2	5,1	4,4	3,8	3,4	3,1	2,7	2,6	2,4	2,2	2,0	1,9	1,8
70	28,6	14,3	9,5	7,1	5,7	4,8	4,1	3,6	3,2	2,9	2,6	2,4	2,2	2,0	1,9	1,8	1,7
75	26,7	13,3	8,9	6,7	5,3	4,4	3,8	3,3	3,0	2,7	2,4	2,2	2,0	1,9	1,8	1,7	1,6
80	25,0	12,5	8,3	6,3	5,0	4,2	3,6	3,1	2,8	2,5	2,3	2,1	1,9	1,8	1,7	1,6	1,5
85	23,5	11,8	7,8	5,9	4,7	3,9	3,4	2,9	2,6	2,4	2,1	2,0	1,8	1,7	1,6	1,5	1,4

14.7.1 Pflanzungen für Intensivbegrünungen

Für Intensive Dachbegrünungen stellt die Pflanzung von Stauden und Gehölzen das übliche Verfahren der Begrünung dar. Mit Topf- und Containerpflanzen sind auch Pflanzungen in den Sommermonaten möglich, wenngleich das Sortiment an Solitärpflanzen in bestimmten Größen und Sorten eingeschränkt ist.

Die Pflanzabstände werden insbesondere für Gehölze häufig viel zu gering gewählt. Zwar läßt sich damit relativ schnell der Effekt einer „fertigen", dichten Pflanzung erreichen, jedoch ergeben sich dadurch aufgrund des verschärften Verdrängungswettbewerbes noch früher die bekannten Probleme für die Struktur der Pflanzung. Deshalb ist immer unbedingt eine langjährige begleitende Beratung und Pflege notwendig, um einen relativ ausgewogenen Zustand zu erreichen.

Das Anzuchtsubstrat der Pflanzen muß auf das Standortsubstrat abgestimmt sein. Es kann speziell bei der Verwendung von Ballenpflanzen mit rein humosen Kultursubstraten in mineralischen Dachbegrünungssubstraten zu Problemen kommen, insbesondere auch bei sehr lockeren Leichtmineralsubstraten aus Lava, Blähton oder Blähschiefer. Humose Substrate auf der Basis von Torf und Rindenhumus sind für Topf- und Containerpflanzen die Regel.

Überständige Containerware mit verschlungenem, sich selbst strangulierendem Wurzelwerk sollte wegen der zu erwartenden Anwachsschwierigkeiten, späteren Wuchsdepressionen und Gefährdung der Standsicherheit grundsätzlich abgelehnt werden. Dies gilt auch für Pflanzgut in durchwachsenen Gittertöpfen, die überdies nach den Gütebestimmungen für Baumschulpflanzen (FLL 1986) nicht zulässig sind. Die Mindestschichthöhen für bodendeckende Gehölzpflanzungen (siehe Kapitel 10) sollten eingehalten werden, um späteren Winterschäden vorzubeugen.

Alle Topf- und Containerpflanzen müssen vor dem Auspflanzen gründlich gewässert werden, wenn die Ballen nur noch mäßig feucht sind. Danach lassen diese sich auch leichter aus den Behältnissen lösen. Pflanzen mit fleischigen Wurzeln und Pfahlwurzeln, wie sie zum Beispiel verschiedene Stauden aufweisen, müssen besonders sorgfältig behandelt werden, um die Wurzeln nicht zu verletzen; sie sollten sofort nach der Entnahme aus dem Topf gepflanzt werden.

Zwar schreiben alle Gütebestimmungen vor, daß die Töpfe und Ballen frei von Unkräutern, besonders von Wurzelunkräutern, sein müssen, jedoch kommt Unkrautbesatz in der Praxis immer wieder vor. Für Intensive Dachbegrünungen haben ausbreitungsaggressive Kräuter verheerende Folgen, weil sie auf bodendeckende Gehölze und Stauden sehr stark verdrängend wirken. Durch Hacken und Jäten lassen sich diese Pflanzen kaum entfernen. Pflanzgut mit einem derartigen Fremdbesatz sollte auf keinen Fall verwendet werden. Seine Verwendung wäre sogar als schwerwiegender Ausführungsmangel einzustufen.

Besonders wuchsaggressive Unkräuter
Agropyron repens, Quecke
Aegopodium podagraria, Giersch
Calystegia sepium, Zaun-Winde
Ranunculus repens, Kriechender Hahnenfuß

Die Verwendung von Ballenpflanzen mit nicht standortgerechten Übergrößen des Ballens zieht insbesondere in Schichtaufbauten mit Wasseranstau Probleme nach sich. Es ergeben sich häufig Vernässungsschäden (Abbildung 190).

Der kapillare Wassertransport in der Vegetationsschicht durch den Wasseranstau muß nach der Pflanzung durch ausreichende, mehrmalige Wässerung angeregt werden. Nach der Wässerung muß die Pflanzung auf freistehende Wurzelansätze oder Pflanzballen kontrolliert werden. Dies sollte zu einem späteren Zeitpunkt noch einmal wiederholt werden, um Trockenschäden oder Schäden durch Windbewegung vorzubeugen.

Die Verwendung von palettierten Pflanzelementen wird als einfach, zeit- und kostensparend angegeben. Diese Elemente (Abbildung 191) bestehen aus Kunststoffhartschaum-Kästen von etwa 50 bis 70 cm Kantenlängen und 10 bis 15 m Höhe. Sie weisen einen profilierten Boden auf, der innerhalb des Elementes eine geringe Wasserspeicherung ermöglicht und unter dem Boden einen freien Wasserabzug zuläßt. Die mit Substrat aufgefüllten Paletten können entweder mit verschiedenen Stauden und Kleingehölzen bereits fertig verwendet werden, oder sie werden örtlich vor der Verwendung bepflanzt. Das Verteilen der Elemente auf der zu begrü-

Abb. 190. Gehölze mit Ballen müssen in Schichtaufbauten mit Wasseranstau in einem ausreichenden Sicherheitsabstand gepflanzt werden, damit durch die Vernässungszone keine Fäulnis der Wurzeln entsteht.

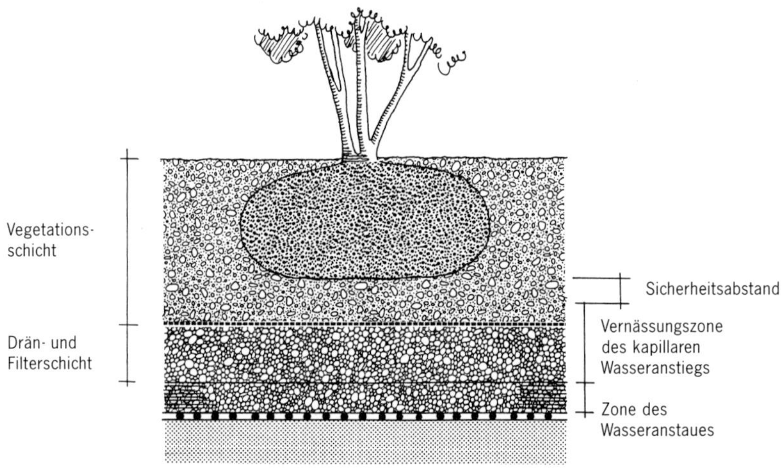

Abb. 191. Prinzip von vorbegrünten Pflanzelementen aus Kunststoff. Die Bodenprofilierung ermöglicht eine geringe Wasserspeicherung und den Abfluß von Überschußwasser.

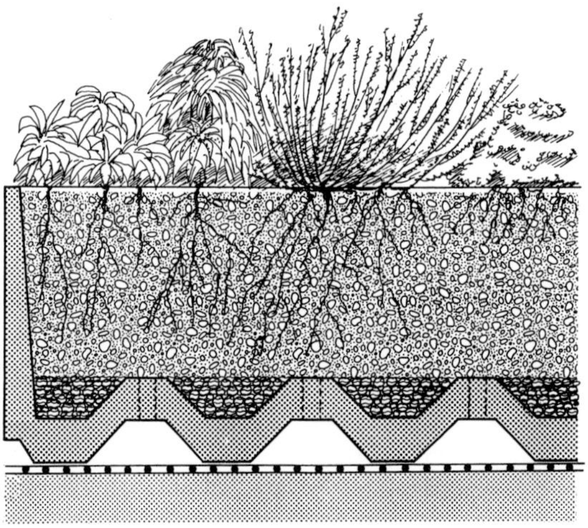

nenden Fläche erfolgt nun aus Kostengründen mit mehr oder weniger großen Abständen. Der Gestaltung sind durch die Rastervorgaben des Elementes enge Grenzen gesetzt. Die Zwischenräume werden entweder mit Substrat oder Leichtmineralien aus Lava, Blähton oder Blähschiefer aufgefüllt, in die sich die Pflanzenarten mehr oder weniger gut ausbreiten.

Besondere vegetationstechnische Vorteile läßt dieses Verfahren kaum erkennen. Dem im Umgang mit Pflanzen Ungeübten wird allerdings ein Teil des Risikos der Pflanzung abgenommen.

14.7.2 Pflanzungen für Fassadenbegrünungen

Für die Begrünung von Fassaden wird in der Regel Pflanzgut aus Topf- und Containerkultur verwendet. Wegen der Empfindlichkeit vieler Arten in der Jugendphase sollten nur zügig durchkultivierte, vitale und gesunde Pflanzen verwendet werden.

Auf potentiellen Trockenstandorten sollten keine Pflanzen mit Anzuchtsubstrat aus reinem Humus verwendet werden, weil ein einmal ausgetrockneter Ballen nur sehr zögernd wiederbefeuchtet. Günstig wirken sich Mulchdecken und eine anfängliche Schattierung auf südexponierten Lagen aus. Auf Standorten mit langer, intensiver Sonneneinstrahlung wird die Geschwindigkeit der Bodenaustrocknung häufig unterschätzt. Hier muß in der Regel doppelt bis dreimal soviel gewässert werden wie in schattigen Lagen.

Solitärpflanzen von *Clematis* oder *Wisteria* haben manchmal anfängliche Anwuchsschwierigkeiten, so daß ein Rückschnitt erforderlich werden kann. Bei der Verwendung von selbstklimmenden Arten als große Solitärpflanzen ist zu beachten, daß die Haftorgane erst mit den neuen Trieben gebildet werden. Das Hochbinden und Andrücken der Alttriebe an das Mauerwerk hat keine Initialwirkung zur dortigen Ausbildung von Haftorganen. Weil eine stärkere Windlast über die bereits vorhandene Blattmasse an den langen Trieben von Solitärpflanzen einwirkt, reißen die neu gebildeten Haftorgane des Neutriebes häufig wieder ab. Bei *Parthenocissus* und *Hedera* ist es effektiver, die Triebe der Solitärpflanzen auf den Boden zu legen. Die sich reichlich bildenden Neutriebe beginnen in der Regel, schnell und außerdem sicherer von der Basis der zu begrünenden Vertikalflächen aus zu klettern.

14.7.3 Pflanzungen für Extensivbegrünungen

Pflanzungen für Extensive Dachbegrünungen erfolgen besonders auf größeren Flächen in der Regel nur als *Zusatzpflanzung.* Dafür kann es folgende Gründe geben:

- die Begrünungskosten sollen gesenkt werden
- Verwendung von Gehölzen
- Beschaffungsprobleme von Saatgut
- schwierige Etablierung durch Saatgut
- schnelle optische Wirkungen sind beabsichtigt.

Auf kleineren Flächen, aber insbesondere im privaten Bereich, werden zum Beispiel auf Garagendächern häufig vollflächige Pflanzungen ausgeführt. Pflanzungen kommen auch in Teilbereichen größerer Flächen vor, wenn besondere Schauwirkungen (etwa in Sichtachsen von Fenstern) erwünscht sind. Beachtet man die Gesichtspunkte der Staudenverwendung für Trockenstandorte, lassen sich durchaus sehr attraktive Vegetationsbilder schaffen, die allerdings im Bereich der Extensivbegrünung als effektvolle Massenblüte einzelner Arten selten von Dauer sind.

Vollflächige Pflanzungen können jedoch auch sinnvoll mit der Ausbringung von Pflanzenteilen insbesondere in Form von Pflanzenschnittlingen (bei *Sedum*-Sprossen) kombiniert werden. Auch das Pflanzen von Rißlingen (Köhlein 1977, Heinze 1985) verschiedener nicht zu schnell bewurzelnder *Sedum*-Arten führt als kostengünstigere Methode zu sicheren und schnellen Anwachsergebnissen (Abbildung 192).

Gehölze werden am sichersten als ausgereifte Jungware mit Topfballen oder als Flachballenelemente verwendet. Die Substrate müssen unbedingt abgestimmt sein. Pflanzgut ohne Ballen kann in Forst- oder Strauchgröße nur in größeren Schichtdicken ab etwa 25 cm verwendet werden. Bei Wildrosen gelingt allerdings auf naturnahen Extensivflächen die Aussaat relativ leicht.

Durch die Verwendung von rankenden, polster- oder mattenbildenden Arten soll die Pflanzung in der Regel einen raschen Flächenschluß bewirken. Dieser wiederum hängt von verschiedenen, häufig auch in der Kombination unwägbaren Faktoren ab:

- die Pflanzenanzahl je m^2
- der Pflanzzeitpunkt
- die Wuchskraft und die Wachstumsperioden der einzelnen Arten
- die Art der vegetativen Ausbreitungsorgane
- die Kontinuität der Wasserversorgung während der Etablierung
- der Grad der Nährstoff-, insbesondere der Stickstoffversorgung
- die besonderen Witterungsbedingungen wie Windeinwirkung oder starke Sonneneinstrahlung.

Abb. 192. Pflanzung von Triebrißlingen von *Sedum spurium* (nach Köhlein 1977, stark verändert).

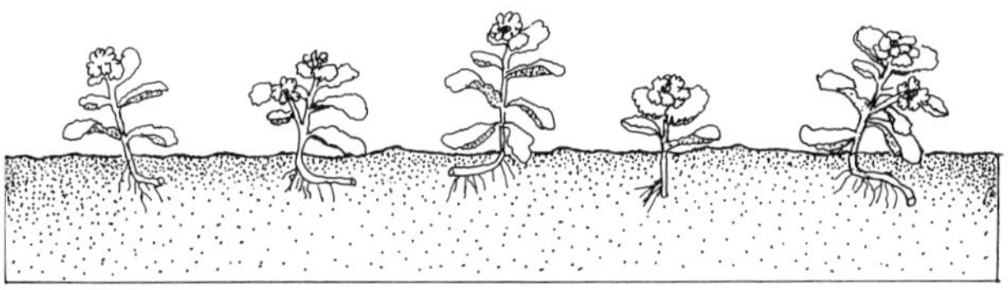

Abb. 193. Flachballenelement mit Jutegewebeeinlage. Der Vegetationsbestand setzt sich aus verschiedenen Sukkulenten zusammen.

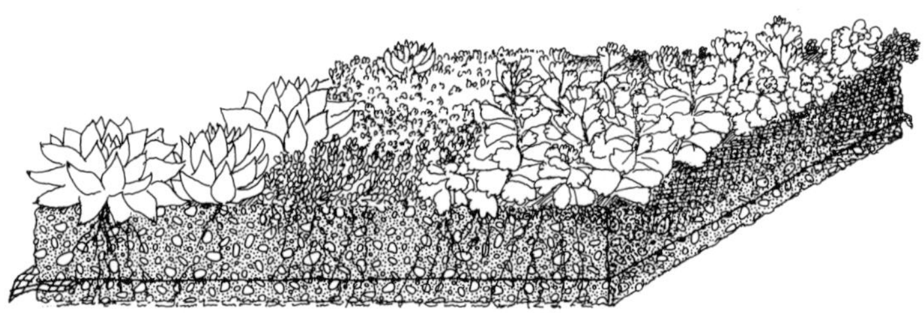

Die Pflanzenanzahl je m^2 muß in Abhängigkeit von den jeweiligen Begrünungszielen abgestimmt werden auf

- das Ausbreitungsverhalten (Soziabilität) und die Wuchskraft der Arten
- die Kosten je Einzelpflanze
- die vorgesehene Etablierungsdauer bis zur Abnahme.

Die Verwendung von Kleinballenpflanzen (Kolb und Trunk 1987) ist nicht in jedem Fall effektiver und kostengünstiger. Unter diesen Aspekten ist auch die alternative Verwendung von Flachballen- (Abbildung 193) und Kleinballenpflanzen zu untersuchen. Entsprechend dem artbedingten Wuchs- und Ausbreitungsverhalten muß die wuchsaktive Randzone bei der Wahl der Ballentypen mit einkalkuliert werden (Tabelle 75).

Wird also die Länge der wuchsaktiven Randzone ins Preisverhältnis gesetzt, so entsprechen etwa zweieinhalb 3-cm-Kleinballen oder zwei 4-cm-Kleinballen einem 6 × 6-cm Flachballen. Bei einigen Arten breiten sich die Jungpflanzen mit Kleinballen anfänglich schneller aus als die mit Flachballen. Andererseits sind Kleinballen für verschiedene Arten, wie zum Beispiel für *Thymus* oder *Petrorhagia*, nicht oder schlecht geeignet.

Tab. 75. Länge der wuchsaktiven Randzone in Abhängigkeit von Form und Größe des Wurzelballens

	Länge der wuchsaktiven Randzone
Flachballen, quadratisch, 6 × 6 cm	24,00 cm = 100,0 Prozent
Kleinballen, rund, ∅ 3 cm	9,40 cm = 39,2 Prozent
Kleinballen, rund, ∅ 4 cm	12,56 cm = 52,3 Prozent
Kleinballen, rund, ∅ 5 cm	15,70 cm = 65,4 Prozent

Bei der Verwendung von biologisch abbaufähigen Töpfen aus Preßtorf oder Zellulose muß eine gute Durchwurzelungsfähigkeit und schnelle Zersetzung der Wandungsstoffe am Endstandort gewährleistet sein.

Zwiebelpflanzen werden aus arbeitstechnischen Gründen vorteilhafter bei der Gesamtpflanzung als Topfballenpflanzen verwendet, soweit diese als solche erhältlich sind. Andernfalls muß zur Blumenzwiebellieferund -pflanzzeit im Herbst nachgepflanzt werden.

Entsprechend der natürlichen Soziabilität sollten nur im Ausnahmefall Einzelpflanzen verwendet, sondern in Gruppen gesetzt werden, gemäß den hier wiedergegebenen Aufnahmeskalen nach BRAUN-BLANQUET (1928) (Abbildung 194) oder wie sie auch ähnlich von HANSEN (1981) empfohlen werden. Die Pflanzabstände für Flächenpflanzungen einer Art können Tabelle 74 entnommen werden.

Die Verwendung palettierter Pflanzelemente (siehe Abschnitt 16.6.2) wird auch für Extensivbegrünungen von Herstellerseite empfohlen. Eine vegetationstechnische Eignung liegt nicht in jedem Fall vor, weil viele Arten nicht dauerhaft ortstreu sind und besonders bei Vernässungen aus den Pflanzelementen „flüchten". Dies ist zum Beispiel bei *Sedum album* und *Thymus* zu beobachten. Da genügend andere effektive Möglichkeiten in der Vegetationsansiedlung vorhanden sind, müssen für das Einbringen vorbegrünter Kunststoffpaletten besondere Gründe vorliegen. Die Zwischenräume der aus Kostengründen mit Abstand gesetzten Pflanzelemente werden häufig ohnehin angesät oder mit Sproßteilen von *Sedum* begrünt.

Eine andere Form der Ansiedlung von Stauden ist die Verwendung von größeren Pflanzpolstern oder Flachballenelementen, wie sie auch zur Begrünung von Mauerkronen verwendet werden. Sie enthalten zur Stabilisierung teilweise eine eingewachsene Jutegewebeeinlage. Die Pflanzpolster haben etwa eine Größe von 20 × 30 bis 30 × 30 cm und sind 3 bis 5 cm dick. Sie können vor der Verwendung auch geteilt werden. Die „Pflanzung" erfolgt durch Auslegen auf dem Substrat und nachfolgendem Andrücken, oder das Element wird in eine entsprechend hergestellte flächige Vertiefung im Substrat eingelegt. Verschiedene *Sedum*-Arten, speziell *Sedum spurium, Sedum hybridum* 'Immergrünchen' und ähnliche Arten, eignen sich besonders gut zum einfachen Auslegen, während Flachballenelemente mit Kleingehölzen besser in Substratvertiefungen gesetzt werden.

Abb. 194. Soziabilität von Pflanzen nach BRAUN-BLANQUET (Abbildung nach HANSEN 1981, stark verändert).

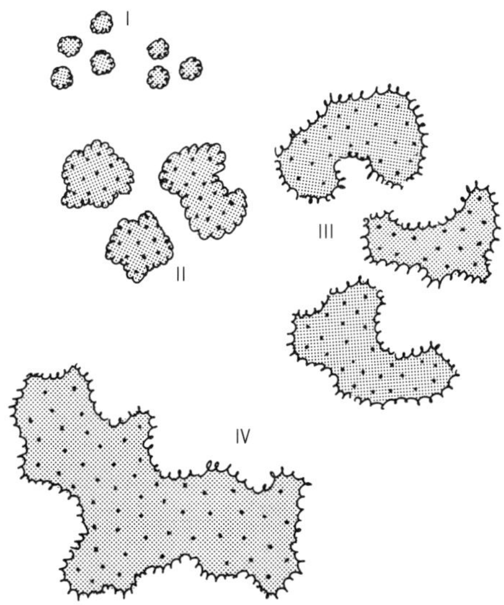

I = gruppen- oder horstweise wachsend (etwa 5–8 Pflanzen).

II = truppweise wachsend (kleine Polster oder Flächen bildend, etwa bis 15 Pflanzen).

III = in kleinen Kolonien wachsend oder größere Flecken oder Teppiche bildend (etwa 25 bis 30 Pflanzen).

IV = in großen Herden wachsend (über 30 Pflanzen).

14.8 Maßnahmen zum Erosionsschutz

Die Maßnahmen gegen Risiken der Wind- und Wassererosion werden hier für Gesamt- und Teilflächen in Abhängigkeit von der Art der Vegetationsansiedlung als potentielle Risiken bezeichnet. Diese sind zu trennen von Maßnahmen zur Windsogsicherung, die vorausschauend für vorher festzulegende Bereiche als Vorsorgemaßnahmen zu treffen sind. Diese werden in Abschnitt 7.1.5 behandelt.

Die Abwägung, wie groß die Erosionsgefährdung ist, muß bereits im Planungsstadium erfolgen, um die geeigneten Sicherungsmaßnahmen rechtzeitig berücksichtigen zu können. Unbegrünte Vegetationsschichten ohne Erosionsschutz oder Ansaaten im Keim- und Jugendstadium sollten auf geneigten Flächen oder in besonders windexponierten Lagen nicht in den Winter gehen.

Mit zunehmender Flächengröße, Flächenneigung und Höhe der Fläche über Grund nehmen die Risiken im allgemeinen zu. Bauwerksbedingte besondere Luftströmungen wie Kamin- und Düsenwirkungen oder Verwirbelungen sind zu beachten. Auf Steildächern ist während der Etablierungsphase von Ansaaten die Gefährdung durch Wassererosion am höchsten. Nach Starkregen kann die Schlagwirkung großer Regentropfen den Wurzelhals von Sämlingen freispülen, so daß diese bei intensiver Sonneneinstrahlung vertrocknen.

Mit zunehmender Entwässerungslänge steigt die Wassermenge, welche mit steigendem Gefälle die erodierende Schleppkraft des Wassers und deren Geschwindigkeit erheblich erhöht.

In Tabelle 76 sind die zur Verfügung stehenden vegetationstechnischen Maßnahmen zur Erosionssicherung dargestellt (siehe auch Liesecke und Lösken 1989). Rand- und Eckbereiche können wie in Abbildung 195 gezeigt durch bau- und vegetationstechnische Maßnahmen gesichert werden.

Erosionsschutzmaßnahmen sind primär im Bereich der Extensivbegrünungen und hier besonders für Ansaaten notwendig. Allerdings kann es auf besonders windbelasteten Standorten auch an bereits etablierten Begrünungen zu Schäden durch Winderosion kommen. Besonders gefährdet sind hier in erster Linie Substrate mit überwiegend leichten Bestandteilen in runden Körnungen, wie Blähton, Blähschiefer oder Bims, aber auch vorkultivierte Vegetationsmatten mit nicht ausreichender Vegetationsbedeckung. Oberflächlich lagernde austrocknende Humusbestand-

Tab. 76. Maßnahmen und Einsatzbereiche zum flächigen Erosionsschutz bei Dachbegrünungen

Einzelmaßnahmen	Einsatzbereich Flachdächer		Einsatzbereich Steildächer	
	Wirkung gegen		Wirkung gegen	
	Winderosion	Wassererosion	Winderosion	Wassererosion
Lagerungsstabiles Substrat	(X)	(X)	(X)	(X)
Mulchdecke aus Splittkörnung oder Dachkies	X	(X)	–	–
Herstellung einer gerillten Substratoberfläche	(X)	(X)	–	(X)
Feuchthalten des Substrates bis zur Festlegung durch die Vegetation	X	–	X	–
Einsatz von Erosionsschutzgewebe	X	X	X	X̲
Ansaaten mit nachfolgender Festlegung durch Bodenfestiger	X̲	X	X̲	(X)
Naßansaaten mit Klebern und Mulchdecke	X̲	X̲	X̲	X̲
Einsatz von vorkultivierten Vegetationsmatten	X̲	X̲	X̲	X̲
Substrate mit schichthomogener Verklebung	X̲	X̲	X̲	X̲

(X) nur begrenzt wirksam, Kombination mit anderen Methoden empfohlen
X̲ Hauptanwendung

Abb. 195. Verschiedene Maßnahmen zur Sicherung der Eckbereiche von Dachflächen gegen Winderosion. Technische Befestigungen (1–3): 1 = Kiesstreifen und Plattenband mit einfacher Eckerweiterung, 2 = Kiesstreifen mit Betonkante und abgeschrägter Ecke, 3 = Schwere Eckbefestigung durch Kiesstreifen, eckverstärkendes Plattenband und armierenden Einzelplatten. Technisch-biologische Befestigung: 4 = Kiesstreifen mit angrenzender Verlegung von vorkultivierten Vegetationsmatten, wobei im Eckbereich eine Erweiterung erfolgt.

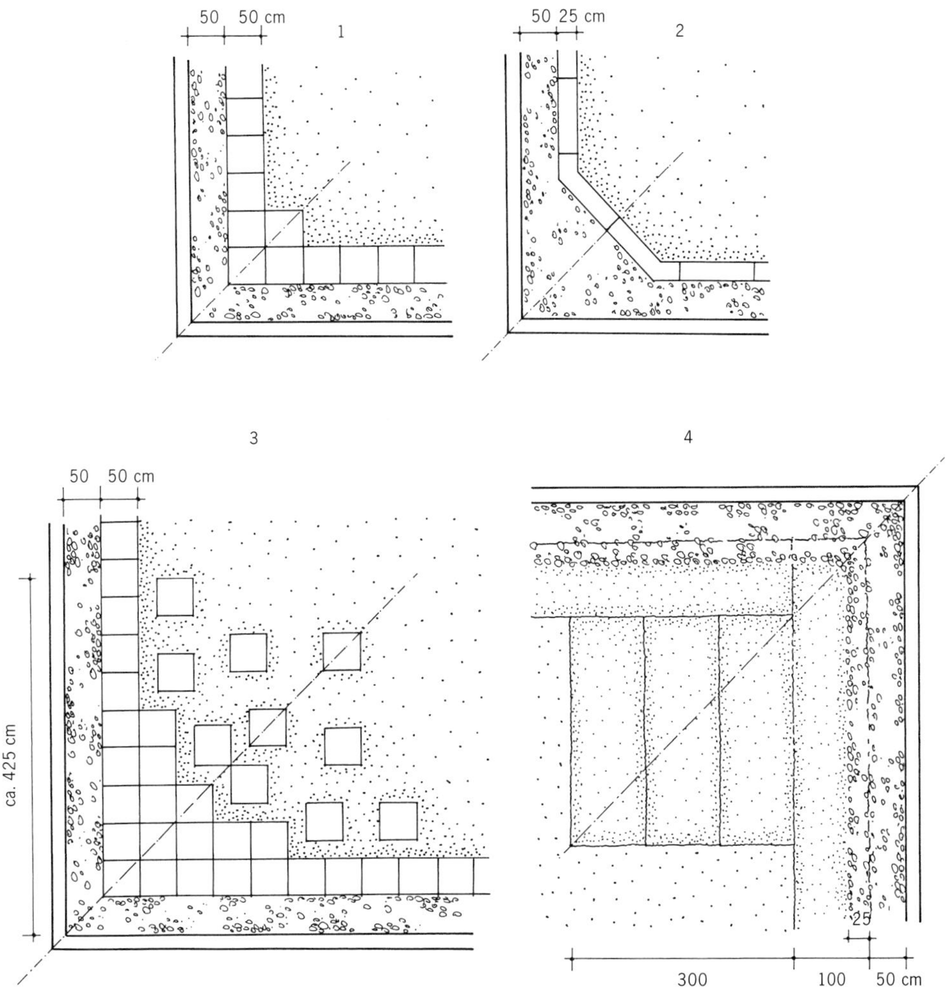

teile werden besonders schnell durch Wind verfrachtet. Die Verfrachtung geschieht teilweise schon durch senkrechte thermische Sogwirkungen. Lagerungsstabile Substrate mit kantigen, schweren Kornformen und gutabgestufter Kornverteilung können deshalb zur Erosionssicherung beitragen und bei leichteren Einwirkungen einen wirksamen Schutz darstellen. Höheren Kräften durch Windangriff oder Oberflächenwassereinwirkung vermögen sie allerdings nicht standzuhalten. Splittkörnungen von 8/16 mm können durchaus durch die Schleppkraft von schnellfließenden, größeren Oberflächenwassermengen verfrachtet werden. Dachkies der Körnung 16/32 mm oder größer ist hier als lokkere Flächenabdeckung wesentlich wirksamer. Lagerungsstabile Substrate aus oder mit höheren Anteilen leichter Körnungen speziell aus Bims, Blähton oder Blähschiefer sind in exponierten Lagen einem höheren Risiko insbesondere durch Winderosion ausgesetzt.

Bei Steildachbegrünungen trägt ein gut nach unten kornabgestuftes Substrat aus verzahnenden Kornformen erheblich zur Lagerstabilität bei und unterstützt bautechnische Maßnahmen zur Schubsicherung.

Aufgerauhte, gerillte Saatoberflächen können bei normalen Witterungseinwirkungen im Vergleich zu glatten, gewalzten Oberflächen leichte Wassererosionen verhindern. Eine durch die Stoff- und Kornzusammensetzung bedingte, sofort wasseraufnahmefähige, offenporige Oberflächenstrukturierung wirkt hier unterstützend. Eine schlechte Wiederbefeuchtung etwa durch hohe Anteile wasserabweisender Humuszuschläge oder verschlämmender, bindiger Bestandteile fördert die Oberflächenerosion durch Wasser.

Die Förderung des biologischen Oberflächenverbaus durch Algen, Flechten und Moose (Abbildung 196) stellt bei dafür geeigneten Substraten ebenfalls einen wirksamen Oberflächenschutz dar. Einzelkornstrukturen wie etwa bei Einschichtbauweisen werden langsamer festgelegt. Die Moos- und Algenbesiedlung erfolgt am schnellsten noch auf Bimskörnungen, gefolgt von Lava, zuletzt auf Blähton oder Blähschiefer.

Häufig ist es notwendig, Trockenansaaten durch Kleber, welche die Oberfläche vernetzen (Bodenfestiger), festzulegen. Die erosionshemmende Klebewirkung hängt bei den häufig verwendeten Dispersionsklebern von der Sonneneinstrahlung ab und hält im Sommer etwa vier bis sechs Wochen und im Winter etwa zwei bis drei Monate an. Die zur Bodenaktivierung verwendeten Alginate oder Produkte aus modifizierter Stärke haben eine ähnliche, jedoch kürzere und weniger intensive Wirkung.

Ein guter Schutz gegen Winderosion, der allerdings in Einzelfällen sehr kostenaufwendig sein kann, bietet das ständige Feuchthalten der Vegetationsschicht. Dies wirkt allerdings nicht bei Einzelkornstrukturen von mineralischen Leichtsubstraten.

Abb. 196. Substrate mit unterschiedlichen Oberflächeneigenschaften hinsichtlich der Widerstandsfähigkeit gegenüber Wind und Wassererosion.
Oben: Korngestuftes Substrat mit Fein- und Grobanteilen. Der kapillare Wasseranstieg ermöglicht einen schnellen biologischen Verbau der Oberfläche insbesondere durch Algen und Moose.
Unten: Lockere und leichte Schüttsubstrate ohne humose und mineralische Feinanteile. Durch die starke Oberflächenaustrocknung wird ein schneller biologischer Verbau der Oberfläche verhindert.

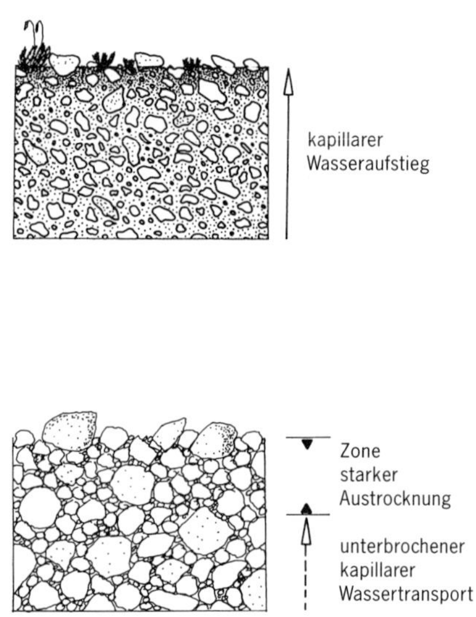

Aufgelegte Erosionsschutzgewebe müssen selbst gegen Windsog gesichert werden. Dies gilt besonders für steifere Kunststoffgewebe. Starre Gitter sind weniger geeignet. Weiche Jutegewebe, die leicht mit Substrat abgedeckt und mit Bodenfestigern fixiert werden, geben auf Steildächern einen durchaus wirksamen Schutz. Sie fördern die Saatkeimung, werden schnell durchwachsen und können auf den Dachflächen verbleiben und dort verrotten.

Flächige Fertigvegetationen, wie vorkultivierte Vegetationsmatten oder auch Fertigrasen, bieten einen sofortigen Vollschutz der Vegetationsschicht. Allerdings müssen alle Ränder ausreichend gegen Windabhebung durch Auflast beschwert werden. In besonderen Risikozonen müssen auch die Stöße von Vegetationsmatten untereinander mechanisch verbunden oder zusätzlich quer zur Verlegerichtung mit Maschendraht überspannt werden. Auch an etablierten Begrünungen kann es zu Windausblasungen zwischen Pflanzen kommen, wenn die Oberfläche der Vegetationsschicht nicht ausreichend widerstandsfähig ist. Den besten Schutz bietet der dichte biologische Verbau der Substratoberfläche durch Algen und Moose (Abbildung 196), der bei dafür geeigneten Substraten bereits am Ende der ersten Vegetationsperiode wirksam ist (zu Erosionsschäden siehe auch Seite 408).

15 Die Begrünung von Mauern und Lärmschutzbauwerken

15.1 Hinweise zur Differenzierung

Für die Begrünung von Mauern und Lärmschutzbauwerken können die gleichen oder ähnliche vegetationstechnische Strategien angewandt werden wie für Dach- und Fassadenbegrünungen. Die natürlichen Vegetationsbesiedlungen von historischen Mauern wie Stadt- und Burgmauern aber auch von ländlichen Grenz- und Schutzmauern, etwa für die Abgrenzung von Gehöften, zeigen, daß eine vollständige biologische Reaktivierung dieser Bauwerke, wenn auch erst nach langen Zeiträumen, möglich ist. Mauer- und Fugenvegetation ist grundsätzlich als schutzbedürftig einzustufen. SCHULTE und VOGGENREITER (1988) zeigen dies eindringlich am Beispiel der Stadt Bonn. Einen volkskundlichen Hintergrund hat die Ansiedlung von *Sempervivum tectorum* (Donnerwurz) auf Pfeilern und Mauerkronen im fränkischen Kulturkreis, die auch noch heute gepflegt wird.

Die Verwendung der „Pflanze als Baustoff" (SCHLÜTER 1986) in Verbindung mit funktionalen Mauerbauwerken hat im Wirkungsbereich der Ingenieurbiologie eine gute und lange Tradition. Hier wird versucht, neben der landschaftsgerechten Materialwahl unter Berücksichtigung der Funktionalität das jeweilige Optimum für eine Besiedlung der Bauwerke durch Vegetation zu erreichen (siehe auch BEGEMANN und SCHIECHTL 1986).

Mit dem vermehrten Bedarf an Mauerbauwerken für verschiedene Einsatzbereiche im Ingenieur- und Tiefbau setzte jedoch eine einseitige, technisch optimierte Entwicklung ein, die weitgehend von der Industrie getragen wurde. Produktionstechnische Zielsetzungen einer kostengünstigen Serienherstellung in Elementen und die konstruktiv-statischen Belange standen im Vordergrund. Sie führten zu einer großen Vielfalt von Serienprodukten, vorwiegend aus Beton. Die für eine Bepflanzung vorgesehenen, mit Boden angefüllten Öffnungen dieser künstlichen Raumstrukturen garantierten, wie sich an verschiedenen Fehlschlägen zeigt, allein noch keine erfolgreiche Begrünung.

Die zunehmend verschärften Anforderungen an den Schallschutz gegen Straßenlärm bewirkten einen Innovationsschub an technischen, technisch-biologischen und biologisch-technischen Bauweisen von Lärmschutzbauwerken, besonders als Steilwandbauweisen. Insgesamt ist die Vielzahl der angebotenen elementierten Fertigbauweisen unübersichtlich groß. Spezifische vegetationstechnische Eignungsanalysen fehlen bei vielen Produkten.

In den nachfolgenden Abschnitten wird die grundsätzliche vegetationstechnische Problematik hinsichtlich der Begrünung von Mauern und Lärmschutzbauwerken erörtert und an einigen Beispielen auf Verbesserungsmöglichkeiten hingewiesen. Eine systematische Übersicht über alle existenten technischen Varianten der bestehenden Bauweisen kann hier wegen des Umfanges nicht gegeben werden.

Es wird unterschieden zwischen:
- freistehenden Mauern mit Einfriedungsfunktionen u. ä.
- Mauerbauwerken zur Geländeabstützung
- Lärmschutzbauwerken.

15.2 Freistehende Mauern

Freistehende Mauerbauwerke können hinsichtlich ihrer Entstehungsgeschichte, bautechnischen Konzeption und ihrem Wert für eine Vegetationsbesiedlung differenziert wer-

Tab. 77. Lebensräume an und auf Mauern und ihre Pflanzengesellschaften

	Trockenrasen	Mauerfugengesellschaften	Flechtengesellschaften	Moos-Flechten-Gesellschaften	Xerophytische nitrophile Ruderalgesellschaften	Ruderalgesellschaften aus überwiegend hydro- und mesomorphen Pflanzen	Kletterpflanzen	Gehölzsämlinge
1. Mauerkrone	○		○	○			○	○
2.1 Mauerflanken trockener		○	○	○			○	○
2.2 Mauerflanken feuchter		○	○	○			○	○
3.1 Mauerfuß trocken/sonnig	○				○		○	○
3.2 Mauerfuß trocken/schattig					○	○	○	○
3.3 Mauerfuß feucht/schattig						○	○	○

den (Tabelle 77). Es ist zu unterscheiden zwischen:

1. Historischen Mauern aus Naturstein- oder Ziegelmauerwerk
   a) als bautechnische trockene Mauer
   b) als bautechnische halbtrockene und feuchte Mauer
2. Mauern entsprechend den modernen Regeln der Bautechnik als bautechnisch trockene Mauern.

Sekundär entstandene Mauern oder Wälle aus Lesesteinen, die an bestimmte landschaftliche Regionen gebunden sind, werden hier nicht behandelt.

Bautechnisch trockene Mauern ziehen bedingt durch eine ausreichende Fundamentisolierung keine Bodenfeuchtigkeit in den Mauerkörper. Die Oberflächen- und Materialbeschaffenheit der Baustoffe sowie der Fugenvermörtelungen lassen keine oder nur eine geringe Feuchtigkeitsaufnahme durch die Oberfläche zu. Die Mauerkrone ist wasserdicht abgedeckt und weist häufig einen tropfwasserablenkenden Überstand (Tropfnase) auf.

Bautechnisch halbtrockene oder feuchte Mauern ziehen über das Fundament und die Bauwerksoberflächen mehr oder weniger stark Feuchtigkeit in den Baukörper. Dies kann sich in Form einer wenigen Zentimeter tief reichenden Oberflächenfeuchtigkeit oder einer vollständigen Durchfeuchtung des Wandquerschnittes auswirken. Halbtechnische Bauweisen, ebenso wie trocken aufgesetzte, niedrige Begrenzungsmauern (zum Beispiel Friesenwälle aus Findlingen) oder solche, die auch eine Kernverfüllung aus Boden oder mörtelähnlichen Gemischen haben, weisen den höchsten pflanzennutzbaren Wassergehalt auf.

Bautechnisch feuchte Mauern eignen sich naturgemäß am besten für eine Vegetationsbesiedlung. Durch entsprechende Querschnittsdicken und ihr Schwergewicht erfüllen sie seit Jahrhunderten ihre Funktion, obwohl sie einem ständigen Wechsel von Gefrieren und Tauen ausgesetzt sind. Die gesamte Maueroberfläche, besonders der Mauerkopf und der Mauerfuß, sind heute wertvolle Refugien bedrängter Pflanzenarten und ein Eldorado für Botaniker und Pflanzenfreunde. Neben verwilderten oder angepflanzten alten Garteniris-Arten und -Sorten (zum Beispiel *Iris spuria, Iris variegata, Iris germanica*) kommen dort auch Zwiebelgeophyten, wie *Muscari* spec., *Allium schoenoprasum* und weitere heimische *Allium*-Arten vor. Auch ein- und zweijährige, wärmeliebende Gartenflüchtlinge wie der Goldlack *(Cheiranthus)* und das Löwenmaul *(Antirrhinum)* können hier optisch interessante Aspekte bilden. In absonnigen Bereichen breitet sich der Gelbe Lärchensporn *(Corydalis lutea)*, das Zimbelkraut *(Cymbalaria muralis)* und verschiedene fugenbewohnende Farne aus. WERNER, GÖDDE und GRIMBACH (1989) haben die Mauervegetation der Stadtmauern (Basalt) von Zons am Niederrhein untersucht, die noch aus römischer Zeit stammen. Sie werden überwiegend von drei Gesellschaften besiedelt: der Mauerrauten-Flur, der Zimbelkraut- und der Glaskraut-Gesellschaft. Das aus Südeuropa stammende Glaskraut *(Parietaria judaica)* bildet dort besonders eindrucksvolle Bestände.

Abb. 197. Die Begrünung des Mauerkopfes einer bautechnisch trockenen Mauer durch ein wannenartig ausgebildetes Betonfertigteil. Die Begrünung erfolgt wie eine Extensive Dachbegrünung.

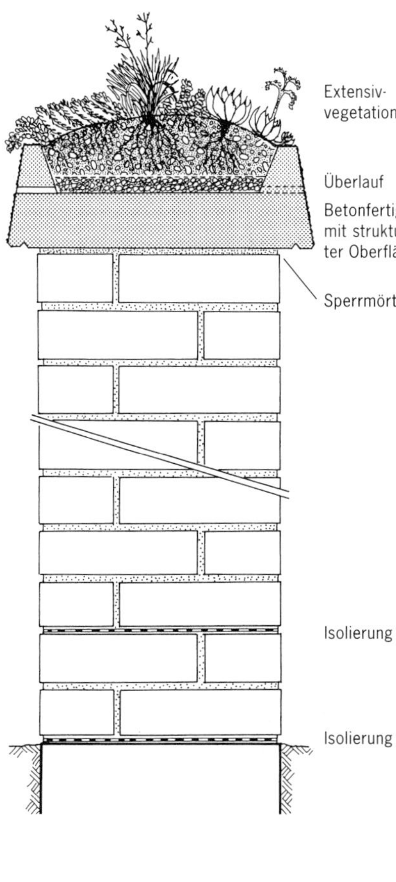

Die in zunehmendem Maße durchgeführten – und häufig übertriebenen – „Mauersanierungen" führten schon vielerorts zur völligen Vernichtung der ortstypischen Mauervegetation, vor allem der fugenbewohnenden Farne. Es sind jedoch auch schonende Mauersanierungen möglich, bei denen zumindest ein Teil der Mauervegetation erhalten bleibt und sogar eine Neu- oder Wiederbesiedlung der Mauerkronen erfolgen kann (Abbildungen 197 und 199).

Mauern ergeben Vegetationsstandorte mit extremsten klein- und mikroklimatischen Unterschieden, die in Verbindung mit den wechselnden edaphischen Faktoren eine stark wechselnde, artenreiche Flora bedingen (siehe dazu auch Abschnitt 12.2.2).

Die Mauervegetation kann wie folgt unterschieden werden:

- Pflanzengesellschaften der Mauerkrone
- Pflanzengesellschaften der Mauerflanken
- Pflanzengesellschaften des Mauerfußes.

Die Pflanzenvergesellschaftungen der Mauerkronen entsprechen etwa denen Extensiver Dachbegrünungen, sofern sich entsprechende Substratschichten ausbilden konnten. Die Standortbedingungen sind in freien, sonnigen Lagen jedoch wesentlich extremer als auf Dächern, weil hier die Austrocknung vom Rand auf die schmale Vegetationsfläche einwirkt. In Tabelle 77 sind die potentiellen Vegetationsformen der einzelnen Besiedlungsbereiche angeführt. Kletterpflanzen wie Efeu oder Wilder Wein erfassen selbstverständlich alle Bereiche.

Für die Neu- oder Wiederherstellung der Begrünung von Mauerkronen bestehen die in den Abbildungen 197 und 199 dargestellten Möglichkeiten. Bereits vorhandene Trockenrasen-Vegetationen sollten vor einer Sanierung abgetragen, auf Folienunterlagen zwischengelagert und gewässert und nach Abschluß der Arbeiten wieder verwendet werden.

Abb. 198. Die natürliche Begrünung der gesamten Maueroberfläche einer bautechnisch halbtrockenen oder feuchten Mauer, wie sie häufig bei historischen Natursteinmauern mit Kalkmörtelung vorkommt.

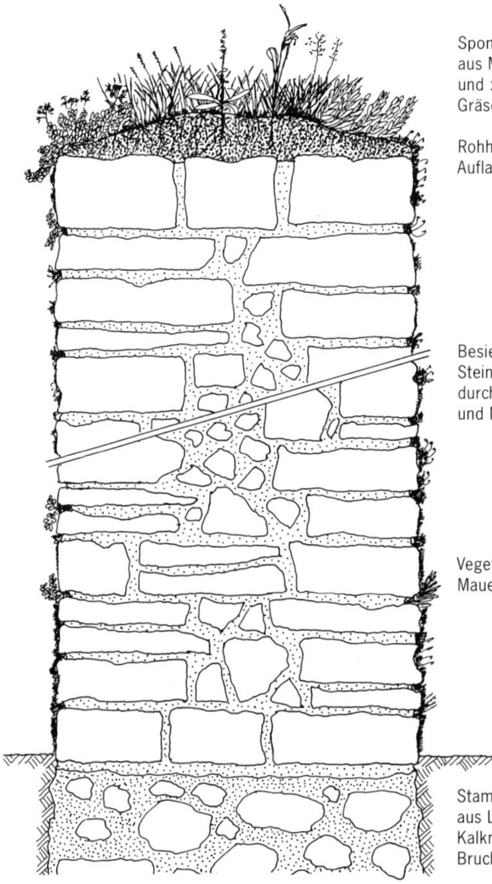

Abb. 199. Wiederbesiedelung einer sanierten Naturstein-Mauerkrone. Statt des Sperrmörtels kann auch eine Abdichtungsbahn zum Schutz vor von oben eindringende Feuchtigkeit verwendet werden.

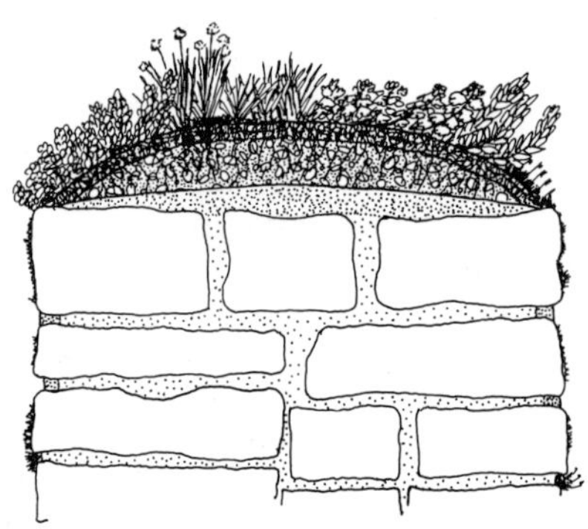

Die Vegetationstechnik zur Begrünung von Mauerkronen entspricht jener bei Extensiven Dachbegrünungen. Der häufiger verwendete unverbesserte Oberbodenauftrag mit Rollrasen bedingt je nach Höhe der Mauer und Klimaregion sukzessive Umwandlungsprozesse, die sich aber durch eine standortangepaßte Vegetationstechnik vermeiden lassen. Auf den in Schleswig-Holstein aus Findlingen trocken aufgeschichteten und mit Boden gefüllten, niedrigen Friesenwällen akklimatisieren sich Fertigrasen oder vor Ort entnommene Rasensoden noch am besten.

Zur Vermeidung von Erosionsproblemen, insbesondere durch Regenschlag, kann eine auf verrottbaren Gewebeeinlagen kultivierte Sedum-Gras-Kraut-Vegetation als Vegetationsmatte verwendet werden.

Zur Förderung der Selbstbesiedlung eines Algen-Flechten-Moos-Bewuchses können die Flanken mehrmals mit einer Lösung aus Alginaten besprüht werden. Erfolg garantiert jedoch auch das altbewährte Mittel zur Erzeugung von „Patina“ auf Natursteinmauern, nämlich das Aufstreichen eines Breies aus abgelagertem Kuhdung.

15.3 Stützmauern

Außerhalb ingenieurbiologischer Verbauweisen von abzustützenden Böschungen und Hängen (zum Beispiel durch Gabionen) werden überwiegend rein bautechnische Lösungen sowohl in der Landschaft (Straßenbau) als auch im urbanen Raum realisiert. Es besteht daher auch die Notwendigkeit, Bauweisen mit biologisch toten Oberflächen zu aktivieren.

Es wird unterschieden zwischen:

- Stützmauern als Massivbauweisen in Stahlbeton jeder Bauhöhe mit und ohne Natursteinverkleidung
- Stützmauern aus Beton-Fertigteilen als Beton-Winkelprofile mit verschiedenen Oberflächen-Strukturen in begrenzter Bauhöhe
- Stützwänden aus elementierten Betonstapel- oder Raumgitterkonstruktionen (Krainerwände) mit begrünbaren Zwischenräumen
- Trockenmauern aus Naturstein
- Stützkonstruktionen (Raumgitterwänden) aus Holz.

Optimale Möglichkeiten zur biologischen Reaktivierung bieten Trockenmauern (Weinbergsmauern), bei denen eine Begrünung der Fugen gleich mit eingeplant wird. Dazu sind nicht nur Arten des Kulturstaudensortimentes wie zum Beispiel polster- oder teppichbildende Stauden (SCHACHT 1960, HANSEN und STAHL 1981), sondern auch verschiedene, an Steinen vorkommende Wildarten geeignet.

Geländeabstützungen aus Holz sind immer mit Risiken verbunden, weil auch imprägnierte Hölzer mit der Zeit verrotten (HOFFMANN 1989). Größere Höhenunterschiede, insbesondere weniger standfeste Bodenschichtungen, sollten damit nicht abgefangen werden. Die Möglichkeiten der Begrünung, speziell durch humusliebende Arten wie Farne, sind allerdings optimal.

Die rein technischen Problemlösungen weisen folgende Nachteile auf:

- mangelnde visuelle Integration in die Umgebung durch die Kontrastwirkungen technisch perfekter Flächen, „harte“ Linienführungen, uniforme Wiederholung der Elemente usw.
- unzureichende Einbindung durch Bepflanzungen, inbesondere bei ästhetisch anspruchsvollen Planungszielen
- äußerst geringer Wert technischer Flächen als Lebensraum für Pflanzen und Tiere in Lebensgemeinschaften (biologische Wüsten).

Ohne die ingenieurtechnischen Anforderungen an Betonstützmauern jeder Art zu reduzieren, ist eine Verbesserung der biologischen Qualität des Bauwerkes Mauer in vielfältiger Weise möglich (KRUPKA 1982). Eine möglichst weitreichende Besiedlung durch Vegetation läßt sich wie folgt erzielen:

1. Besiedlung der Oberfläche durch eine Mikroflora aus Algen, Flechten und Moosen auf biologisch aktivierbaren Oberflächen
2. Ansiedlung von Vegetation in ausgesparten Öffnungen auf die Sichtflächen
3. Ansiedlung von Kletterpflanzen am Mauerfuß bzw. von Rankpflanzen am Mauerkopf, welche die Sichtflächen überdecken
4. Vegetation am Mauerfuß von einer Fugenkleinflora bis hin zu Stauden und Strauchgesellschaften in schmalen Pflanzstreifen oder Pflanznischen
5. Herstellung einer standortgerechten artenreichen Kraut- und Gehölzvegetation an

Abb. 200. Geländeabstützung durch Betonfertigteile in biologisch integrierter Bauweise.
1 = Besiedlung der Oberfläche durch Mikrofloren aus Algen, Flechten und Moosen auf biologisch-aktivierbaren Oberflächen, 2 = Ansiedlung von Pflanzen in ausgesparten Öffnungen auf den Sichtflächen, 3 = Ansiedelung von Kletterpflanzen am Mauerfuß, 4 = Herabhängende Pflanzen am Mauerkopf, welche die Sichtflächen überdecken, 5 = Saumflora am Mauerfuß von einer Fugenkleinflora bis hin zu Stauden und Strauchgesellschaften in schmalen Pflanzstreifen oder Pflanznischen, 6 = Böschungsköpfe und Anschlußflächen erhalten eine standortgerechte artenreiche Kraut- und Gehölzvegetation, 7 = Pflasterritzengesellschaften.

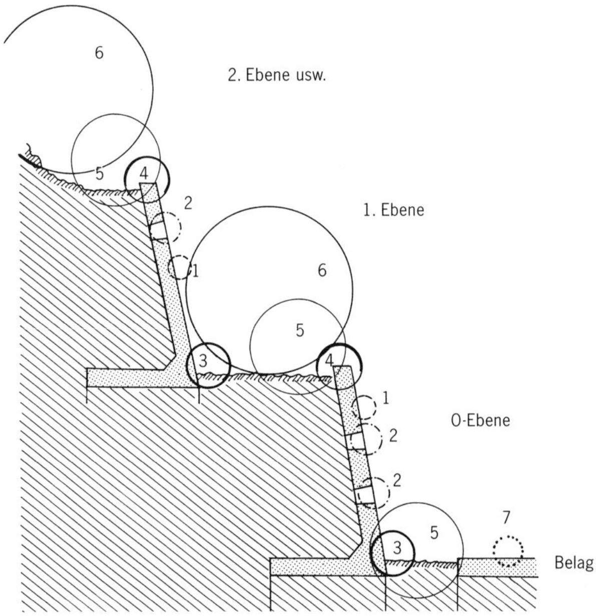

Abb. 201. Betonwinkelelemente zur Geländeabstützung mit biologisch aktivierbarer Oberfläche durch poröse, haufwerksporige Gesteinsvorsätze wie zum Beispiel aus frostfester Lava. Vorteilhafter ist eine Ansichtsfläche mit Neigung, weil dann auch an ungünstigen Standorten der Anteil befeuchteter und somit besiedlungsfähiger Flächen größer wird.
1 = oberer Lebensraum, 2 = unterer Lebensraum, 3 = Extremzone geringer Befeuchtung, die nicht oder nur gering durch Kryptogamen besiedelt wird.

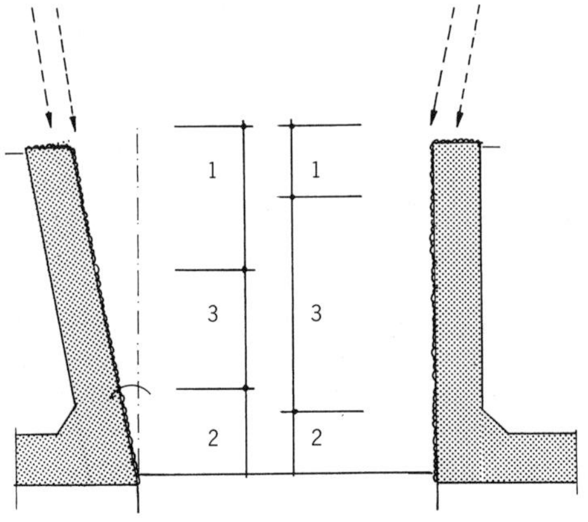

Böschungsköpfen und Anschlußflächen. Wichtig ist eine reiche Saumflora am Mauerkopf bzw. auf den Zwischenebenen bei versetzter Bauweise.

In den Abbildungen 200 und 201 sind dazu einige Möglichkeiten aufgezeigt.

Damit Algen, Flechten und Moose die Maueroberflächen besiedeln können, müssen als Grundvoraussetzung Niederschläge die Flächen erreichen. Für die im Boden wurzelnde Vegetation sind Mauern und mauernahe Bereiche in der Regel extreme Standorte. Daher gilt es all jene vegetationstechnischen Probleme hinsichtlich Bodenvorbereitung und Pflanzenauswahl zu lösen, die durch die Gründung und Dränung des Bauwerkes entstehen. Die Standortverbesserung oder Standortneuherstellung kann nach Grundsätzen wie für die Fassadenbegrünung (siehe Abschnitt 8.4) erfolgen. Der tiefere Wurzelhorizont im Unterboden am Mauerfuß und Mauerkopf kann durch bindige Kies-Sand-Gemische verbessert werden.

Steilwall- und Raumgitterkonstruktionen werden in einseitiger Ausbildung auch zum Abstützen von Böschungen eingesetzt. Die Begrünung von Steilwall- und Raumgitterkonstruktionen erfolgt in der Regel durch Bepflanzung. Häufig werden dabei weitgehend ungeeignete Gartengehölze wie zum Beispiel *Cotoneaster*-Arten verwendet, die bei den teilweise äußerst extremen Standortbedingungen nicht überleben können. RÜMLER (1984) führt dazu aus: „Für die Auffüllung der Wallkerne der Raumgitterkonstruktionen wird bei einigen Steilwallsystenem aus Gründen der statischen Berechenbarkeit meist kiesiges Aushubmaterial oder Schotter verwendet. Das Bodensubstrat wird dadurch aber nicht gerade pflanzenfreundlich. Aus der Sicht der Bepflanzbarkeit sind Kies, Sand, Schotter und Geröll inbesondere wegen mangelhafter Wasserspeicherung für die Kerne der Steilwälle nicht geeignet.“

Weiterhin sind die häufig unzureichenden Möglichkeiten der Einwurzelung in die Bodenhinterfüllung und das gewachsene Erdreich zu bemängeln. Das Einwurzeln wird meistens durch die konstruktiven Bedingungen selbst erschwert. In den mit Boden gefüllten Kavernen ist die rückwärtige Öffnung zu klein oder mit „Luft gefüllt“, so daß eine Versorgung mit kapillarem Bodenwasser oder Sickerwasser gar nicht möglich ist. Weiterhin sind die Hinterfüllungen in der Regel nicht wurzelfreundlich, bedingt durch zu starke Verdichtung und äußerst geringe Wasserkapazität (stark dränende Schüttbaustoffe).

Die dauerhafte Besiedlung verschiedener Bauweisen ist aus oben genannten Gründen mit Gehölzen nicht oder nur begrenzt möglich, so daß nur krautige, ruderale und xeromorphe Wildvegetation geeignet ist. KIERMEIER (1984, 1988) hat eine Auswahl geeigneter trockenheitsverträglicher Stauden- und Kleingehölze erprobt. Von den an Versuchsbauwerken ausgepflanzten 450 Stauden und Gehölzen ist innerhalb von sechs Vegetationsperioden die Hälfte ausgefallen. Die Hauptursachen für das Absterben bildeten Trockenheit und Frost.

Nach entsprechender Analyse der vegetationstechnischen Minimumfaktoren und Durchführung von Optimierungsmaßnahmen zur Standortverbesserung können Gehölze nach den Tabellen 57 und 58 sowie krautige Pflanzen nach den Tabellen 35, 50 und 56 verwendet werden.

Auf die besondere Eignung wärmeliebender, trockenheitsverträglicher Arten, wie Goldlack *(Cheiranthus cheiri)* und das Löwenmaul *(Antirrhinum majus)*, sei besonders hingewiesen. An trockenen, eher absonnigen Stellen lassen sich auch die Mondviole *(Lunaria rediviva)* und die Nachtviole *(Hesperis matronalis)* ansiedeln.

15.4 Lärmschutzbauwerke

Mit dem steigenden Bedarf an Bauwerken, die vor Verkehrslärm schützen, wurde eine große Vielfalt an Bauweisen und Systemen entwickelt (BAUSCH und DIETSCH 1979, 1983). Es ist zu unterscheiden zwischen:

- technischen Lärmschutzbauwerken
- biologisch-technischen Lärmschutzbauwerken.

Technische Lärmschutzbauwerke bestehen in ihrem konstruktiven Aufbau aus Stoffen wie Stahlbeton, Ziegel, Holz, Stahl, Glas und Kunststoffen, die in ihrem Körper das Einwurzeln von Vegetation nicht zulassen. Gleichwohl können viele dieser Bauweisen durch Rank- und Kletterpflanzen wie auch durch Abpflanzungen mit Gehölzen „grün“

kaschiert werden (Abbildung 202). Die potentielle Schadensträchtigkeit von Kletterpflanzen (siehe Abschnitt 7.2) muß dabei unbedingt beachtet werden. Bei entsprechend durchlässig ausgebildeten Konstruktionen kommt es häufiger vor, daß Triebe in den Wandkörper einwachsen oder dieser von Gehölzastwerk durchwachsen wird.

Erfolgt eine Fassadenbegrünung an Lärmschutzwänden, müssen die in der Regel schwierigen Standortbedingungen mehr als bisher beachtet werden. Neben dem Fahrtwind, Streusalznebel und Abgasimmissionen sind Bodentrockenheit und hohe Sonneneinstrahlung Kennzeichen absoluter Extrembedingungen, denen viele Arten nicht gewachsen sind. Häufig verspricht eine Ansiedlung der Pflanzen auf der straßenabgewandten Rückseite mehr Erfolg. Schutz bieten außerdem vorgepflanzte Gehölzriegel, Gehölzabpflanzungen oder Nischen (Abbildung 203 und 204).

Die Notwendigkeit einer weitgehenden Begrünung ergibt sich durch den erheblich ausgeweiteten Bau von Lärmschutzbauwerken, besonders auch in der freien Landschaft. Hier sollten jedoch als Rank- und Kletterpflanzen möglichst Arten wie der Hopfen, Efeu und Waldrebe und gelegentlich der Wilde Wein eingesetzt werden. Dadurch kann der Schallschutz noch zusätzlich verbessert werden (ROSTOCK, RÜMLER u. a. 1979). Zu kritisieren sind häufig massenhafte, das heißt kilometerlange, monokulturartige Anpflanzungen von Schlingknöterich.

Biologisch-technische Lärmschutzbauwerke können unterschieden werden in
- Steil*wall*bauweisen (Abbildung 205 und 207)
- Steil*wand*bauweisen (Abbildung 206 und 208).

Den Anspruch, jeweils optimale Lebensbedingungen für die Vegetation zu bieten, erheben beide Bauweisen. Der Unterschied zwischen den beiden Gruppen besteht im Platzbedarf. Steilwallbauweisen benötigen weitaus mehr Platz als Steilwandbauweisen, bei denen versucht wird, mit einer Fußbreite von etwa einem Meter oder weniger auszukommen. Unter vegetationstechnischen Gesichtspunkten können nachfolgende Unterscheidungen getroffen werden:

Abb. 202. Diese ideale Eingrünung einer technischen Lärmschutzwand gelang durch seitliches Einpflanzen und mit Hilfe von Kletterpflanzen. Kletterpflanzen müssen einen ausreichenden Wurzelraum haben. Dafür sind je nach konstruktiven Gegebenheiten auch Fundamentaussparungen erforderlich.

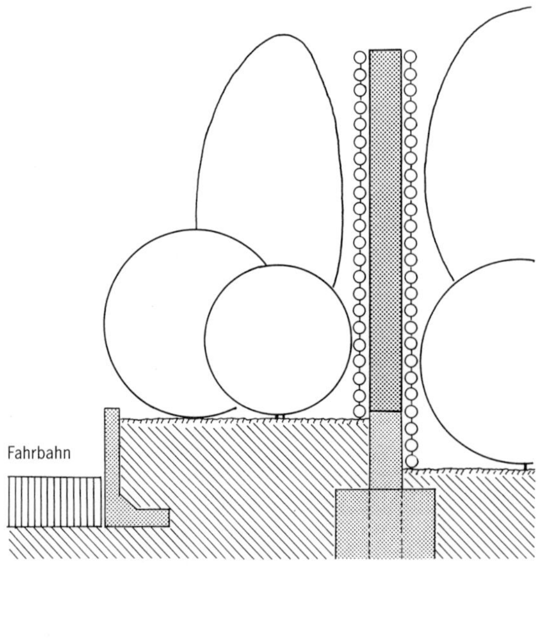

Abb. 203. Durch eine versetzte Linienführung technischer Lärmschutzwände entstehen Nischen mit Luftberuhigung und weiteren kleinklimatischen Vorteilen. Hier gedeihen insbesondere Kletterpflanzen besser.

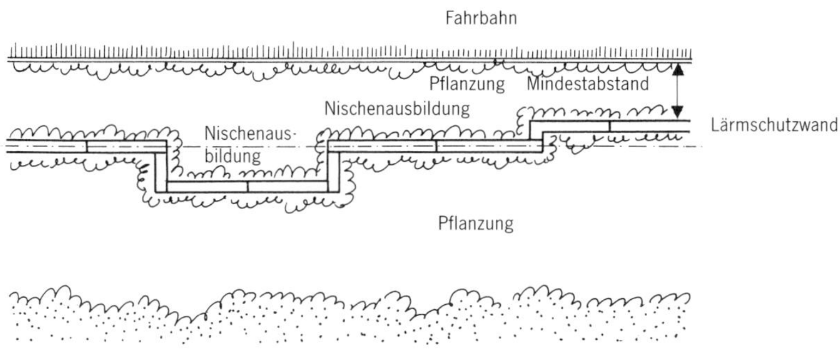

Abb. 204. Kletterpflanzen besiedeln zuerst die mikroklimatisch günstigsten Flächen. Dies sind bei profilierten technischen Lärmschutzwänden immer die Profiltiefen.

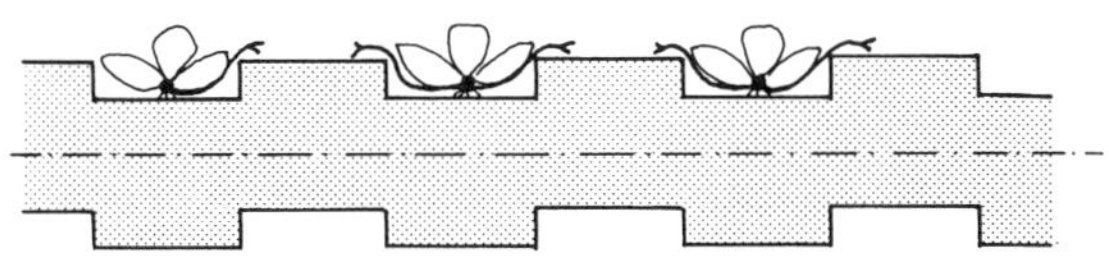

- Bauweisen mit teilweiser Erd- oder Substratfüllung
- Bauweisen mit vollständiger Substratfüllung sowie
- Bauweisen mit Zusatzbewässerung und
- Bauweisen ohne Zusatzbewässerung.

Als Bauweise mit teilweiser Erd- oder Substratfüllung können die elementierten Betonstapelkonstruktionen angesprochen werden. Hier sind die Lebensbedingungen häufig so extrem, daß Bewässerungen erforderlich sind. Kriterien zur Gehölzauswahl führt REMLINGER (1981) an.

Ein aus der Ingenieurbiologie abgewandeltes Verfahren stellen Wallhecken mit Bodenkern und äußerem, ausschlagfähigem Weidenrutengeflecht dar. Diese sollten jedoch nicht monokulturartig nur mit einer Art begrünt werden.

Eine Weiterentwicklung der Gabionenbauweise sind die mit Erde verfüllten Drahtgitterkörbe als schwergewichtige Steilwallbauweise (SCHIECHTL 1986). Sie können sowohl bepflanzt als auch mit „Graswänden“ versehen werden.

Die Möglichkeit vegetationstechnischer Optimallösungen bieten Steilwall- und Steilwandbauweisen mit vollständiger Substratfüllung (BISCHOFF 1987). Hier kann weitgehend die Vegetationstechnik extensiver Dachbegrünungen angewendet werden, soweit dies Bauweisen sind, auf denen sich die Vegetation selbst erhält, also eine permanente Zusatzbewässerung nicht erforderlich ist. Speziell dauerhaft strukturstabilisierte Substrate sind von entscheidender Bedeutung. Füllungen aus nicht stabilisierten Müllkomposten sind wegen des Massenschwundes durch Abbau der organischen Substanz problematisch.

Die Erreichbarkeit aller Flächen durch Niederschläge und deren Speicherung bilden die Hauptprobleme besonders der Steilwandbauweisen. Mit zunehmender Neigung der Flanken wird die Wasseraufnahme verbessert. Je nach Exposition der Wand befindet sich häufig eine Wandseite mehr oder weniger stark im Regenschatten. Die Vegetation der Trokkenseite kann dann nur von der Substratdurchfeuchtung aus der beregneten Wand- und Kopffläche existieren. Bei stärkerem

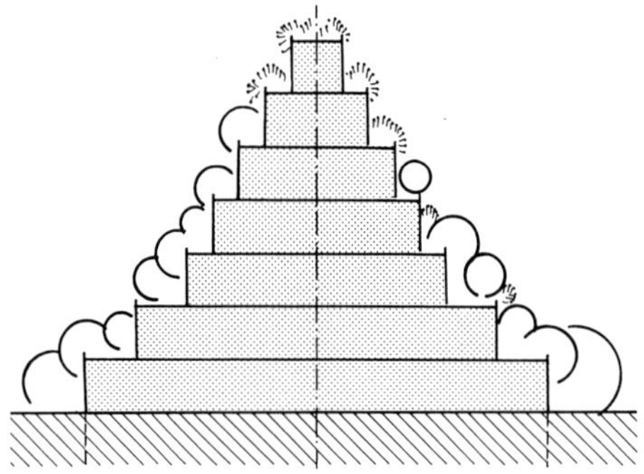

Abb. 205. Prinzip einer begrünbaren Steilwallbauweise.

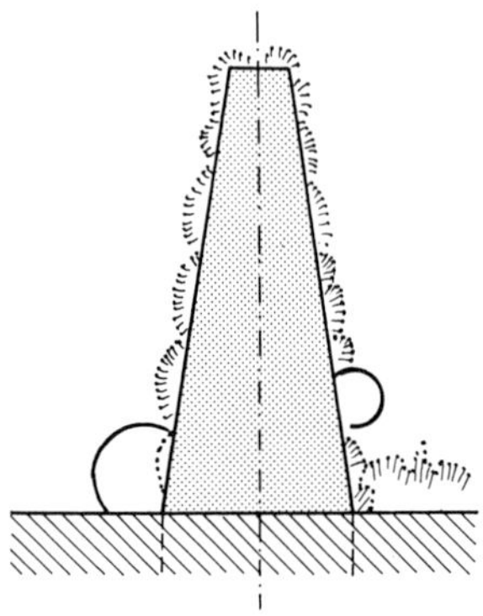

Abb. 206. Prinzip einer begrünbaren Steilwandbauweise mit geringer Standfläche.

Abb. 207. Steilwallbauweise aus gestapelten Betonfertigteilen und Füllkavernen. Dargestellt sind steile und flache Neigungen (a–c). Je flacher die Neigung, desto besser ist die Versorgung der Vegetationsflächen mit Niederschlägen.

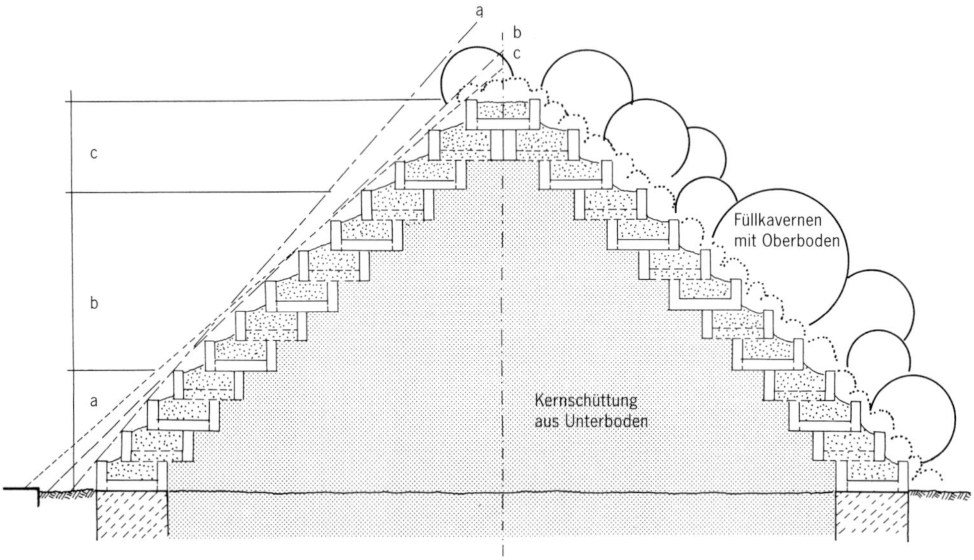

Grasbesatz mit herabhängendem Laub ergibt sich eine zusätzliche Wasserableitung über die Oberfläche, so daß geringere Niederschlagsmengen kaum den Füllkörper erreichen. Für Steilwandbauweisen werden Sedum-Gras-Kraut- oder Moos-Sedum-Vegetationen als vorkultivierte Vegetationsmatten verwendet, die gleichzeitig die flächige Begrenzung des Füllkörpers bilden.

Steilwandbauweisen werden auch als fertig begrünte Kassettenelemente mit einer Gras- oder Gras-Kraut-Begrünung und verringerten Querschnitten von etwa 20 bis 60 cm Breite angeboten (Abbildung 208). Sie müssen stän-

Abb. 208. Steilwandbauweise mit Tröpfchenbewässerung aus fertig begrünten Einzelkassetten.

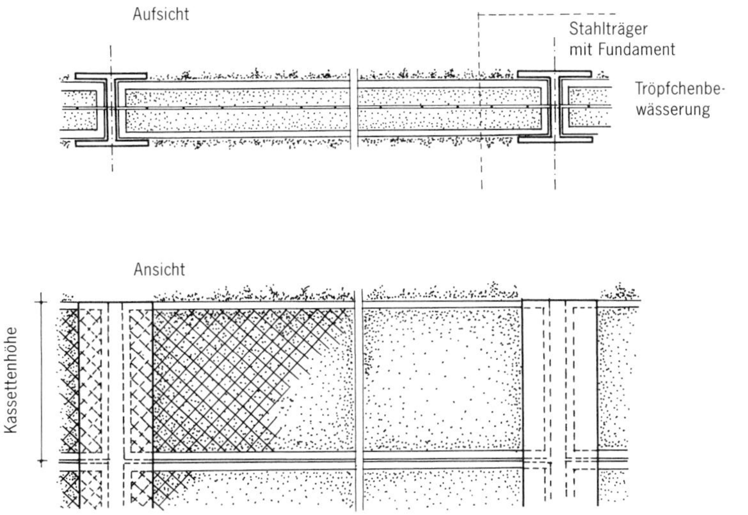

dig bewässert werden (Tröpfchenbewässerung) und stellen eine Form intensiver Begrünung dar. Wegen ihres geringen Platzbedarfes und sofortigem Grüneffektes werden sie als mobile Systeme für den Lärmschutz, etwa an Tennisplätzen, oder als Sichtschutzelemente für verschiedene Einsatzgebiete verwendet.

16 Qualitative Anforderungen an Saatgut, Pflanzen und Fertigvegetation

16.1 Saatgut

Das Saatgutverkehrsgesetz (SaatG vom 20. August 1985, in KUNHARDT 1988) unterscheidet nach § 2 die Kategorien Basissaatgut, zertifiziertes Saatgut, Standardsaatgut, Handelssaatgut und Behelfssaatgut. Dieses Gesetz ist eindeutig auf die landwirtschaftliche und gärtnerische Produktion ausgerichtet und fördert die züchterische Verbesserung für diese Anwendungszwecke. In diesem Sinne ist auch § 34 (Sortenordnung) zum „landeskulturellen Wert" zu verstehen: „Eine Sorte hat landeskulturellen Wert, wenn sie in der Gesamtheit ihrer wertbestimmenden Eigenschaften gegenüber den zugelassenen vergleichbaren Sorten eine deutliche Verbesserung für den Pflanzenbau, die Verwertung des Erntegutes oder die Verwertung aus dem Erntegut gewonnener Erzeugnisse erwarten läßt."

Ein „bio-ökologischer" Wert im Sinne einer Erhaltung und Förderung der genetischen Vielfalt von Wildpflanzen kann also vom Saatgutverkehrsgesetz nicht erwartet werden. Nach der Beschreibenden Sortenliste (BSA) 1988, des Bundessortenamtes wird „fast die Hälfte des in der Bundesrepublik Deutschland jährlich verwendeten Gräsersaatgutes ... zur Erstellung von Rasenflächen verschiedener Art verwendet."

Die weite Verbreitung von Sorten genetisch nivellierter Arten ist für die meisten Anwendungszwecke in der freien Landschaft und der Extensiven wie auch Einfachen Intensiven Dachbegrünung eher nachteilig. Eine kleinräumige Standortanpassung kann nur durch Arten erfolgen, die ihre natürliche genetische Variationsbreite erhalten oder spezielle Anpassungen an Sonderstandorte ausgeprägt haben.

Die zunehmend stärker greifenden Regelungen des Saatgutverkehrsgesetzes (Auslaufen der Übergangsregelungen) und das zukünftig geltende EG-Recht behindern den Vertrieb und die Verwendung von Saatgut mit besonderem bio-ökologischen Wert.

Arten, die nach der Beschreibenden Sortenliste (BSA 1988) dem Saatgutverkehrsgesetz unterliegen

Lolium perenne, Deutsches Weidelgras
Agrostis stolonifera, Flecht-Straußgras
Poa trivialis, Gemeine Rispe
Poa nemoralis, Hain-Rispe
Agrostis canina, Hunds-Straußgras
Festuca arundinacea, Rohr-Schwingel
Agrostis tenuis Rotes Straußgras
Festuca rubra sensu lato, Rot-Schwingel
Festuca ovina sensu lato, Schaf-Schwingel
Phleum pratense, Wiesen-Lieschgras
Poa pratensis, Wiesen-Rispe
Phleum bertolonii, Zwiebel-Lieschgras

Von diesen Arten darf nur das Bundessortenamt anerkanntes Saatgut (Basissaatgut, zertifiziertes Saatgut und Standardsaatgut) gewerbemäßig in den Verkehr bringen (§ 3 SaatG). Von einigen Arten einschließlich des Schaf-Schwingels darf auch noch Handelssaatgut in den Verkehr gebracht werden (gültig bis 1. Juli 1991).

Für die vegetationstechnischen Zwecke entfällt Basissaatgut, da es nur der Weiterzucht dient. In Zukunft wird weitgehend nur zertifiziertes Saatgut angeboten. Dieses ist Sortensaatgut und unterliegt strengen Qualitätsbestimmungen, die auch in der Kennzeichnung als Handelsware zum Ausdruck kommen (siehe NIESEL 1989). Die Anwendung im Bereich von Dachbegrünungen ist für Grasflächen gerechtfertigt, die in ihren nutzungsbedingten oder ästhetischen Anforderungen Intensivkulturen gleichzusetzen sind und mit entsprechendem Aufwand permanent gepflegt werden können. Dies können Zier-, Sport- und Spielrasen sein.

Nur Gräserarten, von denen keine Sorten vorhanden sind, dürfen als Handelssaatgut bezeichnet werden. Dies gilt auch für alle in der Dachbegrünung verwendeten Kräuter, die wie alle oben nicht angeführten Gräser auch als Behelfssaatgut vertrieben werden können. Letzteres muß nur artenecht sein, unterliegt aber geringeren Anforderungen hinsichtlich Reinheit, Keimfähigkeit und Fremdartenanteil. Unter diese Klasse fällt häufig auch Wildsaatgut von speziellen Arten, die nicht im Handel sind.

Durch die Verwendung von Behelfssaatgut und Wildsaatgut kann die Einschätzbarkeit des Ansaaterfolges erheblich sinken, insbesondere dann, wenn fremde, nicht erwünschte Arten beigemengt sind.

Als Mindestanforderung sollte auch für Gräser und Kräuter eine technische Reinheit zwischen 85 und 90 Gewichtsprozent und eine Keimfähigkeit zwischen 75 und 80 Prozent der Kornzahl gefordert werden, wie sie auch den Regelsaatgutmischungen (RSM), differenziert nach Arten, zugrunde liegen. Die dort angeführten zusätzlichen technischen Anforderungen für den Höchstbesatz mit anderen Arten von 3 Prozent des Kornanteiles ist auch für Dachbegrünungen anwendbar. Abweichungen bei speziellen Arten sollten ausdrücklich angegeben sein.

In Zukunft müssen vermehrt Arten als definierte Standortrassen oder Ökotypen mit bekannten, speziellen Standortanpassungen (zum Beispiel pH-Wert, Trockenheitsverträglichkeit, zeitlich breitem Spektrum der Saatreife und Keimung) angeboten werden, die den oben genannten Qualitätsanforderungen nahe kommen.

16.2 Fertigrasen

Für Fertigrasen bestehen keine allgemeingültigen Gütebestimmungen mit differenzierten, enger eingegrenzten Qualitätsmerkmalen. Angaben finden sich in der DIN 18917, „Vegetationstechnik im Landschaftsbau. Rasen und Saatarbeiten“, 1990). Von der Deutschen Rasengesellschaft e.V., Bonn, wurden 1977 „Fertigrasen-Richtlinien“ als Grundsätze für die Erzeugung, Bewertung und Verlegung von Fertigrasen veröffentlicht, die jedoch keine weite Verbreitung gefunden haben. Für

Fertigrasen werden allgemeingebräuchliche Handelsqualitäten vertrieben, die in bezug auf Verwendungszweck und Artenzusammensetzung auf den jeweilig aktualisierten Angaben der Regel-Saatgut-Mischungen (RSM) basieren.

Für die Verwendung von Fertigrasen im Bereich der Einfachen und Aufwendigen Intensivbegrünungen kann auf die angebotenen Qualitäten zurückgegriffen werden. Soll jedoch Landschaftsrasen für Einfache Intensivbegrünungen oder Extensivbegrünungen verwendet werden, so muß die gewünschte Qualität hinsichtlich der Artenzusammensetzung besonders definiert werden. Insbesondere Bestände mit einem überwiegenden Anteil von *Festuca*-Arten sind nicht einfach zu kultivieren. In den „Fertigrasen-Richtlinien“ liegt der empfohlene Anteil an *Festuca rubra* ssp. *commutata* und *Festuca rubra* ssp. *rubra* mit jeweils 20 bis 50 Gew.% viel zu hoch. Rasenschulen bieten Landschafts- und Böschungsrasen auch mit einem hohen Anteil von *Festuca-rubra*-Typen zwischen 40 und 60 Prozent an.

Allgemeine Qualitätskriterien für Fertigrasen (unter Berücksichtigung DIN 18917, 9/1990)

Artenzusammensetzung:	für den Verwendungszweck geeignet und dem Rasentyp entsprechend, in ausgewogener Zusammensetzung; in der Regel ohne Klee
Alter:	mindestens 10 Monate, nicht überständig
Narbendichte:	dichtnarbig und fest zusammenhängend mit projektiver Deckung zwischen 95 und 100 Prozent
Narbendicke:	1,5 bis 2,5 cm, Nennschäldicke 2 cm
Abmessungen:	zum Beispiel Einzelrollen von 0,5 m^2 Größe Breite 30 cm, Länge 167 cm Breite 40 cm, Länge 125 cm Einzelrollen von 0,75 m^2 Größe Breite 45 cm, Länge 167 cm Einzelrollen von 1 m^2 Größe Breite 40 cm, Länge 250 cm
Schnitthöhe:	2,5 bis 3,5 cm
Besatz von Kräutern und Fremdvegetation:	$\leqq$ 3% bei Gebrauchs- und Strapazierrasen $\leqq$ 2% bei Zierrasen der projektiven Bodendeckung. Keine Kleearten
Anzuchtboden:	Bodengruppen 2 oder 4 nach DIN 18915 Bodenreaktion: pH-Wert zwischen 6 und 7,2
Gesundheit:	normaler Ernährungszustand, frei von pilzlichen und tierischen Schädlingen.
Für **Landschaftsrasen** (für trockene bis normale Lagen) sollte die Ansaatmischung etwa wie folgt definiert werden:	etwa 60 Prozent *Festuca* in Arten und Sorten, jedoch maximal 10 bis 15 Prozent *Festuca-rubra*-Typen etwa 30 Prozent *Poa pratensis* in schmalblättrigen, niedrigen Sorten etwa 10 Prozent *Lolium*-Arten in schmalblättrigen, niedrigen Sorten.

Ein überwiegender Anteil an verschiedenen Formen von *Festuca ovina* und *Festuca cinera (F. glauca)* ist jedoch in Kombination mit den rhizombildenden *Poa*-Arten vorteilhafter.

Bei den Angaben der Narbenzusammensetzung ist grundsätzlich zu unterscheiden zwischen der *Ansaatanalyse* und der *Bestandsanalyse*, die erheblich voneinander abweichen können. Es ist daher empfehlenswert, sich insbesondere den zur Verwendung anstehenden Landschaftsrasen vor dem Einbau in der Rasenschule anzusehen und eine Bestandsbonitierung durchzuführen. Für Rasensoden bestehen überhaupt keine qualitativen Definitionen. Sie müssen also für den Einzelfall festgelegt und vor Ort überprüft werden.

Werden Fertigrasen für die Zwecke der Dachbegrünung eingesetzt, so muß der Anzuchtboden hinsichtlich des Gehaltes an bindigen Bestandteilen und des Humusanteils mit denen des Substraten in etwa übereinstimmen. Dies sollten Sandböden mit schwachem bis mittlerem Humusgehalt sein. Der Fertigrasen darf keine Sperrschicht bilden.

16.3 Vegetationsmatten

Bedingt durch die relativ junge Entwicklung der Vegetationsmatten für Dachbegrünungen bestehen für sie weder spezielle Güterichtlinien noch eine einheitliche Marktqualität. Qualitative Beschreibungen von Vegetationsmatten erfolgten durch KRUPKA (1986, 1988, 1990). In den „Richtlinien für Dachbegrünungen" (FLL 1990) sind allgemeine qualitative Anforderungen an Vegetationsmatten aufgeführt, die aber für die Praxis für spezielle Anforderungen präzisiert werden müssen.

Den bisher in der Praxis verwendeten Typen von vorkultivierten Vegetationsmatten liegen Fortentwicklungen bereits bestehender Mattentypen, etwa für den Wasserbau (seit etwa 1970), oder spezielle Neuentwicklungen zugrunde. Vegetationsmatten können sowohl für Extensivbegrünungen als auch für Einfache Intensivbegrünungen eingesetzt werden. Der Schwerpunkt liegt allerdings in der Verwendung für Extensivbegrünungen, weil sich damit auch schwierige Begrünungsprobleme lösen lassen, wie besonders leichte, dünnschichtige Bauweisen oder die erosionssichernde Sofortbegrünung von Steildächern.

Unterscheidungen und Ausbildungsformen
Hinsichtlich des Aufbaues und der Zusammensetzung lassen sich drei Strukturtypen von Vegetationsmatten (VG) unterscheiden, die allerdings produktionsbedingt modifiziert werden. Gewichte, Schichtdicken und Vegetationsbesatz sind sehr unterschiedlich.

Abb. 209. Vlies-Vegetationsmatten (VG 1).

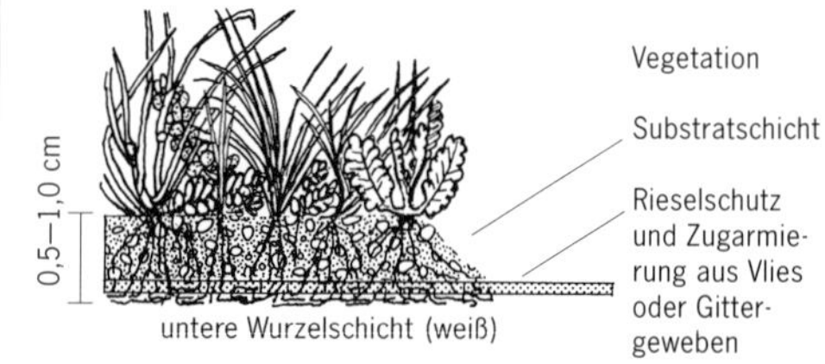

Abb. 210. Faser-Vegetationsmatten (VG 2).

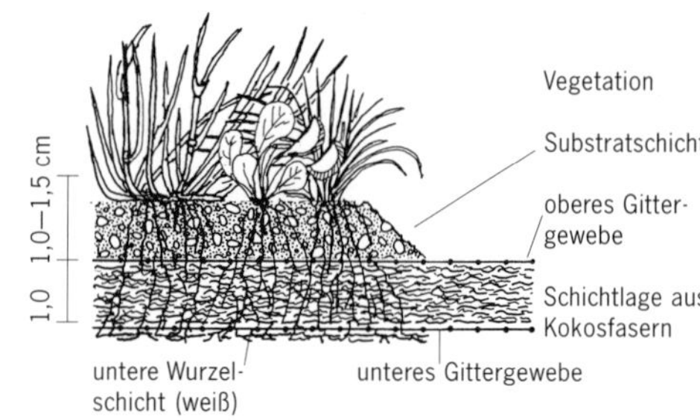

Abb. 211. Fadengeflecht-Vegetationsmatten (VG 3).

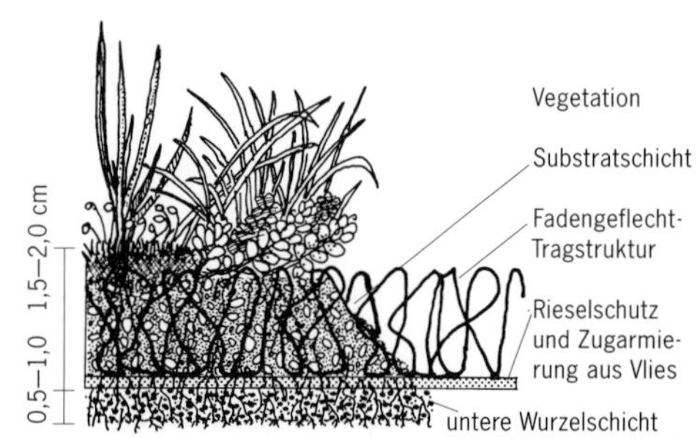

Vlies-Vegetationsmatten (VG-1) als leichte, nicht strukturarmierte Vegetationsmatten auf tragender, durchwurzelbarer Vliesunterlage oder Gittergeweben mit Substratschicht, teilweise mit eingewachsenem oberem Schutzgittergewebe versehen. (Abbildung 209)

Faser-Vegetationsmatten (VG-2) als teilstrukturarmierte Vegetationsmatten mit tragender Schichtlage aus organischen Stoffen für den Wurzelhorizont, mit eingelegten Gittergeweben auf verschiedenen Ebenen und oberer Substratschicht. (Abbildung 210)

Fadengeflecht-Vegetationsmatten (VG-3) als voll-strukturarmierte Vegetationsmatten mit einer Tragstruktur aus einer Kunststoff-Fadengeflechtlage und mit unterseitiger, durchwurzelbarer Vlieslage. Die Tragstruktur ist mit Substrat aufgefüllt. (Abbildung 211)

Saatmatten und Erosionsschutzmatten zählen nicht zu den hier beschriebenen fertig begrünten Vegetationsmatten. Saatmatten bestehen aus einer flächigen organischen, verrottbaren Trägerlage, in die Saatgut eingearbeitet ist. Sie eignen sich weniger für die Zwecke der Dachbegrünung, weil sie durch Windsog gefährdet sind; außerdem kann die schnelle Austrocknung und der häufig unzureichende, kapillar wirksame Bodenkontakt zu unbefriedigenden Begrünungsergebnissen führen. Erosionsschutzmatten sind Hilfsstoffe (siehe Abschnitt 14.8), die bei Bedarf eingesetzt werden können; ihre Funktion ist bei Vegetationsmatten in der Regel integriert.

Die **Funktionsschichten** von Vegetationsmatten werden für die einzelnen Mattentypen in unterschiedlicher Weise kombiniert. Sie können wie folgt differenziert werden:

1. Unterer Rieselschutz und Zugarmierung
2. Fadengeflecht-Tragstruktur
3. Schichtlage als Tragstruktur und Wurzelhorizont
4. Gittergewebe zur Flächensicherung
5. Substratschicht als Wurzelhorizont.

Die stoffliche Zusammensetzung der Funktionsschichten von Vegetationsmatten richtet sich nach funktionalen Gesichtspunkten, wie der Zug- und Druckfestigkeit, Verrottungsbeständigkeit und Durchwurzelbarkeit. Die Kosten der Ausgangsstoffe bestimmen neben der Kulturdauer entscheidend den Endpreis. Das Preisniveau von Fadengeflechtmatten ist etwa zwei- bis dreimal so hoch wie bei Vlies-Vegetationsmatten. Höhere Zugfestigkeit setzt qualitativ entsprechende Trägerstoffe voraus, was sich auf die Preisgestaltung auswirkt.

Die verwendeten Stoffe und Kombinationen können wie folgt gruppiert werden:

- nur organischen Materialien, wie zum Beispiel Kokosfasern, Stroh, Jute, Zellulose, Baumwoll- und Wollrecyclingprodukte
- nur Kunststoffe aus dem geotextilen Anwendungsbereich, wie zum Beispiel Polyamide, Polypropylen, Polyester
- Kombinationen von organischen Materialien und Kunststoffen in verschiedenen Schichtlagen.

In Tabelle 78 sind die Kombinationen von Funktionsschichten und Stoffarten für die Vegetationsmatten VG-1, VG-2 und VG-3 dargestellt.

Ein weiteres Unterscheidungsmerkmal für Vegetationsmatten bildet der Vegetationsbesatz. Es können nach dem Marktangebot etwa folgende Ausbildungsformen unterschieden werden, die sich nach dem überwiegenden Vegetationsbestand richten (siehe auch Abschnitt 12.3):

- Moos-Sedum-Vegetationen (MS)
- Sedum-Moos-Kraut-Vegetationen (SMK)
- Sedum-Gras-Kraut-Vegetationen (SGK)
- Gras-Kraut-Vegetationen (GK).

Bedingt durch Kulturverfahren, Kulturdauer, Witterungseinflüsse, aber auch in Abhängigkeit vom Alter der Vegetationsmatten verlaufen die Übergänge im Vegetationsbesatz fließend, insbesondere zwischen den Typen Sedum-Moos-Kraut- und Sedum-Gras-Kraut-Vegetation. Bei überständigen Vegetationsmatten kann der Besatz auch mit nicht erwünschten Gräsern und Kräutern (Segetalflora) erheblich sein. Dies besonders dann, wenn die Vegetationsmatten mit Bodenschluß, also nicht auf einer Folie kultiviert werden.

Die Vegetationsmatten werden in Spezialbetrieben oder in Rasenschulen in etwa acht bis vierzehn Monaten vorkultiviert und sollten durch besondere Kulturmaßnahmen abgehärtet (streßkonditioniert) sein. Die Produktionsbreite beträgt in der Regel 100 cm.

Der Transport erfolgt im aufgerollten Zustand, in wählbaren Einzellängen bis zu 30 m. Die Mattenlänge richtet sich jedoch nach der Zugfestigkeit der Trägerschicht. Die Transport- und Lagerfähigkeit liegt mit etwa bis zu vier Tagen deutlich höher als beim Rollrasen.

Tab. 78. Funktionsschichten und Stoffarten für die Strukturtypen von Vegetationsmatten

Funktionsschichten	Stoffarten						
	Vliese aus Kunststoffen	Gewebe und Gitter aus Kunststoffen	Wirrgewebe aus Kunststoffen	Vliese aus organischen Stoffen	Gewebe aus organischen Stoffen	Wirrgewebe aus organischen Stoffen	Mineralische Schüttstoffe
unterer Rieselschutz und Zugarmierung	VG-1	–	–	VG-1	(VG-1)	VG-2	–
Fadengeflecht-Tragstruktur	–	–	VG-3	–	–	–	–
Schichtlage als Tragstruktur und Wurzelhorizont	–	–	–	–	–	VG-2	–
Gittergewebe zur Flächensicherung	–	VG-1 VG-2	–	VG-1 VG-2	VG-1 VG-2	–	
Substratschicht als Wurzelhorizont	–	–	–	–	–	VG-2	VG-1 VG-2 VG-3

Diese Zeitangabe gilt allerdings nur bei schattiger Lagerung.

Für die Ausbildung des Wurzelhorizontes bestehen zwei grundsätzliche Möglichkeiten. Die Kultur auf Folienunterlagen bewirkt eine flachgepreßte, weiße Wurzellage (Wasserwurzeln), die nur dann auf dem Endstandort zügig anwächst, wenn sie nicht austrocknet. Sie ist gegen Lufttrockenheit sehr empfindlich. Bei der Kultur ohne Folienunterlagen wachsen die Wurzeln durch die untere Vlies- oder Schichtlage in das Erdreich hindurch und halten dies fest. Die Ernte der Vegetationsmatten ist hier aufgrund der Einwurzelung in den Boden schwieriger. Die Matten müssen unterschnitten werden, damit sich ein gleichmäßig starker Wurzelhorizont ergibt. Die „Bodengewöhnung" der Wurzeln und der Schutz durch den anhaftenden Boden erleichtern das Weiterwachsen auf dem Endstandort. Nachteile können sich bei dieser Anzuchtmethode durch höhere Transport- und Einbaugewichte und nicht erwünschte Unterschiede zwischen Anzuchtsubstrat und haftendem Boden an den Wurzeln ergeben.

Eine weitere, jedoch aufwendige Variante ist die Kultur auf einer Folienunterlage mit einer Substratzwischenschicht von etwa 1 bis 3 cm Dicke, so daß sich ein ganz gleichmäßiger Wurzelhorizont ergibt.

Vliesschichten als Matteneinlagen müssen vegetationsfreundliche Eigenschaften aufweisen. Nach LIESECKE (1990) hemmen oder behindern Fadengeflecht-Vegetationsmatten mit unterseitigen, gestapelten, thermisch fixierten Vliesen die Einwurzelung nicht. Es wurden im Rahmen der Versuchsanordnungen auch keine „Einschnürungen beim Durchdringen des Vlieses oder ein abweisender Wurzelverlauf auf der Oberseite des Vlieses festgestellt". Diese Aussagen bezogen sich auf Gräser-, Kräuter- und *Sedum*-Wurzeln.

Das Angebot an Vegetationsmatten muß in bezug zum geplanten Verwendungszweck hinsichtlich folgender Anforderungen überprüft und mit Qualitätskriterien im Leistungsverzeichnis nach folgenden Gesichtspunkten beschrieben werden (siehe auch dazu „Richtlinien für Dachbegrünungen", FLL 1990):

- Art, Kriterien und Dauerhaftigkeit der Trägereinlagen und Armierungen
- Sicherheit gegen Wind- und Wassererosion
- Zugfestigkeit
- Dicke der Matten
- Ausbildung des Wurzelhorizontes
- Gewicht der Matten in wassergesättigtem Zustand
- Qualität von Füllsubstraten
- Artenzusammensetzung
- Anteile einzelner Arten

– Entwicklungszustand der Pflanzen
– Besatz von Ammen- bzw. Fremdvegetation
– Deckungsgrad der Vegetation
– Höchstanteile vegetationsfreier Stellen
– Einwurzelungszeitraum am Endstandort
– Anwendungsbereiche
– Mindestkulturdauer
– Abhärtung.

Beispielhaft wird im folgenden die Möglichkeit einer Qualitätsbeschreibung für Sedum-Gras-Kräuter-Vegetationsmatten vorgestellt, wie sie als Anhang für Leistungsbeschreibungen verwendet werden kann.

1. Art und Qualität der Trägereinlagen und Armierungen

a) Fadengeflechtmatten aus Grundstoffen wie zum Beispiel Polyester, Polyamid, Polyethylen.
   – Brandklasse B 2 DIN 4102
   – UV-beständig
   – dauerhafte Verbindung mit Vliesunterlage
   – Dicke mindestens 15 mm
   – beständig gegen mikrobielle Wirkungen und Bodenpilze
   – beständig gegen chemische Bodenlösungen
   – umweltverträglich

b) Vliesunterlage.
   – leicht durchwurzelbar
   – Zugfestigkeit mindestens 3,0 kN/m
   – beständig gegen mikrobielle Wirkungen und Bodenpilze
   – beständig gegen chemische Bodenlösungen
   – filterstabil
   – umweltverträglich

2. Eigenschaften der vorkultivierten Vegetationsmatten:

a) Die Kulturdauer von Vegetationsmatten muß der von Fertigrasen entsprechen; Mindestdauer 9 Monate.

b) Vegetationsmatten müssen abgehärtet (streßkonditioniert) sein. Dies kann durch folgende Maßnahmen der Kulturführung erfolgen:
   – ausreichende Kulturdauer zur Erzielung vollentwickelter ausgreifter Einzelpflanzen
   – Reduzierung der Wasserversorgung
   – spezielle Düngerversorgung
   – Reduzierung der Stickstoffversorgung. Die Pflanzen müssen kurze Internodien haben.

c) Es dürfen nur gemähte Vegetationsmatten mit maximal 6 cm Schnitthöhe verwendet werden.

d) Der Vegetationsbesatz und die Durchwurzelung muß verhindern, daß Substrat beim Aufrollen herausfällt. Vegetationsfreie Stellen dürfen nicht größer als 30 cm^2 und auf 1 m^2 nicht mehr als zehnmal auftreten.

e) Die Vliesunterlage muß gleichmäßig durchwurzelt sein.

f) Der Wurzelhorizont unter dem Vlies muß gleichmäßig dick sein und eine hohlraumfreie Verlegung der Vegetationsmatten ermöglichen. Die Wurzeln müssen Bodengewöhnung haben.

g) Auf 10 cm^2 muß eine sprießende Moospflanze wachsen. Durch weitere Auskeimungen soll erkennbar sein, daß die Moosvegetation sich in der Ausbreitung befindet.

h) Der *Sedum*-Besatz soll je m^2 mindestens 30 Prozent projektive Deckung aufweisen.

i) Der Grasbesatz soll eine projektive Dekkung von mindestens 20 Prozent erreicht haben. Auf 1 m^2 kommen mindestens 100 Graspflanzen mit einer Durchwurzelungsfläche von mindestens 5 × 5 cm.

j) Der Kräuterbesatz soll eine projektive Deckung von mindestens 20 Prozent erreicht haben.

k) Ein zusätzlicher geringer Besatz mit Gräsern und Kräutern mit Ammenfunktion (das heißt sie sterben später ab) ist zulässig.

l) Der Anteil an mesomorphen Kräutern, Gräsern und Moosen darf bezogen auf die projektive Deckung nicht mehr als 20 Prozent betragen.

m) Die Einwurzelung in die Vegetationsschicht muß innerhalb von 30 Tagen hebefest erfolgen.

n) Das Füllsubstrat der Vegetationsmatte muß mit dem Schichtsubstrat chemisch und physikalisch harmonieren, das heißt es muß Werte aufweisen, die näherungsweise mit denen des Substrates übereinstimmen.

Stark bindige Substrate oder solche mit hohem Humusanteil eignen sich nicht. Das Füllsubstrat soll lagerstabil und benetzungsfreundlich gegenüber Niederschlägen sein.

o) Vegetationsmatten, die überdüngt sind, nur aus Jungpflanzen oder Sämlingsbesatz bestehen oder unzureichend durchwurzelt sind, werden nicht abgenommen.

3. Pflanzen für die Vegetationsmatten

a) Es sind heimische Pflanzenarten zu verwenden.

b) Es sind kalkliebende bzw. -tolerierende Pflanzen mit Herkunft von natürlichen, trockenwarmen (xerothermen) Standorten zu wählen, die eine ausreichend breite Standortamplitude haben, jedoch überwiegend xeromorphe, xero-mesomorphe oder sukkulente morphologische Ausbildungen aufweisen.

c) Die Vergesellschaftung der Pflanzenarten ist auf die klimatische Region und die besonderen standörtlichen bauwerksbedingten Anforderungen abzustimmen und eventuell durch Zusaaten zu ergänzen.

d) Eine beispielhafte Auswahl geeigneter Pflanzenarten:

Moose
Brachythecium rutabulum, Krücken-Kegelmoos
Bryum argenteum, Silber-Birnmoos
Campothecium sericeum, Echtes Goldmoos
Ceratodon purpureus, Horn-Zahnmoos

Zwiebelgewächse
Allium oleraceum, Kohl-Lauch
Allium schoenoprasum, Schnittlauch

Sukkulenten
Sedum acre, Scharfer Mauerpfeffer
Sedum album, Weiße Fetthenne
Sedum reflexum, Felsen-Sedum
Sedum sexangulare, Milder Mauerpfeffer

Gräser
Bromus erectus, Aufrechte Trespe
Festuca cinerea (F. glauca), Blau-Schwingel
Festuca ovina spec., Schaf-Schwingel
Festuca tenuifolia, Haar-Schwingel
Poa compressa, Platthalm-Rispe
Poa pratensis ssp. *angustifolia*, oder schmalblättrige Sorte, Schmale Wiesen-Rispe

Kräuter
Anthemis tinctoria, Färberkamille
Campanula rotundifolia, Rundblättrige Glockenblume
Chrysanthemum leucanthemum, Wiesen-Margerite
Dianthus carthusianorum, Karthäuser-Nelke
Hieracium pilosella, Kleines Habichtskraut
Potentilla argentea, Fingerkraut
Thymus serpyllus, Thymian

16.4 Pflanzen und Pflanzenteile

16.4.1 Stauden

Für den Bereich der Intensiven Dachbegrünung können die „Gütebestimmungen für Stauden" (FLL, Mai 1988) zugrunde gelegt werden. Besonders wichtig ist eine gute Abhärtung der Pflanzen und völlige Freiheit von Fremdvegetation, insbesondere ausläufertreibender Arten.

Für die Extensive Dachbegrünung sind aus oben genannten Gütebestimmungen (Ziffer 1.7) folgende Festlegungen zu entnehmen: „Stauden zur Extensiven Dachbegrünung mit geringer Substratauflage müssen in speziellen Substraten mit hohem mineralischen Anteil (organischer Anteil maximal 20 Prozent) kultiviert werden. Die Anzucht muß in Töpfen von maximal 5 cm Höhe erfolgen, der Mindestinhalt 65 cm^3 betragen, wenn nicht etwas anderes vereinbart wurde (wie Anzucht in Quick-pot oder Multiplatte). Der Kulturzustand der Pflanzen muß ein sicheres Anwachsen auf dem durch extreme Klimabedingungen geprägten Standort ermöglichen. Stark aufgedüngte Pflanzen sind nicht zulässig."

Für den organischen Anteil im Anzuchtsubstrat fehlt dort die Bezugsgröße. Der angegebene Wert kann sich nur auf Volumenprozent der Mischungsrezeptur beziehen. Für die in Klammern erwähnten Kleinballenstauden sind unbedingt qualitative Ergänzungen erforderlich. Verschiedene polsterbildende oder rankende Arten wie zum Beispiel Thymian oder Kleines Habichtskraut sind für die Kultur als Kleinballenpflanzen nicht oder schlecht geeignet.

Kleinballenpflanzen müssen ausreichend abgehärtet sein, siehe auch Richtlinien für Dachbegrünungen (FLL 1990). Dies gilt besonders für die Anzucht von Sämlingen unter Glas, die in der Staudenkultur als Jung- und Halbfertigpflanzen gelten. Sämlinge dürfen nicht zu dicht stehen und kommen nur als voll ausgewachsene Jungpflanzen in Betracht. Kleinballenpflanzen, mit einem dichten Sämlingsrasen besetzt, sind nicht verwendungsfähig.

Blumenzwiebeln können in den üblichen Handelsgrößen oder aus der Topfvorkultur verwendet werden. Für die Extensive Dachbegrünung haben sich insbesondere *Allium* und *Muscari* mit Flachballen bewährt. *Allium schoenoprasum* ist auch mit Kleinballen gut verwendbar.

Für die zukünftige Staudenverwendung im Bereich der Extensiven Dachbegrünung ist eine erweiterte Bezeichnung der züchterischen und genetischen Qualität und Herkünfte unbedingt erforderlich. Hier reichen die Angaben der „Gütebestimmungen für Stauden" nicht aus, die nur die Sortenechtheit und für Naturentnahmen die Bezeichnung „Wildware" einbeziehen. Die Frage nach dem Artenschutz wird allerdings ausdrücklich gestellt. FESSLER (1990) verwendet den präzisierten Begriff „Kultur-Wildpflanzen".

In der Staudensichtung werden folgende Bewertungszeichen unter gärtnerisch-züchterischen Gesichtspunkten (SIEBER 1984) verwendet:

w̲ = sehr wertvolle Wildstaude (Hauptsortiment)
w = wertvolle Wildstaude (Ergänzungssortiment)
****** = vorzügliche Sorte
**** = sehr wertvolle Sorte (Hauptsortiment)
** = wertvolle Sorte
Li = Staude für den Pflanzenliebhaber
S = wertvolle Schnittsorte
V = Bewertung gilt nur für Pflanzen aus Originalsaatgut.

Die Qualitätskriterien von Wildstauden aus gärtnerischem Anbau sollten etwa wie folgt erweiternd differenziert werden:

- Wildstauden aus gärtnerischem Anbau (eventuell züchterische Auslese)
- Wildstauden aus gärtnerischem Nachbau mit Herkunftsbezeichnung
- Wildstauden besonderer Unterarten und Standortrassen mit Herkunftsbezeichnung aus gärtnerischem Nachbau.

Für eine derartige Eignungsbewertung müssen gartenkulturelle Gesichtspunkte in den Hintergrund treten und durch öko-biologische Kriterien ersetzt werden. Einige Staudengärtnereien weisen mittlerweile auf die Herkunft der vermehrten Arten mit Hilfe von Abkürzungen hin.

In Zukunft dürfen von allen Pflanzenarten keine Naturentnahmen mehr direkt in den Handel gebracht werden. Es sollten nur noch kontrollierte Entnahmen von Mutterpflanzen für den gärtnerischen Nachbau gestattet werden. Auf Wildblumenzwiebeln, insbesondere Wildtulpen und verschiedenen Kleinblumenzwiebeln aus dem südeuropäischen und vorderasiatischen Raum, muß ebenfalls wegen ihrer extremen Bedrohung an ihren Naturstandorten ganz verzichtet werden.

16.4.2 Gehölze

Intensive Dachbegrünungen

Die Verwendung von Gehölzen für Intensive Dachbegrünungen kann auf der Grundlage der „Gütebestimmungen für Baumschulpflanzen" (FLL 1986) erfolgen. Eine spezielle Anzucht in Flachcontainern sollte weitere Verbreitung finden, da sie den vergleichsweise geringen Schichthöhen Rechnung trägt. Eine abgewandelte Kulturpraxis wäre ebenfalls wünschenswert. Die Substrate von Topf- und Containerpflanzen sollten einen überwiegenden mineralischen Anteil haben, da dies das Anwachsen in allen Substrattypen erleichtert. Für Pflanzen mit speziellen Ansprüchen, insbesondere Humuswurzlern, müssen jedoch artgerechte Substrate verwendet werden.

Solitärpflanzen mit für die Vegetationsschichtdicke zu großen Ballen oder Lehmballen sollten auf keinen Fall verwendet werden. Auf Gehölze, die in der Kultur eine Überversorgung mit Stickstoff erhalten haben, sollte man ebenfalls von vorneherein verzichten.

Extensive Dachbegrünungen

Gehölzpflanzungen sind bei der Extensiven Dachbegrünung nicht der Regelfall. Das Sortiment ist durch die Anwendungsform begrenzt, und man sollte auf jeden Fall auf gut ausgereifte Jungware mit möglichst kleinen Topfballen in mineralischen Anzuchterden zurückgreifen.

Bei naturnahen Pflanzungen auf Schwerlastaufbauten mit Schichthöhen bis etwa 60 cm sollten zwei- bis dreijährige Jungpflanzen oder leichte Sträucher verwendet werden. Einjährige, bewurzelte Steckhölzer von Weiden-Arten sind häufig noch nicht hart genug.

16.4.3 Pflanzenteile

Es werden überwiegend Sproßteile verschiedener *Sedum*-Arten (*Sedum*-Sprosse) als Triebschnittlinge verwendet. *Sedum*-Sprosse werden in den „Gütebestimmungen für Stauden" wie folgt qualifiziert: „*Sedum*-Sprosse müssen sich in einem artgerechten, nicht überdüngten Zustand befinden. Die Sprossenlänge muß dem jeweiligen Habitus der Pflanze entsprechen. Der Anteil von Blütentrieben darf 5 Prozent des Gesamtvolumens nicht überschreiten. Die Verpackung muß so gewählt werden, daß Transport und kurze Lagerzeiten (maximal drei Tage) gut überstanden werden."

Die Zulassung eines Anteiles von Blütentrieben scheint aus vegetationstechnischen wie auch kulturtechnischen Gründen weniger praxisgerecht. Einerseits neigen *Sedum*-Bestände zur Massenblüte, so daß jeder aufrechte Trieb Blütenknospen trägt und die Sprossenernte vor und während der Blütezeit überwiegend Blütentriebe erbringt. Andererseits bringen blühende Triebe ein relativ schlechtes Anwachsergebnis (siehe Abschnitt 14.3), so daß zur Blütezeit der einzelnen Arten eine Begrünung durch Sproßteile von *Sedum* einfach nicht sinnvoll ist. In den „Richtlinien für Dachbegrünungen (FLL 1990) wird daher auch die Gewinnung in Sproßteilen „in den vorwiegend vegetativen Wachstumsphasen" empfohlen.

Sedum-Sprosse werden als oberflächlich trokkene Pflanzenmasse nach Gewicht gehandelt, so daß Ausgrenzungen nach Volumen wenig praktikabel erscheinen.

Als ergänzende Qualitätsaspekte können für *Sedum*-Sprosse angeführt werden:

- frei von Blattlausbefall
- frei von *Botrytis*-Befall und sonstigen pilzlichen Erkrankungen
- Mindesttrieblänge für *Sedum album, Sedum acre* und *Sedum sexangulare*: 1,5 cm in einem Anteil von etwa 80 Gewichtsprozent.
- Mindesttrieblänge für *Sedum hispanicum* und *Sedum lydium*: 80 Gewichtsprozent, mindestens 1 cm lang, Größen unter 1 cm höchstens 10 Gewichtsprozent.
- Mindesttrieblänge von Arten der Sektion Aizoon, *Sedum reflexum, Sedum spurium, Sedum hybridum* und ähnliche: 3 cm, Größen unter 3 cm höchstens 10 Gewichtsprozent.

Triebrißlinge von *Sedum-* und *Saxifraga*-Arten sollten zu 90 Prozent Wurzeln haben und einen voll ausgebildeten, beblätterten Trieb in artgerechter Länge besitzen.

Rhizomschnittlinge von Gräsern müssen mindestens eine Internodie aufweisen und eine artgerechte Länge, etwa zwischen 6 und 10 cm, haben.

Basalknollen, Laubknospen, Brutknospen wie auch **Brutzwiebeln** müssen vollständig ausgereift sein und dem artgerechten Ruhe- und Überdauerungsstadium entsprechen.

Tochterrosetten (Kindel) von *Sedum* und *Sempervivum* müssen soweit entwickelt sein, daß sie auf dem Boden aufliegend unverzüglich Wurzeln treiben.

17 Qualitative Anforderungen an Pflanzungen und Vegetationsbestände als Abnahmekriterien

Nach der Herstellung der Begrünungen setzt die Fertigstellungspflege mit verschiedenen Einzelleistungen ein, die zu einem abnahmefähigen Zustand führen müssen (siehe Kapitel 19). Die qualitativen Anforderungen eines abnahmefähigen Zustandes werden hier auf der Grundlage des Normwerkes des Landschaftsbaues und der „Richtlinien für Dachbegrünungen" unter Berücksichtigung der Besonderheiten von Begrünungsflächen an und auf Bauwerken beschrieben.

17.1 Intensive Dach- und Fassadenbegrünungen

17.1.1 Pflanzungen

Nach der DIN 18916, 9/1990, gilt als abnahmefähiger Zustand: „Abnahmefähig sind Gehölze und Staudenpflanzungen zu dem Zeitpunkt, an dem Sicherheit über den Anwachserfolg besteht." Dies ist auf einem Sonderstandort, wie ihn eine Dachfläche darstellt, frühestens nach einem Jahr der Fall. Die Leistungen der Fertigstellungspflege sollten also mindestens eine volle Vegetationsperiode ausgeführt werden, so daß auch die Belastungen eines Sommers und Winters einwirken können. Dabei dürfen keine Schäden oder Wuchsdepressionen auftreten. Die besten Zeitpunkte zur Beurteilung des qualitativen Zustandes liegen in den Monaten Juli bis August. Die Vitalität nach dem Frühjahrsaustrieb bei frischen Pflanzungen reicht als Beurteilungsgrundlage allein nicht aus.

Die Pflanzungen sollten folgende Anforderungen erfüllen:

Ausreichende Neubildung von Wurzeln, insbesondere auch bei Solitärpflanzen mit Ballen. Alle Pflanzen müssen hebefest angewachsen sein.

Bei Anstaubewässerung ist nachzuprüfen, ob keine Wurzelfäule durch Vernässung eingetreten ist.

Art- und Standortgerechte Triebneubildung. Der Neuaustrieb darf weder zu lang noch aufgrund von Wuchsdepressionen zu kurz sein. Neutriebe sind auf Frostschäden zu prüfen. Pilzliche Erkrankungen, wie zum Beispiel Rotpustelbefall, dürfen nicht aufgetreten sein. Bei Fassadenbegrünungen muß sich der Beginn des artspezifischen Haft- oder Schlingverhaltens zeigen.

Gesundes Blattwerk. Das Blattwerk muß eine arttypische Größe, Form und Farbe aufweisen und frei von Krankheiten und Mangelerscheinungen sein. Winterschäden an immergrünen Pflanzen dürfen nur gering sein und müssen sich im Laufe der Vegetationsperiode zurückgebildet haben. Immergrüne Pflanzen, die einen starken Laub- oder Nadelfall (Nadelschütte) aufweisen, sollten nicht abgenommen werden.

Blüte. Gehölze dürfen keine übermäßige Blütenausbildung in Verbindung mit einer wuchsdepressiven Gesamterscheinung zeigen. Dies gilt insbesondere für Solitärpflanzen und *Clematis*. Stauden müssen eine ihrer Pflanzgröße entsprechende Blütenausbildung zeigen. Ausgenommen davon sind Arten, die ihre Blüten erst nach einem gewissen Entwicklungszeitraum ausbilden wie die verschiedenen Blütenstauden des Gartensortimentes (zum Beispiel *Paeonia*).

Gesamthabitus. Der Gesamthabitus der Pflanzen muß Rückschlüsse auf eine standortangepaßte Weiterentwicklung zulassen. Hier ist auch festzustellen, ob spezielle Standortbelastungen, wie Frost- und Windeinwirkung (Windschur) oder Wärmerückstrahlung, als mögliche Dauerbelastung eine gesunde Weiterentwicklung ermöglichen. Dies gilt insbesondere für empfindliche Kletterpflanzen, wie zum Beispiel *Clematis*. Falls Zweifel auftreten, sollte ein Standortwechsel angestrebt werden.

17.1.2 Rasenflächen

Alle Rasenflächen müssen gesund und betretbar sein. Schnitte müssen regelmäßig ausgeführt werden. Zu Überdüngungen darf es nicht kommen.

Fertigrasen muß hebefest angewachsen und mindestens sechs Wochen alt sein. Fertigrasen, der in Hochsommermonaten verlegt wurde, sollte frühestens nach zwölf Wochen abgenommen werden. Die Gesamtdeckung muß mindestens 95% betragen.

Rasenansaaten von Zier-, Gebrauchs-, Spiel- und Sportrasen können mit einem Dekkungsgrad von 75 Prozent abgenommen werden.

Grasvegetationen Einfacher Intensivbegrünungen auf Flachdächern sollten einen projektiven Deckungsgrad von mindestens 65 Prozent aufweisen. Auf Steildächern muß dieser aus Gründen des Erosionsschutzes jedoch mindestens 75 Prozent betragen. Die Vegetationsschicht muß hier voll durchwurzelt sein.

Zur Toleranz von nachträglich auftretenden Leguminosen, insbesondere Weißklee, müssen Aussagen in den Abnahmekriterien der Leistungsbeschreibung erfolgen. Weißklee kann sich in Fertigrasen aber auch in Ansaaten sehr rasch ausbreiten, wenn die Entwicklung der Grasvegetation gestört ist.

17.1.3 Qualitative Langzeitaspekte

Bei den durch ständige Pflege gesteuerten Intensiven Dachbegrünungen und ebenso bei Fassadenbegrünungen können die qualitativen Anforderungen auf lange Sicht nur durch die Pflege und Unterhaltung gesichert werden. Bestimmte Veränderungen, wie zum Beispiel die Ansiedlung von Moos- und Kräutervegetation in Grasflächen oder die Ausbreitung wuchsaggressiver Kräuter in Stauden- und Gehölzpflanzungen, lassen sich selbst durch intensive Pflegeanstrengungen häufig nicht steuern.

Allgemeine Anforderungen, die als Mindestanforderungen zu stellen sind

Aufwendige Intensive Dachbegrünungen

- Die Pflanzenauswahl muß auf eine dauerhafte Existenz in den Lebensräumen und den Schichtaufbau abgestimmt sein.
- die Substratqualität und Nährstoffzusatzversorgung muß eine dauerhafte Gesundheit der Pflanzen sicherstellen.
- Die verschärften Konkurrenzsituationen und der begrenzte Wurzelraum müssen dennoch zu einer befriedigenden Entwicklung der Pflanzen führen.
- Die Pflanzen müssen ihrer jeweiligen Lebensraum-Situation entsprechende Eigenschaften aufweisen, wie:
  Frosthärte und Winterfestigkeit
  Windfestigkeit
  Bruchsicherheit
  Standsicherheit
  Strahlungsresistenz
  Wärmeresistenz
  Immissionsfestigkeit (sofern erforderlich)
  Gesundheit

Einfache Intensive Dachbegrünungen

Die Vegetation muß auch extremen Standorteinflüssen und verschärften Konkurrenzverhältnissen standhalten. Erhöhte Anforderungen sind über die oben genannten Kriterien hinaus wie folgt zu stellen:

Frosthärte und Winterfestigkeit
Windfestigkeit
Strahlungsresistenz
Wärmeresistenz
Konkurrenzfähigkeit
Die Pflanzen dürfen auf keinen Fall zu Krankheitsanfälligkeit oder Wuchsdepression neigen.

Fassadenbegrünungen

Die Pflanzenauswahl muß auf die Standortbedingungen abgestimmt sein und in unterschiedlichen Beanspruchungsgraden folgenden Anforderungen genügen, die in den entsprechenden standortbezogenen Kombinationen erforderlich sind:

Frosthärte und Winterfestigkeit
Windfestigkeit
Strahlungsfestigkeit
Wärmeresistenz
Immissionsfestigkeit
Trockenheitsresistenz
Kletter- und Schlingfähigkeit
Gesundheit.

17.2 Extensive Dachbegrünungen

In bezug auf die qualitativen Anforderungen an die Ausbildungsformen Extensiver Dachbegrünungen bestehen vielfach Unsicherheiten. Dies liegt in den häufiger auftretenden Schwierigkeiten speziell während der Etablierungsphase von Ansaaten oder Vegetationsmatten und den damit verbundenen Abweichungen in der Artenzusammensetzung. Insgesamt können stärkere Prozesse der Vegetations-Umstrukturierung erfolgen, die vor allem durch längere Trockenphasen ausgelöst werden. Daraus ergeben sich Probleme bezüglich der *qualitativen Anforderungen zum Abnahmezeitpunkt.*

Die geringe Beständigkeit einer bestimmten Vegetation macht insbesondere dann Schwierigkeiten, wenn sich die Zusammensetzung *nach der Abnahme* sehr erheblich wandelt, so daß sich ein ganz anderer Vegetationstyp herausbildet oder vegetationsfreie Flächen auftreten. Weiterhin können sich bedingt durch Witterungseinflüsse, insbesondere bei einem Wechsel von niederschlagsreichen und trokkenen Jahren, variierende Pflanzengesellschaften (Wechselvegetationen siehe Abschnitt 12.3.1) ergeben.

Es ist in jedem Fall ratsam, die Abnahmekriterien mit dem erforderlichen Spielraum in der Leistungsbeschreibung festzulegen. Die hier angeführten Kriterien können nur in allgemeiner Form die wichtigsten Merkmale erfassen und müssen objektspezifisch differenziert werden. Weil Extensive Dachbegrünungen sich selbst erhalten müssen, ist im Grundsatz nur eine **standortangepaßte Vegetation** abnahmefähig. Dies bezieht sich auf

- die vorkommenden Pflanzenarten
- die Artenzusammensetzung der Vegetationsdecke
- den Deckungsgrad einzelner Pflanzenarten sowie
- die physiologische Konstitution der Pflanzen; das vegetative und generative Ausbreitungsverhalten dient dabei als Maßstab für die Pflanzenvitalität.

Treten Zustände oder Veränderungen ein, die als Mängel einzustufen sind, gilt es die Verantwortlichkeiten des Planers, des ausführenden Unternehmers und des Auftraggebers (sofern dieser einbezogen werden kann) festzustellen und abzugrenzen.

Nachfolgende Empfehlungen zu den Abnahmekriterien beziehen auch die Angaben in den „Richtlinien für Dachbegrünungen" (FLL 1990) mit ein.

17.2.1 Abnahmekriterien für gesäte und gepflanzte Vegetation

Die Pflanzen müssen ein artgerechtes Erscheinungsbild und Wachstum zeigen. Dies gilt besonders für die sukkulenten und xeromorphen Ausbildungen der einzelnen Pflanzenarten. Vegetationen, die durch übermäßige Düngung und Wässerung nicht ausreichend abgehärtet sind, sich nicht abnahmefähig.

Abnahmefähig ist ein Vegetationsbestand aus Ansaaten und ausgebrachten *Sedum*-Sprossen und sonstigen Pflanzenteilen bei mindestens 60 Prozent projektiver Deckung auf Flachdächern und bei 75 Prozent auf Steildächern. Dichtrasige Massenansaaten (zu hohe Kornzahlen der Ansaatmischung) und nicht vollständig ausgebildete Jungpflanzen sind nicht abnahmefähig. Zur Abnahme sollten mindestens 80 Prozent aller geforderten Gräser- und Kräuterarten vorhanden sein. Alle *bestandsbildenden Arten* sollten etwa in den geforderten Anteilen vorhanden sein. Arten mit Keimverzögerungen müssen spätestens im Folgejahr aufgelaufen sein. Nicht aufgelaufene Arten müssen nachgesät werden.

Davon ausgenommen können bestimmte Sonderformen, wie zum Beispiel die nachträgliche Begrünung von Kiesschichten, sein. Hier kann ein projektiver Deckungsgrad ab etwa 20 bis 25 Prozent akzeptiert werden.

Von der vorgeschriebenen Anzahl *Sedum*-Sprossen je m^2 sollten mindestens 75 Prozent als gut eingewachsene Pflanzen vorhanden sein. Sonstige ausgebrachte Pflanzenteile müssen in ihrem Artenanteil zu 75 Prozent vorhanden und fest angewachsen sein. Rhizome müssen ausgetrieben haben und Rhizomneubildungen zeigen.

Alle **ausgepflanzten Arten** müssen in der jeweiligen Anzahl vorhanden und hebefest angewachsen sein, sie müssen das arttypische vegetative Ausbreitungswachstum zeigen.

Der Besatz an nicht standortgeeigneter, krautiger **Fremdvegetation**, insbesondere an krautigen, hochwachsenden mesophilen, ruderalen Arten, sollte nicht mehr als 10 Prozent der projektiven Gesamtdeckung betragen. Die Fremdvegetation muß vor der Samenbildung abgemäht werden, das Schnittgut ist zu entfernen.

17.2.2 Abnahmekriterien für Fertigrasen und Vegetationsmatten

Fertigrasen und Vegetationsmatten müssen im Substrat hebefest eingewurzelt, die Stöße müssen zugewachsen sein. Die Pflanzenarten müssen ein artgerechtes Wachstum als Ausdruck der Standortanpassung aufweisen. Dies gilt speziell für sukkulente und xeromorphe Ausbildungen. Vegetationen, die durch übermäßige Düngung und Wässerung nicht ausreichend abgehärtet sind, sind nicht abnahmefähig. Die projektive Deckung aller Arten einschließlich der Moosbestände muß bei Vegetationsmatten mindestens 75 Prozent (bezogen auf die Gesamtfläche) und bei Fertigrasen 95 Prozent betragen. Die geforderten Arten müssen alle vorhanden sein. Kleinflächige Umbildungen zugunsten der stärkeren Ausbreitung einiger Arten als Standortanpassungen sollten akzeptiert werden.

17.2.3 Qualitative Langzeitaspekte

An die Qualität Extensiver Dachbegrünungen sind zunächst einige grundsätzliche Anforderungen zu stellen. Werden diese – ganz gleich von welchen Pflanzenarten und Ausbildungsformen – erfüllt, so ist zunächst die Funktionsfähigkeit der Extensivbegrünung an sich gewährleistet. Diese können wie folgt beschrieben werden:

- hohe Trockenheitsresistenz
- hohe Strahlungsresistenz
- hohe Wärmeresistenz
- hohe Windfestigkeit
- hohe Frost- und Winterfestigkeit
- Verträglichkeit gegenüber zeitweiser Vernässung
- gute Regenerationsfähigkeit durch generative und vegetative Vermehrung und schneller Lückenschluß bei Ausfällen
- Schutzwirkung gegen Wind- und Wassererosionen.

Ausgehend von diesen Grundanforderungen, die mit objektbezogener, unterschiedlicher Gewichtung an jede extensive Vegetationsdecke zu stellen sind, können zur weiteren qualitativen Differenzierung Anforderungen gestellt werden (Krupka 1985). Die Vegetationsdecken müssen dauerhaft eine definierte Qualität hinsichtlich folgender Kriterien unter Beweis stellen:

- Pflanzenzusammensetzung. Es darf nicht mit der Zeit eine ganz andere Vegetationsform entstehen. Dies ist besonders dort wichtig, wo Brandschutzbestimmungen zu beachten sind.
- Ästhetische Wirkung, Aspekte wie zum Beispiel krautig, immergrün, wildnishaft, geordnet gärtnerisch, niedrig, hoch, reich oder wenig strukturiert, Blütenaspekte.
- Ökologische Wirkung, zum Beispiel Wasserspeicherung, Verdunstung, Staubbindung, botanische Qualitäten wie Artenauswahl und Vielfalt, Lebensraum für Insekten und Vögel.
- Bautechnische Wirkung, zum Beispiel Kompensation von UV-Strahlung, Verhinderung von Substraterosionen, Unterstützung der Wärmedämmung, Schallschutz, sommerlicher Wärmeschutz.

Die Problematik (im vertragsrechtlichen Sinn) sich stark verändernder Vegetationsformen stellt sich immer dann, wenn diese Möglichkeit nicht vorausgesehen oder durch Fehler (zum Beispiel zu hohe Düngung) oder Versäumnisse (zum Beispiel nicht erfolgte Wässerung) während der Fertigstellungs- oder Entwicklungspflege verursacht wurde. Weiterhin können auch die nicht beeinflußbaren Witterungsbedingungen, wie zum Beispiel ein kühles und feuchtes oder trockenheißes Jahr, eine stark abweichende Entwicklung der Vegetation begünstigen.

Grundsätzliche Fehleinschätzungen können nur durch rechtzeitige Korrekturen in der Zielsetzung kompensiert werden, keinesfalls jedoch mit Empfehlungen zu permanenten, steuernden Pflegemaßnahmen. Äußere Entwicklungsbedingungen während der Herstellung, welche die Zielsetzung beeinträchtigen, müssen durch steuernde Anpassungs- und Ausgleichsmaßnahmen während einer verlängerten Fertigstellungs- oder Entwicklungspflege ausgeglichen werden.

Falls aufgrund der Faktorenkombination der begrenzenden Standortbedingungen stärker wechselnde Vegetationsbestände voraussehbar sind, sollte dies in den Zielsetzungen der Planung und den Ausführungsunterlagen berücksichtigt werden. Während der Herstellung ist es vorteilhaft, keinen der extremen Schwankungsbereiche in der qualitativen Zusammensetzung der Vegetationsdecken (Wechselvegetationen) zu realisieren, sondern ein Potential aller voraussichtlich geeigneten Arten zu etablieren.

Potentielle Veränderungen innerhalb einer Vegetationsdecke, die entweder durch einen besonders günstigen Wasserhaushalt oder extreme Trockenheit erfolgen können, lassen sich in der Planungsphase im Rahmen der Standortanalyse und Bewertung (Lebensraum-Kennzahl) ohnehin relativ einfach ausgrenzen.

18 Schäden an Dach- und Fassadenbegrünungen

18.1 Hinweise zur Differenzierung

Die hier behandelten Schäden der Vegetation und des Schichtenaufbaues der Dach- und Fassadenbegrünungen sind zu trennen von der Schadensproblematik, die sich durch diese Begrünungen an den Bauwerken selbst ergeben. Im Bereich der Dachbegrünung sind dies in erster Linie Schäden durch Wurzeln im Abdichtungsbereich und solche, die durch Unachtsamkeit während der Herstellung der Dachbegrünung dort entstanden sind. Hier stehen jedoch ausreichende Mittel und Maßnahmen zur Schadensverhütung zur Verfügung (siehe Abschnitt 7.1). Schäden, wie sie am Bauwerk durch Fassadenbegrünungen, speziell durch Wurzelkletterer, entstehen können, sind in Abschnitt 7.2 behandelt.

Die Schäden an der Vegetation selbst spiegeln sich bisher nur in wenigen Einzelhinweisen in der Literatur wider. Der Tatbestand, daß sowohl an Dach- als auch an Fassadenbegrünungen erhebliche Schäden entstehen können, wurde bisher noch nicht umfassend dargestellt; er ist wohl auch nur in Kreisen von Sachverständigen bekannt (KRUPKA 1987). Mit dem verstärkten Einsatz noch wenig erprobter Baustoffe für den Schichtenaufbau und im Zuge von Fehleinschätzungen der Pflanzenverwendung, besonders im Bereich der Extensiven Dachbegrünung, rückt diese Problematik zunehmend in den Vordergrund.

Ursache und Wirkung von Schäden an Pflanzen und Vegetationsbeständen sind nicht immer leicht festzustellen. Als Indikatoren dienen immer leidende oder abgestorbene Pflanzen. Hinsichtlich der schadensrelevanten Bereiche muß wie folgt unterschieden werden:

- Schäden, die aus Mängeln im vegetationstechnischen Schichtenaufbau resultieren
- Schäden durch falsche Pflanzenauswahl
- Schäden durch falsche Pflegemaßnahmen
- Schäden durch standorttypische Einflüsse
- Schäden durch außergewöhnliche äußere Einflüsse.

Häufig sind Mängel im vegetationstechnischen Schichtenaufbau mit Fehlern in der Pflanzenauswahl eng verknüpft. Diese können sich zu „Komplexschäden, bedingt durch unbiologische Voraussetzungen" kulminieren. Das Risiko ist bei „Katalogauswahl" von Systemanbietern relativ groß, wenn das System nicht flexibel genug an die jeweiligen Standortbedingungen angepaßt wird.

In nachfolgender Auflistung sind alle potentiellen Schäden durch und an Dachbegrünungen angeführt, die nachfolgend schwerpunktmäßig besprochen werden.

Mängel und Schäden an der Vegetationsschicht

Windausblasung mit totalem Materialverlust
Stoffverfrachtung auf der Fläche durch Wind und Wasser (Erosionen)
Entmischung
Feinteilverlagerung
Frostlockerung
mangelnde Benetzbarkeit (Wiederbefeuchtung)
Versauerung durch pH-Wert-Absenkung
Massenschwund durch Abbau organischer Substanz
Kornzertrümmerung durch Frost
Umsetzung oder Auflösung von Kunststoffen

Schäden an der Vegetation

Windschur
Windbruch
Frostbruch
Schneebruch
Eisbruch
Hagelschäden
Regenschäden
Frostschäden
Trockenschäden
Wärmeschäden
Staunässeschäden im Wurzelbereich
Schäden durch Luftmangel im Wurzelbereich
Schäden durch Substratversauerung
Versalzungsschäden
Ernährungsschäden (Mangelernährung)
Immissionsschäden
Abluftschäden
Verluste in der Artenzusammensetzung bei Extensivbegrünungen
Komplexschäden durch unbiologische Voraussetzungen
Pflanzenkrankheiten
Insektenfraß

18.2 Schäden an Intensivbegrünungen

Schadursachen im Schichtenaufbau

Mängel im vegetationstechnischen Schichtenaufbau ergeben sich häufiger aus einem unzureichend geregelten oder in seiner Wirkung nicht kalkulierbaren Wasseranstau. Diese erscheinen dann als direkte **Vernässungsschäden** durch ständigen Wasserkontakt oder parallel auftretendem **Luftmangel** durch eine zu hohe Wasserkapazität in der Vegetationsschicht. Luftmangel kann jedoch auch primär in der Vegetationsschicht durch falsche Substratabstimmung oder langfristige Substratveränderungen auftreten. **Falsche Substratabstimmungen** ergeben sich häufiger, wenn natürliche Böden mit einem zu hohen Gehalt an Ton, Schluff oder Feinsand verwendet werden und mit mineralischen Zuschlägen keine ausreichende Strukturstabilisierung erreicht wird oder wenn mineralische Zuschläge nicht gleichmäßig eingemischt werden.

Weiterhin können abbaubare Zuschläge, die nur vorübergehend die Struktur verbessern, eine sich langsam einstellende Schadensursache sein. Hier sind an erster Stelle alle organischen Stoffe und die jetzt nicht mehr gebräuchlichen Flocken aus Harnstoff-Kunstharzschaum zu nennen. Die immer noch weit verbreiteten Substrate auf überwiegender Humusbasis, die nur geringe mineralische Zuschläge enthalten, unterliegen langfristig gesehen biologischen Abbauprozessen, die zu einem erheblichen Volumenverlust und negativen Veränderungen im Lufthaushalt führen. Diese Abbauprozesse werden durch Düngung im Rahmen der Unterhaltung, durch Stickstoff-Immissionen und möglicherweise sogar durch alkalisches Anstauwasser aus Blähtonschichten mit hohem pH-Wert stark gefördert.

Inwieweit sich Polyurethanschäume oder Schaumstoff-Flocken aus anderen Kunststoffen als langfristig dauerhaft (insbesondere gegen mikrobielle Zersetzung) erweisen, bleibt abzuwarten.

Langsame Verringerungen in der Schichtendicke der Vegetationsschicht führen bei nicht nachreguliertem Wasseranstau zu Vernässungserscheinungen.

In Vegetationsschichten für Intensivbegrünungen können langfristig häufig auch Absenkungen im pH-Wert auftreten, die durch nicht vollständige Umsetzungsprozesse (Rohhumusbildung), aber auch durch Immissionen (saurer Regen) hervorgerufen werden.

Chemisch-physikalische Veränderungen in der Vegetationsschicht lassen ab einem bestimmten Zeitpunkt die verwendete Vegetation als nicht mehr standortgerecht erscheinen, weil deren Standortamplitude nicht mehr für die erheblich veränderten Bedingungen ausreicht. Dies wurde zum Beispiel an jahrelang vitalen Beständen von *Pinus mugo* festgestellt, die zunehmend ein Absterben der Triebe und ganzer Astpartien zeigten. Dies ist häufig an der zunehmend ungehemmten Ausbreitung von Fremdvegetation auch in ehemals geschlossenen Beständen von bodendeckenden, nun vitalitätsschwächeren Gehölzen erkennbar.

Schäden durch eine falsche Pflanzenauswahl

Solche Schäden sind bei drastischen Fehlgriffen, wie sie etwa Rhododendren vor Südfassaden in geringen Schichtdicken darstellen, an der Reaktion der Pflanzen ohne weiteres erkennbar. Vorsicht ist angebracht bei allen Standortspezialisten oder generell bei empfindlichen Arten (viele Ericaceae), die nicht oder sehr eingeschränkt auf Dächern verwendet werden sollten. Schwieriger wird es bei Gehölzarten, die durch ihre anfängliche Jugendvitalität scheinbar für einen bestimmten Standort und Schichtenaufbau geeignet sind, sich jedoch mit zunehmendem Alter und unzureichendem Wurzelraum als ungeeignet erweisen. Außergewöhnliche Witterungseinflüsse, wie Barfröste bei Sonneneinstrahlung oder lang anhaltende Sommertrockenheit, können das Schadensereignis plötzlich provozieren. Siehe dazu auch die Abbildungen auf der Farbtafel Seite 407.

Auch die nicht standortgerechte Verwendung von Großgehölzen kann zu späten Folgeschäden führen. Dies insbesondere auf zu geringen Schichtdicken oder in zu kleinen Pflanzbeeten. Mit zunehmendem Alter, etwa nach zehn bis fünfzehn Jahren Standzeit, werden Schäden durch Unterversorgung und Standortstreß bemerkbar. Dazu zählen neben allgemeinem Vitalitätsverlust eine erhöhte Krankheitsanfälligkeit, insbesondere gegen Pilzkrankheiten, sowie Spitzen- und Zweigdürre, vorzeitiger Laubfall, schütteres und verfärbtes Laubwerk, geringer oder kein Triebzuwachs, erhöhte Frostanfälligkeit. Häufige überreiche Fruchtansätze können ebenfalls ungünstige Anzeichen sein.

Schäden durch falsche Pflegemaßnahmen

Häufiger treten Schäden durch Überdüngung auf. Neben falsch, also zu hoch berechneten Düngemengen sind es zu spät gewählte Düngezeitpunkte, die keinen Triebabschluß mehr ermöglichen und so zu erheblichen Winterschäden an Gehölzen führen können. Nicht ausgewogene Düngungen mit zu geringem Kali- und zu hohem Stickstoffanteil fördern die Krankheitsanfälligkeit auch an Grasvegetationen. Kalimangel führt zu Brüchigkeit des Holzes.

Durch Unterversorgung mit Hauptnährstoffen und Spurenelementen leiden häufig die Bepflanzungen in Pflanzgefäßen. Dies bedingt Vitalitätsschwund, Krankheitsanfälligkeit und nach einigen Jahren Totalausfall. Auf eine Mangelversorgung, hervorgerufen durch eine unzureichende Versorgung mit Spurenelementen oder auch durch pH-Wert-Veränderungen, können Blattsymptome hinweisen (vergleiche zum Beispiel BERGMANN 1976).

Schäden durch standorttypische oder außergewöhnliche äußere Einflüsse

Besondere standorttypische Belastungen:
- Windeinwirkungen
- Frosteinwirkungen
- Strahlungseinwirkungen
- Kälte- und Wärme-Emissionen.

Außergewöhnliche äußere Einflüsse:
- Sturm
- Regen- und Hagelschlag
- hoher Schneefall
- Vereisung
- Starkfröste.

Die **Windbelastung** bedeutet auf frei liegenden Dachflächen einen Standortfaktor, der schon bei der Pflanzenauswahl zu berücksichtigen ist. Schadensträchtig wird die Windeinwirkung, wenn die Pflanzen darunter stark leiden oder gar absterben. Neben den typischen Windschurerscheinungen, wie windgebeugter Wuchs, Verlust von Blattwerk, verkleinertes Blattwerk, sowie Absterben von Triebspitzen oder ganzen Astpartien, können vor allem ungeeignete immergrüne Laubgehölze durch Austrocknung innerhalb einer Vegetationsperiode absterben. In *Küstenregionen* oder *Hochlagen*, in denen selbst die bodengebundene Vegetation Zeichen von Windschur aufweist, ist dies in der Pflanzenauswahl besonders zu berücksichtigen.

Risikoreich sind alle Eck- und Randzonen, speziell Ränder im Anschluß an aufgehende Fassaden. Düsenwirkungen durch luftunterströmte Bauwerksteile oder durch frei stehende Gebäude setzen auch robuste Pflanzen hohen Belastungen aus. Dies ist in der Regel auch bei ausgeblasener kalter oder warmer Luft von Lüftungsanlagen der Fall. In deren Wirkungsbereichen sollten keine Pflanzungen erfolgen. Selbst Grasvegetation kann derart geschädigt werden, so daß auf Teilflächen nur Moosvegetation übrig bleibt.

Bei einer ständigen Windeinwirkung kann sich die Windbewegung in den Wurzelbereich übertragen, so daß es zu Anwachsverzögerungen oder Ausfällen kommt.

Eine erhebliche Schadensquelle auf freiliegenden Dachflächen bilden reibende Äste an Bauteilen wie Dachrändern oder Fassaden oder Reibungen innerhalb der Pflanze durch parallele und sich kreuzende Äste. Besonders betroffen von „Reibeholz" sind alle dichttriebigen Sträucher, aber auch Nadelgehölze und hier speziell *Taxus*. Die meisten Pflanzen verkraften zwar die durch den ständigen mechanischen Abrieb entstehenden Schadstellen an der Rinde und im Holz. Diese sind jedoch Eintrittsflächen für pilzliche Erkrankungen und potentielle Bruchstellen.

Solitärpflanzen sind durch **Windwurf** gefährdet. Bei unzureichender Wurzelverankerung oder Flachwurzlern kann es mit zunehmendem Alter der Pflanzen in Verbindung mit Schnee, Eis- oder Regenlast zum Windwurf kommen (siehe Abbildung Seite 407).

Astbrüche von Fein- und Starkästen bis zum Zusammenbruch des gesamten tragenden Astaufbaues kommen sowohl in den Sommer- als auch in den Wintermonaten vor.

Hinsichtlich der Astbruchrisiken sind verschiedene Ursachengruppen zu trennen:
- artbedingte Astbruchanfälligkeit, die sich bei gefrorenem Holz verstärkt
- physiologische, durch Mangelerscheinungen (Kaliummangel) verursachter Astbruch
- Astbruch durch außergewöhnliche statische Belastungen.

Häufig wirkt auch eine Kombination der oben angeführten möglichen Ursachen. Solitärgehölze behalten häufig sehr lange oder für immer ihre Verankerungen. Durch Abschnürung von eingewachsenen Befestigungen können ebenfalls Brüche auftreten.

Astbruch durch außergewöhnliche statische Belastungen erfolgt durch:
- Sturm bei regennassem Laub
- hohe Schneelast
- Vereisung.

Die **Vereisung** des Astwerkes bei Lufttemperaturen um den Gefrierpunkt bei Regen oder Nebel kommt häufig in Höhenlagen des Berglandes (ab etwa 350 bis 400 m) vor. Es entsteht **Eishang**, wenn Regen auf unterkühlte Pflanzenteile trifft. Nebel oder Rauhreif führt oft zu einem dicken **Rauhreifmantel**, der als

Duft bezeichnet wird (Duftschäden). Bei geringerem Eis- oder Duftbehang brechen nur Astspitzen oder Feinäste ab, ebenso wie das Laub immergrüner Pflanzen oder Nadeln von Koniferen. Wind fördert hier die Schadwirkung grundsätzlich. So hat zum Beispiel Duftbehang bei *Taxus* nach Windeinwirkung zum Verlust von einem Drittel der benadelten Kurztriebe geführt.

Regen- und Hagelschlag führt zu den bekannten Erscheinungen der Zerstörung des Laubwerkes und der Blüte. Nadeln sind durch Regenschlag nicht, aber in Einzelfällen durch Hagelschlag gefährdet. Während der Triebneubildung von Gehölzen kann Hagelschlag derart schädigen, daß es zu Deformationen, Wuchshemmung oder zum Absterben der Neutriebe kommt. In diesen Fällen wird ein *Sommerschnitt* erforderlich.

Frostschäden treten an nicht standortgeeigneten, empfindlichen Pflanzen auf, insbesondere bei Arten aus wärmeren Klimaregionen. Durch Luxusversorgung mit Wasser- und Nährstoffen und ebenso bei Warmluftemissionen oder Wärmeeinwirkungen aus dem Dachaufbau kann es auch bei winterharten Arten zu Frostschäden an Rinde und Knospen kommen, weil das Holz nicht ausreichend ausreifen konnte.

Frostschäden zeigen sich durch Rindenerfrierungen von Ästen besonders im Bereich des jüngsten Triebes, Frostrisse oder Frostplatten finden sich bevorzugt im Starkastenoder Stammbereich. Diese Schäden werden durch Direkteinstrahlung der Sonne oder auch durch Strahlungsreflexion ausgelöst oder verstärkt.

Frosttrocknis kommt vor allem an immergrünen Gehölzen auf begrünten Dächern und an immergrünen Pflanzen in Pflanzgefäßen häufiger vor. Es handelt sich dabei um eine Komplexwirkung von Wassermangel und erhöhter Verdunstung bei Frosteinwirkung plus Sonneneinstrahlung und Wind. Der Wassermangel entsteht aufgrund ausgetrockneter oder vollständig durchgefrorener Schichtenaufbauten. Im Frühjahr kommt es zur Laub- und Nadelschütte, zu Triebschäden oder zum Totalverlust der ganzen Pflanze.

Frostanhebungen durch Barfrost treten vorwiegend in humosen, feinerdereichen Böden in den ersten Jahren nach der Herstellung auf. Gefährdet sind alle nicht eingewurzelten Stauden und Sträucher, auch wenn sie in Töpfen und Containern stehen. Nicht eingewurzelter Fertigrasen kann ebenfalls durch Barfröste Schaden nehmen.

Strahlungsschäden wirken sich als Hitzeschäden in der Regel am Laubwerk, aber auch an Knospen und junger Rinde aus. Sie lassen sich auf falsche Pflanzenwahl zurückführen. Hitzeschäden entstehen häufig durch Reflektionen an Metallfassaden oder beschichteten Verglasungen. Darum können auch Blattunterseiten hartlaubiger Pflanzen, wie zum Beispiel Rhododendron, betroffen sein. Die Möglichkeit von **Verbrennungsschäden** gerade an Dachrandabdeckungen aus Metall sollte bei der Planung bedacht werden.

Hitze- und Trockenschäden sind bei Intensiven Dachbegrünungen mit Gehölzpflanzungen insbesondere in freien, sonnigen Lagen relativ häufig zu beobachten. Dabei verstärkt sich die Schadwirkung bei intensiver, ganzjähriger Sonneneinstrahlung *und* Windeinwirkung gegenüber windgeschützten oder teilbesonnten Flächen erheblich. Bei bodendeckenden Gehölzen wie zum Beispiel *Lonicera, Symphoricarpos* oder *Cotoneaster,* die in den Randzonen und im Wurzelbereich von Großgehölzen (Wasserkonkurrenz) wachsen, vertrocknet das Laub und Holz zuerst. Dauern diese extremen Witterungsbedingungen länger als 20 bis 25 Tage an, kann es in Abhängigkeit von der jeweiligen Standortsituation auch zu partiellen Totalverlusten kommen.

Vereinzelt kommt es auch zu diesen Schäden, obwohl eine ausreichende Wasserversorgung durch Wasseranstau vorhanden ist. Auffällig ist dies besonders bei Großsträuchern und Bäumen, die im Juli und August dann schon „Herbstfärbung" zeigen. Eine mögliche Erklärung könnte eine unzureichende Wasserversorgung sein, die in Verbindung mit permanent extremen Transpirationsverlusten und ganzjähriger Luxusversorgung ein unzureichend ausgebildetes Wurzelwerk als Ursache hat. Extreme Wurzelkonkurrenz mit anderen Gehölzen oder Bodendeckern trägt sicherlich zur Verschärfung der Wasserkonkurrenz bei (siehe auch Abbildung Seite 407).

18.3 Schäden an Fassadenbegrünungen

Die Schadbilder an Fassadenbegrünungen decken sich in vielen Fällen mit denen an Gehölzen für Intensive Dachbegrünungen. In diesem Abschnitt wird auf einige weitere Besonderheiten eingegangen.

Überhängende Fassadenbegrünungen, die in Pflanzbehältern oder Bankbeeten wurzeln, leiden mit zunehmendem Alter an **Winterschäden**, die sich auch aus den Versorgungsproblemen mit Wasser für eine überproportional entwickelte Holz- und Blattmasse ergeben. Besonders betroffen davon sind immergrüne, überhängende Pflanzen, wie zum Beispiel *Cotoneaster*-Arten. Eine ähnliche Problematik ergibt sich für Fassadenbegrünungen aus zu kleinen Pflanzgefäßen in extremer Lage. Hier kommt es etwa nach fünf Jahren zu schwereren Schäden oder sogar Totalausfällen.

Frostschäden sind an immergrünen Pflanzen wie Efeu oder *Lonicera henryi* nur nach längeren Starkfrösten bei Sonneneinstrahlung festzustellen. Dies führt bei Efeu auch zum Absterben ganzer Triebabschnitte, nicht jedoch in Schattenlagen.

Schäden durch **Schnee- und Eisbruch** können durch die in Abschnitt 18.2 beschriebenen Witterungsumstände dann eintreten, wenn sich die Holzmasse von Schlingern an zu einer geringen Anzahl von Kletterhilfen aufgebaut hat. Bei *Fallopia* wurde beobachtet, daß die gesamte Rankenmasse massiv vereiste und abstürzte. In einem Fall führte abtropfendes und gefrierendes Schmelzwasser vom Dach zu einer bedrohlichen Situation. Schnee und Eislasten haben auch zum Abrutschen von Schlingern an Drähten geführt wie auch zum Bruch von Kletterhilfen aus Holz.

Windschäden mit Abrissen von neuen Trieben oder Blattwerk sind bei Rankern und Schlingern häufiger im regennassen Zustand zu beobachten. Ständig durch Windeinfluß reibende oder schlagende Triebe führen zu partiellen Dauerschäden sowohl an Pflanzen wie auch an Gebäuden und müssen entfernt werden. Ständiger Winddruck führt bei empfindlichen, anfänglich sehr weichtriebigen Arten zu Wuchsdeformationen oder generellen Wuchsdepressionen (zum Beispiel bei vielen *Clematis*-Arten und -Sorten).

18.4 Schäden an Extensivbegrünungen

Schichtenaufbau

Mängel im vegetationstechnischen Schichtenaufbau ergeben sich einerseits aus dem unmittelbaren Versagen der angesiedelten Vegetation oder aus mehr oder weniger schnell ablaufenden sukzessiven Prozessen, aus deren Folge sich im Extremfall ganz andere Ausbildungsformen der Pflanzenvergesellschaftungen auch als Wechselvegetationen ergeben können. Der Stellenwert einer falschen Standorteinschätzung muß in jedem Einzelfall gewichtet werden. In schwierigen Fällen können auch Komplexschäden durch unbiologische, vegetationstechnische Voraussetzungen zugrunde liegen.

Vegetationsausfälle, die in ursächlichem Zusammenhang mit der Zusammensetzung und Dicke des vegetationstechnischen Schichtenaufbaues zusammenhängen, können wie folgt differenziert werden als Schäden durch:

- Vernässung
- extrem wechselfeuchte Standorte
- Austrocknung
- Wind- und Wassererosion
- Nährstoffunter- oder -überversorgung
- Salzschäden
- falschen pH-Wert und absinkenden pH-Wert
- Frosthebung der Vegetationsschicht
- Verringerung des Schichtvolumens der Vegetationsschicht.

Schäden durch Vernässung treten bei hoher Wasserkapazität der Vegetationsschicht in Verbindung mit unzureichender Wasserabführung durch die Dränung auf. In Einzelfällen kann hier auch der Effekt des *Kapillarbruches* (siehe Abschnitt 8.1.3) bei Vegetationsschichten mit zu hoher Wasserkapazität und nachfolgendem kurzfristigem Verlust der pflanzenverfügbaren Wasserreserven wirksam sein. Vernässung wirkt durch Fäulnis im Wurzelbereich und an den Speicherorganen vornehmlich in den Herbst- und Wintermonaten und bevorzugt an windgeschützten oder schattigen Standorten (Naßschatten). Betroffen sind in erster Linie alle Sukkulenten und ausgeprägten xeromorphen Pflanzen sowie Zwiebel- und Rhizomgeophyten.

Vernässung in freien Lagen wirkt sich in der Regel als Wechselfeuchte zwischen extremer Trockenheit und extrem hoher Wasserkapazität aus. Sie ist dort für die Vegetation insgesamt belastender, da sich hier, anders als in geschützten Lagen, auf Schichtaufbauten mittlerer Dicke, kaum mesomorphe Pflanzen halten können. In den kühlen Jahreszeiten siedelt hier eine Übergangsvegetation aus ein- und mehrjährigen, häufig auch ruderalen Kräutern und Gräsern, die im Sommer weitgehend ausfällt und von Moos-Flechten-Aspekten dominiert wird.

Schäden durch Austrocknung der Vegetationsschicht bis hin zum lufttrockenen Zustand gehören bei Extensivbegrünungen an Gräsern und Kräutern zum natürlichen, jahreszeitlichen Lebenszyklus. *Katastrophencharakter* erhalten diese erst entweder durch mehrere aufeinanderfolgende Austrocknungen, oder eine sehr lange Trockenperiode (länger als 20 bis 25 Tage). Windaustrocknung wirkt dabei belastender als Austrocknung nur durch Wärmestrahlung.

Auf **sonnenexponierten Steildächern** erfolgt der Wasserverlust durch Transpiration und Evaporation schneller und höher als auf Flachdächern. Demzufolge sind die Auswirkungen auf die Vegetation auch unmittelbarer. Die visuelle Kontrastwirkung zu den nicht so stark belasteten, absonnigen Vegetationsflächen legt häufig die Diagnose eines Schadbildes nahe. Dies muß jedoch ursächlich und qualitativ ermittelt und gemessen an den Zielsetzungen belegt werden.

In Tabelle 79 sind die Werte der projektiven Deckung von „extensiv" begrünten Flach- und Steildächern dargestellt, die nach einer Begrünung mit Fertigrasen als schadhaft bezeichnet wurden.

Austrocknungen erfolgen weiterhin auch vergleichsweise schnell in Vegetationsschichten geringerer Dicke über hohlraumreichen Dränschichten aus Kunststoffen, die im Vergleich zu Schüttstoffen keine oder nur geringste Wassermengen speichern können.

Bei Naßansaaten kann es zur flächigen oder plattigen Loslösung der aufgebrachten Mulchschicht vom Substrat kommen. Bereits gekeimtes Saatgut vertrocknet dann rasch, eingewurzelte Sämlinge werden sogar vom Substrat abgerissen und sterben ebenfalls ab. Diese Trockenschäden sind also eindeutig auf Mängel im Begrünungsverfahren zurückzuführen.

Erosionen durch Wind- und Wassereinwirkung sind in der Regel nur während der Etablierungsphase, speziell von Aussaaten, scha-

Tab. 79. Mittlere projektive Flächendeckung der verbliebenen Gras-Kraut-Vegetation und Dicke der (durch biologischen Abbau) reduzierten Vegetationsschicht auf mit Fertigrasen (extensiv) begrünten Steil- und Flachdächern (siehe auch Tabelle 80)

	mittlere projektive Flächendeckung in %	mittlere Dicke der Vegetationsschicht in cm
Walmdach 30 Grad Neigung		
Firstbereich in etwa 1 m Breite	etwa 0,5	2,85
Südexposition, ungewässert	etwa 20–25	8,28
Südexposition, gewässert	etwa 80–90	8,28
Nordexposition, ungewässert	100	10,78
Pultdach 10 Grad Neigung		
Südexposition mit Fassadenreflektion, ungewässert	5–10	
	und 10–15	5,50
Flachdach		
etwa 1 Grad Neigung, ungewässert	etwa 50–60	8,89

Hinweis: Aus diesen Werten können keine allgemeingültigen Aussagen abgeleitet werden, weil sie speziell nur für die untersuchten Objekte gelten.

densträchtig. Nicht besonders geschütztes Saatgut von Trockenansaaten ist immer durch **Windausblasung** gefährdet, wenn die Vegetationsschicht nicht ständig feucht gehalten wird. Freiliegendes oder in geringer Tiefe lagerndes Saatgut wird durch Wind in die befestigten Bereiche oder zu den Dachrändern verfrachtet. Dies geschieht auch mit Pflanzenteilen wie *Sedum*-Sprossen. In Verbindung mit verfrachtetem Substrat oder leicht ausblasbaren Teilen wie Humus oder Leichtmineralien ergibt sich neben den ausgeblasenen vegetationsfreien oder vegetationsarmen Teilflächen zusätzlich ein Schaden in Randstreifen aus Kies oder Plattenbelägen. Hier befinden sich nun entgegen der Planungsabsicht die verfrachteten Saaten und Pflanzenteile (Abbildungen 212 bis 214).

Vegetationsmatten können bei unzureichender Befestigung in den Endbereichen durch Windeinwirkung hin- und herschlagen und so Substratschicht und Vegetationsbesatz verlieren. In Teilbereichen mit extremen Windsogwirkungen können selbst sehr kleine Flächen ohne Vegetationsbedeckung der Beginn von sich vergrößernden fleckenartigen Abtragungen durch Winderosion sein. Diese kommen in der Regel mit Erreichung einer bestimmten Größe zum Stillstand, sind dann aber sehr schwer wieder zu begrünen.

Erosionen durch Wassereinwirkung treten nach Starkregenfällen auf, wenn die Vegetationsschicht bedingt durch Austrocknung oder begrenzter Wasserableitungskapazität die Wassermenge nicht aufnehmen kann. Auf Steildächern mit Ansaaten kann dies zu erheblichen Schäden bis hin zum Totalverlust der Vegetationsschicht führen. Letzteres ist schon häufiger bei nicht strukturstabilisierten Vegetationsschichten auf der Basis natürlicher, bindiger Böden vorgekommen.

Ausschwemmungen der Vegetationsschicht durch Niederschläge kann zu weiteren Negativfolgen führen, weil die Dacheinläufe dadurch in der Regel verstopft werden und es zum Wasserrückstau und Überbelastung von leichten Dachkonstruktionen kommen kann. Junge Saaten können auch an den empfindlichen Wurzelhälsen durch Tropfenschlag freigespült werden und durch nachfolgende intensive Sonneneinstrahlung vertrocknen.

Die **Überversorgung mit Nährstoffen**, insbesondere Stickstoff, kann besonders in Verbindung mit guter Wasserversorgung auf allen Extremstandorten zu hohen Verlusten an der Vegetation führen. Luxusversorgungen schwächen physiologische und morphologische Anpassungsmechanismen (Sukkulenz, Skleromorphie) an Trockenheit. Das Wurzelwerk ist dabei häufig unzureichend ausgebildet. Durch den hohen Anteil an transpirierender Blattmasse wird bei Trockenheit der Wasservorrat zu schnell verbraucht, die Vegetation stirbt in der Folge schockartig ab.

Salzschäden treten bei trockenheitsangepaßten Pflanzen selten auf, weil deren Salztoleranz relativ hoch ist. Jedoch kann ein Kümmerwuchs, das Ausfallen einzelner Arten oder eine unzureichende Durchwurzelung der Vegetationsschicht auf zu hohe Salzgehalte hinweisen, die sich besonders in Trokkenzeiten bemerkbar machen. Salzanreicherungen treten im unteren Schichtbereich von Vegetationsschichten oder Dränschichten auf.

Eine starke **Unterversorgung** mit den **Kernnährstoffen** führt auch bei sehr streßfesten Pflanzen zu einer Abnahme ihrer Belastungsfähigkeit. Nicht alle Arten sind mit sogenannten Hungerformen überlebensfähig. Den Streßfaktoren Trockenheit und extremer Nährstoffmangel sind viele Kräuter und Gräser besonders der xero-mesomorphen Übergangsformen nicht gewachsen.

Extreme **Schwankungen des pH-Wertes** sowohl in den sauren als auch in den stark alkalischen Bereichen schädigt bereits Keimlinge. Etablierte Pflanzen büßen durch pH-Wert-Absenkungen ihre Konkurrenzkraft ein und werden von den angepaßten, häufig auch spontan auftretenden Arten verdrängt. So führte zum Beispiel eine pH-Absenkung von 7,1 auf 5,4 innerhalb von fünf Jahren zur fast vollständigen Verdrängung von *Poa compressa* durch *Festuca rubra* innerhalb einer Sedum-Gras-Kraut-Vegetation. Der Hasenklee, *Trifolium arvense*, trat spontan als Säurezeiger auf.

Die **Frosthebung** kann für junge Ansaaten und Pflanzungen, die spät im Herbst ausgeführt werden, sehr gefährlich werden. Durch Substrate, die aufgrund ihres erhöhten Gehaltes an Humus und sonstigen Feinteilen zum Hochfrieren neigen, werden nicht oder schwach eingewurzelte Ballenpflanzen und Sämlinge angehoben und, dabei reißen die Wurzeln teilweise oder ganz ab. Neben dem

Abb. 212. Erhebliche Schäden durch Winderosion vor der Ansaat an einem dreischichtigen Aufbau (insgesamt 23 cm) für eine Extensivbegrünung. Standort Norddeutschland; die Windgeschwindigkeiten erreichen dort bis zu 160 km/h innerhalb 24 Stunden. Das Material des 50 cm breiten Kiesrandstreifens wurde nicht verfrachtet; das Blähtonmaterial der Dränschicht dagegen wurde in 300 m Entfernung aufgefunden.

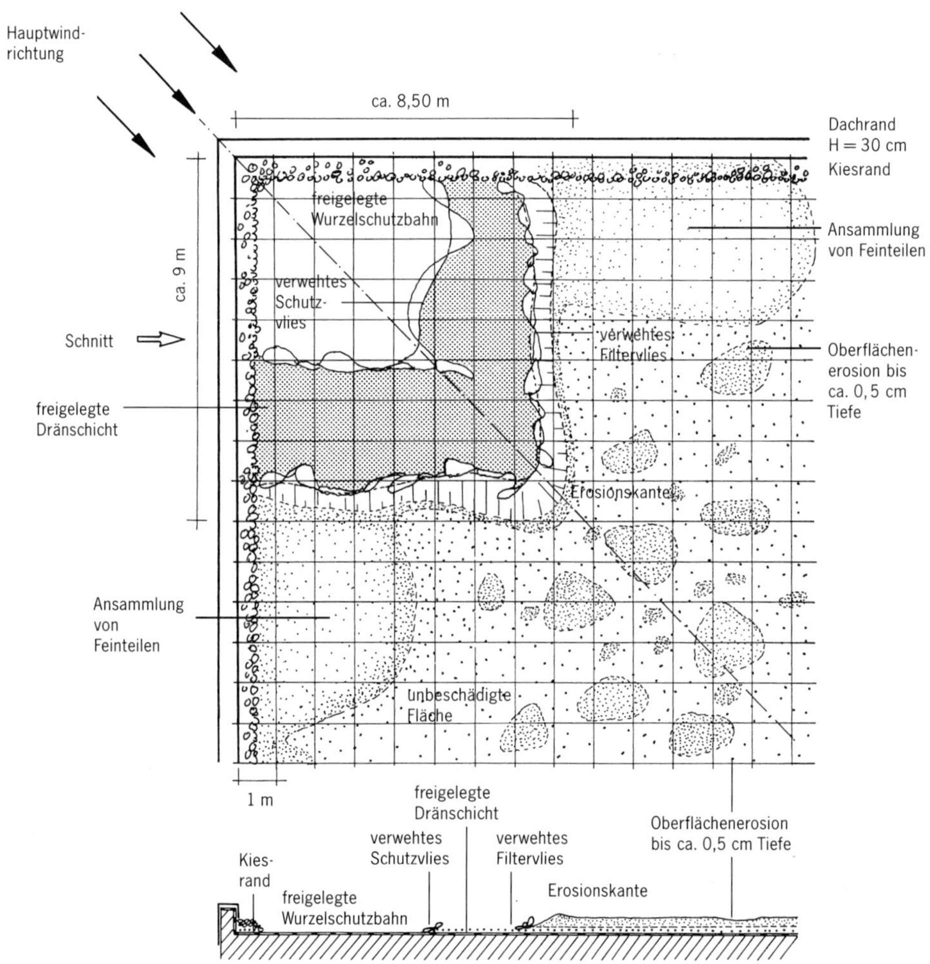

direkten **Erfrierungstod** ungeschützter Vegetationspunkte von Sämlingen sind es insbesondere sekundäre **Trockenschäden** im Frühjahr, die zu erheblichen Ausfällen führen. Das **Auffrieren** von Vegetationsschichten kann nach jahrelanger Wiederholung zu Bultenbildung (Abbildung 215) führen. Die Bulten sind in der Regel von Moosvegetation bedeckt, während in den Vertiefungen höhere Vegetation wächst. Es wurden Bulten von 8 cm Höhe, einschließlich Moosbewuchs, bereits nach sechs Jahren festgestellt.

Schäden durch **Frosteinwirkung und Auswinterung** kommen bei standortangepaßter

Abb. 213. Erhebliche Schäden entstanden durch Winderosion an einem einschichtigen Aufbau (12 cm) einer Extensivbegrünung etwa zwei Monate nach dem Auflaufen der Ansaat. Standort Westdeutschland; Windgeschwindigkeit und Dauer der Windwirkung nicht bekannt. Durch kreisende Luftbewegung wurde die Substratschicht im Eckbereich des Gebäudes bis auf 35 cm Höhe aufgeschichtet. Darstellung vereinfacht.

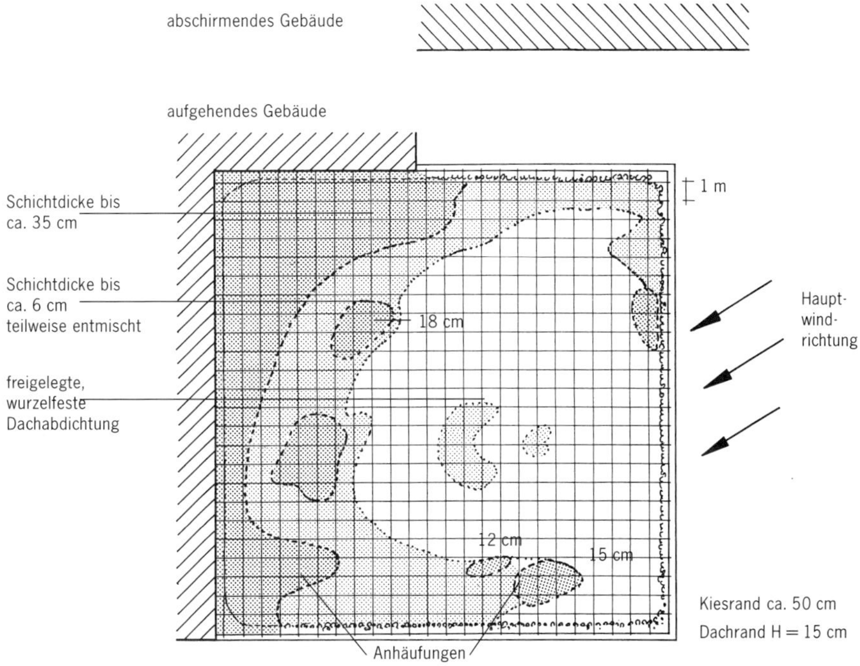

Abb. 214. Geringe Schäden durch Winderosion in den Wintermonaten an einer im Herbst aufgelaufenen extensiven Gras-Kräuter-Begrünung. Durch die Oberflächenerosionen wurden Feinteile abgetragen und die Jungpflanzen zu rund 70 Prozent total geschädigt. Die Sicherung des Eckbereiches durch Vegetationsmatten hat im Längsschenkel nicht ausgereicht.

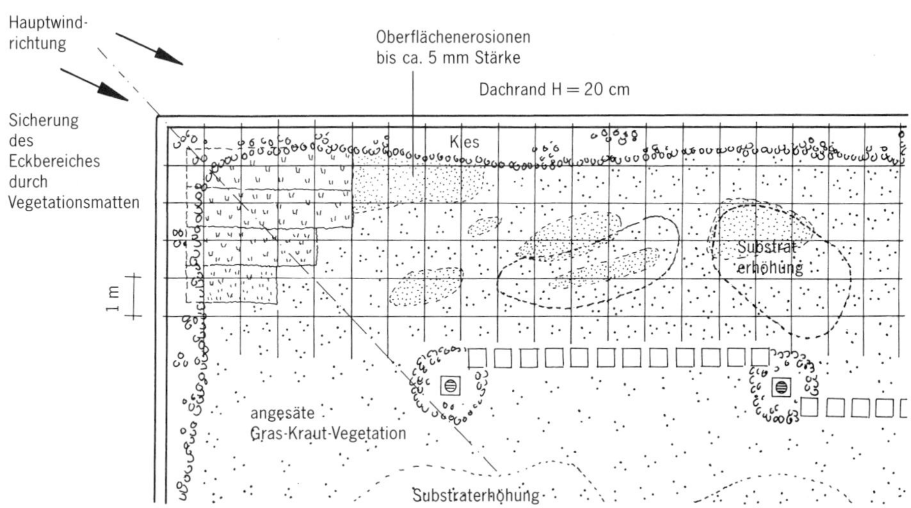

Abb. 215. Bultenbildung an der Substratoberfläche einer Extensivbegrünung auf einem Flachdach, hervorgerufen durch ständige Frosthebung einer feinteilreichen Vegetationsschicht (etwa 10 cm dick). Durch eine dichte Moosschicht von bis zu 3 cm Dicke treten die Bulten augenfällig in Erscheinung. Der Grasbestand, überwiegend aus *Festuca ovina*, ist sehr locker und wenig vital.

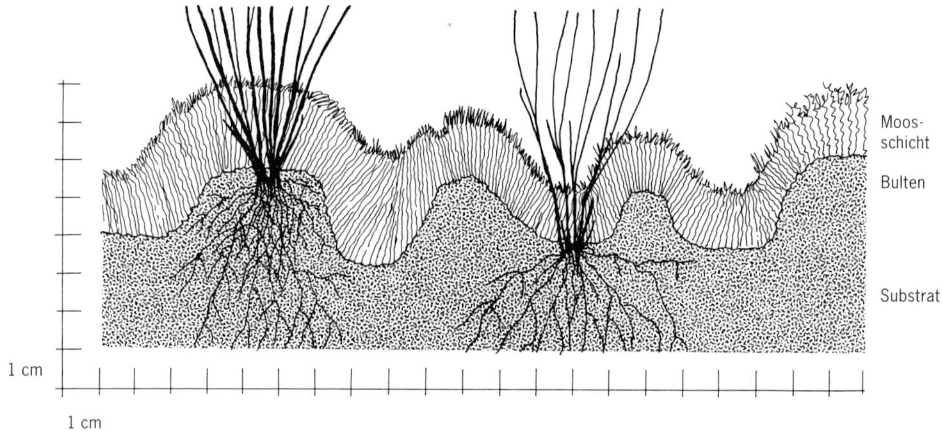

Pflanzenauswahl in etablierten Vegetationsbeständen kaum vor. Auf Steildachflächen sonnenexponierter Lagen kann krautige Vegetation durch den ständigen Wechsel von Frieren und Auftauen bei Sonneneinstrahlung Schäden erleiden, weil die schützende Schneedecke relativ schnell abtaut. Es kommen dann auch Spätschäden durch Frost bedingt durch frühen Austrieb der Pflanzen vor.

Verschiedene Arten des gärtnerischen Staudensortimentes, insbesondere wintergrüne Polsterpflanzen, sind den extremen klimatischen Beanspruchungen vieler Dachstandorte auf Dauer nicht gewachsen und zeigen zunehmend **Überwinterungsschäden**. Diese sind dann auch auf den sonnenexponierten Flanken von Substraterhöhungen eher zu beobachten als auf den ebenen Flächen. Überwinterungsschäden erleidet auch ein großer Teil der Zwiebelgeophyten, denen eine ausreichende Überwinterungstiefe der Zwiebeln fehlt.

Der **Volumenverlust von Vegetationsschichten** durch den schnellen Abbau erhöhter Anteile organischer Substanz führt auf extremen Standorten zu radikal veränderten Standortbedingungen. Wiederholt ging bereits die gesamte Vegetation aus Gräsern und Kräutern verloren. Eine Messung auf mehreren Steildächern und Flachdächern (KRUPKA 1988) hat die in Tabelle 80 angeführten, teilweise drastischen Ergebnisse erbracht.

Anders als im Bereich der Intensiven Dachbegrünungen sind Schäden durch Windeinwirkungen an etablierten Extensiven Dachvegetationen von untergeordneter Bedeutung. **Windschurwirkungen** lassen sich in den betroffenen Teilbereichen auf Dachflächen daran ablesen, daß bei niedrigen Gras-Kraut-Vegetationen alle zum Ende der Vegetationsperiode abgestorbenen Pflanzenteile abgetragen wurden.

Niedrige Laubgehölze, besonders Weiden, können durch **Windaustrocknung** ihrer Triebspitzen leiden.

Auf Steildächern kann es in Verbindung mit vegetationsfreien Flächen zum **Substratabtrag** durch Wind, speziell im Firstbereich, kommen, die zur fortschreitenden Freilegung und Gefährdung des Unterbaues führt.

Tab. 80. Messungen der tatsächlichen Schichtdicke von Vegetationsschichten auf extensiv begrünten Steil- und Flachdächern drei Jahre nach der Herstellung. Die Werte wurden aus 60 Einzelmessungen gemittelt

	Massenverlust durch Abbau organischer Substanz und Erosion der ausgeführten Dicke von 13 cm		
	gemessene Schichtdicke in cm	Differenz zu 13 cm in cm Schichtdicke	Differenz in %
Walmdachflächen 30 Grad Neigung			
Firstbereich	2,85	10,15	78,08
Südexposition	8,28	4,72	36,31
Nordexposition	10,78	2,22	17,08
Pultdach 10 Grad Neigung			
Südexposition	5,50	7,50	57,69
Flachdach etwa 1 Grad Neigung			
Südexposition	8,89	4,11	31,62

Hinweis: Aus diesen Werten können keine allgemeingültigen Aussagen abgeleitet werden, weil sie speziell nur für die untersuchten Objekte gelten.

19 Pflege und Unterhaltung

19.1 Definitionen und Abgrenzungen der Fertigstellungs-, Entwicklungs- und Unterhaltungspflege

Neu hergestellte Pflanz- und Vegetationsflächen bedürfen verschiedener Pflegemaßnahmen im Rahmen der Fertigstellungspflege, um in einen abnahmefähigen Zustand zu gelangen. Nach der Abnahme setzt die Gewährleistung ein. Die Unterhaltungsmaßnahmen liegen nach dem Ablauf der Gewährleistungszeit in der Verantwortung des Auftraggebers.

In den Normen des Landschaftsbaues (DIN 18916, DIN 18917, 1990) ist die **Fertigstellungspflege** für Pflanz- und Rasenarbeiten definiert und mit Einzelmaßnahmen beschrieben. Die Fertigstellungspflege hat zum Ziel, einen Zustand zu erreichen, der bei anschließenden Pflegemaßnahmen nach DIN 18919 („Vegetationstechnik im Landschaftsbau. Entwicklungs- und Unterhaltungspflege in Grünflächen“ 1990) die gesicherte Weiterentwicklung ermöglicht. Sie umfaßt alle Leistungen, die jeweils zur Erzielung eines abnahmefähigen Zustandes erforderlich sind.

Demgegenüber soll die **Entwicklungspflege** nach DIN 18919 (1990) der Erzielung eines „funktionsfähigen Zustandes“ dienen. Also ist die Entwicklungspflege mit Einzelmaßnahmen für all jene Vegetationsbestände anzusetzen, die nach der Abnahme ihren funktionsfähigen Zustand noch nicht erlangt haben. Inwieweit dies für die einzelnen Begrünungs- und Ausbildungsformen im Dachbegrünungsbereich zutrifft, muß am Einzelfall entschieden werden. Die Eigenschaften eines funktionsfähigen Zustandes einer Vegetation müßten dann in einem Zielkatalog beschrieben werden, um die Leistungen von der Unterhaltungspflege zu trennen. Nach Niesel (1989) „geht die Entwicklungspflege schnittweise in die Unterhaltungspflege über“.

Primär ist die Entwicklungspflege erforderlich für Vegetationen, die besonderen Belastungen, insbesondere Nutzungsbelastungen, ausgesetzt sind. Dies sind in erster Linie die benutzbaren Rasentypen wie Sport-, Gebrauchs- und Strapazierrasen. Weitere funktionale Anforderungen, wie etwa einen besonders dichten, erosionssicheren Vegetationsbestand, können sowohl im Rahmen der Fertigstellungspflege als auch der Entwicklungspflege erlangt werden. Besondere ökologische Zielsetzungen im Bereich von Extensivbegrünungen wie etwa die Förderung bestimmter, schwächer wachsender Pflanzenarten durch bestimmte Pflegemaßnahmen ist Aufgabe der Entwicklungspflege.

Im Bereich der Fassadenbegrünung ist insbesondere die begleitende Pflege, bis klimmende oder rankende Pflanzen sich mit ihren Haft- und Halteorganen fest und windsicher etabliert haben, eine Aufgabenstellung der Entwicklungspflege.

Die **Unterhaltungspflege** dient nach DIN 18919 (1990) „zur Erhaltung des funktionsfähigen Zustandes". Diese Vorgabe ist für den Bereich der gärtnerischen Vegetation Intensiver Dachbegrünungen mit ästhetischen und funktionalen Ansprüchen eindeutig. Sie unterliegt ständigen pflegenden Unterhaltungsmaßnahmen. Für die naturnahen Vegetationsformen der Extensiven Dachbegrünung ist die Überbetonung des funktionalen Aspektes sicherlich nicht erforderlich. So unterliegt zum Beispiel die Artenzusammensetzung der Vegetationsdecke einem ständigen Wandel, der nur im Ausnahmefall Pflegeeingriffe notwendig werden läßt. Trotzdem erfült sie die Funktion einer erosionssichernden Bodenbedeckung. Eine erosionssichernde Bodenbedeckung muß sich für Extensive Dachbegrünungen in jedem Fall durch die „selbsterhaltende" Vegetation ergeben.

Die flächige Unterhaltungspflege für Extensive Dachbegrünungen ist nie permanenter Art, sondern sie beschränkt sich auf Einzelmaßnahmen in größeren Zeitabschnitten, die sich aus der Vegetationsentwicklung ergeben.

19.2 Pflege und Unterhaltung für Intensive Dachbegrünungen und Fassadenbegrünungen

19.2.1 Die Problematik der Fremdvegetation

Die Besiedlungsversuche durch Diasporen der näheren oder entfernteren Wildvegetation der Umgebung erfolgen ständig, also muß auch der Aufwuchs und die Ausbreitung von Kräutern, Gräsern und Gehölzen ständig verhindert werden.

Der Pflegebedarf liegt bei frisch angelegten Pflanzungen, speziell in den drei bis fünf Folgejahren nach der Neuanlage, besonders hoch. Freiliegende Flächen unterliegen dabei einer erheblich stärkeren Fremdbesiedlung als geschützte Innenhof- oder innerstädtische Flächen. Dabei werden häufig schon mit dem Pflanzgut sich aggressiv ausbreitende dauerhafte Kräuter eingetragen (siehe Abschnitt 14.7.1). Aber auch die industriell hergestellten Erden weisen häufig einen typischen Kräuterbesatz etwa von Weidenröschen (*Epilobium* spec.) auf, der sich während der Lagerung der Zuschlagstoffe oder fertigen Erden als Samenvorrat durch Windverbreitung einstellt. Nachdem sich die Vegetationsdecke geschlossen hat, nimmt der Massenwuchs, insbesondere vieler stickstoffliebender Acker- und Gartenkräuter (Unkraut) ab. Diese finden auf den warmen, wasser- und nährstoffreichen Substratoberflächen ein ideales Keimbett. So ist in den ersten Jahren nach der Pflanzung mit der *typischen ruderalen Wildvegetation gestörter Plätze* zu rechnen.

Nachdem die Etablierungsphasen von Fertigstellungs- und Entwicklungspflege abgeschlossen sind, erfolgt aus Kostengründen häufig überhaupt keine Bekämpfung der Fremdvegetation mehr. Dies basiert teilweise auch noch auf fachlichen Empfehlungen, nach denen bodendeckende Pflanzungen entsprechende abweisende Funktionen hätten.

Bodendeckende Pflanzungen von Stauden und

Tab. 81. Häufig auftretende Leguminosen mit verdrängender Wirkung in Intensiven Dachbegrünungen

Lathyrus pratensis	Wiesen-Platterbse
Medicago lupulina	Hopfenklee
Onobrychis viciifolia	Futter-Esparsette
Trifolium medium	Mittlerer Klee
Trifolium pratense	Wiesen-Klee
Trifolium repens	Weiß-Klee
Vicia articulata	Einblütige Wicke
Vicia cracca	Vogel-Wicke
Vicia sepium	Zaun-Wicke

Gehölzen verhindern jedoch nicht die sukzessive Ausbreitung von Fremdvegetation intensiv begrünter Dachflächen, wie die bisherigen, langjährigen Beobachtungen zeigen. Wildvegetation vermag mit seinen Verbreitungsstrategien auf Dauer jede „Gründlichkeit" einer nicht chemischen Pflege zu unterlaufen. Eine Ausnahme bilden wuchsstarke, bodendeckende Pflanzungen in Schattenlagen, insbesondere in Innenhöfen. Selbst relativ wuchsaggressive, dicht und hochaufwachsende Bestände von *Symphoricarpos* 'Hancock', *Spiraea*-Bumalda-Hybriden oder *Cotoneaster* 'Skogholm' werden langsam von krautigen Hochstauden, Dauergräsern und Gehölzen erobert. Dies sind zunächst einzelne Pflanzen, die sich bei beginnendem Vitalitätsabfall der Pflanzung (etwa durch Winterschäden) unaufhörlich generativ und vegetativ ausbreiten. Besonders Bauweisen mit Wasseranstau scheinen die Ansiedlung von Fremdvegetation zu fördern. Hier sind auch häufiger Pflanzen mit Zeigerwert für Staunässe, wie zum Beispiel *Agrostis stolonifera, Equisetum arvense, Tussilago farfara, Petasites hybridus* oder *Ranunculus repens,* anzutreffen.

Besonders problematisch sind auch in höheren bodendeckenden Pflanzungen die sich aggressiv ausbreitenden Leguminosen (Fabaceae) (Tabelle 81). An erster Stelle ist hier der kaum zu bekämpfende Weißklee, *Trifolium repens,* zu nennen, der sich selbst in 40 bis 50 cm hohen Pflanzungen ausbreiten kann und das Areal erobert. Als wirksame Gegenmaßnahme kann nur das vollständige Herausnehmen der befallenen Fläche einschließlich Substrat empfohlen werden.

In Tabelle 82 ist der Besatz von Fremdvegetation auf einer fünfjährigen vitalitätsschwachen Flächenpflanzung von *Cotoneaster* 'Skogholm' bonitiert. Die Pflanzung war nicht mehr zu retten, wurde abgemäht und sukzessiv in eine Wiese als Einfache Intensivbegrünung umgewandelt.

Tab. 82. Aufnahme eines Besatzes von Fremdvegetation in einem etwa fünfjährigen Bestand von *Cotoneaster* 'Skogholm' mit Wuchsdepressionen durch Winterschäden und Verdichtung der Substratschicht. Die Gesamtdeckung durch Fremdvegetation (ohne Moosschicht) beträgt etwa 40 bis 60 %

Kräuter	
Cirsium arvense	r.1*
Epilobium angustifolium	1.1
Leontodon autumnalis	r.1
Medicago lupulina	r.1
Meliotus alba	r.1
Potentilla anserina	1.3
Ranunculus repens	2a.4
Stellaria media	r.1
Taraxacum officinale	1.1
Trifolium pratense	1.3
Tussilago farfara	2m.4
Vicia cracca	r.1
Gräser	
Agrostis stolonifera	+.1
Calamagrostis epigejos	+.1
Festuca rubra	1.4
Holcus mollis	2b.5
Juncus spec.	+.1
Poa palustris	1.2
Poa trivialis	2m.3
Gehölze	
Betula pendula	+.1
Salix caprea	+.1
Moose	
als flächiger Unterwuchs mindestens vier Arten	

* Es bedeuten nach BRAUN-BLANQUET (aus WILMANNs 1978):
5: > 75 % deckend, Individuenzahl beliebig,
4: 51–75 % deckend, Individuenzahl beliebig,
3: 26–50 % deckend, Individuenzahl beliebig,
2: 5–25 % deckend, Individuenzahl beliebig,
1: <5 % deckend bei hoher Individuenzahl,
1 = einzeln wachsend,
2 = Vorkommen in Gruppen oder als Horst,
3 = Trupps (Flecken, Polster),
4 = kleine Kolonien, größere „Teppiche",
5 = großflächige „Herden".
+: wenig deckend bei wenig Individuen, (2–5)
r: sehr wenig deckend bei sehr wenig Individuen (oft nur 1 Individuum).
a Deckung 5–15 %
b Deckung 16–25 %
m > 50 Individuen in der Aufnahmefläche Deckung < 5 %

Tab. 83. Die häufigsten Gehölzarten, die in Intensiven Dachbegrünungen als Erstbesiedler auftreten

Acer platanoides	Spitz-Ahorn
Acer pseudoplatanus	Berg-Ahorn
Alnus glutinosa	Schwarz-Erle
Betula pendula	Sand-Birke
Cotoneaster horizontalis	Kriechmispel
Fraxinus excelsior	Esche
Ligustrum vulgare	Liguster
Populus alba	Silber-Pappel
Populus tremula	Zitter-Pappel
Prunus avium	Vogel-Kirsche
Prunus serotina	Späte Trauben-Kirsche
Robinia pseudoacacia	Robinie
Ribes spec.	Johannisbeere
Rubus spec.	Himbeeren und Brombeeren
Salix caprea	Sal-Weide
Sambucus nigra	Schwarzer Holunder
Sambucus racemosa	Roter Holunder

Gibt es in der näheren Umgebung Altholzbestände, werden Pflanzungen auf Dächern ständig von den sich durch Wind ausbreitenden Gehölzsamen besiedelt. Der Jungaufwuchs kann im ersten Jahr je nach Art zwischen 10 und 25 cm hoch werden, um dann im zweiten Jahr schnell 50 cm und mehr zu erlangen. Spätestens dann müssen die Gehölzsämlinge entfernt werden. In Tabelle 83 sind die häufigsten, erstbesiedelnden Gehölze aufgeführt.

Unter bestimmten Umständen kann ein gewisser Fremdvegetationsbesatz auch toleriert werden. Dies gilt für nur teilweise auftretende schwachwachsende einjährige Kräuter, wie zum Beispiel *Erophila verna.* Weiterhin haben sich insbesondere unter Gehölzen häufig Dauerkräuter als Bodendecker angesiedelt, wie zum Beispiel Giersch, die kaum zu entfernen oder gut verträglich sind wie der Gundermann (siehe auch Abschnitt 11.4).

Das Auflaufen von einjährigen Kräutern kann durch Rindenmulchdecken wirksam eingedämmt werden. Dauerkräuter, insbesondere ausläufertreibende, lassen sich damit nicht zurückdrängen.

Tab. 84. Häufig auftretende Kräuter, Gräser und Moose in ständig gepflegten Rasenflächen

Kräuter und Gräser	
Achillea millefolium	Gemeine Schafgarbe
Agropyron repens	Gemeine Quecke
Ajuga reptans	Kriechender Günsel
Bellis perennis	Gänseblümchen
Cerastium ssp.	Hornkraut-Arten
Chrysanthemum vulgare	Margerite
Cirsium arvense	Acker-Kranzdistel
Hieracium pilosella	Kleines Habichtskraut
Leontodon autumnalis	Herbst-Löwenzahn
Plantago lanceolata	Spitz-Wegerich
Plantago major	Breit-Wegerich
Plantago media	Mittlerer Wegerich
Poa annua	Einjähriges Rispengras
Polygonum aviculare	Vogel-Knöterich
Polygonum persicaria	Floh-Knöterich
Potentilla anserina	Gänse-Fingerkraut
Prunella vulgaris	Gemeine Braunelle
Ranunculus repens	Kriechender Hahnenfuß
Rumex acetosella	Kleiner Ampfer
Sagina procumbens	Liegendes Mastkraut
Stellaria media	Vogelmiere
Taraxacum officinale	Gemeiner Löwenzahn
Trifolium repens	Weiß-Klee
Veronica filiformis	Faden-Ehrenpreis
Veronica hederifolia	Efeublättriger Ehren preis
Veronica persica	Persischer Ehrenpreis
Moose	
Atrichum undulatum	Welliges Katharinenmoos
Brachythecium albicans	Weißliches Kurzbüchsenmoos
Brachythecium rutabulum	Krücken-Kegelmoos
Ceratodon purpureus	Horn-Zahnmoos
Cirriphyllum piliferum	Haartragendes Spitzblattmoos

(Fortsetzung Tab. 84)

Climacium dendroides	Bäumchenmoos
Plagiomnium cuspidatum (Mnium cuspidatum)	Spieß-Sternmoos
Plagiomnium affine	Verwandtes Sternmoos
Pohlia nutans	Nickendes Pohlmoos
Rhytidiadelphus squarrosus	Sparriges Kranzmoos

Tab. 85. Aufnahme eines Besatzes an Spontanvegetation einer aufgelassenen Intensivbegrünung im Alter von etwa zehn Jahren. Eine humose Substratschicht (Einheitserde) von etwa 15 cm Dicke (ursprünglich rund 40 cm) liegt über einer wasseranstauenden Dränschicht

Reste der gärtnerischen Bepflanzung als einzelne Pflanzen	
Amelanchier lamarckii	
Calluna vulgaris, weiße Sorte	
Lonicera pileata (geringe Vitalität)	
Pinus mugo	
Pyracantha coccinea (geringe Vitalität)	
Rhus thyphina	
Taxus baccata	
Spontan angesiedelte Gehölze (Höhe teilweise bis 4 m)	
Betula pendula	1.1
Quercus robur	+.1
Pinus sylvestris	+.1
Populus tremula	1.2
Robinia pseudoacacia	1.2
Rubus fruticosus	+.1
Salix caprea	1.1
Kräuter	
Artemisia vulgaris	+.1
Cirsium arvense	+.1
Hypericum perforatum	1.1
Rumex acetosella	1.2
Solidago canadense	+.1
Taraxacum officinale	1.1
Trifolium arvense	2m.1
Trifolium pratense	+.1

(Fortsetzung Tab. 85)

Gräser	
Calamagrostis epigejos	4.5
Carex glauca	+.1
Festuca ovina	2b.4
Holcus mollis	+.1
Juncus spec.	+.1
Luzula campestris	1.2
Moose	
Flächendeckender unterwüchsiger Bestand von fünf Arten mit einem Deckungsgrad zwischen 50 und 75 Prozent	

* Erläuterungen der Kürzel siehe Tabelle 82

Die Beseitigung von Fremdvegetation kann nur durch Hacken oder Jäten und Herausreißen oder Herausschneiden von Einzelpflanzen erfolgen. Der Einsatz von Herbiziden verbietet sich von selbst. Besonders problematisch wird es, wenn ausbreitungsaggressive Kräuter und Gräser in einzelne Stauden und Gehölze ein- oder sie durchwachsen. Auf jeden Fall muß dann die ganze Pflanze herausgenommen und gesäubert oder in schwierigen Fällen auch entfernt werden. Pflanzstellen für Fassadenbegrünungen sollten sorgfältig von Dauerkräutern frei gehalten werden. KOLB (1981) und KIERMEIER (1985) haben Untersuchungen zum Pflegeaufwand verschiedener bodengebundener Pflanzungen vorgelegt.

In Rasenflächen muß besonders auf Dachflächen mit einem ständigen Besatz fremder Gräser, Kräuter und Moose gerechnet werden. Sie haben oft auch einen Zeigerwert für bestimmte extreme Lebensbedingungen, wie zum Beispiel geringer Wurzelhorizont, Vernässung, Wechselfeuchte, Nährstoffmangel oder Eutrophierung. In Tabelle 84 sind die wichtigsten häufig auftretenden Moos-, Gras- und Kräuter-Arten in ständig gepflegten Rasenflächen angeführt.

Werden Intensivbegrünungen, gleich welcher Zusammensetzung, nicht mehr von Fremdvegetation frei gehalten, setzt ein sukzessiver Prozeß ein, bei dem nach acht bis zwölf Jahren – unter weitgehender Verdrängung der niedrigen und halbhohen gärtnerischen Pflanzung – eine stabile Zwischenstufe erreicht ist. Fast alle Flächen verbuschen später vollständig. Dort siedeln sich dann auch nicht einheimische Holzarten als Gartenflüchtlinge wieder an, wie *Buddleja, Ailanthus, Cotoneaster*-Arten oder *Ribes* spec.

Von den angepflanzten Sträuchern und Kleinbäumen bleiben nur wenige widerstandsfähige Laub- und Nadelholzarten übrig. Tabelle 85 zeigt beispielhaft den neu angesiedelte Vegetationsbestand einer derartig sukzessiv veränderten Intensivbegrünung.

19.2.2 Wasserversorgung

Neu hergestellte Saat- und Pflanzenflächen müssen unbedingt eine **Startbewässerung** erhalten. Durch Regner nicht erreichbare Flächen sind von Hand gründlich nachzuwässern. Niederschläge reichen als Erstbewässerung selten aus. Bei Schichtaufbauten nach dem Anstauprinzip müssen mehrmalige Wassergaben von oben die kapillare Saugkraft im Schichtenaufbau erst herstellen. Je nach Pflanzengröße und Einwurzelungsgeschwindigkeit kann im Sommer für zwei bis drei Monate eine Zusatzbewässerung erforderlich sein. Flachwurzelnde Stauden sind besonders durch Trockenheit gefährdet. Bei ausreichender Anstaukapazität in der Dränschicht reicht die Wasserversorgung durch Niederschläge häufig aus. Besonders Innenhöfe oder geschützte Lagen benötigen keine Zusatzversorgung. Mulchdecken erschweren die visuelle Kontrolle der Substratfeuchtigkeit.

Zu **Trockenschäden** kann es einerseits durch starken Wasserverbrauch von Großgehölzen kommen oder bei technisch bedingter Unterversorgung von Teilbereichen auf nach dem Wasseranstauprinzip versorgten Flächen. Besonders gefährdet ist die Vegetation in Pflanzgefäßen ohne automatische Wasserversorgung, welche dann Schäden durch Sommertrockenheit oder winterlicher Frosttrocknis erleidet.

In Verbindung mit der Nährstoffversorgung ist es aus pflanzenphysiologischen Gründen sinnvoll, in den Herbstmonaten die Versorgung mit Wasser zu reduzieren. Fremdländische Gehölze aus Gebieten mit sehr langanhaltender, milder Herbstwitterung neigen in unseren Breiten, besonders den von Kontinentalklima beeinflußten Regionen, zu mangelnder Ausreife mit dem erhöhten Risiko von Frostschäden. Eine geringere Wasserbevorratung nach dem Anstauprinzip kommt den wintergrünen Gehölzen zugute.

Der **Wasseranstau** unterhalb der Vegetationsschicht bei Intensiven Dachbegrünungen ist einem künstlichen Grundwasserhorizont gleichzusetzen. Ein unzureichend eingepegelter Höchstwasserstand oder zu starke Saugwirkungen der Vegetationsschicht bewirken Staunässeeffekte, die in der Regel die gärtnerische Vegetation erheblich beeinträchtigen (siehe Abschnitt 18.2).

19.2.3 Düngung und Verbesserung der Vegetationsschicht

Düngemaßnahmen sind bei Einfachen und Aufwendigen Intensivbegrünungen in der Regel immer erforderlich. Die sehr unterschiedlichen Düngearten und -mengen sind jedoch auf die jahreszeitliche und Gesamtentwicklung der Vegetation sowie das Begrünungsziel abzustimmen. Weil es substratspezifisch zur schnellen Auswaschung der Nährstoffe kommen kann, sind häufiger geringe Düngermengen zu geben. Eine Luxusversorgung mit Nährstoffen führt nicht nur dazu, daß die Pflanzen eine unerwünschte hohe Menge an Biomasse produzieren, was den Verdrängungswettbewerb verschärft, sondern sie verzögert auch den Triebabschluß und das Ausreifen der Pflanzen, so daß es immer wieder zu Winterschäden kommt (besonders auf freiliegenden, windbelasteten Dachstandorten).

Weiterhin ist zu beachten, daß es durch Immissionen zu einem Nitrateintrag zwischen 4 und 9 mg je m^2 und Tag (Umweltbundesamt 1988/89) kommen kann. Eine zusätzliche Stickstoffversorgung bei sehr schwachzehrenden Vegetationen (etwa schattenliebende Humuswurzler) ist deshalb nicht erforderlich.

Die Düngung hat nicht nur zum Ziel, zügiges Wachstum von neu angelegten Pflanz- und Rasenflächen zu sichern. Mit zunehmendem Alter der Vegetationsflächen tritt die Notwendigkeit einer gesicherten Dauerversorgung der Pflanzen auf niedrigem Niveau in den Vordergrund. Für die Gesundheit der Pflanzen ist gerade die ausreichende Versorgung mit Spurenelementen wichtig. Chlorosen aufgrund von Eisenmangel sind verschiedentlich beobachtet worden, so daß gezielte Gaben von kombinierten Spurenelementpräparaten erforderlich waren. Eine ausrei-

Abb. 216. Ungestörter und gestörter Nährstoffkreislauf in Rasenflächen (NIESEL 1989).

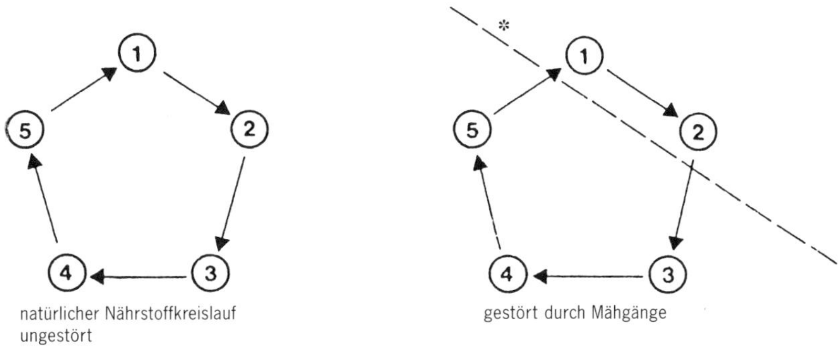

1 = Nährstoffaufnahme durch die Pflanze
2 = Verarbeiten und Umsetzen der Nährstoffe in der Pflanze
3 = Trieb-, Blüten- und Samenbildung
4 = Absterben, Verrotten der organischen Masse
5 = Mineralisierung im Boden
* Kreislaufunterbrechung durch Mähen und Abräumen

chende Kaliversorgung ist für die physiologische Konstitution und Stabilität (Bruchfestigkeit) speziell holziger Pflanzen wichtig.

Ob ein organisches bzw. mineralisches Düngemittel oder ein Kombinationsdünger vorzuziehen ist, hängt primär von der Substratzusammensetzung ab. Für Substrate auf überwiegend organischer Basis kommen nur mineralische Dünger in Frage, um die Humusmineralisierung nicht übermäßig zu fördern. Im Zweifelsfall geben die Hersteller Empfehlungen. Organische Dünger und Hilfsstoffe, die das Bodenleben (Edaphon) fördern, empfehlen sich für Dachbegrünungssubstrate, die aus mineralischen, biologisch toten Gerüstbaustoffen bestehen und keinen oder einen nur sehr geringen Humuszuschlag besitzen. Alle verwendeten Dünger sollten frei von Kochsalz (NaCl) oder kochsalzarm sein. Die Ausbringungsmengen sind auf die Adsorptionskapazität des Substrates abzustimmen, die bei humus- und tonarmen Vegetationsschichten, insbesondere bei Leichtsubstraten für einschichtige Bauweisen, sehr gering ist.

In der Regel sind Dünger mit langsamer, kontinuierlicher Nährstoffabgabe, sogenannte Langzeitdünger, sehr vorteilhaft. Die Nährstoff-Freisetzung verläuft jedoch temperaturabhängig. In dieser Hinsicht bestehen größere Unterschiede zwischen den einzelnen Fabrikaten. Langzeitdünger sollten für Pflanzungen nur im Frühjahr ausgebracht werden, schneller wirkende Düngeformen verabreicht man das letzte Mal im Juni bis Juli.

Startdüngungen mit Mehrnährstoffdüngern (N, P, K, Mg) sollten die Menge von 10 bis 15 g/m^2 je Gabe nicht überschreiten. Diese Zahl muß für Schichtenaufbauten mit geringer Dicke noch gesenkt werden. Der Stickstoffgehalt der Dünger sollte maximal etwa 12 Prozent betragen. Treten Wuchsdepressionen etwa durch ein zu weites C-N-Verhältnis des Substrates auf, sollten mehrere Flüssigdüngungen als Blattdüngung erfolgen. Für Erhaltungsdüngungen reichen in der Regel 5 bis 10 g je m^2. Für Fassadenbegrünungen müssen die Mengen auf die Größe der Pflanzfläche abgestimmt werden. Die Pflanzen erhalten häufig zuviel Dünger.

Durch die Mineralisierung abgestorbener Wurzel- und Blattmasse stellt sich nach einigen Jahren ein standortspezifischer Nährstoffkreislauf (Abbildung 216) ein. Es sollten dann noch nur offensichtliche Mängel, ablesbar am Ernährungszustand der Pflanzen, ausgeglichen werden. Deshalb sind Nährstoffanalysen in mindestens zweijährigem Abstand zu empfehlen.

Ausbildungsformen von Grasvegetationen im Bereich von Einfachen Intensivbegrünungen können durch Düngegaben im Vegetationsbestand verändert werden. Insbesondere Grasarten, die auf Stickstoff ansprechen wie *Lolium*-Arten und *Poa pratense,* können im Bestand gefördert werden. Kalkgaben fördern verstärkt den *Poa*-Bestand. Der Nährstoffentzug durch ständige Mahd und Entfernung des Mähgutes unterbricht den Nährstoffkreislauf.

Es muß nachgedüngt werden, um der Ausmagerung des Substrates, verbunden mit erheblichen Vegetationsumbildungen, wie zum Beispiel starker Vermoosung, zu begegnen.

Verbesserungen der Vegetationsschicht werden häufiger im Rahmen der Unterhaltungspflege erforderlich. Durch Mineralisierung, aber auch durch wiederholtes Entfernen von Fremdkräutern kann ein nicht unerheblicher Massenschwund der Substratschicht eintreten. Dieser sollte mit dem Originalsubstrat ausgeglichen werden, falls dieses sich bewährt hat. Eine Nachfüllung ist auch dort erforderlich, wo durch Windausblasung oder Herauswachsen der Pflanzen Massendefizite entstanden sind.

Häufig wird eine Substratergänzung mit dem Aufbringen einer Mulchschicht durch Rindenprodukte verbunden. In Lagen mit intensiver Sonneinstrahlung sind jedoch die starke Erwärmung der Mulchschicht und deren mögliche negative Auswirkungen auf die Pflanzung zu beachten. (Zu den Eigenschaften von Baumrinde im Vergleich zu Weißtorf siehe Tabelle 86.) Zugleich ist die Ernährungssituation zu kontrollieren, da der Mulch zeitweilig Stickstoff fixieren kann.

Substrate mit physikalischen Strukturmängeln wie Mischungen, die zur Verdichtung neigen, aufzubessern, kommt je nach Vegetationsbestand nur in begrenztem Umfang in Frage. Auf der Basis einer Laboranalyse der vorhandenen Kornzusammensetzung muß ein stabilisierendes Korngemisch ermittelt werden. Dies liegt häufig im Grobsand-Feinkies-Bereich. Humusstoffe sollten zur physikalischen Regeneration nicht verwendet werden. Die Einarbeitung kann nur von Hand in die Freiflächen zwischen die Pflanzen erfolgen. Ein oberflächliches Aufbringen zeigt keine Wirkung. Meistens müssen Pflanzen herausgenommen oder ausgetauscht werden, so können die entsprechenden Teilflächen entweder vollschichtig aufgebessert oder mit einem geeigneterem Substrat neu aufgefüllt werden. Auf dieser Basis läßt sich auch ein langjähriger Sanierungsplan für notleidende Dachbegrünungsflächen erarbeiten. Auch ein Austauschen von Altsubstrat in Bahnen oder rasterartig gegen luftreiche mineralische Korngemische, etwa auf Blähtonbasis, hat sich bewährt, weil eine bessere Belüftung der Restflächen von der Seite aus erfolgt und die Sanierungsstreifen sofort durchwurzelt werden.

Sofern kein erheblicher standortfremder Laubeintrag vorliegt, sollte das auf den Dachbegrünungsflächen produzierte Laub auch dort verbleiben. Dies hat insbesondere für bodendeckende Schattenpflanzen eine fördernde Wirkung. Niedrige Stauden und Gehölze, die gegen Laubbedeckung empfindlich sind, müssen von großblättriger, dicker Laubschütte befreit werden.

19.2.4 Schnittmaßnahmen

In Abhängigkeit von Flächengröße und Pflanzenbestand sind ähnlich wie in bodengebundenen Freianlagen regelmäßige Schnittmaß-

Tab. 86. Die Eigenschaften von Baumrinde im Vergleich zu Weißtorf (SCHARPF 1988)

Eigenschaft	Baumrinde	Weißtorf
Trockenvolumengewicht in g/l	200—300	100—200
Wasserkapazität in %vol	40—45	50—60
biologische Aktivität	hoch	gering
C-N-Verhältnis	60—100 : 1	60—100 : 1
Stickstoff-Festlegung	z. T. stark	gering
Nährstoffgehalte	K, Mn hoch P, Mg z. T. hoch	niedrig
Austauschkapazität in mval/l	60—100	60—100
pH-Wert	4—7	2,8—3,2
pflanzenschädliche Stoffe	Harze, Phenole usw.	keine

Tab. 87. Regelwerte für das Mähen von Rasenflächen (nach NIESEL 1989)

Rasentyp nach DIN 18917	minimale Wuchshöhe in cm	maximale Wuchshöhe in cm	Schnitthöhe in cm	Schnitthäufigkeit* pro Jahr
Gebrauchsrasen	6	10	3 bis 4	8 bis 20
Strapazierrasen	6	8	3,5 bis 4	12 bis 30
Landschaftsrasen (Extensivrasen)	–	–	6 bis 10	0 bis 3
Zierrasen	3	6	2	30 bis 60

* In Abhängigkeit von Leistungsziel, Standortverhältnissen, Witterungsverlauf, Nutzungen und Pflegemaßnahmen sind erhebliche Abweichungen möglich

nahmen an Gras- und Stauden- sowie Gehölz-Vegetationen erforderlich. Auf kleinen Flächen steht die Zuwachsleistung und Konkurrenz der Arten oft in einem sehr ungünstigen Verhältnis, so daß dort regelmäßige Eingriffe durch Schnittmaßnahmen erforderlich werden. Die Schnittmaßnahmen an Stauden und Gehölzen können wie folgt unterschieden werden:

– Kappen von Blütentrieben zur Förderung der Gesamt- bzw. Nachblüte
– Auslichtungsschnitt während der Wachstums- und Blütephase
– Reinigungsschnitt nach der Blüte
– Erziehungsschnitt an Gehölzen zur Förderung der Blütebildung und der Gehölzform
– Auslichtungsschnitt von Gehölzen im Herbst
– Verjüngungsschnitt von Gehölzen
– Verdichtungsschnitt für Hecken
– Begrenzungsschnitt (Freihalten von Wegen, Aufkantungen, Fassaden, Lichtkuppeln usw.)
– Schnitte zur Schadensbeseitigung nach Regen- und Hagelschlag
– Schnitte zur Schadensbeseitigung nach Wind-, Schnee- oder Eisbruch.

Durch **Gehölzschnitt** müssen an Fassaden und Aufbauten reibende wie auch einwachsende Äste und Triebe entfernt werden. Sofern das Einwachsen von negativ phototrophen Trieben, etwa von *Hedera*, bei Fassadenbegrünungen zum ständigen Problem wird, müssen die Pflanzen von den gefährdeten Bauteilen entfernt werden. Verschiedene strauchartige Gehölzarten neigen bedingt durch ihren dichttriebigen oder astkreuzenden Wuchs in windexponierten Lagen zu Scheuerholz, was sich nur durch entsprechende Auslichtungsschnitte verhindern läßt.

Werden Fenster- und Fassadenflächen regelmäßig gereinigt, so muß durch entsprechende Schnittmaßnahmen ein ausreichender Arbeitsraum freigehalten werden. Zur Reinigung sollten nur ungiftige Mittel eingesetzt werden, die keine Schäden an Pflanzen und Boden verursachen. Anderenfalls müssen gefährdete Vegetationsflächen sorgfältig abgedeckt werden.

Die rechtzeitige Durchführung von **Verjüngungsschnitten** ist insbesondere für bodendeckende Gehölze überlebenswichtig, weil die meisten Arten mit zunehmendem Alter, insbesondere auf Dachflächen, ihre Vitalität schneller als auf bodengebundenen Flächen einbüßen und somit auch an Winterfestigkeit verlieren.

Das rechtzeitige Entfernen von krankheitsbefallenen Trieben wirkt häufig als vorbeugende Pflanzenschutz-Maßnahme in Verbindung mit Verjüngungsschnitten.

Die Schnitthäufigkeit von **Rasen und Wiesenflächen** richtet sich nach der Vegetations- und Nutzungsform und kann nach den Empfehlungen für bodengebundene Grasflächen erfolgen. (DIN 18917 ist zu beachten). In Tabelle 87 sind einige Richtwerte angeführt. Bei Zierrasen stellt ein ständiger Tiefstschnitt eine Höchstbelastung für die Vegetation dar, und er erfordert ständige Nährstoffnachlieferungen und weitere Maßnahmen zum Bestandserhalt. Das starke Vermoosen der Flächen wird dadurch ebenfalls gefördert. Bei größeren Abständen in der Schnittfolge fällt allerdings auch mehr Blattmasse an, die dann in der Regel aus den Flächen entfernt werden muß.

Die Mähgeräte sind sehr sorgfältig auszuwählen (und am besten vorher zu erproben), um Schaden an der Vegetationsschicht, etwa durch Reifendruck, zu vermeiden. Saugende Mähgeräte sollten auf Vegetationsschichten mit Leichtsubstraten nicht eingesetzt werden. In der Regel werden leichte Spindel- und Sichelmäher verwendet. Für sehr weiche Vegetationsschichten aus modifizierten Schaumstoffen oder Mineralwolle sind Luftkissenmäher erforderlich.

19.2.5 Pflanzenschutz

Die aktive oder gar ständige Bekämpfung von Pflanzenkrankheiten und tierischen Schädlingen sollte im Bereich der Dach- und Fassadenbegrünung die seltene Ausnahme bleiben. Vorbeugende Maßnahmen zur Förderung und Stabilisierung der Pflanzengesundheit sind insbesondere im Bereich der Intensiven Dachbegrünung vorrangig, weil Pflanzenkrankheiten sich in wenig vitalen Pflanzenbeständen rasch ausbreiten können. Vorbeugende Maßnahmen sind:

- Verwendung standortgerechter Pflanzen
- Vermeidung empfindlicher Sorten, schwachwüchsiger Auslesen und Farbsorten mit panaschierten Blättern
- Verwendung möglichst wüchsigen, jungen Pflanzengutes
- nicht zu dicht pflanzen
- Monokulturen vermeiden
- Arten, die generell zu bestimmten Krankheiten neigen (Rost, Rotpustel, Virosen), nicht verwenden
- Luxusversorgung mit Stickstoff vermeiden
- auf gute Kalium- und Spurenelement-Versorgung achten
- ältere Pflanzen durch artgerechten Rückschnitt vital halten
- einzelne nicht vitale oder kränkelnde Arten und Sorten entfernen
- Herstellung stabiler vegetationstechnischer Standortbedingungen
- Förderung biologischer Gleichgewichtsbedingungen.

Tierischer Schädlingsbefall kann durch das Massenauftreten verschiedener Blattlausarten und insbesondere des Dickmaulrüßlers erhebliche Schäden oder Ausfälle verursachen. Typisches Merkmal ist der Blattrandfraß. Der **Dickmaulrüßler** wird in der Regel mit dem Pflanzgut eingeschleppt und fühlt sich offenbar in Humussubstraten besonders wohl. Einzelne Pflanzengattungen wie *Cotoneaster, Euonymus, Taxus,* Rosen, Azaleen, *Calluna* und *Hedera* werden als Wirtspflanzen besonders stark befallen. Selbst innerhalb von generell gefährdeten Pflanzenbeständen befressen Dickmaulrüßler bestimmte Gattungen mit Vorliebe. So wurden in großen bodendeckenden Efeu-Beständen nur die gruppenweise vorhandenen Pflanzen von *Euonymus fortunei* 'Coloratus' geschädigt. Gegen den Dickmaulrüßler können mittlerweile gut wirksame biologische Bekämpfungsmittel eingesetzt werden. Gegen die Larven des Dickmaulrüßlers wirken nach KRIEG und FRANZ (1989) Präparate mit dem insektenpathogenen Pilz *Metarrhizium anisopliae,* auch der Einsatz von insektenparasitären Nematoden *(Heterorhabditis heliothidis)* hat Eingang in die gärtnerische Praxis gefunden. Gegen Blattläuse wirken verschiedene biologische Präparate recht gut, aber auch eine einfache Schmierseifenlösung mit geringem Nikotinzusatz (Tabakauszug).

Bei **Nematodenbefall**, insbesondere von Stauden (*Phlox, Erigeron, Sedum*-Arten), sollten die Pflanzen entfernt werden.

Einige Pilzkrankheiten können durch Schnitt der befallenen Triebe in der Ausbreitung begrenzt werden.

Der allgemein sehr gesunde und widerstandsfähige Efeu kann bei sich ungünstig verändernden Standortbedingungen wie Bodenverdichtung und Vernässung erheblich unter **Blattfleckenkrankheiten** leiden, die von *Colletotrichum trichellum* und *Ameriosporium trichellum* hervorgerufen werden.

Ahorne, die im Jugendstadium und insbesondere nach der Pflanzung von der **Rotpustelkrankheit** *(Nectria cinnabarina)* befallen sind, können in der Regel nicht mehr gerettet werden. Andere Gattungen wie *Amelanchier, Carpinus, Crataegus, Malus* und *Ribes* reagieren mehr oder weniger empfindlich und können häufig nach Entfernen der befallenen Triebe in Verbindung mit sorgfältigen, unterstützenden Pflegemaßnahmen gesunden. Die Verwendung gesunder Pflanzen, die frei von Rindenverletzungen sind, stellt die beste Verhütungsmaßnahme dar. Unbehandelte Verletzungen, Astbruchstellen oder auch Rindendruckstellen bilden Eintrittspforten für den als Schwächeparasit bezeichneten Pilz. Große Solitärs sind besonders anfällig für die Rotpustelkrankheit. Ahorn sollte nur im August–September geschnitten und die Wundstellen müssen sofort behandelt werden. Rindenmulch oder Schreddermaterial sollte unter Ahornen oder in deren Nähe nicht verwendet werden. Fungizide stehen für die Bekämpfung der Rotpustelkrankheit nicht zur Verfügung (RIECKEN 1988).

Die Auswahl von Rosensorten sollte besonders unter dem Gesichtspunkt der Pflanzengesundheit erfolgen. Viele Sorten entwickeln sich auf Dächern geradezu als „phytopathologische Studienobjekte", auf denen alle denkbaren Rosenkrankheiten präsent sind; die Pflanzen stehen häufig schon Ende Juli ohne Laub da.

Die Bakterienkrankheit **Feuerbrand**, hervorgerufen durch *Erwinia amylovora* kann an Pflanzen aus der Familie der Rosengewächse Totalausfälle verursachen, insbesondere an *Cotoneaster, Pyracantha, Malus, Crateaegus* und *Choenomelis.* Einige bodendeckende *Cotoneaster*-Arten scheinen besonders anfällig zu sein. Bekämpfungsmittel stehen nicht zur Verfügung. Als einzige Bekämpfungsmöglichkeit bleibt der Rückschnitt befallener Triebe und das Entfernen der Pflanzen.

Rasen und Grasvegetationen können durch Schneeschimmel und *Tipula*-Befall Schaden nehmen. Der **Schneeschimmel** *Gerlachia nivale* verursacht Totalausfälle durch Befall in den Wintermonaten in runden Flecken bis 30 cm Durchmesser. Eine Wiederbegrünung durch die befallenen Grasarten erfolgt nicht oder nur verzögert. Verschiedene wirksame Fungizide werden angeboten. Eine Bekämpfung sollte jedoch erst dann vorgenommen werden, wenn der Befall immer wieder in steigendem Ausmaß vorkommt.

Alle weiteren Rasenkrankheiten wie Rost, Blattfleckenkrankheiten oder Mehltau lassen sich in der Regel durch entsprechende Pflege und eine ausgewogene Ernährung vermeiden oder in Grenzen halten, so daß eine Bekämpfung sich erübrigt.

Der Befall von **Tipula-Wiesenschnakenlarven** *(Tipula paludosa)* in Grasnarben tritt in manchen Jahren gehäuft auf, bildet jedoch in der Regel keinen Anlaß für eine chemische Bekämpfung. Drosseln und Stare stellen den Larven intensiv nach.

In der biologischen Schädlings- und Krankheitsbekämpfung bedient man sich auch der vielen Pflanzen eigenen Abwehrstoffe und Fraßhemmern, den Allomonen. Sie kommen in den meisten aromatischen Kräutern und Stauden wie zum Beispiel in Kapuzinerkresse, Lavendel, Pfefferminze, Tagetes, Thymian, Wermut und Ysop vor.

In Mischkulturen kann man sich die gegenseitige Beeinflussung von Pflanzen durch deren chemischen Antagonismus (KRIEG und FRANZ 1988) zunutze machen, dieser Effekt ist als Allelopathie bekannt. Gegenseitig das Wachstum fördernde und Schaderreger abweisende Wirkungen von Sommerblumen und Stauden treten in bestimmten Vergesellschaftungen auf. Mehr oder weniger starke schadensabweisende Wirkungen gehen von allen *Artemisia*-Arten aus.

19.2.6 Bestandserhalt von Pflanzungen

Die Maßnahmen für den Bestand von Pflanzungen erfolgen im Rahmen der Unterhaltungspflege. Der Stellenwert langfristig angelegter Maßnahmen des Bestandserhaltes wird in der Regel weit unterschätzt. Er ist mit dem der Anlagenplanung gleichzusetzen. Deshalb sollte grundsätzlich gelten: *keine Planung ohne Entwicklungsplanung für den Bestandserhalt.* Dafür ist zumindest die gleiche vorausschauende Vorstellungskraft wie für den Bepflanzungsplan erforderlich.

Durch die steuernden Eingriffe können einerseits Fehler in der Planung und Ausführung sinnvoll korrigiert werden, andererseits wird der Fortbestand des Planungskonzeptes gesichert. Voraussetzung dafür ist allerdings, daß während der Planung bereits die Vegetationsdynamik und der Zuwachs von Einzelpflanzen mit bedacht wurden. Weiterhin können durch die Pflegemaßnahmen im Rahmen des Bestandserhaltes auch sinnvolle Wandlungen im Vegetationsbestand eingeleitet werden, die den veränderten Bedürfnissen der Nutzer entsprechen. Dabei kann es sich etwa um die Reduzierung sehr intensiv zu pflegender Blütenrabatten handeln oder um die Umstellung auf Extensivvegetation. Häufig ergeben sich auch durch wohlmeinende Pflegemaßnahmen ungewollte Veränderungen oder gar Schäden. Speziell ist in diesem Zusammenhang die Wirkung von Mulchdecken auf Staudenpflanzungen zu beobachten: verschiedene Arten tolerieren keine Mulchauflage.

Jeder Garten, jede Anlage hat **seine speziell geeigneten Pflanzenbestände**, wie die alte Gärtnererfahrung besagt. Den „richtigen" Bestand herauszufinden, dazu bedarf es aber Beobachtungsgabe und Mut zur Korrektur, falls sich einzelne Arten und Sorten am Standort nicht wohlfühlen. Ein Ersatz ist bei dem reichhaltigen Sortiment an Stauden und Gehölzen in der Regel möglich, auch ohne das gestalterische Grundkonzept aus dem Gleichgewicht zu bringen.

Tabelle 88 enthält einen Pflegekatalog der Maßnahmen zur Fertigstellungs-, Entwicklungs- und Unterhaltungspflege für Intensivbegrünungen.

Tab. 88. Katalog der Maßnahmen zur Fertigstellungs-, Entwicklungs- und Unterhaltungspflege für Aufwendige und Einfache Intensivbegrünungen

	Fertigstellungs-pflege	Entwicklungs-pflege	Unterhaltungs-pflege
Gehölze und Staudenpflanzen			
Bewässerung	O	O	O
Überprüfung und Nachregulierung des Wasserstandes bei Anstaubewässerung	O	O	O
Lockern der Substratschicht durch flaches Durcharbeiten mit der Hacke oder Krail	X	X	O
Entfernung von krautiger Fremdvegetation durch Hacken, Herausreißen oder Herausschneiden mit Wurzeln	X	X	O
Entfernung von fremdem Gehölzaufwuchs durch Herausreißen		X	O
Ergänzung der Substratschicht			O
Ergänzung oder Neuherstellung von Mulchdecken			O
Einzeldüngungen bei Mangel an bestimmten Nährstoffen	O	O	O
regelmäßige Volldüngungen		O	O
Entfernung von Pflanzenteilen, die mit Krankheiten befallen sind, oder Entfernung der ganzen Pflanze	O	O	O
Entfernung von Pflanzenteilen nach Schadeinwirkungen durch Wind, Regen, Hagel, Schnee, Eis, Frost	O	O	O
Schädlingsbekämpfung	X	X	X
Entfernung abgestorbener Pflanzenteile	O	O	O
regelmäßiger Rückschnitt von Rosen, Kletterpflanzen, Stauden usw.	O	O	O
Erziehungsschnitt von Gehölzen und Kletterpflanzen		O	O
Regenerationsschnitte von bodendeckenden Gehölzen und Einzelgehölzen			O
Entfernung von Einzelpflanzen bei zu engem Stand		X	O
Enfernung stark verdrängender Pflanzen			O
Entfernung zu groß gewordener Gehölze			O
Ersatz abgestorbener Pflanzen	O	O	O
Überprüfung von Gehölzverankerungen	O	O	O

(Fortsetzung Tab. 88)

	Fertigstellungs-pflege	Entwicklungs-pflege	Unterhaltungs-pflege
Entfernen von Gehölzverankerungen		○	○
Schutz der Vegetationsflächen vor aggressiven Reinigungsmitteln für Fenster und Fassaden			X
Rasen- und Grasflächen			
Bewässerung	○	○	○
Überprüfung und Nachregulierung des Wasserstandes bei Anstaubewässerung	○	○	○
häufige Schnitte ohne Entfernung des Mähgutes	○	○	○
Einzelschnitte mit Entfernung des Mähgutes	○	○	○
Einzeldüngungen bei Mangel an bestimmten Nährstoffen	○	○	○
Ausbesserung von Fehlstellen durch Nachsaat	○	X	X
Ausbesserung von Fehlstellen durch Fertigrasen	○	X	X
Bekämpfung von Krankheiten bei Zierrasen	X	X	X
Ergänzung oder Abmagerung der Substratschicht durch flächiges Abstreuen mit mineralischen Stoffen			X
Verdrängung von Fremdvegetation in Zierrasen durch kombinierte Schnitt- und Düngemaßnahmen		○	○
Ausdünnen der Grasnarbe von Hand (Ausharken) oder maschinelle Belüftung (Verticultieren)		X	○
Technische Einrichtungen			
Entfernung von Fremdbewuchs auf befestigten Flächen und Kiesrandstreifen	X	○	○
Rückschnitt der Pflanzungen an allen Rändern zu befestigten Flächen, Kiesrandstreifen und Dachrändern		○	○
Freihalten von Dacheinläufen, Lüftern, Lichtkuppeln usw. von Bewuchs		X	○
Verhinderung des Unterwachsens insbesondere von Dachrändern und Fassaden durch Gehölztriebe		X	○
regelmäßige Reinigung von Schmutzfangkörben der Dacheinläufe	○	○	○
Austausch von Filterpackungen an Dacheinläufen			○
Kontrolle der Dacheinläufe auf Versinterungen durch Kalk	○	○	○
Wartung von Bewässerungseinrichtungen	○	○	○
Frostsicherung von Wasserleitungen	○	○	○
Kontrolle der Befestigungen von Gehölzverankerungen	○	○	○
Kontrolle von Rankhilfen	○	○	○
Kontrolle auf reibende und scheuernde Äste an technischen Einrichtungen und Aufbauten	○	○	○
Kontrolle von Anschlagpunkten zur Personensicherung (Anseilung)	○	○	○

○ Regelfall bzw. ständig erforderlich
X Bedarfsfall

19.3 Pflege und Unterhaltung für Extensive Dachbegrünungen

19.3.1 Spontanvegetation und Veränderungen der Vegetation

Naturnahe Vegetationsformen unterliegen ständigen mehr oder weniger starken sukzessiven Wandlungsprozessen. Einzelne Pflanzenarten entwickeln in Vergesellschaftungen eine Dynamik, die neben den standort- und witterungsbedingten Einflüssen auch vom Entwicklungsalter der Pflanzen sowie deren Ausbreitungsverhalten unter Konkurrenzverhältnissen abhängt. Weiterhin können spontane Pflanzenansiedlungen aus dem Arteninventar der Umgebung unter bestimmten Bedingungen Veränderungen auslösen (siehe dazu auch Abschnitt 12.2 und 12.3). Es stellt sich also die Frage, inwieweit die Notwendigkeit besteht, im Rahmen der Fertigstellungs-, Entwicklungs- und Unterhaltungspflege steuernd einzugreifen.

Neu angesiedelte Spontanvegetation bereitet in dem relativ kurzen Zeitraum der Fertigstellungspflege selten Probleme. Sofern jedoch hohe Individuenmengen von Kräutern der Ruderal- und Segetalflora entweder als Saatgutbeimengungen ausgebracht oder bereits im Substrat vorhanden sind, können diese nicht standortgerechten Arten durch Licht- und Wasserkonkurrenz die Etablierung der Zielvegetation erheblich behindern. Dabei haben schnellkeimende wuchsaggressive, kurzlebige Arten, die sich außerdem noch an Trockenheit anpassen können, wie zum Beispiel Melde-Arten *(Atriplex)* oder die verschiedenen Hirse-Arten zunächst erhebliche Standortvorteile. BORNKAMM (1961) beschreibt eine derartige Unkrautgesellschaft auf Kiesdächern als Panico-Galinsogetum.

In Tabelle 89 sind Arten angeführt, die auf neu angelegten Flächen zurückgedrängt werden sollten. Die in Tabelle 90 angeführten Arten können jedoch toleriert werden, weil sich ihre spätere dauerhafte Ansiedlung ohnehin nicht verhindern läßt oder weil sie nach kurzer Zeit von selbst wieder verschwinden.

Die Vegetationsentwicklung kann im Rahmen der Fertigstellungspflege in ihrer qualitativen Zusammensetzung durch Maßnahmen wie gezielte Düngung, Wasserversorgung oder Schnitt beeinflußt werden. Dabei sind häufig jedoch nur geringfügige Wirkungen zu erzielen, speziell dann wenn die Witterung den Zielen entgegenwirkt. So wird es zum Beispiel in Jahren mit feuchtkalter Witterung schwierig sein, einen unterdrückten *Sedum*-Bestand zu fördern.

Problematisch wird ein Fremdvegetationsbesatz immer dann, wenn ein zu hoher Stickstoffgehalt mit niederschlagsreichen Witterungsperioden zusammenfällt. In solchen Fällen kann nur ein möglichst tiefer und mehr-

Tab. 89. Die wichtigsten Arten der Spontanvegetation in Extensiven Dachbegrünungen, welche die Etablierung angesiedelter Arten bei flächigem Auftreten erheblich behindern können (Auswertung bundesweiter Bonituren der Jahre 1982 bis 1988)

Atriplex spec.	Melde-Arten
Chamomilla recutita	Echte Kamille
Chenopodium spec.	Gänsefuß-Arten
Cirsium arvense	Acker-Kratzdistel
Conyza canadensis	Kanadischer Katzenschweif
Epilobium spec.	Weidenröschen-Arten
Galinsoga parviflora	Kleinblütiges Knopfkraut
Galium spec.	Labkräuter
Matricaria perforata	Geruchlose Kamille
Medicago lupulina	Hopfenklee
Melilotus alba	Weißer Steinklee
Melilotus officinalis	Echter Steinklee
Raphanus raphanistrum	Hederich
Rumex acetosa	Großer Sauerampfer
Sonchus arvensis	Acker-Gänsedistel
Senecio vulgaris	Gemeines Kreuzkraut
Sinapis arvensis	Acker-Senf
Stellaria media	Vogelmiere
Trifolium pratense	Rot-Klee
Trifolium repens	Weiß-Klee
Urtica dioica	Große Brennessel
Urtica urens	Kleine Brennessel
Vicia cracca	Vogel-Wicke
Vicia sativa	Saat-Wicke

**Tab. 90. Die wichtigsten Arten der Spontanvegetation in Extensiven Dachbegrünungen, welche die Etablierung angesiedelter Arten wenig oder nicht behindern.
(Auswertung bundesweiter Bonituren der Jahre 1982 bis 1989)**

Anagallis arvensis	Acker-Gauchheil
Anchusa officinalis	Acker-Ochsenzunge
Arabidopsis thalia	Schmalwand
Arenaria serpyllifolia	Quendelblättriges Sandkraut
Capsella bursa-pastoris	Hirtentäschel
Cardamine hirsuta	Behaartes Schaumkraut
Cardaminopsis arenosa	Sand-Schaumkresse
Cerastium arvense	Acker-Hornkraut
Cerastium semidecandrum	Sand-Hornkraut
Chaenorrhinum minus	Kleiner Orant
Chamomilla suaveolens	Strahlenlose Kamille
Diplotaxis muralis	Mauer-Steinsame
Erigeron annuus	Lilafarbenes Berufkraut
Erodium cicutarium	Reiherschnabel
Erophila verna	Frühlings-Hungerblümchen
Erysimum cheirathoides	Lack-Schöterich
Euphorbia exigua	Kleine Wolfsmilch
Euphorbia helioscopia	Sonnenwend-Wolfsmilch
Filago spec.	Filzkraut-Arten
Fumaria spec.	Erdrauch-Arten
Geranium molle	Weicher Storchschnabel
Geranium rotundifolium	Rundblättriger Storchschnabel
Hieracium bifidum	Gabel-Habichtskraut
Hieracium laevigatum	Glattes Habichtskraut
Hieracium sylvaticum	Wald-Habichtskraut
Hordeum murinum	Mäuse-Gerste
Linaria vulgaris	Gemeines Leimkraut
Lotus corniculatus	Hornklee
Moos-Arten	
Myosotis arvensis	Acker-Vergißmeinnicht
Oxalis corniculata	Gehörnter Sauerklee
Oxalis europaea	Steifer Sauerklee
Panicum spec.	Hirse-Arten
Poa annua	Einjähriges Rispengras
Polygonum aviculare	Vogel-Knöterich
Polygonum persicaria	Floh-Knöterich
Portulaca oleracea	Portulak
Ranunculus repens	Kriechender Hahnenfuß
Rumex acetosella	Kleiner Sauerampfer
Sagina procumbens	Niederliegendes Mastkraut
Senecio viscosus	Klebriges Kreuzkraut
Setaria viridis	Grüne Borstenhirse
Spergula arvensis	Ackerspörgel
Taraxacum officinale	Löwenzahn
Thlaspi arvense	Acker-Hellerkraut
Tussilago farfara	Huflattich
Veronica arvensis	Feld-Ehrenpreis
Veronica hederifolia	Efeublättriger Ehrenpreis
Veronica persica	Persischer Ehrenpreis
Viola arvensis	Acker-Stiefmütterchen

maliger Schnitt mit anschließendem Entfernen des Schnittgutes für Abhilfe sorgen. Hoch aufwachsende, vereinzelt stehende Kräuter wie *Erigeron canadense* oder *Epilobium* können durch Herausziehen entfernt werden.

Im Rahmen der Entwicklungs- und Unterhaltungspflege können qualitative Veränderungen in der Vegetationsdecke nur noch begrenzt beeinflußt oder gefördert werden. Wechselvegetationen (siehe Abschnitt 12.3.1) können im Einzelfall auch auf eine unzureichende Analyse der Standortbedingungen hinweisen.

Die Pflegeziele der Fertigstellungspflege müssen im Hinblick auf den abnahmefähigen Zustand so genau als möglich beschrieben werden. Dabei sollten die vegetationskundlichen Aspekte einer **standortangepaßten Vegetation** als Vorbild dienen. Dies bedeutet, daß die Vegetationsdynamik als Reaktionen der Pflanzen auf das Mosaik verschiedenster kleinräumiger Standortbedingungen akzeptiert wird. Unter vegetationstechnischen Gesichtspunkten ist es falsch, die Idealvorstellungen eines flächendeckenden Vegetationsbildes, wie zum Beispiel eines „Grasdaches“, mit allen Mitteln der Pflege bis zur Abnahme zwanghaft durchzusetzen.

Je nach Herstellungszeitpunkt und Entwicklungszeiträumen sollte auch an die Möglichkeiten von gezielten Nachbesserungen während der Fertigstellungspflege gedacht werden, insbesondere durch Nachsaaten.

19.3.2 Wasserversorgung

Im Rahmen der Fertigstellungspflege ist die Bewässerung der neu hergestellten Vegetationsflächen die wichtigste und häufig mit steigender Anzahl der Einzelwässerungen auch die aufwendigste Pflegemaßnahme. Deshalb stellt die Ausnutzung der kühleren, luftfeuchten Herbstmonate ein sinnvolles organisatorisches Mittel zur Kostenreduzierung dar. Niederschläge oder die Zusatzbewässerung bleiben dann länger im Schichtenaufbau gespeichert. Die nächtliche Taubildung kommt in den oberen Millimetern der Vegetationsschicht direkt den empfindlichen Sämlingen zugute. Das späte Frühjahr und die Sommermonate sind wegen der hohen Wasserverdunstung die ungünstigsten Zeiträume zur Vegetationsansiedlung.

Der anfängliche Wasserbedarf für Vegetationsmatten, die auf Substratschichten verlegt werden, wird häufig unterschätzt. Die Startbewässerung sollte durch Beregnung in geringen Intensitäten, aber sehr reichlich erfolgen. 30 bis 40 mm je m^2 sind mindestens erforderlich. Diese Mengen sind notwendig, um die mehr oder weniger stark ausgetrocknete Vegetationsmatte mit Wasser zu sättigen und durch die vertikalen Sickerbewegungen den kapillaren Bodenkontakt herzustellen. Dadurch wird die Einwurzelung sehr gefördert. Günstig wirkt sich auch das Anfeuchten des Substrates vor der Verlegung der Fertigvegetation aus.

Eine ständig feuchte Substratschicht ist für die Etablierung von Vegetationsmatten erforderlich, bis die Einwurzelungstiefe etwa 80 bis 90 Prozent der Substratdicke entspricht. Danach kann die künstliche Wasserversorgung langsam reduziert werden. Entwickelt sich der Vegetationsbestand, etwa von Gräsern, in den Vegetationsmatten zu dicht, kann er durch Verzicht auf Bewässerung unter begrenzten Trockenstreß gesetzt werden. Damit kann die Vegetationsdeckung problemlos um 20 bis 30 Prozent reduziert und den tatsächlichen Standortbedingungen angepaßt werden.

Mit der gleichen Methode kann auch in Ansaaten der Bestand an vorwüchsigen Gräsern und Kräutern, die zu dicht auflaufen, ausgedünnt werden. Insbesondere die Gräser fallen im Ein- bis Zweiblattstadium schnell aus.

Auf keinen Fall sollten Dacheinläufe vorübergehend verstopft werden, um so durch diesen Wasseranstau die Beregnung zu sparen. Dadurch treten nach Niederschlägen Schäden durch Vernässung ein. Nach Ablassen des angestauten Wassers folgen Trockenschäden, so daß der überwiegende Teil der Vegetation absterben kann. Nach der zweiten oder dritten Bewässerung muß die Vegetationsfläche unbedingt auf unterversorgte Bereiche kontrolliert werden, die gründlich – auch von Hand – nachgewässert werden müssen.

Wenn der Vegetationsbestand von Ansaaten ausreichend etabliert ist, muß die Wasserversorgung reduziert oder bei entsprechenden Witterungsbedingungen ganz eingestellt werden, damit die Vegetation sich an die tatsächlichen Versorgungsverhältnisse des Standortes anpassen kann.

19.3.3 Düngung

Die Nährstoffversorgung während der Etablierungsphase der Vegetation muß eine standortangepaßte Entwicklung ermöglichen. Speziell die Stickstoffversorgung sollte sich in den unteren Grenzbereichen bewegen. Viele Arten natürlicher Trockenstandorte sind durch höhere Stickstoffgehalte im Boden nicht in ihrer Ortsbeständigkeit zu fördern. Von einem hohem Stickstoffangebot profitieren in der Regel benachbarte mesophile, schnellwachsende Arten, die dann einen Konkurrenzvorteil erhalten. Eine standortangepaßte Vegetationsentwicklung bedingt ein gewisses Gleichgewichtsverhältnis zwischen Blattmasseproduktion und Minimumversorgung mit Wasser. Dieses Gleichgewicht kann nur durch eine langsame Wuchsentwicklung mit zwischengeschalteten Trockenstreßphasen erreicht werden, was dem Bestreben nach einem schnellen Flächenschluß aus Erosionsschutzgründen widersprechen kann.

Starke Düngergaben mit dem Ziel, einen schnellen Flächenschluß zu erreichen und die Fertigstellungspflege zu verkürzen, sind falsch. Es wird ein selektiertes Artenspektrum mit starker Individuenkonkurrenz und ungünstiger physiologischer Konstitution gefördert.

Bewährt hat sich eine Grundversorgung mit Phosphor, Kalium, Kalzium, Magnesium und Spurenelementen. Die Stickstoffversorgung erfolgt dann als Steuerungsmaßnahme zur Vegetationsentwicklung nach dem Auflaufen von Ansaaten und der Herstellung von Pflanzungen.

Vegetationsmatten mit Gras-Kraut-Vegetation haben häufig kulturbedingt noch einen Versorgungsüberschuß an Nährstoffen, so daß hier häufig keine Düngung mehr notwendig ist. Grundsätzlich sind mehrere geringe Gaben für die Förderung der verschiedenen Pflanzarten günstiger als einmalige höhere Gaben. Dafür haben sich Flüssigdüngungen bewährt. Der Düngezeitpunkt hängt von der Pflanzenentwicklung und Jahreszeit ab. Ein mäßiger bis guter Ernährungszustand fördert die Trockenstreßfähigkeit der meisten Arten, während sich eine Luxusversorgung in der Regel negativ auswirkt.

Die Bemessung der Nährstoffgaben muß die Dicke des Schichtenaufbaues und die Speicherkapazität des Substrates berücksichtigen. Eine übermäßige Nährstoffauswaschung muß vermieden werden. Die geringen Düngemengen (zum Beispiel 2 bis 3 g je m^2 eines Mehrnährstoffdüngers), die sich bei dünnschichtigen Substraten ergeben, ermöglichen kaum eine gleichmäßige Verteilung granulierter oder auch pulverisierter Dünger, so daß eine Flüssigdüngung praxisgerechter ist. Bei größeren Substratdicken ab etwa 10 bis 12 cm können auch granulierte Dünger verwendet werden. Die Möglichkeit der Verfrachtung durch Wind sollte man beachten.

Auf Steildächern kommt noch das Risiko der schnellen Ausspülung durch Bewässerung oder Niederschläge hinzu. Häufig ergibt sich dadurch eine Unterversorgung der oberen und eine Überversorgung der unteren Dachfläche.

In der Regel sind längerwirkende Düngeformen den schnellwirkenden vorzuziehen. Gezielte, schnellwirkende Stickstoffgaben können als Steuerungsmaßnahmen in Einzelfällen sinnvoll sein, vor allem dann, wenn *Sedum*-Bestände in durch Trockenheit reduzierten Gras-Kraut-Beständen gefördert werden sollen. Moos-Sedum-Vegetationen benötigen in der Regel keine Düngung und reagieren bei höheren Stickstoffgaben sogar mit Ausfällen. Die einzelnen *Sedum*-Arten sprechen unterschiedlich auf Stickstoff an. Mit verstärktem, verdrängendem Wachstum reagieren sofort *Sedum acre*, gefolgt von *Sedum sexangulare*. Für Sukkulenten-Bestände sind Kalium-Magnesium-Gaben zur Förderung der Streßfähigkeit sinnvoll. Der biologische Verbau von Substratoberflächen durch Algen und Moose kann durch Alginat-Gaben gefördert werden.

Im Rahmen der Entwicklungspflege sollten Düngemaßnahmen reduziert werden und später in der Unterhaltung ganz entfallen. Durch die Immissionen ist häufig eine ausreichende Versorgung mit Stickstoff gegeben.

Im Hochsommer, in der Zeit, in der viele Gräser, aber auch Kräuter, Zwiebel- und Rhizomgewächse trockener Standorte nach Abschluß der generativen Phase eine Ruhepause einlegen, sollte nicht gedüngt werden, weil dann nur verdrängende mesophile Arten oder nitrophile Fremdvegetation auf die Nährstoffe bei feuchter Witterung ansprechen.

Wird ein Absinken des pH-Wertes festgestellt (Zeigerpflanzen), ist eine Aufkalkung sinnvoll. Um den pH-Wert rasch anzuheben, können leichtlösliche, granulierte Pulverkalke eingesetzt werden; zur langfristigen Versorgung empfiehlt sich Abstreuen mit feinkörnigem Kalksplitt (Weichkalke).

19.3.4 Schnittmaßnahmen

Der Schnitt von neu hergestellten Vegetationsflächen ist neben der Düngung ein Steuerungsmittel der Vegetationsentwicklung bis zum erstrebtem Flächenschluß. Schnittmaßnahmen erfolgen in der Regel bei Sedum-Gras-Kraut-Vegetationen und Gras-Kraut-Vegetationen. Bei Jungbeständen von Gräsern und Kräutern muß vor dem ersten Schnitt entschieden werden, ob

- noch eine Blüte und Samenbildung erfolgen soll, also ob der Schnitt verschoben wird oder gar entfällt

- eine Induzierung der generativen Phase, insbesondere bei Gräsern, unterbunden werden soll, um vegetatives Breitenwachstum zu fördern
- die Schattierwirkung des Aufwuches notwendig ist.

Bei rhizombildenden Gräsern fördert ein Schnitt des Jungbestandes die Rhizombildung und sichert so die Überlebenschancen.

Bei einem starken Besatz an Fremdvegetation der Arten nach Tabelle 89 sollte auf jeden Fall ein möglichst tiefer Schnitt mit Entfernung des Schnittgutes erfolgen. Bei der Sedum-Gras-Kraut-Vegetation muß beachtet werden, daß sich *Sedum* nach dem Schnitt durch die abgeschnittenen Triebspitzen stärker verbreiten kann. Falls dies nicht gewünscht wird, muß also entsprechend hoch geschnitten werden.

Häufig entwickelt sich die Vegetation in schattigen oder teilschattigen Lagen schneller, so daß an solchen Standorten schon frühzeitig ein Schnitt erforderlich ist. Ein geringer Schnittgutanfall sollte auf den Dachflächen verbleiben, da dieser das Mikroklima verbessert und die Keimung spätauflaufender Arten fördern kann. Sofern sich dickere mulchende Schichten ergeben, wird es notwendig, das Schnittgut zu entfernen.

Während der Entwicklungs- und Unterhaltungspflege sind einzelne Schnittmaßnahmen in der Regel nur zur Reduzierung einer unerwünschten hohen Biomasseproduktion erforderlich. Besonders in niederschlagsreichen Jahren oder bei starkem Leguminosenbesatz ist ein möglichst tiefer Schnitt notwendig, das Schnittgut muß entfernt werden.

Bei Gras-Kraut-Vegetationen auf Schichtaufbauten sehr hoher Dicke (25 cm) ist zur Vermeidung sukzessiver Ruderalisierung oder Verbuschung häufig ein herbstlicher Reinigungsschnitt nötig, wie dies auch auf bodengebundenen Flächen die Regel ist.

Einen Sonderfall stellen Gras-Kraut-Vegetationen auf Steildächern dar. Auf den Schattenseiten entwickeln sich Gräser anfangs häufig zu stark. Zur Beseitigung von Rasenfilzschichten ist dann ein Schnitt erforderlich, um die Kurzrasenentwicklung zu fördern.

Junggehölzaufwuchs kann im Einzelfall problematisch sein, so daß im Abstand von zwei bis drei Jahren ein Schnitt möglichst im Hochsommer durchgeführt werden muß.

19.3.5 Pflanzenschutz

Maßnahmen des Pflanzenschutzes sind für Extensive Dachbegrünungen nicht erforderlich. Jede der verwendeten Pflanzenarten kann von verschiedenen Krankheiten und Schädlingen befallen werden, die jedoch bei standortgerechter Pflanzenverwendung, also bei ausreichender Vitalität der Einzelindividuen, nicht zu drastischen Schadsymptomen führen. Treten dennoch krankheits- und schädlingsbedingte Ausfälle auf, werden die Pflanzen auch durch Pflanzenschutzmaßnahmen nicht auf Dauer zu halten sein.

Nur in monokulturartigen Massenbeständen sind besonders Sukkulenten auf zu feuchten Standorten oder in niederschlagsreichen Jahren durch Grauschimmel, Wurzelfäule und Nematoden bedroht. Auf *Sedum*-Arten treten Rostpilze der Gattung *Puccinia* auf, die jedoch im Verlauf ihres Entwicklungszyklus auch auf Gräsern leben (HEGI 1975). Überdüngte und zu feucht stehende *Sempervivum*-Arten können an einer Phytophtora-Fäule (Erreger ist *Phytophthora sempervivi*, LÜSTNER 1933) zugrunde gehen.

Bei Gräsern kommt eine ganze Reihe der bekannten pilzlichen Erkrankungen vor, speziell Rostkrankheiten, deren Ausmaß sich aber in der Regel in Grenzen hält.

Der Dickmaulrüßler kann nur in Monokulturen, vor allem von *Sedum*, größere Schäden anrichten.

In Vegetationsmatten mit Gras- und *Sedum*-Beständen kann auch bei *Sedum* der Befall von *Tipula*-Wiesenschnakenlarven *(Tipula paludosa)* partielle Totalausfälle verursachen.

19.3.6 Bestandserhalt

Extensive Vegetationsbestände erhalten sich ohne Zutun des Menschen nur durch natürliche Kreisläufe. Steuernde Eingriffe in die Entwicklungsprozesse der Vegetationen können jedoch erforderlich werden, um unerwünschte sukzessive Veränderungen der Vegetationszusammensetzung zu verhindern oder abzuschwächen. Dies ist auf anthropogenen, bodengebundenen Trockenrasenflächen ebenfalls notwendig, wenn keine regelmäßige Beweidung erfolgt. Weiterhin ist es erforderlich, daß bestimmte funktionale Anforderungen, wie zum Beispiel die des Brandschutzes oder die Auflage, daß bestimmte Teilbereiche frei von Vegetation bleiben, berücksichtigt werden.

Die Frage nach dem Erhalt von Gras-Kraut-Beständen stellt sich immer wieder in Jahren mit katastrophalen Trockenperioden, die sich in ihren Auswirkungen auf Dachflächen früher als am Boden bemerkbar machen. Sofern die betreffende Vegetation nicht ohnehin als Wechselvegetation einzustufen ist, können gezielte durchdringende Wassergaben in Einzelfällen sinnvoll sein, um einen Teil des Vegetationsbestandes zu retten. Dies gilt insbesondere für Flächen auf Steildächern, die zeitweise im Regenschatten liegen und deren dichtere Vegetationsbestände dann besonders gefährdet sind.

Wenn einzelne Pflanzarten, wie etwa Vertreter der Sukkulenten, sich auf einem Standort in einem längeren Zeitraum als nicht dauerhaft erwiesen haben, so verspricht ihre nachträgliche Wiederansiedlung ohnehin wenig Erfolg. Die Standortverhältnisse müßten dazu bedürfnisgerecht verbessert werden. Die Substratschichten lassen sich in seltenen Fällen durch das Einarbeiten von Zuschlagstoffen verbessern. Meist kommt nur das nachträgliche dünnschichtige Auftragen eines Sanierungssubstrates in Betracht, sofern noch Lastreserven bestehen.

Tabelle 91 enthält einen Katalog zur Fertigstellungs-, Entwicklungs- und Unterhaltungspflege für Extensivbegrünungen.

Tab. 91. Katalog der Maßnahmen zur Fertigstellungs-, Entwicklungs- und Unterhaltungspflege für die Ausbildungsformen Extensiver Dachbegrünung

	Flachdächer						Steildächer				
	Moos-Sedum-Vegetationen	Sedum-Moos-Kraut-Vegetationen	Sedum-Gras-Kraut-Vegetationen	Gras-Kraut-Vegetationen	Wildstauden-Gehölz-Vegetationen	Gehölz-Vegetationen	Moos-Sedum-Vegetationen	Sedum-Moos-Kraut-Vegetationen	Sedum-Gras-Kraut-Vegetationen	Gras-Kraut-Vegetationen	Wildstauden-Gehölz-Vegetationen
Fertigstellungspflege											
Anfangsbewässerung	○	○	○	○	○	○	○	○	○	○	○
Bewässerung nach Auflaufen der Saat			○	○					○	○	
Intervallbewässerung bis zur Abnahme	x	x	○	○	○	○	x	x	○	○	○
Startdüngung		x	○	○	○	○		x	○	○	○
Folgedüngungen		–	x	○	○	○		–	○	○	○
Entfernung von Fremdaufwuchs	–	○	○	–	○	x	–	○	○	x	○
Flächenschnitt			x	○					x	x	
Gehölzschnitt					x	x					x
Ergänzung von Substrat			x	x	x	x			x	x	x
Nachsaat			x	x					x	x	
Nachpflanzung				x	x	x			x	x	x
Schädlingsbekämpfung					–	–					–

(Fortsetzung Tab. 91)

	Flachdächer						Steildächer				
	Moos-Sedum-Vegetationen	Sedum-Moos-Kraut-Vegetationen	Sedum-Gras-Kraut-Vegetationen	Gras-Kraut-Vegetationen	Wildstauden-Gehölz-Vegetationen	Gehölz-Vegetationen	Moos-Sedum-Vegetationen	Sedum-Moos-Kraut-Vegetationen	Sedum-Gras-Kraut-Vegetationen	Gras-Kraut-Vegetationen	Wildstauden-Gehölz-Vegetationen
Nachwalzen bei Frosthebungen des Substrates		X	X	X	X	X		X	X	X	X
Gezieltes Ausdünnen des Gras-Kräuter-Bestandes durch verringerte Bewässerung			X	X					X	X	
Förderung des *Sedum*-Bestandes durch leichte Düngung und Bewässerung			X					X	X	X	
Entwicklungspflege											
Bewässerungen			—	X	X	X		—	X	X	X
Düngung			—	X	X	X			—	X	X
Entfernung von Fremdaufwuchs	—	—	—	—	—	—	—	—	—	—	—
Flächenschnitt			X	X					—	—	
Regenerationsschnitt			X	X					X	X	
Ergänzung von Substrat			—	—	—	—			—	—	—
Nachsaat			X	X					X	X	
Nachpflanzung				X	X	X				X	X
Schädlingsbekämpfung					—	—					—
Technische Kontrollgänge	○	○	○	○	○	○	○	○	○	○	○
Unterhaltungspflege											
Bewässerung					—	—					—
Düngung				—	—	—				—	—
Kalkung			X	X	X	X			X	X	X
Entfernung von Fremdaufwuchs	—	—	—	—	—	—	—	—	—	—	—
Flächenschnitt			X	X	—				X	X	—
Regenerationsschnitt											
Nachsaat				—						—	
Nachpflanzung					—	—					—
Schädlingsbekämpfung					—						—
Technische Kontrollgänge	○	○	○	○	○	○	○	○	○	○	○

○ Regelfall bzw. ständig erforderlich X Bedarfsfall — Ausnahmefall

20 Die Ausführung von Dach- und Fassadenbegrünungen

20.1 Leistungsabgrenzung und Gewerketrennung in der Ausführung

Die auszuführenden Leistungen der technischen Gewerke des Hochbaues und der des Garten- und Landschaftsbaues sind eindeutig in den Bauvertragsunterlagen und Leistungsbeschreibungen zu trennen, um Schäden und die Einschränkung von Gewährleistungen zu vermeiden. Ergänzende Hinweise auf Folgegewerke zur Begrünung im Gewerk Dachabdichtung und Fassadenbau sind erforderlich. Bei Fassadenbegrünungen sollten Fachbetriebe die Halterungen für Rankhilfen oder deren gesamte Konstruktion anbringen.

Für Dachbegrünungen ergeben sich zwei Möglichkeiten der Angebotseinholung:
- getrennte Ausschreibungen der dachtechnischen Leistungen und Begrünungsarbeiten,
- Zusammenfassung der dachtechnischen Leistungen und Begrünungsarbeiten in einem Leistungsverzeichnis getrennt nach Losen und Sachtiteln.

Die technische und vertragsrechtliche Abgrenzung zwischen den Ausführungen des Dachdeckerhandwerkes (oder Bauwerksabdichters) und des Garten- und Landschaftsbaues sollte immer mit einer Schutzschicht oder schützenden Schicht erfolgen, zum Beispiel mit der Drän- und Filterschicht. In der Praxis, insbesondere bei zusammengefaßter Ausschreibung, verläuft die Trennung häufig durch den vegetationstechnischen Schichtenaufbau, weil Aufzüge und Kräne des Dachdeckers für die Begrünung mit eingesetzt werden. Aus vegetationstechnischen Gesichtspunkten erscheint jedoch die Trennung oberhalb der Schutzschicht über der Durchwurzelungsschutzschicht und Abdichtung vorteilhaft. Häufig wird in Leistungsbeschreibungen auch darauf verwiesen, daß „Abdichtungen und Wurzelschutzbahnen nicht durch den Garten- und Landschaftsbau, sowie vegetationstechnische Schichtenaufbauten und Begrünungen nicht durch das Dachdeckerhandwerk erfolgen dürfen".

Die ausführenden Unternehmer müssen die überbauten Schichten unbedingt gegenseitig kontrollieren. In der Abbildung 217 sind die möglichen Trennungen der Leistungsebenen dargestellt.

20.2 Gewährleistungsfristen, Fertigstellungspflege, Abnahme

Gewährleistungsfristen müssen parallel zur Gewerketrennung eindeutig und realistisch auf den bestehenden Rechtsgrundlagen (VOB, BGB) festgelegt werden.
Gewährleistungsfristen im einzelnen:

– dachtechnische Aufbauten sowie Bauwerks- und Dachabdichtungen	2 bis 5 Jahre
– Durchwurzelungsschutz, Trenn- und Schutzlagen	2 bis 5 Jahre
– befestigte Oberflächen (begeh- oder befahrbar)	2 bis 5 Jahre
– Rank- und Kletterhilfen	2 bis 5 Jahre
– vegetationstechnische Schichtaufbauten	2 Jahre
– Dach- und Fassadenbegrünungen, nach der Fertigstellungspflege	1 Jahr

Die Fertigstellungspflege hat eine abnahmefähige Leistung von Pflanz- und Saatarbeiten durch bestimmte im einzelnen zu vergütende Pflegeleistungen zum Ziel. Begrünungsarbeiten sollten also auf keinen Fall direkt nach der Ausführung abgenommen werden. Durch die Leistungen der Fertigstellungspflege wird ein jeweils im Leistungsverzeichnis zu definierender abnahmefähiger Zustand hergestellt (siehe Kapitel 17).

Die Dauer der Fertigstellungspflege hängt von der Begrünungsart ab und muß im Leistungsverzeichnis zeitlich eingegrenzt werden sowie in kalkulierbaren Einzelleistungen abgefaßt sein. Die Dauer kann einige Monate, aber auch eine ganze Vegetationsperiode betragen und kann sich auch auf das Folgejahr verlängern.

Die Festlegung der Dauer von Gewährleistungsfristen für das Gewerk Landschaftsbau muß leistungsbezogen von Fall zu Fall im einzelnen erfolgen. Hänsler und Niesel nehmen in ihrem Kommentar zur VOB (1979) dazu wie folgt Stellung: „Während bei bautechnischen Leistungen im Sportplatzbau sowie bei Sicherungsbauweisen mit nicht lebenden

Abb. 217. Möglichkeiten der Leistungsabgrenzungen zwischen Dachdeckerhandwerk und Garten- und Landschaftsbau (Krupka 1988).

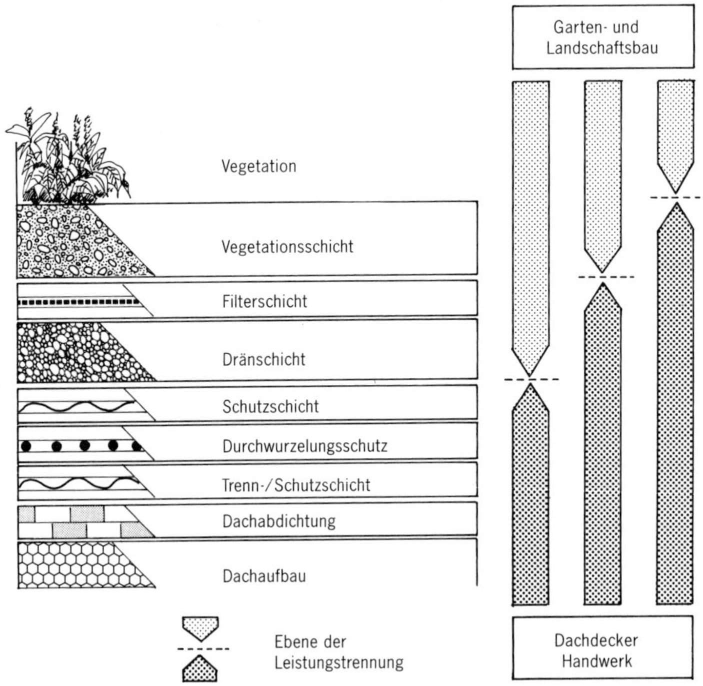

Stoffen und/oder Bauteilen in der Regel eine zweijährige Gewährleistungsfrist zu vereinbaren ist, wird für vegetationstechnische Leistungen, wie Ansaaten und Pflanzungen mit den dazugehörigen Bodenarbeiten, in der Regel nur eine einjährige Gewährleistungsfrist zur Anwendung kommen."

Für gemischte Leistungen wird dort empfohlen: „Setzt sich die Leistung jedoch aus bautechnischen und vegetationstechnischen Leistungen zusammen, können für diese unterschiedlichen Leistungsteile in Ausnahmefällen auch unterschiedliche Gewährleistungsfristen vereinbart werden."

„Im übrigen richtet sich die Länge der Gewährleistungsfrist immer nach dem überwiegenden Leistungsteil. Überwiegen also bautechnische Leistungen, beträgt die Gewährleistungsfrist für die gesamte Leistung in der Regel zwei Jahre, überwiegen vegetationstechnische Leistungen, kann eine einjährige Frist vereinbart werden. Als Maßstab für das Überwiegen wird in der Regel die Abrechnungssumme der einzelnen Teile dienen."

Für die Leistungen kann trotz ausgeführter Fertigstellungspflege in begründeten Fällen die Abnahme verweigert werden. Es müßten Nachbesserungen unter Fristverlängerung verlangt werden. Für Dach- und Fassadenbegrünungen sollten die Abnahmekriterien im Leistungsverzeichnis qualitativ wie auch quantitativ definiert sein.

Häufig sind Einschränkungen im Rahmen der Abnahme erforderlich. Vor allem einzelne nicht vital erscheinende Pflanzen von Fassadenbegrünungen und Intensiven Dachbegrünungen sollten im Zweifelsfall vorerst nicht oder mit Vorbehalt abgenommen werden, um sie später nach weiterer Pflege noch einmal zu beurteilen.

Anhang

Normen, Richtlinien, Regeln, Merkblätter

Im folgenden werden nur solche Normen- und Regelwerke angeführt, die für die Planung und Ausführung von Abdichtungen, Wurzelschutzschichten, Schutzlagen und die Begrünung von Bedeutung sind. Der ingenieurtechnische Themenbereich wie zum Beispiel Statik, Wärmeschutz, Schallschutz usw. ist hierbei nicht berücksichtigt und auch nicht die einzelnen Stoffnormen für Abdichtungen.

DIN 18320	VOB Verdingungsordnung für Bauleistungen, Teil C: Allgemeine technische Vertragsbedingungen für Bauleistungen. Landschaftsbauarbeiten (1988)
DIN 18336	VOB Verdingungsordnung für Bauleistungen, Teil C: Allgemeine technische Vertragsbedingungen für Bauleistungen. Abdichtungsarbeiten (1988)
DIN 18338	VOB Verdingungsordnung für Bauleistungen, Teil C: Allgemeine technische Vertragsbedingungen für Bauleistungen. Dachdeckungs- und Dachabdichtungsarbeiten (1988)
DIN 1055	Lastannahmen für Bauten, Teil 3: Verkehrslasten (1971)
	Teil 4: Verkehrslasten, Windlasten nicht schwingungsfähiger Bauwerke (1986)
	Teil 5: Verkehrslasten, Schneelast und Eislast (1975)
DIN 1986	Entwässerungsanlagen für Gebäude und Grundstücke,
	Teil 2: Bestimmungen für die Ermittlung der lichten Weiten und Nennweiten für Rohrleitungen (1978)
DIN 4095	Baugrund; Dränung zum Schutz baulicher Anlagen; Planung, Bemessung und Ausführung (1990)
DIN 4102	Brandverhalten von Baustoffen und Bauteilen, Teil 1: Baustoffe. Begriffe, Anforderungen und Prüfungen (1981)
	Teil 4: Zusammenstellung und Anwendung klassifizierter Baustoffe, Bauteile und Sonderbauteile (1981)
DIN 18195	Bauwerksabdichtungen, Teile 1 bis 10 (1983, 1984)
DIN 18531	Dachabdichtungen. Begriffe, Anforderungen, Planungsgrundsätze (1991)
DIN 18035	Sportplätze, Teil 4: Rasenflächen (1991)
DIN 18915	Vegetationstechnik im Landschaftsbau. Bodenarbeiten (1990)
DIN 18916	Vegetationstechnik im Landschaftsbau. Pflanzen und Pflanzarbeiten (1990)
DIN 18917	Vegetationstechnik im Landschaftsbau. Rasen- und Saatarbeiten (1990)
DIN 18919	Vegetationstechnik im Landschaftsbau. Entwicklungs- und Unterhaltungspflege in Grünflächen (1990)

Bundesgütegemeinschaft für Qualitätskompost e.V.: Qualitätskriterien für Kompost. Ausgabe 1990.

Bundesminister für Verkehr: Richtlinien für den Lärmschutz an Straßen. Ausgabe 1981, RLS-81. Verkehrsblatt, S. 344.

Bundesminister für Verkehr: Zusätzliche Technische Vorschriften und Richtlinien für die Ausführung von Lärmschutzwänden an Straßen, ZTV-LSW-81, Ausgabe 1981. Verkehrsblatt 1982, S. 152.

Bundessortenamt (BSA) (Hrsg.): Beschreibende Sortenliste 1988 Rasengräser. Verlag Alfred Strothe, Frankfurt am Main 1988.

Forschungsgesellschaft Landschaftsentwicklung – Landschaftsbau e.V. FLL (Hrsg.): Grundsätze für Dachbegrünungen. Bonn 1986. Verfahren zur Untersuchung der Durchwurzelungsfestigkeit von Wurzelschutzbahnen bei Dachbegrünungen. (1984)
– Richtlinien für Dachbegrünungen. (1990)
– Gütebestimmungen für Baumschulpflanzen. Bonn 1986.
– Gütebestimmungen für Stauden. Bonn 1988.
– Regel-Saatgut-Mischungen RSM. In jährlicher Neuauflage.

Forschungsgesellschaft für Straßen- und Verkehrswesen FGSV (Hrsg.): Merkblatt für die Anwendung von Geotextilien im Erdbau. Köln 1987.

Gartenbauberufsgenossenschaft (Hrsg.): Unfallverhütungsvorschrift Gartenbau, Obstbau und Parkanlagen. UVV 4.2., Kassel 1984.
– Gärtnerische Arbeiten auf Bauwerken. Kassel 1985, 3. Aufl.

Gütegemeinschaft der Kunststoff-Dach- und Dichtungsbahnen-Verleger KDV (Hrsg.): Verlegen von Kunststoffdachbahnen und Kunststoffdichtungsbahnen. Gütesicherung RAL-RG 718, Bonn 1985.

Gütegemeinschaft Rinde für Pflanzenbau e.V.: Gütebesitmmungen. Selbstverlag, Seelze 1987.

Technischer Arbeitskreis Kunststoff- und Kautschukbahnen für Dach- und Bauwerksabdichtungen TAKK (Hrsg.): Werkstoffblätter Dichtungsbahnen. Darmstadt 1988.
– Werkstoffblätter Dachbahnen. Darmstadt 1988.
– Verlegehinweise Dachbahnen. Darmstadt 1988.

VDD-Industrieverband Bitumen-Dach- und Dichtungsbahnen e.V. (Hrsg.): abc der Bitumenbahnen – Technische Regeln. Frankfurt 1990.

WdK – Wirtschaftsverband der deutschen Kautschukindustrie e.V. (Hrsg.): Leitfaden für Elastomerbahnen und -planen aus Synthesekautschuk. Frankfurt 1984.

Zentralverband des deutschen Dachdeckerhandwerkes e.V. (Hrsg.): Richtlinien für die Planung und Ausführung von Dächern mit Abdichtungen – Flachdachrichtlinien. Köln 1991.

Literaturverzeichnis

Abel, W. O.: Die Austrocknungsresistenz der Laubmoose. Sber. Akademie Wiss. Wien, math.-nat. Kl. Abt. I 165, 1956, S. 619–707.

Adam, K.: Stadtökologie in Stichworten. Verlag Ferdinand Hirt, Unterägeri 1988.

Aichele, D., Schwelger, H. W.: Unsere Moos- und Farnpflanzen. Stuttgart 1959, 1984.

Akademie für Naturschutz und Landschaftspflege (ANL): Leitlinien zur Ausbringung heimischer Wildpflanzen. In: ANL: Ausbringung von Wildpflanzen. Laufen 1980.

Albrecht, R., Paker, G., Rehberg, S., Reiner, V.: Umweltentlastung durch ökologische Bau- und Siedlungsweisen. Band 1, 2. Hrsg. Umweltbundesamt, Wiesbaden und Berlin 1984.

Althaus, C.: Wir Fassadenbegrüner sitzen im Glashaus. Neue Landschaft 31 (1986), Heft 12, S. 823–824.

Althaus, C.: Fassadenbegrünung. Ein Beitrag zu Risiken, Schäden und präventiver Schadensverhütung. Patzer Verlag, Berlin und Hannover 1987.

Amberger, A.: Pflanzenernährung. Verlag Eugen Ulmer, Stuttgart 1983, 3. Aufl.

Andritzky, M., Spitzer, K. (Hrsg.): Grün in der Stadt. Deutscher Werkbund, Reinbek 1981.

Argebau (Hrsg.): Mustererlaß, „Brandverhalten begrünter Dächer". Beschluß der Fachkommission Bauaufsicht auf der 172. Sitzung vom 22./23. 6. 1989.

Auerswald, B.: Literaturübersicht zu Keimung, Keimfähigkeit und Keimprüfung von Saatgut. In: Notizbuch der Kasseler Schule. Sammeln und Säen. Hrsg. AG Freiraum und Vegetation, Kassel 1987.

Bartholmai, G.: Pflanzenangepaßte Kletterhilfen. Garten und Landschaft 94 (1984), Heft 12, S. 49–53.

Bärtels, A.: Ein neues interessantes Gartengehölz: *Microbiota decussata.* Gartenpraxis (1978), Heft 7, S. 352 f.

Bärtels, A.: Trockenresistente Ginster. Gartenpraxis (1979), Heft 6, S. 260–262.

Bärtels, A.: Neue *Ilex*-Sorten. Gartenpraxis (1980), Heft 10, S. 446–447.

Bärtels, A.: Zwerggehölze. Verlag Eugen Ulmer, Stuttgart 1983.

Bärtels, A.: Gartengehölze. Verlag Eugen Ulmer, Stuttgart 1982, 3. Aufl.

Bauer, W.: Dachgärten im Zentrum von Stockholm. Garten und Landschaft 70 (1960), Heft 2.

Baumann, R.: Begrünte Architektur. Bauen und Gestalten mit Kletterpflanzen. Callwey Verlag, München 1983.

Baumüller, J., Hoffmann, U.: Verbesserungen des Stadtklimas in Stadt, Kultur, Natur. Chancen zukünftiger Lebensgestaltung. Bericht der Kommission Architektur und Städtebau, erstellt im Auftrag der Landesregierung von Baden-Württemberg. Stuttgart 1987.

Bausch, D., Dietsch, W.: Lärmschutz an Straßen: Planungsgrundlagen, Systeme aus Beton. Schriftenreihe der Bauberatung Zement, Köln 1979, 1983.

Bayerischer Landesverband für Gartenbau und Landespflege: Fassaden erfolgreich begrünen. Merkblatt. München 1988.

BDGA, Bund Deutscher Gartenarchitekten: Lebender Baustoff – Pflanze. Callwey Verlag, München 1971.

Begemann, W., Schiechtl, H. M.: Ingenieurbiologie. Handbuch zum naturnahen Wasser- und Erdbau. Bauverlag, Wiesbaden und Berlin 1986.

Beitz, E.: Gehölze für Dach- und Terrassengärten. Das Gartenamt 22 (1973), Heft 6, S. 333–341.

Bergmann, W.: Ernährungsstörungen bei Kulturpflanzen. Jena 1976.

Bielefeld, A.: Blumenwiesen. 19 Ackerkräuter und Wiesenblumen auf dem Prüfstand. Rasen – Turf – Gazon (1987), Heft 4, S. 99–104.

Bischoff, G.: Zur Erprobung und Weiterentwicklung der Trockenrasen – Lärmschutzwand. Das Gartenamt 36 (1987), Heft 3, S. 153–157.

Blab, J.: Grundlagen des Biotopschutzes für Tiere. In: Bundesforschungsanstalt für Naturschutz und Landschaftsökologie (Hrsg.): Schriftenreihe für Landschaftspflege und Naturschutz. Heft 24, Kilda-Verlag, Bonn–Bad Godesberg 1986.

Blab, J., Nowak, E., Trautman, W., Sukopp, H.: Rote Liste der gefährdeten Tiere und Pflanzen in der Bundesrepublik Deutschland. Kilda-Verlag, Greven 1984.

Blume, H.-P., Sukopp, H.: Ökologische Bedeutung anthropogener Bodenveränderungen. Schriftenreihe für Vegetationskunde, 10 (1976), S. 75–89.

Opitz von Boberfeld, W.: Zur Problematik der Saatgutmischungen für „Blumenwiesen". Das Gartenamt 32 (1983), Heft 1, S. 30–31.

Böhnlein, B.: Extensivbegrünungen mit *Sedum*- Arten und -Sorten unter besonderer Berücksichtigung des Ausbringungstermins bei der Sprossenbegrünung. Diplomarbeit FH Weihenstephan, 1989.

Bornkamm, R.: Standortbedingungen und Wasserhaushalt von Trespen-Halbrockenrasen (Mesobromion) im oberen Leinegebiet. Flora, Band 146 (1958), S. 23–67.

Bornkamm, R.: Vegetation und Vegetations-Entwicklung auf Kiesdächern. Vegetatio (1961), Heft 10, S. 1–25.

BORNKAMM, R., GRÜN, W.: Eine Versuchsanlage zur Frage der Flachdach-Begrünung. Landschaft und Stadt (1973), Heft 3, S. 141–143.

BORNKAMM, R., AUHAGEN, A.: Versuch zur Begrünung von Dächern mit Vegetationsplatten. Das Gartenamt 26 (1977), Heft 3, S. 143–147.

BORNKAMM, R.: Hemerobie und Landschaftsplanung. Landschaft und Stadt 12 (1980), Heft 2, S. 49–55.

BOSSLER, S., SUSKA, B.: Vegetation und Substrat auf Dächern in Osnabrück. Diplomarbeit am Fachbereich Landespflege der Fachhochschule Osnabrück, 1987.

BOSSLER, S., SUSKA, B.: Spontanvegetation auf Dächern in Osnabrück. Das Gartenamt 37 (1988), Heft 4, S. 209–210, 213–220, 223.

BOURNOT, H.: Garten der Zukunft: Atrium-Dachgarten. Das Gartenamt 20 (1971), Heft 20, S. 474–480.

BOYER, A.: Dachbegrünungen – Dachgärten. Das Gartenamt 28 (1979), Heft 5, S. 304–305.

BRANDT, W.: Mündliche Mitteilungen 1989.

BRANDES, D.: Die Siedlungs- und Ruderalvegetation der Wachau (Österreich). Tüxenia 9 (1989), S. 183–197.

BRANDES, D.: Bahnhöfe als Untersuchungsobjekte der Geobotanik. Mitt. Techn. Univ. Carolo-Wilhelmina zu Braunschweig (1979), 14 (3/4), S. 49–59.

BRANDES, D.: Beobachtungen zur Beständigkeit der annuellen Ruderalvegetation. Braunschweiger Naturkundliche Schriften. Staatliches Naturhistorisches Museum 2 (1987), Heft 4, S. 791–795.

BRAUN-BLANQUET, J.: Prinzipien einer Systematik der Pflanzengesellschaften auf floristischer Grundlage. Jb. St. Gallischer Naturw. Ges. (1921), Heft 57.

BRAUN-BLANQUET, J., MOOR, M.: Prodromus der Pflanzengesellschaften. Faz. 5, Verband des Bromion erecti. Comité International du Prodrome Phytosociologique, Leiden 1938.

Bundesminister für Bauordnung, Bauwesen und Städtebau (Hrsg.): Bauliche Maßnahmen zur Begrünung städtischer Wohnbauten. Heft 04.071 der Schriftenreihe Bau- und Wohnforschung. Selbstverlag, Bonn 1982.

Bundesminister für Raumordnung, Bauwesen und Städtebau (Hrsg.): Zweiter Bericht über Schäden an Gebäuden. Bonn–Bad Godesberg 1988.

Bundessortenamt (Hrsg.): Beschreibende Sortenliste 1988, Rasengräser, Verlag Alfred Strothe, Frankfurt am Main 1988.

CORRENS, C.: Untersuchungen über die Vermehrung der Laubmoose durch Brutorgane und Stecklinge. In: CRAMERJ. (Hrsg.): Bryophytorum Bibliotheca, Band 7, Jena 1899, Reprint Vaduz 1979.

DARIUS, F., DREPPER, J.: Ökologische Untersuchungen auf bewachsenen Kiesdächern in West-Berlin. Diplomarbeit am Institut für Ökologie der Technischen Universität Berlin, 1983.

DARIUS, F., DREPPER, J.: Rasendächer in West-Berlin. Ökologische Untersuchungen auf alten Berliner Kiesdächern. Das Gartenamt 33 (1984), Heft 5, S. 309–315.

Deutsche Rasengesellschaft e.V. Bonn: Fertigrasen-Richtlinien. Grundsätze für die Erzeugung, Bewertung und Verlegung von Fertigrasen. Rasen-Grünflächen-Begrünung (1977), Heft 4, S. 128–131.

DOERNACH, R.: Biotektur auf Schaumsubstraten. Vortragsmanuskript. Düsseldorf 1975.

DOERNACH, R., HEID, G.: Das Naturhaus. Wolfgang Krüger Verlag, Frankfurt 1982.

DREFAHL, J.: Das Blumenhügeldach. Das Gartenamt 30 (1981), Heft 9, S. 646–650.

DRÖGE, H.: Tiefgaragen in neuen Wohngebieten. Garten und Landschaft (1965), Heft 1, S. 16–18.

DRÖGE, H.: Bepflanzung von Gartenhöfen, Dachgärten und Garagenbegrünungen. Neue Landschaft 14 (1969), Heft 5, S. 211–217.

DUHME, F., DE LAPORTE, M., NOLTE, B.: Untersuchungen zu Pflanzenverwendung und Temperaturverhalten extensiv begrünter Flachdächer. Detail-Zeitschrift für Architektur und Baudetail (1987), Heft 1, S. 23–26.

DÜLL, R.: Exkursionstaschenbuch der Moose. IDH-Verlag, Rheurdt 1985.

DÜSING, A.: Katalog Düsing Rasen. Gelsenkirchen 1983.

EHLERS, M.: Baum und Strauch in der Gestaltung der Deutschen Landschaft. Verlag Paul Parey, Berlin und Hamburg 1960, 2. Aufl., neubearbeitet von E. BITTMANN 1986.

ELLENBERG, H.: Zeigerwerte der Gefäßpflanzen Mitteleuropas. In: Scripta Geobotanica. Hrsg. Lehrstuhl für Geobotanik der Universität Göttingen, 1974, 1979.

ELLENBERG, H.: Vegetation Mitteleuropas mit den Alpen. Verlag Eugen Ulmer, Stuttgart 1982.

ENCKE, F., BUCHHEIM, G., SEYBOLD, S.: Zander – Handwörterbuch der Pflanzennamen, Verlag Eugen Ulmer, Stuttgart 1984.

ENCKE, F.: Kübelpflanzen. Geschichte, Herkunft, Pflege. Verlag Eugen Ulmer, Stuttgart 1987, 2. Aufl.

ENCKE, F., SCHILLER, H.: Dachgärten, Terrassen und Balkone. Verlag Eugen Ulmer, Stuttgart 1979.

ERNST, W., KOCH, K.M., LOHSTÄTTER, J.: Extensive Dachbegrünung – eine sichere und dauerhafte Flachdachlösung. Bundesbaublatt 35 (1986), Heft 2.

ERNST, W., WEIGERDING, I.: Oberflächenentwässerung, Gewässerentlastung durch ökologisch/ökonomische Planung. Bundesbaublatt 34 (1985), Heft 11, S. 722–732.

Ernst, W., Weigerding, J.: Ökologische und ökonomische Vorteile einer extensiven Flachdachbegrünung aus entwässerungstechnischer Sicht. Das Gartenamt 36 (1986), Heft 6, S. 348–352, 355.

Evans, R. L.: Handbook of Cultivated Sedums. Dorchester, Dorstet (GB) 1985.

Falck, T.: Baurechtliche Festsetzungsmöglichkeiten von Dachbegrünungen im Bebauungsplan. Das Gartenamt 35 (1986), Heft 6, S. 345–347.

Faskel, B.: Dach- und Fassadenbegrünung. Das Gartenamt 30 (1981), Heft 8, S. 562–565.

Fessler, A.: Naturnahe Pflanzungen. Verlag Eugen Ulmer, Stuttgart 1988.

Fessler, A.: Wildpflanzen für die Steppenheide. Gartenpraxis (1990), Heft 1, S. 16–21.

Fezer, F., Karrasch, H.: Stadtklima. Spektrum der Wissenschaft (1985), Heft 8, S. 66–81.

Fischbacher, Dröge: Gartenhöfe. Callwey Verlag, München 1966.

Fischer, F., Roth, H.: Dachbegrünung in Blähton-Substrat. Auch im Extremwinter keine großen Schäden. Deutscher Gartenbau (1986), Heft 48, S. 2236–2238.

Fischer, P.: Dachbegrünungssubstrate und Durchwurzelungsschutz. In: Forschungsgesellschaft Landschaftsentwicklung – Landschaftsbau e.V. FLL (Hrsg.): Das begrünte Haus. Verlag C. F. Müller, Karlsruhe 1983.

Fitschen, J.: Gehölzflora. Quelle und Meyer Verlag, Heidelberg und Wiesbaden 1987, 8. Aufl.

Flachdachrichtlinien. Zentralverband des Deutschen Dachdeckerhandwerks e.V. (Hrsg.): Richtlinien für die Planung und Ausführung von Dächern und Abdichtungen. Rudolf-Müller-Verlag, Köln 1985.

Foeth, H.: Dachgärten für ein Warenhaus einer Großstadt. Die Gartenkunst 14 (1912), Heft 7, S. 202–204.

Fördergesellschaft „Grün ist Leben“ Baumschulen mbH (Hrsg.): Wildgehölze des mitteleurop. Raumes. BdB Handbuch, Teil VIII, Pinneberg 1987.

Forschungsgesellschaft Landschaftsentwicklung – Landschaftsbau e. V. FLL (Hrsg.): Das begrünte Haus. Bedeutung und konstruktive Hinweise. Reihe Fundamente Alternativer Architektur, Band 10, Verlag C. F. Müller, Karlsruhe 1983.

Forschungsgesellschaft Landschaftsentwicklung – Landschaftsbau e. V. (FLL (Hrsg.): Grundsätze für Dachbegrünung. Selbstverlag, Bonn 1984, Nachdruck 1986, 2. Aufl.

Forschungsgesellschaft Landschaftsentwicklung – Landschaftsbau e. V. FLL (Hrsg.): Gütebestimmungen für Baumschulpflanzen. Selbstverlag, Bonn und Pinneberg 1986.

Forschungsgesellschaft Landschaftsentwicklung – Landschaftsbau e. V. FLL (Hrsg.): Gütebestimmung für Stauden. Selbstverlag, Bonn 1988.

Forschungsgesellschaft Landschaftsentwicklung – Landschaftsbau e. V. FLL (Hrsg.): Rasen – RSM 90, Regel-Saatgut-Mischungen. Selbstverlag, Bonn 1990, 12. Aufl.

Forschungsgesellschaft Landschaftsentwicklung – Landschaftsbau e. V. FLL (Hrsg.): Richtlinien für die Planung, Ausführung und Pflege von Dachbegrünungen. Selbstverlag, Bonn 1990.

Forschungsgesellschaft Landschaftsentwicklung – Landschaftsbau e. V. FLL (Hrsg.), in: Zusammenarbeit mit den Bundesdeutschen Baumschulen, Pinneberg: Gütebestimmungen für Baumschulpflanzen, Bonn–Pinneberg 1986.

Frahm, J.-P.: Die Vegetation auf Reetdächern. Eine pflanzensoziologische Untersuchung von Kryptogamengesellschaften auf Reet- und Strohdächern in Schleswig-Holstein. In: Mitteilungen der Arbeitsgemeinschaft für Floristik in Schleswig-Holstein (1972), Heft 21.

Frahm, J.-P.: Transplantationsversuche mit epigäischen Moosen zur Eichung von Bioindikatoren für die Luftverschmutzung. Natur und Landschaft 51 (1976), Heft 1, S. 19–22.

Frahm, J.-P., Frey, W.: Moosflora. Verlag Eugen Ulmer, Stuttgart 1983.

Gams, H.: Kleine Kryptogamenflora. Band 4: Die Moos- und Farnpflanzen. Gustav Fischer Verlag, Stuttgart 1973.

Garcke, A.: Illustrierte Flora – Deutschland und angrenzende Gebiete. Verlag Paul Parey, Berlin und Hamburg 1972.

Gilgen, H.: Optima-Dachgarten. Informationsschrift der Optima-Werke. Schweizer Baukatalog BSA, 1974.

Gollwitzer, G., Wirsing, W.: Dachgärten und Dachterrassen. Callwey Verlag, München 1962.

Gollwitzer, G., Wirsing, W.: Dachgärten bewohnt, bepflanzt, belebt. Callwey Verlag, München 1971.

Gottlebe, S., Ludwig, K., Trillitsch, F.: Mut zu grünen Wänden. Senator für Umweltschutz und Stadtentwicklung Berlin 1983.

Götze, H.: Bautechnische und abdichtungstechnische Gesichtspunkte. In: IBK-Seminar 77 „Gründächer“. Institut für Bauen und Kunststoffe, Darmstadt, Juni 1986, S. 5/1–5/6.

Götze, H.: Vorträge zu Schutzwirkungen von Dachbegrünungen. Seminarunterlagen, Stein 1990.

Gräfe, H.: Computerbewertung klimaökologischer Wirkungen von Freiflächen. Eine Beurteilungshilfe für die Bauleitplanung. Gesellschaft für Ökologie. Verhandlungen Band XVIII, 18. Jahrestagung Essen 1988, Göttingen 1989.

Grün-Dach-Vertrieb: Katalog Extensive Dachbegrünung. Kassel 1988.

Grützmacher, B.: Grasdach – Aufbau, Konstruktion, Systeme. Callwey Verlag, München 1984.

Gütegemeinschaft Rinde für Pflanzenbau e.V.: Gütebestimmungen. Selbstverlag, Seelze 1987.

HAEUPLER, H., SCHÖNFELDER, P.: Atlas der Farn- und Blütenpflanzen der Bundesrepublik Deutschland. Verlag Eugen Ulmer, Stuttgart 1988.

HAGEMANN, H.: Vermehrung und Kultur der Stauden, in JELITTO, L., SCHACHT, W.: Die Freiland-Schmuckstauden. Band 2, Verlag Eugen Ulmer, Stuttgart 1966.

HAGEN, E. VON: Hummeln bestimmen, ansiedeln, vermehren, schützen. Verlag Neumann-Neudamm, Melsungen 1988.

HAGER: Einfluß des Efeus auf Bauwerke. Die Gartenkunst 14 (1911), Heft 4, S. 70–74, und 5, S. 85–87.

HAHN, G.: Begrünung von Tiefgaragen. Garten und Landschaft 55 (1965), Heft 1, S. 18–19.

HÄMMERLE: Saat und *Sedum* aus der Spritze. Deutscher Gartenbau (1987), Heft 42, S. 2494–2496.

HANKE, E.: Tiefgaragendecke als Kinderspielplatz in der Nordweststadt Frankfurt am Main. Garten und Landschaft (1967), Heft 1, Band 87, Werkblatt 1/1967.

HANSEN, R., MÜSSEL, H.: Ein Kennziffersystem zur naturgemäßen Staudenverwendung. Institut für Stauden, Gehölze und angewandte Pflanzensoziologie, Weihenstephan 1972, S. 48–64.

HANSEN, R., STAHL, F.: Die Stauden und ihre Lebensbereiche in Gärten und Grünanlagen. Verlag Eugen Ulmer, Stuttgart 1981.

HÄNSLER, G., NIESEL, A.: Landschafts- und Sportplatzbau. Band 1. Kommentar zur VOB. Bauverlag Wiesbaden und Berlin 1979.

HARD, G.: Die spontane Vegetation der Wohn- und Gewerbequartiere von Osnabrück. Osnabrücker naturwiss. Mitteilungen I, S. 151–203, Dez. 1982, II., S. 97–142, Dez. 1983.

HEGI, G.: Illustrierte Flora von Mitteleuropa. Band I, Teil 3, Berlin und Hamburg 1979–1989. Band II, Teil 1, Berlin und Hamburg 1980. Band II, Teil 2, München 1939. Band III, Teil 2, Berlin und Hamburg 1979. Band IV, Teil 2, Berlin und Hamburg 1975. Band IV, Teil 3, München o.D. Band V, Teil 3, München o.D. Band IV, Teil 4, Verlag Paul Parey, Berlin und Hamburg 1987.

HEIECK, I.: *Hedera*-Sorten. Gärtnerei Abtei Neuburg. Selbstverlag, Heidelberg 1980.

HEINZE, W.: Welche Pflanzen eignen sich zur extensiven Dachbegrünung – Modellversuch in Berlin. Taspo-Magazin (1982), Heft 5, S. 30–34.

HEINZE, W.: Ergebnisse aus einem Modellversuch zur extensiven Dachbegrünung. Rasen-Turf-Gazon. 16. Jahrgang (1985), Heft 3, S. 80–88.

HELL, E.H.: Begrünung flacher und schräger Dächer – Gesichtspunkte für die bauaufsichtliche Beurteilung. In: IBK Seminar-Handbuch 96: Begrünung flacher und schräger Dächer. Erfahrungen und neue Erkenntnisse. Institut für das Bauen mit Kunststoffen e.V., Darmstadt 1988.

HENNEBO, D., HOFFMANN, A.: Geschichte der Gartenkunst in drei Bänden. Braschek Verlag, Hamburg 1962, Reprint Koenigstein 1981.

HERKEN, G.: Inhalt, Gliederung, Wert und Bedeutung der neuen DIN 18195. Abgrenzungen zu den alten DIN-Normen. In: IBK-Seminar 59: „Bauwerksabdichtungen nach der neuen DIN 18195", Seite 1/1–1/12. Institut für das Bauen mit Kunststoffen, Darmstadt 1983.

HESA-Saaten: Katalog Wildpflanzen. 1. Kornliste. Darmstadt 1988. 2. Rasenliste. Darmstadt 1989.

HOCH, E.: Flachdächer, Konstruktions- und Funktionsschwächen, Schadensverhütung. Verlagsgesellschaft Rudolf Müller, Köln 1981, 3. Aufl.

HOCH, E.: Begrünte Flachdächer, Bautechnische und bauphysikalische Auswirkungen von Bauwerksbegrünungen bei Neu- und Altbauten. Das Dachdecker-Handwerk (1984), Heft 20.

HOCH, E.: Dachabdichtungen für Dachbegrünungen. Deutsches Architektenblatt (1989), Heft 4.

HOFFMANN, J.: Technisch vegetativ gestützte Böschungen – Erfahrungen und Stabilitätsbetrachtungen. Das Gartenamt 38 (1989), Heft 6, S. 380–384.

HOFFMANN, O.: Handbuch für begrünte und genutzte Dächer. Verlagsanstalt Alexander Koch GmbH, Leinfelden-Echterdingen 1987.

HÖLSCHELE, K., SCHMIDT, H.: Klimatische Wirkungen einer Dachbegrünung. Garten und Landschaft 84 (1974), Heft 6, S. 334–337.

HÖRMANN, H.: Moose im Naturhaushalt. Kosmos (1977), Heft 7.

HUBBARD, L.E.: Gräser. Verlag Eugen Ulmer, Stuttgart 1985.

HÜBSCHMANN, A. VON: Prodomus der Moosgesellschaften Zentraleuropas. Bryophytorum Bibliotheca, Band 32, Berlin und Stuttgart 1986.

HÜGIN, G.: In: Der Buchswald bei Grenzach. Die Natur- und Landschaftsschutzgebiete in Baden-Württemberg, Band 9. Hrsg. Landesamt für Umweltschutz Baden-Württemberg, Institut für Ökologie und Naturschutz Karlsruhe. Karlsruhe 1979.

HÜLBUSCH, K.H., MÜLLER, H.U.: „Dach-Gärten" – Auswahl und Ansaat einer Dachfläche mit Arten der spontanen Vegetation. In: Notizbuch der Kasseler Schule 2. Kassel 1986.

IBK-Bauseminar 77: Gründächer. Institut für das Bauen mit Kunststoffen, Darmstadt, Juni 1986.

IRMSCHER, E.: Über die Resistenz der Laubmoose gegen Austrocknung und Kälte. H. Wiss. Bot. Band 50 (1912), S. 387–449.

JACOBI, S.: Torfsubstrat für Dachgärten, Container und andere Pflanzgefäße. In: Lebender Baustoff – Pflanze. BDGA-Seminarheft, München 1971.

Jacobshagen, A., Bornkamm, R., Heinze, W.: Untersuchungen zur kostensparenden Begrünung von Dachflächen. Das Gartenamt 26 (1977), Heft 3, S. 148–152.

Jalas, J.: Hemerobe und hemerochore Pflanzenarten. Ein terminologischer Reformversuch. Acta soc. pro Funa et Flora Fennica 72 (1955), Heft 11.

Jelitto, L.: Katalog Staudensamen. Hamburg 1987.

Jelliocoe, S.: Dachgarten eines Kaufhauses in England. Garten und Landschaft, Beilage zu S. 1–4 (1957), Heft 12.

Kaiser, H.: Ein Versuch, Dachflächen mit wenig Aufwand zu begrünen. Garten und Landschaft 91 (1981), Heft 1, S. 30–33.

Kaufmann, W.: Terrassengarten auf der Tiefgarage. Das Gartenamt 22 (1973), Heft 6, S. 342–344.

Kaule, G.: Arten- und Biotopschutz. Verlag Eugen Ulmer, Stuttgart 1986.

Kecker, K.: Begrünte Umkehrdächer. Vortragsmanuskript. Frankfurt 1986 (unveröffentlicht).

Kesselring, W.: Anzucht und Vermehrung (... von Stauden, Anm. d. Verf.). In: Tarouca, S., Graf, E., Schneider, C.: Unsere Freilandstauden. Wien und Leipzig 1927.

Kiefer, G., Loidl, H.: Einheit oder Dualismus? Einige Bausteine zum Verhältnis von Gebäude und Freiraum in der Stadt. Garten und Landschaft (1988), Heft 10, 98. Jahrgang, S. 42–48.

Kienast, D.: Die spontane Vegetation der Stadt Kassel in Abhängigkeit von bau- und stadtstrukturellen Quartierstypen. Urbs et Regio, Kasseler Schriften zur Geografie und Planung. Gesamthochschulbibliothek, Kassel 1987.

Kienast, D.: Vom Gestaltungsdiktat zum Naturdiktat – oder: Gärten gegen Menschen? Landschaft und Stadt 13 (1981), Heft 3, S. 120–128.

Kienle, H.: Die hängenden Gärten in der Landschaftsarchitektur. Gartenpraxis (1980), Heft 12, S. 539–541.

Kienzel, H.: Pflanzenökologie und Mineralstoffwechsel. Verlag Eugen Ulmer, Stuttgart 1982.

Kiermeier, P.: Zur Problematik stadtfester Gehölze. 6. Diospyros lotus – ein in Vergessenheit geratener Kleinbaum. Das Gartenamt 28 (1979), Heft 6, S. 386–391.

Kiermeier, P.: Überprüfung und Bewertung des *Buxus sempervirens*-Sortiments. Deutsche Baumschule (1981), Heft 6, S. 238–241.

Kiermeier, P.: Ausläuferbildung an Gehölzen. Zeitschrift für Vegetationstechnik (1983), Heft 6, S. 60–64.

Kiermeier, P.: Pflanzenverwendung bei Dachbegrünungen in Abhängigkeit von Funktion und Pflegeaufwand. In: Forschungsgesellschaft Landschaftsentwicklung – Landschaftsbau e.V. FLL (Hrsg.): Das begrünte Haus. C.F. Müller Verlag, Karlsruhe 1983.

Kiermeier, P.: Begrünung von Hauswänden mit geschnittenen Gehölzen. Das Gartenamt 33 (1983), Heft 12, S. 811–813.

Kiermeier, P.: Bepflanzung von Betonformsteinelementen mit Stauden. Jahresbericht FH Weihenstephan, 1984.

Kiermeier, P.: Artenliste Wildgehölze. Hrsg.: Fördergesellschaft „Grün ist Leben", Baumschulen mbH, Pinneberg 1986.

Kiermeier, P.: Vortrag auf dem BDLA/FLL-Fachseminar Ulm am 15. 11. 86 zum Thema „Vegetationsausbildungen und Pflanzen für Intensivbegrünungen – Standortbedingungen und Ansprüche der Vegetation.

Kiermeier, P.: Widerstandsfähige Gehölze für extreme innerstädtische Pflanzsituationen. Neue Landschaft 31 (1986), Heft 3, S. 154–161.

Kiermeier, P.: Ausbreitung von Gehölzen durch Ausläufer. Neue Landschaft 32 (1987), Heft 6, S. 371–377.

Kiermeier, P.: Pflegeaufwand für Sträucher in unterschiedlichen Lebensbereichen. Das Gartenamt 37 (1988), Heft 10, S. 628–698.

Kiermeier, P.: Dauerhafte Begrünung von Betonformsteinelementen. Neue Landschaft 33 (1988), Heft 9, S. 565–575.

Klapp, E.: Taschenbuch der Gräser. Verlag Paul Parey, Berlin und Hamburg 1983.

Knapp, R.: Experimentelle Sozilogie und gegenseitige Beeinflussung der Pflanzen. Verlag Eugen Ulmer, Stuttgart 1967.

Köhlein, F.: Freilandsukkulenten. Verlag Eugen Ulmer, Stuttgart 1984, 2. Aufl.

Köhler, M.: Ökologische Untersuchungen an extensiven Dachbegrünungen. Gesellschaft für Ökologie. Verhandlungen Band XVIII, 18. Jahrestagung Essen 1988, Göttingen 1989.

Kolb, W.: Pflegeaufwand bei bodendeckenden Stauden und Gehölzen. Dissertation, Hannover 1981.

Kolb, W.: Extensivbegrünung von Dachflächen. Fragen zur Substratauswahl. Das Gartenamt 31 (1982), Heft 7, S. 429–432.

Kolb, W.: Naturnahe Pflanzungen auf dem Dach. Deutscher Gartenbau (1984), Heft 24, S. 1038ff.

Kolb, W.: Substratzusammensetzungen extensiver Dachbegrünungen. In Forschungsgesellschaft Landschaftsentwicklung – Landschaftsbau e.V. FLL (Hrsg.): Das begrünte Haus. Verlag C.F. Müller, Karlsruhe 1983.

Kolb, W., Schwarz, T.: Pflanzenauswahl zur Extensivbegrünung. Taspo-Magazin (1982), Heft 10.

Kolb, W., Schwarz, T., Mansourie, P.: Extensivbegrünungen von Dachflächen – Vegetationstechnische Eigenschaften und Kosten von 10 verschiedenen Substraten. Zeitschrift für Vegetationstechnik 5 (1982), Heft 3, S. 106–112.

KOLB, W., SCHWARZ, T., TRUNK, R.: Zur Begrünung von Kiesdächern. Zeitschrift für Vegetationstechnik 6 (1983), Heft 4, S. 143–151.

KOLB, W., SCHWARZ, T.: Eigenschaften und Kosten von Substraten zur Extensivbegrünung auf Flachdächern. Das Gartenamt 33 (1984), Heft 2, S. 83–90.

KOLB, W., SCHWARZ, T.: Extensivbegrünung auf Dächern – Versuche mit Pflanzengemeinschaften. Neue Landschaft 30 (1985), Heft 1.

KOLB, W., SCHWARZ, T.: Zum Klimatisierungseffekt von Pflanzenbeständen auf Dächern. I. Kühlleistung verschiedener Gräser-Kräuter-Mischungen und Stauden bei Intensivbegrünungen. Zeitschrift für Vegetationstechnik 9 (1986), Heft 3, S. 116–120.

KOLB, W., KLEIN, W.: Zum Klimatisierungseffekt von Pflanzenbeständen auf Dächern. II. Wärmedämmverhalten verschiedener Gräser-Kräuter-Mischungen und Stauden bei Intensivbegrünungen. Zeitschrift für Vegetationstechnik 9 (1986), Heft 4.

KOLB, W., SCHWARZ, T.: Grün auf kleinen Dächern. Dachbegrünung für jedermann. BLV Verlagsgesellschaft, München, Wien und Zürich 1987.

KOLB, W., TRUNK, R.: Pflanzen für extensive Dachbegrünung. Teil 1: Verbesserung der Pflanzenverfügbarkeit durch vegetative Anzucht in Kleinballen. Deutscher Gartenbau (1987), Heft 41, S. 21–23. Teil 2: Anzucht von Sämlingen geeigneter Arten in Kleinballen. Deutscher Gartenbau (1987), Heft 3, S. 144–150. Teil 3: Eigenschaften und Verwendungsmöglichkeiten. Deutscher Gartenbau (1987), Heft 5, S. 260–264.

KOLB, W.: Abflußverhältnisse extensiv begrünter Flachdächer. Zeitschrift für Vegetationstechnik. I. Abflußspenden und Wasserrückhaltung im Vergleich mit Kiesdächern. 10 (1987), Heft 3, S. 111–116. II. Wirkung des Sättigungsgrades der Vegetationsschicht auf Abflußspenden und Wasserrückhaltung. 10 (1987), Heft 4, S. 162–165.

KOLB, W., SCHWARZ, T.: Direktaussaat von Stauden und Gräsern. Deutscher Gartenbau (1988), Heft 18, S. 1126–1129.

KOWARIK, J.: Ökosystemorientierte Gehölzartenwahl für Grünflächen. Das Gartenamt 35 (1986), Heft 9, S. 524–532.

KOWARIK, J.: Zum menschlichen Einfluß auf Flora und Vegetation. Landschaftsentwicklung und Umweltforschung. Schriftenreihe des Fachbereiches Landschaftsentwicklung der TU Berlin Nr. 56, 1988.

KOWARIK, J.: Einheimisch oder nichteinheimisch? Einige Gedanken zur Gehölzverwendung zwischen Ökologie und Ökologismus. Garten und Landschaft, Jahrgang 99 (1989), Heft 5, S. 15–18.

KREEB, K.-H.: Ökophysiologie der Pflanzen. Bausteine der modernen Physiologie 1. Gustav Fischer Verlag, Stuttgart 1974.

KREEB, K.-H.: Vegetationskunde. Verlag Eugen Ulmer, Stuttgart 1983.

KREH, W.: Die Pflanzenwelt unserer Kiesdächer. Beiträge zur Vegetationskunde von Württemberg 24 (1945), S. 199–207.

KRIEG, A., FRANZ, J.M.: Lehrbuch der biologischen Schädlingsbekämpfung. Verlag Paul Parey, Berlin und Hamburg 1989.

KRÜGER, H.: Dachbegrünung. Ein Beitrag zur Verbesserung unserer Umweltbedingungen. Veröff. Naturschutz Landschaftspflege, Baden-Württemberg 55/56, Karlsruhe 1983.

KRUPKA, B.: Bio-Technische Bauweisen in der Praxis. Teil I. Die Begrünung von Kunststeinflächen durch Moose, Algen und Flechten. Das Gartenamt 30 (1981), Heft 5, S. 356–363.

KRUPKA, B.: Vegetationsanwendungen bei extensiven Dachbegrünungen. In: Forschungsgesellschaft Landschaftsentwicklung – Landschaftsbau e.V. FLL (Hrsg.): Das begrünte Haus. Verlag C.F. Müller, Karlsruhe 1983.

KRUPKA, B.: Begrünung von Problemflächen. Forschungsvorhaben der Forschungsgesellschaft Landschaftsbau – Landschaftsentwicklung e.V. FLL, Bonn. Schlußbericht – unveröffentlicht, Burgdorf 1984.

KRUPKA, B.: Standortfaktoren, Pflanzen und Vegetationsformen für extensive Dachbegrünungen. Das Gartenamt 33 (1984), Heft 12, S. 814–822.

KRUPKA, B.: Dauerhafte Kübelbepflanzung im öffentlichen Bereich. Baumschulpraxis 15 (1985), Heft 12, S. 488–490.

KRUPKA, B.: Grundlagen der Planung extensiver Dachbegrünungen. In: LIESECKE, H.-J. (Hrsg.): Dachbegrünung – Beiträge zur Extensivbegrünung. Patzer Verlag, Berlin und Hannover 1985.

KRUPKA, B.: Standortfaktoren, Pflanzen und Vegetationsformen für extensive Dachbegrünungen. In: LIESECKE, H.-J. (Hrsg.): Dachbegrünung – Beiträge zur Extensivbegrünung. Patzer Verlag, Berlin und Hannover 1985.

KRUPKA, B.: Zur Verwendung von Gehölzen für intensive Dachbegrünungen. Das Gartenamt 34 (1985), Heft 10, S. 733–740.

KRUPKA, B.: Die Planung von Dachbegrünungen. Hinweise zur planungsrechtlichen Durchsetzung und Objektplanung. Gemeinde-Stadt-Land, Seminarheft 12, Hannover Stadterneuerung – Dorferneuerung – Grün in der Stadt. 1986a.

KRUPKA, B.: Dachbegrünungen und Grasdächer. Verlagsgesellschaft Rudolf Müller, Köln 1986b.

KRUPKA, B.: Dünnschichtige extensive Dachbegrünungen, Bauweisen mit vorkultivierten Vegetationsmatten. Bundesbaublatt 35 (1986c), S. 646.

Krupka, B.: Dachbegrünungen. Aus der Praxis für die Praxis. Verlagsgesellschaft Rudolf Müller, Köln 1987.

Krupka, B.: Dünnschichtbauweisen für extensive Dachbegrünungen. Das Gartenamt 36 (1987), Heft 5, S. 325–329.

Krupka, B.: Materialien zum AGS-Seminar „Dachbegrünung" am 19. 6. 1987 in Regensburg. Herausgeber: Arbeitsgemeinschaft Sachverständige Gartenbau-Landschaftsbau-Sportplatzbau e. V. Stuttgart.

Krupka, B.: Moose und *Sedum* – Überlebenskünstler für extensive Dachbegrünungen. Gartenpraxis 13 (1987), Heft 7, S. 39–41.

Krupka, B.: Bonituren von Fremdvegetation in Intensiven Dachbegrünungen. Bad Pyrmont, 1985, 1986, 1987 (unveröffentlicht).

Krupka, B.: Dachbegrünungen für Flachdächer, Teil I: Auswahlkriterien für Bauweisen und Systeme. Bundesbaublatt 36 (1987), Heft 11, S. 647. Teil II. Abdichtung, Schutz, Begrünung. Bundesbaublatt 37 (1988), Heft 2, S. 73–79. Teil III: Inhalte, Prüfung und Einsatzmöglichkeiten von Dachbegrünungs-Systemen. Bundesbaublatt 37 (1988), Heft 4. Teil I–III als Sonderdruck 1988 a.

Krupka, B.: Gehölze für intensive Dachbegrünung. Deutscher Gartenbau (1988 b), Heft 5.

Krupka, B.: Gutachterliche Stellungnahme zum vegetationstechnischen Aufbau begrünter Steildächer. Bad Pyrmont 1988 c (unveröffentlicht).

Krupka, B.: Bonitierung von Moos-Sedumbeständen auf der Versuchsanlage „Begrünung von Problemflächen" in den Jahren 1983 bis 1989. Bad Pyrmont 1988 d (unveröffentlicht).

Krupka, B.: Vegetationskundliche Aspekte extensiver Dachbegrünungen. Rasen-Turf-Gazon, 19 (1988/1989), Heft 4, S. 105–111.

Krupka, B.: Vegetationsansiedlung für Extensive Dachbegrünungen. Teil 1: Deutscher Gartenbau (1989), Heft 44. Teil 2: Deutscher Gartenbau (1989), Heft 48. Teil 3: Deutscher Gartenbau (1990), Heft 1. Teil 4: Deutscher Gartenbau (1990), Heft 5.

Krupka, G.: Katalog-Stauden für Extensive Dachbegrünung, Firmenkatalog, Isernhagen 1988.

Krusche, P. U. M., Althaus I. D., Gabriel, I.: Ökologisches Bauen. Umweltbundesamt Wiesbaden, Berlin 1982.

Krüssmann, G.: Handbuch der Nadelgehölze. Verlag Paul Parey, Berlin und Hamburg 1972.

Krüssmann, G.: Handbuch der Laubgehölze. Band 1–3. Verlag Paul Parey, Berlin und Hamburg 1976.

Krüssmann, G., Siebler, W., Tangermann, W.: Winterharte Blütenstauden. Verlag Paul Parey, Berlin und Hamburg 1970.

Kühn, G.: Gärten auf den Dächern von Köln. Pflanze und Garten (1957), Heft 1, S. 4–7.

Kuhnhardt, H. (Hrsg.): Sorten und Saatgutrecht. Verlag Alfred Strothe, Frankfurt 1988.

Kunik, W., Kleyer, M.: Stadtbiotopkartierung Karlsruhe. Stuttgart 1984 (unveröffentlicht).

Künzel, Gertis in: Franke, E. (Hrsg.): Stadtklima. Ergebnisse und Aspekte für die Stadtplanung. Vortragssammlung 76. Veröffentlichung der Forschungsgemeinschaft Bauen und Wohnen Stuttgart. Karl Krämer Verlag, Stuttgart 1977.

Lange: Untersuchungen über die Hitzeresistenz der Moose in Beziehung zu ihrer Verbreitung. I. Die Resistenz stark ausgetrockneter Moose. Flora 142 (1955), S. 131–399.

Larcher, W.: Ökologie der Pflanzen. Verlag Eugen Ulmer, Stuttgart 1980.

Lauenstein, H.: Die Besonnungsverhältnisse des Pflanzenstandortes. Ansatz für eine Definition der lichtklimatischen Standortkategorien. Das Gartenamt 33 (1984), Heft 9, S. 586–592.

Lauenstein, H.: Die Besonnungsverhältnisse des Pflanzenstandortes. Lichtklimatische Standortkategorien in der praktischen Anwendung. Das Gartenamt 34 (1985), Heft 5, S. 395–400.

Lehmann, M.: Untersuchungen zur langfristigen Boden- und Vegetationsentwicklung auf Dachstandorten. I. Schichtaufbau und Bodeneigenschaften. Zeitschr. f. Veg.technik 8 (1985), Heft 4, S. 1434–152. II. Zusammensetzung und Entwicklungstendenzen der Dachvegetation. Zeitschr. f. Veg.technik 9 (1986), Heft 1, S. 25–35.

Lehr, R.: Taschenbuch für den Garten- und Landschaftsbau. Verlag Paul Parey, Berlin und Hamburg 1968.

Le Roy, L.: Natur ausschalten – Natur einschalten. Verlag Klett-Cotta, Stuttgart 1983, 2. Aufl.

Liechti, W.: Ein Dachpark im Stadtkern von Bern. Garten und Landschaft 59 (1969), Heft 9, S. 275–277. Dazu: Werkzeichnungen vom Stadtgartenamt Bern. Werkblatt als Beilage.

Liesecke, H.-J.: Dach- und Terrassengärten. Das Gartenamt 22 (1973), Heft 6, S. 321–332.

Liesecke, H.-J.: Dränschichtbaustoffe für filterschichtlosen Aufbau belastbarer Dachrasenflächen. Rasen – Grünflächen – Begrünungen 7 (1976), Heft 4, S. 94–98.

Liesecke, H.-J.: Zur Anlage von Vegetationsflächen auf Flachdächern. Neue Landschaft 21 (1976), Heft 6, S. 359–386 und Heft 12, S. 589–702.

Liesecke, H.-J.: IX. Internationales Rasenkolloquium in Magglingen/Schweiz. Das Gartenamt 25 (1976), Heft 12, S. 760–765.

Liesecke, H.-J., Skride, W.: Stand und Entwicklungsrichtung der Herstellung von Dachrasenflächen in der Bundesrepublik Deutschland. Rasen – Grünflächen – Begrünungen 7 (1976), Heft 3.

Liesecke, H.-J.: Bodenphysikalische Untersuchungen an porösen Baustoffen für Vegetations- und Dränschichten. Zeitschrift für Vegetationstechnik 1 (1978a), Heft 1, S. 3–15.

Liesecke, H.-J.: Lastannahmen für Stauden und Sträucher bei Dachbegrünungen. Das Gartenamt 27 (1978b), Heft 11, S. 730–732.

Liesecke, H.-J.: Funktionsgerechter Aufbau von Dachbegrünungen. Das Gartenamt 28 (1979), Heft 5, S. 277–288.

Liesecke, H.-J.: Funktionsgerechter Aufbau von Dachbegrünungen aus vegetationstechnischer Sicht. Das Gartenamt 30 (1981), S. 579–584.

Liesecke, H.-J.: Dachbegrünungen. I. Bedeutung – Ausbildungsformen – Bauweisen. Bundesbaublatt 32 (1983), Heft 4, S. 216–221. II. Lastannahme – Durchwurzelungsfestigkeit – Bautechnische Erfordernisse. Bundesbaublatt 32 (1983), Heft 8, S. 509–516. III. Schichtaufbau – Stoffe – Pflanzung höherer Gehölze – Be- und Entwässerung. Bundesbaublatt 33 (1984), Heft 4, S. 244–250, S. 253–254.

Liesecke, H.-J.: Extensivbegrünungen auf Dächern. I. Problemstellung und Entwicklungen, allgemeine Anforderungen an Bodenaufbau und Pflanzen sowie Verfahren des Begrünens. Das Gartenamt 33 (1984), Heft 2, S. 71–74, 77–82. II. Herstellungsarten und Wasserspeicherung, Stoffe für Dränschichten und Substrate für Vegetationsschichten (1984), Heft 5, S. 326–328, S. 330–336.

Liesecke, H.-J.: Ausstreuen von Sedumsprossen mit Zusaaten zur Extensiven Begrünung von Flachdächern. Zeitschrift für Vegetationstechnik 8 (1985), Heft 4, S. 159–165.

Liesecke, H.-J.: Begrünung von Flachdächern. Wirkungen – Bauweisen – Anforderungen. Teil 1: Deutsches Dachdeckerhandwerk DDH 106 (1985), Heft 7, S. 81–86; Teil 2: Heft 8, S. 58–64.

Liesecke, H.-J.: Durchwurzelungsschutz und Schutz vor mechanischen Beschädigungen bei Dachbegrünungen. Bundesbaublatt 34 (1985), Heft 4, S. 209–215.

Liesecke, H.-J.: Untersuchung zur Wasserrückhaltung bei extensiv begrünten Flachdächern. Zeitschrift für Vegetationstechnik 11 (1988), Heft 2, S. 56–66.

Liesecke, H.-J.: Beurteilung von Eigenschaften und Anforderungen bei Vegetationssubstraten für Extensive Dachbegrünungen. Das Gartenamt 38 (1989), Heft 3, S. 152–159.

Liesecke, H.-J.: Vegetationssubstrate für Extensive Dachbegrünungen und ihre vegetationstechnische Eigenschaften. Das Gartenamt 38 (1989), Heft 4, S. 242–248.

Liesecke, H.-J.: Wasserrückhaltung und Abflußspende bei Extensivbegrünungen auf Flachdächern. Bundesbaublatt 38 (1989), Heft 4, S. 176–183.

Liesecke, H.-J.: Stoffe für Dachbegrünungen. Anforderungen bei Drän- und Vegetationsschichten. Deutscher Gartenbau (1990a), Heft 36, S. 2306–2311.

Liesecke, H.-J.: Dränverhalten von extensiven Dachbegrünungen. Deutscher Gartenbau (1990b), Heft 42, S. 2710–2715.

Liesecke, H.-J.: Extensive Dachbegrünung. Entwicklungen, Eigenschaften und Beurteilung einschichtiger Bauweisen. Das Dachdeckerhandwerk 12 (1990c), Heft 17.

Liesecke, H.-J.: Durchwurzelung, Windsogsicherung und Fertigstellungspflege beim Einsatz von vorkultivierten Vegetationsmatten für Extensive Dachbegrünungen. Zeitschrift für Vegetationstechnik 13 (1990), Heft 2, S. 59–67.

Liesecke, H.-J., Krupka, B., Lösken, G., Brüggemann, H.: Grundlagen der Dachbegrünung. Patzer Verlag Berlin und Hannover 1990. Hrsg.: FLL, Bonn.

Liesecke, H.-J., Krupka, B.: Flachdach-Begrünungen, Planungskriterien und Baugrundsätze. In: Bund Deutscher Architekten (Hrsg.): BDA Handbuch 1985/86. Verlag Christians & Reim, Hamburg und Bonn 1985.

LieseckeH.-J., Krupka, B., Heidger u.a.: Forschungs- und Entwicklungsvorhaben, Entwicklung, Erprobung und Optimierung einer kostengünstigen Extensiven Dachvegetation. Gefördert durch das Niedersächsische Ministerium für Wirtschaft, Technologie und Verkehr. Abschlußbericht, Hannover 1987 (unveröffentlicht).

Liesecke, H.-J., Krupka, B., u.a.: Kostengünstige Methoden der Dachbegrünung. Grundlagen zur Planung, Ausführung und Unterhaltung von Extensivbegrünungen und Einfachen Intensivbegrünungen. Forschungsarbeit im Auftrag des Bundesminister für Raumordnung, Bauwesen und Stadtentwicklung und der Forschungsgesellschaft Landschaftsentwicklung – Landschaftsbau e.V. FLL, Bonn 1988.

Liesecke, H.-J., Lösken, G.: Brandverhalten, Windsogsicherung und Erosionsschutz bei Dachbegrünungen. Bundesbaublatt 38 (1989), Heft 1, S. 20–27.

Lindhauer, M.: Wasserpotentiale charakteristischer Pflanzenarten basenreicher und basenarmer Böden und ihre osmotischen Grundlagen. Dissertation, Münster 1980.

Lohmeyer, G.: Flachdächer einfach und sicher. Beton Verlag GmbH, Düsseldorf 1982.

Lösken, G.: Brandverhalten von Dachbegrünungen. Stand der bauaufsichtlichen Regelungen in den Bundesländern. Das Gartenamt 39 (1990), Heft 7, S. 464–465.

LÜSTNER, G.: Krankheiten und Feinde der Zierpflanzen im Garten, Park und Gewächshaus. Verlag Eugen Ulmer, Stuttgart 1933.

LUFSKY, K.: Bauwerksabdichtungen. Verlag B.G. Teubner, Stuttgart 1983.

LUZ, C.: Ökohaus Rauchstraße, Berlin. Garten und Landschaft 98 (1988), Heft 10, S. 23–27.

LUZ, H.: Pflanzungen ohne Erdanschluß. Das Gartenamt 22 (1973), Heft 6, S. 345–349.

LUZ, H.: Sonderschau Dachbegrünung. Neue Landschaft 22 (1977), Heft 10, S. 579–583.

MAASZ, H. (Hrsg.): Gartentechnik und Gartenkunst. Nordhausen, ca. 1930.

MEHNERT, C.: Blumenwiese – Theorie und Wirklichkeit. Gartenbaureport (1982), Heft 4.

MENZEL, P. u. U.: Das Kletterpflanzenbuch. Verlag Eugen Ulmer, Stuttgart 1988.

MIESS, M.: Das Sauerstoff-Budget, eine Ausgleichsleistung der Atmosphäre. Das Gartenamt 37 (1988), Heft 3, S. 146–150.

MIGGE, L.: Die Gartenkultur des 20. Jahrhunderts. Verlag E. Diederichs, Jena 1913.

Minister für Stadtentwicklung, Wohnen und Verkehr: NRW vom 2. 8. 1989 – VB4-230.336.

MINKE, G.: Alternatives Bauen. Gesamthochschule Kassel 1980.

MINKE, G.: Dach- und Wandbegrünungen zur Verbesserung der Wohnumfeldbedingungen. Das Gartenamt 30 (1981), Heft 8, S. 565–569.

MINKE, G.: Häuser mit grünem Pelz – Über Möglichkeiten und Nutzen, Häuser zu begrünen. Fricke Verlag, Frankfurt 1981.

MINKE, G.: Geneigte Grasdächer. Taspo-Magazin (1982), Heft 5, S. 23–26.

MINKE, G., WITTER, G.: Häuser mit grünem Pelz. Ein Handbuch zur Hausbegrünung. Verlag Dieter Fricke, Frankfurt 1985, 4. Aufl.

MÖBIUS, M.: Die vegetative Vermehrung der Pflanzen. Gustav Fischer Verlag, Jena 1940.

MÜLLER, D.: Zur Fauna und Flora auf Grasdächern. Garten und Landschaft (1989), Band 99, Heft 1.

MÜLLER, K.-H.: Methoden und Ergebnisse stadtökologischer Forschungen am Beispiel Marburg (Lahn), In: Bundesforschungsanstalt für Raumkunde und Raumordnung, Informationen zur Raumplanung, Heft 10, Stadtökologie und Stadtplanung. (Hrsg.): Bonn 1982.

MÜRB, R.: Städtebauliche und ökologische Aspekte von Dachgärten und begrünten Flächen ohne Bodenanschluß. Das Gartenamt 28 (1979), Heft 5, S. 272–277.

MÜSSEL, H., KIERMEIER, P.: Erfahrungen mit xeromorphen Pflanzen für Extensivbegrünungen. Das Gartenamt 32 (1983), Heft 6, S. 376–381, und in LIESECKE, H.-J. (Hrsg.): Dachbegrünung. Beiträge zur Extensivbegrünung. Patzer-Verlag, Berlin und Hannover 1985.

MUTH, W., SCHÜRHOFF, H.J.: Langzeitverhalten von Dränmatten. Kunststoffe im Bau 18 (1983), Heft 3, S. 116–119.

MUTH, W.: Dränung mit Geotextilien. TIS News (1984), Heft 5, S. 284–289.

NENGELKEN, P.H.: Eine blühende Torfwand selbst gebaut. Gartenpraxis (1985), Heft 3, S. 22–24.

NEUFERT, E.: Bauentwurfslehre, Braunschweig 1984.

NEUMANN, K.: Zur Bedeutung der Umweltverträglichkeit (UVP) bei der Planung von Dachbegrünungsmaßnahmen. Vortragsmanuskirpt für die FLL-Seminargruppe, Bonn, November 1989.

NIESEL, A.: Begrünung von Dächern. Garten und Landschaft 57 (1967), Heft 12, S. 395–396.

NIESEL, A.: Begrünung von Dächern. Garten und Landschaft 59 (1969), Heft 10, S. 314.

NIESEL, A.: Bauen mit Grün. Verlag Paul Parey, Berlin und Hamburg 1989.

NUNGESSER KG: Samen von Wildpflanzen (Firmenkatalog). Darmstadt 1987.

OBERDORFER, E.: Süddeutsche Pflanzengesellschaften. Teil I: Fels- und Mauergesellschaften, alpine Fluren, Wasser-Verlandungs- und Moorgesellschaften. Gustav Fischer Verlag, Jena 1977.

OBERDORFER, E.: Süddeutsche Pflanzengesellschaften. Teil II: Sand- und Trockenrasen, Heide- und Borstgras-Gesellschaften, alpine Magerrasen, Saum-Gesellschaften, Schlag- und Hochstaudenfluren. Gustav Fischer Verlag, Jena 1978.

OHLWEIN, K.: Grüner wohnen, Gebäudebegrünung eine Notwendigkeit. Rudolf-Müller-Verlag, Köln 1984.

OHLWEIN, K.: Dachbegrünung – ökologisch und funktionsgerecht. Bauverlag, Wiesbaden und Berlin 1984, Augustus Verlag, Augsburg 1989.

OPTIMAX: Katalog Rasen, Dußlingen 1988.

OSTERWOLD, K. in: Natur und Bauen, Triologie II. Ausstellungskatalog des Württembergischen Kunstvereins, Stuttgart 1977.

PENNINGSFELD, P.: Kultursubstrate. Düngung, Bewässerung von Großcontainern und Dachgärten. Das Gartenamt 23 (1974), Heft 3, S. 205–214.

PENNINGSFELD, F.: Substrate für die Begrünung von Dachflächen und anderen extremen Standorten. Das Gartenamt 28 (1979), Heft 5, S. 301–304.

PENNINGSFELD, F. u.a.: Prüfung verschiedener Wurzelschutzbahnen für Dachgärten. Ergebnisse vierjähriger Vegetationsversuche. Das Gartenamt 30 (1981), Heft 8, S. 584–591. Garten und Landschaft 91 (1981), Heft 8, S. 639–646.

PEPINSKI, E.: Der Dachgarten. Die Gartenkunst 38 (1925), Heft 7, S. 107–109.

PLOMIN, K.: Der vollendete Garten. Verlag Eugen Ulmer, Stuttgart 1975.

PRINZ, R.: Das Stadtgefüge biologisch aktivieren. Garten und Landschaft 91 (1981), Heft 1, S. 23–29.

Prün, H.: Bodenphysikalische Einflußnahme auf Substrat- und Bodeneigenschaften durch Schaum- und Bodenwirkstoffe. Neue Landschaft 20 (1975), Heft 3, S. 128–131.

Raalte, D. van: Dach und Balkongärten. Verlag Paul Parey, Berlin und Hamburg 1976.

Reeker: Dachgarten – anders als sonst. Erfahrungsbericht über den Dachgarten des Torfhauses in der Bundesgartenschau Essen 1965. Garten und Landschaft 76 (1966), Heft 2.

Reich, A.: Gärten, die uns glücklich machen. Verlag F. Bruckmann, München 1956.

Remlinger, W.: Gehölze und Pflanzungen im Lärmschutz an Verkehrsbauwerken. Neue Landschaft 26 (1981), Heft 1, S. 30–34.

Riecken, J.: Die Rotpustelkrankheit und ihre Bekämpfung. Bund deutscher Baumschulen e. V. Landesverband Schleswig-Holstein, Pinneberg 1988.

Robers, F., Lange, P.: Die Qualität der Grasnarbe in Abhängigkeit von Saatmischung und Düngung. Neue Landschaft 19 (1974), Heft 2, S. 59–70.

Rose, P.: Efeu. Verlag Eugen Ulmer, Stuttgart 1982.

Ross, C.: Über den Dächern von London. Das Gartenamt 9 (1960), Heft 5, S. 117ff.

Rostock, F., Rümler, R., Küster, F., Heidelberg, D.: Besserer Schallschutz durch Bepflanzung. Landschaft und Stadt 11 (1979), Heft 2.

Rothe, D.: Brandschutz beim Gründach. Das Gartenamt 39 (1990), Heft 7, S. 456–463.

Rothmaler, W.: Exkursionsflora für die Gebiet der DDR und BRD. I. Gefäßpflanzen, Volk und Wissen, Volkseigener Verlag, Berlin 1972. II. Kritischer Band. Volk und Wissen, Volkseigener Verlag, Berlin 1982.

Rümler, R.: Bepflanzte Steilwallsysteme, ihre Bewährung in der Praxis. In Umweltschutz in der Straßen- und Verkehrsplanung. Heft 17 der Schriftenreihe der Fakultät für Bauingenieurwesen und Architektur der Universität Innsbruck. 1984.

Runge, F.: Die Pflanzengesellschaften Deutschlands unter besonderer Berücksichtigung der Pflanzengesellschaften der Bundesrepublik. Verlag Aschendorf, Münster 1969.

Sapper, J.: Versuche zur Hitzeresistenz der Pflanzen. Planta 23 (1935), S. 518–556.

Schacht, W.: Der Steingarten und seine Welt. Verlag Eugen Ulmer, Stuttgart 1960.

Scharfp, H. C., Meinken, E.: Eigenschaften und Besonderheiten von Rindenprodukten für die Verwendung im Gartenbau. In: Rindenprodukte für den Gartenbau. Verlag Bernhard Thalacher, Braunschweig 1988.

Scheffer, F., Schachtschabel, P.: Lehrbuch der Bodenkunde. Verlag Ferdinand Enke, Stuttgart 1984, 11. Aufl.

Scherer, H.: Rollrasen, Rasenmatten u. a. In: Lebender Baustoff – Pflanze. BDGA, München 1971.

Scherl, A.: Hausgärten. Skizzen und Entwürfe aus dem Wettbewerb der Woche. Verlag August Scherl, Berlin 1908.

Schindler, N.: Ein alter Londoner Dachgarten immer noch im Gespräch. Das Gartenamt 36 (1987), Heft 1, S. 38–39.

Schlüter, U.: Ingenieurbiologische Rasensaaten. Das Gartenamt 24 (1975), Heft. 3.

Schlüter, U.: Pflanze und Baustoff. Ingenieurbiologie in Praxis und Umwelt. Patzer Verlag, Berlin und Hannover 1986.

Schmalz, J.: Das Stadklima. Karlsruhe 1984.

Schmeil, O., Fitschen, J.: Flora von Deutschland und seinen angrenzenden Gebieten. Verlag Quelle und Meyer, Heidelberg 1982, 87. Aufl.

Schnyderer, I., Pröls, G.: Dachgarten in Basel. Pflanze und Garten (1959), Heft 8, S. 292–293.

Späth, L.: Späth-Buch 1920–1930, Eigenverlag, Berlin 1930.

Schulenberg, H.-H.: Dachbegrünung eines Geschäfts- und Appartmenthauses. Das Gartenamt 27 (1978), Heft 11, S. 710–713.

Schulte, W.: Modell einer stadtökologischen Raumgliederung auf der Grundlage der Florenanalyse und Florenbewertung. Natur und Landschaft 60 (1985), Heft 3, S. 103–108.

Schulte, W., Voggenreiter, V.: Die Natur in der Stadt Bonn. Bouvier Verlag, Bonn 1988.

Schulz, H.: Kräuterrasen als alternative Rasenanlage. Rasen-Turf-Gazon (1988), Heft 1, S. 5–13.

Schulz, A.: Der KÖH-Wert, Modell einer komplexen planungsrelevanten Zustandserfassung. In: Bundesforschungsanstalt für Landeskunde und Raumordnung (Hrsg.): Informationen zur Raumplanung, Heft 10, Stadtökologie und Stadtplanung, Bonn 1982.

Schulze, H.-D., Pohl, W., Grossmann, M.: Grünvolumenzahl und Bodenfunktionszahl in der Landschafts- und Bauleitplanung. Schriftenreihe der Behörde für Bezirksangelegenheiten, Naturschutz und Umweltgestaltung, Hamburg 1983.

Schwarz, U.: Der Naturgarten. Wolfgang Krüger Verlag, Frankfurt 1980.

Senator für Bau- und Wohnungswesen Berlin: Brandschutztechnische Anforderungen an begrünte Dächer. August 1989.

Sieber, J.: Ergebnisse der Staudensichtung 1984. Sonderdruck aus dem Jahresbericht 1983 der Fachhochschule Weihenstephan.

Simon, H.: Pflanzenverwendung bei Dachbegrünungen. Das Gartenamt 30 (1981), Heft 8, S. 592ff.

Sinn, G.: Standsicherheit von Bäumen und Möglichkeiten der statischen Berechnung. Das Gartenamt 32 (1983), Heft 9, S. 556–564.

Skride, W.: Grundriß der Landschaftsbaulichen Vegetationstechnik. Rasen- und Begrünungsflächen. Foto-Druck-Lenz, Gießen 1976.

SKRIDE, W.: Rasen oder Blumenwiese, ökologische Möglichkeiten und Grenzen aus vegetationstechnischer Sicht. Neue Landschaft 29 (1984), Heft 6, S. 427–442.

SPERBER, H.: Mikroklimatisch-ökologische Untersuchungen an Grünanlagen in Bonn. Dissertation, Bonn 1974.

SPETA, F.: Über Oberösterreichs wildwachsende Laucharten. In: Zwiebeln – versteckte Vielfalt in einfacher Form. Katalog des Oberösterr. Landesmuseums 122, 1984.

STÄUBING, L., SCHWANTES, H. O.: Ökologische Botanik, Quelle und Meyer Verlag, Heidelberg und Wiesbaden 1987.

SUKOPP, H.: Der Einfluß des Menschen auf die Vegetation. Vegetatio 17 (1969), S. 360–371.

SUKOPP, H.: Wandel von Flora und Vegetation in Mitteleuropa unter dem Einfluß des Menschen. Zeitschrift für Agrarpolitik und Landwirtschaft. S. 112–139. Hrsg. Bundesministerium für Ernährung, Landwirtschaft und Forsten, Bonn 1972.

SUKOPP, H.: Dynamik und Konstanz der Flora der Bundesrepublik Deutschland. In: Schriftenreihe für Vegetationskunde, Heft 10. Veränderung der Flora und Fauna in der BRD. Bundesanstalt für Vegetationskunde, Naturschutz und Landschaftspflege, Bonn-Bad Godesberg 1976.

SUKOPPH., TRAUTMANN, W., KORNEK, D.: Auswertung der Roten Liste gefährdeter Farn- und Blütenpflanzen in der Bundesrepublik Deutschland für den Arten- und Biotopschutz. Schriftenreihe für Vegetationskunde, Heft 12. Bonn 1978.

SUKOPP, H.: Die ökologische Bedeutung innerstädtischer Biotope. In: Stadtökologie Tagungsbericht 1/81 der Akademie für Naturschutz und Landschaftspflege, Laufen/Salzach 1981.

SUKOPP, H.: Naturschutzstrategien in der Stadt. In: KAULE, G.: Arten- und Biotopschutz. Verlag Eugen Ulmer, Stuttgart 1986.

STÄHR, E.: Zeitlose Grünflächen – Problem ohne Ende. Taspo-Magazin (1989), Heft 10, S. 716–722.

STEIN, J.: Dachbegrünung auf Umkehrdächern. Das Gartenamt 34 (1985), Heft 10, S. 716–722.

STEIN, J.: Untersuchung von klimatischen Einflüssen auf eine Dachkonstruktion. Abschlußbericht F+E Vorhaben Entwicklung, Erprobung und Optimierung einer kostengünstigen extensiven Dachvegetation. Niedersächsisches Ministerium für Wirtschaft und Verkehr, Hannover 1987 (unveröffentlicht).

STEINHÖFEL, H.-J.: Detaillösungen bei Flachdächern. Planung – Ausführung – Schadensverhütung. Verlagsgesellschaft Rudolf Müller, Köln 1984.

STEUBING, L., SCHWANTES, H. O.: Ökologische Botanik. Verlag Quelle und Meyer, Heidelberg und Wiesbaden 1987.

STIFTER, R.: Dachgärten. Grüne Inseln in der Stadt. Verlag Eugen Ulmer, Stuttgart 1988.

STÖRMER, H.: „Blumenwiesen“ aus pflanzensoziologischer Sicht. Deutscher Gartenbau (1987), Heft 40, S. 2372–2375.

STODIEK, E.: Soziologische und ökologische Untersuchungen an den xerotropen Moosen und Flechten des Muschelkalkes in der Umgebung Jenas. Repertorium specierum novarum regni vegetabilis. Band CXIX, Hrsg. FEDDE, F., Buchdruckerei H. Lotze, Witzenhausen 1937.

STRASBURGER, E., NOLL, F., SCHENK, H., SCHIMPER, A. F.: Lehrbuch der Botanik. Gustav Fischer Verlag, Stuttgart und New York 1983, 32. Aufl.

TEBART, W.: Konstruktion und Wirtschaftlichkeit begrünter Dachflächen. Diplomarbeit Universität Essen, 1983.

THIENEMANN, 1956 in WILLMANNS, O.: Ökologische Pflanzensoziologie. Verlag Quelle und Meyer, Heidelberg 1978.

TRETTEL, P., KERN, A.: Beeinträchtigt die nachträgliche Dachbegrünung den Feuchtetransport im Dachaufbau? Das Gartenamt 39 (1990), Heft 3, S. 170–172.

TRILLITSCH, F.: Anregungen zum Thema Dachgärten. Garten und Landschaft 89 (1979), Heft 6, S. 447ff.

Umweltbundesamt: Daten zur Umwelt 1988/89. Berlin 1989.

VOGELLEHNER, D.: Botanische Terminologie und Nomenklatur. Gustav Fischer Verlag, Stuttgart 1983.

WAGNER, I.: Katalog. Der Rasenspezialist. Heidelberg 1988 und 1989.

WALTER, H.: Die Anpassung der Pflanzen an Wassermangel. Naturwissenschaft und Landwirtschaft (1926), Heft 9.

Wärmeschutzverordnung. Verordnung über einen energiesparenden Wärmeschutz bei Gebäuden vom 24. 2. 1982, BGB 1 F, S. 209.

WEISER, H.: Substrattest für die extensive Dachbegrünung. TASPO-Magazin (1989), Heft 1.

WEISSER, P.: Verbessertes Pflanzenwachstum mit Hilfe synthetischer Stoffe. In: Lebender Baustoff – Pflanze BDGA-Seminar-Heft, München 1971, S. 90–95.

WERMINGHAUSEN, B.: Kunststoffe für den Garten- und Landschaftsbau, Sport- und Spielplatzbau. Sonderdruck aus Neue Landschaft (1972), Heft 1, 3 und 8.

WERNER, W., GÖDDE, M., GRIMBACH, N.: Vegetation der Mauerfugen am Niederrhein und ihre Standortverhältnisse. Tuexenia, Band 9, Neue Serie (1989), S. 57–73.

WIECHULA, A.: Wachsende Häuser aus lebenden Bäumen entstehend. Berlin ca. 1925.

WIELAND, P., BODE, P. M., DISKO, R.: Grün kaputt, Landschaft und Gärten der Deutschen. Rabenverlag, München 1983.

Wilmanns, O.: Ökologische Pflanzensoziologie. Quelle und Meyer Verlag, Heidelberg und Wiesbaden 1978.
Winkler, S.: Einführung in die Pflanzenökologie. Gustav Fischer Verlag, Stuttgart 1980.
Wittig, R., Diesing, D., Göde, M.: Urbanophil-urbanoneutral-urbanophob: Das Verhalten der Arten gegenüber dem Lebensraum Stadt. Flora (1985), Heft 177, S. 265–282.
Wittke, K.: Planerische Probleme bei Dachbegrünungen. Das Gartenamt 30 (1981), Heft 8, S. 572–575.
Wohlschlager, S.: Grünflächen auf Garagendächern. Garten und Landschaft 55 (1965), Heft 1, S. 14–15.
Yeo, P. F.: Geranium. Freiland-Geranien für Garten und Park. Verlag Eugen Ulmer, Stuttgart 1988.
Zielonkowski, W.: Taxonomische und nomenklatorische Überprüfung des *Festuca*-Sortimentes im Staudensichtungsgarten Weihenstephan. Gartenbauwissenschaft 42 (1976), Heft 2, S. 65–67.
Zimmermann, G.: Gutachten über das Langzeitverhalten von Parkdecks und Gründächern als Umkehrdächer mit Dämmschicht aus Styrodur-Extruderplatten. BASF-Aktiengesellschaft, Ludwigshafen 1990.
Zimmermann, P.: Dachbegrünung. Eine ökologische Untersuchung auf Kiesdach, extensiv und intensiv begrünten Dächern. Veröff. Naturschutz Landschaftspflege Baden-Württemberg 62 (1987), S. 517–549, Karlsruhe 1987.

Bildquellen

Sämtliche Zeichnungen sind Originale des Verfassers oder wurden der Literatur entnommen.

Farbtafeln
Dr. Sieler, Stuttgart: Seite 407, 2. Foto von oben rechts. Alle übrigen Aufnahmen stammen vom Autor.

Sachregister

Sternchen (*) verweisen auf Abbildungen

Pflanzenregister

Die Pflanzennamen der Tabellen 55, 61 und 64 sind aus Gründen der Übersichtlichkeit nicht enthalten. Sternchen (*) verweisen auf Abbildungen.

Handbuch des Landschaftsbaues
Dachbegrünung